AF121977

LEHRBUCH DER PHYSIOLOGIE

IN ZUSAMMENHÄNGENDEN EINZELDARSTELLUNGEN

UNTER MITARBEIT EINER
REIHE VON FACHMÄNNERN

HERAUSGEGEBEN VON

WILHELM TRENDELENBURG †
UND
ERICH SCHÜTZ

ERICH SCHÜTZ

PHYSIOLOGIE DES HERZENS

SPRINGER-VERLAG BERLIN HEIDELBERG GMBH
1958

PHYSIOLOGIE DES HERZENS

VON

PROF. DR. MED. ERICH SCHÜTZ
O. PROFESSOR DER PHYSIOLOGIE
DIREKTOR DES PHYSIOLOGISCHEN INSTITUTS
DER UNIVERSITÄT MÜNSTER

MIT 229 ABBILDUNGEN

SPRINGER-VERLAG BERLIN HEIDELBERG GMBH

1958

Alle Rechte, insbesondere das der Übersetzung in fremde Sprachen, vorbehalten

Ohne ausdrückliche Genehmigung des Verlages ist es auch nicht gestattet, dieses Buch oder Teile daraus auf photomechanischem Wege (Photokopie, Mikrokopie) zu vervielfältigen

© by Springer-Verlag Berlin Heidelberg 1958

Ursprünglich erschienen bei Springer-Verlag OHG. Berlin · Gottingen · Heidelberg 1958
Softcover reprint of the hardcover 1st edition 1958

ISBN 978-3-662-23189-0   ISBN 978-3-662-25183-6 (eBook)
DOI 10.1007/978-3-662-25183-6

Die Wiedergabe von Gebrauchsnamen, Handelsnamen, Warenbezeichnungen usw. in diesem Werk berechtigt auch ohne besondere Kennzeichnung nicht zu der Annahme, daß solche Namen im Sinn der Warenzeichen- und Markenschutz-Gesetzgebung als frei zu betrachten wären und daher von jedermann benutzt werden dürfen

Vorwort

Seit R. TIGERSTEDTs „Physiologie des Kreislaufs" (1921) ist keine zusammenfassende Darstellung der Physiologie des Herzens mehr erschienen. Ein Vergleich dieses klassischen Werkes mit dem vorliegenden Buch zeigt die gewaltigen Veränderungen, die dieses Gebiet der Physiologie in den letzten Jahrzehnten erfahren hat. Dabei lag es zugleich in dem mit W. TRENDELENBURG verabredeten Plan, durch dieses Buch auch den Anschluß an die ältere Literatur herzustellen, der in manchen neueren Arbeiten und in manchen Ländern verlorenzugehen droht. So stand neben der Darstellung des derzeitigen Standes der Herzphysiologie der didaktische Gesichtspunkt durchaus im Vordergrund, geleitet von der Absicht, dem Leser eine „Brücke" vom studentischen Lehrbuch zu den großen Handbüchern und den Einzelarbeiten der wissenschaftlichen Zeitschriften zu schaffen, ein Gedanke, der dieser ganzen Lehrbuchreihe von vornherein zugrunde lag, damit der Leser wissenschaftlicher Originalarbeiten diese leichter in ihrer Fragestellung und ihren Ergebnissen zu verstehen und einzuordnen vermag. Unter diesem didaktischen Gesichtspunkt mußten viele Einzelarbeiten unzitiert bleiben, um bei der bis zur Unübersehbarkeit angeschwollenen Literatur kein unlesbares Handbuch entstehen zu lassen. So war das Weglassen das Schwierigste bei der Niederschrift. Unter diesem Gesichtspunkt bitte ich jeden Leser um Nachsicht, der seine eigenen Arbeiten nicht genügend berücksichtigt findet. Andererseits vermag bei der Fülle der Literatur auch dem Verfasser manches Wertvolle entgangen sein. Ich darf deshalb besonders hervorheben, daß ich für die Übermittlung von Hinweisen jeder Art und die Zusendung von Sonderdrucken jedem sachkundigen Leser besonders dankbar sein werde. Bei dem Übermaß des zu bewältigenden Stoffes wurde dankbar davon Gebrauch gemacht, wenn auf einzelnen Teilgebieten gute zusammenfassende Darstellungen vorlagen. Leider war das nicht gerade auf zahlreichen Gebieten der Fall. Die Namen der betreffenden Autoren sind dann jeweils bei Beginn des Abschnittes als Fußnote angegeben.

Apodiktische Stellungnahmen wurden vermieden, wo noch in der Literatur eine widerspruchsvolle Sachlage besteht, weil diese gefährlich sind in der Weiterentwicklung zur Wahrheitsfindung; lieber wurde eine Darstellung in Kauf genommen, die das z. Z. noch Widerspruchsvolle aufzeigt. Zahlen und Tatsachen sind auch und besonders in einem Lehrbuch wertvoller als vorzeitige Theorienbildung bei noch ungeklärtem Sachverhalt. Nicht die gedanklich diskutierbaren Möglichkeiten, sondern die experimentell erarbeiteten Tatsachen sind entscheidend für den Fortschritt.

Bei zwei Gebieten, der Elektrokardiographie und der Phonokardiographie, wurden die theoretischen Grundlagen wegen ihrer praktischen Bedeutung etwas ausführlicher behandelt; aus dem gleichen Grunde wurden an mehreren Stellen die Grundlagen der Pathophysiologie des Herzens mit in die Darstellung einbezogen, um dem klinischen Leser auch hier den Anschluß an seine Spezialfragen und seine Spezialliteratur zu geben. „Erst das durch experimentelle Beobachtungen geschärfte Auge wird auch in der Klinik die verwickelten Zusammenhänge entwirren können", sagte der um die Herzphysiologie so verdiente H. STRAUB (1928).

So möge dieses Buch manchem eine Hilfe sein bei der Erforschung des Herzens und ein wenig von dem vermitteln, was STARLING einst so schön zum Ausdruck gebracht hat: „Je weiter wir die Tätigkeit des Herzens untersuchen, von desto größerem Staunen und desto größerer Bewunderung werden wir erfüllt für die merkwürdige Art und Weise, in der das Herz von Natur aus für seine Aufgabe ausgestattet ist; die Erforschung der Gesetze, die der Anpassungsfähigkeit des Herzens zugrundeliegen, einer Anpassungsfähigkeit, die eine Absicht wie bei einem vernunftbegabten Wesen vermuten lassen könnte, ist bei dem tausendsten Experiment von demselben fesselnden Interesse, wie es beim ersten Experiment war."

Herrn Dr. h. c. FERDINAND SPRINGER und seinem Verlag auch an dieser Stelle für die Förderung sowohl der gesamten Lehrbuchreihe als auch des vorliegenden Bandes verbindlichst zu danken, ist mir ein aufrichtiges Bedürfnis.

Münster i. W., im September 1957

E. SCHÜTZ

Inhaltsverzeichnis

I. Die Automatie des Herzens 1
    Das Limulusherz, die Medusen und das Lymphherz 36
    Das Verhalten des embryonalen Herzens und der Gewebskulturen embryonaler Herzen 38
    Das Wesen der rhythmischen Erregungsbildung 40

II. Der Erregungsvorgang 54

III. Die Erregungsleitung 98

IV. Die normalen und pathologischen Abweichungen von Erregungsdauer, Erregungsbildung und Erregungsleitung 149
    a) Die Erregungsdauer 149
    b) Die nomotope Erregungsbildung (Herzfrequenz) 151
    c) Die heterotope Erregungsbildung (Extrasystolen und Ersatzsystolen) ... 164
    d) Das Flimmern und Flattern des Herzens 175
    e) Die physiologischen und pathologischen Abweichungen der Erregungsleitung . 189

V. Das indirekt abgeleitete Elektrokardiogramm 202
    Neuere indirekte Ableitungsmethoden des EKG 218
    Vektordiagraphie und Vektortheorie 223

VI. Die Beziehungen zwischen elektrischer und mechanischer Tätigkeit des Herzens (Aktionsstrom und Kontraktion) 235

VII. Die Herzklappen (mit Vorbemerkungen zur funktionellen Morphologie des Herzens) 259

VIII. Der venöse Zustrom zum Herzen 271

IX. Die Druck- und Volumenkurven des Herzens und die Einteilung der Herzaktion . 281

X. Der Herzschall 295
    Methodik der Herzschallregistrierung 296
    Die Herzschallregistrierung durch elektroakustische Methoden. Allgemeine physikalische Anforderungen an schallregistrierende Apparate. Prinzip und Schaltung moderner elektro-akustischer Methoden 300
    Brustkorb und Herztöne 306
    Änderungen des Schallbildes durch Änderungen des Schallfeldes. Einfluß von Nebenöffnungen in der zum Mikrophon ableitenden Verbindung. Frequenzkorrektur im akustischen Teil der Apparatur 307
    Herztöne und Gehörwahrnehmung. Für Wahrnehmung und Aufschrift der Herztöne wichtige Besonderheiten der Gehörwahrnehmung, Konstruktion gehörähnlicher Verstärker 309
    Nicht erfüllte Anforderungen an gehörähnliche Verstärker 315
    Die Lautsprecherwiedergabe der Herztöne 316
    Typus des normalen Herzschallbildes (Dauer, Form, Frequenzspektrum) 318
    Erster Herzton 322
    1. Frage nach der Existenz eines Austreibungsanteils, Vergleich der Schallbilder über Herzspitze und Aortenauskultationsstelle, Lage zu Elektrokardiogramm und Aortendruck 322
    2. Theorien über den ersten Ton (Muskelton, Klappenton, Wandton) 328
    3. Experimente zur Theorie des ersten Tones 330
    4. Zweiter Herzton 336
    5. Dritter Herzton 340
    6. Vorhoftöne (Vierter Herzton), Vortöne 345
    7. Die fetalen Herztöne 348

XI. Das Kardiogramm und verwandte Methoden 349
　　Der Herzspitzenstoß 349
　　Der Brustpuls 352
　　Das Dielektrogramm 355
　　Das Rheokardiogramm 357
　　Die Ballistokardiographie 358
　　Der Atempuls 361
　　Das Radiokardiogramm 361
　　Die röntgenologischen Untersuchungsmethoden des Herzens 363
　　Die Zeitverhältnisse der einzelnen Phasen der Herzaktion 366

XII. Die Herzarbeit 372

XIII. Die Dynamik des Herzens 379
　　1. Die Ruhedehnungskurve 380
　　2. Die isometrische Zuckung 381
　　2. Die isotonische Kontraktion 384
　　4. Die „Überlastungs-" oder „Unterstützungszuckung" 386
　　　　Herztonus 408
　　　　Die Dynamik des kontraktilitätsgeschädigten Herzens 414

XIV. Energetik des Herzens 419
　　1. Grundumsatz des Herzens 419
　　2. Gaswechsel und Wirkungsgrad des schlagenden Herzens 421
　　3. Mechanische Bedingungen und Gaswechsel 428
　　4. Einige weitere Faktoren des Gaswechsels 432
　　5. Der Einfluß von Adrenalin und Acetylcholin auf den Gaswechsel 434
　　6. Zur Frage einer Sauerstoffschuld im Herzen 439
　　7. Die Spontaninsuffizienz des Herzens 442
　　8. Die speziellen chemischen Umsetzungen im Herzmuskel 446
　　9. Die Energetik des innervierten Herzens im Verband des Organismus . . . 449

XV. Die Coronardurchblutung 456
　　Die Verteilung des arteriellen Coronareinstroms 457
　　Die Verteilung des coronaren Ausstroms 458
　　Die Funktion der Luminalgefäße 461
　　Die normale coronare Durchflußmenge 462
　　Phasische Änderungen der Coronarzirkulation während eines Herzcyclus . . . 464
　　Determinanten der Coronardurchblutung 473
　　　　Der arterielle Druck 474
　　　　Der venöse Coronardruck 476
　　　　Die extravasculären Faktoren 477
　　　　Herzfrequenz und Schlagvolumen 478
　　　　Temperatur und Blutviscosität 479
　　　　Wasserstoffionenkonzentration, Kohlensäure, Milchsäure 479
　　　　Sauerstoff und Sauerstoffmangel 481
　　　　Wirkung von Asphyxie, Anoxie, Hyperkapnie und Ischämie des Myokards . . 483
　　　　Verhalten des Coronarkreislaufs bei erhöhten Belastungen 485
　　　　Nervöse Einflüsse 487
　　　　Die Möglichkeit einer reflektorischen Regulation der Coronardurchblutung . . 491
　　　　Pharmakologische Beeinflussung der Coronardurchblutung 492
　　　　Adrenalin und Azetylcholin 493
　　　　Stoffwechseländerungen unbekannter Art 496
　　Kranzgefäßdurchblutung und Gaswechsel des Herzens 496

XVI. Die Herznerven 501
　　Allgemeine Physiologie der Herznervenwirkung 512

Literatur 519

Namenverzeichnis 528

Sachverzeichnis 544

I. Die Automatie des Herzens

Es gehört zu den eindrücklichsten Experimenten auf dem gesamten Gebiet der Biologie, daß man am narkotisierten oder getöteten Frosch nach Eröffnung des Brustkorbs das Spiel der Herztätigkeit beobachten und auch nach einem Vorschlag von W. TRENDELENBURG einem größeren Zuhörerkreis episkopisch demonstrieren kann, wie bei der Zusammenziehung (Systole) die Kammer infolge der Entleerung des Inhalts klein und blaß wird und wie sie bei der Neufüllung mit Blut von den Vorhöfen her, bei der Diastole, wieder weit und dunkelrot wird. Es ergibt sich also die Tatsache, daß die rhythmische Tätigkeit dieses Organs auch nach dem Tode des Gesamtorganismus weiter fortbestehen kann, sogar dann noch, wenn wir das Herz aus dem Verband des Körpers herausnehmen. Seine rhythmische Tätigkeit ist also nicht gebunden an die Funktion anderer Stellen des Körpers, auch nicht, wie das z. B. bei der Atmung feststellbar ist, an bestimmte Stellen des Zentralnervensystems. Die Tatsache, daß das Herz die Fähigkeit zur rhythmischen Tätigkeit in sich besitzt, nennen wir *Automatie*. Ein einfaches Experiment ermöglicht es, diese Automatie in einem sog. Zentrum anatomisch zu lokalisieren. Denn das Weiterschlagen des herausgenommenen Herzens können wir im Experiment nur dann feststellen, wenn ein kleiner Bezirk, der *Venensinus*, mit herausgenommen wird. Nach den Vorstellungen, deren Entstehung und Begründung wir im einzelnen kennenlernen werden, bilden sich hier im Sinus „Erregungen", die die Fähigkeit haben, weitergeleitet zu werden, und die so nacheinander Vorhof und Kammer erreichen und jeweils dort eine Kontraktion veranlassen, so daß eine wohlgeordnete Folge von Kontraktionen der einzelnen Abschnitte — Sinus, Vorhof, Kammer, Bulbus arteriosus am Froschherzen — entsteht, die wir *Koordination* nennen. Wir sprechen also von einer rhythmischen *Erregungsbildung* im Sinus, dem Automatiezentrum des Herzens, und einer *Erregungsleitung* im Herzen, in deren Gefolge der mechanische Vorgang der *Kontraktion* auftritt. Aus diesen Grundvorstellungen ergibt sich naturgemäß die Gliederung unserer Betrachtung der Herzphysiologie und als erstes Problem das der *automatischen Erregungsbildung*.

Es ist außerordentlich reizvoll, diese Frage zunächst in ihrem allgemeinen biologischen Zusammenhang zu betrachten und in kurzen Zügen die Entwicklung vom pulsierenden Gefäßrohr, dem kontraktilen Schlauch, der die Flüssigkeit in Strömung hält, bis zur Ausbildung der Automatiezentren zu überblicken, die die koordinierte Herztätigkeit veranlassen (v. SKRAMLIK). Denn eigentliche Automatiezentren bilden sich regelmäßig erst vom Herzen der Manteltiere ab aufwärts. Das hängt zusammen mit der Ausbildung des Kreislaufsystems im Tierreich. Bei den *Wirbellosen* (Weich- und Manteltiere) finden wir ein „*offenes Kreislaufsystem*"; in den Capillarbereich sind Lacunen, weite mit Flüssigkeit gefüllte Räume eingeschaltet, in denen Blut in größerer Menge stagnieren kann; Muskelmassen, die diese Hohlräume umgeben, vermögen dieses Blut auszupressen und dem Herzen zuzuführen. Es handelt sich also um „Blutdepots", die der zirkulierenden Blutmenge zugeführt werden können, so wie das bei den Wirbeltieren durch Gefäßweitenänderung und besonders durch Zusammenziehung der Milz erfolgt, die ja einen ähnlich lacunenartigen Bau aufweist. Interessant ist, daß alle Tiere mit einem offenen Kreislaufsystem dementsprechend nicht über eine Milz verfügen! Bei den Wirbeltieren finden wir andererseits ein „*geschlossenes Kreislaufsystem*" von ununterbrochen sich aneinander anschließenden Röhren, die die Blutflüssigkeit vom Herzen weg- und wieder zu ihm hinführen. Wenn man unter Automatie zunächst einfach die Fähigkeit versteht, unabhängig von zentralnervösen Einflüssen rhythmisch tätig zu sein, so finden wir im Tierreich *zwei verschiedene Arten von Automatie*. Das Herz der *Weichtiere* (z. B. das Schneckenherz) stellt im blutleeren Zustand seine Tätigkeit ein. Das Experiment ergibt, daß es zur rhythmischen Arbeitsleistung nur bei einer bestimmten Dehnung befähigt ist, ja die Frequenz des Herzens steigt proportional dem Druck in den Herzhöhlen (BIEDERMANN). Da die einzelnen Herzabschnitte vielfach in Längsrichtung hintereinandergeschaltet sind, bewirkt die Zusammenziehung des einen Herzteils sowohl durch Zug wie durch die nachfolgende Blutfüllung die Kontraktion des benachbarten, so daß durch diesen einfachen Mechanismus das Problem der Koordination des Herzens in primitiver Weise gelöst ist. Ein äußerer Faktor, der *Dehnungsreiz*, ist also hierbei von ausschlaggebender Bedeutung (betr. Limulusherz s. den besonderen Abschnitt auf S. 36).

Da das Herz der Wirbellosen sehr viel zartwandiger gebaut ist, besteht dabei die Gefahr der Überdehnung der Wände bei stärkerem Blutzustrom. Der *Perikardialraum*, ein prall gefüllter Sack mit einem Druck von etwa 2 cm H_2O, dient hier der Vermeidung der Überfüllung des Herzens. Schneidet man ihn an und setzt so in ihm eine Druckentlastung, so ergibt sich eine pralle Füllung des Herzens, die ihrerseits bei den Weichtieren sehr bald zu einem Aufhören der Herztätigkeit führt, während derselbe Eingriff besonders bei den niederen Wirbeltieren fast bedeutungslos ist.

Gegenüber der geschilderten „druckbedingten Automatie" finden wir bei den Manteltieren und allen höheren Tieren (Fische, Amphibien, Reptilien usw.), daß auch das blutleere Herz weiter arbeitet; hier liegen venöse und arterielle Gefäße auch nicht mehr diametral gegenüber, sondern z. B. beim Frosch benachbart zueinander. Vom Herzen der Manteltiere ab bilden sich eigentliche *Automatiezentren*, die durch die Produktion von leitungsfähigen Erregungen die Koordination des Herzens bedingen. Schon im Reptilienherzen können wir gegenüber dem Amphibienherzen eine Einengung dieser führenden Stelle feststellen, bis wir beim Säuger den noch besonders zu behandelnden KEITH-FLACKschen Sinusknoten als Automatiezentrum vorfinden. Am Frosch dient noch der ganze Sinus venosus dieser Funktion, bei den Reptilien liegt die führende Stelle an der Dorsalseite des Sinus, der rechten oberen Hohlvene zugekehrt, so daß die linke obere Hohlvene bereits zeitlich nachfolgt. Neben diesen primären Automatiezentren finden sich nachgeordnete, deren wichtigstes an der Vorhofkammergrenze liegt. Auch dem Bulbus arteriosus sind automatische Eigenschaften zuzusprechen. Jedoch findet sich eine aktive Zusammenziehung dieses Bulbus arteriosus ebenfalls nur noch beim Frosch; bei Reptilien und Fischen ist der Anfangsteil der arteriellen Gefäße nur noch passiv als eine Art Windkessel tätig.

Die *Tätigkeitsweise dieser Automatiezentren* ist entweder streng rhythmisch (wie z. B. beim Froschsinus) oder sie erwacht nur auf einen äußeren Reiz hin nach Erlahmen des übergeordneten Zentrums (Vorhof-Kammerzentrum und Bulbus arteriosus beim Frosch). — Schließlich finden wir bei den Manteltieren eine besonders eigenartige Tätigkeitsweise, nämlich eine periodisch-rhythmische (nach dem Typ der CHEYNE-STOKESschen Atmung), da hier eine paarige Anlage der Automatiezentren vorliegt — je eins an jedem Ende des Herzschlauches —; periodisch-rhythmisch wechseln sie sich in der Betätigung ab, so daß die Strömungsrichtung des Blutes ständig wechselt.

Da die vergleichende Physiologie einem besonderen Band dieser Lehrbuchreihe vorbehalten ist, soll die Entwicklung der Automatiezentren bei den einzelnen Wirbeltieren hier nicht näher verfolgt werden (s. dazu auch v. SKRAMLIK und TIGERSTEDT). Unsere Betrachtung wird sich bei den Kaltblütern vornehmlich beschränken auf das klassische Versuchsobjekt der Physiologie, den Frosch, und sich bei den Warmblütern in erster Linie auf die höheren Säugetiere und den Menschen beziehen.

Der Kaltblüterversuch hat deshalb seine überragende Bedeutung, weil wir dann im Experiment auf die Einhaltung einer bestimmten Versuchstemperatur verzichten können. Denn die mißverständliche Bezeichnung *Kaltblüter* besagt ja eigentlich, daß wir ein Tier vor uns haben, daß in der Lage ist, sich mit der Funktion seiner Organe der jeweiligen Umgebungstemperatur anzupassen, also — besser gesagt — wechselwarm (poikilotherm) ist im Gegensatz zum sog. Warmblüter, der auf eine konstante Körpertemperatur angewiesen (homoiotherm) ist. Unsere Betrachtung wird eindrücklich zeigen, wie weitgehend Frosch- und Menschenherz in ihrem „Bauplan" übereinstimmen, ja die experimentelle Erzeugung von Rhythmusstörungen am Froschherzen hat erst deren Analyse am menschlichen Herzen ermöglicht (ENGELMANN, MACKENZIE, WENCKEBACH).

Drei klassischen experimentellen Beweisführungen verdanken wir die *Grundvorstellungen über Erregungsbildung und Erregungsleitung* im Kaltblüterherzen. Sie sind geknüpft an die Namen STANNIUS (1852), GASKELL (1882) und ENGELMANN (1896) und sollen einleitend in kurzer Zusammenfassung als Grundlage für die weitere Betrachtung herausgestellt werden. Die von STANNIUS angegebenen *Ligaturen* (oder Scherenschnitte) werden zwischen Sinus und Vorhof, zwischen Vorhof und Kammer oder über der Mitte der Herzkammer ausgeführt und entsprechend als I., II. oder III. Ligatur bezeichnet. Durch solche Abschnürungen läßt sich die Leitung der Erregung blockieren. Tatsächlich ergibt das Experiment, daß der in seiner Erregungsleitung vom Sinus abgeschnürte Teil — ebenso wie das ohne Sinus herausgenommene Herz — stillsteht, eben weil ihm keine Erregungen mehr zugeleitet werden, während er noch, wie der Erfolg der künstlichen Reizung beweist, erregbar und damit kontraktionsfähig geblieben ist. Die Existenz des sekundären Automatiezentrums ergibt sich nach der STANNIUS-II-Ligatur: nach einiger Zeit erwacht die Automatie des Automatiezentrums an der Vorhof-Kammergrenze, das jetzt erst gewissermaßen als Ersatz einspringt und in seinem eigenen, viel langsameren Rhythmus Erregungen für die Herzkammer bildet; dieser Fall der Kammerautomatie ergibt sich also bei einem „totalen Herzblock" an der Vorhof-Kammergrenze, bei dem also Vorhof und Kammer zwar völlig regelmäßig, aber ohne jede feste zeitliche Beziehung zueinander schlagen. Bei partieller Leitungsunterbrechung an der Vorhofkammergrenze wird entsprechend z. B. nur jede zweite oder dritte Vorhoferregung übergeleitet (partieller Herzblock). So ergibt sich durch die STANNIUSschen Experimente die heute gültige Grundvorstellung über Erregungsbildung und -leitung im Herzen.

Die von GASKELL angegebene Versuchsanordnung ermöglichte den Nachweis der automatischen Befähigung bestimmter Stellen des Herzens. Seine Beobachtungen gingen aus von der Wirkung der Temperatur auf das Herz, das der VAN'T HOFFschen RGT-Regel (Reaktionsgeschwindigkeit-Temperaturregel) folgt, d. h. eine Temperaturerhöhung um 10° C bewirkt eine Frequenzsteigerung um das 2—3fache (Näheres s. S. 152). Tatsächlich finden wir bei fortschreitender Erwärmung des Herzens einen Frequenzanstieg (Tachykardie) mit einem „Temperaturkoeffizienten" von 2—3, wenn wir das Herz jeweils in eine um 10° höher temperierte Lösung bringen. Entsprechend tritt bei Abkühlung in dem gleichen zahlenmäßigen Verhältnis eine Frequenzverminderung ein (Bradykardie). Daß der Sinus normalerweise der alleinige Schrittmacher ("pacemaker") des Herzens ist, wurde von GASKELL experimentell überzeugend gezeigt; denn nur durch lokale Erwärmung des Sinus läßt sich eine Frequenzsteigerung des *ganzen* Herzens erzielen.

Natürlich hat die fortschreitende Erwärmung eine obere Grenze. Zunächst tritt bei Erwärmung des ganzen Herzens ein durch Abkühlung rückgängig zu machender Wärmestillstand *(Wärmelähmung)* ein, bei fortschreitender Weitererwärmung im Zustand der Wärmelähmung kommt es zur Eiweißgerinnung und damit zur endgültigen, „irreversiblen" *Wärmestarre*, d. h. das Herz geht in eine Dauerzusammenziehung (Kontraktur) über und verliert dabei Erregbarkeit und Kontraktionsfähigkeit. Ebenso ist natürlich eine untere Grenze durch Gefrieren gegeben, die etwas unter 0° liegt, da es sich bei der Gewebsflüssigkeit um Salzlösungen handelt.

Die dritte klassische experimentelle Beweisführung für Erregungsbildung und Erregungsleitung im Herzen beruht auf der Wirkung von *elektrischen Reizen während der spontanen Schlagfolge* des Herzens (ENGELMANN). An der stillgelegten Kammer wird ein in der Systole gesetzter Reiz nicht beantwortet, sie ist refraktär, wie im einzelnen später noch zu behandeln sein wird. In der Diastole wird der künstliche Reiz mit einer *Extrasystole* beantwortet, die ihrerseits ebenfalls eine Refraktärphase hat. Auf Grund dessen kann infolge einer z. B. an der Kammer gesetzten Extrasystole die nächste von Sinus und Vorhof herkommende Erregung unbeantwortet bleiben, weil sie in die Refraktärphase der Extrasystole hineinfällt. Es kommt damit zum Phänomen der *kompensatorischen Pause*, d. h. erst mit der übernächsten Normalerregung wird der Rhythmus der Kammer wiederhergestellt. Bei Reizung am Vorhof liegen die Verhältnisse ganz entsprechend. (Bei starker Bradykardie kann es deshalb, wie leicht ersichtlich ist, zum Wegfall der kompensatorischen Pause kommen, wenn die vom Sinus herkommende Erregung erst nach Ablauf der Refraktärphase der Extrasystole eintrifft, sog. *interponierte Extrasystole*.) Ein grundsätzlich anderes Verhalten zeigen die Versuche mit *Extrareizung am Sinus*; hier verschiebt sich einfach der Grundrhythmus aller Herzabschnitte, indem die Pause nach einer Extrasystole genau so lang ist wie der Abstand zwischen zwei Normalsystolen (Abweichungen davon kommen zwar aus besonderen Gründen vor, aber die Pause ist dann niemals eine echte „kompensatorische"). Damit ist der Sinus als primäres erregungsbildendes Zentrum erwiesen.

Diese drei Grundexperimente von STANNIUS, GASKELL und ENGELMANN sind die Grundlage für die weitere Besprechung der speziellen Probleme, die uns in den Kapiteln „Erregungsbildung" und „Erregungsleitung" zu beschäftigen haben. Sie sind deshalb in kurzer Zusammenfassung hier vorangestellt worden und zeigen uns die Berechtigung der klassischen Vorstellungen über die Erregungsleitung im Herzen und weiter, daß wir bei dem Problem der automatischen Erregungsbildung mehrere erregungsbildende Stellen zusammenfassend betrachten können, nämlich *am Froschherzen den Venensinus, den Atrioventrikulartrichter und den Bulbus arteriosus und am Säugerherzen das primäre Zentrum des Sinusknotens, das sekundäre Zentrum des Atrioventrikularknotens und tertiäre, weiter peripher davon in den Kammern gelegene Zentren*. Die Gesamtheit der spezifisch der Erregungsbildung und Erregungsleitung dienenden Strukturen des Warmblüterherzens, den Sinusknoten und das atrioventrikuläre System, fassen wir hier unter dem Namen des *spezifischen Muskelsystems* zusammen.

Um den *Grad der Automatiefähigkeit* dieser einzelnen Zentren zu ermitteln, hat man verschiedene Maßstäbe zugrunde gelegt. Man kann z. B. die einzelnen Herzteile isolieren und ermitteln, ob und in welcher Frequenz sie dann rhythmisch tätig sind, oder man stellt fest, eine wie lange Zeit verstreichen muß, bis sich die rhythmische Eigentätigkeit entwickelt. Weiter kann man auch so vorgehen, daß man bei Anwendung eines Einzelreizes untersucht, inwieweit dadurch eine rhythmische Tätigkeit ausgelöst wird. Schließlich ist auch die Zeitspanne von Bedeutung, um die die Tätigkeit einzelner Herzteile den allgemeinen Tod überdauert. Von diesen Kriterien wird bald die eine, bald die andere zur Ermittlung der Automatiefähigkeit eines erregungsbildenden Zentrums herangezogen (ROTHBERGER).

Besonders aufschlußreich ist die Feststellung der Dauer der *rhythmischen Tätigkeit nach dem Tode des Organismus*. Es handelt sich hier um die alte Frage nach dem *Ultimum moriens* im Herzen, deren Untersuchung die Kenntnisse über die Herzautomatie in besonderem Maße gefördert hat. Auch hierbei kann man wieder verschieden vorgehen, indem man die Widerstandsfähigkeit automatisch tätiger Herzteile entweder dadurch prüft, daß man feststellt, welche Teile am absterbenden Herzen am längsten einer rhythmischen Tätigkeit fähig sind, oder man versucht zu ermitteln, welche Herzpartien bei Wiederbelebung eines toten Herzens noch eine automatische Aktion aufweisen. Wie außerordentlich widerstandsfähig die *Automatie des Froschherzens* ist, geht u. a. aus Versuchen HABERLANDTs hervor, die an anderer Stelle (Trennung der motorischen Leistung von der nervösen Regulation, S. 34) noch einmal besprochen werden. Die durch Chloräthyl vereisten oder durch verschiedene Gifte gelähmten oder vollkommen wärme- oder totenstarren Herzen konnten durch nachträgliche Speisung mit Blut oder Ringerlösung wieder zum Schlagen gebracht werden. Es gelang das sogar mit Froschherzen, die 3 Std. lang im Exsiccator über Schwefelsäure getrocknet waren (MOROSOV). Sie fingen schon 5—10 min nach Durchströmung mit Ringerlösung wieder zu schlagen an. Histologisch fanden sich geringe Gewebsveränderungen.

Nachdem LANGENDORFF gezeigt hatte, daß auch beim *Warmblüter* bei Einhaltung bestimmter Versuchsbedingungen ein dem Körper entnommenes Herz in rhythmischer Tätigkeit erhalten werden kann, interessierte in der älteren Zeit sehr die Zeitdauer, die zwischen Tod und Wiederbelebung verstreichen kann. Als erster beschäftigte sich KULIABKO (1901) systematisch mit dieser Frage; er konnte am Kaninchen noch nach 112 Std. Herzen zur Pulsation bringen, bei einem 3 monatigen Kinde 20 Std. nach dem Tode. Ein Kaninchenherz schlug nach 44 stündigem Aufenthalt im Eisschrank bei Durchspülung mit Ringerlösung 3 Std. lang fort, ein anderes zeigte 72 Std. nach dem Tode noch Pulsationen des ganzen Herzens. HERING gelang 2 Tage nach dem Tode die Wiederbelebung eines Affenherzens, das in Eis hart gefroren war. Ähnliche Ergebnisse erzielten KULIABKO (1902) und HERING (1905) an Menschenherzen.

Schon die älteren Untersucher wiesen darauf hin, daß bei der Wiederbelebung oft das Gebiet der Veneneinmündung zuerst einsetzt. Daß mit dem Tode nicht alle Teile des Herzens gleichzeitig aufhören, war damals schon lange bekannt. Bereits ALBR. V. HALLER zitiert dafür GALEN und HARVEY. GALEN berichtete schon im einzelnen, daß zuerst die Kammern ihre Tätigkeit einstellen, dann erst die Vorhöfe. Da bei den Vorhöfen der rechte Vorhof den linken überdauert, pflegte man diesen deshalb das „Ultimum moriens Halleri" zu nennen. In Wirklichkeit stellt dieses Ultimum moriens im rechten Vorhof die Hohlveneneinmündungsstelle dar (KREHL und ROMBERG, H. E. HERING). So sah HERING am absterbenden Säugetierherzen mit zunehmender Verminderung der Leistungsfähigkeit schließlich nur noch Kontraktionen des Sinusknotens.

Eine Reihe abweichender Angaben, die z. B. Herzohr und Pulmonalvenen als die Stellen angaben, die zuletzt mit der Pulsation aufhören, sind unzuverlässig. Auch ist zu bedenken, daß das Aufhören einer *sichtbaren* mechanischen Tätigkeit nicht übereinzustimmen braucht mit dem Aufhören einer Produktion von Erregungen. Da es sich außerdem um absterbende Herzen handelt, können in diesem abnormen Zustand lokale Ernährungsstörungen auftreten, die zu Verschiebungen im Reizursprung führen (s. auch S. 13).

Meist ergab sich bei Versuchen dieser Art, daß bei Wiederbelebung zuerst die Hohlveneneinmündungsstelle zu pulsieren beginnt, dann die Herzohren, der rechte und dann der linke Vorhof, dann die rechte und zuletzt die linke Kammer. In einzelnen Fällen erhielt sich der Sinusknoten sogar 7 Tage nach dem Tode überlebend (KULIABKO).

Auch die Automatie des *Atrioventrikularknotens* tritt bei derartigen Beobachtungen deutlich in Erscheinung (W. KOCH). SCHELLONG untersuchte kurz nach eingetretenem klinischen Tod mit Hilfe des Elektrokardiogramms die Verhältnisse am *sterbenden menschlichen Herzen*. Er fand, daß sich bei der terminalen Herztätigkeit drei Stadien ergeben; in dem ersten sinkt die Sinusfrequenz ab, und es folgt — meist mit Verschlechterung der Erregungsleitung — ein Stadium automatischer Schlagfolge, die ventrikulär bzw. vom av-Knoten aus bedingt ist — diese kann mit dem langsamer werdenden Sinusrhythmus interferieren —; falls nicht schon hierbei der Tod des Herzens eintritt, *kann* sich als drittes Stadium eine Wiederherstellung der Sinusreizbildung anschließen, mit deren Ablauf dann der endgültige Herztod eintritt. Dieses Verhalten zeigt die große Resistenz sowohl des Sinusgebietes als auch der heterotopen Zentren der Kammer.

Eine Reihe weiterer Untersucher haben sich mit dem sterbenden menschlichen Herzen befaßt [ROBINSON (1912), HEGLER, DIEUAIDE, DAVIDSON, HOESSLIN, BOHNENKAMP, MARTINI]. Übereinstimmend ergibt sich meist zu einer Zeit, die etwa dem klinischen Tod entspricht, die Verlangsamung der Schlagfolge durch Absinken der Sinustätigkeit, die wohl durch zentrale Vagusreizung bedingt ist (s. dazu S. 156). Je nach Todesursache (z. B. Atemlähmung oder Herztod) ergeben sich dann — namentlich in den Übergangsstadien der einzelnen Phasen — verschiedenartigste Bilder, die alle auf die Automatiefähigkeit der Zentren hinweisen (Herzblock mit Kammerautomatie, isoliertes Schlagen der Vorhöfe bei Kammerstillstand, Kammertachykardien und -flimmern). Wohl in Beziehung zur Todesursache schwankt die Zeitdauer dieser mannigfachen Erscheinungen zwischen mehreren Minuten und mehr als $1/2$ Std. Nach vorübergehender elektrischer Ruhe des Herzens beobachtete neuerdings H. FRANKE sogar $1/2$—1 Std. nach dem klinischen Tode für kurze Zeit eine erneute elektrische Tätigkeit des Herzens in Form fast rein monophasischer Aktionsströme, die mit dem Eintritt der Totenstarre in Zusammenhang gebracht werden. — (Über die postmortale Resistenz der nervösen Versorgung des Herzens s. S. 35.)

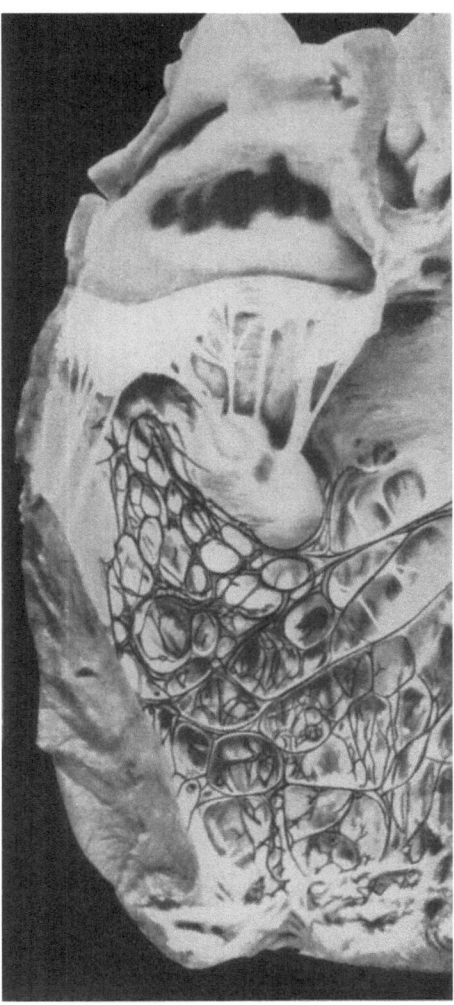

Abb. 1. Injiziertes PURKINJE-Netz am vorderen Papillarmuskel des linken Ventrikels. (Nach AAGARD und HALL)

Bei der Frage nach dem Ultimum moriens hat man die Aufmerksamkeit besonders auch auf jene von PURKINJE entdeckten Fäden gerichtet, zu denen sich die beiden Schenkel des HIsschen Bündels verzweigen und die teils als isolierte lange dünne Fäden brückenartig die Falten der inneren Herzwand als „falsche Sehnenfäden" übersetzen, teils als ganze Netze sich subendokardial in die Papillarmuskeln fortsetzen (Abb. 1). Es handelt sich dabei nach den klassischen Untersuchungen TAWARAs um die Endverzweigungen des *spezifischen Systems*, das offenbar in seiner ganzen Ausdehnung außerordentlich resistent in seinen automatischen Fähigkeiten ist.

Bei der Untersuchung der physiologischen Eigenschaften solcher PURKINJE-Fäden konnte 1912 ERLANGER zwar keine selbständigen Kontraktionen, wohl aber eine erhöhte elektrische Erregbarkeit gegenüber der gewöhnlichen Herzmuskulatur feststellen. Erst WIERSMA erhielt 1922 bei elektrischer Reizung überdauernde Kontraktionen. Die automatischen Eigenschaften der PURKINJE-Fäden zeigten dann 1923 M. ISHIHARA und S. NOMURA. Ihnen kommt das Verdienst zu, sie als Orte eigener Reizbildung erkannt zu haben. Selbst herausgeschnittene Fäden kontrahierten sich in warmer sauerstoffhaltiger Lockelösung während einer 10stündigen Beobachtungsdauer noch rhythmisch. Die überlebende isolierte PURKINJE-Faser untersuchte dann PICK gemeinsam mit ISHIHARA und prüfte daran die Wirkung von Strophanthin (Frequenzsteigerung, Verstärkung der Kontraktionen und schließlich Schrumpfung des Fadens mit eintretender Kontraktur). — ROTHBERGER und WINTERBERG verdanken wir die Erkenntnis, daß neben Adrenalin besonders das Bariumchlorid das kräftigste Erregungsmittel der ventrikulären Automatie ist; tatsächlich erwiesen sich beide Mittel auch als kräftige Exzitantien der PURKINJE-Fäden, ja man kann stillstehende Fäden durch sie wieder zum Schlagen bringen (RIGLER, WACHSTEIN, MORITA). Interessant ist, daß nach PICK Acetylcholin auf die PURKINJE-Fäden selbst in stärkster Konzentration völlig wirkungslos ist, was als ein Beweis für den Mangel vagaler Nervenelemente in diesen Teilen des Reizleitungssystems angesehen wurde.

Die Widerstandsfähigkeit der falschen Sehnenfäden ergibt sich auch daraus, daß Blausäure, als Cyankalium verwendet, die Kontraktionen dieser Muskelfasern angeblich nicht aufhebt, obwohl Blausäure durch Aufhebung aller oxydativen Prozesse sonst rasch alle Lebensvorgänge hemmt. Auch wenn Tiere mit Blausäure bis zum Herzstillstand vergiftet werden, sind die Bewegungen der PURKINJE-Fäden selbst in diesem Fall gut sichtbar (PICK und RIGLER, YAMAZAKI). Sogar 67 Std. post mortem konnten rhythmische Bewegungen der PURKINJE-Fäden am totenstarren Hundeherzen nachgewiesen werden, wobei die Herzen lediglich feucht und kühl gelagert wurden. Auch am Menschenherzen zeigte sich, daß isolierte PURKINJE-Fäden sich noch viele Stunden nach dem Tode bewegten oder zu Kontraktionen zu bringen waren (bis 46 Std. nach dem Tode).

Allerdings sind nach MORITA spontane Pulsationen am isolierten Sinus häufiger als am isolierten falschen Sehnenfaden. Unterschiede zum Sinus ergeben sich auch bei Zufuhr von O_2 bzw. N_2, die am Sinus die Frequenz fördern bzw. hemmen; am falschen Sehnenfaden ergeben sich dadurch keinerlei Veränderungen, während in bekannter Weise beide durch Säuren gehemmt und durch Alkalien gefördert werden (MORITA). — Auf die elektrischen Tätigkeitsäußerungen der PURKINJE-Fäden (MAENO, GOLDENBERG und ROTHBERGER) wird an anderer Stelle eingegangen werden.

Jedenfalls sind also die PURKINJE-Fäden offensichtlich weit resistenter als die übrige Herzmuskulatur; nach ASCHOFF und MÖNCKEBERG verfügen sie über einen großen Glykogengehalt (s. dazu S. 27) und sind auch unvergleichlich reicher an Oxydasen als die übrige Herzmuskulatur. In der Kammer jedenfalls scheinen sie das Ultimum moriens zu sein. Sie sind die widerstandsfähigsten, vielleicht sogar die letzten Zellen des ganzen Körpers, die noch pulsierendes Leben bergen (PICK). Die gleichzeitig oben gezeigte große Widerstandsfähigkeit des Sinusknotens und des av-Knotens zeigt uns zusammen mit den Befunden an PURKINJE-Fäden, daß das Herz — von morphologischen Schädigungen des Reizleitungssystems oder direkten Reizleitungsgiften abgesehen — niemals an seinem automatiebegabten Reizleitungssystem stirbt. Dieses scheint immer das Ultimum moriens zu sein.

Ein anderer Weg, sich über die Automatie der einzelnen Herzteile zu orientieren, ist der Weg des Experimentes nach Art der klassischen Versuche von STANNIUS, auf die in der einleitenden Übersicht (S. 3) schon Bezug genommen wurde und die wir in ihrem speziellen Verhalten und unter dem Gesichtspunkt des Grades der Automatie der einzelnen Zentren nun hier näher zu betrachten haben.

Unter den Tatsachen, die STANNIUS 1852 in einer ganz kurzen Notiz veröffentlichte, sind die beiden folgenden die wichtigsten:

„7. Wird genau diejenige Stelle unterbunden, wo der Hohlvenensinus in den rechten Vorhof mündet, so steht das ganze Herz im Zustand der Diastole anhaltend still. Nur die drei Hohlvenen und der Sinus ziehen sich selbständig zusammen.

10. Legt man nach Anstellung des unter 7. beschriebenen Versuches, dessen Resultat Stillstand des ganzen Herzens ist, eine Ligatur um die Grenze zwischen der Kammer und den Vorhöfen, welche zugleich den Bulbus arteriosus mit umschnürt, so zieht sich der Ventrikel rhythmisch lange Zeit hindurch zusammen, während die Vorhöfe in Ruhe verharren."

Diese beiden Versuche — als die erste und die zweite STANNIUSsche Ligatur in die Literatur eingegangen — stellen den Ausgangspunkt einer sehr großen Anzahl von Untersuchungen dar, die sich bis in die neueste Zeit erstrecken und eine übergroße Menge von Tatsachen über das Verhalten der einzelnen Abteilungen des Herzens gezeitigt haben. Um der historischen Vollständigkeit willen sei noch vermerkt, daß der unter 7. angegebene Versuch schon 1844 von VOLKMANN beschrieben wurde.

Als erste Frage ergibt sich damit die Frage nach der *Ursache des Stillstandes nach der* I. STANNIUS*schen Ligatur.* HEIDENHAIN erblickte sie in einer mechanischen Reizung intrakardialer Vagusfasern. Daß in der Tat hemmende Gebilde in der Herzwand vorhanden sind, haben LUDWIG und DOGIEL, später ECKHARD, DOGIEL und besonders F. B. HOFMANN gezeigt. Zwar sind, wie die anatomische Untersuchung ergibt, die Muskelfasern des Froschherzens überall dicht von Nerven umsponnen, aber die Hauptmasse der Ganglienzellen und großen Nervenstämme findet sich in der Scheidewand. Durch direkte Reizung der Scheidewandnerven ließ sich die hemmende Wirkung des Vagus erweisen (F. B. HOFMANN). Aber die Exstirpation des gesamten Grundstocks des intrakardialen Nervensystems (des REMAKschen Ganglions, der Ganglien der Scheidewand und des BIDDERschen Ganglions) oder die Exstirpation der Scheidewand mit ihren Nerven und Ganglienzellen oder auch die alleinige Durchschneidung der Scheidewandnerven hat keine Störung der normalen Herztätigkeit zur Folge, wohl aber tritt der STANNIUS-Stillstand ein, wenn man den Sinus abtrennt oder die letzte muskuläre Verbindungsbrücke zwischen Sinus und Vorhof durchschneidet, auch dann, wenn man die Scheidewandnerven unversehrt läßt (F. B. HOFMANN). Die Scheidewandnerven sind also offenbar am Zustandekommen der Herzrevolution nicht beteiligt. Eine Reihe weiterer Argumente spricht gegen die HEIDENHAINsche Erklärung des Stillstandes durch Vagusreizung. Auch am atropinisierten Herzen, an dem die Vaguswirkung ja aufgehoben ist, tritt der Stillstand ebenso sicher ein wie am unvergifteten Herzen (ENGELMANN). In gleichem Sinne spricht auch ENGELMANNs Erfahrung, daß während des Stillstandes die direkte Erregbarkeit und Leistungsfähigkeit des Kammermuskels nicht vermindert ist, wie das bei der Vagushemmung der Fall ist und als negativ bathmotrope und inotrope Wirkung bekannt ist.

Nach den experimentellen Ergebnissen ist also nicht anzunehmen, daß die mechanische Reizung oder Durchtrennung der intrakardialen Vagusfasern den „STANNIUS-Stillstand" bedingen, sondern erst die Durchtrennung der letzten Muskelbrücke, die Sinus und Ventrikel verbindet. Das bestätigt sich auch durch Versuche mit reizloser Ausschaltung des Sinus durch dessen lokale Bepinselung mit 1%iger KCl-Lösung (oder Novocain); denn dabei tritt regelmäßig ein mehr oder weniger langer Stillstand auf (F. B. HOFMANN). Auch hat man mit Recht bemerkt, daß der nach einer Ligatur auftretende Stillstand oft viel länger, bis zu $^3/_4$ Std. dauert, als dies von einer mechanischen Reizung der nervösen hemmenden Gebilde erwartet werden dürfte. Der STANNIUS-Stillstand und sein Verschwinden erklärt sich vielmehr aus den Automatieverhältnissen jener ringförmigen Muskelverbindung zwischen Vorhof auf Kammer, die beim Kaltblüter *av-Trichter* genannt wird. 1883 zeigte GASKELL bereits, daß dieses Gewebe ausschließlich für die Erregungsleitung von Vorhof auf Kammer in Frage kommt, und ENGELMANN erkannte 1903 zuerst klar und deutlich, daß nach der STANNIUS I-Ligatur ein sog. *av-Rhythmus* mit gleichzeitiger Kontraktion von Vorhof und Kammer vorliegt. Tatsächlich kontrahiert sich dabei sichtbar die Trichtermuskulatur zuerst, während die Kammer und evtl. der Vorhof erst mit entsprechender Pause nachfolgen (BOND, V. SKRAMLIK). Wie ENGELMANN durch genaue Messungen feststellte, werden dabei die Erregungen von verschiedenen, bald näher dem Vorhof, bald näher der Kammer gelegenen Punkten des atrioventrikulären Grenzgebietes ausgelöst.

Dieses Trichtergewebe läßt sich von dem der Kammerbasis leicht durch seine Farbe unterscheiden. Es ist blaßviolett, während das Muskelfleisch der Basis ziegelrot ist. Der blaßviolette Farbton ist wohl auf das Bindegewebe zurückzuführen, das in großer Menge zwischen die Trichtermuskulatur schiebt, die einzelnen Fasern auseinanderdrängt und die Verbindung zwischen epikardialem und Klappenbindegewebe vermittelt (v. SKRAMLIK).

Dieses Gewebe zeichnet sich durch einen hohen Grad von Automatiebefähigung aus, wie durch viele Versuche sowohl bei Einwirkung des konstanten Stroms als auch durch Einwirkung von Wärme und chemischen Reizen erwiesen wurde.

Die nach der STANNIUS I-Ligatur wieder einsetzende Tätigkeit ist also eine Automatie vom av-Trichter aus, der als sekundäres Automatiezentrum nach Ausschaltung des Sinus in Tätigkeit tritt.

Um den Ausgangspunkt dieser Automatie festzustellen, trennte HABERLANDT den Basisteil der Kammern von oben nach unten allmählich ab, bis die spontan oder durch künstliche Reizung erscheinenden Kontraktionsreihen ausblieben. Dabei stellte sich heraus, daß das erst dann eintritt, wenn der Schnitt an der Grenze zwischen oberem und mittlerem Kammerdrittel gelegt wird, also dort, wo die letzten Ausläufer des Atrioventrikulartrichters aufhören. Die rhythmische Tätigkeit des Trichtergewebes scheint dabei vorwiegend an die untere Trichterhälfte, die die Klappenansatzstelle darstellt, geknüpft zu sein. Alle spontanen Kontraktionen des Atrioventrikulartrichters beginnen meist mit einer Zusammenziehung der Klappengegend (v. SKRAMLIK). Das übrigbleibende Stück entspricht der ,,Herzspitze", von der schon HEIDENHAIN (1854) und BERNSTEIN (1876) wußten, daß sie nicht mehr selbständig zu pulsieren vermag. BERNSTEIN klemmte das Froschherz etwas unterhalb der Kammermitte mit einer feinen Pinzette ab, so daß die Herzspitze nur durch gequetschtes, also nicht mehr funktionierendes Gewebe mit der übrigen Kammer zusammenhing. Nach Entfernung der Klemme bleibt die Spitze dauernd in Ruhe und solche Frösche können mehrere Monate am Leben erhalten werden (LANGENDORFF). HABERLANDT zeigte, daß in dieser ,,Herzspitze" Anteile des av-Trichters nicht mehr nachweisbar sind. Hinzuzufügen ist noch die Feststellung, daß die Trichtergegend auch eine höhere Erregbarkeit aufweist als die benachbarten Partien der Kammerbasis und der Herzspitze.

Aus allen diesen Beobachtungen folgt, daß die Kammerautomatie ihren Sitz im Atrioventrikulartrichter hat. Hierbei kann nicht allein der Kammerteil des Trichters, sondern auch — allerdings nur in seltenen Ausnahmefällen — dessen Vorhofteil als automatisch tätiger Erreger von Pulsationen dienen, wie ENGELMANN durch Versuche nachgewiesen hat, bei denen nach der I. STANNIUSschen Ligatur die Systole des Vorhofs vor der Kammersystole begann.

Ehe wir nach diesen Erkenntnissen uns aufs neue der Frage des STANNIUS-Stillstandes zuwenden, betrachten wir die Verhältnisse beim Anlegen der II. STANNIUSschen Ligatur an der Vorhofkammergrenze, die noch einer besonderen Betrachtung bedürfen. Die rhythmische Tätigkeit beim Anlegen dieser Ligatur ist nämlich nur ein *vorübergehender* Zustand, die Kontraktionen werden langsamer und hören schließlich ganz auf, während der Sinus weiterschlägt. GOLTZ zeigte, daß diese nach der zweiten Ligatur *sofort* einsetzende rhythmische Kammertätigkeit als *Folge der Reizung* anzusehen ist, denn sie hört nach Lösung der Ligatur auf. Aber nicht allein ein Dauerreiz wie die Ligatur, sondern auch eine einzige mechanische Reizung, evtl. eine kurze Berührung ruft bereits eine Reihe von mehreren rhythmischen Kontraktionen hervor. MUNK zeigte 1878, daß *einmalige* mechanische Reizung dieser Gegend nach Herzstillstand eine *Serie* von Kontraktionen auslöst, während an anderen Stellen der Kammer ein Einzelreiz nur *eine* Kontraktion erzeugt (sog. MUNKsches *Phänomen*). Auch durch elektrische Reizung der Trichtergegend lassen sich länger dauernde automatische Pulsreihen auslösen, während die abgeschnittene Spitze der Herzkammer auf die gleiche Reizung mit einzelnen Induktionsschlägen jeweils nur mit *einer* Kontraktion antwortet (MARCHAND, HABERLANDT).

Die Betrachtung ergibt also, daß die rhythmische Tätigkeit bei Anlegen der STANNIUS II-Ligatur zunächst nur ein vorübergehender Zustand ist, der auf die mechanische Reizung des Trichtergewebes zu beziehen ist. Erst die nach Abklingen dieser Reizerscheinungen einsetzende Pause leitet dann zur eigentlichen *Automatie des muskulären av-Trichters* über, wobei von POSTMA (1951) besonders die Dehnung als automatieauslösende Ursache betont wird. Die Länge dieser vorhergehenden Pause — von HERING ,,präautomatische Pause", von ERLANGER "stoppage" genannt — ist ebenfalls ein Maß für die Reizbildungsfähigkeit des av-Trichters. Nach dem Stillstand beginnt die Kammer erst langsam wieder zu schlagen und steigert ihre Frequenz, bis sie den ihr eigenen Rhythmus erreicht. Die allmähliche

Entwicklung des automatischen Rhythmus bis zu der Höhe, wo die Frequenz sich nicht mehr ändert, nennt man mit GASKELL "rhythm of development". Die geringere Automatie des av-Trichters kommt auch in der Höhe der danach erreichten Eigenfrequenz zum Ausdruck. Sie verhält sich beim Frosch zu der des Sinus etwa wie 1:2,5.

Der STANNIUS-Stillstand nach der I. Ligatur erklärt sich also in gleicher Weise wie die präautomatische Pause bei der II. Ligatur durch die Tatsache, daß die automatischen Fähigkeiten des av-Gewebes zu gering sind, um sogleich Kontraktionen hervorzurufen; wenn man einer automatisch schlagenden Kammer einen schnelleren Rhythmus aufzwingt, so bleibt sie nach Unterbrechung der Reizung eine Zeitlang stehen, bis sie ihre eigene Schlagfolge wieder aufnimmt; erst nach Ablauf einer gewissen Zeit ist sie also in der Lage, sich geltend zu machen (LOHMANN am Schildkrötenherzen, F. B. HOFMANN am Froschherzen). F. B. HOFMANN hat die Erscheinungen in einen allgemeineren Zusammenhang gestellt, indem er darauf hinwies, daß die Entwicklung der Kammerautomatie nur ein Spezialfall einer allgemeinen Regel ist, daß Organe und Organteile, denen die Erregungen regelmäßig von anderen, ,,übergeordneten'' Organen zugeleitet werden, einige Zeit nach ihrer funktionellen Isolierung ,,spontan'' in Erregung geraten. Das kommt auch an den Skeletmuskeln, Speicheldrüsen, glatten Muskeln und den spinalen Zentren der Wirbeltiere vor. Es drängt sich hier der Gedanke auf, wie zweckmäßig eine solche ,,Sicherung'' ist; denn wenn nur der Sinus die Fähigkeit der automatischen Tätigkeit hätte, müßte ja jeder länger andauernde Block zum Tode führen. Um andererseits Störungen durch die Automatie des sekundären Zentrums zu verhindern, scheint es so etwas wie eine *Hemmung der automatischen Reizbildung* durch die Zufuhr von Erregungen übergeordneter Zentren zu geben, die die letzte Erklärung des STANNIUS-Stillstandes abgeben würde, daß also die Ventrikelautomatie durch die vorhergehende dauernde Zuleitung von Erregungen vom Sinus her unterdrückt wird (Abb. 2).

W. TRENDELENBURG zeigte schon 1903, daß eine starke Reizung des Herzens imstande ist, die Erregbarkeit für kurze Zeit herabzusetzen. Besonders klar geht die Hemmung der automatischen Reizbildung aus Versuchen von HOFMANN und HOLZINGER (1911) hervor, die nach mehreren kurz aufeinanderfolgenden Extrasystolen recht beträchtliche Kammerstillstände ergaben (Abb. 2). Entsprechend den ersten Versuchen von LOHMANN (1904) zeigten ERLANGER und HIRSCHFELDER (1905) an der Kammer des Hundeherzens, daß nach höher frequenter Reizung der Kammer ein Stillstand erfolgt und sich dann erst allmählich der frühere automatische Rhythmus wieder entwickelt. Ganz entsprechend

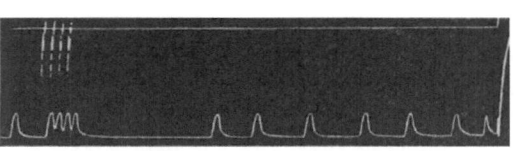

Abb. 2. Hemmung der automatischen Reizbildung. Isolierter, nicht durchströmter Froschventrikel. Reizung mit Einzelschlägen. (C. J. ROTHBERGER nach F. B. HOFMANN und HOLZINGER)

zeigte CUSHNY am isolierten, durchströmten und automatisch schlagenden Katzenventrikel, daß eine Beschleunigung des Rhythmus von einer beträchtlichen Verlangsamung gefolgt ist, die erst allmählich wieder dem automatischen Rhythmus Platz macht. Auch CUSHNY erklärt diesen "rhythm of development" dadurch, daß die untergeordneten Zentren durch die in rascher Folge vom Sinus eintreffenden Erregungen in einem dauernden ,,Ermüdungszustand'' (oder Hemmungszustand) gehalten werden und sich daher nach Unterbrechung der Reizzuleitung erst allmählich erholen.

Jedenfalls erklärt sich der STANNIUS-Stillstand nach der I. Ligatur, die präautomatische Pause nach der II. Ligatur und die allmählich sich entwickelnde, langsame Kammereigentätigkeit durch den *geringeren Grad von Automatie* des av-Gewebes, wobei offenbar die dauernde Zuleitung von Erregungen vom Sinus her noch in besonderer Weise die Automatie dieses Zentrums im Sinne einer Hemmung herabsetzt.

Es wurde oben schon bemerkt, daß am Froschherzen auch dem *Bulbus aortae* automatische Fähigkeiten zuzusprechen sind. Unter mäßigem Druck gefüllt zieht er sich in der Regel noch einige Zeit rhythmisch zusammen. Daß eine einmalige Reizung des Bulbus mit rhythmischen Pulsationen beantwortet wird, ist seit den Untersuchungen von MUNK (1878) und MARCHAND (1878) bekannt und von ENGELMANN (1882) näher untersucht worden. Dabei zeigte sich, daß die Reizung jeder beliebigen, kleinsten Stelle — auch nach Abtrennung vom übrigen Herzen — eine Reihe maximaler Kontraktionen auslöst, und zwar in um so größerer Zahl und um so schneller, je stärker der Reiz war. Die durch einen einmaligen Reiz des Bulbus hervorgerufenen Kontraktionen können sich natürlich rückläufig auf Kammer und Vorhof fortpflanzen, so wie wir das entsprechend beim av-Rhythmus kennenlernten. Auch ohne vorhergehende Reizung kann der Bulbus nach einiger Zeit wieder zu schlagen anfangen. Diese Kontraktionen erreichen meist eine ziemlich konstante Frequenz, die sie stundenlang beibehalten können. Am isolierten, vor Vertrocknung geschützten Bulbus wurden periodische Kontraktionsreihen über 2 Std. lang beobachtet (LOEWIT, 1883). Die Frequenz ist aber immer viel geringer, als wenn der Zusammenhang mit dem Herzen noch erhalten ist; ENGELMANN fand sie nach Isolierung des Bulbus durchschnittlich auf ein Zehntel herabgesetzt.

Der verschiedene Grad der Automatie der einzelnen Zentren des Froschherzens tritt besonders deutlich zutage, wenn man sie unter verschiedenen *Ernährungsbedingungen* studiert, die offenbar einen recht bedeutsamen Faktor für das Auftreten der Automatie darstellen (v. SKRAMLIK). Während auch bei schlechteren Ernährungsbedingungen als sie durch die Blutversorgung gegeben sind, also z. B. bei Verwendung von Ringerlösung, die einzelnen Teile von Hohlvenen und Sinus *spontan rhythmisch* und zumeist in der gleichen Frequenz weiterarbeiten, ist das Auftreten automatischer Pulsationen des av-Trichters und des Bulbus *bei Ernährung mit Ringerlösung an einen einmaligen äußeren Reiz geknüpft.*

Auch die Dauer des Stillstandes nach der I. STANNIUSschen Ligatur hängt offenbar von den Ernährungsbedingungen ab. Die präautomatische Pause kann je nach der Zusammensetzung der Nährlösung $^3/_4$ Std. dauern oder auf 6 sec abgekürzt sein (F. B. HOFMANN). Auswaschen aller Blutreste verhindert den Eintritt der Kammerautomatie (v. SKRAMLIK). Bei gleichzeitiger ernährender Durchströmung des Herzens (an einer Durchströmungskanüle) dauert der Kammerstillstand kürzere Zeit, als wenn durch eine Ligatur die Durchblutung ganz unterbunden wird. Ebenso schlägt der unter bestimmtem Druck gefüllte Bulbus, wenn er vorher nicht mit Ringerlösung ausgewaschen worden ist. So ergeben sich neue Hinweise für den unterschiedlichen Grad der Automatie der einzelnen Zentren, die am größten bei den zentralen Venen und dem Venensinus, geringer beim Atrioventrikulartrichter und am geringsten beim Aortenbulbus ist.

Den *Vorhöfen* scheint die Fähigkeit der Automatie am Kaltblüterherzen ganz zu fehlen; denn wenn nach der STANNIUS I-Ligatur automatische Kontraktionen einsetzen, handelt es sich stets um einen Reizursprung im *av*-Verbindungsbündel (ENGELMANN). Lokale Erwärmung des Vorhofs, gleichgültig an welcher Stelle der Vorhofwand sie gesetzt wird, ist wie an der Kammerwand ganz ohne Wirkung auf die Frequenz des Herzens und äußert sich höchstens in einer Zunahme der Schnelligkeit der Verkürzung und Erschlaffung, zuweilen auch in Änderungen der Kontraktionsgröße (ENGELMANN). Auch die Hauptmasse der *Kammern* entbehrt also offenbar der automatischen Fähigkeit. Der oben schon erwähnte Versuch BERNSTEINs weist ja schon darauf hin, daß der Herzspitze keine Automatie zuerkannt werden kann. Sie vermag nicht mehr selbständig zu pulsieren, was damit in Einklang steht, daß Trichtergewebe in ihr nicht mehr nachweisbar ist. Unter dem Einfluß eines konstant wirkenden Reizes, z. B. eines erhöhten inneren Druckes oder eines konstanten elektrischen Stromes (W. TRENDELENBURG), auch durch eine künstliche Nährflüssigkeit kann sie zwar in rhythmische Tätigkeit versetzt werden, aber im eigenen Blut des Tieres und bei normaler Wandspannung, also unter normalen Bedingungen, ist das nicht möglich, und Einzelreize werden auch stets nur mit Einzelkontraktionen beantwortet, so daß von einer Fähigkeit zur automatischen Reizbildung im strengen Sinne nicht gesprochen werden kann (ROTHBERGER).

An dieser Stelle sei zusätzlich das Verhalten eines Präparates erwähnt, daß sich als außerordentlich bedeutsam im physiologischen und pharmakologischen Experiment erwiesen hat, das *Herzstreifenpräparat von* LOEWE (1918), das dann von SCHELLONG mit Erfolg auch in die elektrophysiologische Methodik eingeführt wurde. Derartige Streifen erhält man z. B. durch zwei parallele Scherenschnitte durch die Kammermuskulatur; der so erhaltene Ring wird aufgeschnitten und in O_2-durchperlter Ringerlösung horizontal aufgehängt (Paraffinblock in Porzellanschale). Durch geeignete spiralige Schnittführung lassen sich auch besonders lange Streifen gewinnen (ROTHSCHUH). Im Bad mit O_2-durchperlter LOCKEscher Lösung gewinnen sie leicht ihre spontane Schlagfähigkeit wieder, ihre Lebensdauer ist beträchtlich (über Stunden), die Frequenz liegt meist zwischen 15—30 in der Minute. Neben rhythmischer Tätigkeit findet sich oft das Bild der LUCIANIschen *Perioden*[1] (Abb. 3). Wie besonders ABDERHALDEN und GELLHORN feststellten, fördert Sauerstoffzufuhr Frequenz, Pulsgröße und Automatiedauer; ganglienzellreiche Streifen sollen in dieser Hinsicht günstiger sein als

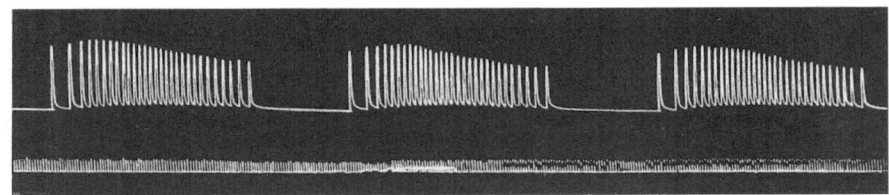

Abb. 3. Lucianische Perioden (Kammerlängsstreifen des Froschherzens mit Luftdurchleitung).
(Nach ABDERHALDEN und GELLHORN)

ganglienzellarme. Die Erholung wird durch Dehnung und Adrenalin beschleunigt. $BaCl_2$ ist auch hier — unabhängig vom Ganglienzellengehalt — das wirksamste Mittel zur Anregung der Automatie. Das regelmäßige Schlagen scheint nach eigenen Erfahrungen d. Verf. von vorhandenem Trichtergewebe auszugehen, auch MACHIELA wies darauf hin. Dem entspricht, daß nach SOLLMANN und CHU am Schildkrötenventrikelstreifen die Neigung zur Automatie verschieden stark entwickelt ist, je nachdem ob es sich um Gewebe aus Vorhof (mit Sinus), Kammerbasis, Kammermitte oder Kammerspitze und Vorhof ohne Sinus handelt. In umgekehrter Reihenfolge verhält sich die Zeitdauer, bis die Streifen wieder zu schlagen anfangen. Dem entspricht auch der Befund, daß Muskelstreifen aus tieferen Kammerteilen der Froschherzen sich langsamer zu Schlagtätigkeit erholen als höher gelegene und auch eine langsamere Frequenz zeigen (LOEWE, ABDERHALDEN und GELLHORN).

Eine besondere Beachtung verdient in diesem Zusammenhang noch die Frage nach der *funktionellen Gleichwertigkeit bzw. Ungleichwertigkeit der mit Automatie begabten Gebiete*. ENGELMANN zeigte, daß beim Frosch alle drei Hohlvenen gleichzeitig und mit dem Sinus *isochron* pulsieren. Von jeder beliebigen Stelle der großen *Venen* aus kann auch eine Revolution des ganzen Herzens ausgelöst

---

[1] Es handelt sich bei den LUCIANIschen *Perioden* um eine gruppenweise auftretende automatische Tätigkeit, die 1873 im Laboratorium von C. LUDWIG am erstickenden Froschherzen beobachtet wurde und die durch Sauerstoffzufuhr zu beseitigen ist. ABDERHALDEN und GELLHORN beobachteten sie auch an Herzstreifen und fanden, daß diese Gruppenbildung durch Adrenalin beseitigt werden kann (s. o.). Sie treten nicht nur bei Sauerstoffmangel auf, obwohl sie sicher etwas mit dem schlechten Zustand des automatisch tätigen Herzteils zu tun haben. Aber eigenartigerweise liegen während der Gruppen relativ hohe Frequenzen und nicht verkleinerte Kontraktionshöhen vor. Darum wird Schädigung und Erstickung als Ursache von den Nachuntersuchern abgelehnt. Wahrscheinlich handelt es sich irgendwie um die Tätigkeit eines Extrareizherdes mit Ermüdung und Erholung in den Pausen (LANGENDORFF, ASHMAN und HAFKESBRING). SCHELLONG sah sie beim absterbenden Menschenherzen und führte sie auf Schwankungen im Verhältnis zwischen Reizstärke und Erregbarkeit zurück; GOLDENBERG und ROTHBERGER fanden LUCIANIsche Perioden auch am PURKINJE-Faden des Warmblüterherzens. Die Prüfung der Erregbarkeit ergab periodische Schwankungen der Erregbarkeit, die dem Erwachen und Verschwinden der Automatie parallelgingen.

und somit das Tempo des Herzschlags beeinflußt werden. Wenn eine Hohlvene durch einen scharfen Schnitt in einer gewissen Entfernung vom Sinus abgetrennt wird, so pulsiert sie im allgemeinen sogleich weiter, und zwar sehr häufig in etwa demselben Rhythmus wie das übrige Herz. Grundsätzlich sind also offenbar *alle Teile des venösen Gebietes beim Frosch gleichwertig.* Nicht eine bestimmte, scharf umschriebene Stelle in der Wand der venösen Ostien ist also als ausschließliche und regelmäßige Quelle der normalen Herzreize zu betrachten, sondern jeder oder doch die meisten Teile der großen Venen und des Sinus können als solche im Leben tätig sein. Darum kann in weiter Ausdehnung die Muskelwand an den venösen Ostien funktionsunfähig werden, ohne daß das Herz als Ganzes aufzuhören braucht, in gewohnter Weise zu schlagen (ENGELMANN). Der gemeinsame *Venensinus* zeigt dabei keine Besonderheiten gegenüber den Hohlvenen. Ebenso wie an den Hohlvenen verändert sich auch hier nach seiner Abtrennung vom übrigen Herzen die Pulsfrequenz nicht, und zwar auch dann nicht, wenn die zentralen Venen abgebunden werden. Auch am Venensinus wird — wie bei Reizung an den Hohlvenen — die kompensatorische Pause nach einer Extrasystole vermißt.

Beim Absterben kann allerdings die Kontraktion an einer Hohlvene beginnen, meist an der unteren, und über den Sinus auf die obere fortschreiten. Auch kann man am sterbenden Herzen, bei dem die Leitungsgeschwindigkeit und die Frequenz genügend abgesunken sind, nachweisen, daß eine z. B. am distalen Ende der V. cava sup. sin. ausgelöste Reizung durch den Sinus nach der unteren Hohlvene und der V. cava sup. dextra hinschleicht. Dabei ist sogar eine kleine Verzögerung an der Sinusgrenze sehr deutlich (ENGELMANN). Die Tatsache der synchronen Tätigkeit aller Teile des venösen Vorherzens gilt also nicht absolut streng. Bei den *Reptilien* sind die automatischen Eigenschaften des venösen Vorherzens nicht mehr an allen Stellen gleich entwickelt, man findet hierbei bereits eine gewisse Differenzierung in der Anlage der führenden Stelle (v. SKRAMLIK). Am leichtesten beeinflußbar ist bei Schildkröten[1] und Panzerechsen die Einmündungsstelle der rechten oberen Hohlvene in den Sinus, bei den Schuppenkriechtieren die rechts gelegenen Anteile des Sinus nahe der Sinus-Vorhofgrenze. Beim Versagen des Hauptzentrums vermag aber sofort ein anderer Teil einzuspringen. Spezielle Untersuchungen am Ringelnatterherzen (KUPELWIESER) ergaben weiter, daß hier die Reizursprungsstelle innerhalb des Venensinus und der unteren Hohlvene schon normalerweise wechselt. Damit ergibt sich die *Möglichkeit einer mehrörtlichen Automatie mit einer nichtstrikten Isochronie,* d. h. es können multiple Stellen des Erregungsbeginns vorliegen, die nicht vollkommen gleichzeitig in Funktion treten. Eine derartige Anlage wäre als eine Art Sicherungsmaßnahme verständlich, weil dann bei Herabsetzung der Funktionstüchtigkeit eines Teils andere die Reizbildung in gleicher Frequenz aufrechterhalten könnten.

Die funktionelle Gleichwertigkeit des ganzen Gebietes des primären Automatiezentrums (Venen und Sinus) beim Frosch findet ihre Bestätigung durch die Tatsache, daß selbst die allerwinzigsten Teile der Hohlvenen und des Venensinus in demselben Rhythmus wie das unverletzte Organ pulsieren. Es handelt sich bei dieser Feststellung um die Frage, ob die Schlagfrequenz eines Automatiezentrums grundsätzlich von der *Zahl* der beteiligten Elemente abhängt oder nicht. Diese Fragestellung geht zurück auf Überlegungen von v. KRIES, ob zur Erregungsleitung grundsätzlich nur die Brücke *einer* Faser erforderlich sei — v. KRIES nannte das die „unbeschränkte Auxomerie", auf die an anderer Stelle eingegangen wird —. Ist eine Mehrzahl von Fasern erforderlich, so kann man das als das Prinzip der *örtlichen Summation* bezeichnen. Durch die erwähnten Versuche ENGELMANNs wurde bereits erwiesen, daß die Automatie von Hohlvenen und Sinus nicht an den anatomischen Bestand des Gebildes im ganzen oder etwa an bevorzugte Stellen geknüpft ist, daß vielmehr jede Stelle der Muskelwand dieses Zentrums

---

[1] Beim *Schildkrötenherzen* sind die Angaben nicht einheitlich. GARREY gab auf Grund von Suspensionskurven den Ursprung in der rechten Vene an, so daß ein „venosinuales" Intervall vorläge. MEEK und EYSTER verlegten den Impulsbeginn auf Grund elektrophysiologischer Versuche in die Sinuatricularverbindung, ebenso SCHLOMOVITZ und CHASE auf Grund lokaler Temperatureinwirkung.

imstande ist, nach Lostrennung von ihrer Umgebung zu pulsieren, und zwar in einem durchaus gleichförmigen Rhythmus. Den Beweis dafür haben Zerschneidungsversuche erbracht. Von den Hohlvenen trug ENGELMANN ein 1 mm^3 messendes Stückchen ab und sah es noch stundenlang regelmäßig und mit großer Frequenz schlagen (über 40 je Minute). Welche Lebenszähigkeit diese Stückchen besitzen, geht daraus hervor, daß ein kaum 2 mm^3 messendes Präparat innerhalb 4 Tagen noch über 17 000 Kontraktionen verzeichnete!

VON SKRAMLIK unternahm es, diese Frage an sämtlichen 3 Automatiezentren des Frosches zu prüfen, also an Hohlvenen und Sinus, dem Atrioventrikulartrichter und dem Bulbus. Es ergibt sich, daß selbst die kleinsten Teilchen, deren Herstellung die Technik zuläßt, mit derselben Frequenz pulsieren wie das ganze Automatiezentrum. Der gleichmäßige Rhythmus der Teile bleibt sogar tagelang derselbe und in der Mehrzahl der Fälle der gleiche wie der des ganzen Automatiezentrums. Besonders interessant ist, daß die kleinen Teile, wenn sie überhaupt in Tätigkeit geraten, sofort ihren vollen Rhythmus aufnehmen (allerdings unter allmählicher Zunahme der Kontraktionsgröße, „Treppe"). Meist handelte es sich bei den so hergestellten Stückchen um 200 Fasern, in einem allerdings ganz exzeptionellen Fall der V. cava superior sin. sogar nur um etwa 10 Muskelfasern. Berücksichtigt man, daß in diesen Zahlen auch alle gequetschten Fasern inbegriffen sind, dann erscheint die Ungültigkeit der Annahme einer örtlichen Summation beim Zustandekommen der Frequenzen des durch Sinus und Hohlvenen dargestellten Hauptzentrums der Automatie als erwiesen. Stellen verschiedener Befähigung zur Bildung automatischer Reize sind hier offenbar nicht aufzufinden, und zur Erzeugung der Normalfrequenz sind sicher nur wenige Elemente erforderlich. Bemerkenswert ist auch, daß diese Stückchen nach dem Herausschneiden nach kurzer Pause ohne "rhythm of development" gleich mit der vollen Frequenz wie beim unverletzten Zentrum einsetzen.

Beim atrioventrikulären Gewebe ist zwar nach ENGELMANN und v. SKRAMLIK die untere Trichterhälfte, der kammerwärts gelegene Anteil, der Prädilektionsort für die automatische Reizbildung, am Bulbus ist es besonders der in die Kammerbasis versenkte Ursprung. Aber auch bei Zerteilung des Trichtergewebes in viele kleine Stücke läßt sich dieselbe Pulszahl feststellen wie am ganzen Gewebe; es findet also auch hier keine „örtliche Summation" statt; ebenso wie am Sinus — und das gleiche gilt für den *Bulbus* — ist die Frequenz der automatischen Reizbildung nicht abhängig von der Zahl der beteiligten Elemente, also nicht geknüpft an den gesamten anatomische Bestand dieser Herzabschnitte. Die Feststellung, daß Teile entweder überhaupt nicht oder ebenso rasch pulsieren wie das ganze Zentrum, macht jedenfalls in hohem Grade wahrscheinlich, daß bei der Erregung der automatischen Rhythmen örtlich nicht summiert wird. Die Sicherheit dieser Aussage ist am größten für Hohlvenen und Sinus, geringer für den av-Trichter und Bulbus. Das hängt mit der Größe der hergestellten Teilchen zusammen, die am geringsten bei Hohlvenen und Sinus war (v. SKRAMLIK).

Es sei in diesem Zusammenhang auch verwiesen auf das an anderer Stelle zu besprechende Verhalten embryonaler Herzen in der Gewebskultur (BURROWS, OLIVO). Hierbei ergibt sich, daß herausgeschnittene Vorhof-Venenstücke bei allen Embryonen spontan schlagen, Ventrikelstückchen nur bei jüngeren Embryonen. Eigenartigerweise zeigen die Zellen, die aus den nichtpulsierenden Ventrikelstückchen älterer Embryonen auswachsen, ebenfalls rhythmische Bewegung. (S. 38).

Wenden wir uns nun den speziellen Verhältnissen des höher entwickelten *Warmblüterherzens* und des *menschlichen Herzens* zu. Hier haben anatomische Untersuchungen einen entscheidenden Beitrag geliefert. In der Gegend des Sinus hatte 1906 WENCKEBACH ein verbindendes Muskelbündel beschrieben, das dem Atrioventrikularsystem entsprechen sollte. Bei der Nachuntersuchung dieses Befundes fanden dann 1907 KEITH und FLACK den *Sinusknoten*, dessen ausführlichste Beschreibung 1922 W. KOCH gab[1]. Seine anatomische Lage zeigt Abb. 4. Er hat die Form einer Spindel (oder Rübe) und beginnt mit einem

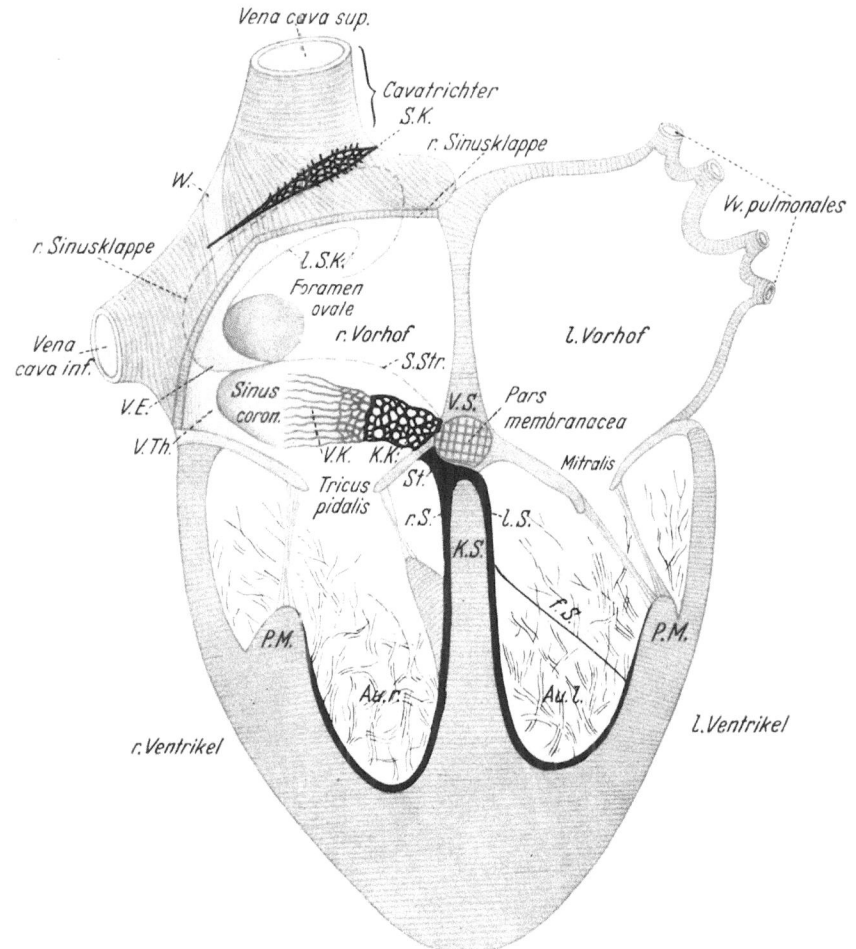

Abb. 4. Automatiezentren im Säugetierherzen. Gleichzeitig schematische Darstellung der spezifischen Muskelsysteme im menschlichen Herzen. Rechter Vorhof nur z. T. eröffnet, die übrigen Herzhöhlen auf dem Durchschnitt. *W* Wenckebachscher Muskelzug; *l. S. K.* linke Sinusklappe; *V. E.* Valvula Eustachii; *V. Th.* Valvula Thebesii; *S. Str.* Sinusstreifen; *V. S.* und *K. S.* Vorhofs- und Kammerscheidewand; *S. K.* Sinusknoten; *V. K.* Vorhofsknoten bzw. Vorhofsteil des ASCHOFF-TAWARAschen Knotens; *St.* Stamm des Reizleitungssystems (HIssches Bündel), *R. S.* und *L. S.* rechter und linker Schenkel des Reizleitungssystems; *Au. r.* und *Au. l.* Ausbreitungen des Reizleitungssystems; *f. S.* falscher Sehnenfaden; *P. M.* die Papillarmuskeln. (Nach ASCHOFF-KOCH)

geschwollenen Kopfteil an der oberen Hohlvene kurz unterhalb des „Herzohr-Cava-Winkels". Er läuft den Sulcus terminalis entlang, welcher sich vom Herzohr-Cava-Winkel auf die Cava inf. zu erstreckt, angelehnt an die starke Muskelleiste, welche als Crista terminalis über das Dach des Vorhofs zieht und den Abschluß

---

[1] Über die histologische Beschaffenheit und die Lageunterschiede bei den verschiedenen Tieren sei auf die Arbeiten von TANDLER (1931), W. KOCH (1922), BENNINGHOFF (1924, 1930, 1933), MÖNCKEBERG (1924, 1926) und TER BORG (1939) verwiesen.

gegen das Sinusgebiet, die einmündenden Herzvenen, vermittelt. Nach oben geht die Muskulatur des Knotens in die V. cava und nach unten in die Vorhofmuskulatur über, so daß wir am Sinusknoten den Kopfteil, den Stamm und obere und untere Ausläufer unterscheiden können. Er hat nach W. KOCH eine Länge von 2—3 cm, sein Durchmesser beträgt etwa 1—2 mm. TANDLER gibt für den makroskopisch präparierbaren Teil eine Länge von 10 und eine Breite von 3—5 mm an, ROTHBERGER und SCHERF eine Länge von ungefähr 15 mm bei einer Breite von 3—4 mm. Jedenfalls ist der Sinusknoten ein Gebilde von recht beträchtlicher Ausdehnung, die beim Menschen wohl noch unterschätzt wird, wie neuere Untersuchungen wahrscheinlich machen.

Beachtenswert sind vor allem Untersuchungen, nach denen die Ausdehnung des Sinusknotens noch nicht völlig geklärt zu sein scheint. Sie gehen zurück auf eine Dissertation von SCHWARTZ (1910), der den Sinusknoten des *Wiederkäuerherzens* als V-förmige Schleife beschrieb, dessen Scheitel im Herzohr-Cava-Winkel liegt. Der vordere rechte oder laterale Schenkel entspräche dem KEITH-FLACKschen Knoten, also dem, was gewöhnlich als Sinusknoten angesprochen wird, der andere Schenkel ziehe schräg nach hinten und abwärts und stehe mit dem linken Vorhof in enger Beziehung. Die Dimensionen dieser Sinusschleife sind so gering, daß eine makroskopische Darstellung ausgeschlossen sei. Unabhängig davon haben später (1924) italienische Autoren[1] (BRUNI, PACE) bei Wiederkäuern den Sinusknoten ebenfalls als hufeisenförmig beschrieben. Das Mittelstück liege genau über dem sulcus terminalis, das rechte Ende an der Oberfläche des rechten Vorhofs, das linke im Sulcus interatrialis. Beim Pferd sollen beide Teile des Hufeisens getrennt sein und sie können bei verschiedenen Tieren verschieden groß sein. Nach SEGRE (auch nach BRUNI und PACE) soll *auch beim Menschen der Sinusknoten doppelt* sein und die Hohlveneneinmündung *hufeisenförmig* umgreifen. Der rechte Schenkel entspricht dem KEITH-FLACKschen Knoten, der viel größere (!) *linke* Teil liege subepikardial in der Furche zwischen der oberen Wand der beiden Vorhöfe, und zwar in der ganzen Ausdehnung vom Cava-Trichter bis zu den rechten Pulmonalvenen. Die Querbrücke fehle noch beim Neugeborenen, beim Erwachsenen werde sie von einigen reizleitenden Fasern gebildet. Die Befunde verlangen dringend einer gründlichen Nachprüfung von anatomischer Seite, da sie für manche Fragen der Herzphysiologie bedeutsam erscheinen!

Nach der Entdeckung von KEITH und FLACK setzte eine intensive experimentelle Bearbeitung der Funktion des Sinusknotens ein und in der Folgezeit wurde eine überaus große Zahl von Versuchen ausgeführt, die das Ziel hatten, das führende Zentrum durch *Zerstörung oder Funktionsbehinderung* zu ermitteln. Es wurden dazu die verschiedensten Methoden angewandt [Abschnürung (KREHL und ROMBERG), Abklemmung (FRÉDÉRICQ; EYSTER und MEEK), Herausschneiden (LANGENDORFF und LEHMANN; COHN, KESSEL und MASON; MOOREHOUSE), Verschorfung (JAEGER, H. E. HERING, ZAHN, FRÉDÉRICQ), Formalin (LOHMANN, ZAHN), Radium (BORMAN und MCMILLAN u. a.)]. Natürlich sind alle diese Methoden recht roh und lassen keine sicheren Schlüsse zu, worauf schon LEWIS (1913) hinwies. Am schonendsten und sichersten ist die Methode, die ROTHBERGER und SCHERF verwandten, indem sie die Sinusknotenarterie abbanden. Diese Versuche ergaben zumeist, daß in der Regel eine *Verminderung der Schlagfrequenz des distalen Herzabschnitts* eintritt, und zwar im Durchschnitt um 33%. Ein der STANNIUS I-Ligatur entsprechender Stillstand kommt offenbar nur am künstlich ernährten Herzen zur Beobachtung.

Es darf aber nicht unerwähnt bleiben, daß es zahlreiche Beobachtungen gibt, daß die Schlagfolge des Herzens nach Ausschaltung des Sinusknotens nur wenig oder gar nicht verändert wird. Sowohl nach Abklemmung, Exstirpation, Zerquetschung und Verschorfung fanden eine ganze Reihe von Autoren keinen Einfluß dieser Eingriffe auf den Rhythmus des Herzens [FLACK (1910), JAEGER (1910), MAGNUS-ALSLEBEN (1911), MORRHOUSE (1912), BRANDENBURG und HOFFMANN (1911, 1912)], so daß eine Anzahl dieser Autoren den Sinusknoten

---

[1] Zusammenfassung bei ROVERSI (1929).

für entbehrlich hielten, ihm jedenfalls nur die Rolle eines „primus inter pares" zuzubilligen geneigt waren. Da die Knotenfasern durch längere Ausläufer in die histologisch nicht als spezifisch erkennbaren Fasern übergehen, könnte man sich aber denken, daß in den erwähnten Ausnahmefällen die Exstirpation nicht vollständig gewesen ist, also ein größerer oder kleinerer Teil des Knotengewebes in dem angeblich davon freien Stück vorhanden war (TIGERSTEDT). Neuerdings erhielten ARORA und DAS (1957) mit verbesserter Methodik fast regelmäßig nach Zerstörung des Sinusknotens den av-Rhythmus (Frequenz 52—86% der Sinusfrequenz).

Gute Übereinstimmung ergaben demgegenüber die Versuche mit *lokaler Abkühlung*. So erhielten BRANDENBURG und HOFFMANN (1911/12), die bei Abtrennung keine Frequenzänderung fanden und das auf ein vikariierendes Eintreten anderer Abschnitte des Vorhofs bezogen, bei eng lokalisierter Abkühlung eine Verlangsamung, wie sie schon FLACK selbst (1910) fand. Die nachher noch ausführlicher zu besprechenden Experimente von GANTER und ZAHN (1911/12) zeigten das ebenso. Dabei ist zu sagen, daß Experimente mit lokalisierter Abkühlung *grundsätzlich* überzeugender erscheinen als solche mit lokalisierter Erwärmung. Durch diese kann eine bestimmte Stelle im Sinusgebiet als Ursprungsstelle der Erregungen nicht so sicher ermittelt werden; denn infolge der Erwärmung kann ja ein anderer Punkt als die eigentliche Ursprungsstelle infolge ihrer so erzwungenen höheren Frequenz die Führung übernehmen. Damit hängt wohl auch zusammen, daß ADAM die empfindlichste Stelle näher der unteren als der oberen Hohlvene gelegen angab. Es ist in diesem Zusammenhang interessant und bemerkenswert, daß schon vor der Entdeckung des Sinusknotens 1888 (!) von McWILLIAM gezeigt wurde, daß bei mäßiger *lokaler Erwärmung* der Einmündungsstelle der oberen Hohlvene die Schlagfolge des ganzen Herzens am Warmblüter beschleunigt wird, während eine entsprechende Erwärmung z. B. an der Kammer keine Veränderung in der Pulsfrequenz hervorrief. Neben den erwähnten Versuchen mit Erwärmung und Abkühlung des Sinusknotens von ADAM am künstlich ernährten, herausgeschnittenen Katzen- und Kaninchenherzen sind hier besonders die umfangreichen und sorgfältigen Versuche von GANTER und ZAHN an Herzen von Affen, Hunden, Katzen, Kaninchen und Ziegen in situ hervorzuheben. Gerade diese Versuche haben zur weiteren Klärung Entscheidendes beigetragen. Durch besondere „Thermoden" gelang es ihnen, durch eng lokalisierte Erwärmung und Abkühlung überzeugend zu zeigen, daß diese Beeinflussungen stets zur Beschleunigung bzw. Verminderung der Herzfrequenz führen. Dabei ergibt sich, daß der *Kopfteil des Sinusknotens* diejenige Stelle ist, die durch Erwärmung am leichtesten beeinflußbar ist. Auch nach Abklemmung des führenden Punktes im Sinusknoten vermochten die übrigen Teile nur eine geringere Frequenz zu entwickeln. Das Maximum der Frequenzsteigerung ergibt sich andererseits, wenn der ganze Sinusknoten beeinflußt wird. Von den Hohlvenen aus ergaben sich niemals Veränderungen der Herzfrequenz. Die oben erwähnte erhebliche anatomische Ausdehnung des Sinusknotens steht mit der Möglichkeit in guter Übereinstimmung, daß in ihm *mehrere Zentren verschiedener Reizbildungsfähigkeit* vorliegen, und im *Kopfteil* findet man auch die größte Anhäufung von spezifischem Gewebe (nodal tissue).

Das geht auch aus den Versuchen von ROTHBERGER und SCHERF hervor, die den Sinusknoten beim Hund durch Querligaturen schrittweise von oben nach unten ausschalteten, wobei durch lokale Erwärmung jederzeit festgestellt werden konnte, bis zu welchem Grad der Sinus ausgeschaltet war. Nach Verlust der oberen Hälfte wird der Rhythmus langsamer und die P-Zacke des EKG wird negativ. Es sei in diesem Zusammenhang schon hier vermerkt, daß die Automatie des Kopfteils durch Reizung sowohl des rechten wie des linken Vagus gehemmt werden kann (s. S. 154); es treten auch dann tiefergelegene Sinusteile dafür ein, auf die dann anscheinend nur der rechte Vagus wirkt (LEWIS, MEAKINS und WHITE).

Weitere Versuche mit *elektrischer Reizung* der Sinusgegend (FLACK 1910, SANSUM 1912) wiesen ebenfalls auf den Impulsbeginn im Sinusknoten hin. Aber die Prüfung mit Hilfe von künstlich erzeugten Extrasystolen nach ENGELMANN (Wegfall der kompensatorischen Pause) ist nur mit Vorsicht zu verwerten. Reizt man in der Nachbarschaft des Sinusknotens, so müßte man zwar ein kurzes Intervall erwarten, das sich zusammensetzt aus der (sehr kurzen) Rückleitungszeit zum Sinusknoten plus einem Normalintervall, und bei Reizung des Sinusknotens selbst nur ein Normalintervall. Aber bei Versuchen dieser Art treten leicht Nebenwirkungen nach Art der S. 10 beschriebenen automatischen Hemmungen durch die Reizung auf (MIKI und ROTHBERGER), so daß die anderen Methoden erfolgreicher zur Ermittlung des Ausgangspunktes der Herzbewegung sind. Auch die pharmakologische Beeinflussung der Sinustätigkeit wurde frühzeitig zu untersuchen begonnen. Erwähnt seien die Einwirkungen von Strophantin auf die Frequenz (ROTHBERGER und WINTERBERG, 1913) und die Bradykardien durch lokale Applikation von Gallensäuren (NOBEL, 1915), von Zymarin (HECHT, 1915) und von Nicotin (PEZZI und CLERC, 1913).

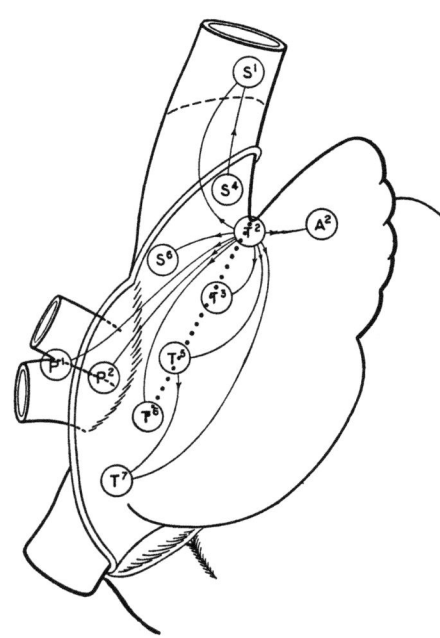

Abb. 5. Schema, das die Hauptfortpflanzungsrichtungen der Kontraktionswelle im rechten Vorhof zeigt, wie sie die direkte galvanometrische Ableitung ergibt. Der Punkt der ersten Aktivität (Negativität) liegt bei T^2. Die histologisch festgestellte Lage des sinu-auriculären Knotens ist durch die punktierte Linie angezeigt. (Nach TH. LEWIS) vgl. Abb. 67, 68

Die sicherste Beweisführung über den Ursprungsort der Herzreize läßt sich durch elektrophysiologische Untersuchungen erbringen. Da der Erregungsvorgang — wie im nächsten Kapitel ausführlich begründet wird — mit einer Negativität einhergeht, konnte am überzeugendsten durch Simultanaufnahmen vom Sinusknoten und anderen Vorhofstellen nachgewiesen werden, daß in der Tat der *Kopfteil des Sinusknotens* zuerst die Negativität der Erregung aufweist (Abb. 5).

Auch die elektrophysiologische Bearbeitung setzte sofort intensiv in den Jahren 1910 bis 1914 ein. Durch Abtasten der Herzoberfläche gab WYBOUW (1910) die erste Beweisführung, daß die Erregungen elektrisch zuerst im *Sinusknoten* nachweisbar sind. TH. LEWIS, B. S. und A. OPPENHEIMER benutzten dann unpolarisierbare Elektroden und zogen die histologische Kontrolle heran und wiesen so den *Kopfteil des Sinusknotens* als primum movens des Herzens nach. Wenn man die Elektroden direkt an den normal schlagenden Vorhof legt, kann man, wie TH. LEWIS ausführte, sehen, daß der Sulcus terminalis des rechten Vorhofs zuerst negativ wird, wenn die Systole einsetzt, und daß im Sulcus wieder die Negativität zuerst in jener Partie nachweisbar ist, welche gerade über der nach der Beschreibung von KEITH und FLACK bestehenden Anhäufung von nodalem Gewebe liegt, also in unmittelbarer Nachbarschaft des Winkels zwischen dem Herzohr und der oberen Hohlvene (Abb. 5). LEWIS zeigte auch, daß die P-Zacke des EKG dann am meisten mit der Normalform übereinstimmt, wenn die Extrasystolen in der Nähe des Sinusknotens ausgelöst werden. Die angeführten Untersuchungen (LEWIS und OPPENHEIMER, 1910; LEWIS, MEAKINS und WHITE, 1914) und damit die Ergebnisse von ZAHN (1911—13) fanden ihre volle Bestätigung durch EYSTER und MEEK (1914), die den Sinus in situ durch Formalin, Zerstörung, Excision und Vagusreizung ausschalteten und elektrokardiographisch den neuen Schrittmacher bestimmten. Sie wiesen ebenfalls das sinuauriculäre Intervall nach und gaben es — ebenso wie SULZE (10 msec) — zeitlich genau an.

Die exaktesten Untersuchungen stammen von SULZE (1913), weil er mit den GARTEN-CLEMENTschen Differentialelektroden arbeitete, die eine sehr genaue Lokalisation deshalb ermöglichten, weil hiermit fast punktförmig ohne Einbruch von Stromschleifen benachbarter Gewebe (extrinsic effect) abgeleitet werden kann. (Es handelt sich dabei um zwei unpolarisierbare Wollfadenelektroden, die *einen* gemeinsamen Wollfaden besitzen, der in der Mitte abgeknickt ist und mit dieser Spitze der abzuleitenden Stelle aufsitzt.) SULZE fand, daß die Erregung im ganzen Sinusknoten nahezu gleichzeitig auftritt, also in dem Gebiet, das als makroskopische Ausdehnung des Sinusknotens üblicherweise angegeben wird. Die Stelle, die zuerst die Negativität zeigt, muß nach den Differentialelektrogrammaufnahmen dem Herzohr-Cava-Winkel sehr nahe liegen, da hier das Differential-EG früher als die P-Zacke des Haupt-EKG beginnt. Damit war mit sehr sorgfältiger Methodik der Sinusknoten als Schrittmacher im ganz normal schlagenden Herzen nachgewiesen (GARTEN). Bemerkenswert ist, daß SULZE gegen die obere Hohlvene und gegen den linken Vorhof eine weniger scharfe Abgrenzung fand, was mit den Angaben über eine überraschend große Ausdehnung des Sinusknotens nach links (s. S. 16) übereinstimmen würde.

Es sprechen also alle bisher behandelten Erfahrungen dagegen, daß den *Hohlvenen* dieselbe Bedeutung für die Erregungsentstehung zukommt, wie das am Froschherzen der Fall ist. Zwar sah HERING am absterbenden Warmblüterherzen die Hohlvenen vor den Vorhöfen schlagen, er gibt sogar an, daß in späteren Stadien auf mehrere Venenkontraktionen nur eine Vorhofsystole erfolge und schließlich sogar die Venen bei stillstehenden Vorhöfen weiterpulsieren (s. S. 5). Aber die Ergebnisse der lokalen Temperatureinwirkung und der lokalen Aktionsstromableitung sprechen entschieden dagegen, daß normalerweise die Erregungen von den Hohlvenen ausgehen und der Sinusknoten (etwa wie der av-Knoten) ein erregungsleitendes Organ sei. Immerhin ist zu erwähnen, daß man durch Reizung der oberen Hohlvene noch in ziemlichem Abstand (4 cm) vom Vorhof und der unteren Hohlvene Extrasystolen des ganzen Herzens auslösen konnte (CUSHNY und MATTHEWS, MIKI und ROTHBERGER); da aber die Venenmuskulatur mit der der Vorhöfe in engster Verbindung steht, ist dieser Befund auch anders erklärbar. In diesem Zusammenhang ist auch beachtenswert, daß SULZE bei der fast punktförmigen Aktionsstromableitung fand, daß die im Sinusknoten entstehende Erregung sich viel rascher gegen die obere als gegen die untere Hohlvene oder den rechten Vorhof ausbreitet (von EYSTER und MEEK bestätigt), daß also zwischen Sinusknoten und unterer Hohlvene oder rechtem Vorhof eine (sinuauriculäre) Überleitungszeit (0,010—0,015'') vorliegt, während gegen die obere Hohlvene manchmal in derselben Entfernung von 8—18 mm kaum eine Verspätung zur Beobachtung kam. Jedenfalls kann die Hohlvene abgeschnürt, abgekühlt oder erwärmt werden, ohne daß das einen Einfluß auf die Schlagfolge des Herzens ausübt (GANTER und ZAHN). Mit gewisser Zurückhaltung sind daher die Angaben von RIJLANT zu betrachten, der eine vor dem Sinusknoten in Tätigkeit tretende Stelle in der Wand der oberen Hohlvene angibt, so daß ein Venen-Sinusintervall bestehe, daß sich auf Vagusreizung verlängern und entsprechend bei Sympathicusreizung verkürzen soll (S. 50).

Zusammenfassend ergibt sich also aus diesen umfangreichen experimentellen Bemühungen, daß der Sinusknoten das führende „primäre Zentrum" des Herzens darstellt, daß in ihm Zentren verschiedener Reizbildungsfähigkeit vorliegen und daß die höchst entwickelte Automatie im Kopfteil des Sinusknotens vorliegt. Nach seiner Ausschaltung tritt eine Frequenzverminderung des Herzens ein — die davon abweichenden Befunde fanden eine ausreichende Erklärung —, namentlich nach lokaler Abkühlung tritt diese Frequenzabnahme deutlich in Erscheinung. Diese Frequenzverminderung nach Ausschaltung des Kopfteils des Sinusknotens kann — wie gezeigt wurde — darauf beruhen, daß tiefergelegene Sinusteile in langsamerem Rhythmus die Führung übernehmen. Aber auch *nach vollständiger Sinusknotenausschaltung* tritt eine solche *Frequenzverminderung* ein, deren Aufklärung vor allem den Arbeiten ZAHNs zu verdanken ist.

ZAHN stellte nach Zerstörung des Sinusknotens durch einen heißen Glasstab dessen sichere Ausschaltung dadurch fest, daß sich danach thermische Reize an dieser Stelle als unwirksam erwiesen. Die anschließende lokalisierte Erwärmung des Atrioventrikularknotens ergab dann eine Frequenzerhöhung. Damit war der *av-Knoten als sekundäres automatisches Zentrum des Herzens* erwiesen. Schon 1910 hatte H. E. HERING gefunden, daß das zeitliche Intervall zwischen der Vorhof- und Kammersystole nach Zerstörung des Sinusknotens immer kleiner wurde, bis es verschwand und schließlich negativ wurde, indem jetzt die Kammersystole früher als die Systole des Vorhofs erfolgte. Das würde also einem „Wandern" des Erregungsursprungs vom oberen Abschnitt des av-Knotens zu seinem unteren entsprechen. Noch deutlicher wurde das in den Erwärmungsversuchen. Das Intervall erwies sich als abhängig vom Sitz der Thermode. Wenn die Erwärmung im oberen Abschnitt des Knotens, in unmittelbarer Nähe des Sinus coronarius, stattfand, ging die Kontraktion des Vorhofs stets der der Kammer voraus, bei Erwärmung im unteren Abschnitt, etwas vor dem oberen Ende des medialen Tricuspidalsegels, schlugen die Kammern bei etwa gleichem zeitlichen Intervall *vor* den Vorhöfen. Auf der Zwischenstrecke wurden Zwischenwerte, etwa in der Mitte das Intervall 0, erhalten, d. h. Vorhof- und Kammerkontraktion erfolgten gleichzeitig. Dieses Intervall kann also positiv, null oder negativ sein und kam den Grenzwerten um so näher, je kleiner die Entfernung zwischen der erwärmten Stelle und dem Kranzvenensinus bzw. dem oberen Ende des medialen Trikuspidalsegels war. So wurden nicht nur die einzelnen Teile des av-Knotens, sondern auch das Crus commune und die Schenkel „thermisch abgetastet". Andere Stellen der Ventrikelmuskulatur erwiesen sich als wirkungslos bei der Erwärmung, und so ergab sich, daß das ganze av-System — wie der Sinusknoten — ein „Multiplum" darstellt, zusammengesetzt aus mehreren Automatiezentren verschiedener Wertigkeit.

Dabei wurde in den tieferen Abschnitten oft eine höhere Frequenz erzielt als bei Erwärmung der höheren, was aber wohl seinen Grund in der Anordnung und Menge der von der Thermode getroffenen spezifischen Fasern hat, denn in den unteren Abschnitten liegen die spezifischen Fasern dichter aneinander und damit werden von der Thermode mehr reizbildungsfähige Elemente beeinflußt als in den oberen, wo die Fasern sich in dünner Schicht mehr flächenhaft ausbreiten.

Jedenfalls geht aus dem Gesagten hervor, daß alle Teile des av-Systems die Fähigkeit haben, rhythmische Reize zu bilden, wobei die oberen Abschnitte höhere Frequenzen entwickeln als die unteren. Nach Ausschaltung des Sinusknotens übernimmt der av-Knoten die Führung. Die *Frequenz des av-Rhythmus* schwankt nach zahlreichen Literaturabgaben zwischen 30 und 55, meist liegt sie bei etwa 40. Nach ZAHN verhält sich die Automatie des av-Knotens zu der des Sinus wie 1:1,3—1,8. Es kann allerdings bei normal gespeistem Herzen der Unterschied in der Frequenz des av-Knotens zu der des Sinusknotens auch sehr gering sein, so daß die Ausschaltung des Sinusknotens kaum eine Wirkung zu haben scheint (ROTHBERGER und SCHERF); manchmal besteht gar kein Unterschied, so daß ein Wettstreit der Zentren in der Führung der Herztätigkeit zustandekommt. In vielen Fällen steht jedenfalls die Reizbildungsfähigkeit des TAWARA-Knotens nicht weit hinter der des Sinusknotens zurück; denn man findet bei stärkerer Verlangsamung des Sinusrhythmus nicht selten vorzeitige Kammersystolen, sog. "escaped beats", d. h. die durch Ausbleiben der normalen Erregung entstehende Pause dauert — anschaulich gesprochen — dem TAWARA-Knoten offenbar schon zu lang. Wenn das Herz aber unter schlechten Bedingungen arbeitet, wenn es z. B. isoliert und mit Ringerlösung oder Blutringer gespeist wird, ist die Reizbildungsfähigkeit des av-Knotens bedeutend geringer, ohne daß der hypodyname Zustand in einer entsprechenden Abnahme der Sinusfrequenz zum Ausdruck kommen müßte. Dann tritt nach Ausschaltung des Sinusknotens sogar eine längere präautomatische Pause ein, also ein Stillstand, der bei dem in normalem Kreislauf schlagenden Herzen nicht beobachtet wird (ROTHBERGER) (dazu nähere Ausführungen in Kap. III, S. 138 oben).

In den experimentellen Befunden schwankt die Angabe, welche Stelle des av-Knotens der führende Teil wird. In der älteren Literatur wird öfters auf die Möglichkeit hingewiesen, daß die Art der Ausschaltung des Sinusknotens in bezug auf den Reizursprung im av-Knoten von Bedeutung sei. Bei *nicht reizloser* Ausschaltung des Sinusknotens z. B. durch Quetschen, Ausschneiden oder Verschorfung gehen die automatischen Kontraktionen vom *oberen* Knotenteil (Sinus coronarius) aus. Bei *reizloser* Ausschaltung des Sinusknotens z. B. durch Kälte fand man den Reizursprung im *mittleren* Knotenteil (GANTER und ZAHN). Auch bei der reizlosen Ausschaltung durch Abbinden der Sinusknotenarterie verschiebt sich der Reizursprung

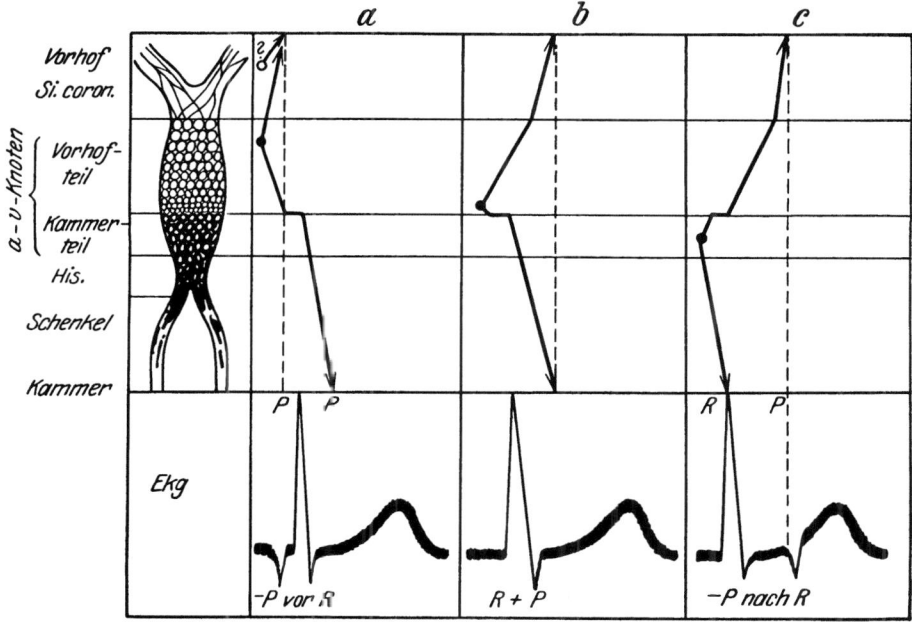

Abb. 6. Schema der Entstehungsweise der drei Arten von av-Rhythmus. (Nach C. J. ROTHBERGER)

in den mittleren Teil des av-Knotens (ROTHBERGER und SCHERF). Man hat daraus die Vermutung hergeleitet, daß die Automatieverhältnisse im av-Knoten — vielleicht auf nervösem Wege — umgestimmt werden, wenn im Sinusknoten ein Reizzustand besteht, daß also ein Reizzustand im Sinusgebiet die Automatie des oberen Ausläufers des Knotens erhöhe. Von ROTHBERGER konnte das jedoch nicht bestätigt werden, ja es ergab sich sogar, daß zum Hervortreten eines untergeordneten Zentrums die vollständige Ausschaltung des übergeordneten gar nicht erforderlich ist, sondern daß es sich einfach darum handelt, welches Zentrum die höhere Frequenz entwickelt. Wie schon erwähnt, liegen die Verhältnisse beim TAWARA-Knoten so wie beim Sinusknoten; beide stellen nicht einfache Reizbildungszentren dar, sondern sind selbst wieder aus mehreren automatischen Zentren verschiedener Wertigkeit zusammengesetzt, wobei nicht immer das höher oben gelegene Zentrum auch eine höhere Automatie hat. Nach GANTER und ZAHN ist der *mittlere* Teil des Knotens der übergeordnete Teil innerhalb des av-Knotens, von hier aus werden normalerweise die höchsten Frequenzsteigerungen beobachtet.

In der Folgezeit wurden die grundlegenden Ergebnisse ZAHNs auch mit anderen Versuchsanordnungen bestätigt. Wenn man die Sinusknotenarterie, wie dies ROTHBERGER und SCHERF getan haben, unterbindet, stellt der anämisierte Sinusknoten seine Tätigkeit ein, es kommt zum av-Rhythmus, der nach Freigabe der Blutzufuhr wieder dem Sinusrhythmus weicht. EYSTER und MEEK schalteten sogar aseptisch den Sinusknoten aus und ließen die Tiere überleben. Die lokale Ableitung der Aktionsströme erwies den av-Rhythmus im oberen Teil des Knotens.

Auf Grund der Versuche von GANTER und ZAHN und der Bestätigung durch MEEK und EYSTER ergab sich damit nach Ausarbeitung der elektrokardiographischen Methodik folgende Vorstellung über den *Ausgangspunkt von Erregungen im Bereich des av-Knotens:* Wenn die Reize im *oberen* Teil des av-Knotens, des am Sinus coronarius gelegenen Teils, entstehen, bekommt man ein positives av-Intervall von annähernd normaler Länge, dabei ist die P-Zacke des Elektrokardiogramms meist negativ, sie kann aber auch positiv sein (SCHERF und SHOOKHOFF). Liegt der Reizursprung im *mittleren* Teil, so schlagen Vorhof und Kammer gleichzeitig, und man erkennt kein P. Wenn die Erregungen vom *unteren* Abschnitt, der Bündelgegend, ausgehen, steht ein negatives P hinter der Anfangsschwankung des Kammerkomplexes (Abb. 6) (s. dazu S. 24).

Die oben angegebenen und in Abb. 6 gezeichneten Verhältnisse betreffs des Ursprungsortes der Erregungen im av-Knoten sind nun mit den Angaben über den *histologischen Bau* dieses Systems in Einklang zu bringen. Das angegebene Schema der *Einteilung in einen oberen, mittleren und unteren Knotenabschnitt* ist auch in die klinische Elektrokardiographie übernommen worden und wird

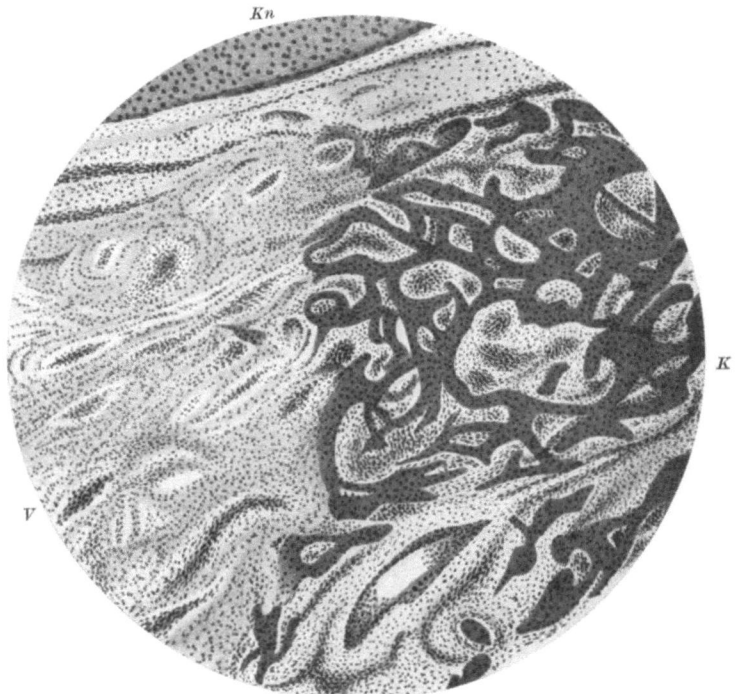

Abb. 7. Atrioventrikularknoten beim Kalb, bei stärkerer Vergrößerung. *Kn* Knorpel; *V* Vorhofteil; *K* Kammerteil (Glykogenfarbung). (Nach ASCHOFF)

üblicherweise der Deutung menschlicher Elektrokardiogramme zugrunde gelegt. TAWARA hob schon hervor, daß der av-Knoten kein einheitliches Gebilde ist, sondern aus einem *Vorhof- und einem Kammerabschnitt* besteht, die vor allem bei den Huftieren scharf getrennt sind. Das zeigt sich auch im Glykogengehalt (Abb. 7) (s. dazu S. 27). Der schmalfaserige Vorhofteil ist hierbei relativ arm an Glykogen, der breitfaserige Kammerteil aber relativ reich daran.

Nach MÖNCKEBERG ergibt sich zwar auch eine Unterteilung des av-Knotens in einen Vorhofteil und einen Kammerteil; diese sind aber nur dadurch abgrenzbar, daß der Knoten das Septum fibrosum atrioventriculare durchbricht, also ein Teil oberhalb, der andere unterhalb liegt; die Grenze zwischen beiden Teilen sei aber „auch nicht andeutungsweise mehr histologisch markiert". Mikroskopisch stelle der Knoten also ein durchaus *einheitliches Gebilde* dar, an dem histologisch nicht zwei Abschnitte unterscheidbar sind. Die Abgrenzung einzelner physiologisch markanter Knotenteile (oder Zentren) sei deshalb nur vom Physiologen vorzunehmen, anatomisch würde sie rein willkürlich erfolgen, ebenso wie auch der Übergang vom Kammerabschnitt zum Crus commune ganz allmählich erfolge. MÖNCKEBERG unterscheidet deshalb histologisch nur *schmalfaserige Anteile* des spezifischen Systems (der Sinusknoten, der av-Knoten, Crus commune und der obere Teil der Schenkel) und *breitfaserige Anteile* (die Gesamtausbreitung beider Schenkel). Da das spezifische System sich an der Herzatrophie nicht beteiligt, tritt dieser breitfaserige Abschnitt besonders im atrophischen Herzen hervor, und die Kaliberunterschiede zwischen den Endausbreitungen und den Myokardfasern werden besonders deutlich. Es ist bemerkenswert, daß so erfahrene Kenner der Anatomie des spezifischen Systems wie MÖNCKEBERG einerseits und die ASCHOFFsche Schule (TAWARA, KOCH) andererseits sich hier in scharfem Gegensatz der Auffassungen befinden. Es sei in diesem Zusammenhang an die Ausführungen auf S. 27ff. verwiesen, die zeigen werden, wie schwer es überhaupt im gesamten spezifischen System ist, die histologische Struktur der Einzelelemente zu charakterisieren und sie sowohl untereinander wie auch von denen der gewöhnlichen Herzmuskulatur zu unterscheiden.

ASCHOFF ließ die Verhältnisse beim Menschen durch KUNG nochmals genauer untersuchen. Man kommt dann genau genommen zu folgender Einteilung (Abb. 8):

1. Verbindungsfasern (Brückenfasern) ohne scharfe Abgrenzung zum rechten und linken Vorhof mit allmählichem Übergang in die Vorhofmuskulatur (TANDLER).

2. Vorhofknoten.

3. Kammerteil mit Übergang in Stamm und Schenkel.

4. Schenkel des HIsschen Bündels bis zu deren Endausbreitungen, die im Papillarmuskelgebiet mit der gewöhnlichen Kammermuskulatur in Verbindung treten und die Äquivalente der PURKINJEschen Fasern der Huftiere darstellen.

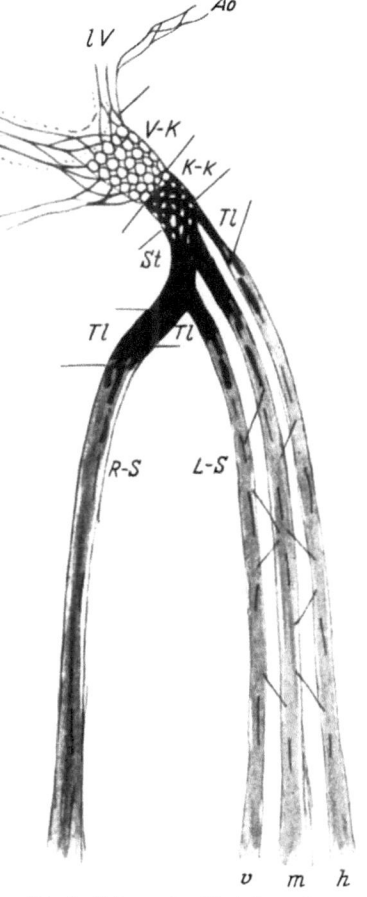

Abb. 8. Schema der Vierteilung des av-Systems in seinem gewöhnlichen Dimensionsverhältnis beim Menschen. *1. Abschnitt:* Co Brückenfasern nach Sinus coronarius, im langgestrichelten Gebiet reich an Ganglienzellen und Nerven, im punktierten Gebiet weniger Ganglienzellen und nur Nerven. Co lV nach linkem Vorhof. r V Brückenfasern nach rechtem Vorhof; l V Brückenfasern nach linkem Vorhof. Ao feines Fasergeflecht an der Aortenwand. *2. Abschnitt:* V-K Vorhofknoten. *3. Abschnitt:* K-K Kammerknoten; St Stamm; Tl Teilung (Kammerabschnitt im engeren Sinne). *2.* und *3. Abschnitt:* Hauptstamm im weiteren Sinne. *4. Abschnitt:* R-S rechter Schenkel; L-S linker Schenkel mit dem vorderen *(v)*, mittleren *(m)* und hinteren *(h)* Ast. (Nach KUNG)

Eine scharfe Trennung ergibt sich eigentlich nur zwischen 2. und 3., also dem Vorhofteil und dem Kammerteil des av-Knotens[1]. Damit finden wir für den

---

[1] Das kardiomotorische Zentrum im Coronarvenentrichter (ZAHN) ist demnach identisch mit dem Vorhofteil des Atrioventrikularknotens, dem sog. Vorhofknoten. Nach KOCH reicht

Reizursprung im mittleren Teil kein anatomisches Substrat! ROTHBERGER hat aus diesen Verhältnissen den möglichen Schluß gezogen, daß bei allen Eingriffen der Sinusausschaltung von außen (Kälte, Formol, Verschorfung) nicht ausgeschlossen ist, daß die Ausschaltung nicht vollständig war, weil die in die Tiefe gegen das Septum ziehenden Ausläufer des Sinusknotens (TORUS LOWERI) nicht erreicht werden. Man bedenke in diesem Zusammenhang auch die oben (S. 16) erwähnten Feststellungen über eine möglicherweise viel größere Ausdehnung des Sinusknotens, als es den klassischen Angaben entspricht! Wenn wir in den erwähnten Versuchen eine nicht vollständige Ausschaltung des Sinusknotens annehmen, könnte also in den Fällen, bei denen sich eine negative Vorhofzacke mit kaum verkürzter Überleitungszeit findet, ein *tiefer Sinusrhythmus* vorliegen. Es wäre dann der in Abb. 6 unter a) aufgeführte Fall in die unteren Ausläufer des Sinusknotens zu verlegen, der Fall b) mit *gleichzeitigem* Schlagen von *Vorhof* und *Kammer* wäre in den *oberen* und der Fall c), bei dem die Vorhoferregung dem Beginn der Kammertätigkeit nachfolgt, wäre in den *unteren* Knotenteil zu legen! Nach ROTHBERGER und SCHERF bekommt man tatsächlich immer ein gleichzeitiges Schlagen von Vorhof und Kammer [also den Fall b)], wenn man den Sinus abklemmt und sich durch eine Thermode von der Ausschaltung überzeugt. Die weitere experimentelle Bearbeitung wird ergeben müssen, ob die übliche elektrokardiographische Einteilung in drei Formen von av-Rhythmus (oberer, mittlerer und unterer Knotenrhythmus) verlassen werden muß zugunsten dieser neueren Auffassung, für die vieles spricht. Jedenfalls ist die GANTER-ZAHNsche Einteilung des av-Rhythmus in oberen, mittleren und unteren Knotenrhythmus sehr in Frage gestellt; denn bei nachweisbarem Reizursprung im obersten Knotenteil wurde tierexperimentell regelmäßig eine Schlagfolge gefunden, bei der Vorhof und Kammer gleichzeitig schlagen. Bei positivem P und verkürztem Intervall zu QRS kann man jedenfalls nicht ohne weiteres vom oberen av-Rhythmus sprechen, es erscheint durchaus möglich, daß dann ein Reizursprung in den unteren Sinusknotenabschnitten oder dessen Ausläufern solche Kurven hervorbringt (SCHERF) (s. S. 22 oben).

Zwischen Sinusknoten und av-Knoten befindet sich keine Verbindung aus „spezifischem Gewebe" [auf Besonderheiten und abweichende Befunde wird bei der Behandlung der Erregungsleitung durch den Vorhof eingegangen werden (s. S. 134ff.)]. Darum ist es verständlich, daß die Ansichten über die automatischen Fähigkeiten der *Vorhöfe* sehr auseinandergehen, besonders wenn man berücksichtigt, daß die Ausdehnung des Sinusknotens in der Vorhofwand noch nicht endgültig geklärt zu sein scheint. Möglicherweise spielen feinste Ausläufer des Sinusknotens bei scheinbar automatischen Funktionen eine Rolle. Es ist in diesem Zusammenhang nicht ohne Bedeutung, daß auch außerhalb des Reizleitungssystems, besonders im Vorhof, sarkoplasmareiche Fasern vorkommen, die besonders dem breitfaserigen Abschnitt des Reizleitungssystems sehr ähnlich sehen. THOREL, TANDLER, FREUND, TAWARA, MÖNCKEBERG und BENNINGHOFF haben solche „typischen PURKINJEschen Muskelfasern" im Vorhof und an anderen Stellen beschrieben. Es handelt sich dabei zwar nicht um einen Zusammenschluß zu spezifischen Muskel*systemen,* aber immerhin mag hierin ein Grund für die uneinheitlichen Angaben über die Automatiebefähigung der Vorhöfe liegen. Der experimentelle Nachweis einer Funktion solcher Zentren oder Inseln

---

der ASCHOFF-TAWARA-*Knoten* mit seinem Vorhofteil bis in den Bereich der Vena coronaria. Wieweit man die fächerförmigen „Ausläufer" noch zum spezifischen System rechnen soll, darüber kann man sich streiten und hat es auch getan (KOCH-MÖNCKEBERG). Jedenfalls ist die Bezeichnung „Coronarsinusknoten" abzulehnen und entsprechend ist daher auch die Bezeichnung „Coronarsinusrhythmus" unzweckmäßig.

steht bisher noch aus. Auch mit der für die Auffindung reizbildungsfähiger Zentren so wertvollen Methode der Erwärmung ist es bisher nicht gelungen, an Stellen, die mit dem Sinus- oder av-Knoten nicht in Zusammenhang stehen, eine extrasystolische oder automatische Reizbildung festzustellen, und das auch dann nicht, wenn man die Reizbildungsfähigkeit der spezifischen Fasern durch Gifte wie Barium oder Aconitin künstlich aufs höchste gesteigert hat (HOLZMANN und SCHERF, 1932). Jedenfalls ist daran festzuhalten, daß nach Sinusausschaltung — entsprechend der I. STANNIUSschen Ligatur am Kaltblüterherzen — die Führung der Herztätigkeit stets auf den TAWARA-Knoten übergeht und die besprochene atrioventrikuläre Automatie entsteht, wenn es auch nicht ganz ausgeschlossen ist, daß auch beim Menschen der Vorhof eine rhythmische Tätigkeit aufnimmt (s. auch S. 134).

Nach LANGENDORFF und LEHMANN führen die isolierten, mit Blut gespeisten Herzohren von Kaninchen und Katzen keine spontanen Kontraktionen aus. Schon HERING gab an, daß er niemals am *linken* Vorhof Automatie gesehen habe. Auch durch thermische Beeinflussung des eigentlichen Vorhofgewebes kann keine Wirkung auf die Schlagfolge erzielt werden (SCHLOMOWITZ und CHASE). Dagegen berichten ERLANGER und BLACKMAN, daß alle Teile des rechten Vorhofs und der Scheidewand eine hohe, hinter der des Sinus allerdings zurückstehende Automatie besäßen. Mit den anderen Autoren stimmen sie darin überein, daß der isolierte linke Vorhof selten oder nie spontan schlägt. Auch DEMOOR sah am linken Vorhof keine Automatie, höchstens eine von ihm als als „wild" bezeichnete Tätigkeit von ungleichen, unregelmäßigen Stößen. Der isolierte linke Vorhof wurde aus den genannten Gründen ein beliebtes Testobjekt zum Nachweis „aktiver Substanzen" (s. S. 43). Andererseits finden sich gerade in der neueren Literatur einige Angaben, die dem isolierten linken Vorhof der Säuger eine geringe Automatie zuschreiben (KRUTA); in Versuchen von ROTHBERGER und A. SACHS schlugen einige Streifen aus dem Warmblütervorhof spontan und regelmäßig, besonders nach Zusatz von Adrenalin, Barium oder Veratrin, obwohl sie histologisch keine spezifische Muskulatur aufwiesen. Wenn eine echte Vorhofautomatie mit einem eigenen, nahe der Vorhof-Sinusgrenze gelegenen Automatiezentrum behauptet wird (OKIYAMA, HIRAI), besteht allerdings der Verdacht der unvollständigen Isolierung vom Knotengewebe.

Eine Abhängigkeit der Tätigkeit des linken Vorhofs vom O_2-Gehalt der Lösung und auch von Adrenalin geben BROUHA und BACQ an, auch LUCIANIsche Perioden (s. Anm. S. 12) wurden am Vorhof beobachtet. Aus dem Gesagten wird ersichtlich, daß die Frage der automatischen Befähigung der beiden Vorhöfe noch nicht endgültig entschieden ist.

Im Sprachgebrauch trennt man meist den von dem sekundären Automatiezentrum, dem av-Knoten, unterhaltenen av-Rhythmus ("nodal rhythm" von MACKENZIE) von dem sog. *Kammereigenrhythmus* ab, obwohl der av-Rhythmus ja eigentlich auch ein Kammereigenrhythmus ist. Von *Kammerautomatie* sprechen wir gewöhnlich erst bei einer tieferen Unterbrechung im spezifischen System, also beim Hervortreten der *tertiären Zentren*. Die Eigenfrequenz der Kammer beträgt beim Menschen meistens 30 in der Minute, in seltenen Fällen ist sie wesentlich höher. Es wurde oben schon erwähnt, daß ZAHN mit Hilfe der Thermode zeigte, daß nicht nur der av-Knoten, sondern auch Crus commune und rechter und linker Schenkel des HISschen Bündels zur rhythmischen Reizbildung befähigt sind. Auch das auf S. 5 behandelte Verhalten des sterbenden Herzens wies ja darauf hin. Es kommt also dem *ganzen* spezifischen System, auch den tieferen Teilen, die Fähigkeit der automatischen Reizbildung zu (KREHL und ROMBERG). Gerade die Zentren 3. Ordnung lassen sich leicht zu gesteigerter Reizbildung anregen, und zwar, wie ROTHBERGER und WINTERBERG bereits 1911 zeigten, besonders durch Vorbehandlung mit Calcium und Barium bei Acceleransreizung. Eine Steigerung der Reizbildung gaben außerdem (1915) HERING durch Morphin, LEVY (1914) durch Adrenalin an. Eine Unterscheidung zwischen sekundärer und tertiärer Automatie ist weitgehend elektrokardiographisch möglich. Bei einem Erregungsursprung im av-Knoten wird eine Normalform des Kammerkomplexes im Elektrokardiogramm vorliegen; da das beim Ursprung im gemeinsamen Bündelstamm auch noch in gleicher Weise der Fall sein wird, ist eine Trennung von Knoten- und Stammrhythmus kaum möglich. Bei einem Erregungsursprung unterhalb der Teilungsstelle wird dann eine atypische Form des Kammerkomplexes — ähnlich dem Bild der Kammerextrasystole — auftreten, wodurch elektrokardiographisch die eigentliche Kammerautomatie charakterisiert ist (s. a. S. 170, Abb. 84). Bei der also definitionsgemäß durch tertiäre Zentren unterhaltenen Kammerautomatie wird außerdem meist der Vorhof in dem vom Sinus bestimmten Rhythmus schlagen, also eine Dissoziation zwischen Vorhof und Kammer, ein totaler Herzblock, vorliegen.

In Übereinstimmung ergibt das Experiment, daß man immer dann Kammerautomatie erhält, wenn man das Bündel unterhalb des Knotens durchschneidet oder beide Schenkel nach der Teilung (EPPINGER und ROTHBERGER) oder noch weiter peripher alle von den Schenkeln abgehenden Äste durchtrennt (ROTHBERGER und WINTERBERG). Dabei lassen sich namentlich in den unteren Abschnitten, besonders rechts, oft hohe Frequenzen erzielen. Bei der Besprechung der Verhältnisse am sterbenden Herzen (S. 7) wurde ja schon darauf hingewiesen, daß Spontankontraktionen der PURKINJE-Fäden den allgemeinen Tod recht lange überdauern und in oft erstaunlich hoher Frequenz registrierbar sind. So untersuchte WIERSMA Suspensionskurven vom Hauptstamm des Bündels, und ISHIHARA und NOMURA zeigten, daß PURKINJE-Fäden in warmer Lockelösung stundenlang schlagen. Besonders weitgehende Experimente wurden von PORTER angestellt: Ein Stück aus dem linken Ventrikel stand nur durch Coronargefäße mit dem Herzen in Zusammenhang und schlug bei der so erhalten gebliebenen Zirkulation rhythmisch und unabhängig vom übrigen Herzen, bei Vagusreizung stand das Herz still, das isolierte Stück schlug langsam in seinem eigenen Rhythmus weiter. PORTER fand, daß auch die Herzspitzen von Hund und Katze rhythmisch schlagen, und jeder aus der Kammer des Hundeherzens herausgeschnittene Streifen schlägt im Blut des Tieres spontan rhythmisch. Die von der übrigen Kammer isolierte, von der zugehörigen Arterie aus künstlich gespeiste und automatisch pulsierende Herzspitze weist bei einer Extrasystole keine kompensatorische Pause auf (WOODWORTH). Nach NOMURA schlagen Stücke aus Kammermuskulatur nur dann, wenn sie spezifisches Gewebe enthalten. Dagegen zeige gewöhnliche Herzmuskulatur weder spontane Kontraktionen noch solche nach faradischer Reizung. Danach wäre also die Automatie an das spezifische Gewebe gebunden. Aber es finden sich auch hier — ähnlich wie bei der Frage der Automatie des Vorhofs — in der neueren Literatur eine Reihe von Beobachtungen, die auch an Streifen aus Ventrikelmuskulatur eine Befähigung zur rhythmischen Tätigkeit feststellten. Natürlich ist es schwer zu entscheiden, ob dabei jedesmal sicher ein Mangel an spezifischem Gewebe vorgelegen hat. Jedenfalls sind Warmblüterventrikelstreifen — mehr oder weniger regelmäßig — offenbar zur rhythmischen Tätigkeit befähigt (PORTER, HUNG, PIH-CHU, TAUSSIG und MESERVE, GREENE und SIDDLE, SIDDLE, WATANABE).

Um dem Ursprungsort dieser vielfältigen automatischen Befähigungen näherzukommen, müssen wir die *histologische Struktur* der sich im Herzen funktionell so stark heraushebenden Gewebe näher betrachten. Wenn man zunächst die mikroskopische *Struktur der Elemente* untersucht, so finden sich dabei eine Reihe von Besonderheiten gegenüber der „gewöhnlichen" Herzmuskulatur: Ein Zurücktreten der Fibrillen und ein Überwiegen des Sarkoplasmas, schwach ausgebildete oder fehlende Querstreifung, größere blasse Kerne (BENNINGHOFF). Fibrillenarmut und Sarkoplasmareichtum mögen in einem inneren Zusammenhang stehen. Die geringe funktionelle Beanspruchung gegenüber der gewöhnlichen Herzmuskulatur, die aus der topographischen Lage und der Bindegewebshülle hervorgeht, führt zu geringerer Fibrillenentwicklung, damit ist mehr Raum für die Protoplasmastrukturen gegeben und damit mag dann auch der oft betonte größere Reichtum an Glykogen (besonders des Kammerteils des av-Knotens, s. Abb. 7) zusammenhängen, das ja an die körnigen oder fädigen Strukturen des Protoplasmas gebunden ist (ROMEIS).

Jedoch sei gleich erwähnt, daß die Angaben über den Glykogengehalt nicht einheitlich sind (BERBLINGER); so unbestreitbar der Befund bei Huftieren nach den Carminfärbungen ist, so schwankend ergibt er sich färberisch beim Menschen. Der in Leichenpräparaten beobachtete erhöhte Glykogengehalt ist nach ROMEIS möglicherweise dadurch vorgetäuscht, daß die stärkere Bindegewebshülle die postmortale Extraktion des Glykogens aus den Systemfasern in stärkerem Maße hindert als die zartere Hülle der gewöhnlichen Myokardfasern. Aber ein *grundsätzlicher* Einwand erhebt sich bei jedem färberischen Glykogennachweis; aus ihm können *keine sicheren* quantitativen Schlüsse gezogen werden, sondern nur aus dem chemischen Nachweis. BUADZE und WERTHEIMER fanden aber, daß der Glykogengehalt des Herzmuskels bei Anwendung chemischer Methoden 7mal größer ist als der des Reizleitungssystems, so daß also alle Angaben, die sich auf färberische Methoden beziehen, sehr mit Vorsicht zu bewerten sind. Dabei ist sicher, daß das Glykogen des Reizleitungssystems nicht etwa wegen eines höheren Stoffwechsels rascher verschwindet, sein O_2-Verbrauch ist sogar noch deutlich geringer als der des Herzmuskels (KOLMER und FLEISCHMANN) (s. auch S. 122 u. Anm. S. 420)!

Abb. 9 zeigt sehr schön den Übergang der beschriebenen PURKINJEschen Fasern in Herzmuskelfasern. Jedoch sind die Verhältnisse an den einzelnen Abschnitten des Systems sehr unterschiedlich ausgebildet, auch im menschlichen Herzen schwanken die Unterschiede gegenüber dem gewöhnlichen Myokard individuell sehr stark. Es ist dabei nicht immer möglich, auf Grund der genannten Kennzeichen Fasern des spezifischen Systems von gewöhnlicher Herzmuskulatur zu unterscheiden.

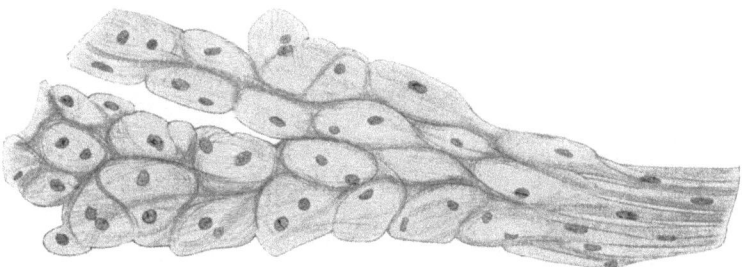

Abb. 9. Übergänge von PURKINJEschen Fasern in Herzmuskelfasern. Häutchenpräparat vom Endokard (Schaf). (Nach A. BENNINGHOFF)

Selbst ein so ausgezeichneter Kenner wie MÖNCKEBERG kommt zu dem Resultat, daß die allgemeine Struktur der einzelnen Fasern des spezifischen Muskelsystems nicht so charakteristisch ist, daß man aus ihr allein auf die Zugehörigkeit zweifelhafter Elemente zum spezifischen Muskelsystem schließen dürfte. Wie weit die Anschauungen der Morphologen über den Grad der Strukturdifferenz auseinandergehen, zeigt andererseits die Angabe TANDLERs, daß der morphologische Unterschied zwischen Reizleitungssystem und Muskulatur einerseits, zwischen Reizleitungssystem und Nerven andererseits ein weitgehender ist. Allerdings bemerkt auch er, daß, wenn auch manche Charaktere (Querstreifung, Fibrillen) für die muskuläre Zugehörigkeit des Reizleitungssystems zu sprechen scheinen, doch eine ganze Reihe von Eigenschaften vorhanden sind, welche seine Zugehörigkeit zur Muskulatur mehr als zweifelhaft erscheinen lassen. So kommt auch RUGGIERI zu dem Schluß, daß die spezifischen Muskelfasern gleichzeitig an Nerven- und Muskelgewebe erinnern, also wohl ein Mittelstück zwischen beiden darstellen, eine allerdings auch anfechtbare Auffassung (s. S. 29).

Daher vertreten die neueren Anatomen den Standpunkt, daß ,,das Spezifische weniger in der Struktur der Einzelelemente als in ihrem systematischen Zusammenschluß und ihren Beziehungen zu anderen Geweben (bindegewebige Umhüllung, Gefäß- und Nervenversorgung) zu suchen ist" (ROMEIS, MÖNCKEBERG, BENNINGHOFF). Unter den systematischen Merkmalen sind an erster Stelle die eigenartigen *Durchkreuzungen und Verflechtungen* mit kompliziertem gegenseitigen Fibrillenaustausch und -übergang zu nennen, die in der Tat recht eindrücklich sind und zu der Bezeichnung als „Knoten" Veranlassung gegeben haben (BENNINGHOFF), (die Berechtigung der Bezeichnung als Knoten leitet sich also nicht von der knotenartigen Verdickung und Anschwellung her). Besonders aber sind es die Beziehungen zum *Bindegewebe*, die hier ins Auge fallen; besonders die bindegewebige Isolierung während des langen Verlaufs des spezifischen Systems zu beiden Seiten des Kammerseptums macht das spezifische Muskelsystem zu dem „organon sui generis" (TANDLER). Die bindegewebige Einscheidung macht das spezifische Gewebe also zu einem „geschlossenen System". Wir finden sie auch noch bei den Endausbreitungen. Die Reichhaltigkeit an durchsetzendem und umhüllendem Bindegewebe sowohl am Sinusknoten wie am av-Knoten ist in der Tat so bemerkenswert, daß z. B. der Sinusknoten nach W. KOCH in nach VAN GIESON gefärbten Schnitten „leicht als roter Fleck bei Betrachtung mit schwacher Linse oder mit unbewaffnetem Auge zu erkennen ist". Eine vollständige Isolierung durch das umhüllende Bindegewebe, wie es beim Kammerabschnitt des av-Knotens anzutreffen ist, liegt hier allerdings nicht vor. Der Sinusknoten entspricht vielmehr in seinen Zusammenhängen mit der Sinus- und Vorhofsmuskulatur dem Vorhofabschnitt des Atrioventrikularsystems, der ebenfalls allseitig fließende Übergänge seiner Elemente in die gewöhnlichen Myokardfasern zeigt. Außerdem ist besonders die von dem umgebenden Myokard in weitem Maße unabhängige *Gefäßversorgung* eine Eigenart des spezifischen Systems (HAAS, MÖNCKEBERG), wenn auch hier nicht volle Übereinstimmung der Untersucher vorliegt. KEITH und FLACK beschrieben in ihren ersten Untersuchungen einen Arterienring (Circulus arteriosus), der durch Äste der rechten und linken Coronararterie gebildet wird, nachdem schon WENCKEBACH über das regelmäßige Vorkommen einer Arterie in den oberen Teilen des Sulcus terminalis berichtete. SPALTEHOLZ konnte das mit der von ihm zu großer Vollkommenheit gebrachten Injektions- und Aufhellungsmethode nicht ganz bestätigen und bestreitet das regelmäßige Vorkommen eines geschlossenen Arterienringes, er fand diesen nur in $^1/_3$ der Fälle, wobei die Beteiligung beider Kranzarterien die Ausnahme ist, meist erfolgt die Bildung des Circulus arteriosus nur durch Äste einer einzigen. Nach W. KOCH erfolgt die Blutversorgung des Sinus durch eine Arterie, die aus der Vereinigung von zwei Ästen der rechten Kranzarterie entsteht, sie verläuft im Sulcus mit dem Knoten zum Cava-Herzohr-Winkel, wobei sich die spezifischen Muskelelemente so dicht um die Arterie zu gruppieren vermögen, daß oft die Entscheidung, was noch zur Gefäßwand und was schon zum Knoten gehört, recht schwer ist. Allerdings betont SPALTEHOLZ, daß die Gefäßversorgung der Gegend des Cava-Trichters sehr variabel ist und daß die Gefäße in ungefähr der Hälfte der Fälle aus dem rechten und annähernd so oft aus Ästen der linken Coronararterie stammen (nach GROSS in 60% die rechte, in 40% die linke Coronararterie). Dabei findet SPALTEHOLZ selten Anastomosen zwischen den von verschiedenen Coronargefäßen stammenden Ästen. Dieser Befund ist wichtig unter dem Gesichtspunkt, daß sowohl pathologische Prozesse an der rechten wie an der linken Coronararterie Störungen der Erregungsbildung im Sinus hervorrufen können (SCHOTT). Auch der av-Knoten wird ebenfalls durch ein besonderes Gefäß versorgt, das meist aus der rechten Kranzarterie (als Ramus septi fibrosi oder Art. propria des Knotens) kommt (HAAS).

Von KOCH wurde bereits in seiner ersten Mitteilung über die Topographie des Sinusknotens angegeben, daß man nicht nur in fast allen Abschnitten irgendeinen kräftigen *Nervenstrang* in unmittelbarer Nähe des Knotens vorbeiziehen sieht, sondern auch *Ganglienzellen* reichlich in seiner Nachbarschaft eingelagert findet (MÖNCKEBERG). Allerdings verhalten sich dabei die einzelnen Tierarten recht verschieden (OPPENHEIMER, TAWARA, FAHR, COHN, L. R. MÜLLER, GLASER, EBERSBUSCH, WILSON, ENGEL u. a.).

Bei Huftieren findet man ein reichliches, die Knotenfasern umspinnendes *Nervennetz*, beim Menschen und Hund sind die Ergebnisse angeblich negativ. Dagegen wurden auch beim Menschen den Stamm des Bündels und den linken Schenkel umspinnende Netze von marklosen Nervenfasern gefunden (ENGEL, MORISON, FAHR). Die nahen Beziehungen zum intrakardialen Nervensystem haben sogar verschiedene Morphologen — sicher unberechtigterweise — veranlaßt, in den Knotenformationen des spezifischen Systems direkte Übergänge von Muskel- in Nervenfasern zu erblicken (KEITH, MACKENZIE) oder von einem in das Herz eingebauten Gewebe zu sprechen, dessen Zugehörigkeit zur Muskulatur ebenso zweifelhaft sei wie die zum Nervengewebe (TANDLER, s. o.). An dem muskulären Charakter des spezifischen Gewebes selbst ist jedoch wohl nicht zu zweifeln, wie schon aus dem Kontraktionsvermögen (s. S. 6) hervorgeht. — Die *Ganglienzellen* sollen bei Schaf, Kalb, Ochse und Hund im Sinusknoten konstant fehlen, mit gewöhnlichen Färbemethoden wurden gelegentlich einige wenige Ganglienzellen auch beim Menschen gefunden (FAHR, OPPENHEIMER). Im Atrioventrikularknoten des Menschen sind Ganglienzellen bisher nicht nachgewiesen worden, wohl aber bei Tieren (Hammel, Katze, Kalb, Schaf, Schwein, Ziege, Rind). In unmittelbarer Nachbarschaft findet man bei allen Tieren reichlich Anhäufungen von Ganglienzellen.

Offenbar ist auch beim Menschen der Konnex zwischen den marklosen Nervenfasern und den spezifischen Muskelfasern ein sehr inniger. Infolge des Fehlens von Ganglienzellen innerhalb der Geflechte sind die Verhältnisse jedoch wesentlich anders als bei Huftieren, wo der Nachweis von Ganglienzellen und Nervenfasern relativ leicht gelingt (MÖNCKEBERG).

Zusammenfassend ist zu sagen, daß sowohl die Struktur der aufbauenden Elemente, wie die charakteristischen Beziehungen zu den übrigen Gewebskomponenten sich gleichermaßen beim av-System wie beim Sinusknoten finden.

In diesem Zusammenhang sei schon gleich vermerkt, daß die Annahme eines *Verbindungssystems spezifischer Elemente zwischen Sinusknoten und Atrioventrikularsystem*, das nach THOREL den Bau der PURKINJEschen Fasern aufweist, von allen Nachuntersuchern abgelehnt worden ist (MÖNCKEBERG, KOCH, ASCHHOFF, FREUND, RUGGIERI, TANDLER u. a.). Auch vom Standpunkt der Entwicklungsgeschichte des Herzens entbehren sie jeder Wahrscheinlichkeit (MÖNCKEBERG). Es wurde schon oben betont, daß allerdings außerhalb des Sinusknotens und des Atrioventrikularsystems, namentlich in der Wand des rechten Vorhofs und der oberen Hohlvene, sarkoplasmareiche Fasern gefunden wurden; sie gleichen nach TANDLER in allen Punkten dem, was man beim Menschen als PURKINJE-Fasern des Ventrikels bezeichnet. Dieser Befund wurde von vielen Autoren bestätigt (TANDLER, ROMEIS, FREUND, HEDINGER, SCHÖNBERG, FAHR, TAWARA, MÖNCKEBERG). Es fehlt ihm aber gerade das Charakteristikum des Systemzusammenschlusses mit den analogen Beziehungen zu Bindegewebe, Gefäßapparat und Nervensystem, wie es beim Sinusknoten und Atrioventrikularsystem der Fall ist. Eben aus der Tatsache, daß beim Menschen die Fasern des Systems und die des Myokards „an und für sich kaum zu unterscheiden sind", hat ROMEIS in Zweifel gezogen, ob man berechtigt ist, bei dem Befund heller sarkoplasmareicher Muskelfasern an atypischer Stelle des Herzens trotzdem noch verschiedene, in dem Bau der Muskelfasern begründete physiologische Leistungen anzunehmen. Jedenfalls weisen die erwähnten „Systemcharakteristika" nicht auf: die Beziehungen zum Gefäßapparat in Form einer eigenen Blutversorgung fehlen, ebenso auch wohl die Beziehungen zum Nervensystem. Die bindegewebige Umscheidung — von TANDLER und THOREL hervorgehoben — verliert sich stellenweise, ist jedenfalls nicht systematisch durchgeführt, außerdem ist im Vorhof ja allgemein die Tendenz zur bindegewebigen Umscheidung überhaupt ausgesprochener als in der Kammer. Wegen der Unvollständigkeit der bindegewebigen Umhüllungen ist es auch nie gelungen, die Verbindung zwischen Sinusknoten und Atrioventrikularknoten in continuo zu verfolgen! Schließlich fehlt den Befunden einzelner Faserbündel das wichtigste Kennzeichen der Durchflechtungen und Verknotungen. Darum wird es meistens abgelehnt, die namentlich im rechten Vorhof und an der Vena cava sup. gefundenen sarkoplasmareichen Fasern mit den analogen Endausbreitungen des spezifischen Systems zu identifizieren (MÖNCKEBERG).

Schließlich sei noch ein allgemeinerer Gesichtspunkt hervorgehoben. Die ursprüngliche, namentlich in England vertretene Anschauung, daß es sich bei den Knotenformationen im Herzen um Überreste der Muskulatur des primitiven

Herzschlauchs handelt ("remains of the primitive cardiac tube"), daß also das spezifische Muskelsystem sozusagen atavistische Hemmungsmißbildungen des normalen Myokards und ihre Strukturen stehengebliebene Entwicklungsphasen der gewöhnlichen Herzmuskulatur darstellen, ist nicht haltbar. Denn die Spezifität der Muskelsysteme besteht nicht in ihrem „embryonalen" Charakter, da bei der normalen Entwicklung des Myokards niemals Stadien durchlaufen werden, die auch nur annähernd den Strukturen des spezifischen Systems ähneln, von den Beziehungen des spezifischen Systems zu anderen Geweben ganz abgesehen (MÖNCKEBERG). Wir kommen offenbar ohne die Annahme *aktiver Differenzierungsvorgänge bei der Entwicklung des spezifischen Muskelsystems* nicht aus. Diese Differenzierung setzt schon sehr frühzeitig beim Sinusknoten wie beim av-System ein.

Dabei wurde von ASCHOFF und KOCH wiederholt auf die genetischen Beziehungen zwischen dem spezifischen System und den Klappenbildungen hingewiesen, daß also jedenfalls die Klappenansatzstellen die Stellen der Differenzierung sind. Man ging dabei von der Vorstellung aus, daß die ursprüngliche Funktion der spezifischen Muskulatur in der Veranlassung des rechtzeitigen Klappenschlusses bestand. „Da der venöse Klappenapparat durch aktive Betätigung (im Gegensatz zu den passiven arteriellen Klappen) den Blutstrom in geeignete Bahnen lenkt und jeder Herzphase jedes Herzabschnitts die richtige Klappenstellung vorangehen muß, die unter dem Einfluß der spezifischen zugehörigen Muskulatur steht, ist die den Herzrhythmus beherrschende Stellung dieser Muskelelemente wohl verständlich, selbst wenn, wie im rechten Vorhof, die Klappen zurückgebildet sind und den spezifischen Muskelsystemen nicht mehr die Beeinflussung des Klappenapparates, sondern nur noch die Reizbildung, die kardiomotorische Funktion, geblieben ist" (KOCH). Allerdings wurden von A. und B. S. OPPENHEIMER bei Feten und einem Säugling noch Klappen an der Mündung der oberen Hohlvene nachgewiesen und der Sinusknoten deutlich ausgebildet außerhalb der Klappen angetroffen.

Alle Teile des spezifischen Systems besitzen also offenbar die Fähigkeit der automatischen Produktion von Erregungen, und es bestätigt sich auch für das Warmblüterherz, daß die Automatie des Sinusknotens am größten ist und daß die zahlreichen untergeordneten Automatiezentren in ihrer Automatiebefähigung mehr oder weniger weit hinter dieser zurückstehen. Das mit der höchsten Frequenz schlagende Automatiezentrum hat darum die Führung und zwingt den langsameren seinen Rhythmus auf. Am eindrücklichsten wird das durch die experimentell mögliche Umkehr der Herzrevolution am Froschherzen: reizt man den Bulbus in einer höheren Frequenz als der normalen Sinusfrequenz, so wird dieser zum Schrittmacher des Herzens, und der Kammerkontraktion folgt die des Vorhofs! — Abschließend können wir noch einmal die Frage nach der Berechtigung der eingangs (S. 4) gegebenen *Unterteilung in ein primäres, sekundäres und tertiäres Automatiezentrum* aufwerfen. Wir sahen, daß auch diese sich wieder im einzelnen aus vielen Zentren verschiedener Automatiebefähigung zusammensetzen. Die Einteilung ist also fraglos schematisch, aber für praktische Zwecke ist sie durchaus berechtigt, da nach Ausschaltung der Sinusführung der av-Knoten und nach dessen Abtrennung der tiefere Kammerteil des av-Systems die Führung übernimmt und da die beobachtete Frequenz dabei entsprechend abnimmt. Diese experimentellen Erkenntnisse über die Herzautomatie stehen, wie wir sahen, in engem Zusammenhang mit einer Folge von anatomischen Entdeckungen, deren Gang — *historisch* gesehen — den umgekehrten Weg nahm:

1845 wurden zuerst die Endausbreitungen des spezifischen Systems, die PURKINJE-Fasern, entdeckt,

1893 folgte die Auffindung des av-Bündels durch HIS JR.,

1906 entdeckte TAWARA den Zusammenhang zwischen HISschem Bündel und PURKINJE-Fasern und am Anfang des Bündels den nach ihm und ASCHOFF benannten av-Knoten.

Damit waren die Einzelteile zu einem System zusammengeschlossen. Schließlich folgte 1907 die Entdeckung des Sinusknotens durch KEITH und FLACK.

Aus diesen Betrachtungen ergibt sich die weitere Frage, an welchem *Strukturelement* sich die automatische Reizbildung und die Erregungsleitung abspielt. Die Erörterung dieser Frage führt in eines der interessantesten Kapitel der Geschichte der Herzphysiologie. Der Altmeister der Physiologie in Deutschland, JOH. MÜLLER, war wohl der erste, der die *Ganglientheorie des Herzschlags* klar formulierte, wonach die automatische Reizbildung im Wirbeltierherzen und die Koordination seiner Bewegungen in den Herzganglien stattfinde, während die Erregungsleitung durch die intrakardialen Nerven erfolge. Als durch REMAK (1838), LUDWIG (1848) und BIDDER (1852) um die Mitte des vorigen Jahrhunderts die Herzganglien entdeckt wurden, war es naheliegend — in Analogie zu anderen automatischen Leistungen des Organismus, besonders den Atembewegungen —, die autonome Tätigkeit des Herzens in sein intrakardiales Nervensystem zu verlegen, zumal gerade an den mit Automatie begabten Herzteilen besonders gedrängte Anhäufungen von Ganglienzellen vorgefunden wurden, nämlich das REMAKsche Ganglion im Sinusgebiet des Froschherzens und das BIDDERsche Ganglion in der av-Gegend (Abb. 10). Als dann STANNIUS 1852 mit seinen Unterbindungsversuchen hervortrat, wurde allgemein als sicher angenommen, daß in den Ganglien des Sinus das führende Zentrum der Herzbewegung zu suchen sei. Die Störungen, welche durch Einschnitte in das Herzgewebe verursacht werden, beweisen nach VOLKMANN, daß „die Ganglien nebst den sie verbindenden Nervenfasern ein zusammengehöriges System bilden und die materielle Unterlage für die Koordination der Herzmuskelfasern" ausmachen. Denn nach ihm sind deren Störungen „offenbar Folgen zerstörter Nervenverbindungen, *nicht* aber Folgen der getrennten Muskulatur; denn auf letztere kann nur die veränderte *Form* der Bewegungen, nicht die *Disharmonie im Rhythmus* bezogen werden". Auf Grund des oben beschriebenen MUNKschen Phänomens (S. 9) nahmen MUNK ebenso wie alle anderen Anhänger der Ganglientheorie (MARCHAND, LANGENDORFF) die BIDDERschen av-Ganglien als Ort der automatischen atrioventrikulären Erregungsbildung an. Diese Ganglientheorie der Herztätigkeit wurde namentlich von VOLKMANN (1844), MUNK (1878), MARCHAND (1878) und zahlreichen anderen Forschern (KRONECKER, CYON, DOGIEL, NICOLAI) in der Folgezeit weiter ausgearbeitet und war vier Jahrzehnte hindurch die herrschende Theorie.

Trotzdem wurde diese Theorie schon frühzeitig erschüttert durch Beobachtungen, die schwer damit vereinbar waren. Schon BIDDER selbst entfernte vorsichtig das nach ihm benannte Ganglion an der av-Grenze und fand dann die Erregungsleitung von Vorhof auf Kammer *nicht* gestört! Daher bestritt er die von VOLKMANN gelehrte Gleichwertigkeit der Nervenzellen des Herzens und legte das Bewegungszentrum des Herzens allein in die REMAKschen Vorhof-Sinusganglien und gestand den von ihm selbst entdeckten, an der Atriengrenze gelegenen Kammerganglien nur reflektorische Funktion zu. 1900 stellte GASKELL fest, daß die automatische Reizbildung auch nicht innerhalb der BIDDERschen Ganglien stattfindet, sondern in der von ihm (1883), HIS JR. (1893) und ST. KENT (1893) unabhängig voneinander gefundenen muskulösen Vorhof-Kammerverbindung, dem von HIS sog. „Atrioventrikulartrichter". GASKELL erbrachte weiter den wichtigen Nachweis, daß das MUNKsche Phänomen nur dann automatische Pulsreihen auslöst, wenn dieser av-Trichter getroffen wird und daß die Reizung der BIDDERschen av-Ganglien überhaupt keine Herzkontraktion bewirkt! Damit war das MUNKsche Phänomen und ebenso der Erfolg der II. STANNIUSschen Ligatur als Erregung des av-Trichters und nicht als Effekt der Ganglienreizung aufgeklärt. Von EWALD wurde das voll bestätigt bei sehr genauer mikroskopischer

Untersuchung des Ortes der Stichverletzung. Der Gedanke GASKELLs wurde von KREHL und ROMBERG auf das Säugetierherz angewendet, und in der Folgezeit namentlich nach TAWARAs Entdeckung wurden zahlreiche Durchschneidungs- und Abklemmungsversuche des HISschen Bündels durchgeführt, genannt seien vor allem HIS JR., COHN und W. TRENDELENBURG, ERLANGER, EPPINGER und ROTHBERGER, wobei an dieser Stelle verwiesen sei auf die früheren Ausführungen (S. 29) über die inkonstante Versorgung dieser Gegend mit Ganglienzellen.

Man könnte meinen, daß die früheren Ausführungen über die große Resistenz des Herzens und besonders seiner Automatiezentren schon ein entscheidender Beweis gegen die Ganglientheorie darstelle, da den Ganglienzellen ja im allgemeinen eine geringe Widerstandsfähigkeit zugesprochen wird. Immerhin ist in diesem Zusammenhang zu erwähnen, daß man noch 24 Std. nach dem Tode am Kaninchenherzen durch Reizung des Vagusstammes Pulsverlangsamungen auslösen konnte. Da die Vagusfasern durch Ganglien unterbrochen sind, ist für diese also eine auffallend große Widerstandsfähigkeit anzunehmen. Für die post-ganglionären Fasern scheint das noch mehr zuzutreffen, denn durch intrakardiale Reizung konnten noch nach 48 Std. hemmende Effekte erzielt werden (DANILEWSKY). Das gleiche gilt für die fördernden Nerven, die keine Ganglienzellen mehr im intrakardialen Verlauf aufweisen und die HERING noch nach 54 Std. nach dem Tode des Tieres wirksam fand. Schließlich aber ergibt sich am wiederbelebten Warmblüterherzen ein Stadium, in dem die intrakardialen Vagusganglien trotz Weiterbestehens der Herztätigkeit ihre Erregbarkeit verloren haben (HABERLANDT). Für den Herzschlag maßgebliche, hypothetische Ganglienzellen müßten also eine noch länger dauernde Funktionstüchtigkeit haben als die intrakardialen Vagusganglien.

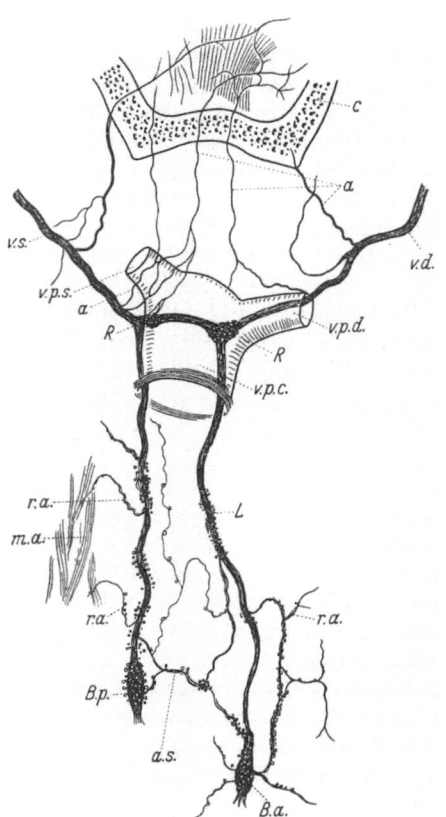

Abb. 10. Scheidewandnerven des Froschherzens. c Larynxknorpel; v. s. Ramus cardiacus des linken Vagus; v. d. Ramus cardiacus des rechten Vagus; a. a. Äste zum Pharynx; v. p. s. Vena pulmonalis sinistra; v. p. d. Vena pulmonalis dextra; v. p. c. Vena pulmonalis communis; R. R. die REMAKschen Ganglien; L die LUDWIGschen Ganglien; B. a., B. p. die BIDDERschen Ganglien; a.s. Anastomose; r.a. Fasern zur Vorhof-Kammergrenze. (Nach DOGIEL)

Nachdem erwiesen war, daß der av-Trichter des Kaltblüterherzens gar nicht die genannten Ganglienzellanhäufungen enthält, kamen diese für die automatische Reizbildung und für die Koordination nicht mehr in Frage. Übrigens finden sich tatsächlich die nervösen cellulären Gebilde durchaus nicht immer an den bekannten Reizbildungsorten besonders angehäuft. In der Sinusregion des Frosches sind sie zwar reichlich vorhanden, fehlen aber beim Schaf, Kalb, Ochsen und Hund. Auch im menschlichen Sinusknoten sind sie nicht sicher nachgewiesen (BENNINGHOFF, 1930)[1]. Aus der gangliogenen Theorie wurde die *neurogene Theorie*, die sich gründete auf der Feststellung des großen Nervenreichtums des Herzens. Diese Theorie schreibt also die Erregungsleitung (RANVIER, HEYMANS und DEMOOR), später auch die Erregungsbildung (KRONECKER,

---

[1] Wenn sich die Angaben von ABDERHALDEN und GELLHORN bestätigen, daß am Herzstreifenpräparat Automatie und Kontraktionsgröße am ganglienzellreichen Streifen besser seien als an ganglienzellarmen (s. S. 12), so wäre allerdings irgendeine fördernde Wirkung der Ganglienzellen in dieser Hinsicht doch nicht ganz ausgeschlossen.

BETHE) dem überall nachweisbaren Nervennetz zu. Diese Theorie stützt sich weitgehend auf Befunde an niederen Tieren; das Schulbeispiel für die neurogene Theorie ist das viel und genau untersuchte *Limulusherz*, das wegen der räumlichen Trennung von Nerven- und Muskelelementen ein „Unicum" darstellt (BETHE), ein weiters Demonstrationsbeispiel stellt die Meduse dar, ein „frei im Meer herumschwimmendes schlagendes Herz" (HÖBER); auf diese wird in einem besonderen Abschnitt (S. 36ff.) noch zurückzukommen sein.

Die Schwierigkeit, vor der die weitere Diskussion stand, war die, daß das Trichtergewebe auch am Froschherzen überall direkt von Nervenfasern umsponnen ist (F. B. HOFMANN), das av-Gewebe also einen neuromuskulären Gewebskomplex darstellt, wie das in gleicher Weise auch für das HISsche Bündel gilt. So ist daher eine rein mechanische Trennung der beiden Gewebsarten völlig ausgeschlossen, und so steht der neurogenen Theorie die *myogene Theorie* gegenüber. Der erste, der sich deutlich im Sinne der myogenen Theorie aussprach, war wohl schon ALBR. V. HALLER. 1882 erörterte dann ROSSBACH diese Möglichkeit, für die dann im folgenden Jahr (1883) mit Bestimmtheit GASKELL eintrat. GASKELLs Ansicht schlossen sich vor allem ENGELMANN, HERING und F. B. HOFMANN an. GASKELL zeigte in Bestätigung von Versuchen von ECKHARDT (1858), daß die Exstirpation der unteren Abschnitte der Vorhofscheidewand mit den dort verlaufenden Nervenstämmen für die Vorhof-Kammerleitung belanglos ist. F. B. HOFMANN gelang dann der wichtige Nachweis, daß sich aus dem Froschherzen die Hauptmasse der intrakardialen Ganglien herausschneiden läßt, ohne daß das Herz zum Stillstand kommt oder die Koordination seiner Bewegungen gestört wird. Andererseits zeigte F. B. HOFMANN, daß trotz Intaktbleiben sämtlicher Herzganglien und der Scheidewandnerven eine Durchschneidung der Vorhofwände die koordinierte Schlagfolge von Vorhöfen und Kammer aufhebt, wie das schon früher GASKELL für das Schildkrötenherz nachgewiesen hat. Damit wurden der Herzmuskulatur alle die Fähigkeiten zugesprochen, die man bis dahin in seinen Nervenapparat verlegen zu müssen glaubte. GASKELL und ENGELMANN haben diese Theorie besonders konsequent vertreten. Es wurden die mannigfachsten Überlegungen und experimentellen Beweisführungen in dem Streit zwischen myogener und neurogener Theorie herangezogen, der viele Jahrzehnte die Gemüter aufs heftigste bewegte. Auf Einzelbefunde, die der Kritik nicht standhalten, kann hier unmöglich eingegangen werden. Besonders die zahlreichen Analogieschlüsse ENGELMANNs von anderen Organen aus (Ureter, Flughaut der Fledermäuse u. a.) sollen wegen ihrer geringen Beweiskraft übergangen werden. Man findet eine ausführliche Behandlung bei TIGERSTEDT. Nur die eindrücklichsten Argumente für und gegen die myogene Theorie seien deshalb hier kurz behandelt. Da eine anatomische Trennung nervöser Elemente von den muskulären am Herzen nicht möglich ist, müssen es schon ganz besondere Umstände sein, durch die eine Entscheidung herbeigeführt werden könnte.

Das wichtigste Argument ist das Verhalten des *embryonalen Herzens*, auf das schon 1850 RUD. WAGNER hinwies und der damit wohl der eigentliche Begründer der myogenen Theorie ist. Schon in den ersten Tagen der Bebrütung weist das embryonale Herz des Hühnchens bereits eine rhythmische Tätigkeit auf, *bevor* noch Ganglienzellen und Nervenfasern eingewandert sind (ENGELMANN). Ähnlich wie die Vertreter der neurogenen Theorie auf die Phylogenese, greifen hier also die „Myogenetiker" ontogenetisch auf primitivere Zustände in der Entwicklungsreihe zurück, was in *beiden* Fällen natürlich angreifbar ist. Immerhin ist es von Interesse, daß v. TSCHERMAK zeigte, daß auch die Grundeigenschaften der Erregbarkeit und Refraktärphase am embryonalen Fischherzen ausgebildet *sind*, bevor das *intramuskuläre* Nervennetz zur Entwicklung gelangt. Aber man kann dagegen einwenden, daß zu solchen Zeiten auch noch keine *typischen* Muskelzellen gebildet werden. Derselbe Einwand gilt für Gewebskulturen, in denen Herzmuskelfasern lange rhythmisch schlagend erhalten werden können und sogar auswachsende Zellen sich rhythmisch zusammenziehen. Jedenfalls können aber hieraus aus dem angegebenen Grund zur Entscheidung zwischen neurogener und myogener Theorie keine bindenden Schlüsse gezogen werden. Immerhin ist es von Interesse, daß, wie KÜLBS nachwies, auch die Form des Elektrokardiogramms beim embryonalen Hühnerherzen sich nicht ändert, wenn das Nervensystem in dieses einwächst, ein Befund, der im Sinne der myogenen Theorie verwertbar ist. Die speziellen Beobachtungen am embryonalen Herzen und an Gewebskulturen sollen ebenso wie das Limulusherz in besonderen Anhangskapiteln behandelt werden.

Oben wurde schon berichtet, daß F. B. HOFMANN gezeigt hat, daß die Scheidewandnerven an der Regelung der Herztätigkeit nicht beteiligt sind, sondern Nervenfasern sind, die die Stärke der Ventrikelkontraktionen beeinflussen und die Überleitung von Vorhof auf Kammer verändern. Sie sind die einzige anatomisch und physiologisch nachweisbare Fortsetzung des Vagus zum Ventrikel. Die Konsequenz dieser Feststellung wäre damit bei Anerkennung der neurogenen Theorie die Annahme von zwei ganz verschiedenen Nervensystemen im Herzen, eins für die motorische Leitung und eins für die hemmenden (und fördernden) Fasern. Histologisch ergeben sich dafür keine Anhaltspunkte, auch an den automatisch befähigten Stellen ist das Nervennetz histologisch nicht verschieden von dem übrigen Herznervengeflecht.

Es wurden deshalb zahlreiche Versuche ausgeführt, um durch verschiedene Eingriffe (Vagusreizung, Muscarinvergiftung, Wasserstarre) einen Verlust des Kontraktionsvermögens bei Erhaltensein der Erregungsfortpflanzung zu erweisen. Das wäre mit einer muskulären Leitung der Erregung kaum vereinbar, während es beim Bestehen eines nervösen Leitungsvorganges erklärbar wäre. Aber dabei bleibt immer die Möglichkeit, daß namentlich in der Tiefe kleinste Kontraktionen der Fasern der Beobachtung entgangen sind, so daß darin kein entscheidender Beweis zugunsten der neurogenen Theorie erblickt werden kann. Durch vorsichtige Kompression der Vorhofswand kann man andererseits die motorische Erregungsleitung von der Leitung der hemmenden Vaguswirkung trennen (HOFMANN, ENGELMANN, FRÉDÉRICQ), was wiederum bei Anerkennung der neurogenen Theorie die Annahme zweier verschiedener Nervennetze erforderte.

Vor allem hat dann L. HABERLANDT die *Trennung der intrakardialen Vagus-Sympathicus-Funktion von der motorischen Leistung* des Herzens zu erweisen versucht. Durch allerhand Eingriffe (Gefrieren, konz. NaCl-Lösung, konz. NH_4Cl-Lösung, Essigsäure- und Chloroformdämpfe, Wasser- und Wärmestarre, Vergiftung mit Strychnin, Coffein, Veratrin und Chinin) wurde das isolierte Froschherz in Starre oder Lähmung versetzt, durch nachträgliche Blutdurchströmung eine Wiederbelebung der motorischen Leistung herbeigeführt und dann geprüft, ob der intrakardiale Vagus-Sympathicus-Apparat durch den Eingriff ausgeschaltet war. Es ist kaum anzunehmen, daß das hypothetische motorische Nervennetz als Bestandteil des morphologisch völlig einheitlichen intramuskulären Nervengeflechtes eine andere Widerstandsfähigkeit haben sollte als das der Hemmungs- und Förderungsnerven. Es erwiesen sich dabei die muskulären Anteile des Wirbeltierherzens gegenüber schädlichen Eingriffen widerstandsfähiger als die feinen marklosen Endfasern der regulatorischen Herznerven (Abb. 11). Auch am bereits totenstarren und dann wieder belebten Herzen ist die Trennung der intrakardialen vagosympathischen Funktion von der motorischen

Herzleistung möglich. Dadurch wurde es *höchst unwahrscheinlich, daß die motorische Herzfunktion einem eigenen Nervennetz zukommt.*

Die weitere experimentelle Beweisführung zugunsten der myogenen Theorie ging recht interessante Wege. Die Herzspitze wurde abgeklemmt bis zur histologisch nachweisbaren Degeneration der Nervenfasern — ein Versuch, den schon BERNSTEIN (1876) angegeben hatte, BOWDITCH und LANGENDORFF zeigten weiter die große Überlebensfähigkeit solcher Frösche —, es wurde dann versucht, das Erhaltenbleiben von Erregbarkeit und Erregungsleitung zu erweisen. Drei bis $7^1/_3$ Monate wurden diese Kaltblüter mit abgeklemmter Herzspitze am Leben erhalten. Die histologische Untersuchung nach der GOLGI-Methode und durch vitale Methylenblaufärbung ergab (nach 1 bis 3 Monaten) keine imprägnierten Nervenfasern mehr und keine Regenerationserscheinungen, während im oberen Kontrollteil der Herzkammer reichlich Nervenfasern mit der gleichen Methode aufgewiesen wurden. An solchen unteren Herzhälften bzw. Herzspitzen ergab eine lokale Reizung in der Tat eine *totale* Kontraktion, also das Erhaltenbleiben von *Erregbarkeit*

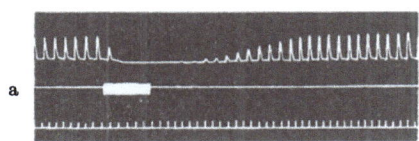
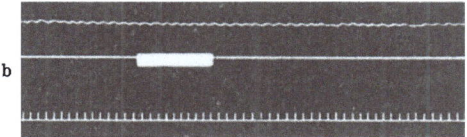

Abb. 11 a u. b. Spontan schlagendes, isoliertes Froschherz mit präparierten Vagusstämmen; faradische Reizung des rechten N. vagus hat vor der Vereisung von Sinus und Vorhof deutlich negativ chronotrope und negativ inotrope Vorhofswirkung (a); nach Vereisung und Wiederbelebung der Herzteile bleibt die schwache, aber ganz regelmäßige Vorhofschlagfolge auch bei stärkster Vagusfaradisation vollkommen unbeeinflußt (b). (Nach L. HABERLANDT.)

und *Leitungsfähigkeit*. Gleichzeitig ergab sich, daß die Reizung des Vagosympathicus unwirksam war, ebenso wie die Muscarin- und Atropin-Applikation, der nervöse Regulationsapparat war also durch Degeneration ausgefallen. Waren noch unterste Teile des av-Trichters mit abgeklemmt, so ergab sich nach Reizung noch *automatische Reizbildung* (die Erscheinungen des Wühlens und Wogens), so daß damit auch deren myogene Natur erwiesen sein sollte (Abb. 12). Daraus zog L. HABERLANDT die Schlußfolgerung, den direkten Beweis für die muskuläre Erregungsleitung und die myogene Reizbildung erbracht zu haben, da das, was der Herzspitze recht ist, den anderen Herzteilen billig sei.

Natürlich lassen sich auch dagegen wieder Einwände erheben (BETHE). Das Nichtauffinden nervöser Elemente kann durch Verfeinerung der Nachweismethoden überholt werden, wie das in manchen Beispielen der vergleichenden Physiologie schon der Fall war. Ebenso kann man auch den Ausfall der Färbbarkeit bei Degeneration anzweifeln, da bekannt ist, wieweit die Färbbarkeit von der Gewebsbeschaffenheit abhängt. Gegen die Einfrierungsversuche HABERLANDTs führt BETHE die außerordentlich große Resistenz verschiedener nervöser Zentren an, die z. B. daraus hervorgeht, daß bei vollkommen eingefrorenen Fröschen sich sogar das Zentralnervensystem bei langsamem Auftauen wiederherstellt. Auch die oft in der Diskussion zum Beweis herangezogene Ganglienzellfreiheit der Herzspitze, die deshalb keine Automatie aufweise, wird von BETHE geleugnet, von anderen wird das wieder bestritten (HOFMANN, PIOTROWSKI).

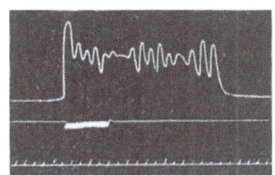

Abb. 12. Abklemmung der Herzspitze vor $7^1/_3$ Monaten; nach dem Herausschneiden löst starke faradische Reizung überdauerndes Wühlen aus. (Nach L. HABERLANDT.)

So bleibt für die automatische Erregungsbildung und für die Erregungsleitung die Entscheidung zwischen myogener und neurogener Theorie „mangels einwandfreier Beweise" heute wohl noch offen. Tatsache ist, was nicht zu leugnen ist, daß das neurogene Konstruktionsprinzip einwandfrei in der Natur im Limulusherzen verwirklicht ist. Aber es wurde schon erwähnt, daß die Einwände gegen das „primitive" embryonale Herz gleicherweise für dieses „fast vorweltliche Tier" gelten (NICOLAI). Jedenfalls sind beide Konstruktionsprinzipien denkbar und möglich. Allerdings sahen wir, daß die Anerkennung der neurogenen Theorie manche Schwierigkeiten in sich schließen würde, einmal die Annahme zweier funktionell ganz verschiedener Nervennetze im Herzen, weiter wäre ohne weitere komplizierende Hilfsannahmen auch nicht erklärlich, warum ein Reiz, der einen Herzabschnitt während seines Refraktärstadiums trifft, auch an anderen Herzteilen unwirksam ist; die intrakardialen Nerven müßten dann eine ebenso lange Refraktärphase haben wie der Herzmuskel, was ganz unwahrscheinlich ist (HERING). v. KRIES wies darauf hin, daß sich das refraktäre Stadium übrigens ja auch auf das Leitungsvermögen bezieht und sieht daher ebenfalls in dieser Tatsache „ein schwerwiegendes Argument" für die muskuläre Natur der Erregungsleitung im Herzen. Das Schwergewicht der Argumente scheint uns im ganzen gesehen auf der Waagschale der *myogenen Theorie* zu liegen und, da wir uns für den weiteren Weg der Betrachtung für eine Theorie entschließen müssen, so möge die Entscheidung zugunsten der myogenen Theorie fallen. Arbeitshypothetisch — besonders in der modernen elektrophysiologischen Betrachtungsweise der Grundeigenschaften des Herzens — benötigen wir — jedenfalls für das Wirbeltierherz — die neurogene Theorie nicht, und darum ist es verständlich, daß der einst so erbittert ausgefochtene Streit zwischen neurogener und myogener Theorie sich heute bei den Herzphysiologen in einem ruhigeren Fahrwasser befindet. Alle Phänomene, die uns bisher beschäftigt haben und uns in den weiteren Kapiteln noch beschäftigen werden, lassen sich *besser* ohne die Annahme eines besonderen motorischen Nervennetzes oder einer besonderen motorischen Funktion der intrakardialen Nerven, also einfach als *Funktion des Herzmuskelelementes* erklären, wobei sicherlich erhebliche Unterschiede in der Fähigkeit zur Reizbildung in den verschiedenen spezifischen Geweben (Sinusknoten, ASCHOFF-TAWARA-Knoten, HISsches Bündel mit seinen PURKINJEschen Endverzweigungen) bestehen und noch mehr zwischen spezifischem Gewebe einerseits und der sog. Arbeitsmuskulatur andererseits. Zahlreiche Autoren nehmen sogar an, daß ausschließlich spezifisches Gewebe zur Reizbildung befähigt ist.

Das Limulusherz, die Medusen und das Lymphherz

Wie schon erwähnt wurde, haben wir im *Limulusherzen* ein Herz vor uns, dessen normaler Rhythmus *sicher neurogen* ist (CARLSON, GARREY, RYLANT). Das lokale Nervensystem besteht dabei aus einem dorsal und median gelegenen Nervenstrang, der aus Ganglienzellen und Nervenfasern besteht, und je einem lateralen Nervenstrang; alle drei Nervenstränge verbreiten sich über die ganze Länge des Herzens, sind durch Commissurfasern untereinander verbunden und entsenden Fasern in den Herzmuskelschlauch; außerdem besteht eine Verbindung zum Zentralnervensystem (Abb. 13). Der mediane Grenzstrang, der dorsal zur Muskulatur liegt, ist von dieser durch eine Membran (oder verbindende Gewebsschicht) getrennt. So ergibt sich eine derartige Beziehung des lokalen Nervengewebes zum Muskelgewebe des Herzens, daß beide ohne Verletzung weder des einen noch des anderen Anteils experimentell getrennt werden können, und das macht das Limulusherz zu einem grundsätzlich so interessanten „Unikum".

Die Kontraktion erfolgt scheinbar gleichzeitig infolge sehr schneller Erregungsfortpflanzung; beim völlig erschöpften Herzen kann man allerdings wahrnehmen, daß die Kontraktionen am hinteren, venösen Ende anfangen und sich wie eine peristaltische Welle nach dem vorderen, arteriellen Ende fortpflanzen. Daß das unter Beteiligung der Herznerven stattfindet, beweist das Experiment: Die Zusammenarbeit aller Teile wird gestört, wenn in einem Segment alle drei Nervenstämme durchschnitten werden, die Läsion des medialen Ganglions und der beiden lateralen Nerven hebt also für dauernd trotz Unversehrtheit der Herzmuskulatur die Koordination der beiden durch die Läsion getrennten Herzabschnitte auf, jedes Ende des Herzschlauches schlägt in seinem eigenen Rhythmus! Das zeigt, daß das Myokard die Impulse nicht leitet, obwohl ein syncytiales Muskelgewebe wie beim Myokard der

Wirbeltiere vorliegt. Wenn man andererseits unter Schonung der Nerven den Herzschlauch (auch einschließlich der Seitennerven) quer durchtrennt, bleibt die Koordination erhalten, es tritt keine Störung des normalen Ablaufes der Herzkontraktion auf, wenn nur das mediane Ganglion unversehrt ist!

Ebenso wie die Erregungsleitung ist auch die *Rhythmuserzeugung* neurogen, d. h. von Impulsen abhängig, die vom medialen Ganglion zu dem Herzen entsendet werden: Entfernung des Mittelstranges bewirkt darum Stillstand des Herzens. Es ist zwar noch durch mechanische oder elektrische Reize erregbar, aber es macht dann keine spontanen Kontraktionen mehr. Wenn nur ein Segment des Herzens in unversehrter Verbindung mit dem Medialganglion steht, macht dieses Segment auch nach Isolierung vom übrigen Herzen spontane Pulsationen. Allerdings ist der Grad der Automatie verschieden, er ist am geringsten am (vorderen) Aortenende. Die größte Automatie zeigt die Herzmitte, hier sind in dem Dorsalstrang (beim 5. bis 7. Segment) auch die meisten und größten Ganglienzellen anzutreffen, die nach NUKADA als Träger der Automatie anzusprechen sind. — Wenn das Ganglion allein einer höheren Temperatur ausgesetzt wird, nimmt die Herzfrequenz entsprechend zu, während isolierte Erwärmung des Herzmuskels keinen Einfluß auf die Schlagfolge hat. Direkte Reizung des Herzmuskels mit einem Einzelinduktionsschlag führt zu einer lokalen Kontraktion, Reizung des Ganglions aber zu einer Extrasystole des ganzen Herzens (SAMOJLOFF) und auch die

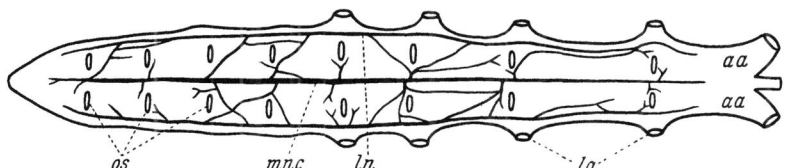

Abb. 13. Das Herz vom Limulus polyphemus von oben *aa* Hauptarterien; *la* laterale Arterien; *ln* laterale Nerven; *mnc* medianer Nervenstrang (Ganglion); *os* Ostia. (Nach CARLSON)

Beziehungen zum hydrostatischen Innendruck, daß — wie allgemein bei den Herzen der Invertebraten (s. S. 2) — mit zunehmender Wandspannung die Frequenz des Herzens zunimmt, treten nur bei unversehrtem Ganglion auf. Bei faradischer Reizung der Seitennerven werden Tetani ausgelöst, die faradische Reizung des Mittelstranges führt aber zu beschleunigtem Herzrhythmus, und so kann auch ein stillstehendes Herz wieder zum Schlagen gebracht werden. Faradische Reizung des Herzmuskels bewirkt dagegen Steigerung des Herztonus, dem sich die spontanen Systolen unverändert superponieren (SAMOJLOFF). Das Elektrogramm des Limulusherzens zeigt tetanisch-oscillatorischen Charakter (P. HOFFMANN, BRÜCKE, LUDANY), verhält sich also wie ein Skeletmuskel, so wie auch bei Krabben, Hummern und Krebsen die Herzkontraktionen tetanischen Charakter haben (RIJLANT). Die am isolierten Ganglion registrierten oscillationsförmigen Aktionsströme entsprechen ziemlich genau den Strömen, die am Herzmuskel auftreten (RIJLANT). Aus allen diesen Tatsachen folgt, daß das *Limulusherz* bei seiner normalen Tätigkeit *vom medialen Ganglion abhängig ist*[1].

Außerordentlich interessant ist nun, daß auch der Schlag des Limulusherzens in der *embryonalen Entwicklung* einsetzt, *bevor* die Anlagen der Ganglien oder der seitlichen Nerven nachgewiesen werden können (CARLSON und MEEK). Allerdings ist auch beim Limulus die

---

[1] Eigenartig ist allerdings, daß das vom medianen Ganglion abgetrennte und dadurch zunächst stillstehende Herz in einer NaCl-Lösung nach einiger Zeit wieder spontan, und zwar ohne irgendwelche Einwirkung der in ihm vorhandenen Nervenendigungen zu pulsieren beginnt. Dieser *Chlornatriumrhythmus* kann fast so regelmäßig sein wie der normale Rhythmus. Möglicherweise weckt das NaCl neue Eigenschaften im Myokard, daß es automatisch tätig wird und durch die Muskelsubstanz leitet. HOSHINO nahm eine solche myogene Leitung von Segment zu Segment und ebenso auch eine myogene Automatie der vorderen Herzsegmente nach Entfernung der Nervenbündel an, wogegen allerdings BETHE methodische Einwände vorgebracht hat. Aber auch KAKEI gibt eine rhythmisch-peristaltische Betätigung myogener Natur nach Ausschaltung des medianen Nervenstranges an. Schließlich ist bedeutsam, daß neuerdings ein der Herzoberfläche aufliegendes Geflecht mit verstreuten Ganglienzellen neben Netzwerken im Myokard gefunden wurde (FEDELE), so daß damit der nervöse und muskuläre Teil der Rhythmusgenese doch nicht völlig trennbar wäre! — Am Krebsherzen gibt RIJLANT auf Grund von Untersuchungen mit dem Kathodenstrahloscillographen an, daß die normalen Antriebe von Nervenzellen ausgehen, das Myokard aber auch eine eigene Automatie habe, die in höherer (!) Frequenz arbeite und durch die normalen Antriebe gehemmt werde. Danach würde die Rolle des pacemakers also hier nicht auf seiner höheren Frequenz beruhen, sondern in Hemmungswirkungen auf die anderen Zentren bestehen.

erste Anlage des Herzens ein Syncytium ohne Fibrillen und Querstreifung! Man muß also wohl mit einer *Funktionsübertragung* zwischen den beiden Herzgeweben während der embryonalen Entwicklung beim Limulus rechnen, ein grundsätzlich natürlich bedeutungsvoller Gesichtspunkt in der Auseinandersetzung zwischen myogener und neurogener Theorie!

Außer dem Limulusherzen gibt es noch eine *Tierart*, die sich ganz wie ein Wirbeltierherz verhält und bei dem Rhythmuserzeugung und Erregungsleitung sicher nervösen Ursprungs sind. Das sind die von BETHE eingehend untersuchten *Medusen*. Sie zeigen sogar wie das Wirbeltierherz ein absolutes Refraktärstadium und fehlende Tetanisierbarkeit, während die Herzen der Wirbellosen tetanisierbar sind und ihnen die absolute Refraktärphase fehlt. Auch Extrasystolen, kompensatorische Pause u. a. sind bei Medusen aufweisbar. Der Ausgangspunkt der rhythmischen Bewegungen sind die muskelfreien Randkörper von sicher nervösem Aufbau. Auch die Reizzuleitung zur Muskulatur geschieht auf nervösem Wege. Für eine Erregungsübertragung von Muskelfaser zu Muskelfaser fehlt nach BETHE jeder Beweis.

Ein schönes, auch zur episkopischen Hörsaaldemonstration geeignetes Beispiel neurogener Automatie stellen schließlich die von JOH. MÜLLER (1832) entdeckten coccygealen *Lymphherzen* der Amphibien und Reptilien dar, deren Pulsationen sogar durch die Haut von außen zu sehen sind und beim Frosch besonders deutlich (als pulsierender Lichtreflex) nach vorsichtigem Abpräparieren der Haut (seitlich vom hinteren Ende des os coccygis) beobachtet werden können. [Die von PANIZZA (1833) entdeckten vorderen Lymphherzen auf der Dorsalfläche der Proc. transvers. des 3.Wirbels sind dafür nicht so geeignet, da sie ziemlich tief liegen.] Die Lymphherzen stellen wie das Blutherz Hohlorgane aus quergestreifter Muskulatur mit klappentragenden Ostien dar (Ostium venosum und ostium lymphaticum). Das Schlagvolumen beträgt 1 mm³, damit beträgt die von den Lymphherzen pro die ins Blut getriebene Lymphe das Doppelte des Tiergewichtes, wie auch aus der starken Bluteindickung nach Zerstörung der Lymphherzen hervorgeht (ISAYAMA). Nach *vollständiger* Rückenmarkzerstörung tritt Stillstand ein (VOLKMANN, 1844), ebenso nach völliger Durchtrennung aller nervösen Verbindungen mit dem Rückenmark. Daher wird von vielen Untersuchern (VOLKMANN, HEIDENHAIN, ECKHARD, WALDEYER) eine rhythmische spinale Innervation angenommen, andere (GOLTZ, RANVIER, LANGENDORFF, PRIESTLEY, WALDEYER, V. WITTICH) nehmen an, daß die rhythmischen Erregungen von den peripheren in der Nähe des Lymphherzens gelegenen Ganglienzellen ausgehen. Die Innervationswege wurden von v. TSCHERMAK genauer studiert. Dabei zeigten BRÜCKE und UMRATH durch Ausschaltung der dorsalen Wurzeln, daß die Lymphherzen ohne Mitwirkung etwaiger zentripetaler Impulse vom Lymphherzen tätig sind, eine Selbststeuerung der Lymphherzen also nicht nachweisbar ist. Jedenfalls sind die Lymphherzen damit ein Schulbeispiel für die *neurogene Automatie*. Immerhin liegen eine Reihe von Beobachtungen vor, daß nach vollständiger Rückenmarkzerstörung in einzelnen Fällen nach einiger Zeit wieder eine meist unregelmäßigere Automatie eintreten kann (STEFANOWSKA, SCHIFF, ECKHARD, LANGENDORFF, V. WITTICH, V. TSCHERMAK, HENNEQUIN, BONNET u. a.), auch das isolierte Lymphherz kann in seltenen Fällen ohne jeden medullären Zusammenhang rhythmisch tätig sein (BONNET), besonders bei höherer Temperatur (E. TH. v. BRÜCKE) und in bestimmten Salzlösungen (MOORE), so daß nach v. TSCHERMAK das Lymphherz mit Einschluß der benachbarten Ganglien prinzipiell die Befähigung zur rhythmischen Tätigkeit in sich enthält, sich diese Anlage jedoch nach Abtrennung vom Rückenmark nur unter gewissen Bedingungen manifestiert. — Zusätzlich seien als Besonderheiten erwähnt, daß das Alles-oder-Nichts-Gesetz am Lymphherzen nicht gilt, daß es eine sehr kurze bzw. keine absolute Refraktärphase aufweist und daher Superpositionen bis zum echten Tetanus möglich sind und daß Extrasystolen nicht von einer kompensatorischen Pause gefolgt sind (LANGENDORFF, V. BRÜCKE, V. TSCHERMAK).

Das Verhalten des embryonalen Herzens und der Gewebskulturen embryonaler Herzen

Seitdem ARISTOTELES das „punctum sanguineum saliens" des befruchteten Hühnereis beobachtete, hat sich das Interesse der Forscher immer wieder dem Verhalten des embryonalen Herzens zugewandt und gerade unter dem Gesichtspunkt des Automatieproblems ist es in der Tat von besonderer Bedeutung. Auch am embryonalen Herzen beginnen die Kontraktionen am venösen Ende mit einer peristaltischen Welle, die sich von dort über das Herz bis zum Aortenbulbus ausbreitet. Niemals kontrahieren sich die einzelnen Abschnitte wie Vorhof und Kammer gleichzeitig, am langsam schlagenden Herzen kann man sogar beim Übergang von Vorhof auf Kammer eine kleine Pause entsprechend der Überleitungszeit beobachten (FANO und BADANO). Unter veränderten Bedingungen läßt sich der Ausgangspunkt der rhythmischen Bewegungen auch noch am Wirbeltierherzen ändern. STÖHR hat bei sehr jungen Unkenlarven die Herzanlage um 180° gedreht. Es kam zu einer Anpassung an die neuen Verhältnisse, indem zum Ausgangspunkt der Pulse nicht mehr das dazu vorgesehene venöse Ende des ursprünglichen Herzschlauchs wurde, sondern das Ende, das ohne den Eingriff zum Bulbus aortae geworden wäre. Die Umkehr bewirkte also, daß das Blut in normaler Richtung durch die Gefäße strömte! Auch am normalen embryonalen Herzen ergibt sich, daß das venöse Ende widerstandsfähiger ist als das arterielle und einen höheren Grad von Automatie aufweist. Bei Abtrennung der Kammer von den Vorhöfen setzen auch hier die Vorhöfe ihre Tätigkeit fort, während die Kammer einige Zeit stillsteht. Die wiedereinsetzende Kammertätigkeit hat auch am embryonalen Herzen eine geringere Frequenz als die Vorhöfe. Selbst das ganz junge Herz reagiert bereits auf mechanische Reize, wie schon HARVEY beobachtete, der erwähnt, daß die Pulsfrequenz durch Berührung vorübergehend beschleunigt wird. Auch wies HARVEY schon die beschleunigende Wirkung der Wärme auf die Frequenz des embryonalen Herzens nach. An Hühnerembryonen von 11—20 Tagen kann man mit Hilfe von Induktionsstößen auch bereits das Vorhandensein von Refraktärphase und kompensatorischer Pause nachweisen.

Über den Zeitpunkt nach Beginn der Bebrütung, zu dem die Pulsationen des Herzens am Hühnerembryo beginnen, schwanken naturgemäß die Angaben, jedoch liegt der Zeitpunkt nach den meisten Autoren etwa zur 30. Std. nach Beginn der Bebrütung (24—46 Std.). Für die myogene Theorie der Herzautomatie ist von Bedeutung, daß HIS jun. beim Hühnerembryo die erste Anlage der Herzganglien erst am 6. Tage der Bebrütung fand. Zu dieser Zeit ist die äußere Gestaltung des Herzens schon vollendet, es besteht aus zwei, durch eine Längsfurche auch äußerlich angedeuteten Kammern, und der Vorhof besitzt eine Scheidewand. PFLÜGER fand bei einem 18—20 Tage alten menschlichen Ei Pulsationen, obwohl hier Ganglienzellen nach HIS und ROMBERG erst gegen Ende der 4. oder Anfang der 5. Woche in das embryonale Herz eindringen. Historisch gesehen war es zuerst RUD. WAGNER (1850), der hervorhob, daß die rhythmischen Pulsationen zu einer Zeit ausgeführt werden, zu der noch keine Ganglienzellen oder sonstige nervöse Elemente aufgetreten sind. Auch bei den kaltblütigen Wirbeltieren ist das der Fall. Die oben erwähnten Gesetzmäßigkeiten der Refraktärphase und der kompensatorischen Pause lassen sich hier sogar *vor* dem Auftreten der Ganglienzellen nachweisen (HIS jun., v. TSCHERMAK). Es wurde oben schon erwähnt, daß ENGELMANN hierin ein starkes Argument zugunsten der myogenen Theorie erblickte, weil hier die sonst nicht mögliche Trennung muskulärer und nervöser Elemente vorliegt. Für das embryonale Herz ist das nicht zu bezweifeln und die Neurogenetiker werden hier zu der zusätzlichen Annahme genötigt, daß als „Bauplanänderung" — wie sie allerdings in der Natur vorkommt — später die Funktion der Muskelfasern von den nervösen Elementen übernommen bzw. auf einen höheren Grad der Befähigung gehoben wird. Es liegt zu der Zeit, in der die Pulsationen beim Hühnerembryo auftreten, noch keine differenzierte Muskulatur vor, es bleibt daher die Möglichkeit offen, ob mit der Einwanderung der nervösen Elemente und der Ausbildung der Muskulatur die automatischen Funktionen auf die nervösen Elemente übergehen.

Von besonderem Interesse ist das Verhalten *embryonaler Herzen in Gewebskulturen*. Gerade darin sah BURROWS einen direkten Beweis für die myogene Theorie des Herzschlags. Wenn er ein Stück Herzmuskel des Hühnerembryo auf einen Nährboden übertrug, ergab sich, daß Vorhofstückchen, besonders wenn sie der Gegend der Venenmündung entnommen wurden, unabhängig vom Alter der Embryonen spontan schlugen; Kammerstückchen waren dagegen nur spontan tätig, wenn der Embryo nicht älter als 10 Tage war. Auch in der Frequenz unterscheiden diese beiden Stückchen sich, die aus dem Vorhof schlugen 150 bis 200mal in der Minute, die der Kammer aber nur 50—150. Wenn solche Herzmuskelzellen embryonaler Tiere Teilung und Differenzierung außerhalb des Organismus erfahren haben, können sie sowohl als isolierte Zellen wie als zusammenhängende Zellmassen ihre spezifische Funktionstätigkeit wieder aufnehmen. Dabei treten die rhythmischen Kontraktionen um so früher auf, je jünger das Material ist (SUZUKI). Der Rhythmus solcher Zellen stimmt mit dem des Herzens lebender Tiere überein. Zwar schlagen, wie erwähnt, die Stücke aus dem Ventrikel älterer Embryonen nicht mehr, wohl aber die aus solchen Stücken isoliert ausgewanderten Zellen! (M. T. BURROWS, H. BRAUS, A. CARREL.) Gerade hierin sah BURROWS einen direkten Beweis für die myogene Theorie. EKMAN und STÖHR jun. zeigten sogar, daß die undifferenzierte Herzanlage bei Amphibien in Lockelösung unter gewissen Bedingungen die Fähigkeit besitzt, außerhalb des Körpers einen *pulsierenden* Herzschlauch mit seinen sämtlichen Abschnitten (Sinus, Vorhof, Kammer, Bulbus), wenn auch meist in atypischer Ausbildung, zu entwickeln. Der Rhythmus der Pulsationen war immer regelmäßig, die Pulszahl häufig wechselnd, Erwärmung steigerte sie erheblich. Nach der histologischen Untersuchung waren die explantierten Herzen sicher nervenlos (STÖHR), womit aber nach BETHE nicht bewiesen ist, daß sie keine besitzen! WOERDEMANN gelang es weiter, an STÖHRs Versuchen mit Rana esculenta stammenden Explantaten nachzuweisen, daß das Kalium zum Zustandekommen des Pulses notwendig ist. Denn in kaliumfreier Lösung hört der Puls allmählich auf und setzt von neuem wieder ein, sobald man die Herzen in kaliumhaltige Lösungen überträgt. BUSSE zeigte sogar die Adrenalinwirkung an den explantierten Herzklappen junger und ausgewachsener Kaninchen, die keine Ganglienzellen und Nervenfasern enthielten: Zahl und Stärke der rhythmischen Zusammenziehungen nahmen auf Adrenalinzusatz zu. — Die Automatiebefähigung scheint in der embryonalen Entwicklung zunächst allgemeiner zu sein und sich sehr bald zu differenzieren. Nach COHN haben in den jüngsten Stadien offenbar alle Teile eines zerlegten Herzens in der Gewebskultur die Fähigkeit der rhythmischen Kontraktion, schon einen Tag später aber nur noch der Vorhof und dann wird diese Fähigkeit auf eine an der Rückseite des rechten Vorhofs gelegene Stelle beschränkt. JOHNSTONE fand allerdings die ersten Pulsationen des primitiven Herzschlauches an einer bestimmten Stelle des Ventrikels, wobei der Sinus in Ruhe ist, er wäre also zu dieser Zeit noch nicht der Schrittmacher; erst nach Scheidung des primitiven Ventrikels in Vorhof, bleibenden Ventrikel und Bulbus übernimmt der Vorhof die Führung und erst am 4. Tag tritt nach Abschnürung des Sinus Block auf. Nach OLIVO sind die ersten Kontraktionen zunächst auf eine ganz kleine Zone der Herzwand beschränkt, und die Zellen sind zu dieser Zeit noch rein sarkoplasmatisch und haben keine Fibrillen. Jedenfalls zeigen alle diese Beobachtungen, wie früh in der embryonalen Entwicklung sich die Automatiebefähigung entwickelt.

Sogar den Beweis für eine *nichtnervöse Koordination* kann man an Gewebskulturen führen. Legt man zwei aus demselben Herzen gewonnene Stücke mit den Schnittenden zusammen, so beginnt schon nach 24 Std. eine synchrone Tätigkeit, die ausbleibt, wenn das eine Stück vom Huhn, das andere von der Ente stammt, obwohl Stücke von Entenembryonen gut in Hühnerplasma schlagen (A. FISCHER). Neuerdings ist sogar die funktionelle Vereinigung zwischen Explantaten von Huhn und Taube gelungen (OLIVO). Die histologische Untersuchung ergab, daß nicht zusammenschlagende Stücke durch Bindegewebe, die zusammenschlagenden aber durch Muskelzellen zusammenhingen. Diese Fragmente waren vollkommen nervenfrei! ROFFO beobachtete an der Randzone von Explantaten von Hühner- und Entenherzen amöboid bewegliche Muskelzellen. Wenn zwischen einem pulsierenden und nicht pulsierenden Stück eine Gewebsverbindung hergestellt wird, fängt das nichtpulsierende unter der Voraussetzung zu schlagen an, daß die Berührung durch solche auswachsenden Zellen erfolgt, denen man wohl danach die Fähigkeit der Reizleitung zuschreiben muß.

Neuerdings ist auch das *Elektrogramm des 5 Tage alten embryonalen Herzens wie des in vitro gezüchteten embryonalen Herzmuskels* namentlich durch R. v. BONSDORFF (1950) eingehend untersucht worden. Nach Aufnahme des embryonalen EKG wurde das Herz zerteilt und die Gewebsstückchen nach der CARRELschen Standardmethode in hängenden Tropfen gezüchtet, und zwar reine Vorhof- und reine Kammerexplantate sowie Gesamtexplantate. Die Elektrogrammregistrierungen wurden an 24 Std. alten Explantaten vorgenommen. Vorhofsexplantate zeigen ein schnelles P und nach einer isoelektrischen Strecke ein langsameres T_a bei einer durchschnittlichen Schlagfrequenz von 40/min, das sich bei höherer Frequenz entsprechend verkürzt. Völlig entsprechende Elektrogramme gaben die Kammerexplantate (Frequenz durchschnittl. 21/min). Gesamtexplantate ergeben ein dem normalen EKG ähnelndes Elektrogramm (P, QRS, T, wobei T_a oft nach QRS auftritt; Frequenz: 67/min). Die 5 Tage alten Kükenembryone (vor der Gewebszüchtung) ergeben ein voll entwickeltes EKG. Es besteht also eine bemerkenswerte Ähnlichkeit zwischen dem EKG des embryonalen Herzens und den Explantat-Elektrogrammen. Bei der Explantation wird die Dauer der elektrischen Betätigung vom Vorhof wie von der Kammer länger, was wohl auf die schlechteren Ernährungsverhältnisse der Explantate nach Entfernung aus ihrer natürlichen Umgebung zurückzuführen ist. Jedenfalls behält der in vitro gezüchtete Herzmuskel seine elektrischen Eigenschaften; von Interesse ist besonders auch die Tatsache, daß die Berührung mit der Elektrode bereits zur Umwandlung in die monophasische Stromform führt (s. S. 105).

Das Wesen der rhythmischen Erregungsbildung

Wir sahen bei der Erörterung der Frage, welches Strukturelement die Funktion der Automatie am Herzen aufweist, daß dafür grundsätzlich sowohl das nervöse wie das muskuläre Element in Frage kommt, wenn wir uns auch am Herzmuskel der Wirbeltiere für die myogene Theorie entschieden haben. Wir sahen weiter, daß die Rhythmizität kein spezielles Problem der Automatiezentren allein darstellt, sondern daß, wie gerade das Verhalten des embryonalen Herzens so überzeugend zeigt, *Rhythmizität* wahrscheinlich grundsätzlich eine allgemeine biologische Eigenschaft im tierischen Organismus darstellt, die lediglich verschiedene Grade der Ausprägung aufweist, ja man kann mit BETHE wohl sagen, daß jedes erregbare Gebilde rhythmusfähig ist, wenn nicht „spontan", dann jedenfalls unter dem Einfluß erregbarkeitserhöhender äußerer Einwirkungen.

Was viele glatte Muskeln bereits in normaler Umgebung können, ist auch beim Skeletmuskel z. B. nach BIEDERMANNs grundlegender Feststellung unter dem Einfluß gewisser Salzlösungen (mit einem vom Normalen abweichenden Ionengemisch) möglich. Das gleiche gilt für die Herzspitze niederer Wirbeltiere und den (randkörperlosen) Medusenschirm, daß nach Ablösung vom Gesamtorganismus zwar rhythmische Äußerungen vermißt werden, aber bereits ein abweichendes Ionenmilieu häufig schon die rhythmische Tätigkeit wieder hervorrufen kann. In gleicher Weise kann diese durch Pharmaka oder Hormone (Darm, Uterus usw.) hervorgerufen werden. Bei der Herzspitze und beim Molluskenherz gelingt das, wie früher (S. 2) ausgeführt, auch schon durch Erhöhung der Wandspannung. Der konstante Strom wirkt in ähnlicher Weise. Irgendwie werden dadurch „an und für sich ablaufende, aber zu schwache innere rhythmische Vorgänge" überschwellig (BETHE). Bei dieser Betrachtungsweise drängt sich uns die Vorstellung auf, daß hier überall etwas prinzipiell Ähnliches vorliegt, das sich lediglich durch verschiedene Grade der Stabilität bzw. Labilität unterscheidet. Auch innerhalb des „spezifischen" Systems des Warmblüterherzens liegen ja, wie wir sahen, solche Unterschiede der Labilität vor, die eben am größten ist an der mit dem höchsten Grade der Automatie befähigten Stelle, dem Kopfteil des Sinusknotens. Das, was in diesen Fällen die Rhythmizität über die Schwelle hebt, kann man mit LANGENDORFF „heterochthone Reize" nennen, d. h. Reize, die ihren Ursprung *außerhalb* des betreffenden Organs haben, aber zu diesen Elementen normalerweise in unmittelbare Beziehung treten. Es ist verständlich, daß in der älteren Literatur derartige Vorgänge als *Ursache* der Bewegung des Herzens angesehen wurden.

So nahm ALBR. V. HALLER (1756) an, daß es das in das Herz eintretende Blut sei, welches den Herzmuskel reize und zu geordneter Tätigkeit anrege. Es wurde schon S. 2 erwähnt, daß sich besonders bei den Herzen der Wirbellosen zahlreiche Beispiele dafür finden, daß *mechanische Verhältnisse*, der Druck oder die Spannung des Herzens, spontane Reizbildung auslöst. Dafür seien einige Beispiele gebracht. Beim ausgeschnittenen, stillstehenden Herzen von Helix pomatia werden durch Dehnung sofort rhythmische Zusammenziehungen ausgelöst, die je nach dem Grade der Dehnung rascher oder langsamer ablaufen (BIEDERMANN). Auch beim ausgeschnittenen Herzen von Aplysia, das unter konstantem Druck aus einer MARIOTTEschen Flasche mit dem Blut des Tieres gespeist wird, vermehren sich sofort Frequenz und Hubhöhe des Herzens, wenn die Druckhöhe gesteigert wird. Auch die leere Herzkammer vom Octopus fängt mit rhythmischen Zusammenziehungen an, wenn sie mit Meerwasser unter einem gewissen Druck gefüllt wird (FREDERICQ). Auch das Wirbeltierherz kann, wie zahlreiche Beobachtungen gezeigt haben, durch einen zweckmäßig gewählten Binnendruck erregt werden. Ähnliche Erscheinungen lassen sich auch bei Säugetieren beobachten: durch einen genügend hohen Druck kann das stillstehende Herz zum Schlagen gebracht werden.

Außer den mechanischen Bedingungen sind auch, wie erwähnt, *chemische Veränderungen* für die Auslösung des Herzschlags bedeutsam. Solche „Blutreize" wären z. B. chemische Milieuveränderungen oder auch der Gehalt an Na- oder Ca-Ionen. Diese chemischen Milieueinflüsse auf die Herzfrequenz werden an anderer Stelle (S. 152 f.) besprochen werden. Jedenfalls besteht die Beobachtung, daß ein stillstehendes Herz bei Wechsel der Nährflüssigkeit zu pulsieren beginnen kann. Auch die an anderer Stelle zu besprechende Einwirkung der *Wärme* und des konstanten *elektrischen Stromes* ist hier zu erwähnen.

Alle diese Beobachtungen treffen jedoch nicht das Wesen der Automatie. Diese beruht vielmehr auf „inneren Reizen", d. h. solchen, die in den tätigen Organen *unter natürlichen Bedingungen an Ort und Stelle* entstehen und die LANGENDORFF deshalb „*autochthone Reize*" nannte.

Diese können grundsätzlich „spontan" in einer Serie von Impulsen, aber auch als Einzelreize in Erscheinung treten. Je labiler ein System ist, um so größer ist auch seine Neigung, eine rhythmische Folge von Erregungen zu produzieren. Wir sahen ja bereits, daß die sog. escaped beats auch Ausdruck der Automatiebefähigung untergeordneter sekundärer oder tertiärer Zentren des Herzens sind.

Ehe wir uns der schwierigen und interessanten Frage nach der Natur der inneren, autochthonen Herzreize zuwenden, haben wir noch zwei Forschungsrichtungen innerhalb des Automatieproblems kennenzulernen, die von ganz anderer Seite her der Ursache der Automatie näherzukommen versuchten. Eine eigenartige und sehr interessante Beleuchtung erfuhr das Automatieproblem durch Untersuchungen ZWAARDEMAKERs und seiner Schüler, nach denen die Unentbehrlichkeit des Kaliums für die Erhaltung der Automatie nicht allein auf seinen chemischen Eigenschaften beruht, sondern auf seiner *Strahlung*. Nach ZWAARDEMAKER ist die *Radioaktivität* der „unabwendbare ständige Faktor", der die Automatie in Gang hält. In der Tat hat das Kalium als β-Strahler eine zwar nicht sehr starke, aber immerhin nachweisbare Strahlung. Die Anregung und Erhaltung der Herzautomatie ist nach ZWAARDEMAKER dieselbe, ob man das Herz mit kalifreier Ringerlösung durchspült, der bestimmte Mengen radioaktiver Substanz zugesetzt sind, oder ob man das Herz von außen bestrahlt. Auch durch Zufuhr gasförmiger Radiumemanation fängt das durch K-freie Ringerlösung zum Stillstand gebrachte Froschherz wieder an zu schlagen. Für die Ersetzbarkeit des Kaliums durch andere radioaktive Elemente ist zunächst das Radium selbst zu nennen, dann außer dem Uran das Thorium, Jonium, Rubidium u. a. Es können also alle radioaktiven Elemente einander vertreten, wenn sie in radioäquivalenten Mengen verwandt werden. Das Vorhandensein einer gewissen Menge radioaktiver Strahlung gehört also nach ZWAARDEMAKER zu den notwendigen Bedingungen der Herzreizbildung. Normalerweise stammt diese von den Kalisalzen des Gewebes, das sich besonders reichlich in Muskeln und Nerven findet.

Von Interesse ist auch, daß man am Kalt- und Warmblüterherzen durch α-Strahlung evtl. über Stunden eine künstliche Automatie hervorrufen kann, die sich zunächst nicht von der Kaliumautomatie unterscheidet; erst später treten Unterschiede in den Funktionen auf, die von der Radioaktivität unabhängig sind, wie in der Kontraktionsstärke und im Tonus des Herzens. Die Automatie ist also für α- und β-Strahler gleich; aber wenn die positive α-Strahlung gleichzeitig mit der negativen β-Strahlung vorhanden ist, verhalten sie sich antagonistisch.

Bei der Weiteruntersuchung dieser Befunde fand man, daß im Experiment eine längere Zeitspanne bis zum Wiedererwachen der Automatie vergeht. Deshalb wurde angenommen, daß durch α- und β-Strahlung erst *Stoffe* gebildet werden, die auf die Reizursprungsstelle wirken. Diese Stoffe nannte ZWAARDEMAKER *Automatine*; sie sollen aus einer Muttersubstanz, dem Automatinogen, durch die Strahlung des Kaliums entstehen. Dieses Automatinogen, das sich besonders in Muskulatur, Blut und Herz vorfindet, wird also fortwährend besonders durch das Kalium der Muskulatur zu Automatin aktiviert; dieses soll eine besondere Affinität zum Reizleitungssystem des Herzens haben und daher dort in größerer Menge vorhanden sein.

Durch längere Radiumbestrahlung läßt sich angeblich reines Vitamin B in hochwirksames Automatin verwandeln (ähnliches gilt für Histamin), so daß daran zu denken ist, daß die Muttersubstanz der Automatie vielleicht mit der Nahrung zugeführt wird. Das Automatin ist aber nach ZWAARDEMAKER nicht identisch mit Vitamin B, Adrenalin oder Histamin.

Wenn auch die Annahme der Automatine recht hypothetisch ist, so bleibt doch der grundlegende Versuch ZWAARDEMAKERs: das Erlöschen der Automatie nach Kaliumentzug (wie auch an Darm und Uterus) und die Vertretbarkeit des Kaliums durch andere radioaktive Elemente sowie durch äußere Bestrahlung, um die Automatie wieder zu wecken. Es darf nicht unerwähnt bleiben, daß diese, anscheinend gesicherten Befunde nicht ohne Widerspruch geblieben sind, indem die Unentbehrlichkeit des Kaliums doch nur als spezifische Ionenwirkung erklärt wurde (FRÖHLICH) und die Radioaktivität nicht als notwendige Bedingung für die Tätigkeit, sondern als Reizwirkung aufgefaßt wurde (VIALE). Weitere Nachuntersucher haben schließlich die Ersetzbarkeit durch Uran für das Warmblüterherz überhaupt nicht bestätigen können (ARBORELIUS und ZOTTERMAN) und betonen die Unentbehrlichkeit gewisser *Kalium*mengen in der Nährlösung für die Herzreizbildung. Andererseits muß erwähnt werden, daß in neuerer Zeit wiederum die grundlegenden Versuche ZWAARDEMAKERs durch POLAK bei Wiederholung seiner Experimente — im Gegensatz zu den bestimmten Angaben NIEDERHOFFs u. a. — angeblich eine Bestätigung gefunden haben. Es läßt sich daher über diese interessante Frage heute noch kein abschließendes Urteil fällen, zumal die Untersuchungen in neuester Zeit leider nicht weitergeführt worden sind.

Die Annahme eines Stoffes, auf den die Kaliumstrahlung wirke und der dann die Automatie des Herzens unterhalte, weist weiter auf die viel diskutierte Möglichkeit hin, daß bestimmte *Stoffe als Ursache der Automatie* anzusprechen sind. Es liegt diesen Versuchen also die Vorstellung zugrunde, daß irgend ein *spezifischer chemischer Auslösungsvorgang* bei der Bildung der Erregungen beteiligt ist. Auch um diese Deutungsversuche ist es heute stiller geworden. Zu ihrer Zeit haben aber die in diese Richtung gehenden Experimente — ebenso wie die Versuche von ZWAARDEMAKER — ein solches Aufsehen erregt, daß sie trotz vieler in der Folgezeit erhobener, entscheidender Einwände erwähnt werden müssen. Es handelt sich dabei also um die Suche nach einem Stoff, der sich aus dem Sinus extrahieren läßt und der ein stillstehendes oder arrhythmisches Herz zur rhythmischen Tätigkeit bringt und so die Herztätigkeit reguliert, letztlich also um ein „Hormon", das nur im spezifischen Muskelgewebe gebildet wird.

Die eine in dieser Richtung unternommene Forschungsreihe geht zurück auf DEMOOR und seinen Mitarbeiter RIJLANT. 1922 begann DEMOOR Herzextrakte zu untersuchen und schrieb die rhythmische Tätigkeit des Knotengewebes einer "substance excitatrice" zu. 1923 wurde dann angegeben, daß ein nicht spontan schlagender isolierter rechter Vorhof des Kaninchens durch einen aus dem rechten Vorhof des Hundes hergestellten Extrakt zum Schlagen gebracht werden könne, während Auszüge aus dem linken Vorhof und der Kammer sogar schädigend wirken, und daß ein wäßriger Auszug aus dem Sinusknoten, auch wenn er nicht artspezifisch ist, ebenfalls am isolierten linken Vorhof eine rhythmische Tätigkeit erzeuge. Auf Grund dessen wurde eine „*humorale Regulation der Herztätigkeit*" angenommen, eben der Art, daß im spezifischen System durch die darin enthaltenen Substanzen die Tätigkeit der gewöhnlichen Herzmuskulatur so beeinflußt wird, daß sie zum regelmäßigen Schlagen gebracht wird. Ebenso wird dem Sinusextrakt auch ein Einfluß auf die Reizleitung zugeschrieben. Dem nichtspezifischen Gewebe fehlt die Wirkung nicht nur, sondern es schwächt die Wirkung der "substances actives" sogar ab.

Die Wirkung ist adrenalinähnlich, aber nicht mit ihr identisch; die im spezifischen Gewebe enthaltene Substanz mache aber die Herzmuskulatur der Adrenalinwirkung erst zugänglich. — Zwei Stoffe sollen dabei im Knotengewebe enthalten sein: 1. ein durch Erwärmen auf 63° zerstörbarer „Erregungsstoff", der den linken Vorhof zum rhythmischen Schlagen bringt, 2. eine sensibilisierende Substanz, die erst bei 72° zerstört wird, die für sich allein den linken Vorhof nicht zum Schlagen bringen kann, ihn aber so verändert, daß kleinste Adrenalinmengen eine lang anhaltende rhythmische Tätigkeit auslösen.

Den Schlußstein auf dieses Gebäude setzten dann sehr imponierende Versuche RIJLANTs (1927), den Sinusknoten operativ zu entfernen und an eine andere Stelle zu transplantieren. Nach vollständiger Abtragung des Sinusknotens trat, wie schon früher an anderer Stelle besprochen wurde (S. 16), stets Frequenzabnahme des Herzens um 20—40% ein als Folge des nun auftretenden sog. Coronarsinusrhythmus (Anm. S. 24), der dauernd bestehen blieb. Wurde nun der Sinusknoten dem gleichen Tier implantiert, so schlug das Herz bald wieder im normalen Sinusrhythmus, bei guter Technik soll eine dauernde Einheilung möglich sein. Auch wenn ein anderes Tier gleicher Art gewählt wurde, war der Erfolg zunächst der gleiche: der implantierte Knoten übernimmt nach kurzer Zeit die Führung, allerdings tritt nach 10—12 Tagen Resorption des Gewebes und damit wieder Übergang der Führung auf den Coronarknoten ein. Bei kreuzweiser Übertragung zwischen Tieren gleichen Wurfs soll ebenso Dauereinheilung wie bei Autotransplantation gelungen sein, selbst bei Übertragung von Ziege auf Hund und umgekehrt übernahm der implantierte Knoten die Führung, wenn es auch wegen Resorption nicht zu einer Dauereinheilung kam. Durch lokale Ableitung der Aktionsströme wurde sogar festgestellt, daß die Ursprungsreize am Ort der Einpflanzung des Sinusknotens entstehen. Alle diese Experimente dienten der Beweisführung, daß das *Sinushormon nicht artspezifisch* sei.

Eine andere, in gleicher Richtung unternommene Forschungsreihe wurde von HABERLANDT durchgeführt, der von dem Befund ausging, daß „Sinusringer" oft beschleunigend und verstärkend auf die automatisch tätige Kammer wirkt. Deshalb wurde ein Hormon angenommen, daß die Eigentätigkeit des av-Knotens anregt und das ebenso auch aus der Kammerbasis zu gewinnen sei. Normalerweise erfolgte die Bildung des Basishormons in so geringer Menge, daß die Kammerautomatie latent bleibt. Sowohl wäßrige als auch — seltener — alkoholische Extrakte aus dem Sinus und dem av-Trichter („Sinus-" und „Basisringer") sollen wirksam sein. Dieses „Herzhormon" soll imstande sein, nichtschlagende Herzen wieder zum Schlagen zu bringen. Es ist kein Eiweiß, da es durch Alkohol nicht geschädigt wird, kein Lipoid, da es durch Äther nicht extrahierbar ist, durch Kochen wird es nicht unwirksam und ist auch nicht mit Adrenalin identisch. Das adrenalin- und histaminfreie „Hormokardiol" wirke noch inotrop und pulsauslösend bei Kaltblütern in Verdünnung bis zu 1 Milliarde, bei Warmblüterherzstreifen bis zu 1:1000.

Die Automatie wird so erklärt, daß der durch das Herzhormon bedingte, im obersten Herzteil entstehende Dauerreiz infolge des Vorhandenseins der Refraktärphase die normale rhythmische Tätigkeit veranlasse (s. dazu S. 45). Ebenso soll bei überdauerndem Kammerwühlen des Froschherzens ein Erregungsstoff entstehen, der zum Unterschied vom normalen Herzhormon eine hochgradige Tachykardie und das Auftreten von Kammerflattern begünstigt, womit also auch die hormonale Übertragung des Herzwühlens und -flatterns erwiesen sei. Anstelle des Sinusextraktes traten bald die fabrikmäßig leichter herzustellenden Skeletmuskelextrakte. Nach HABERLANDT ist das kreislaufwirksame Prinzip dabei „das in den allgemeinen Kreislauf gelangte und daher aus der peripheren Muskulatur extrahierbare Herzhormon", an dessen Spezifität er also festhielt.

Beide Versuchsreihen sind — wohl mit Recht — einer scharfen Kritik ausgesetzt gewesen (C. J. ROTHBERGER, RIGLER u. a.). Der Kernpunkt der Frage bei beiden Forschungsreihen ist, ob die normale Reizbildung im Herzen tatsächlich auf der Bildung eines Stoffes beruht, den *nur das* spezifische Muskelsystem bilden kann. Es hängt also alles an dem Nachweis der Spezifität. Wenn auch durch andere Organextrakte die beschriebenen Effekte erzielbar sind, entfällt die Berechtigung, eine besondere Eigenschaft des extrahierten Gewebes anzunehmen (ROTHBERGER). In der Tat reagiert das Herz auf die verschiedensten Organextrakte und Organspülflüssigkeiten, und diese wirken ebenso stark wie die „spezifischen Herzextrakte". Wenigstens müßte man aber bei einem Hormoncharakter fordern, daß der Gehalt im spezifischen System wesentlich höher ist. Die zahlreichen Nachprüfungen ergaben aber, daß die beschriebenen Wirkungen — soweit sie sich bestätigen lassen — weder bei DEMOOR noch bei HABERLANDT spezifisch sind. Eine Hormonbildung der spezifischen Muskulatur ist *nicht* erwiesen.

Die Frage der gelegentlichen Wirkung von Fleischextrakten in bestimmten Krankheitsfällen wird davon nicht berührt; namentlich die Fleischbouillon enthält eine Reihe *kreislauf-*

wirksamer Substanzen. Besonders zu denken ist dabei an die 1929 aus dem Ochsenherzen isolierte *Adenylsäure* (DRURY und SZENT GYÖRGYI), die eine starke Herzwirkung hat und besonders den Coronardurchfluß steigert. Die günstige Wirkung von Muskelextrakten bei Angina pectoris beruht wahrscheinlich auf dem *Adenosin*. Bei der Deutung der Versuche ist auch zu beachten, daß bei der Herstellung der Extrakte wahrscheinlich *Kalium* in Lösung geht, das eine positiv chronotrope Wirkung hat. Schließlich wurde von einigen Nachuntersuchern das *Histamin* als Ursache der scheinbaren Herzhormonwirkung vermutet. Histamin ist bekanntlich in vielen Organen nachweisbar, besonders in Leber, Milz und Lunge; wahrscheinlich ist es in Vorstufen ein allgemeiner Zellbestandteil und wird wirksam, sobald es aus der Zelle austritt (z. B. Lichterythem, mechanische Reizung der Haut), also z. B. auch bei der Herstellung von Organextrakten. Jedenfalls sind, um eine Histaminwirkung auszuschließen, histaminfreie Präparate zu fordern. Schließlich wird für die Erregungsbildung seit einigen Jahren das *Acetylcholin* viel diskutiert (BURN, SELVINI, BRECHT, ROTHSCHUH) (s. S. 517). Außerdem ist an adrenalinähnliche Stoffe, an Cholin, Nucleotide und Nucleoside zu denken. Alle diese Möglichkeiten haben natürlich die Wirksamkeit von Organextrakten weitgehend ihrer Mystik entkleidet.

Abschließend seien noch einige andere Stoffe erwähnt, bei denen ebenfalls eine *hormonähnliche Beeinflussung der Herztätigkeit* angenommen wurde. 1921 fand CANNON, daß bei Reizung der Lebernerven im Leberblut eine Substanz auftritt, die in der Leber selbst gebildet wird und beschleunigend auf das entnervte Herz wirkt und den Druck steigert. In ähnlicher Weise äußerte sich 1924 ASHER, daß die Leber ein Hormon zur chemischen Regulierung des Herzschlags liefere, später wurden als Ursache dafür Cholate vermutet, die, stark verdünnt, den Herzschlag verstärken und für Adrenalin sensibilisieren. Schließlich stellte ZUELZER Extrakte aus der Leber her („Eutonon"), die die Frequenz steigern, die Kontraktion verstärken, die Coronararterien erweitern und pulsauslösend wirken. Betreffs der Benennung „Herzhormon" ist in diesem Zusammenhang zu sagen, daß die Bezeichnung schon deshalb unzutreffend ist, weil Hormone nach ihrem Bildungsort und nicht nach ihren oft sehr zahlreichen Wirkungsorten benannt werden. Auf die Beziehungen zwischen Leber und Herztätigkeit wird an anderer Stelle noch besonders einzugehen sein (S. 454 ff.).

Schließlich ist in diesem Zusammenhang noch das „Kreislaufhormon" von FREY und KRAUT zu erwähnen *("Kallikrein"),* dessen Bildung mit dem Pankreas zusammenhängt und das durch die Nieren ausgeschieden wird. Es soll sich dabei ebenfalls um einen Stoff handeln, der Herz- und Kreislauftätigkeit reguliert.

Die *Natur der inneren, autochthonen Herzreize* aufzuklären ist eines der schwierigsten Probleme der Herzphysiologie. Bei der Frage der „Herzhormone" wurde schon erwähnt, daß hier die Vorstellung eines chemischen Dauerreizes herangezogen wurde, der infolge des Vorhandenseins der Refraktärphase die normale rhythmische Tätigkeit veranlasse. Man denkt dabei also an einen mehr oder weniger kontinuierlichen *Dauerreiz* von relativ geringer Stärke, der immer erst nach Ablauf des Refraktärstadiums oder noch während des relativen Refraktärstadiums über die Schwelle trete und eine Erregung auslösen könne. Die Frequenz automatisch rhythmischer Erregungen wäre danach also als eine Funktion des Refraktärstadiums anzusehen. Von dem Verhalten am Herzen aus sind diese Vorstellungen sogar verallgemeinert worden (VERWORN). Aber auch bei der Annahme eines ständig wirkenden Dauerreizes läßt sich aus der Tatsache der Refraktärphase allein die Rhythmizität *nicht* erklären, wie das des öfteren in der Literatur versucht worden ist; denn dann müßte sich bei der *Normal*frequenz ein refraktäres Stadium an das andere anschließen. Das ist aber, wie wir noch (S. 96) sehen werden, erst bei der *Maximal*frequenz der Fall (SCHÜTZ). Die Zeit, die vom Beginn des Erregungsvorgangs verstreichen muß, ehe das Organ neuerdings in Erregung gerät (von K. LUCAS irresponsive Periode, von BRÜCKE Zeit der Leistungsunfähigkeit genannt), deckt sich also keineswegs mit der Zeit der Unerregbarkeit (= Refraktärstadium).

In ähnlicher Weise nahmen die älteren Autoren an, daß *kontinuierlich* ablaufende chemische Vorgänge zur Erregungsbildung führen. Nach LANGENDORFF entstehen die autochthonen Reize durch den Stoffwechsel. „Das Lebensprodukt der Zelle ist ihr Erreger", d. h. die Stoffwechselprodukte des Gewebes bewirken das Entstehen autochthoner Reize. Auch ENGELMANN stellte sich vor, daß durch den Stoffwechsel der automatisch tätigen Muskelzellen kontinuierlich Herzreize gebildet werden, die — zu einer gewissen Höhe angewachsen — die Kontraktion auslösen. Die gewaltige Molekularexplosion, die bei der Systole in den Muskelelementen stattfindet, zerstöre dann das angesammelte „Reizmaterial" und unterbreche damit die *kontinuierliche Reizerzeugung*. Nach der Systole beginne dieser Vorgang von neuem und löse, sobald er eine gewisse Höhe erreicht hat, eine neue Kontraktionswelle aus, und so erfolge die Reiz*abgabe* selbst *rhythmisch*. H. E. HERING war es dann vor allem, der den *rhythmischen* Charakter der Reizbildung postulierte und betonte.

Dabei waren LANGENDORFF und PFLÜGER — in einem gewissen Gegensatz zu HERING — der Meinung, daß jede mit einer gewissen Geschwindigkeit erfolgende Erregbarkeitssteigerung zum Reiz wird. Diesem Gedanken in der älteren Auseinandersetzung über die Reizentstehung begegnen wir auch S. 65,175 bei den allgemeinen Betrachtungen über Rhythmizität, daß erregbarkeitssteigernde Einflüsse eine latent vorhandene Automatie manifest werden lassen können (BETHE). Auch erinnert diese Erörterung an die Verhältnisse im *Elektrotonus*, bei dem sich ja ergibt, daß bei der Gleichstromdurchströmung die rasche Entwicklung des Zustandes ansteigender Erregbarkeit schließlich zur Auslösung einer Erregung führt (ansteigender Katelektrotonus, verschwindender Anelektrotonus; in beiden Fällen handelt es sich ja um eine *plötzlich ansteigende Erregbarkeit*, und zwar einmal bei der Schließung an der Kathode vom normalen Niveau zum Zustand gesteigerter Erregbarkeit, das andere Mal an der Anode bei der Öffnung vom Zustand herabgesetzter Erregbarkeit zum normalen Zustand). Aber auch dann werden wir das Entstehen einer *Erregung* als ein *besonderes Ereignis* ansehen müssen, das als etwas *Neues* hinzukommt.

Bei diesem Stand unserer Vorstellungen ist es naheliegend, nach geeigneten *Modellvorgängen* zu suchen, die ähnliche Erscheinungen zeigen. Verdient gemacht haben sich darum zuerst VON DER POL und VAN DER MARK, weiter KOUMANS, HOLLMANN und besonders A. BETHE. Das überzeugendste Modell für die Automatiezentren liefern die *Kippschwingungen* (auch Relaxationsschwingungen genannt), deren Prinzip darin besteht, daß ein Vorgang sich langsam einer kritischen Schwelle nähert und sich nach deren Erreichen wieder mit hoher Geschwindigkeit auf seinen Ausgangszustand zurückbegibt.

Die bekannte Blinkschaltung der Radiotechnik stellt ein solches künstliches Kippsystem dar, bestehend aus einem Kondensator, einer aufladenden Batterie und einer Glimmröhre.

Der Kondensator lädt sich über einen Widerstand aus der Batterie langsam auf (zur Begrenzung der Stromzufuhr kann der Kondensator über eine Elektronenröhre mit Sättigungsstrom gespeist werden); bei Erreichen der kritischen „Zündspannung" entlädt sich dann der Kondensator rasch über die Glimmlampe. Solange die Glimmlampe nicht durch Erreichung ihrer kritischen Spannung zündet, stellt sie für den Kondensator einen unendlich hohen Widerstand dar. Sie wird wieder „gelöscht", wenn die Spannung am Kondensator auf einen kleinen Wert abgesunken ist. Jetzt lädt der Kondensator sich wieder auf, weil nach der Löschung die Glimmlampe wieder ihren hohen Widerstand aufweist und behält, bis die Zündspannung wieder erreicht ist.

Sehr viel exakter und in der Analogie mit dem Herzen noch mehr übereinstimmend arbeiten kompliziertere elektrische Modelle, die BETHE eingehend untersuchte.

Eine Anodenbatterie A_1 lädt über eine die Stromzufuhr regulierende Elektronenröhre E_1 den Kondensator K_1, dessen Belege andererseits mit einer Glimmröhre G_1 verbunden sind. Ist die Zündspannung derselben erreicht, so schlägt das Milliamperemeter M_1 aus *(führendes System S_1)*. Die Ausschläge des Milliamperemeters geben ein Bild der Entladungen des Kondensators bei Erreichen der Zündspannung der Glimmlampe (entsprechend einer Zuckung). Durch einen Transformator (Trafo T_1) wird bei jeder Entladung von S_1 ein Stoß auf ein ähnliches System S_0 ausgeübt, das der Verzögerung der Überleitung auf das der Kammer entsprechende System S_2 durch Vermittlung von T_2 dient. Von einem System S_R können auch *Extrareize* auf S_2 durch T_3 ausgeübt werden. In S_2 ist außer einem Milliamperemeter M_2, das die Entladungen von S_2 anzeigt, noch ein Fadenelektrometer F eingebaut, das die Aufladungsänderungen dieses Systems registriert.

In Abb. 14 erfolgt auf Reiz 1 und 2 eine *Extrasystole mit kompensatorischer Pause*, der auf die Extrasystole folgende Normalreiz bleibt ohne Antwort, weil — wie die Elektrometerkurve zeigte — zur Zeit des Eintreffens die Auflading von S_2 noch zu gering ist. Natürlich sind auch *interponierte Extrasystolen* möglich (s. Abb. 14). Läßt man den *Reiz* statt auf das abhängige System *(S_2) auf den Schrittmacher S_1* einwirken, so fehlt, wie im Tierexperiment, stets die kompensatorische Pause. Der auf die Extrasystole folgende Schlag zeigt normalen Abstand, und der Rhythmus aller angeschlossenen Abteilungen erleidet eine entsprechende Verschiebung. In entsprechender Weise sind *Übergänge in Teilrhythmen bis zu Blockerscheinungen* zu erhalten. (Das Modell wirft die Frage auf, ob die Ursache von Blockerscheinungen allein in das Übergangsbündel zu legen sind. Nach dem Modell spielen neben Frequenzänderungen und Erschwerung der Überleitung Veränderungen der Aufladegeschwindigkeit, der Reizstärke und der Anspruchsfähigkeit beim Zustandekommen von Rhythmusanomalien eine Rolle. Auf die Erklärung der Alternansformen u. a. wird in den entsprechenden Kapiteln zurückzukommen sein.

Neuerdings wurde sogar von amerikanischer Seite ein solches mit Elektronenröhren arbeitendes Reizfortleitungsgerät mit einstellbarer Verzögerung angegeben, bei dem als "Pick up" des Reizes eine Herzkatheter-Elektrode dient, die in die Nähe des Sinusknotens geschoben wird. Jeder dort entstehende Impuls wird nach einer künstlichen "Überleitungszeit" in eine zweite Elektrode geschickt, die im rechten Ventrikel liegt. Therapeutisch wird dieses kühne Verfahren bei plötzlichem av-Block vorgeschlagen, wenn jede andere Therapie versagt[1]!

In diesen Modellen haben wir also *selbsttätig erfolgende rhythmische Entladungen* vor uns. Bei Erreichung eines bestimmten Schwellenwertes setzen diese plötzlich ein und danach stellt sich die Spannung durch einen selbsttätig einsetzenden energetischen Vorgang relativ langsam wieder her.

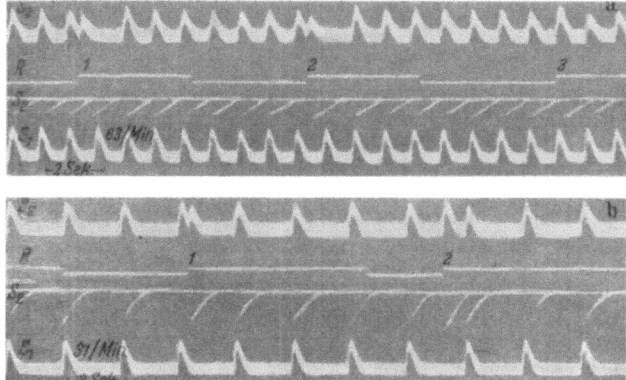

Abb. 14. Extrasystolen am Kippmodell. S_1 entspricht Sinus + Vorhof, S_2 der Kammer. Reize an S_2. Reihenfolge der Kurven von unten nach oben: Entladungen von S_1, Aufladung von S_2 (Elektrometerkurve), Reizmarken, Entladungen von S_2 (S_2 ohne Eigenrhythmus). (Nach BETHE)

Das, was bei den Auslösungserscheinungen des ruhenden Kippsystems durch den (äußeren) Reiz in Gang gebracht wird, nämlich die Erreichung der "Zündspannung", tritt bei dauerndem Energiezustrom also "spontan" ein. Ist dieser Zustrom gleichmäßig, so kommt es zu rhythmischen Entladungen, die einander um so schneller folgen, je schneller die Aufladung geschieht und je geringer die Kapazität des Systems ist.

Solche Modelle brauchen nicht unbedingt elektrischer Natur zu sein, am anschaulichsten sind *hydrodynamische Modelle* etwa nach der Art der früher üblichen WC-Spülung, für die ebenfalls bei A. BETHE Modellschemata zu finden sind.

Sehr anschaulich und zur Demonstration gut geeignet sind auch *physikalischchemische Modelle*; hierher gehört als älteres Modell QUINCKEs pulsierender Hg-Tropfen, besonders aber die Katalyse des Wasserstoffsuperoxyds an einer Quecksilberoberfläche, die zuerst von BREDIG genauer untersucht und zum Vergleich herangezogen wurde. Es handelt sich dabei um einen Fall von periodisch pulsierender Katalyse des H_2O_2 (Zerfall in $H_2O + 1/2 O_2$ durch Hg-Oberflächen).

Überschichtet man Hg mit einer schwach alkalischen H_2O_2-Lösung, so tritt eine lebhafte Sauerstoffentwicklung ein. Ist die Lösung aber schwach sauer, so überzieht sich das Hg mit einer braunen Haut und das System verhält sich passiv. Zwischen diesen beiden Extremen

---

[1] Kürzlich berichteten A. DITTMAR u. Mitarb. in Arch. Kreislaufforsch. **25**, 242 (1957) zusammenfassend über diese Methoden eines elektrischen Schrittmachers des Herzens.

liegt ein labiles Zwischenstadium, in welchem je nach der Reaktion und der Art und Menge der zugesetzten Neutralsalze verschiedene ineinander übergehende Empfindlichkeiten auftreten und, was hier besonders interessiert, ein selbsttätiger Wechsel zwischen Aktivität und Passivität erreichbar ist *(*BREDIGs *rhythmische Katalyse)*. Dieses Hg—H_2O_2-Modell steht den Lebensvorgängen deswegen am nächsten, weil bei ihm ein katalytischer Prozeß die Grundlage des Geschehens bildet und weil eine Reihe von Bedingungen, die bei den Organismen funktionsbestimmend sind, in gleicher oder ähnlicher Weise auch hier erfüllt sein müssen. (Beeinflussung durch geringe Zusätze: z. B. durch minimale Spuren von Alkali oder Säure ist die Periode regulierbar und die Form veränderbar, auch ist das Modell temperaturabhängig, elektrisch ,,reizbar'' und zeigt auch rhythmischen Wechsel elektrischer Potentialdifferenzen.)

Diese Modelle verschiedenster Art legen für die automatisch-rhythmische Erregungsbildung die Vorstellung nahe, daß es sich bei den rhythmischen Erscheinungen um *mehr oder weniger plötzliche Entladungen aufgespeicherter Energie* handelt, diese können spontan rhythmisch auftreten oder durch äußere Reize oder durch von anderen Orten zufließende natürliche Erregungen, die wir dann ,,Leitungsreiz'' nennen, über die Entladungsschwelle gehoben werden. Der Reiz würde also damit einen an sich schon ablaufenden Vorgang beschleunigen. Wonach wir danach in erster Linie weiter zu suchen haben, ist einmal der *Entladungsvorgang selbst* und zweitens die ,,*Batterie*", *die den Kippvorgang speist*. Grundsätzlich sei schon hier gleich vorweg bemerkt, daß die zweite Frage heute noch völlig unbeantwortbar ist. Mit BETHE nehmen wir wohl mit Recht an, daß es sich um eine ,,chemische Batterie'' handelt, die den Kippvorgang speist. Damit kommen wir aber in das Gebiet molekularer Vorgänge und damit in den Bereich des Hypothetischen und bis heute noch nicht Erfaßbaren.

In gleicher Weise kann man sich den Entladungsvorgang vorstellen, in dem man annimmt, daß vor allem in der Diastole ein Körper aufgebaut wird, der *zunehmend* höhermolekular und labiler wird, bis er schließlich spontan zerfällt. Dieser Vorgang würde dann am schnellsten im Sinus als dem Ort größter Reizbildungsfähigkeit erfolgen (BETHE, A. WEBER). A. WEBER hat diesen Gedanken auch für die Fortleitung einer Erregung durchgeführt. Die bei dem Zerfall freiwerdenden Kräfte (Elektrizität, Wärme, Bewegung oder nur eine davon) können den Anstoß zum Zerfall der hypothetischen Kontraktionssubstanz im benachbarten Muskelteil liefern. Es handelt sich bei diesen Vorstellungen also um eine labile Substanz, deren Zerfall in der Lage ist, den Kontraktionsstoff in einem solchen Stadium des Aufbaues zu zersetzen, in dem er spontan noch nicht zerfallen würde. Der Grad der Labilität der Kontraktionssubstanz könnte damit die Geschwindigkeit der Erregungsleitung bestimmen, ,,so wie eine Zündschnur aus Sprengstoff den Verbrennungsprozeß rascher weiterleitet als ein Schwefelfaden'' (A. WEBER).

Damit wird auch deutlich, daß wir für unsere arbeitshypothetischen Vorstellungen heute mit der myogenen Theorie allein auskommen können. Fortleitung der Kontraktion ist nur möglich, wenn kontraktionsfähige Muskulatur kontinuierlich auf dem ganzen Weg, den die Erregungsleitung einschlägt, vorhanden ist (v. SKRAMLIK, A. WEBER). Dabei ist nach Untersuchungen von SCHELLONG anzunehmen, daß eine einzige Muskelfaser zur Erregungsleitung genügt (sog. unbeschränkte Auxomerie) (s. S. 108). Allerdings werden wir bei der späteren Betrachtung zu einer anderen Beziehung zwischen Erregung und Kontraktion kommen als hier A. WEBER, der mit gewissen Einschränkungen aus dem Verlauf des monophasischen Aktionsstroms und dem Ablauf des Zerfalls der Kontraktionssubstanz schließt. Es handelt sich um die später (S. 235ff.) ausführlich zu besprechende Frage der Beziehungen zwischen Aktionsstrom und Kontraktion

Natürlich liegen alle diese Vorstellungen im Bereich des Hypothetischen, sie sind Theorie im wörtlichsten Sinne des Wortes $\vartheta\varepsilon\omega\varrho\iota\alpha$, indem sie der ,,Veranschaulichung'' der möglichen Zusammenhänge dienen. Wenn wir auch zur Zeit mit unserer Erkenntnis nicht bis in die Tiefen der molekularen Vorgänge hinabsteigen können, so gibt uns doch die *Elektrophysiologie* in Verbindung mit ihren membrantheoretischen Vorstellungen die Möglichkeit an die Hand, ein erhebliches Stück weiter *experimentell* und *registrierend* dem Wesen der Dinge näherzukommen. Wir werden daher zunächst die *elektrophysiologischen Befunde an den Automatiezentren* betrachten und diese Befunde dann in Beziehung setzen zu dem *Strukturelement*, an dem wir uns Erregungsbildung und Erregungsleitung sich abspielend vorstellen können, der *Zellmembran*, und damit eine Deutung anhand der sog. *Membrantheorie* geben, die jedenfalls den Vorzug der klaren Anschaulichkeit hat.

Für unsere Fragestellung nach dem Wesen der Automatie sind eingehende elektrophysiologische Untersuchungen des Sinusgebietes daher sehr bedeutsam. Da wir im Aktionsstrom ein registrierbares Bild des Erregungsvorganges vor uns haben, wie wir im nächsten Kapitel noch eingehend begründen werden, ermöglicht uns die elektrophysiologische Methode einen mit sonst keiner Methode zu gewinnenden Einblick in die Erregungsproduktion des Sinus.

Eine Reihe von Untersuchern hat sich deshalb mit dem *elektrophysiologischen Verhalten* des Sinusgebietes befaßt. Derartige Untersuchungen verlangen erhebliche Verstärkung und sind mit einer Reihe von methodischen Schwierigkeiten behaftet, die sich aus der Kleinheit des abzuleitenden Bezirkes ergeben. Alle Untersucher stimmen darin überein, daß sich ein *großer Formenreichtum* in den vom Sinusgebiet abgeleiteten Aktionsstrombildern ergibt. Das Elektrosinugramm ist meist ein sehr komplexes, zackenreiches Gebilde. L. ASHER und N. SCHEINFINKEL fanden in ihren Versuchen durch schrittweises Abschneiden von Vorhof- und Sinusgewebe (nach dem Vorgang von ENGELMANN und v. SKRAMLIK, s. S. 14) eine zunehmende Vereinfachung des Kurvenbildes, die Nebenzacken wurden kleiner, aber der Typus eines komplexen Gebildes blieb erhalten. Schließlich führten sie die Zerteilung des Sinus bis auf mm^2-große Stückchen durch, deren Kontraktion nur unter der Lupe sichtbar war. Bei zweimillionenfacher Verstärkung der Potentiale kann schließlich eine einfache, nur aus einer Zacke bestehende Stromform erhalten werden. (Man vergleiche in diesem Zusammenhang die Ausführungen auf S. 14 über die Frequenz kleinster Stückchen automatischen Gewebes des Herzens.) Aus diesen Befunden, daß normalerweise ein Komplex und nicht ein einfaches Zackengebilde wie bei kleinsten Stückchen vorliegt, kann man schließen, daß der Sinus nicht gleichzeitig im ganzen in Erregung gerät, sondern daß eine *zeitliche und räumliche Aufeinanderfolge der Erregung* eintreten kann.

D. J. ATHANASIOU und E. GÖPFERT arbeiteten am völlig intakten Sinus in situ; denn es ist fraglos, daß die Zerstückelung das elektrophysiologische Bild nicht nur vereinfachen, sondern auch komplizieren kann. Auch diese Autoren erhielten meist einen ganzen Komplex von Aktionsströmen, eine *„polyphasische Form"*, nur gelegentlich ein einfaches, diphasisches Sinuselektrogramm. Zieht man die Kurve mit Hilfe einer Kippvorrichtung auseinander, so erscheint stets eine verwickelte Feinstruktur, die einen Aufbau aus vielen Einzelelementen erkennen läßt, also ein Befund, der ganz im Gegensatz steht zu den ziemlich einfachen an Vorhof und Kammer erhaltenen Kurven. Kleinste Elektrodenverschiebungen können das Bild nach Form und Höhe des Potentials völlig verändern. Jedenfalls gibt es danach beim Sinus-Eg keinen charakteristischen einfachen Formtyp. Das weist darauf hin, daß nicht *ein* Erregungszentrum vorhanden ist, das schlagartig und in gleichmäßig fortschreitender Welle den Sinus in Erregung versetzt, sondern daß im Sinus viele „mögliche" Zentren mit verschiedener Erregbarkeit verstreut liegen, die mit entsprechender Latenz in Aktion gesetzt werden und das vielgestaltige Aktionsstrombild aufbauen.

Aufschlußreich sind auch die Versuche derselben Autoren bei monophasischer Ableitung im Sinusgebiet unter Verwendung des SCHÜTZschen Saugprinzips (s. S. 63). Die bei monophasischer Ableitung erhaltenen Kurven zeigen — wie stets bei monophasischen Ableitungen — ein größeres Aktionspotential (1—3 mV statt 0,05—0,35 mV bei diphasischer Ableitung, für die ASHER einen Wert von 0,074 mV als Maximum angibt). Da bei monophasischen Kurven alle Ausschläge nach der gleichen Seite erfolgen, ist das Bild wesentlich einfacher (entsprechend dem einphasischen Elektrogramm nach SCHÜTZ) (s. S. 71), aber auch hier erkennt man noch die Zusammensetzung aus wenigstens zwei Komponenten, einem „Fuß" mit sanftem Anstieg, auf den sich dann die zweite Komponente in Form einer einfachen glatten Welle aufsetzt.

Auch in Versuchen von GASSER und ERLANGER stellte sich heraus, daß das Sinus-Elektrogramm aus etwa 7—12 Zacken besteht, so als ob mehrere Erregungen z. T. verschmolzen wären, was RIJLANT auf eine ruckweise erfolgende Erregungsausbreitung in dem nicht homogenen Sinusknoten zurückführt. Jedenfalls ergibt sich aus der Anwendung der elektrophysiologischen Methodik die Bestätigung der früheren Ausführungen, daß der *Sinus durchaus kein einheitliches Gebilde* darstellt. Man kann annehmen, daß die zahlreichen Abschnitte des Sinus-Eg der Tätigkeit von Teilen entsprechen, die durch Synapsen voneinander getrennt sind (ASHER und SCHEINFINKEL, RIJLANT). Damit wird das schon öfters erwähnte Wandern des Ursprungsortes der Erregung infolge der uneinheitlichen Struktur des Sinus verständlich, wie es besonders bei Vagusreizung und durch pharmakologische Einwirkungen beobachtet und auf S. 5, 13 beschrieben wurde. Die früher erwähnte Möglichkeit steht also durchaus mit den elektrophysiologischen Befunden in Einklang, daß mehrere Stellen des Sinus sich gleichzeitig in Erregung befinden im Sinne einer mehrörtlichen Automatie mit einer nicht-strikten Isochronie (S. 13, 17).

Es ist durchaus möglich, daß sich dieses Gebiet über den Kopf des Sinusknotens hinaus bis ins Gebiet der Hohlvenen erstreckt. Diese Frage wurde früher schon einmal diskutiert (S. 19) und auf die Angaben RIJLANTS (1931, 1936) wurde ebenfalls S. 19 kurz verwiesen. Dieser Autor fand, daß der Erregung der Sinusgegend eine langsam ablaufende Erregung im Endabschnitt der V. cava in einem Abstand von 3—10 msec vorausgeht („Präsinus", eine etwa 1 mm² große, aber nicht genau begrenzbare Stelle, die auf das obere Drittel vom Sulcus terminalis beschränkt bleibt; in manchen Fällen konnte eine vollständige Dissoziation dieser kleinen, stets einfachen Zacke und der Sinuszacke festgestellt werden; bei der Katze entspricht die Präsinuszacke $5 \cdot 10^{-5}$ Volt und dauert 20—25 msec). Die Erregung der Sinusgegend („Sinuswelle", über dem ganzen histologischen Sinusgebiet nachweisbar) erreiche ihr Maximum in 1—2 msec und, ehe sie noch abgeklungen sei, folge mit zeitlicher Verzögerung die Erregung des Vorhofs. Die erste elektrische Welle ginge also danach von der V. cava sup. von einer dicht am Sinusknoten gelegenen Stelle aus, im Mittel 5 msec vor der 5—10mal größeren Sinuswelle, die aus mehreren Einzelzacken bestehen kann, der Sinus besteht also auch danach aus mehreren autonomen Bezirken, die nacheinander in Aktion treten, und zwar in einem Abstand von je 2—3 msec. Am isolierten Herzen sollen die genannten Zeiten noch verlängert sein, ebenso werden sie nach RIJLANT durch Vagusreizung verlängert (durch Sympathicusreizung entsprechend verkürzt) und bisweilen kommt es sogar zu partieller oder totaler Blockierung. Trotz dieser Angaben ist aber darauf hinzuweisen, daß nach zahlreichen Autoren der Kopfteil des Sinusknotens zuerst schlägt und der Schrittmacher des Herzens ist. ECCLES und HOFF (1934) fanden übrigens auch, daß die erste Negativität in der Mitte des Sinusknotens gegen das obere Ende zu auftritt.

Für unsere Frage nach dem Wesen der Automatie ist es natürlich recht bedeutsam, ob sich im elektrophysiologisch registrierbaren Geschehen ein Vorgang aufweisen läßt, der das „Ausklinken" des Erregungsvorganges vorbereitet. Da der Vorgang der Erregung selbst ja im Aktionsstrom graphisch registrierbar ist, ist es immerhin möglich, daß man ein äquivalentes Bild für die Vorgänge findet, die der Erregungsauslösung vorausgehen. Damit würden wir dann dem Geschehen näherkommen, das der Rolle der aufladenden Batterie in unseren

Modellversuchen entspräche. Die oben beschriebenen monophasischen Kurven von ATHANASIOU und GÖPFERT zeigten die Zusammensetzung aus zwei Komponenten, einen „Fuß" mit sanftem Anstieg, auf den sich dann die zweite Komponente in Form einer einfachen glatten Welle aufsetzt. Dieser „Fuß", der auch vorher schon von RIJLANT am Warmblüterherzen beobachtet wurde, wird als charakteristisch für den monophasischen Sinusstrom angegeben, „jedoch ist ein elektrischer Ausdruck für die den Sinusschlag auslösenden Prozesse in Analogie zur langsamen Aufladung eines Kippsystems nicht sicher identifizierbar". Selbst wenn angedeutet „Präsinuswellen" auftreten, setzen auch sie zu abrupt ein, um den „letzten" Auslösungsmechanismus darzustellen (H. SCHAEFER).

Aus dem Potentialverlauf im Schrittmacher lassen sich nach neueren Untersuchungen tatsächlich gewisse Anhaltspunkte für das Zustandekommen der rhythmischen Herztätigkeit gewinnen[1]. Während das Membranpotential der Arbeitsmuskulatur während der ganzen Ruheperiode einen konstanten Wert behält, findet sich *in Schrittmachergegenden* (Venensinus, PURKINJE-Gewebe) *ein langsam fortschreitender Abfall des Ruhepotentials*. Auf diese Besonderheit ist von GOLDENBERG und ROTHBERGER (1935, 1936), ARVANITAKI (1938) und BOZLER (1943) hingewiesen worden. ARVANITAKI (1938) hat dafür den Ausdruck «prépotentiel» geprägt und hat auf dessen ursächliche Bedeutung für das Zustandekommen des fortgeleiteten Aktionspotentials hingewiesen. Als Bedingung für das „Ausklinken" einer Erregungswelle nimmt ARVANITAKI (1938) das Erreichen einer bestimmten Schwellenspannung an.

Durch diphasische Registrierung mit kleinflächigen Elektroden kann in einem Herzteil mit potentiellen Schrittmachereigenschaften die Richtung der Erregungswelle bestimmt und so der Sitz des eigentlichen Schrittmachers ermittelt werden (BOZLER, 1943; WEIDMANN, 1951). In einer Entfernung von wenigen Millimetern von dieser Stelle setzt sich das Aktionspotential mit einem scharfen Knick vom «prépotentiel» ab. Im eigentlichen Schrittmacher dagegen findet sich regelmäßig ein Bindeglied zwischen elektrischer Ruhe und elektrischer Aktivität, ein nach oben konkaves Kurvenstück, das 50—100 msec vor der „elektrischen Systole" beginnt und allmählich in die ansteigende Phase des Aktionspotentials überleitet. Es hat den Anschein, als ob im eigentlichen Schrittmacher die Membran ganz allmählich an ein labiles Gleichgewicht herangebracht würde. Solche Kurven lassen sich am Ausgangsort der Erregungswelle sowohl im Venensinus der Schildkröte (BOLZER, 1943; BRADY und HECHT, 1955) als auch in PURKINJE-Fasern von Säugern (WEIDMANN, 1951) registrieren (S. 71).

Es scheint in der Tat so, daß der Wert des Schwellenpotentials für die natürliche Erregung ungefähr mit jenem für eine künstliche Erregung übereinstimmt. Im Falle einer künstlichen Erregung muß durch Strom aus einem äußeren Kreis depolarisiert werden; im Falle einer natürlichen Erregung depolarisiert sich die Membran selbst bis in die Gegend des labilen Gleichgewichts.

Die Dauer der „elektrischen Diastole" kann auf drei Arten verändert werden, die sich prinzipiell unterscheiden. Erstens kann sich der Wert der Schwellen-Depolarisation ändern. Dies trifft für die Wirkung der Calcium-Ionen zu. Bei hoher Ca-Konzentration muß die langsame Depolarisation weiter fortschreiten, bis ein unstabiles Gleichgewicht erreicht wird. Dadurch wird das Intervall zwischen zwei Herzschlägen verlängert. Vierfache Erhöhung der Ca-Konzentration verschiebt das Schwellenpotential um 8 mV in Richtung Depolarisation, vierfache Erniedrigung um 7 mV in Richtung Hyperpolarisation (WEIDMANN, 1955). Zweitens kann eine Zu- oder Abnahme der *Steilheit* der diastolischen Depolarisation zu einer Veränderung der Herzfrequenz führen. Abb. 15 zeigt Aktionspotentiale einer PURKINJE-Faser bei verschiedenen Temperaturen. Das Schwellenpotential bleibt über einen weiten Temperaturbereich konstant; *die Steilheit der diastolischen Depolarisation ist jedoch stark temperaturabhängig* (Q_{10} = etwa 5; TRAUTWEIN, GOTTSTEIN und FEDERSCHMIDT, 1953; CORABOEUF und

[1] S. WEIDMANN (1956).

WEIDMANN, 1954). Die Herznerven beeinflussen die Schlagfrequenz auf eine ähnliche Weise. Im Venensinus des Frosches wird die Steilheit der diastolischen Depolarisation durch Vagusreizung vermindert, durch Sympathicusreizung erhöht (HUTTER und TRAUTWEIN, 1955). Eine dritte Möglichkeit zur Beeinflussung der Schlagfrequenz besteht darin, daß zu Beginn der Diastole ein höherer oder tieferer Maximalwert des Membranpotentials erreicht wird. Während starke Vagusreizung unter gewissen Bedingungen zu Hyperpolarisation führt (GASKELL, 1887; DEL CASTILLO und KATZ, 1955; HUTTER und TRAUTWEIN, 1955), dürfte die frequenzsteigernde Wirkung einer K-reichen Lösung auf leichter Depolarisation beruhen (WEIDMANN, 1956).

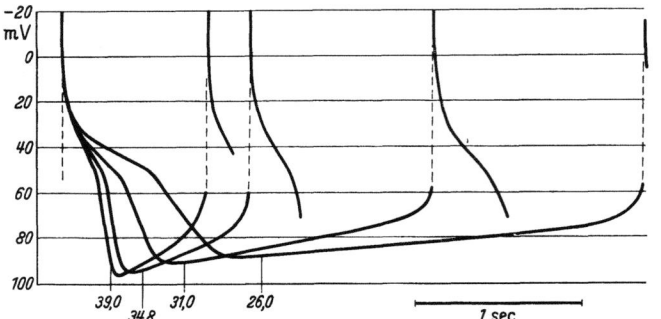

Abb. 15. Wirkung der Temperatur auf den Potentialverlauf in einer Schrittmachergegend. PURKINJE-Faser des Schafes. Zahlen unter den Kurven beziehen sich auf die Temperatur des Bades (° C). (Nach S. WEIDMANN)

Entsprechende Potentialmessungen am Reizentstehungsort des Herzmuskels und Vergleiche mit der Schrittmacherregion excidierter PURKINJE-Fasern des Warmblüters führte (1953) auch W. TRAUTWEIN aus; sie ergaben ebenfalls, daß das Membranpotential gegenüber dem Arbeitsmyokard in der Diastole nicht konstant bleibt, es findet hier vielmehr die langsame Depolarisation statt, die bei Erreichung der echten Schwelle mit einer gewissen Trägheit in den schnellen Erregungsanstieg übergeht (Abb. 16). Der Vorgang der langsamen Depolarisation am PURKINJE-Faden ist nach DRAPER und WEIDMANN (1951) vom extracellulären Natriumgehalt abhängig. Diese nimmt bei Abnahme des letzteren nach der Gesetzmäßigkeit einer Natriumelektrode ab und bei Zunahme zu. TRAUTWEIN und GOTTSTEIN (1953) untersuchten den oben erwähnten Temperatureinfluß auf die langsame Depolarisation, deren Temperaturempfindlichkeit sich tatsächlich als größer erwies als die Amplitude von Membran- und Aktionspotential (Q_{10} = nahezu 1), auch die Gradienten (Volt/sec) der einzelnen Teile des Aktionsstroms (spike, Plateau, Erregungsrückgang) weisen geringere Q_{10}-Werte auf (1,6—1,7). Der für den Schrittmacher typische Prozeß ist also temperaturempfindlicher als die Repolarisation und die Leitungsgeschwindigkeit (Q_{10} = 1,5). Am PURKINJE-Faden läßt sich weiter zeigen, daß Dehnung die Schrittmacherbildung begünstigt (Arrhythmien und Extrasystolen des gedehnten Herzens!).

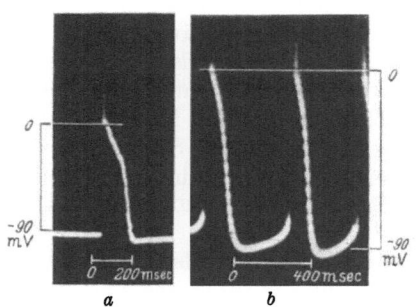

Abb. 16. a Geleiteter Aktionsstrom im PURKINJE-Faden. Beachte, daß die Erregung aus der Ruhe plötzlich beginnt. b Am Schrittmacher abgeleiteter Aktionsstrom. Zu beachten ist die langsame Depolarisation im Schlagintervall, die allmählich in die schnelle Phase übergeht. Endogen gebildete Erregung. (Nach TRAUTWEIN und GOTTSTEIN)

Unter bestimmten Bedingungen besitzen — was allerdings nicht allgemein angenommen wird (spezifisches System!, s. S. 36, 41) — alle Herzmuskelzellen die Fähigkeit, Schrittmacherfunktion zu übernehmen.

Trotz der eben besprochenen Besonderheiten ergibt sich also, daß die Erregung im Sinusgebiet ziemlich plötzlich explosionsartig hervorbricht (ECCLES und HOFF, ADRIAN, SCHAEFER). Wenn wir an dieser Stelle ein grundsätzliches Ergebnis der weiteren Betrachtungen vorwegnehmen, so können wir sagen, daß der Vorgang der Erregung zu verstehen ist als plötzlicher Zusammenbruch der normalerweise vorhandenen Membranpolarisation. Dieses Ereignis geht mit der im Aktionsstrom registrierten Negativität einher. Die repolarisatorischen oder aufladenden Vorgänge sind mit unseren elektrophysiologischen Methoden offenbar nur andeutungsweise faßbar. *Vielleicht* spielen doch die Radioaktivität des Kaliums oder bestimmte Stoffe wie das Automatin, die "substances actives" oder sog. Herzhormone eine Rolle als aufladende „Batterie", jedenfalls sind es physiologisch-chemische Umsetzungen, die sich an der Membran abspielen. In diesem Sinne hat LANGENDORFF vielleicht doch recht, wenn er sagt, daß „das Lebensprodukt der Zelle ihr Erreger ist". Aber ein *spezifischer Prozeß* ist dazu nicht unbedingt erforderlich. Zum Ereignis der Depolarisation nach solchen repolarisatorischen Vorgängen ist aber erforderlich und wohl das Maßgebliche in diesem Geschehen eben die *Labilität* der Membran, die wir schon auf S. 41 diskutierten, d. h. aber eine Eigenschaft, die offenbar an die spezifische *Struktur* gebunden ist. Das entscheidende Problem liegt dann nicht in der spezifischen Energiezufuhr, sondern in der spezifischen Organstruktur (H. SCHAEFER)! Diese Labilität ist offenbar im Sinusknoten am größten, darum ist die Frequenz seiner Erregungsproduktion am höchsten und darum ist er der Schrittmacher des Herzens. Es folgen dann mit geringerer Labilität, wie wir jetzt auch statt Automatie sagen können, die sekundären und dann die tertiären Zentren des Herzens. Weiter vermögen wir mit den uns heute zur Verfügung stehenden Mitteln noch nicht in das Automatieproblem einzudringen. Das letzte, was wir z. Z. allerdings sogar registrierend erfassen können, ist der *rhythmisch plötzlich einsetzende Erregungsvorgang*, dessen registrierbares Äquivalent der Aktionsstrom darstellt.

Eben wurde schon erwähnt, daß Dehnung ein besonders wirksames Mittel zur Weckung der Automatie ist. Ebenso wurde die Wirkung von Knotenextrakten bereits diskutiert. Obwohl die theoretische Fundierung dafür sich z. T. erst durch die Membrantheorie in den nächsten Kapiteln ergibt, seien die *Mittel zur Weckung der Automatie* abschließend in einer ersten Übersicht kurz zusammengestellt. Bei der *Dehnung* eines Hohlkörpers zeigt ein gedehnter Teil eine Negativierung gegenüber dem weniger gedehnten (ROTHSCHUH). Diese Negativierung wirkt stets erregbarkeitssteigernd. Bereits E. ABDERHALDEN und E. GELLHORN (1920) fanden am Herzstreifenpräparat, daß Dehnung die automatische Reizbildung anregt und größere Dehnung auch deren Frequenz steigert. Bei Überdehnung durch Abklemmen der Aorta am Warmblüter dürften weiter auch nervöse afferente Impulse *reflektorisch* an der Bildung von Extrasystolen beteiligt sein (F. KAINDL, K. POLZER und G. WERNER, 1949), sie treten aber auch nach Vagusdurchschneidung auf. Sehr wirksam sind auch *Verletzungen* besonders des spezifischen Gewebes, auch an ganz untergeordneten Stellen (Infarktherde!). Durch Verletzung und *Faradisierung* läßt sich das av-Gewebe anregen (MUNKsches Phänomen!). Bei der Verletzung spielt wahrscheinlich die Anhäufung von *Kaliumionen* (B. KISCH, 1926; H. REUTER, 1945) (und zwar in mäßiger Vermehrung!) oder anderer Substanzen eine Rolle (R. RIGLER, 1929). Nach Ausspülen aller Blutreste ist die Erweckung des av-Gewebes kaum noch möglich (E. V. SKRAMLIK, 1920). Von *chemischen Substanzen* ist neben dem sehr wirksamen *Adrenalin* (übrigens auch Acetylcholin) besonders $BaCl_2$ und *Aconitin* zu erwähnen. Bemerkenswert ist der Befund von B. KISCH (1934), daß die einwertigen Kationen sich in ihrer fördernden Reizwirkung in typischer Weise abstufen: $K > Rb > N_4$ ($Cs=Na=Li$), und zwar deswegen, weil diese Reihenfolge der von R. HÖBER festgestellten Reihenfolge dieser *Ionen* hinsichtlich ihrer Wirksamkeit auf die Zellkolloide entspricht (gleichsinnig zunehmende auflockernde Wirkung auf die Plasmahaut im Sinne einer Permeabilitätssteigerung und der Negativierung und der Entwicklung von Salzruheströmen am Skeletmuskel (H. ZEEHUISEN und G. STREEF, 1927)]. — Die Befunde über *Calcium*wirkungen sind sehr uneinheitlich (wahrscheinlich beschleunigen mittlere Konzentrationen die Herzreizbildung). — Die *Kathode* des konstanten Stromes beschleunigt ebenfalls die Reizbildung, die Anode verlangsamt sie (J. RIENMÖLLER, 1935), wobei noch offen bleiben mag, ob der Verletzungsstrom auf diese Weise wirkt. Nach M. GOLDENBERG und C. J. ROTHBERGER (1935) geht jedenfalls das Frequenzverhalten des PURKINJE-Fadens nicht der Größe des Verletzungsstroms parallel (Kaliumaustritt?). Schließlich sei noch in dieser Zusammenstellung auf die besprochene *Hemmung der Automatie latenter Reizbildungsstellen durch zugeleitete Erregungen höherer Frequenz* hingewiesen. Auf diese Weise können alle untergeordneten Reizbildungsherde gezwungen werden, das Sinustempo anzunehmen.

II. Der Erregungsvorgang

Wir sahen, daß das spezifische Gewebe auf Grund einer besonders hochentwickelten ,,Labilität" die Fähigkeit der spontanen rhythmischen Produktion von Erregungen besitzt. Diese Fähigkeit nannten wir Automatie. Die an Ort und Stelle entstehenden Erregungen sind durch die Methoden der Elektrophysiologie der Registrierung zugänglich geworden und werden Aktionsströme genannt. Die Erregungsvorgänge im Sinus oder Vorhof oder Kammer (und entsprechend auch in Nerv und Muskel) unterscheiden sich in ihrem Wesen nicht voneinander, sie sind überall *grundsätzlich* gleicher Art. Sie stellen zugleich die letzte z. Z. registrierend erfaßbare Tätigkeitsäußerung erregbarer Gebilde dar. Darum ist es zwangsläufig, daß wir im Anschluß an das Automatieproblem, der Fähigkeit der ,,spontanen" Erregungsbildung, den *Erregungsvorgang* selbst kennen lernen, wie er sich uns mit den Methoden der Elektrophysiologie repräsentiert. Dabei sind, wie wir sehen werden, Erregungsbildung und Erregungsleitung grundsätzlich nicht voneinander trennbar — es gehört zum Wesen der Erregung, daß sie die Fähigkeit hat, weitergeleitet zu werden —, und darum werden wir uns nach Kenntnis der erregungsbildenden Zentren und des Vorgangs der Erregung der Frage der Erregungsleitung im Herzen und ihren speziellen Problemen zuwenden können. Die Behandlung der Frage nach dem Wesen des Erregungsvorgangs und seiner Weiterleitung ist also zugleich die Darstellung einer allgemeinen Elektrophysiologie des Herzens.

In kurzer Übersicht sei die *geschichtliche Entwicklung* dieser Forschungsrichtung vorangestellt, da hierbei zugleich die Grundbegriffe der zu behandelnden Erscheinungen deutlich werden. Obwohl schon im Altertum die Tatsache der elektrischen Fische bekannt war, können wir als den eigentlichen Begründer der Elektrophysiologie AL. GALVANI betrachten. Er ging von seinen bekannten Experimenten in Bologna (1791) aus, auf Grund deren er annahm, daß der Muskel aufgespeicherte ,,tierische Elektrizität" enthalte, die nach Art einer Leidener Flasche über einen metallischen Schließungsbogen entladen würde. Mit Recht bemerkte einmal DU BOIS-REYMOND, daß ,,der Sturm, den das Erscheinen des Kommentars GALVANIs in der Welt der Physiker, der Physiologen und Ärzte erzeugte, nur mit dem verglichen werden kann, der zu derselben Zeit am politischen Horizont Europas heraufzog". GALVANIs Experimente lösten damals in der Tat ein ungeheures Interesse aus, zumal da auch die Grundlagen der physikalischen Elektrizitätslehre durch die anschließende Kontroverse mit seinem großen Gegner ALEXANDER VOLTA erarbeitet wurden. Denn VOLTA wies 1792 nach, daß man auch bei Ausschaltung des Froschpräparates allein durch die Berührung von zwei heterogenen Metallen elektrische Erscheinungen erhalten kann, und stellte daher der GALVANIschen Lehre von der ,,tierischen Elektrizität" beharrlich seine ,,Kontakttheorie" gegenüber. Für den Physiker beginnt mit dieser Entdeckung der chemischen Stromquellen das Zeitalter der elektrischen Forschung überhaupt. R. POHL hat mit Recht darauf hingewiesen, daß hier unzweifelhaft auch der Grundversuch der drahtlosen Telegraphie vorliegt, als GALVANI seine Antenne vom Dach des Hauses zum Brunnen führte und bei jedem fernen Blitz ein Zucken des Froschschenkels beobachtete. Wenn auch die historische Entwicklung zunächst andere Wege ging, so darf auch dieser Ansatzpunkt der modernen Elektrizitätslehre nicht übersehen werden. So wurde jenes denkwürdige Jahr 1791, in dem GALVANI seine Beobachtungen an Froschschenkelpräparaten mitteilte, zugleich zur Geburtsstunde der physikalischen Elektrizitätslehre wie der Elektrophysiologie. GALVANI verfolgte trotz VOLTAs Einwänden das Problem der tierischen Elektrizität in einem wahrhaft enthusiastischen Forschungsdrang, und so legte er 1794 in seiner „*Zuckung ohne Metalle*" den Grundstock auch der bioelektrischen Forschung, indem er nachwies, daß der Nerv eines Nervmuskelpräparates gereizt wird, wenn man ihn mit „Längsschnitt" (unverletzter Oberfläche) und „Querschnitt" (Verletzung durch Querschnitt) eines Muskels verbindet. In der Folgezeit bestätigten und erweiterten ALEX. v. HUMBOLDT (1797), NOBILI (1830), MATTEUCCI (1844) und vor allem E. DU BOIS-REYMOND diese Erkenntnisse. Besonders DU BOIS-REYMOND (1848) war es, der durch die Ablenkung der Nadel eines Multiplikators den von Längs- und Querschnitt ableitbaren elektrischen Strom nachwies. Damit wurde das *erste bioelektrische Grundgesetz* entdeckt, nämlich daß zwischen einer verletzten und einer unverletzten Stelle eine Potentialdifferenz derart besteht, daß sich die *verletzte Stelle negativ zur unverletzten* verhält. Den infolgedessen ableitbaren Strom bezeichnen wir am besten als *Verletzungsstrom* (auch Ruhestrom, Längsquerschnittsstrom, Alterationsstrom, Demarkationsstrom genannt). 1849 fand dann DU BOIS-REYMOND, daß sich bei jeder Kontraktion des Muskels der Verletzungsstrom vermindert. Diese „negative Schwankung des Ruhestroms" oder — wie wir heute besser sagen — diese „Verminderungsschwankung des Verletzungsstroms" beruht darauf, daß sich ebenfalls auch *die erregte Stelle negativ zur unerregten* verhält *(zweites bioelektrisches Grundgesetz)*. Die aus diesen Gründen ableitbare Stromschwankung nennt man seit L. HERMANN (1868) *Aktionsstrom*. Zugleich ergibt sich aus diesen Tatsachen, daß der unverletzte und unerregte Muskel selbst stromlos ist (L. HERMANN). Erst Verletzung und Erregung bedingen infolge ihrer Negativität das Auftreten bioelektrischer Potentialdifferenzen.

So stürmisch die Erforschung des bioelektrischen Verhaltens des Nervmuskelpräparates einsetzte, so still und langsam verlief zunächst die Anwendung dieser Beobachtungen und Erkenntnisse auf das *Herz*. Vor 100 Jahren beobachteten ALB. KÖLLIKER und HEINR. MÜLLER 1855 in Würzburg die „negative Schwankung" bei der spontanen Kontraktion eines mit künstlichem Querschnitt versehenen Froschherzens mittels des Multiplikators und entdeckten bald darauf, daß auch die sekundäre Zuckung bei jeder Systole zu erhalten ist, wenn der Nerv eines stromprüfenden Froschschenkels in geeigneter Weise über Längsschnitt und Querschnitt gebrückt wird. Damit eröffneten sie das Gebiet der *Elektrokardiologie*. Die Registrierung der Erscheinungen erfolgte allerdings erst 1876 durch MAREY mit dem Capillarelektrometer, 1887 durch WALLER und REID am isolierten Warmblüterherzen und 1888 ebenfalls durch A. D. WALLER am Menschen; 1903 wurde dann als entscheidender registriertechnischer Fortschritt von EINTHOVEN das Saitengalvanometer erfunden und die heute gültige Nomenklatur des Elektrokardiogramms (PQRST) eingeführt. Die neuste Entwicklung ist durch die Verwendung schneller reagierender Schleifen- und Kathodenstrahloscillographen gekennzeichnet, wobei die durch die kürzere Einstellungszeit bedingte Einbuße an Empfindlichkeit durch den gleichzeitigen Einsatz von Verstärkerröhren wettgemacht werden kann.

Verletzungsstrom und Aktionsstrom sind also die beiden uns bekannten Formen der Bioelektrizität. Zur Ableitung der Aktionsströme des Herzens ist es unvermeidlich, von zwei Stellen des Herzens abzuleiten, da ja in jedem Fall ein Stromkreis hergestellt werden muß. (Das wünschenswerte Ideal einer wahren unipolaren Ableitung ist deshalb nicht zu verwirklichen, da wir stets ja nur *Potentialdifferenzen* zur Aufzeichnung bringen.) Nach den klassischen Vorstellungen der Elektrophysiologie des Herzens, wie sie nach R. MARCHAND (1877) besonders von BURDON-SANDERSON (1879/80), BAYLISS und STARLING (1892) und JOH. v. KRIES (1895) begründet wurden, ist es aber nur eine scheinbare Vereinfachung, wenn man die Aktionsströme unter Vermeidung jeder Verletzung von zwei unversehrten Punkten der Herzoberfläche ableitet.

Legt man einen künstlichen Querschnitt, z. B. an der Herzspitze an oder setzt sonst eine ,,Verletzung" im elektrophysiologischen Sinne (lokale Verbrennung, Verätzung, Quetschung, örtliche Kaliumeinwirkung, Ansaugen o. ä.), so fällt nach den klassischen Vorstellungen der Tätigkeitsvorgang an der verletzten Stelle aus, und wir erhalten bei der Registrierung nur den Erregungsvorgang der anderen unverletzten Ableitungsstelle, der als ,,monophasischer Strom" in Erscheinung tritt. Von SCHÜTZ (1931) konnte eine Methode angegeben werden, die es erstmalig gestattete, auch vom in situ durchbluteten Warmblüterherzen über längere Zeit solche einphasischen Ströme abzuleiten. Das Prinzip dieser Methode besteht darin, daß eine kleine oberflächliche Partie der Herzmuskulatur mittels einer Vakuumpumpe angesogen und so eine lokale Ischämie (,,Herzwandknoten") erzeugt wird (s. Abb. 19). Die Verletzung ist also nur ein Kunstgriff, der die Betätigung der einen — verletzten — Ableitungsstelle ausschaltet, so daß allein die elektrischen Tätigkeitsäußerungen der unverletzten, *erregten* Stelle zur Aufschrift kommen. In dem so erhaltenen *einphasischen Aktionsstrom* erblickt man darum die *Grundform der bioelektrischen Betätigung des Herzens*. Die in der älteren Literatur hergestellte enge Verbindung zwischen Erregung und Verletzung, wie sie in der Bezeichnung ,,Verminderungsschwankung des Verletzungsstroms" für den einphasischen Aktionsstrom zum Ausdruck kommt, ist also nur methodisch bedingt durch den beschriebenen Kunstgriff der Verletzung und gehört nicht zum Wesen der Erscheinung. Erforderlich ist zur einphasischen Ableitung grundsätzlich nur, daß *die eine Stelle erregt, die andere unerregt ist.* Da aber normalerweise Erregung und Erregungsleitung nicht voneinander trennbar sind, erhalten wir gewöhnlich bei Ableitung von zwei unverletzten Stellen immer einen ,,diphasischen" Aktionsstrom infolge der Leitung der Erregung von der einen Ableitungsstelle zur anderen. Bei lokal auf den Reizort beschränkt bleibenden Erregungen, wie wir solche noch (S. 90) als sog. Aktionsphänomene (SCHÜTZ und LUEKEN) kennenlernen werden, tritt die lokal bleibende Erregung auch bei diphasischen Ableitungsbedingungen ohne eine Verletzung stets in monophasischer Form auf. Aus diesen Gründen können wir den monophasischen Aktionsstrom als den graphisch erfaßbaren Ausdruck des *Erregungsvorganges nur einer Ableitungsstelle* auffassen und die klassische Definition (,,Verminderungsschwankung des Verletzungsstroms") in diese umfassendere Definition abändern (SCHÜTZ).

Zur *Erklärung der bioelektrischen Erscheinungen* kommen infolge des Fehlens metallischer Leiter nur solche zweiter Klasse und damit physikalisch-chemische Deutungen in Frage. Wenn zwei Elektrolytlösungen verschiedener Konzentration oder verschiedener Ionenzusammensetzung vorliegen, versuchen sich diese Konzentrationsdifferenzen bekanntlich an ihrer Grenze durch *freie Diffusion* auszugleichen; bei dieser Wanderung von der Stelle der höheren Konzentration zur Stelle der niederen Konzentration unterscheiden sich die einzelnen Ionen durch eine verschiedene Wanderungsgeschwindigkeit, z. B. wandert das H^+-Ion relativ sehr schnell und bewirkt so eine positive Ladung der dünneren Lösung; andererseits treten zwischen entgegengesetzt geladenen Ionen elektrostatische Anziehungskräfte auf, die der Trennung der Ionen entgegenwirken; die an der Grenze zwischen zwei derartigen Lösungen auftretenden *Diffusionspotentiale* sind aber von einer so geringen Größenordnung, daß sie zur Erklärung der bioelektrischen Potentiale nicht ausreichen. Es müssen also besondere Vorrichtungen vorliegen, die eine stärkere Trennung der Ionen und damit mehrfach größere Potentialdifferenzen herbeiführen als bei der freien Diffusion.

Wir benötigen daher zur Erklärung der bioelektrischen Potentiale ein *Diffusionshindernis* an der Grenze der beiden Elektrolytkonzentrationen, die sich durch Diffusion auszugleichen bestreben. Nach WI. OSTWALD und L. MICHAELIS kann man sich ein solches Diffusionshindernis in Form einer *Porenmembran* vorstellen, die als eine Art von „Ionensieb" mit Poren verschiedener Größe den Durchtritt bestimmter Ionen rein mechanisch verhindert oder verzögert wegen des verschiedenen Durchmessers der einzelnen Ionen (den „Wassermantel" des Ions dabei eingerechnet). Auf diese Weise würde die Beweglichkeit bestimmter Ionen innerhalb der Membran stark verringert werden und sich evtl. sogar eine nur *selektive* Durchlässigkeit (Permeabilität) der Membran für die einzelnen Ionen ergeben.

Außer der Porengröße spielt dabei auch die *Ladung der Membran* eine entscheidende Rolle. Es ist leicht einzusehen, daß eine Membran mit positiver Ladung die positiven Kationen abstößt und diese daher gar nicht in die Membran eintreten können, während eine negativ geladene Membran nur die Kationen durchtreten läßt. Bei Haut, Nerv und Muskel ist die Membran wegen ihrer Ladung vorzugsweise für Anionen impermeabel, bei den roten Blutkörperchen für die Kationen. Da die Ladung von Eiweißen, Lipoiden usw. vom p_H abhängt, lassen sich derartig aufgebaute Membrane leicht durch p_H-Änderungen umladen, und damit ist eine Umkehr in der Richtung des Membranpotentials leicht herbeizuführen (MOND). Solche Umladungen können von großer biologischer Bedeutung sein. Die elektrischen Eigenschaften der Membran können auch dadurch als selektiv wirksames Diffusionshindernis wirken, daß sie bestimmte Ionen zu adsorbieren vermag (BETHE). Durch Adsorption positiver Ionen wird sie dann selbst positiv geladen und dadurch kationenimpermeabel und anionenpermeabel, sie würde alsdann ein elektrisch geladenes Ionenfilter darstellen.

Noch eine andere Möglichkeit steht zur Diskussion, nämlich die Annahme einer Schicht, in der sich die beiderseits der Schicht befindlichen Elektrolyte in einem anderen, bestimmten Verhältnis lösen, so daß es an der Grenze zwischen Schicht und Elektrolyt zur Ausbildung von Potentialdifferenzen kommt. Als solche Schichten kommen alle mit Wasser nicht mischbaren Substanzen, also Öle in Frage (BEUTNER). An der Grenze zwischen Öl und Wasser muß es zu einer Trennung der Ionen, einer „elektrischen Doppelschicht" kommen, die dem Membranpotential entsprechen würde. (Befinden sich zu beiden Seiten des Öls wäßrige Lösungen, so liegen natürlich zwei derartige Doppelschichten mit je einer Potentialdifferenz vor, deren Unterschied dann das Membranpotential ergibt.) Eine solche zwischen zwei Elektrolytlösungen gelegte *Ölschicht* ergibt ebenfalls wesentlich höhere Potentiale als sie bei freier Diffusion auftreten (sog. *Phasengrenzpotentiale*).

Die technisch einfachste, zu Demonstrationszwecken gut geeignete Membran ist eine Kollodiumschicht oder Cellophanhaut zwischen zwei Elektrolytlösungen. Die Kenntnis der tatsächlichen Struktur solcher Membrane im biologischen Objekt ist allerdings noch sehr lückenhaft, ja es ist sogar noch weitgehend unentschieden, welches anatomische Gebilde mit der „Membran" zu identifizieren ist, so sicher wir andererseits funktionell die Existenz solcher Membrane postulieren müssen. Auch ist durchaus unentschieden, ob es sich biologisch um Porenmembrane oder Ölmembrane (Phasengrenzpotentiale) handelt, ob die selektive Permeabilität (Wanderungsgeschwindigkeit) oder die selektive Löslichkeit das Entscheidende ist, oder mit anderen Worten, ob die Siebstruktur mit einem bestimmten Verhältnis zwischen Porendurchmesser und Ionengröße oder ein besonderes Lösungs- oder auch ein besonderes Adsorptionsvermögen für bestimmte Ionen den bevorzugten Durchtritt *einer* Ionensorte durch Diffusion ermöglicht. Die Ladung der Membrane selbst spielt sicherlich eine bedeutsame Rolle. Die anschaulichste Vorstellung ist natürlich die der Porengröße, die die Permeabilität bestimmt, und damit die Annahme der unterschiedlichen Wanderungsgeschwindigkeit der Ionen in der Membran. In Wirklichkeit liegen die Dinge natürlich sowohl in der Natur selbst als auch in der Theorie viel komplizierter. Im Rahmen unserer Darstellung genügt uns aber vorerst die Feststellung, daß zur Erklärung der bioelektrischen Potentiale die freien Diffusionspotentiale wegen ihrer Größenordnung nicht ausreichen, sondern daß die Annahme eines *Diffusionshindernisses in Form einer Membran* unumgänglich ist[1].

Abgesehen von der Tatsache, daß die bioelektrischen Erscheinungen ein etwa 10fach höheres Potential aufweisen als die freien Diffusionspotentiale, ist die Existenz einer *Membran* — physiologisch gesehen — ein unbedingtes Postulat; denn sonst wäre ja der Zellinhalt der Spielball des umgebenden Ionenmilieus. Gleichzeitig ist aber auch eine Durchlässigkeit (Permeabilität) dieser Membran ein ebenso notwendiges Erfordernis, da sonst ein Stoffaustausch nicht möglich wäre. Da aber andererseits die Funktionstüchtigkeit des Zellinhaltes an einen bestimmten konstanten Salzgehalt gebunden ist, muß diese Permeabilität wiederum ihre bestimmten Grenzen haben. Diese Überlegungen weisen damit auf eine spezifische Durchlässigkeit bzw. Undurchlässigkeit der Membran hin. Daß die anatomische Lage und Struktur der Membran eine noch weitgehend ungeklärte Frage ist, wurde oben schon erwähnt. Meist stellt man sich vor, daß sie *zwischen einem inneren „Faserkern" und einer äußeren „Faserhülle"* zu suchen ist. Wahrscheinlich ist diese Grenzfläche mit dem Sarkolemm zu identifizieren. Es ist dabei durchaus noch nicht entschieden, wie wir uns chemisch die Membran vorzustellen haben. Sie ist sicher weder eine Schicht homogenen Öls, bei dem die Ionenlöslichkeit eine Rolle spielt, noch einfach eine Porenmembran mit bestimmter Ladung. Ihre Natur ist sicher sehr viel komplizierter. Das leichte Eindringen lipoidlöslicher Stoffe (OVERTON) spricht für eine spezifische Löslichkeit in Lipoidanteilen; da aber andererseits viele permeierende Stoffe nicht lipoidlöslich sind, hat man auch einen Eiweißcharakter der Membran angenommen. Auch die erwähnte Eigenladung der Membran spielt sicher eine Rolle, da Permeabilitätsänderungen durch Umladungen möglich sind. Weitere Befunde sprechen für die einfachste Vorstellung als eines Molekülsiebes, da das kleinere Kaliumion leichter durchtritt als die größeren Na-Ionen. Eine besondere Bedeutung hatte dabei die Annahme einer selektiven Durchlässigkeit insbesondere derart, daß man sich die Membran spezifisch anionenimpermeabel und kationenpermeabel vorstellte.

Wesentlich ist hier die Frage, ob alle elektrisch geladenen Teilchen an der Wanderung teilnehmen oder nicht. Im ersteren Falle hätten wir es mit einem reinen Membrandiffusionspotential zu tun, im zweiten Falle mit einem „Donnanpotential". Letzteres ist augenscheinlich beim Muskel der Fall; denn es gibt sowohl im Zellinnern als auch im äußeren Milieu Ionen, welche die ruhende Fasergrenzfläche schwer bzw. gar nicht permeieren, z. B. die großen Protein-Ionen und die Phosphat-Ionen des Faserinnern, aber auch die Na-Ionen des äußeren Milieus. Die größtenteils indiffusiblen Partner binden einen Teil der entgegengesetzt geladenen Ladungsträger durch elektrostatische Kräfte im Sinne der Elektronenneutralität, z. B. halten die inneren, indiffusiblen Protein-Anionen die K^+ zurück und die äußeren indiffusiblen Na^+ das Cl^-. Dadurch entsteht eine asymmetrische Elektrolytverteilung, eine sog. *Donnanverteilung* (Abb. 17). Die Partner dieser Donnanverteilung bilden nun an den biologischen Grenzflächen Ionenungleichgewichte aus. Die im Faserinnern reichlich vorhandenen K^+-Ionen sind bestrebt nach außen zu wandern und die außen im Überschuß vorhandenen Cl^--Ionen tendieren nach innen. Die indiffusiblen Na^+, PO_4^- und Protein-Ionen nehmen an der Bildung des Ruhepotentials keinen Anteil. Wir

---

[1] Eine ausführlichere Diskussion findet der Leser bei M. CREMER, H. SCHAEFER und K. E. ROTHSCHUH.

haben es daher mit einem *Donnanpotential* zu tun. Praktisch läuft das auf je ein Konzentrationspotential für

$$\frac{K_i}{K_a} \quad \text{und für} \quad \frac{Cl_a}{Cl_i}$$

hinaus, die beide eine positive Außenladung erzeugen[1].

In der Tat unterscheidet sich an lebenden Zellen die Ionenzusammensetzung der intracellulären Flüssigkeit wesentlich von jener der Außenflüssigkeit. Schon gegen Ende des vorigen Jahrhunderts war es klar, daß zwischen Ionenverteilung und Membranpotential enge Beziehungen bestehen. Schon in der Membrantheorie von BERNSTEIN (1912) spielt die Kaliumkonzentration im Innern der Zelle für das Vorhandensein des Ruhepotentials eine hervorragende Rolle. Mit Hilfe von radioaktiven Isotopen ist es heute möglich, die Verteilung und den Austausch von Ionen wie Kalium, Natrium und Chlorid quantitativ zu erfassen. Gleichzeitig ist durch die Technik der intracellulären Ableitung der absolute Wert des Membranpotentials der Messung zugänglich geworden. Die Möglichkeit des Potentialabgriffs aus dem Innern einer Einzelzelle gab es in der Pflanzenphysiologie schon seit längerer Zeit (OSTERHOUT, DAMON und JAQUES, 1928); Algen, Amöben, Eier, Paramäcien und Sporen hat man so durch Mikroelektroden punktiert, so daß sich nur die Zellwand zwischen den Elektroden befand.

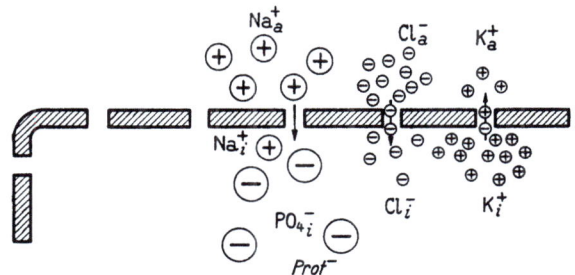

Abb. 17. Donnan-Verteilung wichtiger Ionen zwischen dem Myoplasma und dem äußeren Medium. Die indiffusiblen Partner in der Ionenverteilung bedingen eine asymmetrische Verteilung (Schema). (Nach K. E. ROTHSCHUH)

Überwiegend ergaben derartige Messungen in der Tat, daß die Außenlösung positiv gegenüber dem Zellinnern ist. Das scheint der „Standardtyp" des Verhaltens der Zellmembran in der Natur zu sein. Erst LING und GERARD (1949) gelang die Herstellung von feinsten Glascapillaren (Außendurchmesser unter 0,5 μ), so daß sie in das Innere einer Muskelfaser eingeführt werden können. Technische Einzelheiten finden sich bei LING und GERARD (1949) oder ALEXANDER und NASTUK (1953). Das Vorgehen von LING und GERARD hat die Entwicklung auch der Herzphysiologie nachhaltig beeinflußt. Besonders drei Präparate wurden dazu benutzt: der rechte Vorhof von Katzen oder Hunden (BURGEN und TERROUX, 1953; HOFFMAN und SUCKLING, 1953), der Papillarmuskel des rechten Ventrikels von Katzen oder Hunden (TRAUTWEIN, GOTTSTEIN und DUDEL, 1954; HOFFMAN und SUCKLING, 1954) und sog. falsche Sehnenfäden (d. h. Teile des ventrikulären Reizleitungssystems) von Hunden, Ziegen oder Schafen (CORABOEUF und WEIDMANN, 1949; DRAPER und WEIDMANN, 1951). Diese neuerschlossenen technischen Möglichkeiten mußten zu einem wesentlich besseren Verständnis der Zusammenhänge zwischen Membranpotential und Ionenverteilung führen. Eine umfassende Darstellung der hauptsächlich von der Cambridge-Schule entwickelten Vorstellungen ist von HODGKIN (1951) gegeben

---

[1] Die Höhe des Grenzflächenpotentials läßt sich nach dem NERNSTschen Rechenansatz

$$E_M = \frac{R \cdot T}{F} \cdot \log \frac{K_i}{K_a}$$

theoretisch voraussagen, jedoch unter Vernachlässigung aller physiologischen Faktoren, welche die *Permeabilität* für die an der Potentialbildung beteiligten Ionen beeinflussen.

worden. Am Herzmuskel lassen sich die Dinge etwa wie folgt darstellen[1]: *Kalium* findet sich im Zellwasser um einen Faktor 30 gegenüber der Außenflüssigkeit angereichert. So beträgt der Gehalt an K im Inneren etwa 0,3% (entspricht 0,57% KCl). Diese selektive Ionenspeicherung in der Zelle, speziell des Kaliums, vermag daher gegen die Außenlösung ein starkes Konzentrationspotential zu entwickeln. Die durch die Membran hindurchwandernden positiven K-Ionen verleihen der äußeren Oberfläche ihre positive Ladung, während die innere Oberfläche durch Anhäufung der zurückgehaltenen Anionen eine negative Ladung erhält. Der Potentialsprung an der ruhenden Zelle, das Membranpotential, ist damit vorwiegend ein *Kaliumdiffusionspotential*.

Obwohl Natrium sich im Inneren der Zelle nur etwa zu $1/15$ der Außenkonzentration befindet, können Natriumionen wegen der Membraneigenschaften trotz ihres Konzentrationsgefälles praktisch nicht in die Zelle eindringen. (Weiteres hierzu S. 67 bei Besprechung des Erregungsvorganges.) Die dem K-Konzentrationsverhältnis entsprechende Potentialdifferenz läßt sich berechnen und ergibt eine Potentialdifferenz von 92 mV (allerdings unter der Annahme von gleichen Aktivitätskoeffizienten zu beiden Seiten der Plasmamembran; nach ROPES, BENNETT und BAUER (1939) ist das Plasma-Kalium allerdings zu 25% an Eiweiße gebunden und somit elektrochemisch inaktiv; aber auch im Innern der Herzmuskelfaser scheint Kalium zu einem gewissen Teil in gebundener Form vorzuliegen (Literatur bei BENIGNO und DAUDEL, 1950). Jedenfalls erscheint heute die Aussage voll berechtigt, daß das Membranpotential der ruhenden Herzmuskelfaser in der Nähe des Kalium-Konzentrationspotentials liegt; denn die Übereinstimmung des errechneten Wertes mit dem an verschiedenen Herzpräparaten gemessenen Ruhepotential (60—98 mV) ist recht gut.

Über das Zustandekommen der hohen Kaliumkonzentration im Innern der Faser bestehen zwei grundlegend verschiedene Vorstellungen[2]. Erstens kann angenommen werden, daß aus dem Zellstoffwechsel ein sekretorischer Prozeß (von vorläufig unbekannter Natur) gespeist wird, der bestrebt ist, das Ruhepotential auf einem bestimmten Wert zu halten. Kalium-Ionen werden so lange verschoben, bis die Kraft aus dem Konzentrationsgradienten (nach außen gerichtet) der Kraft aus dem elektrischen Gradienten (nach innen gerichtet) gleichkommt. Der Gleichgewichtszustand ist dadurch charakterisiert, daß pro Zeiteinheit gleich viele Kalium-Ionen eintreten und die Faser verlassen. BEHN (1897) und TEORELL (1935, 1937) haben theoretisch und in Modellversuchen solche Systeme behandelt, bei denen es durch einen potentialerzeugenden Prozeß zu einer Anreicherung resp. Verarmung von „passiven" Ionen im Innern einer „Zelle" kommt.

Eine zweite Auffassung ist von den Anhängern der BERNSTEINschen Membrantheorie mehr oder weniger stillschweigend angenommen worden und hat in einer Arbeit von KROGH, LINDBERG und SCHMIDT-NIELSEN (1944) eine eingehende Diskussion gefunden. Danach würde Kalium durch einen Sekretionsprozeß (der am K-Ion selbst angreift) „aktiv" ins Innere der Faser gefördert werden. Ein Entscheid zugunsten der einen oder der anderen Ansicht kann wohl gegenwärtig nicht getroffen werden. Nach der ersten Vorstellung ist die Potentialdifferenz die Ursache für die K-Akkumulation. Nach der zweiten Vorstellung ist das K-Konzentrationsverhältnis die Ursache für die Potentialdifferenz.

Zur Deutung der Na-Konzentrationsunterschiede sind drei Hypothesen aufgestellt worden: 1. Undurchlässigkeit der Fasermembran für Na-Ionen (BOYLE und CONWAY, 1941). Gegen diese Vorstellung spricht vieles, insbesondere haben die Experimente mit radioaktivem Natrium (Na^{24}) an Nerven und Skeletmuskeln die Durchlässigkeit der ruhenden Membran für Natriumionen endgültig sichergestellt (LEVI und USSING, 1948; HARRIS, 1950; KEYNES, 1951, 1954). 2. Selektive Bindung von K gegenüber Na durch intrazelluläre Strukturen (LING, 1952). Diese Vorstellung, daß Na-Ionen von intrazellulären Strukturen weniger gut gebunden werden als K-Ionen, läßt sich theoretisch vertreten, es fehlt jedoch an experimentellen Befunden zur Stütze dieser Ansicht. 3. Aktiver Transport der Na-Ionen von innen nach außen mittels einer stoffwechselabhängigen „Natriumpumpe" (KROGH, 1947). Diese Vorstellung eines aktiven Natriumtransportes gegen den elektrochemischen Gradienten ist experimentell gut unterbaut. Auch für den Herzmuskel wird allgemein an der Vorstellung

---

[1,2] WEIDMANN (1956), dort auch Lit.

eines aktiven Na-Transportes von innen nach außen festgehalten, zumal sich der aktive Transport von Natrium nach außen durch Fermentblocker (Dinitrophenol, Cyanid u. a.) hemmen läßt. Auch Kälte und, was besonders interessant ist, Kaliummangel im Außenmedium hemmen den aktiven Natriumausstrom. Die Entfernung des Kaliums aus der Außenflüssigkeit führt nicht zum Stillstand der ,,Natriumpumpe", sondern nur zu einer Abnahme ihrer Leistung um etwa 60%. Übrigens läßt sich auch der Kaliumeinstrom durch die gleichen pharmakologischen und physikalischen Einwirkungen hemmen (HODGKIN). Auch heute noch ist die Bemerkung OVERTONs (1902) sehr zeitgemäß: ,,Die größte Schwierigkeit, die der Annahme eines Ionenaustausches während einer bestimmten Phase der Muskelkontraktion oder der Latenzzeit entgegensteht, besteht darin, daß man sich z. Z. keine rechte Vorstellung darüber bilden kann, wie die in die Muskelfasern übergetretenen Natriumionen aus den Muskelfasern wieder herausgeschafft werden sollen."

Obwohl für die Verteilung der Chloridionen zwischen der intra- und der extracellulären Faser keine quantitativen Angaben vorliegen, ist doch sicher, daß die intracelluläre Konzentration nur einen Bruchteil der extracellulären beträgt (LOWRY, 1943), daß das Zellinnere jedoch nicht völlig frei von Cl-Ionen ist (KROGH, LINDBERG und SCHMIDT-NIELSEN, 1944).

Der Unterschied der heutigen Auffassung zu der früheren besteht also darin, daß die Membran nicht mehr einfach als anionenundurchlässig gilt. Die Grundvorstellung der Membrantheorie, die seinerzeit BERNSTEIN entwickelt hat, ist zwar erhalten geblieben, jedoch in wesentlichen Punkten erweitert und modifiziert worden. Für unsere weitere Betrachtung genügt — wie wir uns die ,,Theorie" der Membran im einzelnen auch denken wollen — die Vorstellung, daß die Außenseite der Membran infolge der Durchwanderungsmöglichkeit für die Kationen, speziell das Kalium, eine positive Ladung trägt, wobei dann jedes Kation entsprechend auf der Innenseite der Membran ein normalerweise nichtpermeierendes Anion festhält. Damit haben wir die Grundvorstellung einer ,,Ruheladung" der Membran, sie weist eine ,,elektrische Doppelschicht" auf, die der Ladung eines Kondensators analog ist, oder, wie wir es auch ausdrücken können, sie ist normalerweise ,,polarisiert", sie ist Sitz eines Potentialsprungs. Das ist die Grundvorstellung der von BERNSTEIN begründeten ,,Membrantheorie", wonach also die Grenze zwischen dem lebenden Zellinhalt und der intercellularen Substanz Sitz einer Potentialdifferenz ist, am einfachsten stellen wir uns diese Grenze als eine echte Membran vor. Zur Aufrecht-

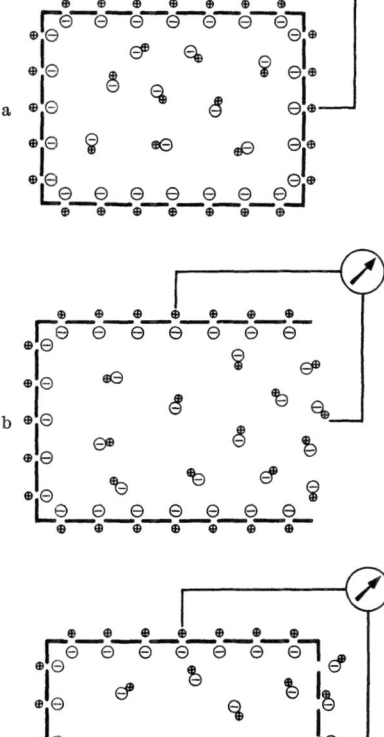

Abb. 18a—c. Bioelektrische Grundgesetze. *a* Ableitung von 2 Punkten gleicher positiver Außenladung. Keine Potentialdifferenz, kein Ausschlag. *b* Ableitung von einem Punkt der unversehrten positiven Oberfläche und einem verletzten Punkte eines frischen Faserquerschnitts. Die Grenzflächenspannung kommt zum Abgriff. Ausschlag des Meßinstrumentes (Verletzungsspannung). *c* Ableitung von einem Punkt der unerregten, unversehrten positiven Oberfläche (oben) und einer benachbarten erregten Stelle. Erregte Stelle mit gesteigerter Permeabilität. Zusammenbruch der Membranladung, relative Negativität. Ausschlag des Meßinstruments (Aktionsspannung). (Nach K. E. ROTHSCHUH)

erhaltung ihrer Ladung ist das Leben der Membran, ihre Versorgung mit Sauerstoff, eine unbedingte Voraussetzung; beim Tode, auch bereits bei Degeneration oder Sauerstoffmangel, sinkt das Potential ab, die Membran verliert ihre spezifische Undurchlässigkeit. Zur *Messung des Membranpotentials* am ganzen Organ oder an Teilen desselben (Streifenpräparat) bedient man sich auch heute noch meistens des ältesten elektrophysiologischen Experiments, des Anlegens eines „Querschnittes". Die an die Verletzungsstelle gelegte Elektrode greift gleichsam nach Wegnahme der Membran in das Zellinnere hinein und so messen wir das Potential der Membran an der unverletzten Stelle. In der Tat verhält sich bei dieser Versuchsanordnung die verletzte Stelle negativ gegenüber der ruhenden, unverletzten (positiven) Stelle der Zelloberfläche (dem „Längsschnitt"). Den so ableitbaren Strom nennt man daher seit altersher Längsquerschnittsstrom, Demarkationsstrom oder — am besten — Verletzungsstrom (s. Abb. 18b). Nach dieser Deutung ist also die Potentialquelle an der Faser vorher schon vorhanden, durch den Kunstgriff der Verletzung wird sie erst *feststellbar*. Diese Vorstellung stellte BERNSTEIN (1902, 1912) als „*Präexistenztheorie*" der *Alterationstheorie* von HERMANN gegenüber, der die Ursache des Verletzungspotentials an die verletzte Stelle legte, daß es entstände durch den Kontakt normaler und zerstörter chemischer Bausteine. Die Richtigkeit der Präexistenztheorie ergibt sich, wie gleich noch belegt werden wird, dadurch, daß Einwirkungen an der *un*verletzten Stelle den Verletzungsstrom verändern, d. h. das positive Ruhepotential der intakten Membranstelle beeinflussen.

Die *Methoden der Verletzung* sind sehr mannigfaltig. Es kommen in Frage der einfache Scherenschnitt, z. B. an der Herzspitze, Quetschung mit einer Pinzette o. ä., lokale Vereisung, Verätzung und besonders Hitzekoagulation, z. B. mit einem spitzen glühenden Glasstab, oder lokale Einwirkung von Kalium (KCl), dessen Wirkung man direkt als einen „chemischen Querschnitt" bezeichnet hat[1],[2]. Als beste Methode erwies sich die lokale Ansaugung von Gewebe durch ein dünnwandiges Saugröhrchen mit einer Vakuumpumpe (SCHÜTZ, 1931). Die zuletzt genannte Methode des Ansaugens ergibt in der Tat die höchsten Werte für das Verletzungspotential und hält es auch am längsten aufrecht. Auch für Mikroelektroden hat sich dieses „Saugprinzip" bewährt und wird vielfach angewandt (SCHAEFER, PEÑA und SCHÖLMERICH, 1943). Es ist daher eine Anzahl von Modifikationen in der Konstruktion derartiger Saugelektroden in der Folgezeit angegeben worden (REMÉ, LERCHE, H. WIGGERS, ROTHSCHUH u. a.). Verletzungsherde sind natürlich besonders schwer am durchbluteten Warmblüterherzen aufrecht zu erhalten; Scherenschnitte, lokale Verätzungen durch Injektionen von AgNO$_3$ o. ä., lokale Einwirkung von KCl u. a., wie sie

---

[1] Das *Kalium* bewirkt eine maximale Depolarisation des Gewebes am Orte der Einwirkung (ROTHSCHUH, WIGGERS, v. WERZ). Es war das Verdienst der STRAUBschen Schule, zuerst die elektrophysiologischen Giftwirkungen in bezug auf die Auslösung einer Verletzungsnegativität in den Kreis der Betrachtung gezogen zu haben. Eigenartigerweise liefert ein Teil der Gifte nach FLEISCHHAUER am stillstehenden Herzen keinen Verletzungsstrom, wohl aber am schlagenden Herzen Änderungen des Erregungsvorganges an Dauer und Höhe. Interessant ist, daß Muskelpreßsaft und hämolysiertes Blut denselben Effekt verursachen wie eine KCl-Lösung von der im Zellinnern vorhandenen Konzentration, so daß man deren Wirkung auf die Freisetzung des intracellulären Kaliums beziehen darf (ROTHSCHUH). Kalium ist überhaupt das universelle depolarisierende Mittel, worauf schon verschiedentlich in anderem Zusammenhang hingewiesen wurde.

[2] Am Kaltblüterherzen und am Herzstreifenpräparat eignet sich sehr gut auch eine im Prinzip ganz andere Methode, die von SAMOJLOFF zuerst diskutiert und besonders von SCHELLONG ausgearbeitet wurde. Sie besteht darin, daß mit einer feinen Pinzette *zwischen* den Ableitungselektroden eine Quetschung (Leitungsblock!) gesetzt wird. Als Vergleichspunkt wird hierbei also eine *ungeschädigte* Muskelpartie gewählt; weil diese Muskelpartie unerregt bleibt, eine lokale Asystolie vorliegt, ist der Aktionsstrom auch unter diesen Bedingungen einphasisch. Will man längere Zeit in Anspruch nehmende Untersuchungen am einphasischen Strom durchführen, dann ist es natürlich sehr wichtig, eine Methode zur Erzeugung langdauernder und möglichst gleichbleibender Monophasie zu besitzen. Namentlich lokale Hitzeeinwirkungen bedingen naturgemäß Dauerveränderungen des Aktionsstromes benachbarter Herzteile, die manche Untersuchungen unmöglich machen. Es seien deshalb die Methode der Leitungsblockierung und die Ansaugmethode besonders empfohlen!

v. KRIES, EPPINGER, ROTEBERGER und BORUTTAU versuchten, führen bald zur Wegschwemmung durch den Blutkreislauf bzw. zur Abgrenzung des toten vom normalen Gewebe (Demarkation). In der älteren Elektrophysiologie hat man sich viel um eine brauchbare Methode der Erzeugung solcher verletzten Stellen bemüht, erst das Prinzip der Ansaugung (mit evtl. noch nachfolgender, aber nicht unbedingt erforderlicher Ligatur, wenn man das Saugröhrchen liegen lassen und zugleich als Ableitungselektrode benutzen will) hat hier die methodischen Voraussetzungen geschaffen. Am durchbluteten Warmblüterherzen setzt man die lokale Ansaugung (Ischämie) am besten an der Herzspitze. Eine Darstellung des so erhaltenen „*Herzwandknotens*" (nach SCHÜTZ) zeigt Abb. 19. Es wurde schon erwähnt, daß mit der Saugmethode die höchsten und am längsten andauernden Verletzungspotentiale gemessen werden. Sie liegen je nach der angewandten Methode bei 50 mV (selten sogar bis fast 70 mV). Im Sinne der Präexistenztheorie des Membranpotentials ist anzunehmen, daß das Potential sofort ohne Latenz in Erscheinung tritt. Die Angabe von wenigen msec für eine solche Latenz bei Schnittverletzungen ist wohl methodisch bedingt. Bei Schnittverletzungen sinkt das Potential infolge der Kürze der sich entladenden Faserabschnitte am Herzmuskel sehr schnell ab (schon in etwa 5 min auf $2/3$ seines Wertes und nach 30 min auf fast Null).

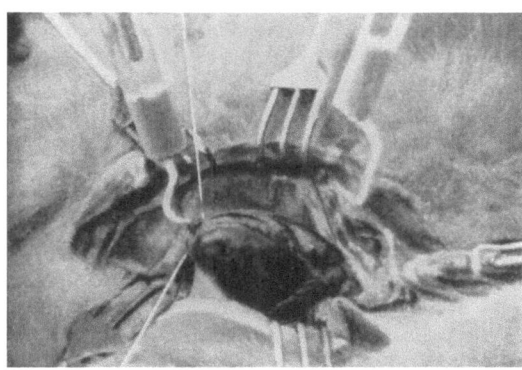

Abb. 19. Versuchsanordnung zur Ableitung einphasischer Elektrogramme des durchbluteten Säugetierherzens. Herzwandknoten an der Herzspitze. Die Ligaturfäden dienen gleichzeitig zur Fixierung. Die differente Elektrode sitzt hier auf der seitlichen Thoraxwand. (Nach E. SCHÜTZ)

Nach Saugverletzungen weist es noch nach 2 Std. die Hälfte seines Wertes auf und ist dann noch mehrere Stunden nachweisbar. Durch den „Herzwandknoten" wird wahrscheinlich die freie Diffusion besonders des aus dem Zellinnern in Freiheit gesetzten Kaliums verhindert, es wird am Ort der Verletzung „festgehalten".

Die Abnahme des Verletzungspotentials ist also z. T. auf Veränderungen am Verletzungsort, auf Diffusionsvorgänge zu beziehen, die zu einem Konzentrationsausgleich führen. Mit der Zeit sinkt aber auch das Membranpotential selbst ab (das läßt sich dadurch ermitteln, daß man in der Nachbarschaft neu verletzt). Denn wenn wir eine Stelle der Membran durch Verletzung entfernen, finden die Ladungen die Möglichkeit, sich in einem Strom auszugleichen. Dieser fließt dann in der Nachbarschaft der Verletzung von den Orten positiver Ladung über die äußere Oberfläche durch das Membranleck in das Faserinnere und durchsetzt die Membran wieder von innen nach außen in Form eines Kreisstromes. Durch ihn wird infolge des Herantransportes von Ionen die Potentialdifferenz auch an der intakten Zellgrenze vermindert. Wegen des hohen inneren Widerstandes der Faser fließen die stärksten Ströme in unmittelbarer Nähe der verletzten Stelle (KATZ, SCHMITZ und SCHAEFER). Diese Ausgleichströme erstreckten sich etwa 5 mm weit, bei geringerem Elektrodenabstand wird also nur ein Teil der vorhandenen Potentialdifferenz dem Meßinstrument zugeleitet, und in diesem Verhalten ist einer der wesentlichsten Gründe dafür zu erblicken, daß bald nach Anlegen der Verletzung das Verletzungspotential abfällt.

Schon aus diesem Grunde ist es deshalb schwer, die „wahre Membranspannung" in ihrer vollen Größe zu erfassen. Aber noch wichtigere Gründe machen das theoretisch unmöglich; denn von dem Meßkreis wird ja nur ein *Teil* der Membranspannung erfaßt, da auf der Oberfläche der Zelle *Nebenschlüsse* vorliegen, die in ihrer Größenordnung schwer bestimmbar sind. Die Gesamtheit aller derjenigen physikalischen Bedingungen, die bei der Messung solcher Potentialdifferenzen in Betracht kommen, nennt man in einem treffenden Ausdruck die *Abgriffsbedingungen*[1]. Auch wenn man einen Punkt der Verletzung und einen *entfernten* Punkt der äußeren Faseroberfläche mit einem empfindlichen Spannungsmesser verbindet, ist die so gemessene Spannung nur ein Teil der wahren Membranspannung. Wenn wir, wie das oben in einer theoretisch sehr fruchtbaren Vorstellung geschah, die Membran als Grenze zwischen Hülle (Außenleiter) und Kern (Innenleiter) annehmen, so liegt ja das Meßinstrument stets parallel zur Hülle und erfaßt nur den äußeren, auf der Oberfläche, über die Hülle abfallenden Teil des gesamten Spannungsabfalls. Je höher der Anteil des Hüllenwiderstandes am Gesamtwiderstand von Hülle und Kern ist, desto größer ist der Potentialabfall über der Hülle und um so größer die außen abgreifbare Potentialdifferenz. An einer Faser, die durch einen Querschnitt eröffnet wurde, kommt es also zum Spannungsausgleich durch lokale Kreisströme, die von außen zum Querschnitt fließen, dort in das Myoplasma eintreten und dann von innen nach außen durchtretend den Stromkreis schließen. Es verteilt sich also der Spannungsabfall über einen äußeren „Außenleiterwiderstand" und über den inneren Widerstand des Myoplasmas. Der bisher üblichen Messung mit 2 Außenelektroden ist nur der über den Außenleiterwiderstand abfallende Teil der Spannung zugänglich. Es konnte von ROTHSCHUH und MEIER an der Skeletmuskelfaser durch Anwendung von Mikroelektroden nachgewiesen werden, daß über den äußeren Widerstand 67% und über einen inneren Widerstand 33% der Membranspannung abfallen. Beträgt also die wahre Membranspannung rund 100 mV, so würde die Messung des Verletzungspotentials mit der bisher üblichen Methode des Abgriffs von äußerer Faseroberfläche und Querschnitt nur 67 mV anstelle von 100 mV ergeben. Es ist daher ein wesentlicher Fortschritt darin zu sehen, daß man in neuerer Zeit zu einer Methode gelangte, bei der eine Mikroelektrode in das Faserinnere eingeführt wird und die Potentialdifferenz in der Zellmembran mit ihrem wahren und absoluten Wert der Messung besser zugänglich gemacht wird. Schließlich ist noch ein weiterer Gesichtspunkt zu erwähnen. Man hat es bei der Messung ja nie mit einer Faser zu tun, sondern man mißt an vielen gleichzeitig. Doch ist das für die Messung des Verletzungsstroms nicht von Bedeutung, da die Muskelfaser nach Messungen am parallelfaserigen Sartorius als parallel geschaltet zu betrachten sind.

Sobald aber den Muskelfasern ein Leiter geringen Widerstandes, ein Shunt, parallelgeschaltet wird, erweist sich die abgreifbare Spannung als abhängig von der Faserzahl, sie wächst mit der Vermehrung der Faserzahl an. Dieser Befund gilt in gleicher Weise für Verletzungsspannung und Aktionsspannung. Das läßt die Schlußfolgerung ziehen, daß die abgreifbare Aktionsspannung des Herzens immer dann mit der Faserzahl ansteigt, wenn das Herz sich bei der Messung unter Shuntbedingungen befindet. Das trifft auf das Herz in situ zu. Es ergibt sich aus diesen Überlegungen eine Erklärung für die Tatsache, daß über hypertrophierten Herzen eine höhere Spannung abgreifbar ist als über normalen Herzen (ROTHSCHUH). Dabei ist es nicht wesentlich, ob die Hypertrophie durch vermehrte Faserzahl oder durch Vermehrung der Faserdicke bedingt ist.

Nachdem wir so den Ruhezustand der Membran, ihre Ruheladung — meßbar an dem Verletzungspotential — kennengelernt haben, befassen wir uns noch mit den *Ioneneinwirkungen auf die Membran* und ihr *Verhalten bei elektrischer Durchströmung*. HÖBER hat zuerst systematisch untersucht, inwieweit durch

---

[1] Eine mehr ins einzelne gehende Darstellung der Abgriffsbedingungen findet man in dem Buch von H. SCHAEFER.

Veränderung des Ionenmilieus an der Membranoberfläche ihre Ladung zu beeinflussen ist. Die stärkste Wirkung hat hier wiederum das *Kalium*. Man hat den Negativierungseffekt des K auf die Membran lange Zeit als eine Auflockerung der Membran im Sinne HÖBERs interpretiert. Diese Deutung ist nur zum Teil berechtigt. Denn da die Muskelgrenzfläche ihre Potentialdifferenz auf Grund der Konzentrationsdifferenz für K besitzt, muß jede Erhöhung der äußeren Konzentration an K zwangsläufig das Konzentrationselement K_i/K_a verändern. Es sinkt also örtlich die Membranruhespannung ab. Damit ist an sich keine Auflockerung verbunden. Aber durch die Erniedrigung der örtlichen Ruhespannung wird die mit K behandelte Membranstelle in ihrer Erregbarkeit verändert und zwar durch geringe K-Konzentrationen im Sinne einer Steigerung der Erregbarkeit, durch höhere K-Konzentrationen im Sinne einer Unerregbarkeit. Im Gegensatz zu den Verletzungsströmen ist der Negativierungseffekt bei diesen Kaliumsalzruheströmen fast „abwaschbar", also reversibel (ROTHSCHUH). Dabei wird man dem K den Einfluß auf die Permeabilität der Membran nicht völlig absprechen. Die erregbarkeitssteigernde Rolle des Kaliums wird uns noch öfter begegnen. Entsprechend nimmt man für den Antagonisten des Kaliums, das *Calcium*, eine die Membran verdichtende und daher positivierende Wirkung an. Aus diesem Antagonismus wird verständlich, daß es allgemein und so auch für die Membranladung und deren Stabilität auf ein bestimmtes K/Ca-Verhältnis (nach R. BOEHM) ankommt und daß Ca-Mangel oft einfach wie K-Vermehrung wirkt. — Daß es unter dem Einfluß einer *elektrischen Durchströmung* zu tiefgreifenden Veränderungen der Membran kommen muß, ist leicht einzusehen, da mit dem fließenden Strom positive Kationen zur negativen Kathode, negativ geladene Anionen zur positiven Anode transportiert werden. Unter der kathodischen Stromaustrittsstelle werden daher K- und H-Ionen des Innenleiters in die Membran gepreßt und Kationen des Außenleiters abgezogen (LABES), an der anodischen Eintrittsstelle werden Na-Ionen des Außenleiters an die Membran herangeführt, während Anionen des Innenleiters (OH) von innenher unter der Anode angereichert werden. Als Folge derartiger Ionenwanderungen kommt es zu tiefgreifenden Zustandsänderungen der Membran, die als *Elektrotonus* bezeichnet werden. An der Kathode ergibt sich Auflockerung, Permeabilitätssteigerung, Depolarisation, also Verringerung der Ruheladung infolge Abnahme der Stärke der elektrischen Doppelschicht, an der Anode Verdichtung und damit verstärkte Polarsation, Erhöhung des Verletzungspotentials und des Widerstandes. Diese verdichtende bzw. auflockernde Wirkung an den Polen wurde schon von BERNSTEIN angenommen und auch von BETHE histologisch nachgewiesen. In etwas schematisierender Zusammenfassung läßt sich also sagen, daß Kalium wie die Kathode, Calcium wie die Anode wirkt. LABES zeigte vor allem, daß in der Tat die kathodisch in die Membran hineingedrückte „Kaliumionenwolke" wirksam ist, aber auch die veränderte H- und OH-Ionenverteilung spielt dabei eine bedeutsame Rolle (BETHE). Wenn wir schließlich die *Erregbarkeit* auffassen als die Leichtigkeit, mit der eine Entladung, eine Depolarisation, ausgelöst werden kann, treten diese Zustandsänderungen und die Erregungsbildung in einen engen Zusammenhang. Wenn, wie wir gleich im einzelnen sehen werden, die Erregung mit einer kurzdauernden Depolarisation, einer flüchtigen Permeabilitätssteigerung und damit einer Negativierung einhergeht, wird verständlich, daß die katelektrotonische Erregbarkeitssteigerung bei ihrer Entstehung (und entsprechend das Verschwinden der anelektrotonischen Erregbarkeitsherabsetzung) — wenn sie plötzlich und stark genug erfolgt — zum Ladungszusammenbruch, zur Erregung, führt.

Bei der Frage, ob eine dementsprechende Wirkung der Ionen auf die Erregbarkeit festzustellen ist, ist allerdings zu berücksichtigen, daß bei größeren Dosen *Membranbeeinträchtigungen* auftreten, die das schematische Bild verändern. In geringen Dosen scheint unter Kalium tatsächlich die Erregbarkeit ebenso wie die Automatie zu steigen, bei höheren Dosen ist die depolarisierende Wirkung so stark, daß es ebenso wie bei der „depressiven Kathodenwirkung" vorher schon zum Zusammenbruch der Membranladung kommt. Für das Calcium fanden SCHELLONG und TIEMANN entsprechend eine Abnahme der Erregbarkeit, aber gerade hier gibt es auch abweichende Befunde, die möglicherweise auf die erwähnte Membrandestruktion zu beziehen sind. Alle diese Verhältnisse, die üblicherweise ausführlich bei der Physiologie des Nerven und des Muskels behandelt werden, können hier nur in etwas schematisierender und stellenweise vereinfachender Behandlung dargestellt werden, um zu zeigen, wie wir von der Theorie der Membran aus über ihre Zustandsänderungen zum Begriff der Erregung vorstoßen können. Gleichzeitig wird deutlich, welche hervorragende Rolle besonders das Kaliumion dabei offenbar spielt.

Auch auf die Anwendung plötzlicher äußerer Reizspannungen läßt sich das anwenden; denn diese müssen an der Kathode von innen Kationen gegen die Membran führen und von außen Kationen von der Membran abziehen, damit wird das durch die Doppelschichten erzeugte Ruhepotential herabgesetzt. Besonders das von innen her in die Membran eingepreßte Innenleiterkation K lockert die Membran, macht sie permeabel, und so liegen die Verhältnisse entsprechend wie bei der konstanten Durchströmung. Ob man dabei an eine Reizwirkung der Kationen selbst zu denken hat, ist zwar noch umstritten. Jedenfalls tritt eine Erregung immer dann ein, wenn die Membran durch den Reizstrom bis zu einer bestimmten elektromotorischen Gegenkraft polarisiert wird. („Der polarisierende Reizstrom depolarisiert die normalerweise polarisierte Membran".)

Unter dem Einfluß einer angelegten Reizspannung entsteht also an der Membran Erregung. Diese Erregung entsteht immer unter der Kathode des Reizstromes. Damit eine sich fortpflanzende Erregung entsteht, muß an der Membran die vorhandene Ruheladung in einem ganz bestimmten Umfang herabgesetzt werden. Das läßt sich z. B. dadurch beweisen, daß man an einer Muskelfaser einen Reizstrom über eine als Anode ausgebildete, in der Faser liegende Mikroelektrode von innen her durch die polarisierte Membran hindurchschickt (GERARD u. JENERICK). Wenn dadurch die Membranspannung um einen gewissen Betrag gesenkt ist, wird eine Erregung ausgeklinkt. Wird die Membran durch K-Ionen über eine gewisse Grenze depolarisiert, so ist eine derartig behandelte Membran nicht mehr voll erregbar. Es treten aber an der betreffenden Faser am Reizort noch lokale Kontraktionen auf, die nicht dem „Alles-oder-Nichts"-Gesetz folgen.

Hier soll dadurch nur deutlich werden, daß die Membrantheorie in der Tat eine sehr umfassende Theorie von höchstem Erklärungswert darstellt. Im Grunde genommen sind also die scheinbar so verschiedenen Ursachen bioelektrischer Erscheinungen im Lichte der Membrantheorie sehr nahe miteinander verwandt; was bei der Verletzung künstlich und irreversibel erfolgt, findet bei der Erregung natürlicherweise (entweder „spontan" oder auf einen künstlichen Reiz hin) und reversibel statt. Auch beim Erregungsvorgang können wir im einzelnen nicht entscheiden, ob die „Membranlockerung", ihre Permeabilitätssteigerung dadurch erfolgt, daß die Poren größer werden oder ob sie ihre Ölnatur verliert, aber wir dürfen die einfache Annahme zugrundelegen, daß die Membran sich bei der Erregung so verhält, als wenn sie plötzlich „durchlöchert" wäre (HÖBER). Selbst an den Mimosenblättern konnte die Permeabilitätserhöhung der Protoplasmamembran in den erregten Zellen nachgewiesen werden. Die erregte Stelle verhält sich daher negativ zur unerregten, und der *Aktionsstrom ist Folge der momentanen Entladung der Doppelschichten an der Membran*[1].

Die weitere Betrachtung möge also von der Erkenntnis ausgehen, daß die Energie des Aktionsstromes durch die Ruheladung der Zelle, ihre Polarisation, also im „aufgeladenen" Zustand bereitgestellt ist und der Aktionsstrom die Entladung der Membran, ihre Depolarisation, anzeigt, der dann die Wieder-

---
[1] Betr. „Umladung" der Membran s. die folgende S. 67.

aufladung, die Repolarisation folgt. Der Abnahme des Aktionsstroms entspricht also die Wiederentwicklung der elektrischen Doppelschicht, die Wiederherstellung des ursprünglichen Zustandes (Repolarisation). Nach der Theorie von BERNSTEIN (1912) verliert die Membran im Zustand der Erregung also vorübergehend ihre selektive Ionenimpermeabilität. Es kommt zum Absinken des Ruhepotentials gegen den Wert null, zum Aktionspotential. Die BERNSTEINsche Membrantheorie nahm dabei ein Größerwerden der Durchlässigkeit der Membran für *alle* Ionenarten an. Wenn wir davon ausgehen, daß bei der Erregung eine derartige „Entladung" der Grenzflächenladung stattfindet, könnte allerdings das Aktionspotential niemals höher werden als die Membranruhespannung. Eine neue Situation entstand dann, als HODGKIN und HUXLEY (1939) sowie CURTIS und COLE (1942) unter Verwendung von intracellulären Elektroden nachwiesen, daß die aktive Membran nicht lediglich depolarisiert, sondern um einen wesentlichen Betrag *umgeladen* ist. HODGKIN, HUXLEY und KATZ (1949) stellten deshalb die Hypothese auf, daß im Zustand der Erregung eine spezifische Steigerung der Permeabilität gegenüber Natriumionen vorliegt. Der Erregungsvorgang beginnt damit, daß die Membran plötzlich ihre Undurchlässigkeit für Na verliert. Damit wird das auf S. 60 besprochene Na-Konzentrationspotential, welches durch die hohe Außen- und niedrige Innenkonzentration für Na bedingt ist, wirksam. Die ihrem Konzentrationsgefälle entsprechend in das Faserinnere einwandernden Na-Ionen machen das Innere der Faser relativ positiv. Das entspricht dem Anstieg des Erregungsvorgangs. Der Ausdruck dieser im Anfang der Erregung auftretenden plötzlichen Permeabilitätssteigerung für Na ist die starke Herabsetzung des Wechselstromwiderstandes an der erregten Stelle. Eine solche Annahme kann die Umkehr der Potentialdifferenz um 40—50 mV erklären. Durch die genannten Autoren ist die „Natriumhypothese" an der Riesennervenfaser des Tintenfisches experimentell gut unterbaut worden, und sie ist auch für den Herzventrikel der Schildkröte (CRANEFIELD, EYSTER und GILSON, 1951), für falsche Sehnenfäden des Hundes und der Ziege (DRAPER und WEIDMANN, 1951) so gut wie sichergestellt. Auch am Herzmuskel dürfte also der Anstieg des Aktionspotentials durch das Eindringen von Na-Ionen bedingt sein. In der nun folgenden Phase der Repolarisation sinkt die Na-Permeabilität und steigt die K-Permeabilität an. Mit dem Abklingen der Erregung, also während der Repolarisation, verschwindet also die Na-Permeabilität, und durch das Auswandern des K^+ wird die positive Außenladung wiederhergestellt. Dieser letztgenannte Vorgang ist wohl maßgeblich für die Wiederherstellung der Membranruheladung. So erklärt sich die Tatsache, daß eine starke Herabsetzung der Na-Ionenkonzentration im äußeren Milieu einer Muskelfaser die Entwicklung von Aktionsströmen unmöglich macht und daß die Erhöhung des Kaliumgehaltes in der Außenflüssigkeit keine Rückkehr zur normalen Ruheladung gestattet. Über die Ionenbewegungen, die dem Potentialverlauf zwischen Plateaubeginn und Plateauende zugrundeliegen, herrscht im einzelnen allerdings noch völlige Ungewißheit[1]. Drei Hypothesen werden dabei diskutiert: 1. Ansteigen der K-Permeabilität (und deshalb des K-Auswärtsstroms) mit relativ großer Verzögerung, 2. langsames Fortschreiten der Abnahme der Na-Permeabilität (deshalb des Na-Einwärtsstroms) und 3. Ansteigen der Tätigkeit der „Na-Pumpe", dadurch Zunahme des Na-Auswärtsstroms. Über die Art und Weise, wie Na gegen den elektrochemischen Gradienten transportiert wird, kann man sich gewisse Modellvorstellungen machen (Lit. bei LINDERHOLM, 1954). Eine Bemerkung OVERTONs (1902) dürfte nicht allzuweit überholt sein und sei deshalb nochmals wiedergegeben: „Die größte Schwierigkeit, die der Annahme eines Ionenaustausches

---

[1] WEIDMANN (1956)

während einer bestimmten Phase der Muskelkontraktion oder der Latenzzeit entgegensteht, besteht darin, daß man sich zur Zeit keine rechte Vorstellung darüber bilden kann, wie die in die Muskelfasern übergetretenen Natriumionen aus den Muskelfasern wieder herausgeschafft werden sollen", wobei bemerkenswert ist, daß OVERTON (1902) schon die Möglichkeit diskutierte, daß das Aktionspotential durch einen Austausch von „äußerem" Natrium gegen „inneres" Kalium zustandekommen könnte. Messende Ableitungen mit Mikroelektroden, die die neueren Vorstellungen über das Membran- und Aktionspotential bestätigen, finden sich bereits mehrfach in der Literatur (DRAPER und WEIDMANN, 1951; WOODBURY und HECHT, 1950; H. SCHAEFER, W. TRAUTWEIN u. Mitarb., 1952, B. H. HOFFMAN und E. E. SUCKLING, 1952). Bei WEIDMANN (1956) findet sich eine Übersicht über die Ruhe- und Aktionspotentiale, wie sie an verschiedenen Zellarten mit Mikroelektroden gewonnen wurden. Als mittleres Ruhepotential an falschen Sehnenfäden des Hundes ist 90 mV, als mittleres Aktionspotential 121 mV und als mittlerer „Überschuß" des Aktionspotentials über die Nullinie 31 mV anzusetzen (Streuung ±6 mV). Für die Herzmuskulatur von Hunden und Katzen ergeben sich Ruhepotentiale zwischen 80 und 100 mV, die Amplitude der Aktionspotentiale wird mit 100—130 mV angegeben. Präparate mit dünneren Einzelfasern (Frosch, Hühnerembryo, Herzmuskel in Gewebekultur) ergeben niedrigere Mittelwerte (60 bzw. 80 mV) (z. T. Schädigung der Fasermembran durch die Mikroelektrode?). An der Realität der Richtungsumkehr der „elektrischen Kraft" im Aktionszustand während der Systole, auf die 1873 bereits ENGELMANN, NUEL und PEKELHARING hinweisen und die BURDON-SANDERSON und GOTCH (1891) auch für den Skeletmuskel fanden, dürfte heute kein Zweifel mehr sein.

Gerade die neueren Untersuchungen mit Mikroelektrodenableitung zeigen die Bedeutung der einphasischen Aktionsstromableitung, um ein klares Bild von den elektrischen Grundvorstellungen zu bekommen. In methodischer Hinsicht gewinnen so die früheren Ausführungen über die Verletzungsnegativität erhöhte Bedeutung für das praktische Experiment. Wegen der Notwendigkeit der Herstellung eines Stromkreises müssen wir natürlich immer mit zwei Elektroden von dem zu untersuchenden Organ ableiten (über die Besonderheiten der sog. unipolaren Ableitung s. Kap. V). Das ergibt damit bei der direkten Ableitung stets die Differenz der Erregungsvorgänge der beiden Ableitungsstellen (Näheres s. S. 100ff.). Es ist aber ein verständliches experimentelles Bestreben, den Erregungsvorgang auch am ganzen Herzen bzw. am Herzstreifenpräparat von nur *einer* Ableitungsstelle zur Aufschrift zu bringen. Dadurch, daß wir die eine Ableitungsstelle durch den Kunstgriff der Verletzung ihrer natürlichen Membranladung berauben, schreiben wir bei der Ableitung von dieser Stelle und einer erregten Stelle deren bioelektrische Tätigkeit allein auf, und so erhalten wir das Bild des *einphasischen Aktionsstromes als Ausdruck des Erregungsvorganges unter nur einer, der unverletzten Ableitungsstelle*. In ihm können wir also auf Grund der *reversiblen Permeabilitätssteigerung bei dem Vorgang der Erregung* ein getreues Abbild der Membranänderung erblicken. Ihre vorübergehende *Negativität* ist graphisch registrierbar und damit ist es verständlich, daß die Steigerung der Leistungsfähigkeit der Methoden zur getreuen Registrierung dieser Vorgänge ein so erfolgreiches Bemühen der Elektrophysiologen und der medizinischen Techniker gewesen ist und noch ist. In dem lokal abgeleiteten, monophasischen Aktionsstrom haben wir bereits die Möglichkeit, einen tiefen Einblick in die Grundprobleme der Physiologie des Herzens zu tun und verschiedenartige Erscheinungen in einen inneren Zusammenhang zu bringen, der uns ohne diese Möglichkeit restlos verschlossen geblieben wäre. Die oben erwähnte Methode des Herzwandknotens

(SCHÜTZ) erlaubt uns daher nicht nur langdauernde Verletzungsherde am Herzmuskel zu setzen, sondern auch den monophasischen Aktionsstrom des in situ durchbluteten Warmblüterherzens über längere Zeit und dadurch mit der Möglichkeit des gleichzeitigen Experiments fortlaufend aufzuschreiben (Abb. 20). Erwähnt werden muß in diesem Zusammenhang noch, daß bereits HEINRICH und A. WEBER auf Grund von Untersuchungen am Herzstreifenpräparat besonders darauf hinwiesen, daß hierbei das Verletzungspotential geringer ist als die Höhe des monophasischen Aktionsstroms.

Die hier gegebene Interpretation des einphasischen Aktionsstroms als Ausdruck des Erregungsvorgangs an der einen unverletzten (differenten) Ableitungsstelle kann man die klassische nennen. Nach dieser ist also

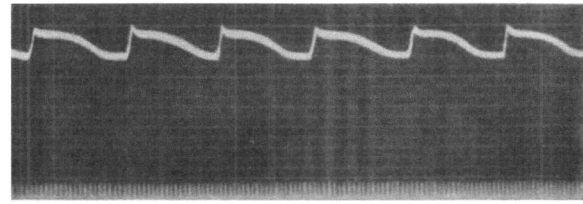

Abb. 20. Lokal von der Herzoberfläche abgeleitete einphasische Aktionsströme von der Kammer des Kaninchenherzens (Ableitung mit durch Gelatine versteiften Wollfadenelektroden). Zeit: $1/100$ sec. (Nach E. SCHUTZ)

die Verletzung an der indifferenten Ableitungsstelle nur ein methodischer Kunstgriff, um die normale Betätigung der differenten Ableitungsstelle allein zur Darstellung zu bringen.

Überaus klar hat das schon 1895 bei seinen Beobachtungen mit dem Capillarelektrometer JOH. V. KRIES zum Ausdruck gebracht: „Beginnen will ich mit dem, was meines Erachtens das einfachste ist, nämlich mit dem, was man zu sehen bekommt, wenn man einerseits von der natürlichen Oberfläche des Ventrikels, andererseits von einem möglichst frisch angelegten künstlichen Querschnitt ableitet. Mir scheint es wenigstens eine nur scheinbare Vereinfachung der Sache zu sein, wenn man, jede Verletzung vermeidend, von zwei Punkten der natürlichen Herzoberfläche ableitet. Wissen wir doch mit hinlänglicher Sicherheit, daß in dem ersten Fall der Tätigkeitsvorgang am künstlichen Querschnitt einfach ausfällt, die Stromschwankung somit lediglich den Vorgang an der unversehrten Stelle zur Anschauung bringt, während bei Ableitung von zwei unversehrten Punkten das Ergebnis durch den Ablauf der Tätigkeit von beiden Stellen, also durch das zeitliche Verhältnis zweier durchaus nicht notwendig übereinstimmender Vorgänge bestimmt wird, somit auch nicht ganz ohne weiteres gedeutet werden kann." Die Bezeichnung als einphasischen Aktionsstrom hat auch S. GARTEN (1911) sehr klar definiert: „Beschränkt sich der Erregungsvorgang auf den unter einer Elektrode liegenden Organteil, so wäre der Aktionsstrom als einphasisch zu bezeichnen. Tritt die Erregung

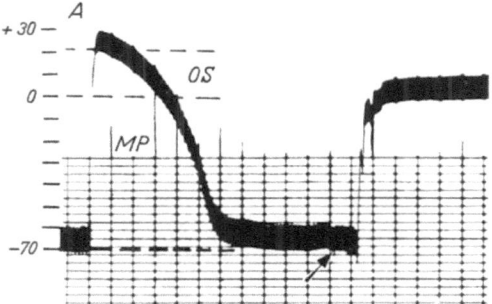

Abb. 21. Monophasischer Aktionsstrom *(MP)* einer einzelnen Myokardfaser des Hundeherzens, durch Einstich einer Mikroelektrode von rund 1 μ Dicke in das Innere der Faser gewonnen und gegen eine indifferente Elektrode auf der Außenfläche der Faser abgeleitet. Links die Skala des absoluten Potentials zwischen innen und außen (— heißt: innen negativ). *OS* der „Overshoot", d. h. der Potentialwechsel, um den sich das Membranpotential umkehrt, d. h. innen positiv wird. Am Ende der Abbildung ist das Nullpotential, das entsteht, wenn die Elektrode aus der Faser (beim Pfeil) herausgezogen wird. Zeit in 0,1 sec; der Anstieg dauert rund 1 msec, was aus anderen Messungen zu folgern ist.
(Nach WOODBURY, WOODBURY and HECHT)

und damit auch der einen Strom erzeugende Potentialsprung zeitlich nacheinander unter beiden Elektroden auf, so handelt es sich um einen zweiphasischen Aktionsstrom."

Vom physikalisch-technischen Standpunkt aus kann man an dem Ausdruck „Phase" berechtigterweise Kritik üben, er hat sich aber ebenso wie die Benennungen „Herzton und -geräusch" eingebürgert, und er mag erhalten bleiben, wenn man sich der Grundlage seiner Definition bewußt ist. Auch die Bezeichnung als *Erregungswelle* ist — jedenfalls für die Herzphysiologie — nicht glücklich gewählt (s. dazu S. 111). Wir werden ihn vermeiden und einfach vom Erregungsvorgang sprechen. Namentlich EINTHOVEN bevorzugte es, von der Erregungswelle (Negativitätswelle) zu sprechen, die durch den Herzmuskel laufe (s. S. 236). Die Bezeichnung „Welle" läßt außerdem in der Vorstellung offen, ob man nur einen Wellenberg wie beim einphasischen Muskelaktionsstrom oder Wellenberg und Wellental wie beim diphasischen Strom meint. Die von STEINHAUSEN (1928) aus dem Vergleich mit einer Welle des Wechselstromes der Elektrotechnik (im Sinne der internationalen Bezeichnung der Welle als einer ganzen Periode) vorgeschlagenen Bezeichnungen als „Halbwellenwechselstrom" für den monophasischen Aktionsstrom und als „Ganzwellenwechselstrom" für den doppelphasischen Aktionsstrom haben sich wohl wegen der sprachlichen Umständlichkeit nicht eingebürgert und können bei der Anwendung auf den Herzaktionsstrom auch zu Mißverständnissen führen. Es ist wohl das einfachste, von Erregung, Erregungsvorgang oder Negativität bzw. ihrem graphischen Äquivalent, dem monophasischen Aktionspotential (oder -strom) zu sprechen.

Die *Form des einphasischen Aktionsstroms* zeigen die Kurvenbeispiele in Abb. 20—22; er zeigt also einen raschen Anstieg und kehrt nach einem „Plateau", das allerdings auch normalerweise abfallend verläuft, allmählich zur Nullinie zurück (abfallender Schenkel). Viel diskutiert ist die Frage, ob zum Aktionspotential eine sog. „*initiale Spitze*" gehört. Am *Froschventrikel* hat sich auch bei Aufzeichnung mit LING-GERARD-Elektroden die klassische Form des einphasischen Stroms bestätigt (steiler Anstieg, leicht abwärts geneigtes Plateau und mäßig steiler Abstieg (Repolarisation) (WOODBURY, WOODBURY und Hecht, 1950) (Abb. 21). Bereits nach Sekunden kann sich jedoch das Plateau unter den Gipfel einer sich nun bildenden initialen Spitze senken (ADRIAN, 1921). An einer *Ventrikelfaser des Hundes* findet man bald größere, bald kleinere Spitzen (SCHÜTZ,

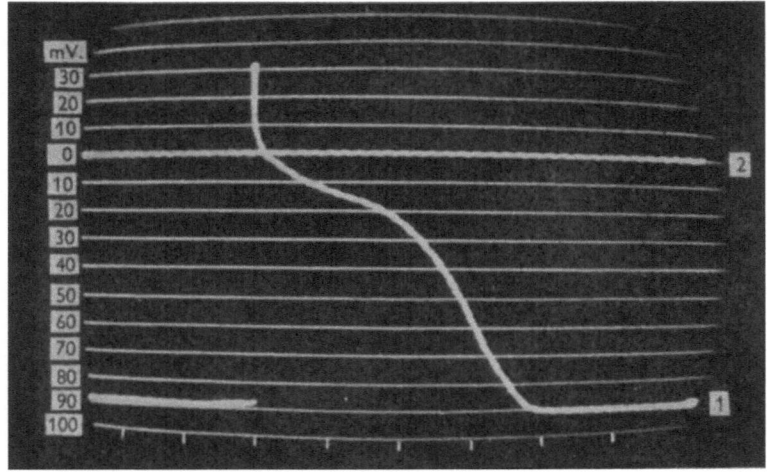

Abb. 22. Verletzungs- und monophasische Aktionspotentiale vom falschen Sehnenfaden des Warmblüterherzens. Bei Auflegen der beiden Elektroden auf die Herzmuskelfaser ist eine Potentialdifferenz nicht nachweisbar (Kurve 2). Wird nun eine der Elektroden in die Faser eingestochen, dann erweist sich das Innere der Zelle als negativ gegenüber dem Äußeren (Verletzungspotential von rund 90 mV, Kurve 1). Die Membran ist polarisiert. Bei einer natürlichen Erregung wird sie plötzlich depolarisiert, ja sogar für ganz kurze Zeit umpolarisiert — das Innere wird vorübergehend positiv gegenüber dem Äußeren. Erst schnell und dann langsamer wird das alte Potential wiederhergestellt (monophasisches Aktionspotential). Unten Zeitmarken $^1/_{10}$ sec. (Nach DRAPER und WEIDMANN)

1936; ERK und SCHAEFER, 1944; SCHAEFER und TRAUTWEIN, 1949; HOFFMAN und SUCKLING, 1952; TRAUTWEIN und ZINK, 1952) (s. Abb. 22). Es ist hierbei kritisch daran zu denken, was eben erwähnt wurde, daß sich eine solche Spitze sehr bald ausbilden kann. Auch kann eine solche Spitze durch Fernpotentiale vorgetäuscht werden. Bei intracellulärer Ableitung sind die Fehlermöglichkeiten durch Fernpotentiale geringer. (Bei dem einphasischen Elektrogramm größerer Herzteile (s. Abb. 23) kann sie natürlich wegen der Summenableitung in der Aufschrift wieder verloren gehen.) — Am *ventrikulären Leitungssystem* (falschen

Sehnenfäden) finden sich offenbar regelmäßig zwei Besonderheiten: 1. eine kurze initiale Spitze, das Plateau beginnt deshalb relativ tief und 2. in der Diastole eine langsam fortschreitende Depolarisation (DRAPER und WEIDMANN, 1951; CORABOEUF, DISTEL und BOISTEL, 1953) (s. S. 51f.).

Die Dauer des einphasischen Stromes ist abhängig von der jeweiligen Herzfrequenz, d. h. sie verkürzt sich bei steigender Frequenz und verlängert sich bei langsamer Schlagfolge. Diese Frequenzabhängigkeit wird an anderer Stelle im Zusammenhang mit anderen, in gleicher Abhängigkeit von der Frequenz stehenden Vorgängen am Herzen besprochen werden (S. 81, 149). Außerdem ergeben sich *Daueränderungen* des einphasischen Stroms — von Ionenwirkungen abgesehen — durch mannigfache Einflüsse. So wird er verkürzt durch Wärme, Kathodisierung, Acetylcholin, Vagusreiz und Halogenessigsäure, verlängert durch Kälte, Adrenalin und Chinin. Abkühlung und Erwärmung beeinflussen in entsprechender Weise auch den Aktionsstromanstieg. Die Einschränkungen, die oben (S. 63f.) über die Meßbarkeit der „wahren" Verletzungsspannung gemacht wurden, gelten entsprechend natürlich auch für die Aktionsspannung. (Einzelheiten der Theorie des Potentialabgriffs finden sich in dem Buch von H. SCHAEFER, Band II.) Von besonderem Einfluß auf den *Verlauf* ist, wie SCHELLONG und TIEMANN gezeigt haben, die Dicke des ableitenden Wollfadens, die besonders die Anstiegszeit der Stromkurve deutlich beeinflußt. Die größere Anstiegszeit bei einer eine größere Fläche bedeckenden Ableitungselektrode ist so zu deuten, daß außer dem Erregungsanstieg innerhalb des Muskelelementes auch die Zeit zum Ausdruck kommt, die erforderlich ist, um die von der Elektrode bedeckten Muskelteile zu durchlaufen. SCHELLONG und TIEMANN versuchten daraus bereits die Zeitdauer des Erregungsanstiegs im einzelnen Muskelelement zu berechnen[1, 2]. Jedenfalls kann durch die Dicke des ableitenden Wollfadens die Dauer des Anstiegs verdoppelt und verdreifacht werden. Ebenso verhält sich die Steilheit des Abfalls derart, daß bei dickerem Ableitungsfaden der absteigende Schenkel flacher verläuft. Die Dauer des Gesamtaktionsstroms wird selbst bei starker Änderung der Elektrodendicke selten bis 0,2 sec verändert; im Mittel ergeben sich Abweichungen von etwa 10% der Gesamtdauer. Eine Verkleinerung der Zwischenstrecke (durch Verlegen der Quetschungsstelle am Herzstreifenpräparat) bewirkt Verkürzungen meist ebenfalls bis zu 0,1 sec, selten mehr (s. S. 76). Bei zu starker Verkleinerung der Zwischenstrecke kommt man natürlich in den Bereich der oben erwähnten Ausgleichsströme (S. 63) und zugleich in ein Gebiet, das von der Quetschung mitbetroffen ist. [Der Aktionsstromverlauf im geschädigten Gewebe wird gleich anschließend besprochen werden (s. auch Abb. 25).] Da der Schwankungsbereich der Dauer des einphasischen Stromes (bei Temperaturkonstanz) sowie Meßfehler zusammen mit 0,1 sec anzusetzen sind, liegen die Abweichungen der Dauer, die durch die übliche Elektrodendicke und Zwischenstrecke bedingt sind, noch im Bereich der genannten Faktoren[2]. Bei einer ganz breitflächigen Ableitung, wie das beim einphasischen Elektrogramm des Warmblüterherzens nach SCHÜTZ der Fall ist (eine Elektrode auf den Herzwandknoten, eine auf den Körper, z. B. seitliche Thoraxwand), entspricht die Anstiegszeit des einphasischen Elektrogramms der Dauer des QRS-Komplexes des diphasischen EKG (Abb. 23). Mit der Wahl weniger träger Registrierinstrumente und insbesondere mit dem Abgriff von einer immer kleineren Zahl von Einzelfasern hat sich der Wert der Anstiegszeiten zunehmend verringert: auf 5 msec (SCHAEFER,

---

[1] Auf die Bedeutung der Anstiegszeit zur Berechnung der „Anstiegslänge", „Aktionslänge" und „Refraktärlänge" des Herzens wird in anderem Zusammenhang S. 110f. eingegangen werden.

[2] Betr. Aktionsstromanstieg bei künstlicher Reizung s. S. 79. — Betr. Vorhof s. S. 139.

PEÑA und SCHÖLMERICH, 1945), auf 2 msec (BOZLER, 1947), auf „weniger als 2 msec" SCHAEFER und TRAUTWEIN, 1949) und auf 1,1 msec (TRAUTWEIN, GOTTSTEIN und DUDEL, 1954). Aktionspotentiale von ventrikulären Reizleitungsfasern zeigen noch kürzere Anstiegszeiten, die Anstiegsdauer beträgt hierbei etwa 0,5 msec. Hier spielt jedoch die Trägheit des Verstärkersystems bereits eine wesentliche Rolle. Der wahre Kurvenverlauf kann bei Kenntnis der Verstärker-Zeitkonstante auf graphischem Wege ermittelt werden (Methode von BURCH, 1890). Es ergibt sich dann eine Anstiegsdauer von etwa 0,3 msec.

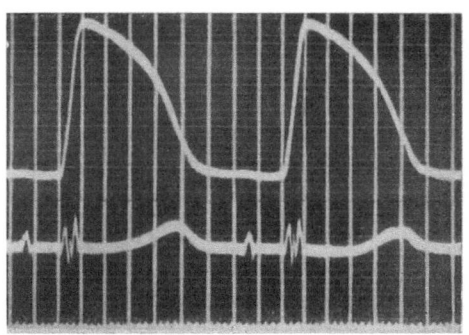

Abb. 23. Einphasisches Elektrogramm bei Ableitung von der Thoraxwand und gleichzeitig Elektrokardiogramm. Zeit: $^1/_{100}$ sec. (Nach E. SCHÜTZ)

Beim Experimentieren mit einphasischer Ableitung ist es natürlich von Wichtigkeit, die *Formänderungen des einphasischen Stromes* und ihre Ursachen zu kennen, die sich im Laufe eines Versuches einstellen. Die Schwierigkeit, über längere Zeit gut einphasische Ströme zu erhalten, ist sicher mit ein Grund dafür gewesen, daß das Arbeiten mit einphasischer Ableitung lange Zeit nicht recht beliebt gewesen ist, obwohl die klaren elektrophysiologischen Grundlagen dazu drängen, als Bezugskurve das elektrische Verhalten nur *einer* Ableitungsstelle, also den monophasischen Aktionsstrom, zugrunde zu legen.

Die Abb. 24 gibt ein Beispiel dafür, wie sich der einphasische Strom bei Einwirkungen auf die *differente* (erregte) Ableitungsstelle verändert. YOSHIDA und F. B. HOFMANN untersuchten systematisch diese *Formänderungen des einphasischen Stromes infolge von Schädigungen, Verletzungen usw. der ableitenden Stelle*. Auch wenn die differente Ableitungselektrode nahe der Verletzungsstelle liegt,

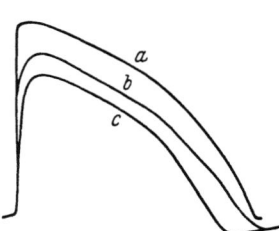

Abb. 24. Einphasischer Aktionsstrom nach KCl-Einwirkung. (Nach H. YOSHIDA)

Abb. 25 Einphasischer Aktionsstrom. *a* entfernte Ableitungsstelle; *b* dem Querschnitt nahe Ableitungsstelle. (Nach H. YOSHIDA)

wird der Aktionsstrom bereits stark abgeschwächt und verkürzt (s. S. 78, 110). Anstieg und Abfall erfolgen ebenfalls deutlich verzögert gegenüber der normalen Kurve. Abb. 25 zeigt das deutlich.

Oft erhält man auch im Anstieg eine kleine *Zacke*, die wahrscheinlich eine Kombination der Kurve einer unbeschädigten Stelle mit der einer leicht geschädigten darstellt. (Warum es zu einem kurzen, steilen Absinken der Kurve kommt, ist dabei noch nicht genügend aufgeklärt.) Man findet entsprechende *Knicke im ansteigenden Teil* der Kurve sehr häufig an verletzten Herzen. Liegt nämlich die eine Ableitungselektrode der Ventrikeloberfläche so an, daß sie gleichzeitig eine unverletzte und eine beschädigte Stelle berührt, deren beide Aktionsströme etwas nacheinander beginnen, so schließen sie sich oft mit einem Knick im aufsteigenden Teil der Kurve aneinander an. Wie im aufsteigenden Teil kann sich eine solche Kombination von zwei verschieden rasch ablaufenden Aktionsströmen auch im absinkenden Teil der Kurve bemerkbar machen. Es entsteht dann ein *Buckel*, dessen Entstehen aus den beiden Aktionsströmen a und b nach Abb. 26 ohne weiteres ableitbar ist (s. S. 76). Zacken im aufsteigenden, Buckel im absteigenden Teil der Aktionsströme sind nach der Auffassung HOFMANNs und YOSHIDAs Anzeichen eines *partiell ungleichmäßigen Verhaltens der Ableitungsstelle* (auch der Tiefe nach!). Darum treten sie auch regelmäßig auf, wenn man diese durch Behandlung mit KCL, mit Salzsäure oder durch die Kathode des elektrischen Stroms schädigt.

In neuerer Zeit viel beachtet ist besonders die Formänderung des Plateaus und des abfallenden Schenkels des einphasischen Aktionsstroms, die unter dem Namen „*Plateauverlust*" zusammengefaßt wird. Man versteht darunter einen frühzeitigen schnelleren Abfall des Potentials. Zusammen mit Verkürzung des Aktionsstroms findet man diese Veränderung bei schwerer lokaler Schädigung des Gewebes. Eine besonders hochgradige Veränderung dieser Art findet man bei Vergiftung mit Halogenessigsäure, der Aktionsstrom zeigt dann lediglich eine Spitze mit exponentiellem Abfall (ähnlich einer Kondensatorentladung) (MALTEOS) (Abb. 47). Das Verhalten des einphasischen Aktionsstroms des Warmblüterherzens bei *Anoxämie* wurde genauer von SCHÜTZ untersucht, da, wie später noch zu erörtern sein wird, diese Verhältnisse von Bedeutung sind zur Aufklärung der EKG-Änderungen bei Sauerstoffmangel. Es ergab sich selbst zu einem Zeitpunkt, in dem das Herz schon ganz tiefblau und gebläht ist, noch keine Änderung der Aktionsstromform. Erst wenn die Erstickung bis über die 4. min ausgedehnt wird, ergibt sich mit einem sehr charakteristischen Schwanken der Aktionsstromdauer, die *nicht* der Frequenz entspricht,

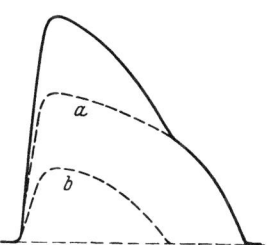

Abb. 26. Buckel im Aktionsstromabfall durch Kombination zweier verschieden rasch ablaufender Ströme. (Nach H. YOSHIDA)

gleichzeitig mit Verkürzung des Aktionsstroms der charakteristische „Plateauverlust". Verminderung der Höhe des Aktionsstroms tritt schon erheblich früher auf. Es ist immerhin bemerkenswert, wie spät es erst zu einer solchen Formänderung kommt, wie resistent also die Ladung der Membran und deren Permeabilitätsänderung bei der Erregung ist. Auch am sterbenden Herzen erhält man selbst bei stark verzögerter Leitung oft noch der Form nach gut ausgeprägte monophasische Aktionsströme:

Diese Formänderungen, die bei schweren Schädigungen in der Tat bis zur Form der Kondensatorentladungskurven führen können, haben SCHAEFER veranlaßt, die Ansicht zu diskutieren, daß auch beim Herzen — wie beim Skeletmuskel — ein relativ konstantes *Spitzenpotential* gegen ein ionen- und stoffwechselabiles *Nachpotential* abgrenzen läßt. Gerade die Formänderungen unter Halogenessigsäure und z. B. auch bei lokaler Ca-Wirkung veranlaßten dazu, den ganzen Teil des monophasischen EKG, der hinter der Anstiegszeit liegt, mit einem Nachpotential zu vergleichen, das im Gegensatz zum eigentlichen Aktionsstrom, der durch aufgeladene, als Kondensator wirkende Grenzflächen erzeugt wird, durch Kontraktions- und Erholungsprozesse chemisch bedingt ist. So wäre dann das anscheinend so einheitliche monophasische EG das Ergebnis *zweier*, rasch aufeinanderfolgender Vorgänge, von denen der zweite z. B. durch Halogenessigsäure und überhaupt durch Erstickung vergiftbar wäre. Im Gegensatz zu den an anderer Stelle widerlegten dualistischen Theorien des EKG (S. 99) würden sich hier zwei Vorgänge zeitlich nacheinander am *gleichen* Ort abspielen. Das Herz hätte dann allerdings ein abnorm hohes Nachpotential, während dieses beim Muskel nur wenige Prozent des Spitzenpotentials beträgt. SCHAEFER weiß natürlich und bemerkt selbst, daß die Frage vorerst nicht zu entscheiden ist. Jedenfalls ist im Verlauf des einphasischen Stroms eine solche eine Zweiteilung andeutende Intermission nicht regelmäßig erkennbar. Verf. betrachtet daher den *gesamten* Verlauf des einphasischen Stroms als Ausdruck der Potentialänderung an der Zellmembran und sieht in dem Bild des leichten Plateauverlustes bis zu den kondensatorähnlichen Kurven einen kontinuierlichen Übergang als Ausdruck der fortschreitenden Schädigung (Destruktion der Membran, deren Funktion ja selbst auch ionen- und stoffwechselbedingt ist!). — Die auf den einphasischen Strom evtl. noch nachfolgenden negativen und positiven langsamen *Nachpotentiale*, die deshalb erst bei Stillegung des Herzens zu beobachten sind (SEGERS), werden S. 94f. in anderem Zusammenhang abgehandelt werden.

Aber nicht nur die abgeleitete Stelle kann auf die Form des einphasischen Stroms deformierend wirken, sondern ebenso sehr machen sich auch sog. „Restströme" der *verletzten* Stelle leicht bemerkbar und bewirken Formänderungen des einphasischen Stroms. Liegt z. B. die verbrannte Stelle nahe der Ventrikelspitze, setzt also der Aktionsstromrest später ein als der Aktionsstrom der unverletzten Stelle, so ergibt sich eine Spitze am Gipfel und eine nachfolgende Einsattelung des einphasischen Stromes. Derartige Kurven werden häufig beim Experimentieren erhalten; je unvollständiger die Verbrennung ist, um so stärker und länger wird der Aktionsstromrest der Umgebung.

Das Auftreten einer Anfangszacke bezog auch bereits ADRIAN (1921) in Übereinstimmung mit SAMOJLOFF, GARTEN und SULZE auf eine Mitbeteiligung der verletzten Stelle. Auch er bestätigte, daß die Ströme unmittelbar nach der Verletzung „rein monophasisch" sind, die Spitzenbildung jedoch (bei der Methode der lokalen Verbrennung) nach wenigen Minuten auftritt.

Beginnt der Aktionsstromrest nur etwas später, trifft aber noch in den Anfangsteil des einphasischen Stroms, so bewirkt er zunächst einen kleinen Einschnitt. Setzt der Aktionsstromrest von der Umgebung der verbrannten Stelle früher ein als der Aktionsstrom der unverletzten Stelle, so macht er sich in Form eines Vorschlags nach der entgegengesetzten Seite bemerkbar. Dieser Vorschlag wird um so größer sein, je stärker der Aktionsstromrest ist und je größer der Zeitunterschied zwischen dem Beginn des Aktionsstromrestes und dem des Aktionsstroms der unverletzten Stelle ist, also wird er um so tiefer und breiter sein, je mehr die Erregungsleitung verzögert ist und je weiter die Ableitungsstellen voneinander entfernt sind. Beginnen Aktionsstrom der Ableitungsstelle und Restaktionsstrom zur gleichen Zeit, so erhält man folglich weder einen Vorschlag nach der anderen Seite noch eine Einsattelung an der Spitze, sondern bloß eine anfängliche Abschwächung des Aktionsstromes, die seine Form nur sehr wenig ändert.

Die Formänderungen durch Wiederauftreten der Erregung an der verletzten Stelle stellen die größte Schwierigkeit bei Versuchen mit einphasischer Ableitung dar. Wiederholt gesetzte Verletzung verändert natürlich auch die Versuchsbedingungen. Darum ist es so bedeutungsvoll, die Methoden herauszustellen, die die am längsten bestehenbleibenden Monophasien ergeben (lokale Ansaugung nach SCHÜTZ und Quetschung *zwischen* den Ableitungselektroden nach SCHELLONG). Die Formabwandlung des einphasischen Stroms zum biphasischen bei nachlassender Verletzung — auch *biphasische Deformierung des einphasischen Stroms* genannt — wurden neben YOSHIDA schon von SAMOJLOFF und WIECHMANN eingehend untersucht. Umgekehrt läßt sich sehr schön mit der Saugmethode demonstrieren, wie mit zunehmendem Saugdruck das biphasische EG sich in einen monophasischen Strom umwandelt.

Als *besondere Formeigentümlichkeit* des einphasischen Stroms des Kaltblüterherzens ist in diesem Zusammenhang weiter noch zu erwähnen, daß der *Aktionsstrom der Basis* gegenüber dem der Spitze sowohl länger andauert als auch langsamer ansteigt. Die elektromotorische Kraft beider ist kaum verschieden groß. Der angegebene Unterschied ist schon am ganz frischen Herzen vorhanden; er verstärkt sich aber immer mehr, je länger das Herz herausgeschnitten ist, weil der Spitzenaktionsstrom viel rascher an Dauer und Höhe abnimmt als der Aktionsstrom der Basis. Die Ventrikelspitze ist gegenüber den Schädlichkeiten, die sich am isolierten Herzen allmählich geltend machen, auch nach anderen Beobachtungen weniger widerstandsfähig als die Basis.

Der *Basisstrom* zeigt entsprechend der Feststellung YOSHIDAs einen langsameren Anstieg, der mit einem Knick oder einem Absatz in einen schnelleren Teil übergeht. HOLZLÖHNER (1929, 1930) folgerte daraus in Fortführung der Erörterungen von YOSHIDA (1926), daß das nicht eine örtliche Eigenschaft der Basismuskulatur als solcher ist, sondern daß sich der Basisstrom schon normalerweise aus zwei Komponenten zusammensetzt, einer langsamen und einer mit schnellem Anstieg (besonders in der relativen Refraktärphase wird das deutlich, da sich der Unterschied in der Anstiegsgeschwindigkeit beider Komponenten vergrößert). Bei Reizung vom Vorhof aus erscheint stets die langsame Komponente zuerst, während bei direkter Ventrikelreizung eine Umkehr der Reihenfolge der Komponenten feststellbar ist. Die Spitzenströme zeigen keine Aufteilung im Anstieg und die Geschwindigkeit des Spitzenstromanstiegs stimmt ungefähr mit der schnellen Komponente des Basisstroms überein. Die Zacken im Anstieg der einphasischen Ströme, die YOSHIDA auf örtliche Schädigungen bezog, werden also hier durch das Zusammenwirken zweier normaler Aktionsströme erklärt. Ein deutlicher Absatz ist bei einphasischen Strömen also nicht ohne weiteres in jedem Fall auf lokale Schädigung zurückzuführen. Wenn man von der Innenseite der Herzbasis, d. h. dem Überleitungsgewebe, dem „Trichter" ableitet, wird in der Tat die Anstiegsgeschwindigkeit der einphasischen Ströme besonders langsam (Abb. 27). Deshalb bezog HOLZLÖHNER direkt die langsame Komponente auf den Aktionsstrom des Überleitungsgewebes. Allerdings können — wie HOLZLÖHNER zeigte — scheinbare langsame Komponenten auch infolge Stromdeformation durch Schädigung der Ableitungsstelle und infolge Stromverzerrung durch Reststrom auftreten, es darf also nicht immer ohne weiteres bei abnehmender Anstiegsgeschwindigkeit eines Stromes eine langsame Komponente vermutet werden.

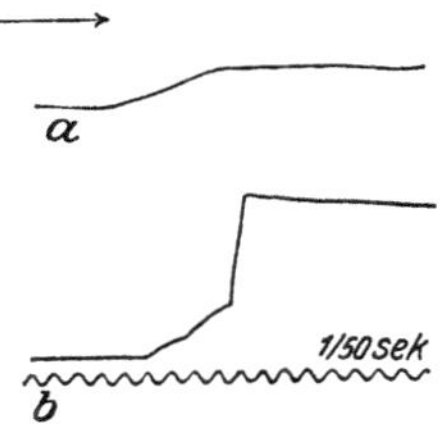

Die Formänderungen der einphasischen Aktionsströme haben mehrfach Anlaß zu unberechtigten Deutungen gegeben, vor allem derart, daß man annahm, daß sich der einphasische Strom einer Herzmuskelstelle aus zwei Prozessen zusammensetze, einer Erregung der Fibrillen und einer Erregung des Sarkoplasmas. Besonders aus Versuchen an Hühnerembryonen wurde ein solcher rascher (Fibrillen-) Anteil und ein tonischer (Sarkoplasma-) Anteil gefolgert [WERTHEIM-SALOMONSON (1913), RÜMKE (1917) aus Versuchen am durchschnittenen Ventrikel, VEEN (1915) aus der Beobachtung einer R- und T-ähnlichen Erhebung im einphasischen Strom; ebenso verlegte FREDERICQ (1921) einen Fibrillenanteil in die Anfangsgruppe des EKG, die Tätigkeit des Sarkoplasmas in die Endgruppe des EKG]. GARTEN und SULZE (1916), später auch ADRIAN (1921) haben bereits auseinandergesetzt, was YOSHIDA unter F. B. HOFMANN dann genauer untersuchte, daß eben nach Anlegen des Querschnitts sehr bald ein entgegengesetzt gerichteter Rest des Aktionsstroms der verletzten Stelle einsetzt. 1929 stellte dann auch J. SANDS ROBB fest, daß monophasische Ströme bereits von 24—36 Std. alten Hühnerembryonen abgeleitet werden können. Die Aufteilung des Herzaktionsstroms in einen Fibrillen- und einen Plasmaanteil darf wohl als endgültig erledigt angesehen werden (weitere Literatur bei E. SCHÜTZ, 1936).

Abb. 27. Gleichzeitige Registrierung zweier Ströme von der Außenfläche (b) und von dem Trichter (a) bei natürlichem Erregungsablauf. (Nach E. HOLZLÖHNER)

Außer den Veränderungen an der erregten und an der verletzten Stelle sind aber noch andere Verhältnisse für Formänderungen des einphasischen Stromes von Bedeutung, deren Kenntnis zurückgeht auf Beobachtungen von TH. LEWIS, J. MEAKINS und P. B. WHITE (1914). Diese Autoren beobachteten im Aktionsstrombild des Vorhofs einige kleinere Vorzacken, die mit wachsendem Abstand der Ableitungsstellen vom Sinus an Größe zunehmen. Auch bei Verletzung beider Ableitungsstellen treten sie deutlich und unverändert hervor. Die vom Orte der Ableitung selbst stammenden Potentiale wurden von LEWIS und Mitarbeitern daher als „Intrinsiceffekt", die aus der Nachbarschaft stammenden Potentiale als „Extrinsiceffekt" bezeichnet. Wir wollen dafür im folgenden als sinngemäße Übersetzungen die Bezeichnung *Lokalpotentiale* bzw. *Nachbarschaftspotentiale oder Fernpotentiale* verwenden. A. N. DRURY und G. R. BROW (1926) bestätigten die Befunde von LEWIS und zeigten ebenfalls am Vorhof, daß mit wachsendem Abstand der Ableitungsstellen sich immer größere, entstellende Abweichungen von einer rein monophasischen Stromform ergeben; sie fanden den Anteil solcher Nachbarschaftspotentiale am Aktionsstrombild des Vorhofs recht erheblich. Die ersten Untersuchungen an der Herzkammer, und zwar an dem von ihm mit

Erfolg in die elektrophysiologische Methodik eingeführten Streifenpräparat, stammen von F. SCHELLONG (1928), der den Einfluß der „Zwischenstrecke" zwischen den Ableitungsstellen bei einphasischer Ableitung untersuchte und fand, daß mit Verkürzung der Zwischenstrecke sowohl die Dauer als auch die Form des Aktionsstroms eine Änderung erfährt (Verkürzung um etwa 0,1 bis 0,2 sec, niedrigerer und flacherer Verlauf des abfallenden Teils des monophasischen Stroms). Ähnliche Beobachtungen machten auch A. S. GILSON (1927, 1929), D. S. WORONZOW (1927) und E. SCHÜTZ, ROTHSCHUH und MEHRING (1940) und E. LERCHE (1940). E. LERCHE deutete vor allem negative Vorzacken und langsame Anstiegskomponenten des monophasischen Spitzenstroms als Folge der Beimischung von Fernpotentialen. Auch im Anstieg des monophasischen Aktionsstroms des Warmblüterherzens (nach SCHÜTZ) wurden von E. SCHÜTZ (1932) und dann auch von C. H. WIGGERS (1937) entsprechende Beobachtungen gemacht und auf Beteiligung benachbarter Herzteile zurückgeführt. *Es handelt sich also hier um Einflüsse sowohl der unmittelbaren Nachbarschaft der Ableitungsstellen als auch tiefer liegender Muskulatur und schließlich auch der Zwischenstrecke.*

Selbst mit den früher (S. 19) erwähnten Differentialelektroden von CLEMENT werden nicht nur Lokalpotentiale registriert, wie HOLZLÖHNER und SACHS aus den Änderungen der Stromform bei Verbrennungen in der Nachbarschaft sowie bei Auflage eines feuchten Wollfadens in der Umgebung der Ableitungsstellen schließen konnten. In diesen Fragenkomplex gehören auch die oben erwähnten Beimischungen der Fernpotentiale des Überleitungsgewebes, mit denen HOLZLÖHNER die langsame Anstiegskomponente des einphasischen Basisstroms identifizierte. (Über die Beziehungen dieser Beobachtungen zum KENTschen Bündel s. S. 131).

Eine systematische Untersuchung des Anteils derartiger Fernpotentiale am Aktionsstrombild des Herzens gab dann K. E. ROTHSCHUH (1942). An schmalen Herzstreifen ergibt sich mit Vergrößerung des Elektrodenabstands im einphasischen Strom das Auftreten von Knotungen, Aufsplitterungen und Zacken im Beginn des Aktionsstroms (ansteigender Teil und Plateaubeginn), gleichzeitig ergeben sich im absteigenden Kurvenschenkel Entstellungen in Form von hinzuaddierten Nachschwankungen („Buckel") zugleich mit einer Zunahme der Gesamtdauer; je länger die Zwischenstrecke ist, um so größer ist der Zuwachs an neu auftretenden Zacken am Anfang und am Ende des einphasischen Stromes (Abb. 28). Durch lokale Wärmeeinwirkung auf die differente Ableitungsstelle bzw. Kühlung der Zwischenstrecke läßt sich direkt die Herkunft der zusätzlichen Formänderungen aus der Zwischenstrecke und die Zusammengehörigkeit von Aufsplitterungen und Nachschwankungen beweisen. Sie entsprechen überwiegend diphasischen (also aus R- und T-Zacke bestehenden) Stromabläufen, die sich zu dem monophasischen Grundstrom addieren. Durch Nebenschlüsse der Zwischenstrecke, z. B. durch Ringerlösung, können sie zum Verschwinden gebracht werden. Zur Erklärung können wir uns vorstellen, daß von den Ableitungselektroden durch die Muskulatur der Ableitungsstellen hindurch verlaufende, gedachte Gabeläste ins Nachbargewebe hineinreichen und die Potentiale der erregten Nachbarschaft aufnehmen (Gabelelektrode nach SCHÜTZ, s. S. 105). Die beschriebenen Veränderungen sind also nicht in jedem Fall, wie das früher oft angenommen wurde, als Ausdruck einer ungleichartigen Beschaffenheit der Ableitungsstellen selbst aufzufassen. Solche Fernpotentiale können durch Nebenschlußwirkungen, wie erwähnt, ausgeglichen werden, was schon S. GARTEN und W. SULZE, D. S. WORONZOW u. a. betonten. ROTHSCHUH zeigte überzeugend, daß bereits an dickeren Herzmuskelstreifen Zahl und Größe der beigemischten Fernpotentiale geringer ist, noch mehr natürlich durch Anlegen von Flüssigkeitsnebenschlüssen parallel zum Herzstreifen. Noch bessere Gewebsnebenschlüsse liegen natürlich am ganzen Herzen vor, wenn sie auch nicht zur völligen Auslöschung der Zwischenstreckenpotentiale führen. Auch ist diese Auslöschung am spontan schlagenden Herzen vollständiger als bei künstlicher Reizung, eben deshalb, weil sich bei dieser die Erregung allmählich in der Muskelwand der Kammer ausbreitet, während bei spontanen Herzschlägen die Herzoberfläche annähernd gleichzeitig erregt wird. Auch in entsprechender Experimentalanordnung konnte das von ROTHSCHUH gezeigt werden (vielfach gegabelte Reizelektroden zur gleichzeitigen Reizung des Gewebes und punktförmige Reizung an einem Streifenende). Das Auftreten von Fernpotentialen ist also abhängig von der Art der Erregungsausbreitung. Werden die Muskelelemente der abgeleiteten Strecke nacheinander (statt gleichzeitig) von der Erregung erfaßt, so sind günstigere Bedingungen für das Auftreten von Zwischenstreckenpotentialen gegeben. Auch am ganzen Herzen (Abb. 29) ergeben sich Anstiegsunterschiede (langsame Komponenten), Vorzakken, Anstiegszacken, Gipfelzacken und -abrundungen und negative Nachschwankungen, besonders wenn großer Elektrodenabstand und Ableitung von der Herzbasis (Trichtergewebe) gewählt wird. Sie weisen daher besonders auf Entstellungen durch Potentiale des Herzinneren hin. Die merklich frühere Erregung des Herzinneren läßt sich erweisen, und sie läßt diese Fernpotentiale deshalb besonders deutlich in Erscheinung treten, zumal die Erregung des Herzinnern die Erregung der Kammer-

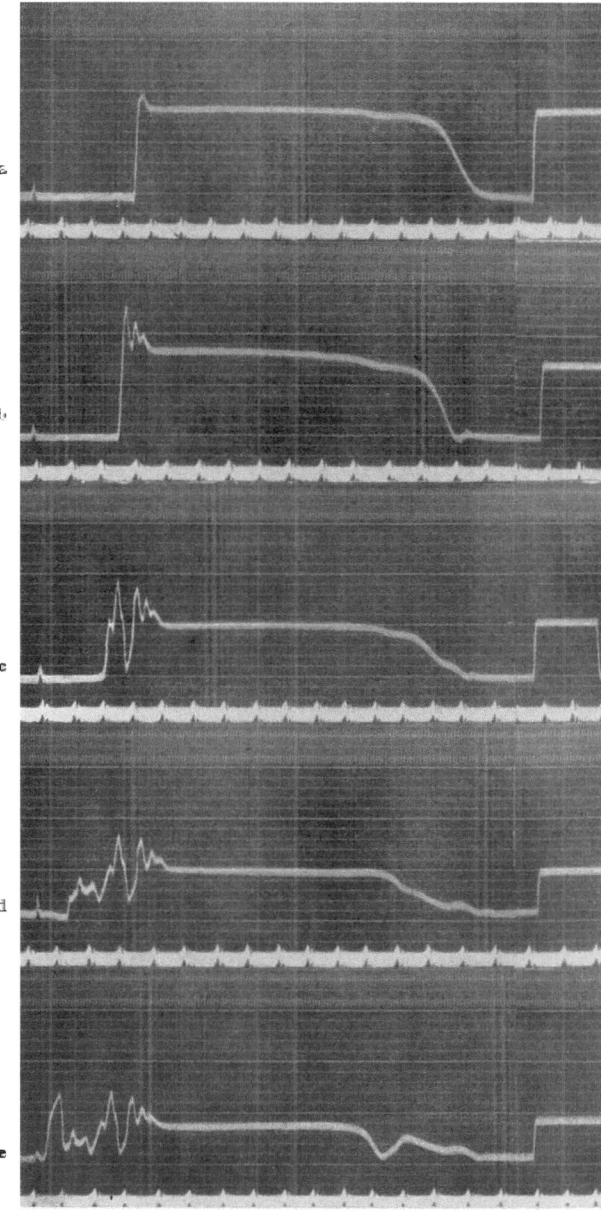

Abb. 28. Auftreten von Aufsplitterungen und Nachschwankungen bei monophasischer Ableitung. Froschherzstreifen: *a* bei 5 mm, *b* bei 10 mm, *c* bei 20 mm, *d* bei 30 mm, *e* bei 40 mm Zwischenstrecke. Gleichsinnige Vermehrung der Aufsplitterungen und Nachschwankungen bei Vergrößerung der Zwischenstrecke. Zunahme der Stromdauer. Sitz der Aufsplitterung auf dem Plateau des monophasischen Stromes. Sitz der Nachschwankungen auf dem abfallenden Kurvenast am Ende des monophasischen Grundstromes. Zs. $1/5$ sec und $1/50$ sec (Eichung = 20 mV; Saugverletzung). (Nach K. E. ROTHSCHUH)

wand offenbar auch überdauert. Durch die Blutfüllung werden sie entsprechend verkleinert bzw. sogar ausgelöscht. Der Unterschied am blutleeren und blutgefüllten Herzen ist in der Tat überzeugend. Auch am diphasischen EG zeigen sich die Entstellungen entsprechend in Vorzacken, Ungleichheiten im Anstieg der R-Zacke, in Mehrgipfeligkeit der R-Zacke und bisweilen in Verdoppelungen der Nachschwankung.

Die oben erwähnten Flüssigkeitsnebenschlüsse, die zum Auslöschen der Fernpotentiale in der registrierten Kurve führen, sind aber noch von weiterer Bedeutung. Sie haben auch eine besondere Wirkung in bezug auf den *Ableitungsort* des Aktionsstroms. Da der Streifen selbst als „verlängerte Elektrode" zu den Ableitungsstellen der Zwischenstrecke wirkt, kann das Auftreten von Flüssigkeitsfäden entlang dem Muskelstreifen zu neuen Wegen der Stromableitung zum Galvanometer, d. h. zum Entstehen neuer Ableitungsgabeln im Sinne der erwähnten Gabelvorstellung von SCHÜTZ (1939) führen. So wurde gezeigt, daß unter bestimmten Bedingungen der einphasische Strom nicht von der Stelle unter der differenten Ableitungselektrode zu stammen braucht, sondern Verlagerungen des Ableitungsortes derart eintreten können, daß er von erregten Muskelelementen in der Nachbarschaft der verletzten Stelle (aber nicht von dieser selbst, s. S. 62) stammen kann. Die weiteren, sich hieran anschließenden Fragen werden auf S. 103 und in Kap. V, S. 209f. („indirekt abgeleitetes EKG") behandelt werden.

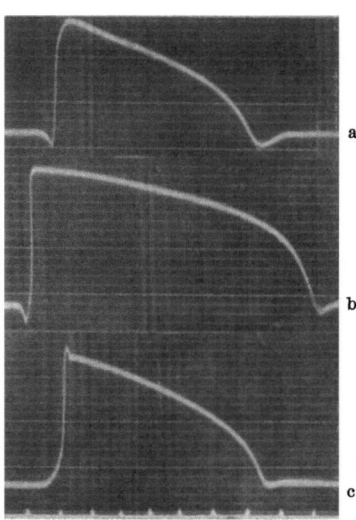

Abb. 29. Monophasisch abgeleitete Ströme von der Froschkammer. *a* Ableitung von einer verletzten Stelle der Basis und der differenten Stelle der Kammermitte, *b* Ableitung von einer verletzten Stelle der Kammerbasis und einer differenten Stelle der Herzspitze, *c* bei Ableitung von einer verletzten Stelle der Kammermitte und einer differenten Stelle am rechten Kammerrand. *a* zeigt deutliche Vorzacke, Gipfelrundung und Nachschwankung, *b* zeigt Vorzacke und Nachschwankung, *c* zeigt langsame Anstiegskomponente, Gipfelzacke und Nachschwankung. Zs. $^{1}/_{5}$ sec. (Nach K. E. ROTHSCHUH)

Nachdem wir so die Normalform des einphasischen Stroms und die Einflüsse kennengelernt haben, die Formänderungen seines Verlaufs veranlassen können, werden wir nach seinen *Beziehungen zu den anderen Grundeigenschaften* des Herzmuskels fragen. Von besonderem Interesse sind dabei die oben aufgezeichneten Formänderungen bei Schädigungen der ableitenden Stelle. Solche Schädigungen gehen bekanntlich mit einer Herabsetzung der Erregbarkeit einher. SCHELLONG hat vor allem *Erregbarkeit und Erregungsform* in einen inneren Zusammenhang gesetzt, indem er von der These ausging, daß der Zustand der Faser (meßbar am reziproken Wert des Schwellenreizes) maßgeblich ist für die Stärke der Erregung. Eine herabgesetzte Erregbarkeit („funktionelle Modifikation") dokumentiert sich in einer Verminderung der Erregungsstärke (der Aktionsstromhöhe) und in einer Verlängerung der Anstiegsdauer. Experimentell läßt sich das bei Einwirkung von Kälte und Calcium und bei der KCl-Vergiftung zeigen, ebenso auch bei lokalen Gewebskompressionen. Bei Erholung in einem sauerstoffdurchperlten Bad von Ringerlösung (s. S. 12, Herzstreifen) nimmt mit der Wiederherstellung der Erregbarkeit die Erregungsgröße (Aktionsstromhöhe) zu, und die Anstiegsgeschwindigkeit des Aktionsstroms erhöht sich wieder. Kurzdauernde Erwärmung führt, wie schon von BOWDITCH beobachtet und von ECKSTEIN (1920) genauer untersucht wurde, ebenfalls zur Erregbarkeitssteigerung, auch dabei ergibt sich die Verkürzung der Anstiegszeit und die Vergrößerung der

Kurvenhöhe. Dieselben Verhältnisse ergeben sich bei Herabsetzung der Erregbarkeit durch Einwirkung von Chloroform und Calciumchlorid. Physiologische Veränderungen der Erregbarkeit liegen bekanntlich in der relativen Refraktärphase des Herzens vor, auch hier finden wir längere Anstiegszeiten und geringere Aktionsstromhöhen bei Extrasystolen. Auf die Bedeutung der *Abschwächung einer Erregung* (verminderte Höhe und Dauer, verzögerter Anstieg) wird bei der Besprechung der Erregungsleitung noch einmal zurückzukommen sein.

Nach SCHELLONG ist bei Anwendung künstlicher Reize die Anstiegszeit um so kürzer, je stärker der Reiz ist. Schwankungen der Erregbarkeit verändern also Anstiegszeit und Aktionsstromhöhe, Änderungen der Reizstärke lediglich die Anstiegszeit. DECKER wies demgegenüber darauf hin, daß die Abhängigkeit der Anstiegszeit von der Reizstärke schwer mit dem Alles-oder-Nichts-Gesetz in Einklang zu bringen sei, und deutet den Befund daher so, daß bei schwachen Reizen wenige Herzmuskelelemente erregt werden, die den übrigen die Erregung dann zuleiten; bei starken Reizen wird eine große Zahl von Muskelelementen erregt, so daß die Leitung eine wesentlich geringere Rolle spiele und so der Anstieg der einphasischen Kurve steiler werde. — [Auch den Befund YOSHIDAs und HOLZLÖHNERs, daß der Basisstrom des Ventrikels träger ansteigt als der Spitzenstrom (S. 75), will DECKER auf den Einfluß der Leitung zurückführen.] Daß grundsätzlich für den Anstieg des einphasischen Stroms nicht nur die Entwicklung des Aktionspotentials im einzelnen Muskelelement, sondern auch die Erregungsleitung maßgebend ist, wurde schon an anderer Stelle (S. 71) betont (Wollfadendicke!).

Nachdem die Beziehungen zwischen Erregung und Erregbarkeit dargelegt sind, interessieren im Weiteren die Verhältnisse zwischen dem Erregungsvorgang und den periodischen Schwankungen der Erregbarkeit des Herzens, die SCHIFF 1850 erkannte und die als Eigenschaft der *refraktären Phase* von KRONECKER und MAREY (1876) dargestellt und in zahlreichen Arbeiten von ENGELMANN weiter untersucht wurden. Darunter verstehen wir seit diesen Arbeiten die Tatsache, daß das Herz während einer Systole einen zweiten künstlichen Reiz nicht beantwortet *(absolutes Refraktärstadium)*, im Anschluß an diese völlige Unerregbarkeit des Herzmuskels folgt das *relative Refraktärstadium*, in dem um so früher eine erneute Systole des Herzens ausgelöst werden kann, je stärker der angewandte Reiz ist, mit anderen Worten, in der relativen Refraktärphase stellt sich die Erregbarkeit allmählich wieder her, die ja definiert ist durch den reziproken Wert des Schwellenreizes. Zuerst wurde von W. TRENDELENBURG (1911) an Vorhof und Kammer des Froschherzens, dann von seinem Schüler H. DENNIG (1920) und von pharmakologischer Seite von K. JUNKMANN (1925) der Verlauf der Kurve der sich wiederherstellenden Erregbarkeit durch Aufsuchen der jeweiligen Schwellenreize ermittelt und bereits mit dem Ablauf der Kontraktionskurve der einzelnen Herzteile in Beziehung gesetzt. Aus diesen Untersuchungen ergab sich bereits, daß Kontraktionsablauf und refraktäre Phase nicht immer in fester zeitlicher Beziehung zueinander stehen (DENNIG).

Obwohl es eigentlich nahe lag, die Erregbarkeitsschwankungen des Herzmuskels mit dem Vorgang der Erregung in Beziehung zu setzen, ist diese Frage erst ziemlich spät in Angriff genommen worden. Schon bei HERING findet sich (1912) in einer Fußnote der Hinweis, daß „das Refraktärwerden genau genommen nicht durch die Systole, sondern durch den Erregungsvorgang bedingt zu werden scheint". Etwa zur gleichen Zeit wurde dieser Gedanke auch für Nerv und Muskel geäußert (1910, 1912). Bis 1928 liegen jedoch am Herzen nur wenige kurze Angaben meist auf Grund von rein orientierenden Versuchen vor (SAMOJLOFF, 1910, 1912; SEEMANN, 1913; W. TRENDELENBURG, 1912; ADRIAN, 1921). Sie berücksichtigten allerdings alle einen methodisch sehr wichtigen Punkt nicht, daß nämlich die Reizung, durch die die Refraktärphase bestimmt werden sollte, nicht diejenige Herzstelle traf, von der abgeleitet werden sollte, sondern Fasern der Umgebung, die sich natürlich in einem anderen Stadium der Erholung befanden als diejenigen, die den Aktionsstrom lieferten. Es ist also grundsätzlich bei Versuchen dieser Art, bei denen der Vorgang der Erregung und der jeweilige Zustand der Erregbarkeit in Beziehung gesetzt werden sollen, *notwendig, von der gereizten Stelle selbst abzuleiten*, wie sich das durch Kurzschluß oder An- und Abschalten des Registrierinstrumentes für den Moment der Reizung, z. B. mit einem Helmholtzpendel, durchführen läßt. — DRURY und LOVE (1926) beanstandeten ebenfalls, daß in den früheren Refraktärphasenbestimmungen eigentlich der früheste Augenblick bestimmt wurde, zu dem der Muskel zu einem entfernten Punkt *leiten* kann, aber nicht der Moment, zu dem er wieder erregbar ist. Die Autoren behielten jedoch die Methode der getrennten Reiz- und Ableitungselektroden bei. Die Darstellung der Einzelheiten der daraufhin am Warmblütervorhof von ihnen entwickelten komplizierten Versuchsmethodik würde an dieser Stelle zu weit führen. Sie findet sich bei SCHÜTZ (1936) wiedergegeben. Es sei nur erwähnt, daß die genannten Autoren zur Refraktärphasenbestimmung am Vorhof unter Pharmaka die Möglichkeit einer Leitung mit Dekrement zwischen Reiz- und Ableitungsstelle annehmen und daher den frühesten Reiz messen, der ohne sichtbare Beantwortung den Aktionsstrom eines schnell darauffolgenden weiteren Reizes verzögert oder verhindert; der Aktionsstrom des ersten Testreizes kann dabei nicht registriert werden, eben weil entfernt von der Reizelektrode abgeleitet wird. Es ist wahrscheinlich, daß das, was DRURY, LOVE und LEWIS bei dieser Methode *postuliert* haben, in engster Beziehung steht zu den später noch zu behandelnden, von SCHÜTZ und LUEKEN aufgewiesenen und objektiv registrierten Lokalerregungen des Herzmuskels (S. 90).

Systematische Untersuchungen über die Beziehungen zwischen Aktionsstrom und Refraktärphase am Herzen wurden von SCHELLONG und SCHÜTZ am Herzstreifenpräparat durchgeführt, wobei der Verlauf der Erregbarkeitskurve durch Anwendung von Öffnungsinduktionsschlägen eines nach Intensitätseinheiten geeichten Induktoriums ermittelt und der einphasische Aktionsstrom von der Reizstelle selbst abgeleitet wurde; die Ableitungselektrode war also gleichzeitig Reizelektrode (Kathode) des „Prüfreizes". (Der „Hauptreiz", der den ersten Aktionsstrom bei dieser „Methode der Doppelreizung" erzeugt, wird dabei zweckmäßigerweise entfernt von der Ableitungsstelle als „Leitungsreiz" gesetzt, um eine mögliche „depressive Kathodenwirkung" auszuschließen, die auf die Refraktärphase von Einfluß sein kann[1]. Selbstverständlich müssen die Versuche bei gleichbleibender Erregbarkeit des Präparats und konstanter Aktionsstromdauer durchgeführt werden.) Bei der Darstellung der Ergebnisse verwendet man als Abscisse die fortlaufende Zeit und als Ordinate die Intensität des jeweiligen Prüfreizes (wobei die Schwellenintensität anschaulicherweise am oberen Ende der Ordinate und gleich Eins anzusetzen ist). Der Beginn des horizontalen Verlaufs der Kurve ergibt dann das Ende der relativen Refraktärphase. Verläuft die Kurve senkrecht, d. h. wird durch Erhöhung der Reizstärke ein früherer Punkt der Reizbeantwortung nicht mehr erreicht, so ist das Ende der absoluten Refraktärphase erreicht. Die so gewonnene Kurve gibt die in der relativen Refraktärphase sich wiederherstellende Erregbarkeit an. Bei Anwendung von *Induktions*reizen ergibt sich, daß ein Reiz von der 4fachen Stärke des Schwellenreizes unmittelbar nach Ende des Erregungsvorgangs eine neue Erregung hervorrufen kann. Hier liegt also *bei dieser Methodik* das Ende der absoluten Refraktärphase (SCHELLONG und SCHÜTZ) (Abb. 30).

---

[1] Der Befund KUPELWIESERs, daß die Refraktärphase einer Hauptsystole kürzer ist, wenn sie durch einen starken Reiz ausgelöst wird, erklärt sich wahrscheinlich dadurch, daß der einphasische Strom durch die Nachwirkung der Kathode verkürzt wird, wie schon SAMOJLOFF, F. B. HOFMANN und YOSHIDA zeigten. Dabei ist noch wesentlich, daß KUPELWIESER mit der Methode der „interferierenden Reizserien" (BERITOFF, v. BRÜCKE und PLATTNER) arbeitete, bei der jeder starke Hauptreiz schon vorher wenigstens einige Male gesetzt wurde. Bei Einzelreizen konnte UMRATH entsprechend das Ergebnis KUPELWIESERs nicht bestätigen. Auch bei KUPELWIESER verschwand übrigens der Einfluß der Stärke des die Hauptsystole auslösenden Reizes bei genügend weitem Abstand der Reizstellen voneinander. — Selbstverständlich muß man außerdem bei Refraktärphasenuntersuchungen sicher sein, daß alle Fasern der gereizten Stelle auch wirklich in Erregung geraten. Beim Herzen ist diese Bedingung wegen der Gültigkeit des Alles-oder-Nichts-Gesetzes für das ganze Organ leichter erfüllt als an anderen Organen, bei denen es besonders leicht möglich ist, daß bei schwächeren Reizen die aktionsfähigen Fasern zum Teil in Ruhe verbleiben, während sie sich bei stärkeren Reizen dann als erregbar erweisen. Aber das Problem der partiellen Systolie bzw. Asystolie spielt auch am Herzen eine Rolle (S. 252). Vielleicht ist auch bei den Tonusschwankungen des Schildkrötenvorhofs (PORTER) eine refraktäre Phase deshalb oft nicht nachweisbar (v. BRÜCKE).

Der zweite, durch den Prüfreiz hervorgerufene Aktionsstrom weist die Zeichen der *abgeschwächten Erregung* auf: er ist an Dauer und Höhe vermindert, namentlich an Dauer, und zwar um so mehr, je mehr er an den vorhergehenden Aktionsstrom heranreicht. Diese Verkürzung zeigt, daß die Wiederherstellung des für die maximale Erregungsgröße maßgebenden physikochemischen Zustandes noch nicht vollendet ist. Von SCHELLONG und SCHÜTZ wurde deshalb als *zweiter Indicator für die Erholungsvorgänge nach einer Systole* neben der besprochenen *Kurve der sich wiederherstellenden Erregbarkeit die Kurve der sich wiederherstellenden Erregungsgröße* vorgeschlagen, die hier am besten an der Dauer des Prüfaktionsstroms gemessen wird. Der so bestimmte Zeitpunkt der abgeschlossenen Erholung fällt *nicht* zusammen mit dem Zeitpunkt der wieder völlig hergestellten Erregbarkeit. Dieser liegt, wie Abb. 30 zeigt, bedeutend früher; zu diesem ist also die Erholung noch nicht abgeschlossen, wie das Verhalten des Erregungsvorgangs zeigt. Die Erholung des Erregungsvorgangs ist völlig unabhängig von der Stärke des Prüfreizes und wird lediglich von dem Abstand zum ersten Aktionsstrom bestimmt. Das Ende der Erholung liegt erst zu einem Zeitpunkt, der der doppelten Dauer der absoluten Refraktärphase (vom Beginn des ersten Aktionsstromes an gerechnet) entspricht.

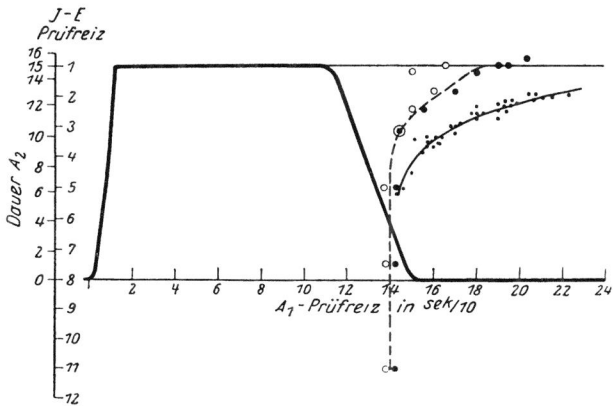

Abb. 30. Kurve der Erholung der Erregbarkeit in ihrer Beziehung zum einphasischen Aktionsstrom. Gestrichelte Kurve: Erregbarkeit an Schwellenreizen verschiedener Stärke gemessen, Öffnungsinduktionsschläge. Ausgezogene Kurve: Kurve der sich wiederherstellenden Erregungsgröße, an der Dauer des folgenden Aktionsstromes gemessen. (Nach F. SCHELLONG und E. SCHÜTZ)

Da der zweite Aktionsstrom die Zeichen des *abgeschwächten und verkürzten Erregungsvorgangs* zeigt, ist es von besonderem Interesse, die bisher aufgezeigten Gesetzmäßigkeiten in ihrer Gültigkeit auch an diesem zu prüfen. Auch bei diesen verkürzten Erregungen fällt die absolute Refraktärphase mit der Dauer des Erregungsvorgangs zusammen, die Extrasystole hat also deshalb ein verkürztes absolutes Refraktärstadium, weil die Erregung selbst verkürzt ist. Die Tatsache, daß die Extrasystole ein verkürztes Refraktärstadium hat, fand schon 1903 W. TRENDELENBURG. Durch die Beziehung der Refraktärphase zum einphasischen Aktionsstrom wird diese Tatsache verständlich.

Die Bindung der Refraktärphase an den Aktionsstrom oder mit anderen Worten die Beziehungen zwischen dem Vorgang der Erregung und dem Zustand der Unerregbarkeit machen eine Reihe weiterer Beobachtungen verständlich, wenn man gleichzeitig die Frequenzabhängigkeit der Aktionsstromdauer bzw. das Verhalten während der sich wiederherstellenden Erregungsgröße in Betracht zieht. So beschrieb W. TRENDELENBURG (1903) die *Abhängigkeit der Refraktärphase von der Länge der vorhergehenden Pause* und zeigte, daß bei allmählicher Verkürzung des Reizintervalls das Herz (bis zu einer gewissen Grenze) der immer schnelleren Reizung folgt, also eine allmähliche Verkürzung der Refraktärphase eintritt, während nur jeder zweite Reiz beantwortet wird, wenn von vornherein ein kürzeres Zeitintervall gereizt wird. Auch Beobachtungen von DE BOER werden so verständlich: Veratrin verlängert die Refraktärphase, und so kann es zur Frequenzhalbierung an der Kammer kommen. Wird jetzt eine ganz frühe Extrasystole ausgelöst, so hat diese eine kurze Refraktärphase und der nächste Reiz kann daher eine Kammererregung hervorrufen, die auch wieder eine kurze Refraktärphase aufweist. So wird die anfängliche Halbierung durch eine einzige Reizung aufgehoben! Und sie ist wieder herbeiführbar, wenn eine Extrasystole zu einem späten Zeitpunkt ausgelöst wird, so daß ihr eine längere Pause folgt; dann hat die postextrasystolische Erregung wieder eine lange Refraktärphase, so daß nur jeder zweite Vorhofreiz beantwortet wird.

Von grundsätzlicher Bedeutung erscheint dabei weiter die Tatsache, daß sich die Wiederherstellung der Erregungsgröße, wie Abb. 31 zeigt, in gleicher Weise bis zur völligen Restitution vollzieht, gleichgültig ob die vorausgegangene Erregung eine maximale oder eine verkürzte und abgeschwächte war. Die Dauer der so gemessenen Erholung ist also unabhängig von Grad und Dauer der vorhergehenden Erregung, vielmehr nur abhängig von dem Maximum der Erholung, daß das Herzmuskelelement zu erreichen in der Lage ist.

Im Anschluß an diese Versuche untersuchte R. POHL (1936) das Verhalten der Erregbarkeit und die Wiederherstellung der Erregungsgröße auch nach *Vielfachreizung*, also nach einer Serie kurz hintereinander hervorgerufener Kontraktionen. Die Kontraktion und die Höhe und Länge des Aktionsstromes nehmen bei solchen erzwungenen Erregungsreihen

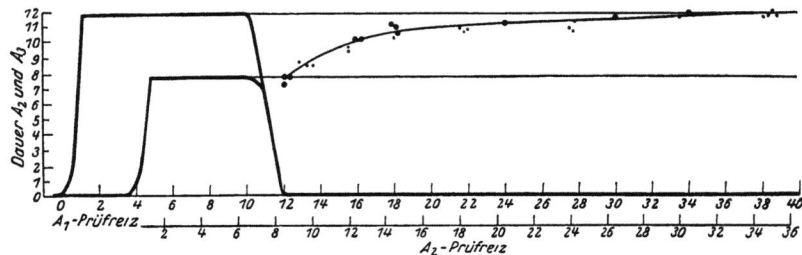

Abb. 31. Die Erholungskurven der Erregungsgröße nach einer maximalen (dicke Punkte) und nach einer verkürzten Erregung (dünne Punkte). (Nach F. SCHELLONG und E. SCHÜTZ)

bekanntermaßen bedeutend ab. Es ergab sich auch unter diesen Bedingungen, daß die Wiederherstellung der Erregungsgröße nach der letzten Erregung genau so verläuft wie nach der ersten; es ist also gleichgültig, wieviel Erregungen vorhergegangen sind und wie sich der Aktionsstrom der letzten verhält. Anders verhält sich die Erregbarkeit; diese erholt sich am Ende einer erzwungenen Erregungsserie oft schneller als nach der ersten Erregung. SCHELLONG untersuchte diese Verhältnisse weiter auch unter Digitalisvergiftung, wo man namentlich nach Mehrfachreizung eine deutlich zunehmende Verlängerung der absoluten Refraktärphase, eine Verschlechterung der Erholung und schließlich Systolenausfall findet. Diese Beobachtungen führten dann weiter zur experimentellen Erzeugung und Deutung der WENCKEBACHschen Perioden mit zunehmender Leitungsverzögerung (s. S. 196).

Nachdem so die Bindung der absolut refraktären Phase an das Aktionsstromende sowohl bei maximalen Erregungsvorgängen als auch bei den abgeschwächten Erregungen der Extrasystolen aufgewiesen war, war es von Interesse zu prüfen, ob diese Bindung auch unter sonstigen *Veränderungen der Aktionsstromdauer* erhalten bleibt. Selbst bei extremer Verkürzung durch Wärme (von 1 sec auf 0,25 sec) und Verlängerung des Aktionsstroms auf das Doppelte durch Kälteeinwirkung wiesen Aktionsstrom und absolute Refraktärphase denselben Temperaturkoeffizienten auf — daß die Refraktärphase der VAN'T HOFFschen Regel folgt, zeigte schon ECKSTEIN (1920) —, hier ergibt sich weiter, daß die Bindung der absoluten Refraktärphase an das Aktionsstromende auch unter diesen Bedingungen erhalten bleibt (SCHÜTZ, 1927). Entsprechend verhält sich auch die Dauer der relativen Refraktärphase, die Kurven der sich wiederherstellenden Erregbarkeit und Erregungsgröße (K. DAMBLÉ). Auch bei starkem Ca- und K-Überschuß verhalten sich die Verkürzungen des Aktionsstroms zunächst gleichsinnig mit der absoluten Refraktärphase (SCHÜTZ). Schließlich wies F. BUCHTHAL (1931) dieselben Gesetzmäßigkeiten am einphasischen Vorhofaktionsstrom nach.

Daß die Refraktärphase an Vorhof und Kammer verschiedene Dauer aufweist, ergaben ebenfalls schon die Feststellungen von W. TRENDELENBURG am Mechanogramm. Die verschiedene Dauer des einphasischen Vorhof- und Kammeraktionsstroms gibt auch hier die

Erklärung dafür, und so wird weiter verständlich, daß die Refraktärphase der einzelnen Herzteile eine verschiedene Dauer aufweist. Da der monophasische Vorhofaktionsstrom, wie SCHÜTZ und BUCHTHAL zeigten, bis in den Beginn des Kammeraktionsstroms hineinreicht, ist ebenfalls klar, daß die Refraktärphase des Vorhofs die P-Zacke des EKG erheblich überdauert, wenn sie auch kürzer als die Refraktärphase der Kammer ist. Auf die Wiedergabe der zahlreichen Literaturangaben über die Dauer der Vorhofrefraktärphase sei verzichtet, da sie einmal wegen der Frequenzabhängigkeit des einphasischen Stroms entsprechend wechseln und weil außerdem diese Werte nicht mit den neueren Methoden und Grundsätzen ermittelt worden sind. Erwähnt sei lediglich die Angabe von LEWIS, DRURY und ILIESCU, daß die Refraktärphase des *Reizleitungssystems* um 30% länger als die des Vorhofs ist (s. dazu bes. S. 96).

Aus den mitgeteilten Befunden und der Theorie des EKG erklärt sich nun auch ohne weiteres, daß zwar nach SAMOJLOFF (1912) sehr starke Reize während der T-Zacke wirksam sein können, jedoch mit viel längerer Latenz, so daß der zweite Aktionsstrom erst nach Ende der Nachschwankungen beginnt, und daß eine Superposition von R auf das vorhergehende T

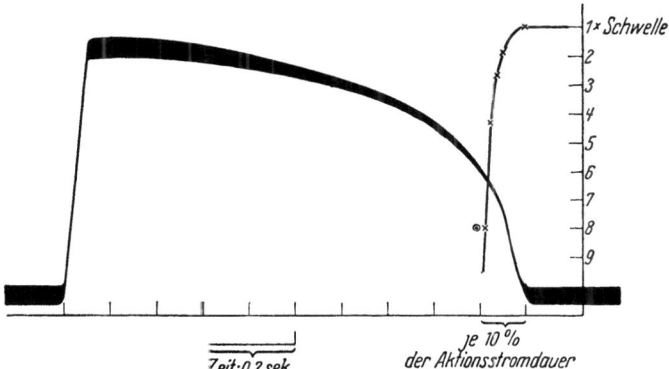

Abb. 32. Kurve der sich wiederherstellenden Erregbarkeit, an einem einzelnen Herzen ermittelt durch Aufsuchen des Zeitpunktes der frühesten Reizbeantwortung (×) für verschiedene Reizintensitäten (s. Ordinate, Reizschwelle = 1). Rechteckige Stromstöße, Reizzeit 2,1 msec. ⊙ Reizbeantwortung mit Verspätung. (Nach E. SCHÜTZ und B. LUEKEN)

zu den größten Seltenheiten gehört. Da am Anfang und Ende des Kammer-EKG Kammerteile vorhanden sind, deren Erregungsvorgang noch nicht eingesetzt bzw. schon wieder aufgehört hat und die daher noch oder schon wieder erregbar sind, sind die so seltenen Superpositionen von R auf T möglich.

Noch deutlicher werden die hier aufgezeigten Beziehungen bei Anwendung definierterer Ströme in der Form *rechteckiger Stromstöße* [die sehr kurzen Öffnungsinduktionsstöße (0,03—0,04 msec Dauer nach ERLANGER und BLAIR) haben eine sehr extreme Lage auf der Reizzeitspannungskurve!]. In der Tat ergaben die Versuche von SCHÜTZ und LUEKEN noch sinnfälliger die Beziehungen zwischen Aktionsstrom und Refraktärphase. Am anschaulichsten gehen sie aus Abb. 32 hervor. *Die Dauer der absoluten Refraktärphase stimmt mit dem Plateau des monophasischen Aktionsstroms überein, der abfallende Schenkel entspricht etwa spiegelbildlich dem Verlauf der Kurve der sich in der relativen Refraktärphase wiederherstellenden Erregbarkeit.* Danach erweist sich also bei Anwendung rechteckiger Stromstöße (bis herunter zu Reizzeiten von 0,08 msec!) die relative Refraktärphase als sehr kurz — als viel kürzer, als man bisher auf Grund der in ihrer Stromdauer und -form einen Grenzfall darstellenden Induktionsreize annahm —, so daß schon am Ende des monophasischen Aktionsstroms bei genau aufgesuchter Schwellenstromstärke (gemessen in 10^{-6} Amp. und bei einer Genauigkeit der Schwelleneinengung auf durchschnittlich 10%) eine erneute Reizung mit genau aufgesuchten Schwellenreizen wirksam ist. Schwellenreize sind also — in Revision der bisherigen Vorstellungen — auch in der Kontraktionskurve bereits kurz nach dem Gipfel der Systole wirksam. Die Dauer der relativen Refraktärphase beträgt nur etwa 10% der Gesamtdauer des Aktionsstroms.

Die unterschiedlichen Befunde bei Anwendung von Induktionsreizen und bei nur wenig länger dauernden rechteckigen Stromstößen (s. dazu Abb. 46!) weisen nachdrücklich darauf hin, alle Befunde, die mit Induktionsströmen erhoben worden sind, mit größter Kritik zu behandeln und das so bequeme Schlitteninduktorium als ein historisches Instrument nach Möglichkeit aus der Forschung zu verbannen! Es ist in diesem Zusammenhang beachtenswert, daß DUBUISSON bei direkten Chronaxiemessungen am spontan schlagenden Herzen zu Beginn der relativen Refraktärphase eine Verlängerung der Chronaxie um das Zwei- bis Dreifache gegenüber der Norm fand, die dann allerdings sehr langsam auf ihren Normalwert absank. v. WERZ fand in einem Teil seiner Versuche, auf die er das Hauptgewicht legt, entsprechende Werte. Andere Herzen zeigten in der relativen Refraktärphase sehr schnell verlaufende Chronaxieschwankungen; wahrscheinlich liegt die Verschiedenheit des Ausfalls der Versuche daran, daß der Zustand der Versuchstiere uneinheitlich war und nicht der Aktionsstrom als Bezugskurve gewählt war. Jedenfalls sprechen die gefundenen Chronaxieverlängerungen ganz im Sinne der oben gegebenen Deutung für das unterschiedliche Verhalten von Induktionsreizen und rechteckigen Stromabläufen. In einer weiteren Mitteilung kommt v. WERZ zu dem Ergebnis, daß man zu einer formal analogen Kurve für die Erholung der Erregbarkeit kommen kann, wenn man statt der Schwellenintensität des Extrareizes die jeweils erforderliche Reizdauer (Schwellendauer) bestimmt; ein Extrareiz von konstanter Intensität kann um so kürzer sein, je länger das Zeitintervall ist, das seit der vorangegangenen Erregung (bzw. dem Hauptreiz) verstrichen ist. Die Kurve des Erholungsprozesses, die man auf diese Weise gewinnt, stellt aber nicht unmittelbar die Änderung der Chronaxie des Herzens dar. In der Hauptsache äußert sich der Erholungsvorgang vielmehr in der Änderung der Intensitätsschwelle (Rheobase) (v. WERZ).

Da die aufgezeigten Beziehungen zwischen Aktionsstrom und Refraktärphase auch bei veränderter Dauer des Erregungsgeschehens (Nebensystolen, Temperatureinwirkungen) erhalten bleiben, ergibt sich aus den mitgeteilten Befunden in der Sprache der Membrantheorie, daß während der Dauer des Erregungsvorganges die Auflockerung der Membran offenbar eine maximale ist, so daß deshalb ein während des Plateaus des Aktionsstroms einfallender zweiter Reiz nicht beantwortet wird. Erregung bedeutet zugleich völlige Unerregbarkeit. Von SCHÜTZ wurden diese Beziehungen deshalb als das „*Alles- oder Nichts-Gesetz des Erregungsvorganges*" bezeichnet. Erst während des Rückgangs des Erregungsprozesses, im abfallenden Schenkel des Aktionsstroms, kann in Abhängigkeit von der Stärke des gesetzten Reizes eine Erregung wieder ausgelöst werden (relatives Refraktärstadium). Am Ende des einphasischen Aktionsstroms ist unter Normalverhältnissen die volle Erregbarkeit wiederhergestellt. Mit der vollständigen Wiederherstellung der Erregbarkeit sind noch nicht wieder völlig normale Verhältnisse im Herzmuskel geschaffen, wie das an der Verkürzung der Dauer der abgeschwächten Erregungen (und Kontraktionen) der Extrasystolen deutlich wird. Die Tatsache, daß nach verkürzten und abgeschwächten Erregungen die „Kurve der sich wiederherstellenden Erregungsgröße" den gleichen Verlauf wie nach einer Normalerregung aufweist (SCHELLONG und SCHÜTZ), zeigt ebenfalls die Gültigkeit des Alles- oder Nichts-Gesetzes oder mit anderen Worten die Tatsache, daß die Erregungen dem maximal möglichen Erregungszustand entsprechen.

Sobald man die Untersuchungen an nicht frischen lebenskräftigen Tieren durchführt, sondern an Tieren, die sich in einem reduzierten Ernährungs- und Kräftezustand befinden, treten geringe Abweichungen derart auf, daß das oberste Ende der Kurve der in der relativen Refraktärphase sich wiederherstellenden Erregbarkeit (zwischen der ein- und zweifachen Schwellenreizstärke) ein wenig flacher gekrümmt verläuft, so daß der Zeitmoment der frühesten Schwellenreizbeantwortung wenige $1/5$ sec später liegen kann. Das Ende der absoluten Refraktärphase bleibt dabei an das Ende des Aktionsstromplateaus gebunden. Dieses Verhalten gilt *nur* für den *hypodynamen Zustand*, so daß die *Steilheit der Kurve der sich in der relativen Refraktärphase wiederherstellenden Erregbarkeit* ein außerordentlich feiner Indicator für den jeweiligen Zustand des Herzens ist, feiner als die Prüfung der Schwellenerregbarkeit allein.

Sehr aufschlußreich sind die Verhältnisse unter extremen Bedingungen und unter Einwirkung von Ionen und Pharmaka. Bei starker Abkühlung verzögert sich die Wiederherstellung der Erregbarkeit noch mehr. Durch *Säureeinwirkung* (HCl) wird reversibel der Aktionsstrom verkürzt und die relative Refraktärphase erheblich verlängert. Ebenso verzögern *Kalium* und *Acetylcholin* reversibel den

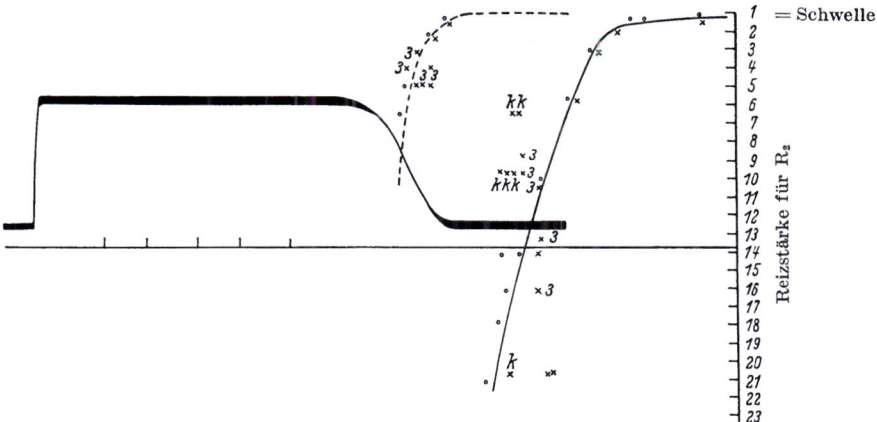

Abb. 33. Kurve der sich wiederherstellenden Erregbarkeit nach Kaliumeinwirkung (ausgezogene Kurve) mit vollständiger Erholung (gestrichelte Kurve). (Nach E. SCHUTZ und B. LUEKEN)

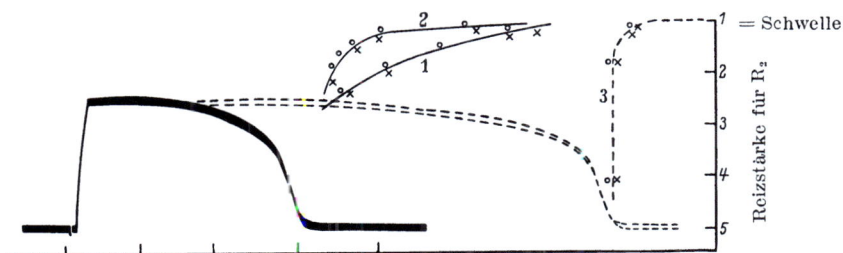

Abb. 34. Kurve der sich wiederherstellenden Erregbarkeit nach Acetylcholineinwirkung [ausgezogene Kurve (1)] und mit spontaner Erholung [(2) und gestrichelte Kurven (3)]. (Nach E. SCHUTZ und B. LUEKEN)

Wiederanstieg der Erregbarkeit (Abb. 33 u. 34). Bemerkenswert sind die Verhältnisse bei Erhöhung des *Calcium*gehaltes: die Dauer des Aktionsstromplateaus nimmt zu, parallel dazu verlängert sich die absolute Refraktärphase, während

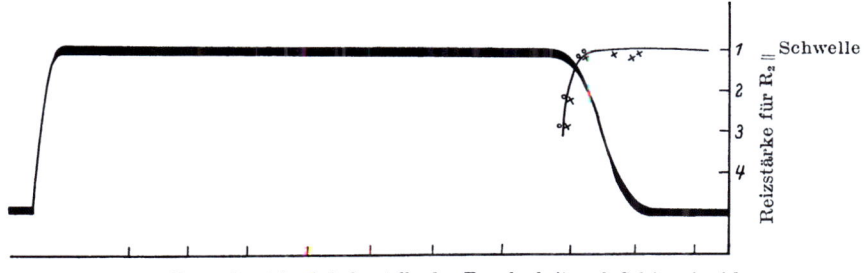

Abb. 35. Kurve der sich wiederherstellenden Erregbarkeit nach Calciumeinwirkung. (Nach E. SCHUTZ und B. LUEKEN)

der Erregbarkeitswiederanstieg so steil verläuft, daß eine relative Refraktärphase oft kaum mehr nachzuweisen ist (Abb. 35). Dasselbe Verhalten ergibt sich unter *Adrenalin*einwirkung (Abb. 36): Verlängerung des Aktionstroms und der absoluten Refraktärphase, Verkürzung der relativen auf ein Minimum.

Der weitgehende Antagonismus zwischen Kalium und Calcium einerseits, Acetylcholin und Adrenalin andererseits legt schon jetzt die Vermutung nahe, daß unter dem Einfluß der *Herznerven* entsprechende Verhältnisse vorliegen. In diesem Fall würde zu den vier klassischen ENGELMANNschen Herznervenwirkungen (S. 154, 501) als fünfte die *Veränderbarkeit der Erholungsgeschwindigkeit nach einer Systole* hinzukommen.

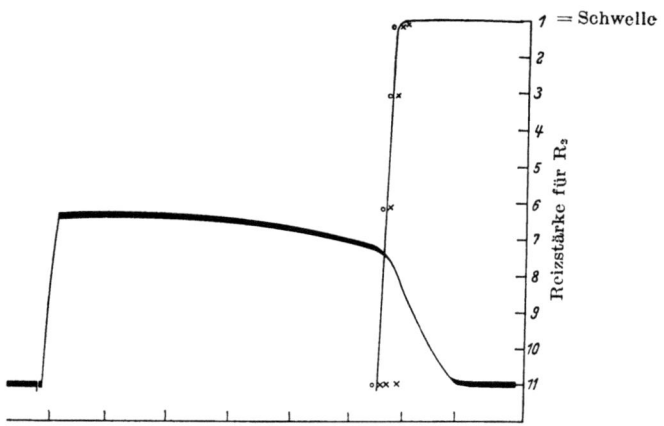

Abb. 36. Kurve der sich wiederherstellenden Erregbarkeit nach Adrenalineinwirkung.
(Nach E. SCHÜTZ und B. LUEKEN)

Auch unter dem Einfluß der *Herznerven* ist das Verhalten der Refraktärphase bereits verschiedentlich untersucht worden. Übereinstimmend wurde unter *Vaguseinfluß* eine Verkürzung gefunden (HOFMANN, SAMOJLOFF, DALE und MINES; LEWIS, DRURY und BULGER), am Vorhof des Hundes sogar auf $1/5$, während nach DRURY die Refraktärphase des Ventrikels nicht verkürzt wird. Das steht in guter Übereinstimmung mit dem Verhalten des einphasischen Aktionsstroms

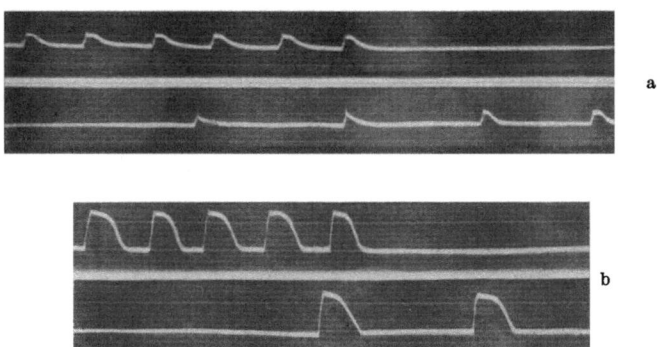

Abb. 37. Einphasisches Elektrogramm des Warmblüterherzens bei Vagusreizung. *a* Vorhof; *b* Kammer.
(Nach E. SCHÜTZ)

am Warmblüterherzen unter Vaguswirkung. SCHÜTZ (1931) fand dabei am Vorhof die Zeichen der *abgeschwächten Erregung*, während an der Kammer (infolge der chronotropen Wirkung auf den Sinus) unter Umständen sogar eine Verlängerung des einphasischen Kammerstroms auftritt. Abb. 37 zeigt die Verhältnisse vor, während und nach der Vagusreizung. Neuere amerikanische Untersuchungen bestätigen diese Ergebnisse. Das ganz andere Verhalten des Kammeraktionsstroms (und seiner Refraktärphase) erklärt sich, wie auch an anderer Stelle noch eingehender darzustellen sein wird (S. 504 ff.), dadurch, daß sich die Vaguswirkung beim Warmblüter an der Kammer nicht mehr aufweisen läßt. Auch schon beim Reizleitungssystem ist die Wirkung des Vagus auf die Refraktärphase viel geringer als auf die Vorhofmuskulatur. Es ist nach dem Mitgeteilten verständlich, daß die Verkürzung am deutlichsten bei ausgesprochen inotroper Wirkung ist, also bei einer „abschwächenden" Wirkung des Vagus, und daß sich bei Vorherrschen einer nur chronotropen Wirkung die Refraktärphase (wegen der Frequenzabhängigkeit) sogar verlängern kann. Entsprechend dem oben mitgeteilten Befund unter Adrenalin wirkt der Sympathicus nach DALE und MINES (1913) verlängernd auf die Refraktärphase.

Da die Erholungsvorgänge nach einer Systole und ihre Beeinflußbarkeit für Theorie und Therapie der Leitungsstörungen im Herzmuskel eine bedeutsame Rolle spielen, ist die weitere Untersuchung von *Pharmaka* sehr erwünscht. Die vielen in der Literatur vorliegenden, sich widersprechenden Angaben über die Wirkung von Pharmaka auf die Refraktärphase klären sich dadurch. Wie gezeigt, kann z. B. bei Verkürzung der Aktionsstromdauer bzw. seines Plateaus die absolute Refraktärphase verkürzt und die relative erheblich verlängert sein. Andererseits kann mit Verlängerung des Aktionsstroms bzw. seines Plateaus die absolute Refraktärphase verlängert und die relative auf ein Minimum reduziert sein. Ohne Berücksichtigung dieser Beziehungen ist es allerdings nicht möglich, ein klares Bild von der Wirkung eines Herzpharmakons auf die Refraktärphase des Herzens zu bekommen. Die Kontraktionskurve ist als Bezugskurve nicht ausreichend und erst recht nicht können einfach bei konstantem Abstand zweier Reize beliebig gewählter Reizstärke Refraktärphasenbestimmungen durchgeführt werden. So konnte von E. SCHÜTZ und TH. RICHTER für das *Chinidin* gezeigt werden, daß — entgegen der landläufigen Meinung zur Erklärung seiner Wirksamkeit beim Vorhofflimmern — die Kurve der sich wiederherstellenden Erregbarkeit dabei völlig normal verläuft, auch die absolute Refraktärphase behält ihre Lage zum monophasischen Aktionsstrom völlig bei, lediglich die Aktionsstromdauer erfährt eine Verlängerung um etwa ein Drittel. Frequenzverminderung und Leitungsverzögerung sind demnach die eigentlichen Ursachen der therapeutischen Chinidinwirksamkeit. Auch für das Sympatol konnte gezeigt werden, daß die Refraktärphasenverhältnisse dabei — im Gegensatz zum Adrenalin — ganz unverändert bleiben (E. SCHÜTZ und O. RAVE).

Aus diesen Darlegungen ergibt sich also, daß die Erregbarkeit an die intakte Membranspannung gebunden und ihre Wiederkehr ein Spiegelbild der Kurve des einphasischen Aktionsstroms ist. Diese Verhältnisse gelten ganz allgemein und gesetzmäßig für den normalen Herzmuskel und finden ihre anschauliche Deutung durch die Membrantheorie. (Auf die in gleicher Richtung liegenden Verhältnisse an Nerv und Muskel kann hier aus Raumgründen nicht eingegangen werden[1].) Das „Alles- oder Nichts-Gesetz des Erregungsvorgangs" eröffnet damit ein grundlegendes Verständnis des Phänomens der Refraktärphase.

---

[1] In allgemeinerem Zusammenhang sei nur bemerkt, daß schon von TAIT (1910) als allgemeine Regel *angenommen* wurde, daß die Dauer des absoluten Refraktärstadiums mit der Anstiegsdauer seines Aktionsstroms (bei Aktionsströmen ohne Plateau!) zusammenfällt und die Dauer des relativen Refraktärstadiums mit der Rückkehr des Aktionsstroms zum Nullwert. Vergleichend liegen jedoch darüber erst sehr wenige Messungen vor. Im wesentlichen wurde die TAITsche Regel von ADRIAN am M. sartorius bestätigt. Daß bei Avertebraten meist nur ein relatives Refraktärstadium angegeben wird, wurde bereits früher (S. 38) erwähnt, jedoch wurden alle diese Befunde meist bei mechanisch-graphischer Registrierung erhoben. Bemerkt wurde auch schon in anderem Zusammenhang (S. 38), daß BETHE bei den Medusen auch ein absolutes Refraktärstadium fand, das nach seiner Meinung ein Refraktärstadium der nervösen Apparate, nicht der Muskelfasern ist. — Betreffs des Begriffs der „*Refraktärlänge*" s. S. 111. — UMRATH unterschied unter dem Begriff der Refraktärphase zwei verschiedene Erscheinungen, erstens ein *autogenes Refraktärstadium*, bedingt eben dadurch, daß ein erregtes System erst eine Wiederherstellung erfahren muß, ehe eine zweite Erregung möglich ist, und zweitens *induzierte* Refraktärstadien, die durch Hemmungsvorgänge zustande kommen. Der Meinung UMRATHs, daß das Refraktärstadium des Herzens nicht autogen, sondern induziert sei, kann man wohl nicht zustimmen, so wichtig die Unterscheidung für andere Organe oder Vorgänge (z. B. bei Reflexen und am Darm) sein mag.

Zugleich ergibt sich aus dem Gesagten in der Geschwindigkeit des Erholungsprozesses ein ungemein feiner Indicator für den jeweiligen Zustand des Herzens, wie er mit keiner anderen Methode erfaßbar ist. Daß — wie oben gezeigt wurde — beim hypodynamen Zustand und noch mehr bei Einwirkung bestimmter Ionen und Pharmaka eine Lösung der Verknüpfung von Aktionsstrom und Refraktärphase eintritt, spricht nicht gegen die membrantheoretisch zu deutende Gesetzmäßigkeit dieser Beziehungen, sondern zeigt überzeugend, daß es eben durch solche Eingriffe zu *Membrandestruktionen* kommt. Die elektrisch schon wieder aufgeladene Membran ist unter diesen massiven äußeren Einwirkungen irgendwie so verändert, daß sie noch nicht in der Lage ist, schon wieder eine Erregung abzugeben. Bestimmte experimentelle Einwirkungen (p_H-Änderungen, herzwirksame Hormone, Ionenmilieu) bewirken also, wie wir daraus ersehen können, tiefgreifende Störungen am Gefüge der Membrane, die hierdurch zwar bei unserer Unkenntnis über die Membranstruktur noch nicht erklärt, aber doch jedenfalls aufgewiesen werden können. Besonders die aufgezeigte *Reversibilität* nach derartigen Eingriffen bis zum normalen Verhalten (s. Abb. 33, 34) spricht sehr dafür, daß sie durch Änderungen der Membranfunktion bzw. -struktur zu erklären sind.

Man könnte dabei z. B. daran denken, daß die Membrane durch Acetylcholin zähflüssiger werden, wie das LAPICQUE in der Tat als *Gliosklerie* annimmt; es verdichtet die Membran (erhöht den Ruhestrom) und wirkt verzögernd auf die Wiederverdichtung; das in allen Punkten antagonistische Adrenalin hingegen macht die Membran beweglicher: *Gliokinese* (H. SCHAEFER).

In neuerer Zeit erfuhr das Problem der sich in der relativen Refraktärphase wiederherstellenden Erregbarkeit eine erneute Bearbeitung (BROOKS, ORIAS, HOFFMAN und SUCKLING, 1950, 1955). Mit ihrer Methode zeigten die Autoren, daß bei ihren Untersuchungen die Kurve der sich wiederherstellenden Erregbarkeit keinen glatten Verlauf aufweist, sondern zackenförmige Schwankungen der Erregbarkeit erkennen läßt. Dieses Phänomen kurzdauernder Erregbarkeitsschwankungen wird im angloamerikanischen Schrifttum „Dip-Phase" genannt. Schwankungen in der Kurve der sich wiederherstellenden Erregbarkeit sind zwar auch schon früher beschrieben worden (LEWIS und MASTER, 1925; ECCLES und HOFF, 1934 u. a.). Aber von den neueren Autoren (s. o.) wurden bestimmtere Angaben gemacht. In der Regel finden sich danach zwei „Dips", ein früher, wenig ausgeprägter und ein späterer, deutlicherer und langdauernder, der nahe am Ende der relativen Refraktärphase liegt. Eine befriedigende Interpretation des Dip-Phänomens konnte bisher nicht gegeben werden. Es fand sich kein Hinweis, daß die Oscillationen der Erregbarkeit mit entsprechenden Schwankungen des Membranpotentials verbunden sind. Die Deutung ist also noch unklar. Am Einzelelement bei Anwendung von Mikroelektroden scheint das Dip-Phänomen auffallenderweise nicht gefunden zu werden. Auch fehlt noch die wesentliche Feststellung, ob es auch bei Ableitung vom Reizort selbst auftritt. Auch die Tatsache, daß der Herzmuskel in enger zeitlicher Anlehnung an die Dip-Phasen eine besondere Empfindlichkeit gegenüber allen Einflüssen hat, die zum Flimmern führen („Vulnerability"-Phasen), hat nicht weitergeführt. Eine sichere Beziehung dazu liegt nicht vor. Die von BROOKS u. Mitarb. beschriebenen „Dips" sind nicht ohne Widerspruch geblieben. G. S. DAWES und I. R. VANE [J. of Physiol. **132**, 611 (1956)], die bei ihren Untersuchungen von der gereizten Stelle ableiteten, konnten am Warmblütervorhof keine „Dips" finden, ebenso auch — im Gegensatz zu BROOKS u. Mitarb. — keine supernormale Phase, obwohl sie um den Nachweis beider Phänomene ausdrücklich bemüht waren.

Bei ihren Refraktärphasenbestimmungen fanden SCHÜTZ und LUEKEN eine weitere Erscheinung, die sie *Verspätung der Reizbeantwortung* („Reizverzug") nannten. Es handelt sich dabei um die eigenartige Tatsache, daß die Beantwortung des Prüfreizes — obwohl von der Reizstelle selbst abgeleitet wurde! — nicht sofort, sondern erst kurze Zeit nach der Reizung erfolgte. Diese Verspätung kann bis zu $1/5$ sec betragen und tritt regelmäßig *nur zwischen dem spätesten Moment der Nichtbeantwortung und dem Moment der frühesten direkten Beantwortung des Reizes* auf (in Abb. 38 deutlich sichtbar und in Abb. 32 mit ⊙ gekennzeichnet). Die Erscheinung findet sich nicht nur am Ende der absoluten Refraktärphase, sondern bei Prüfung mit *jedem beliebigen Vielfachen des Schwellenreizes*. Das

Organ scheint, anschaulich gesprochen, den Reiz zu speichern, und antwortet erst zu einer Zeit, zu der seine Refraktärphase abgeklungen ist. Der Befund ist deshalb in einer besonderen Abbildung wiedergegeben, weil es sich hier um eine Frage von prinzipiellem Interesse handelt. Eine rein elektrische Erklärung erscheint sehr schwierig. Möglicherweise muß man molekulartheoretische Vorstellungen (s. S. 48) heranziehen. BROOKS und Mitarbeiter und ORIAS und Mitarbeiter zeigten 1950, daß das Phänomen der Latenz besonders deutlich bei Anwendung starker (30—40 mA) und sehr langer (bis zu 13 msec) Rechteckstromstöße ist, mit denen auch während der absoluten Refraktärphase Aktionspotentiale ausgelöst werden können. Da diese Aktionspotentiale wie bei der Reizung während der relativen Refraktärphase erst *nach* vollständiger Repolarisation fast zum gleichen Zeitpunkt ausgeklinkt werden, ist auch nach diesen Untersuchungen die Latenz um so größer, je früher der Reiz in die absolute Refraktärphase fällt.

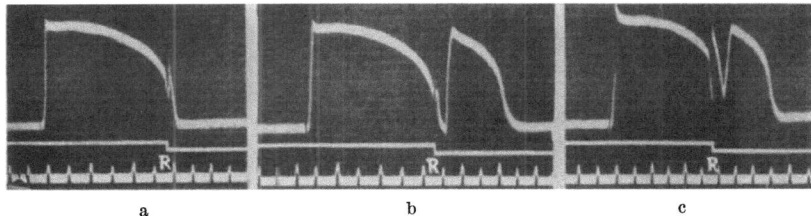

Abb. 38. *a* Nichtbeantwortung eines bei *R* gesetzten Reizes; *b* Beantwortung eines wenig überschwelligen Reizes bei *R* mit Verspätung; *c* Beantwortung eines stark überschwelligen Reizes zu einem früheren Zeitpunkt mit größerer Verspätung. Ableitung vom Reizort. Zeit $^1/_5$ sec. (Nach E. SCHÜTZ und B. LUEKEN)

Auf diese Weise ließen sich praktisch während der ganzen Plateauphase Aktionspotentiale auslösen. Nur der Depolarisationsanstieg und die initiale „Spike" erwiesen sich auch unter diesen Bedingungen als „absolut" refraktär. Die Grenze zwischen absoluter und relativer Refraktärphase kann also bei besonders langen und starken Impulsen eine völlige Verschiebung erfahren, und es ist in Zukunft vielleicht erforderlich, bei der Definition der Refraktärphase dem Phänomen der Latenz, insbesondere bei bestimmten Reizformen, Rechnung zu tragen. Die Befunde von BROOKS und ORIAS wurden am Warmblüterherzen erhoben, dessen Aktionspotentialdauer etwa 200 msec beträgt. Die Dauer des Reizverzugs scheint also bei Kaltblüterherzen (SCHÜTZ und LUEKEN) und bei Warmblüterherzen in der Zeitdauer ungefähr übereinzustimmen. Allerdings leiteten die Autoren nicht vom Reizort ab; deshalb diskutieren sie auch die Möglichkeit einer sehr erheblich verzögerten Leitungsgeschwindigkeit in der Nähe der Reizstelle. Da SCHÜTZ und LUEKEN das Phänomen der Latenz auch bei Ableitung vom Reizort gefunden haben, muß irgendein Prozeß des gereizten Elementes selbst angenommen werden, der mit ganz erheblicher Verspätung Erregungen auszulösen vermag.

DI PALMA und MASCATELLO (1951) beschäftigten sich mit der Erregbarkeit des isolierten Katzenvorhofs und fanden ebenfalls dieses Phänomen der Latenz, das nach ihren Angaben unterhalb von 24° C verschwindet, während die Erregbarkeit noch erhalten ist (DI PALMA, 1954).

Über die Verspätung des zweiten Aktionsstroms bei Doppelreizen liegt am Skeletmuskel bereits eine ausgiebige Diskussion besonders zwischen SAMOJLOFF und KEITH LUCAS vor. Während am Skeletmuskel nach SAMOJLOFF die Wirkung des zweiten Reizes erst nach Ablauf des Maximums der Erregung manifest werden kann und diese Verspätung unmittelbar nach Ablauf des Refraktärstadiums am deutlichsten ausgesprochen ist, leugnet SAMOJLOFF zwar die grundsätzliche Möglichkeit am Herzen nicht, hält aber die Befunde von KEITH LUCAS am Herzen aus methodischen Gründen — wohl mit Recht — für nicht beweiskräftig; diese führten K. LUCAS zur Aufstellung des Begriffs der „*irresponsiven Phase*" für diese Erscheinungen. Er fand nämlich am Herzen ganz erhebliche derartige Verspätungen des zweiten

Reizes (bis etwa 10mal größer als die normalen Latenzzeiten), die SAMOJLOFF für Latenz- und Überleitungszeiten hält. Da nicht von der gereizten Stelle abgeleitet wurde, ist die Frage nicht zu entscheiden und die methodischen Einwände SAMOJLOFFs erscheinen berechtigt. Sie zeigen eindrücklich, wie notwendig es ist, bei derartigen Untersuchungen von der gereizten Stelle selbst abzuleiten! Unter diesen Bedingungen wurde aber der Befund von SCHÜTZ und LUEKEN tatsächlich und mit erheblichen Zeitverzögerungen sehr regelmäßig erhalten. Es sei auch besonders vermerkt, daß er auch dann erhalten wird, wenn man außer dem Prüfreiz auch den Hauptreiz selbst (sowohl die Kathode wie die Anode) ebenfalls an der Ableitungsstelle setzt. Es handelt sich hier um ein interessantes Phänomen von grundsätzlichem Interesse, das H. SCHAEFER bei der Physiologie des Nerven so deutete, daß der Elektrotonus des in die absolute Refraktärphase hineinfallenden Reizes so langsam verschwindet, daß das elektrotonische lokale Potential am Ende der Refraktärzeit noch Reizwert besitzt und nunmehr erregt. Zur weiteren Aufklärung in anderer Richtung müßte man mehr wissen über die tatsächliche Größe des gereizten und des abgeleiteten Bezirks, die natürlich nicht unbedingt übereinzustimmen brauchen. Möglicherweise besteht auch eine Beziehung zu den anschließend zu beschreibenden Beobachtungen der Lokalerregungen und der Doppelerregungen, die *zu genau den gleichen Zeitpunkten* gefunden wurden.

Bei den *Lokalerregungen des Herzmuskels* handelt es sich um eine neuerdings entdeckte Form des Erregungsvorganges, die von allgemeinerem Interesse ist und die zuerst von SCHÜTZ und LUEKEN bei ihren Refraktärphasenuntersuchungen gefunden und von ROTHSCHUH und MEHRING bestätigt und weiteruntersucht wurde. In den Fällen, in denen eine Verzögerung der sich wiederherstellenden Erregbarkeit gefunden wurde, fand sich als früheste Beantwortung des Prüfreizes (bei jedem beliebigen Vielfachen des Schwellenreizes), ehe es zum Auftreten einer sog. abgeschwächten (aber für den betreffenden Zeitpunkt optimalen) Erregung kam, eine eigenartige Erscheinung, die SCHÜTZ und LUEKEN zunächst als ,,*Aktionsphänomen*'' bezeichneten. Es handelt sich dabei um eine auf den Reizort beschränkt bleibende, eigenartige *Lokalerregung*, die einem an Dauer und Höhe *stark* verkleinerten Aktionsstrom entspricht (die Größe ist etwa die Hälfte eines normalen Aktionsstromes und weniger, die Dauer $^1/_5$—$^2/_5$ sec oder darunter) (Abb. 39). Diese Lokalerregungen haben einige bemerkenswerte Besonderheiten.

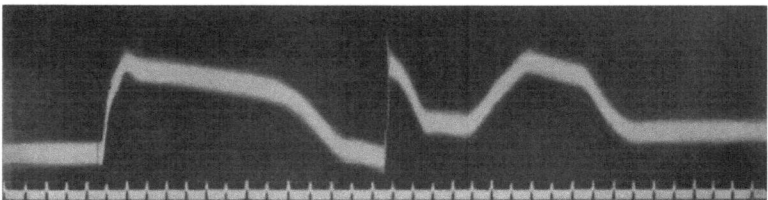

Abb. 39. Beantwortung des Prüfreizes mit einer Doppelerregung, d. h. mit einer Lokalerregung und einer nachfolgenden Vollerregung. (Die Verschiebung der Null-Linie nach dem Prüfreiz hat methodische Gründe.) (Nach E. Schütz und B. LUEKEN)

Sie sind — im Gegensatz zu den leitungsfähigen ,,Vollerregungen'' — in Größe und Dauer bei gleichem zeitlichen Abstand vom ersten Aktionsstrom *von der Reizstärke abhängig*. Auch wenn sie zu einem nur etwa späteren Zeitpunkt der Refraktärphase erzeugt werden, wachsen sie bei gleicher Reizstärke mit größerem zeitlichen Abstand von der Hauptsystole an Größe und Dauer. Diese zweite Abhängigkeit läßt sich auf die erste, die Abhängigkeit von der Reizstärke, zurückführen. Der gleiche Reiz hat ja mit wachsendem Abstand eine größere relative Stärke. Wenn man diese Versuche weiter fortsetzt, also bei gleichem Abstand vom Ende des ersten Aktionsstroms mit immer stärkeren Reizen reizt oder bei gleichem Reiz den Abstand immer weiter vergrößert, so wächst das ,,Aktionsphänomen'' nicht einfach an Dauer und Größe, sondern es erscheint ein *neues* Strombild. Abb. 39 gibt davon eine Originalkurve. Die Reizantwort auf den Prüfreiz besteht wieder aus dem Aktionsphänomen. Auf dieses folgt dann (ohne weitere Reizung!) ein zweiter Aktionsstrom von für diesen Zeitpunkt normaler Höhe und Dauer mit einem sehr schrägen Anstieg. (Die Verschiebung der Null-Linie in der Abb. 39 nach dem Prüfreiz hat methodische Gründe.) Das Herz antwortet also mit einer „Doppelerregung", die erste dieser beiden ist das Aktionsphänomen, die zweite eine Vollerregung, wie die (leitungsfähigen) Aktionsströme von normaler Dauer und Höhe kurz genannt sein. Verstärkt man bei gleichem Abstand den Prüfreiz noch weiter oder vergrößert man bei gleicher Reizstärke den Abstand noch mehr, so erhält man nunmehr den bekannten Aktionsstrom von normaler Höhe und Dauer (für den betreffenden Zeitpunkt). Diese Vollerregung ist nicht mehr von der Reizstärke abhängig. Abb. 40 mag die Verhältnisse erläutern. Für jede Reizstärke kann also innerhalb der Erholungsphase nach einer Systole ein Zeitabschnitt gefunden werden, bei dem als Reizbeantwortung das Aktionsphänomen,

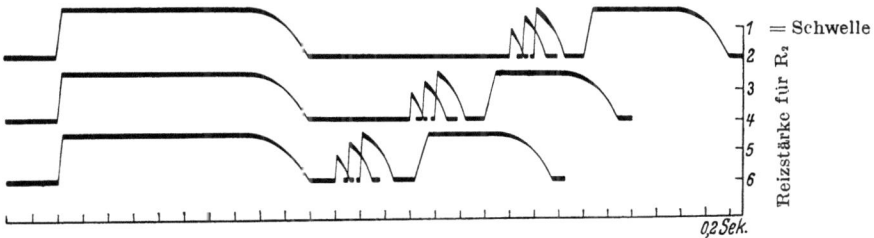

Abb. 40. Schematische Gesamtdarstellung des Auftretens des Aktionsphänomens und der Doppelerregung in Abhangigkeit von Reizstärke und Reizabstand. (Nach E. SCHUTZ und B. LUEKEN)

mit dem Abstand wachsend, registriert wird, ein zweiter Abschnitt, während dessen Doppelerregungen eintreten, und ein dritter, in dem schließlich die normale bekannte Vollerregung auftritt. Entsprechend kann man in jedem Zeitpunkt der Erholungsphase ebenso eine Reihe von Reizstärken finden, auf die das Herz mit dem Aktionsphänomen, mit der Reizstärke wachsend, antwortet, eine zweite Reihe, bei der Doppelerregungen ausgelöst werden, und eine dritte, bei der Vollerregungen registriert werden, die sich mit weiterer Verstärkung des Reizes dann nicht mehr ändern. Es handelt sich bei den Aktionsphänomenen in der Tat um stark abgeschwächte lokale Erregungen. In einigen *seltenen* Fällen konnte auch eine kurze Leitung mit Dekrement nachgewiesen werden, im allgemeinen bleiben die Lokalerregungen aber auf den Reizort beschränkt. Bemerkenswert — und mit Theorie und Definition in gutem Einklang (s. S. 56) — ist die Tatsache, daß diese Lokalerregung eben deshalb, weil sie auf den Reizort beschränkt bleibt, *auch bei diphasischer Ableitung* (also *ohne* Verletzung an der anderen Ableitungselektrode) *stets in monophasischer Form* auftritt, während die zugehörige Hauptsystole in diphasischer Form in Erscheinung tritt. Damit ist erstmals ein Erregungsvorgang ohne Verletzung oder einen sonstigen Eingriff in monophasischer Form ableitbar. — Der Übergang von Doppelerregung zu Vollerregung ist auch wieder recht interessant. Reizt man beim Auftreten von Doppelerregungen in einem etwas späteren Zeitmoment, also bei etwas weiter fortgeschrittener Erholung, so rückt der zweite Strom näher an das Aktionsphänomen heran und verschmilzt schließlich mit ihm zu einer sog. Übergangsform, so daß das Aktionsphänomen schließlich nur noch als kleine Delle bei Plateaubeginn erkennbar ist (Abb. 41). Es ist also auch hierbei noch die lokale Erregung am Reizort erkennbar, die den Beginn der normalen Erregung einleitet. Auch bei diphasischer Ableitung verschmilzt das monophasische Aktionsphänomen mit der R-Zacke der nachfolgenden Erregung, so daß schließlich nur noch an einer verbreiterten R-Zacke erkannt werden kann, daß hier ein lokaler Stromanteil enthalten ist. Die deutliche Trennung in die beiden Anteile der Doppelerregung wird durch den Zustand der langsam in der relativen Refraktärphase sich wiederherstellenden Erregbarkeit ermöglicht, wie das bei dem durch die vorbehandelnden Eingriffe gegebenen hypodynamen Zustand der Fall ist. Aber auch *außerhalb der Refraktärphase* lassen sich solche lokalen Erregungen durch einen Einzelreiz hervorrufen (z. B. unter Kälte oder durch hypotonische Kochsalz-Lösungen). Hier läßt sich besonders schön die Ungültigkeit des Alles- oder Nichts-Gesetzes, die Abhängigkeit von der Reizstärke zeigen (Abb. 42), ebenso natürlich alle Doppelerregungen und Übergangsformen und schließlich normale Vollerregungen bei mono- wie auch diphasischer Ableitung. Der *fortgeleitete* Aktionsstrom hat natürlich einen normalen Aktionsstromanstieg bzw. eine normale, nicht verbreiterte R-Zacke, da das Aktionsphänomen nur bei Ableitung vom Reizort erhalten wird.

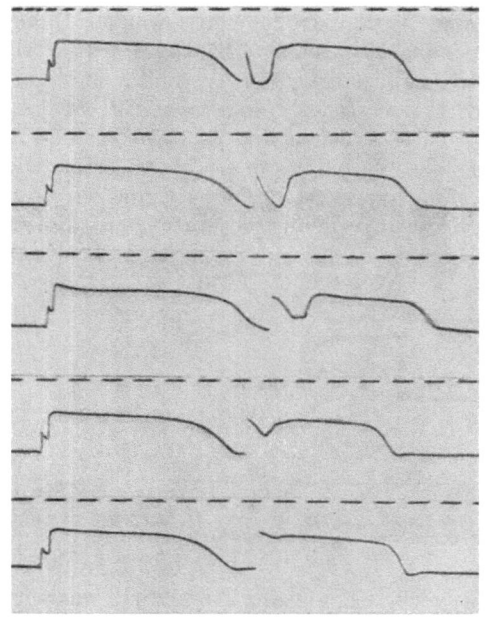

Abb. 41. Übergangsformen bei monophasischer Ableitung. Erklärung im Text. Reizstärke $25 \cdot 10^{-6}$ A. Zeitschreibung $1/_5$ sec. (Nach K. E. ROTHSCHUH und C. E. MEHRING)

Bei Doppelreizversuchen mit Aktionsphänomenen ergibt sich entweder durch den zweiten Reiz eine Unterbrechung der ersten und die Auslösung einer neuen Erregung von normaler Dauer oder sogar ein in seiner Dauer *verlängertes* Aktionsphänomen. Bei sehr kurzem Reizintervall kann der zweite Reiz, der für *sich allein nur ein Aktionsphänomen auslösen würde*, sogar *eine leitungsfähige Vollerregung auslösen*. Wir haben damit einen *registrierbaren* Experimentalfall für eine *Summation* (unterschwelliger Erregungen) vor uns!

Das Aktionsphänomen verdient für die Theorie der elektrischen Reizung am Herzen und für die Theorie der Erregung besonderes Interesse, da wahrscheinlich ist, daß dieser Befund auch im allgemeinen Rahmen von Bedeutung ist und Skeletmuskulatur und Nerv entsprechende Erscheinungen aufweisen. Nach der Mitteilung von SCHÜTZ (1936) hat 1937/38 HODGKIN am Crustaceennerven ähnliche Erscheinungen beobachtet, auf die kurz verwiesen sei, nämlich daß an der Reizkathode bei eben wirksamen Reizen eine besondere Stromform entsteht, die ebenfalls in monophasischer Form auftritt, nicht fortgeleitet wird und mit der Reizstärke an Größe wächst. Es läßt sich also auch hier elektrophysiologisch ein erster auf

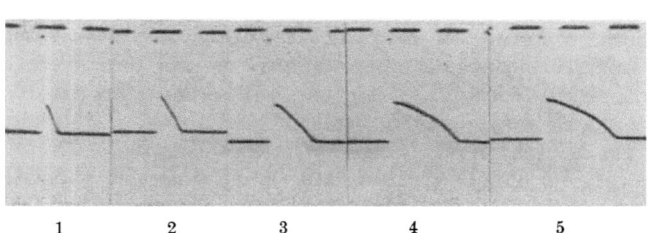

1 2 3 4 5

Abb. 42. Aktionsphänomene vom stark gekühlten Herzen, ausgelöst mit unterschwelligen Reizstärken. Anwachsen der Dauer und Größe mit wachsender Reizstärke. Bild 1: Reizstärke $18 \cdot 10^{-6}$ A; Bild 2: Reizstärke $21 \cdot 10^{-6}$ A; Bild 3: Reizstärke $25 \cdot 10^{-6}$ A; Bild 4: Reizstärke $27 \cdot 10^{-6}$ A; Bild 5: Reizstärke $29 \cdot 10^{-6}$ A Zeitschreibung in $1/_5$ sec. (Nach K. E. ROTHSCHUH und C. E. MEHRING)

den Reiz hin einsetzender lokaler Prozeß und als Folge davon eine leitungsfähige Erregung unterscheiden.

Es ist auch anzunehmen, daß diese Feststellungen in Beziehung stehen zu den Vorstellungen, die DRURY und LOVE, LEWIS und DRURY entwickelt haben (S. 80, 197). Die Autoren berücksichtigten bei ihren Refraktärphasenbestimmungen die Möglichkeit einer lokalisierten Beantwortung, die die — entferntere — Ableitungsstelle nicht erreicht (Leitung mit Dekrement). Sie unterschieden deshalb "visible response and concealed response" (welche die nächste Beantwortung beeinflußt). Es ist wahrscheinlich, daß das, was bei dieser Methode *postuliert* wird, von uns objektiv registriert und aufgewiesen wurde. Die Ermittlung einer "visible response" entfernt von der Reizstelle ergibt jedenfalls nicht die wahre Dauer des Refraktärstadiums.

Als eine Besonderheit im Verlauf der Kurve der sich wiederherstellenden Erregbarkeit ist noch die *übernormale Phase* zu behandeln, die ADRIAN (1921) am Herzen beschrieb. (ADRIAN und KEITH LUCAS, am Skeletmuskel unabhängig davon auch von BERITOFF gefunden und „Exaltationsphase" genannt.) Es handelt sich dabei um die Feststellung, daß das Herz, ehe am Ende der relativen Refraktärphase die normalen Ruhebedingungen wieder erreicht werden, eine Phase durchläuft, in der die *Erregbarkeit*, aber auch die *kontraktile Kraft* und *Leitfähigkeit* größer sind als im Ruhezustand. Die Abb. 43 zeigt dieses Verhalten an der *Kontraktionsgröße*, während hierbei die Aktionsstromhöhe konstant bleibt. Auch am diphasischen EKG findet sich in einem weiteren Beispiel von E. D. ADRIAN keine übernormale Phase der Potentialveränderung (bei p_H 6,5), während die Kontraktionskurve 113% der ersten des Doppelreizes beträgt. (Auf die Bedeutung dieses Befundes für die elektrisch-mechanischen Beziehungen wird S. 250 eingegangen werden.) Die oft abnorme Höhe der postkompensatorischen Systole nach einer vorangegangenen Extrasystole kann wohl mit der übernormalen Phase der Kontraktilität in Beziehung stehen, ebenso auch das Phänomen der „Treppe" (ADRIAN, WASTL) (S. 247). Für die *Erregungsleitung* wurde eine Beschleunigung der av-Leitung während der übernormalen Phase von ASHMAN nachgewiesen. Das av-Intervall war einige Zeit (etwa 3—8 sec!) nach Ablauf einer Systole deutlich gegen die Norm verkürzt. In zwei Fällen von komplettem Herzblock fanden LEWIS und MASTER, daß einzelne Vorhofschläge nur in einem bestimmten Zeitpunkt nach der Refraktärphase (0,42'' nach R bis etwa 0,70'') auf die

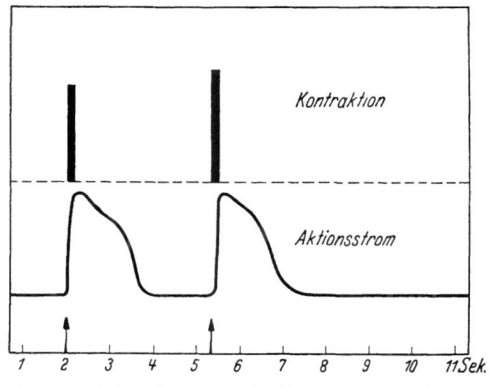

Abb. 43. Aktionsstrom und Kontraktionshöhe während der übernormalen Phase. (Nach E. D. ADRIAN)

Kammer übergingen, so daß eine Deutung durch eine übernormale Phase der Erregungsleitung nahe lag (s. dazu die Erklärung der „Bahnung der Erregungsleitung" durch die übernormale Phase, S. 113). Am normalen Herzen fanden dieselben Autoren übrigens bei steigender Vorhoffrequenz keine übernormale Phase der Reizleitung.

Da die meisten Untersuchungen dieser eigenartigen Erscheinung mit *Erregbarkeits*bestimmungen durchgeführt wurden, sei sie in diesem Zusammenhang besprochen. Nach den Feststellungen von ADRIAN (1921) durchläuft die Erholung nach einem Bad des Herzens in saurer Lösung eine solche Phase. Auch WASTL (1922) bestätigte den Befund an manchen Herzen, besonders wenn diese sich schon längere Zeit im Versuch befanden; die übernormale Phase ist also von der H-Ionenkonzentration des Milieus abhängig (sie fehlt bei p_H-Werten über 7,4, deutlich nachweisbar ist sie etwa bis p_H 6,3). Die Steigerung der Erregbarkeit in der übernormalen Phase beträgt meist nur wenige Prozent. Nach ADRIAN dauert sie bei entsprechend vorbehandelten Herzen über 10 sec, bei WASTL 1,8—3,3 sec. Nach JUNKMANN (1925) folgt auf die supernormale Phase noch eine subnormale Phase, die Erregbarkeit stellt sich also in zweiphasischem Verlauf „gleichsam um die Ruhelage schwingend" auf ihr gleichbleibendes Niveau ein. Einen solchen positiven und nachfolgenden negativen Teil der „Erregbarkeitsnachschwankung", wie JUNKMANN dieses Verhalten bezeichnete, erhielt er in der Mehrzahl der Versuche, die allerdings auch alle mit Induktionsreizen ausgeführt wurden. Manchmal fehlte der negative Teil, und das Ausmaß des positiven Teils wechselte. Bei Versuchen in situ fällt die ganze Erscheinung geringer aus. Jedenfalls ergibt sich eine besondere Labilität der Erregbarkeit nach ihrer Wiederkehr, die aber durchaus nicht immer in dieselbe Phase des Kontraktionsablaufs fällt. Auffallend ist überhaupt, wie verschieden Zeitmoment und Zeitdauer der Erregbarkeitsschwankungen angegeben werden. In den Versuchen von SCHELLONG und SCHÜTZ und von SCHÜTZ und LUEKEN wurden keine derartigen Beobachtungen gemacht, obwohl die Schwellen sehr genau aufgesucht und eingeengt wurden, wohl bestätigte sich die alte Erfahrung TRENDELENBURGs, daß sich der Herzmuskel „eben hinreichenden Reizen gegenüber sehr schwankend" verhält. Diese physiologischen Erregbarkeitsschwankungen ließen aber in den genannten Versuchen keine gesetzmäßigen Schwankungen im Sinne der über- und unternormalen Phase erkennen. Die Erscheinung scheint ja überhaupt — wie erwähnt — an gewisse Schädigungen des Gewebes (ASHMAN am komprimierten Vorhof) bzw. an stärkere Säuerung der Speisungsflüssigkeit (ADRIAN, WASTL) gebunden zu sein. Die besonderen Bedingungen, unter denen es zu der Erscheinung kommt, sind wohl noch nicht genügend erarbeitet, außerdem erscheint es dringend erforderlich, die Verhältnisse mit etwas die Induktionsreize zeitlich überdauernden Stromstößen erneut zu überprüfen, da nach den Befunden von SCHÜTZ und LUEKEN ja zu den angegebenen Zeitmomenten die Erregbarkeit schon längst wieder voll hergestellt ist. Möglicherweise liegen die Verhältnisse auch verschieden bei Einzelreizen am ruhenden Herzen und beim schlagenden Herzen.

Wahrscheinlich gehört in diesen Zusammenhang auch die Beobachtung von BORNSTEIN, daß das Herz ein Optimum der Erregbarkeit in einer (nach Jahreszeit und Temperatur) verschieden langen Zeit nach der Systole erreicht und daß von diesem Optimum an die Erregbarkeit wieder absinkt, mit anderen Worten, es gibt einen „Optimalrhythmus der Erregbarkeit" (auch als „Rhythmus des kleinsten Reizes" bezeichnet), der also durch schwächste Reize aufrechterhalten werden kann. Die Schnelligkeit dieses Rhythmus soll durch Gifte veränderbar sein (rhythmobathmotrope Wirkung) und am spontan schlagenden Herzen soll das Optimum der Erregbarkeit im allgemeinen noch nicht erreicht werden. Schon ENGELMANN (1895) gab an, daß die Erholung der Erregbarkeit am stillgelegten Ventrikel die Diastole überdauere; wäre die Pause zwischen zwei Schlägen noch länger, so würde die Erregbarkeit noch weiter ansteigen, die neue Systole setze sie aber wieder herab. Dagegen wandte sich allerdings ISAYAMA (bei v. BRÜCKE) und vertrat die Ansicht, daß die Erregbarkeit am Ende der Diastole wiederhergestellt sei. Auf Grund der neu gefundenen, oben beschriebenen Beziehungen zwischen Aktionsstrom und Refraktärphase bedürfen alle diese Angaben einer erneuten Überprüfung mit definierten Stromformen.

Möglicherweise stehen mit den Befunden einer über- und evtl. nachfolgenden unternormalen Phase Beobachtungen über negative und positive *Nachpotentiale* ("potentiels tardifs") in Beziehung, wie sie SEGERS am Froschherzen unter den verschiedensten experimentellen Bedingungen beschrieb; denn dieser Autor fand ein völliges Parallelgehen der gesteigerten und herabgesetzten Erregbarkeit mit den negativen und positiven Nachpotentialen (auf das entsprechende Verhalten von Nerv und Muskel sei besonders hingewiesen). Die weitere Erforschung dieser Verhältnisse erscheint deshalb besonders lohnend, da negative

Nachpotentiale möglicherweise von Bedeutung sind bei der Auslösung von Extrasystolen, ja es ist sogar denkbar, daß Pharmaka solche negativen Nachpotentiale vermindern und so spontane Erregungen unterdrückt werden können (SEGERS). Membrantheoretisch würde in guter Übereinstimmung mit unseren Vorstellungen stehen, daß Negativierung, also Abschwächung des Membranpotentials, mit Erregbarkeitssteigerung (und umgekehrt) einhergeht (S. 174). [Der Deutung der U-Zacke des EKG als eines solchen negativen Nachpotentials mit gleichzeitig bestehender Übererregbarkeit (HOFF und NAHUM) ist allerdings wahrscheinlich nicht zuzustimmen.]

Die Erscheinung der übernormalen Phase hat deshalb ein allgemeineres biologisches Interesse, weil sie auch sonst aufgewiesen werden konnte, so an Nerv und Muskel, am Krebsnerven, an den elektrischen Organen, am Schluckzentrum, also bei intracerebralen Erregungsvorgängen, und wahrscheinlich auch bei sensitiven Pflanzen. Möglicherweise ist sie ein integrierender Bestandteil im Ablauf einer Erregung, indem das Einstellen auf den neuerreichten Gleichgewichtszustand — wie auch sonst oft in der Natur — oscillatorisch verläuft (vgl. Abklingen von Nachbildern, Nachphasen des Nystagmus u. a. m.) (v. BRÜCKE), wenn auch die experimentellen Befunde noch gering sind und die ganze Sachlage auch heute noch nicht ganz durchsichtig erscheint. —

Ohne das ganze Problem des *Herzalternans* an dieser Stelle aufzurollen (s. dazu S. 252), sei in diesem Zusammenhang noch *eine* Form des Herzalternans besprochen,

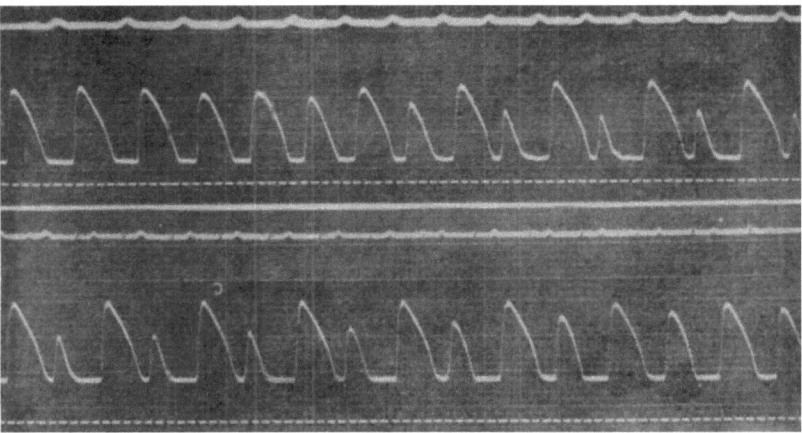

Abb. 44. Ausbildung eines *Alternans* im Kammeraktionsstrom bei mäßiger Sinuserwärmung (1. Kurve). 2. Kurve: Nach Absetzen der Thermode Verlangsamung der Sinusfrequenz und Rückbildung des Alternans zu normaler Herztätigkeit. Jeweils obere Kurve: Vorhofelektrogramm, untere Kurve: einphasischer Kammeraktionsstrom, darunter Zeit in 0,2 sec. (Nach E. SCHÜTZ und F. BUCHTHAL)

die durch SCHÜTZ und BUCHTHAL (1929, 1934) aufgeklärt werden konnte im Sinne einer *totalen* alternierend verschieden starken Tätigkeit des Herzens, die sich zwanglos aus den dargelegten Refraktärphasenuntersuchungen ergibt: Trifft der nächste vom Sinus kommende Reiz die Kammer noch vor vollständiger Erholung (d. h. hier vor noch nicht vollständig wiederhergestellter Erregungsgröße), so wird bekanntlich eine an Dauer und Höhe abgeschwächte Erregung hervorgerufen. Durch die Verkürzung der Dauer dieser Erregung vergrößert sich der zeitliche Abstand zum nächsten, rechtzeitig eintreffenden Reiz, so daß er also das Herz in einem weiter vorgeschrittenen Erholungszustand antrifft usw. (s. dazu Abb. 44!). Aus diesen Verhältnissen heraus entwickelt sich ein Herzalternans im elektrischen (und auch mechanischen!) Geschehen, der *ohne* die Annahme einer partiellen Asystolie der Herzkammer zu erklären ist[1]. Aus den oben erwähnten Temperaturversuchen von SCHÜTZ und DAMBLÉ ergibt sich zwangsläufig, daß ein solcher Alternans am leichtesten am abgekühlten Herzen bei gleichzeitiger leichter Sinuserwärmung hervorgerufen werden kann. Abb. 44 zeigt solche Alternansfälle, die „ein ganz überzeugendes Bild graphischer Art" (KISCH) für diese Auslösungsmöglichkeit eines Alternans im Sinne einer totalen alternierend verschieden starken Systolie des Herzens geben. Die Refraktärphasenverhältnisse geben eine *vollständige* Erklärung für das Zustandekommen dieser Alternansform. Es sei aber schon hier vermerkt, daß es weitere Alternansformen gibt, für die ein entsprechender Entstehungsmechanismus noch nicht auffindbar ist.

Betreffs *Frequenzabhängigkeit* des Erregungsvorganges sei auf die Ausführungen auf S. 149f. in anderem Zusammenhang verwiesen. An dieser Stelle sei aber die Frage der *Maximalfrequenz* des Herzens erörtert, da diese ebenfalls zwangsläufig in Beziehung stehen muß zu seinen Refraktärphasenverhältnissen. Die Erregung der Nebensystole weist eine verkürzte Dauer auf (Abb. 31, 38); da auch deren Refraktärstadium an die Dauer des Aktionsstroms gebunden bleibt, ist zu erwarten, daß die Maximalfrequenz des Herzens dann erreicht ist, wenn sich ein monophasischer Aktionsstrom an den anderen anschließt. Bei isolierter Erwärmung des Sinus zeigten das am Kaltblüterherzen SCHÜTZ und BUCHTHAL, mit der Findung einer Methode der einphasischen Ableitung auch vom Warmblüterherzen konnte das von SCHÜTZ auch an diesem gezeigt werden (Abb. 45). *Die jeweilige Dauer des einphasischen Stromes gibt die physiologische Refraktärphase des Herzens an und bestimmt damit seine Maximalfrequenz.*

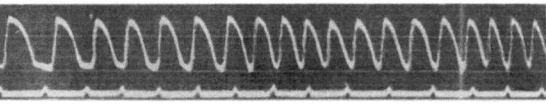
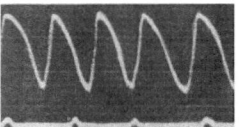

Abb. 45. Einphasische Elektrogramme des Kaninchenherzens bei starker Sinuserwärmung. Obere Abbildung: Zunehmende Frequenzbeschleunigung während der Erwärmung. Untere Abbildung: *Maximalfrequenz* bei höherer Registriergeschwindigkeit. Zeitschreibung in $1/5$ sec. (Nach E. SCHUTZ)

Auch die Frage der Maximalfrequenz eines Herzteiles verlangt also zu ihrer befriedigenden Aufklärung die Aufschrift des einphasischen Aktionsstroms und die Berücksichtigung seiner Beziehungen zur refraktären Phase. Es werden durch diese Betrachtungsweise einige grundlegende ältere Arbeiten dem Verständnis zugänglicher, so die Feststellung von W. TRENDELENBURG (1903), daß bei allmählicher Steigerung der Reizfrequenz höhere Frequenzen erzielbar sind als bei plötzlichem Übergang auf eine höhere Frequenz; bei diesem würde schon früher Rhythmushalbierung auftreten, während sich bei allmählicher Frequenzsteigerung die Refraktärphase verkürzt. Die Frage der so erreichbaren Maximalfrequenz wurde von A. ECKSTEIN am Kaltblüterherzen untersucht (von ihm „Grenze der Isorhythmie" genannt) und dabei keine bedeutenden Unterschiede zwischen Vorhof, Kammer und Überleitungsgewebe gefunden, wenn sich auch immerhin der Vorhof der Kammer und die Kammer dem Überleitungsgewebe als überlegen erwies. Beim Säuger sind die Unterschiede — entsprechend der weiteren anatomischen Differenzierung — nach den Untersuchungen von P. HOFFMANN und MAGNUS-ALSLEBEN jedenfalls viel deutlicher. Für den Vorhof ergaben sich als Maximalfrequenzen beim Kaninchen 800, bei der Katze 700, beim Hund 600, für den Ventrikel bei allen drei Tierarten etwa 550. Das Überleitungsgewebe vermag, was von grundsätzlicher Bedeutung z. B. für die Arrhythmia absoluta beim Vorhofflimmern bzw. die Vorhoftachy-

---

[1] Der Fall der Sinuserwärmung entspricht dem Verhalten bei künstlicher Reizung des Herzens mit zunehmender Reizfrequenz, und gerade für diesen Fall hat besonders MINES die Auffassung vertreten, daß sich dabei ausbildende Fall des Alternans darauf beruht, daß ein Teil der Fasern auf jeden Reiz antwortet, ein Teil nur auf jeden zweiten Reiz, wobei sich die im Halbrhythmus funktionierende Muskelmasse zerstreut in der übrigen Muskulatur, also nicht als eine abgesonderte Partie, vorfindet. Das wäre also die Annahme einer alternierenden partiellen Asystolie, die wir für den oben angegebenen Fall nicht benötigen.

systolie ist, nicht so viel Erregungen zu leiten wie der Ventrikel beantworten könnte. In rückläufiger Richtung ist die Zahl der Erregungen, die geleitet werden, noch viel geringer. Dem Vorhof kommt also die höchste Maximalfrequenz zu (sein Aktionsstrom zeigt ja auch die kürzeste Dauer), die des Ventrikels ist etwa $^5/_6$ davon und die des Überleitungsgewebes rechtläufig $^2/_3$ und rückläufig $^1/_2$ (P. HOFFMANN und MAGNUS-ALSLEBEN) (s. S. 83).

Aus den dargelegten Beziehungen zogen SCHÜTZ und BUCHTHAL auf Grund der damals vorliegenden Refraktärphasenuntersuchungen von SCHELLONG und SCHÜTZ den folgerichtigen Schluß, daß der physiologische Reiz, da er am Ende des Aktionsstroms bereits wiederum wirksam ist, mindestens die 3—4 fache Schwellenreizstärke (verglichen mit einem Induktionsschlag!) haben muß. Auf Grund der neueren Ergebnisse von SCHÜTZ und LUEKEN bei Anwendung selbst sehr kurz dauernder rechteckiger Stromstöße kann diese Schlußfolgerung betr. der *Wirkungsstärke der natürlichen Herzreize* so allgemein nicht aufrechterhalten werden; denn am Ende des einphasischen Aktionsstroms waren ja genau aufgesuchte rechteckige Reizströme von Schwellenwertstärke bereits wieder wirksam (s. Abb. 46), also zu einem Zeitpunkt, wo der Öffnungsinduktionsschlag etwa 3—4 fach überschwellig sein muß. Die Frage nach der Stärke des physiologischen Reizes wird damit zu einer Frage nach der *Dauer* des physiologischen Reizes. Es bleibt aber die Feststellung, daß die jeweilige Dauer des einphasischen Aktionsstroms die für den physiologischen Reiz maßgebende Refraktärphase des Herzmuskels ist.

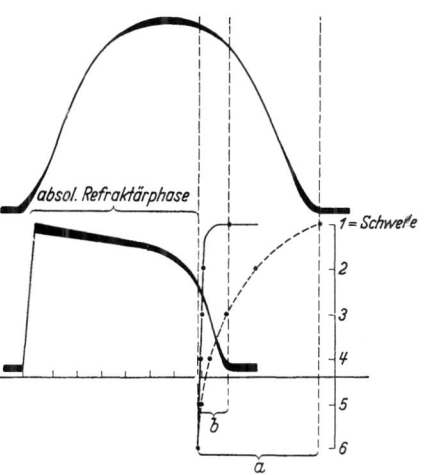

Abb. 46. Der Verlauf der in der relativen Refraktärphase des Herzens sich wiederherstellenden Erregbarkeit in den zeitlichen Beziehungen zur Kontraktionskurve und zum einphasischen Aktionsstrom bei Ermittlung mit Induktionsreizen (gestrichelte Kurve) und mit rechteckigen Stromstößen (ausgezogene Kurve). Daraus ergibt sich: *a* Dauer der relativen Refraktärphase bei Ermittlung mit Induktionsreizen; *b* bei Ermittlung mit rechteckigen Stromstößen. (Nach E. SCHÜTZ)

Es wird auf diese Verhältnisse deshalb besonders eingegangen, weil auch fast alle anderen Arten der Beweisführung für die Überschwelligkeit des physiologischen Reizes, da sie zeitlich vor diesen Erkenntnissen lagen, mit Induktionsschlägen geführt wurden. Die Frage ist natürlich von grundsätzlicher Bedeutung; es sei nur darauf verwiesen, daß Änderungen der physiologischen Reizstärke des öfteren zur Deutung pathologischer Verhältnisse herangezogen wurden, so zur Erklärung von Leitungsstörungen (ERLANGER, WINTERBERG, REHFISCH, H. STRAUB und KLEEMANN), zur Entstehung spontaner Extrasystolen (ROTHBERGER, KAUFMANN, WINTERBERG) u. a. Die alte klassische Anschauung, die auf ENGELMANN zurückgeht, hielt den physiologischen Reiz für schwellennahe (ebenso OEHRWALL, GASKELL). Später haben dann ALCOCK und H. MEYER und ebenso H. E. HERING für den Leitungsreiz einen „energetischen Reizüberschuß" angenommen. In neuerer Zeit hat man dann oft verglichen, ob und wann die Herzkammer auf eine vom Vorhof kommende Erregung nicht mehr ansprechen kann, wenn sie auf eine starke direkte Reizung gerade noch oder nicht mehr zu reagieren vermag (K. JUNKMANN, L. ASHER und BACHMANN, T. BUNNAG). Namentlich bei Anoxybiose und Kaliumvermehrung, aber auch unter Pharmaka wurde gefunden, daß die Anspruchsfähigkeit der Kammer außerordentlich herabgesetzt sein kann, während die natürlichen Reize unverändert wirksam sind. Daß unter diesen Versuchsbedingungen auch für rechteckige Stromstöße der erwähnten Dauer gilt, ist wahrscheinlich, aber noch nicht durch entsprechende Versuche erwiesen. Auf einem anderen Wege versuchte F. SCHELLONG der Wirkungsstärke des physiologischen Reizes näherzukommen. In einer mechanisch geschädigten Zone eines Herzstreifens wurden genaue Schwellenbestimmungen vorgenommen und festgestellt, bei welcher Verminderung der Erregbarkeit die Erregung die geschädigte Zone nicht mehr passieren kann. Auch aus diesen Blockadeversuchen ließ sich erkennen, daß der physiologische Reiz den für den ungeschädigten Zustand geltenden Schwellenreiz um ein Mehrfaches übertreffen muß.

Wenn auch der Befund einer Überschwelligkeit der natürlichen Herzreize, schon auf Grund der älteren Untersuchungen rein qualitativ als gesichert gelten kann, so ergibt sich noch die Frage, inwieweit die Methode des elektrischen Vergleichsreizes — und speziell die Anwendung von Induktionsströmen mit ihrer extremen Lage auf der Reizzeitspannungskurve des Herzens — auch eine *zahlenmäßige* Festlegung der Wirkungsstärke erlaubt. Die· erheblichen Unterschiede zwischen den Zeitpunkten der frühesten Schwellenreizbeantwortung, wie sie von SCHELLONG und SCHÜTZ bzw. SCHÜTZ und LUEKEN im Verlauf ihrer Refraktärphasenuntersuchungen bei Anwendung von Induktions- und Rechteckreizen festgestellt wurden (s. Abb. 46), lassen nämlich darauf schließen, daß der Grad der ermittelten Überschwelligkeit von der Dauer und Form des elektrischen Vergleichsreizes beeinflußt wird. Unter diesem Gesichtspunkt haben in jüngster Zeit SCHÜTZ, CASPERS und NIERMANN die Wirkungsstärke der physiologischen Leitungsreize nach der von F. SCHELLONG angegebenen Methode am Herzstreifenpräparat des Frosches erneut untersucht. Als Testreize wurden dabei neben Induktionsströmen Rechteckimpulse verschiedener Dauer verwandt. Die Untersuchungsergebnisse zeigten, daß zwischen der Dauer des Testimpulses und der Größe der jeweils ermittelten Überschwelligkeit tatsächlich eine hyperbolische Beziehung besteht, die lediglich eine *Aussage* über eine *minimale* Wirkungsstärke ermöglicht. Danach beträgt die Überschwelligkeit der natürlichen Leitungsreize am Froschmyokard *mindestens* das 2—3 fache der Schwellenintensität. Darüber hinaus stellt jede quantitative Angabe nur einen für die jeweilige Dauer des Testimpulses gültigen Sonderfall dar. Die bereits oben getroffene Feststellung, daß sich die tatsächliche Wirkungsstärke der physiologischen Herzreize mit der Methode der elektrischen Vergleichsreize nur dann hinreichend genau bestimmen läßt, wenn die Dauer des natürlichen Reizes bekannt ist, findet damit auch in dieser Versuchsanordnung eine experimentelle Bestätigung. Zur weiteren Klärung der Frage nach der Größe des ,,Sicherheitsfaktors der Erregungsleitung" am Herzen ist daher in neuerer Zeit der monophasische Aktionsstrom als sicht- und meßbarer Ausdruck der fortschreitenden Selbsterregung des Myokards herangezogen worden. So fand CASPERS, daß das einphasische Potential in einer funktionell geschädigten Zone des Herzstreifenpräparates durchschnittlich auf $1/3$ bis $1/4$ der normalen Aktionsspannung abfallen kann, ehe eine Blockade der Erregungsleitung eintritt. Die normale Erregung entwickelt demnach eine mehrfach überschwellige Spannung. Daraus folgt, daß unter physiologischen Verhältnissen nur ein Bruchteil der gesamten Anstiegsdauer (etwa 2 msec nach CASPERS) zur Erregung des nächstfolgenden Muskelelementes erforderlich ist. Auch aus unserer gleich anschließend zu behandelnden Grundvorstellung über das Wesen der Erregungsleitung kann geschlossen werden, daß der physiologische Reiz wesentlich überschwellig ist. Nach Messungen von H. SCHAEFER und M. KAHN beträgt die ,,absolute Schwelle", d. i. die Größe des elektrotonischen Potentials, das Reizwirkung hat, etwa rund 3 mV, die Spannung des Aktionsstroms ist also in der Tat um ein Vielfaches höher.

III. Die Erregungsleitung

Im vorhergehenden Kapitel sahen wir, daß die einphasische Ableitung (unter gewissen einschränkenden Vorbehalten) Größe, Dauer und Form des elektrischen Geschehens und damit des Erregungsvorganges an *einer* Ableitungsstelle wiedergibt. Da jede Erregung normalerweise die Fähigkeit hat, weitergeleitet zu werden — was im einzelnen noch zu begründen sein wird —, muß die *von zwei Punkten der Herzoberfläche aufgenommene diphasische Ableitung* ein elektrophysiologisches Bild ergeben, das dadurch kompliziert ist, daß nacheinander — um die Leitungszeit der Erregung von der einen Ableitungsstelle zu der anderen zeitlich verschoben — zwei Erregungsvorgänge zur Aufzeichnung kommen, deren Ausschlagrichtung wegen des Polwechsels ebenfalls wechselt. Das diphasische Elektrogramm gibt damit bei örtlicher Ableitung in meßbarer Weise das Fortschreiten der Erregung an. Das ist der Inhalt der *klassischen Differenztheorie des EKG*, wie sie besonders von BURDON-SANDERSON (1879/80), BAYLISS und STARLING (1892) und JOH. V. KRIES (1895) begründet wurde, und die wir im folgenden zunächst auf die örtliche Ableitung mit zwei auf das Herz bzw. einen Herzstreifen aufgesetzten Ableitungselektroden beziehen. Kaum eine Theorie ist so viel bekämpft und ebenso auch mit sie belegenden Argumenten verteidigt worden wie diese. Auf ihre Grenzen wird später noch besonders einzugehen sein.

Die ganze Geschichte dieser Frage kann im vorliegenden Rahmen nicht annähernd erschöpfend behandelt werden. Aber einige sich oft in abgeänderter Form wiederholende Auffassungen seien zur Klärung des Sachverhaltes an dieser Stelle kurz herausgestellt. Namentlich die große Variabilität der T-Zacke in klinischen Fällen wie auch unter den verschiedensten Experimentalbedingungen führten immer wieder zu einer *dualistischen Theorie des EKG*, deren Hauptinhalt meist der ist, daß nur die Anfangsschwankung (R-Zacke bzw. QRS-Gruppe) Ausdruck der Erregungsvorgänge ist, daß also nur diese dem am quergestreiften Muskel feststellbaren Aktionsstrom entspricht (SEEMANN, A. HOFFMANN, EIGER, CYBULSKI, H. STRAUB), während die T-Zacke meist auf Stoffwechselprozesse irgendwelcher Art zurückgeführt wird. Besonders der Wegfall der T-Zacke nach Monojodessigsäurevergiftung wurde dafür angeführt (SIEGEL und UNNA).

Eine weitere Gruppe von dualistischen Vorstellungen geht auf GOTCH zurück, der den Weg des Erregungsprozesses in Beziehung zur Krümmung des embryonalen Herzschlauches brachte. Das EKG ist danach der Ausdruck der über das Herz hinlaufenden Negativitätswelle, die einmal von der Basis zur Spitze und dann als zweite Welle von der Spitze zur Basis laufe, so daß sich die Basis der Kammer zum Schluß der Systole in Kontraktion befinde und so die T-Zacke erzeuge (auch KRAUS und NICOLAI). Auf die damit zusammenhängende Frage, inwieweit bestimmte Teile des EKG mit der Erregung bestimmter Herzteile in Beziehung gebracht werden können, wird auf S. 147 noch eingegangen werden.

Eine letzte Gruppe wurde früher (S. 75) schon erwähnt, die in der R-Zacke die Erregung des fibrillären Systems und in der T-Zacke die des Sarkoplasmas erblickt (VEEN, WERTHEIM-SALOMONSON). Dem gegenüber stehen die Autoren, die in *R und T* den *Ausdruck eines gemeinsamen Grundvorganges* erblicken.

Eine eingehendere Übersicht über die „dualistischen" Theorien des EKG findet sich in der Monographie von SCHÜTZ (1936), aus der ersichtlich ist, daß seit der „extensiven" Bearbeitung des Elektrokardiogramms, also etwa seit 1910 bis in die neueste Zeit, diese Vorstellungen immer wieder in abgeänderter Form auftauchen, obwohl F. B. HOFMANN sie schon 1926 als „ein für allemal erledigt" bezeichnete. Auf die am eindrücklichsten erscheinende Beweisführung aus neuerer Zeit von SIEGEL und UNNA sei besonders eingegangen, weil sie in ihrer Widerlegung durch MALTESOS besonders eindrücklich den Wert der Differenzanalyse zeigt. In Übertragung der bekannten Befunde von LUNDSGAARD (1930), daß durch Monojodessigsäure die Milchsäurebildung im Skeletmuskel verhindert werden kann, ohne die Kontraktionsfähigkeit aufzuheben, untersuchten die genannten Autoren die Verhältnisse am Warmblüterherzen. Sie fanden unter Monojodessigsäure ein Verschwinden der Nachschwankung ohne erhebliche QRS-Veränderungen und bezogen daher die QRS-Gruppe auf den Kontraktionsvorgang, während die Nachschwankung (T-Zacke) „einem in die Kontraktionszeit fallenden Erholungsprozeß, vermutlich der Milchsäurebildung, die Entstehung verdankt". Nachuntersucher (LÖWENBACH; GOLDENBERG und ROTHBERGER; FREY, BERGER und PFISTER) konnten den Befund des Verschwindens der T-Zacke unter Monojodessigsäure überhaupt nicht bestätigen. In nochmaliger

Überprüfung durch MALTESOS ergab sich uns tatsächlich der Befund von SIEGEL und UNNA, er erwies sich aber gleichzeitig als ein besonders geeigneter Experimentalfall, um die Berechtigung der differenz-theoretischen Analyse zu zeigen. Die Abb. 47 (obere Kurve) zeigt das EKG, dessen Form sich, abgesehen von der veränderten intraventrikulären Leitungsgeschwindigkeit, erklärt aus der enormen Verkürzung und Formänderung der monophasischen Basis- und Spitzenströme bzw. des entsprechenden einphasischen Elektrogramms am Warmblüterherzen (Abb. 47, untere Kurve). *Es verschmelzen daher einfach R- und T-Zacke zu einer verkürzten diphasischen Stromschwankung* (wie beim Muskelaktionsstrom).

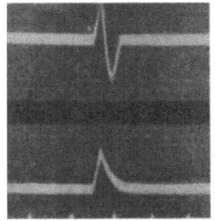

Abb. 47. Monojodessigsäurevergiftung am Kaninchen. EKG und einphasisches Elektrogramm unmittelbar vor dem Kammerstillstand. Zeit: $^1/_5$ sec. (Nach C. MALTESOS)

Die Tatsache, daß das einphasische Elektrogramm des Herzens (s. S. 71) mit der Dauer des diphasischen Stromes übereinstimmt, widerlegt schon den größten Teil der oben angeführten Argumente der dualistischen Theorie. Es sei verwiesen auf Abb. 23, die zeigt, daß seit der Möglichkeit der einphasischen Ableitung vom durchbluteten Warmblüterherzen in situ (S. 63) ohne weiteres erweisbar ist, daß das *zweigeteilte Kammer-EKG mit R- und T-Zacke einem gemeinsamen Grundvorgang angehört*. Die Dauer der T-Schwankung stimmt mit dem steilen Teil des Abfalls des einphasischen Elektrogramms zeitlich überein. Die Anstiegszeit des einphasischen Stromes der gesamten Herzkammern entspricht der Dauer der QRS-Gruppe. *Es ist damit nicht mehr möglich, das zweigeteilte Kammer-EKG der üblichen Ableitung, also R- und T-Zacke, als Ausdruck zweier vollkommen unabhängig voneinander existierender Erscheinungen anzusehen* (SCHÜTZ) (s. dazu S. 73).

Die Gültigkeit der Differenzkonstruktion des diphasischen Elektrogramms bei lokaler Ableitung muß sich nach dem Gesagten am einfachsten am Herzstreifenpräparat (mit seiner einsinnigen Erregungsfortpflanzung) durch experimentell gesetzte, zunehmende Leitungsverzögerung erweisen lassen.

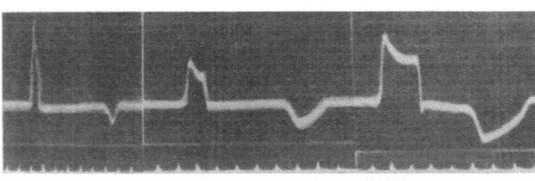

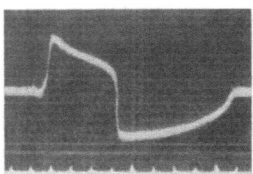 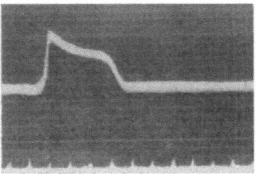

Abb. 48. Zunehmende Leitungsverzögerung zwischen den Ableitungsstellen eines Herzstreifenpräparates. (Nach E. SCHUTZ, K. E. ROTHSCHUH und C. E. MEHRING)

Solche Verzögerungen der Erregungsleitung lassen sich besonders gut durch lokale Kälteeinwirkung und durch lokale Einwirkung hypotonischer Lösungen (am besten durch Aqua dest.) erzielen. SCHÜTZ, ROTHSCHUH und MEHRING sind diesen Weg gegangen, indem sie an langen Herzstreifenpräparaten die Mitte zwischen den Ableitungselektroden dem Einfluß von Aqua dest. aussetzten, wodurch eine zunehmende und hochgradige Verzögerung der Erregungsleitung (bei gleichzeitiger Abschwächung der Zwischenstreckenpotentiale, s. S. 76) erreicht wurde. Mit der zunehmenden Leitungsverzögerung tritt eine fortschreitende Verbreiterung der R-Zacke auf. Die Erregung unter der zweiten Ableitungselektrode, der nach unten gerichtete monophasische Aktionsstrom, beginnt mit wachsender Verspätung gegenüber dem ersten Strom, schließlich reihen sich die beiden monophasischen Aktionsströme der beiden Ableitungsstellen zeitlich nacheinander in entgegengesetzter Richtung aneinander an! Kommt es jetzt zur Blockierung der Erregungsleitung in der behandelten Zwischenstrecke, so wird nur noch der Aktionsstrom der ersten Ableitungsstelle monophasisch registriert (Abb. 48 und 49). Es wird also hier durch zunehmende Leitungsverzögerung — entsprechend den Vorstellungen der Differenztheorie — das *diphasische EKG*

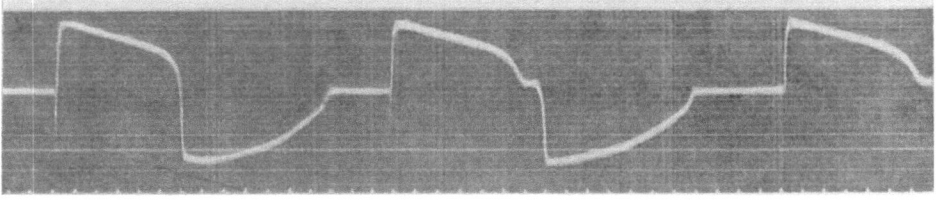

Abb. 49. EKG vom Froschherzstreifen in der gleichen Versuchsanordnung wie Abb. 48; *a* im Zeitpunkt der noch unvollständigen Auseinanderziehung der beiden monophasischen Aktionsströme; *b* beim nächsten Herzschlag die beiden monophasischen Ströme vollständig getrennt nacheinander in Erscheinung tretend und in *c* Registrierung nur des ersten einphasischen Stromes infolge Eintritt eines Leitungsblocks zwischen den Ableitungselektroden. (Nach E. SCHÜTZ, K. E. ROTHSCHUH und C. E. MEHRING)

des Herzstreifens in seine beiden monophasischen Komponenten zerlegt, so daß diese nacheinander und in entgegengesetzter Richtung zur Aufzeichnung kommen.

Außer dieser „Auseinanderziehung" des diphasischen EKG in zwei aufeinanderfolgende einphasische Ströme ist auch folgender Versuch gut zu Demonstrationszwecken geeignet. Durch Annäherung eines glühenden Glasstabes an die Herzspitze wird durch die strahlende Wärme vorzugsweise der einphasische Strom der Spitze erheblich verkürzt und entsprechend ergibt sich eine starke Vergrößerung der T-Zacke (Abb. 50). (Durch die gleichzeitige geringere Erwärmung des ganzen Herzens kann außerdem die Erregungsleitung und die Dauer der Erregungsvorgänge in der gesamten Herzkammer beschleunigt werden, was dann in der Verkürzung der Gesamtdauer und der Anfangsschwankung zum Ausdruck kommt.) Differenzkonstruktionszeichnungen für derartige Fälle sind schon von YOSHIDA und F. B. HOFMANN gegeben worden (Abb. 51). Schließlich zeigt Abb. 52 in

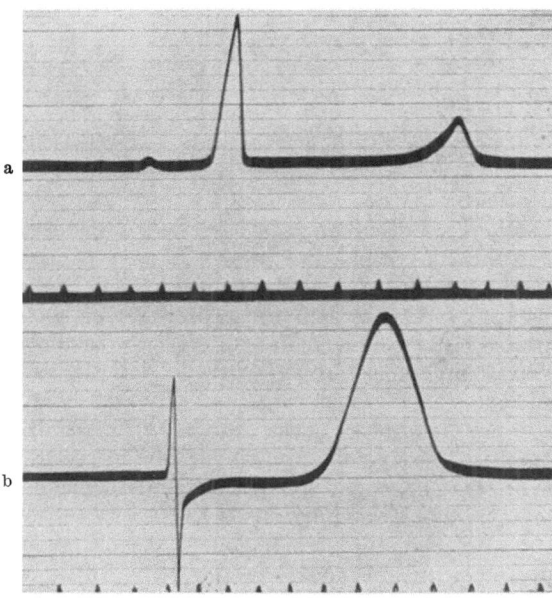

Abb. 50. *a* EKG des Froschherzens bei lokaler Ableitung von Basis und Spitze; *b* Veränderung des EKG bei Annäherung eines glühenden Glasstabes an die Herzspitze. (Nach E. SCHÜTZ)

Differenzkonstruktion, wie Änderungen der Leitungsgeschwindigkeit von Einfluß auf die Form des diphasischen Herzaktionsstroms sind: eine Verzögerung des Beginns von b_1 nach b_2 führt zur Erhöhung der R-Zacke und zur Vertiefung der T-Zacke. (Weitere ergänzende Darlegungen findet der Leser bei SCHÜTZ, 1936, zusammengestellt.)

Auch die *Entstehung der Q- und S-Zacke* wurde von YOSHIDA und HOFMANN (und in ähnlicher Weise von WORONZOW) nach den Prinzipien der Differenzkonstruktion erklärt: Wie die Abb. 53 zeigt, ergibt sich aus dem langsameren Anstieg des Aktionsstroms der Basis und dem etwas später einsetzenden, aber rascher ansteigenden Aktionsstrom der Spitze bei algebraischer Summation das Auftreten einer R- und S-Zacke. Die Abb. 53 zeigt weiter, daß die R-Zacke um so höher und die S-Zacke um so niedriger wird, je später der Aktionsstrom der Spitze dem der Basis folgt, während umgekehrt, wenn der Aktionsstrom der Spitze in ganz kurzer Zeit auf den der Basis folgt, die anfängliche R-Zacke sehr unbedeutend und die nachfolgende S-Zacke sehr tief wird. Besonders verwiesen sei dabei auch auf den der Abb. 50 zugrundeliegenden Versuch, bei dem der von Basis und

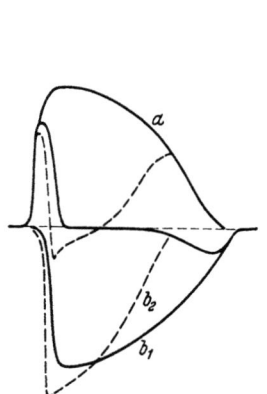
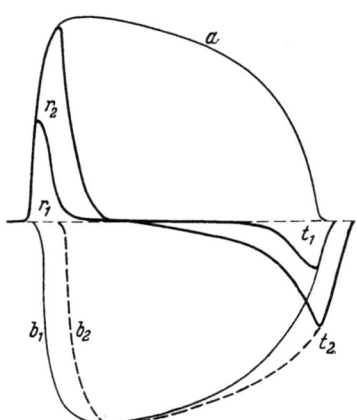
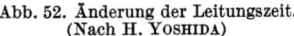

Abb. 51. Differenzkonstruktion bei Erwärmung der Herzspitze. (Nach H. YOSHIDA)

Abb. 52. Änderung der Leitungszeit. (Nach H. YOSHIDA)

Abb. 53. Erklärung der S-Zacke nach H. YOSHIDA

Spitze des Froschherzens abgeleitete Aktionsstrom zunächst weder eine Q- noch eine S-Zacke zeigt. Bei lokaler Erwärmung der Spitzenableitungsstelle verkürzt sich die Dauer der abwärts gerichteten Spitzenkomponente, und in uns schon bekannter Weise wird dadurch die T-Zacke hochpositiv. In diesem Zusammenhang interessiert besonders, daß infolge der lokalen Erwärmung der Abstieg der Abwärtskomponente steiler wird, so daß der Anstieg der Basiskomponente frühzeitiger unterbrochen wird: es entsteht eine tiefe S-Zacke. Hier besteht kein Zweifel, daß diese Zacke durch Differenz der örtlichen Potentiale der beiden Ableitungsstellen entstanden ist, die Unterschiede im zeitlichen Beginn und in der Anstiegssteilheit der von den beiden Ableitungsstellen stammenden Komponenten genügen zur Erklärung der S-Zacke. Bei einem gleichzeitigen Vorliegen von Q- und S-Zacken entstehen jedoch schon grundsätzliche Schwierigkeiten dafür (ROTHSCHUH). Wenn man derartige Differenzkonstruktionen auf dem Papier vornimmt und die Übereinstimmung mit der experimentell gewonnenen Kurve beweisen will, macht man weiter die Erfahrung, daß zwar die *Grundform* des EKG stets auf diese Weise erhalten werden kann, daß aber besonders bei den Q- und S-Zacken „Unstimmigkeiten" auftreten. Nicht immer entspricht die „Papierkonstruktion" dabei den im Experiment erhaltenen Kurven, und es ist daher weiter zu erforschen, ob solche Unstimmigkeiten scheinbare oder wirkliche sind, mit anderen Worten ob sie mit Hilfe *begründeter* Zusatzannahmen zu einer befriedigenden Erklärung vom Boden der Differenztheorie führen oder nicht. Wir werden uns auch bei der Erörterung dieser Frage zunächst auf die direkte Ableitung vom

Herzen beziehen. Denn trotz der großen formalen Übereinstimmung zwischen den bei direkter und indirekter Ableitung gewonnenen Strombildern ist das wegen der sehr verschiedenen physikalischen Ableitungsverhältnisse erforderlich, wie das schon vor vielen Jahren A. SAMOJLOFF, J. SEEMANN u. a. betont haben. Die indirekte Ableitung und die sich dabei ergebenden Fragen werden daher in einem besonderen Kapitel behandelt werden.

Wir wählen die Frage des Auftretens von *Q- und S-Zacken* für die weitere Besprechung aus mehreren Gründen. Einmal ist die Frage des Entstehungsmechanismus dieser Zacken ein wichtiges Problem der theoretischen und der klinischen Elektrokardiographie und zweitens wird hier besonders deutlich, daß in der Tat die Notwendigkeit der Erweiterung der Differenztheorie auch bereits bei der direkten Ableitung vorliegt. Zwar konnte oben an einem Fall gezeigt werden, daß, wenn nur Q- und R-Zacken oder nur R- und S-Zacken vorliegen, die Erklärung durch die Differenz zweier monophasischer Ströme ausreicht, die sich nur in der Anstiegssteilheit und im Zeitpunkt des Auftretens unterscheiden. Aber die Verhältnisse liegen nicht immer so einfach, und es gibt in der Tat Stromformen, die sich aus zwei monophasischen Stromformen auch bei direkter Ableitung überhaupt nicht mehr konstruieren lassen, wie besonders neuere Untersuchungen von ROTHSCHUH ergeben haben. Wenn man einen Froschherzstreifen in Luft aufspannt, ihn an einem Ende reizt und von zwei Stellen das diphasische EKG ableitet, so erhält man eine Stromform mit einer je nach Zwischenstreckenlänge verbreiterten und aufgesplitterten R-Zacke (ohne Q und S) und eine T-Zacke, welche einen welligen oder auch um die Nullinie schwankenden Verlauf zeigt. Dieses Strombild kommt dadurch zustande, daß sich den Grundströmen der beiden Ableitungsstellen die Potentialdifferenzen überlagern, welche in der zwischen den Elektroden gelegenen Zwischenstrecke entstehen. Es handelt sich also um die Beimischung von relativ niedergespannten „Fernpotentialen", welche nicht von den Ableitungsstellen selbst herrühren. Unter „Fernpotentialen" verstehen wir also im folgenden alle diejenigen im Ableitungsstromkreis auftretenden Potentialdifferenzen, die nicht von den Ableitungsstellen des Herzens selbst stammen. [Daher läßt sich der Begriff nur auf eine bipolare direkte oder eine semidirekte Ableitung (eine Elektrode auf dem Herzen, eine Elektrode im umgebenden leitenden Medium) anwenden. Indirekt abgeleitete EKG-Formen enthalten *nur* „Fernpotentiale".] Wenn man den gleichen Herzstreifen wie im obigen Versuch während der diphasischen Ableitung auf eine leitende, mit Ringerlösung getränkte Unterlage legt, treten charakteristische Veränderungen der Stromform auf, welche im wesentlichen durch das Auftreten großer Q- und S-Zacken gekennzeichnet sind (Abb. 54). Das erklärt sich aus Folgendem: Die herannahende Erregung erzeugt in dem leitenden Medium der Unterlage ein elektrisches Feld, welches durch den Dipol des Anstiegsvorgangs erzeugt wird. Der Kopf der Erregungswelle gibt den positiven Pol, das Erregungsmaximum den negativen Pol ab. Die positiven Stromschleifen des Feldes laufen der herannahenden Erregung voraus und führen zu einem ersten abwärts gerichteten, mit Rücksicht auf die Polung der ersten Elektrode positiven Vorschlag. Dieser kehrt sich um, es kommt zur Überkreuzung der Nullinie, wenn der Nullpunkt des Feldes vorüberzieht, und es kommt zum Anstieg nach oben, wenn der negative Pol passiert. So entsteht eine „dipolförmige" Zacke, wie sie von ROTHSCHUH analysiert worden ist. Da die Erregungswelle nach kurzer Zeit auch die zweite Ableitungsstelle passiert, entsteht davor eine zweite, natürlich spiegelbildlich aussehende, dipolförmige Zacke, so daß ein sehr eigenartiges Zackenbild entsteht. Dieses zeigt bei großem Elektrodenabstand zwei in kurzem Zeitabstand aufeinanderfolgende „dipolförmige" Gruppen und bei kleinem Abstand eine QRS-Gruppe mit großen Q- und S-Anteilen (Abb. 54). In den Q- und S-Anteilen haben wir also in diesem Falle wiederum Fernpotentialbeimischungen vor uns. Solche Fernpotentiale lassen sich auch dann nachweisen, wenn man am freigelegten Kalt- oder Warmblüterherzen örtlich das diphasische oder monophasische EKG ableitet. Dabei treten nämlich auch vielfach Potentialbeimischungen auf, welche aus tiefer oder ferner gelegenen Teilen des Herzens außerhalb der Ableitungsstellen stammen und als Vor-, Anstiegs- oder Nachzacken in der R-Zacke erscheinen. Immerhin

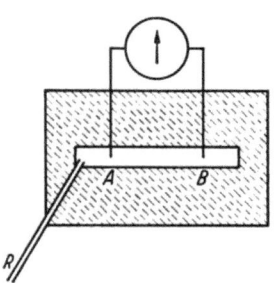

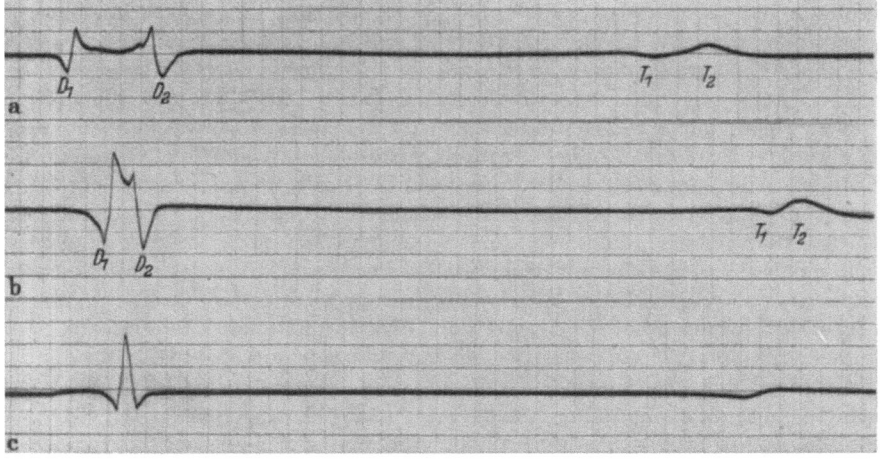

Abb. 54. a—c. Entstehung von QRS-Gruppen durch Verschmelzung zweier dipolförmiger R-Zacken bei Ableitung des diphasischen EKG von einem Herzstreifen vom Frosch: Bei Ableitung des diphasischen Stromes von einem auf der Unterlage liegenden Herzstreifen gelangen bei 15 mm Zwischenstrecke (a) 2 diphasische Ströme mit 2 dipolförmigen R-Zacken (D_1 und D_2) sowie mit 2 T-Schwankungen (T_1 und T_2) zur Registrierung. Bei Verkleinerung der Zwischenstrecke auf 4 mm (b) und 1 mm (c) verschmelzen die Dipole zu einer R-Zacke mit Q- und S-Zacken. Zs $^1/_{20}$ sec. (Nach K. E. ROTHSCHUH)

sind diese Potentialbeimischungen durchweg relativ klein. Es sei hierzu noch bemerkt, daß die Erregungswelle, die im freigelegten Herzen die Muskelwandung von innen nach außen durchsetzt, kein ausgreifendes Feld entwickelt; denn sonst müßten alle örtlichen Ableitungen Vor- und Nachzacken haben. Das ist aber durchaus nicht die Regel. Auch beginnt das EG verschiedener Herzpunkte nicht gleichzeitig, das wäre undenkbar, wenn das Herz selbst als leitendes Medium weit ausgreifende Feldlinien von dem Kopf der Erregung entstehen ließe.

In der Beimischung von Fernpotentialen erkennen wir damit ein Prinzip, das zusätzlich zu der Differenzkonstruktion hinzutritt. Außer der Beimischung von Fernpotentialen ist z. Z. aber auch noch ein *weiteres zusätzliches Prinzip* durch experimentelle Arbeiten bekannt, daß zur Erklärung bestimmter EKG-Formen auch bei direkter Ableitung hinzugenommen werden muß; es handelt sich dabei um das *Prinzip der „monophasischen Beimischung"* (SCHÜTZ).

Zur Erläuterung dieser Frage müssen wir etwas weiter ausholen. Es handelt sich dabei um die Frage der Entstehung der *Abweichung der ST-Strecke im EKG*, die in der Richtung nach oben charakteristisch ist für das EKG bei Herzinfarkt, Coronarthrombose, Perikarditis u. a., und in der Abweichung nach unten meist als das EKG bei Coronarinsuffizienz bezeichnet wird. SCHÜTZ nannte 1932 die dabei vorliegenden Stromformen „monophasisch deformierte Kammerkomplexe", eine Bezeichnung, die sich inzwischen weitgehend eingebürgert hat und die zum Ausdruck bringen soll, daß infolge des Vorliegens einer im elektrophysiologischen Sinne verletzten Stelle monophasisch zur Ableitung kommende Aktionsströme sich dem diphasischen EKG beimischen. Zur Erklärung wurde von SCHÜTZ das Prinzip der „Gabelelektrode" entwickelt, das sich dann auch bei der Aufklärung der Fernpotentiale bewährte; experimentell wurde gezeigt, daß, wenn ein Gabelast (m) an einer verletzten, die anderen Gabeläste (a, b) an unverletzten Stellen liegen, sich eine Übergangsform zwischen einem monophasischen und einem diphasischen EKG, ein „monophasisch deformierter Kammerkomplex" ergibt (Abb. 55, 56);

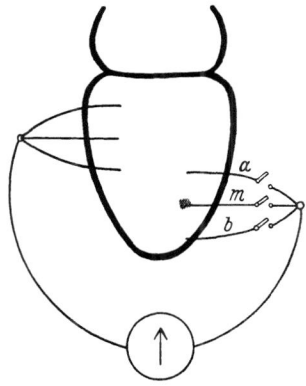

Abb. 55. Schema der Versuchsanordnung zur Gabelelektrode nach E. SCHÜTZ. Beschreibung im Text

die Ausschlagsrichtung der ST-Abweichung von der Nullinie ergibt sich aus der Lage des Verletzungsherdes. *Grad der Verletzung und Güte der Ableitungsbedingungen bestimmen dann das Ausmaß der monophasischen Deformierung.* Damit ergibt sich, daß zur Deutung pathologischer EKG-Formen Konstruktionen nach Art der Differenztheorie nicht ausreichen. Die Differenzkonstruktion ist das *eine* Prinzip der Analyse des EKG: zu ergründen, wie sich der eine oder beide Summanden hinsichtlich Leitung, Dauer und Form verändern, darüber hinaus ist als ein zweites Prinzip zu berücksichtigen, daß das Vorhandensein einer verletzten Stelle bereits in der Lage ist, durch Beimischung von monophasisch zur Ableitung kommenden Aktionsströmen das Normalelektrokardiogramm in seiner Form abzuändern, was sich ganz besonders in der ST-Strecke auswirken muß. Auf die anderen Theorien zur Deutung der ST-Senkung, die sich streng an die einfache Differenzkonstruktion halten (A. WEBER: Leitungsverzögerung, F. SCHELLONG: Formänderung des einphasischen Stromes) soll an anderer Stelle eingegangen werden (S. 206f.), da es sich hier zunächst darum handelt, die Berechtigung und Notwendigkeit dieses Prinzips bereits für die direkte Ableitung aufzuweisen. In der Tat erhält man ST-Abweichungen des örtlich abgeleiteten diphasischen EKG, wenn man den Wollfaden

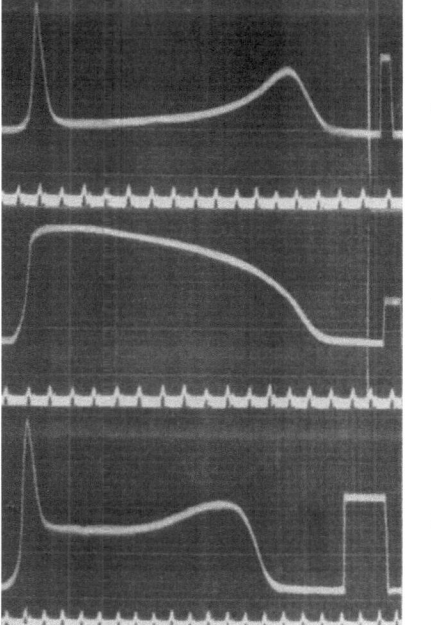

Abb. 56. Versuchsanordnung nach Abb. 55. a diphasisches Strombild bei Abschaltung der Gabel m; b monophasischer Strom der Gabel m bei Abschaltung von Gabel a und b; c Strombild, gemischt aus den Strömen der Gabeln a, b und m. Zs. $^1/_5$ sec. (Nach E. SCHÜTZ und K. E. ROTHSCHUH)

einer Ableitungselektrode mit einer dünnen KCl-Lösung tränkt. Es wurden dabei in bestimmten Fällen weder Leitungsverzögerungen noch Formänderungen des einphasischen Stromes, wohl aber das regelmäßige Auftreten von Verletzungspotentialen nachgewiesen, die die monophasische Beimischung veranlassen, während vorher die ST-Strecke genau auf der Nullinie verlief (U. *und* E. Schütz). Wo ein Verletzungspotential vorhanden ist, ist auch die Ableitung monophasischer Aktionsströme gegeben. [Es ist jedoch zu beachten, daß dieser Satz nicht umkehrbar ist; denn in den Lokalerregungen von Schütz und Lueken haben wir ja einphasische Ströme ohne Verletzungspotential! (s. S. 56, 91)].

Damit haben wir bereits zwei Prinzipien erkannt, durch die eine nicht völlige Übereinstimmung zwischen „Papierkonstruktion" und experimentell erhaltener Kurve bei Durchführung einer Differenzkonstruktion verständlich wird. Natürlich ist immer bei Durchführung von Differenzkonstruktionen Voraussetzung, daß die Form der sich algebraisch summierenden Aktionsströme genau bekannt ist und ebenso die Bedingungen, unter denen sie sich ändern können. Die Formeigentümlichkeiten bestimmter Ableitungsstellen, die Formänderungen des einphasischen Stromes durch Veränderungen an der erregten Stelle, der Einfluß der verletzten Stelle durch Ausbildung von Restströmen und die wichtige Rolle der Fernpotentiale wurden deshalb ausführlicher behandelt. Es sprechen also dabei so viele, im einzelnen oft nicht vollständig übersehbare Momente mit, die auch durch direkte Ableitung nicht alle mit Sicherheit erfaßt werden können, so daß eine nicht restlose Übereinstimmung zwischen konstruierter und registrierter Kurve verständlich ist. Aber daß die *Grundform* des EKG und viele Abweichungen und Einzelheiten unmittelbar bei örtlicher Ableitung durch die Differenztheorie befriedigend erklärt werden können, ist nicht zu bezweifeln! Ihre Anwendbarkeit auf die indirekte Ableitung wird später (Kap. V.) noch besonders besprochen werden. Die weitere experimentelle Arbeit wird vielleicht noch weitere zusätzliche, aber die Grundlagen nicht erschütternde Prinzipien ergeben — es sei nur an die Aufklärung der Dipolformen (S. 103, 209) erinnert —, ebenso wie neue Gesichtspunkte beider in direkten Ableitung hinzukommen. Die Geschichte der Elektrokardiographie hat aber den großen heuristischen und didaktischen Wert dieser Konzeption zur Genüge erwiesen, wie noch an vielen Stellen dieses Buches überzeugend zum Ausdruck kommen wird. Schließlich — was das Wichtigste ist — ist die so erweiterte Differenztheorie, soweit ich sehe, diejenige Theorie des EKG, die anstelle hypothetischer oder spekulativer Papierkonstruktionen am ehesten ermöglicht, *experimentell* bei der Analyse abweichender EKG-Formen weiterzukommen. —

Die Frage nach dem *morphologischen Substrat der Erregungsleitung* ist, wie wir schon auf S. 36 sahen, eng verknüpft mit der Frage nach der anatomischen Grundlage der Automatie. Wenn wir uns dafür entschieden haben, diese als „wahrscheinlich myogenen Ursprungs" anzusehen, so müssen wir diese Folgerung auch für die Erregungsleitung ziehen, d. h. wir bauen unsere weitere Betrachtung auf einer „*myodromen Theorie*" auf. Daß demgegenüber die besprochene neurogene Theorie seit Ranvier (1880), Heymans und Demoor (1895) auch die Erregungsleitung dem intramusculären Nervennetz zuschrieb, wurde schon erwähnt; auch jene ringförmige Muskelverbindung, die Gaskell zuerst am Schildkrötenherzen (1883) an der av-Grenze fand und für die er nachwies, daß dieser „av-Trichter" ausschließlich für die Erregungsleitung von Vorhof auf Kammer maßgebend ist, ist tatsächlich überall in gleicher Weise von Nervenfasern umsponnen (Gerlach, Ranvier, Heymans und Demoor; Keith und Mackenzie und Laurens); das av-Gewebe, das in bevorzugter Weise der Erregungsleitung dient, stellt also auch einen *neuromuskulären Gewebskomplex* dar, wie das nach vielen Untersuchern ebenso für das Hissche Bündel gilt (TAWARA, WILSON, DE WITT, ASCHOFF, L. R. MÜLLER, ENGEL, FREUND, MORISON, EVERSBUSCH u. a.). Jede mechanisch-anatomische Trennung von nervösen und muskulären Bestandteilen erscheint daher aussichtslos. Darum haben auch viele für die myodrome Theorie ins Feld geführte Experimente wie der berühmte Zickzackversuch ENGELMANNs, auf den gleich noch einzugehen sein wird, an Beweiskraft verloren. Nachdem die Existenz des intramuskulären Nervennetzes sichergestellt war, bleiben für die myodrome Erregungsleitung gegenüber der neurogenen Theorie dieselben Argumente mit den dabei zu machenden Vorbehalten wie bei der myogenen Theorie der Automatie, der Hinweis auf das (nervenlose) embryonale Herz (RUD. WAGNER, ENGELMANN), das Verhalten der Gewebskulturen (BURROWS, PH. STÖHR, ROFFO u. a.) und jene bedeutsamen Experimente, die die Trennung der motorischen Leitung und der Hemmungswirkung der Herznerven zum Ziele hatten, wenn man mit F. B. HOFMANN die Annahme für unhaltbar erklärt, „daß die motorische Erregung im Herzen in einem Nervennetz fortgeleitet wird, das mit den Endausbreitungen der Hemmungs- und Förderungsnerven zusammenfällt". Es kann deshalb für diese Frage auf die Ausführungen in dem Automatiekapitel verwiesen werden, besonders auf die Tatsache, die F. B. HOFMANN bewies, daß die Scheidewandnerven an der Regelung der Herztätigkeit nicht beteiligt sind, und weiter auf die Experimente HABERLANDTs, der bei Wiederbelebung den intrakardialen Vagus-Sympathicusapparat ausgeschaltet fand bei Funktionstüchtigkeit der motorischen Leitung. Wir dürfen uns deshalb mit großer Wahrscheinlichkeit auf den Boden der von ENGELMANN 1875 begründeten Lehre stellen, daß sich die Erregung durch *muskulären Zellkontakt* (myogen oder besser *myodrom*) fortpflanzt. *Die Erregung einer Faser liefert den Reiz für die anstoßende.* Die syncytiale Struktur des Herzmuskels ermöglicht das in besonderer Weise, und es wird unsere weitere Aufgabe sein, die Vorstellungen über das Wesen der Erregungsleitung näher zu fundieren. Wir sind also hierbei in einer ähnlichen Lage wie bei der Membrantheorie, daß die Vorstellungen über die anatomischen Grundlagen unsicherer sind als die auf dieser Basis gezogenen Schlußfolgerungen.

In dem eben erwähnten klassischen Zickzackversuch ENGELMANNs (1875) wurde die Herzkammer in Stückchen zerschnitten, die durch schmalste Muskelbrücken (bis 0,5 mm^2) in Verbindung standen; unmittelbar nach der Operation waren diese Muskelbrücken nicht leitend, jedoch stellte sich das Leitungsvermögen allmählich wieder her, so daß sich nach Reizung diese Stückchen nacheinander kontrahierten. Diese Stückchen kontrahierten sich jeweils mit verschiedener Geschwindigkeit nacheinander, bei sehr frischen, kräftigen Herzen scheinbar gleichzeitig, in der Regel aber mit einem wellenförmigen Fortschreiten, als ob die Leitung in den Brücken langsamer als in den größeren Stücken stattfände. Ähnliche Beobachtungen machte GASKELL (1883) durch tiefe Einschnitte am Vorhof des Schildkrötenherzens; zunächst ergab sich eine Pause ähnlich dem Vorhof-Kammer-Intervall, bei weiterer Verschmälerung der Brücke ein partieller und schließlich ein kompletter Block. Entsprechende Erscheinungen ergaben sich auch an der av-Grenze, "blockes" erhielt er als Störungen bzw. Aufhebung der Überleitung nur bei mehr oder minder starker Verletzung des av-Trichters, die entweder durch Einschnitte oder Kompressionen hervorgerufen wurde. Nur bei einer gewissen „Breite der Bahn" arbeiten Vorhof und Kammer in zeitlich entsprechender Beziehung, bei weiterer Einengung kam es zum partiellen bzw. kompletten Block. Die besondere Frage, die sich hier erhebt, ist die, wieweit dafür tatsächlich die „*Breite der Bahn*" von Bedeutung ist. Bereits GASKELL hielt dieses Moment für wesentlich; denn in den von ihm angestellten Versuchen stellte sich eine gewisse Breite der av-Verbindung als notwendige Voraussetzung für eine Koordination zwischen Vorhof- und Kammer-Tätigkeit heraus; wenn er durch Schnitt eine stärkere Einengung der Bahn vornahm, kam es zu Blockerscheinungen und schließlich zu Kammerstillstand. Die Anerkennung des Einflusses der Querschnittsgröße der leitenden Brücke legten auch H. STRAUB (1917), E. REHFISCH (1920) u. a. ihren Überlegungen zugrunde. v. KRIES (1913) sprach sich jedoch auf Grund theoretischer Überlegungen und experimenteller Beobachtungen gegen die Bedeutung der Bahnbreite aus, die er auf das *Prinzip der örtlichen Summation* zurückführte, d. h. auf den Fall, daß der Anstoß von seiten eines einzelnen Elementes nicht genügt, sondern dazu eine *Mehrheit* derselben erforderlich ist. Der Satz ,,je enger die Leitungsbahn ist, um so geringer ist auch ihr Leitungsvermögen", ist danach als falsch abzulehnen. Eine Leitung, bei der sich der Erregungszustand, der in einer kleinen Zahl von Gebilden besteht, sich auf eine größere auszubreiten vermag, nannte v. KRIES eine auxomere, und entsprechend sprach er von einer ,,*unbeschränkten Auxomerie*", wenn die Erregung, von einem einzelnen kleinsten Element ausgehend, sich in unbegrenzter Weise auf größere Faserzahlen ausbreiten kann. Bei Durchschneidungsversuchen spricht vieles dafür, daß der Grund für das Auftreten eines partiellen Blocks nicht die Einengung der Leitungsbahn darstellt. GASKELL hatte bereits die Möglichkeit einer direkten Muskelschädigung in Erwägung gezogen, und auch HERING machte wiederholt darauf aufmerksam. Besonders sei aber darauf hingewiesen, daß schon ENGELMANN hervorhob, daß sich in seinem ,,Zickzackversuch" das Leitungsvermögen um so schneller wiederherstellte, ,,je geringer die vorausgegangene mechanische Beleidigung war". Deshalb sah v. KRIES das Entscheidende nicht in der ,,Breite der Bahn", sondern in der ,,funktionellen Modifikation" der noch vorhandenen leitenden Elemente. Wenn statt eines Schnittes Kompressionen angewandt werden, treten die gleichen Erscheinungen auf, so daß auch diese Beobachtungen für die Wahrscheinlichkeit einer Veränderung des Funktionszustandes der noch leitenden Fasern sprechen. So verkleinerten CULLIS und DIXON (1911) den Querschnitt des HISschen Bündels am Kaninchenherzen und stellten partiellen Herzblock mit Übergang in ,,Heilung" fest, woraus sich ergibt, daß auch eine kleine Brücke zu leiten vermag und die nach anfänglichem Block angegebene ,,Heilung" durch vorübergehende ,,funktionelle Modifikation" zu erklären ist. Ebenso zeigten auch COHN und W. TRENDELENBURG, ROTHBERGER und WINTERBERG, daß bei einer Einengung der Leitungsbahn der funktionelle Zusammenhang zwischen Vorhof und Kammer nicht beeinträchtigt zu werden braucht. Schließlich hat v. SKRAMLIK (1920) unter mikroskopischer Beobachtung an wasserstarren Vorhöfen festgestellt, daß ein aus nur 30—40 Fasern bestehender Zug des Vorhofs sich kontrahierte, der die Kammertätigkeit unterhielt. Auch ohne Anwendung elektrophysiologischer Methodik war also durch diese und andere Untersuchungen schon erhärtet, daß bereits schmale Muskelbrücken ausreichend sind, um den die Kontraktion veranlassenden Reiz auf ein anderes größeres Gebiet durchzuleiten. SCHELLONG hat dann den Begriff der unbeschränkten Auxomerie noch enger gefaßt, daß es nicht nur darauf ankommt, ob sich die Erregung überhaupt von einem kleinsten Element auf größere Faserzahlen auszubreiten vermag, sondern ob dieser Vorgang auch *ohne Zeitverzögerung* vor sich gehen kann. Gleichzeitig verminderte er am Herzstreifenpräparat den Querschnitt einer solchen Brücke bis zur Grenze des methodisch Möglichen, nämlich auf 0,085—0,1 mm^2, was bei mikroskopischer Auszählung einer Zahl von nur 70—100 Fasern entspricht. Läßt man den anfänglichen totalen Block durch Erholung in O_2-Ringer sich zurückbilden, so ergeben die Messungen am Elektrogramm schließlich, daß die Erregung unter der distalen Elektrode ohne Verzögerung eintrifft, also eine *Erholung der Leitungs-*

fähigkeit des ganz schmalen Verbindungsstückes bis zum Ausgangswert stattfindet. Damit war die unbeschränkte Auxomerie bis an die Grenze des anatomisch und methodisch Möglichen (70—100 Fasern) unter Einbeziehung der Leitungszeit erwiesen. Die „funktionelle Modifikation", nicht die Breite der Bahn ist als Ursache der Störungen der Leitung anzusehen. Auch bei Durchschneidungen an der av-Grenze wurde gefunden, daß nur wenige Fasern der Verbindung zwischen Vorhof und Kammer vorhanden zu sein brauchen und dann die Überleitungszeit nicht länger zu sein braucht, als wenn der gesamte av-Trichter erhalten ist. ROTHBERGER und WINTERBERG untersuchten diese Frage auch bei experimenteller Durchschneidung einzelner Äste des HISschen Bündels; auch bei starker Einschränkung der Leitungsbahn braucht keine Störung der Überleitung oder Verlängerung des av-Intervalls aufzutreten, und auch für hohe Reizfrequenzen wurde die Gültigkeit des Gesetzes der Auxomerie erwiesen (BOIKAN). Die normal schnelle Fortpflanzung der Erregung ist also höchstwahrscheinlich eine Eigenschaft jeder normalen, d. h. nicht funktionell modifizierten Muskelfaser, und die verzögerte bzw. aufgehobene Erregungsleitung hat ihren Grund in der „funktionellen Modifikation" des leitenden Gewebes, d. h. einer Schädigung mit Erregbarkeitsherabsetzung. Der Funktionszustand der Faser ist maßgebend für die Geschwindigkeit der Weiterleitung der Erregung, weil der Erregungsvorgang selbst den Grund für die Reizung des Nachbarelementes darstellt. Erregungsvorgang und Erregungsleitung sind normalerweise nicht voneinander trennbare Begriffe. Die alte ENGELMANNsche Auffassung der Leitung durch „Zellkontakt" findet durch die modernen elektrophysiologischen Vorstellungen eine neue und einleuchtende Begründung; denn diejenige Theorie, die allein *quantitativ* den bei der Erregungsleitung vorliegenden Mechanismus zu erklären vermag, ist ebenso wie an Nerv und Muskel die *elektrische*. Diese Ansicht, daß die elektrischen Ströme nicht nur eine Begleiterscheinung des Erregungszustandes sind, sondern die Funktion des normalen Reizes für die Weiterleitung der Erregung ausüben, geht zurück auf HERMANN (1879, 1905) und CREMER (1909). Sie ist heute experimentell gut unterbaut und ist in der heutigen Auffassung der Membrantheorie folgendermaßen zu fassen: Der Einstrom von positiver Ladung (Na-Ionen) aus dem Außenleiter in den Kern bewirkt eine Änderung der Potentialdifferenz zwischen „außen" und „innen"; dadurch kommt es zu Spannungsunterschieden längs der Faser und folglich zu Ausgleichsströmchen im Innen- und Außenleiter. Die Strömchen entladen die Doppelschichtkapazität der noch ruhenden Membran. Infolge der Depolarisation fließt schließlich auch an diesen Stellen Einwärtsstrom; eine neue Stromquelle zur Entladung eines weiteren Membranabschnitts ist damit geschaffen (S. 67). Quantitative Rechnungen wie an der Tintenfischnervenfaser sind am Herzen z. Z. noch nicht möglich, da die elektrischen Daten nur z. T. bekannt sind.

Eine besondere Stütze erfährt diese Vorstellung durch das OSTWALD-LILLIEsche Modell, das wohl das instruktivste Modell der Physiologie darstellt und gleicherweise der Herzphysiologie wie der des neuromuskulären Apparates nützlich ist. Es besteht aus nichts anderem als einem Eisendraht in Salpetersäure, um den sich eine dünne schützende Oxydschicht bildet, die die weitere Auflösung des Eisendrahtes verhindert. Verletzt man einen solchen „passiven" Eisendraht mechanisch, elektrisch, chemisch o. a., zerstört man also die Membran (oder elektrische Doppelschicht aus Fe- und NO_3-Ionen), „reizt" ihn also, so entstehen lokale Ströme, welche ihrerseits wieder die Nachbarstelle „aktivieren", kenntlich an lokaler Oxydation mit Braunfärbung und Gasbildung. So wandert eine „Welle" über den Draht in seiner ganzen Länge fort, wobei die örtlich „erregte" Stelle sich wieder repassiviert, die Membran verdichtet sich wieder. So wird der Eisendraht in Salpetersäure zu einem vorzüglichen Modell der HERMANNschen Strömchentheorie, denn die Erregungsleitung geschieht durch die Reizwirkung des lokalen Stromes auf die Nachbarstelle; dieses „Strömchen" entsteht auf Grund der Potentialdifferenz zwischen erregter Stelle und unerregter Nachbarstelle und kann mit einem Galvanometer als diphasische Schwankung demonstriert werden. (Entsprechend kommt es bei einem dekrementiellen Versiegen zwischen den Ableitungselektroden zu einer einphasischen Stromschwankung!) Es können hier nur die wichtigsten weiteren Analogien des Modells zum erregungsleitenden Gewebe aufgezeigt werden: in dicken Röhren wandert die Erregung schneller als in engen, es zeigt das Phänomen der Refraktärphase und der Wiederherstellung der Doppelschicht (und zwar unter O_2-Verbrauch, also mit „Stoffwechsel"!), auch die Refraktärphase der Erregungsleitung ist demonstrierbar, weiter zeigt es eine entsprechende Temperaturabhängigkeit, die Erregung folgt dem Alles- oder Nichts-Gesetz u. v. a. m. Daß auch das polare Erregungsgesetz, das Phänomen des Einschleichens und die elektrotonischen Erregbarkeitsänderungen aufweisbar sind, sei nur nebenher erwähnt. Vor allem aber zeigt das Modell, daß die Geschwindigkeit der Erregungsleitung abhängt von der Anstiegszeit des Aktionsstroms und der Länge jener Strecke, innerhalb derer sich noch Schleifen des Aktionsstroms ausbreiten, die ihrer Intensität und Dauer nach imstande sind, das angrenzende, noch in Ruhe befindliche Stück zu erregen.

Am Herzen ist die experimentelle Begründung dieser Vorstellungen vor allem durch SCHELLONG gegeben worden, und wir müssen dabei anknüpfen an die früheren Ausführungen über das Verhalten des Aktionsstroms im funktionell geschädigten Gewebe. Bei verminderter Erregbarkeit ist, wie wir sahen, der Erregungsvorgang abgeschwächt und sein Anstieg verzögert. Diese Veränderung bezieht sich *nur* auf die funktionell minderwertige Zone (z. B. den Bereich der Kompression); greift die Erregung auf den distalen Teil über, so ist ihre elektromotorische Kraft nicht mehr vermindert und ihr Anstieg wieder verkürzt. Als die grundlegende Eigenschaft des Gewebes wurde so ihre *Erregbarkeit* erkannt: sie bestimmt Größe, Dauer und Anstiegsgeschwindigkeit des Erregungsvorgangs. Gleichzeitig wandert die Erregung im geschädigten Gebiet um so langsamer, je geringer der Erholungszustand dieser Faser sind. Damit sind *Erregbarkeit, Erregungsform und Erregungsleitung* in einen inneren Zusammenhang gebracht. Die Verlangsamung der Erregungsfortpflanzung ist bedingt durch die Formänderung des Erregungsvorgangs (Veränderung von Höhe und Anstiegsgeschwindigkeit). Verringerte Intensität der Erregung und verlangsamtes Fortschreiten sind untrennbar miteinander verbunden. Die Fortpflanzungszeit von einer Elektrode zur anderen nimmt proportional der Anstiegszeit ab (die Fortpflanzungsgeschwindigkeit proportional der Anstiegsgeschwindigkeit zu), und aus einer Verlängerung der Anstiegszeit der Stromkurve kann auf eine Verminderung der Erregungsstärke und damit auf eine Herabsetzung der Erregbarkeit geschlossen werden. Auch bei experimentell erzeugter Verminderung der Erregbarkeit durch Kälte, Calcium, Pharmaka und besonders bei KCl-Vergiftung läßt sich erweisen, daß die Veränderung der elektromotorischen Erscheinungen und der Leitungsgeschwindigkeit den Schwankungen der Erregbarkeit folgen. Damit ist die Anstiegszeit ein viel feinerer Ausdruck der Erregbarkeit als die Reizschwelle allein[1].

Das *Produkt aus Anstiegszeit des Aktionsstromes und der Leitungsgeschwindigkeit* ist allgemeinbiologisch von großem Interesse, da es bei allen untersuchten Geweben annähernd eine Konstante ist; obwohl sich die Leitungsgeschwindigkeiten mehr als 1:10000 verschieden verhalten, gilt diese Gesetzmäßigkeit vom Blattstiel der Mimose bis zum Warmblüternerven, der die kürzesten Anstiegszeiten aufweist. (Eine statistische Übersicht von UMRATH findet sich bei v. BRÜCKE). Das Produkt aus Anstiegszeit des Aktionsstroms und seiner Leitungsgeschwindigkeit nennt man die „*Anstiegslänge*" (ADRIAN, v. BRÜCKE); denn es bedeutet die Länge jener Strecke, die sich während des Anstiegs einer Erregung jeweils gleichzeitig im Zustand zunehmender Negativität befindet. Bei einer Anstiegszeit von 5 msec und einer Leitungsgeschwindigkeit von 10 cm/sec beträgt diese Anstiegslänge oder Anstiegsstrecke

---

[1] Daß auch die Kurve der sich wiederherstellenden Erregbarkeit nach einer Systole ein feinerer Indicator für die Erregbarkeit ist als die Reizschwelle selbst, wurde oben (S. 84) schon erwähnt.

am Froschherzen 0,5 mm. LEWIS (1922) hat für das Warmblüterherz einen Wert von wenigen Millimetern angenommen und ist — wie heute feststeht — den tatsächlichen Verhältnissen mit dieser Schätzung sehr nahe gekommen. Mit der Wahl von weniger trägen Registrierinstrumenten und insbesondere mit dem Abgriff von einer immer kleineren Zahl von Einzelfasern hat sich der Wert der Anstiegszeit zunehmend verringert (s. dazu S. 72, 98). Bei einer Leitungsgeschwindigkeit von etwa 1 m/sec und einer Anstiegsdauer von etwa 1 msec ergibt sich eine Anstiegslänge von etwa 1 mm. Anstiegszeit und Anstiegslänge der Erregungswelle am Herzmuskel liegen damit in derselben Größenordnung wie an anderen Fasertypen (Nerv, Skeletmuskel), während das gesamte Aktionspotential am Herzmuskel etwa 100mal länger dauert als an den angeführten Vergleichsfasern.

Entsprechende Überlegungen kann man natürlich auf Grund der Leitungsgeschwindigkeit der Erregung auch für den ganzen Aktionsstrom und damit auch für die Refraktärphase anstellen. Die Länge der Strecke, über die sich ein vollständiger Aktionsstrom zu einem bestimmten Zeitpunkt erstreckt, nennt man seine „*Aktionslänge*"; „*Refraktärlänge*" ist entsprechend das Produkt aus Refraktärstadium und Leitungsgeschwindigkeit, d. h. also jene Strecke eines erregungsleitenden Organs, die sich bei einer Erregung im Stadium der Unerregbarkeit befindet. Bei einer Dauer von 1 sec und einer Leitungsgeschwindigkeit von 7 cm/sec liegt am Froschherzen also eine Aktionslänge bzw. Refraktärlänge von 7 cm vor (s. S. 139). Gerade aus diesen Zahlenverhältnissen zwischen Leitungsgeschwindigkeit und Gesamtdauer des Aktionsstromes ergibt sich die Unzweckmäßigkeit, von einer über das Herz hinweglaufenden *Erregungswelle* zu sprechen (S. 69).

Nehmen wir in unserer Betrachtung noch die Ausführungen am Schluß des vorigen Kapitels hinzu, die auf eine wesentliche Überschwelligkeit des physiologischen Reizes hinwiesen, so ergibt sich daraus die Vorstellung, daß der *erste Teil des Aktionsstromanstiegs* den Reiz für das Nachbarelement darstellt und damit ein erheblicher „*Sicherheitsfaktor der Erregungsleitung*" vorliegt (S. 98).

Am anschaulichsten erläutert das die Abb. 57 nach SCHELLONG. Die Muskelfaser a werde im Zeitmoment 1 erregt, die Anstiegsgeschwindigkeit der Erregung werde durch die Linie a—h ausgedrückt, r zeigt diejenige Höhe der Erregung an, die für das benachbarte Muskelelement b zum Reiz wird: dieses tritt also zum Zeitmoment 2 in Tätigkeit. Da die Erregung hier wieder die gleiche Anstiegsgeschwindigkeit besitzt, wird die dritte Muskelzelle zum Zeitpunkt 3 ergriffen. Bei a' trete die Erregung in eine Fasergruppe ein, deren Erregbarkeit durch irgendeinen Eingriff herabgesetzt ist. Der Aktionsstrom zeigt, daß in dieser die Erregung langsamer ansteigt: der Anstieg sei durch die Linie a' h' angezeigt. Die für den Reiz wirksame Erregungsgröße r wird später erreicht, das Element b' wird später erregt, ebenso die Faser c'. (Unberücksichtigt bleibt in der schematischen Darstellung, daß entsprechend der Schwellenerhöhung gegenüber künstlichen Reizen vielleicht auch der physiologische Reiz stärker sein muß als er durch die Erregungshöhe r gegeben ist.) Bemerkenswert ist in diesem Zusammenhang der Befund von SCHELLONG, daß ebenso wie beim Skeletmuskel (SCHENCK) für die Geschwindigkeit der Leitung die Länge (Dehnung) des Herzmuskels belanglos ist. Maßgebend ist nur die Anzahl der durchlaufenen Muskelelemente: „Eine gleiche Zahl wird — bei gleicher Erregbarkeit — in gleicher Zeit durcheilt". Eine Dehnung der einzelnen Muskelelemente ist dabei gleichgültig. Jedes Element wird „offenbar in jedem Fall als Ganzes erregt".

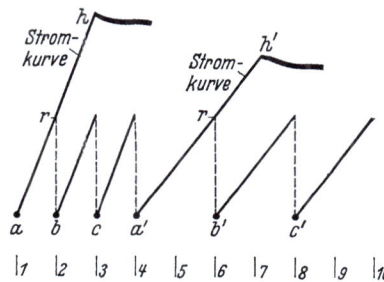

Abb. 57. Schematische Darstellung der Beziehungen zwischen Erregung und Erregungsleitung. (Nach F. SCHELLONG)

Bei der Herabsetzung der Erregbarkeit, wie sie in der relativen Refraktärphase vorliegt, zeigt die Stromkurve ebenfalls die Kennzeichen der verminderten Erregungsgröße: längere Anstiegszeit und geringere Höhe bzw. Dauer. Auf Grund dessen ist schon zu erwarten, daß es auch eine relative Refraktärphase der Erregungsleitung gibt. In der Tat hat SCHELLONG am Herzstreifenpräparat auch die *Kurve der Erholung der Erregungsfortpflanzung nach einer Systole* ermittelt. Sie findet sich in Abb. 58 dargestellt.

Die Verzögerung der Erregungsleitung im Refraktärstadium wurde bereits von GOTCH und KEITH LUCAS beobachtet und am Nerven besonders von GASSER und ERLANGER studiert; auch hier findet sich der trägere Anstieg einer solchen Erregung bei geringerer Fortpflanzungsgeschwindigkeit im Vergleich zu einer normalen Erregung und die Tatsache, daß das Fortschreiten einer Erregung um so stärker verzögert ist, je früher sie im relativen Refraktärstadium ausgelöst wird. Am künstlich komprimierten av-Trichter des Schildkrötenherzens wurde die Wiederkehr des Leitungsvermögens nach einer Systole von ASHMAN quantitativ verfolgt und bereits angegeben, daß ihr Verhalten der Kurve für die Erregbarkeit ähnelt. Die ersten exakten Beobachtungen am Herzen stammen auch hier bereits von GASKELL (1883) und von ENGELMANN (1896), der von einer ,,negativ dromotropen Wirkung der Systole'' sprach. Auch gab ENGELMANN bereits an, daß das Leitungsvermögen der Vorhöfe schneller wiederkehrt als an der Kammer, während die trägen ,,Blockfasern'' — wie GASKELL das Überleitungsgewebe nannte — die längste Zeit zur Erholung gebrauchen. Auch nach P. HOFFMANN kehrt schon in der Norm die Leitfähigkeit nach jeder Systole in der Übergangsmuskulatur langsamer zur vollen Höhe als in der eigentlichen Vorhof- oder Kammermuskulatur.

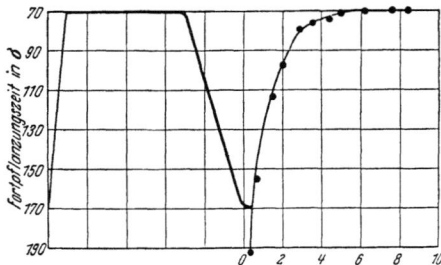

Abb. 58. Erholung der Erregungsfortpflanzung nach einer Systole (einphasischer Aktionsstrom schematisch gezeichnet, Fortpflanzungszeiten in msec). (Nach F. SCHELLONG)

Im stärker geschädigten Gewebe ergeben sich für die Erregungsleitung ganz analoge Verhältnisse, wie sie für den narkotisierten Nerven als *dekrementielle Leitung* bekannt sind[1]. Besonders DRURY und LEWIS untersuchten die elektrophysiologischen Verhältnisse im durch lokalen Druck (oder durch Kühlung) geschädigten Gewebe bei gleichzeitiger lokaler Ableitung der Aktionsströme mit zwei Galvanometern. Die gewonnenen Ergebnisse passen gut in die oben dargelegten Vorstellungen über die Erregungsleitung. DRURY fand in der durch Druck geschädigten Zone am Vorhof des Hundeherzens, daß die Ausschläge der lokal abgeleiteten Aktionsströme immer kleiner werden und langsamer verlaufen, je weiter sie kommen, und daß sie bei stärkerem Druck sogar stecken bleiben können.

Bei diesen Untersuchungen wurden eine Reihe bemerkenswerter Beobachtungen gemacht. Unter *Vagusreizung* ergibt sich sowohl bei dessen elektrischer wie chemischer Reizung (Acetylcholin), daß dann die Erregungen schneller laufen und weiter innerhalb der Kompressionszone eindringen, so daß dadurch ein Block abgeschwächt oder aufgehoben werden kann (Atropin hebt die Wirkung wieder auf). Auch GASKELL hatte schon bei seinen Versuchen, in denen er durch Herstellung schmaler Brücken am Vorhof bzw. durch Kompression der av-Grenze Leitungsstörungen erzeugte, die Tatsache festgestellt, daß Vagusreizung einen kompletten Block vorübergehend mindern kann. Diese Beobachtungen sind deshalb besonders bemerkenswert, weil bei einer Vorhof-Kammerleitung z. B. ein 2 : 1-Block durch Vagusreizung verstärkt wird. In Übereinstimmung mit den genannten Befunden steht die Feststellung von DRURY und ANDRUS, daß durch starke Vagusreizung (Acetylcholin) in saurer Lösung die Leitung beschleunigt wird (saure Lösung als solche schwächt den Aktionsstrom ab und verzögert die Leitung, ebenso die Bedingungen der Asphyxie; nur eine solche verlangsamte

---

[1] Unter der Bezeichnung ,,Dekrement'' wurden bisher verschiedene Erscheinungen zusammengefaßt, denen lediglich das gemeinsam ist, daß die Aktionsspannung der wandernden Erregung in zunehmendem Maße abnimmt. Nun gibt es aber zwei verschiedene Umstände, unter denen das erfolgt. Im ersten Fall nimmt die Aktionsspannung innerhalb einer zunehmend geschädigten Bahnstrecke in Abhängigkeit von dem jeweiligen zunehmenden örtlichen Schädigungszustand der Bahn ab. Man sollte hier von ,,Depression'' bzw. ,,depressiver Leitung'' sprechen. Im zweiten Falle nimmt die Aktionsspannung innerhalb einer funktionell homogenen (ungeschädigten oder auch gleichmäßig geschädigten)·Bahnstrecke ohne Bindung an den jeweiligen Zustand der Bahn zunehmend ab. Je länger diese Zone ist, desto eher wird die Erregung trotz gleichmäßig geschädigter Bahn steckenbleiben. Nur im zweiten Falle sollte man von einer Leitung mit echtem Dekrement sprechen.

Leitung wird durch Vagusreizung beschleunigt, auf eine normale oder beschleunigte Leitung hat die Vagusreizung keinen Einfluß). DRURY, LEWIS und BULGER bestritten auf Grund dessen, daß der Vagus die Leitung innerhalb der Vorhöfe verschlechtert. Auch in neueren Untersuchungen wird bei Vagusreizung oder Acetylcholingabe sowohl eine Erniedrigung (menschlicher Vorhof: FRIESE, MECHELKE und PECHER, 1952; Katzenvorhof: BURGEN und TERROUX, 1953) als auch eine Erhöhung der Leitungsgeschwindigkeit (Hundevorhof: RAMOS und ROSENBLUETH, 1947; HOFFMAN, SIEBENS und BROOKS, 1952) gefunden. Aus einer Zunahme des Ruhepotentials (GASKELL-Effekt, 1887) könnte einerseits ein größerer Einwärtsstrom im Aktionszustand resultieren, andererseits wäre durch „lokale Strömchen" bis zum Erreichen der Reizschwelle eine größere Potentialdifferenz zu überwinden. Der erste Effekt erhöht die Leitungsgeschwindigkeit, der zweite verringert sie. Es ist denkbar, daß gemäß den sonstigen Umständen der eine oder der andere Effekt mehr ins Gewicht fällt (WEIDMANN) (s. auch S. 517).

Eine steckengebliebene, also scheinbar ganz ausgefallene Erregung ist nicht gleichgültig für die Leitung des nächstfolgenden Reizes, sondern schädigt diese, und zwar um so mehr, in je kürzerem Abstand die nächste Erregung folgt (LEWIS und MASTER, ASHMAN). LEWIS und MASTER zeigten das an dem Fall einer so frequenten Vorhofreizung, daß ein 2:1-Block entstand: mit Änderung der zeitlichen Stellung des blockierten Reizes ändert sich die Überleitungszeit, und bei Herabsetzung der Reizfrequenz auf die Hälfte (also bei Wegfall der steckenbleibenden Erregungen) wird die Überleitungszeit erheblich kürzer!

So ist es nach ASHMAN erklärbar, daß bei herabgesetzter Leitung zwischen Vorhof und Kammer eine plötzliche Zunahme der Vorhoffrequenz zu einem Kammerstillstand führen kann! Auch bei durchgehenden Erregungen — schon bei normalem Gewebe und erst recht bei geschädigtem — führt übermäßige Beanspruchung zu Blockerscheinungen, weil „Ermüdung" eintritt, für die man eine Verlängerung der Refraktärphase annehmen kann. Es summieren sich also die Störungen bei aufeinanderfolgenden Leitungen. — Bei steigender Frequenz können Änderungen in der Geschwindigkeit der Erregungsleitung (plötzliche Verlangsamungen) auch noch durch Vorgänge anderer Art zustande kommen. LEWIS, FEIL und STROUD zeigten am Vorhof des Hundeherzens, daß bei solchen plötzlichen Frequenzsteigerungen ein Zustand von „partial refractoriness" sich herausbilden kann, wo die Erregbarkeit also nicht gleichmäßig in allen Teilen wiederhergestellt ist. Die Erregung muß diesen noch refraktären Fasern ausweichen, muß also vielfache Umwege einschlagen ("auricular aberration") und infolge der Wegverlängerung wird die Leitungszeit verzögert (eine Verkürzung der Erregung durch Vagusreizung schafft entsprechend die Hindernisse fort und auch so ist es erklärbar, daß Vagusreizung scheinbar die Leitung im Vorhof verbessert. Durch alle angeführten Momente wird verständlich, daß plötzliche Vorhofbeschleunigungen bei partiellem Block zur Verstärkung des Blocks und zu Kammerstillstand (ADAMS-STOKESsche Anfälle!) führen können (ERLANGER 1906, von BASCHMAKOFF auch im Experiment an der Herzkammer des Frosches bei Sinuserwärmung, Sympathicusreizung und Steigerung der künstlichen Reizfrequenz gezeigt). (Das Verhalten des Überleitungsgewebes bei „Mehrbeanspruchung" wird noch einmal besonders S. 193f. behandelt werden.)

Anstelle einer derartigen Summierung der Störungen bei aufeinanderfolgenden Leitungen kann aber auch eine Erleichterung des Durchgangs, eine „*Bahnung der Erregung*" unter bestimmten Umständen auftreten. Nach ASHMAN wird diese Erscheinung dadurch verständlich, daß man die übernormale Phase der Leitung berücksichtigt: ein nach längerer Ruhe gesetzter Reiz wird eine bestimmte Strecke geleitet und hinterläßt eine übernormale Phase (s. S. 93), der nächste dann gerade eintreffende Reiz kann deshalb weiterdringen usw., bis endlich eine Erregung ganz durchdringt, die vorhergehenden haben dieser so den Weg „gebahnt".

In diesen Zusammenhang gehören auch die Untersuchungen von ASHMAN und HAFKESBRING, in denen ein asymmetrischer Keil — durch Gewichte belastet — nebeneinander am Herzstreifen eine stärker und eine schwächer komprimierte Zone erzeugte. Eine Erregung, die vom normalen Ende aus unmittelbar an die Stelle der stärksten Kompression gelangte und hindurchdrang, vermag auch anschließend das weniger komprimierte Gewebe zu durchlaufen; kommt die Erregung aber erst in das weniger komprimierte Gewebe, durchläuft also den Streifen in der anderen Richtung, so wird sie geschwächt und bleibt in dem darauffolgenden stärker gedrückten Gewebe stecken. — Schließlich zeigten SCHMITT und ERLANGER durch besondere Versuchsanordnungen noch, daß die Tiefe, zu der ein Leitungsreiz fortschreiten kann, nicht nur vom Grad der Schädigung, sondern auch von der Stärke des Ursprungsreizes abhängt, daß also bei dessen Abschwächung das Dekrement zunimmt.

Die Verhältnisse bei der Erregungsleitung im geschädigten Gewebe sind also recht kompliziert und im einzelnen oft schwer übersehbar, da sie von vielen Faktoren abhängen. Schließlich ist noch zu erwähnen, daß die von SCHÜTZ und LUEKEN gefundenen Lokalerregungen des Herzmuskels („Aktionsphänomene") in der Regel zwar streng auf den Reizort beschränkt bleiben, in einigen Fällen konnten aber entfernt vom Reizort ein an Größe und Dauer verkleinertes Aktionsphänomen registriert werden, für das eine Leitung mit Dekrement anzunehmen war. Jedenfalls scheint eine dekrementielle Leitung am Herzen nur unter besonderen Bedingungen und auch dann nur sehr selten vorzuliegen.

Aus den dargelegten Grundvorstellungen, dem inneren Zusammenhang zwischen Erregung und Refraktärphase einerseits und zwischen Erregungsvorgang und Erregungsleitung andererseits, lassen sich eine Reihe allgemein gültiger physiologischer Prinzipien ableiten, die grundsätzlich in allen erregbaren und erregungsleitfähigen Organen Gültigkeit haben. Die Tatsache, daß eine Erregung bei ihrem Weiterschreiten ein refraktäres Stadium hinterläßt, hat zur Folge, daß eine durch einen Reiz ausgelöste Erregung sich nach beiden Seiten von der Reizstelle ausbreitet (doppelsinniges Leitungsvermögen) und eine einmal so in Gang gesetzte Erregung grundsätzlich nur in einer Richtung weiterlaufen kann (wie z. B. im einfachsten Fall des Herzstreifenpräparates) bzw. bei diffuser Ausbreitung von einem Punkt aus sich verhält ,,wie ein fortschreitender, vom Wind getriebener Wiesenbrand". In jedem Fall hinterläßt die Erregung ,,verbrannte Erde", d. h. unerregbares Gewebe. Diese allgemeine Tatsache aus der Physiologie des Erregungsvorganges ist ja zuerst am Herzen entdeckt worden, denn die kompensatorische Pause nach einer Extrasystole findet bekanntlich ihre Erklärung dadurch, daß die nächste vom Sinus herkommende Erregung durch die Refraktärphase der extrasystolischen Erregung blockiert wird. Ebenso ist verständlich, daß eine auf den Vorhof zurücklaufende Erregung erlischt, wenn die oberen Vorhofteile bereits durch eine absteigende normale Erregung mit Beschlag belegt worden sind. Zwei in der gleichen Bahn sich begegnende Erregungen müssen sich daher auslöschen, ebenso wie das zwei sich begegnende Präriebrände tun, wenn jede der beiden Erregungen vor der Notwendigkeit steht, refraktäres Gewebe zu beschreiten, d. h. eine Auslöschung findet nur dann statt, wenn beide Erregungen in der gleichen Faser verlaufen. In entgegengesetzter Richtung können sie gleichzeitig oder kurz hintereinander nur dann übereinander hinweglaufen, wenn sie verschiedene Bahnen (oder verschiedene Teile derselben Bahn) benutzen.

Eine interessante Erläuterung des Gesagten gibt der Fall der sog. *Mischsystolen*, d. h. wenn verschiedene Gebiete desselben Herzteils gleichzeitig von zwei verschiedenen Erregungen beschritten werden. Das kann z. B. dann eintreten, wenn ein Extrareiz im linken Schenkel des Hisschen Bündels so spät einsetzt, daß sehr bald hinterher die normale Erregung eintrifft. Der linke Ventrikel wird dann durch den Extrareiz etwas früher als normal in Erregung versetzt. Die vom Reizort rücklaufende Erregung trifft aber auf die normale absteigende Erregung und erlischt, während sich die normale Erregung in die vom Extrareiz nicht erfaßten Teile des spezifischen Systems und die zugehörigen Herzteile ausbreiten kann. WILSON und HERRMANN erzeugten solche Interferenzen am Hund nach Durchschneidung des rechten Schenkels, so daß der rechte Ventrikel auf dem Umweg über die linke Kammer später erregt wird. Setzt man nun etwas vorher einen Einzelreiz an der rechten Kammer, so entsteht ebenfalls eine derartige Mischform zwischen normaler und extrasystolischer Erregung, die auch klinisch beim Menschen gar nicht so selten vorkommt (ROTHBERGER, WEISER).

Eine *Umkehr der Erregung (,,Opisthodromie")* beobachteten z. B. SCHMITT und ERLANGER (1906) an Streifen aus Schildkrötenherzmuskulatur. Durch besondere Kompressionsvorrichtungen war dabei aber die Erregungsleitung teils im Sinne der rechtläufigen, teils der gegensinnigen Leitung begünstigt, und so konnte z. B. die rechtläufig in einzelnen Bündeln fortgeleitete Erregung an irgendeiner Stelle des Streifens auf bisher nicht erregte rückläufig leitende Fasern übergehen; die Umkehr der Erregung ist also in einem solchen Fall eine scheinbare, in Wirklichkeit werden jeweils verschiedene Wege von der Erregung beschritten.

Eine ähnliche Erscheinung sind die sog. *Umkehrsystolen*, die P. D. WHITE (1915) zuerst beim Menschen beschrieb und richtig deutete. Es handelt sich dabei um eine vom TAWARA-Knoten ausgehende Kammerautomatie, bei der die hier entstehende Erregung einmal rechtläufig zum Ventrikel und außerdem rückläufig und mit geringerer Geschwindigkeit zum Vorhof und von da wieder zur Kammer geleitet wird. Es entsteht also ein „Bigeminus" derart, daß auf einen ersten automatischen Kammerschlag in enger zeitlicher Bindung an diesen ein vollständiger Vorhofkammerkomplex folgt. Wird die Rückleitung verzögert (erhöhter Vagustonus, Carotissinusdruck, Digitalis), so tritt das Phänomen in Erscheinung und Atropin bringt es zum Verschwinden, da bei verkürzter Leitungszeit die rückkehrende Erregung noch in die refraktäre Phase der Kammer fällt. Abb. 59 zeigt einen solchen Fall von C. KORTH und SCHRUMPF im elektrokardiographischen Bild. SCHERF und SHOOKHOFF (1926) konnten dasselbe Verhalten im Tierversuch regelmäßig erzeugen. Von ihnen stammt auch die treffende Benennung als Umkehrsystolen.

Während es sich bei den Umkehrsystolen um eine *gelegentliche* Zurückleitung einzelner Erregungen handelt, beobachtete MINES (1913) am Vorhofkammerpräparat des Fischherzens und am Kammerbulbuspräparat des Frosches eine *fortdauernde gegenseitige Erregung zweier Herzteile*, die er als "reciprocating rhythm" bezeichnete, was man am besten mit dem Wort „*Wechselrhythmus*" verdeutscht. MINES stellte sich vor, daß dabei ein Teil des Überleitungsgewebes in der einen Richtung, der andere in der entgegengesetzten Richtung leitet, also eine Art *Kreisbewegung der Erregung* vorliegt. Die alternierende gegenseitige Erregung der beiden Herzteile erfolgte an einem sonst stillstehenden Herzen mit dem Sistieren einer rhythmischen frequenten Reizung. Eine Extrasystole vermag dann diesem Wechselrhythmus ein Ende zu setzen (Erklärung dafür später!). Diese Beobachtungen veranlaßten MINES zu seinem Ringpräparat und führten — zusammen mit den Beobachtungen von MAYER und GARREY — zur Entdeckung der merkwürdigen Erscheinung, daß eine Erregung bei einem solchen Ringpräparat in einer geschlossenen Bahn als „*kreisende Erregung*" u. U. stundenlang fortschreiten kann. Diese eigenartige Beobachtung der Kreisbewegung ist viel studiert und diskutiert worden. Der Grundversuch dafür geht schon auf A. G. MAYER (1908) zurück. Dieser studierte zuerst an Muskelringen vom Mantel der Meduse und aus der Schildkrötenkammer die kreisende Erregung: Wird ein solcher Muskelring an einer Stelle komprimiert und seitlich neben der Kompressionsstelle gereizt,

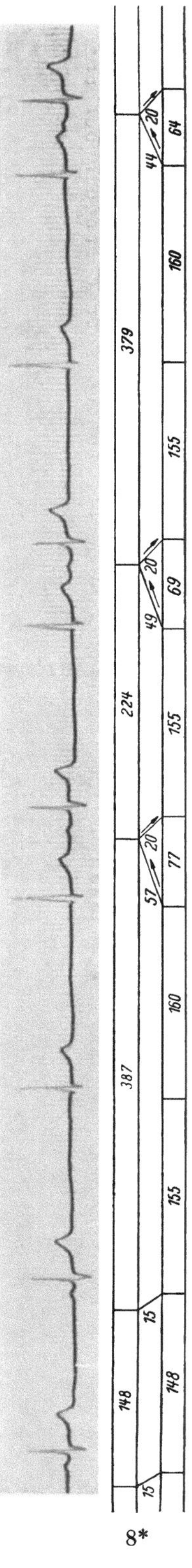

Abb. 59. Elektrokardiogramm eines Patienten während eines Carotisdruckversuches. Zwischen dem 1. und 2. Schlag wurde mit dem Druck begonnen; es folgt zunächst eine normal übergeleitete Kammererregung, die nächste automatische Kammererregung ist automatisch, der zweite automatische Kammerschlag wird in kurzem Zeitabstand von einer übergeleiteten Kammererregung gefolgt. (Bigeminusbild eines automatischen Schlages mit nachfolgendem, vom Vorhof übergeleiteten Schlag.) Der zweite Schlag stellt eine *Umkehrsystole* dar. (Nach C. KORTH und SCHRUMPF)

so kann die Erregung infolge des Blockes an der Kompressionsstelle nur in einer Richtung fortschreiten; wird nun die Kompression rechtzeitig wieder aufgehoben, so kann sie jetzt darüber hinweglaufen und kreist nun — einmal in Gang gesetzt — in dem Ringpräparat stundenlang weiter, so daß Wege von mehreren Kilometern zurückgelegt werden können (Abb. 60). MINES schnitt dann aus Schildkrötenherzen ringförmige Scheiben, die aus Vorhof- und Kammermuskulatur bestanden, und studierte auch daran das Auftreten solcher Kreisbewegungen. Zunächst einmal ist natürlich zu erwarten, daß sich der Einzelreiz — ohne einseitige Kompression — nach beiden Richtungen hin über den Ring ausbreitet und auf der der Reizstelle

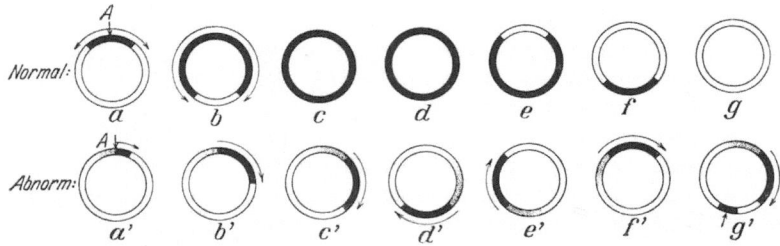

Abb. 60. Schema der Kreisbewegung am Ringpräparat. Schwarz: refraktär. Oben: Erregungsablauf bei einmaliger Reizung (normal). Unten: Kreisbewegung nach mehrmaliger Reizung. Punktiert: relativ refraktär In g' bedeutet der kleine Pfeil eine Extrareizung. (Nach C. J. ROTHBERGER)

gegenüberliegenden Seite des Ringes die dort zusammentreffenden Erregungen erlöschen. An Ringpräparaten aus dem Vorhof großer Rochen fand MINES auch dieses Verhalten. Aber nach mehrmaliger rhythmischer Reizung mit steigender Frequenz kann es beim Sistieren der Reizung vorkommen, daß die Muskelfasern auf der einen Seite noch refraktär sind und dann läuft die Erregungswelle nur nach der anderen Seite in oftmaligem Kreisen durch das Präparat. Läßt man an einem Punkt der Bahn einen Extrareiz einwirken, erzeugt also dort einen refraktären Zustand, so hört das Kreisen — ganz wie bei dem beschriebenen Wechselrhythmus — wieder auf. MINES fand auch an dem beschriebenen Vorhof-Kammerring nach mehrmaliger, rasch mit steigender Frequenz hintereinander erfolgter Reizung (also ohne Kompression!) ein Kreisen der Erregung in der Reihenfolge $V_1 - V_2 - A_3 - A_4$ (s. Abb. 61), weil — nach der schon von MINES gegebenen Erklärung — die Erregung sich nicht rückläufig nach A_4 fortpflanzen könne, weil dieses noch refraktär sei. Minimale Unterschiede in der Dauer der refraktären Phase zu beiden Seiten der Reizstelle sind also auch hierbei die Vorbedingung dafür, daß sich der Ringrhythmus in einseitiger Richtung in Gang setzt. Erst nach dem Umweg über V_2 und A_3 ist A_4 wieder erregbar geworden und gibt so die Erregung an V_1 weiter.

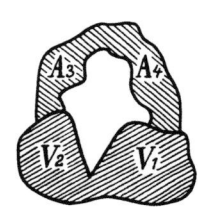

Abb. 61. Schema des Ringpräparates vom Schildkrötenherzen. (Versuch von MINES.) A_3 und A_4 Vorhofteil, V_1 und V_2 Kammerteil. (Nach SAMOJLOFF)

Langsame Reizleitung und *kurze Refraktärphase* sind Voraussetzung für das Kreisen. Darum ist ein Reiz unmittelbar nach Ende einer Refraktärphase besonders geeignet.

Die vorhergehende, mit zunehmender Frequenz erfolgende rhythmische Reizung hat offenbar den Sinn, die Refraktärphase zu verkürzen und die Leitung zu verzögern (s. dazu S. 96). Es ist ja bekannt, daß dann dem Herzen höhere Frequenzen und damit kürzere Erregungsvorgänge aufgezwungen werden können, wenn man die Reizfrequenz stetig steigert, während die gleich hohe Frequenz (Aktionsstromverkürzung) bei plötzlicher Frequenzsteigerung nicht erreichbar ist (s. dazu S. 96) (W. TRENDELENBURG, 1903; MINES, SAMOJLOFF). — Die Zusammensetzung des Ringpräparates aus Vorhof- und Kammergewebe bedingt außerdem erhebliche zusätzliche Leitungsverzögerungen an den av-Grenzen. — Nicht ohne weiteres klar ist das Sistieren des Ringrhythmus dadurch, daß an einer gerade nicht aktiven Stelle ein Extrareiz gesetzt wird. Zwar muß die davon nach der einen Seite ausgehende Erregung der zirkulierenden begegnen, wodurch beide ihr Ende finden. Aber die nach der anderen Seite von der Reizstelle aus sich fortpflanzende Erregung müßte sich nun eigentlich als neue zirkulierende Welle ausbilden, vorausgesetzt allerdings, daß sie die gleiche Geschwindigkeit wie die frühere zirkulierende Erregung hat. Die Tatsache, daß ein Extrareiz das Kreisen beendet, muß seinen Grund darin haben, daß die Extraerregung irgendwo in der Bahn auf noch refraktäres Gewebe der ersten kreisenden Erregung stößt. An großen Ringpräparaten erzeugte übrigens GARREY durch mechanische Reize auch mehrere hintereinander zirkulierende Wellen.

Die klassischen Arbeiten von MAYER und MINES — bestätigt und elektrophysiologisch in den Leitungszeiten für die einzelnen Etappen des Ringpräparates von SAMOJLOFF untersucht — sind die Grundlage zur Deutung mancher pathologischer Erscheinungen auch beim Menschen geworden, und es wird später noch in anderem Zusammenhang auf diese bedeutsamen Untersuchungen zurückzukommen sein (S. 185).

Bei der vorstehenden Betrachtung wurde schon verschiedentlich vorausgesetzt [am Herzmuskelstreifen wie am ganzen Herzen (Wechselrhythmus!)], daß die Erregungsleitung für Hin- und Rückweg verschiedene Bahnen benutzt. Aber auch beim Verlauf über die gleiche Bahn liegen die Verhältnisse in dieser Hinsicht viel komplizierter, als man zunächst annehmen sollte. L. HERMANN hat in seinem Handbuch in dem Kapitel über die doppelsinnige Leitung gesagt, daß es schwer sei, sich ein System vorzustellen, das nur in einer Richtung leitet. So stand auch ENGELMANN noch auf dem Standpunkt, daß die Erregung am normalen Froschherzen gleich gut in normaler wie in umgekehrter Richtung geleitet werden könne, daß speziell auch von Vorhof auf Kammer der Erregungsvorgang ebenso sicher und ebenso schnell laufen könne wie in umgekehrter Richtung. In der Tat ist eine gegensinnige Erregungsausbreitung, also eine rückläufige Systole, an den Herzen aller Vertebraten auslösbar. (Die periodische Umkehr der Schlagrichtung des Herzens bei einigen Hirudineen und vor allem bei Tunikaten wurde eingangs S. 2 besprochen.) Die Reziprozität der Erregungsleitung ist ja auch ohne weiteres vom Boden der Strömchentheorie aus verständlich. Aber der Fall einer nur einsinnig möglichen Erregungsausbreitung ist in der Physiologie ebenfalls allgemein bekannt aus dem Beispiel des Reflexbogens, wenn es sich um das Vorliegen von *Synapsen* handelt. Hierbei ist die einsinnige Übertragung der Erregung auf das deutlichste verwirklicht. Da, wie wir gleich im einzelnen sehen werden, erhebliche Unterschiede für recht- und rückläufige Erregungen am Herzen feststellbar sind, erhebt sich damit die Frage nach dem Vorliegen derartiger Synapsen. Wir werden bei dieser Frage zu unterscheiden haben zwischen der Leitung innerhalb einer Herzabteilung und dem Übergang von einer Herzabteilung auf die andere, bei der bekanntlich erhebliche Leitungsverzögerungen vorliegen. Hier könnte man mit dem Vorhandensein besonderer Vorrichtungen nach Art der Synapsen rechnen, wenn auch die Bezeichnung als Synapse sicher nicht glücklich ist. H. SCHAEFER hat besonders diese Frage diskutiert und angenommen, daß zahlreiche derartige Übertragungsstellen mit Verzögerung der Erregungsausbreitung vorliegen, die sich wie nervöse Synapsen verhalten. Die noch zu behandelnden großen Diskrepanzen zwischen Wegstrecke, Leitungszeit und Leitungsgeschwindigkeit bei fast allen Ausbreitungsvorgängen im Herzen weisen darauf hin, so daß auch im Myokard selbst viele „synaptische" Stellen zu vermuten sind. Wie viele derartiger „Synapsen" in Vorhof und Kammer liegen, ist allerdings auch nach SCHAEFER nicht anzugeben und histologisch sind diese Stellen nicht differenziert, auch das Leitungsgewebe geht ohne scharfe Grenze in das Myokard über. Wir wissen, daß jede „Synapse", also jede Stelle, wo der Übergang von einem Element auf ein zweites mit Latenz erfolgt, besonders empfindlich gegen schädigende Einflüsse ist. In der eingangs gegebenen Vorstellung über die Erregungsleitung muß man sich hier wohl vorstellen, daß der Aktionsstrom nicht mehr stark überschwellig ist, sondern erst seine ganze Spannung entwickeln muß, ehe die Erregung überspringen kann. Diese längere Zeit, die der Aktionsstrom zur Entwicklung seiner vollen Spannung braucht, macht die Latenz aus, mit anderen Worten der Sicherheitsfaktor der Erregungsleitung ist an solchen Stellen mit langen Latenzen besonders klein, und jede Verminderung der Aktionsstromhöhe und jede Steigerung der lokalen Schwelle führt leicht zur Blockade. Schon ENGELMANN (1895) hat sehr nachdrücklich auf diese Überlegungen und Möglichkeiten hingewiesen. Aus den Latenzzeiten und den leicht und häufig eintretenden Blockerscheinungen müssen wir als wichtigste Synapse am Herzen die av-Grenze annehmen, aber auch hier ist der genaue Ort schwer festzulegen (wir werden auf diese Frage noch besonders zurückkommen). Besonders an dieser av-Verbindung ergeben sich deutliche Unterschiede zwischen Hin- und Rückleitung, die so weit gehen können, daß die Leitung nur in einer Richtung erfolgen kann (ENGELMANN, 1894; MINES, 1914; v. SKRAMLIK, 1920), was die angelsächsischen Autoren als unidirectional block bezeichneten und ERLANGER schon 1906 auch am Herzstreifen beobachtete.

Es wurde für das unterschiedliche Verhalten eine Reihe von Bezeichnungen vorgeschlagen: *Isodromie* für gleich gute Leitung, *Heterodromie* für eine unterschiedlich gute Leitung in beiden Richtungen, *Monodromie* für Leitung nur in einer Richtung (also unidirectional block) und *Adromie* für eine gänzlich unterbrochene Leitung. Die *Opisthodromie* mit Kreisbewegung infolge Monodromie einzelner Fasern und Heterodromie angrenzender Fasern, wurde schon S. 116 besprochen. Leitungsunterschiede im Sinne einer Mono- und Heterodromie sind auch am Herzstreifen durch aufdrückende Keile mit asymmetrischer Schneide erzeugbar (ASHMAN und HAFKESBRING) (S. 113).

Die *Reziprozität* bzw. *Irreziprozität der Erregungsleitung* wurde in den Haupterscheinungen bereits von ENGELMANN (1895) behandelt. Er zeigte bereits, daß die oben erwähnte Feststellung der ebenso sicheren und ebenso schnellen Leitung von Ventrikel auf Vorhof und umgekehrt am absterbenden Herzen und unter Giftwirkungen nicht mehr gilt, daß dann größere Geschwindigkeitsunterschiede für beide Leitungsrichtungen auftreten oder sogar nur in *einer* Richtung eine Erregungsleitung möglich ist, wobei einmal die normale, dann wieder die entgegengesetzte Richtung die bevorzugte ist. ENGELMANN wies bereits darauf hin, daß aus diesem Verhalten kein Schluß für oder gegen die myogene bzw. neurogene Theorie gezogen werden kann, da die doppelsinnige Leitung ja grundsätzlich für Nerv- und Muskelfasern zu postulieren sei. Er wies auch schon darauf hin, daß Unterschiede in den Elementen vorliegen, die erklären können, daß die Erregung wohl in der einen, nicht in der anderen Richtung geleitet wird: ,,Man braucht gar nicht an Unterschiede in der Qualität des Prozesses zu denken, der als Reiz wirkt. Bloße Unterschiede in der Intensität, d. h. in der Größe der in der kleinsten Raum- und Zeiteinheit entwickelten als Reiz wirkenden Energie würden genügen. Es liegt nahe, hier vor allem an Unterschiede im *zeitlichen Verlauf des erregenden Vorganges* zu denken. Ob ein Teilchen *b* von einem Nachbarteilchen *a* aus physiologisch erregt wird, hängt also, so müssen wir schließen, unter anderem von dem *zeitlichen Verlauf der als physiologischer Reiz wirkenden Veränderung* in *a* und von den Grenzen der Steilheit dieser Veränderung ab, innerhalb welcher *b* für den physiologischen Reiz von *a* überhaupt empfänglich ist". Diese Ausführungen muten, wenn man die S. 111 gegebene Betrachtung berücksichtigt, durchaus modern an! ENGELMANN betonte dabei die Tatsache, daß wir es wenigstens mit drei morphologisch wie physiologisch verschiedenen Arten von Muskelzellen zu tun haben: die Atrienmuskeln, die Kammermuskeln und die sog. ,,Blockfasern" zwischen Vorhof- und Kammermuskulatur, für die er in

Übereinstimmung mit GASKELL und STANLEY KENT (Warmblüter) einen embryonalen Charakter annahm, deren Synapsennatur ENGELMANN bereits ausführlich erörtert. Daß die Auffassung dieser Gewebe als mehr embryonale allerdings nicht haltbar ist, wurde schon S. 30 erörtert. Auch bezog, wie gesagt, ENGELMANN die Unterschiede des Leitungsvermögens auf das absterbende Herz.

Nach ENGELMANNs Auffassung sind also besonders Differenzen der Zeiterregbarkeit hier maßgebend, die sich beim Absterben vergrößern, so daß dann eine Erregung von träger reagierenden Fasern nicht mehr auf rascher reagierende übergehen könne, während sie in der umgekehrten Richtung nicht blockiert zu sein brauche. Er stützt diese Auffassung durch Modellversuche am einseitig gekühlten M. sartorius. Dadurch läßt sich in der Tat (ebenso wie durch Veratrinvergiftung einer Muskelhälfte) die Reziprozität der Leitung aufheben; die Erregung läuft also wohl noch von der erwärmten zur gekühlten und von der normalen zur vergifteten Muskelhälfte, aber nicht umgekehrt. Wie v. BRÜCKE mit Recht bemerkt, läßt sich die Frage, ob ein träger Reiz leichter ein rasch reagierendes Gewebe oder ein steil und rasch verlaufender Reiz eher ein träges Gewebe zu erregen vermag, nicht ohne weiteres entscheiden; denn es kommen da, als z. T. voneinander unabhängige Variable, die Dauer, die Anstiegsform und die Stärke der Reize bzw. der als Leitungsreize wirkenden Aktionsströme in Frage. So könnte z. B. die Erregung von einem rasch reagierenden Faserelement I auf ein langsam reagierendes Element II übergehen, wenn der steil ansteigende, kurz dauernde Aktionsstrom von I eine relativ hohe elektromotorische Kraft hätte, und daß umgekehrt auch relativ träge Aktionsströme ein sehr rasch reagierendes Organ erregen können, zeigt die Tatsache, daß der Aktionsstrom des Froschherzens (auch bei einphasischer Ableitung) motorischen Nervenfasern des Ischiadikus (am Warmblüter auch des Phrenicus) zu erregen vermag.

Es liegen also verschiedene Erklärungsmöglichkeiten für solche Irreziprozitäten der Leitung vor. Besonders zu erwähnen ist neben den ENGELMANNschen Auffassungen die Meinung von MINES, SCHMITT und ERLANGER, die die Begünstigung der Erregungsleitung in der einen Richtung daraus erklärten, daß das betreffende Gewebe an seinem einen Ende die Erregung mit einem stärkeren Dekrement leitete als am anderen Ende. ISHIKAWA hat das noch weiter ausgebaut zu der Vorstellung, daß es leitende Systeme geben könne, in denen Erregungswellen je nach der Stärke der auslösenden Reize teils unverändert fortgeleitet würden, teils zunächst ein Dekrement oder auch ein Inkrement erführen und erst nach dieser Änderung mit gleicher Stärke fortgeleitet würden („atypisch-heterobolische Systeme"). Wenn nun die Erregung von einem isobolischen (dem Alles-oder-Nichts-Gesetz folgenden) System auf ein typisch oder atypisch heterobolisches überginge, so würden sich komplizierte Beziehungen für die Reziprozität und die Irreziprozität der Erregungsleitung ergeben (v. BRÜCKE).

Jedenfalls liegt die Frage in mancher Hinsicht trotz der beinahe programmatisch anmutenden Klarheit der ENGELMANNschen Vorstellungen viel komplizierter, wie wir besonders aus den Untersuchungen von MANGOLD und v. SKRAMLIK wissen. Zunächst einmal dauert die Rückleitung auch normalerweise an allen „Grenzen", also zwischen Sinus und Vorhof, Vorhof und Kammer und Kammer und Bulbus, immer länger als die normale Leitung.

Die Unterschiede bei recht- und rückläufiger Erregung kann man besonders schön beobachten und messen am MINESschen Ringpräparat (SAMOJLOFF), wo die Erregung ja einmal in normaler Richtung und einmal rückläufig durch die atrioventrikuläre Verbindung tritt (S. 116 Abb. 61).

Außerdem sind nicht alle Teile des av-Trichters funktionell gleichwertig. Die vergleichenden physiologischen Verhältnisse zeigt Abb. 62. Bereits am Froschherzen läßt sich der Beginn einer Differenzierung deutlich nachweisen. Das Belassen nur schmaler Bahnen hebt zwar niemals die Koordination zwischen Vorhof und Kammer auf, aber die dorsalen und lateralen Anteile des av-Trichters sind von größerer Bedeutung für die Vorhof-Kammerleitung als die ventralen Abschnitte (MANGOLD und Mitarbeiter), wobei wiederum die linkslateralen (auch für die Erregungsleitung vom rechten Vorhof auf die rechte Kammerhälfte) weit wichtiger sind als die rechtslateralen (AMSLER und PICK). Durch verschiedene Eingriffe (ungleiche Temperierung, besonders Durchschneidungen) kann am Froschherzen besonders zwischen Vorhof und Kammer die rückläufige oder die normale Leitung aufgehoben werden: das Septum scheint allein für die rückläufige Leitung, bestimmte dorsale Bündel nur oder doch ganz überwiegend für die rechtläufige geeignet zu sein, während die ventralen und lateralen Bündel zu beiderlei Leitungen befähigt sind (v. SKRAMLIK). Von besonderem Interesse ist dabei, daß man an den Grenzen zweier Herzabteilungen (Vorhof—Kammer, Kammer—Bulbus, nicht in der Kammermuskulatur selbst) ein aufgehobenes rückläufiges Leitungsvermögen wiederherstellen kann, wenn man eine Erregung durch *dieselbe* Bahn einige Male rechtläufig passieren läßt. Man kann also dadurch eine ,,Sperrung der Rückleitung" vorübergehend wieder aufheben. Je länger die vorhergehende Ruhepause war, um so häufiger muß eine rechtläufige Erregung durchlaufen, damit eine Rückleitung erfolgen kann. v. SKRAMLIK hat diese Beobachtung als ,,*Bahnung der Erregung*" bezeichnet und ASHMAN erklärte die Bahnung der Erregungsleitung durch die S. 93 bereits besprochene übernormale Phase der Leitung (s. auch S. 113).

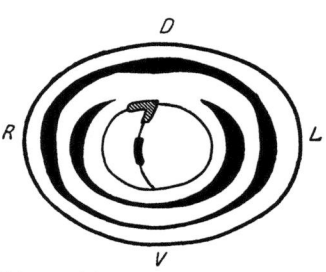

Abb. 62. Schema der atrioventrikulären Leitungsbahnen bei verschiedenen Wirbeltierklassen in Form von Querschnitten durch die av-Grenze. V, D, R, L bedeuten ventral, dorsal, rechts und links lateral. Durch die Dicke des Striches ist der Grad der Beteiligung der einzelnen Bündel an der Erregungsübertragung von Vorhof auf die Kammer angedeutet. Es folgen einander von außen nach innen die Schemata für Fische, Amphibien und Reptilien. Bei diesen Tierklassen leitet das Septum die *normale* Erregung nicht. In der Mitte ist ein Querschnitt durch Herzen mit voll entwickeltem Septum (der Vorhöfe und der Kammern) eingezeichnet. Die schraffierten Stücke in dieser Zeichnung markieren die Bündel, die bei Vögeln die Übertragung der Erregung von Vorhof auf die Kammer vermitteln, die schwarzen das ASCHOFF-TAWARAsche Bündel für Mensch und Säugetiere, das im Septum verläuft. (Nach E. MANGOLD, ergänzt von E. V. SKRAMLIK)

Besonders bemerkenswerte Verhältnisse liegen am *Fisch* (Scyllium und Torpedo) vor, wo im Gegensatz zu Amphibien und Reptilien die Vorhof-Kammerleitung sogar länger dauert als die umgekehrte. McQUEEN beobachtete auch am Rochenherzen, daß das normale Intervall länger dauert als das rückläufige. Beim Absterben geht nach v. SKRAMLIK sogar die normale Leitung früher verloren als die rückläufige. Auch ist hier die ,,Bahnung" einer rückläufigen Erregung durch wiederholt ausgelöste rückläufige Erregungen beobachtbar. Durchschneidungen im Bereich des av-Trichters ergaben, daß auch schon am Fischherzen in den einzelnen Bündeln die Fähigkeit der recht- und rückläufigen Erregungsleitung verschieden ist: in dem vorderen und hinteren Bündel kann die Erregung in beiden Richtungen zwischen Vorhof und Kammer übertragen werden, in einem rechten oberen Bündel nur rechtläufig, in einem linken unteren nur rückläufig (v. SKRAMLIK).

Die Unterschiede beider Leitungsrichtungen werden besonders deutlich unter *Einwirkung höherer Temperaturen*. Daß die Erregungsleitung der VAN'T HOFFschen RGT-Regel folgt, ist schon nach den grundsätzlichen Erörterungen wahrscheinlich. AMSLER und PICK wiesen das an dem nach STRAUB suspendierten Froschherzen nach und ISHIHAMA bestätigte es. Aber bei fortschreitender Erwärmung zeigen sich deutliche Unterschiede. Die *Wärmelähmung* (reversibler Wärmestillstand) (s. S. 3) ist in erster Linie eine Wärmenarkose des av-Trichters (UNGER, AMSLER und PICK), dabei erlischt aber die rückläufige Leitung bedeutend früher als die rechtläufige (ISHIHAMA).

Das betrifft, wie MANGOLD und KITAMURA zeigten und ISHIHAMA bestätigen konnte, besonders den plötzlichen Wärmestillstand, während der allmähliche Wärmestillstand durch primären Schwund des Kontraktionsvermögens (also mit Erlöschen der elektrischen Erregbarkeit der Kammer) bedingt ist. Auch bei starker Abkühlung (Chloräthylspray) liegen die Verhältnisse ganz entsprechend. — Zahlreiche Beobachtungen haben auch ergeben, daß viele Gifte vor allem die av-Erregungsleitung lähmen, bestimmte Gifte heben die umgekehrte Erregungsleitung u. U. dauernd auf. Auch erholt sich die Fähigkeit der Erregungsleitung im av-Trichter schlechter als das Vermögen seiner automatischen Erregungsbildung.

Schließlich sind in diesem Zusammenhang nochmals besonders die schon früher gelegentlich der Frage der Maximalfrequenz der einzelnen Herzteile angeführten Ergebnisse von P. HOFFMANN und MAGNUS-ALSLEBEN zu erwähnen, die zeigten, daß beim Warmblüter das Überleitungsgewebe nicht so viel Reize zu leiten vermag, wie der Ventrikel beantworten könnte, daß die Maximalfrequenz des Überleitungsgewebes durch Vagusreizung noch weiter herabgesetzt wird und, was uns hier vor allem interessiert, daß das Überleitungsgewebe rückläufig auch nicht annähernd so viel Erregungen zu leiten vermag wie rechtläufig. Solche Unterschiede zwischen Hin- und Rückleitung sind auch sonst zu beobachten. Daß grundsätzlich eine Rückleitung auch ohne künstliche Reizung möglich ist, zeigten COHN und MASON (1912) durch die Tatsache, daß nach Sinusausschaltung das Kammerflimmern von einer Vorhofirregularität gefolgt ist, die nach Durchschneidung des Crus commune wieder von einer regelmäßigen Vorhoftätigkeit abgelöst wurde. Aber es kommt beim Kammerflimmern auch nicht selten vor, daß die Vorhöfe regelmäßig weiterschlagen, die Rückleitung also gesperrt ist. Auch wenn ein langsamer Sinusrhythmus neben einem rascheren av-Rhythmus besteht (sog. Interferenzdissoziation), kommt eine derartige echte *Sperrung der Rückleitung* vor. Auch ist bekannt, daß ventrikuläre Extrasystolen in der Regel nicht auf den Vorhof zurückgeleitet werden, obwohl sie die Bahn bis zum av-Knoten beanspruchen (SCHERF und SHOOKHOFF). Das Hindernis liegt also im av-Knoten (ROTHBERGER); Vorhofextrasystolen sind dagegen gewöhnlich von Kammerextrasystolen gefolgt. Man muß dabei natürlich beachten, daß bei solchen Versuchen nicht in jedem Fall eine echte Sperrung der Rückleitung vorzuliegen braucht, wenn z. B. beim normal schlagenden Herzen Kammerextrasystolen in die refraktäre Phase des höher gelegenen Herzteils einfallen und darum nicht auf Vorhof oder Sinus übergehen, was besonders wegen seiner hohen Schlagfrequenz beim Warmblüterherzen in der Regel der Fall ist.

Extrasystolen vom oberen Teil des av-Knotens werden dagegen gewöhnlich auf den Vorhof zurückgeleitet. S. 21f. wurde schon besprochen, daß sogar bei einer av-Automatie, die vom unteren Knotenteil ausgeht, ein negatives P hinter R steht, also hierbei eine Rückleitung erfolgen kann. Das RP-Intervall stellt dann die Differenz zwischen der längeren Rückleitungszeit und der kürzeren rechtläufigen Leitungszeit dar (ROTHBERGER) (Abb. 6). Wenn die ganze Leitungsbahn in der Kammer rückläufig bis zum Vorhof durchlaufen wird, ist der Zeitverbrauch sicher größer als ein normales PR-Intervall (GUSSENBAUER; DRESSLER, SAMET).

Auch bei *Vorhofextrasystolen* ist die Entscheidung schwierig. Man hat versucht, die Zeitverhältnisse genau auszumessen und daraus Rückschlüsse zu ziehen; der Extrareiz gebraucht ja eine bestimmte Zeit, um rückläufig den Sinus zu erreichen. Um diese Zeit ist die Pause nach Vorhofextrasystolen länger als ein Normalintervall. Aber die Messung der „Rückleitungszeit" ergibt beim Menschen zu große und zu sehr schwankende Werte, weil nach MIKI und ROTHBERGER der Einfluß der extrakardialen Nerven und die Hemmung der normalen Reizbildung durch die Extrasystole (S. 10) hinzukommt.

Wenn wir uns nun der Frage nach der tatsächlichen *Größenordnung der Leitungsgeschwindigkeit* im Herzen zuwenden, so werden wir die sinnfälligen Leitungsverzögerungen beim Übergang der Erregung von einem Herzabschnitt auf den anderen als ein besonderes Problem anschließend für sich gesondert zu besprechen haben. Aber auch für die einzelnen leitenden Gewebsanteile des Herzens ergeben sich, wie nach den bisherigen Ausführungen schon zu erwarten ist, erhebliche Differenzen.

So wie am Nerven durch GASSER und ERLANGER die Erregbarkeit und Leitungsgeschwindigkeit als eine Funktion des Faserquerschnitts erkannt wurde, soll nach LEWIS auch am Herzmuskel mit der Faserdicke (und ihrem Glykogengehalt) die Leitungsgeschwindigkeit zunehmen und Systolendauer und Rhythmizität entsprechend abnehmen. Nodales Gewebe, Ventrikelmuskulatur, Vorhofmuskulatur und PURKINJE-Fasern sollen in der angegebenen Reihenfolge diese zunehmende Faserdicke (und entsprechenden Glykogengehalt) aufweisen (s. dazu S. 27, 123); LEWIS sprach direkt von diesen Verhältnissen als einem „Gesetz des Herzmuskels", wobei allerdings fraglich ist, ob die Dicke der einzelnen Muskelfasern einwandfrei festzustellen ist [nach KOLMER (bei v. BRÜCKE)]. Daß der histologische Glykogennachweis auch nicht verläßlich ist, wurde S. 27 bereits erwähnt. (Nach YATER, OSTERBERG und HEFKE ist übrigens der Glykogengehalt in Herzmuskel und Bündel ungefähr gleich, dagegen soll beim Pferd bedeutend mehr Glykogen im Bündel vorhanden sein. Nach BUADZE und WERTHEIMER enthält dagegen die Arbeitsmuskulatur 7mal mehr Glykogen als das Reizleitungssystem.) Auch betreffend Systolendauer (nodales Gewebe!) und Rhythmizität (PURKINJE-Fasern!) scheinen die Verhältnisse so gesetzmäßig nicht zuzutreffen.

Die *zahlenmäßige Bestimmung der Leitungsgeschwindigkeit* ist naturgemäß mit erheblichen Schwierigkeiten behaftet. Daß die mechanische Registrierung unzureichend ist, leuchtet ohne weiteres ein. Aber auch bei lokaler Aktionsstromregistrierung sind eine Reihe von Faktoren bedeutsam. Am Kaltblüterherzen fehlt wenigstens der Einfluß der Abkühlung, der am Warmblüterherzen natürlich sehr zu beachten ist. Denn daß die Erregungsleitung der VAN'T HOFFschen Regel folgt, wurde früher ja schon ausgeführt (s. S. 120). Operationsschädigungen machen sich natürlich ebenfalls leicht bemerkbar. Vor allem aber ist es zur Bestimmung der Leitungsgeschwindigkeit erforderlich, den Weg zu kennen, den die Erregung tatsächlich läuft. Dieser ist aber nicht immer sicher bekannt. Wenn z. B. die Zuleitung der Erregung aus der Tiefe zu zwei Punkten der Oberfläche der Kammer erfolgt, so ist die Bestimmung der Zeitdifferenz des Eintreffens an zwei Stellen der Herzoberfläche als Maß der Leitungsgeschwindigkeit kaum verwertbar. Es bedarf jedenfalls stets des Nachweises, daß die Erregung auch wirklich den kürzesten Weg zwischen den zwei Ableitungselektroden eingeschlagen hat. Schließlich sind der Meßgenauigkeit namentlich der Strecke (Größe des ableitenden Bezirks, Elektrodendicke usw.) Grenzen gesetzt. Daß bei der Umrechnung auf m/sec jeder kleine Fehler erheblich ins Gewicht fällt, ist selbstverständlich. So ist es nicht verwunderlich, daß die Angaben der Literatur stark differieren. Für das *Kaltblüterherz* schwanken die Werte zwischen 3,5 bis 20 cm/sec (ENGELMANN, BURDON-SANDERSON und PAGE), als Durchschnittswert darf man wohl 10 cm/sec (7—12 cm/sec) annehmen. Wir legten diesen Wert bei der Berechnung der „Anstiegslänge", „Aktionslänge" und „Refraktärlänge" des Herzens bereits zugrunde (S. 111).

B. KATZ (1948) hat für die Leitungsgeschwindigkeit der einzelnen Faser beim Nerven und Skeletmuskel die Formel entwickelt:

$$\text{Leitungsgeschwindigkeit} = \frac{\sqrt{a}}{C_M \cdot \sqrt{R_i}},$$

dabei bedeutet a den Faserradius, C_M die Membrankapazität und R_i den Innenleiterwiderstand. Es sind also physikalische Konstanten maßgeblich. Nach WEIDMANN (1952) ist diese Formel auch für den PURKINJE-Faden brauchbar, doch ist außerdem die verschiedene Anstiegssteilheit ein wesentlich mitbestimmender Faktor.

Genaue Messungen der Leitungsgeschwindigkeit am Herzstreifenpräparat des Frosches erlaubt die Methode von BAMMER und ROTHSCHUH (1952). Als Mittelwert der Leitungsgeschwindigkeit wurden 11,34 cm/sec ermittelt. Dieser Wert gilt für einen K-Gehalt der Nährlösungen von 10 mg-% KCl. Die Leitungsgeschwindigkeit steigt bei Erhöhung des Kaliumgehaltes an und schlägt oberhalb von etwa 50 mg-% KCl in Verlangsamung und Blockierung um. Interessant ist die Tatsache, daß bei wachsender Reizfrequenz ganz von selbst die Leitungsgeschwindigkeit ansteigt (H. BAMMER, 1954). Hier liegt eine Anpassung des Herzmuskels an erhöhte Frequenzbeanspruchung vor. Acetylcholin zeigt in niedrigen Konzentrationen eine beschleunigende und in höheren Konzentrationen eine verlangsamende Wirkung auf die Leitungsgeschwindigkeit (ROTHSCHUH und BAMMER, 1952). Calciumvermehrung setzt die Geschwindigkeit der Erregungsleitung herab. Der Antagonismus zwischen Ca und K ist an der Leitungsgeschwindigkeit deutlich nachweisbar (BENTHE, 1955).

Für das *Warmblüterherz* bestehen weit größere Differenzen. Am *Vorhof* liegen z. B. folgende Angaben vor: nach LEWIS, MEAKINS und WHITE 1—1,2 m/sec (gemessen an der taenia terminalis), nach ERLANGER, LAPICQUE und VEIL 2,25 m/sec und nach DRURY und REGNIER etwa 0,5—0,8 m/sec, also im Durchschnitt etwa 1—2 m/sec. (s. S. 139). Größere Widersprüche in den Literaturangaben finden wir jedoch beim Vergleich der Leitungsgeschwindigkeit in den spezifischen Fasern der Kammer und in der „gewöhnlichen" Kammermuskulatur. Nach LEWIS und ROTHSCHILD leitet die Kammermuskulatur sehr viel langsamer als die spezifischen Leitungsbahnen. Für den Kammermuskel werden 0,3—0,5 m/sec angegeben, für das Leitungssystem 3—5 m/sec (nach MAENO 1,5—3,5 m/sec), also ein bis 10fach höherer Wert! Im Netzwerk der spezifischen Fasern sinkt der angegebene Wert auf 1,5—2 m/sec, in den PURKINJE-Fasern beträgt er nach ERLANGER nur 0,75 m/sec. C. J. ROTHBERGER (1931) hält den Wert von 0,75 m/sec für das spezifische System für den wahrscheinlichsten, in der Arbeitsmuskulatur wird dagegen etwa $^1/_3$ dieses Wertes, etwa 0,25 m/sec, von ihm angenommen. Gegen die Angabe, daß das Leitungssystem bis 10mal schneller leiten soll als die gewöhnliche Muskulatur, sind viele Einwände erhoben worden. Zwar schloß TAWARA schon, daß es der Sinn der spezifischen Bahn und ihrer Verzweigungen sei, die Erregung überall in der Kammer möglichst schnell zum Myokard zu bringen, und daß daraus gefolgert werden müsse, daß die spezifischen Fasern schneller als das Myokard leiten; aber dieser eben angegebene große Unterschied ist von vielen Autoren abgelehnt worden, besonders von DE BOER, F. B. HOFMANN. Auch SCHERF und ROTHBERGER sprachen sich dagegen aus. ROTHBERGER schätzt auf Grund der Zahlen von ERLANGER, LAPICQUE und VEIL, daß das spezifische System (mit mindestens $^3/_4$ m/sec) etwa doppelt so schnell wie das Myokard leitet, MAHAIM nimmt eine 3—4mal schnellere Leitung in den spezifischen Fasern an; jedenfalls stimmen die meisten Autoren darin überein, daß eine 10mal schnellere Leitung nicht anzunehmen sei. Aus neuerer Zeit liegt wiederum eine ganze Reihe von Bestimmungen der Leitungsgeschwindigkeit am Warmblüterherzen vor. SCHAEFER und TRAUTWEIN (1949) fanden für das Arbeitsmyokard des Hundeherzens mit Hilfe von Differentialelektroden Werte zwischen 0,8—1,0 m/sec. Am Katzenherzen liegen die Werte ähnlich. CURTIS und TRAVIS (1951) bestimmten die Leitungsgeschwindigkeit an falschen Sehnenfäden des Ochsenherzens mit 4,2 m/sec. DRAPER und WEIDMANN fanden (1951) an falschen Sehnenfäden des Hundeherzens eine Leitungsgeschwindigkeit von 2,0 m/sec und an den PURKINJE-Fasern des Ziegenherzens Werte von 2,2 m/sec.

Legt man nach ASHLEY (1945) eine Dicke der Ventrikelfasern des Hundes mit 16 μ zugrunde und beim Reizleitungssystem des Hundes eine Dicke von 30 μ (DRAPER und WEIDMANN, 1951), so ergibt sich ein wesentlicher Einfluß der Faserdicke (s. o.). Bei den PURKINJE-Fasern des Ochsen mit 4 m/sec findet man entsprechend eine Dicke von 70 μ! Bei direkter Ableitung der Aktionspotentiale des Erregungsleitungssystems an intakten Herzen von Hunden und Affen fand neuerdings A. M. SCHER (1955) zwischen dem av-Knoten und den präterminalen Verzweigungen Werte zwischen 1,4—1,7 m/sec (stets über 1 m/sec). Mit solchen multipolaren Elektroden untersuchten A. M. SCHER und Mitarbeiter (1953) auch die Erregungsausbreitung durch die Ventrikelwand. Danach beginnt die Erregung meist an der Innenfläche beider Ventrikel seitlich der vorderen Septumanteile und breitet sich von dort zunächst mit hoher Geschwindigkeit (1,8 m/sec) auf der Herzinnenfläche spitzen- und basiswärts sowie nach beiden Seiten aus. Dann tritt die Erregungsfront wesentlich langsamer (30 cm/sec) in radiärer Richtung durch die Muskelwandungen bis zur Herzoberfläche. Eine vorzeitige Erregung intramuraler Bezirke — etwa durch einstrahlende Zweige des Reizleitungssystems — fand sich nicht. Auch hielt sich die Erregungsausbreitung nicht an den Verlauf vorgebildeter Muskelfaserbündel, sondern erfolgte in allen Richtungen praktisch mit der gleichen Geschwindigkeit.

In einer weiteren Mitteilung (1955) berichten A. M. SCHER und Mitarbeiter, daß die Verteilung der PURKINJE-Fasern mit ihrer Ausbreitung in allen subendokardialen Schichten eine nahezu gleichzeitige Aktivierung aller Ventrikelteile möglich macht, jedoch mit dem Unterschied, daß das Septum früher von links (trotz der Zuteilung auch rechtsventrikulärer Fasern) und schneller die Spitze im Vergleich zur Basis ihre Erregung erhalten. In den einzelnen Herzabschnitten ist die durchschnittliche Geschwindigkeit der Erregungsausbreitung verschieden, am niedrigsten im basisnahen Septum mit 0,3 m/sec, etwas höher im apikalen Septumteil und basalen Ventrikelabschnitten mit 0,6 m/sec und am höchsten mit 1,1 m/sec im spitzennahen Anteil der Kammer. Die beim Normal- und Extraschlag gleiche intramurale Ausbreitungsgeschwindigkeit liegt um 0,3 m/sec mit Ausnahme der unmittelbaren Umgebung des gesetzten extrasystolischen Reizes, wo sie niedriger lag (0,1 m/sec), wofür von den Autoren keine Erklärung gegeben werden konnte. Da, wie oben erwähnt, die Erregungsgeschwindigkeit im spezifischen Leitungssystem einschließlich der PURKINJEschen Fasern stets über 1 m/sec liegt, ist es unwahrscheinlich, daß die intramurale Leitung etwa durch eindringende PURKINJEsche Fasern zustande kommt. D. DURRER und VAN DER WEY (1955) fanden dagegen, daß die inneren Schichten der Ventrikelmuskulatur synchron vom PURKINJE-System mit etwa 2,5 m/sec erregt werden, während die äußeren Schichten eine myogene Erregungsleitung mit etwa 50 cm/sec besitzen. Die Erregungsfront, die in den inneren Schichten fast senkrecht zum Endokard verlaufend weiterwandert, bleibt außen mehr und mehr zurück, so daß sie mit dem Epikard einen zur Basis offenen spitzen Winkel von nur 5—10° bildet. Dazu im Gegensatz durchsetzen subendokardial gelegene Extrasystolen die gesamte Ventrikelwand senkrecht vom Endo- zum Epikard, d. h. es wird das PURKINJE-System offenbar am Reizort selbst nicht in Erregung versetzt. Jedenfalls sprechen diese Ergebnisse für eine rasche Erregungsverteilung durch das Reizleitungssystem auf der Herzinnenfläche und eine langsamere Erregungsausbreitung durch das Muskelsyncytium.

Diese Frage ist von grundsätzlicher Bedeutung für die Diskussion des Weges bei abnormer Erregungsausbreitung im Herzen speziell bei Kammerextrasystolie. NICOLAI unterschied schon zwischen „diffuser" und „gebahnter" Erregungsausbreitung bei künstlich an der Kammerwand gesetzten Extrasystolen, und LEWIS und Mitarbeiter haben vor allem die Vorstellung gefestigt, daß die so gesetzte Erregung die andere Kammerhälfte auf dem Wege des gleichseitigen und dann des gegenseitigen Schenkels, also auf normalem Wege, erreicht. Die zehnmal größere Leitungsgeschwindigkeit in den spezifischen Fasern würde es bedingen, daß dieser weite Weg kürzere Zeit beansprucht als eine Aktivierung der gegenseitigen Kammerhälfte quer durch die Muskulatur. So sind auch Fälle seltener retrograder Erregungsleitung von Kammerextrasystolen auf den Vorhof — der in diesen Fällen dann von der Erregung nicht refraktär angetroffen wird — beschrieben worden (GUSSENBAUER, DRESSLER, SAMET), ebenso ist die Hemmungswirkung solcher Extrasystolen auf einen av-Rhythmus bekannt (S. 10) (ROTHBERGER und WINTERBERG, RIHL, HOFMANN). Auch die Verlängerung der Überleitungszeit bei der nächsten Normalerregung wird so verständlich. Diese verlängerte Überleitungszeit findet man häufig bei interponierten ventrikulären Extrasystolen, und zwar auch dann, wenn sie nicht im av-Knoten oder Bündelstamm, sondern in einer Kammer, wahrscheinlich in einem Schenkelast, entstehen (ROTHBERGER). ASHMAN (1930) vertrat ebenfalls diese Vorstellung, daß eine von einem Reizpunkt im linken Schenkel ausgehende Extraerregung bis zur Teilungsstelle hinaufläuft — die PURKINJE-Fasern leiten ja nach ERLANGER in beiden Richtungen gleich gut — und dann im rechten Schenkel wieder hinunterläuft. An der tatsächlichen Möglichkeit dieses Weges der Erregungsausbreitung bei ventrikulären Extrasystolen ist also wohl nicht zu zweifeln. Aber auch bei Durchschneidung beider Schenkel wird die andere Kammer erreicht, die Erregung kann also auch quer durch das Septum auf dem Muskelwege erreichen. SCHERF hat entsprechende Experimente ausgeführt, indem er zunächst das elektrokardiographische Aussehen von Extrasystolen feststellte, die von einem bestimmten Punkt der Oberfläche des rechten Ventrikels ausgelöst wurden (Abb. 63). Dann wurde der rechte Schenkel durchschnitten und der rechte Ventrikel an derselben Stelle wiederum gereizt. Abb. 63 zeigt eine prinzipielle Übereinstimmung mit den Extrasystolen bei erhaltenem rechten Schenkel; bei anschließender Durchschneidung auch des linken Schenkels änderte sich nichts am Aussehen der von derselben Stelle aus erzeugten Extrasystole (Abb. 63). SCHERF schloß daraus, daß sich die Erregung zur Ausbreitung über das ganze Herz nicht der spezifischen Bahn bedient, sondern auf dem Muskelweg quer durch das Septum die andere Kammer erreicht. (Daß außer dem muskulären Weg hierbei auch noch interventrikuläre Verbindungen der PURKINJE-Netze zur Diskussion stehen, wird S. 142 auseinandergesetzt werden.) Zum mindesten ergibt sich, daß ein *Zeitgewinn bei Benutzung der spezifischen Bahn nicht vorliegt*, sonst müßte das im Kammerkomplex der Extrasystole zum Ausdruck kommen. Die erheblichen Weglängenunterschiede sind natürlich hierbei zu beachten. Wahrscheinlich können — entsprechend den allgemeinen Gesetzlichkeiten der Erregungsausbreitung — beide Wege beschritten werden. Die Ergebnisse sprechen aber dann zum mindesten gegen die Annahme einer so sehr viel höheren Leitungsgeschwindigkeit in der spezifischen Bahn, wie sie LEWIS annahm.

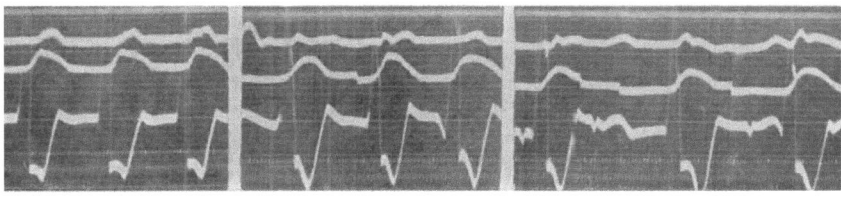

Abb. 63. In *a* sind 3 ES einer Reihe bei av-Rhythmus und intaktem Leitsystem abgebildet; in *b* ein Ausschnitt einer Reihe nach Durchschneidung des rechten, in *c* nach Durchschneidung des linken Schenkels an demselben Herzen. Die Form der ES ändert sich trotz der Eingriffe nicht. (Nach D. SCHERF)

In neuerer Zeit ist die ganze Sachlage noch widerspruchsvoller geworden durch die Angaben RIJLANTs, daß das Myokard rasch und das Überleitungsgewebe langsam leite. (Kammermyokard 4—5 m/sec. HISsches Bündel 2 m/sec.) Dabei gehe der Übergang der Erregung von den Überleitungsgebilden zum Myokard mit einer gewissen lokalen Verspätung einher (3—10 msec). Obwohl das Leitungsgewebe danach langsamer als das Myokard leitet, bestimmt dieses dennoch praktisch allein die Erregungsausbreitung, wie die Schenkelblockbilder zeigen; daher muß man annehmen, daß das Myokard — trotz seiner hohen Leitungsgeschwindigkeit im Element — auf längere Strecken zu leiten unfähig ist. Es wird „sprungweise" erregt, mit anderen Worten, es hat zuviel Synapsen, an denen die Erregungsleitung Verzögerungen erleidet (mit Latenzen von etwa 10 msec) oder sogar nach kurzen Strecken versandet. Das Myokard ist also nicht als „homogen" anzusehen, sondern besteht aus zahlreichen, in sich fast abgeschlossenen „Territorien", deren jedes mit dem PURKINJE-Netz derart in Verbindung steht, daß es von ihm die Erregung erhält (ROBB, 1942). Eine Übertragung von einem „Territorium" auf das benachbarte erfolgt deshalb nicht, weil dieses mittlerweile schon vom PURKINJE-Netz erregt worden ist. Das Reizleitungssystem hat demgegenüber weniger und leichter passierbare Synapsen und behält so nach RIJLANT trotz der langsameren Leitung in ihm seine durch den Namen gekennzeichnete Bedeutung. Auf diese Weise erfährt der von LEWIS angegebene große Unterschied im Leitungsvermögen der gewöhnlichen und spezifischen Muskulatur eine andere Erklärung. Wir kommen damit wieder zu unserer Eingangsbetrachtung, in der wir die Rolle derartiger Synapsen bereits erörterten und allerdings auch betonen mußten, daß nicht anzugeben ist, wieviele Synapsen in Vorhof und Kammer liegen, ja nicht einmal, wo sie liegen (S. 117). Auf Einzelheiten wird noch zurückzukommen sein, wenn wir den Weg der Erregung im Herzen im einzelnen verfolgen. Jedenfalls zeigt die kurze Übersicht, wie widerspruchsvoll die Sachlage z. Z. noch ist. Besonders hervorgehoben sei aber, daß die meisten wissenschaftlichen Bearbeiter des Elektrokardiogramms zur Deutung pathologischer Formen daran festhalten, daß das *spezifische System schneller* und die gewöhnliche Arbeitsmuskulatur die Erregung langsamer leiten.

Nach der Besprechung der Leitungsgeschwindigkeit in den einzelnen Herzabschnitten wenden wir uns nun den *Verzögerungen der Erregungsleitung beim Übergang der Erregung von einem Herzteil auf den anderen* zu, wobei die Verzögerung an der av-Grenze als die sinnfälligste und bedeutsamste im Vordergrund steht. (Die Erregungsleitung zwischen Sinus und Vorhof wird bei der anschließenden Besprechung des speziellen Weges der Erregungsausbreitung im Vorhof besprochen werden.)

Die ältere, nicht haltbare Auffassung, daß die Erregungsleitung an die atrioventrikulären BIDDERschen Ganglien und an die Scheidewandnerven gebunden sei, lernten wir schon bei der Behandlung der Automatie kennen. Auch erfuhren wir in anderem Zusammenhang, daß bereits GASKELL nachwies, daß die Erregungsleitung von Vorhof auf Kammer durch den „av-Trichter" erfolgt, jene 1883 von ihm am Schildkrötenherzen aufgefundene ringförmige Muskelverbindung[1], und daß bei mehr oder minder starken Verletzungen dieses av-Trichters „blockes" als Störungen bzw. Aufhebungen der Überleitung auftreten. Es wurde auch schon verschiedentlich darauf hingewiesen, daß die „trägen Blockfasern", wie GASKELL die Überleitungsgebilde bezeichnete, die längste Zeit zur Erholung gebrauchen. Auch lernten wir bei diesem Überleitungsgewebe die bereits in der Kaltblüterreihe aufweisbare Differenzierung der Leitungswege und die eigenartigen Verhältnisse kennen, die zwischen rechtläufiger und rückläufiger Leitung bestehen. Jedenfalls ist es der Arbeit vieler Untersucher zu danken, von denen besonders HIS JR., ST. KENT, KEITH, KÜLBS und LANGE; E. MANGOLD und v. SKRAMLIK genannt seien, daß heute die Ansicht besteht, daß das Herz des Kaltblüters ein *muskuläres Kontinuum darstellt*. Das besonders angeordnete av-Gewebe tritt dabei mit der umgebenden Basis an keiner Stelle in Verbindung, es ist davon bindegewebig isoliert bis zur Auflösung der Trichtermuskulatur in das Kammergewebe. Dieselbe muskuläre Verbindung ist zwischen Sinus und Vorhof und Kammer und Bulbus aufweisbar. Über die Verhältnisse bei Mensch und Säuger sind wir seit ASCHOFF und TAWARA und die nachfolgenden Untersucher orientiert. Sie wurden ebenfalls früher schon abgehandelt. Was uns hier bei der Erörterung der zeitlichen Beziehung besonders interessiert, ist die Frage, ob diese *Zeitverzögerung an der av-Grenze* unter dem Gesichtspunkt unserer bisherigen Betrachtung, der „Strömchentheorie", erklärbar ist, zumal an dem histologisch und funktionell soviel homogeneren Herzstreifenpräparat (und an der Vorhofmuskulatur) so viele Analoga zu den Störungen der Überleitung an der Vorhof-Kammergrenze aufweisbar sind.

In der Tat sind viele ältere Untersucher davon ausgegangen, daß sie dem Überleitungsgewebe lediglich eine weit geringere Leitungsgeschwindigkeit zuschrieben (s. dazu die ENGELMANNschen Ausführungen auf S. 118). So war es vor allem ENGELMANN, der den mehr embryonalen Charakter dieser Gewebe betonte, die deshalb viel langsamer leiteten als die differenzierteren, „gewöhnlichen" Herzmuskelfasern. Es wurde schon an anderer Stelle darauf hingewiesen, daß diese Auffassung ganz hypothetisch ist und sich auch mikroskopisch nicht bestätigen läßt. Immerhin bliebe als Erklärungsmöglichkeit die Gegebenheit einer sehr viel langsameren Leitung in den Überleitungsfasern, und es ließen sich dann die Vorgänge in ihnen irgendwie mit den sonstigen allgemeinen Gesetzen der Erregungsleitung vereinbaren. Was zunächst das *Kaltblüterherz* anbetrifft, so lassen sich die Kontraktionen des zirkulären Muskelbandes — zeitlich zwischen Vorhof- und Kammersystole — tatsächlich sehen und registrieren (v. SKRAMLIK),

---

[1] Eine muskulöse Verbindung zwischen Vorhöfen und Kammern beim Herzen des Menschen und der verschiedenen Wirbeltiere sah 1876 als erster G. PALADINO (s. S. 129).

und diese Kontraktionen erfolgen auch langsam und träge, auch die Refraktärphase ist länger als in der übrigen Herzmuskulatur. So hat schon BOND (1912) angenommen, daß das av-Intervall beim Froschherzen die Dauer der — langsameren — Kontraktion des Atrioventrikulartrichters darstelle. Die trägere Funktion dieser Gebilde am Froschherzen ist auch nicht zu leugnen.

HOLZLÖHNER hat sich dann im Anschluß an Beobachtungen von YOSHIDA besonders darum bemüht, den elektrophysiologischen Tätigkeitsausdruck dieses zwischen Vorhof und Kammer eingeschalteten Gebildes zu studieren. Bei der Behandlung der „Normalform" des einphasischen Aktionsstroms wurde schon kurz darauf eingegangen, daß man im Strom der Herzbasis eine langsame und eine schnelle Komponente im Stromanstieg unterscheiden kann, wobei HOLZLÖHNER den langsamen Stromanteil mit der elektrischen Tätigkeit des Überleitungsgewebes identifizierte, zumal dieser bei natürlichem Erregungsablauf immer vor der schnellen Komponente erscheint (s. Abb. 27).

Nach Vorhofreizung verursacht die Erregung, die über den Trichter ihren Weg nehmen muß, an der Basis zunächst einen langsamen Anstieg der Negativität, die von einem folgenden, schnellen durch einen Absatz getrennt ist. Bei einer Erregung, die dagegen am Bulbus gesetzt wird, ist die Reihenfolge der Komponenten eine umgekehrte. Mit aufsteigender Tierreihe nimmt die langsame Komponente an Höhe ab. Trotz der auffälligen Regelmäßigkeit, die diese Aufteilung der Basisströme beim Kaltblüter bietet, ist die „langsame Komponente" bisher den Untersuchern offenbar mit einer Ausnahme entgangen: TH. LEWIS, der sie aber nicht mit dem Strom des Überleitungsgewebes identifizierte, sondern mit dem Strom der tiefen Muskulatur (bes. des Papillarmuskels). HOLZLÖHNER wies dann die langsame Stromkomponente auch von der Innenfläche des Herzens nach, wobei der so abgeleitete Strom dieselbe Anstiegsgeschwindigkeit aufweist.

Aber — was für unsere Fragestellung das wichtigste ist — nur ein geringer Bruchteil des Vorhofkammerintervalls wird von dieser langsamen Stromkomponente ausgefüllt, zwar erscheint sie an der Innenfläche etwas früher als an der Außenfläche, aber das Früherscheinen des Aktionsstroms an der Innenfläche bei direkter Ableitung vom Trichter beträgt weniger als $1/10$ sec, die Latenzzeit bei Vorhofreizung mehrere Zehntelsekunden!

Ein anderer Weg zur Erklärung des Vorhofkammerintervalls wäre der durch *Wegverlängerung*. v. SKRAMLIK fand am Froschherzen keinen typischen Unterschied zwischen den Fasern des av-Trichters und denen der übrigen Herzmuskulatur. Es gibt danach keine besonderen „Blockfasern", welche die Fortpflanzung des Reizes hemmen. Die Muskelfasern der verbindenden Brücken sind ebenso gebaut wie die ihrer Nachbarschaft, aber die Fasern sind nach v. SKRAMLIKs Untersuchungen an allen Übergängen von einer Herzabteilung auf die andere (Sinus-Vorhof, Vorhof-Kammer, Kammer-Bulbus) *ringartig angeordnet*, so daß die Erregung nicht geradlinig, sondern auf einem spiralig verlaufenden Weg auf die Kammer übergeht; dabei werden die zirkulär verlaufenden Fasern durch einwachsendes Bindegewebe auseinandergedrängt, ohne daß dadurch der muskuläre Zusammenhang aufgehoben wird. Die lange Dauer der Überleitungszeit wäre also danach durch die Länge des Weges genügend erklärt, d. h. mit anderen Worten, die Überleitungsgebilde funktionieren nicht anders als die übrigen Herzmuskelfasern. Allerdings ist dazu zu bemerken, daß der Beweis dafür noch aussteht, daß die Erregung wirklich in diesen Bahnen läuft, wenn auch die berechnete Länge dieser Bahn die Verzögerung (beim Kaltblüter) erklären kann. An Möglichkeiten liegen also vor: eine scheinbare Latenz durch eine kurze, aber zu besonders langsamer Leitung befähigte Strecke, eine scheinbare Latenz, die hervorgerufen ist durch eine lange spiralenförmige Leitungsbahn, und schließlich eine *echte Latenz*, d. h. daß an der Berührungsstelle von Vorhof- und Überleitungsgewebe eine spezifische Verzögerung stattfindet, wie das bei Synapsen der Fall ist, wo vielleicht eine Art „Transformation" der Vorhoferregung in einen adäquaten Reiz für das nachfolgende Überleitungs- oder Kammergewebe stattfindet. Diese Ansicht, daß der Hauptanteil der Zeit verbraucht wird für eine Erregungsübertragung von dem einen Gewebe auf das andere, d. h. aber, daß eine „wahre Latenz" vorliegt, ist neben den genannten Meinungen durchaus zu berücksichtigen, wenn auch eine endgültige Entscheidung noch nicht zu treffen ist.

Für das *Warmblüterherz* hatte man ebenfalls, als man noch der Meinung war, daß Vorhöfe und Kammern nur durch das kurze HISsche Bündel zusammenhingen, den embryonalen Charakter der Leitungsfasern mit einer entsprechend langsamen Leitung angenommen. Als aber TAWARA fand, daß das HISsche Bündel nur der Anfang des weitverbreiteten Reizleitungssystems des Warmblüterherzens ist, in dem die Erregungen isoliert bis zu den Papillarmuskeln verlaufen, wurde die Sachlage grundsätzlich anders, besonders als man die viel schnellere Leitung in diesen Bahnen fand. So nahm schon TAWARA an, daß im sog. Knoten selbst eine gewisse Geschwindigkeitshemmung stattfinde. Schon HERING zeigte, daß am ausgeschnittenen Hundeherzen nach Durchschneidung des HISschen Bündels die Reizung des Bündels unterhalb der Durchtrennung viel schneller mit einer Kammerkontraktion beantwortet wird als vor der Durchschneidung die Reizung der Knotengegend; bei Reizung oberhalb der Durchtrennung kontrahiert sich andererseits der Vorhof viel später als bei direkter Reizung. Daraus schloß HERING bereits, daß die *Leitungsverzögerung im Knoten* stattfinde (nach KEN KURÉ im Vorhofteil des Knotens, nach ZAHN im mittleren Teil, wo die innige netzartige Verflechtung der Fasern vorliege, nach LEWIS, MEAKINS und WHITE im Tawaraknoten höher als der Ursprungsort der av-Automatie[1]). Auch Chronaxiebestimmungen führten LAPICQUE und FRÉDÉRICQ zur Ansicht der Verzögerung an der av-Grenze (Chronaxie von Bündel und PURKINJE-Fäden dreimal länger als an der Muskulatur von Vorhof und Kammer!). Man wird nicht umhin können, auch am Warmblüterherzen mit der Möglichkeit einer echten Latenz und einer synaptischen Übertragungsart neben der Möglichkeit der Leitungsverzögerung zu rechnen. Der Ort der Synapse ist allerdings auch an der av-Grenze nicht genau anzugeben. Gerade hier fehlen noch systematische Untersuchungen mit direkter Ableitung der Aktionspotentiale. Neuerdings berichtete A. M. SCHER (1955) über solche Ableitungen mit multipolaren Nadelelektroden an Herzen von Hunden und Affen. Als Aktionspotential des av-Knotens wird eine schmale biphasische Schwankung von 2 msec Dauer und 5 mV Gesamtamplitude beschrieben, die etwa 10 msec nach P-Ende und 40 msec vor dem Beginn des Kammerkomplexes auftritt, während das Aktionspotential der präterminalen Verzweigungen (falsche Sehnenfäden) des Erregungsleitungssystems erst wenige msec vor Beginn der Ventrikelerregung auftritt. (Die dabei zu messenden Leitungsgeschwindigkeiten wurden auf S. 123f. erwähnt.) Über die genauen Untersuchungen der Struktur des av-Knotens (KUNG) wurde schon auf S. 23 berichtet und darauf hingewiesen, daß danach anzunehmen ist, daß an der Übergangsstelle des Vorhofteils zum Kammerteil des av-Knotens „irgend etwas Physiologisches passieren muß". Andererseits betonte ROTHBERGER mit Recht, daß wohl auch innerhalb der beiden Knotenteile selbst Hindernisse für die Leitung anzunehmen sind.

Die Ansicht einer Reizübertragung (Transformation) im Sinne einer echten Latenz hat besonders für pathologische Verhältnisse v. HOESSLIN und MOBITZ vertreten. Daß andererseits bestimmte Formen von Überleitungsstörungen am Herzstreifenpräparat (!) experimentell erzeugbar und dabei als reine Verzögerungen der Erregungsleitung erklärbar sind, zeigte demgegenüber SCHELLONG. — Schließlich haben STRAUB und KLEEMANN auch noch auf die Latenz der Kammermuskulatur hingewiesen und diese zur Erklärung pathologischer Erscheinungen ebenfalls herangezogen. So sah auch RIJLANT zwischen dem Leitungsgewebe und dem Myokard eine Verzögerung im Aktionsstrom und gelegentlich einen Block. (Histologisch ist diese Synapse keine differenzierte Stelle.) Es wurde deshalb die Ansicht vertreten,

---

[1] ZAHN gelang es auch, durch Abkühlung des mittleren und vorderen Abschnitts je nach Dauer und Intensität der Kühlung alle Grade von Herzblock und Formen der Überleitungsstörungen hervorzurufen (analoge Experimente machte auch MEAKINS). Auch zahlreiche pharmakologische Einwirkungen rufen Überleitungsstörungen hervor, besonders auch der O_2-Mangel (LEWIS und MATHISON) (s. Abb. 84).

daß wahrscheinlich diese Stelle als das „primum moriens" des Herzens anzusehen ist (PICK), während sich sowohl das Reizleitungssystem wie das Myokard als recht resistent gegen Erstickung und schädigende Einflüsse erweisen (S. 7). Für die Theorie der Leitungsstörungen sind diese Fragen natürlich grundsätzlich bedeutsam, und es wird daher im Kap. IV, S. 195 nochmals darauf zurückzukommen sein.

Französische Autoren haben schließlich jeden ursächlichen Zusammenhang zwischen Vorhof- und Kammerkontraktion geleugnet. Die Theorie der «dualité normale de l'automatisme cardiaque» geht zurück auf DONZELOT (1924), nach der Vorhof- und Kammerkontraktion unabhängig voneinander durch zwei um das av-Intervall zeitlich verschobene Erregungen erfolgen, wobei die Druckschwankungen eine auslösende Rolle spielen sollen. Betr. Einzelheiten sei auf ROTHBERGER verwiesen, da die Theorie, von BARD und HENRIJEAN übernommen, schon deswegen nicht haltbar ist, weil sie die normale Koordination des isolierten, leer schlagenden Herzens nicht zu erklären vermag. Dasselbe gilt für die Theorie von GERAUDEL, der die dualistische Theorie zur vollen Schärfe entwickelt hat; danach ist der Sinusknoten der „atrionecteur", der av-Knoten der „ventriculonecteur", das Tempo der Reizbildung der beiden „Cardionecteurs" hänge von der Blutzufuhr ab. Von LUTEMBACHER, MAHAIM und SCHERF wurden diese Vorstellungen der unabhängigen Funktion des av-Knotens hinreichend widerlegt.

Nach der Besprechung der normalen Überleitung von Vorhof auf Kammer durch das av-System ist noch eine neuerdings viel diskutierte *Möglichkeit eines abnormen Weges der Vorhof-Kammer-Überleitung* näher zu betrachten. Es wurde schon (S. 126) erwähnt, daß 1876 PALADINO direkte muskuläre Verbindungsfasern zwischen Vorhof und Kammer angegeben hat («fibres commissurales directes atrioventriculaires»). 1892 hat dann ST. KENT an Herzen neugeborener Ratten ebenfalls ein besonders ausgebildetes Gewebe beschrieben, das in der av-Furche am rechten Herzen die Ventrikelmuskulatur der rechten lateralen Herzwandung mit der Vorhofmuskulatur verbindet und das wegen seiner Zusammenhänge mit dem Muskelgewebe einerseits, mit dem Nervengewebe andererseits als "neuromuscular structure" bezeichnet wurde ("right lateral auriculoventricular junction"). KENT zeigte, daß auch an ausgewachsenen Ratten die Erregung auf diesem Wege vom Vorhof auf die Kammern übertragen werden kann. Die KENTsche Entdeckung wurde seinerzeit durch eine besondere, zu diesem Zweck bestellte Kommission bestätigt, mit der Entdeckung des HIsschen Bündels gerieten diese Angaben jedoch in Vergessenheit. 1914 wurde von KENT dieselbe Erscheinung bei verschiedenen anderen Säugetieren und — als seltene Entwicklungsanomalie — schließlich auch beim Menschen wieder aufgefunden. Histologisch entspricht die Struktur der des spezifischen Gewebes. Die Angaben sind allerdings nicht ohne Widerspruch geblieben. PACE stellte in Abrede, daß die von KENT als "communicating fibres" beschriebenen Muskelfasern eine dem HIsschen Bündel vergleichbare Verbindung zwischen Vorhof und Kammer darstellen. Nach PACE stellen sie nur aneinandergelagerte, aber nicht ineinander übergehende Verbindungen unspezifischen Charakters dar. Bei der auf S. 120 und in Abb. 62 ausführlicher dargelegten, phylogenetisch stattfindenden Reduktion der Vorhof und Kammer verbindenden Muskelfasern bis auf das spezifische Überleitungsgewebe des Säugetierherzens ist es allerdings denkbar, daß als kongenitale Anomalie in seltenen Fällen ein sonst nicht vorhandener Muskelzug zwischen Vorhof und Kammer bestehen bleibt, der also dann den (verzögernden) av-Knoten gewissermaßen umgeht und an irgendeiner abnormen Stelle in eine Kammer — namentlich die rechte — einmündet. Eine solche anatomische Varietät wird nach ihren ersten Beschreibern als PALADINO-KENTsches *Bündel* benannt. Die Frage der Existenz einer solchen abnormen Vorhof-Kammer-Verbindung wurde aktuell, als WOLFF, PARKINSON und WHITE 1930 Elektrokardiogramme beschrieben, bei denen die atrioventrikuläre Überleitungszeit bei positiver P-Zacke bis auf 0,08—0,10 sec verkürzt war — eine Verkürzung unter 0,12 sec muß als nicht mehr normal bezeichnet werden — und die einen abnorm verbreiterten Kammerkomplex, gelegentlich vom Schenkelblocktypus, aufwiesen; das EKG eines solchen Falles zeigt Abb. 64. Es handelt sich bei den Personen mit dem heute deshalb sog. WPW-Syndrom meist um jugendliche herzgesunde Leute überwiegend männlichen Geschlechts, von denen ein Teil allerdings eine Neigung zur paroxysmalen Tachykardie („Herzjagen") zeigen. Einige Fälle zeigen einen Wechsel von normalem EKG und den beschriebenen Veränderungen, evtl. sogar während derselben EKG-Aufnahme. Gerade kürzlich berichteten WOLFF und WHITE über fortlaufende Nachuntersuchungen dieser Fälle bis 1948. Außer tachykardischen Anfällen (in 70% aller Fälle) waren die Patienten herzgesund geblieben und zeigten sich auch körperlichen Belastungen gegenüber gewachsen. Die Zahl der klinisch bisher beobachteten und in der Weltliteratur beschriebenen Fälle ist inzwischen auf 300 angewachsen.

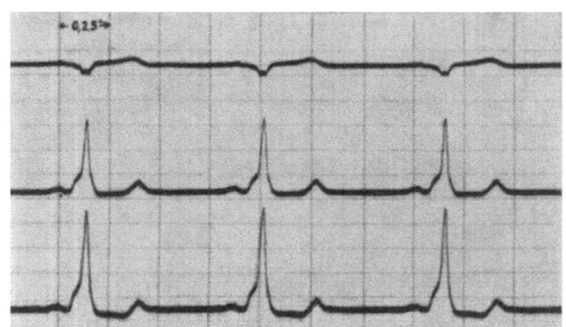

Abb. 64. KENTsches Bündel. Beachte den Buckel im Anstieg von R. Ableitung I oben, II Mitte. (Nach P. ECKEY und E. SCHÄFER)

Die eigenartige Häufung des Zusammentreffens mit tachykardischen Anfällen ist bemerkenswert. DE BOER hat 1921 eine Kreisbewegung der Erregung zur Erklärung angenommen, also etwa auf dem Weg: Vorhof — HISsches Bündel — Kammer — KENTsches Bündel — Vorhof oder umgekehrt. WENCKEBACH und WINTERBERG, auch SCHERF und SCHÖNBRUNNER sind dieser Erklärung kritisch entgegengetreten, und allgemein liegt diese Erklärung wohl sicher nicht der paroxysmalen Tachykardie zugrunde.

HOLZMANN und SCHERF (1932) und in einer späteren Arbeit SCHERF und SCHÖNBRUNNER (1935) haben diese Kurvenveränderung durch die Annahme eines PALADINO-KENTschen Bündels, also als eine kongenitale Anomalie erklärt; die Überleitung durch dieses Bündel führt wegen der Umgehung des av-Knotens zu der abnorm kurzen PQ-Zeit und die rechte Kammer wird so früher aktiviert als die linke. Die abnormale Eintrittsstelle der Erregung in die Kammer verursacht die atypische QRS-Form. Beide Wege, der normale und dieser abnorme, können auch abwechselnd benutzt werden, was den Wechsel zwischen normalem und abnormem EKG hinreichend erklären würde. Für die linke Kammer kann man die Erregungszuleitung auf dem Muskelwege (wie auch sonst beim Schenkelblock) annehmen, wie SCHERF das vertritt, oder aber auch mit v. ZARDAY (1937) annehmen, daß die Erregungszuleitung für die linke Kammer gleichzeitig auf dem normalen Weg durch das HISsche Bündel erfolgt. Dafür würde eine im übrigen normalschlanke R-Zacke sprechen. Auch WOLFERTH und WOOD (1933) kamen zu der Ansicht von HOLZMANN und SCHERF, der sich auch die ersten Beschreiber des WPW-Syndroms anschlossen. So bestechend die Erklärung durch abnorme muskuläre Verbindungsfasern zwischen Vorhof und Kammer ist, so wenig ist sie allerdings anatomisch gesichert. In autoptisch kontrollierten Fällen wurden diese von HOLZMANN selbst und von ÖHNELL *nicht* gefunden [auch nicht von LEV und LERNER (1955)]; lediglich in zwei Autopsiefällen wurden bis jetzt abnorme muskuläre Verbindungsfasern aufgewiesen, einmal Bündel aus Arbeitsmuskulatur außerhalb des Annulus fibrosus zwischen linkem Vorhof und linker Kammer (ÖHNELL), ein anderes Mal subendokardiale Muskelbündel zwischen rechtem Vorhof und rechter Kammer (WOOD, WOLFERTH und GECKELER).

P. ECKEY und E. SCHÄFER lehnten die Asynchronie der Kammern, also die durch die abnorme Verbindungsbahn zuerst stattfindende Aktivierung der rechten Kammer, als noch nicht bewiesen ab und brachten den trägen Anstieg der R-Zacke, der in Abb. 64 zu sehen ist, mit den oben erwähnten Befunden YOSHIDAs und HOLZLÖHNERs in Verbindung, daß der Basisaktionsstrom des Kaltblüterherzens normalerweise mit einer trägen Komponente ansteigt, die als Strom des Überleitungsgewebes gedeutet wurde (s. Abb. 27). Die Tatsache, daß bei Fischen die langsame Komponente am größten und bei den am höchsten stehenden Kaltblütern, den Reptilien, am geringsten ausgeprägt ist, paßt gut zu der allmählichen Reduktion des Atrioventrikulartrichters in der aufsteigenden Entwicklungsreihe. So faßten die genannten Autoren das WPW-Syndrom als eine Entwicklungshemmung der Reduktion des av-Gewebes auf, so daß sich der Strom des Überleitungsgewebes dem Strom des übrigen Herzens überlagert. Danach ist also die Überleitungszeit nur scheinbar verkürzt, der Erregungsablauf im Herzen ist nicht verändert, nur beginnt eben der träge Anstieg zur sonst normal schlanken R-Zacke bereits vorher in der Überleitungszeit als Aktionsstrom abnormer Überleitungsfasern, denen man dann allerdings ein sehr hohes Potential zuerkennen müßte. Ein so mächtig entwickeltes Überleitungsgewebe ist bisher autoptisch *nicht* gefunden worden. Auch ist recht fraglich, ob derartige Ströme aus der Tiefe sich tatsächlich noch bemerkbar machen können. Der oft zu beobachtende Wechsel zwischen normalen und abnormen EKG-Bildern ist mit dieser Erklärung ebenfalls schwer in Einklang zu bringen.

In der Diskussion des WPW-Syndroms liegen noch andere Auffassungen vor. Da die Form der QRS-Gruppe dafür spricht, daß bestimmte Kammerteile später als andere erregt werden, nahm man ursprünglich einen durch Vaguswirkung verursachten Schenkelblock an. Der erhöhte Vagustonus müßte dann allerdings paradoxerweise zur Beschleunigung der Überleitung der Erregung führen (durch Atropin bzw. Arbeit gelang es, das abnorme EKG in das normale umzuwandeln). Es wurde schon erwähnt, daß die Autoren sich später der Deutung von HOLZMANN und SCHERF anschlossen. Eine andere Erklärung faßt die Erscheinung als eine besondere Art von *av-Rhythmus mit Schenkelblock* auf, bei dem übrigens ein positives P durchaus möglich ist (s. Anm. S. 137), während die Form der QRS-Abweichung dagegen spricht (WILSON, PEZZI, WEDD); HOLZMANN, SCHERF u. a. diskutierten noch die Möglichkeit, daß ein *latentes extrasystolisches Zentrum* in den Kammern vorläge, das *durch die Vorhofaktion* (z. B. den Dehnungsreiz des vom Vorhof hineingeworfenen Blutes) *mechanisch* (also ohne Erregungsleitung durch das spezifische System!) angeregt wird. Wenn ein Extrareiz benachbarte Muskulatur vorzeitig erregt, die übrige Muskulatur aber über das HISsche Bündel normalzeitig erregt wird, läge ein Summationsschlag (Kombinationsschlag) einer Extrasystole mit einer Normalsystole vor. Daß mechanische Herzreize die Entstehung von Extrasystolen veranlassen können, ist durchaus verständlich und vorkommend. In allerdings nur einigen Fällen, in denen autoptisch kein KENTsches Bündel gefunden wurde, fand man Myokardveränderungen, die für die Annahme eines abnormen ventrikulären Reizbildungszentrums sprechen könnten. Eine sichere Widerlegung dieser Möglichkeit besteht z. Z. nicht, während die Deutung als Vaguseffekt wohl abgelehnt werden kann.

Bei der Betrachtung des speziellen Weges der Erregungsausbreitung im Vorhof werden wir erfahren, daß CONDORELLI verschiedene Bahnen für die Leitung vom Sinusknoten zum av-Knoten und zur Vorhofmuskulatur annimmt. Wenn unter dieser Voraussetzung der Erregung auf der Bahn zum Vorhof Hindernisse erwachsen, kommt sie zum av-Knoten rechtzeitig und zur Vorhofmuskulatur verspätet an, die verkürzte Überleitungszeit kann dann Ausdruck einer verzögerten Erregungsleitung in der Sinus-Vorhofmuskulaturbahn sein, wenn die Leitung in der Sinus-av-Knoten-Bahn normal bleibt (HAUSS und SCHÜTT). Trifft die Reizverlangsamung einen Schenkel des HISschen Bündels, dann entspricht neben einem kurzen PQ auch noch ein breites QRS. Tatsächlich gibt es auch PQ-Verkürzungen bei *normalem* Kammerkomplex (PEZZI, HOLZMANN und SCHERF). Hier besteht auch die Möglichkeit des Erregungsursprungs im av-Knoten oder aber auch von unteren bzw. versprengten Teilen des Sinusknotens (HOLZMANN und SCHERF). Eine Entscheidung darüber ist ebenfalls z. Z. nicht möglich. Andere Erklärungen nehmen bei vorhandenem Sinusrhythmus eine Leitungsverkürzung in einem Teil des av-Knotens und eine beschleunigte Leitung in einem Schenkel des HISschen Bündels oder eines Zweiges davon an, so daß einzelne Kammerabschnitte frühzeitiger erregt werden. Bei normalem Kammerkomplex würde der ganze Knoten bzw. das ganze Bündel leitfähiger. Damit wäre auch eine Beziehung zu der paroxysmalen Tachykardie gegeben, bei der diese Fasern dann infolge ihrer gesteigerten Erregbarkeit die Reizbildung übernehmen würden. Wieder andere Untersucher (v. GRUBER, MAHAIM) halten die Veränderungen für den Ausdruck der Überlagerung mit einer Vorhofextrasystole, die sich zwischen P und QRS dazwischenschiebt, wobei allerdings zu bemerken ist, daß der Vorhof zu dieser Zeit wahrscheinlich noch refraktär ist (s. S. 83).

Die Deutungsmöglichkeiten dieser interessanten Erscheinung sind also recht mannigfaltig (Näheres bei LEPESCHKIN, 1947). Sie sind natürlich für die praktische Bewertung entscheidend wichtig, zumal die Abweichung des WPW-Syndroms, seitdem man darauf zu achten gelernt hat, häufiger zur Beobachtung zu kommen scheint. Ein Teil der Fälle ist wohl als relativ harmlose kongenitale Anomalie zu werten, aber namentlich die Möglichkeit eines abnormen ventrikulären Reizbildungszentrums auf Grund von Myokardveränderungen ist nicht in jedem Fall von der Hand zu weisen. Die beiden oben erwähnten Fälle autoptisch nachgewiesener abnormer av-Verbindung erlagen immerhin einem akuten Herztod (paroxysmale Tachykardie)! Eine abschließende Beurteilung ist wohl noch verfrüht. Sicher ist jedenfalls anzunehmen, daß bestimmte Teile der Kammermuskulatur vorzeitig [praeexcitation (ÖHNELL, 1947) oder „Erregungsverfrühung" nach LEPESCHKIN (1947)] und andere Teile normalzeitig erregt werden. Damit steht die QRS-Verbreiterung und die ungleichzeitige Repolarisation (Vergrößerung von T und evtl. Verlängerung von QT) in Übereinstimmung. Offen bleibt, ob die vorzeitige Kammererregung auf präformierten Leitungsbahnen unter Umgehung des av-Knotens erfolgt oder infolge Erregbarkeitssteigerung gewisser Kammerteile durch die Vorhofaktion mechanisch ausgelöst wird (ÖHNELL, LEPESCHKIN).

Nachdem wir die allgemeinen Gesetzmäßigkeiten der Erregungsleitung und die speziellen Probleme kennengelernt haben, die sich an der atrioventrikulären Grenze für die Erregungsüberleitung ergeben, haben wir nun noch den *speziellen Weg der Erregung in den einzelnen Herzteilen*, also vornehmlich in Vorhof und Kammer, zu behandeln.

Eigentlich beginnt das Problem der Erregungsausbreitung bereits im Sinusknoten selbst. Wir sahen ja bei der Besprechung dieses „primären Automatiezentrums", daß in dem Gewirr dieses Knotens wahrscheinlich mehrere miteinander konkurrierende Erregungen entstehen. Nach den früher (S. 50) dargestellten Untersuchungen RIJLANTs besteht der Sinusknoten aus mehreren autonomen Bezirken, die nacheinander in Aktion treten, und zwar im Abstand von je 2—3 msec, so daß uns sogar schon innerhalb des Sinusknotens auch das Problem der „synaptischen Übertragung" begegnet, besonders aber, wenn es sich bestätigen sollte, daß dem EG des Sinus die als „Präsinuswelle" bezeichnete Erregung vorausgeht, die der Erregung des eigentlichen Ursprungsortes des normalen Herzschlags entsprechen soll und vielleicht doch in der Wand der oberen Hohlvene liegt. Zwischen dem Präsinus und dem Sinus soll dabei schon eine Überleitungszeit von 3—10 msec vorliegen. Auf diese im Automatiekapitel näher besprochenen Verhältnisse muß deshalb hier nochmals verwiesen werden; hier handelt es sich um die Frage nach der Art der Erregungsausbreitung vom Sinusknoten auf den Vorhof und im Vorhof selbst. Bei der Besprechung des *Übergangs vom Sinus auf den Vorhof* ergibt sich eine Reihe weiterer Schwierigkeiten. Bei niederen Tieren liegen die Verhältnisse noch ziemlich einfach, hier ist ja der erregungsbildende Sinus dem Vorhof als besonderer Abschnitt vorgelagert, so daß von einer bestimmten Sinus-Vorhofverbindung gesprochen werden kann, welche durch die I. STANNIUSsche Ligatur unterbrochen wird. v. SKRAMLIK fand an dieser Sinus-Vorhofgrenze einen zirkulären Muskelring, dessen Zusammenziehung zwischen die des Sinus und des Vorhofs fällt; dadurch ergäben sich hier ähnliche Verhältnisse, wie an der av-Grenze des Kaltblüterherzens; aber in der aufsteigenden Tierreihe wird der Sinus immer deutlicher vom Vorhofgewebe aufgenommen und ist bekanntlich nur noch mikroskopisch von diesem zu trennen. An der Übergangsstelle vom Sinus auf den Vorhof fand SULZE auf einer der anatomischen Umrandung des Knotens entsprechenden Linie eine plötzliche Verspätung des Differentialelektrogramms um etwa 10 bis 15 msec. Auch nach RIJLANT tritt erst einige Zeit nach der Sinuswelle die auriculäre negative Welle auf. Diese Verspätung kann als Ausdruck einer *„sinuauriculären Überleitungszeit"* gelten. Die dafür angegebenen Werte schwanken natürlich je nach Tierart und Versuchsbedingungen, sie liegen zwischen 10 bis 30 msec (Hund), 30—57 msec (Mensch) und 60 msec (Pferd). Jedenfalls fand SULZE diese Verspätung von 10—15 msec schon 3—5 mm vom Sinusknoten entfernt beim Übergang in den rechten Vorhof und gegen die untere Hohlvene. Aber schon gegen die obere Hohlvene und den linken Vorhof scheint die Abgrenzung — wie früher (S. 19) schon angegeben wurde — weniger scharf zu sein. (SULZE, bestätigt von EYSTER und MEEK; dagegen wurde von LEWIS, MEAKINS und WHITE eine langsamere Leitung gegen die obere Hohlvene gefunden und auf die hier mehr zirkuläre Anordnung der Fasern zurückgeführt.) Diese Sachlage zeigt, wie widersprechend gerade auf diesem Gebiet die Angaben der einzelnen Untersucher sind, besonders wenn man noch die S. 19 und S. 50 erwähnten Ergebnisse und Auffassungen RIJLANTs hinzunimmt und gleichzeitig die Unsicherheit unserer Kenntnisse über die Ausdehnung des Sinusknotens beachtet, von denen auf S. 16 berichtet wurde!

Die einfachste Auffassung über die Art der Erregungsausbreitung vom Sinusknoten über die Vorhöfe ist diejenige, die auf LEWIS und seine Mitarbeiter zurückgeht und wohl wegen ihrer Einfachheit den meisten Eingang in die Lehrbücher gefunden hat. Nach dieser Auffassung breitet sich die Erregung vom Sinusknoten über die beiden Vorhöfe nach allen Richtungen („radiär") mit etwa gleichmäßiger Geschwindigkeit (von etwa 0,8—1 m/sec) aus; in einem viel gebrauchten Vergleich verhält sich die Erregungsausbreitung dabei also etwa „wie ein Präriebrand" oder „wie ein Wassertropfen auf Löschpapier", also ohne eine bestimmte Bahn zu bevorzugen, auch ein besonderer Widerstand beim Übertritt vom Sinusknoten gegen den rechten Vorhof wird von den englischen Forschern bestritten, ebenso wird auch eine leichtere Leitung zum av-Knoten abgelehnt, auf die gleich noch einzugehen sein wird. LEWIS und Mitarbeiter belegten ihre Ansicht, daß alle gleich weit entfernt liegenden Teile zu gleicher Zeit erreicht werden, durch Aktionsstromaufnahmen (Abb. 5).

Demgegenüber steht nun, daß sowohl klinische wie experimentelle Befunde die Tatsache von möglichen Leitungsstörungen zeigen, die in allen Einzelheiten den zwischen Vorhof und Kammer bekannten gleichen. Unter der Annahme einer *allseitigen* Sinusknoten-Vorhof-Verbindung machen diese der Erklärung erhebliche Schwierigkeiten, wohl aber wären sie leicht zu deuten, wenn wir eine *umschriebene* Bahn als Weg für die Erregungsausbreitung annehmen. Die markanteste dieser Leitungsstörungen ist der *Sinusvorhofblock*, bei dem infolge fehlender Überleitung vom Sinusknoten auf den Vorhof ein ganzer Herzschlag ausfällt. ENGELMANN beobachtete ihn schon 1897 beim Frosch, HERING 1900 am absterbenden Warmblüterherzen und WENCKEBACH beschrieb 1906 den ersten sicheren Fall beim Menschen (REHFISCH beschrieb sinuauriculäre Verzögerung durch Vagusreizung und ERLANGER und BLACKMAN erhielten sinuauriculären Herzblock durch Torsion der Gegend des Sinusknotens). Bei einem sicheren Sinusvorhofblock muß nach dem Gesagten die Pause doppelt so lang wie ein Normalintervall sein (oder jedenfalls nur wenig kürzer, da nach RIHL der erste Schlag nach der

Pause schneller geleitet wird; durch die Herznerven bedingte Arrhythmien können natürlich das Bild erheblich stören, darum liegt das überzeugendste Bild eines Sinusvorhofblocks dann vor, wenn offensichtlich einfach eine ganze Herzrevolution ausfällt). Die anatomischen und experimentellen Tatsachen sprechen, wie ROTHBERGER mit Recht bemerkt, nicht gerade sehr für eine Deutung als Leitungsstörung, es sei denn, man müßte besondere Bahnen der Erregungsleitung vom Sinusknoten zum Vorhof und zum Tawaraknoten annehmen. Ein alter Lieblingsgedanke ist es in der Tat, besondere *anatomisch differenzierte Leitungswege* ausfindig zu machen. Schon bei der Behandlung der Frage der Automatie des Vorhofs wurde auf die merkwürdigen Befunde von PURKINJE-Fasern in der Vorhofsmuskulatur aufmerksam gemacht (THOREL und TANDLER). (SCHWARTZ wies sie am Kalbsherzen unter dem Endokard des rechten Vorhofs nach und PACE fand sie beim Schwein an der inneren Fläche des rechten Vorhofs nahe beim Sinusknoten, s. S. 16, 24, 29.)

Die Vermutung einer spezifischen Leitungsbahn im Vorhof ist schon alt und wurde besonders von THOREL vertreten, daß also zwischen dem sinuauriculären Knoten und dem atrioventrikulären Knoten aus eigenartigen Muskelfasern bestehende Verbindungen existieren. Auch KEITH und FLACK, die auf Anregung WENCKEBACHs die Einmündungsstelle der oberen Hohlvene genauer untersuchten und dabei den Sinusknoten fanden, bemerkten deutlich ausgeprägte Muskelzüge zwischen oberem und unterem Hohlvenentrichter einerseits und dem Coronarvenentrichter andererseits sowie eine direkte Muskelverbindung zwischen dem oberen Cavatrichter und dem Beginn des atrioventrikulären Leitungssystems. Sie gaben aber ausdrücklich an, daß diese Verbindungen keine besondere, an das Knotengewebe erinnernde Struktur besitzen. Die meisten späteren Untersucher stimmen darin überein, daß Bahnen zu Vorhof und Tawara-Knoten aus *spezifischem* Gewebe im Vorhof *nicht* existieren (W. KOCH). Besonders ein so ausgezeichneter Kenner der histologischen Struktur des Herzens wie MÖNCKEBERG hat es strikt abgelehnt, daß ein dem atrioventrikulären analoges Leitungssystem aus spezifischer Muskulatur im Vorhof existiert.

MÖNCKEBERG ging so weit, daß er mit Bestimmtheit sagte, daß, wenn physiologische und klinische Beobachtungen zu der Annahme einer direkten Verbindung zwischen Sinusknoten und av-Knoten zwingen sollten, daß dann dafür nur die nervöse Bahn in Frage käme, da ja durch den Vagus derartige Knotenverbindungen hergestellt werden. Die Möglichkeit einer derartigen motorischen Funktion ist ja öfters diskutiert (L. R. MÜLLER, EVERSBUSCH) und an anderer Stelle erörtert worden (S. 32ff.). In neuerer Zeit (1939) ist allerdings wiederum von TER BORG im *rechten* Vorhof des Pferdes ein weitverzweigtes subendokardiales Netzwerk von PURKINJE-Fasern aufgewiesen worden, die nach den Angaben des Autors weder mit dem Sinusknoten noch mit dem Tawaraknoten Verbindungen eingehen, sondern nach allen Seiten in die gewöhnliche Herzmuskulatur übergehen, also ein *besonderes atriales System* bilden. (Daß die PURKINJE-Fasern bei Pferd und Rind im Gegensatz zu Mensch und Hund einen ausgesprochenen deutlicheren mikroskopischen Bau zeigen, hier also die sarkoplasmareichen Zellen leichter von der gewöhnlichen Herzmuskulatur unterschieden werden können, wurde schon auf S. 22 bemerkt.) Die Frage der Bedeutung der PURKINJE-Fasern des Vorhofs, besonders des rechten, sowohl für die Automatie als auch für die Erregungsleitung ist also doch noch nicht endgültig geklärt.

Mit der Mehrzahl der Untersucher müssen wir uns zunächst auf den Standpunkt stellen, daß eine aus spezifischen Muskelfasern sich zusammensetzende, im Sinne der Ausführungen auf S. 27f. als *System* zu bezeichnende Verbindung zwischen Sinusknoten und av-Knoten nicht existiert (MÖNCKEBERG, KOCH, ASCHOFF,

FREUND, RUGGERI, TANDLER u. a.), wenn auch die Befunde von sarkoplasmareichen Fasern außerhalb des Sinusknotens und des av-Knotens namentlich in der Wand des rechten Vorhofs und der oberen Hohlvene von verschiedenen Autoren bestätigt worden sind (TANDLER, ROMEIS, FREUND, HEDINGER, SCHÖNBERG, FAHR, TAWARA, MÖNCKEBERG) (s. dazu S. 29).

Die Kenntnis der *Erregungsausbreitung vom Sinusknoten auf die umgebende Vorhofmuskulatur und auf den* TAWARA-*Knoten* ist noch ein außerordentlich umstrittenes und dunkles Gebiet. Die Schwierigkeit der Deutung des sinuauriculären Blocks bei Annahme der LEWISschen „Öltropfentheorie" sahen wir bereits, ein spezifisches Leitungssystem im Vorhof ist fragwürdig — auf neuere Ansichten RIJLANTs wird noch einzugehen sein —. Zunächst bleibt also zu erörtern, ob statt einer anatomischen Differenzierung des Leitungsweges eine *physiologische* Differenzierung in dem Sinne besteht, daß bestimmte „gewöhnliche" Muskelbahnen bei der allseitigen Verbindung des Sinusknotens mit der umgebenden Vorhofmuskulatur *bevorzugte* Ausbreitungswege darstellen. Auch hier liegen zahlreiche und beträchtliche Meinungsverschiedenheiten vor, die sich aber alle im Gegensatz zu der LEWISschen Auffassung befinden. (Allerdings gaben LEWIS, FEIL und STROUD auch schon bestimmte Bahnen der Erregungsausbreitung an.) Bei der weiteren Betrachtung werden wir unterscheiden müssen zwischen der Leitung vom Sinusknoten zu den Vorhöfen einerseits und zum TAWARA-Knoten andererseits, für den die Erregungszuleitung ja nicht über die Vorhofaußenwände zu laufen braucht; denn bei der funktionellen Trennung der Vorhofaußenwände von den Kammern kann der Weg der Erregung zum TAWARA-Knoten wohl nur über das Septum gehen (ROTHBERGER). Die Konsequenz aus der Annahme einer gesonderten Sinus-Kammerleitung, die schon KEITH und FLACK vermuteten und die EYSTER und MEEK nachzuweisen versuchten, ist allerdings sehr weittragend: CONDORELLI hat diesen Schluß gezogen, daß dann das für den av-Rhythmus charakteristische EKG (P kurz vor R oder gleichzeitig mit R) auch durch eine langsame Sinus-Vorhofleitung bei normaler Sinus-Kammerleitung oder durch beschleunigte Sinus-Kammerleitung bei normaler Sinus-Vorhofleitung bedingt sein kann. Die Benutzung präformierter Bahnen würde auch einen Sinus-Kammerblock ohne Sinus-Vorhofblock möglich erscheinen lassen (CONDORELLI).

Schon vor LEWIS beschäftigten sich EYSTER und MEEK mit der Erregungsausbreitung im Vorhof und fanden habei die bemerkenswerte Tatsache, daß die Erregung zum av-Knoten rascher geleitet wird als zu den übrigen Teilen des Vorhofs, was nach LEWIS dadurch erklärt werden könnte, daß der Weg vom Sinus- zum av-Knoten über das Vorhofseptum eben sehr kurz ist, während EYSTER und MEEK so den Nachweis einer direkten Sinus-av-Knoten-Verbindungsbahn zu führen versuchten. Jedenfalls soll nach diesen Autoren die Erregung nicht „diffus" vom Sinusknoten nach allen Seiten ausstrahlen, sondern vom Sinusknoten aus geht die Erregung zum rechten Vorhof und zum av-Knoten auf völlig voneinander getrennten Bahnen, von denen die eine die direkte Verbindung mit dem rechten Vorhof herstellt und die zweite zum av-Knoten hinzieht. Die Bahnen können sich allerdings weitgehend ersetzen, so daß auch bei höhergradiger Isolierung des Sinusknotens kein av-Rhythmus aufzutreten braucht, wodurch die Seltenheit klinischer Fälle von Sinusblock erklärbar würde. Die Erregung des rechten Vorhofs kann z. B. auf dem Umweg über die Verbindungsfasern vom Sinus- zum av-Knoten erfolgen oder der av-Knoten bei Unterbrechung der direkten Erregungsleitung über den rechten Vorhof erreicht werden. Aber wenn nur der Weg über den rechten Vorhof auf Grund von Umschneidungsversuchen übrig bleibt, ergeben sich abnorm lange Überleitungszeiten. Die bevorzugten Muskelbahnen der Sinus-Kammerleitung sollen vom oberen und unteren Ende des Sulcus terminalis ausgehen, die obere führt von der Mündung der oberen Hohlvene über das Vorhofseptum zum av-Knoten (schon von CURRAN bei Kalb und Schaf beschrieben), die untere führt vom unteren Ende des Sulcus terminalis zum Coronarvenentrichter, von wo die Vorhofsausläufer des av-Knotens ausgehen (hier also ein besonders kurzer Weg!). EYSTER und MEEK bestreiten also ebenfalls die Existenz spezifischer Fasersysteme zum TAWARA-Knoten bzw. Vorhofmyokard, nehmen aber bestimmte Muskelbündel an, die in ihrem *physiologischen* Verhalten von anderen differenziert sind. Für die Bahnen zum TAWARA-Knoten nehmen sie sogar im Gegensatz zu LEWIS eine größere Geschwindigkeit der Erregungsleitung an als bei der Leitung zum Vorhof. Zahlreiche andere Autoren beschäftigten sich vor und nach diesen Untersuchern mit der Frage

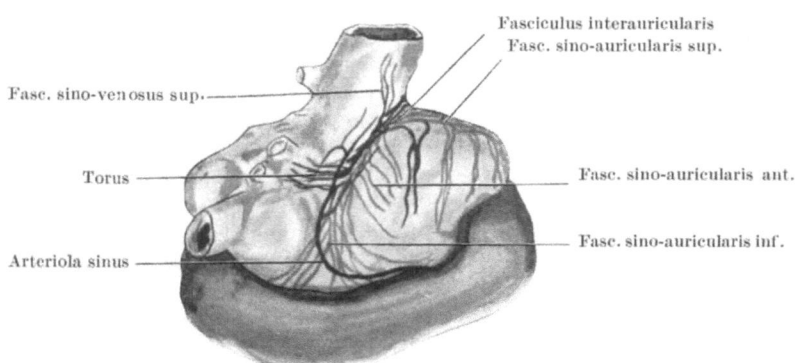

Abb. 65. Die Verbindungen des Sinusknotens mit dem Myokard des rechten Vorhofs. (Nach CONDORELLI)

der Erregungsausbreitung im Vorhof, ERLANGER und BLACKMAN, LEWIS und OPPENHEIMER, COHN und Mitarbeiter, BACHMANN, CONDORELLI u. a., besonders aber ROTHBERGER und SCHERF, die bei der grundsätzlichen Verschiedenheit der Auffassungen von EYSTER und MEEK einerseits und von LEWIS und Mitarbeitern andererseits die Frage aufs neue aufgriffen, zumal immer wieder das Vorhandensein zahlreicher Ausläufer vom Sinusknoten zum Vorhof betont wurde und eine ganze Reihe von Faserzügen unterschieden wurden (MÖNCKEBERG, CONDORELLI). Die Abb. 65 zeigt eine Reihe der wichtigsten Faserzüge; dabei ist als besonders bedeutsam das BACHMANNsche Interauricularband hervorzuheben, das als obere Fortsetzung des Sinusknotens die kürzeste Verbindung zum linken Vorhof herstellt. Nach dessen Durchschneidung verlängert sich nach BACHMANN die normale Zeitdifferenz zwischen der Erregung des rechten und linken Vorhofs um das 3—5fache, da dann der linke Vorhof seine Erregung indirekt zugeleitet erhält. Eine andere besonders wichtige Verbindung geht vom unteren Knotenende aus und gelangt über den Torus Loweri und das interatriale Septum zum av-Knoten; dieser Weg über das Septum stellt die kürzeste Verbindung zum av-Knoten dar. Nach ROTHBERGER und SCHERF benutzt die Erregung in erster Linie diese beiden Bahnen. (Parallel zur Taenia terminalis oder gegen die Lungenvenen zu angelegte Ligaturen haben keinen Einfluß auf die Form der P-Zacke, wenn der Torus verschont wird.) Die Unterbrechung einer der genannten Bahnen, die durch Abklemmung oder Unterbindung geschehen kann, führt zu einer Veränderung der P-Zacke, also zu einer geänderten Erregungsausbreitung im Vorhof. Werden beide Bahnen abgebunden, so können die übigen, zahlreichen vom Sinusknoten nach allen Richtungen ausstrahlenden Ausläufer genügen, um die Erregung

— dann aber unter starker Veränderung der Erregungsausbreitung — zum Vorhof und dann zum TAWARA-Knoten gelangen zu lassen, oder es tritt, wie das meistens der Fall ist, av-Rhythmus auf. Daß trotz der vielseitigen Verbindungen des Sinusknotens mit dem Vorhof die Abbindung an den genannten Stellen den Erregungsablauf im Vorhof verändert, führt zu der Folgerung, daß es sich dabei um die wichtigsten und kürzesten Bahnen handelt, deren Ausschaltung die Erregung eben zu Umwegen zwingt.

Eine besondere Frage ist es dann noch, unter welchen Bedingungen es zum *av-Rhythmus* kommt. Man muß bei der Deutung der Befunde hier sehr vorsichtig sein, denn ROTHBERGER und SCHERF konnten zeigen, daß trotz Vorhandenseins eines av-Rhythmus der Sinusknoten nicht völlig ausgeschaltet zu sein braucht. Zahlreiche Versuche zeigten, daß seine Tätigkeit nach leichter Erwärmung wieder hervortritt! Auf eine völlige Ausschaltung des Sinusknotens läßt sich also beim Vorliegen eines av-Rhythmus nicht ohne weiteres schließen! Des Rätsels Lösung ist danach, daß der av-Knoten das Herz eben dann beherrscht, wenn seine Frequenz die des Sinusknotens übersteigt. Durch ROTHBERGER und SCHERF ist als neuer Gesichtspunkt in der experimentellen Erforschung dieser Frage gezeigt worden, daß der av-Rhythmus die Folge des Mitabbindens von Gefäßen ist. Werden diese sorgfältig geschont, so tritt kein av-Rhythmus auf, auch wenn die beschriebenen Muskelbahnen, die die kürzeste Verbindung mit dem linken Vorhof und dem av-Knoten darstellen, abgebunden werden, wohl treten dann natürlich hochgradige Veränderungen der P-Zacke auf, die auf eine veränderte Erregungsausbreitung hinweisen[1]. Mit der Absperrung des arteriellen Zuflusses stellt der Sinusknoten seine Tätigkeit ein, er wird *funktionell* abgeschaltet, auch wenn er noch weitgehend mit dem Vorhofgewebe zusammenhängt. Wenn nur ein Sinusknotengefäß vorhanden ist, genügt dessen Abklemmung, um av-Rhythmus hervorzurufen. Nach Wegnahme der Klemme kehrt in kürzester Zeit der Sinusrhythmus wieder. Aus der wechselnden Lage der Gefäße erklärt sich so der wechselnde Erfolg der Umschneidungsversuche der amerikanischen Autoren. Die Zahl der Sinusknotengefäße, ihr Ursprungsort und die Art ihrer Ausbreitung wechselt beim Hundeherzen beträchtlich, auch lassen sich Anastomosen zwischen den Ästen der rechten und linken Coronararterie feststellen (s. S. 28). Diese anatomischen Erhebungen sind natürlich praktisch recht bedeutsam. (Auf die Bedeutung von Gefäßveränderungen für das Entstehen von Störungen des Sinusrhythmus hingewiesen zu haben, ist neben KAHN und KISCH besonders das Verdienst von GERAUDEL, der in Fällen von totaler Dissoziation keine Veränderungen im histologischen Bild des spezifischen Systems fand, wohl aber eine schwere Erkrankung der zugehörigen Arterien.) Wenn beim Menschen nur eine Arterie den Sinusknoten versorgt, so wird deren Schädigung zur verlangsamten Sinustätigkeit, ihr Verschluß zum av-Rhythmus führen. Liegen mehrere Gefäße vor, so kann bei Erkrankung einer einzigen die Ernährung durch Anastomosen gesichert sein; fehlen diese, so wird ein Teil des Sinusknotens und seiner Ausläufer ausgeschaltet, und unter Umständen treten sinuauriculäre Leitungsstörungen auf. Die Häufigkeit der Anastomosen und der Reichtum an Knotenausläufern erklärt die Seltenheit der Leitungsstörungen zwischen Sinusknoten und Vorhof in der Klinik. Dem Auftreten eines Sinusblocks mit Leitungsstörungen wirkt

---

[1] Meist wird eine *negative P-Zacke* in den Lehrbüchern als Zeichen einer rückläufigen Erregungsleitung (TAWARA→Vorhof) gedeutet. Aber es gibt sicher Fälle von Sinusrhythmus mit negativen P-Zacken und von av-Rhythmus mit positivem P (CONDORELLI). Solche negativen P-Zacken bei sicherem Sinusrhythmus sind als Ausdruck einer geänderten Erregungsausbreitung im Vorhof aufzufassen. P-Zacken-Änderungen sind also nicht immer ein sicherer *Hinweis auf einen abnormen Reizursprung* (ROTHBERGER, SCHERF und SHOOKHOFF).

das *sofortige* Einspringen des av-Knotens am sonst gesunden Herzen entgegen [daher auch am kräftig schlagenden Herzen keine präautomatische Pause! (s. S. 9, 11, 20f.)], nur am schwer geschädigten Herzen tritt Nichteinspringen des av-Knotens und Sinusblock mit Ausfällen ein! ROTHBERGER und SCHERF setzten deshalb die av-Automatie durch Chinin herab und konnten dann tatsächlich durch Unterbindungen in der Umgebung des Sinusknotens partiellen Sinusblock erzeugen; aber auch im Tierversuch ist das schwer, darum wurde zur Erklärung zusätzlich auch noch ein bestehendes Mißverhältnis zwischen Reizstärke und Erregbarkeit des Vorhofs herangezogen (STRAUB, HERZOG). Es darf auch nicht unerwähnt bleiben, daß nach CONDORELLI die EKG-Veränderungen, die als Folge der unteren Abklemmung auftreten, in keinem Zusammenhang mit Änderungen im Blutkreislauf des Sinusknotens stehen sollen, sondern danach führe die isolierte Abklemmung der den Sinusknoten versorgenden Arterie zu keinerlei bemerkbaren Änderungen im Vorhof-EKG, während die Abklemmung des Vorhofmyokards mit den darin verlaufenden Bahnen typische Veränderungen ergäbe. Die ganze Frage der Erregungsausbreitung im Vorhof ist also noch recht unklar und strittig und sie wird noch schwerer entscheidbar, wenn wir schließlich noch die Angaben RIJLANTs hinzunehmen, nach denen die Erregung mit beträchtlicher Verzögerung auf das *subendokardiale Gewebe* des Vorhofs übergeht, welches sich kontrahiert und die Erregung weiterleitet. Dieses Gewebe soll homogen sein, die eigentliche Vorhofmuskulatur aber nicht, sondern diese ist in Bezirke eingeteilt, die durch ein langsamer leitendes Gewebe zusammenhängen, doch trete dieses beim normalen Herzschlag nicht in Aktion. Diese Muskelbezirke werden vielmehr vom subendokardialen Gewebe aus in Erregung versetzt, dieses funktioniert also nach RIJLANT als *Leitungsbahn wie das Reizleitungssystem der Kammern.* Entsprechend gab RIJLANT zwei Erhebungen in der Vorhofkurve an, von denen die erste Ausdruck der Erregungsleitung durch das Endokard, die zweite die eigentliche Kontraktion darstelle. Man vergleiche dazu die S. 134 mitgeteilten neueren Befunde von TER BORG! Es bleibt der experimentellen Arbeit noch vieles zu tun, um aus dieser Fülle sich widersprechender Angaben wenigstens eine einigermaßen gesicherte „Lehrmeinung" herauszuarbeiten!

Betrachten wir zum Abschluß dieser Frage noch die *Zeitdifferenzen,* die sich *zwischen rechtem und linkem Vorhof* ergeben! Schon lange ist bekannt, daß der rechte Vorhof dem linken ein wenig vorausgeht. Das wurde schon von den Autoren festgestellt, die mit Suspensionskurven der Herzohren arbeiteten, und HERING beobachtete schon 1900 am absterbenden Herzen derartige Zeitdifferenzen. Sie sind natürlich auf die asymmetrische Lage des Sinusknotens zurückzuführen, der dem rechten Herzohr ja viel näher liegt als dem linken. Darum muß jedenfalls eine gleichmäßig sich ausbreitende Erregung das rechte Herzohr früher erreichen als das linke, und darum ist derjenige Punkt des Vorhofs, der zuletzt (übrigens zur Zeit des Gipfels der P-Zacke) negativ wird, die Spitze des linken Herzohres (WEDD und STROUD). [Neuerdings von R. WENGER und Mitarb. (1956) bestätigt.] Die Zeitdifferenzen zwischen beiden Vorhöfen liegen etwa bei 20 bis 30 msec (13—40 msec) (ERFMANN, SCHNEIDERS, SCHLIEPHAKE, ROTHBERGER u. a.).

Natürlich tauchen hier manche der früher schon besprochenen Fragen wieder auf, so die Frage eines linken Armes des Sinusknotens, den SEGRE auf Grund neuerer anatomischer Untersuchungen angibt; bewiesen ist aber die Zweiteilung des Sinusknotens als anatomische Besonderheit wohl nur beim Schaf (s. dazu S. 16); weiter wird die Frage des Zuleitungsweges der Erregung zum linken Vorhof in diesem Zusammenhang wieder aktuell, besonders das erwähnte BACHMANNsche Interauricularband, das vom oberen Sinusknotenrand ausgeht (s. Abb. 65 S. 136) und nach dessen Durchschneidung oder Abklemmung die Erregungszuleitung zum linken Vorhof verzögert erfolgt. Aber auch hier bei der „BACHMANN-Ligatur" scheint es noch nicht sicher zu sein, ob die zeitliche Verzögerung des linken Vorhofs Folge der Abbindung der Muskelfasern oder der darin verlaufenden Gefäße, also der Kreislaufstörung, ist.

Aus der Tatsache aber, daß die Erregungszuleitung zum linken Vorhof nach diesen Eingriffen nur *verzögert* erfolgt, ergibt sich weiter, daß die Erregung den linken Vorhof eben auch noch auf Umwegen erreichen kann. So wird die Angabe verständlich, daß es experimentell nicht gelingt, eine Dissoziation zwischen rechtem und linkem Vorhof zu erzeugen. CONDORELLI gibt allerdings an, daß er durch Gefäßunterbindung nicht nur eine verzögerte Kontraktion des linken Ventrikels, sondern sogar Stillstand des linken Vorhofs bei Weiterschlagen des rechten Vorhofs im Sinusrhythmus, also einen totalen Block zwischen rechtem und linkem Vorhof, bei normaler Überleitung zum TAWARA-Knoten erhalten habe. Jedenfalls sind Unterbindungen am oberen Sinusknotenende von größeren Zeitdifferenzen zwischen rechtem und linkem Vorhof gefolgt als Unterbindungen am unteren Ende des Sinusknotens, nach denen oft der rechte Vorhof fast gleichzeitig mit dem linken schlägt.

Neuerdings (1950) haben BRENDEL, RAULE und TRAUTWEIN sich erneut mit der noch immer offenen Frage befaßt, ob die Erregung vom Sinusknoten über ein evtl. vorhandenes spezifisches Leitungssystem zu den einzelnen Vorhofabschnitten und dem av-Knoten geleitet wird (TER BORG) oder ob die LEWISsche Ansicht der diffus (d. h. gleichmäßig mit gleicher Leitungsgeschwindigkeit) erfolgenden Ausbreitung zutrifft oder ob schließlich (nach EYSTER und MEEK) die Erregung zum av-Knoten rascher als zu den übrigen Teilen geleitet wird. Unipolare Ableitungen, wie sie LEWIS anwandte, werden als unzureichend abgelehnt; da die Ligatur gewisser Vorhofbündel (ROTHBERGER und SCHERF, CONDORELLI) nur grobe Auskünfte über die Wege der Erregungsausbreitung zuläßt, wurden zunächst die elementaren Daten (Leitungsgeschwindigkeit, Anstiegsdauer und -länge) am Vorhof nach dem Prinzip des Differentialaktionsstroms (s. S. 19) (CLEMENT und GARTEN) exakt gemessen, so wie SCHAEFER und TRAUTWEIN das für den Ventrikel durchführten.

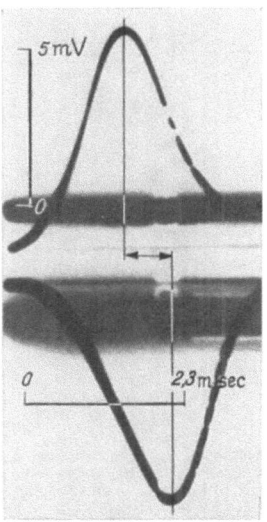

Abb. 66. Ein Differentialaktionsstrompaar am Vorhof. Zu beachten ist die Zeitversetzung der beiden Spitzen, aus denen die Leitungsgeschwindigkeit errechnet wird. (Nach W. BRENDEL, W. RAULE und W. TRAUTWEIN)

Die Dimensionen der Elektroden gestatteten, die Potentiale von etwa 20 Myokardfasern abzuleiten, und zwar so, daß eine Erregungswelle in der Weise mit den Elektroden abgegriffen wird, daß sie eine Elektrodenpaar früher erreicht als die andere (Abb. 66). Aus der Zeitversetzung läßt sich die Leitungsgeschwindigkeit ermitteln. Aus Leitungsgeschwindigkeit (v) und Anstiegsdauer (t) wird nach $v = l/t$ die anatomische Länge des Erregungsanstiegs (l) errechnet (S. 110). Durch Drehung der Elektroden läßt sich weiter die Richtung der Erregungsausbreitung in kleinsten Vorhofbezirken exakt bestimmen, da die beiden Differentialaktionsströme nur dann in maximaler Größe und Zeitversetzung abgeleitet werden, wenn die Ausbreitungsrichtung der Welle im abgeleiteten Bezirk mit der Verbindungslinie der Elektroden zusammenfällt. (Je größer die Abweichung in Winkelgraden wird, desto kleiner werden die Potentiale, bis sie im Winkel von 90° ein Minimum erreichen.)

Die Messungen ergaben an beiden Vorhöfen und Herzohren eine Leitungsgeschwindigkeit von 0,8 m/sec (mit einer Streuung zwischen 1,2—0,5 msec). Es ergab sich kein Unterschied zwischen linkem und rechtem Vorhof oder evtl. bevorzugten Leitungswegen. Die Anstiegsdauer beträgt 1,2 msec und die Anstiegslänge im Vorhofmyokard im Durchschnitt 0,96 mm (am Ventrikel ergaben sich Werte bis zu 2 msec bzw. 2 mm, was von SCHAEFER und TRAUTWEIN auf die Desynchronisation der einzelnen Myokardfasern zurückgeführt wird. An einzelnen Myokardfasern ergab sich ebenfalls 1 msec und 1 mm, so daß also gefolgert werden kann, daß die elementaren Daten an Vorhof und Ventrikel wahrscheinlich gleich sind, aber im Vorhof die benachbarten Fasern besser synchronisiert sind).

Als Richtung der Erregungsausbreitung ergibt sich, daß sich die Erregung vom Sinusknoten radiär auf alle Abschnitte des rechten Vorhofs verteilt (Abb. 67, vgl. Abb. 5). Am linken Vorhof läuft die Erregung um die Gefäßwurzeln des öfteren zirkulär, trotzdem ist auch hier generell eine radiäre Ausbreitung über den linken Vorhof vorhanden. Vom Sinusknoten aus bevorzugt die Erregung das hintere sinuauriculäre BACHMANNsche Bündel und breitet sich dann nach Passieren der Enge zwischen der Cava sup. und Aorta radiär über den linken Vorhof aus (Abb. 68). Die Latenzen entsprechen der anatomischen Entfernung der jeweiligen Vorhofpunkte vom Sinusknoten. So wurde versucht, den Anteil der Potentiale verschiedener Vorhofbezirke beim Zustandekommen der P-Zacke zu ermitteln. (Die Summe aller Potentiale im Umkreis eines Zentimeters vom Sinusknoten entspricht etwa 25% der Dauer der P-Zacke. Die Mitte der P-Zacke wird vom restlichen Teil des

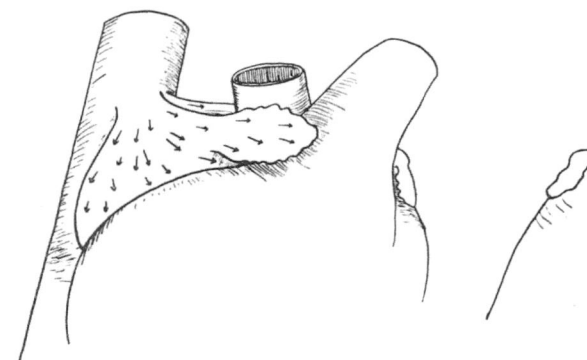

Abb. 67. Halbschematische Zeichnung der Erregungsausbreitung auf dem rechten Vorhof. (Nach W. BRENDEL, W. RAULE und W. TRAUTWEIN)

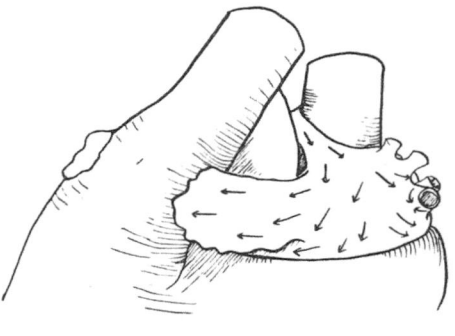

Abb. 68. Halbschematische Zeichnung der Erregungsausbreitung auf dem linken Vorhof. (Nach W. BRENDEL, W. RAULE und W. TRAUTWEIN)

rechten Vorhofs, dem muskelstarken BACHMANNschen Bündel und dem Anfangsteil des linken Vorhofs gebildet, während auf das Ende der P-Zacke sich die Potentiale des linken Vorhofs projizieren. Wie schon SCHNEIDERS, SCHLIEPHAKE und ERFMANN fanden, wird das linke Herzohr etwa 20 msec später erregt als das rechte.) Anhaltspunkte für ein oberflächliches spezifisches Leitungssystem, wie es von TER BORG (subendokardial) behauptet wird, wurden also nicht gefunden, auch im Myokard oder der Innenfläche wurden keine höheren Werte als 1,2 m/sec gemessen. Diese Untersuchungen bestätigen also die Auffassung von LEWIS, der für v gemessene Wert liegt nahe bei dem von LEWIS mit 1 m/sec angegebenen. Der radiäre Verlauf im rechten Vorhof entspricht nach diesen Untersuchungen dem anatomischen Verlauf der einzelnen Fasern.

Als nur das HISsche Bündel bekannt war (s. historische Notiz, S. 30), war man der Ansicht, daß die Erregung sich nach dem Verlassen dieser Bahn diffus im Myokard verteile. Erst die Entdeckung des ganzen spezifischen Systems gab eine Grundlage für unsere heutige Kenntnis der **Erregungsausbreitung in den Herzkammern.** Dieses im ASCHOFF-TAWARAschen Knoten beginnende spezifische Leitungssystem ist bereits in mehrfachem · Zusammenhang behandelt worden (s. Abb. 1, 4, 8, Ultimum moriens S. 7, automatische Befähigung S. 20 und S. 25, Leitungsfähigkeit der PURKINJE-Fasern in beiden Richtungen S. 121). Daß dieses eine Sonderstellung einnehmende Gewebe kontraktile Eigenschaften hat, wurde ebenfalls schon erwähnt (S. 7). Um diese mechanischen Kontraktionen unbehindert vor sich gehen zu lassen, ist es von der Arbeitsmuskulatur durch eine lockere bindegewebige Scheide getrennt, die schon von TAWARA ausführlich beschrieben wurde. Infolge der reichlich ausgebildeten Lymphspalten ist die Darstellung der Verzweigung und Netzbildung der Reizleitungsfasern durch Injektion von Tusche o. ä. möglich. Von WENCKEBACH wurde die bindegewebige Hülle als CURRANsche Scheide, von WAHLIN dieses Lymphspaltensystem als EBERTH-BELAJEFFsches Spaltraumsystem bezeichnet. Durch Injektion dieser EBERTH-BELAJEFF-CURRANschen Räume läßt sich, wie gesagt, das System in seinem ganzen Verlauf darstellen. Besonders schöne, von AAGARD und HALL (1914) gewonnene Bilder zeigt die Abb. 1, S. 6.

Man hat sich daran gewöhnt, die Verzweigungen des spezifischen Systems seit TAWARA mit einem Baum zu vergleichen, der in der Vorhofscheidewand wurzelt, als Stamm und Hauptäste das Septum fibrocartilagineum und die Kammerscheidewand durchzieht, durch die sog. falschen Sehnenfäden als Seitenäste zur Parietalwand der Kammern und den Papillarmuskeln übertritt, um dann erst in seine Endzweige sich aufzulösen; so entsteht leicht die Vorstellung, daß jeder Endzweig des Systems — ähnlich wie Endarterien — einem bestimmten Muskelgebiet zugehört. Dieser Vergleich hat auch das Verständnis der peripheren Leitungsstörungen sehr gefördert, aber es muß doch besonders darauf aufmerksam gemacht werden, daß die Injektionsversuche der Bindegewebsscheiden der PURKINJE-Fäden ergeben, daß zahllose Verbindungen und Verflechtungen existieren, so daß eine *netzartige Anordnung* der PURKINJE-Fasern resultiert. Es sei nochmals auf die Abb. 1 verwiesen, die diese netzartige Struktur besonders schön erkennen läßt. AAGARD und HALL geben

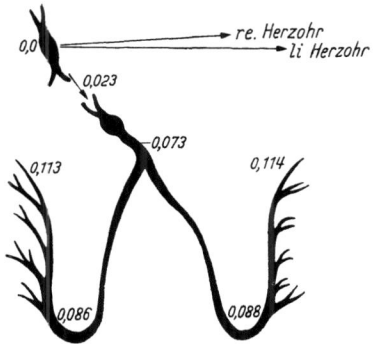

Abb. 69. Schema des Reizleitungssystems. (Nach WIGGERS.) Die Zahlen bedeuten Leitungszeiten in Sekunden vom Sinusknoten (0,0) an gerechnet

besonders an, daß das nicht nur die bindegewebigen Scheiden betrifft, sondern auch die Fäden selbst gegenseitig anastomosieren. Auch TAWARA fand schon bei der Untersuchung von Schafherzen [wo sich die spezifische Muskulatur so gut von der gewöhnlichen unterscheiden läßt! (s. S. 22)], daß die Endzweige des linken Schenkels sich zu wirren Netzbildungen verteilen, so daß man die Fasern nicht mehr mikroskopisch verfolgen könne. Was diese zahllosen Verbindungen bedeuten, die an vielen Stellen eine kreisförmige oder ovoide, in sich selbst zurücklaufende Bahn darstellen, kann noch nicht beantwortet, sondern auch heute nur erst als Frage aufgeworfen werden (ROTHBERGER).

Der *anatomische Verlauf des ganzen Leitungssystems* sei an dieser Stelle nach der von LEPESCHKIN gegebenen zusammenfassenden Darstellung kurz beschrieben.

Danach verläuft der rechte *Schenkel* isoliert bis zur Basis des rechten parietalen Papillarmuskels, wobei er bei den meisten Tieren frei als falscher Sehnenfaden oder im ,,Moratorband" die Kammerlichtung durchsetzt, beim Menschen aber sich an die Kammerwand hält. Erst an der lateralen Wand der rechten Kammer löst er sich in seine feineren Verzweigungen auf. Ein Teil von diesen biegt um und verläuft retrograd im Septum und den Papillarmuskeln gegen die Herzbasis zu; ein anderer Teil breitet sich, vielfach anastomosierend, an der inneren Fläche der rechten Kammerwand aus. Zahlreiche Zweige durchsetzen in schräger Richtung die Kammerwand, wobei sie in der allgemeinen Faserrichtung der Arbeitsmuskulatur verlaufen und bis in die subepikardialen Muskelschichten reichen. Auf dem ganzen Weg durch die Kammerwand geben sie Verbindungen an die Arbeitsmuskulatur ab, wobei die bindegewebige Scheide in das Perimysium der Herzmuskelfasern übergeht. Der Übergang der Erregungsleitungsfasern in die Arbeitsfasern findet vom histologischen Standpunkt allmählich statt. — Der *linke Schenkel des HIsschen Bündels* teilt sich schon am oberen Septumrand in zwei Hauptzweige und viele Nebenzweige auf, von denen die ersteren zu den Ursprüngen der beiden an der lateralen Kammerwand gelegenen Papillarmuskeln ziehen, die letzteren das Septum versorgen. Die ersten abgehenden Fasern versorgen rückläufig die oberen Septumteile. Es ist verständlich, daß die direktesten und kürzesten Zweige der beiden Schenkel zu den Papillarmuskeln ziehen, da diese sich bei der Kammerkontraktion als erste kontrahieren müssen, um ein Umschlagen der Segelklappen nach dem Vorhof hin zu verhindern. Auch die Verzweigungen des linken Schenkels breiten sich netzförmig an der Kammerinnenfläche aus und senden zahllose Zweige in die Muskulatur hinein, die hier aber senkrecht zur Kammeroberfläche verlaufen.

Ob die *Fasern für die einzelnen Schenkel* bereits im gemeinsamen Schenkel des HISschen Bündels *getrennt* verlaufen, ist noch nicht sicher entschieden, jedoch wahrscheinlich. Bei der verkürzten Vorhofkammerleitung, die wir oben besprachen, sahen wir, daß eine der Deutungsmöglichkeiten von einem derartigen Verhalten auch schon innerhalb des av-Knotens ausging, indem in einem Schenkel des HISschen Bündels oder eines Teils davon und in einem Teil des av-Knotens eine beschleunigte Leitung angenommen wurde (PINES, FULCHIERO, PEZZI, CONDORELLI). In den einzelnen PURKINJE-Fasern ist tatsächlich der Beweis getrennter Leitungsbahnen von GOLDENBERG, GOTTDENKER und ROTHBERGER erbracht worden, wodurch die Annahme einer Differenzierung der Leitungsbahnen auch in den höheren Abschnitten des Systems wahrscheinlich wird.

Bei Injektionsversuchen im linken Ventrikel eines Kalbsherzens fand WAHLIN (1928, 1932) ein Durchdringen der Injektionsmasse unter das Endokard des rechten Ventrikels, die nicht auf dem Wege des freigebliebenen rechten Schenkels dorthin gekommen war, sondern quer durch das Septum nahe der Spitze. Das wirft die Frage nach dem Bestehen solcher *kurzen interventrikulären Verbindungen zwischen beiden Schenkeln im Kammerseptum* auf. TER BORG hat neuerdings derartige Präparate von Pferd und Rind nach gelungener Injektion mit der Methode von SPALTEHOLZ durchsichtig gemacht. Er bestätigt den Befund WAHLINs und fand, daß es in den Parietalwänden der beiden Ventrikel sowie im Kammerseptum ein großes zusammenhängendes Netzwerk von PURKINJE-Fasern gibt, das sich bis unter das Epikard ausbreitet und überall (im Septum sowohl wie auch entlang den Parietalwänden) kontinuierlich zusammenhängt, so daß eigentlich von *einem* großen zusammenhängenden peripheren Endnetz gesprochen werden muß anstatt von Verzweigungen eines Crus dextrum und sinistrum in ein rechtes und linkes Endnetz. Allerdings sind die Befunde auch nicht unwidersprochen geblieben. Bei normaler Erregung und freier Leitungsbahn in den Schenkeln dürfte diese Kommunikation wohl keine Rolle spielen, d. h., sie wird nicht ausgenutzt werden (ROTHBERGER). Da sie aber in der Diskussion pathophysiologischer Verhältnisse eine große Rolle in der Literatur spielen, wie gleich noch kurz aufgezeigt werden soll, sei auf die Befunde etwas ausführlicher eingegangen.

Schon TAWARA hatte an solche interventrikuläre Verbindungen gedacht, sich aber in dieser Frage ablehnend verhalten: „Ob Verbindungen zwischen den Endausbreitungen des linken und rechten Schenkels bestehen, kann ich nicht mit Sicherheit sagen, halte es aber für wenig wahrscheinlich. Wenn solche Verbindungen bestehen sollten, so kann es sich nur um eine unbedeutende kleine Verbindung zwischen den Endausbreitungen beider Schenkel handeln. Denn, soweit ich konstatieren konnte, war keine Verbindung zwischen den Hauptbündeln der beiden Schenkel vorhanden"; ähnlich äußerten sich WENCKEBACH und WINTERBERG: „Wird einer der beiden Schenkel durchschnitten, so wird damit der gleichseitige Ventrikel von der direkten Erregung ausgeschaltet. Denn es besteht weder zwischen den Schenkeln noch ihren Verzweigungen noch auch zwischen den beiden PURKINJEschen Netzen eine direkte Verbindung. Die durch die Schenkel abgeschaltete Kammer kann daher nur auf dem Umweg über die Septummuskulatur aktiviert werden." Aber nachdem WAHLIN 1928 am Kalbsherzen die durch das Septum durchgehende Verbindung zwischen den PURKINJE-Netzen beider Kammern beschrieben hatte, führten unabhängig davon 1931 CARDWELL und ABRAMSON ähnliche Injektionen am Rinderherzen durch und berichteten ebenfalls über Verbindungen durch das Septum hindurch bei derartigen Injektionsversuchen; CARDWELL und ABRAMSON fanden in einem Falle — es gelingt nur selten, von einer Injektionsstelle aus das ganze Fasersystem zur Darstellung zu bringen! — eine Füllung des rechten subendokardial gelegenen PURKINJE-Geflechtes nach Injektion des linken Geflechtes. WAHLIN gelang dann 1932 praktisch in allen Fällen, wo eine Injektion des subendokardialen Netzes in der linken Kammer möglich war — allerdings nach Massage des injizierten Bündels — die Injektionsmasse durch das Septum in die rechte Kammer hinüberzutreiben, wobei der Spitzenteil eine Prädilektionsstelle ist. Die subendokardial liegenden Fasern vereinigen sich also danach im Innern des Septums mit den von der entgegengesetzten Seite kommenden Fasern zu einem komplizierten Netzwerk, das im Spitzenteil besonders gut darstellbar ist, aber es soll eine solche Kommunikation auch weiter oben in den basalen Teilen stattfinden, und zwar soll es sich dabei nicht nur um eine Injektion der Spalträume handeln, sondern — nach mikroskopischer Bestätigung — tatsächlich um Reizleitungsfasern. ROTHBERGER forderte deshalb auch weiter oben an den basalen Teilen des Herzens eine Kommunikation zwischen den beiden Schenkeln und PURKINJE-Netzen. Eine Nachuntersuchung von MEESSEN (1935) kommt allerdings zu ganz entgegengesetzten Ergebnissen: ,,Bis zur Teilung des linken Schenkels in den vorderen und hinteren Ast gehen weder vom rechten Schenkel noch auch vom linken Schenkel irgendwelche Verzweigungen ab. Bei allen PURKINJE-Fasern, die subendokardial oder ganz vereinzelt auch in der Muskulatur des Septums gefunden werden, handelt es sich ausschließlich um *rückläufige* Fasern, die von der Herzspitze zur Herzbasis verlaufen. Verbindungen von Stamm zu Stamm oder auch von PURKINJE-Fasern bestehen bis zu dieser Höhe mit Sicherheit nicht. — Die Untersuchung der zweiten Hälfte des Septums von der Teilungsstelle des linken Schenkels ab bis zur Herzspitze läßt PURKINJE-Fasern wenn auch feinster Art, die rechts und links verbinden, nicht mit Sicherheit feststellen. Daß nach MEESSEN die beiden PURKINJE-Netze nicht miteinander in Verbindung stehen, steht also im Widerspruch zu den Angaben von WAHLIN, CARDWELL, ABRAMSON und TER BORG.

Immerhin nehmen die Verzweigungen auch nach MEESSEN in den unteren Abschnitten des Septums immer mehr zu und sind ungemein reichlich, so daß jedenfalls anzunehmen ist, daß die Ausläufer der beiden Netze im Septum so nahe aneinander herantreten, daß die Erregung mit nur kurzer Unterbrechung durch gewöhnliche Muskulatur von einem Netz auf das andere überspringen kann (ROTHBERGER).

Die Frage ist vor allem wichtig für die Erörterung des Weges, den eine durch einen Reiz an der Außenwand, z. B. der rechten Kammer, ausgelöste Erregung einschlägt. Die Frage wurde S. 124 bereits insofern behandelt, daß die Vorstellung begründet wurde, daß eine so ausgelöste Erregung durch die Wand des Ventrikels durchtritt, im subendokardialen Netz rückläufig bis zur Teilungsstelle hinaufläuft und dann den linken Schenkel in normaler Richtung benutzt. Wenn aber vorher der rechte Schenkel durchschnitten wird, dann muß die Erregung den Weg quer durch das Septum nehmen. Auf die entsprechenden Experimente von SCHERF wurde S. 125 bereits eingegangen, in denen er zeigte, daß trotz Durchschneidung der Schenkel die Form des EKG sich nicht ändert! Daß die Durchschneidung des rechten Schenkels allein keine Wirkung auf die Anfangsschwankung hat, erklärt dann ROTHBERGER eben dadurch, daß die PURKINJE-Netze der beiden Kammern durch Äste miteinander in Verbindung stehen, welche durch das Septum laufen, daß dann also die (schnell leitenden) transseptalen Verbindungen der beiden PURKINJE-Netze für die Erregungsleitung benutzt werden. ROTHBERGER zeigte weiter, daß sich eine deutliche Verbreiterung und Vergrößerung der Anfangsschwankung dieser Extrasystole ergibt, wenn die von der Septumfläche des rechten Ventrikels zur Wand ziehenden Zweige des rechten Schenkels durchschnitten werden (siehe doppelt-gefiederter Pfeil in Abb. 72). Die von der Außenwand kommende und dem Septum zustrebende Erregung wird dadurch verhindert, von dem rechten Schenkel auf dem spezifischen Leitungsweg zu erreichen. Sie muß vielmehr ein Stück weit in der gewöhnlichen Muskulatur verlaufen, und ihre Anfangsschwankung wird deshalb verbreitet, weil die gewöhnliche Muskulatur langsamer leitet als die spezifische. Die Abbildungen (70, 71, 72) erläutern die Vorstellungen ROTHBERGERs.

Natürlich ist es auch möglich, daß die Erregung — wie MEESSEN das meint — auf das weitverzweigte subendokardiale PURKINJE-Netz trifft und nach einem nur kurzen Weg durch einfache Muskulatur auf das Netz der anderen Seite übertritt. Jedenfalls stimmen die Deutungen darin überein — gleichgültig, ob man solche interventrikulären transseptalen spezifischen Verbindungen anerkennt oder nicht —, daß die Entstehung des Kammer-EKG darauf beruht, daß die Erregung gezwungen wird, den gebahnten Weg zu verlassen und durch gewöhnliche Muskulatur zu laufen, mit anderen Worten, die Einschaltung einer Myokardstrecke (mit langsamerer Leitung) verbreitet die Anfangsschwankung des Kammer-EKG.

Die Versuche sprechen für die Richtigkeit der Ansicht MAHAIMs, daß die typische Verbreiterung der Anfangsschwankung auch beim sog. *,,Arborisationsblock" (Verzweigungsblock)* darauf beruht, daß die Erregung gezwungen wird, über größere Strecken durch gewöhnliche Muskulatur zu laufen. Es handelt sich dabei um ein von OPPENHEIMER und ROTHSCHILD (1917)

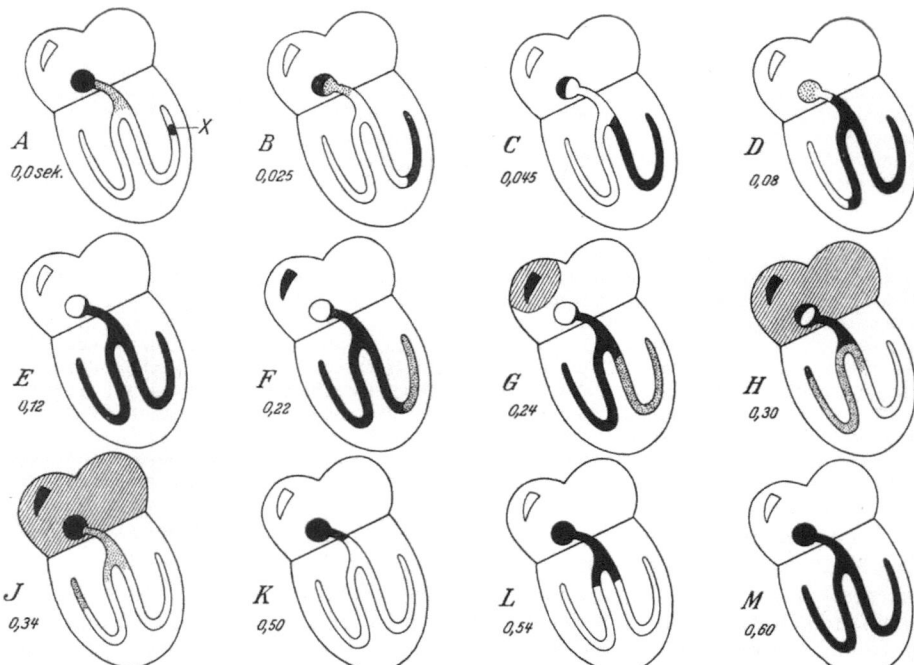

Abb. 70. Fortschreitende Ausbreitung der Erregung in den Kammern durch eine interponierte ES und den folgenden Normalreiz. In jedem Schema oben Vorhof, unten Kammer. Links oben Sinusknoten, unten av-Knoten mit HISschem Bündel und den Schenkeln. Schwarz bedeutet absolut refraktär, punktiert relativ refraktär und weiß erregbar. Beginn der ES bei X zur Zeit 0,0; die darauffolgenden Zeiten sind bei jedem Schema angegeben. (Nach ASHMAN)
A. Die ES beginnt im linken Schenkel. av-Knoten vom vorigen Normalschlag noch nicht erholt. *B, C, D, E*. Der Extrareiz breitet sich im linken Schenkel rückläufig aus, bis er in *E* nach 0,12 sec das ganze Reizleitungssystem ergriffen hat. Der av-Knoten erholt sich allmählich vom vorigen Normalschlag, setzt aber der weiteren Ausbreitung der Extraerregung ein Hindernis entgegen. *F*. 0,10 sec später beginnt der nächste Normalschlag (Sinusknoten refraktär). Die Extraerregung ist noch nicht über den Knoten hinausgekommen. Der Endteil des linken Schenkels tritt in die relativ refraktäre Phase nach der ES. *G*. Die normale Erregung greift auf den Vorhof über. Die Erholung des linken Schenkels ist weiter fortgeschritten. *H*. Die normale Erregung hat den ganzen Vorhof ergriffen und beginnt in den av-Knoten einzutreten. Nur eine schmale Zone erregbaren Gewebes trennt die refraktären Teile voneinander (Vorhof- und Kammerteil). Die Erholung des Schenkels ist weiter vorgeschritten. *J*. Die normale Erregung hat die Teile erreicht, die sich noch von der ES her im relativ refraktären Zustande befinden; sie kann daher nur langsam vorwärtskommen (Verlängerung der Überleitungszeit des postextrasystolischen Schlages). *K, L, M*. Die normale Erregung überwindet das Hindernis und breitet sich in den Kammern aus

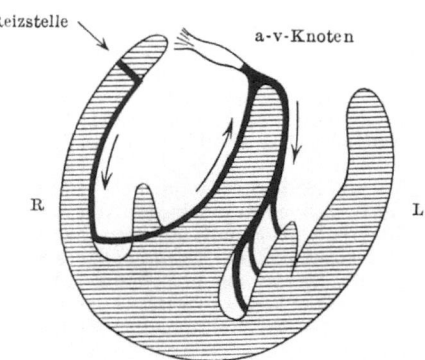

Abb. 71. Schema der Erregungsausbreitung bei Reizung der Außenwand des rechten Ventrikels. Reizleitungssystem intakt. (C. J. ROTHBERGER)

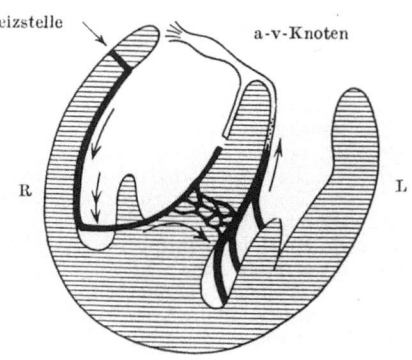

Abb. 72. Schema der Erregungsausbreitung bei Reizung der Außenwand des rechten Ventrikels nach Durchschneidung des rechten Schenkels. (C. J. ROTHBERGER)

beschriebenes Krankheitsbild mit abnorm kleinen Ausschlägen des EKG in allen Ableitungen und mit starker Spaltung und Verbreiterung der Anfangsschwankung über 0,10 sec. Früher war man der Meinung, daß die Zerstörung der feinsten Endausbreitungen des spezifischen Systems die Entstellung des EKG veranlaßt (daher der Name!); nach MAHAIM sind aber stattdessen beide Schenkel weitgehend zerstört, während die Endausbreitungen erhalten geblieben sind. Ein hoch vom linken Schenkel zur Septummuskulatur abgehender Ast verhindert das Auftreten eines totalen Blocks, und so läuft die Erregung über größere Strecken durch gewöhnliche Herzmuskulatur[1]. Die neuere Bezeichnung lautet daher statt Arborisationsblock: *unvollständiger doppelseitiger Schenkelblock* («bloc bilatéral manqué»). Experimentelle Befunde von SCHERF und ROTHBERGER stützen neben den anatomischen Erhebungen von MAHAIM die neuere Auffassung, daß die Leitungsstörungen die Erregung zwingen, die Bahn des spezifischen Systems zu verlassen, besonders große Herde im Septum werden dazu geeignet sein. Auch die Befunde von DRURY, MASTER und PARDEE, daß die EKG-Veränderungen trotz ausgedehnter Schwielenbildung fehlen können und andererseits EKG-Veränderungen vorliegen können ohne die von OPPENHEIMER und ROTHSCHILD beschriebenen Herzmuskelveränderungen (ausgedehnte, fleckige, besonders das subendokardiale Gewebe treffende Myokardveränderung), sprechen für die neuere Auffassung.

Die Entdeckung des spezifischen Kammerleitungssystems wirft, wie wir sahen, manche neue, noch nicht völlig geklärte Fragen auf. Aber für die Kenntnis der normalen Erregungsausbreitung in der Kammer wurden unsere Vorstellungen durch diese anatomische Entdeckung völlig neu begründet. Ihr funktioneller Sinn wurde von TAWARA schon klar erkannt und fast programmatisch dargelegt! „Die eigentümliche Einrichtung, daß die Reizwelle in geschlossener Bahn direkt bis zu den entferntesten Abschnitten der Kammerwand getragen wird und daß diese Bahnen einen so eigenartigen Verlauf aufweisen, ist meiner Ansicht nach dazu bestimmt, den Erregungsreiz möglichst gleichzeitig an allen Punkten der Kammerwand zur Einwirkung kommen zu lassen." Wenn wir das *Eintreffen des Erregungsvorganges auf der Kammeroberfläche* betrachten, so ergibt sich in der Tat eine glänzende Bestätigung dieser Betrachtung. Schon 1912 haben GARTEN und seine Schule (CLEMENT, ERFMANN, SCHNEIDERS) gezeigt, daß bei normaler Erregung die Aktionsströme *fast gleichzeitig an verschiedenen Stellen der Oberfläche des Herzens beginnen*. Die Unterschiede lagen in der Größenordnung von nur einigen msec (3—7 msec). (Bei künstlich aus gelösten Extrasystolen pflanzt sich dagegen die Erregung vom Reizort mit meßbarer Geschwindigkeit nach allen Punkten der Ventrikeloberfläche fort, wie dies schon aus den älteren Versuchen von MARCHAND und ENGELMANN am Froschherzen sowie den späteren Untersuchungen von KRAUS und NICOLAI am Warmblüterherzen hervorging.) Bei natürlichem Erregungsablauf findet man das Haupt-EKG früher als den lokalen Aktionsstrom an der Herzoberfläche (Differenz 9—16 msec). Daraus folgerten GARTEN und

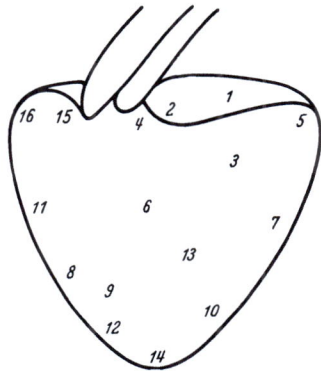

Abb. 73. Oberfläche des Schildkrötenherzens. Die Zahlen geben die Reihenfolge des Erregungsbeginns an. (Nach GOLDBERG und EYSTER)

---

[1] Die von MAHAIM festgestellte Verbindung des linken Schenkels mit dem Septum konnte von MEESSEN am Kalbsherzen allerdings nicht bestätigt werden. Beim Menschenherzen konnten in einem Fall ganz feine Verbindungen vom linken Schenkel zur Septummuskulatur aufgewiesen werden, diese gingen nicht vom gemeinsamen Stamm des linken Schenkels aus, sondern von tiefer gelegenen Verzweigungen des linken Schenkels in seine Äste. In einem Fall von Verzweigungsblock fanden sich bei erhaltenen Schenkeln Unterbrechungen des Reizleitungssystems an den peripheren, subendokardial gelegenen PURKINJE-Fasern. Zur weiteren Klärung sind daher wohl noch weitere eingehende und diffizile histologische Untersuchungen normaler Herzen und solcher mit Verzweigungsblock zusammen mit dem EKG-Befund erforderlich.

Mitarbeiter schon, daß die *inneren Herzteile früher erregt* werden, was auch durch lokale Ableitung vom Reizleitungssystem und von Innen- und Außenwand bestätigt wurde (Differenz 7 msec) (s. dazu die auf S. 123f. erwähnten beachtenswerten neueren Messungen von A. M. SCHER). Die Erregung tritt also im Septum nach abwärts und durchsetzt dann die Kammerwand von innen nach außen, wie auch LEWIS und ROTHSCHILD fanden. Damit wurden auch ältere, mit Suspension gefundene Ergebnisse von HERING bestätigt, daß die *Papillarmuskeln* sich *früher kontrahieren als die Kammerwand*. Von SCHNEIDERS wurde dasselbe auf elektrographischem Wege erhärtet. LEWIS und ROTHSCHILD bestätigten bei lokaler Ableitung vom Hundeherzen den fast gleichzeitigen Eintritt der Erregungen an der Kammeroberfläche und den Durchtritt der Erregung vom Endokard gegen die Oberfläche (daher Zeitunterschied mit der Wanddicke größer werdend!).

Danach wird zuerst die Kammerinnenfläche am Septum links, dann erst die Außenfläche, und zwar an der Vorderwand der rechten Kammer in Septumnähe entsprechend den direkten Verzweigungen des rechten Schenkels, dann die linke Kammerspitze am Vortex erregt. Viele Abschnitte der Vorder- und Seitenwand werden gleichzeitig oder in unregelmäßiger Reihenfolge erregt, während der Conus pulmonalis und die Basis und Hinterwand der linken Kammer die größte Verspätung aufweisen. Nach LEWIS werden diese Unterschiede außer durch die Verteilung des Reizleitungssystems auch durch die Dicke der Kammerwand bedingt. Auch bei Wiederholung dieser Versuche unter Vermeidung der Oberflächenabkühlung im Wärmekasten (ABRAMSON und JOCHIM) wurden als zuerst erregte Stellen die Partien der Herzoberfläche vorn in Septumnähe gefunden, der Pulmonalconus als die späteste erregte Stelle, nur waren die Zeitunterschiede für die gesamte Kammeroberfläche geringer als bei LEWIS (unter 13,8 msec). Ähnliche Ergebnisse erhielten auch WIGGERS; EYSTER, MEEK und GILSON u. a. An der Hinterfläche des Herzens ergaben sich keine Unterschiede zwischen rechter und linker Kammer (zit. nach LEPESCHKIN).

Die klassischen Untersuchungen der GARTENschen Schule stimmen also bemerkenswert gut überein mit den späteren Überprüfungen.

Zwar bezweifelten HOLZLÖHNER und SACHS die wirklich lokalisierte Ableitung mit Hilfe der CLEMENT-GARTENschen Differentialelektroden, aber sie bestätigten auch kinematographisch am Froschherzen, daß alle Teile der Kammeroberfläche fast gleichzeitig in Aktion treten. Am Warmblüterherzen zeigte W. R. HESS (1928) in Zeitlupenaufnahmen „das blitzartige Einfahren der Kontraktion in die Kammermuskulatur", wobei die Fasern entlang den Coronararterien deutlich voraneilen, was gut mit den bei direkter Ableitung gewonnenen Ergebnissen von LEWIS u. a. übereinstimmt (s. auch Abb. 122 und S. 232).

Nach H. SCHAEFER scheinen alle Erregungen von einer einzigen Region herzukommen: es ist die Gegend, unter der sich in der Tiefe, an der Grenze der beiden Ventrikel, das Reizleitungssystem zu verzweigen beginnt. „Die Erregungen strahlen von einem Verzweigungspunkt divergent aus." SCHAEFER nannte ihn daher den „Quellpunkt der Erregung"; hier trifft sie zuerst an der Oberfläche ein. Dieser Bezirk stimmt in seiner Lage gut mit dem älteren Ergebnis von W. R. HESS überein. Von diesem „Quellpunkt" breitet sie sich dann mit hoher Scheingeschwindigkeit auf der Oberfläche spitzen- und basiswärts aus, so daß sie jedoch an der Spitze immer merklich früher ankommt als an der Basis. Die hohe Scheingeschwindigkeit der Erregungsausbreitung zeigt, daß die Erregungswelle sich nicht im Myokard fortpflanzt. Sie läuft immer nur kleine Stücke im Myokard, um dann auf einen Bezirk zu stoßen, der von einem anderen Ast des Reizleitungssystems bereits vorher erregt worden ist. (In Kap. V wird darauf noch näher eingegangen werden.)

Auch beim Menschen ergab sich 1930 die Gelegenheit der direkten Ableitung vom Herzen. Die dabei gefundenen Latenzen gegen die Ableitung II des EKG betragen 10—36 msec (Abb. 74) (BARKER, MACLEOD und ALEXANDER). (Im Gegensatz zum Hundeherzen scheint übrigens der Conus pulmonalis beim

Menschenherzen nicht mit so großer Verspätung erregt zu werden.) Die trotz Differenzen im einzelnen weitgehende Übereinstimmung aller Untersucher über den Erregungsbeginn auf der Herzoberfläche ist bemerkenswert. Das Ergebnis rundet die Vorstellung ab, daß das spezifische Leitungssystem die Erregung an die Innenfläche des Myokards bringt und diese dann von dort radiär nach außen dringt. Intramurale Anteile des Leitungssystems sollen dabei nur bei Huftieren vorhanden sein, bei Hund und Mensch soll es dagegen nach FEDELE (1941) nur subendokardiale PURKINJE-Fasern geben. Die Potentiale des ganzen Leitungssystems werden wahrscheinlich von dem umgebenden Blut so stark kurzgeschlossen, daß im indirekt vom Körper abgeleiteten EKG nichts davon zum Ausdruck kommt. Bei direkter Ableitung beginnt die Tätigkeit des HIsschen Bündels in der Tat weit vor Beginn der QRS-Gruppe des EKG (RIJLANT). Auch die Sehnenfäden werden vor Beginn des Extremitäten-EKG der Kammern erregt (MAENO am Hund). Der Erregungsbeginn des spontan schlagenden Sehnenfadens liegt dabei immer am septalen Ende.

Der Beginn der Q-Zacke erfolgt also wahrscheinlich beim Übertritt aus dem spezifischen System in die „Treibwerk"-Muskulatur. So wird verständlich, daß das Endokard zuerst negativ wird (SCHNEIDERS, LEWIS) und gegen die Herzoberfläche negativ während der ganzen Erregungsdauer bleibt (WILSON, HILL und JOHNSTON); von hier dringt die Erregung radiär nach außen. Dabei scheint die Erregung

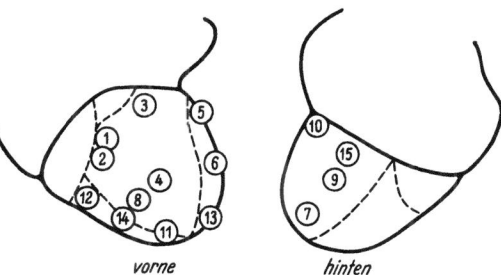

Abb. 74. Schematische Darstellung der Reihenfolge des Erregungsbeginns an den verschiedenen Punkten der Herzoberfläche des Menschen. Operativ freigelegtes Herz. Abtastung der lokalen Aktionsströme mit unipolarer Elektrode, Ausmessung der Latenzen des lokalen R gegen R in Ableitung II. Die Kreise mit ihren Zahlen geben an, in welcher Reihenfolge die verschiedenen Punkte der Herzoberfläche in Erregung geraten. Die punktierten Linien geben die interventrikulären Furchen an. Die absoluten Werte der Latenzen gegen die Ableitung II sind der Reihe nach in msec: 10, 13, 14, 15, 16, 19, 20, 20, 22, 23, 23, 25, 27, 27, 36. (Nach BARKER, MACLEOD, ALEXANDER)

im rechten Basisteil zuerst zu beginnen; jedenfalls besteht darüber bei fast allen Untersuchern Übereinstimmung. Von den beiden Ventrikeln wird der rechte etwa 0,02 sec vor dem linken erregt, das ergibt sich nach EPPINGER und ROTHBERGER auch aus der gleichzeitigen Aufzeichnung von Pulmonalis- und Aortendruck für die mechanische Tätigkeit und nach LEWIS auch für die elektrische und wird durch die kürzere Länge des rechten Schenkels erklärt (s. auch S. 233).

Die Zuordnung der einzelnen Abschnitte des EKG zur Erregung bestimmter Kammerteile ist trotz unendlich vieler Bemühungen auch heute noch nicht mit Sicherheit möglich. Fest steht nur, daß die Erregungsausbreitung mit Q beginnt und mit dem Ende von S beendet ist. *Die QRS-Gruppe ist Maß der Erregungsausbreitung in den Kammern. Eine Verbreiterung zeigt deshalb verlängerte Leitungswege und verzögerte Ausbreitung der Erregung an.* Die bisherige Betrachtung zeigt schon, daß man bei der Erregungsausbreitung gern geneigt ist, bestimmte zuerst erregte Teile den zuletzt in Erregung geratenden Teilen gegenüberzustellen. Wenn Beginn und Ende überall gleichzeitig erfolgen würde, wären ja keine Potentialdifferenzen ableitbar. Die QRS-Gruppe zeigt also, daß mit Sicherheit solche Differenzen vorliegen. Welche anatomischen Teile bei der Erregungsausbreitung gegenüberzustellen sind, kann auch heute noch nicht gesagt werden, am meisten diskutiert wurden: rechter Ventrikel zu linkem Ventrikel, Basis zur Spitze und als wohl brauchbarste Vorstellung Innenwand zur Außenwand. Wenn man noch bedenkt, daß die Innenwand besonders günstige Ableitungsbedingungen zur rechten Schulter findet (weil die Herzkammern mit ihrer Ventilebene nach dahin offen sind!), so wird man geneigt sein, ,,Innen" als Ausdruck der zuerst auftretenden Negativität (also als Ursache des R-Anstiegs) anzusehen. Aber sicher sind wir hier schon im Bereich von — allerdings fruchtbaren und z. T. wohl auch noch kaum entbehrlichen — Arbeitshypothesen. Letztlich bleibt als sichere und verwertbare Aussage, daß unter standardisierten Ableitungsbedingungen (worunter auch Einflüsse von Herzlage und Atmung zu verstehen sind!) die Normalform von QRS (nach Größe, Form und Dauer beurteilt) uns sagt, daß die Erregungsausbreitung in den Ventrikeln in normaler Weise vor sich gegangen ist.

Auch das Vektordiagramm (S. 226) kann nur aussagen, ob die Erregungsausbreitung regelrecht oder abnorm vor sich gegangen ist. Auf diese übrigens bedeutsame neuere Methode wird noch S. 232 eingegangen werden.

H. SCHAEFER hat neuerdings (1951) mit Hilfe des EINTHOVENschen Dreieckschemas unter Verwendung anatomischer und elektrischer Daten die Verhältnisse genauer dargelegt. Danach sind die Fasern, welche Q erzeugen, die Muskelfasern der Papillarmuskeln. (Die elektrisch inaktive PQ-Strecke ist die Zeit, in der die Erregung vom Vorhof über das Reizleitungssystem ins Myokard verläuft.) Die Spitze von R entspricht dem Einschießen der Erregung in die großen Muskelmassen der Herzspitze. Der Rückgang der R-Zacke entspricht der fortschreitenden Zunahme der Erregung in den basisnahe gelegenen Herzteilen. Ein restliches Negativitätsgefälle, das von unten links nach oben rechts läuft und daher in allen Ableitungen nach unten ausschlagend registriert wird, stellt die S-Zacke dar.

Ähnlich liegen die Verhältnisse bei der Deutung der *T-Zacke*. Aus allen bisherigen Betrachtungen ist schon abzuleiten, daß sie durch die verschiedene Dauer und Form des Erregungsrückganges im Kammermuskel entsteht. Eine positive T-Zacke zeigt uns nach den Auffassungen der Differenzkonstruktion an, daß die im Bereich einer Ableitungselektrode liegenden Herzbezirke ihre Erregung später aufgeben als die im Bereich der anderen Ableitungselektrode liegenden. Wie KATZ neuerdings ausgeführt hat, gibt es seit langem vor allem drei spezielle Ansichten darüber: entweder nimmt man an, daß die Basis die Erregung länger behält als die Spitze, oder aber, daß die rechtsseitige Erregung die linksseitige überdauert, oder man sagt schließlich am vorsichtigsten nur, daß die zuletzt erregte Stelle die Erregung nicht auch zuletzt verliert. Das längere Andauern der Erregung an der Basis, das am Kalt- und am Warmblüterherzen öfters aufgezeigt wurde, stände damit in Übereinstimmung. Immerhin ist — ebenso wie bei dem auf S. 75 besprochenen trägeren Anstieg des Basisstromes — auch in Hinsicht auf die Dauer an den Einbruch von ,,Fernpotentialen" namentlich durch tieferliegende, also *andere* Herzmuskelelemente zu denken. Jedenfalls setzen alle diese Erklärungen voraus, daß der Erregungsvorgang in den einzelnen Herzteilen verschieden lang dauert. Aus dieser Tatsache heraus ist auch die schon an anderer Stelle behandelte große Variabilität der T-Zacke ohne weiteres verständlich, die zu so vielen Irrtümern in der Literatur Anlaß gegeben hat (s. dazu S. 99). Diese leichte Beeinflußbarkeit äußert sich beim Menschen bereits in Tagesschwankungen der T-Höhe (SCHELLONG u. a.), auch wird sie in Abhängigkeit von der Höhe, dem O_2-Partialdruck, kleiner und ist auch sonst außerordentlich stoffwechselempfindlich. Schwankungen der Erregungsdauer fand SCHÜTZ auch als erstes Zeichen im Erstickungsversuch. Dabei sind aber T-Zacke und mechanische Leistung sicher völlig voneinander unabhängig (s. dazu Kap. VI). T-Änderungen können sich also aus verschiedener Ursache ergeben, am eindrücklichsten sind dabei Änderungen in der zeitlichen Sukzession, also Verspätungen in der Erregungsleitung (WEBER), und Änderungen der Erregungsform, also des einphasischen Aktionsstroms namentlich im Sinne einer stärkeren

Abflachung (SCHELLONG). Daß schließlich auch „monophasische Beimischungen" (SCHÜTZ) auf Grund des Vorliegens einer im elektrophysiologischen Sinne verletzten Stelle (lokale Ischämien, partielle Asystolien) zu Änderungen von ST und T führen können, sei als dritte der besonders diskutierten Möglichkeiten noch erwähnt.

IV. Die normalen und pathologischen Abweichungen von Erregungsdauer, Erregungsbildung und Erregungsleitung

a) Die Erregungsdauer

Besondere Beachtung hat in neuerer Zeit bei der Auswertung von Elektrokardiogrammen die *QT-Dauer* gefunden, worunter die Zeit von Beginn Q bis Ende T festgelegt ist. In Abl. II ist sie am größten, in Abl. III am kürzesten. Die Bezeichnung dieser Zeitspanne als „elektrische Systole" ist als unschön und unzutreffend abzulehnen. Wir werden diesen Ausdruck besonders auch deshalb vermeiden, weil zwischen dem Ende von T und dem Ende der Systole keine festen zeitlichen Beziehungen bestehen. (Auf die elektrisch-mechanischen Beziehungen wird in dem betreffenden Kapitel noch näher eingegangen werden.) Die *QT-Dauer ist frequenzabhängig*. Die erste dafür angegebene Formel gab FRIDERICIA (1920) für Frequenzen von 50—135 pro min an: $QT = 8{,}22 \sqrt[3]{HP} \pm 0{,}045$, wobei HP die Herzperiode bedeutet und in $1/100$ sec gemessen wird. Bei Annahme einer mittleren Abweichung von 0,015 sec sind Abweichungen als pathologisch anzusehen, die das Dreifache des mittleren Fehlers (also 0,045 sec) übertreffen. Zur Erklärung der Frequenzabhängigkeit der QT-Dauer sind die früheren Ausführungen heranzuziehen, die die Dauer des einphasischen Aktionsstroms als Ausdruck des Erholungszustandes des Herzmuskels nach einer Systole auffaßten und zeigten, daß die Dauer des Erregungsvorganges wächst mit wachsendem zeitlichen Abstand vom Ende des vorhergehenden Aktionsstroms (SCHELLONG und SCHÜTZ, S. 82).

An der ursprünglichen FRIDERICIA-Formel ist viel Kritik geübt worden, und zahlreiche Verbesserungen wurden vorgeschlagen. Besonders wurde eingewandt, daß sie unterhalb der Frequenz von 60 und über 100 pro min versagt (HEGGLIN und HOLZMANN). Die in der Folgezeit vorgenommenen Modifikationen gliedern sich in zwei Gruppen, von denen die eine von quadratischen, die andere von kubischen Wurzeln ausgeht. Bei beiden liegen Differenzen in der Größe der Konstanten vor, wie die folgende Übersicht zeigt.

$QT = K \sqrt[2]{HP}$
K = 0,37 für Männer ⎫
    0,40 für Frauen ⎬ (BAZETT)
    0,384 (DOCK)
    0,31 (KATZ und FEIL)
    0,374 für Männer ⎫
    0,388 für Frauen ⎬ (CHEER und LI)
    0,39 (HEGGLIN und HOLZMANN)

$QT = K \sqrt[3]{HP}$
K = 0,381 (bzw. 8,22) (FRIDERICIA)
    0,37 (bzw. 7,95) für junge Personen ⎫
    0,386 (bzw. 8,3) für alte Personen ⎬ (SCHLOMKA und RAAB)
    0,371 für Männer ⎫
    0,379 für Frauen ⎬ (DOCK)
    0,35 (bzw. 7,57) (HERXHEIMER)

Dabei sind die Zeitwerte in Sekunden angegeben (bei Messung in $1/100$ sec ist der Wert der Konstanten mit 21,55 zu multiplizieren (s. die Werte in Klammern).

Bei der Messung in $1/100$ sec setzte MAGARASEVIC 7,35 und 8,6 als obere und untere Schwankungsgrenze an, KOCH fand 8,0 als einen guten Durchschnitt. SCHELLONG fand die ursprüngliche FRIDERICIA-Formel im ganzen brauchbar, DOCK fand, daß sie bei niedrigen Frequenzen zu niedrige Werte gab, SCHLOMKA und RAAB, ebenso SEBASTINI und KORTH, daß die Werte bei hohen Frequenzen zu hoch lägen. Auf alle vorgeschlagenen Modifikationen hier einzugehen, würde zu weit führen.

Da es sich bei der Frequenzabhängigkeit von QT um *empirische* Feststellungen handelt, ist der Wert mathematischer Formulierungen nur sehr begrenzt. Sie verleiten nur dazu, in üblichen Frequenzbereichen vorkommende, statistisch gesicherte Beziehungen für extreme Frequenzen zu *postulieren*. In der graphischen Darstellung (Abb. 75) sind einige der gebräuchlichsten Formeln nach Ausrechnung der einzelnen Werte zusammen mit einem tabellarisch wiedergegebenen statistischen Beobachtungsmaterial von HECHT und KORTH wiedergegeben (SCHÜTZ und ROTHSCHUH). Die Abb. 75 scheint uns überzeugend zu zeigen, daß der Streit, welche mathematische Formel nun die beste sei, nicht so wesentlich ist, zumal dann, wenn man den physiologischen Schwankungsbereich der Aktionsstromdauer mit berücksichtigt. Daß es einen solchen physiologischen Schwankungsbereich gibt, ist schon aus der Elektrophysiologie des Froschherzens gut bekannt. Nimmt man noch die Schwankungen der Meßgenauigkeit hinzu, so scheint uns die Verwendung einer derartigen *graphischen Darstellung* (oder einer tabellarischen Zusammenstellung) einfacher und schneller zu dem *Ziel der Aussage* zu führen, *ob die betreffende Dauer des Kammer-EKG bei einer bestimmten Frequenz noch im Bereich der normalen Streuung liegt oder nicht*. Natürlich ist es wünschenswert, das vorliegende empirische Material noch durch weitere statistische Ermittlungen zu vermehren und erforderlichenfalls unter verschiedenen Gesichtspunkten (nach Alter, Geschlecht, Körpergröße, Körpergewicht, Trainingszustand usw.) zu unterteilen.

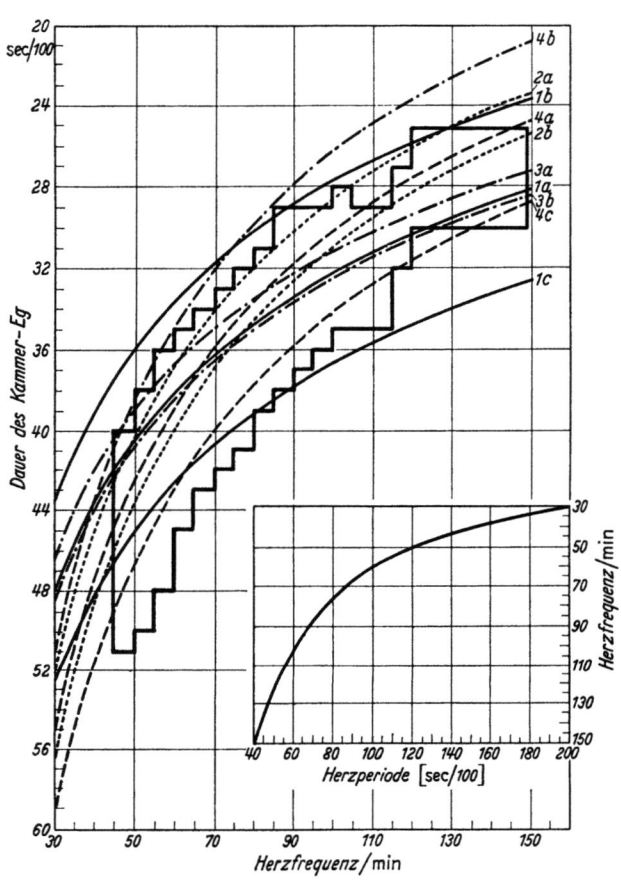

Abb. 75. Herzfrequenz, Herzperiode und Dauer des Kammer-Elektrogramms. (Graphische Zusammenstellung von E. SCHÜTZ und K. E. ROTHSCHUH), 1a) — c: Formel nach FRIDERICIA (KEG = $8,22 \cdot \sqrt[3]{HP} \pm 0,045$). 2: Formel nach BAZETT: a) für Männer (KEG = $0,37 \cdot \sqrt[2]{HP}$); b) für Frauen (KEG = $0,40 \cdot \sqrt[2]{HP}$). 3: Formel nach SCHLOMKA und RAAB: a) für Jugendliche (KEG = $7,95 \cdot \sqrt[3]{HP}$): b) für Greise (KGE = $8,3 \cdot \sqrt[3]{HP}$). 4a — c: Formel nach HEGGLIN und HOLZMANN (KEG = $0,39 \cdot \sqrt[2]{HP} \pm 0,04$). 5: statistisches Material von HECHT und KORTH (umrandet)

Den auf die Frequenz bezogenen Wert nennt man die *relative QT-Dauer*. Sie ist also der maßgebliche Wert, dessen Dauerveränderung unmittelbar aus einer graphischen Darstellung abgelesen werden kann. Wie die Darstellung in Abb. 75 zeigt, nimmt mit steigender Frequenz der QT-Wert zuerst rasch, dann langsamer ab, bis er schließlich einen konstanten Wert erreicht. Erwärmung verkürzt, Abkühlung verlängert die relative QT-Dauer, Sympathicusreiz verlängert sie, während gleichzeitig dadurch die Herzfrequenz erhöht wird (daher kann also die absolute QT-Dauer abnehmen und gleichzeitig die relative anwachsen!). Umgekehrt wird unter Vagusreiz die relative QT-Dauer vermindert und infolge der Frequenzerniedrigung die absolute erhöht. Damit ergibt sich ein grundsätzlicher Unterschied bei hohen Herzfrequenzen, wenn sie durch hohen Sympathicustonus (mit verlängerter relativer QT-Dauer) oder wenn sie durch Hyperthermie (mit verkürzter relativer QT-Dauer) hervorgerufen sind. Die reinsten Verhältnisse erhält man natürlich im Tierversuch durch lokale Sinuserwärmung (SCHÜTZ). Bei Extrasystolen kann QT infolge QRS-Verbreiterung verlängert sein oder infolge der kurzen vorhergehenden Pause verkürzt sein. Der QT-Wert des postextrasystolischen Normalschlages kann infolge der langen vorhergehenden kompensatorischen Pause länger sein als der Wert, der zur RR-Periode dieses Schlages gehört, und kann infolge der nachhinkenden Anpassung kürzer sein als der Dauer der vorhergehenden kompensatorischen Pause entspricht.

Diagnostisch bedeutsame Verlängerungen der QT-Dauer ergeben sich bei Hypocalcämie (Tetanie, Spasmophilie) und entsprechende Verkürzungen bei Hypercalcämie (Ostitis fibrosa generalisata). Außerdem finden sich Abweichungen der QT-Dauer nach Digitalis- und Chiningaben, bei Coronarinsuffizienz und Herzinfarkt und im Coma diabeticum, hepaticum und uraemicum. Die Veränderungen bei Herzkranken sind durchaus nicht einheitlich, man findet sowohl Erhöhungen wie Verminderungen. Nach LEPESCHKIN ist QT bei Herzkrankheiten mit entzündlichen Komponenten verlängert, bei Leitungsstörungen (Verspätungskurven) findet man entsprechend der QRS-Verbreiterung auch QT verlängert, die „reduzierte QT-Dauer" (bei der der Betrag der QRS-Verlängerung von dem QT-Wert abgezogen wird) aber normal. Tritt jetzt zusätzlich eine Coronarinsuffizienz hinzu (kenntlich an ST-Senkung und T-Negativität), so ist auch die reduzierte QT-Dauer ebenso verkürzt wie bei anderen Herzmuskelschädigungen. Weitere Einzelheiten sind den speziellen elektrokardiographischen Lehrbüchern zu entnehmen.

b) Die nomotope Erregungsbildung (Herzfrequenz)

Trotz aller theoretischen Schwierigkeiten der Deutung gibt uns, wie wir sahen, das EKG einen Einblick in Erregungsbildung und Erregungsleitung des Herzens wie keine andere Methode. *Veränderungen der nomotopen Erregungsbildung*, also physiologische Schwankungen der Sinustätigkeit, manifestieren sich in Abweichungen der *Herzfrequenz*. Die genaue Bestimmung der Herzfrequenz aus dem EKG ergibt sich aus den zeitlichen Abständen der R-Zackenspitzen durch einfache Umrechnung (Abb. 75). Andere Methoden, wie z. B. die Palpation der Arterien, erfassen unter Umständen nicht alle Herzschläge, da sog. frustrane Herzkontraktionen vorliegen können, die nicht zum Auftreten eines Pulses führen. (Als Pulsdefizit bezeichnet man dann die Zahl, um die die Zahl der Pulse geringer ist als die der Kammerschläge.) Da es sich bei Feststellung der Herzfrequenz um einen leicht feststellbaren Zahlenwert handelt, liegt über deren Verhalten ein sehr großes Material vor.

Im *Tierreich* weisen kleinere Tiere eine größere Herzfrequenz auf, was mit dem höheren Umsatz in Zusammenhang gebracht wird; dieser kann nicht allein durch die verhältnismäßig größere Körperoberfläche bei kleineren Tieren und der deshalb zur Erhaltung der Temperatur notwendigen größeren Wärmebildung erklärt werden, denn die größere Pulsfrequenz bei kleineren Tieren findet sich auch in der Kaltblüterreihe. Es handelt sich offenbar um ein allgemeines Organisations- und Konstruktionsprinzip, das in dem Band „Stoffwechsel" eine eingehendere Behandlung findet. Auch die hohe Herzfrequenz kleiner Vögel (z. B. Finken mit 914 Schlägen pro min) kann nicht allein auf die Körpertemperatur zurückgeführt werden. Für den Physiologen ist vor allem die Normalfrequenz des klassischen Versuchstieres, des Frosches, von Interesse, das mit 40—50 pro min anzugeben ist. Erhebliche Herabsetzungen ergeben sich bei den winterschlafenden Tieren. Beim Murmeltier ist z. B. die Herzfrequenz im Wachzustand etwa 5 mal größer als im Winterschlaf; während des Erwachens steigt die Frequenz in $1^1/_2$ Std. von 100 fast linear auf 700.

Unter den die Herzschlagzahl beeinflussenden Faktoren behandeln wir an erster Stelle ihre Abhängigkeit von der *Temperatur*, die ihren Ausdruck findet in dem van t'Hoffschen Gesetz der RGT-Regel (Reaktionsgeschwindigkeit-Temperaturregel) (Kanitz). Sie besagt, daß bei einer Temperaturerhöhung um 10° C die Frequenz um das 2—3fache ansteigt, d. h. der Temperaturkoeffizient der Herzfrequenz ist 2—3. Der formelmäßige Ausdruck der Beziehungen zwischen Frequenz und Temperatur, der innerhalb weiter Temperaturintervalle gilt, ist nach Kanitz und Snyder

$$Q_{10} = \left(\frac{K_1}{K_0}\right)^{\frac{10}{T_1 - T_0}}$$

wobei Q_{10} die Zunahme der Pulsfrequenz für einen Temperaturunterschied von 10° C, K_1 und K_0 die bei den Temperaturen T_1 und T_0 beobachteten Pulsfrequenzen bezeichnen.

Im *Fieber*, der echten Erhöhung der Körpertemperatur, findet man pro 1° C eine Zunahme von 8—10 Schlägen pro min. Sie ist hauptsächlich die Folge der gesteigerten Blutwärme, jedoch ist sie nicht ausschließlich durch die Temperatur bedingt, da einzelne Infektionskrankheiten durch unverhältnismäßig hohe Frequenzsteigerung (Sepsis, Scharlach) ausgezeichnet sind, andere dagegen eine „relative Bradykardie" aufweisen, wie z. B. der Typhus. Das alles weist auch auf andere Einflüsse hin, z. B. eine unmittelbare toxische Beeinflussung des Sinusknotens und den Einfluß der Herznerven, der reflektorisch von den Organen ausgelöst sein kann oder über das Zentralnervensystem wirksam wird. Immerhin läßt sich zusammenfassend sagen, daß die Bluttemperatur den wesentlichsten Einfluß auf die Herzschlagzahl durch die unmittelbare Einwirkung der Temperatur auf die erregungsbildenden Zentren hat.

Zusätzlich erwähnt sei noch, daß die an anderer Stelle (S. 3, 120) besprochene Wärmelähmung beim Froschherzen bei 27—47° auftritt, daß die entsprechenden Erscheinungen des reversiblen Wärmestillstandes (Wärmelähmung) und des irreversiblen Wärmestillstandes (Wärmestarre) auch beim Warmblüterherzen erhalten werden können und daß bei dem Auftreten der Wärmelähmung Überleitungsstörungen beteiligt sind, da das Überleitungsgewebe offenbar besonders temperaturempfindlich ist. Beim Warmblüterherzen gibt es für die Herzfrequenz ein Optimum; darüber hinausgehende Wiedererwärmung führt wieder zur Herabsetzung der Frequenz.

Kaum ein Kapitel der Herzphysiologie weist eine solche Fülle von Experimentalbeobachtungen uneinheitlicher Art auf wie gerade das der *chemischen Einflüsse auf die Herztätigkeit*. Die verschiedensten Gründe mögen dafür vorliegen. Normale Ernährung im Körper ist gewiß nicht der Durchspülung eines isolierten Herzens mit Salzlösungen gleichzusetzen, besonders wenn eine längere Versuchsdauer hinzukommt. Jede langdauernde Durchspülung mit künstlichen Nährlösungen setzt die Frequenz des Kalt- wie Warmblüterherzens unter gleichzeitiger Abnahme der Kontraktionsstärke herab (*sog. hypodynamer Zustand*). Bei der Untersuchung der chemischen Einflüsse auf die Herztätigkeit spielen der Zustand des Herzens, die wirksame Konzentration am Ort der Einwirkung, der Grad des Eindringens in die Zelle und vieles andere eine entscheidende Rolle, alles das sind im einzelnen nicht genau übersehbare Faktoren.

Unter den anorganischen Verbindungen ist an erster Stelle *NaCl* zu nennen, welches vornehmlich den osmotischen Druck herstellt. In der Tat ist Kochsalz die einzige mineralische Verbindung, die in der zur Erhaltung des richtigen osmotischen Druckes erforderlichen Menge vom Herzen vertragen wird. Zwar ist eine Herabsetzung des Kochsalzgehaltes möglich, wenn der osmotische Druck durch andere Zusätze (Dextrose, Rohrzucker) normal gehalten wird. Andererseits kann man feststellen, daß Herzstreifen, die in isotonischer Zuckerlösung still stehen, in isotonischer Kochsalzlösung wieder zu schlagen anfangen. NaCl begünstigt also das Auftreten rhythmischer Kontraktionen (ähnlich wie BIEDERMANN das auch am quergestreiften Skeletmuskel feststellte). Aber schließlich werden in reiner Kochsalzlösung die Kontraktionen immer kleiner, es kommt zum Kochsalzstillstand, das NaCl zeigt also trotz der oben erwähnten deutlich anregenden Wirkung das Unvermögen, die Herztätigkeit zu unterhalten. Durch Zusätze von Bicarbonat u. a., die die richtige Reaktion aufrechterhalten, indem die Säuren, besonders die CO_2 neutralisiert werden, wird das Einsetzen des Kochsalzstillstandes herausgeschoben. Das sind die übereinstimmenden Ergebnisse der Experimente. Jedenfalls läßt sich sagen, daß das NaCl in bestimmter Konzentration erforderlich ist, aber allein nicht ausreicht, und daß dabei den Kationen eine viel größere Bedeutung zukommt als den Anionen, denn die Chloride sind weitgehend für längere Zeit ohne Schaden ersetzbar. Die Bedeutung des Natriums für die Herzreizbildung erkannte zuerst J. LOEB, wenn auch nicht haltbar ist, das Natriumion als den Erreger der Herztätigkeit anzusprechen, ebensowenig wie andere dafür die CO_2, wieder andere das Ca angesprochen haben.

Es ist das bleibende Verdienst RINGERs, gezeigt zu haben, daß neben NaCl das *Calcium* und das *Kalium* in bestimmten geringen Konzentrationen erforderlich sind, um die Herztätigkeit zu unterhalten. Beide Ionen sind notwendig und wirken weitgehend antagonistisch. Ein mit *Kalium* getränktes Filterblättchen auf den Sinus (nach KISCH) macht stets primär eine Beschleunigung, ein Kaliumüberschuß aber hemmt die Reizbildung und bewirkt Verlangsamung der Frequenz bis zum Versagen des Herzens. So wirkt die Bepinselung des Sinus mit 1% KCl wie eine STANNIUS I-Ligatur. Fortlassen des Kaliums führt andererseits zu Herzstillstand, in geringen Mengen ist es also normalerweise erforderlich (s. S. 65). Vom *Calcium* läßt sich sagen, daß eben wirksame Konzentrationen die Herzfrequenz hemmen, höhere fördern sie, und hohe Dosen hemmen wiederum sehr stark. Auch der Ionenantagonismus zwischen Kalium und Calcium gilt nur für einen bestimmten Konzentrationsbereich, der vor allem nach oben begrenzt ist und nicht weit über dem Ca-K-Spiegel der Ringerlösung hinausgeht, während geringere Mengen im gleichen Mengenverhältnis auch ausreichen (RODECK).

Bei der Fülle der sich widersprechenden Ergebnisse sei nur hervorgehoben, daß offenbar beim Überwiegen des Calciums bzw. bei Verminderung des Kaliums die Systole des Herzens verlängert wird, bis es schließlich zum systolischen Kontrakturstillstand kommt. Fehlt das Calcium, überwiegt also das Kalium, so werden diese Systolen immer kleiner, bis schließlich Stillstand im diastolischen Zustand erfolgt. Andererseits kann Kalium in höheren Konzentrationen sogar Kontrakturen des Herzens auslösen. Auch wird ihm eine unterschiedliche Wirkung auf die verschiedenen Stellen des Herzens zugesprochen: an normaler Stelle regt es die automatische Reizbildung an, an abnormer Stelle erschwert es sie. Wir begnügen uns an dieser Stelle mit diesen kurzen Hinweisen, die an anderen Stellen des Buches bei Gelegenheit ergänzt werden. Wer einen Eindruck von der unübersehbaren Fülle der sich widersprechenden Ergebnisse gerade auf diesem Gebiet gewinnen will, sehe die Zusammenstellung von B. KISCH im „Handbuch der normalen und pathologischen Physiologie" ein. Wenn man bedenkt, daß die Anwesenheit bestimmter Ionen z. T. schon in minimalen Konzentrationen eine Rolle spielen beim Ablauf bestimmter Fermentprozesse sowohl in ihrer Geschwindigkeit wie in ihrer Richtung (G. EMBDEN und Schüler), wird man die Widerspruchsfülle und Ungeklärtheit der Beobachtungen besser verstehen. Schließlich ist die verschiedene Wirkung einer gleichgerichteten Konzentrationsänderung des Na-, K- und Ca-Chloridgehaltes künstlicher Nährlösungen nach HOFMANN dadurch zu verstehen, daß man hinsichtlich der Frequenzwirkung eine optimale Konzentration dieser Salze annimmt, deren Höhe je nach Tierart und Zustand verschieden ist.

Das *Barium* ist deshalb besonders zu erwähnen, weil es einen sehr deutlichen Einfluß auf die Herzreizbildung, besonders auf die heterotope Reizbildung an den tertiären Zentren hat (ROTHBERGER und WINTERBERG), worauf schon verschiedentlich in anderem Zusammenhang eingegangen wurde.

CO_2 regt zunächst die Herztätigkeit an und macht in größeren Dosen diastolischen Stillstand. Wegen ihres großen Permeierungsvermögens dringt sie schnell in die Zelle ein und ändert die *H-Ionenkonzentration* auch im Zellinnern, so daß der springende Punkt der Kohlensäurewirkung zu einem wesentlichen Teil in der Änderung der H-Ionenkonzentration liegt. Bei saurer Reaktion findet man eine Verlangsamung, bei alkalischer Reaktion eine Beschleunigung der Herzfrequenz (ANDRUS und CARTER).

Eine Besprechung der *nervösen Einflüsse auf die Herzfrequenz* würde in aller Vollständigkeit, wie schon erwartet werden kann, einen besonders großen Raum einnehmen. Das Wesentlichste sei in diesem Zusammenhang dargelegt.

Nachdem 1838 A. W. VOLKMANN die Verlangsamung der Herzfrequenz bis zum Stillstand bei Vagusreizung beschrieb und 1839 VALENTIN die Beschleunigung der Herzfrequenz durch Sympathicusreizung erkannte und dann J. BUDGE sowie die Gebrüder WEBER 1845 am Kalt- und Warmblüterherzen den Herzstillstand durch Reizung des peripheren Vagusendens demonstrierten und die „Hemmungstheorie" aufstellten, brachte die ENGELMANNsche Formulierung der vier klassischen Wirkungsarten (1896) die Grundlage für die weitere Erörterung: die *chronotrope* Wirkung auf die Frequenz, die *dromotrope* auf die Erregungsleitung, die *bathmotrope* auf die Erregbarkeit und die *inotrope* auf die Kontraktilität. Eine besondere klinotrope Wirkung auf die Anstiegssteilheit (BOHNENKAMP) hat nicht allgemeine Anerkennung gefunden. Mit dem Aufkommen der elektrophysiologischen Bearbeitung ist noch eine besondere Wirkung auf den Aktionsstrom hinzuzufügen, die ich mangels eines besseren Ausdrucks als „*elektrotrop*" bezeichnen möchte (s. Abb. 37, S. 86).

Im Folgenden handelt es sich zunächst um die *chronotrope Wirkung der Herznerven*. Die klassischen Experimente wurden oben erwähnt. Meist wird angegeben, daß der rechte Vagus vor allem auf den Sinus, der linke auf die av-Gegend wirkt. Jedoch betont ASHER die Verschiedenheit der Wirkung von Tier zu Tier, „von einer festen Regel kann keine Rede sein". Auch die erreichbare Dauer des Stillstandes hängt in erster Linie von der Tierart ab (kurz bei Vögeln und Katzen). Das Aufhören des Stillstandes bei fortgesetzter Reizung, oft als „*Vagusermüdung*" bezeichnet, beruht nicht auf einem Erregbarkeitsverlust der gereizten Stelle; auch der andere, nicht gereizte Vagus versagt dann (HÜFLER, 1889). Wenn man eine Kälteblockade peripher von der Reizstelle in dem Augenblick anlegt, zu dem die Vagusreizung versagt, die Reizung selbst aber fortsetzt, ergibt sich nach Unterbrechung der Abkühlung sofort wieder die Wirksamkeit der Reizung (HOUGH, 1895). Durch diese Beobachtungen wurde der Ursprung der Hemmung in das Herz selbst verlegt.

Ob auch eine *chronotrope Wirkung auf die Kammer vorliegt*, muß dort entschieden werden, wo die Kammer dem führenden Einfluß der oberen Teile entzogen ist. Am Froschherzen bietet hierzu das HOFMANNsche Scheidewand-Nervenpräparat die Möglichkeit. (Nach Isolierung der beiden Scheidewandnerven, der intrakardialen Fortsetzung des Vagus, werden alle Vorhofteile abgetrennt.) An diesem Präparat konnten HABERLANDT (1914) und RÜTGERS (1916) die Verminderung der Schlagzahl der mit ventrikulärer Automatie schlagenden Kammer nachweisen. Schwieriger ist die Beantwortung der Frage am *Warmblüterherzen*. HERING (1906), RIHL (1906), v. ANGYAN (1912) fanden bei automatisch schlagenden Kammern eine Frequenzverminderung bei Kaninchen, Hund bzw. Katze. Die genannten Untersuchungen sind von ROTHBERGER kritisiert worden, er forderte für alle derartigen Untersuchungen die elektrokardiographische Kontrolle, daß wirklich ein *Kammer*rhythmus vorliegt. Daß der Vagus imstande ist, den av-Rhythmus zu verlangsamen, also chronotrop an dieser Stelle zu wirken, ist sicher (ROTHBERGER und WINTERBERG, 1910; LEWIS, 1914). Unter Kammerautomatie müssen wir hier aber nach einer Forderung von ROTHBERGER eine in tiefergelegenen Stellen sitzende Automatie verstehen (d. h. bei der der Kammerkomplex nicht normal ist, sondern die Form der rechts- oder linksseitigen Extrasystole hat). Eine ausführliche Kritik der Literaturangaben (HERING, RIHL, LEWIS) unter diesem Gesichtspunkt findet sich bei ROTHBERGER. ERLANGER schloß aus seinen Versuchen, „daß die Vagi oft keinen oder im besten Fall einen unbedeutenden chronotropischen Einfluß" auf die Kammern des Hundeherzens haben. KAHN fand den Vagus wirkungslos. Der Einwand einer Mitbeschädigung von Vagusfasern bei mechanischer Läsion des av-Bündels entfällt bei Anwendung von Giften (Atropin, Muscarin, Pilokarpin), deren Wirkungslosigkeit CULLIS und TRIBE fanden, während Adrenalin in der bekannten Weise beschleunigend und verstärkend auf die Kammertätigkeit wirkte. Wenn es bei langen und starken Vagusreizungen zu einer *spät* (!) auftretenden *geringen* Hemmung der automatisch schlagenden Kammern kommt, handelt es sich wahrscheinlich um indirekte Wirkungen. ROTHBERGER bezieht sie auf die von ANREP und SEGALL beschriebene coronarconstrictorische Wirkung der Vagusreizung und nimmt eine Verschlechterung der Blutzufuhr zu den automatisch tätigen Zentren an. Auch an den Übertritt von Vagusstoffen aus den Vorhöfen in die Kammern ist zu denken. Bei ventrikulären Extrareizzentren fand ECKEY (1939) allerdings eine chronotrope Vaguswirkung durch Pharmaka und Carotisdruck, wobei die beiden eben erwähnten indirekten Möglichkeiten „weitgehend ausgeschlossen werden konnten". Die Frage ist noch nicht für alle Fälle endgültig entschieden.

Die fördernde Wirkung des *Accelerans* auf Sinus- und Kammerfrequenz ist unbestritten. An Kaltblüterherzen ergaben sich Zunahmen der Frequenz sogar bis auf das Zwei- bis Dreifache. Die N. accelerantes fördern die Erregungsbildung im Sinusknoten und im av-Knoten, wahrscheinlich auch in den tertiären Reizbildungszentren der Kammern. Sie vermögen die Automatie des nicht schlagenden Herzens zu wecken. Die Bedeutung wird ersichtlich bei den zahlreichen Versuchen der *Entnervung des Herzens*, wozu allerdings die Exstirpation der Ganglia stellata allein nicht ausreicht. Vollständige Entnervungen führte vor allem CANNON (1919, 1921) aus. Die Tiere können in gutem Zustand überleben und die Herzfrequenz bleibt innerhalb eines geringen Spielraumes auch bei kräftiger Anstrengung konstant. Entnervte Hundeherzen von ENDERLEN und BOHNENKAMP zeigten ebenfalls bei Arbeit keine Frequenzänderungen mit gleichzeitiger Dyspnoe bei geringsten Anstrengungen. (Gleichzeitig geht die Innervation der Coronargefäße verloren!)

Schon die Tatsache, daß der N. vagus wie die N. accelerantes im Zentralnervensystem anatomische Zentren besitzen, legt die Annahme nahe, daß *dauernd* von diesen Zentren Impulse ausgehen, die einen *Tonus der beiden Herznerven* unterhalten. Bei reflektorisch erzeugten Veränderungen der Schlagzahl des Herzens gilt offenbar auch das Gesetz der reziproken Innervation; denn nach Vagusdurchschneidung erhielt v. BRÜCKE (1917) bei Depressorreizung immer noch eine Verlangsamung des Herzschlags, welche nach Durchschneidung der N. accelerantes ausblieb. Daraus folgt, daß gleichzeitig mit der Erregung des Vaguszentrums die reziproke Hemmung eines damit gekoppelten Acceleranszentrums eintrat.

Bei den Warmblütern findet man ein sehr verschiedenes Verhalten der Herzfrequenz in Abhängigkeit von dem so außerordentlich verschieden stark ausgeprägten *Vagustonus bei den einzelnen Tieren*; daher erhält man, wenn eine tonische Vaguserregung vorliegt, nach Vagusdurchschneidung oder lokaler Atropinisierung entsprechende Beschleunigungen. Beim Hund ist dieser Vagustonus besonders stark ausgesprochen und beim Meerschweinchen fehlt er fast völlig. Entsprechend liegt beim Hund in Ruhe eine starke respiratorische Arrhythmie vor. Darum ergibt sich auch bei Unterdruckwirkung als Zeichen des *Sauerstoffmangels* beim Hund eine starke initiale Frequenzsteigerung. Sie ist das Zeichen einer Verschiebung im Tonus des Vago-Sympathicus, wobei zunächst die Abnahme des Vagustonus im Vordergrund steht (Phase I). In der darauffolgenden Phase II erfolgt zunächst eine weitere Frequenzsteigerung durch Verstärkung des Acceleranstonus. Im weiteren Verlauf dieser Phase kommt es dann zur hypoxämischen Reizung des Vaguszentrums, deren charakteristisches Ende eine starke Vagusbradykardie ist. Diese Phase II ist also durch den Zustand der zentralen Reizung der extrakardialen Herzzentren gekennzeichnet (Abb. 76). Es handelt sich also um eine regelrechte Sinusbradykardie mit den charakteristischen Vaguspulsen, die im Stadium der starken zentralen Vagusreizung zu einer Sinusbradyarrhythmie besonders beim Hund führen kann. Da der Frequenzabsturz fehlt, wenn die Nervi vagi durchschnitten sind, erklären sich die Frequenzänderungen der Phase I und II vollständig durch *Verschiebungen im Gleichgewichtszustand des vago-sympathischen Systems*. Diese wiederum sind, wie schon von LIEBIG, PAUL BERT und MOSSO bewiesen wurde, durch Sauerstoffmangel bedingt, da durch O_2-Atmung die initiale Pulsfrequenzsteigerung wieder herabgesetzt werden kann. Interessant ist, daß das Herz um so widerstandsfähiger ist, je ausgeprägter der Vagustonus ist, also je ausgeprägter die respiratorische Arrhythmie bei Beginn des Versuches und die Sinus-Bradyarrhythmie bei zentraler Reizung ist. Darum ist der Hund besonders höhenfest und das Meerschweinchen mit seinem geringen Vagustonus zeigt eine besonders geringe Höhenverträglichkeit. Auch für den Menschen kann man entsprechende Schlußfolgerungen ziehen. Auch hier verschwindet die respiratorische Arrhythmie in einigen 1000 Metern. Gute Höhenverträglichkeit findet man bei der echten Vagusbradykardie, der sog. Trainingsvagotonie, die auch bei der Höhenanpassung vorliegt.

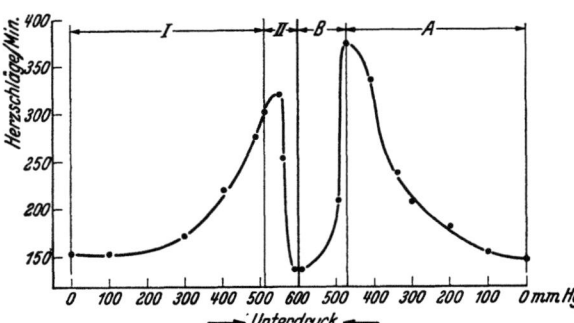

Abb. 76. Unterdruckwirkung auf die Herzfrequenz des Feldhasen. (Nach E. OPITZ und O. TILMANN)

Da, wie erwähnt, das Herz bei vielen Tieren unter physiologischen Bedingungen unter einem dauernden Vagus- und Acceleranstonus steht, ist die Untersuchung des Einflusses der extrakardialen Nerven im Tierexperiment möglich durch Vagusausschaltung [Untersuchung des isolierten Herzens bzw. des Herzlungenpräparates oder nach Nervendurchtrennung (d. h. vor allem der Nervi vagi und des Ganglion stellatum)]. Beim Menschen ist eine völlige Vagusausschaltung allerdings auch durch Atropin nicht möglich, da dazu zu große Dosen erforderlich wären. Die Beschleunigung nach den üblichen Atropindosen weist also lediglich auf das Vorhandensein eines Vagustonus hin, läßt ihn aber nicht quantitativ erfassen. Wie schon erwähnt wurde, geht eine Steigerung des Vagustonus mit Schwankungen der Periodenlänge einher, die als respiratorische Arrhythmien bezeichnet werden.

Bei der *Erstickung* mit der damit einhergehenden Überladung des Organismus mit Kohlensäure finden sich ähnliche Verhältnisse wie im reinen Sauerstoffmangel. Einer initialen Pulsbeschleunigung folgt sehr bald eine Verlangsamung der Herztätigkeit, die an die Integrität des Vagus gebunden ist. Diese Verlangsamung kann bei der akuten Erstickung in wenigen Sekunden ihr Maximum erreichen. Danach erfolgt ein allmähliches Ansteigen der Frequenz durch zentrale Vaguslähmung und schließlich bis zum Tode eine kardial bedingte Frequenzabnahme. Auslösend für die dyspnoische Vagusreizung kommen sowohl der Kohlensäureüberschuß als auch der Sauerstoffmangel in Frage.

Der BAINBRIDGE-*Reflex* hat die Aufgabe, die Leistung des Herzens durch Änderung seiner Frequenz dem venösen Blutangebot anzupassen. BAINBRIDGE (1914) beobachtete eine Herzfrequenzsteigerung, wenn er das Angebot zum Herzen durch Injektion von Flüssigkeiten in die V. jugularis erhöhte. Die Befunde konnten von einigen Nachuntersuchern (ANREP, SASSA und MIYASAKI; BOUCKAERT und PANNIER) bestätigt werden, während es anderen nicht oder nicht regelmäßig gelang, die Herzfrequenz durch Steigerung des Venendruckes zu erhöhen (MANSFELD, DE GRAFF und SANDS) und nach TIITSO soll es sich überhaupt nicht um einen reflektorischen Vorgang handeln, weil man durch Vorhofdehnung auch die Frequenz des isolierten Herzens erhöhen kann. Die Zufälligkeiten des Vorkommens des BAINBRIDGE-Reflexes schrieben ANREP und SEGALL dem am Herzen wirksamen wechselnden Vagustonus zu. Da der Reflex von den großen Venen und dem rechten Herzen her (SASSA und MIYASAKI) ausgelöst wird, kann eine Kanüle in der oberen Hohlvene oder eine MORAWITZ-Kanüle im rechten Herzohr ihn stören! ANREP und SEGALL heben weiter hervor, daß man den BAINBRIDGE-Reflex am Herzlungenpräparat nur am möglichst frischen HLP regelmäßig erhält. Eine Reihe negativer Ergebnisse geht wohl auch auf das Konto der gleichzeitigen Narkose, die alle vegetativen und besonders die im Vagus afferent verlaufenden Reflexe abschwächt oder sogar aufhebt (SCHROEDER und BREHM, 1952). SCHROEDER und BREHM bezweifeln, daß Erhöhung des Vorhofdruckes bzw. die am Ende der Vorhoffüllung erreichte Druckhöhe bzw. Volumgröße der adäquate Reiz für die Auslösung der Frequenzsteigerung über den BAINBRIDGE-Reflex ist, sie sehen ihn vielmehr in der Änderung der Dehnungsgeschwindigkeit der Vorhofwand während der Vorhoffüllung, also in der Geschwindigkeit der Vorhoffüllung. — Nach HENRY und PEARCE (1956) sind die wahrscheinlich im linken Vorhof und vorhofnah in den Vv. pulmonales gelegenen Receptoren vorwiegend Dehnungs- und nicht Druckreceptoren. Dehnung des linken Vorhofs mittels Ballonsonde, negativem Atemdruck sowie Vergrößerung des Blutvolumens erhöhen sowohl die Aktivität dieser Receptoren als auch die Diurese (GAUER und Mitarbeiter). Geringe Aderlässe ergeben Aktivitätsverminderung und Diuresehemmung. Eine die Leitung dieser Fasern blockierende Vaguskühlung blockiert auch die Diurese (HENRY und PEARCE).

Ein „physiologisches" Blutangebot zum Herzen, wie z. B. bei körperlicher Arbeit oder subcutaner Adrenalininjektionen, erhöht übrigens den Vorhofdruck nicht, wie dies bereits 1931 von STAUDACHER am Menschen gezeigt werden konnte. Diese Befunde sind sowohl am Tier (REISS und DI PALMA, LANDIS und HORTENSTINE) als auch für den Menschen mit Hilfe des Herzkatheters (STEAD und WARREN, RICHARDS) bestätigt worden. — Daß am isolierten Herzen eine Frequenzsteigerung durch Vorhofdruckerhöhung auslösbar ist (TIITSO), erklärt sich dadurch, daß eben die Frequenz des Sinusknotens nicht nur durch Wärme und chemische Agenzien, sondern auch durch Druck (besonders leicht am aconitingeschädigten Hundeherzen, SCHERF) gesteigert werden kann. Unter physiologischen Druckverhältnissen scheint das keine Rolle zu spielen, zumal ja z. B. in der respiratorischen Arrhythmie eine Frequenzsteigerung mit einer Vorhofdrucksenkung einhergeht. Der Mechanismus der direkten Druckwirkung auf den Sinusknoten dürfte an der Frequenzerhöhung bei Herzinsuffizienzen mit stärkeren Vorhofdrucksteigerungen beteiligt sein, während nach SCHROEDER für die

Funktion des BAINBRIDGE-Reflexes der erreichte Druck oder Dehnungszustand des Vorhofs bedeutungslos ist[1].

Bei der Besprechung weiterer *reflektorischer Beeinflussungsmöglichkeiten der Herzfrequenz* ist immer wieder ihre große Mannigfaltigkeit zu berücksichtigen; denn bei künstlicher Reizung zahlreicher peripherer Nervenstämme sowohl des Kalt- wie des Warmblüters werden reflektorische Änderungen der Herzschlagzahl beobachtet; außer Vagus und Accelerans sind hier besonders der N. trigeminus, ischiadicus, laryngicus superior und inferior, splanchnicus und Plexus brachialis zu erwähnen. Auch bei dem CZERMAKschen Vagusdruckversuch (direkter Druck auf den Vagus) kann eine reflektorische Komponente mitspielen. Er vermag übrigens sogar eine paroxysmale Tachykardie zu unterbrechen. Von besonderer Bedeutung ist der ASCHNERsche Bulbusdruckversuch, bei dem ein Druck auf den Bulbus oculi von einer Verlangsamung gefolgt ist, und der KRATSCHMERsche Reflex, bei dem eine Reizung der Atemwege, besonders der Nasenschleimhaut durch reizende Dämpfe, über den Trigeminus und Vagus zu einer Bradykardie führt. Auch ein Druck auf den Kehlkopf — ebenso das Eintauchen des Schnabels einer Ente — führt zu einer Verlangsamung des Herzschlags. EBBECKE beschrieb ähnliche Verhältnisse beim Eintauchen der Gesichtshaut in kaltes Wasser. Auch beim Schlucken und Brechen erfolgen Frequenzänderungen, die mit Änderungen des Vagustonus einhergehen, ebenso bei Reizung des Magens, der Gallenblase, des Uterus und des Nierenbeckens. Besonders deutlich und lange bekannt ist der GOLTZsche Klopfversuch, bei dem beim Frosch vorübergehender Herzstillstand durch mechanische Reizung der Baucheingeweide hervorgerufen wird. Daß von den Luftwegen aus, z. B. durch Aufblasen der Lunge, eine Frequenzbeschleunigung des Herzens bei intakten Vagi erzielt werden kann, weist auf die Beziehungen zwischen Herzfrequenz und Atmung hin (HERINGs Lungendehnungsreflex, pneumokardialer Reflex, 1871) (respiratorische Arrhythmie s. S. 160). Bei der Fülle dieser Beobachtungen ist es verständlich, daß bei zahlreichen Krankheitszuständen der verschiedensten Organe Frequenzänderungen des Herzens zur Beobachtung kommen. Es kann sich dabei sowohl um unmittelbare Wirkungen auf die Herznervenzentren handeln, wie auch um mittelbare, die z. B. zunächst eine Atmungs- oder Blutdruckänderung bewirken, die ihrerseits die Frequenzänderung des Herzens im Gefolge hat. Schließlich ist auch an eine veränderte Leber- bzw. Nebennierentätigkeit (CANNON) zu denken, die auf dem Blutwege Frequenzänderungen hervorrufen kann.

Die Besprechung der besonderen Verhältnisse der *Herzfrequenz beim Menschen* beginnen wir mit der Behandlung der *Herzfrequenz während der einzelnen Lebensabschnitte*. Schon im Verlauf der embryonalen Entwicklung nimmt die Herzfrequenz zu, wie man auch aus dem Verhalten des bebrüteten Hühnereis schließen kann. Beim Menschen beträgt die Herzfrequenz bei der *Geburt* 135—145 (120—160). Bei den Austreibungswehen findet eine Herabsetzung statt, deren Ursache verschiedener Art sein kann. In Frage kommt vor allem eine zentrale Vagusreizung durch schlechtere Blutversorgung oder Hirndrucksteigerung während der Austreibungswehe oder reflektorische Vagusreizung durch die Druckeinwirkung auf die Körperoberfläche des Fetus. Beim ersten Atemzug geht dann die Pulsfrequenz plötzlich in die Höhe mit nachfolgendem vorübergehendem Abfall. Das Ausmaß der Schwankungen ist verständlicherweise beim *Neugeborenen* größer als beim älteren Säugling; Tagesschwankungen von 60—80 bei durchschnittlicher Ruhe, bei Bewegungen, Schreien usw., sogar bis 100

---

[1] Betr. neuerer Diskussion über den BAINBRIDGE-Reflex (TITSIO, BALLING und KATZ) s. H. SCHAEFER (Erg. Physiol. 1950, dort auch Darstellung des derzeitigen Standes der Elektrophysiologie der Herznerven) s. auch S. 499.

werden angegeben. Bis zum 20. Lebensjahr erfolgt dann eine fortschreitende Abnahme der Herzfrequenz: Im 1. Lebensjahr liegt eine Frequenz von 160 vor, vom 1.—10. Jahr liegt sie noch bei 90—100, bei 10—15 Jahren bei 80—90 und erreicht mit dem 20. Jahr bis zum 50. Jahr eine Konstanz von etwa 70—72 als sog. *Normalfrequenz*. Wenn man an einer großen Anzahl von Versuchspersonen unter exakten Grundumsatzbedingungen (längere Körperruhe, fehlende Nahrungsaufnahme und Zimmertemperatur) zwischen dem 20. und 40. Lebensjahr die Herzfrequenz ermittelt, ergeben sich unter diesen definierten Bedingungen Durchschnittswerte von 62 bei Männern und 68 bei Frauen, also beim weiblichen Geschlecht durchschnittlich ein etwas höherer Wert. Im höheren Alter kommt sowohl ein leichter Anstieg wie auch ein Absinken vor. Im allgemeinen kann man für das Alter über 50 Jahren einen Wert von 70—80 angeben.

Bei gleichem Lebensalter haben größere Individuen eine kleinere Pulsfrequenz und bei gleich großen Personen jüngere eine größere als ältere. An großen Statistiken konnte gezeigt werden, daß die Herzschlagfrequenz der Größe des *Grundumsatzes*, also einer Stoffwechselsteigerung, etwa proportional verläuft. Jedoch gibt es hiervon zahlreiche Ausnahmen, vor allem viele Fälle von frequenter Herztätigkeit bei niedrigem Grundumsatz, seltener von niedrigerer Herzfrequenz bei hohem Grundumsatz. Auch Änderungen des Grundumsatzes bei derselben Person brauchen nicht unbedingt mit entsprechenden Änderungen der Herzfrequenz einherzugehen.

Ebensowenig ergeben sich feste Beziehungen zwischen *Herzfrequenz und Minutenvolumen des Herzens*, obwohl ja jede Frequenzsteigerung auf Erhöhung des Minutenvolumens hinzielt. Aber es kann auch das gleiche Minutenvolumen durch entsprechende Änderungen des Schlagvolumens bei höherer oder niederer Herzfrequenz gefördert werden, und schließlich finden wir ja beim Verbluten ein Absinken des Minutenvolumens bei steigender Herzfrequenz.

Daß *Tagesschwankungen* der Herzfrequenz zu verzeichnen sind, ergibt sich schon aus dem erwähnten Verhalten unter Grundumsatzbedingungen. Unter sog. Tagesbedingungen, d. h. bei ruhigem Liegen nach Verlassen des Bettes und nach Nahrungsaufnahme, aber ohne schwere Muskelarbeit vor der Zählung, ergeben sich je nach Nahrungsaufnahme, Muskeltätigkeit und seelischer Verfassung höhere Werte als unter Grundumsatzbedingungen.

Im *Schlaf* und auch bei langdauernder völliger Ruhe im Wachzustand erfolgt ein Absinken auf durchschnittlich etwa 59 pro Minute. Diagnostisch von Bedeutung ist, daß „nervöse" Herzbeschleunigungen im Schlaf abklingen, während die auf Herzschwäche beruhenden naturgemäß kein entsprechendes Absinken zeigen.

Auch die *Nahrungsaufnahme* ist von großem Einfluß auf die Herzfrequenz. Ausmaß und Art der Nahrung, besonders ihre Fähigkeit, Meteorismus zu verursachen, und damit die Dehnung des Magens, außerdem die Temperatur der Speise, die Reizung der Lebernerven und das Vorhandensein von Eiweiß-Abbauprodukten im Blut spielen dabei eine im einzelnen fast unübersehbare Rolle. Im länger dauernden *Hungerzustand*, besonders beim Hungerödem, findet sich eine charakteristische Bradykardie, die neben dem niedrigen Blutdruck das auffälligste Zeichen der veränderten Stoffwechsellage des Organismus ist. Es ergeben sich dabei extreme Werte von 40—50, in Körperruhe sogar von 32—36.

Der Einfluß der *Atmung* auf die Herzschlagzahl kommt am deutlichsten zum Ausdruck in dem Phänomen der *respiratorischen Arrhythmie*, die dadurch charakterisiert ist, daß, wie zuerst von C. LUDWIG (1847) gezeigt wurde, im Gefolge der Inspiration meist eine Beschleunigung des Herzens erfolgt. Die Minutenfrequenz-Änderungen sind dabei recht erheblich; sie betragen meist 12, bei tiefer Atmung bis 26 Pulse in der Minute. Diese Sinusarrhythmie ist besonders bei

Jugendlichen eine normale Erscheinung. Zwar schlägt selbst das isolierte Herz nicht ganz regelmäßig, da alles Lebendige sich im labilen Gleichgewicht befindet, aber in Verbindung mit den extrakardialen Nerven fallen die Schwankungen vor allem im Zusammenhang mit der Atmung stärker aus, daher werden sie als respiratorische Arrhythmie bezeichnet. Durch Steigerung des zentralen Vagustonus wird sie verstärkt, durch Vagotomie aufgehoben, sie schwindet in Narkose und bei beschleunigter Herztätigkeit. Zur Deutung der respiratorischen Arrhythmie gibt es eine Reihe von Möglichkeiten: 1. zentraler Mechanismus: Verbindung des Atemzentrums mit dem Zentrum der Herzhemmer, mit inspiratorischer Hemmung der tonischen Aktivität des letzteren. 2. Der BAINBRIDGE-Reflex: Vermehrung des venösen Zustroms zum Herzen ruft eine reflektorische Tachykardie hervor. 3. Die Lungen-Herz-Reflexe pulmonalen Ursprungs: Die Dehnung der Lunge ruft eine reflektorische Tachykardie (oder Bradykardie) hervor. 4. Die Reflexe vom Sinus caroticus: Änderung des arteriellen Druckes führt zu korrespondierenden Änderungen der Herzfrequenz. Jede dieser Theorien hat gute experimentelle Argumente für sich.

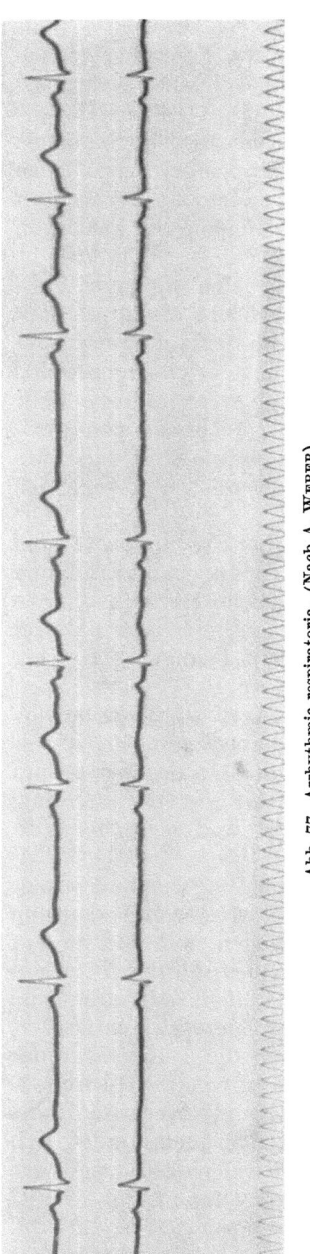

Abb. 77. Arrhythmia respiratoria. (Nach A. WEBER)

Nach MATTHES und EBELING (1948) soll die respiratorische Arrhythmie reflektorisch durch die Blutdruckzügler gesteuert werden. Sie führen die zeitlichen Verschiebungen zwischen den atemphasischen Änderungen der Herzfrequenz und des Blutdrucks — die Blutdruckänderung läuft der Frequenzänderung um 1—2—3 Herzschläge voraus — auf eine Latenz der Reflexzeit zurück. SCHROEDER und BREHM (1952) führen dagegen an, daß eine künstliche Druckänderung im Sinus schon die Frequenz des nächsten Herzschlags verändert. Die Reflexzeit des Carotissinus-Reflexes dürfte außerordentlich kurz sein. WEZLER und THAUER (1943) fanden am narkotisierten Tier eine Reflexzeit von maximal 0,3—0,6 sec, sie nehmen aber an, daß sie am nichtnarkotisierten Tier kürzer ist. Die Ansicht von SCHROEDER und BREHM, daß die respiratorische Arrhythmie von den Pressoreceptoren ziemlich unabhängig ist, wird gestützt durch die Ergebnisse von SATO und TASAKI (1951), die bei Aktionsstrommessungen am Carotissinus-Nerven „keine regelmäßige Veränderung im Aktionsstrombild nachweisen konnten, welche den respiratorischen Blutdruckänderungen entsprechen würden". MECHELKE und MEITNER (1950) glauben die respiratorische Arrhythmie weder durch den BAINBRIDGE- noch durch die Pressoreflexe allein erklären zu können und nehmen deshalb auch auf Grund der Versuchsergebnisse von ANREP, PASCUAL und RÖSSLER (1936) sowie v. SAALFELD (1932) eine zusätzliche Beeinflussung durch Lungenreflexe an, jedoch sind SCHROEDER und BREHM nicht geneigt, bei physiologischen Kreislaufzuständen einen wesentlichen Einfluß der Lungenreflexe auf die Frequenzsteuerung anzunehmen. Auch VANREMOORTERE (1950) folgerte, daß der pulmokardiale Reflex von HERING unter physiologischen Bedingungen beim Menschen keine Rolle bei der Genese der inspiratorischen Herzbeschleunigung spielt. Der Autor folgert, daß die verschiedenen Phänomene der respiratorischen Arrhythmie auf zwei Ursachen beruhen: erstens auf dem zentralen Mechanismus, zweitens auf dem Zusammenspiel beider Kreislaufreflexe (BAINBRIDGE-Reflex und pressoreceptorische Reflexe), wobei sich der zentrale

Mechanismus nicht nur darauf beschränkt, die Reizschwelle der pressoreceptorischen Endorgane zu beeinflussen, sondern er betrachtet den zentralen Mechanismus als das primäre Phänomen mit Hemmung des Herzvaguszentrums im Moment der Einatmung. Mit der künstlichen Atmung des zugehörigen Hundes laufen die Schwankungen übrigens nicht synchron, wie HEYMANS am isolierten Kopf feststellte, der vom Kreislauf eines anderen Hundes gespeist wurde. Die weitere Behandlung dieser Frage fällt dem Band der „Physiologie des Kreislaufs" zu.

Auch bei dem VALSALVAschen Versuch kommt es zunächst in der tiefen Inspiration zur Beschleunigung, beim Einsetzen der forcierten Exspiration erfolgt dann unter gleichzeitiger arterieller Drucksteigerung eine Frequenzherabsetzung. Während der Dauer der intrathorakalen Drucksteigerung tritt dann wieder mit Absinken des arteriellen Druckes eine Frequenzbeschleunigung ein, nach Beendigung des Versuches eine Verlangsamung. Die reflektorischen Frequenzänderungen erfolgen, wie schon LUDWIG nachwies, unter Beteiligung der Vagi, aber auch die Acceleratoren des Herzens spielen dabei eine Rolle. Als auslösende Momente für diese Tonusschwankungen der extrakardialen Nerven kommt auch wieder eine ganze Reihe von Faktoren in Betracht, die z. T. mit den eben genannten übereinstimmen, einmal zentrale Einflüsse, die von der Tätigkeit des Atemzentrums ausgehen, diese werden im Experiment an Tieren in völliger Apnoe ermittelt, also ohne die geringste Spur von Atembewegungen. Weiter sind zu berücksichtigen reflektorische Einflüsse von den Volumänderungen der Lungen und von Druckänderungen im Kreislauf. Besonders ist auch zu denken an die durch die Atmung hervorgerufenen Änderungen im arteriellen und venösen Druck, die von Einfluß auf die Herzschlagfrequenz sind. — Außer den fördernden Kreislaufreflexen zur Aufrechterhaltung eines mittleren Blutdruckes und zur Sicherung eines ausreichenden Blutumlaufs sind auch Hemmungsreflexe bekannt, die das Herz im Notfall vor einer übermäßigen Beanspruchung bewahren. So kann es bei starker kardialer Belastung, z. B. durch einen erhöhten arteriellen Widerstand, zu einer Reizung sensibler autonomer Nervenendigungen in der Herzmuskelwand kommen. Die dadurch ausgelösten Erregungen werden zentripetal über den N. vagus fortgeleitet und führen nach Art eines Depressorreflexes über das Vagus- und Vasomotorenzentrum zu einer Verlangsamung der Herzfrequenz und einem schlagartigen Abfall des Blutdruckes (BEZOLD-JARISCH-*Reflex*). Durch diese Notfallsfunktion wird das Herz gleichsam auf einen Schongang umgeschaltet, allerdings kann es dabei sogar zum klinischen Bild des Kollapses (mit Bradykardie!) kommen. Die nähere Erörterung der reflektorischen Herz-Kreislaufbeziehungen wird im Band „Kreislauf" erfolgen.

Näher eingegangen sei an dieser Stelle auf die aus dem Herzen selbst stammende reflektorische Beeinflussung des Herzens, die, wie erwähnt, zu erheblicher Bradykardie und zu starkem Blutdruckabfall führen kann. Die Annahme von Receptorenfeldern im Herzen selbst, deren Erregung zu solchen depressorischen Wirkungen führt, ergab sich erstmals bei Untersuchungen von v. BEZOLD und HIRT im Jahre 1867 über die Wirkung der Veratrinvergiftung auf das Herz. Unter dem sensibilisierenden Einfluß des Veratrins wurde dieser kreislaufregulatorische Mechanismus derart verstärkt, daß seine Bedeutung zutage trat. Es ist das große Verdienst von A. JARISCH, daß er diesen depressorischen Kreislaufreflex, der im Herzen selbst ausgelöst wird und auf den gesamten Kreislauf Wirkungen entfaltet, neu aufgedeckt und eingehend analysiert hat. Er möge deshalb BEZOLD-JARISCH-*Reflex* benannt werden. Nachdem durch Sensibilisierung der Receptoren des Herzens mit Hilfe von Veratrin (v. BEZOLD und HIRT, A. JARISCH und C. HENZE, A. JARISCH) sowie durch den Wirkstoff der Mistel (C. JOB) bereits höchst wahrscheinlich geworden war, daß vom Herzen afferente Impulse zur Medulla oblongata laufen, die kreislaufregulatorisch wirken, ist das Auftreten solcher Erregungen durch die Aktionsstromuntersuchungen von A. AMANN und H. SCHAEFER (1943), H. SCHAEFER (1944) sowie von A. JARISCH und Y. ZOTTERMAN (1948) nachgewiesen worden. Es lassen sich diese auf afferenten Bahnen laufenden Impulse auch deutlich abgrenzen lassen von jenen Erregungen, die auf dem Wege anderer Kreislaufproprioreceptoren Effekte hervorbringen, wie solches vom Aortendepressor und Carotissinus-Nerven bekannt ist. Der Nachweis, daß der Reflex von sensiblen Impulsen ausgeht, die im Herzen entstehen, verdanken wir teils Versuchen am gekreuzten Kreislauf (KRAYER, GOEPFERT u. a.), teils Durchströmungsversuchen der verschiedenen Herzteile (DAWES). Die Abgrenzung von den Wirkungen der Blutdruckzügler ist dadurch gesichert, daß die Effekte für jedes der beiden Systeme von verschiedenen, anatomisch klar trennbaren Fasern aus zustande kommen. Auch ist der zeitliche Ablauf und die Lage zu den Phasen der Herztätigkeit und das Zusammenspiel der einzelnen Aktionsstromsalven in vielem anders als beim Aortendepressor- und Carotissinus-Nerven. Schließlich bleibt der Reflexerfolg vom Herzen aus auch dann noch bestehen, wenn man die Bahnen der Blutdruckzügler vorher unterbrochen hat. Die Reflexwirkung erfolgt vor allem auf das Herz selbst (Vaguswirkung, außerdem Blutdrucksenkung über das Vasomotorenzentrum und auch Herabsetzung der Willkürmotorik und damit Energieeinsparung des Gesamtorganismus). In Versuchen von AMANN und H. SCHAEFER, A. JARISCH und Y. ZOTTERMAN sowie WHITTERIDGE zeigte es sich, daß zu einem Auftreten oder einer Verstärkung der aus dem Herzen kommenden Impulse dann kommt, wenn das Herz gedehnt wird (z. B. bei größerem venösen Rückstrom und stärkerer Füllung der Vorhöfe, Erhöhung der Widerstände im Lungen-Kreislauf). Die Mechanoreceptoren des Herzens haben offenbar die Eigenschaften von dehnungsempfindlichen (vielleicht auch druckempfindlichen) Endorganen. Endorgane afferenter Nerven sind im Herzen in großer Zahl festgestellt worden, in den Vorhöfen, um die Mündungsstellen der großen Venen, im Septum und im ganzen System der Erregungsleitung, nur die Herzspitze scheint arm an sensiblen Endorganen zu sein. Es ist anzunehmen, daß im Herzen an verschiedenen Stellen, insbesondere in den Vorhöfen an den Einmündungsstellen der großen Venen, auch noch andere als nur auf Dehnung reagierende Endorgane afferenter Nerven vorhanden sind (Auslösung des BAINBRIDGE-Reflexes!). Von AMANN und SCHAEFER wurde darauf hingewiesen, daß die Entladungssalven afferenter Herznerven ihr Entstehen wahrscheinlich einer gleichzeitigen Erregung verschieden ansprechender Receptoren verdanken, so daß das Gesamtaktionsstrombild einen Mischeffekt aus unterschiedlichen Reizungen und Zustandsänderungen im Herzen widerspiegelt. Auch für die häufig beobachteten atemsynchronen Entladungssalven der Herznerven kommt das Ansprechen von Dehnungsempfängern im Herzen in Betracht. Jedenfalls hebt sich aus dem komplexen Gesamtbild der „kinästhetischen Begabung" des Herzens nach JARISCH die Dehnungsempfindlichkeit bestimmter Receptoren als kreislaufsteuernder Reiz besonders heraus (R. WAGNER). Für die Regulierung des Körperkreislaufs werden, soweit es sich um das Mitwirken von Dilatoreceptoren handelt, nur solche aus den linken Herzteilen von Bedeutung sein. Durch Injektion von Veratrin in verschiedene Coronaräste hat DAWES (1947) gezeigt, daß das Receptorfeld für den BEZOLD-JARISCH-*Reflex* sich höchstwahrscheinlich im *linken Ventrikel* befindet. Auch die Versuche von EMMELIN und FELDBERG (1948) weisen in gleicher Richtung. (Ein Teil der depressorischen Impulse kommt nach JARISCH und ZOTTERMAN aber auch aus den Vorhöfen.) Ob auch Chemoreceptoren die Stoffwechsellage des Herzens kontrollieren, ist ein weiteres Problem. Wo sich nach den Untersuchungen von H. SCHAEFER für den typischen bradykardialen Höhenkollaps eine beträchtliche Verstärkung afferenter Impulse ergeben, deutet dies auf solche Zusammenhänge hin, ebenso wie auch die Beobachtung, daß durch Anoxie und Asphyxie die Rhythmen der Aktionsstromsalven weitestgehend verändert werden. Auch ist nach R. WAGNER an eine Sensibilisierung der Receptoren bei verändertem Stoffwechsel des Herzens zu denken, daß also im Notfall Detektorstoffe für den JARISCH-BEZOLD-Effekt im Herzen selbst entstünden, die zu einer Entlastung des Herzens von mechanischer Arbeit führen. [Adenosin, Adenosintriphosphorsäure, Milchsäure, Acetylcholin, Histamin sind als solche Detektorstoffe bekannt, außerdem auch Kalium, Rubidium und Barium, während Calcium alle Veratrinwirkungen auslöscht. Zum großen Teil handelt es sich also um Stoffe, die auch Extrasystolen auszulösen vermögen und die auch beim Myokardinfarkt frei werden (DIETRICH und SCHIMERT).]

Die Beschleunigung der Herzfrequenz ist eine der auffälligsten Begleiterscheinungen jeder *Muskeltätigkeit*. Schon im Stehen ergeben sich höhere Werte als im Liegen. Die Frequenzsteigerung setzt unmittelbar mit dem Beginn der Arbeit ein, steigt rasch zu einer gewissen Höhe und fällt nach Beendigung der Arbeit steil ab, um erst nach einiger Zeit auf den Ruhewert zurückzukehren. Dieses Verhalten sowohl im Stehversuch wie bei dosierter körperlicher Arbeit (Treppensteigen, Kniebeugen) ist ein wertvoller Teil einer Herz- und Kreislauffunktionsprüfung. Bei Herzkranken sind die Frequenzsteigerungen größer und länger anhaltend. Natürlich ist die Dauer der Frequenzsteigerung von der Größe der geleisteten Arbeit, vom Tempo der Arbeitsleistung, von der Art der Arbeit und von der Übung abhängig. Die auftretenden Maximalwerte der Herzfrequenz schwanken zwischen 160—170. Im *Trainingszustand* finden wir als Ausdruck der erhöhten Leistungsbereitschaft des Organismus infolge Überwiegens des

Vagustonus eine Herabsetzung der Herzfrequenz in Körperruhe. Auch erreicht die Frequenzsteigerung bei Arbeit im Trainingszustand geringere Höchstwerte und fällt früher wieder auf den Normalwert ab. Die motorische Acceleration erfolgt ebenfalls durch Vermittlung der extrakardialen Nerven, und zwar sowohl durch Herabsetzung des Vagustonus wie durch Steigerung des Acceleranstonus. Die Erregung der Herznervenzentren erfolgt durch Impulse von höher gelegenen Zentren, bereits die Vorstellung einer Bewegung kann zur Frequenzsteigerung führen. Natürlich trägt außerdem die beschleunigte Atemtätigkeit, die Erhöhung der Körpertemperatur und die venöse Drucksteigerung (im Sinne des BAINBRIDGE-Reflexes) zur Erhöhung der Herzfrequenz bei.

Die *psychische* Beeinflussung der Herztätigkeit ist allgemein bekannt. Die Herzfrequenzänderung ist direkt eine „körperliche Begleiterscheinung seelischer Vorgänge". Auch suggestiv und hypnotisch ist die Auslösung derartiger Frequenzänderungen möglich. Scheinbar willkürliche Änderungen erfolgen wohl auf dem Umweg der willkürlichen Herbeiführung gefühlsbetonter Vorstellungen. Auch hier kommt sowohl eine unmittelbare Beeinflussung des Tonus der Herznerven wie auch der Umweg über eine erhöhte Nebennierentätigkeit in Frage.

Eine kurze gesonderte Besprechung verlangt das Verhalten der Herzfrequenz bei Zuständen, die man unter verschiedensten Namen charakterisieren kann: *vegetative Labilität*, vagosympathische Dystonie, Herzneurose, irritable Heart, auch das sportliche Übertraining gehört in dieses Kapitel. Unter körperlicher Arbeit steigen Pulsfrequenz und Atmung unkoordiniert und verhältnismäßig stark an, die Frequenzsteigerungen sind größer und länger dauernd als beim Gesunden, erfolgen unter Umständen schon beim Aufstehen und sind leicht auch durch seelische Veränderungen (Schreck) auslösbar. Sogar unter Grundumsatzbedingungen findet man eine erhöhte Herzfrequenz, meist liegt also eine gesteigerte Erregbarkeit der acceleratorischen Mechanismen vor. Jedoch kann ebenso abrupt in kurzer Zeit die bis zu 100 gesteigerte Frequenz auf niedrige Werte (z. B. 50 pro min) heruntergehen. Wie alles lebendige Geschehen sind auch die Vorgänge im Sinus labiler Art und zeigen deshalb „spontane" (nicht erklärbare) Schwankungen. Hinzu kommt, daß der Tonus von Vagus und Sympathicus ebenfalls ein labiler Gleichgewichtszustand ist, und von der ganzen Körperperipherie her, wie gezeigt, die Herzfrequenz beeinflussende Faktoren mit hineinspielen. Kontrollierende und korrigierende Einflüsse halten diesen „physiologischen Schwankungsbereich" in relativ engen Grenzen, so wie ein geschickter Jongleur einen Zeigestock auf der Fingerspitze mit geringen Schwankungen in Balance hält. Der Zustand der vegetativen Labilität ist — um in dem Bilde zu bleiben — dadurch gekennzeichnet, daß das Ausmaß dieser Schwankungen größer ist, so wie wenn ein Ungeschickter diesen Versuch erstmals ausführt, es bedarf stärkerer kontrollierender und korrigierender Impulse, die wiederum leicht über das Ziel hinausschießen. Das Erstaunliche ist, daß auch in diesem weiteren Ausmaß der Frequenzschwankungen und bei dem unzweckmäßigeren Verhalten bei Anstrengung und Aufregung immer noch der Frequenzbereich eingehalten wird, der zur Aufrechterhaltung des Lebens erforderlich ist.

Die *äußerste Grenze der normalen Tachykardie* liegt bei 160—170 als sog. Anstrengungstachykardie und Aufregungstachykardie durch gesteigerten Sympathicustonus. Bei der paroxysmalen Tachykardie reicht die Höchstfrequenz bis 240, beim Vorhofflattern bis etwa 300. Als „kritische Frequenz" gab WENCKEBACH die Frequenz von 180 an, die dadurch charakterisiert ist, daß hierbei Vorhofspfropfung erfolgt, d. h. die Kontraktionen von Vorhof und Kammer fallen zeitlich zusammen. Da die Frequenzsteigerung des Herzens vor allem auf Kosten der Diastole und hier wieder auf Kosten der Füllungszeit geht, ist bei der kritischen Frequenz — gleichzeitig mit dem Ereignis der Vorhofpfropfung — nicht mehr die Gewähr für eine ausreichende Füllung der Kammern gegeben.

Als *Mindestfrequenz* findet man sowohl beim Vorhof-Kammerblock als auch bei normaler Koordination der Herztätigkeit eine Schlagzahl bis zu 30.

Normale *Bradykardien* mit einer Frequenz von 50—60, sogar 40 pro min kommen ohne sonstige Abweichungen im Organismus gar nicht ganz selten vor. Napoleon I. war z. B. ein Bradykardiker.

Schließlich sei noch aus dem Bereich der *pathologischen Physiologie* die Vaguserregung bei gesteigertem Hirndruck erwähnt und die Bradykardie beim *Stauungsikterus*, die wohl als eine direkte Wirkung von Gallenbestandteilen (Gallensäure?) aufzufassen ist, da die Bradykardie auch am ausgeschnittenen Herzen durch Zusatz von Galle bzw. gallensauren Salzen nachweisbar ist. Eine pathologische *Sinusbradykardie* findet sich ferner bei Myokardschädigung, besonders bei Sklerose der Sinusknotenarterie und im extremen Hungerzustand. Außerdem zeigen bestimmte Infektionskrankheiten relative Bradykardien. Zu den toxischen Bradykardien gehört außerdem die Wirkung der Digitalis, des Physostigmins und des Muscarins.

Beschleunigte Herztätigkeit und damit Pulsbeschleunigung gehören zu den wichtigsten Symptomen der *Herzschwäche*, wobei wiederum beide Möglichkeiten, das Ansteigen des Venendruckes im Sinne des BAINBRIDGE-Reflexes wie auch die arterielle Drucksenkung im Sinne des Carotis sinus-Reflexes eine Erhöhung der Herzfrequenz veranlassen können. Daß Zirkulationsstörungen im Bereich der Sinusarterien (z. B. durch Arteriosklerose) zusätzlich die Herzfrequenz verändern können, ist naheliegend. — Die Tachykardie bei *Schilddrüsenstörung* geht meist — aber durchaus nicht immer — parallel der Grundumsatzsteigerung. Diese Frage hängt eng zusammen mit der Genese der BASEDOWschen Krankheit, die an anderer Stelle dieser Buchreihe behandelt wird. Beim *Myxödem* findet man entsprechend der herabgesetzten Schilddrüsenfunktion eine Bradykardie. — *Toxische Sinustachykardien* können ausgelöst werden durch Atropin, Nicotin, Adrenalin, Alkohol, Coffein u. a. Die Frage nach der physiologischen Bedeutung des Adrenalins für die Herzfrequenz hängt zusammen mit der Frage, ob und inwieweit Änderungen im Ausmaß der Adrenalinsekretion von Einfluß auf das funktionelle Getriebe im Organismus sind (s. Hormonband).

c) Die heterotope Erregungsbildung (Extrasystolen und Ersatzsystolen)

Die grundlegenden Beobachtungen über die Extrasystolen beruhen auf den Experimenten ENGELMANNs (1895), dem wir die Aufklärung dieser Art von Rhythmusstörungen des Herzens verdanken. Es war dann das weitere Verdienst namentlich von WENCKEBACH (1898), MACKENZIE und CUSHING (1899), diese Ergebnisse am Kaltblüterherzen anhand von Pulsbildern in die Klinik „übersetzt" zu haben. Das grundsätzliche Verhalten einer Extrasystole, ihre Vorzeitigkeit und die ihr nachfolgende kompensatorische Pause wurden in der einleitenden Übersicht schon besprochen, ebenso die Tatsache, daß die Erklärung der «repos compensateur» auf dem Phänomen der von FONTANA, SCHIFF und besonders MAREY entdeckten Refraktärphase beruht: die nächste Normalerregung fällt in die Refraktärphase der Extrasystole und daher ist der übernächste Reiz erst wieder wirksam. So wird die «tendance du coeur à conserver son rhythme» (MAREY) oder, wie ENGELMANN es nannte, das „Gesetz zur Erhaltung der physiologischen Reizperiode" verständlich. Die Verhältnisse können sich jedoch komplizieren durch die Art der Erregungsausbreitung, wie wir bei der speziellen Betrachtung der einzelnen Formen der Extrasystolen noch sehen werden.

Wenn wir von der von vielen Autoren angenommenen Auffassung ausgehen, daß Extrasystolen an allen den Stellen entstehen können, die spezifische Muskulatur enthalten, so können wir mit HERING nomotope und heterotope Reizbildungsstörungen unterscheiden. Nomotope Störungen sind danach solche, die ihren Ursprung im Sinusknoten haben, alle anderen sind heterotop. Da die Frage der Automatiebefähigung des Vorhofs bzw. seines Gehaltes an spezifischer Muskulatur noch sehr umstritten ist (THOREL, TANDLER, SCHWARTZ, PACE), wird man bei der oben gemachten Annahme Vorhofextrasystolen auf die

Verzweigungen des Sinusknotens oder auf die des TAWARA-Knotens (am Sinus coronarius) beziehen oder schließlich die auf S. 29 erwähnten isolierten Inseln spezifischer Muskulatur als Ursprungsort ansehen. Weiter werden wir Extrasystolen des av-Knotens und solche vom Stamm des HISSchen Bündels, der TAWARA-Schenkel und ihrer Aufzweigungen bis zum PURKINJEschen Endnetz unterscheiden können.

Definitionsgemäß werden wir als entscheidendstes Kennzeichen derartiger *Extrasystolen* die *Vorzeitigkeit* ihres Einsetzens festlegen. Damit folgen wir einer weitgehend üblich gewordenen Abgrenzung zu anderen Rhythmusstörungen, die ebenfalls von den automatiebegabten Stellen des spezifischen Systems ausgehen. Eine *pathologisch* gesteigerte Reizbildung in sekundären oder tertiären Automatiezentren führt entweder zu vereinzelten *vorzeitigen* Extrasystolen oder zu deren Auftreten in mehr oder weniger langen Ketten mit Übergang zum Bild der paroxysmalen Tachykardie, evtl. sogar zu Flattern und Flimmern des Herzens. Wir können diese Ereignisse zusammenfassen als ,,*aktive heterotope Erregungsbildung*". Dieser gegenüber beruht die *passive heterotope Erregungsbildung* darauf, daß das führende Zentrum des Sinusknotens zu spärlich Erregungen bildet oder diese Leitungsstörungen erfahren, infolgedessen erwacht die *physiologische* Automatie tieferer Zentren, es kommt nach mehr oder weniger langer vorhergehender Pause (!) zur *Ersatzsystole* ("escaped beat") bzw. zum Ersatzrhythmus (av-Rhythmus, Kammereigenrhythmus). Diese an und für sich zu praktischen Zwecken bewährte Abgrenzung (WENCKEBACH und WINTERBERG; LEWIS[1]) setzt aber schon bestimmte Auffassungen über das Wesen der Extrasystolen voraus.

Vor der Erörterung dieser Frage werden wir zunächst die *einzelnen Arten der Extrasystolen* besprechen, deren Besonderheiten nach den Ausführungen der vorhergehenden Kapitel leicht verständlich sein werden. Auch hier werden wir uns aus Raumgründen auf eine zusammenfassende Darstellung beschränken müssen. Die *Sinusextrasystole*, experimentell durch einen Einzelreiz des Sinusknotens erzeugbar, wird *vorzeitig* in Erscheinung treten, wegen des normalen Weges der Erregungsausbreitung durch das Herz ein *normales EKG* aufweisen und *von einem Normalintervall gefolgt* sein; diese einfache Verschiebung des Rhythmus, das Fehlen der kompensatorischen Ruhe, wurde von ENGELMANN (1897) und von TIGERSTEDT und STRÖMBERG (1888) als Kennzeichen der Sinusextrasystolen erkannt (s. S 4). [Daß man aus dem Fehlen der Pause auf die automatische Tätigkeit des Herzteils schließen kann, gilt übrigens für alle im eigenen Rhythmus schlagenden Herzteile (av- und ventrikuläre Automatie)]. Erfolgt der Sinusextrareiz sehr frühzeitig, so wird der allgemeinen Annahme nach die Erregung infolge noch nicht ganz wiederhergestellter Erholung der Leitfähigkeit langsamer zum Vorhof übergeleitet, so daß das postextrasystolische Intervall sogar *kürzer als ein Normalintervall* ist, ein Verhalten, das besonders charakteristisch zur sicheren Identifizierung von Sinusextrasystolen ist (WENCKEBACH). Beim menschlichen EKG manifestieren sich die Sinusaktionsströme ja nicht — sie sind, wie wir sahen, nur durch lokale Ableitung erfaßbar —; daher sind Sinusextrasystolen nur an dem Verhalten der nachfolgenden Pause (Intervall normal oder kürzer) erkennbar, wenn die durch den Extrareiz ausgelöste Erregung auf den Vorhof geleitet wird. Erfolgt der Sinusreiz sehr frühzeitig, so kann er auch die Kammern noch ungenügend erholt antreffen — das KammerEKG wird entsprechend abweichende Formen aufweisen — oder er kann sogar

---

[1] LEWIS faßte in ähnlicher Abgrenzung Normalschläge, Ersatzsystolen (escaped beats) und Kammerautomatie entsprechend als ,,homogenetische Schläge" zusammen und stellte sie den pathologischen heterogenetischen (Extrasystolen, paroxysmale Tachykardie) gegenüber.

Leitungssystem oder Muskulatur der Kammern noch refraktär vorfinden — wir erhalten dann nur eine isolierte Vorhofsystole. Im übrigen ist zu bemerken, daß Sinusextrasystolen beim Menschen äußerst selten sind.

Bei *Vorhofextrasystolen* zeigt die P-Zacke Formabweichungen, und zwar um so ausgesprochener, je weiter entfernt vom Sinusknoten die Erregung entsteht. Je näher die experimentellen Reizpunkte andererseits beieinanderliegen, um so mehr stimmen die erhaltenen Formabweichungen überein. Liegt der Reizpunkt im oberen Vorhofteil, so erhält man im allgemeinen aufwärtsgerichtete P-Zacken, die um so mehr normalen Verlauf aufweisen, je näher der Reizpunkt dem Sinusknoten liegt (LEWIS). Bei einem Erregungsursprung in unteren Vorhofteilen, bei dem der Erregungsablauf entsprechend von unten nach oben gerichtet ist, erhält man meist negative P-Zacken. Bei Reizung in der Mitte sind sie meist klein, aufgesplittert oder wechselsinnig-schwankend („diphasisch").

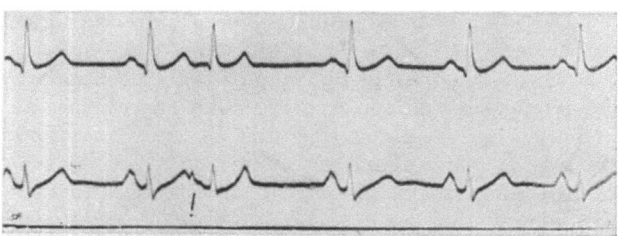

Abb. 78. Vorhof-ES. Bei ! eine abnorme P-Zacke, die sich vom absteigenden Ast der vorausgehenden T-Zacke abhebt. Der nachfolgende Ventrikelschlag unterscheidet sich in S-T und T etwas von den Normalschlägen. Normalschlag plus ES sind kürzer als zwei Normalschläge: Sinusrhythmus gestört. (Nach A. WEBER)

Die Negativität der P-Zacke beweist allerdings nicht unbedingt den Ursprung in tieferen Vorhofteilen (SCHERF und SHOOKHOFF). Die Bewertung von Form und Richtung der P-Zacken ist dadurch erschwert, daß auch intraauriculäre Leitungsstörungen von erheblichem Einfluß darauf sind, so daß bei sicherem Sinusrhythmus auch negative P-Zacken und bei av-Rhythmus positive P-Zacken vorkommen (s. Anm. S. 137)! Überhaupt ist es mit der Lokalisierungsmöglichkeit des Ausgangspunktes auriculärer Extrasystolen nicht sehr gut bestellt. SCHELLONG schlug vor, mit Hilfe des EINTHOVEN-Dreiecks (s. S. 215) (bei symmetrischer Ableitung unter Berücksichtigung der Lage der Vorhöfe) den Ausgangspunkt zu bestimmen.

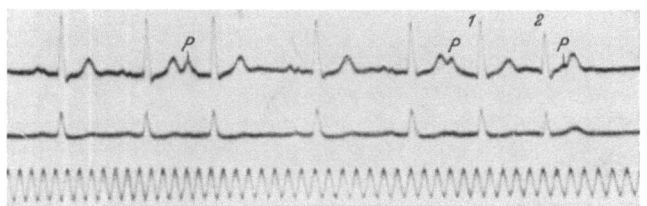

Abb. 79. Der dritte Herzschlag stellt eine auriculäre ES dar, die den Sinusrhythmus nicht stört. Der mit 1 bezeichnete Schlag ist wieder eine auriculäre ES, der eine atrio-ventrikuläre (2) folgt. (Nach A. WEBER)

Das Kammer-EKG kann bei Vorhofextrasystolen normal sein; ist das Leitungsgewebe noch nicht genügend erholt, so kann das Kammer-EKG — so wie auch bei den frühen Sinusextrasystolen — Abweichungen zeigen (verbreitertes R, erniedrigtes oder negatives T), entsprechend kann auch die PQ-Zeit verlängert sein; erfolgt die Vorhofextrasystole noch frühzeitiger, so kann evtl. der Ventrikel noch nicht folgen, wir erhalten nur einen isolierten Vorhofschlag, die P-Zacke wird dann meist auf die vorhergehende T-Zacke superponiert sein.

Die Pause nach einer Vorhofextrasystole kann sich verschieden verhalten, je nachdem ob die Extraerregung rückläufig auf den Sinusknoten zurückgeleitet wird oder nicht. Im ersten Fall der Rückleitung erzeugt sie mit ihrem Eintreffen nach Ablauf eines Normalintervalls eine neue Normalsystole (Wiederaufbau des „Reizmaterials"), die gesamte postextrasystolische Pause ist länger als ein Normalintervall (im Gegensatz zu den Sinusextrasystolen!), aber zusammen mit der Extravorhofperiode ist sie kürzer als zwei Normalschläge, sie ist „nicht vollkompensierend" (von CUSHING und MATTHEWS 1879 am Warmblüterherzen beobachtet, ebenso 1894 von MACKENZIE, 1902 von WENCKEBACH durch Rückleitung auf den Sinus erklärt[1]). Wird die Extraerregung dagegen nicht auf den Sinusknoten zurückgeleitet (fällt sie in die Refraktärphase des Sinus), so bleibt der Herzrhythmus ungestört, die nächste normale Erregung des Sinusknotens fällt aber in die Refraktärphase des Vorhofs, der postextrasystolische Normalschlag fällt also aus und damit ist die Pause „vollkompensierend", d. h. mit der vorangegangenen Extrasystole umfaßt sie genau die Dauer zweier Normalintervalle. Tritt die Vorhofextraerregung sehr frühzeitig auf oder liegt eine starke Bradykardie vor, so kann die Refraktärphase des Vorhofs beim Eintreffen der nächsten normalen Sinuserregung schon abgeklungen sein und die Extrasystole schiebt sich einfach zwischen zwei Normalsystolen, sie ist „interponiert" (ebenso gebräuchlich ist die Bezeichnung „interpoliert") (Abb. 80).

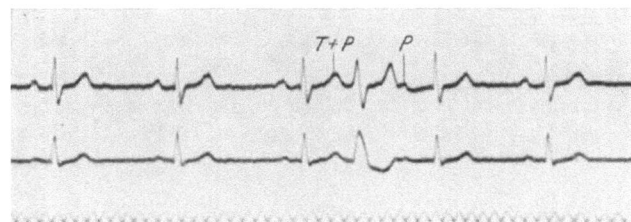

Abb. 80. Interponierte auriculäre ES. Der Extra-Vorhofschlag verschmilzt mit T des vorausgehenden Normalschlages. Die sehr frühzeitige auriculäre ES findet ein noch ungenügend erholtes Myokard vor. Dadurch entsteht ein abnormer Ventrikelschlag. Die nächste Vorhofskontraktion beginnt rechtzeitig, wird aber verzögert übergeleitet. (Nach A. WEBER)

Auch auriculäre Extrasystolen sind seltener als ventrikuläre. Vielgestaltigkeit ihrer EKG-Formen bei demselben Patienten spricht mehr für eine organische Entstehungsursache.

Atrioventrikuläre Extrasystolen (Abb. 81) werden experimentell ganz entsprechend erzeugt durch Reizung des av-Knotens. Das Kammer-EKG ist — von der Vorzeitigkeit abgesehen — in der Regel normal wegen des normalen Weges der Erregungsausbreitung in den Kammern, auch hier wird man bei sehr frühen Extrasystolen infolge der noch nicht ganz erholten Leitfähigkeit entsprechend Entstellungen (Abb. 80) antreffen. Die atrioventrikulären Extraerregungen werden meist auch zum Vorhof hin geleitet, dadurch

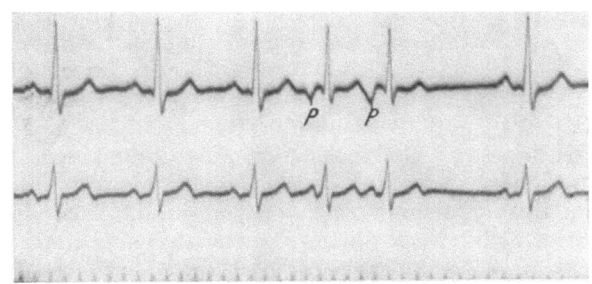

Abb. 81. Zwei atrio-ventrikuläre ES. P negativ, Überleitungszeit abgekürzt. Die erste ES stört den Sinusrhythmus, die zweite nicht. (Nach A. WEBER)

ergibt sich eine PQ-Verkürzung derart, daß P dicht an R heranrückt, mit R verschmelzen kann oder R sogar nachfolgt. Bei der Annahme der Entstehung im oberen Knotenteil wird das av-Intervall bei negativem P annähernd normal sein (wahrscheinlich identisch mit Vorhofextrasystolen mit negativem P!), bei Entstehung im unteren Knotenteil werden wir ein negatives av-Intervall erhalten,

---

[1] Inwieweit man aus der Länge der Pause auf die Dauer der Rückleitung schließen kann (MIKI und ROTHBERGER), wurde schon S. 121 erörtert. Die auf die Pause folgenden Perioden können durch Hemmung meist geringfügig verlängert sein (CUSHNY und MATTHEWS). Auch kann der wechselnde Tonus der Herznerven das Bild „verwischen", d. h. der Eintritt der ersten Normalkontraktion kann beschleunigt oder gehemmt werden und dadurch die Dauer der Pause geändert werden (ROTHBERGER).

d. h. die Kammer wird vor dem Vorhof erregt werden, ein negatives P folgt der R-Zacke; gewöhnlich sind P und R mehr oder weniger superponiert. [Es liegt alsdann der Fall der ,,Vorhofpfropfung" (WENCKEBACH) vor, s. S. 279, 281.]

Die Extrasystolen vom oberen Knotenteil gehen meist auf den Sinus zurück, wir erhalten dann (wie bei den Vorhofextrasystolen) eine Störung des Herzrhythmus mit einer nicht vollkompensierenden postextrasystolischen Pause. Die Extrasystolen von Knotenmitte oder seinem Kammerteil gehen wie die ventrikulären Extrasystolen meist nicht auf den Sinus zurück (Hemmung im TAWARA-Knoten!) und daher ist die postextrasystolische Pause vollkompensierend.

Klinisch manifestieren sich av-Extrasystolen sowohl als einzelne Schläge wie auch (infolge der hohen Automatie dieses Gewebes!) in zusammenhängenden Reihen (mit langsamer Frequenz als TAWARA-Automatie oder in hoher Frequenz als paroxysmale av-Tachykardie). Eine besonders eindrückliche Form ist die der Bigeminie, bei der jedem Normalschlag eine Extrasystole folgt (besonders bei starker Digitalisdosierung vorkommend), entsprechend gibt es auch Trigeminie, Quadrigeminie usw.

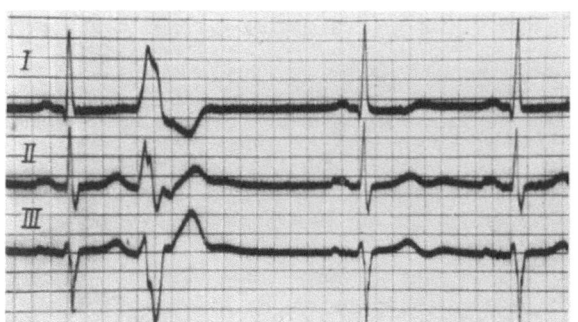

Abb. 82. Ventrikuläre Extrasystolen. (Nach A. WEBER)

Die *ventrikulären Extrasystolen* (Abb. 82) ergeben ein so charakteristisches Bild, daß sie meistens auf den ersten Blick erkannt werden können, die Erregungsausbreitung in der Kammer muß infolge des abnormen Erregungsursprungs abnorm und bei jedem Wechsel des Ursprungsortes ein anderer sein (LEWIS). Das typische Bild des EKG weist außer der *Vorzeitigkeit* eine Reihe charakteristischer Merkmale auf: der ventrikuläre Ursprung bedingt das *Fehlen der P-Zacke*, der *Kammerkomplex* weist einen großen, rasch einsetzenden Ausschlag auf, dem unmittelbar anschließend eine entgegengesetzt gerichtete Schwankung folgt. Diese Gegensätzlichkeit von Anfangs- und Endschwankung erkannten schon KRAUS und NICOLAI als charakteristisch. Dabei ist die *Dauer* des Kammerkomplexes länger als normal. Da die ventrikulären Extrasystolen meist nicht zurückgeleitet werden, ist die nachfolgende Pause vollkompensierend. (*Retrograde*, d. h. also auf den Vorhof zurückgeleitete Erregungen sind infolge der starken Hemmung im TAWARA-Knoten äußerst selten; die Überleitungszeit muß im Fall der Rückleitung natürlich mindestens so lang sein wie die normale PQ-Zeit.)

Natürlich wird die Form einer Extrasystole mehr oder weniger weitgehend der Normalform des Kammer-EKG entsprechen, wenn der Reizort septumnahe (Stamm des HISschen Bündels!) liegt. Solche *septumnahen Extrasystolen* sind außer der Vorzeitigkeit meist durch kleinere Ausschläge gekennzeichnet. Daß gelegentlich normale Erregungen der Kammer infolge sehr späten Einsetzens der Extrasystole mit dieser interferieren können, wurde früher bereits besprochen. Solche ,,*Mischsystolen*" zeigen verständlicherweise eine Übergangsform zwischen atypischer und Normalform. Natürlich sind diese Mischsystolen nur im Beginn einer Normalerregung möglich, spätere Normalerregungen würden ja in die Refraktärphase der Extrasystole fallen (S. 114).

Bei sehr langsamer Sinusfrequenz bzw. sehr frühzeitigem Wirksamwerden des Extrareizes sind natürlich auch hier *interponierte Extrasystolen* möglich, sie sind an der Kammer sogar relativ häufig. Der nächste Normalreiz wird dann oft verlangsamt auf die Kammer übergeleitet (WENCKEBACH), so daß die die interponierte Extrasystole enthaltende Herzperiode länger als die normale ist.

Das gilt übrigens nicht nur für Extrasystolen des av-Knotens und des HISschen Bündels, für die dieses Verhalten ohne weiteres verständlich ist, da die nächste Normalerregung ja die gleiche Bahn benutzt wie die kurz vorhergehende Extraerregung. Aus der Tatsache, daß man das gleiche Verhalten auch bei interponierten ventrikulären Extrasystolen findet, zog schon WENCKEBACH den Schluß, daß die Erregung — ohne die „Schranke" des TAWARA-Knotens zu durchbrechen und auf den Vorhof zurückgeleitet zu werden — auch bei den ventrikulären Extrasystolen den einen TAWARA-Schenkel hinauf- und den anderen herunterläuft (s. dazu S. 144, SCHERF und SHOOKHOFF, LEWIS und OPPENHEIMER). Bei einer nur einseitigen Beanspruchung der Schenkel müßte der entsprechende Kammerkomplex Schenkelblockcharakter bekommen, was aber meistens nicht der Fall ist.

Die Form der ventrikulären Extrasystole wird natürlich sehr wesentlich davon abhängen, welche Muskelteile zuerst in Erregung versetzt werden. So kann die Anfangsschwankung positiv und die Nachschwankung negativ sein und umgekehrt. Die gleichen atypischen Kammerkomplexe erhält man bei Reizung der Kammeraußenfläche. Daß hierbei LEWIS die — allerdings nicht unwidersprochen gebliebene — Ansicht vertrat, daß die Erregung sich dann nach allen Richtungen, auch durch die Kammerwand ausbreitet und, sobald sie auf Zweige des spezifischen Systems stößt, in diesen weiter verläuft, wurde schon auf S. 142ff. besprochen, ebenso die Frage des „transseptalen" Übertritts in die andere Kammer und das Hinauf- und Hinunterlaufen der Erregung in den TAWARA-Schenkeln (ROTHBERGER, 1922; ASHMAN, 1930; s. S. 144). Betreffs des Ursprungsortes hat man Schlüsse gezogen aus der Überlegung, daß man dieselben atypischen Kammer-EKG auch nach Durchschneidung eines TAWARA-Schenkels erhält (z. B. Reizung der linken Kammeraußenfläche oder Durchschneidung des rechten TAWARA-Schenkels). Es ist danach also kein grundsätzlicher Unterschied, ob die Erregung zuerst nur eine Kammer auf normalem Wege erreicht und von dort auf die andere Kammer übertritt oder ob die Erregung in jener Kammer selbst ihren Ursprung hat (ROTHBERGER)! Der Links-Schenkelblock entspricht also grundsätzlich einer Rechts-Extrasystole. Die Frage der Lokalisierbarkeit ventrikulärer Extrasystolen ist aber doch wohl verwickelter, als man früher annahm. Zwar fand man nach Stichverletzungen Extrasystolen, die der Form nach im Tierversuch bei Reizung der gleichen Stelle erhalten wurden. Versuche mit Auslösung von Extrasystolen an der Kammeroberfläche des menschlichen Herzens (BARKER, MACLEOD und ALEXANDER) ergaben aber auch andere Resultate. Sicher kann man nicht so ohne weiteres die Ergebnisse der Tierversuche auf das anders gelagerte menschliche Herz übertragen. Betreffs der angeblichen Formunterschiede zwischen Links- und Rechtsextrasystolen sei deshalb auf die elektrokardiographische Spezialliteratur verwiesen. Praktisch-klinisch ist die Frage nicht so bedeutsam wie die durch das EKG beantwortbare Frage, ob die Extrasystolen stets am gleichen Ort entstehen, also gleiche Form haben oder ob sie einen wechselnden Erregungsursprung aufweisen, wie das meist am schwer geschädigten Herzen der Fall ist (Myodegeneratio cordis) (Abb. 83). Nach A. WEBER ist in 86% der Fälle der linke Ventrikel der Ursprungsort der Extrasystolen beim Menschen.

Im Gegensatz zu den bisher behandelten Extrasystolen ist Voraussetzung für das Entstehen von **Ersatzsystolen** das *Vorliegen längerer Pausen*, z. B. infolge Sinusbradykardie, langen kompensatorischen Pausen oder Einstellung der Sinustätigkeit. Es erwacht dann ein tiefergelegenes automatisches Zentrum (daher die LEWISsche Bezeichnung als "escaped beat"!). Bei einem Ursprungsort der Ersatzsystolen im TAWARA-Knoten oder im Stamm des HISschen Bündels liegt im EKG ein praktisch normaler Kammerkomplex (meist ohne P-Zacke) vor. Bei langdauerndem Aussetzen der Sinusführung des Herzens kommt es zum TAWARA-Rhythmus mit einer Frequenz von 40—50 je min. Wie schon früher (S. 21f.) besprochen wurde, nimmt man einen oberen *Knotenrhythmus* an, wenn die P-Zacke mit verkürzter Überleitungszeit dem Kammerkomplex vorausgeht, beim *mittleren Knotenrhythmus* fällt P mit R zusammen und beim unteren *Knotenrhythmus* folgt P erst nach R. Es wurde früher schon diskutiert, daß diese

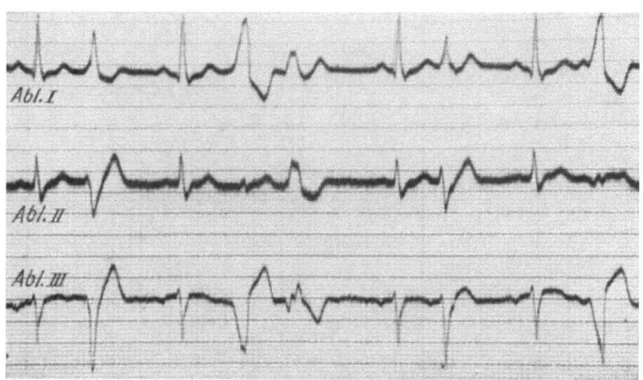

Abb. 83. Fünf verschiedene Formen von ventrikulären Extrasystolen in rascher Folge. (Nach A. WEBER)

Einteilung anfechtbar ist, wahrscheinlich schlagen schon beim oberen Knotenrhythmus Vorhöfe und Kammern gleichzeitig. Beim Schenkelrhythmus geht die rhythmische Erregungsbildung von einem TAWARA-Schenkel aus. Experimentell erhält man ihn oft beim Hund im schweren Sauerstoffmangel (Abb. 84).

Verwickelte Rhythmusverhältnisse entstehen natürlich dann, wenn ein solches ziemlich rasch arbeitendes Zentrum gleichzeitig mit dem Sinusknoten tätig wird. Ist die Frequenz des pathologischen Kammerreizherdes relativ hoch, so treffen die von Sinus und Vorhof herkommenden Normalerregungen meist

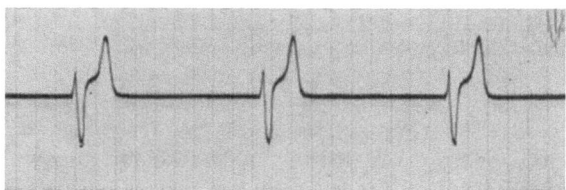

Abb. 84. Schenkelrhythmus beim Hund in extremem O_2-Mangel. (Nach M. SCHNEIDER)

in die Refraktärphase der Kammern. [Die Kammererregungen werden dabei fast nie auf den Vorhof zurückgeleitet (s. oben).] Gelingt gerade einmal eine Überleitung vom Vorhof auf die Kammer, so wird im Augenblick der Kammerrhythmus ausgeschaltet. Erst nach einer für diesen charakteristischen Pause wird das heterotope Zentrum wieder in Aktion treten. Man nennt dieses Verhalten nach dem Vorschlag seines ersten Beschreibers MOBITZ *Interferenzdissoziation*; es handelt sich — in anderer Ausdrucksweise — um eine Pararhythmie eines gewöhnlich frequenteren av-Rhythmus neben einem langsameren Sinusrhythmus. Infolge des retrograden av-Blocks bleibt dabei der Sinusknoten der Schrittmacher des Vorhofs[1]. Die übergeleiteten Vorhoferregungen sind dann in bezug auf den av-Rhythmus vorzeitig und die Normalerregungen machen daher den Eindruck von Vorhofextrasystolen. Abb. 85 gibt eine anschauliche Darstellung davon, wie das elektrokardiographische Bild der Interferenzdissoziation zustande kommt. Es kann natürlich bei geringem Frequenzunterschied beider Rhythmen vorkommen, daß für längere Zeit kein Schlag übergeleitet wird, so daß die P-Zacke immer in etwas wechselnder Nähe zur R-Zacke bleibt; es handelt sich dann nicht um einen Wechsel des Reizursprungs im av-Knoten, sondern in Wirklichkeit um eine gleichzeitige Tätigkeit zweier unabhängig tätiger Zentren (ROTHBERGER).

Auch im Vorhof selbst ist ein „*Wettstreit zweier Zentren*" möglich, deren Frequenz wenig verschieden ist. Dabei können Überleitungszeit und Kammerkomplex ganz gleich sein, lediglich die Form der P-Zacken variiert je nachdem, welches Zentrum als Schrittmacher funktioniert.

Die *Umkehrsystolen* als eine besondere Form eines „Bigeminus" wurden schon S. 115 besprochen und dort auseinandergesetzt, daß dabei auf einen vom TAWARA-Knoten ausgehenden Kammerschlag ein vom Vorhof aus übergeleiteter Schlag folgt, da die Erregung gleichzeitig rückläufig mit verlangsamter Leitung zum Vorhof und von da wieder zum Ventrikel geleitet wird. Die enge zeitliche Bindung des Vorhof-Kammerkomplexes an den vorhergehenden automatischen Kammerschlag wird so unmittelbar verständlich.

Während die Entstehung der beschriebenen Ersatzsystolen aus den *physiologischen* Automatieverhältnissen ohne weiteres erklärbar ist, ist das *Wesen der Extrasystole* noch ein außerordentlich dunkles Kapitel der Herzphysiologie. Die Schwierigkeit der Frage wird besonders deutlich, wenn man die *Zeitbeziehungen zwischen der Extrasystole* und dem *vorhergehenden Normalschlag* näher betrachtet. Man nennt dieses Intervall die „*Kupplung*" und findet auch in der Klinik oft, daß die Extrasystole nicht nur stets die gleiche elektrokardiographische Form aufweist, also vom gleichen Ursprungsort ausgeht, sondern auch — selbst bei unregelmäßigen Normalschlägen wie bei der respiratorischen Arrhythmie (WENCKEBACH) oder bei Frequenzänderungen durch Atropin (HERING), ja

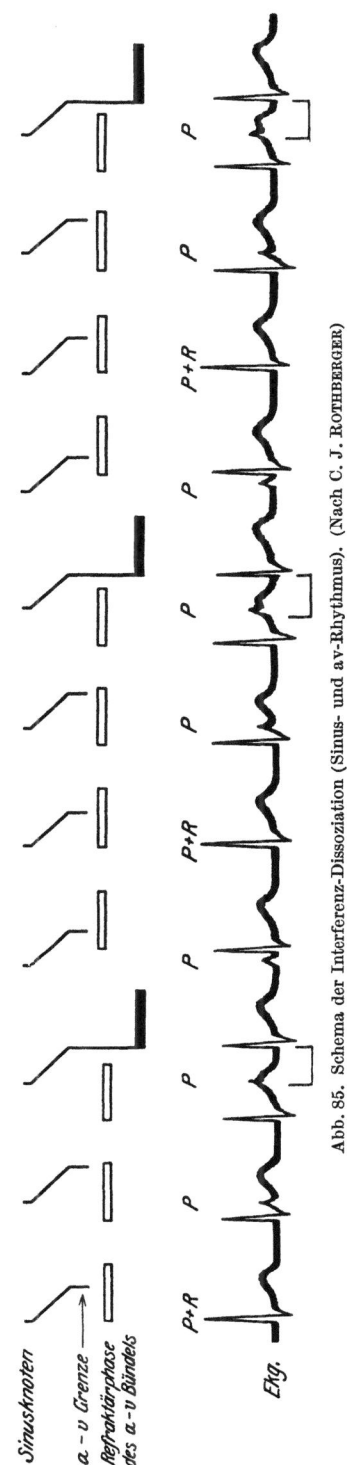

Abb. 85. Schema der Interferenz-Dissoziation (Sinus- und av-Rhythmus). (Nach C. J. ROTHBERGER)

---
[1] Zwar wurde früher bemerkt, daß durch rhythmische Reizung höherer Frequenz eine Umkehr der Schlagfolge erreicht werden kann, aber bei einzelnen ventrikulären Extrasystolen ist das nicht möglich. Die Weglänge und das Hindernis des av-Knotens führen zur Auslöschung durch die nächste Normalerregung (s. auch S. 10 betr. Hemmungswirkung auf andere Rhythmen).

sogar bei der Arrhythmia absoluta — stets in dem gleichen Abstand (oder höchstens mit Schwankungen von einigen sec/100) auftritt. Man spricht in diesem Fall von einer *„festen Kupplung"* der Extrasystole und hat dabei den Eindruck, als ob die Extrasystole an der Hauptsystole „hängt", also von dem vorhergehenden Normalschlag ausgelöst wird. Diese „Bigeminie" (Normalschlag-Extrasystole) stellt die häufigste Form der Extrasystolen dar. Sie können aber auch regelmäßig immer nach einer bestimmten Anzahl von Normalschlägen auftreten oder es können auch auf einem Normalschlag jeweils zwei oder drei Extrasystolen folgen (Trigeminie, Quadrigeminie).

Außer dieser häufigeren Form der festen Kupplung (WENCKEBACH, WINTERBERG) kann das Zeitintervall sich wechselnd verhalten; man hat das veränderliche oder *„gleitende Kupplung"* genannt. ROTHBERGER und KAUFMANN nahmen zunächst für diesen Fall einen Entstehungsmechanismus an, der die eingangs gegebene scharfe Trennung zwischen Extrasystolen und Ersatzsystolen weitgehend aufhebt. Den Extrasystolen liegt danach nicht — wie im Experiment — ein Extra*reiz* zugrunde, sondern es handelt sich auch bei den spontanen Extrasystolen um eine vom spezifischen System infolge seiner hohen Automatie ausgehende rhythmische Erregungsbildung. Die Extrasystole wird also danach nicht durch den vorhergehenden Normalschlag ausgelöst, sondern beruht auf dem Hervortreten der Automatie eines untergeordneten Zentrums, wofür zunächst besonders die Fälle von „extrasystolischer Allorhythmie" sprechen (Bigeminus, Trigeminus usw.). Das Intervall zwischen zwei aufeinanderfolgenden Extrasystolen gäbe dann die Frequenz des Extrareizzentrums an. Aber auch einzelne Extrasystolen sollen danach Ausdruck einer solchen rhythmischen Tätigkeit eines untergeordneten Zentrums sein. Schon HERING bezeichnete in ähnlicher Auffassung die Extrareize als heterotope, d. h. an abnormer Stelle gebildete „Ursprungsreize". KAUFMANN und ROTHBERGER bezeichneten die gleichzeitige Wirksamkeit mehrerer Reizbildungszentren als *Parasystolie*. Diese wäre dann nur ein Spezialfall der einfachen Interferenz zweier oder mehrerer Rhythmen, die vorhin besprochen wurde. Bei der einfachen Interferenz sind die beiden erregungsbildenden Zentren nur dann gegeneinander geschützt, wenn sie sich in der refraktären Phase befinden. Bei der „Parasystolie" muß aber noch ein zusätzlicher eigenartiger Mechanismus angenommen werden; denn das untergeordnete Zentrum kann frequenter arbeiten und doch nur gelegentlich — z. B. am deutlichsten in Form tachykardischer Anfälle — die Führung an sich reißen. Außerhalb dieser Anfälle wäre dann eine „Austrittsblockierung" anzunehmen, die den Übertritt der Erregungen in das Myokard verhindert.

Ist z. B. infolge starker Acceleranswirkung die Schutzblockade aufgehoben, so wird jeder in dem Nebenzentrum gebildete Reiz wirksam, es kommt zum paroxysmal-tachykardischen Anfall. Wenn regelmäßig nur jeder 3., 4. usw. Reiz wirksam wird, entstehen die extrasystolischen Allorhythmien. Bei wechselnder Blockierung treten Extrasystolen in unberechenbarer Weise auf. Eine Beziehung zum Tonus der Herznerven scheint daraus hervorzugehen, daß mit steigender Herzfrequenz Extrasystolen auftreten und mit nachlassendem Acceleranstonus wieder verschwinden.

Außerdem wird aber auch das Extrareizzentrum durch die normalen Erregungen nicht gestört, beide Zentren arbeiten unabhängig voneinander (daher die Bezeichnung Parasystolie), deshalb muß weiter eine „Eintrittsblockade" angenommen werden, die das Extrareizzentrum vor dem Eintritt der vom Sinusknoten herkommenden Erregungen schützt.

Die Schutzblockierung ist für ROTHBERGER ein Postulat zur Erklärung der Möglichkeit, daß zwei Reizbildungszentren gleichzeitig mit verschiedener Frequenz tätig sein können. Bei der Annahme der Entstehung der Extrasystolen in dem strangförmigen spezifischen Gewebe wäre oberhalb des Entstehungsortes eine komplette Schutzblockade anzunehmen und unterhalb davon eine (partielle) Austrittsblockierung. Um die Schutzblockierung verständlicher zu machen, weist ROTHBERGER auf das Beispiel des av-Blocks hin, bei dem infolge der Leitungsstörung das „Urbild dieser beiden Blockierungsarten" vorliege, die Kammer ist gegen den Vorhof „schutzblockiert" und der Sinusknoten ist „austrittsblockiert" gegen die Kammer. So liegen gleichzeitig im Herzen zwei erregungsbildende Zentren vor, die sich gegenseitig nicht stören. Diese hier kurz dargestellte Parasystolielehre hat das Bestechende, daß sie das gelegentliche Auftreten einzelner Extrasystolen (mit inkonstanter Kupplung), das gelegentliche Auftreten in Gruppen von zwei und mehr (extrasystolische Allorhythmie) und das Entstehen des tachykardischen Anfalls einheitlich auf ein heterotopes erregungsbildendes Zentrum zurückführt. Allerdings benötigt sie die zusätzlichen Annahmen der Ein- und Austrittsblockierung.

ROTHBERGER erkannte natürlich auch selbst diese Schwierigkeit, die am deutlichsten an folgender Überlegung wird: Wenn jemand im Intervall von 8 Tagen einige Extrasystolen hat, muß man, wenn man auf dem Boden der Parasystolielehre steht, annehmen, daß der Extrareizherd ineinemfort tätig war und daß durch 8 Tage ein Austrittsblock bestand. ROTHBERGER verneinte das selbst, aber ist dann zu der weiteren Annahme genötigt, daß ein „noch nicht sehr aktiver Reizherd in so langen Intervallen erwacht und Gelegenheit findet, einige Reize anzubringen". Dasselbe wäre dann auch für kürzere Zwischenräume, ja selbst für ein und dieselbe Kurve möglich (intermittierende Parasystolie von SCHERF, ANDRUS u. a.).

Allgemein anerkannt ist die Parasystolielehre nicht, besonders die Hypothese der Schutzblockade wurde angegriffen und stellt ja auch den schwachen Punkt in der experimentellen Beweisführung dar. Die Möglichkeit einer Parasystolie wird natürlich vor allem zu erwägen sein beim Vorliegen einer wechselnden Kupplung, während FREY, WINTERBERG und MOBITZ bei fixer Kupplung in der Normalsystole die Ursache der Extrasystole zu erblicken geneigt sind. Nimmt man auch dafür an, daß der Normalschlag den Extrareizherd zur Aussendung von Erregungen veranlaßt, so ist dabei völlig unbekannt, wie man sich das im einzelnen vorzustellen hat. Die Sachlage wird dadurch noch verwickelter, daß feste und ungleiche Kupplung miteinander wechseln können; soll man dann einen sprunghaften Wechsel in der Entstehungsart der Extrasystolen annehmen?

Wir werden anschließend an diese durch die Parasystolielehre aufgeworfene Problematik noch der Frage nachzugehen haben, wie man sich — namentlich in dem häufigeren Fall der festen Kupplung bei der Bigeminie — die Auslösung der Extrasystole durch die Normalerregung vorstellen könnte. Von dem auf S. 115 und 171 besprochenen Sonderfall der Umkehrsystole und des Wechselrhythmus können wir dabei absehen. Auch ROTHBERGER näherte sich hier der alten Vorstellung, daß besonders die festgekuppelten Allorhythmien durch eine ursächliche Bindung der Extrasystole an die Normalsystole zu erklären sind. Nach SCHERF wird das zweite Zentrum irgendwo in der Kammer nach der Normalsystole zur Bildung eines wirksamen Reizes befähigt, bei stärkerer Einwirkung kann entsprechend der Reizherd zur Bildung kontinuierlich aufeinanderfolgender Extrasystolen angeregt werden. Es wurde aber schon erwähnt, daß es dabei unbekannt bleibt, wie der Normalschlag den Extrareizherd zur Aussendung von Erregungen veranlaßt.

Es ist kaum vorstellbar, daß der Normalreiz gewissermaßen wartet, bis er am Ende der Refraktärphase eine neue Erregung, eben die der Extrasystole, auslösen kann, er sei denn, man nähme einen besonderen Mechanismus von Leitungsstörungen nach Art der früher erwähnten Experimente von MINES am Ringpräparat zu Hilfe, die zeigten, daß eine Erregung unter bestimmten Bedingungen mehrmals herumkreisen kann. DE BOER hat gehäufte Extrasystolen auf solche *kreisenden Erregungen* bezogen. Die Erregung liefe dann infolge besonderer Verhältnisse der Refraktärphase und der Erregungsleitung in abnormer Richtung herum. Schwierig wird diese Erklärung besonders für langgekuppelte Extrasystolen und für den Fall, daß bei einer Folge von Extrasystolen ein größerer zeitlicher Abstand (mit einer „Nullinie" elektrischer Untätigkeit) zwischen diesen vorliegt.

Auch eine andere *Möglichkeit* ist zur Erklärung der Auslösung einer Extrasystole durch einen Normalschlag zu erwägen, wenn sie auch allerdings noch nicht zweifellos sichergestellt ist, wie schon WENCKEBACH und WINTERBERG mit Recht bemerkten. Das ist die Erklärung durch die früher (S. 93) besprochene *übernormale Phase*. Ebenso könnte die unternormale Phase von Bedeutung sein zur Unterdrückung spontaner Erregungen. Das negative Nachpotential, das man mit der übernormalen Phase in Zusammenhang gebracht hat (SEGERS, S. 94) würde dann das Entstehen von Extrasystolen zu einem bestimmten Zeitpunkt nach der Systole fördern. Andererseits wäre es dann sogar möglich, durch Pharmaka, welche das negative Nachpotential mindern, die Bildung von Extrasystolen zu unterdrücken (SCHAEFER). Jedoch ist nach dem vorliegenden experimentellen Material das alles fast mehr Spekulation als Hypothese. Richtig ist dabei die konsequente Anwendung unserer in den ersten Kapiteln begründeten Grundvorstellungen. Wenn wir schon bei der Automatie des Sinus ein System mit besonders hoher Membranlabilität annahmen, müssen wir das auch für die anderen Automatiezentren zugrunde legen. Irgendein Vorgang ist dann besonders geeignet, an diesen labilen Systemen des automatiebegabten Apparates das „Ausklinken" einer Erregung zu veranlassen. Das könnte, woran schon WENCKEBACH dachte, rein *mechanisch* der Vorgang der Normalsystole sein. Man erinnere sich des GASKELL-MUNKschen Phänomens! (S. 9). Wir wissen aus der ärztlichen Erfahrung, wie leicht schon mechanische Faktoren (Bauch- oder Seitenlage oder ein gefüllter Magen) Anlaß zu Extrasystolen sein können. Auch subendokardiale Blutungen, die mit Vorliebe in der Scheide des spezifischen Systems sitzen (ROTHBERGER), kämen als mechanische Reizursache in Frage. Weiter wäre daran zu denken, daß infolge einer Leitungsstörung ein Herzbezirk sich nicht kontrahiert, in ROTHBERGERs Ausdrucksweise „schutzblockiert" ist und dann als Ursprungsort einer neuen Erregung funktioniert, ihrem Wesen nach wäre diese dann einem "escaped beat" gleichzusetzen. *Lokale Ernährungsstörungen* sollen dabei die Oxydation der Milchsäure oder anderes behindern, so könnte auch eine lokale Steigerung der H-Ionenkonzentration nach einer älteren Auffassung von ANDRUS und CARTER zur Bildung lokaler Potentialdifferenzen führen (Tachykardie nach Coronarverschluß!). Myokarditische Herde können Ursprungsorte von Extrasystolen sein; wir sahen ja, daß bei schwerer diffuser Myokarditis gehäuft Extrasystolen wechselnder Form und daher wechselnden Ursprungsortes vorkommen. In der Tat finden sich weitgehende Parallelen zwischen der Neigung zur Spontanerregung des spezifischen Gewebes und den *Veränderungen der Membran.* Die Kathode verringert die Membranladung, steigert also ihre Erregbarkeit und Labilität, ebenso wie kleine KCl-Dosen eine Vordepolarisation und damit Erregbarkeitssteigerung bewirken und die Automatie anregen. *Permeabilität und Labilität* hängen eben eng miteinander zusammen! So sind alle Eingriffe, die die Eigenfrequenz erhöhen, auch membranwirksam. Das ist bekannt von der mechanischen Dehnung (exzessive Drucksteigerungen im großen und kleinen Kreislauf), von Verletzungen (GOLDENBERG) (Ligaturen von Coronararterien, Embolien), mechanische Reizungen (Druck und Stich) (EWALD, SCHERF), Faradisieren (HABERLANDT) u. a. Sensibilisierend wirken bei der Auslösung von Extrasystolen in hervorragender Weise das $BaCl_2$, das Aconitin, auch Digitalis und Strophanthin, ebenso Adrenalin und Coffein. Besondere Erwähnung verdient in diesem Zusammenhang noch der Einfluß der *Herznerven*. Dieser ist wahrscheinlich von Bedeutung bei den so häufigen spontanen Extrasystolen völlig Herzgesunder, wobei man dem Sympathicus (wie der Kathode) eine Erhöhung der Eigenfrequenz durch geringgradige Depolarisation zuordnen kann (gesteigerter Acceleranstonus, Hyperthyreoidismus!), während der N. vagus als membrandichtend, daher erregbarkeitsvermindernd und damit als frequenzhemmend anzusehen ist. Gerade die weitere Verfolgung dieser Grundvorstellungen zeigt uns den großen arbeitshypothetischen Wert der Membrantheorie. Das große Problem, mit dem damit das Kapitel über das Wesen der Extrasystolie schließt, wäre dann dasselbe, das uns zu Beginn des Buches schon entgegentrat: wer bewirkt das Ausklinken der Erregung, was bringt das labile System zum ,,Kippen", so daß eine Spontanerregung entsteht? Mit dieser offenen Frage, die zugleich eines der Grundprobleme der gesamten animalischen Physiologie ist, beschließen wir das Kapitel der Extrasystolie.

Es seien aber doch anhangsweise wenigstens die wichtigsten Beobachtungen zusammengestellt, die für unsere eben dargelegte Vorstellung des inneren *Zusammenhanges zwischen Permeabilität der Membran und ihrer Labilität* sprechen; aus dieser Übersicht der experimentellen Arbeit möge hervorgehen, daß es sich hierbei um mehr als nur um Schlagworte handelt! Der Erregungsvorgang verläuft unter charakteristischen Änderungen der Ionenpermeabilität der Membran. Dadurch entsteht die Negativität der erregten Stelle, und zwar unter Entladung bzw. Umladung der Membranruhespannung. Auf Grund einer Fülle von Beobachtungen, welche in dem Gedanken der ,,Membrantheorie" ihren Niederschlag gefunden haben, bestimmt die Stabilität und das Ausmaß der Ionensonderung an der Membran ihre Erregbarkeit, ihre Neigung zum rhythmischen Zusammenbruch bei der Reizbildung, die Geschwindigkeit der Erregungsleitung und unter normalen Ionenverhältnissen auch die Höhe des Aktionsstroms. Alles, was die ruhende Membran im Sinne der *Positivierung* verändert, wie Ca-Vermehrung, K-Verminderung, Anelektrotonus, Vaguserregung erhöht die Stabilität der Membran, verringert die Neigung zur Reizbildung, senkt die Erregbarkeit und verlangsamt die Erregungsleitung, indem es die Permeabilität der Membran vermindert. Alles, was die ruhende Membran im Sinne einer *mäßigen* Negativierung beeinflußt, wie Ca-Verminderung, K-Vermehrung, Katelektrotonus, Sympathicuserregung, verringert die Stabilität der Membran, erhöht die Permeabilität und steigert die Neigung zur Reizbildung, steigert die Erregbarkeit und beschleunigt die Erregungsleitung, indem es die Permeabilität der Membran vergrößert. Das gilt nur bis zu einer gewissen Grenze, denn eine *starke Herabminderung* der Membranruhespannung mit starker Negativierung führt zum Umschlag sämtlicher Merkmale. Es hört die Fähigkeit zur Reizbildung auf, die Erregbarkeit erlischt und die Erregungsleitung wird blockiert. Das kann man erzielen durch mechanische Verletzung, starke K-Konzentrationen und hochgradigen Katelektrotonus. Diese Zusammenhänge sind durch zahllose Versuche (ausführliche Darstellung bei EBBECKE, 1932, HÖBER, 1948, ROTHSCHUH, 1952) gesichert.

d) Das Flimmern und Flattern des Herzens

Manche Fragen, die bei der Behandlung der Entstehungsweise von Extrasystolen aufgeworfen wurden, begegnen uns wieder bei der Besprechung des *Flimmerns und Flatterns des Herzens*. Wegen zahlreicher Eigentümlichkeiten dieser Vorgänge und der Herausbildung besonderer Theorien über die Entstehungsweise dieser bedeutsamen Störungen der normalen Herztätigkeit erscheint dabei eine gesonderte Besprechung angebracht.

Mitte des vorigen Jahrhunderts (1850) zeigten LUDWIG und HOFFA, daß durch elektrische (faradische) Reizung das Zustandsbild des Flimmerns experimentell erhalten werden kann, wobei das Überdauern von der gewählten Reizstärke abhängt. Weniger sicher sind mechanische und thermische Reize. Daß ebenso wie die Kammern auch die Vorhöfe experimentell zum Flimmern gebracht werden können, beschrieb zuerst MAC WILLIAM (1887), der diesen Zustand als rapid flutter bezeichnete. 1909—1911 wurde das "auricular flutter" auch beim Menschen beschrieben (HERTZ und GOODHART, JOLLY und RITCHIE, RIHL). Zwar war das Krankheitsbild des ,,Delirium cordis" schon den alten Ärzten bekannt, aber die Abgrenzung gegenüber anderen Rhythmusstörungen erfolgte erst durch die Entdeckung MACKENZIEs, daß beim Vorhofflimmern die Vorhofzacke des Venenpulses fehlt, und durch die Analyse des arteriellen Pulses durch HERING, der auch zuerst das EKG des Pulsus irregularis perpetuus beschrieb. Den Nachweis des Zusammenhanges zwischen Vorhofflimmern und absoluter Arrhythmie, wie wir wegen der inzwischen möglich gewordenen therapeutischen Beeinflußbarkeit des Vorhofflimmerns den Pulsus irregularis perpetuus (HERING) heute besser benennen, erfolgte jedoch erst durch ROTHBERGER und WINTERBERG und etwas später durch LEWIS mit Hilfe des EKG, obwohl schon L. FRÉDÉRICQ zeigte, daß nach Durchschneidung des HISschen Bündels die absolute Arrhythmie von einer Kammerautomatie abgelöst wird.

Bereits LUDWIG und HOFFA führten das Flimmern darauf zurück, ,,daß die einzelnen anatomischen Elemente sich aus ihrer Beziehung zueinander lösen und die Gleichzeitigkeit ihrer Kontraktionen aufgeben". Damit war allerdings die Deutung dieser Erscheinung schon in eine bestimmte Richtung gewiesen. Ehe wir jedoch der Frage des Entstehungsmechanismus und damit der Theorie des Flimmerns nähertreten, sei das Phänomen selbst beschrieben, für das WENCKEBACH eine überaus treffende Beschreibung gab, die allerdings die unmittelbare Anschauung nicht zu ersetzen vermag. Da der Arzt in der Praxis so oft Gelegenheit hat, das Flimmern zu diagnostizieren, es aber in der Klinik niemals unmittelbar beobachten kann, sollte jeder Physiologe es in seinem Unterricht am eröffneten Brustkorb eines Warmblüters seinen Hörern demonstrieren!

WENCKEBACH und WINTERBERG beschrieben diesen eindrücklichen Versuch mit folgenden Worten: ,,Mit dem Momente, in dem das Flimmern einsetzt, hört der regelmäßige Wechsel von Zusammenziehung und Erschlaffung des Herzens auf. An seine Stelle tritt ein eigentümliches, schwer zu beschreibendes und mit dem Auge in seinen Einzelheiten kaum richtig zu erfassendes, gröberes oder feineres Wellenspiel. Bald erscheint die Oberfläche des Herzens von rascher oder langsamer ablaufenden, regelmäßig oder unregelmäßig durcheinanderziehenden Kontraktionen durchfurcht, bald ist kaum eine Bewegung wahrnehmbar. Erst bei genauer Betrachtung verrät das auf der feuchten Oberfläche spiegelnde Licht ein tausendfaches Zittern und Vibrieren, ein unaufhörliches sich Heben und Senken kleiner und kleinster Muskelteilchen. Die kraftlosen fibrillären Zuckungen, in welche sich die Gesamtkontraktion des Herzens auf diese Weise aufgelöst hat, setzen das Herz außerstande, das zuströmende Blut auszuwerfen, die Herzhöhlen blähen sich, mit der Unterbrechung des Kreislaufes erlischt auch die Zirkulation in den Coronargefäßen und das Herz stirbt, wenn das Flimmern nicht alsbald aufhört, in kurzer Frist ab. Wenn es zur Erholung kommt, geschieht dies immer in der Weise, daß das pausenlose Flimmern plötzlich sistiert, worauf nach einem kurzen Augenblick völliger Ruhe — der postundulatorischen Pause — der regelmäßige Herzschlag mit Kraft wieder einsetzt." Dieser Beschreibung wäre höchstens noch hinzuzufügen, daß der eigenartige Übergang des Flimmerns in eine koordinierte Tätigkeit mit Regelmäßigkeit so vor sich geht, daß das Flimmern sich dem Augenschein nach ,,verstärkt", d. h. zunehmend grobschlägiger und regelmäßiger wird (also erst ,,unreines", dann ,,reines Flattern"). Wenn sich das Flattern bis zu einer gewissen Frequenz verlangsamt hat, hört es auf, wobei hierbei noch zu bemerken ist, daß nach der schon von LUDWIG und HOFFA beschriebenen postundulatorischen Pause zuerst ein auffallend kräftiger Einzelschlag die normale Tätigkeit einleitet (Abb. 86). — Kommt es bei fortdauerndem Flimmern durch den Abfall des Aortendruckes zu Erstickungserscheinungen des Herzens, so geht das Flimmern schließlich in ,,Wühlen und Wogen" über: einzelne träge Wellen gehen über das Herz und mit fortschreitender Erstickung sieht man nur wurmförmige Bewegungen in der Tiefe.

Die *postundulatorische Pause* ist der postextrasystolischen Pause gleichzusetzen, der erste Normalschlag ist der erste Sinusreiz, der nach Wiedererlangung der Erregbarkeit eintrifft (WINTERBERG). Ältere Erklärungen (GERVIN, 1906) wollten die Pause dadurch erklärt wissen, daß durch den elektrischen Reizstrom die Erregbarkeit des Herzens herabgesetzt wäre. Es besteht aber völlige Erregbarkeit während der postundulatorischen Pause gegenüber dem Leitungsreiz. DE BOER widersprach dieser Auffassung von WINTERBERG; selbstverständlich können während der Pause zunächst mehrere Sinusreize unwirksam sein oder Hemmungswirkungen auf die physiologische Erregungsbildung durch die zahlreichen von den Vorhöfen ausgehenden Impulse vorliegen (s. dazu S. 10). Grundsätzlich ist aber offenbar das Gesetz der Erhaltung der physiologischen Reizperiode (ENGELMANN) (S. 164) erhalten.

Betrachten wir zunächst gesondert das *Flimmern der Vorhöfe* und seine Auswirkungen und erst anschließend das der Kammern des Herzens. Die *Ursachen des Vorhofflimmerns* sind beim Menschen nicht so bekannt wie beim elektrischen Reizversuch im Tierexperiment. Man scheint nicht ganz auszukommen ohne den wenig faßbaren Begriff der *Flimmerbereitschaft*, die jedenfalls gefördert wird durch Erweiterung und Dehnung der Vorhöfe (Hypertoniker, Mitralfehler). Auch Asphyxie begünstigt offenbar den Eintritt des Flimmerns (MACWILLIAM, KRONECKER, H. E. HERING). Schon das blutdurchströmte Froschherz ist nach DE BOER gar nicht, nach HABERLANDT viel schwerer zu überdauerndem Wühlen zu bringen. Zur *Auslösung des Vorhofflimmerns* genügen oft relativ geringfügige Anlässe [körperliche Anstrengungen, Aufregungen, meteoristische Reize (Vagus!), im Experiment oft schon eine mechanische Berührung]. Nach der *Frequenz* unterscheidet man Flimmern und Flattern, wobei für das erste Oscillationen von 350—600/min, für das Flattern von 240 bis 350 pro min beim Menschen angegeben werden. Im Anschluß an eine experimentelle Reizung ist

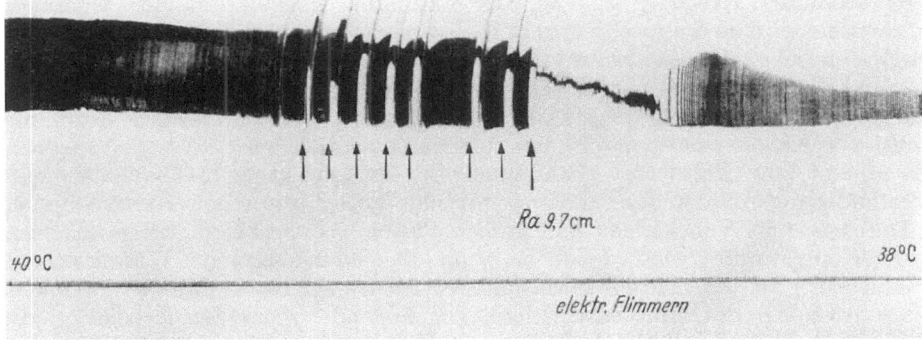

Abb. 86. Experimentell ausgelöstes Kammerflimmern (Katze, LANGENDORFFherz) bei zunehmenden Reizstärken (↑), Schwelle bei 9,7 cm Rollenabstand. Typischer Übergang des Flimmerns zur Normalrhythmik. (Nach E. SCHUTZ)

die Zahl der Oscillationen am höchsten, nach ROTHBERGER und WINTERBERG 3000—3500 („feinschlägig"), dann (am Hund) 800 bis 900 („grobschlägig"), während dem Flattern etwa 500—600 Oscillationen entsprechen. Klinisch findet man also nicht so hohe Frequenzen wie im Experiment (LEWIS, DRURY und ILIESCU). Die *Auswirkungen des Vorhofflimmerns* sind zunächst gekennzeichnet durch das Fehlen einer regelrechten Vorhofsystole (s. Schema 150a, S. 291). Entsprechend fehlt im Kardiogramm die präsystolische a-Zacke und ebenso im Venenpuls die a-Welle (MACKENZIE), die evtl. sogar kleine Flimmerwellen anzeigt (WENCKEBACH, MACKENZIE, LEWIS). (Auf Einzelheiten des Verhaltens der Venenpulskurve soll hier nicht näher eingegangen werden; es sei verwiesen auf die Darstellung von A. WEBER.) Im EKG fehlt die P-Zacke, die durch eine dauernde Kurvenunruhe ersetzt ist, die besonders gut in der Diastole und namentlich in Abl. II und III feststellbar ist und bei Thoraxableitungen stärker hervortreten kann. Der „Kurvenunruhe" entspricht natürlich eine große Zahl von P-Zacken (sog. f-Wellen), Verwechselungen mit Muskelaktionsströmen und den leicht an der Periodik (50 per sec) erkennbaren Wechselstromeinbrüchen müssen natürlich ausgeschlossen werden. Der Ausfall der Vorhofsystole wirkt sich auf die Entleerung der Vorhöfe und auf die Kammerfüllung aus, da die Vorhofkontraktion am Schluß der Füllungszeit noch Blut in die Kammer einpressen kann (s. S. 278, 281, 290, 292, 366). Die stärkste Auswirkung auf die Herztätigkeit erfolgt beim Vorhofflimmern auf den *Rhythmus der Kammer*, wobei das EKG des einzelnen Kammerschlages durchaus normal sein kann. Natürlich können schon vor dem Eintreten des Flimmerns EKG-Veränderungen vorliegen (av-Block!) und Abänderungen des Kammer-EKG bestimmter Art durch das Reizleitungssystem erfolgen. Davon abgesehen ist das Hauptsymptom des Vorhofflimmerns die *absolute Arrhythmie der Kammern* (HERING), d. h. eine Vorhof-Kammerfolge besteht nicht, und die Kammerschläge erfolgen völlig unregelmäßig. ROTHBERGER und WINTERBERG gaben dafür die klassische Erklärung. „Die das Flimmern und Flattern begleitende Arrhythmie der Kammern ist die Folge zu *schwacher*, gleichzeitig aber zu *zahlreicher* Leitungsreize, die zu verschiedenen und wechselnden Graden von Überleitungsstörungen führen." Neben der absoluten Größe der Reizstärke und Reizzahl ist nach ROTHBERGER und WINTERBERG auch das Verhältnis dieser zum *Leitungsvermögen* von Bedeutung. Geringe Änderungen im Sympathicus- und Vagustonus oder in der Ernährung, kurz kleinste, nicht mehr erkennbare Einflüsse aller Art führen zu scheinbar unregelmäßigen Schwankungen der Überleitung und der Überleitungszeit und damit zur absoluten Irregularität. Bei der absoluten Irregularität der Kammern unterscheidet man die rasche Form (Tachyarrhythmie) und die langsame (bradyarrhythmische oder pseudoeurhythmische) Form (GERHARDT), wobei die Frequenz normal oder sogar unternormal sein kann, so daß ohne EKG-Analyse Verwechselungen mit einer Sinusarrhythmie möglich sind. Bei der raschen Form mit 100—150 Kammerschlägen pro min bleiben natürlich viele Systolen frustran, es kommt zum Pulsdefizit (ROBINSON und DRAPER) (s. S. 151), daneben zum beständigen Größenwechsel (Inäqualität) des Pulses, die schon HERING als ein „Durcheinander von kleinen und großen Pulsen" beschrieb. Leitungsvermögen und Kontraktilität sind dabei bis zum äußersten belastet (WENCKEBACH). Namentlich bei der raschen Form mit den frustranen Kontraktionen kommt es zum Absinken des Minutenvolumens, zur fehlenden nervösen Regulation der Rhythmik (besonders fehlende chronotrope Vaguswirkung wegen der Ausschaltung des Sinusknotens). *Therapeutisch* wird das erste Ziel die Überführung in die langsame Form und damit die Verminderung des Pulsdefizits sein (Digitalis! — Entsprechend wird im Experiment die Tachyarrhythmie durch Vagusreizung vermindert, weil weniger Erregungen zur Kammer gelangen). Eine Beseitigung des Vorhofflimmerns ist möglich durch Chinin (WENCKEBACH auf Grund der Selbstbeobachtung eines Patienten) und noch besser durch das dem Chinin überlegene Chinidin [W. FREY (1918)]. Chinidin setzt die Flimmerfrequenz herab und kann dann die Herztätigkeit zum Normalrhythmus überführen, da es Erregbarkeit, Erregungsbildung und Leitungsvermögen vermindert, die absolute Refraktärphase verlängert (s. S. 87), aber auch die Kontraktilität herabsetzt (daher vorher Digitalis!). Wegen möglicher Thrombenbildung in den flimmernden Vorhöfen (Herzohren!) besteht bei der Regularisierung allerdings Emboliegefahr! Die Therapie kann also sowohl an der Beeinflussung der Kammerfrequenz wie auch an der Beeinflussung der Oscillationsfrequenz der Vorhöfe angreifen.

Das Flimmern erreicht, wie gesagt, offenbar beim Menschen nie die hohen Werte der Oscillationsfrequenz des Tierexperiments (LEWIS). Nach LEWIS wird die hohe Flimmerfrequenz von 2000—3000 nur bei direkter Vorhofreizung und im unmittelbaren Anschluß daran erhalten, auch soll sie nur auf die Umgebung der Reizelektroden beschränkt sein. WINTERBERG sieht allerdings darin die tatsächliche höchste Flimmerfrequenz. Bald nach der Reizung geht sie in tiefere Frequenzen über und schließlich in unreines und dann reines Flattern. LEWIS nannte das hochfrequente „Reizflimmern" (ROTHBERGER) "rapid excitation". Daß es sich um die höchste Flimmerfrequenz handelt, begründete WINTERBERG damit, daß es auch nach Vagusreizung erhalten wird. Denn eigenartigerweise steigt die Oscillationsfrequenz wieder durch *Vagusreizung* bis auf 2000—3000 pro min. Die Erwartung älterer Untersucher, daß man durch Vagusreizung die fibrillären Herzbewegungen hemmen könne, wird also nicht erfüllt, ja, für das Flimmern unterschwellige Reize lösen bei gleichzeitiger Vagusreizung Flimmern aus! Entsprechend kann Atropin das Nachflimmern verhindern, während Muscarin, Pilocarpin und Nicotin anhaltendes Flimmern hervorrufen. Unter Physostigmin kann Vagusreizung allein Flimmern hervorrufen, nach größeren Dosen Vorhofflimmern sogar „spontan" auftreten. LEWIS benannte das „Reizflimmern nach Vagusreizung" als "rapid reexcitation". ROTHBERGER und LEWIS deuteten es als Effekt der Verkürzung der Refraktärphase durch die Vagusreizung, mit dem Abklingen der lokalen Vaguswirkung hört es jedenfalls wieder auf. In einzelnen Fällen kann andererseits Vagusreizung das Flimmern plötzlich unterdrücken. Die Bedeutung der Befunde für die Theorie des Flimmerns und seine Erklärung werden weiter unten im Zusammenhang besprochen werden.

Das *Vorhofflattern* ("auricular flutter" von MACWILLIAM) ist ebenfalls durch faradische Reizung erhaltbar und findet sich gegen Ende des experimentellen Flimmerns. Die Frequenz liegt beim Menschen bei etwa 300 pro min. ROTHBERGER und WINTERBERG betonten zuerst die Tatsache, daß das im Endzustand des experimentellen Flimmerns erhaltene Flattern wesensgleich mit dem klinischen Flattern ist. Das Verhalten des arteriellen Pulses untersuchten zuerst RIHL und LEWIS, auch im Venenpuls kann sich das Flattern ausprägen. Den besten Aufschluß gibt auch hier das EKG, das mit relativ großer Amplitude, Gleichmäßigkeit und Regelmäßigkeit etwa 200—300 (280) Ausschläge pro min in „sägeblattähnlicher" Form gibt (LEWIS). Beim Übergang zum Flimmern, dem „unreinen Vorhofflattern", wechselt die Zackenform und ist nicht mehr ganz so regelmäßig. Wegen der geringeren Frequenz als beim Flimmern ergeben sich beim Vorhofflattern zwar auch Arrhythmien der Kammer, die aber nicht absolut unregelmäßig sind. Infolge wechselnder Blockierungsverhältnisse (meist 2:1 und 3:1 mit oft sprunghaftem Wechsel der Kammerfrequenz bei wechselnder Blockierung) kommt es zu einer immerhin analysierbaren Arrhythmie, die natürlich durch Wechsel der Leitungszeiten kompliziert werden kann (nach vorhergehenden Pausen kürzer, nach kürzeren Pausen länger). Nur wenige Fälle sind bekannt, in denen die Kammer im Vollrhythmus des Vorhofflatterns schlug. Bei Vorhoftachysystolie bis zu 240 pro min können in manchen Fällen beim Menschen die Ventrikel folgen, meist leitet jedoch das HISsche Bündel nicht so frequent. Es ergeben sich ja av-Leitungsstörungen grundsätzlich bei jeder Steigerung der Herzfrequenz und dadurch beim Vorhofflattern verlängerte Leitungszeiten, Leitungsausfall und intraventrikuläre Leitungsstörungen. Eine Abschwächung der zahlreichen Flatterreize und Leitungen mit Dekrement mögen ebenfalls hierbei eine Rolle spielen.

Das *Kammerflimmern* mit seiner plötzlichen Unterbrechung des Kreislaufs und mit der momentanen Vernichtung von Kreislauf und Leben ist glücklicherweise viel seltener als das Vorhofflimmern, was wohl mit der gleichzeitigeren Erregungszuleitung zur Kammermuskulatur durch das spezifische Leitungssystem im Gegensatz zu der muskulär-radiären Erregungsausbreitungsart im Vorhof in Zusammenhang gebracht werden muß. Die kurze Lebensdauer beim Eintritt des Kammerflimmerns wird deutlich durch HERINGs Bezeichnung als „*Sekundenherztod*". Der Nachweis der EKG-Veränderungen ist dabei einige Male geglückt. Daß es besonders häufig bei Sterbenden gefunden wurde, wurde schon im I. Kapitel erwähnt (ROBINSON, HOESSLIN, SCHELLONG). Abgesehen davon beobachtet man Kammerflimmern als Blitzschlag- und *Starkstromtod* (PRÉVOST und BATTELLI, BORUTTAU), wobei es offenbar ein besonderes „pathogenes Optimum" der wirksamen Spannung gibt (70—110 Volt ~), außerdem als „*Coronarflimmern*"

(HERING) bei Verschluß größerer Äste der Coronarien (Thrombose und Embolie), wie auch experimentell gezeigt werden kann (BEZOLD, LANGENDORFF, LEWIS, KAHN, HERING u. a.). Dabei findet man häufig die Reihenfolge: Extrasystolen, tachykardische Anfälle, endlich Kammerflimmern. Andererseits zeigte schon LANGENDORFF an seinem Herzpräparat, daß Abstellen der Durchspülungsflüssigkeit das Flimmern aufheben kann. Merkwürdigerweise führt der Pitressinkrampf der Coronarien sehr selten zum Kammerflimmern (GOLDENBERG und ROTHBERGER). Auch verhalten sich die einzelnen Coronaräste sehr verschieden bei der Auslösung des Flimmerns. Auf diese Befunde wird ebenfalls bei der Deutung des Flimmerns zurückzukommen sein. Andere Ursachen des Flimmerns geben weitere Probleme auf und zeigen, wie schwierig eine umfassende Deutung ist. Hierher gehört das *Narkoseflimmern* speziell bei Chloroformnarkose (CUSHNY, LEVY), und hier wieder gerade bei leichter Narkose! Für die Bedeutung sensibler Reize spricht die Auslösung durch Adrenalin bei leichter Chloroformnarkose und die Auslösung durch *Angst und Schreck oder Freudenbotschaft*. Vielleicht sind psychische Momente sogar bei dem Flimmern durch elektrische Unfälle bedeutsam (JELLINEK) (Resistenz der Elektromonteure!). Die Kammer des entnervten Herzens (auch nach Großhirnentfernung und Luminalnarkose des Hirnstamms) scheint jedenfalls flimmerresistenter zu sein (BRAUN und SAMET), ebenso wie Extrasystolen bei schwach chloroformierten Katzen nach Enthirnung (nach SHERRINGTON) verschwinden und entsprechend bei dezerebrierten Tieren gar nicht auftreten (BROW, LONG und BEATTIE). Jedenfalls ist es wahrscheinlich, daß Extrasystolen, Tachykardie und Flimmern vom Zentralnervensystem aus in ihrer Auslösbarkeit gefördert werden (s. dazu auch S. 189f.). Gelegentlich erhielten ROTHBERGER und WINTERBERG Kammerflimmern durch Reizung der Herznerven, besonders wenn vorher die Erregbarkeit der Accelerantes durch Bariumchlorid gesteigert wurde. In bestimmten Phasen seiner Aktivität ist das Herz *besonders* empfindlich gegenüber allen Einflüssen, die geeignet sind, Flimmern hervorzurufen — ein Phänomen, das im englischen Sprachbereich "Vulnerability" genannt wird. Erst durch die Untersuchungen von WIGGERS und WÉGRIA, 1940, und WÉGRIA und WIGGERS, 1940, WÉGRIA, MOE und WIGGERS, 1941, WIGGERS, 1949, ORIAS, 1949, BROOKS et al., 1951, und HOFFMAN et al., 1951 und 1955 konnte gegenüber älteren Anschauungen gezeigt werden, daß die "Vulnerability", d. h. die erhöhte Flimmerempfindlichkeit sich nur in der Phase der sich wiederherstellenden Erregbarkeit findet. Dies gilt für den Ventrikel wie für den Vorhof des Warm- und Kaltblüterherzens, das in seiner Funktion *nicht* beeinträchtigt ist (nicht „hypodynam" ist). BROOKS et al. geben an, daß die "Vulnerability"-Phasen in enger zeitlicher Beziehung zu den ebenfalls von ihnen beschriebenen „Dips" stehen. Besonders leicht ist während des späten „Dip" Flimmern auszulösen (s. dazu aber S. 88). Aus diesem Grunde wurde auch von älteren Autoren die besondere Flimmerempfindlichkeit für den Zeitpunkt der T-Welle des EKG bzw. für das Ende der mechanischen Systole angegeben. Während des frühen Dip ist es am Vorhof bei heute nicht gelungen, eine "Vulnerability"-Phase nachzuweisen und auch am Ventrikel gelang es HOFFMAN et al. nur gelegentlich, sie zu finden. Nur unter Abkühlung scheint umgekehrt während des frühen „Dip" Flimmern leichter zu provozieren zu sein, wie HEGNAUER und COVINO 1955 berichteten. Zur Erklärung des Zusammenhanges der „Dips" mit den "Vulnerability"-Phasen nehmen BROOKS et al. vor allen Dingen an, daß die Dips nicht in allen Herzelementen gleichzeitig auftreten und durch die so gegebene verschiedene Erregbarkeit verschiedener Bezirke die beste Voraussetzung für eine funktionelle Dissoziation des Myokards vorläge. Als pharmakologische Auslösung des Kammerflimmerns seien neben Adrenalin und Chloroform noch verhältnismäßig kleine Digitaldosen (intravenöse Strophanthininjektionen!) besonders in Kombination mit den beiden erstgenannten erwähnt und schließlich das Vorkommen von Kammerflimmern bei Infektionskrankheiten (besonders Diphtherie). Eine Therapie ist natürlich z. Z. fast aussichtslos, immerhin stehen im Vordergrund Herzmassage, künstliche Atmung und intrakardiale Adrenalininjektionen nach Aufhören der Herztätigkeit. Ob Hochspannungen evtl. weit über 1200 Volt (PRÉVOST und BATTELLI) — soweit überhaupt durchführbar — wirksam sind, ist noch nicht genügend gesichert.

Die dem Flimmern entsprechende Erscheinung am *Froschherzen* ist das langsamer ablaufende Bild des „*Wühlens und Wogens*", das durch Erwärmung des Herzens zum Bild des Flimmerns führen kann. Entsprechend führt Abkühlung des flimmernden Säugetierherzens zum Bild des Wühlens und Wogens. Daß HABERLANDT bei faradischer Reizung der lange Zeit vorher abgeklemmten, aber noch Trichtergewebe enthaltenden Herzspitze (nach Degeneration der Nervenfaser) Wühlen und Wogen der Froschherzspitze erhielt (s. Abb. 12, S. 35), wurde schon erwähnt und dabei erörtert, daß gerade dieser Befund der Ganglientheorie den Boden entzog.

Schon die verschiedenartigen auslösenden Ursachen des Flimmerns zeigen, ein wie schwieriges Problem hier vorliegt, ebenso zeigt das der eigenartige, im Experiment sich stets wiederholende Ablauf: Reizflimmern höchster Frequenz — Flimmern — Flattern — postundulatorische Pause — Einzelschlag — normale Rhythmik, wobei eine Vagusreizung Rückbildung in Flimmern verursacht (also in zunächst paradox erscheinender Weise keine Hemmung des Flatterns!) — es wird also durch Vagusreizung der Eintritt der postundulatorischen Pause und des Normalschlages hinausgeschoben! — Das gleiche findet man auch bei toxischer Vagusreizung (Muscarin, Physostigmin, auch durch Bulbusdruck beim Menschen und nach Digitalis). Das schwierigste Problem bleibt jedoch das plötzliche „spontane" Einsetzen und das plötzliche Aufhören des Anfalls. Dabei verhalten sich in ihrer „Flimmerresistenz" wie auch in der Dauer des Flimmerns die einzelnen Tiere eigenartigerweise sehr verschieden.

Herzen von Mäusen und Ratten sind sehr schwierig zu überdauerndem Flimmern zu bringen, bei Kaninchen und Katzen überdauert das Flimmern leicht, sie zeigen aber oft spontane Erholung (besonders nach Herzmassage), während Hundeherzen sich fast stets zu Tode flimmern. Ausnahmen sind beim Hund äußerst selten (und dann meist bei jungen Tieren, nach Abkühlung oder nach Behandlung mit bestimmten Pharmaka (Digitalis, Chinin, Novocain, Chloralhydrat, Cardiazol) (SCHÜTZ). HERING gab 1903 KCl als chemisches Gegenmittel an, das später auch WIGGERS mit nachfolgender Calcium-Injektion empfahl. An Affenherzen wurde vorübergehendes Kammerflimmern beobachtet (zuerst von KRONECKER), auch beim Menschen wurde vorübergehendes Kammerflimmern mehrfach beschrieben, wobei allerdings nicht immer sicher ist, ob nicht eine hochgradige Kammertachykardie vorlag. Das menschliche Herz wird als „nicht besonders stark empfindlich" angegeben, jedoch dürfte sich eine Wiederholung der bei TIGERSTEDT, Bd. II, S. 64 angegebenen Versuche einiger Autoren (1882—1889) nicht empfehlen.

Die älteste Auffassung über das *Wesen des Herzflimmerns* beruhte noch entsprechend den neurogenen Anschauungen ihrer Zeit auf der Annahme eines besonderen Koordinationszentrums, das durch den Einstich an einer bestimmten Stelle des Septums gelähmt werde und so das Flimmern hervorrufe (KRONECKER-*Stich* an der Grenze zwischen oberem und mittlerem Drittel des Kammerseptums). Als MACWILLIAM zeigte, daß auch die abgeschnittene Herzspitze des Säugetiers bei faradischer Reizung ins Flimmern gerät, und BEZOLD fand, daß Unterbrechung des Coronarkreislaufs Flimmern erzeugt, modifizierte KRONECKER seine Deutung dahingehend, daß das von ihm angegebene Herzgefäßzentrum (mit vasomotorischer Funktion) erregt werde und so Anämie verursache und dadurch die Koordination vernichte. LANGENDORFFs schon erwähnte Beobachtung, daß Aufhebung der Durchspülung bestehendes Flimmern hemme, entzog dieser Theorie weitgehend den Boden, zumal R. MAGNUS zeigte, daß die Tätigkeit des

Warmblüterherzens auch fortbesteht bei Durchströmung mit Gasen (O_2, H_2). Gegen ein Zentrum als Ausgangspunkt des Flimmerns sprechen vor allem die Befunde von MINES und DE BOER, daß *ein* Induktionsschlag oder *eine* Extrasystole unter Umständen Flimmern auslösen können. Immerhin blieb aus diesem historischen Gang die Feststellung, daß Anämisierung des Herzmuskels eine Flimmerdisposition schafft.

Die Ablösung der neurogenen durch die myogene Theorie brachte neue Deutungen (ENGELMANN, HERING, TRENDELENBURG). Die auf S. 176 gegebene klassische Beschreibung von LUDWIG und HOFFA ist der Ausgangspunkt der *Dissoziationstheorie*. So nahm ENGELMANN schon eine Entstehung automatischer Reize an abnormen Stellen an, die miteinander interferieren, auch HERING sah im Flimmern den höchsten Grad heterotoper Reizbildung, die W. TRENDELENBURG speziell an die venösen Ostien verlegte, so daß diese hochfrequent gebildeten Reize je nach Dauer ihrer Refraktärphase in verschiedener Frequenz von den verschiedenen Muskelzellen beantwortet würden. Allerdings muß es sich um eine *heterotope* Reizbildung handeln; das Erhaltenbleiben der physiologischen Reizperiode und das beim Frosch beobachtete Weiterpulsieren des Sinus sprechen dafür. Ausgebaut wurden diese Vorstellungen einer *multiplen Reizbildung* mit dadurch bedingter Auflösung der systolischen Gesamtkontraktion (von LEWIS „funktionelle Fragmentation" genannt) besonders von WINTERBERG; HERING, KISCH und HABERLANDT schlossen sich ihr an, wobei HERING, auch HABERLANDT für das Vorhofflimmern die multiple Reizbildung besonders in den Vorhofteil des av-Knotens, für das Kammerflimmern mehr in seinen Kammerteil (und in die Schenkelverzweigungen) verlegten, während ENGELMANN und WINTERBERG eine multiple Reizbildung überall zerstreut in den Muskelzellen annahmen. Es bleibt dabei beachtenswert, daß nach NOMURA Kammerstückchen nur *mit* PURKINJE-Fäden automatisch schlagen (s. S. 26) oder flimmern. Der KRONECKER-Stich erhielt so eine neue Erklärung! WINTERBERGs Feststellung, daß Vaguserregung den Vorhof leichter zum Flimmern bringt und dieses auch leichter erhält, wird dabei gedeutet durch eine weitergehende Separierung der einzelnen autochthonen Herde durch die Leitungserschwerung, wodurch die Wiederherstellung eines einheitlichen, von einer Stelle ausgehenden Rhythmus erschwert wird.

Mit der Einführung des Saitengalvanometers und der schon mehrfach erwähnten GARTEN-CLEMENTschen Differentialelektroden (S. 19) führte ROTHBERGER (1914, 1916) die ersten Untersuchungen über das Flimmern aus, die dann LEWIS 1920 durch gleichzeitige Ableitung von zwei Stellen (mit zwei Galvanometern) ergänzte. ROTHBERGER fand die mechanische und die elektrische Oscillationsfrequenz bis 800—900 pro min übereinstimmend, und LEWIS (1920) zeigte, daß zwei verschiedene Ableitungsstellen ebenfalls in der Frequenz übereinstimmen können. Auch WIGGERS fand beim reinen und etwas unreinen Flattern, daß auf jede Erregung eine koordinierte Muskelkontraktion folgt (RIHL). Bei sehr unreinem Flattern und bei klinischem Flimmern wird die Mehrzahl der Erregungen noch durch koordinierte Kontraktionen beantwortet. Erst bei sehr raschem Flimmern entsprechen die sehr kleinen mechanischen Ausschläge jeweils mehreren Erregungen. Als ROTHBERGER auch für das Kammerflimmern — allerdings nur in einzelnen Fällen und für kürzere Strecken — übereinstimmende Verhältnisse fand, folgerten ROTHBERGER und WINTERBERG, daß Flimmern und Flattern lediglich verschiedene Grade auriculärer bzw. ventrikulärer *Tachykardie* seien, wobei *grundsätzlich* die Tätigkeit *eines* heterotopen Zentrums genüge. „Formverschiedenheiten und Unregelmäßigkeiten kämen zwar häufig vor, machen aber nicht das Wesen des Vorganges aus." Langsames Flattern wäre danach in seiner unteren Grenze kaum abtrennbar von der paroxysmalen Tachykardie (s. dazu S. 168). Allerdings ist reines Vorhofflattern (200—300 pro min, meist 280) beim Menschen selten. Diese *monotope, heterotope Tachysystolie* wird ermöglicht durch eine starke Verkürzung der Refraktärphase. Dabei wird die überwiegend unkoordinierte Tätigkeit beim Flimmern von ROTHBERGER und WINTERBERG nicht in Abrede gestellt, aber die Dissoziation soll eben nicht das *Wesen* des Vorganges ausmachen. Flimmern und Polytopie sollen nicht *ursächlich* miteinander verknüpft sein, wenn auch die Reizbildung bei dem Eindruck der Inkoordination polytop sein *kann*. Die Erhöhung der Flimmerfrequenz durch Vagusreizung beruht danach auch auf der Verkürzung der Refraktärphase, was schon SAMOJLOFF — wie auch für die Muscarinwirkung — angab und durch SCHÜTZ direkt gezeigt werden konnte (s. Abb. 37, S. 86). KISCH fand allerdings bei Ableitung mit zwei Galvanometern so starke Abweichungen in Höhe, Form, Richtung und Zahl der Zacken, daß er keinen gegenseitigen gesetzmäßigen Zusammenhang annahm und den Nachweis einer koordinierten Herztätigkeit mit hoher Frequenz für nicht erbracht hielt, während FROEHLICH und PASCHKIS ebenfalls zu dem Schluß einer hochfrequenten Tätigkeit eines heterotopen Zentrums mit stark verkürzter Refraktärphase kamen. Eine Isorhythmie zweier Punkte kann natürlich, wie KISCH bemerkte, auch darauf beruhen, daß zwei Stellen trotzdem verschiedenen Zentren folgen. In der Verkürzung der Refraktärphase erblickten ROTHBERGER und WINTERBERG die letzte faßbare „Ursache" des Flimmerphänomens. Schon W. TRENDELENBURG zeigte, daß starkes Tetanisieren in der Tat die Refraktärphase maximal verkürzt und daß dann das Herz

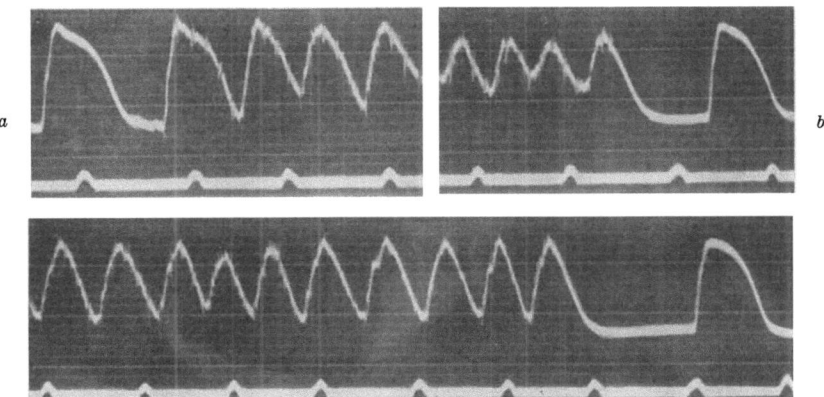

Abb. 87. Obere Abb. *a:* Einsetzen der faradischen Reizung; *b:* Aufhören der faradischen Reizung und Übergang zur Normalrhythmik. Untere Abb.: aus einem anderen Versuch, wie obere Abb. (*b*), Zeitschreibung in $^1/_5$ sec. (E. SCHÜTZ)

sehr frequenten Reizen zu folgen vermag. Auch SAMOJLOFF gab schon an, daß man sich mit zunehmender Reizfrequenz zu hohen Frequenzen des Herzens einschleichen kann. Im Zusammenhang mit den Ausführungen auf S. 81 zeigt sich das am anschaulichsten bei gleichzeitiger monophasischer Ableitung (SCHÜTZ) (Abb. 87). ROTHBERGER und WINTERBERG erwogen natürlich auch eine frequente multiple Reizbildung, legten aber, wie erwähnt, besonderen Wert auf die Befunde mit guter Übereinstimmung in der Betätigungsfrequenz auseinanderliegender Punkte. In der Tat sind solche Frequenzen der Größenordnung nach im Sinne einer Tachysystolie vorstellbar, Maus und Sperling weisen ja Frequenzen bis zu 1000/min auf, und am Hundevorhof läßt sich zeigen, daß er unter Vagusreizung (verkürzte Refraktärphase!, vgl. Abb. 37) noch bis zu 1100/min regelmäßig folgen kann (LEWIS, DRURY und ILIESCU). LEWIS zeigte z. B., daß Vagusreizung im Vergleich zum atropinisierten Herzen die Refraktärphase auf $^1/_5$ verkürzt. So kann man sich auch die Umbildung des Flatterns in Flimmern durch Vagusreizung [rapid reexcitation von LEWIS (s. S. 179)] erklären. Natürlich kann man zweifeln, ob es heterotope Zentren von so hoher Reizbildungsfähigkeit gibt und das oft dauernde Bestehenbleiben des Flimmerns ist dadurch auch nicht geklärt. Andererseits ist bei Annahme *zahlreicher* Reizbildungszentren schwer verständlich, warum diese auf einmal mit Beginn der postundulatorischen Pause ihre Tätigkeit einstellen.

Diese beiden *Theorien der unifokalen bzw. multifokalen Tachysystolie* machen andererseits den engen inneren Zusammenhang zu den extrasystolischen Erregungen verständlich, der zweifellos beim Flimmern besteht. Nach vereinzelten Extrasystolen findet man oft gehäufte Extrasystolen, dann kürzer oder länger dauernde tachykardische Anfälle und schließlich Flimmern, wie KAHN (1909) zuerst am Hund elektrokardiographisch zeigte. Auch beim Menschen kann sich — gelegentlich vorübergehend — aus dem Normalrhythmus das Bild abrollen, das sich über vereinzelte, dann gehäufte Extrasystolen eine auriculäre Tachykardie (240 per min), Vorhofflattern (bis 350) zu Flimmern (bis 600 und mehr) entwickeln, die Rückbildung des Anfalls erfolgt dann in umgekehrter Reihenfolge. Dabei ist zu beachten, daß das Reizleitungssystem besonders als Ursprungsort von Extrasystolen und Tachykardien in Frage kommt und man daraus schließen kann, daß von dort aus auch das Kammerflimmern besonders leicht auslösbar ist. So gab schon HABERLANDT an, daß er überdauerndes Flimmern fast ausschließlich durch Reizung der av-Gegend (an Frosch und Meerschweinchen und nur ausnahmsweise mit längerer Nachdauer bei Reizung der Herzspitze) erhielt [s. auch KRONECKER-Stich (S. 181), der die hocherregbaren Gebilde des Überleitungssystems trifft (HOFMANN, HABERLANDT, HERING)]. NOMURA (1924) gab den in diesem Zusammenhang wichtigen Hinweis, daß Stücke aus der Kammermuskulatur nur flimmern, wenn sie PURKINJE-Fäden enthalten. Auch herausgeschnittene PURKINJE-Fäden können flimmern, und die Gifte, die Extrasystolen, Tachykardie und Flimmern hervorrufen, erregen auch die isolierten PURKINJE-Fäden (ISHIHARA und PICK), während flimmerwidrige Mittel auch die PURKINJE-Fäden lähmen! Schließlich sind an diesen Strukturen hoher Automatie (s. I. Kap., S. 7) Frequenzen bis zu 300 pro min beobachtet worden. Aber man darf dabei nicht übersehen, daß dadurch gerade für das häufige *Vorhof*-Flimmern neue Probleme auftauchen! (s. S. 167).

Gegenüber diesen Theorien wurde eine ganz andere Auffassung der Flimmergenese entwickelt im Anschluß an die S. 115f. bereits erwähnten Experimente der kreisenden Erregung in Ringpräparaten.

Es wurde das Grundexperiment von A. G. MAYER (1908) am Mantel der Medusen und am Schildkrötenventrikel schon beschrieben, bei der die einseitige Umlaufrichtung durch eine vorübergehende einseitige Kompression neben der Reizstelle erreicht wurde. Es wurde an dieser Stelle (S. 116) auch schon auseinandergesetzt, daß die Umlaufzeit länger als die Dauer der Refraktärphase sein muß. Je länger die Kreisbahn bzw. je kürzer der Erregungsvorgang und je langsamer die Leitungsgeschwindigkeit ist, um so leichter muß eine kreisende Erregung auslösbar sein. Die Modifikation von MINES mit Ringen aus Vorhof und Kammer und aus den Vorhöfen großer Rochen bestand darin, daß er ohne Abklemmung durch einige rasch aufeinanderfolgende Reize die Kreisbewegung erhielt.

Auf dieser Grundlage wurden Theorien des Herzflimmerns entwickelt. Die Theorie von MINES (1913) ging von dem auf S. 115 beschriebenen "reciprocating rhythm" zweier benachbarter Herzteile aus und nahm an, daß etwas Entsprechendes auch in *einem* Herzteil der Fall wäre. Die frequente Reizung schafft die einseitige

Fortpflanzungsrichtung (s. S. 116) und setzt Erregungsdauer und Fortpflanzungsgeschwindigkeit herab. So könnten die Bedingungen für kreisende Erregungen beim Flimmern gegeben sein, wobei MINES nicht das Vorhandensein nur einer einzigen Welle beim Flimmern annahm.

Unabhängig von MINES entwickelte GARREY eine ähnliche Theorie, wobei er besonders betonte, daß die Flimmerresistenz offenbar proportional der Muskelmasse sei; kleine Tiere (Kaninchen, Ratten) geraten schwerer ins Flimmern und erholen sich leichter vom Flimmern als große (Hund, Kalb) (s. S. 181); kleine herausgeschnittene Stücke hören mit dem Herausschneiden auf zu flimmern und besonders in schmalen, dünnen Streifen sistiert das Flimmern bald wieder! Dadurch soll auch der Übergang des Flimmerns vom Vorhof auf die Kammer und umgekehrt verhindert sein (geringerer Querschnitt des Bündels), ebenso wie genügend schmale Muskelbrücken in Vorhof oder Kammer den Übertritt auf das andere Muskelstück verhindern. Jedenfalls liegt hier ein bedeutsames Problem vor, denn das Beschränktbleiben des Flimmerns auf eine Herzabteilung (jedoch niemals auf eine Herzhälfte!), das Nichtübergreifen von Vorhof auf Kammer ist ja lebensrettend! — Schließlich schnitt GARREY aus der Basis flimmernder Ventrikel großer Seeschildkröten einen Ring; bei geeigneter Schnittführung trat anstelle des Flimmerns eine Reihe von Kontraktionswellen auf, die einanderfolgend den Ring unaufhörlich durchzogen (circus contractions). Daraus ergibt sich die Schlußfolgerung, daß das Flimmern auf intramuskulären ringförmigen Bahnen beruhe und nur in Muskelbahnen von hinreichender Größe bestehen bleiben könne. Dabei nahm GARREY zur Erklärung der Einseitigkeit der Ausbreitung spontan entstehende Blockstellen an, da er z. B. beobachtete, daß eine Erregung einmal nur im äußeren Teil eines Ringes kreise und beim nächsten Umlauf nur den inneren Ringrand benutzte. Durch solche lokalen Blockstellen kann die Erregung in eine oder mehrere Kreisbahnen gezwungen werden. Reines Flattern wäre dann eine scharf begrenzte und an eine bestimmte Bahn gebundene, fortdauernde Kreisbewegung, während beim Flimmern zahlreiche Kreisbewegungen vorlägen, die fortwährend die Bahn wechseln. GARREY sowohl wie MINES nahmen also das Bestehen vieler gleichzeitig bestehender Kreisbewegungen an.

Auf diesen Grundlagen hat dann besonders LEWIS mit zahlreichen Mitarbeitern (FEIL, STROUD, DRURY, BULGER, ILIESCU u. a.) die *Theorie des circus movement* ausgebaut. Entsprechend den früher (s. S. 18) geschilderten Versuchen der Ermittlung des normalen Weges der Erregungsausbreitung im Vorhof versuchte LEWIS den Nachweis der Kreisbewegung beim reinen Vorhofflattern direkt durch Bestimmung des Weges und indirekt durch Berechnung der Rotation der elektrischen Herzachse während der einzelnen Flatterzyklen. Danach soll es sich um eine die obere Hohlvene umkreisende, die Taenia terminalis auf- oder absteigende und die untere Hohlvene umgreifende Bahn handeln, die durch Muskelzüge geschlossen wird, die an der Hinterwand die beiden Hohlvenen verbinden. Der Nachweis einer in sich geschlossenen Bahn ist allerdings nicht vollständig gelungen. Auch beim menschlichen Flattern soll eine derartige Kreisbewegung vorliegen, welche, die Hohlvenen umschlingend (GARREY), die Taenia terminalis abwärts und den linken Vorhof aufwärts läuft. (Von SCHERF wurde versucht, ob durch Querligaturen über die Mitte der Taenia terminalis das Flattern beendet werden könne. Da natürlich auch andere Bahnen möglich sind, konnte eine Entscheidung dadurch nicht geliefert werden, allerdings änderte sich nach der Ligatur weder Flatterfrequenz noch Form des EKG.) Beim Flattern soll nach LEWIS *eine* zentrale Erregungswelle vorliegen, von der aus zentrifugale Erregungen in die übrigen Vorhofteile ausgehen (Abb. 88). Das „unreine Flattern" (mit seiner höheren Oszillationsfrequenz) ist danach charakterisiert durch Zunahme der

Oscillationsfrequenz, eine weniger gleichmäßige Erregungsleitung und Entwicklung lokaler Blockstellen, die zum Ausweichen zwingen. Beim Flimmern ist schließlich durch weitere Zunahme der Oscillationsfrequenz die Bahn zu beständigen Umwegen gezwungen (Abb. 89). Beim Flattern folgt die Zentralwelle einer konstanten Bahn, während beim Flimmern je nach den Hindernissen wechselnde Wege eingeschlagen werden, jedoch stets mit dem Bestreben, in die ursprüngliche Bahn zurückzukehren. (Es ist schwer verständlich, warum die Erregung, wenn sie auch in andere Gebiete zu dringen vermag, sich immer nur in einem Muskelring zu bewegen bestrebt ist, und weiter bleibt die Frage offen, warum die zentrifugalen Erregungen nicht im EKG zum Ausdruck kommen sollen.) Diese Umwege entstehen durch eine ungleichmäßige Wiederherstellung der Erregbarkeit (partial refractoriness) und *scheinbar* wird so die Leitung verlangsamt. Vagusreizung

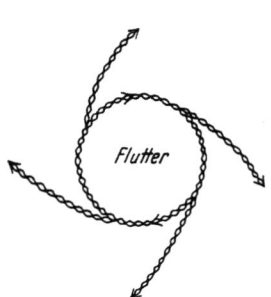 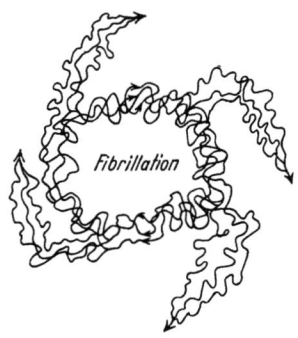

Abb. 88. Schema der Ringbahn, in der sich nach LEWIS die Erregung während des Flatterns fortpflanzt. Von hier sollen zentrifugale Erregungen ausgehen. (Aus DE BOER)

Abb. 89. Schema der Ringbahn, in der sich nach LEWIS die Erregung während des Flimmerns in buchtigen Linien fortpflanzt. Von hier sollen ebenfalls in buchtigen Linien zentrifugale Erregungen ausgehen. (Aus DE BOER)

stellt die normale Leitungsgeschwindigkeit wieder her, da die unerregbaren, den Weg versperrenden Fasern durch die Verkürzung ihrer Refraktärphase wieder wegsam werden. Auch die auf S. 179 erwähnte "rapid reexcitation" (Übergang von Flattern zu Flimmern bei Vagusreizung) erklärt sich so durch die Beseitigung von Hindernissen; die Verkürzung der Refraktärphase erhöht die Umlaufgeschwindigkeit der Mutterwelle bzw. verkleinert die Kreisbahn. Wenn andererseits selten auch eine Unterdrückung von Flimmern und Flattern durch Vagusreizung beobachtet wird, so erklärt sich das dadurch, daß die Welle infolge ihrer höheren Umlaufgeschwindigkeit in ihre eigene Refraktärphase fällt. Auch die Chininwirkung läßt sich so erklären, da die Oscillationsfrequenz mit Verlangsamung der Leitung abnimmt und das Flimmern beseitigt wird, wenn die Refraktärphase verlängert wird. Die partielle Unerregbarkeit der Muskulatur bei künstlicher Steigerung der Schlagfrequenz ist damit nach LEWIS die unmittelbare Ursache der Entstehung der Kreisbewegung beim Flattern und Flimmern, die unerregbaren Stellen sind dann die Blockstellen, die die Einseitigkeit der Erregungsausbreitung hervorrufen und so die Kreisbewegung in Gang setzen. In ähnlicher Weise führten auch BATTELLI und MORSIER aus, daß eine gleichzeitige Kontraktion aller Fasern stattfindet, solange die kritische Frequenz nicht erreicht ist — die durch den Reiz gesetzte Erregung trifft alle Fasern in Diastole —, beim Überschreiten der kritischen Frequenz sind dann aber nicht mehr alle Fasern in dem gleichen Zustand von Erregbarkeit und Leitfähigkeit, z. T. sind sie refraktär, z. T. nicht, und so entstehe ungleichzeitige Tätigkeit, d. h. das Flimmern. Die ungleichmäßige Wiederherstellung des Leitungsvermögens ist dabei natürlich ebenfalls bedeutsam. SCHMITT und ERLANGER zeigten später, wie gerade dadurch lokale Kreisbewegungen entstehen können. Voraussetzung der Kreistheorie ist dabei, daß in einer ringförmigen Bahn immer ein Stück erregbares Gewebe vor der kreisenden Welle liegt und so ihr Weiterschreiten ermöglicht. Das Ringpräparat zeigte ja schon das Erlöschen der Kreisbewegung durch einen Einzelreiz vor dem Kopf der Welle! Am ganzen Herzen beendet tatsächlich — allerdings nur *manchmal* — ein starker Einzelreiz das Flimmern (PRÉVOST und BATTELLI; BORUTTAU, HABERLANDT u. a.). Die Kreistheorie imponiert ohne Zweifel durch ihren geschlossenen Aufbau, jedoch bemerkte ROTHBERGER wohl mit Recht, daß der *Nachweis* der Kreisbewegung nicht befriedigend gelungen ist, auch ist an dem angegebenen anatomischen Weg Kritik geübt worden; amerikanische Autoren neigen dazu, entsprechend der ursprünglichen Ansicht von GARREY, viele Kreisbewegungen anzunehmen. Besonders bemerkenswert ist auch bei Kammerstückchen die schon angegebene Abhängigkeit des Flimmerns vom Gehalt an PURKINJE-Fasern.

Eine besonders zu behandelnde Modifikation der Kreistheorie gab schließlich DE BOER. Seine *Etappentheorie* ging von dem Befund von MINES (1914) aus, daß ein Einzelreiz kurz nach Ablauf der Refraktärphase Flimmern erzeuge (s. dazu "vulnerability", S. 180), und von der Beobachtung sog. fraktionierter Systolen bei der Digitalisvergiftung, bei der DE BOER länger dauernde Zuckungskurven mit mehreren Gipfeln erhielt. Er erklärte sie durch partielle Kontraktionen infolge lokaler Blockstellen (WENCKEBACH). Es komme also durch die Verschlechterung des metabolen Zustandes (auf die DE BOER besonderen Wert legte) nur ein Teil des Kammermuskels zur Kontraktion, der übrige Teil ist noch refraktär. Das Eigenartigste und eigentlich kaum Verständliche an DE BOERs Auffassung ist nun die Vorstellung, daß der kontrahierte Teil, solange sein Kontraktionszustand andauert (!), weiter Erregungen aussenden kann und so schließlich einen benachbarten Teil (nach Ablauf dessen Refraktärstadium) zur Kontraktion bringen kann. So wird der ganze Umlauf der Erregung („wie ein Irrlicht") *ruckweise*, „in Etappen" zurückgelegt. Schließt dann die letzte Etappe an die erste an, so liegt eine Kreisbewegung vor. Jeder „Etappe" entspräche dann ein Ausschlag im EKG. Beim Flimmern ist die Zahl der Etappen entsprechend größer als beim Flattern. Der Zunahme der Oscillationsfrequenz entspricht also eine größere Zahl von Etappen. Beim Übergang vom Flattern zum Flimmern zerfällt entsprechend der Einzelumlauf in mehrere Absätze; das Flimmern nach Vaguserregung (rapid reexcitation) entstehe durch Ausbildung lokaler Blockstellen (während nach LEWIS durch Vagusreizung die Leitungsgeschwindigkeit durch Verkürzung des refraktären Zustandes erhöht wird!). Der *Einzelreiz kurz nach Ablauf des Refraktärstadiums*, dessen Bedeutung schon MINES (1914) hervorhob, ist also deswegen so wesentlich, weil er eine Teilkontraktion, eine erste Etappe, hervorrufe, und weil in diesem Moment — ebenso wie bei der toxischen Digitalisvergiftung — der metabole Zustand der Kammer schlecht ist, d. h. die Erregungsleitung besonders verlangsamt und die Refraktärphase verkürzt sind. Versuche am Kaltblüterherzen (MINES, DE BOER) und am Warmblüterherzen (ANDRUS, CARTER und WHEELER) ergaben in der Tat, daß oft bei Vagusreizung ein Einzelreiz kurz nach Refraktärphasenende nicht eine Extrasystole, sondern Flimmern auslöst. Da auch ein nicht-künstlicher Reiz dazu in der Lage ist, wäre damit eine Beziehung des Flimmerns zu den Extrasystolen gegeben! [Von HABERLANDT wurde allerdings die Bedeutung des früh erfolgten Einzelreizes, auf den DE BOER (1921) so großen Wert legte und den auch LEWIS, DRURY und ILIESCU (1921) am Hundeherzen bestätigten, bestritten, er fand Flimmern auch bei spät gesetzten Reizen, während frühe Extrareize nur Einzelkontraktionen auslösten. Es sind auch ganz kurze Flatteranfälle („intermittierendes Vorhofflattern"), die durch Vorhofextrasystolen eingeleitet wurden, bei Menschen beschrieben worden, bei denen die Extrasystole spät in der Diastole einfiel (WOLFERTH)]. Da nach DE BOER die Erregung jedesmal auf andere Weise zirkuliert, wird in unregelmäßigen Intervallen der av-Knoten beim Umlauf getroffen, und so entstände die absolute Arrhythmie der Kammer beim Vorhofflimmern. Der Haupteinwand gegen die Theorie DE BOERs ist die Unmöglichkeit der Vorstellung, daß die Erregung gewissermaßen warten kann und daß der in der Kontraktion befindliche Teil Erregungen aussenden kann. Unsere in früheren Kapiteln abgeleiteten Grundvorstellungen ergaben die *Anstiegssteilheit* als Reiz auf das Nachbarelement und das *Scheitern* einer Erregung an einer Refraktärphase, die abgewiesene Erregung kann nicht später wirksam werden! Damit ist aber auch das *ruckweise* Fortschreiten der Erregung in der von DE BOER gebildeten Vorstellung zweifelhaft. GARREY und SAMOJLOFF zeigten ja übrigens auch den *stetigen* Fortgang der Erregung bei der Kreisbewegung! Gegen die DE BOERsche Auffassung sind noch wesentliche weitere Einwände erhoben worden, auf die hier nicht weiter eingegangen werden soll, da das Hauptbedenken in unseren elektrophysiologischen Grundvorstellungen liegt.

So stehen sich auch heute noch zwei große Gruppen von Theorien über die Entstehung des Flimmerns und Flatterns gegenüber. Der Gegensatz ist nicht so absolut, daß sie sich ausschließen — auch ROTHBERGER meint, daß die Erregungen z. T. Kreisbahnen benutzen könnten —, aber die Frage ist, ob die Kreisbewegungen *Ursache* des Flatterns und Flimmerns sind. Die Theorie der Tachysystolie bzw. der multiplen Reizbildung erklärt den Zusammenhang zwischen Extrasystolen, Tachykardie, Flattern und Flimmern, vermag aber nicht, das plötzliche Einsetzen und Aufhören des Flimmerns zu erklären. Die Kreistheorie ist andererseits nicht geeignet für langsame Tachykardien und besonders für spät einsetzende Extrasystolen. Allerdings ist der Grundversuch sehr eindrucksvoll und Umkehrsystolen und Wechselrhythmus sind Beispiele für eine derartige Erregungswanderung. Vielleicht liegt einleitend eine Tachysystolie ohne Kreisbewegung vor[1]; mit Verkürzung der Refraktärphase, Verschlechterung der Leitung und ungleichmäßiger Erholung entständen dann lokalisierte Kreisbewegungen hoher Frequenz (als anatomische Grundlage könnte man besonders an die zahllosen kleinen Kreisbahnen der PURKINJE-Fasern denken! S. Abb. 1, S. 141). Jedenfalls bestände dann, wie sowohl LEWIS als auch ROTHBERGER ausgeführt haben, kein unüberbrückbarer Gegensatz zwischen beiden Gruppen von Theorien, die sich mit so ungemeiner Heftigkeit befehdet haben. WINTERBERG sagte 1924 mit Recht: „Jeder der Theorien haften gewisse Mängel an, die von ihren Gegnern bloßgelegt, von ihren Anhängern verschleiert werden." Abschließend sei noch berichtet, daß M. PRINZMETAL und Mitarbeiter (1951—1953) neue Untersuchungen über das Geschehen beim Vorhofflimmern und Vorhofflattern am Hundeherzen und am Menschenherzen gemacht haben. Dazu wurden nebeneinander vom freigelegten Herzen Filmaufnahmen mit einer Bildfrequenz von 3000/sec bei kurzem Aufnahmeabstand und EKG-Aufnahmen mit dem Kathodenstrahloscillographen gemacht. Die Ergebnisse am Hundeherzen und am Menschenherzen (im Verlauf von operativen Freilegungen) waren die gleichen. Das Vorhof*flattern* nahm stets seinen Ursprung von einem einzigen ektopischen Reizbildungsherd und teilte sich von dort beiden Vorhöfen mit. Beim Vorhofflimmern des menschlichen Herzens beobachtet man stets den Zerfall der geordneten Kontraktion in eine völlig unkoordinierte Tätigkeit zahlreicher Areale; es sieht so aus, wie an der Oberfläche von kochendem Wasser, wo der Ort des Lichtreflexes mit dem Aufsteigen der Dampfblasen dauernd wechselt. Beim experimentellen *Flimmern* am tierischen Herzen lassen sich zwei Formen unterscheiden. Bei der einen beherrscht ein frequent reizbildender Herd das grobschlägige Geschehen, bei der andern dominiert ein feinschlägiges höherfrequentes Flimmern. Kreisende Erregungen wurden nie beobachtet. Das elektrische Bild bestätigte die Ergebnisse der Filmaufnahmen. Beim feinschlägigen Flimmern des Hundeherzens wurden 7000—20000 Flimmerwellen/min an einem Punkt registriert, beim Menschenherzen 300—600/min bis zu mehreren Tausend.

Anhangsweise sei noch kurz auf die *paroxysmale Tachykardie* eingegangen, dem von A. HOFFMANN so genannten „*Herzjagen*", das eine Mittelstellung zwischen Extrasystolen und Flimmern einnimmt und damit auch zwischen den beschriebenen Theorien steht, von dem man daher nicht recht weiß, wohin es eigentlich gehört. Urplötzlich schlägt dabei der Normalrhythmus in eine rasende Herzaktion von 120—200 pro min — meist bei völliger Regelmäßigkeit — für Sekunden oder Tage um und hört plötzlich — oft mit kompensatorischer Pause, zuweilen mit einer Reihe gehäufter Extrasystolen — auf. Für den klassischen Typ (*Maladie de* BOUVERET-HOFFMANN) ist dabei charakteristisch das scheinbar unmotivierte Auftreten der scharf umschriebenen Anfälle und die Wiederholung der

---

[1] Dem entspräche auch eine Einteilung des Ablaufs, wie sie neuerdings WIGGERS auf Grund gleichzeitiger elektrokardiographischer und kinematographischer Untersuchung am Hundeherzen gab: 1. Tachysystolie (koordiniert), 2. (convulsive Incoordination, 3. Tremulous Incoordination, 4. Atonic Incoordination.

Anfälle. Die Herztöne folgen dabei in perpendikelartiger Gleichmäßigkeit der Abstände (Embryokardie). Der Vagusdruck (sog. Carotisdruckversuch auf den Halsvagus, Bulbusdruckversuch, Tiefatmung und VALSALVAscher Versuch) ist offenbar neben Chinin das wirksamste Mittel zur Unterdrückung der Anfälle. In Deutschland ist die *Einteilung nach dem Ausgangsort* üblich, und so wird eine Sinus-, Vorhof-, av- und Kammertachykardie unterschieden, wobei die ventrikuläre Form ernster als die auriculäre ist, verständlicherweise, weil die Vorhoftachykardie oft Vorstufe des Vorhofflimmerns und die ventrikuläre Vorstufe des tödlichen Kammerflimmerns sein kann. Die EKG-Form ergibt sich aus dem EKG der einzelnen Extrasystolen [*Vorhof:* P abnorm, Kammerkomplex wie Normalschlag; *Tawara:* P oft negativ, Kammerkomplex unverändert, bei mittlerem Knotenursprung P unsichtbar, bei unterem Knotenteil P erst nach R; *Kammer:* ventrikuläre Extrasystolen aneinandergereiht (s. S. 166ff.)]. Bei der Zurückführung auf eine gesteigerte Tätigkeit heterotoper Zentren bleibt allerdings auffallend die Plötzlichkeit des Einsetzens und des Aufhörens[1]. Die Kreistheorie lehnten WENCKEBACH und WINTERBERG für die paroxysmale Tachykardie ab, auch die LEWISsche Schule sieht Schwierigkeiten bei ihrer Anwendung auf die paroxysmale Tachykardie. DE BOER wollte das KENTsche Lateralbündel für die av-Tachykardie heranziehen (Zurücklaufen auf den Vorhof!). Jedoch ist, wie wir auf S. 130 sahen, dessen Existenz umstritten und nicht zu verstehen, warum das KENTsche Bündel gerade hier so funktionsbereit sein soll und nicht auch z. B. bei einem totalen Block.

e) Die physiologischen und pathologischen Abweichungen der Erregungsleitung

Die systematische elektrokardiographische Untersuchung Herzgesunder, wie sie während des Krieges in größerem Umfang namentlich bei Fliegereignungsprüfungen vorgenommen wurde, hat in neuerer Zeit das Augenmerk besonders auf solche Abweichungen vom Normalen bei körperlich voll leistungsfähigen Individuen gelenkt. Die Ergebnisse werden weiter zu sammeln sein und auch der Klinik zugute kommen. BRAUCH hat auf einige derartige Fälle seiner Beobachtung hingewiesen: *vorübergehender* partieller Block, Verlängerung der Überleitungszeit (0,25 sec!) besonders bei sportlichem Training, die sich unter sportlicher Belastung zurückbildet oder gleichbleibt, sich jedenfalls nicht verlängert (REINDELL und DELIUS). Diese Verlängerungen können auch sonst *vorübergehend* bei nichttrainierten, leistungsfähigen Personen auftreten, weiter wurde aufmerksam gemacht auf *vorübergehende* negative P-Zacken bei normalem PR-Intervall (Coronarsinusrhythmus?) (s. Anm. S. 24) und *vorübergehende* Interferenzdissoziation (Bradykardie mit abwechselnder Sinus- und av-Knotenführung), die unter Belastung bei höherer Herzfrequenz von einer reinen Sinusführung abgelöst wurde. In allen derartigen Befunden wird es — wie überhaupt! — nötig sein, häufigere Nachuntersuchungen anzustellen, um Einzelbefunde nicht zu überwerten. In Zusammenarbeit mit der Nervenklinik (H. KEHRER) wurden von uns bei der Lufteinblasung in die Ventrikel (Encephalographie) *vorübergehende*

---

[1] Die französischen Autoren (YACOEL) unterscheiden 1. Maladie de BOUVERET-HOFFMANN = av-Tachykardie, 2. Maladie de MACWILLIAMS = Vorhofflattern mit regelmäßiger oder unregelmäßiger Kammertätigkeit (ganz unregelmäßige Form als „fibrilloflutter" bezeichnet). — GALLAVARDIN (1922) unterscheidet 1. *paroxysmale Tachykardie* (Maladie de BOUVERET) unabhängig von einzelnen Extrasystolen [Tachycardie paroxystique à centre excitable (durch Anstrengungen oder psychische Erregungen hervorgerufen)], 2. *extrasystolische Tachykardie* auriculären oder ventrikulären Ursprungs (Extrasystolie à paroxysmes tachycardiques, bei der die primäre Störung im Auftreten von Extrasystolen liegt; er hält also die nahe Verwandtschaft zwischen einzelnen Extrasystolen und eigentlicher paroxysmaler Tachykardie für nicht so gut begründet. Schließlich gibt er als 3. Form die *terminalen Tachykardien* an. — GERAUDEL will die paroxysmale Tachykardie im engeren Sinne (Maladie de BOUVERET) nicht gelten lassen, sie wäre nichts anderes als Vorhofflattern mit voller Überleitung, ebenso wäre Vorhofflimmern nur eine Hypertachyatrie (und zwar das Flattern eine „monorhythmische Tachyatrie", das Flimmern eine „poikilorhythmische Hypertachyatrie"). — Von klinischen Besonderheiten (besonders MAHAIM, GALLAVARDIN u. a.) muß *in diesem Zusammenhang* abgesehen werden.

Veränderungen der Herztätigkeit erstaunlichen Ausmaßes gefunden, die auf die starke vegetativ-nervöse Reizung bei dem Eingriff zurückzuführen sind und uns so die tiefgreifende nervöse Beeinflußbarkeit der Herztätigkeit zeigen. Während der Lufteinblasung in die Hirnventrikel und kurze Zeit danach findet sich außer starken Abflachungen der T-Zacke, die bis zu deren Negativität führen können, ein Tieferrücken des erregungsbildenden Zentrums vom Sinus in tiefere Vorhofteile bis zum Knotenrhythmus und zur Kammerautomatie (bis zur Frequenz von 20 pro min!), wobei sogar vorübergehend intraventrikuläre Verspätungskurven mit schenkelblockähnlichen Bildern auftreten. Gleichzeitig ergeben sich dabei die verschiedensten Form- und Lageänderungen der P-Zacke. Weiter kommen unter den genannten Eingriffen Interferenzdissoziation, Vorhofextrasystolen, Bigeminie, extreme Bradykardie und Bradyarrhythmie, QT-Verlängerungen und -Verkürzungen und auch U-Zacken zur Beobachtung, die also in diesem Experimentalfall am Menschen *cerebral* ausgelöst werden können. Ähnliche Beobachtungen machten in geringerem Ausmaß auch ABELES und SCHNEIDER; HOFF und FLUCH. Auf zentral ausgelöste Herzstörungen bei Hirntumorkranken wiesen auch ASCHENBRENNER und BODECHTEL hin (s. dazu auch die Ausführungen auf S. 180 über nervöse Auslösung von Extrasystolen, Tachykardie und Flimmern des Herzens). Wie weit alle diese Veränderungen oder ein Teil von ihnen als *direkte* Wirkung der Herznerven oder auf dem Umweg einer nervösen Beeinflussung der Coronarien aufzufassen sind, ist dabei eine besondere Frage. Bemerkenswert und interessant ist, daß die entsprechenden Veränderungen fast alle auch unter starker O_2-Mangelwirkung zur Erscheinung kommen. Es handelt sich also jedenfalls um sehr massive Einwirkungen; die Abweichungen am Gesunden unter Normalbedingungen sind dagegen außerordentlich selten. Unter physiologischen Bedingungen ist die Erregungsausbreitung in ihrem Ablauf sehr konstant und äußeren Einwirkungen gegenüber recht resistent — ganz im Gegensatz zur Erregungsbildung, also der Herzfrequenz, die, wie wir sahen, eine sehr große Labilität aufweist.

Bei der Besprechung der Erregungsleitung (Kap. III) wurde schon verschiedentlich zur Erläuterung der Verhältnisse auf die möglichen Fälle verzögerter oder unterbrochener Erregungsleitung im Herzen hingewiesen. Im folgenden sollen diese Möglichkeiten nach der so gewonnenen Kenntnis der allgemeinen Gesetzlichkeiten in aller Kürze *systematisch* dargestellt werden und dabei zugleich auf die *speziellen* Theorien derartiger Leitungsstörungen eingegangen werden[1].

Nachdem die bahnbrechenden Untersuchungen über die muskulären Verbindungen zwischen Vorhof und Kammer (GASKELL, MACWILLIAM, WOOLDRIDGE, TIGERSTEDT, HIS, ENGELMANN u. a.) und die physiologischen Experimente darüber (HIS, FRÉDÉRICQ, HUMBLET, HERING, ERLANGER u. a.) bekannt geworden waren, entwickelte sich auf dieser Basis die Lehre von den Leitungsstörungen des Herzens. Der Gedanke, daß auch beim Menschen als Ursache von krankhaft gestörter Herztätigkeit die im Tierexperiment gefundenen Leitungsstörungen in Frage kommen, stammt aus der Schule ENGELMANNs (MUSKENs) und wurde schon vor der EKG-Ära besonders durch MACKENZIE und WENCKEBACH weiterentwickelt. Dadurch wurde nachgewiesen, daß Störungen des Herzrhythmus nicht nur durch Extrasystolen, sondern auch durch Leitungsstörungen entstehen können. Namentlich die imponierende Analyse des Pulsbildes durch WENCKEBACH hat die Erkenntnis darüber entscheidend gefördert.

Die Kenntnis der in früheren Kapiteln behandelten normalen Bahn der Erregungsleitung vom Sinusknoten bis zum PURKINJEschen Netzwerk ist Voraussetzung für das Verständnis der Leitungsstörungen. Denn auf dieser ganzen

---

[1] Eine ausführliche Behandlung ist aus Raumgründen nicht möglich. Es sei dafür besonders auf ROTHBERGER (1931), SCHAEFER (1951), ROTHSCHUH (1952) verwiesen.

Bahn können Störungen auftreten, die ganz allgemein um so deutlicher in Erscheinung treten, je geringer der Querschnitt der Bahn ist (HISsches Bündel), während z. B. an den peripheren Verzweigungen selbst erheblich größere Störungen weit geringere Folgen haben. Als Störungen ergeben sich entweder nur als einfachster Fall Verzögerungen der Leitung oder in schwereren Fällen zeitweise oder dauernde Unterbrechungen in Form eines Ausfalls der Kontraktion des abhängigen Herzteils. Die sicherste Diagnose gibt auch hier das EKG, während Herzschall- und Venenpulsschreibung nicht so genau und zuverlässig sind. Man beachte dabei, daß es Störungen mit einer ausgesprochen schlechten Prognose gibt (Schenkelblock), die — klinisch zunächst unbemerkt — *nur* durch das EKG mit Sicherheit erkannt werden können. Die Bedeutung einer rechtzeitigen Erkennung bei bestimmten Berufen (Piloten!) liegt auf der Hand.

Für Leitungsstörungen kommen mannigfache *Ursachen* in Frage. Als physikalische Einflüsse seien erwähnt Kälte (GANTER und ZAHN, s. S. 17, 21), Wärme (reversibler Wärmestillstand!) und Sauerstoffmangel (die besondere Empfindlichkeit des Überleitungssystems ist von luftfahrtmedizinischer Bedeutung!), Gefäßerkrankungen besonders mit nachfolgender Ischämie spielen eine erhebliche Rolle, worauf zuerst die Experimente von KAHN, ROTHBERGER und SCHERF hinwiesen und deren klinische Bedeutung besonders GÉRAUDEL hervorhob, z. T. gehört auch lokaler Druck in diese Gruppe auslösender Ursachen, bei der auch Blutergüsse, Tumoren, entzündliche Durchtränkungen u. a. eine Rolle spielen. Ebenso wie lokaler Druck vermag auch Dehnung eine auslösende Rolle zu spielen, da bei Hypertrophie und Dilatation nach TAWARA das Bündel nicht mit hypertrophiert und so eine Dehnungsatrophie möglich ist (KEITH und MÖNCKEBERG). (Zwar sahen wir auf S. 111, daß nach SCHELLONG eine reine Dehnung die Leitungsgeschwindigkeit nicht ändert, aber hier würde es sich dann um sekundär-atrophische Prozesse handeln.) DALY und STARLING (1922) sahen auch durch Steigerung des Kammerinnendruckes oder durch vermehrte Füllung einen experimentellen partiellen av-Block in einen kompletten Block umschlagen, der bei Herabsetzung von Druck und Füllung wieder partiell wurde. Hier ist offenbar die Dehnung Ursache einer verschieden starken Schädigung. Die besonders häufige toxische Ursache von Leitungsstörungen muß weiter in diesen Zusammenhang erwähnt werden (besonders Diphtherie, Polyarthritis rheumatica (ASCHOFFsche Knötchen werden hierbei oft besonders reichlich im Reizleitungssystem gefunden!), auch die Digitalis muß neben der nervös über den Vagus möglichen Wirkungsart bei den toxischen Einflüssen genannt werden, wobei die Erschwerung der Überleitung z. T. therapeutisch erwünscht erscheint[1]. Nach dem Gesagten ist verständlich, daß die Kombination: Erstickung, Digitalis und Vaguserregung zusammen besonders leicht zu Leitungsstörungen führt.

Das sichere Vorkommen eines *sinuauriculären Blocks*, beim Kaltblüter als I. STANNIUSsche Ligatur seit langem bekannt, wurde am Menschen erst durch WENCKEBACH (1906) erwiesen.

ENGELMANN (1897) hatte zwar schon am Froschherzen und dann auch HERING an Kaninchenherzen entdeckt, daß die Hohlvenen schneller schlagen können als die Vorhöfe, auf Grund von WENCKEBACHs Befunden schloß sich HERING und LEWIS der Deutung als eines sinuauriculären Blocks an. Die Schwierigkeit für eine derartige Annahme liegt in den vielfachen anatomischen Verbindungen zwischen Sinusknoten und Vorhof, die lokale Gewebsveränderungen als Ursache unwahrscheinlich erscheinen lassen. Im Tierversuch muß also der Sinusknoten auf allen vier Seiten vom Vorhof getrennt werden, damit der Vorhofrhythmus sich ändert (COHN, KESSEL und MASON). Auch EYSTER und MEEK haben das (1916/17) gründlich untersucht und gefunden, daß ein Sinusblock beim Warmblüter nur schwer erzeugbar ist. Der Grund liegt sowohl in der diffusen Erregungsausbreitung wie auch in der relativ hohen av-Automatie. Bei schlechten Ernährungsverhältnissen andererseits bleibt mit Aussetzen des Sinus das ganze Herz stehen (COHN, KESSEL, MASON). Auch ROTHBERGER und SCHERF konnten bei Unterbindung der Gewebsteile, die Sinusknoten und Vorhof verbinden, nur schwer einen partiellen Sinusblock mit Ausfällen erhalten. SCHERF gelang das dann durch Abbinden der Sinusknotenarterie bei gleichzeitiger lokaler Sinuserwärmung und dadurch

---

[1] Die blockierende Wirkung der Digitalis ebenso wie die Digitalisbradykardie wird zwar meist auf eine Vaguswirkung bezogen, jedoch trifft das nach HEYMANN und HERING nicht zu. Daß Digitalis die av-Leitung durch direkte Wirkung auf das Bündel verschlechtert, ist (1906) von TABORA gezeigt worden und geht besonders aus den Versuchen von SCHELLONG hervor, der am Herzstreifen nach Digitalis WENCKEBACHsche Perioden erhielt (S. 82, 196).

bedingter Mehrbeanspruchung der erhalten gebliebenen Verbindungen, besonders wenn gleichzeitig Chinin zur Herabsetzung der Automatie untergeordneter Zentren verabreicht wurde. Die Ausführungen zeigen, wie schwer es ist, Ort und Ursache eines Sinusblocks zu verstehen; ganz im Gegenteil zum av-Block, wo die lokale Schädigung der engbegrenzten Leitungsbahn evident ist. Weder das früher erwähnte WENCKEBACHsche Bündel, noch die THORELschen Fasern, noch auch die von EYSTER und MEEK beschriebenen Leitungsbahnen (S. 133 ff.) befriedigen als das vielgesuchte anatomische Substrat; noch schwieriger ist die Beantwortung der Frage, wie die Erregung durch anatomische Läsionen aufgehalten werden soll, wenn man mit LEWIS eine allseitig gleichmäßige Erregungsausbreitung in der ganzen Peripherie des Knotens annimmt; LEWIS spricht deshalb von Störungen *im* Knoten, nicht in der den Knoten und Vorhof verbindenden Muskulatur; speziell die Verlängerung des an sich schon langen Refraktärstadiums des Knotengewebes (nach DRURY und BROW am Sinusknoten um 30% länger als in der Vorhofmuskulatur) soll dabei eine Rolle spielen. Aber auch dann müßte man, wie WENCKEBACH mit Recht bemerkt, zusätzlich annehmen, daß die reizbildende Stelle weniger affiziert ist als das umgebende Knotengewebe; die am wenigsten betroffene Stelle müßte als Ort der Erregungsbildung funktionieren. Wo die anatomischen Veränderungen anzunehmen sind, läßt sich jedenfalls nicht sicher sagen, nervöse und toxische Einflüsse auf das Knotengewebe sind schon eher denkbar. Von GÉRAUDEL wurde besonders der Einfluß von Störungen der Blutversorgung betont, und ROTHBERGER und SCHERF erhielten tatsächlich av-Rhythmus, sobald die Sinusknotenarterie abgebunden wurde, mit deren Freigabe trat wieder Sinusrhythmus auf.

Da die Tätigkeit des Sinus — wenigstens beim Menschen — nicht registrierbar ist, ist der Nachweis eines Sinusblocks nur indirekt möglich, und eine einfache Leitungsverzögerung überhaupt nicht feststellbar. [Von manchen Autoren wurde diese bei Spaltungen der P-Zacke vermutet (EINTHOVEN, NÖRR, WEIL), da jedoch (nach LEWIS) die Sinuskontraktion der P-Zacke vorausgeht und im EKG nicht zum Ausdruck kommt, dürfte das nicht haltbar sein.] Ein Sinusblock — übrigens ein relativ seltenes Ereignis beim Menschen — muß daher aus der Rhythmusstörung erschlossen werden. Bei einer völligen Blockierung einer Erregung liegen die Verhältnisse noch übersichtlich, es fällt einfach ein ganzer Herzschlag von Vorhof und Kammer aus, und so resultiert eine Herzpause von der doppelten Länge als normal. Dieser Zustand kann plötzlich einsetzen und wieder aufhören, es ergibt sich dann also evtl. eine extreme Bradykardie mit der Hälfte der Normalfrequenz bei normaler Vorhof-Kammer-

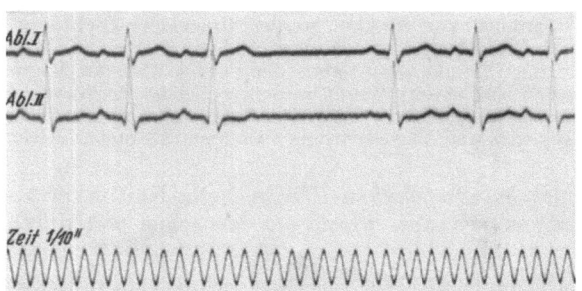

Abb. 90. Sinuauriculärer Block. Zeitweise fällt eine ganze Herzrevolution aus. (Nach A. WEBER)

folge. Bei Anstrengungen findet dann evtl. plötzlich wieder ein Übergang zur doppelten Herzfrequenz statt (LEWIS) (Abb. 90).

Das Intervall kann auch etwas kürzer als ein doppeltes Normalintervall sein, weil der letzte Reiz vor dem Ausfall langsam, der erste nach ihm rascher geleitet wird, das darauffolgende Intervall kann wieder etwas verlängert sein, so daß die Verkürzung beim Vergleich mit dieser deutlich wird (RIHL). Komplizierter werden die Verhältnisse natürlich bei Berücksichtigung der normalen Sinusarrhythmie (EYSTER und MEEK; MARTINI und MÜLLER); liegt eine Heterotopie der Ursprungsreize im Sinusknoten selbst vor, so werden die Verhältnisse und ihre Deutung noch schwieriger. Das genaue „Doppelintervall" ist jedenfalls der einfachste und überzeugendste Fall.

Leitungsstörungen im Vorhof erschließt man aus Veränderungen der P-Zacke bei erhaltenem Sinusrhythmus. P ist dabei verlängert, aufgesplittert oder negativ. Die Spaltung der P-Zacke wird dabei auf ein dissoziiertes Schlagen der beiden Vorhöfe bezogen (GROEDEL), so wie auch beim Gesunden schon die häufige leichte Spaltung als Ausdruck der Ungleichzeitigkeit der Kontraktionen der beiden Vorhöfe aufgefaßt wird. Jedenfalls weisen Formwandlungen der P-Zacke auf eine abnorme Erregungsausbreitung hin; Unterbrechung bestimmter Bahnen im Vorhof macht hochgradige Veränderungen der P-Zacken (ROTHBERGER und SCHERF). Allerdings liegen auch hier die Verhältnisse nicht ganz einfach. Es wurde an anderer Stelle (S. 137, 166) schon erwähnt, daß beim Hund positive P-Zacken bei sicherem av-Rhythmus und negative P-Zacken bei Sinusrhythmus vorkommen! Heterotopie der Erregungsbildung (d. h. Wechsel des Reizbildungsortes) und Veränderungen der Erregungsausbreitung sind also auch elektrokardiographisch schwierig zu unterscheiden (SCHELLONG empfahl dazu die Anwendung der EINTHOVENschen Methode des gleichzeitigen Dreiecks).

Leitungsstörungen am absterbenden Vorhof beobachtete zuerst HERING (1900); KISCH (1921) beschrieb unter gleichen Bedingungen das Auftreten von Partialkontraktionen am Vorhof. Experimentell erhielten ROTHBERGER und SCHERF bei Unterbrechung der Verbindungen zwischen Sinusknoten und bestimmten Teilen des rechten Vorhofs hochgradige P-Veränderungen, besonders bei Ligatur des BACHMANNschen Interauricularbandes und des vom unteren Sinusknotenende gegen den av-Knoten zu verlaufenden Torus Loweri — die Unterbindung von beiden hatte fast immer av-Rhythmus zur Folge (cave: Ligatur der Sinusarterie!) —, während parallel zur Taenia terminalis oder gegen die Lungenvenen zu angelegte Ligaturen keinen Einfluß auf P haben, wenn der Torus verschont wird. Zu verweisen ist in diesem Zusammenhang auch nochmals auf die Vorstellungen einer gesonderten Sinus-Kammerleitung (EYSTER und MEEK), z. B. vom unteren Sinusknotenende über den Torus Loweri zum av-Knoten, so daß P in R oder kurz vor R bei langsamer Sinusvorhofleitung und normaler Sinuskammerleitung bzw. bei beschleunigter Sinuskammerleitung und normaler Sinusvorhofleitung möglich wäre.

In der praktischen Elektrokardiographie werden noch besondere Typen von P-Veränderungen herausgehoben, das „*P-mitrale*" (in Abl. II und I erhöht, gespalten, über 0,1 sec verlängert), meist als Ausdruck einer Vorhofhypertrophie angesehen, aber da auch im Experiment Druck und Dehnung zu Leitungsstörungen führen, ist an diese als Ursache zu denken, es läge dann kein prinzipieller Unterschied vor (WEBER). — „*P pulmonale*" mit erhöhtem, aber nicht verbreitertem P findet man bei Widerstandserhöhung im kleinen Kreislauf und Einengung der atmenden Fläche und schließlich zeigt das „*P bei Cor bovinum*" ein in Abl. II und III erhöhtes, verbreitertes und eingekerbtes P.

Das praktisch und theoretisch wichtigste Kapitel sind *Leitungsstörungen* der *Vorhof-Kammer-Leitung*, ist doch das av-Leitungsgewebe besonders empfindlich (Diphtherie, Sauerstoffmangel!). Wir werden zunächst diejenigen Störungen betrachten, bei denen *beide* Kammern gleichmäßig betroffen werden, bei denen die Störung also *vor* der Teilung des Crus commune liegt (*Querdissoziation*, von WENCKEBACH auch *Stammblockierung* genannt). Diese Störung ist in ihren feinsten zeitlichen Veränderungen erfaßbar, da die normale Überleitungszeit — von Beginn P bis Beginn Q genau meßbar — in Abl. II 0,13—0,16 sec (0,12 bis 0,17 sec) (nach LEWIS und GILDER) beträgt und der Grenzwert bei 0,20 sec liegt (betr. physiologische Extreme, s. S. 189). Eine Verlängerung über 0,20 sec ist in der Regel als pathologisch anzusehen. Der einfachste und geringgradigste Fall der gestörten av-Leitung ist die *Verlängerung der Überleitungszeit* (gemessen von Beginn P bis Q) Man erhält sie im Experiment durch Abkühlung, Vergiftung, Kompression und durch Mehrbeanspruchung bei frequenter Vorhofreizung. Ein höherer Grad der Leitungsstörung ist die *Periodenbildung durch Kammersystolenausfall (partieller Block)*, bei dem zwei Typen zu unterscheiden sind, der *Typ I* mit fortschreitender Verlängerung des av-Intervalls und der *Typ II*, d. h. Ausfälle bei gleichbleibendem av-Intervall. Die zunehmende Leitungsverzögerung mit Kammersystolenausfall, den Typ I, hat man WENCKEBACH zu Ehren als WENCKEBACHsche *Perioden* bezeichnet (s. Abb. 92). Die Unterteilung in diese beiden Typen birgt, wie wir noch sehen werden, erhebliche Schwierigkeiten für die Erklärung des Zustandekommens der Periodenbildung in sich. Der höchste Grad der av-Leitungsstörung ist schließlich der *totale Block (kom-*

plette av-Dissoziation), bei dem eine vollständige Unterbrechung der Leitung vorliegt und der im Anschluß an den partiellen Block besprochen werden wird.

Bei der Besprechung der *Ursachen* (s. oben sinuauriculärer Block) seien besonders die *rein funktionellen* (d. h. nicht organisch bedingten) hervorgehoben, die unter sehr verschiedenen Umständen in Erscheinung treten können, z. B. beim Vagusdruckversuch (der linke Vagus wirkt vornehmlich negativ dromotrop auf die av-Leitung), dann vor allem alle Steigerungen der Vorhoffrequenz, also sehr frühe Vorhofextrasystolen, der einer interponierten Kammerextrasystole folgende Schlag, die paroxysmale auriculäre Tachykardie und das Vorhofflattern, also jegliche Mehrbeanspruchung ohne gleichzeitige Acceleranserregung [eine solche erfolgt im Arbeitsversuch, bei Aufregung oder durch toxische Sympathicusreizung (Basedow, Adrenalin)]. So verstärkt jede derartige Vermehrung der Erregungen — schon Vorhofextrasystolen — die Blockerscheinungen (ERLANGER), eine Vaguswirkung auf den Sinus setzt sie entsprechend herab. Daß das Vorhofflattern mit seiner hohen Erregungsfrequenz fast immer Blockerscheinungen (am häufigsten 2:1) zur Folge hat (v. KRIES, ROTHBERGER und WINTERBERG, LEWIS) wurde im betreffenden Abschnitt schon besprochen. Interessant ist, daß auch ventrikuläre Extrasystolen einen av-Block verstärken können (ERLANGER, LEWIS und OPPENHEIMER), offenbar deshalb, weil Kammerextrasystolen, die nicht auf den Vorhof zurücklaufen, die Bahn mindestens bis zum av-Knoten rückläufig in Anspruch nehmen. — Besonders zu besprechen ist auch der bis zur totalen Dissoziation fortschreitende Block bei Asphyxie (SHERRINGTON, LEWIS und MATHISON), der unabhängig vom Vagus und auch noch am decerebrierten Tier auftritt. Die Ursache ist nicht die CO_2-Anhäufung, sondern der O_2-Mangel (MATHISON) (s. Abb. 84, S. 170). Von GREENE und GILBERT wurde er auch am Menschen bei fortschreitender Herabsetzung der O_2-Spannung gefunden. ANDRUS und CARTER und ANDRUS und DRURY, die eine verschlechterte Leitung in saurer Lösung fanden, halten die vermehrte Säuerung für die Ursache des O_2-Mangelblocks.

Die *partiellen Blockierungen* pflegt man durch das Zahlenverhältnis der Vorhofsystolen zu den Kammersystolen zu kennzeichnen (unpraktischer und auch nicht so allgemein üblich ist es, das Zahlenverhältnis der Vorhofsystolen zu den blockierten Erregungen zugrundezulegen). Die Deutung ist, wie schon erwähnt, dadurch erschwert, daß es zwei Typen des Ausfalls gibt (Typ I mit von Schlag zu Schlag zunehmender Leitungsverzögerung, Typ II als Ausfall ohne Leitungsverzögerung). WENCKEBACH deutete die von Schlag zu Schlag zunehmende Verlängerung der Überleitungszeit (mit oder ohne Ausfall) (Typ I) als Ermüdung der Leitungsfunktion des Bündels, d. h. durch zunehmende Verringerung der Leitungsgeschwindigkeit: der Reiz werde nicht mit genügender Schnelligkeit, vielleicht auch nicht mit genügender Stärke geleitet, der Ausfall der Kammersystole entstehe dann durch ein völliges Versagen der Erregungsleitung. Die Tatsache einer Refraktärphase der Leitung und des sich in der Diastole kurvenmäßig sich wieder herstellenden Leitungsvermögens (S. 112) ist hier heranzuziehen. Die vorliegende Ruhe- oder Erholungszeit, der Abstand zur vorhergehenden Erregung wird damit bedeutsam, und so würde sich erklären, daß mit höherer Frequenz die Leitungsstörung zunimmt.

An dieser WENCKEBACHschen Deutung des Typ I ist vielfach Kritik geübt worden, diese betrifft letztlich ENGELMANNS Lehre von der relativen Unabhängigkeit der Grundeigenschaften des Herzmuskels[1], an der zuerst HERING, dann STRAUB und KLEEMANN; F. B. HOFMANN, TAIT, LEWIS, MOBITZ Zweifel äußerten und die entscheidend erschüttert wurde durch SCHELLONG. Die darauf basierenden Grundvorstellungen mit der zentralen Rolle der Erregbarkeit wurden auf S. 110 dargestellt. Die verminderte Erregbarkeit ist die Ursache der verzögerten Erregungsleitung, da das in seiner Erregbarkeit herabgesetzte Element nur eine entsprechend abgeschwächte Erregung zu produzieren in der Lage ist. Da Erregung und Reiz immer neu entstehen — jenseits der geschädigten Zone gewinnt die Erregung wieder ihre normale Stärke — sind Leitungsverlangsamung und Unterbrechung abhängig vom Zustand der Faser an der betreffenden Stelle, letztlich also lokale Effekte. WENCKEBACH bemerkt selbst, daß auf Grund der

---

[1] (Reizbildung, Erregungsleitung, Erregbarkeit und Kontraktilität.)

Vorstellung, daß Änderungen der Erregbarkeit gleichsinnig den Änderungen der Leitung sind, ein Festhalten an der ursprünglichen Auffassung einer allgemein verzögerten Leitung in der ganzen, der Überleitung dienenden Bahn dann nicht mehr möglich ist, zumal WENCKEBACH den Typ I durch Verzögerung bzw. Versagen der Erregungsleitung, den Typ II durch Änderung der Erregbarkeit bei erhaltenen Leitungsvermögen zu erklären versuchte. STRAUB und MOBITZ leugneten das verlangsamte Fortschreiten der Erregung in der Leitungsbahn überhaupt und sehen die Ursache darin, daß die Erregung an der Übergangsstelle von Vorhof auf Knoten oder im Knoten selbst (MOBITZ) bzw. am Übergang des spezifischen Systems zur Kammermuskulatur (STRAUB) eine längere Latenz aufweist. Besonders HERING und LEWIS verlegten die Verzögerung dorthin, wo nach HERING die Leitung schon normalerweise besonders langsam ist, d. h. in den av-Knoten. Am einfachsten erläutert diese Vorstellungen die schematische Darstellung in Abb. 91 nach WENCKEBACH.

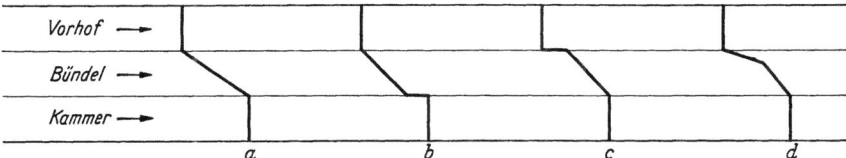

Abb. 91. Die Verlangsamung der av-Leitung. *a* Nach WENCKEBACH, gleichmäßige Leitungsverzögerung im Bündel; *b* nach STRAUB, der übergeleitete Reiz wird von der Kammer verspätet beantwortet (Latenz); *c* nach MOBITZ, Latenz an der av-Grenze, dann ungehinderte Weiterleitung; *d* nach HERING-LEWIS, Verzögerung hauptsächlich im av-Knoten. (Aus WENCKEBACH-WINTERBERG)

STRAUBs *Theorie der Kammerlatenz* (1906 zuerst von ERLANGER der Erklärung des partiellen Blocks zugrundegelegt) nimmt an, daß im erkrankten Bündel der Reiz abgeschwächt, jeder aber gleich schnell geleitet würde, die Kammer habe gegenüber dem schwachen Reiz eine längere Latenz und antworte verspätet, die nächste Vorhofsystole treffe infolgedessen frühzeitiger nach der vorhergehenden Kammerkontraktion ein und habe eine noch längere Latenz zur Folge, bis schließlich ein Reiz in die refraktäre Phase der Kammer falle und gar nicht mehr wirksam werde. So erklärt sich nach STRAUB die schrittweise Verlängerung des Vorhofkammer-Intervalls, das somit zu einem wachsenden Teil von der Latenz der Kammermuskulatur eingenommen wird. Die Latenzverlängerung werde bestimmt durch das Mißverhältnis zwischen Stärke des geleiteten Reizes und dem jeweiligen Grad der Erregbarkeit der Kammer. Partielle Querläsionen des Hisschen Bündels sollen z. B. Abschwächung der Reizstärke bewirken. (Schon OERWALL hatte die Gruppenbildungen am erstickten Froschherzen auf eine von Schlag zu Schlag zunehmende Reizabschwächung — statt auf eine Herabsetzung der Leitfähigkeit — zurückgeführt.)

Nach der auf Grund mathematischer Beweisführung aufgestellten *Latenztheorie von* MOBITZ ist es das Überleitungssystem, das vom Vorhof aus mit verschiedener Latenz erregt wird; in einer späteren Arbeit wird die schrittweise Intervallverlängerung in den ASCHOFFschen Knoten, und zwar an den Übergang von seinem Vorhofteil zum Kammerteil verlegt. Auch nach MOBITZ soll die Erregung stets gleich rasch geleitet werden, gegenüber STRAUB wird aber der Ort der Verzögerung, der Latenz, in den av-Knoten verlegt. „Im ASCHOFFschen Knoten entsteht die Erregung eine gewisse Zeit nach Eintreffen der Sinuserregung" (v. HÖSSLIN). Unmittelbar nach Ablauf eines Refraktärstadiums ist entsprechend die Latenz am längsten. Der Knoten speichert also gewissermaßen das vom Vorhof zufließende „Reizmaterial" und bringt es schließlich zur Explosion, d. h. veranlaßt die Kammersystole.

Zu den Latenztheorien bemerkt WENCKEBACH mit Recht, daß eine Latenz in der notwendigen Größenordnung eine Hypothese ad hoc darstellt. Am Herzstreifen fand SCHELLONG eine methodische Latenz von 2—4,5 msec. W. FREY ermittelte sie schon 1914 am Säugetierherzen mit 4 msec. v. TSCHERMAK gibt zwar ein etwas länger dauerndes Latenzstadium des (isolierten, blutleeren) Froschherzens von 16,54 ± 6,32 msec an, das bei Absterben und Abkühlung auf 20—50 msec ansteige, während es nach SCHELLONG überhaupt fraglich ist, ob es eine echte Latenz überhaupt gibt. Gleichgültig, wie diese später noch zu behandelnde Frage entschieden wird, sind das Größenordnungen, die zur Erklärung der Blockerscheinungen nicht ausreichen. Auch fand SCHELLONG keine Verlängerung der Latenz bei Herabsetzung der Erregbarkeit in der relativen Refraktärphase, — auch nicht bei direkter Muskelschädigung

(Kälte, KCl, Quetschung), auch war eine Variation der Reizstärke nicht von Einfluß. Das Herzmuskelelement kann wohl verlangsamt in Erregung geraten und die Nachbarfasern später erregen, aber das ist schon eine verlangsamte Fortpflanzung, keine Verlängerung der eigentlichen elektrischen Latenz der Muskelfaser! Wir müssen also schließen, daß eine Latenz im Sinne von STRAUB und MOBITZ nicht zur Erklärung der Blockerscheinungen in Frage kommt, ebenso haben SCHERF und SHOOKHOFF Latenzänderungen als Ursache von Leitungsstörungen ausschließen können.

SCHELLONG untersuchte die Periodenbildung an Herzstreifen nach Digitalisvergiftung und bestätigte im Prinzip die WENCKEBACHsche Auffassung gegenüber STRAUB und MOBITZ[1]. Das im folgenden wichtige Verhalten nach mehreren rhythmisch aufeinanderfolgenden Erregungen wurde für Normalverhältnisse schon auf S. 82 dargelegt. (Die Erholung der Erregbarkeit erholt sich nach der letzten Erregung oft rascher als nach der ersten, die Erholung der Erregungsgröße verläuft dagegen nach einer späteren Erregung gewöhnlich genauso wie nach der ersten.) Nach Digitalis zeigt die Erholung nach mehrfacher Reizung eine *kumulative Verschlechterung* (SCHELLONG). Die Folge ist, daß die dritte Erregung noch stärker verkürzt ist als die zweite, entsprechend verlängert sich zunehmend die absolute Refraktärphase, es kann ein weiterer rhythmischer Reiz unbeantwortet bleiben, es kommt zum periodischen *Systolenausfall*. Auch die Erregungsleitung bei rhythmischer Reizung wurde von SCHELLONG untersucht. Unter Digitalisvergiftung ergibt sich eine zunehmende Leitungsverlangsamung, bis schließlich ein Ausfall der Erregung eintritt, d. h. es lassen sich am Streifenpräparat echte WENCKEBACHsche Perioden hervorrufen. Die zunehmende Leitungsverlangsamung ist der Ausdruck der immer schlechter werdenden Erholung. So bestätigte sich experimentell die Auffassung WENCKEBACHs, daß es sich beim Typ I um eine echte, zunehmende Leitungsverzögerung handelt. Auch die Vorstellung, daß sich das geschädigte Gewebe während des Kammerausfalls erholt und den nächsten Reiz deshalb wieder rascher zu leiten vermag, besteht zu Recht. Die Annahme einer stets normal schnellen Leitung des abgeschwächten Reizes läßt sich dagegen nicht halten, wie sie besonders bei der Latenztheorie eine Rolle spielt.

In allen Theorien spielt also die Erholung nach jeder Systole eine wesentliche Rolle, außerdem wird die Stärke des den Herzmuskel durcheilenden natürlichen Reizes herangezogen. Man hat oft, wie die vorhergehende Übersicht zeigt, mit einer *Abschwächung des Leitungsreizes* gerechnet (ÖHRWALL, HERING, ERLANGER, WINTERBERG). So faßten, wie S. 178 erwähnt, ROTHBERGER und WINTERBERG auch die Leitungsstörungen beim Flimmern und Flattern als Folge zu schwacher, weil zu zahlreicher Leitungsreize auf. Eine Reizabschwächung bis zur Unterschwelligkeit ist bei Frequenzzunahme auch in dem besprochenen SCHELLONGschen Schema grundsätzlich denkbar. Nach den allgemeinen elektrophysiologischen Vorstellungen ist zwar die Erregungsleitung nicht mit dem Transport einer sich mit der Wegstrecke vermindernden Substanzmenge vergleichbar, sondern, wie schon an mehreren Stellen ausgeführt wurde, dem Verhalten einer Zündschnur, also als sukzessive Auslösung eines Vorganges zu denken, dessen Intensität von den Vorbedingungen abhängig ist, die dieser in seiner Bahn vorfindet (WENCKEBACH); damit im Einklang stand die Unabhängigkeit von der Bahnbreite (unbeschränkte Auxomerie, S. 107), die ebenfalls nicht als Blockursache in Frage kommt (S. 109). Demgegenüber stehen Experimente von DRURY, die letztlich

---

[1] Besonders betont werden muß dabei an dieser Stelle, daß es nicht ohne weiteres statthaft ist, von einer verlängerten Leitung auf eine verlängerte Refraktärphase und umgekehrt zu schließen: Kälte verlangsamt die Erregungsleitung und verlängert sowohl die absolute Refraktärphase wie die Erholung (SCHÜTZ), Digitalis verlangsamt ebenfalls die Leitung, verkürzt aber die Refraktärphase (SCHELLONG), das gleiche liegt bei der Vaguswirkung vor (SCHÜTZ). Die Verzögerung des Anstiegs der abgeschwächten (d. h. der an Dauer und Höhe verminderten) Erregung gibt auch hier die Erklärung.

zu der Annahme einer *Leitung mit Dekrement* führen, die zwar kein Gegensatz zu den Grundvorstellungen, aber doch eine zusätzliche Erweiterung, eine neue Besonderheit unter bestimmten Bedingungen (schwerere Schädigung?) darstellen.

DRURY maß die Leitungsgeschwindigkeit im druckgeschädigten Vorhof und fand innerhalb der gedrückten Zone zwischen drei Ableitungspunkten eine *zunehmende* Verlangsamung der Leitung bis zu Blockerscheinungen. In Übereinstimmung mit den Grundvorstellungen wurden die EKG-Ausschläge dabei fortlaufend kleiner und langsamer. Man könnte natürlich den Einwand einer distal geringeren Erregbarkeit bzw. eines ungleichmäßigen Klemmdruckes machen. Aber DRURY und ANDRUS bestätigten die Ergebnisse bis zum völligen Erlöschen der Erregung besonders bei Durchströmung mit O_2-freier Locke-Lösung von zu geringer Alkalinität. Mit der Möglichkeit einer dekrementiellen Leitung wird man immerhin rechnen müssen, zumal SCHÜTZ und LUEKEN sie auch am „Aktionsphänomen" (Lokalerregungen am Reizort, s. S. 91) in bestimmten Fällen am Herzmuskel gefunden haben.

Auch die Frage nach dem *Ort der Leitungsverzögerung* liegt nicht so einfach, wie es zunächst in der ursprünglichen WENCKEBACHschen Auffassung erscheint. Daß normalerweise ein beträchtlicher Teil der Überleitungszeit auf den Durchgang der Erregung durch den av-Knoten beruht, wurde schon von HERING bewiesen. Daher kann man auch bei *allgemeiner* Schädigung des *ganzen* Herzens (Kälte, Asphyxie, Digitalis) die Verlängerung in erster Linie dem Knoten zuschreiben (LEWIS, WHITE und MEAKINS). WENCKEBACH nahm schon selbst die Korrektur vor, daß also nicht unbedingt das ganze Leitungssystem mit Verzögerung zu antworten brauche. Da andererseits grundsätzlich jede geschädigte Stelle mit Leitungsverlangsamung reagieren kann, ist daneben bei engbegrenzten Erkrankungen *jede* erkrankte Stelle in Betracht zu ziehen. Versuche von SCHERF und SHOOKHOFF (1925), die am Hundeherzen einen Schenkel durchschnitten und den anderen durch leichten Druck für kurze Zeit funktionsunfähig machten, zeigen, daß sich die typischen Erscheinungen des partiellen Blocks auch in tiefergelegenen Teilen des Reizleitungssystems erzeugen lassen, ohne daß Knoten oder Kammermuskulatur in Betracht kommen. Die beim partiellen Block auftretenden Besonderheiten sind aber grundsätzlich nicht einmal an das spezifische Reizleitungssystem gebunden. Das ging ja z. T. schon aus den GASKELLschen Versuchen hervor und ist, wie oben erwähnt, auch von LEWIS und Mitarbeitern am Hundevorhof gefunden worden. Besonders wiesen aber SCHELLONG ebenso wie LEWIS darauf hin, daß sich auch am Herzstreifen durch lokale Herabsetzung der Erregbarkeit ein partieller Block erzeugen läßt, und daß man am Herzstreifenpräparat („gewissermaßen einem künstlichen Bündel") auch echte WENCKEBACHsche Perioden erhalten kann, ist oben gezeigt worden. Sie wurden etwa gleichzeitig von SCHELLONG und ASHMAN erhalten. Die Ausdehnung der zunehmenden Leitungsverzögerung bei den WENCKEBACHschen Perioden läßt sich auch nach den neueren Experimenten nicht sicher festlegen. Damit bleiben auch bei dem Fortschritt der Erkenntnisse über das Zustandekommen des Typs I des partiellen Herzblocks noch eine ganze Reihe von Fragen offen. Besonders hervorzuheben ist aber, daß die Erklärung des Typ II noch völlig im Dunkeln liegt, und damit fehlt auch heute eine umfassende Theorie aller Blockerscheinungen.

MOBITZ wollte eine scharfe Trennung dieser Typen auch in der Entstehungsursache durchführen, der Typ I sei als eine funktionelle Störung (Mehrbeanspruchung!) aufzufassen, während der Ausfall ohne vorherige Verlängerung der Leitungszeit auf einer organischen Läsion beruhen solle und der Vorläufer des kompletten Blocks sei. Es besteht jedoch kein Anlaß, einen grundsätzlichen Unterschied anzunehmen, zumal, wie schon HERING (1910) bemerkte, im Tierversuch der Typus II die Regel ist, und besonders auch deshalb, weil SCHERF und SHOOKHOFF durch Einwirkung lokalen Druckes Leitungsstörungen vom Typus I und II erhielten, woraus hervorgeht, daß beide auf derselben Läsion beruhen können. Auch kommen alle Übergänge zwischen beiden Typen vor.

Die *komplette av-Dissoziation (totaler Herzblock)* oder *Querdissoziation des Herzens*, die der II. STANNIUSschen Ligatur des Froschherzens entspricht, erhält man im Experiment durch Abklemmung oder Durchschneidung des HISschen Bündels oder beider Hauptschenkel, natürlich auch durch den Vagus erregende Gifte u. a. Während beim Froschherzen nach der II. Ligatur die Kammerautomatie oft ausbleibt, dauert die „präautomatische Pause" (von ERLANGER und HIRSCHFELDER stoppage genannt) meist nur kurze Zeit, sie kann aber von Fall zu Fall eine sehr ungleiche Länge aufweisen. Ihre Dauer wird bestimmt durch den Grad der Automatie der in Aktion tretenden Reizbildungsstelle in der Kammer. Meist liegt die Frequenz der Kammerautomatie bei 30—40 pro min, aber auch extreme Werte zwischen 10 und 70 sind möglich. Hohe Werte finden sich besonders bei Jugendlichen (VOLHARD, 1909), sogar Werte bis über 100 kommen vor (HEWLETT, MAHAIM). Der N. accelerans kann offenbar die Automatie steigern (DALY und STARLING), betreffs der Wirkung des Vagus auf die Kammerautomatie sind die Meinungen geteilt (S. 155). Bei langsamer Kammertätigkeit kommt es nicht selten durch die Automatie tieferer Zentren zu ventrikulären Extrasystolen (Ersatzsystolen). Kammerextrasystolen bei Block verhalten sich wie Sinusextrasystolen,

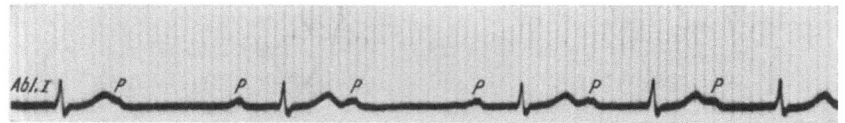

Abb. 92. Kompletter Block. Die P-Zacken folgen einander in ganz regelmäßigen Abständen von 0,65 sec (= Frequenz 92); die beiden ersten Ventrikelschläge erfolgen unabhängig vom Vorhof mit ungefähr der halben Frequenz. Die zwei letzten Ventrikelintervalle sind wesentlich kürzer, die Kammern schlagen offenbar in Abhängigkeit vom Vorhof, wenn auch mit von Schlag zu Schlag anwachsender Überleitungszeit. Der anfänglich totale Block geht in inkompletten Block (WENCKEBACHsche Perioden) über. (Nach A. WEBER)

d. h. sie folgen der ENGELMANNschen Regel, sie sind statt von einer kompensatorischen Pause von einem Normalintervall gefolgt. Nach gehäuften Kontraktionen kann eine Verlängerung des Stillstandes eintreten, die nach ERLANGER, HOFMANN und HOLZINGER, ROTHBERGER und WINTERBERG als Hemmungswirkung (S. 10) aufzufassen ist (tachykardische Anfälle mit längerem Stillstand bei Blockherzen!).

Da beim totalen Herzblock der Vorhof in der normalen Sinusfrequenz schlägt, die Kammer dagegen in ihrem eigenen, ebenfalls regelmäßigen Rhythmus, ergibt sich im Venenpuls meist eine frequentere Tätigkeit als im arteriellen Puls und *gelegentlich* das Ereignis der Vorhofpfropfung, wenn Vorhof- und Kammerkontraktion zeitlich zusammenfallen und der Vorhof wegen der geschlossenen Vorhofkammerklappen sein Blut rückläufig in die Venen treibt. Die beste Erkennung gibt natürlich das EKG, bei dem sich charakteristischerweise eine von Schlag zu Schlag wechselnde PQ-Zeit ergibt (Abb. 92). (Die Zweckmäßigkeit, von PQ-Zeit anstelle von Überleitungszeit zu reden, zeigt sich hier deutlich!) P ist dabei normal, kann aber auch oft abweichende Formen (negativ, biphasisch, gespalten) aufweisen (Heterotopie der Erregungsbildung). Der zeitlich an abnormer Stelle zur P-Zacke erfolgende Kammerkomplex ist meist normal.

Kurz sei noch auf die *Folgen* der bisher besprochenen Blockerscheinungen auf den *Kreislauf* eingegangen (WENCKEBACH). Die leichteren Formen der av-Veränderungen haben naturgemäß keine besondere Bedeutung, abgesehen von dem Eintreten einer Vorhofpfropfung bei überlangen Intervallen oder sehr hoher Frequenz des Herzens. Auch nicht zu häufige Ausfälle veranlassen keine ins Gewicht fallende Kreislaufstörungen, sie werden auch meist — im Gegensatz zu den Extrasystolen — subjektiv nicht empfunden. Stärkere Störungen ergeben sich natürlich beim partiellen und totalen Block, besonders durch den langsamen Ventrikelschlag mit der damit verbundenen stärkeren Füllung des Vorhofs (venöse Stauung) und der Kammer (evtl. Folgen auf den arteriellen Blutdruck durch die verminderte Ventrikelfrequenz). Die Vorhofpfropfung tritt, wie erwähnt, nur gelegentlich auf. Bedeutsamer sind die mit der präautomatischen Pause zusammenhängenden Störungen wegen der damit verbundenen Kreislaufunterbrechung. Solche vorübergehenden Kreislaufstillstände kardialen Ursprungs bewirken Hirnanämie und evtl. tödliche Anfälle von Bewußtlosigkeit und Krämpfen. Die erste klassische Beschreibung gab MORGAGNI, dann ADAMS (1827) und STOKES (1846). Solche ADAMS-STOKESschen Anfälle ergeben sich nach dem Gesagten besonders beim Übergang vom partiellen in totalen Block, bei durch den Vagus bedingter verstärkter Leitungshemmung und bei Steigerung der Vorhoffrequenz. (Auch bei gehäuften Extrasystolen, paroxysmaler Tachykardie und paroxysmalem Kammerflimmern.) *Übergänge von partiellem zu totalem Block* und umgekehrt sind im Tierexperiment leicht erzeugbar (ERLANGER, durch zunehmende Kompression des Bündels), auch Gifte (Digitalis) und Asphyxie wirken in der gleichen Richtung. Beim Menschen findet man sie häufig besonders bei Frequenzzunahme (Mehrbeanspruchung!) und Herznerveneinflüssen, gleichzeitig können dann ADAMS-STOKESsche Anfälle auftreten. Mit Eintritt des totalen Blocks bessert sich oft der subjektive Zustand, eine Bradykardie selbst von 30 pro min ist grundsätzlich durchaus noch mit dem Leben vereinbar.

In dieses Kapitel gehört auch die *Dissoziation mit Interferenz*. Betrachten wir besonders den Fall, daß die Kammer schneller schlägt als Sinus und Vorhof (ohne rückläufige Beeinflussung der Vorhöfe). Dann ist zeitweise das Passieren einer Vorhoferregung möglich, die Sinuserregung kann außerhalb der Refraktärphase der Kammer eindringen. Das Extrareizzentrum wird also durch den Sinusrhythmus unterbrochen (während bei der Parasystolie der Sinusrhythmus durch einen Extrareizrhythmus gestört ist [S. 171f.]). Die Sinuserregung kann also — im richtigen Zeitmoment eintreffend— den automatischen Kammerrhythmus in Form einer vorzeitigen Kontraktion unterbrechen! Voraussetzung ist ein langsam tätiges Sinuszentrum und ein aktiveres av-Zentrum und das Bestehen einer unvollständigen Dissoziation beider Zentren. Die Störung kommt in zwei Formen vor, einzelne Sinusschläge gehen auf die automatisch tätige Kammer über und sind von einer kompensatorischen Pause gefolgt, der Ursprungsort der automatischen Herzreize bleibt also unberührt (Dissoziation mit Interferenz ohne Rhythmen-Verknüpfung) (ROTHBERGER und WINTERBERG). Die andere Möglichkeit ist die, daß der übergehende Sinusreiz das „Reizmaterial" im automatischen Zentrum (gewöhnlich dem av-Knoten) vernichtet und dadurch eine Phasenverschiebung im av-Knoten bedingt (Dissoziation mit Interferenz und Rhythmenverknüpfung) (MOBITZ). Es schließt sich hier eine große Spezialliteratur an mit Analyse einzelner Fälle und allen möglichen Kombinationen von Störungen, für die auf die einschlägige Literatur verwiesen sei.

Als *intraventrikuläre Leitungsstörungen* fassen wir alle die Störungen der Erregungsleitung zusammen, die unterhalb der Teilungsstelle des Bündels erfolgen. Wir müssen dabei aber noch einmal darauf hinweisen, daß eine Unterbrechung beider Schenkel dieselben Veränderungen ergibt wie eine Unterbrechung im Stamm des HISschen Bündels. Eine Störung in *einem* Hauptschenkel spielt bei den intraventrikulären Leitungsstörungen eine besondere Rolle, bei einer Leitungsverzögerung in diesem erhält der zugehörige Ventrikel die Erregung entsprechend verspätet, bei einer Unterbrechung (Schenkelblock) ist die abgeschaltete Kammer in bezug auf die Erregungszuleitung auf die andere angewiesen, sie erhält sie dann stark verspätet auf einem neuen Weg (s. dazu S. 142). Statt einer synchronen kommt es zu einer sukzessiven Aktivierung der beiden Kammern, die — nicht ganz korrekt — als *Längsdissoziation* bezeichnet wird, obwohl ja eine eigentliche Dissoziation nicht vorliegt. Eine verspätete Erregungszuleitung (Links- und Rechtsverspätung nach A. WEBER) geht deshalb ohne scharfe Grenze in das Bild des TAWARA-Schenkelblocks über (SAMOJLOFF, DEINDL), die Erregungsausbreitung in den Kammern ist nicht mehr normal [zuerst im Tierversuch von EPPINGER und ROTHBERGER (1910) gezeigt; auch COHN und W. TRENDELENBURG beobachteten schon 1910 am überlebenden Säugetierherzen in Versuchen, in denen der rechte Schenkel durchschnitten, der linke aber noch teilweise erhalten war, daß „gleichwohl auch für die rechte Kammer die Abhängigkeit von den Vorhöfen, offenbar auf dem Umweg über die linke Kammer, vorhanden war". Die experimentelle Erzeugung von Verspätungskurven am Herzstreifen zeigt die Abb. 48 (SCHÜTZ, ROTHSCHUH und MEHRING)]. Von EPPINGER und ROTHBERGER wurde (1910) das „Nachhinken einer Kammer" und die damit verbundene Verbreiterung von QRS als Kardinalsymptom des einseitigen Schenkelblocks erkannt. Die charakteristische Veränderung besteht in einer Verbreiterung und Vergrößerung der Anfangs- und Endschwankung, deren Ausschlagsrichtungen gegensinnig verlaufen (Abb. 93, 94). Die verzögerte Aufeinanderfolge der Aktivierung beider Kammern muß sich entsprechend auch bei der Desaktivierung (T-Zacke) bemerkbar machen. Außerdem ergeben sich Knotenbildungen in QRS. Die sich so ergebende formale Gleichheit des Schenkelblock-EKG mit dem der kontralateralen Extrasystole (NICOLAI) wurde schon frühzeitig erkannt (S. 169). Mit der Angabe, daß ein einseitiger Schenkelblock sich elektrokardiographisch wie die kontralaterale Extrasystole verhält, ist allerdings noch keine volle Klarheit darüber gegeben, ob es sich

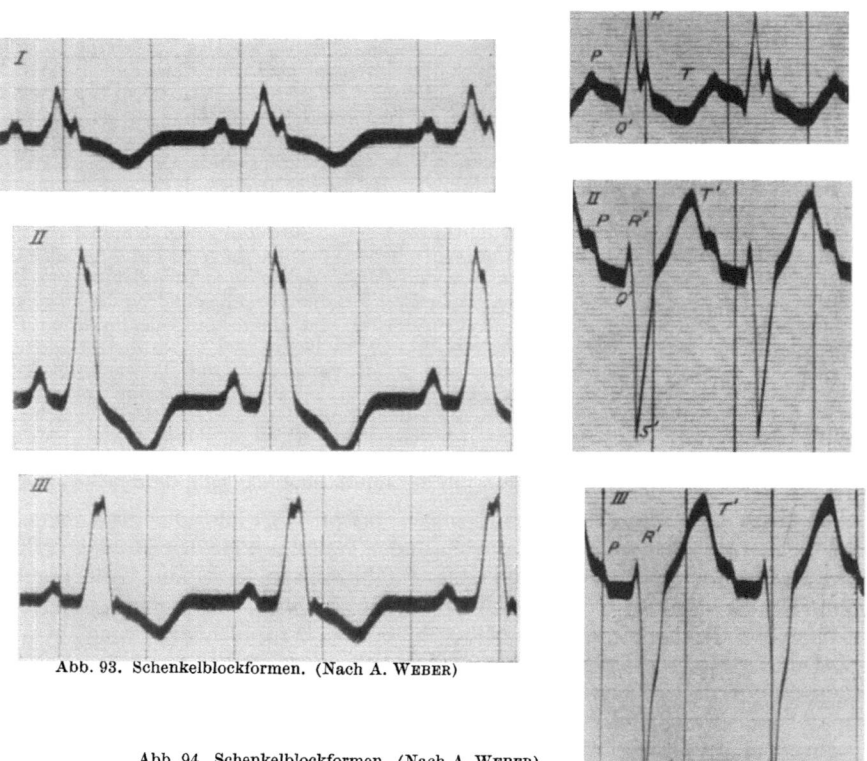

Abb. 93. Schenkelblockformen. (Nach A. WEBER)

Abb. 94. Schenkelblockformen. (Nach A. WEBER)

um einen rechts- oder linksseitigen Schenkelblock handelt. Es ist schwierig zu scheiden, inwieweit der EKG-Befund mit dem anatomischen übereinstimmt, da die anatomische Untersuchung äußerst mühevoll ist und spezialistische Sachkenntnis voraussetzt (MAHAIM). Die Übertragung der tierexperimentellen Befunde auf den Menschen ist hierbei nicht ohne weiteres durchzuführen, besonders wegen der andersartigen Lage des menschlichen Herzens im Thorax und auch deshalb, weil (nach MAHAIM) in der Regel beide Schenkel, oft auch der Hauptstamm und mehrere kleinere Äste geschädigt sind. So hat sich die ursprüngliche Nomenklatur inzwischen gewandelt; die neue, jetzt wohl allgemein angenommene Bezeichnungsweise unterscheidet den *häufigeren linksseitigen Schenkelblock* (Initialkomplex in Abl. I aufwärts, in III abwärts gerichtet) und den *selteneren rechtsseitigen Schenkelblock* (Initialkomplex in I abwärts und in III aufwärts gerichtet) (ebenso wie die Linksverspätung viel häufiger ist als die Rechtsverspätung!). Dabei wird zur Diagnose eines Schenkelblocks gefordert, daß der Kammerkomplex über 0,35 sec, der Initialkomplex über 0,1 sec dauert und daß der Kammerkomplex (wie bei ventrikulären Extrasystolen) biphasisch ohne Zwischenstrecke (d. h. aus zwei vergrößerten, aneinander anschließenden und *entgegengesetzt gerichteten*) Schwankungen besteht. (Betreffs Einzelheiten muß auf die umfangreiche Spezialliteratur verwiesen werden.). Daß die Überleitungszeit bei erhaltenem Sinusrhythmus meist verlängert ist, wurde schon erwähnt. Im Tierexperiment bleibt die *Überleitungszeit* noch normal, wenn die Leitungsbahn rechts und links bis auf wenig Zweige unterbrochen wird (ROTHBERGER und WINTERBERG). Das paßt gut zu der Tatsache, daß die Leitungsgeschwindigkeit unabhängig von der Bahnbreite ist (S. 107). Beim menschlichen Schenkelblock findet man oft Verlängerungen der Überleitungszeit als Zeichen dafür, daß eine Systemerkrankung der spezifischen Muskulatur vorliegt. Sowohl im Tierexperiment wie beim Menschen gibt es auch *vorübergehende* intraventrikuläre Leitungsstörungen, z. B. erzeugbar durch lokalen Druck (ROTHBERGER und WINTERBERG; WILSON und HERRMANN; STENSTROEM, SCHERF und SHOOKHOFF), besonders können diese bei Mehrbeanspruchung zu Tage treten, z. B. schon bei Vorhofextrasystolen. Man darf dann also nicht ohne weiteres auf eine Kammermuskelschädigung schließen, anderseits ist natürlich die Möglichkeit einer latenten Schädigung zu berücksichtigen, die unter bestimmten Bedingungen zutage tritt. Bei der Lufteinblasung in die Ventrikelhohlräume und der damit verbundenen starken vegetativen Reizung konnten wir *vorübergehend* sogar intraventrikuläre Leitungsstörungen registrieren (KEHRER und SCHÜTZ).

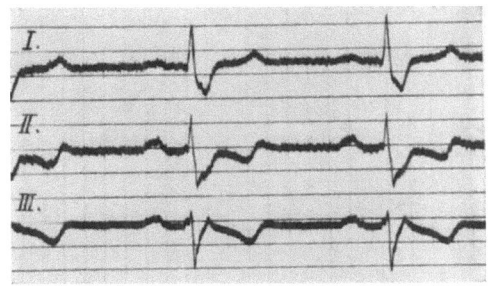

Abb. 95. WILSON-Block. (Nach A. WEBER)

Im Anschluß an die Besprechung des Schenkelblocks seien einige atypische *Sonderformen* kurz erwähnt, die in der neueren elektrokardiographischen Literatur eine gewisse Rolle spielen. Beim WILSON-*Block* (Abb. 95) liegt in Abl. I und II eine R-Zacke von verkürzter Dauer vor, der eine erheblich verbreiterte S-Zacke folgt. Beim Typ a ist der Initialkomplex in Abl. III positiv, beim Typ b negativ. Synchron mit $S_{I, II}$ findet sich bei beiden Typen in Abl. III eine breite, aufwärts gerichtete Zacke. Die QRS-Gruppe ist über 0,1 sec verbreitert, die T-Zacke dem Initialkomplex gleichgerichtet. Die Sonderform wird bezogen auf Leitungsunterbrechung im rechten TAWARA-Schenkel, findet sich aber manchmal bei offenbar Herzgesunden. Der BAYLEY-*Block* (Abb. 96) stellt eine Abart des WILSON-Blocks dar mit kleinem R und ziemlich breitem S in Abl. I, II und III. Der Initialkomplex ist über 0,15 sec verbreitert. Wahrscheinlich liegt eine Unterbrechung des rechten und der oberen Äste des linken TAWARA-Schenkels vor.

Der *unvollständige doppelseitige Schenkelblock* (früher *Arborisations- oder Astblock, Verzweigungsblock* genannt) (Abb. 97) zeigt einen über 0,1 sec verbreiterten, kleinen und deformierten (geknoteten, gespaltenen) Initialkomplex. Der Ventrikelkomplex ist biphasisch, End- und Anfangsschwankung verlaufen entgegengesetzt, die isoelektrische Linie dazwischen fehlt meist (s. dazu auch S. 145).

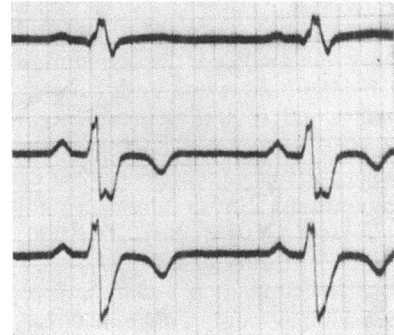

Abb. 96. BAYLEY-Block. (Nach A. WEBER)

OPPENHEIMER und ROTHSCHILD brachten, wie der von ihnen geprägte Name (Verzweigungsblock, Arborisationsblock) schon zeigt, ein allzu fest umrissenes pathologisch-anatomisches Bild mit dem EKG-Befund in Zusammenhang. Man fand nämlich auch schwerste periphere myokarditische Veränderungen ohne den typischen EKG-Befund. Besonders ist aber zu bedenken, daß es überall zusammenhängendes PURKINJE-Netz gibt. Deshalb ist die Störung nach neuerer Auffassung wahrscheinlich nicht so weit in die Peripherie (als Erkrankung der feinsten Bündelverzweigungen) zu legen. STENSTROEM erhielt das charakteristische Bild nach doppelseitigen eingreifenden Schädigungen des Leitungssystems. Auch nach MAHAIM liegt keine Zerstörung der feinsten Äste des spezifischen Systems vor, sondern beide Schenkel sind auf weite Strecken zerstört, während die Endausbreitungen intakt sind, besonders ein Ast, der hoch vom linken Schenkel abgeht, soll noch intakt geblieben sein; wird auch dieser leitungsunfähig, so geht die Störung in den kompletten Block über. Die Erregung durchläuft also nach der neueren Auffassung auf Grund dieser weitgehenden Leitungsunterbrechung auf größeren Strecken durch Arbeitsmuskulatur. Durch den Wegfall der spezifischen Erregungsleitung und deren Ersatz durch die langsamere Leitung durch die Arbeitsmuskulatur erklärt sich die starke Verlängerung des Initialkomplexes.

Auch Experimente von SCHERF sprechen für die neuere Deutung als unvollständiger doppelseitiger Schenkelblock. Nach Durchschneidung des rechten Schenkels, so daß die Erregung also über die linke Kammer zugeleitet werden muß, wurde der rechte Ventrikel gereizt. Bei kurzem Intervall zwischen dem Erregungsbeginn der künstlichen rechtsseitigen und der spontanen linksseitigen Kammertätigkeit resultierte das EKG des unvollständigen, doppelseitigen Schenkelblocks.

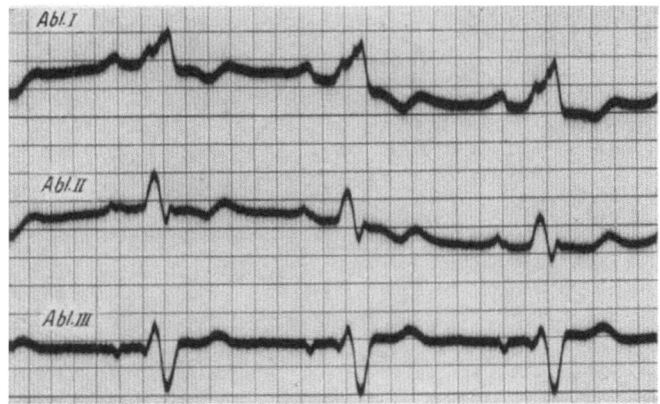

Abb. 97. Unvollständiger doppelseitiger Schenkelblock (Verzweigungsblock). (Nach A. WEBER)

Schließlich ist nach den bisherigen Ausführungen verständlich, daß *Erkrankungen der Kammermuskulatur* keinen oder nur geringen Einfluß auf den Erregungsablauf haben; sie äußern sich daher nicht so sehr in einer Veränderung der Anfangsgruppe des EKG, sondern mehr in Veränderungen der T-Zacke, über deren Form ja Erregungsdauer und Rückbildung der Erregungen entscheiden. So wird Verkleinerung, Verschwinden bis Negativwerden von T in Abl. I und II in diesem Sinne gewertet (in Abl. III findet man die beschriebenen Veränderungen von T oft schon normalerweise) (KRAUS und NICOLAI; EINTHOVEN). Aber oft zeigt auch der schwer erkrankte Herzmuskel ein normales EKG und die genannten T-Änderungen können auch als normale Tagesschwankungen vorkommen (SCHELLONG). Daß am Menschen auch diese Veränderungen vegetativ vom Zentralnervensystem aus vorübergehend auslösbar sind, zeigten uns die Beobachtungen bei der Encephalographie (KEHRER und SCHÜTZ) (S. 189f.). Schließlich werden *abnorm kleine Ausschläge des EKG* oft auch auf degenerative Myokardprozesse bezogen, doch sind diese auch mit kräftiger Herzaktion vereinbar. Sie finden sich vor allem bei Widerstandsänderungen (Kurzschlüssen) in der Ableitung (Ödem, Myxödem, Exsudate, Transsudate).

V. Das indirekt abgeleitete Elektrokardiogramm

Bei der sog. *direkten Ableitung* leiten wir die elektrischen Tätigkeitsäußerungen des Herzens mit Hilfe von zwei unmittelbar auf das Herz aufgesetzten Elektroden ab; bei der sog. *semidirekten Ableitung* liegt die eine Elektrode auf dem Herzen, die andere befindet sich herzfern; bei der *unipolaren Ableitung* befindet sich eine Elektrode herznahe im Medium, die zweite herzfern im Medium, um den Potentialwechsel an dieser herzfernen Elektrode mehr oder weniger zu vernachlässigen, und bei der *indirekten Ableitung* wird von zwei mehr oder weniger herzfernen Stellen unter Zwischenschaltung des stromleitenden Körpergewebes abgeleitet bzw. im Experiment von einer mit Ringerlösung durchfeuchteten Fließpapierunterlage, auf der das Herz gelagert ist. Obwohl alle diese Ableitungen übereinstimmend die gleiche *Grundform* des EKG ergeben und wir auch bisher des öfteren Ergebnisse der direkten Ableitung auf die Verhältnisse der indirekten übertragen haben und auch weitgehend übertragen durften, bedürfen diese Fragen des *Übergangs von der direkten zur indirekten Ableitung* noch einer besonderen Betrachtung, ja sie sind ein so umstrittenes und schon lange zur Diskussion stehendes Problem der speziellen Elektrokardiographie, daß es hier nur in den Grundzügen behandelt werden kann und für viele Fragen auf die Fachbücher der Elektrokardiographie und einzelne neuere Darstellungen der Literatur verwiesen werden muß.

Am besten geht man bei der Verfolgung des weiten und beschwerlichen Weges von der direkten zur indirekten Ableitung von dem von ENGELMANN zuerst angewandten und von SCHELLONG mit Erfolg in die elektrophysiologische Methodik eingeführten Herzstreifenpräparat aus. Es gestattet gewissermaßen Modellversuche für die elementaren Vorgänge an jeder Muskelfaser des Herzens durchzuführen. Hieran ließ sich auch zeigen, wie sich bei direkter Ableitung die Grundform des EKG zusammensetzt aus der Differenz der monophasischen Aktionsströme der beiden Ableitungsstellen (SCHÜTZ, ROTHSCHUH und MEHRING). In den Versuchen, die den Abb. 48 und 49 zugrunde liegen, wurde durch lokale Einwirkung von Aq. dest. intrapolar in der Mitte des Herzstreifenpräparates eine örtliche Leitungsverzögerung gesetzt, die über eine Verbreiterung der R-Zacke schließlich zur Auseinanderziehung des diphasischen EKG in zwei aufeinanderfolgende monophasische Ströme führt, bis schließlich bei Eintritt eines intrapolaren Leitungsblocks der Erregungsvorgang nur der einen Ableitungsstelle (in monophasischer Form) auftritt. Das Herzstreifenpräparat ist deshalb ein so vorzüglicher Ausgangspunkt, weil hier nicht nur der Vorteil der direkten Ableitung vorliegt, sondern weil zugleich die Ausbreitungsrichtung der Erregung einsinnig und ihr Potential parallel zur Ableitungslinie liegt. Es ist wohl auch nicht zu bezweifeln, daß das viel umstrittene Differenzprinzip für derartig geradlinig verlaufende Muskelfasern anwendbar ist. Darin liegt der große, nicht nur didaktische, sondern auch heuristische Wert dieses „Modellpräparates" für alle elektrophysiologischen Untersuchungen des Herzens. Aber schon am Herzstreifenpräparat und bei direkter Ableitung können sich die Verhältnisse komplizieren, wie auf S. 102—106 gezeigt wurde. Auch zeigte SCHELLONG bereits, daß die Dicke des ableitenden Wollfadens entscheidend für die erhaltene Stromform ist. Der Anstieg des einphasischen Stroms, der bei dünnen Ableitungselektroden einige msec beträgt, verzögert sich erheblich wegen des hier deutlich werdenden Einflusses der Erregungsleitung, es wird eine größere *Summe* von nacheinander einsetzenden monophasischen Aktionsströmen abgeleitet, eine breitflächige Elektrode wird einen besonders schrägen Anstieg ergeben. Ob wir aber mit *einer* breitflächig anliegenden Elektrode ableiten oder diese zerlegen in ein Büschel einzelner Elektrodenfäden, ändert nichts Grundsätzliches. Wir führen dabei die einzelnen Elektrodengabeln zu einem gemeinsamen Stamm, genau so wie eine breitflächige Elektrode zum Ableitungskabel führt (Abb. 55). Beim Übergang zur indirekten Ableitung setzen wir diese Ableitungselektrode auf einen Körperpunkt, z. B. die seitliche Thoraxwand auf (Abb. 19) und setzen statt der wirklichen, gegabelten Elektrode gedachte Elektrodengabeläste durch das leitende Medium zwischen Herz und Ableitungspunkt, was physikalisch genau so erlaubt ist wie die Vorstellung von Stromfäden, ohne die auch kein Physiker als anschauliche Hilfsvorstellung auskommt. Prüfen wir diese Vorstellung in Hinsicht auf die Beziehungen zwischen Anstiegssteilheit des einphasischen Stroms und der Breite der abgeleiteten Fläche am einphasischen Strom des Warmblüterherzens! SCHAEFER hat die Werte bei lokaler Ableitung genau bestimmt und gibt für den Anstieg 2,3 msec an. Bei Ableitung mit Mikroelektroden ergeben sich noch geringere Werte: 2 msec (BOZLER, 1947), weniger als 2 msec (SCHAEFER und TRAUTWEIN, 1949), 1,1 msec (TRAUTWEIN, GOTTSTEIN und DUDEL, 1954), am Reizleitungssystem sogar 0,5 msec (DRAPER und WEIDMANN). Bei Ableitung vom „Herzwandknoten" (s. Abb. 19) und seitlicher Thoraxwand ergibt sich dagegen eine Anstiegsträgheit, die der Dauer der QRS-Gruppe des gleichzeitig aufgenommenen EKG entspricht! (SCHÜTZ) (Abb. 23).

Mit dieser Komplizierung sind aber noch nicht alle Schwierigkeiten auf dem Wege von der direkten Ableitung am Herzstreifenpräparat bis zum indirekt abgeleiteten EKG klargestellt. Schon bei Ableitung vom Herzstreifenpräparat zeigt sich, daß hier Veränderungen der Stromform und der Stromdauer auftreten können, die nicht von den Muskelelementen der Ableitungsstelle selbst, sondern von benachbart oder ferner gelegenen Elementen — besonders der Zwischenstrecke — stammen [extrinsic effect von DRURY und BROW (1926)], die ROTHSCHUH vor allem gründlich bearbeitete und *Fernpotentiale* genannt hat.

Es handelt sich dabei, wie schon auf S. 76ff. erwähnt wurde, um vorwiegend in diphasischer Form den „Lokalpotentialen" beigemischte Erregungen. Gerade hierbei hat sich die Vorstellung der Gabelelektrode als besonders nützlich bewährt, indem das Streifengewebe selbst als verlängerte Elektrode mit zahlreichen (gedachten oder wirklichen) Gabeln die Zwischenstreckenpotentiale dem Meßgerät zuleitet. Eine solche Beimischung wird um so größeren Umfang annehmen, je schmaler und dünner der verwandte Herzstreifen ist, da bei dicken Streifen Gewebsnebenschlüsse Größe und Zahl der Fernpotentiale weitgehend ausgleichen können. Daß dabei auch die sog. Dipolformen aufgeklärt werden konnten, sei in diesem Zusammenhang außerdem nochmals erwähnt (s. S. 103ff.). So wird verständlich, daß bereits der örtlich abgeleitete diphasische Strom des Froschherzens häufig Formabweichungen zeigt, die sich nicht alle und nicht ohne weiteres durch eine Differenzkonstruktion aus zwei oder mehr rein monophasischen Strömen erklären lassen. (Die Entstellungen äußern sich in Vorzacken, Ungleichheiten im Anstieg der R-Zacke, in Mehrgipfeligkeit der R-Zacke und bisweilen in Verdoppelungen der Nachschwankung. Ganz ähnliche Entstellungen zeigt auch der monophasische Strom, nämlich Vorzacken vor dem Beginn des Anstiegs, langsame Komponenten und Zacken im Anstieg, Gipfelabrundungen und Gipfelzacken am Beginn des Stromplateaus sowie T-Zacken ähnliche Nachschwankungen hinter dem Ende des monophasischen Stroms.)

So liegen also schon bei örtlicher Ableitung grundsätzliche Schwierigkeiten für eine experimentelle Analyse nach Art der Differenzkonstruktion vor, die allerdings nicht gegen das Differenzprinzip sprechen, aber Zusatzannahmen erfordern, die auf Grund der Gabelvorstellung verständlich werden. Am ganzen Herzen und bei indirekter Ableitung kommen besonders noch die ganz verschiedenen Lagebeziehungen der Ableitungselektroden zu den Potentialdifferenzen hinzu, wovon weiter unten noch ausführlicher zu reden sein wird, zumal am ganzen Herzen der Weg der Erregungsausbreitung in den verschiedensten Richtungen erfolgt.

Es muß aber weiter noch besonders betont werden, daß für bestimmte *pathologische* Stromformen die Differenzkonstruktion mit allen eben gemachten Einschränkungen auch noch nicht ausreicht; gemeint sind die klinisch so bedeutsamen *ST-Abweichungen* über oder unter die Nullinie; hierbei ist zur Erklärung noch ein *weiteres Prinzip* hinzuzunehmen, das von SCHÜTZ (1931) das der „monophasischen Beimischung" oder der „monophasischen Deformierung" genannt wurde. Es sei im folgenden gerade dieser Fall ausgewählt, um zu zeigen, daß die Vorstellung der Gabelelektrode nicht nur einen didaktisch-anschaulichen, sondern auch einen heuristischen Wert für die experimentelle Analyse abweichender Stromformen hat, sowie sie sich zur Aufklärung der Fernpotentiale und der Dipolformen bewährte. Es sei nochmals bemerkt, daß auf diesem Wege zwar quantitative Voraussagen schwerlich möglich sein werden, weil der Widerstand der gedachten Stromfäden oder Gabeln und die Größe der Nebenschlüsse, die sie untereinander haben, nicht bekannt sind und bei indirekter Ableitung der Richtungsfaktor der Potentiale hinzukommt. Aber qualitative Formänderungen des Aktionsstroms sind so der experimentellen Analyse zugänglich, und um das zu zeigen, wählen wir den Fall der sog. ,,monophasischen Deformierung" (SCHÜTZ, 1931), der erst auf Grund der Gabelvorstellungen gefunden und aufgestellt wurde.

Es handelt sich dabei zunächst einmal um die Deutung des *EKG beim Herzinfarkt*, das, wie wir seit PARDEE (1920) wissen, dadurch charakterisiert ist, daß die ST-Strecke oberhalb der Nullinie verläuft. Das neuerdings mit Recht so viel beachtete EKG mit Senkung der ST-Strecke wird meist als das *EKG bei Coronarinsuffizienz* bezeichnet, obwohl es eigentlich mißlich ist, einen rein hämodynamischen Begriff (REIN) in die EKG-Nomenklatur hineinzutragen. Namentlich durch die Arbeiten von BÜCHNER und seiner Schule wurde die Coronarinsuffizienz auch ein pathologisch-anatomischer Begriff, da von diesen Autoren besonders unter Bedingungen der Hypoxie disseminierte nekrobiotische Herde gefunden wurden, die im Tierversuch nach einigen Tagen bei autoptischer Kontrolle als disseminierte Nekrosen in Erscheinung treten. Die Lokalisation dieser Herde befand sich vorzugsweise in den subendokardialen Partien, in den Papillarmuskeln und im Septum. Die entscheidende diagnostische Förderung erhielt dann das Bild der sog. Coronarinsuffizienz durch WEBER, BÜCHNER und HAAGER, sie wurde auch ein elektrokardiographischer Begriff durch den Befund der gesenkten ST-Strecke. — Klinisch kommen derartige Veränderungen unter zahlreichen Bedingungen zur Beobachtung, namentlich in Fällen von Sauerstoffmangelatmung, Anämie, Hypoglykämie, Leuchtgasvergiftung, Angina pectoris, bei Infektionskrankheiten, im Höhenklima, bei Hypertonie und unter der Wirkung bestimmter Herzpharmaka.

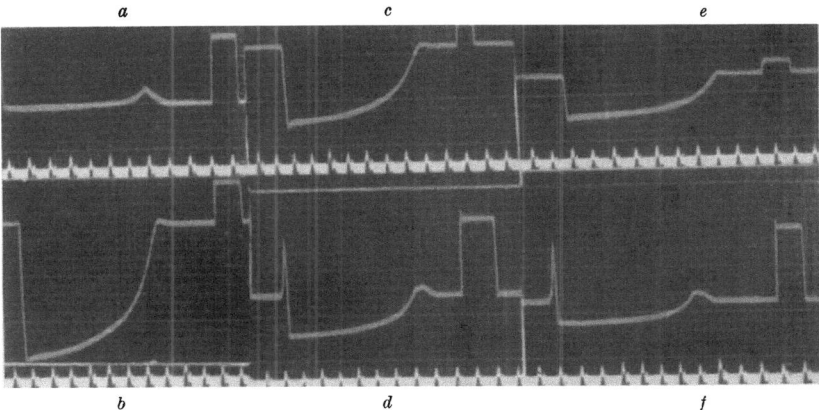

Abb. 98. a—f. Versuchsanordnung nach Abb. 55, lediglich bei umgekehrter Ausschlagrichtung des monophasischen Stromes. *a* diphasisches Strombild bei Abschaltung der Gabel *m*. *b* monophasischer Strom der Gabel *m* bei einem Widerstand von 0 Ohm bei Abschaltung von Gabel *a* und *b*. *c* monophasischer Strom der Gabel *m* bei einem Widerstand von 100000 Ohm bei Abschaltung von Gabel *a* und *b*. *d* Strombild bei Beimischung des monophasischen Stroms von Bild *e* zum diphasischen Strom von Bild *a*. *e* monophasischer Strom der Gabel *m* bei einem Widerstand von 500000 Ohm bei Abschaltung von Gabel *a* und *b*. *f* Strombild bei Beimischung des monophasischen Stromes von Bild *e* zum diphasischen Strom von Bild *a*. Zs. $^1/_5$ sec. (Nach E. SCHUTZ und K. E. ROTHSCHUH)

Zur Aufklärung dieser Stromformen sei zunächst mit wirklichen Gabeln experimentiert, wir teilen also eine Wollfadenelektrode in mehrere, z. B. drei Äste auf, wie das Abb. 55 zeigt. Sie sitzen dem Herzen als direkte Ableitung unmittelbar auf. Durch Stromschlüssel kann man einzelne Gabeln abschalten oder auch besondere Widerstände in sie einschalten oder sie untereinander durch Nebenschlüsse verbinden. Bringen wir unter einer Gabel eine lokale Verletzung an, so läßt sich zeigen, wie sich dem diphasischen Grundstrom der monophasische Strom mit entsprechender Hebung der ST-Strecke beimischt (Abb. 56) und wie sich bei Umkehr der Ausschlagsrichtung des monophasischen Stromes jeder Grad der Senkung der ST-Strecke erzeugen läßt, wenn man die Verletzung an der gegenüberliegenden Stelle (Polwechsel!) anbringt (SCHÜTZ und ROTHSCHUH) (Abb. 98).

Wenn unsere Vorstellungen sowohl über die Gabelelektrode wie über die monophasische Beimischung brauchbar sind, muß sich ein gleiches Verhalten bei indirekter Ableitung ergeben, und das würde dann zeigen, daß die so gegebene „Brücke" von der direkten zur indirekten Ableitung nicht nur einen didaktischen,

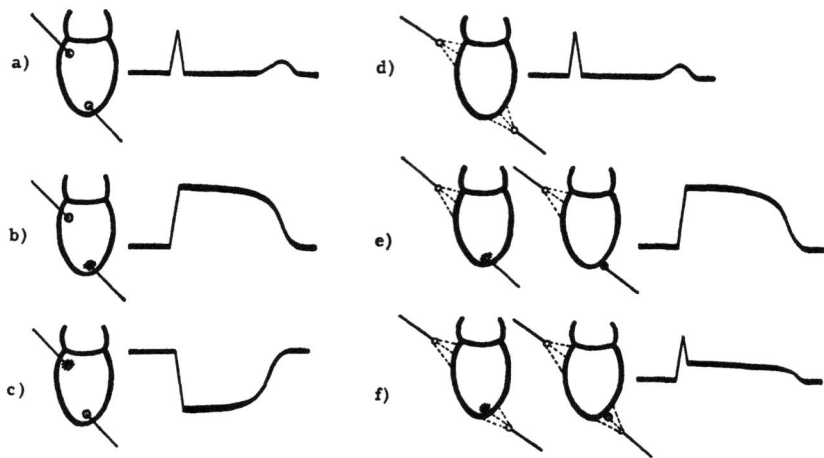

Abb. 99. ○ Ableitungsstelle, ■ verletztes Gewebe, ● Herzwandknoten (HWK) am Warmblüterherzen, --- gedachte oder wirkliche Gabelelektrode von der Ableitungsstelle zum Herzen (Erläuterung im Text). (Nach E. Schütz)

sondern auch einen heuristischen Wert hat, um in der experimentellen Analyse des EKG weiterzukommen; zugleich ergibt sich so, daß das Prinzip der monophasischen Beimischung tatsächlich ein besonderes, neu zur Differenzkonstruktion hinzukommendes Prinzip darstellt[1].

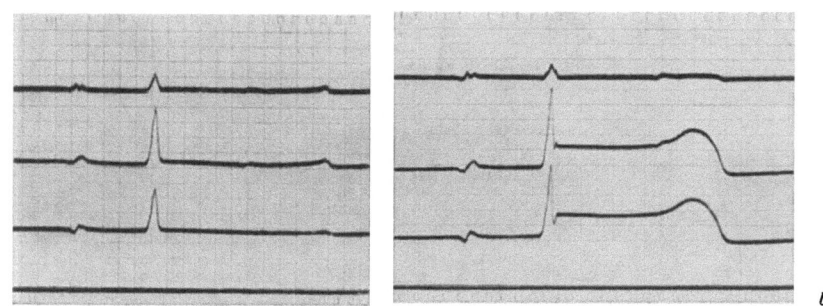

Abb. 100. Frosch. *a* EKG nach Thoraxeröffnung; *b* nach Flachschnitt an der äußeren Herzspitze, 2 mm² groß! (Nach E. Schütz)

Nach den bisherigen Ausführungen erläutert die Abb. 99 die Verhältnisse ohne weiteres. Abb. 100 und 101 zeigen, wie schon am Froschherzen ein kleiner

---

[1] Tatsächlich ist von einer Reihe von Autoren versucht worden, das Infarkt-EKG durch strenge Anwendung *nur* der Differenzkonstruktion zu erklären. Erwähnt sei besonders die Meinung, daß infolge des Infarktherdes eine Abschwächung oder ein Ausfall der einen monophasischen Komponente vorläge, so daß bei der fast rein monophasischen Form, z. B. das rechte Herz allein schlage! Die Konsequenzen dieser Auffassung sind erheblich! Aber es ließ sich schon 1932 zeigen, daß solche „monophasisch deformierten Kammerkomplexe" auch beim Anlegen von *kleinsten* Herzwandknoten (1 mm³ am Hundeherzen!) erhalten werden können (Schütz).

Flachschnitt an der äußeren Herzspitze bzw. kleine Scherenverletzungen im Herzinnern ausreichen, um ein gehobenes bzw. gesenktes ST-Stück hervorzurufen, dessen Abklingen mit der Zeit verfolgbar ist. Bei der Deutung der gesenkten ST-Strecke bestehen mehrere weitere Erklärungsversuche auf dem Boden der Differenztheorie (WEBER durch Leitungsverzögerung, SCHELLONG durch Änderung der Erregungsform). Im Experiment läßt sich auch am Warmblüterherzen zeigen, daß hier die Deutung durch monophasische Beimischung beweisbar ist. Die durch Verletzung im Herzinnern erzeugte Senkung der ST-Strecke (monophasische Beimischung nach unten) läßt sich folgendermaßen erklären. Da die

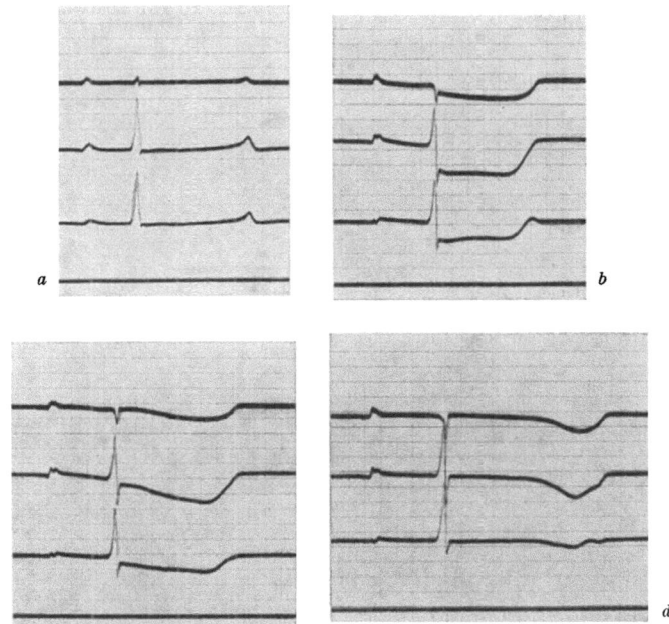

Abb. 101 a—d. Frosch. *a* EKG nach Thoraxeröffnung; *b* kleine Scherenschnitte vom Vorhof aus an der Kammerinnenwand in Höhe der Kammermitte (ohne Oberflächenverletzung!); *c* 15 min später; *d* 30 min später (neg. T-Zacke). (Nach E. SCHÜTZ)

Herzkammern nach oben und rechts offen sind, findet die rechte Armelektrode (wohl vornehmlich auf dem Blutweg) eine gut leitende Gabelverbindung auch zum Papillarmuskel, zur Septummitte und deren Nachbarschaft. Eine im elektrophysiologischen Sinn verletzte Stelle würde dann wie eine Verletzung in Basisnähe wirken. Bei indirekter Ableitung resultiert dann ein EKG, bei dem der Normalform beigemischt sind monophasisch zur Ableitung kommende Aktionsströme, deren Ausschlagsrichtung nach *unten* zu zeichnen ist. Im Experiment am Warmblüterherzen läßt sich das durch eine Saugverletzung an der Herzinnenwand (Saugrohr vom Herzohr aus eingeführt) erzeugen (Abb. 102). Ischämische (nekrobiotische oder anoxybiotische) Stellen dieser Art stellen also im elektrophysiologischen Sinn verletzte Stellen dar und bewirken daher die ST-Abweichung durch Beimischung von monophasisch zur Ableitung kommenden Aktionsströmen.

Die bevorzugte Lokalisation in den Papillarmuskeln, der Kammerscheidewand oder deren Nachbarschaft ist hämodynamisch und herzphysiologisch leicht verständlich, da diese Bezirke, vor allem die Papillarmuskeln und die Kammerscheidewand selbst, ja fast allseitig dem hohen systolischen Druck der Kammern ausgesetzt sind, der ja sicher größer ist als der

Druck in den diese Gewebe versorgenden Gefäßen. Jedenfalls sind diese Bezirke am ehesten in der Gefahr, ischämisch zu werden (Tachykardie, auf Kosten der Diastole!) (s. dazu S. 471f.). Grundsätzlich kann sich eine solche lokalisierte Ischämie natürlich zurückbilden oder aber später in Form von ischämischen Nekrosen in Erscheinung treten, wie diese ja besonders BÜCHNER mit entsprechender Lokalisation gefunden und in klassischer Weise beschrieben hat. Solche ,,Verletzungsherde" können also reversibel oder irrreversibel sein. Sie können übrigens außerordentlich leicht zustandekommen, geringe lokale Beschädigungen oder Ischämien (Durchblutungsstörungen) genügen bereits, um am Warmblüterherzen diese Aktionsstromveränderungen hervorzurufen.

So zeigt dieses Beispiel der monophasischen Deformierung, daß die Vorstellung der Gabelelektrode als ,,Brücke" von der direkten zur indirekten Ableitung auch einen heuristischen Wert zur Aufklärung pathologischer EKG-Formen hat. Zwar wurde deutlich, daß Schwierigkeiten, die zusätzliche Betrachtungen notwendig machen, schon bei der breitflächigen direkten Ableitung am Herzstreifen vorliegen und daß neue hinzukommen, wenn man vom Herzstreifen zum

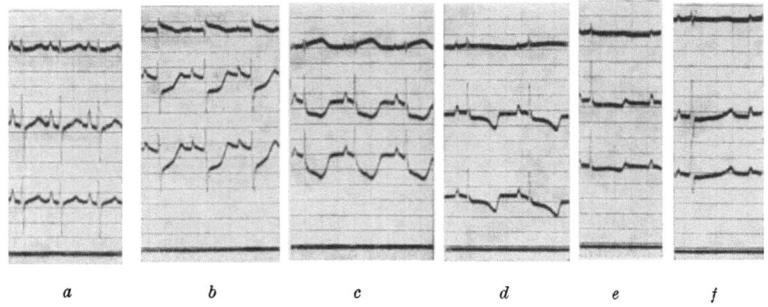

Abb. 102a—f. Kaninchen. *a* EKG nach Thoraxeröffnung. Ableitung von den Ellbogen und linkem Knie; *b* EKG nach Einführen des Saugrohres durch das linke Herzohr, Ansaugen etwa in Kammermitte; *c* Aufnahme unmittelbar nach Entfernen des Saugrohres; *d* Aufnahme 15 min danach; *e* nach weiteren 15 min; *f* nach weiteren 15 min. (Nach E. SCHÜTZ)

ganzen Herzen übergeht, und wiederum neue, wenn man von der direkten zur indirekten übergeht. Aber die Tatsache, daß das, was bei indirekter Ableitung auf Grund der einfachen Gabelvorstellung in der Deutung der monophasischen Deformierung des EKG gefunden wurde, sich bei direkter Ableitung mit wirklichen Gabeln bestätigte, spricht für die Gangbarkeit dieses Weges der experimentellen EKG-Analyse. Die indirekte Ableitung ist, so betrachtet, nur eine Modifikation der direkten. Die Erklärungsprinzipien (einphasischer Strom, Differenzkonstruktion) sind *grundsätzlich* die gleichen, nur wird statt von zwei Punkten von zwei Flächen (Bezirken) aus bei der indirekten Ableitung abgeleitet.

Anschließend sei der physikalische Abgriff bei semidirekter und unipolarer Ableitung näher erläutert. Eine Zwischenstellung zwischen der direkten Ableitung, bei welcher beide Elektroden unmittelbar von der Herzmuskulatur ableiten, und der indirekten Ableitung, bei welcher keine Elektrode unmittelbar vom Herzen ableitet, nimmt die sog. *semidirekte Ableitung* ein. Bei dieser liegt die eine Elektrode direkt dem Herzmuskel an, und die andere Elektrode befindet sich als sog. ,,Fernelektrode" mehr oder minder weit entfernt in einem leitenden Medium. Über die Befunde bei semidirekter Ableitung haben besonders LEWIS (1914/15), SCHÜTZ (1931), WILSON, MACLEOD und BARKER (1933/35), EYSTER und Mitarbeiter (1938), ROTHSCHUH und SCHÜTZ (1947) berichtet. Es bestehen über die elektrischen Prozesse und Abgriffsbedingungen, welche bei dieser Art der Ableitung das Strombild bestimmen, seit langer Zeit recht unterschiedliche Auffassungen. Immerhin kann man heute die im folgenden gegebene Interpretation als weitgehend gesichert auffassen.

Wir wollen diese Deutung an einigen Experimenten entwickeln. Der einfachste Fall ist dann gegeben, wenn man einen Herzstreifen mit einsinniger Fortpflanzungsrichtung der Erregung verwendet, welcher an einem Ende gereizt wird, und von einem Punkt des Streifens und einem zweiten Punkt eines leitenden Mediums abgeleitet wird, auf welches der Streifen gelagert wurde. Am besten wählt man dazu ein Blatt Filterpapier, welches mit Ringerlösung getränkt wird. Unter diesen Umständen entsteht beim Passieren der Erregung unter der „Herzelektrode" eine sog. „dipolförmige" Anfangsschwankung (ROTHSCHUH, 1942), welche mit einer auf die Polung der Herzelektrode bezogenen relativen Positivität beginnt (Abb. 103). Sie entsteht dadurch, daß die wandernde Erregung mit ihrem Anstieg auf dem leitenden Filterpapier ein elektrisches Feld erzeugt, dessen positive Feldlinien dem Kopf der Erregungswelle voranlaufen und die erste abwärtsgerichtete Zacke entstehen lassen. Es folgen dann die negativen Feldlinien, welche den zweiten aufwärts gerichteten Anteil der dipolförmigen Zacke bedingen. Beide Spannungsanteile werden also durch elektrische Vorgänge bedingt, welche

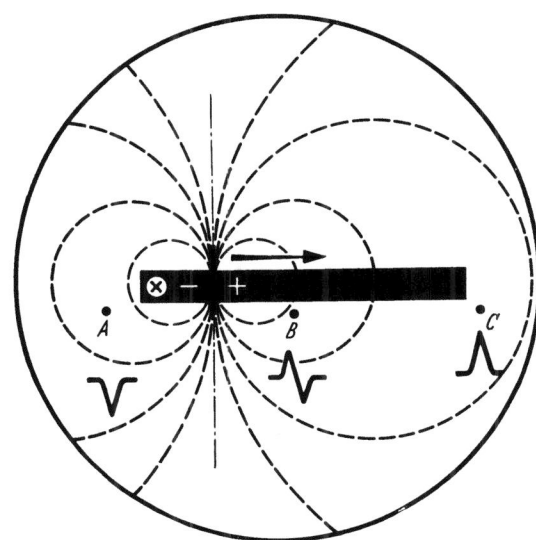

Abb. 103. Bei unipolarer Ableitung von den Punkten A, B und C des leitenden Mediums um einen Herzstreifen, durch den sich von links nach rechts eine Erregung fortpflanzt, entsteht bei A eine rein negative R-Zacke, bei B eine dipolförmige R-Zacke mit vorangehendem positivem Anteil, bei C eine rein positive R-Zacke durch die Wirkungen des wandernden Feldes.
(Nach K. E. ROTHSCHUH)

beim Passieren der Erregung an der Region der Herzelektrode auftreten, sofern, wie hier angenommen, die Feldelektrode so weit entfernt ist, daß die Feldlinien, die um die wandernde Erregung in dem leitenden Medium entstehen, nicht bis zu jenem Feldpunkte gelangen. Man kann es auch so ausdrücken, daß der Anstiegsvektor mit seinem wandernden Feld eine dipolförmige Zacke erzeugt. Die Fernelektrode im Felde kann dabei wegen ihrer großen Entfernung von dem spannungsproduzierenden Herzpräparat als indifferent aufgefaßt werden. Nicht viel anders liegen auch die Verhältnisse, wenn man an einem blutgefüllten Froschherzen zwischen dem dünnwandigen Vorhof und der Kammer diphasisch ableitet. Auch dann wirkt die Blutfüllung unter der dünnen Schicht Vorhofmuskulatur als Feld und läßt ein Vorhof-EG mit dipolförmiger Zacke gewinnen (Abb. 104). Dieser Befund läßt sich trotz der

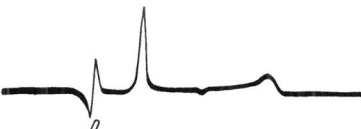

Abb. 104. Diphasisch abgeleiteter Aktionsstrom von einer Stelle des Vorhofs und einer Stelle der in situ durchbluteten Kammer des Froschherzens. Eine große dipolförmige R_a-Zacke (D) des Vorhofs geht dem diphasischen Aktionsstrom der Kammer voraus. (Nach K. E. ROTHSCHUH)

eigenartigen Stromform nach ROTHSCHUH nicht so deuten, daß der Erregungsvorgang grundsätzlich als Folge eines gekoppelten +—-Poles («electrical doublet») aufgefaßt wird, da das elektrische Bild ganz allein von der Mitwirkung bestimmter Felderscheinungen abhängt. Der Befund besagt also im Gegensatz zu den Schlußfolgerungen von CRAIB u. a. nichts gegen die klassische Fassung der Membrantheorie der Erregung. Wenn man den Versuch nun so variiert (ROTHSCHUH und

SCHÜTZ), daß ein ganzes, schlagendes Froschherz auf ein Filterpapier mit leitender Ringerlösung gelagert und semidirekt abgeleitet wird, dann werden die Feldwirkungen weniger merkbar, weil die Ableitungsstelle auf der Oberfläche der blutleeren Herzkammer sich nicht mehr im Bereich eines solchen Feldes befindet. Es entsteht daher in der Regel bei dieser Versuchsanordnung eine einseitig gerichtete R-Zacke ohne positiven Vorschlag. Bringt man dann etwas KCl-Lösung unter das Herz auf das leitende Medium, so depolarisiert man dadurch die dem Filterpapier anliegende Unterseite des Herzens vollständig. Indem die wandernde Erregung jetzt in eine unerregbare Zone hineinläuft, entsteht ein einseitig aufwärtsgerichteter monophasischer Strom, weil die abwärts gerichtete monophasische Gegenphase ausfällt. Der Polung nach entspricht hier der aufwärts gerichtete monophasische Strom einer relativen Negativität an der unverletzten Ableitungsstelle der Herzelektrode. Wenn man den Versuch weiter dergestalt abändert, daß man die Spitze eines Froschherzens an einer Saugelektrode festsaugt (Herzelektrode) und dann das ganze Präparat in ein größeres Gefäß mit Ringerlösung taucht, so erhält man zwischen dieser Herzelektrode und einer entfernt in die Ringerlösung tauchenden Fernelektrode wiederum einen monophasischen Strom. Dieser entspricht aber in dem jetzigen Experimentalfall einer relativen Positivität an der Herzelektrode bzw. einer relativen Negativität an der Fernelektrode. Ob nun die eine oder die andere Auffassung richtiger ist, suchten ROTHSCHUH und SCHÜTZ (1947) so zu entscheiden, daß sie die ganze unversehrte Muskelregion in der Umgebung der Saugstelle durch Hitze zerstörten. Dadurch verkleinerte sich die Größe des monophasischen Stroms bis auf geringe Reste. Die Autoren haben das seinerzeit so gedeutet, daß durch diese Zerstörung Potentialdifferenzen entfallen, welche über die verlängerten Flüssigkeitsgabeln der Fernelektrode abgegriffen wurden. Wahrscheinlicher ist aber die Auffassung, daß die Fernelektrode bei dieser fluiden, semidirekten Ableitung nach wie vor außerhalb von nennenswerten Potentialwechseln liegt, also als relativ indifferent betrachtet werden kann. Wenn das so ist, dann handelt es sich hier bei dem monophasischen Strom in der Tat um ein Potential, welches bezogen auf die Polung der Saugelektrode als relativ positiv bezeichnet werden muß. Die Frage ist nur, von welchen Teilen des Herzens diese Spannung geliefert wird. Am wahrscheinlichsten erscheint folgende Deutung: die verletzte Stelle unter der Saugelektrode ist in der Diastole stark negativ gegen die unverletzte, ruhende, relativ positive Nachbarschaft. Dabei weisen natürlich deren positiven Pole von der verletzten Stelle weg. Das ist die Quelle der Verletzungsruhespannung. Kommt jetzt die Erregung heran, so bewirkt sie ein Verschwinden der positiven Ladung, welche die Verletzungsspannung unterhielt. Es tritt also für die Dauer der Erregung eine Auslöschung dieser Potentialdifferenz auf, welche als Verminderung der negativen Verletzungsspannung, also im Sinne einer Positivierung der Herzelektrode, wirkt und dabei eine monophasische Aktionsspannung erzeugt. Unter diesen Bedingungen ist also die monophasische Spannungsschwankung lediglich als vorübergehendes Wegfallen der Potentialdifferenz zwischen der verletzten Saugstelle und ihrer erregbaren unmittelbaren Umgebung aufzufassen. Bei einer monophasischen Ableitung von zwei Punkten eines freigelegten Herzens liegen die Dinge aber wesentlich anders. Denn dabei haben wir keinerlei indifferente Fernelektroden, deren Potential praktisch als unveränderlich angenommen werden kann, vielmehr bewirkt die herannahende Erregung jetzt nur an der *unverletzten* Stelle den Anstieg einer monophasischen Aktionsspannung. Die Gegenphase, die zum Zustandekommen des diphasischen Bildes nötig gewesen wäre, fällt aus, weil die Erregung in der depolarisierten Verletzungszone stecken bleibt. Es ist gegenüber anderen Meinungen durch die Versuche von SCHÜTZ und LEHNE gesichert worden, daß bei der *direkten* Ableitung von einem in Luft befindlichen Präparat die monophasische Aktionsspannung stets von der unverletzten Stelle stammt. Nur im leitenden Medium bei semidirekter Ableitung stammt sie aus der Region der verletzten Saugstelle (s. S. 78).

WILSON und Mitarbeiter haben dann die Ergebnisse und Interpretationen, die sich ihnen bei semidirekter Ableitung von freigelegten Hundeherzen ergab, auf die sog. „unipolare Ableitung" übertragen. Das ist eine Ableitungsweise, welche mit der semidirekten Ableitung nur die relativ indifferente Fernelektrode gemeinsam hat. Aber bei unipolarer Ableitung liegt die Herzelektrode im Gegensatz zur semidirekten Ableitung nicht unmittelbar auf der Herzmuskulatur, sondern sie liegt lediglich herznahe in dem Feld, welches das Herz umgibt, z. B. auf dem Thorax des Tieres oder des Menschen. Diese unipolare Ableitung arbeitet aber wiederum unter ganz anderen Abgriffsbedingungen als die semidirekte Ableitung. Es war daher ein unberechtigter Schluß, als WILSON und Mitarbeiter betonten, daß die Ähnlichkeit der Stromformen, wie man sie etwa bei semidirekter Ableitung vom Hundeherzen und unipolarer Ableitung vom Thorax über dem Herzen gewinnen kann, auf Grund des gleichen elektrischen Ableitungsmechanismus entstehen. Denn die semidirekten und die unipolaren Ableitungen haben zwar das gemeinsam, daß die Fernelektrode relativ indifferent ist oder jedenfalls gemacht werden kann, doch liegt allein bei semidirekter Ableitung die Herzelektrode direkt dem spannungsproduzierenden Herzen an, und sie liegt dabei nicht in einem leitenden Medium oder am Rande eines leitenden Mediums, welches ausgreifende Spannungslinien entstehen läßt. Das aber liegt bei unipolarer Ableitung vor, bei der die Thoraxelektrode durch eine mehr oder weniger dicke Schicht von leitendem Gewebe räumlich vom Herzen getrennt ist. Die Thoraxelektrode befindet sich also im Bereich von Spannungsschwankungen eines um das Herz entstehenden elektrischen Feldes. Allerdings sind die Spannungsschwankungen in Herznähe relativ groß, verglichen mit denjenigen unter einer Fernelektrode. Immerhin ist eine solche Ableitung zwischen einem herznahen Thoraxpunkt und irgendeinem herzfernen Körperpunkt in jedem Falle eine diphasische indirekte Ableitung, aber keine semidirekte in dem oben definierten Sinne. Man kann sie aber zu einer praktisch unipolaren machen, wenn man dem Vorschlage WILSONs folgend die drei Ableitungskabel der Extremitäten zu einem gemeinsamen "central terminal" zusammenschließt und dann dieses sich mittelnde und dadurch weitgehend aufhebende Potential der drei Extremitäten mit dem einen Pol des Meßinstrumentes und die Thoraxelektrode mit dem anderen Pol des Meßinstrumentes verbindet. Wie zahlreiche Versuche von WILSON, KATZ u. v. a. gezeigt haben, sind dann die Potentialwechsel unter der Fernelektrode in der Tat sehr gering, und es treten ganz überwiegend die herznahen Spannungsschwankungen unter der Thoraxelektrode hervor.

WILSON war nun der Auffassung, daß diese unipolare Thoraxableitung vorwiegend die Potentialwechsel derjenigen Herzteile wiedergibt, welche nahe der Thoraxableitungsstelle liegen, also so, wie es nach dem oben Gesagten bei semidirekter Ableitung der Fall zu sein scheint. Nun konnten aber neuerdings DUCHOSAL und SULZER zeigen, daß diese Auffassung korrigiert werden muß. Sie konnten nämlich den Nachweis führen, daß das EKG bei unipolarer Thoraxableitung stets von den Potentialwechseln des *ganzen* Herzens beeinflußt wird und nicht als Ausdruck der Spannungsschwankungen umschriebener Herzteile angesehen werden kann. Wenn man nämlich das unipolare Thorax-EKG mit Hilfe der WILSON-Elektrode von einem Horizontalkreis registriert, der in Herzhöhe rings um den Thorax gelegt wird, so sehen alle Thorax-EKG von jenen *Ableitungsstellen etwa spiegelbildlich gleich* aus, welche sich auf den Endpunkten der gleichen Kreisdurchmesser befinden, also jener Durchmesser, die durch das Herz, und zwar die Septummitte hindurchgehend symmetrisch einander gegenüber gelegene Punkte verbinden. Das kann nur so gedeutet werden, daß das Potential der WILSON-Elektrode in etwa dem Potential der Septummitte entspricht, während von den Thoraxableitungspunkten alle Potentialwechsel gegen dieses Bezugspotential gemessen werden. Anders ausgedrückt, registriert man mit der WILSONschen Schaltung vom Thorax die Projektionen der Vektorschleife (s. später) auf besonders gelagerte Ableitungslinien. Und zwar liegen diese Ableitungslinien bei den unipolaren Thoraxableitungen so, daß sie durch den Nullpunkt der Vektorschleife und anatomisch etwa durch die Septummitte hindurchgehen. Nach alldem liefern die unipolaren Brustwandableitungen also ein EKG, in welches, wie bei indirekter Ableitung, Spannungsschwankungen des *ganzen* Herzen eingehen, allerdings gemessen gegen ein relativ konstantes Nullpotential. So ist also die Theorie der unipolaren Brustwandableitungen dank der Arbeit von WILSON, DUCHOSAL, JOUVE u. v. a. heute im Prinzip zu einem gewissen Abschluß gelangt.

Zweifellos stellt die WILSONsche Schaltung bei den sog. V-Ableitungen die praktisch beste Annäherung an eine unipolare Ableitung dar. Das besagt nicht, daß sie unter allen Umständen die klinisch bedeutsamsten diagnostischen Anhaltspunkte liefert. Daher sind heute in der Klinik weitere Verfahren im Gebrauch, die später zusammenfassend dargestellt werden sollen. Von diesen mögen aus theoretischen Gründen zwei Formen noch besonders erwähnt werden, nämlich einerseits die unipolare Oesophagusableitung und andererseits die C-Ableitung zwischen dem Thorax und den Extremitäten. Die *Oesophagusableitung* arbeitet mit einer Elektrode, welche so nahe an den linken Vorhof und die Herzhinterwand herangebracht werden kann, daß hier die Abgriffsbedingungen unter Umständen mehr denen einer semidirekten als einer unipolaren Ableitung gleichen. Es gehen nämlich in das Oesophagus-EKG relativ viele Potentialschwankungen umschriebener Herzteile ein, die sich noch nicht zum Felde verwischt haben. Daher erhält man auch in dem vorhofnahe abgeleiteten EKG wiederum die oben analysierten dipolförmigen Stromformen, die hier nicht als Ausdruck der Potentialwechsel des ganzen Vorhofs gewertet werden können. Bei den *C-Ableitungen* zwischen dem Thorax und einer Extremität entfernt man sich wiederum mehr oder minder weit von den Abgriffsbedingungen der unipolaren Ableitung, denn hierbei kommt man wieder mehr einer indirekten Ableitung nahe, weil man die Spannungsschwankungen zwischen dem Thoraxpunkt und der Extremität, also zwei Punkten des Körperfeldes, mißt wie bei Extremitätenableitungen. Allerdings überwiegen die Spannungsanteile vom Thorax um das 4—8fache die Größe der Potentialschwankungen von der benutzten Extremität. Auch bei den C-Ableitungen gehen natürlich Spannungsschwankungen des ganzen Herzens in das EKG ein. Doch sind wahrscheinlich nicht die Spannungen aller Herzteile gleichmäßig beteiligt. Hier steht eine zuverlässige quantitative Kenntnis noch aus.

Gehen wir zur *indirekten Ableitung* über, so ergeben sich für die Anwendung des Differenzprinzips zweifellos gewisse Schwierigkeiten, insbesondere dann, wenn man im Sinne veralteter Auffassungen das EKG der Extremitätenableitungen aus der Differenz zweier monophasischer Ströme der Basis und Spitze bzw. des rechten und linken Herzens erklären will. Schon die Q- und S-Zacken machen das unmöglich, so daß ROTHSCHUH (1948) eine Erweiterung zum „mehrfachen Differenzprinzip" vorschlug. Aber auch dann noch bestehen Schwierigkeiten, weil im Differenzprinzip rein skalare Größen, aber keine gerichteten Größen Verwendung finden (MEYER und HERR, 1950), während die im Körpermedium entstehenden Potentialdifferenzen, die zum EKG führen, Richtung, Polung und

Größe haben, also Vektoren sind. Die Richtung und Polung der Potentialdifferenzen im Körpermedium und ferner die Entfernung der Ableitungspunkte vom Herzen sind aber neben der Potentialbildung im Herzen selbst für Form und Größe der registrierten Potentialschwankungen entscheidend mitbedingende Faktoren. Um auch diese komplizierenden Bedingungen der Ableitungsverfahren innerhalb des Differenzprinzips zu berücksichtigen, schlug ROTHSCHUH (1952) eine quantitative Behandlung des Gabelprinzips vor. Danach wären die Entfernung des Ableitungspunktes vom Herzen, also die Gabellänge r, und der Winkel ϑ, den die Gabel mit dem Faserverlauf bildet, maßgeblich für den Bruchteil der auf der Körperoberfläche von der tatsächlich entwickelten Spannung abgreifbaren Potentialdifferenz. Dieses „quantitative Gabelprinzip" beinhaltet also den Übergang zwischen der Behandlung des EKG nach dem Differenzprinzip und dem Vektorprinzip.

Da wir es bei *örtlicher* Ableitung nicht mit nennenswerten Feldwirkungen zu tun haben und die Potentiale der Ableitungsstellen quantitativ überwiegen, kommen wir dabei mit dem Differenzprinzip am weitesten. Bei *indirekter* Ableitung aber leiten wir die Spannungen aus dem elektrischen Feld ab, welches sich um das Herz bildet. Was wir messen, resultiert dabei stets aus der Überlagerung von Spannungsbruchstücken zahlloser monophasischer Spannungsschwankungen, wobei das Differenzprinzip zwar theoretisch berechtigt bleibt, aber praktisch unanwendbar wird, weil die einzigen meßbaren Größen die Potentialdifferenzen zwischen zwei Feldpunkten sind (H. SCHAEFER, 1951). Aus ihnen müssen wir dann einen Rückschluß auf das vorliegende Geschehen im Herzen machen, d. h. aber auf Richtung, Größe und Polung der jeweiligen Gesamtresultierenden, die sich aus den in der Phase sehr vielfältigen, aber unterschiedlich gerichteten und der Lage im Herzen nach im einzelnen unbekannt bleibenden Spannungsschwankungen zusammensetzt.

Statt von der Gabelelektrode auszugehen, die eine *anschauliche* Betrachtung vermittelt, kann man auch *das elektrische Feld*, das sich um eine Potentialquelle im leitenden Medium entwickelt, betrachten, das experimentell und, falls es sich um ein homogenes Medium handelt, auch rechnerisch erfaßt werden kann. In einem stromleitenden Medium gleicht sich der Spannungsunterschied zwischen den beiden Polen der Spannungsquelle in gesetzmäßiger Weise durch Stromlinien aus. Verbindet man alle Punkte gleichen Potentials, so entstehen die isoelektrischen Potentiallinien. Die Gesamtheit aller Potentiallinien bilden das elektrische Feld. Strom- und Spannungsverteilung in einem solchen Feld lassen sich experimentell bestimmen. Wie in Abb. 105 dargestellt ist, entwickelt sich in einem unbegrenzten, elektrisch leitenden Medium von überall gleicher Beschaffenheit um eine Potentialdifferenz ein elektrisches Feld. Dann herrscht nicht etwa an allen Stellen dieses Feldes ein gleichgroßes Potential, sondern die Isopotentiallinien verteilen sich in der Art, wie es in Abb. 105 dargestellt ist. Die durch beide Pole gelegte Gerade wird die *elektrische Achse* genannt. Da die elektrische Achse eine vektorielle Größe[1] ist — sie wird ja durch Länge und Richtung

---

[1] Eine Geschwindigkeit ist beispielsweise erst vollständig festgelegt, wenn außer dem Betrag der Geschwindigkeit (der zahlenmäßigen Angabe der in der Zeiteinheit zurückgelegten Strecke) auch deren Richtung im Raum angegeben wird. Solche Größen, zu deren eindeutiger Festlegung also noch die Richtung angegeben werden muß, heißen *gerichtete Größen oder Vektoren*. Weitere Beispiele sind außer der Geschwindigkeit eine Bewegung, eine Beschleunigung, eine elektrische oder magnetische oder sonstige Kraft, also auch Potentialdifferenzen! Vektoren lassen sich durch geradlinige Strecken (Pfeile) graphisch darstellen, deren Länge die Größe und deren Richtung die Richtung des Vektors angibt. Im Gegensatz dazu sind z. B. Massen, Dichte, Wärmemengen, Temperaturen, Energien usw. *Größen ohne Richtung*, sog. *Skalare*; denn man kann hierbei nicht von einer bestimmten Richtung sprechen, sie sind

eines Pfeils symbolisiert —, pflegt man sie auch als *Vektor* zu bezeichnen (im folgenden mit E abgekürzt). Das Maximum des Ausschlags erreicht man bei Ableitung von $+8$ und -8. Aus der Betrachtung der Abbildung ergibt sich weiter, daß man vom Rande des Feldes, also entfernt von der Spannungsquelle, nur einen Teil der zwischen den Polen herrschenden Spannung ableiten kann. Leitet man von den verschiedenen Stellen des Feldrandes ab, so erhält man je nach dem Ort der Ableitung eine verschieden große Potentialdifferenz, die aber stets kleiner ist als bei direkter Ableitung von den Polen

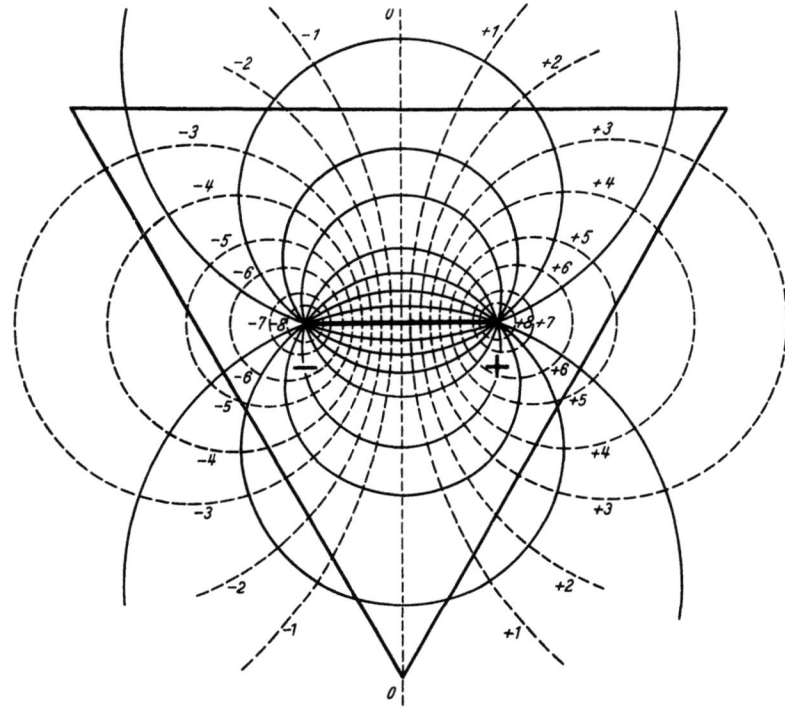

Abb. 105. Verteilung der Isopotentiallinien (----------) und Stromlinien (————) in einem unbegrenzten, leitenden, zweidimensionalen Medium um eine Spannungsquelle. Die Verbindungslinie der Punkte maximaler Spannung ist der Vektor. (Nach K. E. ROTHSCHUH)

selbst. Hieraus folgt für die indirekte Ableitung am Menschen: *Die von der Körperoberfläche ableitbaren Potentialdifferenzen sind nur ein Bruchteil, und zwar ein unbekannter Bruchteil der im Herzen selbst vorhandenen Potentialdifferenzen.*

Aus Abb. 105 ist weiter ersichtlich, daß man gar keine Potentialdifferenz erhält, wenn man von der in der Mitte zwischen den beiden Polen auf der elektrischen Achse errichteten Senkrechten ableitet, auf der das Potential Null

bereits durch eine Zahl und eine Maßeinheit vollständig charakterisiert (d. h. durch den Betrag, den man an einer in Einheiten eingeteilten „Skala" abmißt). Derartige Größen kann man algebraisch addieren, während vektorielle Größen sich nur geometrisch nach bestimmten Grundsätzen addieren lassen (sog. Vektoraddition, entsprechend dem Prinzip des Parallelogramms der Kräfte). Das Schema der geometrischen Addition zweier Vektoren ist stets dieses: in den Endpunkt des einen Vektors legt man den Anfangspunkt des zweiten Vektors mit der ihm zukommenden Richtung, die dritte Seite, die von dem Endpunkt des zweiten Vektors aus die beiden ersten zum Dreieck schließt, ist nach Größe und entgegengesetzter (!) Richtung der gesuchte resultierende Vektor. Entsprechend kann man nach den gleichen Grundsätzen eine Resultierende in *beliebige* Komponenten zerlegen.

herrscht. Alle anderen Ableitungen ergeben eine Potentialdifferenz (z. B. die rechte Dreieckseite 0 bis $+2^1/_2 = 2^1/_2$. Sie ist um so größer, je kleiner der Winkel zwischen Ableitungslinie und elektrischer Achse ist und erreicht ihren Höchstwert, wenn Ableitungslinie und elektrische Achse zusammenfallen, der Winkel also gleich Null wird [Abl. I (obere Dreieckseite): $+2^1/_2$ bis $-2^1/_2 = 5$]. Hieraus ergibt sich der wichtige Satz: *Die Größe der von der Körperoberfläche ableitbaren Potentialdifferenz ist abhängig von dem Winkel, den die Verbindungslinie der beiden Ableitungsstellen mit der elektrischen Achse im Herzen bildet; je kleiner dieser Winkel ist, um so größer ist die ableitbare Potentialdifferenz.* Die relative Lage der Elektroden zum Herzen spielt also eine wesentliche Rolle. Praktisch wird das vom Herzen erzeugte Feld von der Oberfläche des *Rumpfes* begrenzt. Die Extremitäten können als *verlängerte* Elektroden angesehen werden. Darum ändert sich die erhaltene EKG-Form praktisch nicht, wenn die Elektroden am Oberarm oder am Unterarm angelegt werden, während Verschiebungen der Elektroden am Rumpf das Kurvenbild sofort verändern. Dabei ist es gleichgültig, ob bei unveränderter Herzlage die Elektroden verschoben werden oder ob sich bei unverrückten Elektroden die Herzlage ändert (A. WEBER).

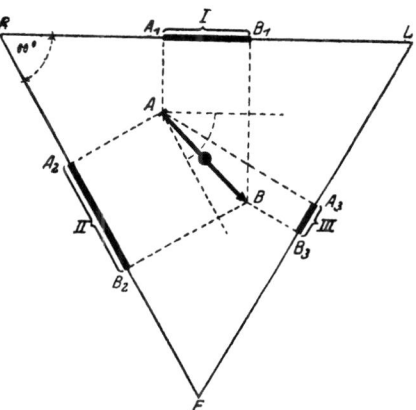

Abb. 106. Schema vom gleichseitigen Dreieck. (Nach A. WEBER)

Am besten läßt sich der Einfluß der Herzlage auf die Form des EKG mit Hilfe des EINTHOVENschen *Dreieckschemas* untersuchen (Abb. 106), das immer noch trotz der in neuerer Zeit hinzugekommenen Brustwandableitungen die klassische Grundlage der EKG-Ableitung bleiben wird, schon aus dem Grunde, weil hierbei das größte Erfahrungsgut unter einigermaßen vergleichbaren Verhältnissen in der Auswertung von EKG-Kurven gewonnen wurde. Es kommen dafür die Abl. I—III in Betracht, wobei eine Negativität der mit — bezeichneten Elektrode in der Kurve einen Ausschlag nach oben ergeben muß:

Abl. I: rechter Arm (—) — linker Arm (+),
Abl. II: rechter Arm (—) — linkes Bein (+),
Abl. III: linker Arm (—) — linkes Bein (+).

Der menschliche Körper wird also nach dieser von EINTHOVEN begründeten Vorstellung als eine homogene dreieckige Platte aufgefaßt, deren Ecken durch die Ansatzstellen der beiden Arme und der Beine gebildet werden und in deren Mittelpunkt das Herz gelegen ist. Das läßt sich im Modellversuch nachahmen, wenn man eine gleichseitige, homogene Scheibe aus Ton, der mit Kochsalzlösung getränkt ist, anwendet und bei den Punkten A und B eine Potentialdifferenz anbringt (Abb. 106). Bei Ableitung von den Dreieckseiten geht durch jedes der Galvanometer ein Strom, der sich mit der Richtung von AB ändert. So verläuft die elektrische Achse zur Zeit der R-Zacke von rechts oben nach links unten. Sie bildet also mit den Verbindungslinien der Ableitungsstellen verschieden große Winkel. Man erhält also in den einzelnen Ableitungen nur einen Teil, und zwar einen verschieden großen Teil der vom Herzen selbst ableitbaren Potentialdifferenz. Die Ausschläge verhalten sich dabei, wie Abb. 106 zeigt, wie die Projektionen von AB auf die Dreieckseiten.

Aus Richtung und Größe der Ausschläge in den drei Ableitungen ergibt sich die Gesetzmäßigkeit, daß Abl. III = Abl. II — Abl. I oder Abl. II = Abl. I + Abl. III ist, d. h. also, daß die Größe der in einem Zeitpunkt t in Abl. II abgegriffene Spannung bei Dreieckableitung so groß ist, wie die Summe der in den beiden anderen Abl. I und III abgeleiteten Potentialdifferenzen[1] (EINTHOVEN). Dieser *Summensatz* gilt für *alle synchronen Punkte* von drei gleichzeitig in drei Ableitungen geschriebenen EKG, ist also nicht nur auf R, sondern ebenso auf Q, S, T und ST anwendbar.

In der Abb. 105 kann man sich leicht davon überzeugen, indem man Punkte auf drei beliebigen Isopotentiallinien wählt, z. B. —3, +4, —2 und die ableitbare Potentialdifferenz berechnet. Dann ist Abl. I = +4 bis —3 = 7; Abl. II = —3 bis —2 = 1; Abl. III = +4 bis —2 = 6. Diese aus dem Verlauf der Potentiallinien in einem elektrischen Feld sich ergebende Gesetzmäßigkeit gilt auch für die Größe der geometrischen Projektionen im gleichseitigen Dreieck. Bei gleicher Empfindlichkeit der Aufzeichnung muß dieser Summensatz stets als gültig nachweisbar sein, eine Prüfungsmöglichkeit der Apparatur ist also damit gegeben. Selbstverständlich müssen dann genau synchrone Kurvenpunkte (gleichzeitige Aufschrift!) gewählt werden. Umgekehrt ist auf diese Weise ein Synchronisieren von Kurvenpunkten verschiedener Ableitungen durchzuführen, wobei zu beachten ist, daß z. B. die Spitze der R-Zacke gewöhnlich in Abl. I etwas früher auftritt als in Abl. II und III (s. unten). Oft ist es schwierig, die Buchstabenbezeichnungen für die einzelnen Zacken durchzuführen, besonders wenn keine ausgesprochene R-Zacke vorhanden ist. Die Ausmessung der Größe synchroner Zacken in den anderen Ableitungen ermöglicht die Berechnung der Größe der fraglichen Zacken mit Hilfe der Formel des Summensatzes (KOCH)[2].

Die Untersuchungen EINTHOVENs gehen von der Voraussetzung eines *gleichseitigen Dreiecks* aus, dessen Seiten, die Ableitungslinien für Abl. I, II und III, also im Winkel von 60° zueinander geneigt sind und die das Herz als Potentialquelle symmetrisch zwischen sich fassen. Weitere Voraussetzungen für die Gültigkeit der Projektionsgesetze und der Vektoranalyse sind außer der *Lage der Spannungsquelle* (*symmetrisch* zu den Ableitungspunkten und *zentrisch* im leitenden Medium) die *Homogenität des Mediums*, d. h. daß es überall gleiche Widerstandsverhältnisse aufweist und *praktisch unbegrenzt* ist im Verhältnis zur Ausdehnung des Vektors. [Bei exzentrischer Lage des Vektors werden sowohl die Nullinie als auch die Maximallinie gegen die Feldränder zu abgelenkt, Orte höheren und besonders niedrigen Widerstandes verzerren das Potentiallinienfeld, die Begrenzung des leitenden Mediums durch einen Feldrand (Körperoberfläche!) läßt die Potentiallinien an den Feldrändern ausbiegen.] Die Verhältnisse im Organismus für die Anwendbarkeit der Projektionsgesetze können nach dem Gesagten also nicht gerade als günstig bezeichnet werden. Denn das leitende Medium wird ja durch die Körperoberfläche eingeengt und ist keineswegs unbegrenzt. Auch ist die *Potentialquelle* weder sehr klein, noch liegt sie zentrisch bzw. symmetrisch zu den Ableitungspunkten. In einem *drei*dimensionalen Medium schließlich verlaufen die Isopotentiallinien auf Kugelflächen, welche die Pole umgeben. Während der Erregung bildet sich aus zahlreichen kleinen Vektoren, die im Herzen entstehen, im Körper eine resultierende Potentialdifferenz bestimmter *räumlicher* Lagerung, Größe und Polung; um diesen Vektor bildet sich ein dreidimensionales elektrisches Feld. Die Potentialverteilung in diesem Feld hängt also von Lage, Größe und Polung des Vektors, ferner von den Eigenschaften des Mediums (Leitfähigkeit, Ausdehnung, Begrenzung) ab, und nur ein Bruchteil davon erreicht, wie gezeigt, die Körperoberfläche und wird so meßbar.

Man kann auch den umgekehrten Weg gehen und aus den Projektionen, die man bei den EKG-Aufnahmen nach EINTHOVEN ja registriert, die Strecke AB und den Winkel α, den sie mit der Horizontalen bildet, berechnen. Man trägt dazu die Strecke I auf dem einen Schenkel eines Winkels von 60° ab und die Strecke II auf dem anderen Schenkel. Der Schnittpunkt der in den Endpunkten errichteten Senkrechten ergibt in Verbindung mit dem Scheitelpunkt des Winkels Größe und Richtung der gesuchten Linie AB. Diese Spannung, der Vektor E, wurde von EINTHOVEN als *manifester Wert* der im Herzen erzeugten Spannung

---

[1] In jedem geschlossenen System (z. B. Dreieck) gilt auf Grund des zweiten KIRCHHOFFschen Gesetzes die Beziehung $e_1 + e_2 + e_3 = 0$ (KOCH-MOMM, HOLLMANN). Infolge der von EINTHOVEN gewählten Polung — Abl. II ist umgekehrt gepolt wie Abl. I und III — nimmt hier diese Beziehung die Form des oben angeführten EINTHOVENschen Summensatzes an.

[2] Eine erste Einführung in diese Fragen gibt die Schrift von E. KOCH, eine eingehendere Behandlung das Buch von A. WEBER.

bezeichnet, er ist zwar nicht gleich der wirklichen im Herzen vorhandenen Spannung, steht aber in konstantem Verhältnis zu ihr und ändert sich daher immer parallel mit ihr. Es läßt sich also mit Hilfe des Schemas vom gleichseitigen Dreieck für jeden Moment der Herzrevolution die manifeste Größe und die Richtung der resultierenden Spannung angeben, die gerade im Herzen herrscht *(Prinzip der Vektoranalyse)*.

Natürlich muß man bei der praktischen Anwendung des Dreieckschemas die Abl. I und II bei gleicher Empfindlichkeit aufnehmen, bzw. eine Korrektur der Größen anhand der gleichzeitig aufgenommenen Eichausschläge vornehmen. Statt der geometrischen Konstruktion läßt sich der Winkel α auch nach der EINTHOVENschen Formel

$$\operatorname{tg} \alpha = \frac{2 E_2 - E_1}{E_1 \sqrt{3}}$$

berechnen, wobei E_1 der Wert in Abl. I und E_2 der Wert in Abl. II ist, deren Kenntnis Voraussetzung zur Anwendung der Formel ist.

Außer dem Winkel α läßt sich auch die relative Größe der Potentialdifferenz, des Vektors E (dargestellt durch die Länge von E), mathematisch erfassen aus der Beziehung

$$E = \frac{E_1}{\cos \alpha} \quad \text{bzw.} \quad E = \frac{E_2}{\cos (60° - \alpha)}$$

und für Abl. III $E_3 = E \cos (120° - \alpha)$ (EINTHOVEN, FAHR und DE WAART). Grundsätzlich wird man sich nicht mit der Lage des R-Vektors begnügen, sondern die Ermittlung auf alle anderen Zacken ausdehnen und die „Momentanachsen" (W. TRENDELENBURG, V. ZARDAY) für P, Q, R, S und T bestimmen (Abb. 107). Es sind eine Reihe von Diagrammen angegeben worden, welche die Lage des Vektors jeder EKG-Zacke aus den Ausschlaggrößen in zwei Extremitätenableitungen schnell abzulesen gestatten (E. LEPESCHKIN, M. HOLZMANN), auch sind kleine Apparate angegeben worden, die das Verfahren beschleunigen (v. ZARDAY). Nach v. ZARDAY sind folgende Werte als normal zu betrachten: P = +60°, R = +45° bis 70°, S = —90° bis —150°, Q schwankt sehr stark zwischen +150° und —150°, T = +20° bis +60°. Dabei werden die positiven Werte nach abwärts, die negativen nach aufwärts oberhalb einer Horizontalen gezeichnet. Abb. 107 gibt die Normallage der Achsen schematisch wieder. Abweichungen von dieser Normallage außerhalb des physiologischen Schwankungsbereiches sind als pathologisch zu werten. Eine Verschiebung gegen die Richtung des Uhrzeigers wird als Linksverschiebung, eine solche in Richtung des Uhrzeigerablaufs als Rechtsverschiebung bezeichnet. Man kann die Achsenlage für jede EKG-Zacke auch nach dem Vorgehen von W. TRENDELENBURG und L. V. UNGHVARY dadurch ermitteln, daß man die Lage von zwei Brustwandelektroden so lange auf einen „Brustwandableitungskreis" (s. S. 218) verschiebt, bis die Ausschlaggröße der betreffenden Zacke ihr Minimum aufweist, bzw. gleich Null wird. Ihre Achse steht dann senkrecht auf der Ableitungslinie.

Alle bisher besprochenen Wege erfassen bloß den Anteil der „Momentanachsen", welche in der *frontalen* Ebene wirksam sind. Um die *räumliche Lagerung* des Vektors zu ermitteln, muß man zusätzlich mit dorsoventralen Ableitungen arbeiten, um auch die Tiefendimension in die Untersuchungen einzubeziehen. Die von W. TRENDELENBURG begonnene Untersuchung wurde von L. v. UNGHVARY erweitert, indem er innerhalb eines horizontalen, den Brustkorb umfassenden Kreises ein gleichseitiges dorsoventrales Ableitungsdreieck verwendete und aus der Zackengröße in der vorderen Brustwandableitung und einer dorsoventralen Ableitung die räumliche Lagerung des Vektors ermittelte. Es ergab sich, daß die verschiedenen Momentanachsen keineswegs nur in der frontalen Ebene gelegen sind. Dabei ergibt sich, daß die Zacken nicht einfach „durch unstetige Spannungsschwankungen und Vorzeichenwechsel der Potentialresultierenden" entstehen, sondern im Gefolge einer *stetigen* räumlichen Rotation des Herzvektors. An diesem Punkt der Darstellung wird der anschließende Absatz über „Vektordiagraphie" auf S. 223 wieder einsetzen. Es sei nur hier schon vermerkt, daß infolge der schleifenartig rotierenden Bewegung des Vektors das Potentialmaximum, welches sich als Zacke auf die verschiedenen Dreiecksseiten projiziert, für die drei Ableitungen zu etwas verschiedenen Zeitpunkten erreicht wird; das bedingt bei einer Rotation des Herzvektors während QRS im Uhrzeigersinn, daß die Spitze von R_I etwas früher als von R_{II} und diese etwas früher als von R_{III} geschrieben wird. Die Tatsache, daß die gleichen Zacken im Extremitäten-EKG nicht gleichzeitig in den drei Ableitungen ihr Maximum durchlaufen, erklärt sich also so.

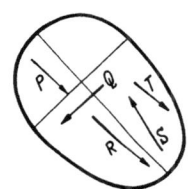

Abb. 107. Verlauf der Momentanvektoren. Die Pfeilrichtung entspricht dem momentanen Negativitätsgefälle in den Augenblicken der P-, Q-, R-, S- und T-Zacke. (Nach V. ZARDAY)

Neuere indirekte Ableitungsmethoden des EKG

Die klassischen indirekten Ableitungen nach EINTHOVEN berücksichtigen nicht, wie besonders W. TRENDELENBURG hervorhob, die individuell verschiedene *Herzlage*. Ein von der Herzlage unabhängiges EKG erhält man am leichtesten, wenn man die Lage der Ableitungselektroden der anatomischen Herzlage anpaßt. TRENDELENBURG leitete darum jeweils von zwei gegenüberliegenden Punkten eines Kreises ab, der rings um das Herz auf der Brustwand angelegt war. Die Verbindungslinien der Ableitungsstellen bildeten so jeweils einen ganz bestimmten Winkel zur anatomischen (röntgenologisch bestimmten) Herzlage („Brustkreis", nach W. TRENDELENBURG). Richtung und Größe der einzelnen EKG-Zacken sind — nach den bisherigen Ausführungen verständlich — sowohl von der anatomischen Herzachse wie auch von der jeweiligen elektrischen Herzachse abhängig. Mit der TRENDELENBURGschen Brustkreisableitung kann man die Richtung dieser Vektoren bestimmen, indem die Ableitung aufgesucht wird, in der die Zacke minimal oder Null wird („Querachse"). Die Verbindungslinie der Elektroden steht dann auf dem Vektor dieser betreffenden Zacke senkrecht („Längsachse"). (Daß auf diese Weise keine der Zacken ganz zum Verschwinden gebracht werden kann, zeigt, daß der Vektor während einer Zackendauer keine konstante Richtung hat, sondern rotiert!) Man erhält also in der Tat auf diesem Wege die gänzliche Ausschaltung der anatomischen Herzlage, wenn das Verfahren auch etwas mühsam und umständlich ist.

Als zweiter Gesichtspunkt, der zur weiteren, die EINTHOVEN-Ableitungen ergänzenden Ableitungsmethoden auffordert, kommt die Absicht hinzu, Vorgänge an bestimmten Herzteilen hervorzuheben. So lassen sich, wie an anderer Stelle schon erwähnt wurde, Vorhofaktionsströme durch Oesophagusableitungen besser darstellen, auch werden z. B. P und U durch den TRENDELENBURG-Kreis mehr hervorgehoben, und — was diagnostischkritisch nicht unwichtig ist — es ergeben sich unter bestimmten Ableitungsbedingungen Verschiebungen von ST, bei denen allerdings im Gegensatz zur „echten" monophasischen Deformierung der „hohe Abgang" der letzten Zacke der QRS-Gruppe entgegengerichtet ist.

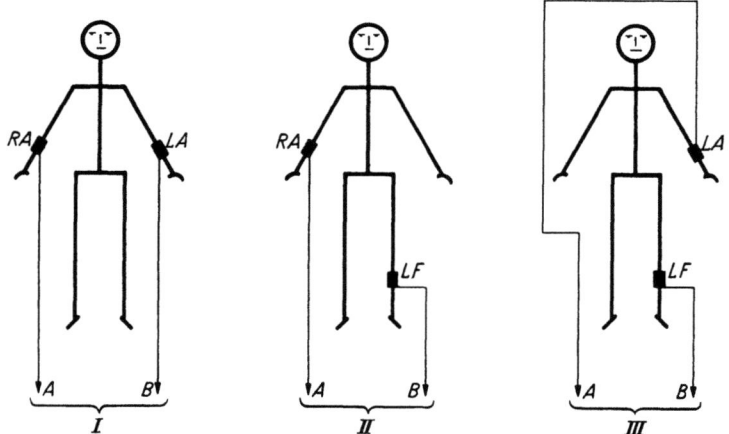

Abb. 108. Extremitäten-Ableitungen nach EINTHOVEN. Abl. I: l. A.—r. A.; Abl. II: l. B.—r. A.; Abl. III: l. B.—l. A.

Man wendet bei den Ableitungen, die über die EINTHOVEN-Ableitungen hinausführen, entweder nach Art des TRENDELENBURG-Kreises bipolare Ableitungen über der Brustwand an oder legt eine Ableitungselektrode an einen mehr oder weniger indifferenten (herzfernen) Punkt an (sog. unipolare und halbunipolare Ableitungen). Gerade diese Ableitungsmethoden sind in neuester Zeit in großer Manigfaltigkeit weiter entwickelt worden, so daß zu deren Verständnis und Anwendung eine kurze Übersicht mit Angabe ihrer Kurzbezeichnungen und Polungen angebracht erscheint.

Die *Extremitätenableitungen nach* EINTHOVEN werden dabei trotz aller Fortschritte die Grundlage der EKG-Diagnostik bleiben, schon deshalb, weil hierüber das größte Erfahrungsgut für die Diagnostik vorliegt. Diese führen weiterhin die

Kurzbezeichnung I, II, III mit der Polung der Ableitepunkte für I: RA → LA, II: RA → LF und III: LA → LF (RA = rechter Arm, LA = linker Arm, LF = linker Fuß). Die Bezeichnungen sind in deutscher und englischer Sprache übereinstimmend verständlich (right, left, foot) (Abb. 108 [statt F auch B (Bein) üblich].

Sogenannte *unipolare Extremitätenableitungen nach* GOLDBERGER führen die Kurzbezeichnung aV (= augmented voltage), weil es bei der üblichen Eichung von 1 mV = 1 cm zu einer Vergrößerung der Ausschläge auf 3/2 kommt ("augmented unipolar limb leads"). Bei ihnen werden die Potentialdifferenzen zwischen dem Ansatzpunkt einer Extremität und den kurzgeschlossenen beiden anderen Extremitäten registriert, also (Abb. 109)

aV_R: LA, LF → RA
aV_L: RA, LF → LA
aV_F: RA, LA → LF

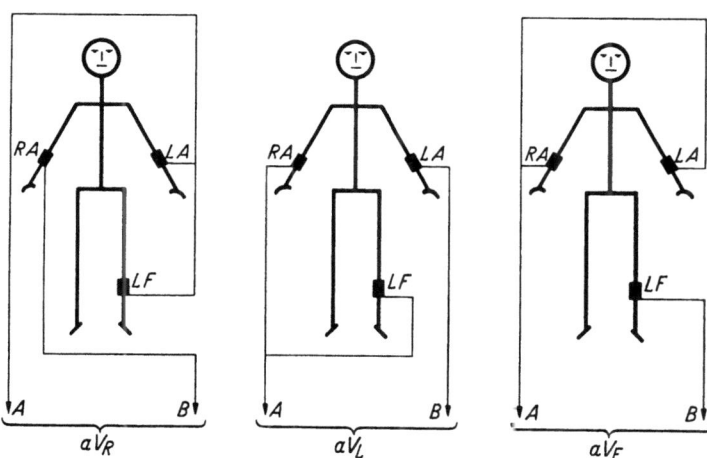

Abb. 109. Sogenannte unipolare Extremitäten-Ableitungen nach GOLDBERGER. Wie bei den unipolaren Extremitätenableitungen nach WILSON wird der positive Pol des Elektrokardiographen an die Tastelektrode, die an der zu erforschenden Extremität liegt, angeschlossen. Der negative Pol wird ohne Zwischenwiderstände mit den beiden anderen Extremitäten kurzgeschlossen

Bei den *unipolaren Extremitätenableitungen nach* WILSON werden die Potentiale der drei üblichen Extremitätenableitungsstellen durch drei Kabel, in die je ein Widerstand von mindestens 5000 Ω eingeschaltet ist zusammengefaßt. Damit wird angenähert eine konstante Bezugselektrode gewonnen, deren Lage dem Nullpotential auf der Polachse zwischen dem Potentialmaximum und -minimum des Summationsdipols im Herzen nahekommt. Mit dieser Elektrode gewonnene Aufnahmen geben infolgedessen nach der heute meist angenommenen Auffassung praktisch nur die Potentialschwankungen unter der differenten Elektrode wieder. Bei der Extremitätenableitung werden also die Potentiale der betreffenden Extremität gegenüber der WILSON-Elektrode (bei einer Eichung von 1 mV = 2 cm) aufgezeichnet. Die Kurzbezeichnung und Polung ist also wie folgt (Abb. 110):

V_R: RA, LA, LF → RA
V_L: RA, LA, LF → LA
V_F: RA, LA, LF → LF

(unter Zusammenfassung von RA, LA, LF über mindestens 3 × 5000 Ω).

Als differente Elektrode hat sich die BURGERsche *Saugelektrode* mit einem Durchmesser des Saugringes von 3 cm bewährt. An ihrer Stelle sind auch Metallplättchen von demselben Durchmesser verwendbar, die durch ein Gummiband befestigt oder durch einen nichtleitenden Stiel am gewünschten Ort festgehalten werden.

Bis vor kurzem wurden häufig „*halbunipolare*" *Brustwandableitungen* geschrieben, die eine der drei Extremitätenelektroden als herzferne Ableitungsstellen benutzten, und zwar besonders den rechten Arm oder das linke Bein,

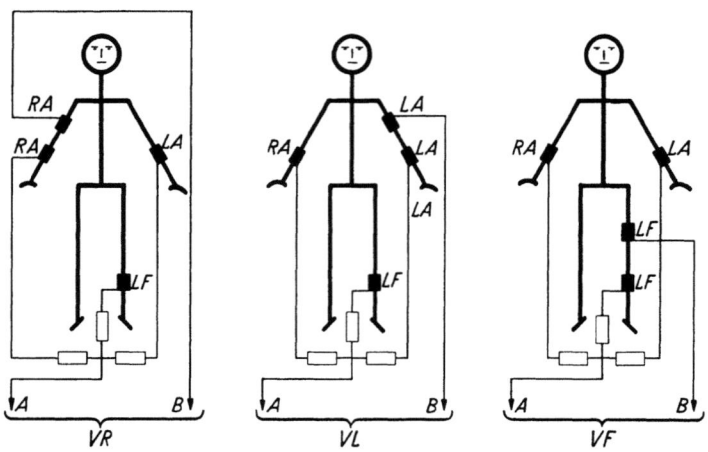

Abb. 110. Als indifferente Elektrode wird die durch Kurzschluß der drei Extremitäten über je 5000 Ω gebildete „WILSONsche Zentralelektrode" benutzt. Die Extremität, deren Potential erforscht werden soll, wird mit zwei Elektroden angeschlossen, von denen die eine mit der Zentralelektrode, die andere als Tastelektrode mit dem Galvanometer verbunden wird

also CR oder CF (C = Chest = Brust), also (Abb. 111):

CR = RA → C
CL = LA → C
CF = LF → C

Bei CB (halb-unipolare Brustwandableitung nach KIENLE) wird eine Rückenplatte benutzt (B = back = Rücken), also

CB : B → C.

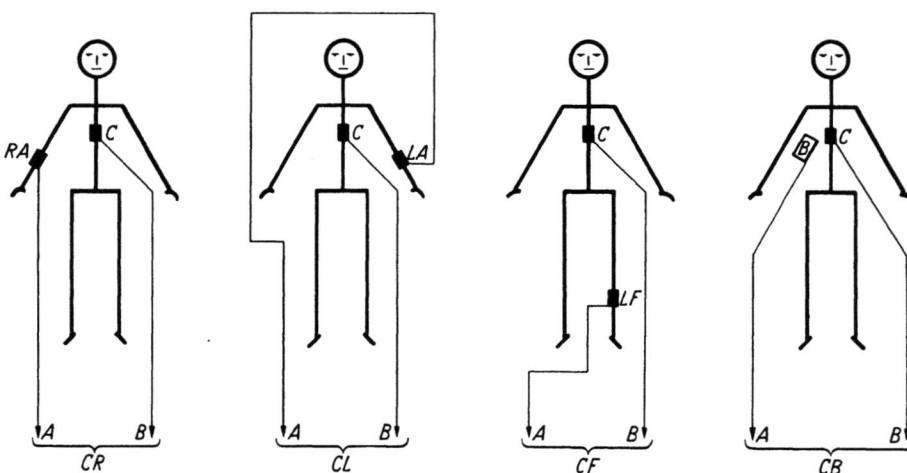

Abb. 111. Brustwand-Ableitungen gegen herzferne Punkte

Bei der sog. IV. Ableitung liegt die differente Elektrode über der absoluten Herzdämpfung (IV R, IV L, IV F).

Betreffs der speziellen Ableitungsstellen auf der Brustwand bei C siehe den nächsten Absatz. (Nr. 1—6 als Index, z. B. CF_4 ist also eine Ableitung vom 5. ICR auf der MCL gegen das linke Bein.) Unter besonderen pathologischen Bedingungen kann so evtl. ein stärker abnormes Bild gewonnen werden als mit der WILSON-Elektrode.

Die *unipolaren Brustwandableitungen gegen den Zentralpunkt nach* WILSON führen die Bezeichnung V (Volt) und leiten also (wie oben) RA, LA, LF (über mindestens $3 \times 5000\ \Omega$ zusammengefaßt) → C ab (Abb. 112). Das Standardprogramm umfaßt 6 Abgriffstellen auf der Brustwand, die nach der Anatomie des Brustkorbs orientiert sind und mit den Indizes 1—6 versehen werden (Abb. 113 und 114).

V_1: Der mediale Elektrodenrand tangiert den *rechten Sternalrand im 4. Intercostalraum*.

V_2: Der mediale Elektrodenrand tangiert den *linken Sternalrand im 4. Intercostalraum*.

V_3: Mitte zwischen V_2 und V_4.

V_4: Das Zentrum der Elektrode liegt im Schnittpunkt der linken *Medioclavicularlinie im 5. Intercostalraum* (normalerweise direkt unter der Herzspitze).

V_5: Das Zentrum der Elektrode liegt in der linken *vorderen Axillarlinie* in gleicher Höhe (zwischen V_4 und V_6).

V_6: Das Zentrum der Elektrode liegt in der linken *mittleren Axillarlinie* in gleicher Höhe.

Die Ableitungsstellen liegen infolgedessen auf einer Linie, die zwischen den Sternalrändern horizontal eingestellt ist, dann bis zur Herzspitzengegend absinkt und von dort wieder horizontal verläuft. Während wir uns mit der Elektrodenlage V_1 und V_2 so gut wie stets über dem rechten Herzen und mit V_5 und V_6 über der linken Kammer befinden werden, bleibt es besonders von der Herzgröße abhängig, über welchen Herzteil wir uns mit V_3 und V_4 befinden (HOLZMANN). Diesem Nachteil steht als Vorteil die streng an die Brustwand gebundene Ableitungstechnik gegenüber, so daß sie vom Laboratoriumspersonal leicht in übereinstimmender Weise geübt werden kann. Zur Bezeichnung anderer Ableitungsstellen der Brustwand, die nicht im Niveau der Standardableitungen liegen, empfiehlt sich eine Lotung auf die unter V_1 bis V_6 beschriebenen Punkte und nach der Höhe die Angabe der Rippe (costa) oder des Intercostalraumes (z. B. V_{4c3}, V_{6c3-4}). Handelt es sich um eine Ableitung von der rechten

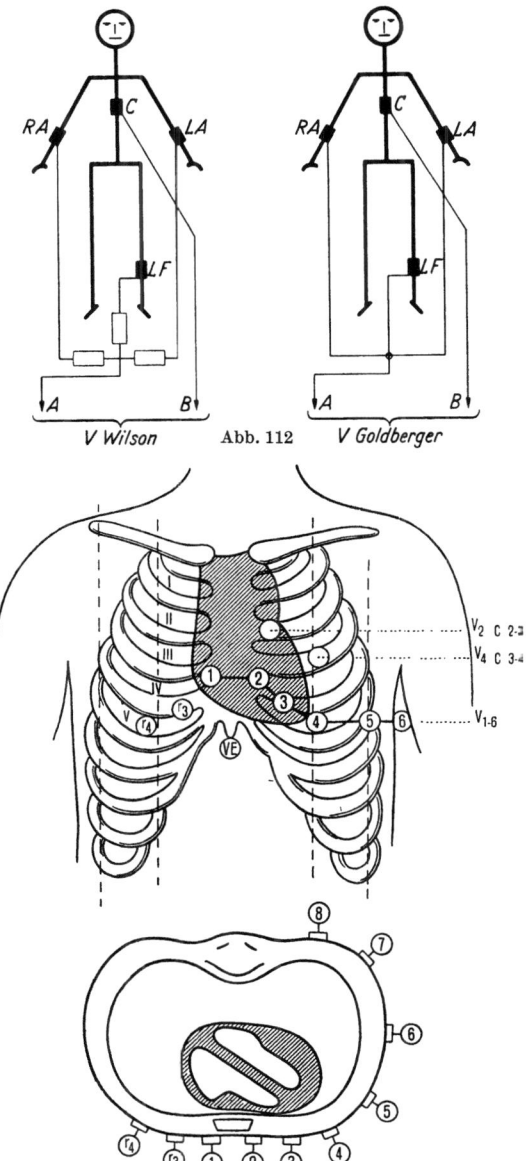

Abb. 112   V Wilson   V Goldberger

Abb. 113. Die Ableitungsstellen der unipolaren Brustwandableitungen nach WILSON (gemäß standardisierter Nomenklatur der *American Heart Association*). V_1: Re. Sternalrand in Höhe des 4. ICR. V_2: Li. Sternalrand in Höhe des 4. ICR. V_3: Mitte zwischen V_2 und V_4. V_4: Schnittpunkt der MCL im 5. ICR li. V_6: Schnittpunkt der li. vorderen Ax.-Linie mit einer durch V_4 gezogenen Horizontallinie. V_6: Schnittpunkt der li. mittleren Ax.-Linie mit einer durch V_4 gezogenen Horizontallinie. V_7: Schnittpunkt der li. hinteren Ax.-Linie mit einer durch V_4 gezogenen Horizontallinie. V_8: Schnittpunkt einer durch die Spitze der Scapula li. gehenden Senkrechten mit einer durch V_4 gezogenen Horizontallinie. Vr_3 entspricht V_3, jedoch auf der re. Seite des Sternum. Vr_4: entspricht V_4, jedoch auf der re. Seite des Sternum. V_2c_{2-3}: entspricht V_2, jedoch zwischen der 2. und 3. Rippe. V_4c_{6-4}: entspricht V_4, jedoch zwischen der 3. und 4. Rippe. VE: Tastelektrode auf dem Processus ensiformis. Analog werden weitere Spezialableitungen bezeichnet. (Aus J. R. GEIGY, Basel: Wissenschaftliche Tabellen 1955)

Brustseite außerhalb des Lotes von V_1, ist im Index der Buchstabe r vorauszustellen und dieselbe Nummer zu wählen wie auf der linken Seite an entsprechender Stelle (z. B. V_{r3}, V_{r4e3}, CL_{r6e3}). Oesophagusableitungen werden mit Oe bezeichnet, mit Angabe des Zentimeter-Abstands von der unteren Zahnreihe (z. B. V_{Oe30}, L_{Oe36}). VE: Tastelektrode auf dem Proc. ensiformis.

Bei den *Brustwandableitungen gegen den Zentralpunkt nach* GOLDBERGER werden wie bei den Extremitätenableitungen (s. oben) RA, LA, LF direkt zusammengeschaltet, also RA, LA, LF → C (Abb. 112). Eine weitere, gelegentlich aufschlußreiche Ergänzung sind bipolare Brustwandableitungen in der Anordnung des *kleinen Brustwanddreiecks nach* NEHB. Dabei wird die rechte Armelektrode am Ansatz der zweiten rechten Rippe am Brustbein, die linke Armelektrode an der Projektionsstelle des Spitzenstoßes auf die linke hintere Axillarlinie und die Beinelektrode über der Herzspitze angelegt und eine dorsale (= D), eine anteriore (= A) und eine inferiore (= I) Ableitung geschrieben. Besonders Ableitung D, die eine Darstellung der Potentialdifferenzen in der hinteren Herzwand anstrebt, kann wertvoll sein.

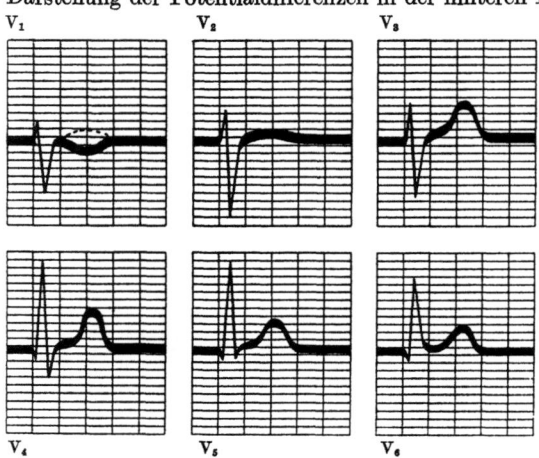

Abb. 114. Normales Brustwandelektrokardiogramm (Mittelwerte für V_1—V_6). (Aus J. R. GEIGY, Basel: Wissenschaftliche Tabellen 1955)

Bei dieser verwirrenden Fülle von Möglichkeiten ist es begrüßenswert, daß von den Gesellschaften für Kreislaufforschung gewisse einheitliche Grundsätze als *Standardableitungen* herausgehoben worden sind, und zwar die oben *mit 1—6 bezeichneten Brustwandpunkte unter Verwendung der* WILSON-*Elektrode ("Central Terminal") als indifferente Elektrode (alle anderen Ableitungen sollten als halbunipolar bezeichnet werden*[1]). Als *indifferent* wird die herzferne Elektrode deshalb bezeichnet, weil Ortsverschiebungen bei ihr keinen oder nur geringfügigen Einfluß auf die Kurvenform haben. Die Ableitung heißt *präkordial*, wenn sie in der Nähe des Herzens (V_1 — V_5) stattfindet, auch dann, wenn die differente Elektrode nicht im eigentlichen Sinn „vor" dem Herzen liegt. (Bei dem gegenwärtigen Stand der Kenntnisse ist es übrigens zu empfehlen, bei der praktischen Ausdeutung von EKG den Ausdruck „Partial-EKG" zu vermeiden. Das gleiche gilt von den Ausdrücken „Links- und Rechts-EKG" oder Dextro- und Laevogramm.)

Die *Theorie* der Brustwandableitungen ist ein äußerst kompliziertes und noch im Fluß der Diskussion befindliches Kapitel. Es handelt sich vor allem um die Frage, ob und evtl. in welchem Maße die Brustwandableitungen neben einer bestimmt gerichteten Ansicht des Ablaufs des Summationsvektors lokale Vektoren zum Ausdruck bringen, die in dem der Brustwandelektrode zunächst liegenden Herzteil entstehen (HOLZMANN). Die *Deutung* von Brustwand-EKG erfordert besondere Erfahrungen, ihre Aufnahme ist besonders angezeigt bei Verdacht auf Myokard- oder Coronarerkrankungen, evtl. sind die z. T. erwähnten besonderen Ableitungsarten (Ableitungen nach GOLDBERGER, NEHBsches Dreieck, herzbezogene Ableitungen nach HOLZMANN, Ableitungen auf der rechten Thoraxseite u. a.) ergänzend hinzuzuziehen. Sind Extremitäten- und Brustwand-EKG sämtlich normal, so ist in begründeten Fällen stets noch das *Belastungs-EKG* hinzuzunehmen.

---

[1] Die Bezeichnung „*unipolar*" für die differente Elektrode ist in dem Sinne zu verstehen, wie es die Vektorlehre eines Dipols bestimmt: die indifferente Elektrode liegt, richtige Technik vorausgesetzt, auf dem als Nullpotential definierten Potential zwischen Minimum und Maximum des an der Herzmuskelfaser entstehenden Spannungsabfalls.

Vektordiagraphie und Vektortheorie

Mit *Vektordiagraphie* oder *Vektorkardiographie* bezeichnet man eine auf dieser Grundlage (s. S. 217) entwickelte Methode, die die Herzaktionsspannungen zweier Ableitungen selbsttätig zusammensetzt und damit den manifesten Herzvektor registriert. Damit wurde die bisher notwendige mühsame Konstruktion des Vektors aus den Elektrokardiogrammen überflüssig. Das weitere Ziel war dann die räumlich-stereoskopische Darstellung der Herzvektoren. Zu diesem Zweck wurde die übliche Extremitätenableitung aufgegeben und statt dessen thorakale Ableitungen eingeführt (SCHELLONG).

Zur Erklärung greifen wir noch einmal auf das EINTHOVENsche Dreieckschema in Abb. 106 zurück, das uns zeigte, wie in jedem Augenblick der Herztätigkeit die Resultante aller in diesem Augenblick im Herzen und um das Herz vorhandenen Spannungsdifferenzen, die „manifeste resultierende Potentialdifferenz", feststellbar ist. Durch zwei oder drei Extremitätenableitungen kann man danach die resultierende Potentialdifferenz nach ihrer Größe und Richtung, also den resultierenden Vektor, bestimmen. Es wurde schon oben ausgeführt, daß man dabei annimmt, daß das Herz als materieller Punkt in einer homogenen Masse liegt und die Abstände des Herzens von den drei Ableitungsstellen gleich groß sind; so betrachtet, stellen die Ableitungsstellen rechter Arm — linker Arm — Beine ein gleichseitiges Dreieck dar und so läßt sich der jeweilige Vektor errechnen, dessen Größe (in Abb. 106) AB sei und dessen Richtung durch den Winkel zur Horizontalen in einem gegebenen Augenblick der Herztätigkeit bestimmt ist. Die in jeder Ableitung manifeste Potentialdifferenz stellt sich dar als Projektion des Vektors AB auf die betreffende Ableitungslinie (z. B. in Abl. I als Spannung von der Größe A_1, B_1 in der Ausschlagsrichtung von A_1 nach B_1 usw.). Wie sich nach dieser Darstellung umgekehrt der Vektor konstruieren läßt, wurde ebenfalls schon auf S. 216 auseinandergesetzt. Indem man die geometrische Konstruktion an mehreren Punkten eines EKG in zwei Ableitungen durchführt, erhält man die zugehörigen Vektoren und damit einen Einblick in die Änderung des Vektors während eines Herzschlages. WEBER hat dafür ein Beispiel gegeben und die errechneten Vektoren für Q, R, S und T zur größeren Anschaulichkeit in das Orthodiagramm des betreffenden Menschen eingetragen (Abb. 115). Einen genaueren Einblick in die Änderung des Vektors während der QRS-Gruppe des EKG erhält man, wie WEBER zeigte, wenn man alle $^1/_{250}$ sec die Größe und Richtung der manifesten Spannung bestimmt. Man erkennt dann, daß der Vektor eine Drehung im Sinne des Uhrzeigers ausführt. MANN hat dann zuerst den Vektorverlauf dadurch in anschaulicher Weise dargestellt, daß er die Vektoren von einem Nullpunkt ausgehen ließ und ihre Endpunkte zu einer Kurve verband. Die Vektoren rotieren nun um diesen Punkt, da sie ihre Richtung von Zeitpunkt zu Zeitpunkt ändern. Es ergab sich eine ellipsenähnliche Form der Kurve, die er als „Monokardiogramm" bezeichnete, mit anderen Worten handelt es sich um ein Richtung-Spannungsdiagramm des Herzaktionsstroms, da die Kurve, welche die Spitzen der Vektoren verbindet, das Ergebnis von Spannung und Richtung ist. Genauer hat sich dann BURGER mit dem Vektorverlauf bei Überwiegungskurven befaßt und insbesondere die Lageverhältnisse der „elektrischen Achsen" zu der anatomischen Herzachse ermittelt. (Bei Hypertrophie der linken Herzkammer liegt das „Feld der elektrischen Achsen" für QRS vorwiegend links der anatomischen Herzachse und die elektrische Achse rotiert entgegen dem Sinne des Uhrzeigers, während bei überwiegender Hypertrophie der rechten Herzkammer das Feld der elektrischen Achsen rechts von der anatomischen Herzachse liegt und der Vektor sich in Uhrzeigerrichtung dreht.) MANN und BURGER dachten auch schon daran, daß man durch eine räumliche Darstellung der Vektoren klarere Aufschlüsse erhalten müßte; der Weg der „stereometrischen Elektrokardiographie" ist dann von SAVJALOFF beschritten worden. Konstruktive Darstellungen des Herzvektors sind also mehrfach vorgenommen worden, so mühsam und zeitraubend sie auch waren, und wenn man sich auch auf einige synchrone Punkte des EKG beschränken mußte. Immerhin ergaben sie bereits Richtung und Drehung des Herzvektors in richtiger Darstellung.

Die technische Aufgabe, den Vektor direkt zu registrieren, ergab sich, als im BRAUNschen Rohr ein Instrument zur Verfügung stand, auf das man mehrere Ableitungsspannungen *gleichzeitig* einwirken lassen konnte (SCHELLONG und HELLER, 1934). Die mit dem BRAUNschen Rohr erhaltene Figur, die das Vektorenfeld umschrieb, wurde als *Vektordiagramm* bezeichnet. Wie KAYSER und UNGER dann zeigten, ist eine solche Schreibung auch mit Spiegeloscillographen möglich.

Zur Erläuterung dienen die Abb. 116 und 117 nach SCHELLONG. Im Herzen entstehe in einem gegebenen Augenblick eine Potentialdifferenz, deren Größe und Richtung durch den

Pfeil a der Abb. 116 dargestellt sei. Werden die Plättchenelektroden 1 und 0 so an den Thorax angelegt, daß sie gleichen Abstand vom Vektor a haben und werden die Elektroden mit dem waagerechten Plattenpaar des BRAUNschen Rohres verbunden, so erfährt dessen Lichtpunkt eine Ablenkung in waagerechter Richtung von rechts nach links. Der Betrag dieser Ablenkung entspricht der Projektion des Vektors a auf die Ableitungslinie 1—0, also dem auf dieser Ableitungslinie

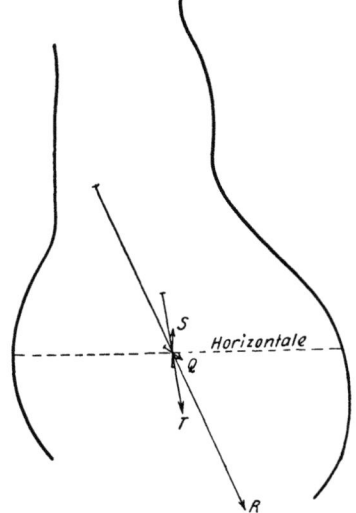

Abb. 115. Orthodiagramm mit eingezeichneten Vektoren für Q, R, S und T. (Nach A. WEBER)

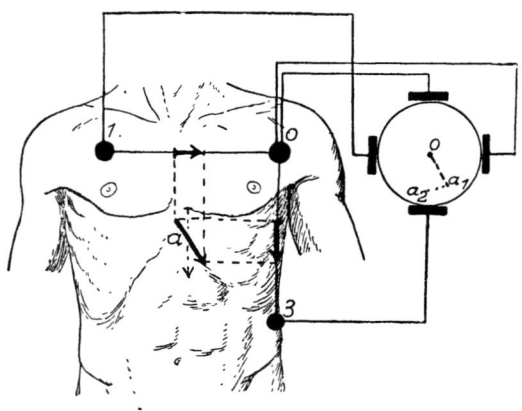

Abb. 116. Frontale Ableitung des Vektordiagramms. (Nach F. SCHELLONG)

eingezeichneten Pfeil. Werden an den Thorax die Elektroden 0 und 3, ebenfalls symmetrisch zum Vektor a, angelegt, und diese mit dem senkrechten Plattenpaar verbunden, so wird der Lichtpunkt senkrecht nach unten abgelenkt um einen Betrag, der dem Pfeil auf der Ableitungslinie 0—3 entspricht. Werden nun die Elektroden 1—0—3 in der in Abb. 116 dargestellten Weise gleichzeitig mit den zugehörigen Plattenpaaren des BRAUNschen Rohres verbunden, so wird der Lichtstrahl vom Zentrum 0 des BRAUNschen Rohres nach dem Punkt a_1 geworfen. Es wurde oben dargelegt, daß der Herzvektor während der QRS-Gruppe des EKG einer Drehung ausführt. Der Lichtpunkt des BRAUNschen Rohres macht diese Drehung mit, z. B. von a_1 nach a_2 in Abb. 116.

Ein auf diese Weise erhaltenes, auf stehendem (!) Film aufgenommenes *frontales Vektordiagramm* ist in Abb. 117 dargestellt. Eine Gerade, die vom Nullpunkt zu einem Punkt des Vektordiagramms gedacht wird, stellt somit den in diesem Augenblick manifesten Vektor dar. Die große Schleife der Abb. 117 entspricht der EKG-Zackengruppe QRS *(QRS-Schleife)*. Sie dreht im Uhrzeigersinn. Die mittelgroße, nach links unten gerichtete Schleife ist die *T-Schleife.* Auch die P-Schleife ist in dieser Abbildung gut zu erkennen als kleine, nach unten gerichtete Schleife. Abb. 118 zeigt anschaulich die Beziehungen zwischen Vektordiagramm und seinen beiden „Komponenten-Elektrokardiogrammen",

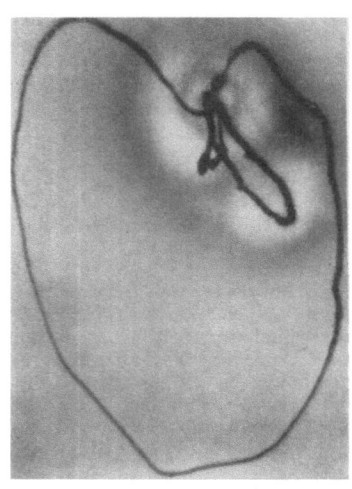

Abb. 117. Vektordiagramm aus der frontalen Ableitung 1-0-3 (Abb. 116). Drei Schleifen gehen vom gemeinsamen Nullpunkt aus. Die kleinste entspricht P, die größte ist die QRS-Schleife, die mittelgroße ist die T-Schleife. (Nach F. SCHELLONG)

die man noch jede für sich besonders auf laufendem Film aufnehmen kann sowohl zur Kontrolle für die Richtigkeit des resultierenden Vektordiagrammes, besonders aber auch um den Umlaufsinn der QRS-Schleife zu bestimmen.

Alles, was in den Komponenten-Elektrokardiogrammen auf der Nullinie liegt, liegt im Vektordiagramm im Nullpunkt. Man betrachte zuerst die Beziehungen zwischen Vektordiagramm und seinem vertikalen Komponenten-Elektrokardiogramm 0—3. Die Q-Zacke entspricht dem Q-Vektor, der nach der linken Körperseite und nach oben gerichtet ist. Der tiefste Punkt des Vektordiagramms entspricht der Zacke R 0—3. Daraus ergibt sich bereits der Umlaufsinn der QRS-Schleife im Uhrzeigersinn. Entsprechende Beziehungen lassen sich aus der Lotung der Ko-EKG 0—1 auf das Vektordiagramm ablesen (z. B. die Zacke R 0—1 entspricht dem am weitesten nach links vorspringenden Anteil des Vektordiagramms).

Um eine *räumliche* Darstellung des Vektordiagramms zu erhalten, nahm SCHELLONG zu der Aufnahme in einer Frontalebene noch eine zweite in einer senkrecht dazu stehenden hinzu, die Sagittalebene, mit Übertragung auf zwei BRAUNsche Rohre. Das frontale und das sagittale Vektordiagramm bestimmen dann den räumlichen Verlauf und lassen sich zu einem räumlichen Vektordiagramm zusammensetzen (Drahtmodell) (Abb. 119). SCHELLONG entwickelte dann im Anschluß daran eine *stereoskopische Darstellung des Vektordiagramms*, das den gleichen räumlichen Verlauf zeigt, wie das aus zwei senkrecht zueinander stehenden Ebenen gewonnene Drahtmodell; dazu sind natürlich gleichzeitige Aufnahmen mit zwei Rohren notwendig, um stereoskopische Fehldarstellungen, z. B. infolge Atemverschiebungen, zu vermeiden.

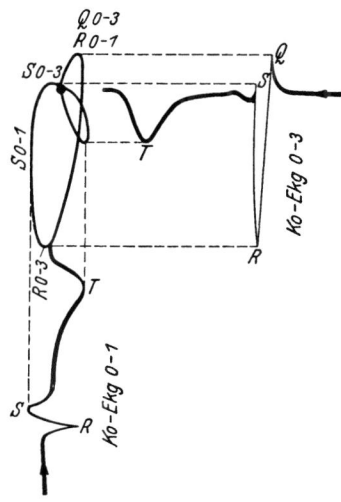

Abb. 118. Beziehungen zwischen Vektordiagramm und seinen beiden Komponenten-EKG. Bestimmung der Umlaufrichtung. (Nach F. SCHELLONG)

H. E. und W. HOLLMANN haben die SCHELLONGsche Anordnung in der Absicht modifiziert, sie dem EINTHOVENschen Dreieckschema anzupassen, und einen „*Triographen*" entwickelt, wobei die Extremitäten-Ableitungen I, II, III an drei Plattenpaare angelegt werden, die in Winkeln von 60° zueinander stehen. Vergleichende Modellversuche zwischen rechtwinkeliger und dreieckiger Ableitung und Schreibung hat dann GUCKES durchgeführt. Es ist im Rahmen dieser lehrbuchmäßigen Einführung nicht möglich, auf die daran anschließende Diskussion ausführlich einzugehen. Diese setzt bei denselben Argumenten ein, die auch gegen das EINTHOVEN-Dreieck anzuführen sind. Dabei werden bekanntlich Voraussetzungen gemacht, die EINTHOVEN selbst als in Wirklichkeit nicht zutreffend bezeichnete, nämlich daß die Abstände des Herzens von den drei Ableitungsstellen gleich groß seien und daß das Herz in einer hinsichtlich der Leitfähigkeit homogenen Masse liege. Daher ist wiederholt erörtert worden, ob das Dreieckschema für den Menschen zutrifft. Namentlich der Einfluß der exzentrischen Lage des Herzens bei der Ableitung aus einem gleichseitigen Dreieck ist in Modellversuchen (ROTHSCHUH und ZEMKE) und rechnerisch überprüft worden. KOCH-MOMM hat nachgewiesen, daß das Dreieckschema seine

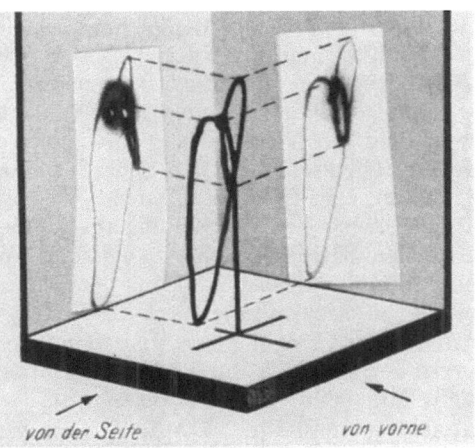

Abb. 119. Zusammensetzung des frontalen und sagittalen Vektordiagramms zu einem räumlichen Vektordiagramm im Drahtmodell. Bei der Betrachtung des Drahtmodells von der rechten Körperseite her ergeben sich die Umrisse des sagittalen Vektordiagramms. (Nach F. SCHELLONG)

strenge Gültigkeit verliert, weil die Bedingung der zentrischen Lage in einem gleichseitigen Dreieck nicht erfüllt ist, und FRÖHLICH legte dar, daß das Projektionsgesetz nur unter der Voraussetzung eines räumlich unbegrenzten Feldes gilt, nicht aber für endlich und unregelmäßig begrenzte Felder, d. h. mit Annäherung der Ableitungsstellen an den Polmittelpunkt ist das Projektionsgesetz nicht streng gültig. Dabei hat einen sehr großen Einfluß auf die von der Körperoberfläche abgeleiteten Potentialdifferenzen — sowohl im EKG wie im Vektordiagramm! — die ungleiche Leitfähigkeit des Körpers. Die elektrische Inhomogenität von Muskulatur, Knochen, Fett, ihre Beeinflussung durch den Luftgehalt der Lungenbläschen sind gegebene Bedingungen, die in jeder Ableitungsart des Vektordiagramms in verschiedener und ganz unkontrollierbarer Stärke zur Geltung kommen müssen. Mit Verformungen des Vektordiagramms wird man also bei jeder Methode rechnen müssen. SCHELLONG betonte deshalb mit Recht, daß man gar nicht in der Lage ist, den „wirklichen" Vektor festzustellen, weder bei der thorakalen noch bei der Extremitäten-Vektordiagraphie. Unterschiede zwischen der Frontalableitung und der triographischen Extremitätenableitung müssen nach dem Gesagten natürlich vorhanden sein, sie würden nur dann fehlen, wenn die theoretisch erwünschten Bedingungen der Zentrizität und Symmetrie streng realisierbar wären und wenn bei beiden Ableitungsarten der Einfluß der inhomogenen Leitfähigkeit der gleiche wäre, was aber natürlich nicht der Fall sein kann (SCHELLONG). Die SCHELLONGsche Methode hat den Vorzug, daß sie aus *Ebenen* abgeleitet wird und die räumliche Darstellung mit der stereoskopischen Darstellung für jeden Patienten in einfacher Weise in Übereinstimmung bringt. Aus der oben dargestellten Unmöglichkeit einer physikalisch „richtigen" Darstellung des Vektordiagramms folgt, daß bei der Weiterentwicklung — ebenso wie bei der Linear-Elektrokardiographie — die klinische Empirie entscheidend mitzusprechen hat. Ihre Darstellung liegt außerhalb der Ziele dieses Buches; es sei dafür vor allem auf die Monographie von SCHELLONG verwiesen, bei der auch Einzelheiten über die Normalform des VD, den Einfluß der Verschiebung der Elektrodenlage (GUCKES, SCHELLONG) auf die Form des Vektordiagramms, Erfahrungen an pathologischen Fällen u. a. dargestellt finden.

Die QRS-Schleife des VD entsteht ebenso wie die QRS-Gruppe des EKG während der Ausbreitung der Erregung durch die Herzkammern, aus ihr sind also Schlüsse auf die Erregungsausbreitung zu ziehen. Die T-Schleife des VD dagegen entsteht ebenso wie die T-Schwankung des EKG während des Aufhörens des Erregungsprozesses in den Herzkammern; aus dem Verhalten der T-Schleife kann man also Schlüsse auf das Aufhören der Erregung im Herzen ziehen. Da die Größe der resultierenden Potentialschwankung nichts über die Potentialverteilung am Herzen selbst besagt (FRÖHLICH), ist keine ins einzelne gehende Lokalisierung möglich, genau so wenig, wie bei den Versuchen, einzelne Zackenspitzen des EKG mit der Erregung bestimmter Herzteile in Beziehung zu bringen (s. S. 146ff.). Es zeigt lediglich der (glatte, fast buchtenlose) Verlauf der Schleife, daß die Erregung sich in richtiger Weise durch die Herzkammern ausbreitet („Nomodromie" von SCHELLONG genannt). Ebenso besagt eine richtige Lage der T-Schleife, daß die Erregung in den verschiedenen Abschnitten der Herzmuskulatur in richtiger Weise aufhört („Nomologie")[1]. Wenn die T-Schleife in pathologischen Fällen aus der QRS-Schleife herausgeklappt ist, liegt entsprechend eine „Allologie" vor. Lediglich für den S-Vektor sieht SCHELLONG in Übereinstimmung mit der LEWISschen Feststellung am Hundeherzen, daß die Erregung an der Oberfläche der Basis des linken Ventrikels zuletzt erscheint, eine Möglichkeit der Lokalisierung. Ebenso wird aus der Richtung des rückläufigen Teils des T-Vektors geschlossen, daß die Basis des linken Ventrikels als letzter Herzbezirk beim Aufhören der Erregung erregt ist (SCHELLONG). Der *Rechtstyp* bei steil gestelltem Herzen zeichnet sich durch eine sehr lange, schmale Form des VD bei gleichem Umdrehungssinn wie die Normallage aus, während der *Linkstyp* und die Querlage ein mehr quergestelltes VD aufweist, das gegen den Uhrzeigersinn rotiert (S. 223).

Abschließend sei noch betont, daß durch die Vektordiagraphie der Wert der klinischen Elektrokardiographie unberührt bleibt. Die Elektrokardiographie hat alle *zeitlichen* Verhältnisse festzustellen und alle Änderungen der Erregungsform (im weitesten Sinne) zu erfassen. Die Vektordiagraphie wird dagegen besseren Aufschluß geben über alles, was bisher aus Höhe und Richtung der Zacken gefolgert wurde, also über die Lage des Herzens und der beiden Herz-

---

[1] λήγειν = aufhören.

kammern zueinander, über das „Überwiegen" und das „Überdauern" eines Kammerteils in der Erregung, über lageändernde Einflüsse (Atmung), über Störungen der Erregungsausbreitung[1]. Die Richtung des Vektors wird ja — nach dem Prinzip des Parallelogramms der Kräfte — von zahlreichen kleinen Teilvektoren bestimmt, die in allen Teilen des Herzens entstehen, und Störungen des normalen Verlaufs der Erregungsausbreitung beeinflussen über die zeitliche Änderung der Teilvektoren sehr stark die raumzeitliche Erscheinung des Integralvektors (SCHAEFER). Die Vektordiagraphie macht also sozusagen in einem kurzen Arbeitsgang sofort sichtbar, was früher langwierig konstruktiv dargestellt werden mußte, und in stereoskopischer Betrachtung, auf die SCHELLONG mit Recht besonderen Wert legte, erhalten wir einen unmittelbaren räumlichen Eindruck von der Lage des Herzvektors. Die physikalischen Grundlagen, die Technik und die Deutung des vektoriellen EKG sind besonders auch von P. DUCHOSAL und R. SULZER weiter bearbeitet worden. Abschließend sei nochmals betont, daß die Vektordiagraphie auf der Gültigkeit der EINTHOVENschen Projektionsgesetze beruht, die aus den angegebenen Gründen begrenzt ist. In welcher Größenordnung sich die entstehenden Fehler bewegen, ist noch umstritten. Jedenfalls gibt uns das Vektorprinzip die Möglichkeit, die Entstehung des elektrokardiographischen Bildes in seinen verschiedenen Zacken mit den Größenrelationen in den verschiedenen Extremitätenableitungen und ihrer Ausschlagsrichtung zu verstehen.

Auf dieser von EINTHOVEN begründeten und durch die Vektordiagraphie so entscheidend geförderten Grundlage ergeben sich, wie schon verschiedentlich angedeutet wurde, die Grundlagen einer eigenen Betrachtungsweise der EKG-Entstehung, die sog. *vektorielle Betrachtungsweise*, bei der das in den EINTHOVEN-Ableitungen erhaltene EKG als die Projektion des „Integralvektors" betrachtet wird, der wiederum durch die vektorielle Addition der unzähligen Einzelvektoren der einzelnen Herzmuskelelemente entsteht. Diese — physikalisch natürlich vollberechtigte — Auffassung steht neben der eingangs dargelegten, auf dem Gabelprinzip fußenden Differenzkonstruktion des EKG, die man bei der vektoriellen Betrachtungsweise nicht braucht. Es wurde aber oben gerade der heuristische Wert dieser Betrachtungsweise aufgezeigt und am Beispiel der monophasischen Deformierung belegt, wie es so möglich ist, in der *experimentellen Analyse* des normalen und besonders des pathologisch veränderten EKG auf diesem Wege weiterzukommen. Da bei der vektoriellen Betrachtungsweise die umgekehrte Aufgabe, die Zerlegung der Resultierenden in ihre Komponenten im allgemeinen eine unbestimmte Aufgabe ist — wenn die Resultierende gegeben ist, können die Komponenten in ganz beliebiger Weise gezogen werden (s. Fußnote, S. 214)! — wird abzuwarten sein, inwieweit eine *experimentelle Analyse* pathologischer Stromformen auf diesem Wege möglich sein wird. Es gibt (nach einem Ausspruch von BOLTZMANN) nichts Praktischeres als eine gute Theorie, und so wird man abwarten müssen, welche Betrachtungsweise sich als die praktischere erweist, um in der *experimentellen Analyse* abweichender EKG-Formen weiterzukommen. Besonders aber möge betont sein, daß es sich dabei nicht um einen „Streit" handelt, welche EKG-Theorie die „richtige" ist, sondern daß es sich nur um eine verschiedene *Betrachtungsweise* der EKG-Entstehung handelt. Auf dem Boden der oben entwickelten Vektorvorstellungen ist diese Betrachtungsweise in neuerer Zeit besonders von H. SCHAEFER gefördert worden. Da hierbei von den elementaren Vorgängen im Herzmuskel ausgegangen worden ist, die manches der früher gemachten Ausführungen ergänzen, sei um der Geschlossenheit der

---

[1] Eine Art Kombination von EKG und Vektordiagramm stellt das neuerdings von MILOVANOVICH entwickelte „*Elektrokardiovektogramm*" dar, bei dem die Vektorschleife auf bewegtem Papier aufgenommen wird («vectogramme déroulé»).

Darstellung willen diese Auffassung mit ihren Grundlagen — selbst auf die Gefahr einiger Wiederholungen von bereits Behandeltem — hier dargelegt und dabei auf Ausführungen von H. SCHAEFER zurückgegriffen.

Wenn man das von den Extremitäten des Menschen abgeleitete EKG als entstanden betrachtet durch die Überlagerung und Aufeinanderfolge der Erregungen in vielen Millionen einzelner Myokardfasern, so geht man zweckmäßigerweise zuerst aus von dem Beitrag, den eine *einzelne Faser* mit ihrem individuellen Potential leistet. Abb. 120 gibt den monophasischen Aktionsstrom einer Faser wieder; die an einem Punkt der Faser eintreffende, letztlich vom Reizleitungssystem herkommende Erregung bringt in rund 1 msec diesen Punkt der Muskelfaser in totale Erregung, in uns aus Kapitel II schon bekannter Weise läßt sie dann diesen Punkt relativ lange total erregt („Plateau des monophasischen Aktionsstroms"), die Zurückbildung des Potentials erfolgt dann viel langsamer als seine Ausbildung in rund 200 bis 300 msec. In der maximalen Erregung hat sich dabei die Spannung, die zwischen dem Faserinnern und der Außenfläche besteht, gegen das Ruhepotential der Muskelmembran sogar umgekehrt; während die ruhende Membran außen positiv ist gegen innen, wird die erregte innen positiv und außen negativ. Diese Erregung läuft mit einer Geschwindigkeit von rund 1 m/sec über die Faser hinweg. Dieser früher schon angegebene Wert [LEWIS und ROTHSCHILD (S. 123)] wurde mit genaueren Methoden neuerdings von SCHAEFER und TRAUTWEIN bestätigt.

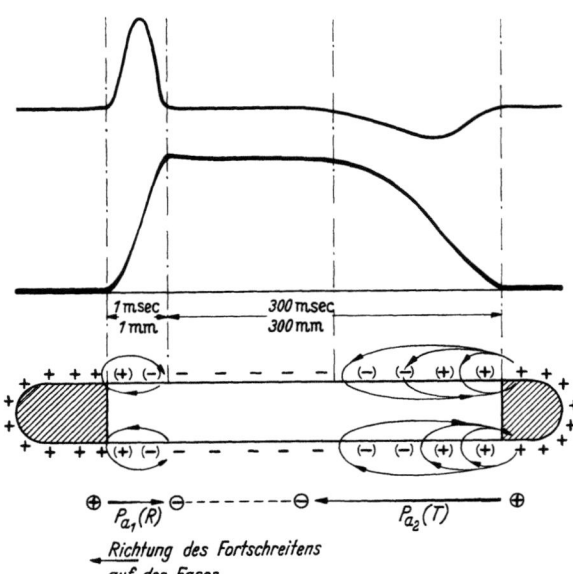

Abb. 120. Schematische Darstellung der Zusammenhänge zwischen den Membranladungen der Myokardfaser, den durch sie erzeugten Stromchen, dem ableitbaren monophasischen Aktionsstrom und dem Potential, welches längs eines Faserelementes von einigen mm Länge entsteht und das eine elementare R- und T-Zacke aufweist. Ganz unten die (anatomische) Länge der Potentialvektoren. Da die Leitungsgeschwindigkeit 1 msec ist, bedeutet jeder mm Länge zugleich, daß diese Länge beim Vorbeilaufen an einer Elektrode 1 msec Zeit beansprucht. Die „ruhenden" Faserteile sind schraffiert gezeichnet. (Nach H. SCHAEFER)

Die Erregungswelle erzeugt nun auf jeder Faser ein Potential, das auf folgende Weise entsteht. Die Abb. 120 zeigt, daß die ruhende Membran außen ein positives, die erregte aber ein negatives Potential hat. Dieser Potentialunterschied führt zu Strömchen, welche die vorhandenen Ladungsunterschiede auszugleichen streben. Solche Strömchen müssen notwendigerweise die Membran durchsetzen und über das Faserinnere zurück zur Außenfläche der Membran fließen. Hierbei ist der Verlauf im Faserinnern unveränderlich festgelegt. Ihr Verlauf außerhalb der Zelle aber kann, abweichend von Abb. 120, dann ganz anders erfolgen, wenn sich die Faser in einem allseits leitenden Medium befindet. Die Strömchen greifen dann in diesem leitenden „Feld" weit aus und, wenn auch noch so schwache, Stromschleifen gelangen bis an sehr entfernte Punkte des Feldes. Alle Strömchen und die sie treibenden Spannungen benehmen sich dabei so, als sei eine Potentialfläche röhrenförmig um die Muskelfaser gelegt, welche mit ihrem positiven Pol zum ruhenden, mit dem negativen Pol zum total erregten Teil der Faser hinweist. Diese Potentialfläche hat zwei Teile, einen, der zwischen dem noch ruhenden Teil der Faser und dem maximal erregten Bezirk liegt und der den Kopf der Erregungswelle bildet (Pa_1 in Abb. 120), und einen, der vom erregten Bezirk sich gegen das bereits wieder repositivierte, wieder ruhende Faserstück erstreckt (Pa_2). Beide Potentialflächen können physikalisch wie zwei sog. Dipole behandelt werden. (Ein Dipol ist ein Gebilde, welches aus einem positiv und einem gleichstark negativ geladenen Pol besteht.) Die beiden Dipole sind gegeneinander gerichtet, da sie beide ihre negative Seite im erregten Bezirk haben. An einem derartigen Dipol können wir, wie bei allen Spannungsquellen mit bestimmter Spannung und Lage der beiden spannungsführenden Pole, die *Stärke* und die *Richtung* der Spannung unterscheiden. Speziell unter der Richtung einer Spannung versteht man die Verbindungslinie der beiden Pole. Eine solche „gerichtete Größe" nennt man, wie schon auf S. 213 ausgeführt wurde, in der Physik einen *Vektor*. Ein erster Lehrsatz lautet also: Die Erregungswelle erzeugt auf der Oberfläche einer Myokardfaser ein Vektorpaar (Pa_1; Pa_2), eines, das dem Eintritt, eines, das dem Rückgang der Erregung entspricht.

Die Länge dieser beiden Dipole ist leicht exakt anzugeben, ebenfalls ihre Spannung. Beide haben rund 100 mV Spannung; der erste Vektor aber ist 1 mm, der zweite 20—30 cm lang. Wir kennen diese Daten aus folgenden Überlegungen: Der MAS (monophasischer Aktionsstrom) nach Abb. 120 kommt ja dadurch zustande, daß die Membran zunächst sehr rasch aus dem ruhenden in den erregten Zustand übergeht, und zwar in 1 msec! Dieser Prozeß des MAS ist nun so entstanden zu denken, daß die in Abb. 120 dargestellte Erregungswelle, die eine Art Momentphotographie der Potential- und Stromverhältnisse zu einem bestimmten Zeitpunkt darstellt, sich mit der Geschwindigkeit $v = 1$ m/sec $= 1$ mm/msec über der Faser hinwegbewegt. Tritt also der erregte Zustand in der Zeit $t = 1$ msec ein, so muß die Länge l des Bezirks, der zwischen einer total ruhenden und total erregten Faserstelle liegt, also die Länge Pa_1 des ersten Vektors, nach $v = l/t$ genau $l = v\,t = 1$ m/sec mal 1 msec = 1 mm lang sein. Aus der Zeitdauer für den Rest des Aktionsstroms errechnen wir analog 200—300 mm als Länge für den Prozeß Pa_2. Wir sehen also, daß eine Erregungswelle nicht auf die Faser „paßt"; sie ist zu lang! Was tatsächlich auf die Faser paßt, ist nur jener Teil der Erregungswelle, der gleich der Faserlänge ist. Wir wissen zwar nicht genau, *wie* lang eine Myokardfaser ist, aber sie ist sicher länger als 1 mm. Der Vektor Pa_1 des Erregungs*eintritts* paßt also auf die Faser immer darauf. Glücklicherweise ist nun, wie Abb. 120 zeigt, die Faser nach Eintritt der Erregung lange Zeit (und, was dasselbe bedeutet, eine lange Strecke) total erregt, so daß eine Potentialdifferenz in dieser Zeit und auf dieser Strecke nicht auftritt *(isoelektrische Zeit)*. Wenn also die Erregung auf eine Faser übertritt, so läuft zunächst der kurze Vektor Pa_1 allein über die Faser. Ist die Faser z. B. 10 mm lang, so verweilt er 10 msec lang auf ihr. Während dieser ganzen Zeit entwickelt er sein Potential. Bildet sich die Erregung zurück, so paßt immer nur ein Teil des Vektors Pa_2 auf die Faser. Dadurch wird das auf der Faser entstehende Potential kleiner sein, dafür aber längere Zeit andauern. Dies Potential ist übrigens umgekehrt gepolt wie das erste. Könnten wie es registrieren (z. B. mit Elektroden, die wir exakt auf die Enden der Faser auflegen), so würden wir den Ausschlag von Pa_1 umgekehrt registriert sehen wie den von Pa_2. Es läßt sich dabei mathematisch relativ einfach beweisen daß die *Flächen* dieser beiden Zacken, die Pa_1 und Pa_2 ihre Entstehung verdanken, genau gleich groß, aber entgegengesetzt gerichtet sind. Wir wollen diese Zacken aus historischen Gründen die R- und T-Zacke der Einzelfaser nennen (Abb. 120). Wir bemerken also, daß T dieses elementaren Erregungsvorganges der einzelnen Faser niedriger, aber breiter als R ist, weil eben die Erregung sich langsamer (d. h. mit geringerer *Steilheit* des MAS) zurückbildet und so jeweils nur ein Teil der Potentialdifferenz zwischen erregter und ruhender Faser auf der zu kurzen Myokardfaser „Platz" findet. Wir können für jeden Moment des ganzen Ablaufs von R bis T also einen Dipol auf der Faser annehmen, der sich dann physikalisch einfach behandeln läßt.

Nun befindet sich leider eine solche Myokardfaser niemals allein in Erregung und zudem liegt sie in einem allseits leitenden Feld eingebettet. Die „Feldgesetze", welche das Potential einer solchen Faser dann bestimmen, sind relativ leicht abzuleiten. Sehr viel komplizierter ist es danach, das Zusammenwirken der zahlreichen Fasern zu verstehen. Wir können mit unseren Elektroden in der Regel an die Myokardfaser nicht heran. Befindet sich nun ein Dipol in einem allseits leitenden Feld, so entwickelt er ein Feld von Stromlinien, von denen wir einige auch in unser Meßgerät hineinziehen und zur Aufzeichnung der Dipolspannung verwenden können. Die hierbei ableitbare Spannung läßt sich sehr genau in absolutem Maß angeben; wir müssen nur zuvor einen vernünftigen Spannungs-Nullpunkt für unser System wählen. Dieser ergibt sich sofort, wenn wir die Abb. 121 betrachten. Bekanntlich kennt die Physik in solchen Feldern nur Potentialdifferenzen. Hat also der Dipol z. B. 80 mV Potentialdifferenz zwischen + und —, so ergibt sich ein besonders einfaches Verhalten, wenn wir dem Plus-Pol +40 mV, dem Minus-Pol aber —40 mV Spannung gegen einen willkürlichen Nullpunkt zuschreiben. Da die von + nach — fließenden Strömchen im Feld längs ihrer Stromlinien den ganzen Spannungsberg von +40 nach —40 mV herablaufen, gibt es längs jeder Stromlinie alle Zwischenwerte des Potentials. Verbindet man Punkte gleichen Potentials durch Flächen im Raum *(Isopotentialflächen)*,

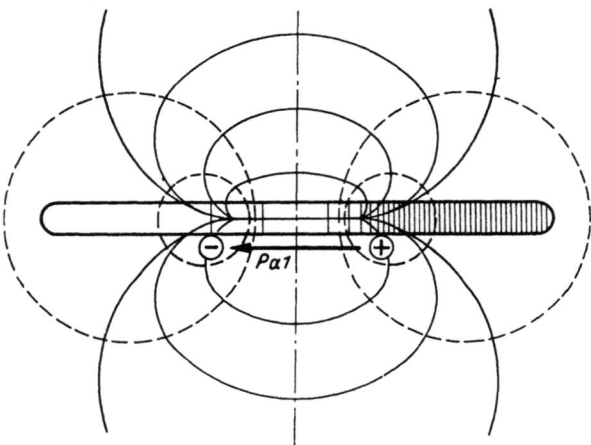

Abb. 121. *Strömchenfluß der erregten Faser „im Feld"*. Eine Faser mit Aktionspotential liegt im leitenden Medium. Die Strömchen treten aus der Faser in verschieden weitem Bogen in das Feld über. Die ganze Umgebung der Faser wird zum „Außenleiter". Der Pfeil Pa_1 kann als Dipol mit den Polen + und — und dem Nullpunkt in der Mitte betrachtet werden. Strichpunktiert die Symmetrieebene. Die Strömchen sind in Wirklichkeit räumlich rings um die Faser angeordnet, ebenso der Vektor Pa_1, der de facto eine Potentialfläche ist, die die Faser mantelförmig und der Oberfläche direkt aufliegend umgibt. Punktiert je zwei Linien gleichen Potentials links und rechts um den Dipol. (Nach H. SCHAEFER)

so findet man, daß diese Flächen annähernd (nicht genau!) Kugelschalen sind, in denen jeweils einer der beiden Pole exzentrisch liegt (Abb. 121). Um jeden der beiden Pole liegen, wie die Zwiebelschalen, diese Isopotentialflächen. Je weiter weg vom Dipol man geht, desto mehr nähert man sich einem Grenzwert, der außerdem gleich ist demjenigen Potential, das sich genau in der *Mitte* zwischen den beiden Polen des Dipols befindet. Da dies Potential zugleich der Grenzwert des Potentials in sehr großem Abstand ist, ist es der natürliche Nullpunkt für unser System. Leiten wir also mit einer Elektrode (Nullelektrode) sehr weit vom Herzen, mit einer zweiten direkt vom Plus-Pol ab, so ist das gemessene Potential in unserem Beispiel $+40$ mV groß. Die ganze Potentialdifferenz ist freilich mit einer Nullelektrode niemals zu erhalten, immer nur die halbe.

Der Einfluß der Entfernung vom Dipol läßt sich nun, falls man nicht in unmittelbarer Nähe der Muskelfaser ableitet, sehr genau angeben, wenn man mit einer Elektrode das Feld abtastet und gegen eine Nullelektrode ableitet: Das Potential ist dann nämlich

$$P = \frac{V_0}{2} \cdot \frac{q/2\pi}{R^2} \cos\vartheta,$$

worin V_0 gleich der gesamten Potentialdifferenz zwischen den Enden der Muskelfaser (also etwa 100 mV) ist, q den Querschnitt der Muskelfaser und R den Abstand des Beobachtungspunktes vom Dipol angibt[1]. ϑ ist zudem ein Winkel, den die Richtung des Dipols mit einer Linie bildet, welche die abtastende Elektrode mit der Mitte des Dipols verbindet. Ist $\vartheta = 0$, leitet man also genau in der Richtung des Dipols ab, so ist das Potential am größten; man registriert also dann ein maximales Potential, wenn der Dipol auf die Elektrode genau zuläuft.

Da wir in der Regel von der *Oberfläche* des Körpers, also eines begrenzten Feldes, ableiten und nicht aus dem Innern eines unbegrenzten Feldes, muß dieser Wert noch mit 3 multipliziert werden (DUCHOSAL und SULZER).

Man kann nun berechnen, daß an einem normalen Herzen in der Zeit, in der sich die Erregung im Herzen ausbreitet, im Mittel rund 20 Millionen Vektoren nach Art von Pa_1 (Abb. 120) gleichzeitig im Herzen ablaufen. Diese Fasern laufen nun keineswegs alle in der gleichen Richtung. Wollen wir das resultierende Potential berechnen, so müssen wir die Art der Addition dieser Potentiale kennen. Hierbei hilft uns die Tatsache, daß alle Fasern des Herzens bei den meist gewählten Ableitungen von den Extremitäten in gleicher Entfernung von der Elektrode liegen. Erschwert wird unser Vorhaben aber dadurch, daß wir nicht das Potential gegen eine Null-Elektrode messen, sondern die Potentialdifferenz, z. B. der beiden Arme gegeneinander, beobachten, wodurch unsere einfache Gleichung kompliziert werden muß. Ist nämlich das Potential des linken Armes gegen den Nullpunkt P_l, das des rechten P_r, so herrscht zwischen beiden Armen die Potentialdifferenz $P_I = P_l - P_r$. Wir bezeichnen eine Ableitung von beiden Armen als Abl. I; entsprechend leiten wir als Abl. II die Potentialdifferenz vom rechten Arm gegen das linke Bein, als Abl. III vom linken Arm gegen das linke Bein ab. Da die Extremitäten selbst gleichsam nur verlängerte Elektroden sind, welche den Thorax dort abtasten, wo sie aus ihm entspringen (vgl. S. 215), kann man nach EINTHOVEN in erster Annäherung sagen, daß diese klassischen Elektrodenpunkte am Thorax an den Ecken eines gleichseitigen Dreiecks liegen. Es läßt sich nun durch einfache, wenngleich hier uninteressante Umformungen aus unserer obigen Gleichung ableiten, daß das Potential *eines* Dipols von den beiden Armen mit einem Anteil abgeleitet wird, der außer von einigen Konstanten (so den Abstand R-Herz → Armwurzel und dem halben Potential von 40 mV der Faser und ihrem Querschnitt) nur von dem Cosinus des Winkels α abhängt, den der Vektor mit der Verbindungslinie der Elektroden, bei Abl. I also mit der Horizontalen bildet. Dieser Winkel α tritt an die Stelle von ϑ bei der Ableitung gegen eine Null-Elektrode. Ist $\alpha = 0$, läuft also der Dipol in seiner Richtung der Verbindungslinie der Elektrode parallel (im Beispiel also horizontal), so ist das Potential maximal.

Die Größe der Spannung aus *einer* Muskelfaser beträgt bestenfalls rund $3 \cdot 10^{-10}$ Volt an den Extremitäten. Da unsere EKG-Geräte 1 cm bei 1 mV

---

[1] Als Vorläufer sind hier zu erwähnen: CANFIELD und CRAIB (1927), DUCHOSAL und SULZER (1948). Siehe auch BLASIUS und REPGES (1954), EVERS und PITSCH (1954). Weitere Literatur bei SCHAEFER.

schreiben, müssen also mindestens 330000 Fasern zugleich und in gleicher Richtung laufend erregt sein, um 1 mm Ausschlag zu erzeugen.

Die Abhängigkeit des registrierbaren Anteils der Spannung vom cos α läßt sich graphisch sehr einfach anschaulich darstellen: Der Dipol (der ja ein Vektor ist) wird mit einem relativen Betrag meßbar, der seiner *Projektion* auf die Ableitelinie (das ist die Verbindungslinie der Elektroden) entspricht, wie schon auf S. 217 erläutert wurde. Da R definitionsgemäß im gleichseitigen Dreieck für alle Elektroden gleich ist und uns die *absoluten* Werte der Spannung zunächst nicht interessieren, kommt es nur auf die relativen Größen der Spannung an. Diese sind in den drei Ableitungen also jeweils gleich der Projektion auf die betreffende Ableitelinie. Kennt man diese drei Projektionen, so kann man natürlich auch rückwärts die Richtung des Dipol-Vektors konstruieren, ein Verfahren, das in der sog. Vektordiagraphie automatisch von entsprechenden Apparaturen durchgeführt wird (SCHELLONG).

Nun addieren sich zahlreiche Fasern in ihrer Wirkung auf das elektrische Feld. Das geschieht in jedem Fall, da es sich um die additive Wirkung von Vektoren handelt, nach dem Parallelogramm der Kräfte. Durch Anwendung des Parallelogramm-Satzes läßt sich die Resultante selbst beliebig vieler Vektoren leicht konstruieren. Wir wollen die Resultante *aller* zu einem bestimmten Moment anzutreffenden Dipole den *Integralvektor* des Herzens zu diesem Zeitpunkt nennen. Er benimmt sich und projiziert sich wie ein richtiger Vektor der Einzelfaser auf die Ableitungen I bis III.

Die Größe des Integralvektors hängt von drei Dingen ab: 1. von der Größe des Vektors einer Einzelfaser, die sich nach den obigen Gleichungen berechnet und u. a. von der Länge des Brustkorbs abhängt; 2. von der Zahl und 3. von der wechselseitigen Richtung der einzelnen Fasern. Würden alle Myokardfasern von einem Mittelpunkt gleichmäßig verteilt radiär auseinanderstreben, so würden sich z. B. sämtliche Potentiale wechselseitig kompensieren und aufheben. Tatsächlich läuft nun die Erregung im HISschen Bündel unverzweigt abwärts und tritt, fast in Herzmitte und in der Tiefe des Septums, aus dem sich dort verzweigenden spezifischen Systems auf breite Myokardquerschnitte über. Von dieser zentral gelegenen Region strahlt also die Erregung tatsächlich einigermaßen radiär aus. Das kann man auch noch auf der Oberfläche des Herzens daran ablesen, daß alle Erregungen von dieser zentralen Region herzukommen scheinen (Abb. 122). SCHAEFER nennt diese Region daher bildhaft den *Quellpunkt* der Erregungsausbreitung (s. dazu S. 146).

Die Tatsache, daß es einen „Quellpunkt" mit fast radiärer Ausstrahlung der Erregungen gibt, bedingt, daß die nach oben und unten, bzw. nach links und rechts laufenden Erregungswellen bei der Erregungsausbreitung Dipole (Pa_1 nach Abb. 120) entwickeln, die sich mehr oder weniger entgegengerichtet sind und sich daher nach dem Parallelogramm der Kräfte wechselseitig kompensieren. Das, was wir als Spannung des Integralvektors registrieren, ist also immer eine stark herabgesetzte Spannung: wir haben eine *physiologische Niederspannung* vor uns. Die Spannung, welche die Erregungswelle erzeugen könnte, wenn sie in allen Fasern in gleicher Richtung abliefe, ist nach Messungen mindestens rund 20 mal so groß.

Der Prozeß der Erregungsausbreitung erfolgt nun nicht ganz gleichmäßig. Im ersten Moment überwiegen diejenigen Fasern im Gesamtpotential, welche von unten (d. h. Herzmitte) nach oben laufend von der Erregung durchsetzt werden: es sind nach der Auffassung von SCHAEFER die Papillarmuskeln. Ihre elektrische Resultante weist so, daß der negative Pol unten links, der positive oben rechts liegt. Sie projiziert sich so, daß bei der heute üblichen Polung der

Elektrokardiographen dies Potential in allen Ableitungen nach unten ausschlägt; es ist die sog. Q-Zacke. Dann aber überwiegen die nach links unten weisenden Fasern, offenbar in erster Linie die massiven Fasermassen, die in die Herzspitze strahlen; der Integralvektor läuft so, daß er oben rechts negativ, unten links positiv wird, er wird in allen Ableitungen normalerweise nach oben (positiv) geschrieben und bildet die R-Zacke. Am Ende des Prozesses der Erregungsausbreitung aber bleiben kleine Bezirke der Basis am längsten unerregt, weil der Weg dorthin besonders weit ist: Das Potential hat die gleiche Richtung wie ganz am Anfang und bildet die S-Zacke. (S. 147f.)

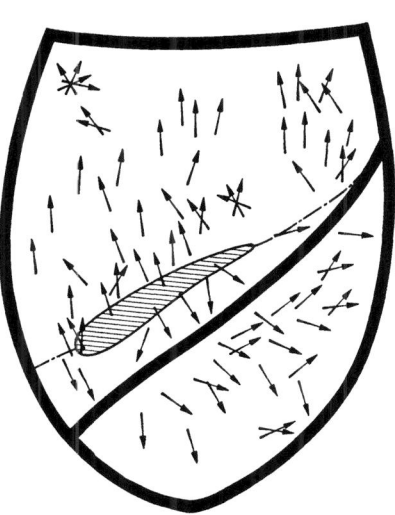

Abb. 122. Karte der Herzoberfläche des Hundes. Die Coronarfurche ist dick eingezeichnet, der Sulcus interventricularis ist strichpunktiert. Die Pfeile geben die ungefähre Lage an, in der Messungen vorgenommen wurden, und die Richtung, in der die Erregungswelle innerhalb der oberflächlichen Fasern fortschreitet. Schraffiert der „Quellpunkt der Erregung". (Nach H. SCHAEFER und W. TRAUTWEIN)

Aus der Richtung der Zacke kann also geschlossen werden, in welcher Richtung Fasern *überwiegend* verlaufen. Diese Richtung ist eine ganz virtuelle! Es kann z. B. sein, daß sich 90% aller Fasern mit ihren Potentialen wechselseitig vollkommen kompensieren und 10% in einer bestimmten Richtung laufen und das ganze Potentialbild beherrschen. Trotzdem zeigt das Potential in gewissem Sinn an, in welcher Richtung jeweils die Erregungswelle *bevorzugt* läuft. Da nach Abb. 120 die Erregung vom negativen Pol fort und gegen den positiven hin läuft, solange nur Pa_1 im Herzen auftritt (also während der Erregungsausbreitung), ist die Richtung von — nach + identisch mit der Richtung der Erregungsausbreitung („Negativitätsgefälle" nach WENDT).

Da sich, wie wir oben sahen, $^{19}/_{20}$ der Fasern in ihrem Potential wechselseitig auslöschen, genügt es, wenn sich in $^{1}/_{20}$ des Myokards die Erregungsrichtung umkehrt, um eine 100%ige Veränderung des Integralvektors zu erzeugen: schon kleine abnorme Areale des Myokards üben daher unter Umständen sehr große Wirkungen auf QRS des Extremitäten-EKG aus. Auch genügt es, wenn sich der Querschnitt einer Gruppe von Myokardfasern (z. B. nur des linken Ventrikels) nur wenig ändert (z. B. um 10% vergrößert), um die Resultante der gesamten Fasermasse zu verlagern und in die Richtung der verdickten Fasern zu ziehen.

Wie schon angedeutet, muß zwischen 2 Punkten jeder beliebigen Myokardfaser die Zeit-Potentialfläche, die den Eintritt der Erregung mit der elementaren R-Zacke darstellt, gleich der Fläche des elementaren T beim Erregungsrückgang sein. R und T sind sich zudem notwendigerweise entgegengerichtet (diskordant). Wenn auch das EKG des Menschen die Resultante von vielen Millionen solcher Elemente ist, so muß doch aus mathematischen Gründen für die Resultante das gültig bleiben, was für die Elemente der Einzelfasern gilt: es muß die Fläche von QRS gleich und entgegengesetzt derjenigen von T sein. Freilich muß das Vorzeichen berücksichtigt werden: alle Flächen oberhalb der Null-Linie zählen positiv (R), unterhalb negativ (Q, S). Nun hat aber das menschliche EKG ein T, das einer sehr hohen R-Zacke bei kleinem Q und S in der Regel gleichgerichtet (konkordant) ist! Diese Tatsache zeigt an, daß sich die Erregung in anderer Reihenfolge in den verschiedenen Abschnitten des Herzens zurückbildet als sie eintrat: es gibt Herzteile, welche die Erregung relativ länger behalten als andere, welche also einen längerdauernden MAS aufweisen. Die Erregungsform ist anders (SCHELLONG), oder, was dasselbe besagt: die Erregungsrückbildung zeigt Unterschiede, *Inhomogenitäten*. Insbesondere zeigt sich bei Beobachtung des MAS an Spitze und Basis, daß die Spitze ihre Erregung relativ rascher zurückbildet als die Basis (SCHÜTZ, WEBER).

Wir können das Ausmaß solcher Inhomogenitäten *messen*, indem wir die Summe aller Flächen im EKG der Extremitäten bilden, und zwar in jeder Ableitung getrennt. Wäre der Erregungsrückgang homogen, so entspräche jedem R ein umgekehrtes diskordantes T der Einzelfaser und die Summe aller elementaren R und T wäre gleich Null. Jeder von Null abweichende Wert der Flächensumme des EKG gibt eine Inhomogenität des Erregungsrückgangs an. Da solche Inhomogenitäten beim Menschen *normal* sind, müssen wir die Normwerte der Flächensumme, die den Betrag der Inhomogenität messen, kennen: sie betragen maximal in einer der Extremitätenableitungen 50 μVsec (ASHMAN und Mitarbeiter). Messe ich also die Flächen von Q, R und S aus, so hat deren Summe unter Berücksichtigung der Vorzeichen diesen Wert. Und zwar ist die Fläche von QRS maximal rund 25 μVsec, die von T eben so groß. (Die Fläche ist das Produkt aus Spannung und Zeit, was die Dimension erklärt!)

Nun ist die Summe aller Flächen (d. h. die Größe des *inhomogenen* Erregungsrückganges, wie SCHAEFER ihn nennt) nicht in allen Ableitungen gleich groß. Da die Flächen durch *Vektoren* erzeugt werden, die eine bestimmte Zeit lang vorhanden sind und dabei registriert werden, kann man auch die Flächen als Vektoren betrachten: es läßt sich ihnen formal eine Richtung zuschreiben. Es ist die Richtung, welche die erzeugenden Potentiale im Durchschnitt ihres Zeitablaufs gehabt haben. Berechnen wir die Flächensumme für die 3 Ableitungen, so lassen sich diese 3 Flächen als Projektionen einer resultierenden Potentialfläche auffassen, deren Richtung und Größe genauso aus den Ableitungen zu konstruieren ist, wie das mit dem Integralvektor ebenfalls möglich war. Diese resultierende Potentialfläche heißt nach ASHMAN *Ventrikelgradient*. Sie ist im Durchschnitt 50 μVsec groß und zeigt in eine ähnliche Richtung wie das Potential der R-Zacke. Neuere Beobachtungen zeigen, daß unter Normbedingungen die Größe des Ventrikelgradienten von der Größe der QRS-Fläche abhängt und ungefähr zweimal so groß ist wie letztere, auch wenn die QRS-Fläche sehr verschiedene Werte annimmt.

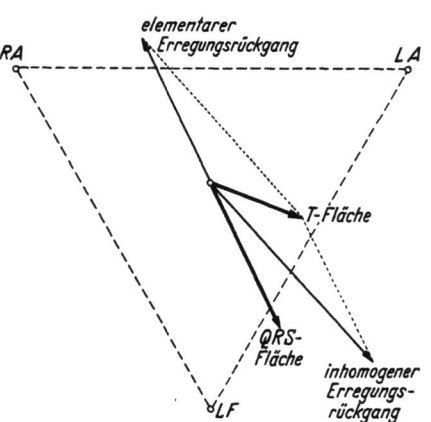

Abb. 123. Zerlegung des Vektors der *Fläche* von T des Extremitäten-EKG in seine Komponenten. Dick ausgezogen die tatsächlich beobachteten Größen. Dünn die aus den beobachteten konstruierten Größen. Die QRS-Fläche ist gleich der Fläche des elementaren Erregungsrückganges, nur umgekehrt (diskordant) gerichtet. (Nach H. SCHAEFER)

Warum verliert die Spitze ihre Erregung rascher als der Rest des Myokards? Hierfür kann eine sichere Erklärung noch nicht abgegeben werden, doch kann man vermuten, daß u. a. mechanische Faktoren hierfür maßgebend sind. Wahrscheinlich kommen die Spitzenfasern rascher auf dem Maximum ihrer Spannungskurven an als die der Basis, zumal das Herz eiförmig gebaut ist und hierdurch eine Art „peristaltischer Form" der Herzkontraktion (nach SCHAEFER) möglich sein dürfte[1].

Wenn die Spitze ihre Erregung rascher verliert als der Rest des Myokards, so müssen sich längs aller Fasern, welche die Spitze mit dem übrigen Herzen verbinden, Strömchen nach Art der Abb. 120 ausbilden, welche von den schon repositivierten Fasern der Spitzenregion zu den noch erregten, negativen Fasern der Basis fließen, ganz analog Abb. 120. Dieser Stromfluß erfolgt längs der Fasern[2], welche die Basis und die Spitze miteinander verbinden. Dieser Stromfluß erzeugt ebensolche Dipol-Vektoren wie der Erregungseintritt in Abb. 120. Das Potential dieser apico-basalen Dipole entsteht unabhängig von den elementaren, diskordanten T-Wellen und addiert sich diesen letzteren ebenfalls nach dem Parallelogramm der Kräfte. Stellen wir die Flächen von QRS einerseits und T andererseits als Flächenvektoren dar, d. h. zeichnen wir sie mit ihrer Richtung in das gleichseitige Dreieck der Abb. 123 ein, so können wir das wirklich beobachtete T graphisch sehr einfach in seine beiden Komponenten zerlegen. Diese Zerlegung ist in Abb. 123 dargestellt. Aus ihr geht hervor, daß, falls die T-Fläche und die QRS-Fläche ungefähr gleich groß sind und ungefähr die gleiche Richtung haben, der Ventrikelgradient etwa doppelt so groß sein muß wie jede von ihnen. Haben wir die T-Zacke in diese ihre beiden Komponenten aufgesplittert, so haben wir sie damit endgültig analysiert. Die T-Zacke ist also eindeutig definiert durch Flächengröße und -Richtung des elementar-diskordanten und des inhomogenen (konkordanten) Anteils des

---

[1] Zur näheren Diskussion dieser Fragen s. Verh. dtsch. Ges. f. Kreislaufforsch. 1952.

[2] Es ist dabei gleichgültig, ob es sich um echte „Syncytien" handelt oder um Ketten von Zellen, die jeweils in einer gemeinsamen Zellwand aneinanderhängen.

Erregungsrückgangs. Nur in krankhaften Fällen können weitere Teile des Myokards, z. B. solche, welche schlecht durchblutet werden, ihre Erregung relativ länger behalten als normal und damit neue Inhomogenitäten pathologischer Art ins Spiel bringen.

VI. Die Beziehungen zwischen elektrischer und mechanischer Tätigkeit des Herzens (Aktionsstrom und Kontraktion)

Nachdem wir den Erregungsvorgang als den Grundvorgang bei der Herzaktion so eingehend kennengelernt haben, stoßen wir bei der Besprechung der elektrisch-mechanischen Beziehungen auf grundsätzliche, auch praktisch bedeutsame Probleme. Das erste ist die Frage, ob der Membranvorgang der Erregung sekundär den mechanischen Vorgang der Kontraktion auslöst oder ob umgekehrt, wie manche Autoren annahmen, der Aktionsstrom die Folge der Kontraktion ist. Eng damit zusammenhängt die weitere Frage, ob und inwieweit aus der so gut auch indirekt registrierbaren elektrischen Tätigkeit des Herzens ein Rückschluß auf das Ausmaß der mechanischen Tätigkeit möglich ist. Denn zweifellos ist die entscheidende Funktion des Herzens ja eine mechanische, wenn auch die Analyse der elektrischen Tätigkeit sowohl in theoretischer Hinsicht wie auch in bezug auf die praktische Verwertbarkeit mit Recht einen relativ großen Raum beansprucht.

Bevor wir in die Erörterung der elektrisch-mechanischen Beziehungen eintreten, müssen an dieser Stelle einige grundsätzliche Fragen der Kontraktilität des Herzens herausgestellt werden. Der charakteristische Unterschied der Kontraktion des Herzens zu der des *ganzen* Skeletmuskels besteht bekanntlich in der Unabhängigkeit der Kontraktionsgröße von der Reizstärke (BOWDITCH, 1871), das Herz gibt „alles oder nichts" (RANVIER). Wir sahen schon, daß sich aus denselben Vorstellungen — angewandt auf den Erregungsvorgang — die refraktäre Phase erklärt (S. 84). In der Diastole wird außer der Erregbarkeit auch die Kontraktilität allmählich wiederhergestellt, so daß die Zuckung innerhalb bestimmter Grenzen um so größer wird, je später sie nach der letzten Kontraktion erfolgt. Mit der Feststellung, daß das Ausmaß der Kontraktion unabhängig von der Reizstärke ist — und nur darauf bezieht sich das Alles- oder Nichts-Gesetz! — ist deshalb nicht ausgesagt, daß die Leistungsgröße des Herzens unveränderlich sei. In einem anschaulichen Vergleich besagt das Alles-oder-Nichts-Gesetz nur, daß die zur Explosion zur Verfügung stehende Pulvermenge stets völlig zur Umsetzung gelangt, gleichgültig, ob diese durch ein brennendes Streichholz oder durch eine Pechfackel ausgelöst wird (Reizstärke!). Die Menge des bereitgestellten Energievorrates (die Pulver*menge*) kann dabei jeweils verschieden groß sein; das hängt, wie wir noch sehen werden, von ganz anderen Voraussetzungen ab (s. Kapitel Dynamik). Beim Alles- oder Nichts-Gesetz liegt also ein „*variables Momentanmaximum*" vor. Wir werden daher zunächst die Beziehungen zwischen elektrischer und mechanischer Tätigkeit unter den Bedingungen der Gültigkeit des Alles- oder Nichts-Gesetz für den Kontraktionsvorgang untersuchen und anschließend die Sonderfälle betrachten, in denen scheinbare oder wirkliche Ausnahmen vom Alles- oder Nichts-Gesetz vorliegen.

Es wurde oben schon betont, daß auch bei Gültigkeit des Alles- oder Nichts-Gesetzes die Kontraktilität vermindert sein kann, so besonders in der relativen Refraktärphase und unter Gift- und Ionenwirkungen. Bei der Erörterung der hier vorliegenden elektrisch-mechanischen Beziehungen begegnen wir einem mit erheblicher Schärfe diskutierten Problem, das besonders deutlich wird durch die Stellungnahme EINTHOVENs zu dieser Frage in dem Handbuchaufsatz, den er (1928) als sein letztes Werk hinterlassen hat.

EINTHOVEN nahm an, daß ,,Elektro- und Mechanogramm sich gleichzeitig entwickeln, aufs innigste zusammenhängen und untrennbar sind". Diese Annahme wird von EINTHOVEN als die wahrscheinlichste vertreten. Im weiteren Verlauf des erwähnten Handbuchaufsatzes präzisierte EINTHOVEN (1928) diese Ansicht dahin: ,,Die Lehre von dem Zusammenhang zwischen Mechano- und Elektrokardiogramm hat eine große praktische Bedeutung. Der Mediziner, der das EKG seines Kranken aufnimmt, stützt sich auf festen Boden, wenn er in der Form seiner Kurve nicht nur den Weg erkennt, der durch die Erregungswelle im Herzen zurückgelegt wird, sondern auch weiß, daß er mit Hilfe der Aktionsströme des Herzens über seine wirkliche Leistung, d. h. über die Art und Weise, wie es sich kontrahiert, unterrichtet werden kann." An anderer Stelle dieses Aufsatzes führt er weiter aus: ,,Die Kraft einer atypischen Herzkontraktion kann mittels des EKG auf indirektem Wege beurteilt werden. Man hat allen Grund anzunehmen, daß bei der Vergleichung einiger nahezu dieselbe Form besitzenden EKG die Höhe der Spitzen einigermaßen einen Maßstab für die Kraft der Herzkontraktionen angibt. Dieser Maßstab geht verloren, sobald wir zwei verschieden ausgebildete EKG miteinander vergleichen müssen, und in dieser Verlegenheit befinden wir uns, wenn wir mit Hilfe unserer galvanometrischen Kurven die Kraft einer atypischen Herzkontraktion unmittelbar aus der einer normalen Systole ableiten wollten. Dennoch kann unser Zweck, die Kraft einer atypischen Herzkontraktion kennenzulernen, leicht erreicht werden. Dazu braucht man nur einen kleinen Umweg einzuschlagen. Erst vergleiche man einige in derselben Kurvenreihe geschriebene atypische EKG miteinander. Man sieht dann, daß diese oft in nahezu jeder Hinsicht miteinander übereinstimmen, woraus man schließen darf, daß die Kontraktionen, denen sie entsprechen, auch eine gleiche Kraft entwickelt haben."

Einer der letzten Mitarbeiter EINTHOVENs, A. KRISTENSON (1928), stellte in gleicher Weise zwei Gruppen von Autoren gegenüber. Die eine — GASKELL, TRENDELENBURG, MINES, NOYONS, KLEWITZ (GARTEN) — sieht in den Potentialschwankungen den Ausdruck für den ,,Reizungsverlauf" (gemeint ist: Erregungsablauf) im Herzen. Die andere setzt den Aktionsstrom in innigste Beziehungen zum Kontraktionsvorgang des Herzens. Es seien erwähnt die Arbeiten von EINTHOVEN (1903, 1908ff.), EINTHOVEN und DE LINT, VAANDRAGER, BATTAERD, DE YONGH, EINTHOVEN und HUGENHOLTZ, ARBEITER u. a. So führte EINTHOVEN aus, daß der Prozeß, welcher die Ursache für die Steigerung der (Muskel-)Tension ist, auch die Ursache der elektrischen Potentialschwankungen bildet, und daß also die elektrischen und mechanischen Phänomene innig und untrennbar miteinander verbunden sind. So bemerkt auch A. KRISTENSON (1928): ,,Der Aktionsstrom ist gewiß eine Folge der Kontraktion."

Bei der näheren Untersuchung dieser Frage werden wir daher zunächst das praktisch wichtigste Teilproblem herausstellen, welche Beziehungen zwischen der *Größe* der mechanischen und elektrischen Tätigkeit vorliegen; eng damit zusammenhängen weitere Teilfragen, wie die der ,,Trennbarkeit" von mechanischer und elektrischer Aktion, die wir gleich in Zusammenhang mit der ersten Frage behandeln werden, weiter die Frage der Zeitdauer der mechanischen und elektrischen Vorgänge und deren zeitlicher Beginn, d. h. die Latenz beider Vorgänge.

Die Diskussion der Frage nach den Beziehungen zwischen elektrischer und mechanischer Aktion wurde aufs stärkste angeregt durch Untersuchungen von EINTHOVEN, HUGENHOLTZ und ARBEITER (1921). Das Verdienst dieser Untersuchungen ist vor allem, bei Weglassen des Calciums in der Perfusionsflüssigkeit gezeigt zu haben, daß die früheren Untersucher durch die Unempfindlichkeit ihrer Schreibhebel getäuscht worden waren. Bei Anwendung des EINTHOVENschen Saitenschreibers (inscripteur à corde) war eine Verstärkung oder Verminderung der mechanischen Ausschläge angeblich stets mit einer *parallelen* Veränderung der elektrischen Ausschläge (bei einphasischer Ableitung) verbunden. Lag keine glatte Proportionalität vor, so soll sie von der Reibung der Flüssigkeit in den Herzhöhlen herrühren; nach Einschnitt in den Ventrikel träte volle Proportionalität ein. Dasselbe wurde für die KCl-Vergiftung angegeben und festgestellt, daß es einen Zustand nicht gibt, bei dem Aktionsströme ohne Kontraktion nachweisbar sind. J. Y. BOGUE und R. MENDEZ (1929) fanden dagegen, daß Calciummangel ebenso wie Acetylcholin die mechanischen Ausschläge fast vollkommen aufhob, ohne das EKG entsprechend nach Form und Größe zu verändern. Auch MINES fand nach Entziehung bestimmter Ionen Elektrokardiogramme mit typischer T-Zacke, während die Kontraktion vollständig ausfiel. Auch E. B. BAY, F. C. McLEAN und A. B. HASTINGS gaben 1933 an, daß calciumfreie Lösungen zu mechanischem Stillstand bei Fortdauer der elektrischen Tätigkeit führe. H. HOSOYA (1930) fand bei verschwindend klein gewordener elektrischer Tätigkeit keine bedeutende Abnahme des Aktionsstroms, aber mit dem Erlöschen der Herzaktion hört auch der Aktionsstrom auf (auch EISMAYER und QUINCKE,

1930). Auch am Herz-Lungen-Präparat wurde das Verhalten des EKG untersucht, und zwar soll speziell die T-Zacke sich in umgekehrtem Sinne wie das Schlagvolumen ändern. HENRIJEAN (1925—30) hat in einer Fülle von Arbeiten, denen z. T. schwerlich zuzustimmen ist, den Schluß gezogen, daß die Muskelaktion die T-Zacke verkleinere, ja es gäbe nach Schlafmittelintoxikationen durch Adrenalin wieder eine elektrische Aktion ohne eine gleichzeitige mechanische Aktion. Aus der Fülle der sich widersprechenden Angaben sind dabei nur einige herausgegriffen worden, um die widerspruchsvolle Sachlage zwischen den Jahren 1920 und 1930 zu zeigen.

Es ist unmöglich, alle in Frage kommenden Arbeiten hier aufzuführen, summarisch kann gesagt werden, daß — vom monophasisch abgeleiteten Strom abgesehen — bei *jeder* Zacke des EKG versucht worden ist, ihr Ausmaß als Ausdruck des Grades der Kontraktilität des Herzens zu verwerten; das betrifft besonders die R-Zacke, auch die Q- und S-Zacken sind dafür herangezogen worden und bei sehr vielen Autoren besonders auch die T-Zacke, bei ihr sogar sowohl ihre Vergrößerung wie ihre Verkleinerung.

Auch die Versuche, bei stillstehender mechanischer Registrierung noch elektrische Tätigkeitsäußerungen zu verzeichnen, sind außerordentlich zahlreich. Auch hier können nicht sämtliche Versuchsanordnungen und Befunde zusammengestellt werden [s. Handbuch norm. path. Physiol. VIII/2, 821 (1928) und die erwähnte Arbeit von KRISTENSON (1928)]. EINTHOVENS Einwand kann stets dagegen ins Feld geführt werden, daß dieser scheinbar so entscheidende und schlagende Beweis in der Tat nur ein Scheinbeweis ist und lediglich durch die Unvollkommenheit der Apparate, durch die Unzulänglichkeit der angewandten Methodik bedingt ist.

Interessant ist die dazu von EINTHOVEN angewandte Überschlagsrechnung, daß ein Saitengalvanometer einen elektrischen Strom zu registrieren vermag, dessen Energie so groß ist wie diejenige, die man für die Hebung eines Kubikmillimeters des Herzens zu einer Höhe von 10^{-11} mm braucht. Dazu kommt noch die Registrierreibung bei den Schreibhebel statt der Luftreibung bei der Saite, und schließlich können Kontraktionswellen im Herzmuskel noch rhythmische Spannungsänderungen und innerliche Faserverschiebungen erzeugen, ohne daß es zu merkbaren Ortsänderungen an der Außenseite des Herzens kommt. Endlich ist auch noch die Reibung der Durchspülungsflüssigkeit und das Vorhandensein nicht mitregistrierter isometrischer Kontraktionen zu berücksichtigen.

Genauere Nachuntersuchungen haben meistens ergeben, daß elektrische und mechanische Tätigkeit gleichzeitig aufhören und bei Wiedereinsetzen der Herztätigkeit auch zugleich beginnen. Namentlich am Beispiel der Muscarinvergiftung hat KRISTENSON mit verschiedener Empfindlichkeit der Registrierinstrumente die Versuche wiederholt und bei empfindlicher Registrieranordnung niemals Elektrogramme ohne Mechanogramme gefunden. Gleichzeitig und unabhängig hat TRENDELENBURGs Schüler H. BERTHA (1929) ebenfalls an dem Beispiel der Muscarinvergiftung des Herzens diese Verhältnisse erneut untersucht und dabei bestätigt, daß elektrische und mechanische Erscheinungen zu gleicher Zeit aufhören. Deshalb steht heute nicht mehr so sehr die Frage der Trennbarkeit mechanischer und elektrischer Tätigkeit, als vielmehr die Frage der Proportionalität beider Vorgänge im Vordergrund. KRISTENSON fand bei der Nachuntersuchung dieser Frage „einen ziemlich guten Parallelismus" zwischen Elektrokardiogramm und Mechanogramm, während BERTHA auf Grund der Registrierung des einphasischen Aktionsstroms dem widersprechen konnte. Denn dieser nimmt nicht proportional mit der Kontraktionshöhe ab. Dasselbe gilt auch für die vom Herzen gelieferte elektromotorische Kraft bei saitengalvanometrischer Registrierung in Verbindung mit einer Verstärkerröhre, die hier zu elektrophysiologischen Untersuchungen 1928 zuerst in Deutschland von BERTHA und SCHÜTZ eingesetzt wurde. Daß Veränderungen des Mechanogramms nicht immer Veränderungen des Aktionsstroms parallel gehen, darüber liegen viele Beobachtungen in der Literatur vor; es seien erwähnt: MINES (1913); LOCKE und ROSENHEIM (1907/08); A. HOFFMANN (1910); W. TRENDELENBURG (1912) u. a. Gegen die daraus gezogene Schlußfolgerung, daß der Aktionsstrom eine gewisse Selbständigkeit gegenüber der Muskelkontraktion besitze, sind von EINTHOVEN und KRISTENSON weitere Einwendungen erhoben worden, die sich aus der Differenztheorie ergeben. Daß keine Potentialdifferenz im Muskel besteht, wenn der ganze Muskel sich in Kontraktion befindet, so kräftig auch die Kontraktion ist, wurde zwar beachtet, ebenso auch, daß umgekehrt ein großer Potentialunterschied vorhanden ist, wenn nur in einem Teil des Muskels eine, sei es auch schwache Kontraktion stattfindet. Die notwendige Folgerung aber daraus, den einphasischen Herzaktionsstrom systematisch zugrunde zu legen, ist meistens nicht gezogen worden.

BERTHA und SCHÜTZ untersuchten deshalb (1930) das Verhalten von einphasischem Aktionsstrom und Mechanogramm bei der Wärmelähmung des Herzens, weil sich hierbei der Vorteil bot, von der Anwendung von Giften abzusehen. Vor Eintritt des Wärmestillstandes haben wir ja außer dem Versagen der Erregungsleitung [UNGER (1912); AMSLER und PICK (1919); E. MANGOLD und Mitarbeiter (1923, 1926, 1928) (S. 120, 152)] eine fortschreitende Herabsetzung der kontraktilen Tätigkeit des Herzens. Ebenso wie bei den Muscarinversuchen ergab sich, daß mechanische und elektrische Tätigkeit beim Eintritt des Wärmestillstandes stets gleichzeitig aufhören; ebenso treten sie beim Wiedereinsetzen der Herztätigkeit nach Abkühlung und bei elektrischer Reizung während des Stillstandes stets gleichzeitig wieder auf. Während bei der Muscarinvergiftung immerhin beide Tätigkeitsäußerungen des Herzens — wenn auch nicht proportional — abnehmen, finden wir vor der Wärmelähmung bei abnehmender Kontraktionsgröße bis zum Moment des Stillstandes bei saitengalvanometrischer und bei elektrometrischer Registrierung (Verstärkerröhre!) eine gleichbleibende Höhe der einphasischen Aktionsspannungen (1929). Ebenso ergibt sich beim Wiedereinsetzen der Herztätigkeit nach der Wärmelähmung ein treppenförmiges Ansteigen der Mechanogramme bei sofort

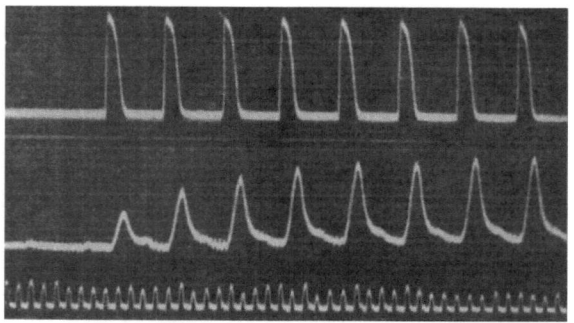

Abb. 124. Treppenförmiges Wiedereinsetzen der Herztätigkeit nach dem Wärmestillstand. Die einphasischen Aktionsströme setzen sofort mit gleichbleibender Höhe ein. (Nach H. BERTHA und E. SCHUTZ)

gleichhohen monophasischen Aktionsströmen (Abb. 124). Auch bei Gruppenbildungen mit Treppenform (Abb. 129), bei Superpositionen im Mechanogramm und bei Perioden mit hoher Frequenz, wie sie in der spontanen Schlagfolge des Herzens unter Wärmewirkung auftreten, läßt sich die weitgehende Selbständigkeit der Aktionsstromhöhe gegenüber der Kontraktionsgröße des Herzens erweisen. Es sei noch bemerkt, daß sowohl die isotonische Verkürzungskurve am suspendierten Herzen mit dem EINTHOVENschen Saitenschreiber (mit Spiegelregistrierung) als auch die endokardiale Druckkurve des nach WILLIAMS durchspülten Herzens untersucht wurde. Ein entsprechender Versuch — Registrierung der einphasischen Aktionsströme des Froschherzens mit Anwendung eines Gleichstromverstärkers und Registrierung des Ventrikeldruckes durch ein Membranmanometer mit elektrischer Transmission — wurde 1935 von v. WERZ mit dem gleichen Ergebnis veröffentlicht.

Nachdem durch die früher erwähnte Methode des „Herzwandknotens" (1931) die Möglichkeit vorlag, das einphasische Elektrogramm des Säugetierherzens — in situ bei geöffnetem Brustkorb — vom Körper aus abzuleiten, bestand die Möglichkeit, am Herz-Lungen-Präparat des Hundes in quantitativer Weise die mechanische Leistung des Herzens zu ermitteln und zu verändern und dabei gleichzeitig das einphasische Elektrogramm des Herzens fortlaufend zu verzeichnen. Diese Versuche wurden von E. SCHÜTZ gemeinsam mit O. KRAYER durchgeführt (1932), indem einmal durch Veränderung des arteriellen Widerstandes oder durch Veränderung des Angebotes auf der venösen Seite die Arbeit des Herzens bei Einhalten einer konstanten Frequenz verändert wurde. Zweitens wurde untersucht, wie sich einphasisches Elektrogramm und Leistung eines Herzens verhalten, bei dem die Kontraktilität durch bestimmte chemische Agentien vermindert und bei dem dann durch in ihrer Wirkung bekannte Pharmaka die Kraft der Kontraktion wieder erhöht wird.

Erhöhung des Widerstandes und Vergrößerung des Blutangebotes führten in Hinsicht auf die Beziehungen zwischen Leistungsänderung und elektrischen Vorgängen zu dem gleichen Resultat. Abb. 125 und Tab. 1 enthalten die Ergebnisse eines Versuchs an einem gut leistungsfähigen Herzen [erkennbar daran, daß der Druck im rechten Vorhof (= venöser Druck) bei Erhöhung des Zuflußniveaus nicht ansteigt]. Wie sich aus der Tabelle ergibt, liegt hier eine Leistungssteigerung von 405% vor. Die Verminderung der Aktionsstromhöhen entspricht den gleichzeitigen Eichausschlägen, so daß also trotz der erheblichen Erhöhung der Leistung des Herzens die Aktionsstromhöhen vollkommen konstant bleiben. Da im denervierten Herz-Lungen-Präparat die Frequenz nur von der Temperatur abhängig ist und die Versuche bei praktisch gleichbleibender Temperatur durchgeführt wurden, fällt auch die die Beurteilung sonst erschwerende Frequenzabhängigkeit der Aktionsstromhöhe und -dauer weg.

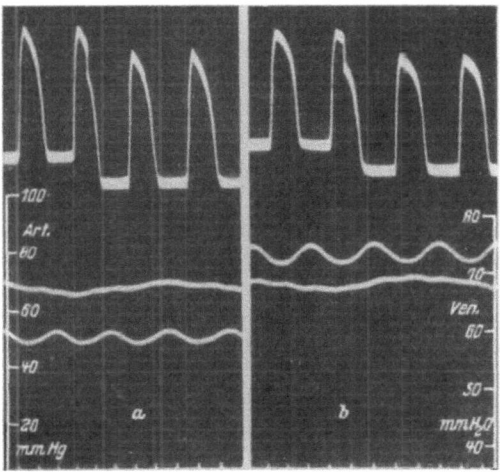

Abb. 125. Versuch am Herzlungenpräparat des Hundes (in a von oben nach unten). 1. Einphasische Elektrogramme, Eichungen mit 10 mV, 2. venöser Druck, Eichkurve rechts (Ven.), 3. arterieller Druck, Eichkurve links (Art.), 4. Zeit in $^1/_5$ sec. (Nach O. KRAYER und E. SCHUTZ)

Tabelle 1 (zu Abb. 125). *Versuch vom 8. 10. 31 vorm. Hund 11 kg, 1 1 g Chloralose, Herz-Lungen-Präparat*
Zuflußhöhe: 89 mm. Arterieller Widerstand: 68 mm Hg

Kurve	Zeit	Temp.	Frequenz	Venöser Druck in mm H_2O	Arterieller Druck in mm Hg	Minutenvolumen in cm^3	Aktionsstromhöhe in mm	Eichung 10 MV in mm
a	13^{12}		107	68	50	251	24	5
			Zufluß + 50 mm, *Leistungssteigerung* + 405%					
b	13^{13}	35,2°	103	69	78	600	21,5	4,5

Es erschien uns nun weiter die Feststellung wichtig, ob sich bei dieser Versuchsanordnung die Inkongruenz zwischen mechanischen und elektrischen Erscheinungen auch unter pharmakologischen Bedingungen zeigen läßt. Dazu sind Barbitursäurederivate vor allem geeignet, da sie nur geringe oder keine Frequenzänderungen bewirken. Ein glücklicher Umstand lieferte den in Abb. 126 und Tab. 2 wiedergegebenen, besonders eindrucksvollen Versuch, der übrigens von demselben Herz-Lungen-Präparat stammt wie in Abb. 125. Bei a war das Schlagvolumen des Herzens 5,36 cm³. Zwischen a und b wurde 1 cm³ Pernocton (sekundäre Butylbromallyl-Barbitursäure) zur Durchströmungsflüssigkeit zugegeben, so daß bei b das

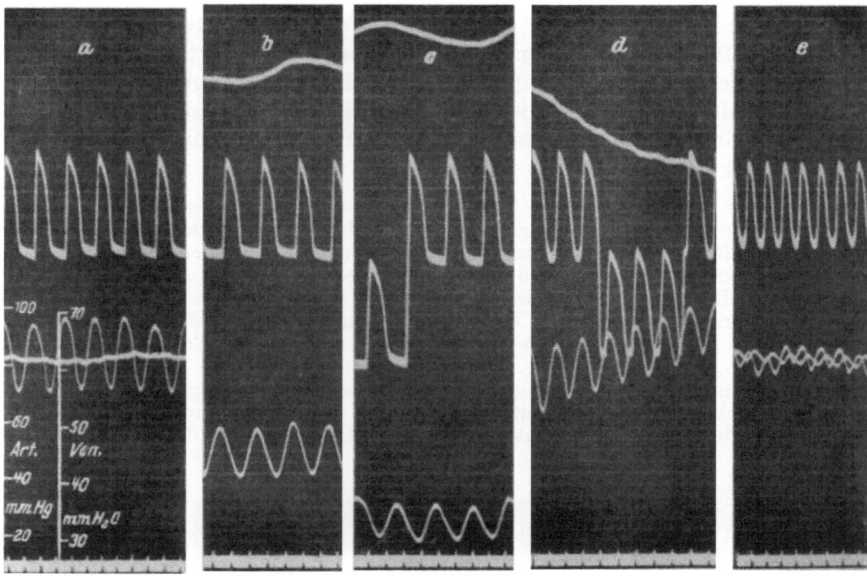

Abb. 126 Versuch am Herzlungenpräparat des Hundes (in c von oben nach unten). 1. Venöser Druck, Eichkurve links (Ven.), 2. einphasische Elektrogramme, Eichungen mit 30 MV, 3. arterieller Druck, Eichkurve links (Art.), Zeit in $^1/_5$ sec. (Nach O. KRAYER und E. SCHUTZ)

Tabelle 2 (zu Abb. 126). *Versuch vom 8. 10. 31 nachm. Hund 9 kg, 0,9 g Chloralose, Herz-Lungen-Präparat* Zuflußhöhe: 118 mm. Arterieller Widerstand: 60 mm Hg

Kurve	Zeit	Temp.	Frequenz	Venöser Druck in mm H₂O	Arterieller Druck in mm Hg	Minutenvolumen in cm³	Aktionsstromhöhe in mm	Eichung 30 MV in mm
a	4³¹	38,4°	160	62	84	857	18	
	4³²			1 cm³ *Pernocton* in 1 min in Zuflußgefäß				
b	4³³	38,4°	150	111	49	201	17,5	17
	4³⁴			0,1 mg *Adrenalin* in Zuflußgefäß, unwirksam				
c	4³⁴	38,4°	140	118 (Zuflußniveau!)	23	0 (!)	19,5	18,5
	4³⁵			0,1 mg *Adrenalin intrakardial*				
d	4³⁵	38,2°	195	von 109 auf 93	von 74 auf 90	811	19	17
e	4³⁶	38,2°	250	61	80	811	15	

Schlagvolumen auf 1,34 cm³ mit gleichzeitiger Abnahme des mittleren arteriellen Druckes um 35 mm Hg sank. Die Abnahme der Leistung des Herzens ging noch weiter: bei c erreichte das Minutenvolumen den Wert 0. Das Herz förderte überhaupt kein Blut mehr, die Frequenz betrug noch 140 pro min. In bezug auf den Organismus, der mit Blut zu versorgen ist, ist die Volumenleistung des Herzens (trotz des mittleren arteriellen Druckes von noch 23 mm Hg) tatsächlich = 0: das Herz hat die Fähigkeit verloren, Blut aus dem venösen Zuflußsystem aufzunehmen, obwohl dessen physikalische Bedingungen ein Minutenvolumen von 857 cm³ zulassen (a); entsprechend steigt der Venendruck auf die Höhe des Zuflußgefäßes. Die

Unfähigkeit des Herzens, im Zustand c überhaupt ein Zuflußgefälle zu erzeugen, brachte es mit sich, daß die zwischen b und c in das Zuflußgefäß gegebene Adrenalinmenge keine Herzwirkung zeigen konnte, weil eben dieses Mittel nicht mehr an den Herzmuskel herankommen konnte. Daß die Wirksamkeit des Adrenalins auch in diesem Zustand noch bestand, zeigt die intrakardiale Injektion zwischen c und d, die bei d unter sofortigem Abfall des Druckes im rechten Vorhof zu einem Schlagvolumen von 4,16 cm³ führt bei gleichzeitigem Anstieg des mittleren arteriellen Druckes um 67 mm Hg. Von a bis d sind die Frequenzänderungen gering, die Leistung des Herzens schwankt in weitesten Grenzen, die Aktionsstromhöhe bleibt nahezu gleich. Erst wenn die Frequenzzunahme durch Adrenalin ausgesprochen ist (e), nimmt dadurch in bekannter Weise die Aktionsstromhöhe ab.

Damit ist die Auffassung wohl endgültig experimentell widerlegt, die besonders deutlich KRISTENSON (1928) in seiner öfters angezogenen Arbeit dahin formuliert hat: „Wenn sich die Form des Elektrogramms nicht ändert, also (!) die Muskelkontraktion in derselben Weise erfolgt, dann ist die Größe des Elektrogramms proportional der Stärke der Kontraktion."

Zusammenfassend ergibt sich folgende Sachlage: Eine abgeschwächte Erregung z. B. in der relativen Refraktärphase hat, wie allgemein bekannt ist, auch eine abgeschwächte Kontraktion zur Folge. Außerhalb der relativen Refraktärphase treten solche abgeschwächten Erregungen unter Bedingungen der Schädigung auf. So zeigt z. B. der Fall der Muscarinvergiftung u. a., wenn der einphasische Aktionsstrom die Zeichen der abgeschwächten Erregung bzw. der Schädigung aufweist (also verminderte Dauer und Höhe und unter Umständen Anstiegsverzögerung), daß dann — allerdings nicht streng proportional! — auch das mechanische Geschehen in seinem Ausmaß vermindert ist. *Eine abgeschwächte Erregung dürfte also in der Regel auch eine abgeschwächte Kontraktion zur Folge haben.* Andererseits ist es aber möglich, wie gerade die Versuche von KRAYER und SCHÜTZ zeigen, daß der *Erregungsvorgang*, d. h. der Aktionsstrom, *unverändert bleiben kann*, während *die mechanische Leistung des Herzens* sowohl unter physiologischen Bedingungen durch Veränderung von Angebot oder Widerstand wie auch unter pharmakologischen Bedingungen durch Schädigung der Kontraktilität *für sich allein in weitestem Ausmaß schwanken kann*. Diese Tatsachen erklären sich zwanglos aus der Vorstellung, daß der Membranvorgang der Erregung die auslösende Ursache für den mechanischen Vorgang der Kontraktion ist.

Nachdem mehrere Jahrzehnte diesen Fragen keine besondere Aufmerksamkeit mehr zugewendet worden war, wurden in neuerer Zeit eine Reihe von Arbeiten veröffentlicht, die die Amplituden von Aktionsstrom und Mechanogramm unter reiner Temperatureinwirkung und bei veränderter Reizfrequenz untersuchten. Untersuchungen unter reiner *Temperatureinwirkung* von WOODBURY, HECHT und CHRISTOPHERSEN (1951); HEINTZEN (1954) und HEINTZEN, KRAFT und WIEGMANN (1955) am Kaltblüter und von BURGEN und TERROUX (1952); TRAUTWEIN, GOTTSTEIN und FEDERSCHMIDT (1953); CORABOEUF und WEIDMANN (1954) und TRAUTWEIN und DUDEL (1954) vorwiegend am Warmblüter bestätigten, was schon bei der Wärmelähmung (Abb. 124) gezeigt wurde, daß die Aktionsstromamplitude bei *reiner* Temperatureinwirkung in einem weiten Bereich *konstant* bleibt. Trotzdem ändert sich nach TRAUTWEIN und DUDEL; HEINTZEN, KRAFT und WIEGMANN im gleichen Temperaturbereich die Amplitude des Mechanogramms erheblich, d. h. die Amplitude nimmt in einer exponentiellen Kurve mit ansteigender Temperatur ab. Geht man zur Untersuchung der *Frequenzwirkung* vom ruhenden Präparat aus, so verändert sich der monophasische Aktionsstrom beim Einsetzen der rhythmischen Reizung in seiner Amplitude nach den Untersuchungen von TRAUTWEIN und DUDEL (1954); TRAUTWEIN und ZINK (1952) und KRAFT und WIEGMANN (1956) nicht. Natürlich ist hierbei abzusehen von dem Fall, daß man durch die höhere Frequenz in die Kurve der sich wiederherstellenden Erregungsgröße hineinkommt. Früher (s. S. 81f.) wurde schon darauf hingewiesen, daß hier allerdings die Aktionsstrom*dauer* einen viel empfindlicheren und brauchbareren Indicator darstellt als die weit konstantere Aktionsstromhöhe. Im Mechanogramm tritt mit Einsetzen der Reizung (TRAUTWEIN und DUDEL; KRAFT und WIEGMANN) eine erhebliche Veränderung der Mechanogrammamplituden ein, es kommt zum „Treppenphänomen" und bei plötzlicher Frequenzverminderung tritt der sog. „Umschalteffekt" auf, die beide auf S. 248 besprochen werden. Auch diese neueren Untersuchungen bestätigen also die weitgehende Unabhängigkeit der *Größe* der elektrischen und mechanischen Betätigung des Herzens.

Neben den Größenbeziehungen zwischen der elektrischen und mechanischen Tätigkeit ist die *Dauer* beider Tätigkeitsäußerungen in diesem Zusammenhang zu untersuchen, wobei gleich eingangs zur Kritik der Methoden vermerkt sei, daß das vorerst nur anstrebbare Ziel sein muß, den Kontraktionsvorgang nur von dem Bezirk zu registrieren, von dem auch die lokale Aktionsstromableitung erfolgt. Viel häufiger sind natürlich die zeitlichen Dauerbeziehungen zwischen Kontraktionskurve des ganzen Herzens und dem lokal abgeleiteten Aktionsstrom bzw. dem EKG untersucht worden. Auch bei der Fragestellung nach den zeitlichen Beziehungen der elektrischen und mechanischen Betätigung des Herzens tritt der eingangs erwähnte Gegensatz wieder zutage. MINES gab schon (1913) an, daß bei p_H-Verminderung der Durchspülungsflüssigkeit das EKG kürzer, das Mechanogramm länger wird. Demgegenüber führte KRISTENSON an, daß BURDON-SANDERSON und PAGE (1879—1880); WALLER und REID; BAYLISS und STARLING (1882) gute Übereinstimmung fanden und daß EINTHOVEN und seine Schüler gezeigt hätten, daß die „Dauer von Elektro- und Mechanogramm immer übereinstimmt" (ebenso VAN LAWICK und VAN PABST). Am eindrucksvollsten ist von den ins Feld geführten Argumenten der Fall der Veratrinvergiftung des Froschherzens, bei der sich tatsächlich Verlängerungen der Systole bis zu 8 sec Dauer und bei weiterer Vergiftung sogar bis zur Dauer von fast $1/2$ min ergeben. Entsprechend verlängert sich auch das EKG!

Da Größe und Dauer bekanntlich beide erheblich von der Frequenz des Herzens abhängen, sei zuerst die *Frequenzabhängigkeit beider Vorgänge* in Hinsicht auf die elektrisch-mechanischen Beziehungen im Zusammenhang besprochen. Schon seit BOWDITCH (1871) ist bekannt, daß die Stärke der Herzkontraktion mit abnehmender Schlagzahl zunächst zunimmt, dann aber bei sehr großen Pausen wieder abnimmt. F. B. HOFMANN (1920, 1926) hat das bei den einzelnen Herzen sehr verschieden große Zeitintervall, das die stärksten Systolen aufweist, das „Optimum des Reizintervalls" genannt. Unterhalb dieses Optimums werden die Systolen mit Verkürzung des Reizintervalls niedriger, oberhalb des Optimums dagegen um so niedriger, je länger das Reizintervall ist.

Änderungen der Schlagfrequenz unterhalb des Optimums, die zunächst besprochen seien, zeichnen sich dadurch aus, daß die Kontraktionen bei zunehmender Frequenz niedriger werden, kürzere Zeit dauern, ihren Gipfel früher erreichen und vorzeitiger absinken. F. B. HOFMANN bezeichnet die Verkürzung dieser „Gipfelzeit" und das vorzeitige Absinken neben der Verkleinerung der Gipfelhöhe als die Hauptmerkmale der Kurven höherer Reizfrequenz. Die einphasischen Aktionsströme werden in bekannter Weise ebenfalls um so kürzer, je frequenter die Schlagfolge ist. Bei stärkeren Frequenzerhöhungen kommt es auch zu einer Abnahme der Höhe, jedoch überwiegt die Verkürzung der Dauer bei weitem über die Erniedrigung des Gipfels. [Deswegen wurde auch zur graphischen Darstellung der Kurve der sich wiederherstellenden Erregungsgröße in der relativen Refraktärphase, in der entsprechende Beziehungen vorliegen, als Maß die Dauer des Aktionsstroms der Nebensystole zugrundegelegt (s. S. 81).] Nach den Untersuchungen F. B. HOFMANNS entsprechen an der Kontraktionskurve die Veränderungen der Höhe und Dauer ungefähr einander, während am Aktionsstrom die Verkürzung weitaus die Abschwächung der Gipfelhöhe überwiegt. Auch die Gipfelzeit ändert sich am Aktionsstrom nicht merklich, so daß die Verkürzung so gut wie ausschließlich das Plateau bzw. den absinkenden Teil, die Repolarisationszeit, betrifft. An der Kontraktionskurve dagegen beteiligen sich Anstieg und Abfall ungefähr gleichmäßig an der Verkürzung. An dieser Stelle ist zu bemerken, daß SCHELLONG (1934); HOFFMANN und SUCKLING (1953, 1954) und DRAPER und WEIDMANN (1951) fanden, daß es besonders das Plateau des Aktionsstroms ist, das sich verkürzt. KRAFT und WIEGMANN (1955) bestätigten das, indem sie genauer feststellten, daß die Frequenz lediglich auf den Anfangsteil des Plateaus (erste 10%-Phase der Repolarisation) einwirkt. Auch in diesen Versuchen ergab das synchron registrierte Mechanogramm gleiche Verkürzungsgeschwindigkeit sowohl seiner Gesamtdauer als auch seiner Gipfelzeit. Nur bei sehr hohen Frequenzen kommt es zu Superpositionen bei starker Verkürzung der Gipfelzeit, da die nächstfolgende Kontraktion beginnt, obwohl die vorhergehende Kontraktionskurve noch nicht beendet ist (TRAUTWEIN und DUDEL). Der Vergleich der zeitlichen Beziehungen ergab in den Untersuchungen F. B. HOFMANNs, daß das Ende des Aktionsstroms bei kurzen Reizintervallen und demgemäß abgekürzten Kontraktionen in einen etwas früheren Teil der Kontraktionskurve hineinfällt. Bei längerem Reizintervall reicht das Absinken des Aktionsstromes meist noch bis in den Anfang der Diastole hinein, während bei höheren Reizfrequenzen der Aktionsstrom sogar schon am Gipfel der Kontraktionskurve abgeklungen sein kann. (Diese Feststellung ergibt zugleich eine Kritik des Versuches, Bestimmungen der Refraktärphase und der Chronaxie während dieser Zeit anhand von Kontraktionskurven durchzuführen.) Nach F. B. HOFMANN gerät das Herz bei Verlängerung des Reizintervalls über das Optimum hinaus unter sog. „Treppenbedingungen", die durch wiederholte Reizungen rückgängig gemacht werden können (s. dazu S. 247). Unter diesen Bedingungen werden die Kontraktionen, wie schon erwähnt, wieder niedriger, gleichzeitig gedehnter und die Gipfelzeit ist (als wesentlicher Gegensatz zu den Verhältnissen unterhalb des Optimums) verlängert. Die Änderungen in der Höhe macht der Aktionsstrom zunächst nicht mit. Vielmehr ändert sich die Aktionsstromkurve bis weit über das Optimum hinaus zunächst genau in der gleichen Weise weiter wie bei einer Verlängerung des Reizintervalls bis zum Optimum (F. B. HOFMANN). Höhe der Kontraktionskurve und Gipfel des Aktionsstroms ändern sich unter Treppenbedingungen also gerade im entgegengesetzten Sinne, während sie sich unterhalb des Optimums beide im gleichen Sinne ändern. F. B. HOFMANN untersuchte diese Verhältnisse bei zunehmender Verlängerung des Reizintervalls. In neueren Untersuchungen bestätigten sich die Ergebnisse F. B. HOFMANNs auch bei Anwendung steigender Reizfrequenzen (TRAUTWEIN und DUDEL; KRAFT und WIEGMANN).

In diesem Zusammenhang sei gleich mitbesprochen die von SAMOJLOFF (1910, 1914); H. BOHNENKAMP (1923) und F. B. HOFMANN (1926) untersuchte Wirkung der *Vagusreizung*, soweit sie die elektrisch-mechanischen Beziehungen betrifft. Die Änderung des Kontraktionsablaufes ist dabei ganz analog einer Erhöhung der Schlagfrequenz innerhalb mittlerer Reizintervalle: die Kontraktionen werden niedriger und kürzer, die Gipfelzeit ist verkürzt. Auch der einphasische Aktionsstrom zeigt die gleichen Veränderungen, wie sie für eine Zunahme der Reizfrequenz oben beschrieben wurden; er wird in erster Linie verkürzt, bei stärkerer Vagusreizung nimmt er auch an Höhe ab, die Gipfelzeit bleibt meist unverändert. Nach F. B. HOFMANN wirkt also Vagusreizung wie eine Erhöhung der Reizfrequenz, und man kann daher durch genügende Verlängerung der Reizpausen eine nicht allzu stark abschwächende Vaguswirkung kompensieren, so daß gar keine Änderung der Kontraktionshöhe und des Kontraktionsverlaufes eintritt. Diese von F. B. HOFMANN als „Maskierung der Hemmungswirkung" beschriebene Erscheinung fanden DALE und MINES (1913) auch für die Dauer des zweiphasischen Ventrikelaktionsstroms, und sie gilt ebenso für alle anderen Einzelheiten im Aktionsstromverlauf.

BOHNENKAMPs Befunde entsprechen dem im wesentlichen, nur daß er besonderen Wert auf das langsamere Ansteigen der Vaguskurven legt, das mit einer Abflachung des Kurvengipfels einhergeht und von ihm als besondere Wirkung des Vagus aufgefaßt und daher als

„negativ klinotrope" Vaguswirkung bezeichnet wurde. Da aber in diesen Versuchen die Schlagfrequenz nicht konstant gehalten wurde, also auch eine Frequenzhemmung vorhanden war, deutet F. B. HOFMANN diese Erscheinung als Zeichen der Treppenbedingungen, welche ja die Gipfelzeit stark beeinflussen, zumal sie bei den ersten Kontraktionen nach der Vaguswirkung offenbar nicht eintritt.

Daß sich auch das Verhalten des zweiphasischen Aktionsstroms bei Frequenzänderungen und bei Vaguswirkung aus dem eben Gesagten unter Anwendung der Überlegungen der Differenztheorie ergibt, wurde ebenfalls von F. B. HOFMANN gezeigt. Am zweiphasischen Aktionsstrom nimmt die Größe der T-Zacke, wenn sie negativ ist, bei Frequenzvermehrung entweder ab oder zu. Das hängt von der gleichzeitigen Leitungsverzögerung ab. War die T-Zacke positiv, so ergab sich Abnahme ihrer Höhe. „Eine konstante Beziehung zwischen der Höhe der T- und R-Zacke und der Höhe der Kontraktionen ließ sich nicht nachweisen" (F. B. HOFMANN).

Nachdem die auf S. 63 erwähnte Methode des Herzwandknotens eine einphasische Aufzeichnung auch am Warmblüterherzen erlaubt, lassen sich die Wirkungen einer Vagusreizung auch hier sehr schön aufzeigen (SCHÜTZ), aber, wie Abb. 37 zeigt, nur am Vorhof! An der Kammer zeigt sich lediglich die Frequenzabhängigkeit des einphasischen Stromes, während der Vorhofaktionsstrom deutlich die „Abschwächung des Erregungsvorganges" mit allen dazugehörenden Kennzeichen (Dauer, Höhe, Anstieg, Plateauverlust) ergibt, worauf in anderem Zusammenhang näher eingegangen wird (s. S. 501 ff.) [„negativ elektrotrope Wirkung" (S. 154)].

Auch unter reiner Temperaturänderung sind die zeitlichen Dauerbeziehungen näher untersucht. Bei ansteigender Temperatur verkürzt sich die Aktionsstromdauer. Nach Untersuchungen von WOODBURY; HECHT und CHRISTOPHERSEN; TRAUTWEIN, GOTTSTEIN und FEDERSCHMIDT; CORABOEUF und WEIDMANN; HEINTZEN betrifft die Verkürzung (im Gegensatz zur reinen Frequenzsteigerung!) den gesamten Aktionsstrom sowohl im Bereich des Plateaus als auch im Repolarisationsanteil, der eine Steilheitszunahme erfährt. Die Q_{10}-Werte für die Verkürzung des gesamten Aktionsstroms liegen in den untersuchten Temperaturbereichen bei etwa 2,25; die μ-Werte liegen im gleichen Temperaturbereich zwischen -13420 cal und -14500 cal. Außer den Werten für die Gesamtaktionsstromdauer interessieren die Werte für die einzelnen Teilphasen der Repolarisation. Hier ändern sich nach HEINTZEN bei ansteigender Temperatur die Q_{10}-Werte und μ-Werte erheblich, was einen genaueren Einblick in die Temperaturabhängigkeit der Membranvorgänge während der Erregung gestattet. Das synchron registrierte Mechanogramm zeigt neben der oben erwähnten Amplitudenabnahme sowohl eine Verminderung seiner Gesamtdauer als auch seiner Gipfelzeit; diese Verminderung hält bis zu einem Temperaturbereich von 20—25° C (beim Kaltblüter; HEINTZEN, KRAFT und WIEGMANN, 1955) mit der Verkürzung des Aktionsstromes Schritt, während in höheren Temperaturbereichen sich Kontraktionsdauer und Gipfelzeit nicht mehr so stark verkürzen wie die Aktionsstromdauer. Gleiche Befunde erhielten TRAUTWEIN und DUDEL am Katzenpapillarmuskel.

Über die Lage des Kontraktionsgipfels zum Aktionsstrom unter Temperatureinwirkung ergeben sich folgende Verhältnisse. Auf Grund der temperaturbedingten Verkürzung des Aktionsstroms nähert sich der Gipfel des Mechanogramms bei Temperatursteigerung am Kaltblüterherzen dem Aktionsstromende (HEINTZEN, KRAFT und WIEGMANN, 1955). TRAUTWEIN und DUDEL (1954) erhielten am Katzenpapillarmuskel entgegengesetzte Ergebnisse, d. h. bei ihnen verlagerte sich der Gipfel des Mechanogramms bei niedriger Temperatur zum Aktionsstromende. Auf Grund der neueren FLECKENSTEINschen Überlegungen am Skeletmuskel ist es von Interesse, die Lage des Kontraktionsmaximums mit dem jeweiligen aktuellen Membranpotential zu vergleichen. Hierbei findet sich nach HEINTZEN, KRAFT und WIEGMANN (1955), daß das Kontraktionsmaximum im Bereich bis zu 20° C in einer Repolarisationsphase des Aktionsstroms verbleibt, die einer Repolarisation von etwa 20—40% entspricht, wobei sich gleichzeitig die Kontraktionsamplitude fortschreitend vermindert. Bei höheren Temperaturen kommt dann beim Kaltblüter eine Verlagerung des Gipfels der Kontraktion, deren Amplitude zunehmend kleiner wird, in eine spätere Repolarisationsphase (90% bei 30° C) zustande, d. h. der Kontraktionsgipfel liegt dann nahe beim Aktionsstromende. Solange jedoch nichts Näheres über den Koppelungsmechanismus zwischen Membranprozeß und Kontraktion bekannt ist, ist eine Deutung über die möglichen Zusammenhänge zwischen beiden Geschehen schwierig.

Die elektrisch-mechanischen Zeitbeziehungen haben am Warmblüter- und Menschenherzen ein besonderes Interesse gefunden. Die Frequenzabhängigkeit des EKG wurde auf S. 149f. eingehend abgehandelt (FRIDERICIA-Formel und deren Modifikationen). Bei der praktischen Verwertung dieser Beziehungen ist es höchst bedeutsam, ob man aus der Aktionsstromdauer einen Rückschluß auf die Dauer der mechanischen Systole ziehen darf. Dazu verführt schon leicht der oft gebrauchte, unschöne Ausdruck „elektrische Systole" für die Aktionsstromdauer. Derartigen Zeitmessungen am EKG hat man in neuerer Zeit ein besonderes Interesse zugewandt. A. SCHOTT fand z. B. bei phosphor- und arsenvergifteten Kaninchen die Dauer des Kammer-EKG im Verlauf der fortschreitenden parenchymatösen

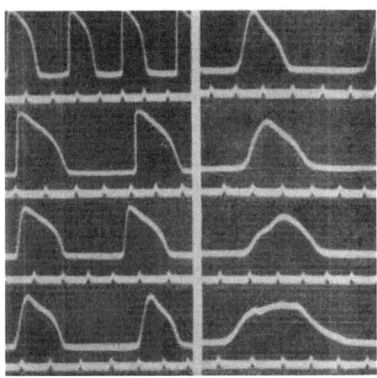

Abb. 127. Verhalten des einphasischen Elektrogramms des Warmblüterherzens bei NaOH-Vergiftung. (Nach E. SCHÜTZ)

Herzmuskeldegeneration ohne gleichzeitige Veränderung der Pulsfrequenz erheblich vermehrt, und FRIDERICIA stützte darauf die Ansicht, daß Herzmuskelschwäche eine Verlängerung der Systolendauer hervrorufen kann. Daß die Dauer der elektrischen Tätigkeit der Kammer bei Berücksichtigung der jeweiligen Herzfrequenz ein gewisses Maß für die Schädigung des Herzmuskels sein kann, zeigen auch Untersuchungen von SCHÜTZ (1934) bei Vergiftung von Kaninchen mit HCl und NaOH im Vergleich zur normalen Frequenzabhängigkeit der Aktionsstromdauer. Unter Anwendung der einphasischen Ableitung vom Warmblüterherzen wurde zunächst am Normaltier die Frequenzabhängigkeit der Dauer des Erregungsvorganges untersucht, indem einmal durch extreme Sinuserwärmung die Maximalfrequenz der Herzkammer erzeugt wurde, bei der sich dann ein einphasisches Elektrogramm unmittelbar an das vorhergehende anschließt (s. Abb. 45, S. 96). Extreme Frequenzverminderungen wurden andererseits durch Anlegen einer STANNIUS-II-Ligatur erzeugt. Abb. 127 zeigt, daß in den Fällen der HCl- und der NaOH-Vergiftung eine Reihe von Vorgängen im einzelnen in wechselndem Ausmaß miteinander verkoppelt sind: die zunehmende Bradykardie, die weit über die Grenzen der normalen Frequenzabhängigkeit hinausgehende Verlängerung des einphasischen Elektrogramms, die starke Verzögerung seines Anstiegs (Leitungsverzögerung!) und schließlich das Auftreten von Superpositionen im EG. Ob in dem viel engeren untersuchbaren Frequenzbereich des Menschen und bei den wohl nicht so schwer eingreifenden, dort vorkommenden Herzmuskelschädigungen diese Beziehungen einen wesentlichen diagnostisch-prognostischen Wert haben, wird in der inneren Medizin z. Z. besonders bearbeitet (s. dazu S. 151). In diesem Teil der Abhandlung handelt es sich um eine andere Frage. Selbstverständlich kann man die Dauer des elektrischen Geschehens der Herzkammer in Beziehung zur Herzfrequenz untersuchen, aber eine besondere Beachtung verdient die Frage, ob aus der „elektrischen Systole" — ein Ausdruck, der besser zu vermeiden wäre — ein Rückschluß auf die Dauer des mechanischen Geschehens, die Dauer der Systole, grundsätzlich und allgemein gestattet ist. Schon GARTEN (1915) zeigte in seinen grundlegenden Versuchen, daß das Ende der T-Zacke zwar genau mit der Incisur, also dem Semilunarklappenschluß als Ende der Systole, zusammenfallen kann, daß diese Koinzidenz aber dann eine zufällige ist. Denn während der Beginn des Druckanstiegs im Ventrikel ziemlich genau vor die Spitze der R-Zacke fällt, ist die Lage der T-Zacke zur Incisur sehr wechselnd. WIGGERS und DEAN (1917) bestätigten diesen Befund. Besonders nach Adrenalingaben stellten sie in Übereinstimmung mit GARTEN eine starke Verkürzung der mechanischen Systole fest, wobei das EKG unverändert bleiben kann. WEITZ (1918) fand beim Menschen, daß das Ende der T-Zacke mit dem Schluß der Aortenklappen zusammenfällt, daß beide aber auch nicht unbeträchtlich auseinanderliegen können (um 0,06 bis 0,08 sec). BRUGSCH und BLUMENFELDT (1920/21) schlugen deshalb vor, die an der Distanz der Herztöne gemessene „Leistungszeit" von der im EKG zum Ausdruck kommenden „Erregungszeit" zu unterscheiden. Anhand von gleichzeitiger Aufzeichnung von EKG, Herztönen und Aortendruck wurden (1929) von SCHÜTZ diese Verhältnisse bei großer Registriergeschwindigkeit unter Veränderung der Experimentalbedingungen genauer untersucht. Durch Unterbrechung der künstlichen Beatmung für den Moment der Aufnahme wurden Herztöne und EKG bei einer jeweils veränderten Herzfrequenz aufgenommen. Dabei ergab sich, daß die Lage des zweiten Herztons zur T-Zacke innerhalb aller in der Literatur vorliegenden Angaben, also etwa vom Ende der T-Zacke bis etwa 0,05 sec nach Ende der Nachschwankung, wechseln kann. Die festeren zeitlichen Beziehungen, die zwischen 1. Herzton und EKG gefunden wurden, lassen sich also hier nicht mit der gleichen Regelmäßigkeit aufweisen. Das steht in guter Übereinstimmung mit dem erwähnten Befund von S. GARTEN (1915), weil für den Moment des Semilunarklappenschlusses außer dem Druckablauf in der Herzkammer auch die Druckverhältnisse im peripheren Kreislauf in Abhängigkeit von dem Widerstand der Gefäße maßgebend sind. Veränderte Herzfrequenz sowohl wie Widerstandsänderungen im Kreislauf vermögen also die Lage des 2. Herztons und damit das Ende der mechanischen Systole zum EKG innerhalb eines ziemlich weiten Bereichs zu verändern. Der Versuch, aus der Dauer des Erregungsvorganges einen Einblick in den „Grad der kreislaufdynamischen Arbeitsökonomie des Herzens" zu gewinnen, ist deshalb kritisch zu betrachten. F. GROSSE-BROCKHOFF und A. STROTMANN haben (1936) wegen der klinischen Wichtigkeit dieser Fragen (Schlagvolumenbestimmung!) mit Hilfe des BROEMSERschen Glasplattenmanometers gleichzeitig EKG und Carotispuls (nahe der Abzweigung aus der Art. anonyma) registriert und ebenfalls bestätigt, daß das Intervall Q — Ende T nicht gleichbedeutend mit der Dauer der Systole ist. Auch bei Verlängerung oder Verkürzung der Systolendauer zeigt das Intervall Q — Ende T nur in einigen Fällen gleichsinniges Verhalten, wobei aber der Quotient Austreibungszeit/Q — Ende T sowie der Quotient Gesamtsystolendauer/Q — Ende T kein konstanter ist. In anderen Fällen bleibt der Abstand Q — Ende T bei Veränderung der Systolendauer gleich. Näher wird auf diese Verhältnisse noch bei der Besprechung der Messung der Dauer der einzelnen Phasen des Warmblüterherzens eingegangen werden (S. 369).

Auch andere Angaben der Literatur bestätigen das. Auf Grund gleichzeitiger Registrierung von EKG, Spitzenstoß und Herztönen gibt J. SANDS (1923) an, daß der zweite Herzton meist kurz nach dem Gipfel von T liege. Als Durchschnittszahlen der gefundenen Werte ergab sich für die Zeit von T-Gipfel bis zum zweiten Ton bei Ruhe +0,013 sec, nach Arbeit +0,02 sec. L. N. KATZ und S. F. WEINMAN fanden keine festen Beziehungen der T-Zacke zur Auswurfbeendigung des rechten und linken Ventrikels bei optischer Registrierung von Aorta und Pulmonalis. 1927 setzten die Autoren die Untersuchungen fort und prüften diese Beziehung unter verschiedenen experimentellen Bedingungen (Erhöhung des venösen Zustroms, des arteriellen Widerstandes, Herabsetzung der Herzfrequenz durch Vagusreizung, Änderung der Kohlensäurespannung, Adrenalin, Pulsus alternans). Keine dieser Änderungen der Kreislaufbedingungen ließ eine deutliche Beziehung zwischen T-Welle und Ende der Austreibungsperioden bzw. den Veränderungen des Asynchronismus zwischen Austreibung im rechten und linken Ventrikel in Erscheinung treten. Die zeitliche Beziehung der T-Welle zum Ende der Austreibungen war erheblichen Veränderungen unterworfen, sowohl von Tier zu Tier als auch bei demselben Tier, wenn die Kreislaufverhältnisse verändert wurden. Die als End-

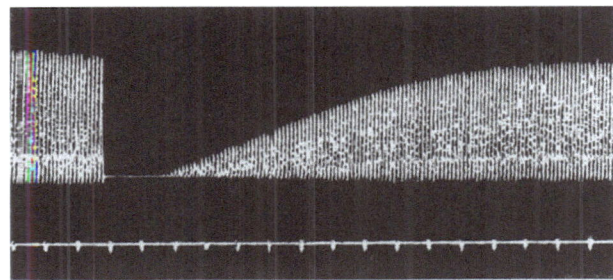

Abb. 128. Treppe. (Nach A. SZENT-GYÖRGYI)

punkt der Austreibung angenommene Incisur in der arteriellen Druckkurve bezeichnet zwar außerdem das Ende der Tätigkeit des Ventrikels als Ganzes, nicht aber unbedingt gleichzeitig auch das Ende jeder Tätigkeit in allen Fasern. —

Im Anschluß an diese Feststellungen sind einige besondere Verhältnisse der *Kontraktilität* zu berücksichtigen, die zunächst als Ausnahmen vom Alles- oder Nichts-Gesetz imponieren und deren Beziehungen zu den elektrischen Größen dabei zu besprechen sind. Wir beginnen mit dem oben schon angeschnittenen Problem der sog. *Treppe*, die erstmals BOWDITCH (1871) an der Froschherzspitze beschrieb. Er beobachtete, daß die erste Kontraktionsamplitude nach einer längeren Ruhepause niedriger war als die Amplituden der Kontraktionen, die vor der Pause registriert wurden. Die dem ersten Schlag nachfolgenden Kontraktionen nahmen allmählich wieder an Amplitude zu. Dieses Treppenphänomen tritt besonders nach längerem Stillstand des Herzens auf, bei Erstickung genügen aber auch schon kürzere Pausen. In diesen gerät das Herz also unter „Treppenbedingungen", jedenfalls befindet es sich nicht im optimalen Zustand. F. B. HOFMANN fand allgemein das Vorliegen dieser Treppenbedingungen, wenn das Reizintervall über das Optimum hinaus (s. S. 243) verlängert wurde. Unter diesen Bedingungen, die durch wiederholte Reizungen rückgängig gemacht werden können, werden die Kontraktionen niedriger und gedehnter und die Gipfelzeit ist verlängert. Es wurde schon auf S. 243 erwähnt, daß der Aktionsstrom diese Veränderungen nicht mitmacht, sondern sich genau so verändert wie bei einer Verlängerung des Reizintervalls bis zum Optimum.

Eine besondere, hierher gehörende Beobachtung machte DALE (1930) an Kaninchenventrikelstreifen: wurde ein Präparat mit einer hohen Frequenz (50/min) künstlich gereizt und dann die Schlagfrequenz plötzlich auf die Hälfte (25/min) herabgesetzt, dann ist die *erste* Kontraktionsamplitude bei halber Frequenz bedeutend größer als die letzte bei hoher Frequenz und auch höher als die nachfolgenden Amplituden bei halbierter Frequenz *(Umschalteffekt)*. Setzt man die Frequenz wieder von 25/min plötzlich auf 50/min herauf, so war die erste Amplitude bei hoher Frequenz niedriger als die Amplituden bei niederer Frequenz. Anschließend erreichten die nachfolgenden Amplituden über eine „Treppe" wieder ihre ursprüngliche Höhe. DALE (1932) hat diese Untersuchungen auch an Kaltblütern (Froschherzstreifen) durchgeführt. Bei diesen Versuchen konnte er die beim Warmblüter beobachteten Phänomene nicht beobachten, die Amplitude nahm bei Frequenzhalbierung sofort ab und bei Frequenzsteigerung über den Weg der Treppe sofort wieder zu.

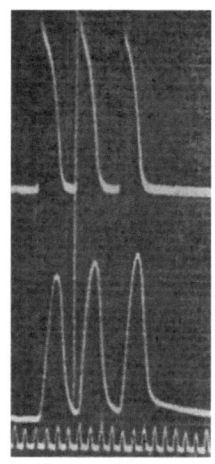

Abb. 129. Gruppenbildung mit treppenförmigem Ansteigen der Mechanogramme bei gleichbleibender Aktionsstromhöhe kurz vor dem Wärmestillstand. (Nach H. BERTHA und E. SCHÜTZ)

Derartige Treppenbildungen sind auch ohne künstliche Reizung nach dem reversiblen Wärmestillstand (Wärmelähmung) regelmäßig zu beobachten. Auch kurz vor dem Wärmestillstand kommt es häufig zu Gruppenbildungen mit treppenförmigem Ansteigen der Mechanogramme. BERTHA und SCHÜTZ beschrieben dieses Verhalten 1936 und zeigten, daß die dabei gleichzeitig registrierten monophasischen Aktionsströme unabhängig von der Kontraktionsgröße ihre Höhe beibehalten (s. Abb. 129). In neuerer Zeit (1952, 1953) haben sich SZENT-GYÖRGYI und HAJDU wieder mit dem Treppenphänomen beschäftigt. In Übereinstimmung mit dem eben aufgezeigten Befund fanden sie, daß die Treppe u. a. von der Temperatur abhängig ist. Bei 0° C findet sich keine Treppe. Bei Temperatursteigerung tritt eine langsame Rückkehr der Treppe ein, wobei eine um so höhere Frequenz angewandt werden muß, um die Treppe zu überwinden, je höher die Temperatur ist.

Wir werden noch etwas eingehender bei diesem Treppenphänomen verbleiben, weil es grundsätzliche Fragen der Kontraktilität aufwirft und zugleich durch neuere Untersuchungen die Koppelung zwischen elektrischen und mechanischen Vorgängen in den Vordergrund des Interesses gerückt wird. Man sollte eigentlich erwarten, daß ein langsam schlagendes Herz eine größere Spannung entwickelt als ein schneller schlagendes, da es mehr Zeit zur Erholung hat. Das Gegenteil ist jedoch der Fall. Die Spannung steigt mit zunehmender Frequenz an.

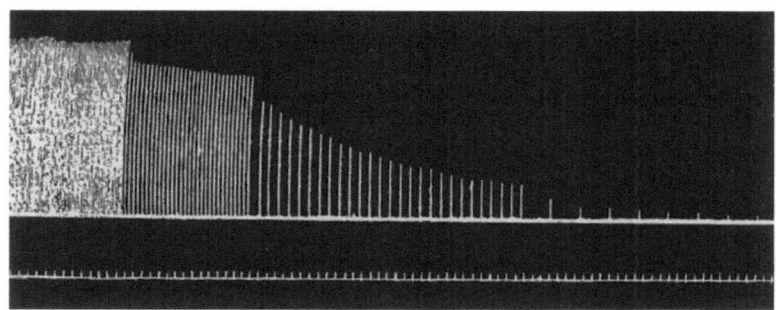

Abb. 130. Isometrische Kontraktionen des Froschherzens bei verschiedener Schlagfrequenz. (Nach SZENT-GYÖRGYI)

SZENT-GYÖRGYI hat das so interpretiert, daß offenbar jede Kontraktion einen Zustand hinterläßt, der die nächste begünstigt ("favorable state"). Dieser Zustand verschwindet mit der Zeit, so daß die nächste Kontraktion, wenn sie nach einem langen Intervall folgt, diesen „günstigen Zustand" verschlechtert vorfindet und deshalb nur eine geringe Spannung entwickelt. Diese ist damit abhängig von dem zur Abschwächung des „günstigen Zustandes" gebrauchten Zeitintervalls. Damit offenbart das Treppenphänomen die Beziehungen zwischen zwei grundlegenden biologischen Zuständen: der Ruhe und der Aktivität; mit anderen Worten wird bei der Treppe durch die Aktivität eine für die Aktivität günstige Bedingung geschaffen, welche sich bei der Inaktivität verschlechtert, und umgekehrt, daß Inaktivität und Ruhe für sich selbst ein günstiges intracelluläres Milieu schaffen und sich selbst dadurch stabilisieren, indem sie es der Aktivität erschweren, sich erneut zu entwickeln.

Bei dem Versuch, diesen favorable state zu erfassen, spielt offenbar das Kalium eine wesentliche Rolle. Untersuchungen von NIEDERHOFF (1925) ergaben bereits, daß Vermehrung von Kalium die Treppenbildung begünstigt. Nach SZENT-GYÖRGYI wird die Treppe durch Reduktion des Kaliums beseitigt. Von HAJDU (1953) wurden die Kaliumverluste des Froschherzens pro Schlag gemessen, und diese Verluste, die bei steigender Frequenz wachsen, zur Deutung des Treppenphänomens herangezogen. Die K^+-Verluste bestätigten WILDE und O'BRIEN (1953). In vitro-Experimente von SZENT-GYÖRGYI zeigten, daß es bei konstanter Temperatur die Ionen sind, die den Aktomyosin-ATP-Komplex beeinflussen, gegenüber Ionen ist Aktomyosin-ATP sogar außerordentlich empfindlich. So gibt die Treppe wahrscheinlich die augenblickliche intracelluläre Ionenatmosphäre wieder. Es wurde versucht, den „günstigen Zustand" dem Kaliumverlust zuzuschreiben. Der „ungünstige Zustand" wäre dann der Rückwanderung des Kaliums mit nachfolgender K-Gehaltvermehrung. Das Fehlen einer Treppe oder ihre Beseitigung würde dann bedeuten, daß kein Wechsel der Kaliumkonzentration eintritt. Die Auswanderung steht im Gleichgewicht mit der Rückwanderung. Die Beziehung zum Erregungsvorgang würde dann zu folgendem Bild führen: der polarisierte Membranzustand hält durch einen unbekannten Mechanismus Actin und Myosin voneinander getrennt (dissoziiert). Wenn eine Erregung über die Membran abläuft, fällt diese dissoziierende Wirkung fort. Actin und Myosin vereinigen sich zu Actomyosin, wodurch die Kontraktion ausgelöst wird. Das Ausmaß des gebildeten Actomyosins und damit der entwickelten Spannung hängt von der Ionenkonzentration ab. Eine Kaliumverminderung begünstigt die Bildung von Actomyosin und damit die Spannungsentwicklung, während eine Zunahme des Kaliums den entgegensetzten Effekt hat. Allerdings kann Actomyosin offenbar nicht zwischen Kalium und Natrium unterscheiden, und so fehlen noch Angaben darüber, inwieweit eine Natriumdiffusion Kaliumveränderungen kompensiert. Die Tatsache, daß Kaliumabnahme in der Durchspülungsflüssigkeit die Treppe beseitigt, gibt dieser Theorie starke Stützen, allerdings ändert eine Kaliumabnahme auch direkt die Membranpermeabilität. So fanden SZENT-GYÖRGYI und HAJDU auch, daß die Treppe durch Serum, Desoxycorticosteron und Digitalis auf Grund einer Membranbeeinflussung zum Verschwinden gebracht werden kann. MOULIN und WILBRANDT (1955) haben auf Grund der Versuche von SZENT-GYÖRGYI, daß die Treppe sowohl durch Digitalis als auch durch kaliumfreie Ringerlösung unterdrückt werden kann, und auf Grund der Aussage, daß sich Kalium und Natrium am Actomyosinsystem ähnlich verhalten, erwartet, daß durch eine Erhöhung der Calciumkonzentration die Treppe ähnlich unterdrückt oder vermindert würde. Sie fanden auch tatsächlich, daß durch Verdoppelung der Ca-Ionen-Konzentration die Treppe fast aufgehoben wird. — ROSIN und FARAH haben 1955 versucht, den „Umschalteffekt", der auch von TRAUTWEIN und DUDEL (1954) erneut am Katzenpapillarmuskel beschrieben wurde und für den die SZENT-GYÖRGYIsche Darstellung keine befriedigende Erklärung findet, auf andere Weise zu deuten: ROSIN und FARAH nehmen an, daß während der Reizung eine hypothetische Substanz ("potentiating substance" = P.S.) in der Zelle erzeugt wird, die die Stärke der nachfolgenden Kontraktion steigert. Die Produktion dieser P. S. soll um so größer sein, je höher die Frequenz ist (Erklärung der „Treppe"). Die Amplitudenabnahme bei sehr hoher Frequenz soll nach den Autoren durch das langsame Wanderungsvermögen der P. S. von ihrem Entstehungsort zu ihrem Wirkungsort erklärt werden. Da sich bei plötzlicher Frequenzverminderung bei gleichbleibender Wanderungsgeschwindigkeit die P.S. sich genügend P. S. angesammelt hat, werden die ersten Kontraktionsamplituden nach plötzlicher Frequenzverminderung weit über den Kontraktionsamplituden bei frequenter Reizung liegen. Die P. S. soll noch nach 4 min vorhanden sein, wobei die erste Amplitude nach Frequenzverminderung um so größer sein soll, je größer das Schlagintervall ist.

Zusammengefaßt spricht also alles dafür, daß mit der Frequenzsteigerung ein die Kontraktion begünstigender Faktor zunehmend wirksam wird, und wir können ihn mit SZENT-GYÖRGYI als den Effekt einer Ionenmilieuänderung in der Faser interpretieren. Eine Umkehr dieses Faktors bei höherer Frequenz, die zur Amplitudenverminderung führt, ist allerdings kaum denkbar, wie TRAUTWEIN mit Recht bemerkt. Man ist danach gezwungen anzunehmen, daß mit steigender Frequenz ein zweiter Faktor auf die Amplitude wirkt, der diese mit steigender Frequenz immer mehr drückt[1]. Diese Annahme zweier Faktoren wird besonders

---
[1] Historisch ist nicht uninteressant, daß sich schon ENGELMANN über die Abnahme der Kontraktilität des Herzmuskels Gedanken gemacht hat: „Es kann sich, wie ich glaube, hier nur um zweierlei handeln: entweder um eine Abnahme des der Erregung zugänglichen, zu mechanischer Kraftentwicklung geeigneten Energievorrates, etwa durch partielle, zeitweilige

notwendig, wenn man den Umschalteffekt deuten will. Die Überlegungen zeigen, daß eine unmittelbare und ursächliche Beziehung zwischen Depolarisation bzw. Aktionspotential und Mechanogramm nicht möglich erscheint. Das offene und immer mehr in den Vordergrund rückende Problem wird damit das des Koppelungsprozesses zwischen elektrischem und mechanischem Geschehen [O. STEN-KNUDSEN (1954); A. SZENT-GYÖRGYI (1953); Z. BAY, M. C. GOODALL und A. SZENT-GYÖRGYI (1953); A. SANDOW (1952); ST. W. KUFFLER (1946); A. FLECKENSTEIN (1950); A. BETHE (1952)]. Das gesamte Beobachtungsmaterial über die Rolle der Elektrolyte für das Zusammenspiel der biochemischen, mechanischen und elektrischen Prozesse haben F. LENZI und A. CANIGGIA (1953) in einer Monographie zusammengefaßt, auf die besonders verwiesen sei. In dieser „elektrolytischen Theorie" wird die selektive Verteilung der Ionen als die fundamentale Voraussetzung für die Muskelkontraktion dargelegt, wie die Auflagung und Entladung des Grenzflächensystems maßgeblich ist für das Ingangkommen und die Größe des contractilen Prozesses.

Mit den oben dargelegten Vorstellungen von A. SZENT-GYÖRGYI läßt sich auch eine Beziehung finden zu der sog. *übernormalen Phase*. Es wurde schon auf S. 93 dargelegt, daß ADRIAN 1921 unter besonderen Bedingungen (Säuerung) eine *übernormale Phase* der Erregbarkeit im Anschluß an die relative Refraktärphase fand, die dann auch von WASTL (1922) an manchen Herzen, besonders wenn sie sich schon längere Zeit im Versuch befanden, beobachtet worden ist. Nach JUNKMANN (1925) folgt auf diese Phase wieder eine solche mit etwas geringerer Erregbarkeit. In unserem hier vorliegenden Zusammenhang ist es beachtenswert, daß nach ADRIANs Feststellungen neben Erregbarkeit und Leitfähigkeit auch die kontraktile Kraft größer ist als im Ruhezustand, d. h. ehe die normalen Ruhebedingungen wieder erreicht werden. Die größere Konstanz des elektrischen Geschehens zeigt sich auch hier in den daraufhin angestellten Doppelreizversuchen: wenn die zweite Kontraktion größer als die erste ist, ist die monophasische Aktionsstromhöhe dabei konstant (s. S. 93). Auch im diphasischen EKG selbst findet sich keine übernormale Erhebung der Potentialveränderung (bei p_H 6,5; a. Abb. 43, S. 93), während die Kontraktionsgröße beispielsweise 113 % der ersten des Doppelreizes beträgt.

Ein Sonderfall der relativen Refraktärphase, in dem ebenfalls ein nicht entsprechendes Verhalten zwischen den Veränderungen von Aktionsstrom und Mechanogramm vorliegt (vgl. S. 241), ist offenbar der Fall der *Superposition der Extrasystole*, eine Erscheinung, die zuerst von ROY (1878/79), RINGER und SAINSBURY (1884) beschrieben und in der Folge von WALTHER (1899), ROHDE (1906), O. FRANK (1899) und DREYER (1906), KLUG (1903), E. FREY (1920), K. JUNKMANN (1925) beobachtet wurde. Die meisten dieser Autoren haben die Superposition der Extrasystole mit einer Verkürzung der refraktären Phase in Zusammenhang gebracht. E. MANGOLD und KAN-ICHI SHIMIZU (1926) haben die Bedingungen für das Auftreten solcher Superpositionen untersucht, wobei einzubeziehen ist, daß die Gipfelgleichheit der Extrasystole mit der Hauptsystole nur den Übergang bildet zu der Überhöhung (Superposition) der Extrasystole über die ihr vorangehende Hauptsystole. Dieses Phänomen ist ein Ausdruck der Schädigung des Herzens, die sich mit zunehmendem Grad der Schädigung in einer typischen Reihenfolge bemerkbar macht: Abnahme der systolischen

---

oder völlige Entziehung von Stoffen, die für das Zustandekommen der Kontraktion nötig sind, oder um eine mechanische Verhinderung der Verkürzung, etwa durch eine aktive Streckung oder durch Steigerung der inneren Reibung, z. B. durch Gerinnung oder Fällung vorher gelöster Substanzen zwischen den kontraktilen Teilchen." Namentlich die zuletzt geäußerte Ansicht, daß die Abnahme der Kontraktilität durch eine Vermehrung innerer Reibungswiderstände bedingt sein könnte, kann natürlich z. B. bei der Wärmelähmung in Betracht kommen. Damit erscheint die Möglichkeit gegeben, daß ein Teil der mechanischen Leistung des Herzmuskels zur Überwindung solcher innerer Reibungswiderstände verbraucht wird, so daß dadurch eine Abnahme der nach außen wirksamen Kraft des Herzens erfolgt. Auch bei der treppenartigen Zunahme der Herzkontraktionen nach der Wärmelähmung könnte danach eine solche fortschreitende Beseitigung der inneren Widerstände vorliegen.

Gipfelhöhe, Verringerung der Schlagfrequenz, Superposition der Extrasystolen, Versagen der Kompensation zur Wiederherstellung der Reizperiodik, Nachextrasystolen, Periodenbildung und Irregularität. Es handelt sich also nach der allgemeinen Auffassung um Besonderheiten des hypodynamen Herzens. Unter starker Erwärmung kommt es sogar zu spontanen Superpositionen im Mechanogramm des Herzens (Schütz). Ihr Auftreten ist bedingt durch das Vorliegen abgeschwächter Kontraktionen des Herzens, einer stark verkürzten Refraktärphase und das Auftreten spontaner Extrareize. Häufiger lassen sich solche Superpositionen durch einen Einzelreiz erzielen. Die Tatsache der Superposition der Extrasystole wurde von E. Mangold und Kan-Ichi-Shimizu in der Weise gedeutet, daß das Herz auf Grund seines geschädigten Zustandes spontan nur noch partielle Systolen ausführt, auf denen sich bei Extrareizen die Kontraktion der vorher unbeteiligten Herzmuskelelemente superponieren kann. Die Superposition der Extrasystole wäre danach kein echtes Summationsphänomen. Auch Mangold und Monobe haben die Ansicht vertreten, daß das Herz bei der Superposition der Extrasystole infolge verminderter Anspruchsfähigkeit der Herzmuskelelemente spontan nur noch partielle Systolen ausführt, auf denen sich bei Extrareizen die Kontraktion der vorher unbeteiligten Herzmuskelelemente superponieren kann. K. Mononobe (1928) untersuchte deshalb weiter am Mechanogramm die Frage, ob, wie die meisten Untersucher das vorher annahmen, die Superposition der Extrasystole mit einer Verkürzung der Refraktärphase einhergeht. Die Autoren kamen zu dem Ergebnis, daß sich zwischen dem Auftreten der Superposition und der (absoluten oder relativen) Dauer der refraktären Phase keine sicheren Beziehungen erkennen lassen. Meist ist die Superposition von Verlängerungen der refraktären Phase und ihr Verschwinden von Verkürzung derselben begleitet. Jedenfalls werde die Superposition entgegen der bisherigen Annahme nicht durch eine Verkürzung der refraktären Phase bedingt. Untersuchungen darüber mit gleichzeitiger Aufschrift des einphasischen Aktionsstroms, die von Schütz und Unger am hypodynamen Herzen durchgeführt wurden, stehen mit diesen auf indirektem Weg am Mechanogramm erhobenen Befund allerdings nicht in Übereinstimmung. Nach den an anderer Stelle gemachten Ausführungen ist zu erwarten, wie das auch tatsächlich der Fall ist, daß unter den Bedingungen der Schädigung der einphasische Aktionsstrom an Dauer und Höhe vermindert ist. Das trifft tatsächlich auch bei allen bisher von uns untersuchten Fällen zu, in denen eine Superposition der Extrasystole im Mechanogramm festgestellt wurde. Auch bei den selteneren Fällen der spontanen Superposition der Extrasystole ergaben sich bei gleichzeitiger saitengalvanometrischer Registrierung stets *zwei* an Dauer und Höhe verminderte einphasische Aktionsströme *neben*einander. Daraus folgt nach den oben dargelegten Untersuchungen über die Refraktärphase, daß, wie offenbar allgemein unter Schädigungsbedingungen, die absolute Refraktärphase entsprechend der Verkürzung des einphasischen Aktionsstroms zunächst verkürzt und die relative Refraktärphase und damit die Gesamtdauer der Refraktärphase (dem Schwellenreiz gegenüber) verlängert ist. Elektrisch liegen jedenfalls bei dem Fall der Superposition der Extrasystole zwei getrennte, zeitlich aufeinanderfolgende Aktionen vor, und zwar auch bei lokaler Ableitung (Schütz). Dieser Befund spricht allerdings nicht gerade für die Deutung als partielle Asystolie. Daß man zur Erklärung auch an die Möglichkeit der übernormalen Phase gedacht hat, sei noch erwähnt. Es liegt jedenfalls auch hier ein besonderer Fall des wahrscheinlich hypodynamen Herzens vor, bei dem sich die viel größere Konstanz in der Erscheinungsform des elektrischen Geschehens auch hier wieder bestätigt.

Eng mit diesen Feststellungen hängt die Frage des *Herztetanus* zusammen. Der normale Herzmuskel kann bekanntlich nicht wie der Skeletmuskel tetanisiert werden. Der Grund liegt offensichtlich in der viel längeren Refraktärphase des Herzmuskels. Damit ergibt sich bereits, daß ein Herztetanus erst dann möglich ist, wenn es zu einer starken Verkürzung der Refraktärphase gekommen ist. Das hat wieder zur Voraussetzung, daß die Kontraktionen suboptimal sind. Bei Erwärmung (ARISTOW, 1879), bei Vagusreizung (FRANK, 1899), bei Muscarinvergiftung (WALTHER, 1900), unter Chloral (ROHDE, 1905, SCHULZ und BORNSTEIN) und Chlorcalcium (BURRIDGE) ist das beobachtet worden. Alle diese Beobachtungen beziehen sich auf das Wirbeltierherz. Da bei den Herzen der Wirbellosen keine absolute Refraktärphase vorliegt, ist bei diesen durch genügend starke Reize auch ein Tetanus erzielbar [Krebsherz (MANGOLD), Aplysia (STRAUB), Mollusken, Arthropoden und Tunicaten (CARLSON)][1]. Mit einem echten Tetanus dürfen übrigens nicht die Dauerkontrakturen verwechselt werden, die durch verschiedene Gifte (Alkohol, Ammoniak, Chlorbarium, Sapotoxin u. a.) erhalten werden können und die sich auch elektrophysiologisch anders verhalten, sie sind nicht von rhythmischen Aktionsströmen begleitet.

Von besonderem Interesse ist sowohl unter dem Gesichtspunkt der elektrischmechanischen Beziehungen wie auch allgemeinphysiologisch das Problem des *Herzalternans* [TRAUBE (1872)], über das B. KISCH 1932 eine ausführliche Monographie veröffentlichte. Es handelt sich bei einem Herzalternans um einen „regelmäßigen Wechsel des bioenergetischen Geschehens im Herzen bei je zwei aufeinanderfolgenden Herzkontraktionen, der nicht durch den regelmäßigen Wechsel des zeitlichen Abstandes der einzelnen Kontraktionen bedingt ist" (KISCH). Der Fall der alternierenden Extrasystolie (Bigeminus) mit alternierender Vorzeitigkeit des zweiten Schlages scheidet also dabei aus. Auch beim echten Alternans ergibt sich, daß er sich selbst dann, wenn er mechanographisch gut feststellbar ist, im EKG gelegentlich überhaupt nicht äußert. Wenn das der Fall ist, kann sich das Alternieren auf Größe, Form, Richtung und Dauer der Zacken beziehen. Jedenfalls schließt das Fehlen des Alternans im EKG einen Herzalternans nicht aus, und das Ausmaß des Alternierens läßt keinen bindenden Rückschluß auf die Hochgradigkeit des Alternans in allen Fällen zu. Auch monophasisch sind die Aktionsströme beim Herzalternans abgeleitet worden; das Alternieren zeigt sich hier in wechselnder Höhe, Form oder Dauer [SEEMANN und VICTOROFF (1911)] am veratrinvergifteten Froschherzen, z. T. monophasisch bei MINES (1912, 1913); SAMOJLOFF (1910). Formen von Alternans bei einphasischer Aufzeichnung des Elektrogramms vom Warmblüterherzen sind von SCHÜTZ (1934) veröffentlicht. Von KISCH wird es abgelehnt, einen elektrischen Alternans als ein besonderes Phänomen dem mechanischen gegenüber abzugrenzen [CHINI (1927—1935; CONDORELLI (1929—1932)]. Elektrischer, mechanischer, akustischer usw. Alternans sind danach nur Symptome bzw. Nachweismethoden eines veränderten Geschehens im Herzen. Jedenfalls stehen elektrisches und mechanisches Alternieren *nicht* in Proportionalität. Deshalb bestehen eigentlich aber auch keine Bedenken, einen nur mechanischen oder einen nur elektrischen Alternans anzunehmen.

Zur Deutung des Herzalternans warf ENGELMANN (1896) die Frage auf, ob sich die ganze Muskelwand an der jeweils schwächeren Kontraktion beteiligt, während GASKELL (1882) die These vertrat, daß eine alternierende partielle Asystolie vorliegt, wobei die im Halbrhythmus tätige Muskelmasse nach MINES sehr wohl gleichmäßig im Herzen verteilt sein könnte. Dazu ist zu sagen, daß

---

[1] Bei gewissen Wirbellosen kommt die Kontraktion des Herzens durch tetanische Aktivität der Muskelfasern zustande (Literatur bei DUBUISSON, 1933; KRIJGSMAN, 1952). Wiederholt ist die These aufgestellt worden, daß auch bei Wirbeltieren das Plateau des monophasischen Aktionspotentials durch asynchrone, tetanische Aktivität der Einzelfasern zustande komme (BOZLER, 1941; SPADOLINI und SPADOLINI, 1951). Die Ableitungen mit intrazellulären Elektroden haben die bereits von MARCHAND (1877) geäußerte Ansicht bestätigt, wonach das Membranpotential an der Einzelfaser annähernd gleich verläuft wie am Gesamtherzen.

das Vorkommen einer partiellen alternierenden Asystolie beim Froschherzen und am Vorhof des Säugetierherzens als erwiesen gelten kann. Tatsächlich läßt sich in bestimmten Fällen (Sinuserwärmung, Digitalis, Veratrin) beobachten, daß bei der kleineren Systole sich ein Herzteil, meist die Herzspitze, ballonartig vorwölbt und sich nicht mitkontrahiert. Am Warmblüter erhält man einen Alternans unter schlechten Ernährungsbedingungen [künstliche Durchströmung, Abkühlung, lange Versuchsdauer, nach Coronararterienligatur und durch eine Reihe von Muskelgiften (Digitalis, Antiarin, Veratrin, Aconitin, Chloroform und besonders Glyoxylsäure)]. HERING hat sich sehr bemüht, partielle Asystolien am Warmblüter nachzuweisen, jedoch ist das zuverlässig nicht gelungen.

Die Annahme partieller Asystolien wurde, wie oben erwähnt, ja auch bei der Superposition der Extrasystole vertreten; auch bei den Treppenerscheinungen sah v. SKRAMLIK, daß die Zahl der sich kontrahierenden Muskelfasern allmählich zunahm. Es handelt sich um ein gern und oft herangezogenes, aber selten wirklich bewiesenes Erklärungsprinzip, das besonders bei allen Ausnahmen vom Alles- oder Nichts-Gesetz herangezogen wurde. Größere Hubhöhen bei größerer Reizstärke fand man besonders am mit Alkohol narkotisierten, am absterbenden und am chloralhydratvergifteten Herzen (RÖSSLER, ROHDE). E. KOCH erklärte das auch einfach damit, daß durch einen stärkeren Reiz mehr Fasern unmittelbar gereizt werden als durch einen schwächeren. Bei normal hoher Fortleitungsgeschwindigkeit der Erregung ändert das die Kontraktionshöhe nicht, bei stark verlangsamter Leitung bedingen aber die Unterschiede von Latenz und Anstiegsdauer, daß der stärkere Reiz auch eine größere Hubhöhe zur Folge hat. Vielleicht liegen die Dinge aber auch so, daß in der aufsteigenden Tierreihe eine Differenzierung zum Alles- oder Nichts-Gesetz stattfindet, die ganz allgemein bei Schädigung wieder verlorengeht.

E. SCHÜTZ und F. BUCHTHAL (1929, 1934) konnten monophasische Aktionsstromkurven vorlegen, die beweisend erscheinen für das Vorkommen einer *totalen*, alternierend verschieden starken Tätigkeit des Herzens bei manchen Alternansfällen.

Diese Beobachtungen ergaben sich zwangslos aus den früher dargestellten Refraktärphasenuntersuchungen: Trifft der nächste vom Sinus kommende Reiz die Kammer noch vor Ablauf ihres relativen Refraktärstadiums, so wird hier eine abgeschwächte Erregung hervorgerufen, die — als monophasischer Aktionsstrom dargestellt — an Höhe und Dauer vermindert ist. Dadurch vergrößert sich der zeitliche Abstand zum nächsten, rechtzeitig eintreffenden physiologischen Reiz, so daß er also das Herz in einem weiter vorgeschrittenen Erholungszustand antrifft. Aus diesen Verhältnissen heraus kann sich das Bild eines Herzalternans im elektrischen und mechanischen Geschehen entwickeln (s. Abb. 44, S. 95). Diese Form des Alternans kann ungezwungen *ohne* die Annahme einer partiellen Asystolie der Herzkammer erklärt werden. Die Untersuchungen über das Verhalten der absoluten und relativen Refraktärphase bei Temperaturerniedrigung von SCHÜTZ (1928) und DAMBLÉ (1932) ergeben, daß dabei besonders leicht die Bedingungen eines solchen Herzalternans erzeugbar sein müssen. Tatsächlich gelingt es auch am leichtesten, ihn am abgekühlten Herzen mit gleichzeitiger leichter Sinuserwärmung hervorzurufen. Die abgeschwächte Erregung (während der Zeit der sich wiederherstellenden Erregungsgröße) ist auch hier von einer abgeschwächten Kontraktion begleitet. In seiner Monographie über den Herzalternans wies B. KISCH (1932) nachdrücklich darauf hin, daß das auch seines Erachtens beweisend ist für das Vorkommen einer totalen, alternierend verschieden starken Systolie bei manchen Alternansfällen, eine Anschauung, die meist nicht genügend gegenüber der Erklärung des Alternans durch partielle A- bzw. Hyposystolie in Betracht gezogen worden ist. Wenn man die besonders gedehnten Verlauf der Kurve der sich wiederherstellenden Erregbarkeit und Erregungsgröße unter Kälte berücksichtigt, so wird ohne weiteres ersichtlich, daß sich diese Form des Alternans zwanglos aus den Verhältnissen der Refraktärphase des Herzens und ihren Beziehungen zum Aktionsstrombild erklären läßt. Auch KISCH bezieht sich in seiner Darstellung des Herzalternans eingehend auf den oben erwähnten Befund und sieht in dieser Kurve des monophasischen Aktionsstroms beim Herzalternans „ein ganz überzeugendes Bild graphischer Art" für die dem Herzalternans zugrunde liegenden Erholungsbedingungen.

Es muß aber besonders betont werden, daß sowohl am unterkühlten Warmblüter als besonders auch in vielen Fällen von Säure- und Laugevergiftungen Alternantes im einphasischen Aktionsstrombild am Säugetierherzen beobachten werden (SCHÜTZ), die nicht mehr nur aus den normalen, bekannten

Verhältnissen der Refraktärphase unmittelbar gedeutet werden können, ja, es gibt sogar Alternansformen, bei denen nach dem längeren Schlagintervall der kleinere Aktionsstrom auftritt. Fälle von Herzalternans bei gleichen Erholungsabständen lassen sich oft beobachten, oft tritt ein Alternieren nur der Form des einphasischen Elektrogramms bei gleichbleibender Höhe und Dauer ein und manchmal ergibt sich auch, daß der nach kürzerem Erholungsabstand eintretende Aktionsstrom statt der zu erwartenden Verminderung der Höhe und Dauer größer und länger ausfällt. Es sei an dieser Stelle deshalb hervorgehoben, daß die Verhältnisse am Froschherzen (bei einphasischer Aktionsstromaufzeichnung unter Berücksichtigung der Beziehungen zur Wiederherstellung der Erregbarkeit und Erregungsgröße) unmittelbar eine anschauliche Vorstellung und Deutung für die Entstehung eines *Teiles* der Alternansfälle geben und damit zugleich das Vorkommen einer *totalen*, verschieden starken alternierenden Systolie beweisen, daß aber andererseits das Problem des Herzalternans namentlich am Säugetierherzen in bezug auf die auslösenden Bedingungen damit durchaus noch nicht völlig geklärt ist. Jedenfalls reichen die normalen, bekannten Verhältnisse zwischen Aktionsstrom und Refraktärphase allein nicht immer zu einer unmittelbaren, aus dem Aktionsstrombild sich ergebenden Erklärung für das Auftreten eines Herzalternans aus. Gleichzeitig sei bemerkt, daß die einphasische Aufzeichnung des elektrischen Herzgeschehens viel häufiger einen Herzalternans zutage treten läßt als das in üblicher Weise aufgenommene EKG und daß diese Ableitungsmethode einen anschaulicheren Überblick über das Ausmaß des Alternierens im elektrischen Geschehen des Herzens vermittelt.

Daß es schließlich neben diesem Alternans, der auch am isolierten Herzen und an Herzmuskelstückchen erhalten werden kann, noch einen hämodynamischen Alternans gibt (wechselnde Größe des Schlagvolumens bei Änderungen der Füllung und des Entleerungswiderstandes des Herzens), hat besonders WENCKEBACH in Hinsicht auf klinische Fälle betont; auf einen entsprechenden Alternans durch Verlängerung der Austreibungszeit und damit folgender geringerer Nachfüllung beim zweiten Schlag wies auch C. J. WIGGERS (1927) hin.

Der Vergleich der elektrischen und der mechanischen Tätigkeitsäußerungen des Herzens hat außer Größe und Dauer schließlich noch einen letzten Punkt zu berücksichtigen, nämlich das zeitliche *Verhalten des Beginns beider Erscheinungen*. Gerade in dieser Hinsicht sind die in der Literatur vorliegenden Ergebnisse und Meinungen außerordentlich wenig übereinstimmend, so daß eine allseits befriedigende Antwort z. Z. noch nicht gegeben werden kann. Natürlich kommen hier zunächst einmal dieselben Gesichtspunkte zur Diskussion, die EINTHOVEN und seine Mitarbeiter bei der Frage des „Scheinbeweises des stillstehenden Herzens" angezogen haben (s. S. 237). Sicher hat bei den vielen älteren Angaben der Literatur die „Latenz der Methodik" eine große Rolle gespielt. Dem entspricht auch, daß mit Verbesserung der mechanischen Registriervorrichtungen die Zeitangaben für die mechanische Latenz immer kürzer werden. Einen extremen Standpunkt nahmen in dieser Frage EINTHOVEN und seine Schüler an. Eine sehr eingehende Übersicht über die Literatur der Latenzzeit des Skeletmuskels findet sich in der Arbeit von J. ROOS (1931), der diese Zeit zwischen Reiz- und Mechanogrammbeginn kleiner als 0,4 msec fand — von SCHAEFER als ein warnendes Beispiel für Fehlmessungen bezeichnet — und der daraus in Fortsetzung der EINTHOVENschen Ansichten herleitete, daß Mechanogramm und Elektrogramm gleichzeitig beginnen. Zur Kritik aller mechanischen Latenzbestimmungen betonte EINTHOVEN, wie oben bereits ausgeführt wurde, daß die Empfindlichkeit einer mechanischen und einer elektrischen Registrierung so sehr verschieden ist. Eine Kraft braucht eine gewisse Zeit, um eine Masse in Bewegung zu setzen; dabei ist die Zeit um so größer, je kleiner die Kraft oder je größer die Masse ist. Bei der mechanischen Registrierung liegen nun immer relativ große zu bewegende Massen vor, eben

Herzmuskulatur und Hebesystem, während beim Aktionsstrom nur die kleine zu bewegende Masse der Saite in Frage kommt. Letztlich schließt also jede mechanische Registrierung einer beginnenden Bewegung eine unvermeidliche Verspätung in sich. ,,Die Latenzzeit ist abhängig von einem Registrierungsfehler, und je feiner und exakter die Muskelbewegungen registriert werden können, je kürzer ist die Zeit, die zwischen dem Auftreten von Aktionsstrom und Kontraktion in den Kurven vergeht." — ,,Aller Wahrscheinlichkeit nach besteht also keine Latenzzeit." Besonders DE JONGH (1923, 1925, 1926) hat mit Hilfe einer besonderen Mikrophonanordnung und des Saitenschreibers die Verhältnisse untersucht und ,,glaubt aus den Versuchen schließen zu dürfen, daß die elektrischen und mechanischen Erscheinungen, die bei jeder Herzkontraktion auftreten, gleichzeitig anfangen, oder daß die Zeitdifferenz zwischen diesen beiden Erscheinungen höchstens einige Tausendstel einer Sekunde beträgt". Das soll für das Froschherz ebenso wie für das Säugetierherz gelten. Daß andere Untersucher wie FREY und WEITZ; WIGGERS und BANUS; GARTEN und GARTEN und WEBER; SCHMITZ und SCHAEFER, die alle einige 10 msec als Latenz angeben, immer ein Frühererscheinen des EKG vor der mechanischen Aktion fanden, sei eben der unvollkommenen Art der Registrierung zuzuschreiben. Es kommt noch hinzu, wie besonders EINTHOVEN untersucht hat, daß das Kammer-EKG in Abhängigkeit von der Ableitungsart zu verschiedenen Zeiten beginnen kann. DE JONGH (1926) gelang es dadurch sogar, den Beginn des Mechanogramms vor dem Elektrogramm zur Registrierung zu bringen. Auch DUCHOSAL und Mitarbeiter fanden, daß das Mechanogramm sogar dem Aktionsstrom vorausgehen kann. Zur Erklärung derartiger Befunde ist es grundsätzlich wichtig, daß man prüft, ob Aktionsstrom und Mechanogramm vom *gleichen* Ort abgeleitet werden. Wenn die Leitungslatenz größer ist als die wahre mechanische Latenz, ist die oben erwähnte Möglichkeit natürlich gegeben. Mit der Forderung des gleichen Ableitungsortes von Aktionsstrom und Mechanogramm entfallen natürlich in dieser grundsätzlichen Kritik auch alle Messungen des Kontraktionsbeginns des ganzen Herzens, des Druckanstiegs im Ventrikel und des Zeitbeginns des I. Herztons[1]. Eine weitere Schwierigkeit beim Herzmuskel liegt auch darin — was KAHN und LEWIS betonten —, daß Muskelkontraktionen in tieferen Schichten des Herzmuskels zuerst stattfinden können, die durch die Registriervorrichtung nicht erfaßt werden. Dann betonte DE JONGH vor allem noch, daß der Muskelfasern eine genügende Spannung bei der Registrierung gegeben werden müsse, damit die Zusammenziehung einiger Fasern in der schlaffen Muskelmasse (besonders in tieferen Schichten) nicht der Beobachtung verlorenginge. Man erkennt, wie schwierig die Frage der ,,wahren" Latenz von Aktionsstrom und Mechanogramm — grundsätzlich gesehen — ist!

Es sei an dieser Stelle darauf verzichtet, die Angaben der Literatur im einzelnen hier nochmals wiederzugeben, da man sie bei DE JONGH (1923, 1926), A. TSCHERMAK (1930) und E. SCHÜTZ (1933) an leicht zugänglicher Stelle zusammengestellt findet. Die Frage der elektromechanischen Latenz hat dann natürlich eine grundsätzliche Bedeutung, wenn man den Aktionsstrom als Begleitvorgang der Kontraktion erweisen will; sobald man aber im Aktionsstrom den Ausdruck des (Membran-)Erregungsvorganges erblickt, der den mechanischen

---

[1] Die Zeit von Beginn der Q-Zacke bis zum Beginn des intraventrikulären Druckanstiegs benennt man deshalb am besten gesondert als elektropressorische Latenz (SCHÜTZ). Wie bei der Besprechung der Umformungs- und Anspannungszeit noch näher behandelt wird (S. 326), wird sie bei der Messung von Beginn Q ab in der Tat mitgerechnet. Für klinische Zwecke mag das aus meßtechnischen Gründen zweckmäßig sein, man muß sich nur darüber klar sein, daß man mehr mißt! — Betreffende Unterschiede zwischen linkem und rechtem Ventrikel s. S. 147.

Vorgang der Kontraktion auslöst, ist die Frage nach der Größenordnung nicht mehr ganz so dringlich.

Wegen der Bewertung der Registriermethodik hielten EINTHOVEN und BATTAERD (1913, 1928) die gleichzeitige Registrierung von Elektrogramm und Herztönen für die geeignetste Methode, um Zeitmessungen dieser Art vorzunehmen, und fanden, daß zwischen Elektro- und Phonogramm gar keine Zeitdifferenz oder höchstens einige Tausendstel Sekunden liegen können. Daß auch mit der Methode der Registrierung der Herztöne — abgesehen von dem oben gemachten Einwand — aus physiologischen und physikalisch-akustischen Gründen eine Entscheidung nicht getroffen werden kann, wurde vom Verfasser an anderer Stelle (Erg. Physiol. **35**) auseinandergesetzt (s. S. 325 und 326).

Demgegenüber muß andererseits erwähnt werden, daß in den Versuchen von GARTEN und GARTEN und WEBER (1916) bei der Registrierung mit einem Manometer ausreichender Schwingungszahl der Beginn des Druckanstiegs im Ventrikel jedenfalls um 17—27 msec später beginnt als das EKG (am Vorhof 13—21 msec), ebenso wie auch das deutliche Einsetzen des ersten Herztons kurz vor die Spitze der R-Zacke fällt (SCHÜTZ) (S. 325). Auch die Ionogrammbefunde von W. SCHMITZ und H. SCHAEFER stehen damit in Übereinstimmung. Wie schon WEITZ betonte, hat das Kardiogramm eine mechanisch bedingte Latenzzeit gegenüber dem EKG, die auch bei einer trägheitslosen Registrierung nicht wesentlich kleiner wurde. Bei Aufnahmen mit dem FRANKschen Apparat sei sie nicht mehr durch die Apparatur verursacht, sondern durch die Trägheit von Herz und Brustwand bedingt. W. FREY untersuchte 1924 anhand der Spitzenstoßregistrierung das Kardiogramm mittels FRANKscher Kapsel und findet Latenzzeiten beim Menschen (in Übereinstimmung mit EINTHOVEN und DE LINT) von 30 msec und bezieht die Veränderungen der mechanischen Latenzzeit (Adrenalin, Calcium, Strophanthin, Sympathicus verkürzen; Chinin, KCl, Erstickung, Chloroform verlängern) nicht auf die Apparatur, auch nicht auf Änderungen der Herzfüllung oder des intrakardialen Druckes oder der Frequenz, sondern „auf bestimmte Alterationen des Kontraktionsvorganges selbst".

In Fortführung der GARTENschen Arbeiten untersuchte C. J. WIGGERS (1925) die Entwicklung der Negativität an verschiedenen Stellen der Herzoberfläche in Beziehung zu den Druckänderungen in den beiden Herzkammern, nachdem KATZ (1925) gezeigt hatte, daß beide Ventrikel ihre Kontraktion nicht genau gleichzeitig beginnen. WIGGERS neigt zu der Annahme, daß der Druckanstieg schon mit der Kontraktion der Papillarmuskeln beginne, also das erste Zeichen des Einsetzens der mechanischen Muskelaktion darstellt. Ohne auf Einzelheiten der — natürlich wichtigen — Zahlenangaben von WIGGERS für die einzelnen Stellen der Herzoberfläche an dieser Stelle einzugehen, da es sich hier um die grundsätzliche Frage handelt, sei nur das Endergebnis des Autors hervorgehoben, daß der Aktionsstrom des Herzens nicht die Kontraktion als solche begleite, sondern als Bestandteil des Erregungsprozesses ihr vorangehe. Auch in einer weiteren Mitteilung (1926), in der die Verhältnisse gleichzeitig unter p_H-Änderungen untersucht werden, kommen C. J. WIGGERS und M. G. BANUS zur Bestätigung dieses Schlusses. Messungen mit STATHAM-Elementen an thorakotomierten Patienten (BRAUNWALD und Mitarbeiter, 1955) ergaben als Intervall zwischen P-Beginn (Abl. II) und Einsetzen des Vorhofdruckes sogar durchschnittlich 68 msec und entsprechend an der Kammer 94 msec (Weitere Angaben S. 325).

Bei der Untersuchung des Ablaufs der Kontraktionswelle im Herzvorhof des Hundes fanden TH. LEWIS, H. S. FEIL und W. D. STROUD (1920), daß Erregungswelle und Kontraktionswelle denselben Weg mit der gleichen Geschwindigkeit laufen, daß aber die Erregungswelle (bei einem in einer Frequenz von 90 bis 150 schlagenden Hundeherzen) um etwa 0,02 sec vorangeht. Die Vorhofsystole beginnt etwa 0,01 sec nach dem Anstieg der P-Zacke.

Ähnlich liegen die Verhältnisse auch am Skeletmuskel, wenn man die Ergebnisse von Roos (1931) (s. oben) vergleicht mit den Ergebnissen von KLEINKNECHT (1924) am unterkühlten Organ, bei dem er fand, daß der Beginn des mechanischen Effektes stärker verzögert wird als der des elektrischen (das Dreifache, auch am Herzen!). Diese mit der Abkühlung beträchtlich wachsende mechanische Latenz spricht allerdings sehr für eine biologische Genese derselben! In diesem Zusammenhang sei auch auf eine Arbeit von E. ERNST und J. KOCZKÁS (1935) hingewiesen, die als Grundlage ihrer Versuche von der Tatsache ausgehen, daß das zeitliche Auseinandergehen der Vorgänge und die große Veränderlichkeit der Zuckungslatenz nicht bezweifelt werden kann. Wenn die Zeitdifferenz zwischen dem Beginn des Aktionsstroms und dem der Zuckung gegenüber dem Normalzustand vervielfacht ist (DURIG am wasserarmen, KLEINKNECHT am abgekühlten Muskel), so schließen die Autoren in Übereinstimmung mit KLEINKNECHT daraus, daß sich also in verschiedenen Zuständen bei derselben Methodik verschiedene Latenzwerte ergeben, daß durch ein und dieselbe Einwirkung mithin Aktionsstrom und Kontraktion verschieden verändert werden und daß damit die Verschiedenheit beider Vorgänge klargestellt ist. Sie sind darum ebenfalls der Ansicht, daß der Aktionsstrom den primären Erregungsvorgang des Muskels ausdrückt, während die Kontraktion erst durch einen durch die Erregung hervorgerufenen sekundären Vorgang bedingt wird. Schließlich ergaben Messungen von lokalen Verkürzungen und lokalem Aktionsstrom (s. oben!) am Schildkrötenherzen den Beginn der Zuckung auf dem Gipfel von R! (GOLDBERG und EYSTER). BERITOFF (1925), der in Fortsetzung von Versuchen von E. TH. v. BRÜCKE fand, daß auch am Muskel die Größe des Aktionsstromes der der Zuckung nicht parallelgeht, präzisierte die Frage wohl am schärfsten in dem Satz: „Der elektrische Effekt ist nicht von der Bildung derjenigen Spaltungsprodukte, die die Kontraktion erzeugen, abhängig." Wie groß bei dieser Betrachtungsweise die rein zeitliche Differenz zwischen beiden Vorgängen ist, ist ohne eine nähere Kenntnis dessen, was zwischen Erregung und Kontraktionsbeginn im einzelnen vor sich geht, nicht von so wesentlichem Interesse, da bei jeder mechanischen Kurve, die vom Herzen als Ganzem oder einem größeren Herzteil gewonnen wird, von vornherein die Einwände EINTHOVENs gemacht werden können, besonders wenn man nicht nur das Registriersystem, sondern auch die zu bewegende Masse des Herzens selbst mit berücksichtigt.

Auch eine weitere, eng damit zusammenhängende Frage, nämlich die der *Latenz der elektrischen Reaktion* selbst, ist z. Z. in einem Stadium sehr auseinandergehender Ansichten der Untersucher. Von der systematischen Anwendung der Kathodenstrahloscillographie mit allen methodischen Kautelen (Mikroelektrodentechnik) ist hier noch viel zu erwarten, zumal es sich dabei um theoretisch sehr wesentliche Fragen handelt. Mit der Einführung des Saitengalvanometers erfuhr die elektrische Latenz des Herzens mehrfache Bearbeitung, namentlich von KAHN (1910), SAMOJLOFF (1912), W. TRENDELENBURG (1912), nach deren Versuchen die elektrische Latenz ebenso wie die der mechanischen Kontraktion von der Stärke des Reizes abhängig ist. Es muß dabei grundsätzlich und methodisch zwischen dem lokalen Erregungsvorgang und der Leitung der Erregung unterschieden werden, also eine exakte Latenzbestimmung am Orte der Reizung selbst durchgeführt werden. W. FREY (1914) fand, als er ein Paar Differentialelektroden sowohl zur Reizung als auch zur Ableitung verwandte, den Wert von 4 msec. SCHELLONGs Untersuchungen (1925) ergaben ebenfalls einen Wert von nicht mehr als 2—4 msec, der zugleich in seiner Versuchsanordnung der „Latenz der Methodik" entsprach, so daß er die Annahme als höchstwahrscheinlich für den Herzmuskel bezeichnete, daß der Beginn der elektrischen Äußerung der Erregung identisch sei mit dem Moment des Reizes. Gleichzeitig führte SCHELLONG aus, daß unter Bedingungen, unter denen man bisher eine Verlängerung der Latenz angenommen hatte, tatsächlich eine solche nicht stattfindet. (Die entsprechenden Stromkurven weisen dabei die Zeichen verminderter Erregungsgröße — längere Anstiegszeit und geringere Höhe der elektromotorischen Kraft — auf.) Bei direkter Ableitung von der Reizstelle gibt G. H. GILSON (1927) an, daß die Potentialschwankung sofort nach Ablauf der äußerst kurzen Dauer des Reizes eintritt, also praktisch der Erregungsvorgang ohne Latenz beginnt. Ein ganz abweichendes Ergebnis hatten Untersuchungen von v. TSCHERMAK (1930); es sei aber auf diese Arbeit wegen ihres sehr vollständigen Literaturverzeichnisses verwiesen.

Alle diese verschiedenartigen Betrachtungsweisen (Größe, Dauer, Latenz) zeigen deutlich, daß ein *Parallelismus zwischen elektrischer und mechanischer Betätigung des Herzens nicht aufrechtzuerhalten ist.* Das ist zugleich eine für die praktische Elektrokardiographie grundsätzlich wichtige Erkenntnis, daß also aus der Aktionsstromaufschrift nicht Schlüsse gezogen werden dürfen, die grundsätzlich nicht statthaft sind. Der Wert der elektrokardiographischen Methode wird durch diese Einschränkungen natürlich in keiner Weise berührt.

Diese Feststellungen schließen natürlich gewisse Beziehungen zwischen elektrischen und mechanischen Vorgängen nicht völlig aus. Wenn oben gesagt wurde, daß eine abgeschwächte Erregung in der Regel auch eine abgeschwächte Kontraktion zur Folge hat [wie in der relativen Refraktärphase, bei Einwirkung von Acetylcholin oder Muscarin oder bei Calciumentzug (EINTHOVEN, KRISTENSON und ARBEITER], so weist das ja darauf hin. Änderungen der mechanischen Arbeitsbedingungen (Anfangsdehnung, Belastung) greifen aber offenbar an einem in ganz anderer Ebene liegenden Mechanismus an und beeinflussen den tiefer liegenden Erregungsmechanismus nicht. Darum finden wir keine Änderungen des monophasischen Stroms bei Blutdruck- und Schlagvolumenänderungen, wohl aber kommen hier besondere, ganz andersartige Einflüsse hinzu, besonders die Kurzschlußwirkung der Blutfüllung (BĚLEHRÁDEK und NOYONS). In der Tat wird das EKG mit zunehmendem Schlagvolumen kleiner (EISMAYER und QUINCKE). Auch ist von SCHWINGEL gezeigt worden, daß die QT-Dauer bei Zunahme des Schlagvolumens (auch bei normal bleibender Herzfrequenz) sinkt, und bei gleichzeitigem Frequenzanstieg kommt es zu normalen, akuten ST-Senkungen. Bei vielen solchen Beeinflussungen ist zu bedenken, daß sie nicht ohne weiteres beweisend sind für primäre Änderungen der Elementarvorgänge, sondern daß nervös-reflektorische — und natürlich auch hormonale (Acetylcholin!) — Beziehungen mit hineinspielen können, die derartige gleichzeitige Veränderungen der elektrischen und mechanischen Vorgänge erklären würden.

Abschließend zu diesem Kapitel sei noch kurz eingegangen auf das sog. *Belastungs-EKG,* einer neuerdings viel angewandten Funktionsprüfung des Herzens. Die Belastung wird dabei entweder durch dosierte körperliche Arbeit (Stehen, Treppensteigen) vorgenommen (SCHELLONG, 1934) oder auch in sehr zweckmäßiger Weise bei Körperruhe durch Einatmen von O_2-armen Luftgemischen (HEINRICH, 1942). Natürlich hat man sich schon seit der Frühzeit der praktisch angewandten Elektrokardiographie den EKG-Veränderungen bei Mehrarbeit des Herzens zugewandt (EINTHOVEN, 1908; KAHN, 1914; BÜRGER, 1926; HOOGERWERF, 1928 an Olympiadekämpfern, dann SCHLOMKA, 1935; REINDELL, 1937; KIENLE, 1940 u. a.). Über diese Fragen liegt heute schon eine umfangreiche Literatur vor, die man bei KIENLE zusammengestellt findet. Ziel der Untersuchung ist es natürlich, bei *dosierter* Belastung die *Grenze* zwischen normaler und gestörter Myokardfunktion zu ermitteln (ST-Senkungen, T-Zackendeformierungen usw.). Ebenso ist durch diese Methode eine teilweise Erfassung des Trainingszustandes möglich. Grundsätzlich wirkt das Training ja vagotonisch im Sinne der Umstellung auf einen „Schongang", während körperliche Arbeit Sympathicuseffekte auslöst. Über diese, vor allem klinisch bedeutsamen Methoden siehe besonders SCHELLONG, Die Funktionsprüfung des Kreislaufs; KIENLE, Das Belastungs-EKG und REINDELL, Kreislauffrühschäden.

Zum Grundsätzlichen sei hier nur ausgeführt, daß nach dem Gesagten EKG-Veränderungen in erster Linie dann zu erwarten sind, wenn — von Änderungen der Herzlage usw. abgesehen — hormonal-nervöse Einflüsse (Vagosympathicus!) auf die Erregungsvorgänge einwirken, oder wenn Änderungen des Chemismus der Herzmuskulatur durch Hypoxydose vorliegen.

VII. Die Herzklappen (mit Vorbemerkungen zur funktionellen Morphologie des Herzens)

Soweit der Vorgang der Kontraktion in seinen mechanischen und chemischen Verhältnissen mit dem Vorgang der Skeletmuskelkontraktion übereinstimmt, werden die sich darauf beziehenden Fragen in dem Band „Physiologie des Muskels" abgehandelt, worauf deshalb an dieser Stelle verwiesen sei. Auch für die speziellen, das Herz betreffenden Fragen, soweit sie in das Gebiet der *funktionellen Morphologie des Herzens* übergreifen, werden wir uns aus Raumgründen eine ausführliche Darlegung versagen müssen. Es sei an dieser Stelle nur in großen Zügen hingewiesen, welche Fragen dabei vornehmlich vorliegen und wo entsprechende zusammenfassende Darstellungen zu finden sind.

Es handelt sich hier einmal um den anatomischen Bau des Herzens und den bei der Kontraktion eintretenden Formänderungen, wobei der Faserverlauf im Herzmuskel und der Zusammenhang der einzelnen Teile des Herzens eine wesentliche Rolle spielt. Besonders die Untersuchungen von LUDWIG, TANDLER, KREHL, MACCALLUM und MÖNCKEBERG sind hier erwähnenswert. Viel diskutiert ist dabei die Rolle des sog. *Herzskelets*, d. h. des Bindegewebes, das gleichzeitig zur Fixierung des Klappenapparates und als Insertion der Muskulatur dient und das den primitiven Herzschlauch in zwei gesonderte muskuläre Abschnitte, die späteren Vorhöfe und die späteren Kammern, trennt. Die Bedeutung dieses Herzskelets zur Fixierung des Klappenapparates, zu dem es auch in engster genetischer Beziehung steht, ist allgemein anerkannt (Annuli fibrosi an den Atrioventrikularöffnungen); der von den beiden Faserringen gebildete Winkel unmittelbar hinter dem Septum membranaceum, das Trigonum fibrosum dextrum als Zentrum des Herzskelets spielt dabei eine besondere Rolle. Die Bedeutung des Herzskelets als Insertionsstelle für die Muskulatur ist dagegen bis in die jüngste Zeit umstritten.

C. LUDWIG verdanken wir die erste physiologisch brauchbare Beschreibung des Herzmuskels, die durch seinen Schüler L. KREHL erweitert wurde, der im Zusammenhang mit dem Faserverlauf die funktionellen Leistungen der einzelnen Schichten am systolischen und diastolischen Herzen studierte, wobei er die von ihm beschriebene mittlere Schicht der Kammermuskulatur als „Triebwerk" herausstellte, die sich aus ringförmig geschlossenen, muskulös bleibenden Fasern zusammensetzt („Schlingen, die zu ihrem Ausgangspunkt zurückkehren"), während die äußere und innere Schicht nach KREHL sehnig endende Fasern aufweist. Doch gerade hierüber bestehen erhebliche Meinungsverschiedenheiten; MALL betont in Fortsetzung der Untersuchungen von MACCALLUM, daß alle Muskelbündel der Ventrikel in den bindegewebigen Strukturen der Herzbasis oder in den Papillarmuskeln sehnig beginnen und endigen und daß auch das KREHLsche „Triebwerk" davon keine Ausnahme macht. Von besonderer Wichtigkeit ist die weitere Feststellung von MALL, daß die Papillarmuskeln in direktem Zusammenhang mit allen Hauptmuskelbündeln des Herzens stehen. Das Endigen des av-Systems in den Papillarmuskeln erhält dadurch erhöhte Bedeutung, da ein durch das System geleiteter Impuls so auf einmal der ganzen Muskulatur des Ventrikels mitgeteilt wird (MÖNCKEBERG).

SCHWEIZER und UJIILE (1923) haben die Angaben MACCALLUMs und MALLs nachgeprüft, ob nach Maceration das gesamte Kammermyokard in einem einzigen Band aufgerollt werden könne; das soll in der Tat möglich sein, wenn auch das Seziermesser offenbar dabei eine nicht geringe Rolle spielt. Sie messen deshalb der Frage nicht die grundlegende Bedeutung bei, wie es nach der Arbeiten der Amerikaner den Anschein hat. Jedenfalls ergibt sich aber, daß dem „Triebwerk" von KREHL nicht die Sonderstellung gebührt, die ihm eingeräumt wurde, es soll sich vielmehr in Ursprung und Ende wie ein anderer Herzmuskel verhalten, d. h. am Herzskelet sehnig enden und entspringen. „Damit aber nähert sich der Herzmuskel, als

Ganzes betrachtet, außerordentlich einem gewöhnlichen Skeletmuskel, und seine grobanatomische Verschiedenheit zeichnet sich nur noch aus durch die ausgedehnte Anastomosenbildung der Muskelbündel untereinander." „Vor jedem schablonenhaften Vorgehen bei der Beurteilung der Herzstruktur muß gewarnt werden." Auch Koch kommt in seiner Monographie über den funktionellen Bau des menschlichen Herzens zu dem Resultat, daß uns selbst die mühsamste Präparation des Faserverlaufs im Herzen eigentlich nur Kunstprodukte von geringem Wert für die Beurteilung der Herzmuskelfunktion liefert. Koch spricht auch aus, daß die als Fixpunkte angesprochenen bindegewebigen Strukturen des Herzskelets als Ansatzstellen der Ursprungssehnen von Herzmuskelfasern eine viel zu große Rolle beigelegt worden ist, besonders wenn man das Mißverhältnis zwischen der gewaltigen Masse der Kammermuskulatur und der als Fixpunkt angesprochenen bindegewebigen Strukturen des Herzskelets berücksichtigt.

Koch hat dann besonders die Umformungen studiert, die das Herz beim Übergang vom diastolischen in den systolischen Zustand erfährt. Ebenso findet sich bei Koch eine eingehende Untersuchung über die Umformung der Ventrikelhohlräume in der Systole. Die physiologisch hochbedeutsame Verschiebung der Ventilebene des Herzens bei der Systole, die die Möglichkeiten von Rückschlüssen aus den Formänderungen nicht unerheblich einschränkt, wird auf S. 272ff. besprochen, ebenso wird dort auf die viel diskutierte Frage der sog. aktiven Diastole eingegangen werden.

Bei Tigerstedt, Bd. I, S. 75ff. finden sich zahlreiche Abbildungen über die „Aufrollung" der Kammermuskulatur nach MacCallum und zugleich eine Übersicht über die ältere Literatur. Eine vorzügliche Darstellung unter Berücksichtigung der Entwicklung des primitiven Herzschlauchs gibt J. G. Mönckeberg im Handbuch norm. path. Physiol. VII/1. Die Architektur des Herzmuskels in vergleichend-anatomischer wie vergleichend-funktioneller Betrachtung findet der Leser ausführlich und vorzüglich dargestellt bei A. Benninghoff (1931). Der gegebene Umfang des Buches und die Fülle der noch der Betrachtung harrenden Probleme gestattet es nicht, näher auf diese mehr der funktionellen Morphologie des Herzens angehörenden Fragen einzugehen.

Sinn der *Herzklappen* ist es offensichtlich, die Funktion von Ventilen auszuüben, d. h. die einsinnige Richtung der Blutförderung von der venösen nach der arteriellen Seite und damit den „Kreislauf" des Blutes zu garantieren. Sie können in sehr verschiedener Form ausgebildet sein, die vergleichend-morphologisch als Lippen-, Zungen-, Taschen- oder Segelklappen unterschieden werden, wobei die Taschenklappen die weitestverbreitete Form darstellen, die sich in der ganzen Vertebratenreihe — allerdings in verschiedener Zahl und Anordnung — an der Grenze zwischen den Ventrikeln und den großen Arterienstämmen finden. Segelklappen finden sich nur an der Atrioventrikulargrenze, und zwar bei den Tieren, die außer einer Vorhofscheidewand auch eine Kammerscheidewand aufweisen (Vögel, Säugetier), bei den höheren Säugetieren in Form einer „Tricuspidalis" (ein mediales und zwei laterale Segel) am rechten Ostium, durch Verschmelzung der beiden lateralen Segel liegt am linken Ostium eine „Bicuspidalis" vor, wegen der Ähnlichkeit mit einer Bischofsmütze auch „Mitralis" genannt. Eine eingehendere vergleichende Morphologie findet man bei Moritz.

Beim erwachsenen Säuger besteht kein besonderer Venensinus mehr, da er allmählich ganz in die Vorhofswand einbezogen wird (s. S. 14ff.). Die embryonal gut ausgebildeten Sinus-Lippenklappen, die bei vielen Tierformen (Fische, Reptilien) dauernd erhalten bleiben, werden zu spärlichen Überresten zurückgebildet (Valvula Eustachii an der unteren Hohlvene und Valvula Thebesii am Sinus coronarius, der Einmündung der Vena coronaria cordis), die in der Regel viel zu klein sind, um den Mündungsquerschnitt der unteren Hohlvene bzw. der Coronarvene decken zu können. Auch eine Endokardfalte an der oberen Hohlvene ist kein genügendes Schutzventil, bei den Lungenvenen im linken Vorhof fehlt überhaupt jede Andeutung eines klappenartigen Gebildes.

Es ergibt sich, daß die in die Vorhöfe einmündenden Gefäße bei vielen Tiergattungen durch große Sinusklappen bzw. durch den schrägen Verlauf der Lungenvene in der Wand des linken Vorhofs gegen einen rückläufigen Blutstrom geschützt bleiben, bei den erwachsenen Säugern aber solcher mechanischen

Schutzvorrichtung nahezu oder ganz entbehren. Immerhin hat man dabei noch an bestimmte Muskelwirkungen zu denken, die das venöse Zuflußgebiet gegen eine vorhofsystolische Rückströmung schützen könnten. Besondere Ringmuskulatur findet sich an den Lungenvenen in ihren intraperikardialen Abschnitten, ebenso am Sinus coronarius, dem Mündungsstück der Herzvene im rechten Vorhof. Besonders aber durch die Wirkung bestimmter Muskelbündel können sich — jedenfalls bei der Wärmestarre der Vorhöfe — die Hohlvenenmündungen einander nähern und schlitzförmig verengern. Durch eine Reihe solcher Muskelbündel (Fasc. Loweri, Fasc. terminalis, Fasc. limbricus inf.) wird der eigentliche Vorhof also gegen das ursprüngliche Sinusgebiet mehr oder weniger abgetrennt. MORITZ bemerkt hierzu mit Recht, daß es aber fraglich ist, ob es unter den normalen Arbeitsbedingungen des Herzens tatsächlich zu so starken Muskelaktionen kommt, auch ist zu bedenken, ob ein möglichst vollkommener Abschluß des Venensystems während der Vorhofsystole überhaupt als ein physiologisches Postulat angesehen werden muß (KEITH). Zur Verhinderung des Ereignisses, daß eine Vorhofkontraktion ganz wesentlich nur Blut rückwärts und kaum welches vorwärts bewegt, wird wahrscheinlich schon eine mäßige Erhöhung des Mündungswiderstandes der Venen durch eine nicht maximale Verengerung ihrer Mündungen genügen. Schließlich müßte, damit Blut in die Venen zurückgeworfen wird, der Normalstrom nicht nur zum Stillstand gebracht, sondern sogar umgekehrt werden, d. h. es muß eine nicht unerhebliche lebendige Kraft und ein nicht unerhebliches Trägheitsmoment überwunden werden, was schon eine Verkleinerung des Insuffizienzvolumens nach den Venen hin zur Folge hat. Alles in allem erscheint also ein vollkommener Abschluß der Venengebiete für eine erfolgreiche Systole der Vorhöfe keineswegs notwendig (MORITZ), ja, KEITH hielt es sogar für zweckmäßig, daß bei allzugroßer Füllung dadurch eine Ausweichmöglichkeit nach Art eines Sicherheitsventils gegeben ist.

Völlig andere Verhältnisse finden wir beim Abschluß der Kammern gegen die Vorhöfe, denn hier muß nicht wie bei der Vorhofsystole ein schon bestehender Strom gegen relativ geringe Mündungswiderstände und geringen Widerstandsdruck verstärkt werden, sondern gegen den hohen arteriellen Widerstandsdruck müssen die Semilunarklappen gesprengt, die ruhende Blutmenge des Ventrikels in Bewegung gesetzt und durch die viel engere Öffnung der arteriellen Ostien in wesentlich kürzerer Zeit herausgepreßt werden. Bei den dazu erforderlichen hohen Kammerdrucken würden schon bei kleinen Insuffizienzöffnungen erhebliche Insuffizienzvolumina entstehen, zumal der Druck in den Vorhöfen, verglichen mit dem Druck in Aorta und Pulmonalis, sehr klein ist. Die Atrioventrikularklappen, zwischen Vorhof und Kammer an dem fibrösen Ring befestigte dünnwandige Häute, sind deshalb so ausgebildet, daß die Klappenzipfel nicht nur gerade eben das Ostium bedecken, sondern sie weisen genügend Flächen auf, um an ihrem freien Rand in einer Art bandartiger Zone noch eine flächenhafte Aneinanderlagerung mit dem Nachbarzipfel zu ermöglichen. Auch die physikalischen Eigenschaften der Klappen entsprechen ihrer Funktion; eine große Weichheit und Biegsamkeit befähigt sie, sich den Verschiedenheiten in der Form und Größe der Ostien anzupassen, wie sie der Übergang von Diastole zu Systole mit sich bringt. Ihre geringe Dehnbarkeit andererseits [im Druckbereich des rechten Ventrikels am Tricuspidalsegel maximal um 13% (HOCHREIN)] bedingt ihre erhebliche „Festigkeit". Wie die Abb. 131 zeigt, bildet das *linke Ostium venosum* eine Ellipse mit vorwiegend von vorn und nach hinten gerichteter Längsachse. Zu dessen Verschluß dienen am praktischsten 4 Zipfel (Abb. 131), und in der Tat findet man nach MORITZ auch meist neben den am meisten ins Auge fallenden zwei großen Segeln an der Längsseite, die der Klappe den Namen gegeben haben, ein vorderes und hinteres Zwischensegel, wobei sich bei genauerer Prüfung viele Variationen ergeben. Die Abb. 132 und 133 zeigen das deutlich. Auch das rechte *Ostium venosum* ist im ganzen elliptisch und von vorn nach hinten gerichtet (Abb. 134), wobei sich vorn kein kleines Zwischensegel, sondern ein Hauptsegel befindet („Tricuspidalis"). Auch hier findet man zwischen den Hauptsegeln fast regelmäßig Zwischensegel und durch Zerfallen einzelner Klappenzipfel in eine Mehrzahl solcher noch mannigfache andere Variationen (Abb. 135). Von oben gesehen bieten die unter Druck geschlossenen Klappen ein flachtrichterförmiges Bild mit zahlreichen kleinen Buckeln besonders an der Tricuspidalis. Diese partiellen Auftreibungen entsprechen den dünnsten Stellen der Segel. Die tiefen Furchen stellen die Auflagerungsflächen der Klappenzipfel dar. Diesem Bild entspricht eine durch die Ansätze vieler Sehnenfäden geradezu zottig zu nennende Unterfläche (MORITZ). Denn die in Verbindung mit den Papillarmuskeln stehenden, z. T. auch unmittelbar an der Ventrikelwand hervorgehenden Sehnenfäden setzen sich ja nicht bloß an den freien Rändern der Segel, sondern vielfach auch im weiten Bereich der Unterfläche an (Chordae 2. Ordnung) und verhindern so eine zu weite Ausbuchtung durch den Kammerdruck. Diese ihrer Haltefunktion entsprechend besonders stark gebauten Chordae 2. Ordnung endigen mit kleinen schaufelartigen „gänsefüßchenähnlichen" (LIAN) Verbreiterungen, die mit ihren Nachbarn durch zierliche Bögen verbunden sind. Auch die randständigen Sehnenfäden gehen vielfach in ein dichtes, dem Rande paralleles Flechtwerk über. Alle diese Sehnenfäden schließen sich im Ventrikel zu dickeren Stämmen zusammen, die aus den Papillarmuskeln, seltener auch aus der Wand des Ventrikels selbst hervorgehen. Auch ihre physikalischen Eigenschaften entsprechen den Erfordernissen der Festigkeit. HOCHREIN fand eine Dehnbarkeit von nur 10% bei einem Druck von 1 m WS. Ebenso wie bei der Form der Klappen bestehen auch große Variationen in Zahl und Anordnung der Papillarmuskeln. Die am freien Rand der Klappe befindlichen „Haltetaue" bewirken, daß bei der systolischen Verengerung der Ostien sich der in der Ventilebene gelegene Teil der Segel verkleinert und der Rest ins Innere der Kammer rückt. Wenn alle Sehnenfäden gespannt sind, ist die Klappe „gestellt" (KREHL). Denn die Sehnenfäden, die an die freien Ränder

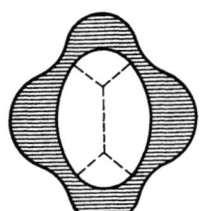

Abb. 131. Schematisches „Schnittmuster" zur Bedeckung einer elliptischen Öffnung. Die schraffierten Flächen stellen die vier Zipfel der Schlauchklappe, zwei Haupt- und zwei Zwischensegel, nach außen umgelegt, dar. Die innere punktierte Figur zeigt, wie sich die Berührungslinien der nach innen zusammengeschlagenen, möglichst in die Ebene der Ellipse gebrachten Klappenzipfel ausnehmen würden. Die über die innere Figur hinausgehenden Teile der Zipfel kämen beim Schluß zur Aneinanderlagerung. (Nach MORITZ)

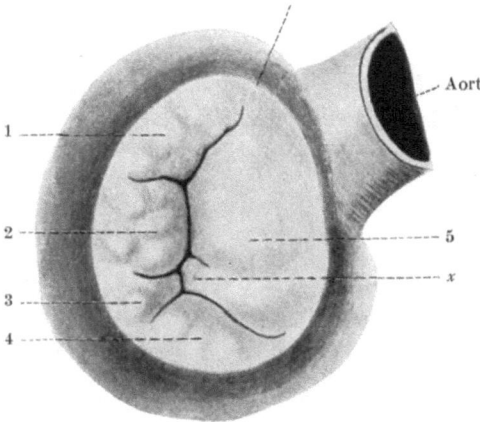

Abb. 132. Mitralklappe geschlossen, von oben gesehen. Menschliches Herz. Die „Furchenfigur" läßt auf fünf Zipfel und einen kleinen Nebenzipfel (x) schließen. Auf den Segeln, mit Ausnahme des Aortensegels, eine Reihe rundlicher Vorwölbungen, dünnen vorgebuchteten Stellen entsprechend. (Nach MORITZ)

der Klappen gehen, sind dabei beträchtlich kürzer als die, welche an der Unterfläche der Segel ansetzen.

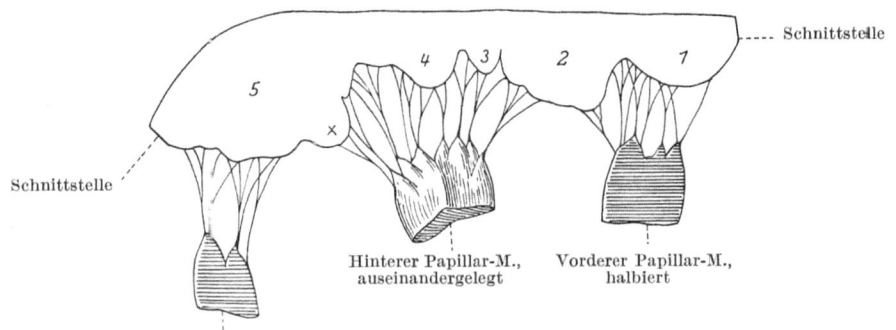

Abb. 133. Die Mitralklappe von Abb. 132 samt Papillarmuskeln und Sehnenfäden ausgeschnitten, ausgebreitet und mit Nadeln aufgespannt. Der Umriß, mit Bleistift genau umfahren, zeigt die fünf (bzw. sechs) Klappenzipfel, welche zu der Furchenfigur von Abb. 132 geführt haben. (Nach MORITZ)

Nachdem wir so in Anlehnung an die vorzüglichen Darstellungen von MORITZ die morphologische Seite des Klappenapparates kennengelernt haben, wenden wir uns den eigentlich physiologischen Fragen des av-Klappenmechanismus zu. Auf die Frage, wie der av-Klappenschluß vor sich geht, ist viel experimentelle Mühe verwandt worden. Von den älteren Theorien, die ein aktives Ziehen der Papillarmuskeln an den Klappen als Ursache annahmen (MECKEL, 1817; BURDACH, 1820; PARCHAPPE, 1848; MARC SEÉ, 1876) kann heute abgesehen werden. Der entscheidende Vorgang ist natürlich das Einsetzen der Ventrikelkontraktion: der venöse Einstrom durch die Ostien, für den MORITZ am linken Herzen den Wert von 11 cm/sec, am rechten von 9 cm/sec als Stromgeschwindigkeit angibt, wird dadurch plötzlich sistiert,

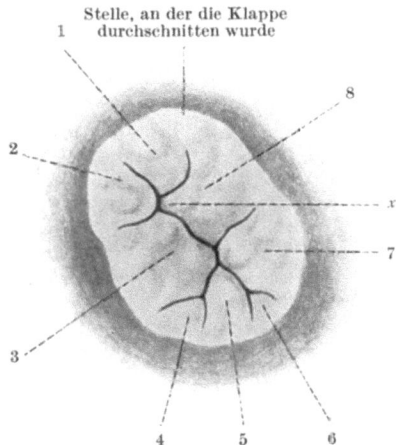

Abb. 134. Menschliche Tricuspidalis geschlossen, von oben. Die „Furchenfigur" deutet auf acht Zipfel und einen kleinen Nebenzipfel (x). Die Segel sind durch rundliche Vorwölbungen „gebuckelt". (Nach MORITZ)

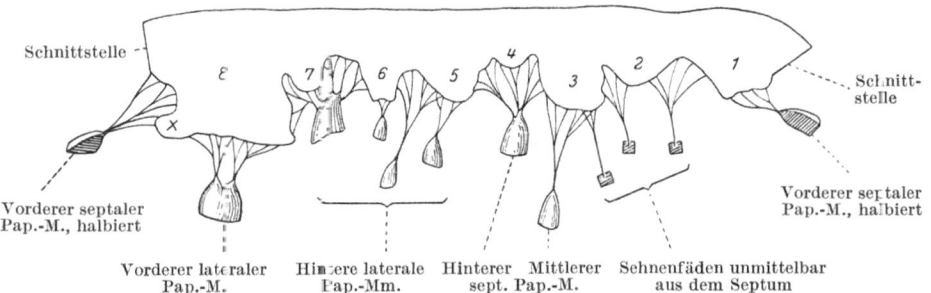

Abb. 135. Tricuspidalis von Abb. 134 mit Papillarmuskeln und Sehnenfäden ausgeschnitten und aufgespannt. Der genaue Bleistiftumriß zeigt die Zipfel (1—8, x), die dem Furchungsbild von Abb. 134 entsprechen. (Nach MORITZ)

der Druck im Ventrikel steigt rapide in kürzester Zeit auf den Wert von etwa 160 mm Hg, so daß schon nach etwa 0,06 sec die Sprengung der Semilunarklappen und die Austreibung des Kammerblutes in Aorta und Pulmonalis erfolgt. Es ist von vornherein als wahrscheinlich anzunehmen, daß der av-Klappenschluß nicht erst gegen Mitte oder Ende der Anspannungszeit erfolgt, sondern so früh und so schnell wie möglich, vielleicht sogar noch bei der größeren diastolischen Weite der Ostien. Grundsätzlich wäre das möglich, da die gesamte Segelfläche die Ostienweite erheblich übertrifft. In Modellversuchen an toten Herzen erwiesen sich die Klappen allerdings bei diastolisch-weiten Ostien als nicht vollkommen schlußfähig: durch die nicht sichtbaren Spalte zwischen den Klappenzipfeln trat Wasser durch. Es ist also nicht völlig sicher, ob bei diastolisch-weitem Ostium ein völlig dichter Abschluß erfolgt. Während der Systole, wahrscheinlich schon gleich zu ihrem Beginn, fangen diese venösen Ostien an, sich hauptsächlich in transversaler Richtung zu verengern, wie nach zahlreichen Untersuchungen anzunehmen ist (HESSE, 1880; KREHL, 1889; FUCHS, 1900; FEUERBACH, LIAN, TANDLER, KOCH). Damit werden größere Bezirke der Klappenflächen (nach HESSE sogar nahezu 50%) ins Ventrikelinnere hineingezogen. Jedenfalls passen sich die Klappen der Ostienweite an und die systolische Verengerung der Ostien macht den Klappenschluß gegenüber dem hohen Kammerinnendruck erst haltbar, und eine Verkleinerung der Ostien zu Beginn der Systole würde eine wesentliche Vervollkommnung des Klappenschlußvorganges bedeuten. Wir wissen allerdings nichts Sicheres über die zeitliche Beziehung zwischen Ostienverengerung und Ventrikelsystole (MORITZ). Es gibt zwar eine Reihe von Beobachtungen, aus denen geschlossen wurde, daß der Bewegungsvorgang der Kammer „peristaltisch" von der Basis nach der Spitze(!) verläuft, was für eine initiale Ostienverengerung sprechen würde, jedoch läßt sich das nicht mit der nötigen Sicherheit erhärten (vgl. die früheren Ausführungen über den Erregungsbeginn im Ventrikel auf S. 234 und 147).

Als Hauptursache des Klappenschlusses haben wir damit zwar die bei geschlossenen Semilunarklappen einsetzende Ventrikelkontraktion erkannt, wobei die Verengerung der Ostien den Schluß gewissermaßen sichert. Dazu kommen noch eine Reihe weiterer Momente. In der Systole werden die Ventrikelwände konzentrisch an das Septum angenähert, und die Papillarmuskeln werden so aneinander und septumwärts genähert, daß die freien Ränder der Segel zusammengehalten werden. Die eigene Contractilität der Papillarmuskeln paßt dabei die Länge der Sehnenfäden den Längenänderungen des Ventrikels an (SANDBERG und WORM-MÜLLER, 1889; HESSE und LIAN fanden allerdings systolisch und diastolisch keine Unterschiede).

Viel Mühe ist auf die Frage verwandt worden, ob sich schon gegen Ende der Ventrikeldiastole (also *„präsystolisch"*) Tendenzen zur Hebung der Klappen zur Annäherung an die Schlußstellung geltend machen. Wir können dabei aktive und passive Möglichkeiten unterscheiden. Als *aktive* ist die Kontraktion der *Klappenmuskulatur* zu diskutieren, die überwiegend als Fortsetzung der Vorhofmuskulatur aufzufassen ist, deren Längsfaserung auf das basale Drittel der Segel übergeht, allerdings in wechselnd starker Ausbildung, TANDLER gibt höchstens 3 mm an. Querverlaufende Fasern (GUSSENBAUER, KREHL) kommen offenbar nicht regelmäßig vor. Vereinzelte Muskelzüge gehen auch vom Ventrikel aus. TANDLER faßt alle diese Faserzüge als rudimentär auf. Immerhin könnten sie mit ihren atrialen Teilen schon präsystolisch eine Verkürzung, Versteifung und Hebung der Klappen bewirken. So sah 1876 schon PALLADINO am schlagenden Hundeherzen die vorhofsystolische Hebung der Klappensegel; ROLLET bezeichnete die atriale Klappenmuskulatur direkt als Antagonisten der Papillarmuskeln, einmal beobachtete (1916) auch ERLANGER am flimmernden Ochsenherzen rhythmische Bewegungen eines Mitralsegels.

Weiter sind als Ursache *passiver* Bewegungen der Segel die elastischen Eigenschaften des chordovalvulären Apparates zu erwähnen: aus ihrer Gleichgewichtslage herausgebracht ist die Tendenz zu Bewegungen in Richtung auf die Schlußstellung größer als die zu Bewegungen nach der entgegengesetzten Seite (MORITZ). Gegen Ende der Diastole machen sich weitere Faktoren geltend: das einströmende Blut soll den Ventrikel gewissermaßen von der Spitze nach oben auffüllen, wobei es auch hinter die Klappen dringt und hebend auf die in und auf dem Blut schwimmenden Klappen wirkt, dünnere Herzteile werden außerdem gedehnt und federn zurück, und mit Nachlassen der Vorhofkontraktion entstehen Druckdifferenzen, die eine Rückwärtsbewegung des Blutes bedingen. [Die Vorhofkontraktion bewirkt eine Druckzunahme im Ventrikel, als diastolischer Kammerdruck in vivo werden etwa 7 cm WS angegeben, nach der Vorhofsystole liegt der Vorhofdruck bei Werten um Null (STRAUB), am toten Herzen genügen in der Tat Druckdifferenzen von nur mehreren cm WS zum Klappenschluß!] Schließlich verleiht die Vorhofsystole dem Einstrom eine Beschleunigung und damit hat man einen stärkeren ,,Rückprall" von dem systolisch erstarrenden Ventrikel angenommen. Im Augenblick der Einstromunterbrechung findet man ein ruckartiges In-die-Höhe-Zucken der basalen Klappenanteile, bedingt durch eine ,,retrograde, den Wänden des Ventrikels entlanggehende Flüssigkeitsbewegung". Solche passiven Bewegungen der Segel, die also durch schon diastolisch im Ventrikel erzeugte Flüssigkeitsbewegungen hervorgerufen werden, hat 1848 zuerst BAUMGARTEN in Modellversuchen am toten Herzen untersucht. Die Vorhofsystole soll analog einem Wasserstrahl zu präsystolischen Klappenschlußbewegungen führen. Besonders LUCIANI hat dann weiter die Klappenhebung durch Flüssigkeitswirbel bei dem raschen Bluteinstrom in die Kammer betont und auch KREHL sah die Hauptursache bei den BAUMGARTENschen Versuchen in solchen Wirbelbewegungen. So nahm LUCIANI einen ,,Gegenstrom" an, der die Klappen in nur halbgeöffneter Stellung hält, und MORITZ versuchte, ,,retrograde Flüssigkeitsbewegungen" im Ventrikel am Ende der Diastole bei plötzlicher Stromunterbrechung nachzuweisen.

Wir haben die älteren Auffassungen besonders über die präsystolischen Faktoren, die im Sinne einer Klappenhebung wirken, etwas ausführlicher referiert, nicht nur um zu zeigen, wieviel Überlegungen auf diese Frage verwandt worden sind, sondern um deutlich zu machen, wie mit dem Fortschritt der physikalischen Klarheit auch hier das Bild deutlicher wird. Heute können wir als wesentlichen Faktor, der die Klappen ,,stellt", die *Wirbelbildungen in der Kammer* ansehen, nachdem die periodische Ausbildung und Ablösung von Wirbeln an der Grenze verschieden schnell bewegter Gas- oder Flüssigkeitsschichten physikalisch klar erkannt ist (PRANDTL, V. KARMAN). [Näheres hierüber und zur Theorie der pathologischen ,,Herzgeräusche" s. bei E. SCHÜTZ (1933, S. 707)]. Die Klappen passen sich also dem Bluteinstrom an, in Abhängigkeit zur Geschwindigkeit des venösen Einstroms weisen sie eine mehr oder weniger große Öffnung auf, und die Wirbelbildungen verhindern so zugleich ihr Anliegen an der Wand. Am Ende der Diastole kommt es mit der Beschleunigung des Einstroms durch die Vorhofkontraktion zur Verstärkung dieser Wirbelbildungen. Präsystolisch werden die Klappen daher bereits ,,gestellt", d. h. der Schlußstellung genähert, der vollständige Klappenschluß wird bei der ersten Drucksteigerung im Ventrikel, gleich zu Beginn der Systole, erfolgen. Denn die Klappen stellen das leichtest bewegliche Gebilde des Herzens dar, das sofort bei eintretender Systole mit der Schlußstellung reagiert, zumal die erste Drucksteigerung sich sofort auf die großen

Flächen der Membrane auswirkt. Für die spätere Betrachtung der Herztonentstehung wird diese Überlegung noch einmal bedeutsam werden, weil sich dann ergeben wird, daß der eigentliche Schließungsvorgang selbst tonlos verläuft (S. 330).

Am überlebenden Katzenherzen hat DEAN (1916) (auch bereits HENDERSON und JOHNSON, 1912) in technisch sehr vollkommener Weise die Klappenbewegungen der Mitralklappe registriert (s. Abb. 136). Er fand bei großem av-Intervall (!) bei Beginn der Vorhofkontraktion eine leichte ventrikelwärts gerichtete Bewegung (AB), die mit Ende der Vorhofkontraktion rasch und deutlich nach vorhofwärts umschlug (C). Dieser Verschluß ist nur zeitweilig und nicht vollständig. Die Klappen kehren prompt in ihre frühere offene Stellung zurück (D).

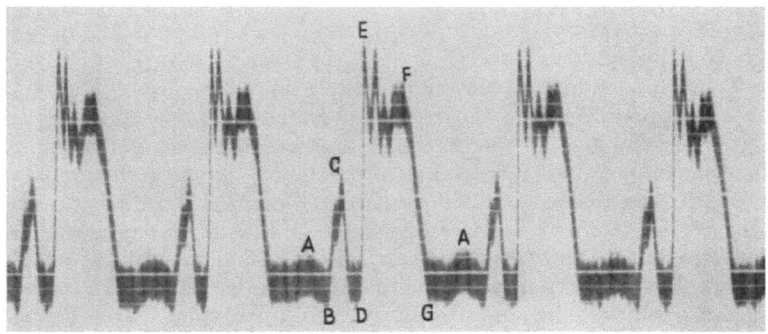

Abb. 136. Die Kurve zeigt die Bewegungen der Mitralklappe bei normalem Rhythmus und langen av-Intervall. *AC*: auriculärer Klappenschluß, *DE*: ventrikulärer Klappenschluß. Die Aufwärtsbewegung der Kurve bedeutet Schlußbewegung der Mitralklappe vorhofwärts. (Nach A. L. DEAN)

Bei einem ausreichenden Vorhof-Kammerintervall bewegten sich die Klappen wieder ventrikelwärts, um mit der Ventrikelsystole (E) eine ausgiebige Schlußbewegung auszuführen, und bleiben so während der Systole (EF). Bei kleinerem Vorhof-Kammerintervall schloß sich diese Bewegung direkt an die erste Aufwärtsbewegung an und vervollständigte diese ("only a single closure movement beginning before ventricular systole, a single movement, due in part to auricular contraction and in part to ventricular contraction"). Wenn das av-Intervall gering ist, dann sind die Klappen also im Schließungsprozeß auf Grund der Vorhofwirkung, wenn die Ventrikelsystole beginnt. Von nun an vervollständigt das Herzgeschehen den schon durch den Vorhof eingeleiteten Schluß. In diesem Fall liegt eine einzelne Schlußbewegung vor, die vor der Ventrikelsystole beginnt, eine Einzelbewegung, z. T. auf Grund der Vorhofkontraktion und z. T. wegen der Kammerkontraktion. Es ist sicher eine Erkenntnis von praktischer Bedeutung, daß bei Fällen von verzögerter av-Leitung die Klappen in zwei verschiedene Schlußbewegungen übergehen können, die erste nahe dem Ende der Vorhofsystole, die zweite zu Beginn der Ventrikelsystole, die den vollständigen Verschluß bewirkt und die Klappen in dieser Stellung bis zum Beginn der Ventrikeldiastole hält (F). Es ist so erwiesen, daß (bei normalem av-Intervall) ein gewisser Grad der Annäherung der Klappen vorliegt, wenn die Ventrikelsystole beginnt. Auch beachte man für spätere Erörterungen die Oscillationen bei E.

Es ergibt sich abschließend noch die Frage, inwieweit der av-Klappenschluß unter physiologischen Verhältnissen als vollkommen betrachtet werden kann. Die meisten Autoren vertreten den Standpunkt, daß sich die Klappen „ohne Regurgitation" in den Vorhof schließen, also „ideale", d. h. verlustlos arbeitende

Ventile seien. Jedoch müssen wir dabei die Verhältnisse etwas genauer betrachten und bei dieser Frage zwei grundsätzlich verschiedene Arten von „Insuffizienz" unterscheiden, und zwar einmal den Flüssigkeitsverlust, der „intraprozessual" während des Schlußvorganges selbst erfolgt und mit der Erreichung der Schlußstellung beendet ist, und zum zweiten den Flüssigkeitsverlust, der evtl. während der Schlußstellung eintritt (MORITZ). Der jeweils intravalvuläre Blutanteil muß selbstverständlich in den Vorhof zurückgedrängt werden, wir sahen ja, daß diastolisch die Klappen in den Ventrikel herunterhängen. Die Druckdifferenz zwischen Vorhof und Kammer muß — genau genommen — ja zu einer *Strömung* führen, die den Klappenschluß bewirkt. Erst die geschlossene Klappe wird ohne Strömungsvorgänge durch die Druckdifferenz geschlossen gehalten. Gerade BAUMGARTEN, der — wie oben ausgeführt — die Lehre vom präsystolischen Klappenschluß durch eine elastische Reaktion des Ventrikels begründete, hat darauf hingewiesen, daß das in dem „Klappentrichter" (d. h. zwischen den Segeln) liegende Blut vorhofwärts bewegt wird. Falls eine retrograde Strömung axial stärker wäre als peripher, würde das sogar auch subvalvulär liegende Blutmengen betreffen können. Die gleich noch näher zu besprechenden Druckkurven des Warmblütervorhofs (STRAUB, PIPER) zeigen nach der vorhofsystolischen Welle eine zweite kleinere, die gewöhnlich auf eine systolische Ausbauchung der av-Klappen bezogen wird, aber natürlich auch durch eine solche physiologische Insuffizienz bedingt sein könnte. Schon BAUMGARTEN hat aber ebenso wie KREHL auf Grund der Form des Venenpulses und der Vorhofdruckkurve eine solche Regurgitation abgelehnt. Der Größenordnung nach ist sie jedenfalls als sehr gering anzunehmen; MORITZ vermutet 1—2 cm³. Wegen des in der Diastole Wirbel erzeugenden Axialstromes werden, wie wir sahen, die Klappen ja „gestellt", und durch diese präsystolische Vorbereitung des Klappenschlusses wird der intravalvuläre Raum, der hauptsächlich das Maß der physiologischen Insuffizienz bestimmt (und ebenso ein evtl. subvalvulärer Anteil), entsprechend klein.

Bei einem im *diastolischen* Zustand eingegipsten Herzen beobachtet man regelmäßig, daß die zum Schluß gebrachten Klappen noch durch die Anlagerungsfurchen Wasser oder Luft durchlassen. MORITZ meint deshalb, daß auch in vivo in ihrer diastolischen Form kein vollständiger Schluß zustande kommen würde. Die systolische Verkleinerung des Ostiums ist jedenfalls sehr bedeutsam für die Dichtigkeit der Klappen. Wenn das Ostium sehr groß bzw. der rechte Vorhof erweitert war, findet man an solchen pathologischen Herzen trotz normaler Klappen Undichtigkeiten („relative Insuffizienz" infolge eines Mißverhältnisses zwischen Klappenapparat und Gefäßweite).

Die Funktionsweise der *arteriellen Klappen* erscheint auf den ersten Blick sehr einfach und übersichtlich; so vertrat E. H. WEBER für die venösen wie die arteriellen Klappen die Meinung, daß die Klappen sich einzig vermöge der Druckdifferenz schlössen, die bei den arteriellen Klappen nach Aufhören der Kammerkontraktion zwischen dieser und den Arterien auftritt. Aber auch hier liegen die Verhältnisse bei näherem Hinsehen ebenso wie an den venösen Klappen doch komplizierter.

Zunächst haben wir hier die Muskulatur der Ausströmungsteile der Ventrikel zu betrachten (HESSE und KREHL), die an den Arterienwurzeln bis in die Höhe der Semilunarklappenansätze, z. T. sogar noch etwas darüber hinaus reicht (TANDLER). Die durch die Austreibung des Blutes bedingte Ausdehnung der Bulbi der großen Arterien kann durch die Kontraktion dieser Muskulatur vermindert werden und dadurch der Umfang der Ansatzlinien der Semilunarklappen beeinflußt werden. Man hat diese Muskelpolster direkt als Unterstützung der Klappen gegen die Belastung durch den Arteriendruck angesprochen. (Im Experiment ergibt sich außerdem, daß eine Verengerung der Arterienwurzel, die diese Muskeln bewirken können, die elastische Ruhelage der Klappen der Schlußstellung nähert, ein rascher Klappenschluß also dadurch besonders begünstigt würde.) Ob ihre Kontraktion aber, was dafür Voraussetzung wäre, die Systole überdauert, ist nicht sicher erwiesen. Wohl hat HERING (1909) beobachtet, daß die Kontraktion des Conus arteriosus erst nach der Kontraktion wenigstens der Papillarmuskeln zu erfolgen scheint. Die Klappen sind jedenfalls auch ohne jede muskuläre Unterpolsterung selbst gegen hohe Drucke völlig schlußfähig (MORITZ, HOCHREIN). Wir werden gleich noch sehen, daß eine Verengerung des Ausströmungsteiles am Ende der Systole allerdings in ganz anderem Sinn sehr zweckmäßig sein würde.

Bekanntlich weist die entfaltete Klappe einen bogenförmigen freien Rand auf. Bei Aneinanderlagerung aller drei Taschen bildet ihre Berührungslinie einen regelmäßigen dreistrahligen Stern. Im Knotenpunkt des Sternes sind kleine Verdickungen aneinandergelagert, deren eine als Nodulus Arantii in der Mitte des freien Randes jeder Semilunarklappe sich zu befinden pflegt. Zu beiden Seiten des Nodulus liegt je eine besonders dünne Stelle der Klappe, die Lunula, die sich beim Schluß an das gleiche Gebilde der Nachbartasche anlegt. Es bilden sich ganz analog dem Verhalten der Atrioventrikularklappen beim Klappenschluß Berührungsflächen und nicht bloß Berührungsränder, was den Klappenschluß genügend fest gestaltet (MORITZ).

Manchmal kommen zwei, selten sogar drei Knötchen untereinander vor, in deren Zwischenräume dann Knötchen der anderen Klappe eingreifen. J. R. EWALD (1905) hat besonders darauf hingewiesen, daß in solchen Fällen der Klappenschluß einen noch mehr gesicherten Eindruck macht. Nötig sind solche „Sperrzähne" aber sicher nicht, sie sind auch keineswegs regelmäßig vorhanden (MORITZ), die Gefahr eines „Abrutschens" voneinander besteht nicht. Unter Druck belastet, stützen sie sich gegenseitig; schiebt man eine Tasche zur Seite, so drängen die beiden anderen, sich stärker entfaltend, nach (LUCHSINGER). Schmiegsamkeit und Anpassungsfähigkeit sind wie bei den av-Klappen eben sehr groß, was in pathologischen Fällen eine gewisse kompensierende Bedeutung haben mag. Feine, konzentrische, randparallele Bindegewebszüge erhöhen ihre Festigkeit (LUCHSINGER), ohne ihre Dehnbarkeit in radiärer Richtung zu vermindern. Nach Untersuchungen von HOCHREIN ist die Dehnbarkeit in radiärer Richtung tatsächlich auch größer als in der tangentialen Richtung, so daß sich die Klappen weit ausbauchen können, so daß auch bei höherem Druck eine *flächenhafte* Aneinanderlagerung zustande kommen kann.

Wie die Abb. 137 zeigt, sind die Klappen in ihrer „Ruhestellung" weit geöffnet, wie CERADINI (1872) fand und damit die alte Theorie von BURDACH (1820) widerlegte, daß die Klappen vermöge ihrer eigenen Elastizität nach beendigter Systole zurückschnellen. Die Abb. 137 zeigt weiter, daß die Annahme einer Wandständigkeit der Semilunarklappen nicht zutrifft, wie sie noch BRÜCKE (1855) vertrat, was seinerzeit lebhaft diskutiert wurde.

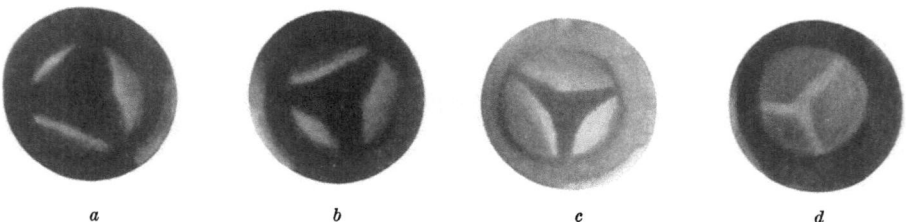

a   *b*   *c*   *d*

Abb. 137 a—d. *a* Ruhestellung, *b* mäßig rascher Strom, *c* sehr rascher Strom, *d* plötzliche Unterbrechung des Stroms.

Die Verlegung der Coronararterienabgänge durch die der Wand anliegenden Klappen soll dabei nach dieser nur historisch interessanten Auffassung ein systolisches Einpressen des Blutes in den Herzmuskel verhindern, was seiner Kontraktion nur hinderlich sein könnte, während der diastolische Einstrom die Erweiterung des Ventrikels unterstützen solle (Theorie der „Selbststeuerung des Herzens").

Die Abb. 137 zeigt weiter das zunächst Paradoxe, daß sich die Klappen innerhalb gewisser Grenzen um so mehr zentralwärts stellen, je größer die Geschwindigkeit des Einstroms ist. Bei plötzlicher Unterbrechung des Stromes (Abb. 137d) sieht man an den zentralwärts gebogenen Klappen „jedesmal ohne Ausnahme eine blitzschnelle gegenseitige Annäherungsbewegung der freien

Klappenränder". Es ist das Verdienst des eben wörtlich zitierten CERADINI (1872), gestützt auf Versuche des französischen Ingenieurs DARCY (1857) und auf Darlegungen von C. LUDWIG, gezeigt zu haben, daß sich dieses Verhalten durch Wirbelbildungen der Flüssigkeit erklärt, die sich um so stärker ausbilden, je enger die Einstromöffnung und je stärker die Stromgeschwindigkeit ist. [Eine Verengerung des Ausströmungsteils am Ende der Systole (s. oben) würde ganz im Sinne dieser hydrodynamischen Gesetzmäßigkeiten sein.] In dem Sinus Valsalvae führen sie zu retrograden Stromschleifen, die auf die Klappentaschen in Richtung auf den Ventrikel hin wirken. Zu der Theorie von CERADINI fügten HESSE sowie KREHL noch den Hinweis hinzu, daß das Ostium arteriosum sowohl der Aorta wie der Pulmonalis am systolischen Herzen durch Muskelwülste, die bei der Herzkontraktion in das Lumen vorspringen, noch spaltförmig verengt werden könne. Bei der Systole würde das Blut so erst recht aus einem engen in einen weiten Raum gepreßt, so daß dadurch die Ausbildung von Wirbeln, die die Klappen einander nähern, noch mehr gefördert wird, zumal die Schlagadern in ihrem Anfang durch die Sinus Valsalvae erweitert sind. Denn grundsätzlich treten Wirbel beim Übergang aus einer engen in eine weitere Bahn ein. Nach den erwähnten schon alten Vorstellungen CERADINIs versiege so der axiale Strom, während die rückläufige Bewegung an der Wand der Sinus noch kurze Zeit fortdauere und so die Klappen nahezu schlösse. Der vollkommene Schluß kommt dann durch den Überdruck in der Arterie zustande. Berücksichtigen wir neben der anatomischen Erweiterung der Schlagadern durch die Sinus Valsalvae noch, daß rein hydrodynamisch sich — von der Annahme einer Kontraktion der Ostien ganz abgesehen — bereits ein aus einer Öffnung austretender Strahl zusammenzieht, so wird verständlich, daß es hier zur Ausbildung starker Wirbelströme kommen muß (dünner Strahl mit großer Geschwindigkeit in einen weiteren Raum übertretend!). (Eine zusammenfassende kurze Darstellung der physikalischen Verhältnisse findet sich bei HOCHREIN.) VAN RYNBERK hat 1912 ein schönes Modell für die Zwecke von Vorlesungsdemonstrationen dafür angegeben, das von HOCHREIN noch verbessert wurde.

Der Vorgang des Semilunarklappenschlusses läßt sich damit (nach MORITZ) wie folgt zusammenfassen: Schon während des systolischen Einstroms werden die Semilunarklappen durch Wirbelströme, die sich wandwärts längs der Sinus Valsalvae entgegen der axialen Stromrichtung nach dem Inneren der Taschen zu bewegen, in einer über ihre Ruhelage hinaus der Schlußstellung genäherten Stellung gehalten. Der Grad dieser Annäherung ist die Resultante aus der Wirkung dieser retrograden Ströme auf die Oberseite der Klappen einerseits und der Wirkung des rechtläufigen Ventrikelstromes auf die Unterseite der Klappen andererseits. Die Verengerung, welche die Ausströmungsteile der Ventrikel bei der systolischen Kontraktion erfahren können, erstreckt sich bis zur Ansatzlinie der Semilunarklappen und bereitet, da sie die Klappenstellung schon hierdurch der Schlußstellung näher bringt, dann aber auch dadurch, daß sie die Stromwirbel verstärkt, ebenfalls den Klappenschluß vor. Mit dem Ende der Systole hört der Gesamteinstrom von Flüssigkeit auf, der axiale Strom aber geht, auch in der Nähe der Klappe, zunächst noch kurze Zeit weiter, wobei er das Blut unter den Klappen gewissermaßen heraussaugt. Aber auch die retrograden Ströme in den Sinus Valsalvae, ja sie besonders, überdauern das Ende der Systole, und in dieser Drehbewegung der Flüssigkeit, die ihnen unten die Stütze nimmt, oben sie weiter belastet, kommen die Klappen „blitzschnell" nahezu vollständig zum Schluß. Inzwischen ist die axiale Vorwärtsbewegung, rasch abnehmend und an einem Indifferenzpunkte nahe der Klappe den Nullpunkt durchlaufend, ebenfalls durch die sich dynamisch jetzt geltendmachende Druckdifferenz zwischen Arterie und Ventrikel in eine rückläufige Bewegung übergegangen, in der der Klappenschluß vollendet wird. Es lastet jetzt der ganze „Druck" der Arterie auf der Klappe und hält sie für die Dauer der Diastole fest geschlossen.

Wie bei der Besprechung der venösen Einflußklappen haben wir noch die Frage einer möglichen *physiologischen Insuffizienz* an den arteriellen Ausflußklappen zu behandeln. Auch bei diesen ist grundsätzlich eine gewisse „intraprozessuale", mit dem Vorgang des Schlusses selbst verbundene Insuffizienz, und sei sie auch noch so klein, theoretisch zu erwarten. Die Verhältnisse liegen hier ganz analog wie bei den av-Klappen, wenn wir als Trennungsfläche die Unterfläche der geschlossenen Semilunarklappen betrachten. So schloß auch H. STRAUB aus seinen Versuchen auf eine nach dem Ventrikel zu gerichtete Strömung, die zum mindesten das zwischen den geöffneten Klappen befindliche Blut in den Ventrikel zurückführt. Natürlich handelt es sich auch nach H. STRAUB um „minimale Blutmengen". Bereits $1/35$ sec vor dem II. Ton verläßt danach kein Blut mehr den Ventrikel, in diesem Sinne ist also die Systole dann schon beendet. HOCHREIN hat an Pulmonalklappen von Mensch und Schwein eine solche physiologische Insuffizienz tatsächlich nachgewiesen — die Pulmonalklappen eignen sich zu solchen Versuchen besser als die Aortenklappen, weil die Berücksichtigung der Coronararterien bei ihnen wegfällt und sich technisch ein Röhrensystem in die Pulmonalis besser einpassen läßt als in die Aorta; Dehnungen des tonuslosen elastischen Materials müssen natürlich vermieden werden (relative Insuffizienz! s. oben) —, es ergab sich, wie zu erwarten ist, jedoch ein sehr kleiner Wert von nur 0,5—1,5 cm³ für Wasser als Durchströmungsflüssigkeit, das bei Verwendung einer viscöseren Flüssigkeit (Ascites) noch um 40% kleiner wurde. Bei höherer Stromgeschwindigkeit (stärkere Stromwirbel!) sank das Insuffizienzvolumen, bei höherem Arteriendruck nahm es zu, wohl deshalb, weil dann mehr Flüssigkeit axial durch den letzten noch offenen Klappenspalt durchtritt. Praktisch sind Insuffizienzvolumina dieser Größenordnung natürlich bedeutungslos (S. 290).

Abb. 138. Klappenapparat im Conus arteriosus von Lepidosteus osseus. 9 Querreihen von Klappen. In diesen, einschließlich rudimentärer Zwischenklappen, bis zu 11 einzelne Klappen. (Aus STÖHR)

Bei niederen Tieren mit ihren unvollkommeneren Klappenapparaten — vielleicht auch ontogenetisch beim Menschen — scheinen größere Insuffizienzvolumina vorzukommen. Der Conus arteriosus von Lepidosteus (Abb. 138) weist 9 (!) Querreihen von Klappen auf, wobei aber keine Klappe unmittelbar an die andere grenzt. MORITZ erinnert mit Recht daran, daß hier offenbar die Unvollkommenheit der einzelnen Barrieren durch die Vielheit wettgemacht wird, „so wie man ja auch unter den Blättern eines Baumes bis zu einem gewissen Grade vor Regen geschützt ist".

Die *Fehler an den Klappenapparaten* sollen anschließend nur in ihren Grundzügen erwähnt werden. Die Herzarbeit ist natürlich vor allem gebunden an ein einwandfreies Arbeiten der Ventile. Durch zahlreiche Möglichkeiten, z. B. durch Entzündungsvorgänge, können sich Störungen der Ventilfunktion (Herzklappenfehler) ausbilden, die natürlich von erheblichen Rückwirkungen auf den Gesamtkreislauf begleitet sind. Grundsätzlich kommen beide Fälle vor, entweder daß eine solche Klappe sich nicht genügend öffnen kann, also zu eng ist (*Stenose*) oder aber, daß sie sich durch Veränderung der Klappenränder nicht ausreichend dicht schließt, also ein Teil des Blutes nach dem Klappenschluß wieder zurückfließt (*Insuffizienz*). Die Herzklappenfehler stellen für die physiologische Betrachtungsweise des Herzens ein derart aufschlußreiches „Experiment der Natur" dar, das sie von alters her das Interesse des Physiologen erweckt und daher in ihren Grundzügen auch im physiologischen Unterricht abgehandelt zu werden pflegen. Die dadurch bedingten Veränderungen der Herztätigkeit und der Schallerscheinungen werden im Anschluß an diese Kapitel näher besprochen werden.

VIII. Der venöse Zustrom zum Herzen

Beginnen wir mit den Zustandsänderungen, die in den *herznahen Venen* vor sich gehen. Wir stoßen dabei auf ein uraltes Problem der Herzphysiologie, nämlich auf die Frage, ob und wie das Herz imstande ist, beim Rückstrom des Blutes zum Herzen hin mitzuwirken. Kein geringerer als J. R. MAYER sprach ausdrücklich von einer „Herzaspiration in der Nähe des rechten Vorhofs", nahm also jedenfalls eine im Herzen selbst befindliche, den Rückstrom begünstigende Kraft an. Letztlich geht diese Streitfrage bis in das 3. Jahrhundert vor Chr. zurück, in dem ERASISTRATUS schon die Ansicht äußerte, daß das Herz das Blut in seine Höhlen saugt, indem es sich aktiv erweitere. Auf ihn geht also die Auffassung zurück, daß das Herz nicht nur als Druckpumpe, sondern gleichzeitig auch als Saugpumpe aufzufassen ist.

Damit stehen wir zunächst vor der viel umstrittenen Frage einer „*aktiven Diastole*" des Herzens, die schon GALEN vertrat und auf Fasern im menschlichen Herzen zurückführte, die eine aktive Spreizung nach der Systole bewirken könnten. Viele hervorragende ältere Physiologen haben zu dieser Frage Stellung genommen. HARVEY, HYRTL und CERADINI lehnten die aktive Diastole ab, auch HALLER nahm keine Ansaugung durch das Herz selbst an, CARUS bezweifelte sie ebenfalls. Die ersten Tierexperimente aus dem Jahre 1828 stammen von GÜNTHER und WEDEMEYER, die zur Erklärung die Diastole des Vorhofs heranzogen und dafür den Namen Vorhofaspiration prägten. Die wenigen zitierten Namen zeigen, daß hier eine uralte Streitfrage vorliegt. Über die *Ursache einer aktiven Erweiterung des Herzmuskels* bestehen verschiedene Ansichten. Es sei erinnert an die historisch interessante Theorie BRÜCKES von der „Selbststeuerung des Herzens" (1855) (s. S. 268). So schreibt auch DONDERS dem nach der Systole in die Kranzarterien eindringenden *Blut* eine „schwache, aktive Ausdehnung des Herzens, zumal der Kammern" zu (ebenso LUCIANI). Zahlreiche Autoren nahmen im eigentlichen Sinne einer aktiven Diastole derartig wirkende, besondere *Muskelfasern* an. Andere wieder führten die angenommene Erweiterung des Herzens auf *elastische Elemente* zurück (MAGENDIE, FICK, KREHL, LUCIANI, GOLTZ und GAULE) [„die elastische Ausdehnung eines Ballons, wenn der Druck der Hand aufgehört hat, gleicht der Diastole des Herzens" (GOLTZ und GAULE)]. Endgültig erschüttert wurde die Theorie der aktiven Diastole durch STRAUB, der feststellte, daß die Ergebnisse von GOLTZ und GAULE auf Registrierfehlern beruhen mußten (ungeeignete Manometer mit zu geringer Eigenschwingung bzw. Verwendung von offenen Sonden, bei denen der Blutstrom selbst nach dem Prinzip der Wasserstrahlpumpe negative Drucke vortäuscht). Nach STRAUB entstehen keine negativen Ventrikeldrucke, „eine aktive Diastole im Sinne einer Saugwirkung kommt also am Säugetierherzen nicht vor". HYRTL wies besonders daraufhin, daß „am Herzen kein einziges Muskelbündel existiert, welches durch seine Zusammenziehung die Herzhöhlen vergrößern könnte". So bliebe also entscheidend für den venösen Rückfluß das linke Herz, das die Vis a tergo im großen Kreislauf schafft. Die außerhalb des Herzens gelegenen Ursachen für den Rückstrom des Blutes darzustellen, ist Aufgabe der „*peripheren Kreislaufphysiologie*" [hydrostatische Ursachen, Venomotorik, Muskelbewegungen, Atembewegungen (Einatmung), elastischer Zug der Lungen mit Erweiterung der Vorhöfe][1].

In neuerer Zeit hat man jedoch mit erhöhter Aufmerksamkeit die während der *Systole* wirksam werdenden Vorgänge beachtet und dabei herz- und kreislaufphysiologisch hochbedeutsame Erkenntnisse gewonnen. Der erste, der das

---

[1] Siehe dazu S. 274, 278.

Zustandekommen einer systolisch wirksam werdenden Saugkraft des Herzens klar beschrieb, war der Rostocker Anatom HENKE (1872): „Offenbar ist es gerade die Gegend der Herzostien, welche mit der Systole und Diastole der Ventrikel ihre Lage in der Brust wesentlich ändert. Mit der Abwärtsbewegung der Basis ... wird ... der Raum für die Venen und Vorhöfe größer und werden ... nun die letzteren in ihrer Diastole den so gewonnenen Raum ausfüllen. Wenn sich aber ... bei der Diastole der Ventrikel die Basis wieder hebt, ziehen sich die Vorhöfe auch wieder zusammen ...." Diese grundlegende Erkenntnis von dem *systolischen Tieferrücken* der *Vorhofkammergrenze*, die Graf SPEE so treffend als Ventilebene bezeichnete, fand er auf Grund von mit LUDWIG gemeinsam ausgeführten Tierversuchen und beim Vergleich von Herzen mit und ohne Totenstarre. Unter den älteren Autoren weist dann besonders auch ROLLET in HERMANNs Handbuch der Physiologie (1880) darauf hin und bemerkt, daß die Erscheinung sowohl am Froschherzen wie am Säugerherzen zu beobachten ist. Auch er erkannte, daß „die Erscheinung für die Beurteilung der Wirkungsweise des Pumpwerks von der größten Bedeutung ist". Er ist der Ansicht, daß durch das systolische Herabsteigen der Atrioventrikulargrenze das Blut in die Vorhöfe angesogen wird, wobei die Lungen die Konstanterhaltung der äußeren Kontur der Vorhöfe mit Hilfe ihres elastischen Zuges besorgen.

Auf Grund von Beobachtungen an Kaltblütern (durchsichtigen Molchlarven) kommt schließlich BENNINGHOFF zu der Schlußfolgerung, daß die Verschiebung der Ventilebene ein allgemeiner Funktionstyp zu sein scheint[1].

---

[1] Es ist nicht uninteressant, der Geschichte dieser Frage etwas näher nachzugehen. Schon 1843 behauptete PURKINJE, daß sich bei jeder Kontraktion die Basis der Herzkammer bis zu ihrer Spitze vorschöbe, wodurch das Blut in die Vorhöfe angesogen würde. Diese Feststellung fand offenbar damals Zustimmung, denn wir finden sie bereits im Lehrbuch der Physiologie des Berner Physiologen VALENTIN (1847). Bestätigungen dieser systolischen Aspiration lieferten Versuche von WEYRICH (1851) und NEEGA (1853). 1872 gab dann HENKE seine oben erwähnte ausführliche Beschreibung und ROLLET geht in HERMANNs Handbuch der Physiologie 1880 ausführlich darauf ein. In jener Zeit, über deren Fortschritte das HERMANNsche Handbuch berichtete, war die systolische Saugwirkung offenbar anerkannt und ging später vielfach verloren, obwohl sie der erwähnten Reihe von Autorennamen KEITH (1908); Graf SPEE (1909); MACKENZIE (1909); GARTEN (1916) und WEBER (1913) anschlossen. Eine indirekte Ableitung der systolischen Förderwirkung gab W. STRAUB (1928) in Anknüpfung an Modellversuche von MORITZ (1928). Dieser hatte am Modell des menschlichen Herzens gezeigt, um welchen Betrag sich im Röntgenorthodiagramm die Herzgrenzen verschieben müssen, wenn sich die Ventrikel in allen Richtungen annähernd gleichmäßig zusammenziehen würden. Bei einem Schlagvolumen von 50—60 cm³ war mit dieser Voraussetzung eine systolische Verschiebung erforderlich, die an dem gut zu beobachtenden linken Rand 10 bis 16 mm hätte betragen müssen. Bei einem Schlagvolumen von 170 cm³ wäre sogar eine Verschiebung von 18—28 mm notwendig. In Wirklichkeit können aber derartige Ausschläge nie beobachtet werden. Daraus folgerte STRAUB: Die Verkürzung kann nicht in allen Richtungen gleichmäßig erfolgen, sondern wirkt hauptsächlich in der Längsrichtung, weil sie innerhalb des Herzschattens den gewöhnlichen Beobachtungsverfahren unzugänglich bleibt. Diese Verkürzung in der Längsrichtung begünstigt die Vorhoffüllung, weil „die Kammerbasis wie der Stempel einer Spritze aus den Vorhöfen herausgezogen" wird. Zu erwähnen ist in diesem Zusammenhang besonders ein älterer experimenteller Befund von BURTON-OPITZ (1910), nach dem bei Tier die stärkste Vermehrung des venösen Zustroms während der Systole erfolgt, erwähnenswert vor allem deshalb, weil es sich hier um eine direkte Messung der venösen Zustromänderung in der Herzperiode handelt, die allerdings mit der HÜRTHLEschen Stromuhr, mit einer hierfür theoretisch noch unzulänglichen Methode, unternommen wurde. BURTON-OPITZ fand dabei, daß das Durchflußvolumen der Jugularis während der Systole sich zu dem der Diastole wie 1,89:0,17 verhält. Danach wäre also in der Tat so gut wie der gesamte venöse Zustrom, der den arteriellen Abstrom ergänzt, am Ende der Ventrikelsystole vollendet. Schließlich ist auch HAMILTON (1930) auf Grund einer Analyse kardiopneumatischer Druckkurven zu einem solchen Ergebnis gekommen. Auch Volumregistrierungen mit Seifenlamellen wurden von HAMILTON unternommen, allerdings keine Kurven wiedergegeben. Auch HAMILTON diskutierte dabei die Möglichkeit einer Schlagvolumregistrierung und kommt zu dem Schluß, daß der Lufteinstrom während der Systole nur

In diesem Zusammenhang ergibt sich auch eine Betrachtung über den Füllungsmechanismus und die Bedeutung der *Herzohren*. ,,Was der systolische Herzteil an Raum freigibt, das besetzt automatisch und zwangsläufig der diastolische Herzteil. So ist es nicht möglich, daß z. B. das rechte Herzohr für sich kontrahiert und damit die Nische eröffnet, in der es liegt. Das Herzohr verhält sich so, als ob es mit der Ventrikelbasis und der Aorta verklebt wäre. Wenn die Nische durch Senkung der Kammerbasis sich vergrößert, dann muß das Herzohr den Kontakt mit seiner Umgebung behalten und daher voll Blut gegossen werden, um den vergrößerten Raum auszufüllen [d. h. mit anderen Worten, die Herzohren schlüpfen in den durch die Ventrikelkontraktion freien Raum und helfen so, die äußere Kontur des Herzens weitgehend konstant zu halten (BÖHME)]. Die Herzohren sind geradezu die Lückenbüßer für die tiefe Nische zu beiden Seiten mit der großen Arterienstämme. Sie stellen eine vorzügliche Raumausnutzung dar und geben dem Herzen eine geschlossene Oberfläche" (BENNINGHOFF).

In der röntgenologischen Literatur findet man verhältnismäßig wenig Hinweise auf die Bewegungen der Ventilebene (SAUL, LAURELL, STUMPF, BAUMANN, STEFFENS). Besonders BÖHME hat 1933 beim verkalkten Annulus fibrosus der Mitralis gezeigt, daß sich die Ventilebene des Herzens entgegengesetzt der Herzspitze bewegt und so einen Pumpenstempel mit Ventil im Innern des Herzens darstellt, wobei die systolische Bewegung schneller vor sich geht als die diastolische Rückbewegung. Das Ausmaß der Bewegungen übertrifft alle anderen am Herzen sichtbaren Bewegungen einschließlich der Gesamtverkürzung im Längs- und Querdurchmesser bei weitem. Die Bewegung der Klappe beginnt bereits zu einer Zeit, wo die Verminderung des Ventrikelvolumens noch nicht deutlich wird, also anscheinend sofort mit oder nach Beginn der Anspannung. Besonders zu betonen ist in diesem Zusammenhang, daß so ausgiebige Ventilebenenbewegungen natürlich das Ausmaß der Konturänderungen des Herzens bei dem Wechsel zwischen Systole und Diastole erheblich vermindern müssen. So betont auch DIETLEN auf Grund röntgenologischer Beobachtungen die auffallende Bewegungsarmut der Gegend der Vorhöfe und die geringe Amplitude der Vorhofsystole.

Der entscheidende direkte Beweis für die systolische Ansaugung des Venenblutes gelang BÖHME nach Einführung der intravenös verabreichbaren Röntgenkontrastmittel (jodhaltiges Uroselektan und Perabrodil, Thorotrast u. a.). Die heroischen Selbstversuche von FORSSMANN (1931) müssen hier als Vorläufer und Anreger einer heute allgemein bedeutsam gewordenen Methode erwähnt werden[1]. BÖHME gelang mit Hilfe von Thorotrast die Aufsättigung des gesamten

---

ein sehr geringer ist, da in Wirklehkeit noch während der Systole ein starker Zustrom zu den oberen Hohlvenen einsetzt, so daß der Volumverlust im Thorax noch während der Systole ausgeglichen wird.

[1] Auf diesem ersten Selbstversuch von W. FORSSMANN (1929) beruht die 1941 von COURNAND ausgebaute Methode des *Herzkatheterismus*. Nach Freilegung der V. mediana cubiti wird ein modifizierter Ureterenkatheter, der an einen Kochsalzdauertropf mit Heparinzusatz angeschlossen ist (um Gerinnung zu vermeiden) durch die Venae basilica, subclavia und cava cranialis unter Röntgenschirmkontrolle bis in das rechte Herz und die A. pulmonalis eingeführt. Bei Vorhof- oder Kammerseptumdefekten gelingt es manchmal, in den linken Ventrikel, in die Venae pulmonales und sogar bis in die Aorta zu kommen und damit *Mißbildungen* durch Sondierung zu diagnostizieren. Durch ein angeschlossenes Druckmeßgerät mit elektrischer Transmission (erstmalig im Tierversuch durch SCHÜTZ, s. S. 284, 330) wird der Druck in den großen Gefäßen und in den verschiedenen Herzhöhlen gemessen, und außerdem werden Blutproben zur Bestimmung der Sauerstoffsättigung nach VAN SLYKE entnommen. Man kann ferner mittels Injektion von Kontrastmitteln durch den Katheter *Angiokardiogramme* einzelner Herzhöhlen oder Gefäße herstellen (s. S. 365) oder mit dazu eingerichteten Sonden *intrakardiale EKG* aufnehmen. Mit der Herzsondierung ist es möglich, die einzelnen Herzfehler oft sehr genau zu differenzieren. Aus den Unterschieden der Sauerstoffsättigung und durch die Registrierung abnorm verlaufender Druckkurven kann die Lage der arteriellvenösen Kurzschlüsse innerhalb und außerhalb des Herzens, an den großen Gefäßen, festgestellt werden. (Findet man z. B. in der A. pulmonalis einen erhöhten Sauerstoffwert bei gleichzeitig mäßiger Drucksteigerung, während in den Herzkammern die Sauerstoffsättigung die normalen venösen Werte zeigt, so spricht das für eine Beimischung von arteriellem Blut im Bereich der A. pulmonalis, also für einen offenen Ductus arteriosus. Findet man erhöhte

Kreislaufs, so daß Schattendifferenzen im Innern der Herzhöhlen nachweisbar wurden. Bereits bei Beginn des ersten Einfließens von Thorotrast, also vor Entstehen des eigentlichen ,,Kontrastblutes" läßt sich im röntgenkinematographischen Film (BÖHME-JANKER) die Abwärtsbewegung der gesamten Ventilebene mit Segel- und Taschenklappen während der Systole konstatieren. Gleichzeitig ergibt sich eine kammersystolische Kaliberverminderung beider Hohlvenen (daneben beim Tier eine Kalibervermehrung der Aorta in der Systole bis zu 10%). Den Schlußstein des Beweises lieferte dann die Methode, kleinste Portionen von Jodipinöl tropfenweise von der Halsvene einfließen zu lassen. Es wurden so die Bewegungen des Hohlvenenblutes röntgenologisch beobachtet und gefilmt. Nach voraufgegangenen Tierversuchen hat W. BÖHME in mutigen Selbstversuchen die Methode auch auf den Menschen übertragen, indem Jodipintropfen in die Armvene injiziert wurden, was bei 6 maliger Wiederholung ohne subjektive Beschwerden durchgeführt werden konnte. ,,Während der Diastole bewegt sich der Jodtropfen langsamer; anfangs ist die Geschwindigkeit während der Systole so groß, daß man Mühe hat, die Bewegung zu verfolgen." Die systolische Bewegung dauert doppelt so lang wie die diastolische und zeigt die größte Beschleunigung (6—10 fache Geschwindigkeit systolisch in der oberen Hohlvene gegenüber der diastolischen!). Man sieht also, daß zu einer Zeit, wo der *Ventrikel* sich verkleinert und seinen Inhalt auswirft und der *Vorhof* sich in Richtung auf den sich retrahierenden Ventrikel stark vergrößert, und wo die *Hohlvenen* eine Kaliberverminderung erfahren, gleichzeitig eine enorme zentripetale Beschleunigung des Inhalts der Hohlvenen auftritt (und zwar gleichgültig, ob sich der Thorax in Inspirations- oder Exspirationsstellung befindet oder ob die Lunge überhaupt noch einwirkt).

Der Vorgang der starken systolischen Ansaugung und der diastolischen Füllung findet also auch bei beiderseits breit geöffnetem Thorax statt, wenn also der Lungensog völlig aufgehoben ist. Die Meinung, daß die Lunge, weil sie die äußere Form des Herzens konstant hielte, doch letzten Endes den Rückstrom zum Herzen gewährleiste, ist nach den Feststellungen BÖHMEs wohl nicht aufrechtzuerhalten. Der Lungensog kann wohl den Rückfluß des Venenblutes verstärken, er ist jedoch hierzu nicht allein erforderlich und würde wohl auch kein genügender Sicherheitsfaktor sein. Sollte die vorhandene diastolische Blutbewegung in den Hohlvenen teilweise oder auch vorwiegend durch den Zug der Lungen hervorgebracht oder begünstigt werden, so ergibt sich doch aus dem Vergleich der Größen beider Geschwindigkeiten auch das Verhältnis der für den Rückstrom des Blutes in den Hohlvenen gleichzeitig von seiten des Herzens und von seiten der Lungen wirksamen Kräfte. Nach den weiteren Beobachtungen BÖHMEs bremst die Lunge die Bewegungen des Herzens, denn bei Aufhebung der Adhäsion der Lunge am Perikard (Ablösung der Pleurablätter voneinander, Pneumothorax) tritt das sog. Herzschleudern auf, wobei das Ausmaß der Bewegungen des Herzens bei weitem das übertrifft, was ohne Pneumothorax sichtbar war. Daraus ergibt sich weiter, daß der *Herzbeutel* an sich wohl keine ausschlaggebende Rolle bei der Konstanterhaltung der Herzfigur (innerhalb der normalen Herzexkursionen) haben kann, wie ja auch die Ansicht

---

Sauerstoffwerte in der rechten Kammer und in der Art. pulmonalis bei gleichzeitiger Drucksteigerung, so kann damit auf einen Ventrikelseptumdefekt geschlossen werden. Ist die Sauerstoffsättigung bereits im rechten Vorhof erhöht, so spricht das für einen Vorhofseptumdefekt. Findet man einen erheblich gesteigerten Druck im rechten Ventrikel und einen verminderten in der Art. pulmonalis, ohne daß die Sauerstoffwerte des Blutes verändert sind, so liegt eine Pulmonalstenose vor. Ist jedoch dabei die Sauerstoffsättigung in der rechten Kammer und in der Art. pulmonalis erhöht, so haben wir es mit einer Pulmonalstenose plus Kammerseptumdefekt zu tun (FALLOTsche Tetralogie). Durch Bestimmung der Sauerstoffsättigung des Blutes im rechten Herzen und in einer Arterie bei gleichzeitiger Messung der Sauerstoffaufnahme ist es möglich, das *Schlagvolumen* des Herzens und die Größe der Lungendurchblutung (FICKsches Prinzip) zu berechnen. Modifizierte Formeln zur Berechnung wurden von COURNAND und Mitarbeiter angegeben. Eine weitere Methode zur Berechnung des Schlagvolumens besteht in der Injektion eines indifferenten Farbstoffes (z. B. Evans blue) durch den Katheter in das rechte Herz bei gleichzeitiger Abnahme von zahlreichen Blutproben in Sekundenabständen aus der Art. brachialis. Aus dem Farbstoffgehalt der einzelnen Blutproben läßt sich das Schlagvolumen berechnen. (Lit. bei R. KRÄMER.) (S. 373).

vertreten wird, daß der elastische Zug der Lungen auf das Herz wirkt, als ob der Herzbeutel überhaupt nicht vorhanden wäre. Der Herzbeutel, dem HAUFFE eine so überragende Bedeutung für die Konstanterhaltung der äußeren Herzfigur zuschreibt, scheint also danach nicht das Entscheidende zu sein (BÖHME).

Damit war der endgültige Beweis eines erheblichen aktiven Anteils des Herzens an der Förderung des Venenblutes erbracht oder mit anderen Worten, daß der Ventrikel zugleich als Druck- und Saugpumpe wirkt (BÖHME). Die Bedeutung dieses im Herzen selbst gelegenen Mechanismus liegt auf der Hand. Bei der Öffnung der Segelklappen findet das Herz eine größere Menge Blut in den Vorhöfen vor, als wenn der Zustrom erst durch die Öffnung der Ventrikelräume bewirkt würde, die Auffüllung der Ventrikel kann rascher, schlagartig erfolgen. Auch bei plötzlicher Frequenzsteigerung wird sich noch genügend Blut in den Vorhöfen finden, noch bevor sich die Vis a tergo und die sonstigen Mechanismen auswirken können, so daß das Schlagvolumen nicht etwa plötzlich durch Leerlaufen der venösen Seite stark absinken kann (wie z. B. beim VALSALVAschen Versuch!). Damit rückt auch das Herz erneut mehr in das Zentrum therapeutischer Bemühungen bei Erkrankungen des Herz-Kreislaufapparates.

Noch auf einem anderen Wege wurde etwa gleichzeitig mit den Untersuchungen von BÖHME der systolische Zustrom zum Herzen infolge der Senkung der Ventilebene — allerdings mehr auf indirektem Wege — zu erweisen versucht. Es handelt sich um die Wiederaufnahme eines alten VOITschen Versuches mit verbesserter Methodik durch HOLZLÖHNER, um die Registrierung der Luftbewegungen, die synchron mit der Herztätigkeit in den oberen Luftwegen auftreten und die sich beim Menschen schon mit verhältnismäßig einfachen Mitteln nachweisen lassen, die sog. „kardiopneumatischen Bewegungen" oder kurz der *Atempuls*. (Da wir ganz allgemein *alle* durch die rhythmische Herzaktion bedingten Veränderungen — sei es Druck, Volumen, Geschwindigkeit usw. — als Puls bezeichnen, ist diese Benennung durchaus gerechtfertigt). Letztlich handelt es sich dabei um die Füllungsänderungen des Brustraumes während der Herzaktion, d. h. Veränderungen der Blutfüllung, die durch den Unterschied zwischen dem arteriellen Blutabstrom (Lufteinstrom) und dem venösen Blutzustrom (Luftabstrom) während der Herzperiode entstehen.

Die ersten Beobachtungen gehen zurück auf BUISSON (1861), der sah, daß bei offener Stimmritze während der Herzaktion ein Lufteinstrom erfolgte. Unabhängig von ihm stellte C. VOIT (1865) an den für Respirationsapparate damals benutzten MÜLLERschen Wasserventilen bei offener Stimmritze während der Ventrikelsystole eine Druckverminderung fest. Geschwindigkeitsänderungen des Atempulses wurden erstmalig von LANDOIS (1876) mit dem Flammentachographen aufgenommen.

Alle Untersucher stellten als Hauptmerkmal der Kurven eine steile inspiratorische Bewegung während der Kammersystole fest, die langsam wieder zur Nullinie zurückkehrt. Meinungsverschiedenheiten traten nur darüber auf, ob diese Schwankung ausschließlich durch die Volumverminderung im Brustraum während der arteriellen Blutaustreibung verursacht wird oder ob sie bereits mit dem Beginn der Anspannungszeit (der ersten Erhebung des Spitzenstoßes) beginnt (MOSSO, CERADINI, LANDOIS, MARTIUS). Die Erörterung, wie weit neben Blutvolumänderungen im Brustkorb auch Formänderungen des Herzens am Atempuls beteiligt sind, hat ihre besondere Bedeutung. Schon C. VOIT hatte es als möglich hingestellt, durch die Erfassung des während der Systole einströmenden Luftvolumens annähernd das Schlagvolumen des Herzens zu bestimmen, da der weitaus größere Teil der ausgetriebenen arteriellen Blutmenge durch eine entsprechende Luftmenge ersetzt werde. Diese Hoffnung gründete sich auf der Voraussetzung, daß während der eigentlichen Austreibungszeit nur ein geringer bzw. kontinuierlicher Blutstrom durch die Hohlvenen zum Herzen stattfindet

(Voit, Ceradini, Cremer, Matthes und Wiedemann, Klewitz, Hamilton). Mit der grundlegenden Änderung der Auffassung vom venösen Zustrom während der Herztätigkeit war die Möglichkeit einer Schlagvolumenmessung in Frage gestellt; — schon H. Straub folgerte aus seinen Feststellungen über die Änderung des Gesamtvolumens im Brustkorb, daß der Plan, mit Hilfe der kardiopneumatischen Bewegungen annähernd das Schlagvolumen zu bestimmen, nie zum Ziele führen könnte —; durch die genauere Untersuchung des Atempulses gab sich aber dafür andererseits die Möglichkeit, den Veränderungen des venösen Zustroms während der Herzperiode nachzugehen.

Holzlöhner schuf die geeigneten Apparate zur Aufzeichnung des Geschwindigkeitspulses der Luftbewegungen, einmal in Anlehnung an Anreps Hitzdrahtdüse (zur Untersuchung der Coronardurchblutung) das Hitzdrahtanemometer, bei dem die Luftgeschwindigkeit durch die Abkühlung eines elektrisch geheizten Drahtes als Widerstandsänderung dieses Drahtes in einer Wheatstone-Schaltung gemessen wurde. Empfindlichkeit und Einstellungszeit sind ausreichend, sein Nachteil ist die Richtungsunabhängigkeit (d. h. zwei Luftstöße von entgegengesetzter Richtung geben gleiche Ausschlagsrichtung). Gerade dieser Nachteil ist für die vorliegende Frage (Lufteinstrom!) wesentlich, deshalb wurde in Anlehnung an die Verwendung von Quarzfäden zur Aufzeichnung von Luftströmungen durch E. Schmidt (1930) ein Quarzfadenanemometer (mit einseitig eingespanntem Quarzfaden) von Holzlöhner (1932) zur richtungsabhängigen Aufzeichnung von Geschwindigkeitspulsen verwendet und schließlich von Umpfenbach und Holzlöhner (1932) ein Saitenanemometer (mit an beiden Enden eingespanntem Quarz- oder Platinfaden) konstruiert, zu dem ein Einthovensches Saitengalvanometer umgebaut wurde, in dem der Raum der Saite zu einem Windkanal umgewandelt wurde.

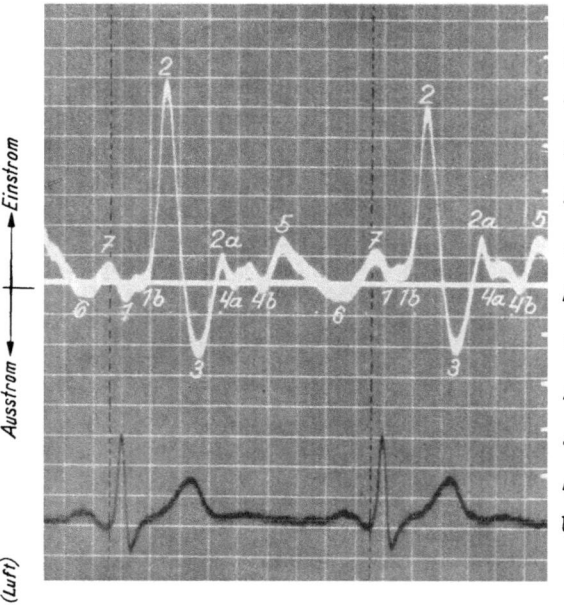

Abb. 139. Saitentachogramm. Vp. sitzend, in bequemer Haltung (leichte Ausatmungsstellung). Ord. 0,1 sec. (Nach E. Holzlöhner)

Abb. 139 zeigt die Grundform des Atempulses als Saitentachogramm. Ohne an dieser Stelle auf die Bedeutung der einzelnen Zacken im einzelnen einzugehen, sei bemerkt, daß die wesentlichen Merkmale dieser Geschwindigkeitskurve die beiden entgegengesetzt gerichteten Zacken 2 und 3 sind, die beide, wie der Vergleich mit dem EKG zeigt, in die Austreibungszeit der Kammern fallen. Die Spitze von 1 und der folgende Anstieg von 2 entspricht den zu erwartenden Volumänderungen im Brustraum. Der Punkt 1, in dem der Lufteinstrom beginnt, liegt in der Herzperiode dort, wo der erste Abstrom des arteriellen Blutes aus der oberen Thoraxapertur zu erwarten ist. Dagegen ist die Zacke 3 nur zu erklären, wenn man annimmt, daß im zweiten Teil der Austreibungszeit eine starke Beschleunigung des venösen Zustroms zum Brustraum stattfindet. Es ergibt sich also, daß nicht, wie die Mehrzahl der älteren Untersucher meinte, der systolische Teil hauptsächlich Lufteinstrom und der diastolische Teil hauptsächlich Luftausstromvorgänge zeigt, sondern daß ebenso, wie sich in dem systolischen Teil starke Luftausstromvorgänge bemerkbar machen, im diastolischen Teil inspiratorisch gerichtete Luftströme vorkommen. Wenn also der Atempuls die Differenz vom Abstrom und Zustrom im Brustraum wiedergibt, dann spricht das nicht für einen venösen Zustrom, der während der Diastole einsetzt und sich gleichmäßig über diese erstreckt, sondern für einen Zustrom, der schon während der Systole stark beschleunigt wird und der im ersten Teil der Diastole stark verlangsamt werden kann (HOLZLÖHNER).

Gleichzeitig beschäftigten sich mit dieser Frage HITZENBERGER und HINTEREGGER (1932) unter Anwendung des FLEISCHschen Pneumotachographen, ebenso LUISADA (1928) und RUBINO mit Hilfe der FRANKschen Kapsel, weiter HOCHREIN und Mitarbeiter mit dem von HOCHREIN entworfenen Pneumotachographen, mit denen sich HOLZLÖHNER kritisch auseinandersetzte. Bezüglich der Deutung der Geschwindigkeitskurve decken sich die Ansichten der Genannten im großen und ganzen mit dem oben gegebenen Erklärungsversuch (HOLZLÖHNER). Um Volumveränderungen während der Herzperiode genauer zu verfolgen, kann das Saitentachogramm integriert und in eine Volumkurve — am besten auf rechnerischem Wege — umgewandelt werden.

Schließlich hat 1938 E. HOLZLÖHNER zur direkten Aufnahme von Tachogrammen eine „Stromborste" konstruiert.

Es handelt sich um eine durch den Blutstrom mechanisch ausgelenkte Glasborste, die über einer Platinseele ausgezogen ist; gleichzeitig wird an der Meßstelle durch den Blutstrom ein Wechselstrom geschickt. Die bewegte Borstenspitze greift mit dem freien Ende der Platinseele ein Wechselstrompotential ab. Dies wird nach Verstärkung und Gleichrichtung aufgezeichnet und gibt ein Maß für die mechanische Auslenkung bzw. für die Blutstromgeschwindigkeit.

In der Vena jugularis des Hundes findet man so regelmäßig die starke systolische Beschleunigung des venösen Blutstromes, auf die HOLZLÖHNER aus der Analyse des Atempulses und den Arbeiten BÖHMEs geschlossen hatte. Sie steht im Zusammenhang mit der systolischen Abwärtsbewegung der Vorhofkammergrenze. Daß die Füllung und Spannung der Venenwand bei der Ausbreitung der systolischen Beschleunigung eine erhebliche Rolle spielt (evtl. Kollaps der Venenwand zentral von der Meßstelle, der die Auswirkung der systolischen Beschleunigung in die Peripherie verzögert bzw. vermindert!), zeigt die gleichzeitige Aufnahme der Atmung. Bei der Einatmung, also verstärkter Vorhof-Venenwandspannung, ist die systolische Beschleunigung stärker ausgebildet als bei der Ausatmung!

Kurz einzugehen ist noch auf die venösen Strömungsvorgänge, die sich im Vorhof- und intrathorakalen Venengebiet während der *Diastole* abspielen. Hier liegen

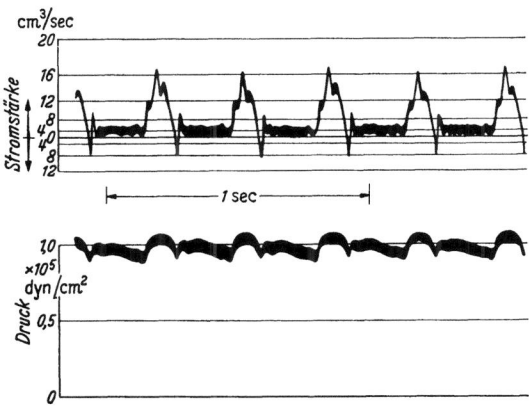

Abb. 140. Druck und Stromstärke in der Aorta ascendens des Kaninchens. (Nach PH. BROEMSER)

die Verhältnisse für eine Auswertung des Atempulses günstiger. Es kommt hier, wie die Aortentachogramme von FRANK und BROEMSER (s. Abb. 140) zeigen, mit dem Beginn des Aortenklappenschlusses zu einem kurzen und schnellen Rückstrom; dann aber sorgt die Windkesselwirkung der Aorta für einen gleichförmigen Fluß auf der arteriellen Seite. Der Atempuls zeigt aber dabei bestimmte Schwankungen, die weder mit Abstromveränderungen noch mit mechanischen Einflüssen (wie Zwerchfell- und Brustkorbpulsationen) erklärt werden können.

Lediglich eine scharfe Spitze (4a in Abb. 139) im Beginn des 2. Herztones ist auf den kurzen arteriellen Rückstrom zu beziehen, der einen Luftausstrom herbeiführen muß. Damit liegt es nahe, daß die besprochene systolische venöse Förderung auch den diastolischen Teil des venösen Zustroms beeinflussen kann. In dem Augenblick, in dem die Bewegung der Ventilebene langsamer wird, muß nach HOLZLÖHNER eine Druckwirkung auf die Vorhofkammergrenze (also die Segelklappen) und die Vorhofwände entstehen. Diese Druckwirkung wird die Eröffnung der Vorhofkammerklappen begünstigen. Nach deren Eröffnung kann sich die Druckveränderung nach dem Kammerinnern ausgleichen und zu einem beschleunigten Einstrom in die Kammern führen (R. OHM hat 1922 schon darauf hingewiesen.) Danach würde die Ventrikelfüllung im wesentlichen durch die „Umfüllung" des Blutes aus den Vorhöfen und den intrathorakalen Venen in die Kammern erfolgen, die als Nachwirkung der systolischen Beschleunigung sehr rasch nach dem Beginn der Erschlaffung der Kammern einsetzt.

Entsprechende Vorstellungen eines raschen Einstroms finden sich bereits bei der Theorie des gleich zu behandelnden Venenpulses [OHM (1922); WENCKEBACH und WINTERBERG (1927)]. Auch der III. Herzton (s. S. 344) weist darauf hin, da er nach den Untersuchungen von SCHÜTZ und LEONHARD durch einen raschen Aufprall des venösen Blutes auf die Kammerwand kurz nach Öffnung der Segelklappen entsteht (OHM). Auch STARLING sprach von einem "rapid inflow". Wir sahen oben, daß BÖHME an seinen Tieren mit Kontrastblut beobachtete, daß tatsächlich das Blut im Augenblick der Segelklappenöffnung wie aus einer Düse in die Kammern schoß.

So sorgt die Verschiebung der Vorhofkammergrenze für eine frühzeitige Füllung von Vorhöfen und Kammern und macht diese Füllung weitgehend unabhängig von der Dauer der Diastole, was bei Frequenzerhöhungen (auf Kosten der Diastole!) dem Minutenvolumen zugute kommt. Verstärkungen und Abschwächungen der Kammersystole (inotrope Einflüsse) wirken sich unmittelbar auf das Schlagvolumen aus (Mehrförderung bei verstärkter Herzaktion!), eine Kreislaufregulierung, die wegen ihrer Schnelligkeit des Eintretens neben der über die Blutspeicher und Venomotoren nicht vergessen werden darf.

Es sei hier nochmals kurz eingegangen auf die besondere Wirkung des Lungenzuges (s. S. 274), für die PFUHL (1936) sehr eintrat und in ihm den wichtigsten Vorgang für die venöse Förderung des Herzens sah. Da die Randpulsationen im Röntgenbild sehr gering sind (s. Fußnote, S. 272) und um diesen Betrag der Lungenzug nur wirken kann, kann in der Diastole der Lungenzug auch nicht den wesentlichen Anteil an der venösen Blutförderung tragen. Dagegen hat er Bedeutung für die Wandspannung von Vorhöfen und Venen und kann den Ablauf der systolischen Beschleunigung in den Venen beeinflussen (s. S. 277).

Die Vis a tergo, d. h. der höhere Druck in den peripheren Venen, wird zwar an der Blutförderung auf der letzten Venenstrecke mitwirken, aber ein wesentlicher Teil an dieser Förderung wird der systolischen Beschleunigung zukommen, die sich weit in den diastolischen Teil des venösen Zustroms auswirkt. Nach deren Abklingen wird der venöse Druck durch Rückfluß aus der Peripherie allmählich wieder ansteigen und eine neue, wenn auch nicht sehr ausgesprochene Vermehrung des Venenstromes am Ende einer langen Diastole möglich sein (HOLZLÖHNER). In besonderen Fällen wird die Füllung natürlich auch durch den venösen Druck erfolgen, besonders bei offenem Brustkorb oder beim Pneumothorax. Hier ist zwar auch noch eine Verschiebung der Ventilebene vorhanden (BÖHME), aber die Vorhöfe sind nicht durch den Lungenzug angespannt, sie geben der Bewegung der Ventilebene nach. Damit wird eine Umstellung auf stärkere Druckfüllung erfolgen müssen.

Schon jetzt sei kurz eingegangen auf die Bedeutung dieser Vorstellungen für die Herzarbeit (s. S. 375, 376). Die eigentliche Herzarbeit bleibt dabei die Druckvolumenarbeit, die von den Kammern dadurch geleistet wird, daß das Schlagvolumen gegen den Druck in den Arterien gehoben wird. Gegenüber dieser Arbeit tritt schon auf der Arterienseite die Strömungsarbeit zurück, die darin besteht, daß dem Schlagvolum eine bestimmte Beschleunigung erteilt wird. Ähnliches gilt für die hier behandelte venöse Beschleunigung. Sie tritt ohne eine erhebliche Mehrbelastung des Herzens ein!

Aus den bisher gewonnenen Erkenntnissen ergibt sich leicht ein Verständnis der klinisch so wertvollen Aufzeichnung des *Venenpulses*, wenn man sich gleichzeitig klar wird über das Wesen dieser an der Vena jugularis feststellbaren pulsatorischen Schwankungen. Es handelt sich dabei *nicht*, wie vielfach angenommen wurde, um fortgeleitete Druckschwankungen des rechten Vorhofs. Der Venenpuls ist vielmehr Ausdruck der Füllung der Vene, also ein *Volumenpuls*, was bei der Nachgiebigkeit der Venenwände einleuchtend ist (RIEGEL, 1881). Jedes Abflußhindernis wird eine Stauung, also eine Aufwärtsbewegung der Kurve bedeuten, jede Abflußerleichterung eine Abwärtsbewegung der Kurve, eine Entleerung der Vene, anzuzeigen. Diese Volumenschwankungen sind so gut wie ausschließlich vom Herzen her bedingt. Die Registrierung des Füllungszustandes der Vene gibt so unmittelbar und eingehend Aufschluß über die Funktion des Herzens, wie kaum eine andere graphische Methode (K. F. WENCKEBACH, A. WEBER). Die vor der Ära der Elektrokardiographie so viel angewandte Methode der Venenpulsschreibung verdient auch heute noch viel mehr klinisch herangezogen zu werden, als das der Fall ist, zumal die Elektrokardiographie, wie wir gesehen haben, ganz andere Seiten der Herztätigkeit erfaßt.

Zur Registrierung des Venenpulses wurden verschiedene Wege eingeschlagen. Im Prinzip genügt eine MAREY-Kapsel, die mit einer FRANKschen Herztonkapsel verbunden wird; Entstellungen treten natürlich leicht auf, wenn die MAREY-Kapsel auf die Vene drückt. OHM führte deshalb die photographische Venenpulsregistrierung in die Klinik ein (Winkelhebel mit Spiegelchen). Am besten sind natürlich Methoden, bei denen gar keine Rückwirkung auf die Vene stattfindet, was am besten dadurch erreicht wird, daß ein Lichtkegel den Hals in der Jugularisgegend gerade streift (PARKINSON) und der Schatten der Vene photographisch registriert wird. Besondere Stative und ein Venenpulsbett nach OEM (flache Lagerung des Patienten auf dem Rücken, Kopf oberhalb davon auf einer besonderen Stütze, so daß der Hals frei zugänglich ist) erleichtern die Aufnahme. Noch bequemer ist es wegen der größeren räumlichen Unabhängigkeit vom Registriersystem, den Schatten der Vene auf eine Photozelle fallen zu lassen (COLLATZ-WEBER) und so photoelektrisch zu registrieren. Die beste Ableitungsstelle liegt rechts am Hinterrand des M. sternocleidomastoideus[1].

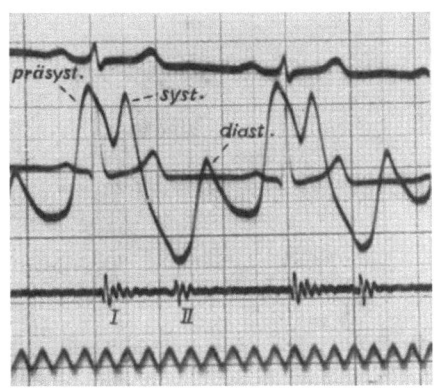

Abb. 141. Normaler Venenpuls. (Nach A. WEBER)

Abb. 141 zeigt eine so gewonnene normale Venenpulskurve vom Menschen. Die *erste präsystolische oder a-Welle* (atrium!) zeigt eine Volumvermehrung (Stauung) in der Vene an. Die wesentliche Ursache ist offenbar die Erschwerung der venösen Entleerung der Vene zur Zeit der Vorhofkontraktion. Zeitlich erscheint sie mit geringer Verspätung nach der Vorhofsystole, bei isolierten Vorhofschlägen (Block) tritt sie ebenfalls isoliert auf und bei ventrikulären Extrasystolen fehlt sie, so daß die ursächliche Beziehung zur Vorhofkontraktion sicher ist. Bei einem erheblichen Rückfluß von Blut in die Vene, bei der Vorhofpfropfung (S. 281), wird diese Welle viel größer und steiler, wenn wirklich Blut in nennenswerter Menge in die Hohlvenen regurgitiert.

Der a-Welle folgt ein steiler Anstieg, der zu derselben Zeit beginnt wie die Carotispulsation in der gleichen Entfernung vom Herzen. Darum ist diese

---

[1] Näheres in der kürzlich (1956) erschienenen Monographie von R. ALTMANN.

systolische oder c-Welle (*Carotis*!) auf übertragene Pulsationen der benachbarten Carotisarterie zu beziehen (MACKENZIE, A. WEBER). (Nach Abklemmung der A. anonyma tritt diese Welle kleiner und verspätet auf, es handelt sich dann um den fortgeleiteten Aortenpuls.) Wäre die systolische Welle, wie angenommen wurde, auf den Tricuspidalklappenschluß zu beziehen, so dürfte die Abklemmung der A. anonyma den Venenpuls nicht verändern. Auch geht die bei Tricuspidalinsuffizienz mit Beginn der Systole auftretende Insuffizienzwelle (s. S. 281) der systolischen Welle voraus und ist deutlich von ihr abgegrenzt (A. WEBER).

Nach dieser c-Welle kommt es zu einem eindrücklichen Ereignis in den Füllungsänderungen der Vene, dem *systolischen Kollaps, meist mit x bezeichnet*. Am Ende des ersten Drittels der Systole, unmittelbar nach dem Maximum der systolischen Welle (und der Carotispulsation), stürzt die Venenpulskurve zügig und rapide abwärts und zeigt höchstens unmittelbar vor ihrem Minimum eine kleine Verzögerung. Der tiefste Punkt liegt normalerweise (Horizontallagerung der Vp.!) etwa $1/50$ sec nach Beginn des II. Herztons. Es ist hier natürlich die Fortpflanzungsgeschwindigkeit der Venenwelle zu berücksichtigen, befinden wir uns doch bei der Venenpulsaufnahme etwa 25 cm vom Herzen entfernt. Nimmt man 4—5 m/sec an, so kommt man auf eine Verspätung um $1/20$ sec. Berücksichtigen wir noch die Zeitangabe von H. STRAUB, daß $1/35$ sec vor dem Beginn des arteriellen Klappenschlußtons kein Blut mehr den Ventrikel verläßt (s. S. 292), die eigentliche Systole also beendet ist, so kommt man zu einer recht guten Übereinstimmung der Zeitangaben. Jedenfalls ist es durchaus plausibel, daß ein am Bulbus der V. jugularis kurz nach Beginn der Diastole feststellbarer Vorgang am Herzen selbst noch innerhalb der Systole auftritt (A. WEBER).

Nach den oben gemachten Ausführungen kann kein Zweifel darüber sein, daß eine wesentliche Ursache dieses systolischen Kollapses der Vene die kammersystolische Ansaugung des Venenblutes ist. [MACKENZIE, der ausgezeichnete Interpret des Venenpulses, führte drei Ursachen an: 1. die Erschlaffung des Vorhofs nach seiner Systole und 2. die Vergrößerung des Vorhofraumes durch die Kammerkontraktion und 3. die Erniedrigung des intrathorakalen Druckes, die dadurch zustande kommt, daß der Kammerinhalt den Brustraum verläßt.] Auch STRAUB, DONDERS, FRANK und HESS führten bereits die Saugwirkung der Kammerbasis an. BÖHME zeigte ja, daß die Basissenkung weitaus die ausgiebigste Bewegung des Herzens während der ganzen Systole ist und daß die Vorhöfe dabei keine konzentrische Verkleinerung zeigen (offenbar infolge des Lungensogs). An der Saugwirkung der Kammersystole durch die Basissenkung kann wohl auch kein Zweifel sein. A. WEBER betonte aber dabei, daß wohl nicht nur die Basissenkung (direkte Saugwirkung), sondern auch die Inhaltsverminderung des Thoraxraumes zu Beginn der Systole erheblich an der systolischen Beschleunigung des Venenblutstroms beteiligt ist (indirekter Saugwirkung). Es ist ja auch eine physikalische Notwendigkeit, daß die beschleunigte Inhaltsverminderung des Thoraxraumes zu Beginn der Austreibungszeit den Venenblutnachstrom beschleunigt. Für die Blutmenge, die aus dem Brustraum herausgeschleudert wird, muß Ersatz geschaffen werden; das bewirkt die kardiopneumatische Bewegung bei offener Glottis und die Entleerung der Halsvenen. Nach dieser Auffassung ist es also vorwiegend die Kraft des *linken* Ventrikels, die gleichzeitig arterielles Blut aus dem Thorax heraustreibt und venöses hineinsaugt (A. WEBER). Daß, wie BÖHME hervorhebt, die Venenblutbeschleunigung in Herznähe am stärksten ist und bei Eröffnung der Pleurahöhlen weiter besteht, braucht nicht gegen diese Auffassung von A. WEBER zu sprechen, sondern beweist nur, daß auch ohne den Lungensog den Vorhöfen eine gewisse Formelastizität zukommt. Besteht diese aber, so muß die systolische Beschleunigung des Venenstroms nahe am Herzen am größten sein.

Nach dem arteriellen Klappenschluß folgt noch die *diastolische* oder *d-Welle*, deren Gipfel in etwa $^1/_{10}$ sec erreicht wird. Im Anstieg sieht man häufig die fortgeleiteten Schwingungen des II. Tones. Der Abfall erfolgt bedeutend langsamer als der systolische Kollaps und geht dann mehr oder weniger steil in die präsystolische Welle des nächsten Herzschlags über. Am Ende der Austreibungszeit überwiegt an den Pforten des Thoraxraumes der venöse Zufluß den arteriellen Abstrom; es tritt daher rasch eine zunehmende Füllung vom rechten Vorhof und den herznahen Venen ein. Der Anstieg der d-Welle ist Ausdruck der zunehmenden venösen Füllung im rechten Vorhof und den herznahen Venen, zu dieser Zeit sind ja alle Klappen des Herzens geschlossen (Entspannungszeit). Mit Öffnung der Tricuspidalklappe (Gipfel der Kurve!) stürzt Blut in den Vorhof, und damit strömt Blut aus der Vene ab (absteigender Schenkel der d-Welle, auch diastolischer Kollaps genannt). Der nachfolgende Anstieg ist Ausdruck einer Stauung in den herznahen Venen, weil die Kammerfüllung schon so weit fortgeschritten ist (s. S. 291). Damit wird zugleich deutlich, worauf noch zurückzukommen sein wird, daß die Vorhofkontraktion nicht die Füllung der Kammer besorgt, sondern gewissermaßen am Ende der Füllungszeit nur noch einmal „nachdrückt".

Diese Erklärung des Venenpulses zeigt, wie einfach er zu verstehen ist, wenn man davon ausgeht, daß er seinem Wesen nach ein Volumenpuls ist, und wenn man ihn in Beziehung zur *Herzaktion* setzt. Schon dadurch wird deutlich, welch tiefen Einblick er in diese zu geben vermag. Das sei an einigen pathologischen Fällen noch verdeutlicht. So sind *Stauungszustände* leicht und sicher an Veränderungen des systolischen Kollapses erkennbar, denn jede Erschwerung der systolischen Entleerung wird diesen verändern, zuweilen als Verzögerung in Form eines Buckels, meist als eine vorzeitige Beendigung des systolischen Kollapses schon vor Beginn des II. Tones (Verschlimmerungen und Verbesserungen von Stauungszuständen können so aus der sich verändernden zeitlichen Beziehung erkannt werden!). Experimentell läßt sich beim Menschen die Lage des II. Herztons zum Ende des systolischen Kollapses verändern durch Tieflagerung des Oberkörpers, bei der es bekanntlich zu einem Anschwellen der Halsvenen kommt. Tatsächlich fanden SCHÜTZ und LERCHE (1937) bei einer derartigen Schräglagerung der Vp. einen verfrühten und bei angehobenem Kopfende einen verspäteten systolischen Kollaps. Nach einiger Zeit kehrt das Ende des systolischen Kollapses bei Kreislaufgesunden zu annähernd dem gleichen Punkt zurück, der bei horizontaler Lage eingenommen wird, während SCHÜTZ und LERCHE bei einer Reihe von Kreislaufkranken fanden, daß der systolische Kollaps nach vollzogener Schräglagerung — sogar bei $^1/_2$stündiger Versuchsdauer — sein vorzeitiges Ende weiter beibehielt. Es wird Aufgabe weiterer Untersuchungen sein festzustellen, wieweit dieses Verhalten als eine Kreislauffunktionsprüfung ausgebaut werden kann.

Bei der *Mitralstenose* findet man typischerweise eine vergrößerte a-Welle (verstärkte Vorhoftätigkeit!) und eine verkleinerte c-Welle (kleines Schlagvolumen!) mit stark verfrühtem systolischem Kollaps infolge der Einflußbehinderung in die linke Kammer.

Den normalen Venenpuls hat man wegen des systolischen Kollapses in nicht ganz korrekter Weise einen „negativen" Venenpuls genannt. Das Bild ändert sich natürlich schlagartig, wenn die Tricuspidalklappe schlußunfähig wird. Infolge des Blutrückstroms durch die insuffiziente Klappe erscheint im Venenpuls eine neue Welle, die fast unmittelbar nach Beginn des I. Herztones, wesentlich früher als der Carotispuls, ansteigt. Diese neue, sog. *Insuffizienzwelle* ist also meist leicht von der eigentlichen systolischen Welle abzugrenzen, bei erheblicher Schlußunfähigkeit wird sie höher und steiler (Ä. WEBER), wir haben dann den für die Tricuspidalinsuffizienz charakteristischen „positiven" Venenpuls vor uns [zu einem Rückstrom von Vorhofblut kommt es während der Kammersystole, wie wir früher sahen, außerdem regelmäßig beim av-Rhythmus mit gleichzeitiger Tätigkeit von Vorhof und Kammer und gelegentlich beim totalen Herzblock (Vorhofpfropfung)]

IX. Die Druck- und Volumenkurven des Herzens und die Einteilung der Herzaktion

Durch die Stellungsänderungen der Herzklappen wird die Herzaktion in vier Phasen eingeteilt:

1. Anspannungszeit,
2. Austreibungszeit,
3. Entspannungszeit und
4. Füllungszeit.

Die Stellungsänderungen der Klappen hängen, wie wir bereits sahen, eng mit den Druckabläufen in Vorhof, Kammer und den großen Gefäßen zusammen. Ehe wir uns diesen im einzelnen zuwenden, sei das grundsätzliche Verhalten dieser Druckkurven durch die schematische Abb. 142 wiedergegeben. Besonders zu beachten ist dabei, daß die Vorhofkontraktion erst am Ende der Füllungszeit erfolgt (S. 281).

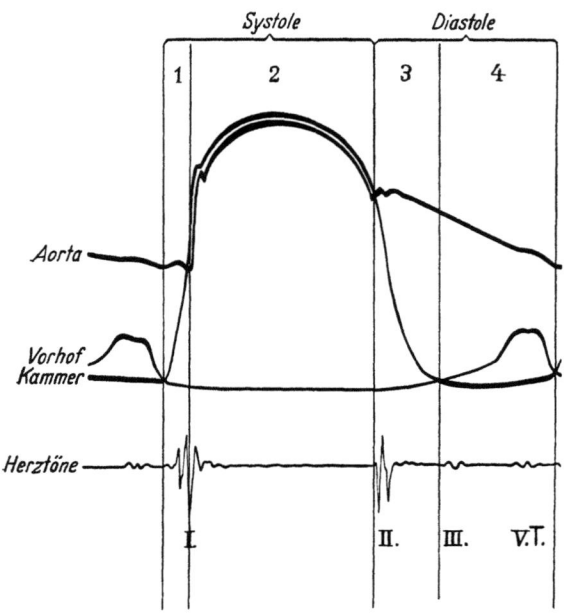

Abb. 142. Schema der Einteilung der Herzaktion (Nach E. SCHÜTZ) (vgl. Abb. 150)

Wir wenden uns zunächst dem genaueren Verhalten dieser Druckabläufe zu und betrachten zuerst den *Druckablauf in den Vorhöfen*. Die Kenntnis der Grundform des Druckablaufs im Vorhof verdanken wir in erster Linie den Untersuchungen von STRAUB, PIPER, GARTEN und WEBER. Von den älteren Untersuchern haben schon CHAUVEAU und MAREY (1863) mit Hilfe manometrischer Sonden durch Lufttransmission den Ablauf des Druckes in den Vorhöfen in den Grundzügen dargestellt. Doch ergab sich erst durch Anwendung empfindlicher und genügend schneller optischer und elektrischer Manometer die Möglichkeit, auch Einzelheiten des Vorhofdruckablaufes aufzuzeigen.

PIPERs Versuche wurden bei eröffnetem Thorax mit Hilfe des Troicartmanometers und optischer Registrierung ausgeführt und ergaben im ganzen eine Kurve des folgenden Typus (Abb. 143):

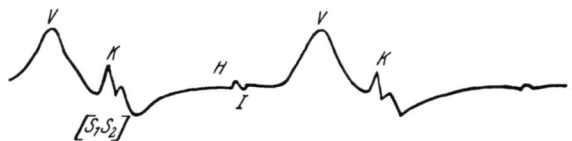

Abb. 143. Druckablauf im Vorhof bei eröffnetem Thorax nach PIPER; (Troicartmanometer und optische Registrierung) halbschematisch dargestellt von E. SCHÜTZ

Die Druckwelle V ist bedingt durch die eigentliche Vorhofsystole und ist nach PIPER häufig doppelgipflig. Am Fußpunkt des systolischen Druckanstiegs der Kammer entsteht die Schwingung K, die manchmal auch durch zwei Schwingungen ausgezeichnet sein kann und auf Schluß und Spannung der Atrioventrikularklappen bezogen wird. Diesen folgen die Schwingungen S_1 und S_2, die nicht immer nachweisbar sind und den Schwingungen S_1 und S_2 der Ventrikeldruckkurve in der Bezeichnungsweise PIPERs entsprechen sollen. Nach Ablauf dieser Schwingungen folgt ein langsames Ansteigen des Druckes im Vorhof durch die Neufüllung des Vorhofs mit Blut während der Systole des Ventrikels. Bei I liegen die der Incisur der Aorta entsprechenden Schwingungen, die dem Moment des Schlusses der Semilunarklappen entsprechen sollen. Mit der Ventrikelerschlaffung sinkt H allmählich ab, kann aber nach PIPERs Beobachtung auch bis zur nächsten Vorhofsystole horizontal verlaufen.

Unmittelbar vor PIPER hatte auch H. STRAUB den Druckablauf im Vorhof ebenfalls mit Hilfe des Troicartmanometers untersucht. Auch er fand eine starke positive Welle, und zwar meist als hohe Zacke mit rundem Gipfel ohne Ausbildung eines Plateaus. Danach fällt der Druck im Vorhof wieder ab und erreicht oft sogar wieder die Ausgangshöhe; namentlich im rechten Vorhof verbleibt er allerdings oft auf deutlich erhöhtem Wert. Nach STRAUB ist die Doppelgipfligkeit der Vorhofdruckwelle seltener als PIPER sie gefunden hat. Der Klappenschluß drückt sich auch in den STRAUBschen Kurven deutlich durch eine hohe, plötzlich ablaufende, spitze Zacke aus, die also der K-Welle PIPERs entsprechen würde und die STRAUB auf das Vorschleudern der gestellten Klappensegel gegen den Vorhof hin bezieht. Daran schließen sich einige feinere Schwingungen an, die als rasche Schwankungen des Vorhofdruckes um seine Gleichgewichtslage (Eigenschwingungen) gedeutet und mit dem ersten Herzton in Beziehung gesetzt wurden. (Die zwei von PIPER beschriebenen, der Klappenschlußzacke K nachfolgenden Schwingungen S_1 und S_2 konnten von STRAUB und anderen Autoren nicht als regelmäßige Erscheinungen festgestellt werden.) Anschließend daran steigt der Druck im Vorhof wieder an, und zwar nach STRAUB noch lange Zeit bis in die Kammerdiastole hinein. Die dem Schluß der Semilunarklappen entsprechenden Schwingungen wurden ebenfalls von H. STRAUB angedeutet dargestellt.

GARTEN und WEBER haben dann den Druckablauf im Vorhof nochmals mit gleichzeitiger Aufzeichnung des Elektrokardiogramms untersucht und gefunden, daß sich die bei geschlossenem Thorax aufgezeichneten Druckkurven des rechten Vorhofs von den bisher dargestellten im wesentlichen dadurch unterscheiden, daß sich an die atrioventrikuläre Klappenschlußzacke hierbei *eine wesentlich stärkere Drucksenkung anschließt als bei geöffnetem Thorax*. GARTEN und WEBER erklärten das dadurch, daß durch das Tiefertreten der Vorhofkammergrenze während der Kammersystole eine *Saugwirkung* auf den Vorhof ausgeübt wird, *die nur bei geschlossenem Thorax voll zur Wirksamkeit kommen kann* (s. auch S. 274 bei Venenpuls). Zu erwähnen ist in diesem Zusammenhang, daß 1908 auch schon FRANK und HESS einen sehr steilen Druckabfall im Vorhof nach der Vorhofsystole feststellten, den sie auf die Saugwirkung der Kammerbasis bezogen.

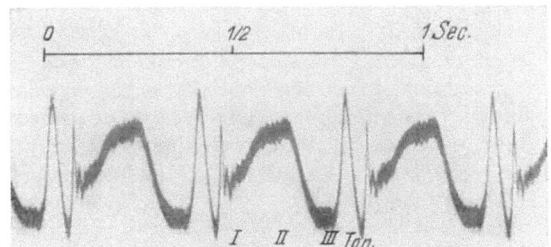

Abb. 144. Druckablauf im linken Vorhof (Katze) bei eröffnetem Thorax. (Nach H. STRAUB)

Im einzelnen gaben GARTEN und WEBER folgenden Verlauf der Vorhofdruckkurve an: mit Beginn der Kammersystole eine geringe oder auch größere Druckzunahme, dann — namentlich bei geschlossenem Brustkasten — eine steile Drucksenkung, deren Abfall noch vor der Eröffnung der Semilunarklappen beginnen kann. Gegen Ende der Austreibungszeit der Kammern steigt der Vorhofdruck wieder an und sinkt dann bei Kammerdiastole und der nun stattfindenden Öffnung der av-Klappen herab, um später, bis zum Beginn der nächsten Vorhofsystole, langsam zuzunehmen.

GARTEN und WEBER stellten also fest, daß für eine richtige Darstellung des Druckablaufs im Vorhof eine Registrierung bei möglichst normalen Kreislauf- und Atmungsverhältnissen erforderlich ist. GARTEN verwandte deshalb auch eine von der Vena jugularis aus eingeführte Kanüle. Aber gerade dadurch ergaben sich wiederum, wie GARTEN selbst ausführt, recht wechselnde Bilder, die durch die verschiedensten Faktoren beeinflußt wurden. GARTEN nennt als besondere Schwierigkeit, daß die Kanülenspitze an der Vorhofwand oder an den Klappen anlag, außerdem übertrugen sich oft die Oscillationen der großen Gefäße, die Aktion der Thoraxmuskeln und der Lungen auf die Vorhofwand. Dementsprechend zeigen auch die Kurven von GARTEN und WEBER in ihren Untersuchungen über die zeitlichen Beziehungen zwischen Elektrokardiogramm und Druckablauf im rechten Vorhof außerordentlich wechselnde Bilder. Es kommt zum Auftreten aller möglichen mehr oder weniger regelmäßigen Nebenwellen in den Druckkurven des Vorhofs. GARTEN hat dann versucht, durch Vergleich und Vernachlässigung aller dieser inkonstanten Nebenwellen den wirklichen Druckablauf im Vorhof herauszuarbeiten und dann einen im ganzen mit den bisher beschriebenen Kurven übereinstimmenden Grundtypus gefunden. Auch er stellt eine bisweilen doppelgipflige Welle fest, die der Vorhofsystole entspricht. Bei Beginn des Druckanstiegs im Ventrikel folgt ein kurzer Anstieg, der in scharfem Knick in einen steilen Abfall übergeht, also der Klappenschlußzacke STRAUBs und der K-Schwingung PIPERs entspricht. Es folgen dann nach GARTEN und WEBER ebenfalls, aber nicht ganz konstant, einige feine Oscillationen. Vor dem Schluß der Semilunarklappen kommt es dann wieder zu einem Druckanstieg, wobei sich der Semilunarklappenschluß durch kleine Zäckchen markiert (s. S. 293 und Abb. 152).

Es konnte also in den Untersuchungen von STRAUB, PIPER, GARTEN und WEBER der Druckablauf im Vorhof in seinen Grundzügen übereinstimmend klargestellt werden. Wenn wir das Gemeinsame der Befunde zusammenfassen, so ergibt sich das folgende Bild (TIGERSTEDT, WAGNER). Immer findet sich bei der Vorhofsystole als das hervorstechendste Merkmal eine ausgesprochene Drucksteigerung mit darauffolgender Drucksenkung (der erste Gipfel). An diese Drucksenkung schließt sich eine zweite, beträchtliche Drucksteigerung in Form einer rasch ablaufenden spitzen Zacke an, welche auf die Ausbauchung der geschlossenen Atrioventrikularklappen bei der Ventrikelkontraktion bezogen wird. Diese Drucksteigerung bedingt den zweiten, steilen Gipfel. Unmittelbar folgt eine tiefe Drucksenkung, bedingt durch das Tieferrücken der geschlossenen Atrioventrikularklappen. Nunmehr ist der tiefste Punkt der Kurve erreicht; indem sich die Vorhöfe mehr und mehr mit Blut füllen, tritt eine allmähliche Drucksteigerung ein, die bei Öffnung der Atrioventrikularklappen einer nochmaligen kleinen Drucksenkung Platz macht, so daß ein kleiner dritter Gipfel zustande kommt; das erneute Zuströmen von Blut aus den Venen bewirkt dann schließlich die letzte deutliche kleine Druckzunahme, auf welche sich der starke Druckanstieg bei der Vorhofsystole aufsetzt. Die Unterschiede der einzelnen Befunde beziehen sich im wesentlichen auf die Darstellung der Oscillationen am Ende der Vorhof- und dem Beginn der Ventrikelsystole. Mit Hilfe einer dafür konstruierten manometrischen Sonde mit elektrischer Transmission [SCHÜTZ, nach dem elektrischen Transmissionsprinzip von GRÜNBAUM-GARTEN (Einbuchtungen einer Membran bewirken Widerstandsänderungen einer Elektrolytflüssigkeit)] (1931) wurden bei geschlossenem Thorax und natürlicher Atmung die Druckschwankungen

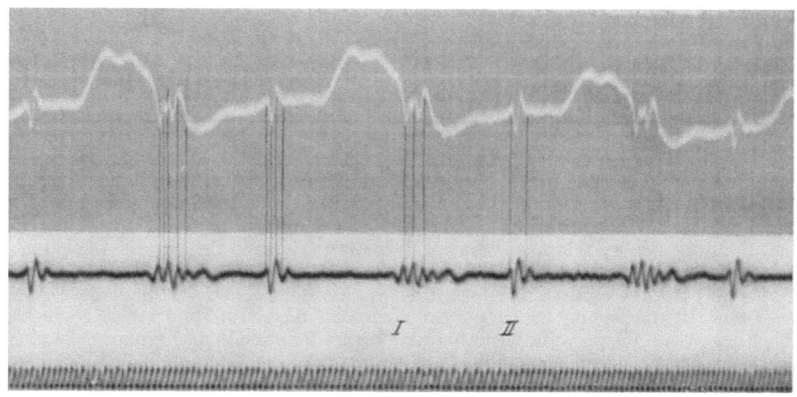

Abb. 145. Druckablauf im Herzvorhof mit den Oscillationen der Herztöne (Hund). Zeit in $^1/_{100}$ sec.
(Nach E. SCHUTZ)

im Vorhof registriert, wobei zu betonen ist, daß hierbei die manometrische Sonde möglichst nahe an die av-Klappen herangeführt wurde, wodurch eine nähere Untersuchung der erwähnten Oscillationen gelang. Die Abb. 145 läßt besonders gut den so erhaltenen Typ des Druckablaufs erkennen. Eine leicht zweigipfelige hohe Erhebung zeigt die Systole des Vorhofs an. Im übrigen verläuft die Kurve ziemlich glatt und entspricht dem Typ, wie ihn auch GARTEN als Grundform des Vorhofdruckes aus seinen Kurven abgeleitet hat. Ihr sonst ziemlich glatter Verlauf wird *durch zwei Gruppen von Schwingungen unterbrochen*, die die Oscillationen der Vorhofdruckkurve darstellen, deren genauerer Verlauf untersucht werden sollte. Es sei schon an dieser Stelle vorweggenommen, daß sie sehr weitgehend *übereinstimmen mit den gleichzeitig verzeichneten Oscillationen der Herztöne*, auf die im folgenden Kapitel näher einzugehen sein wird.

Mit Hilfe einer ähnlichen manometrischen Sonde (s. oben) haben GROSS und WAGNER den *Einfluß der Atmung auf den Druckablauf im rechten Vorhof* näher untersucht. Wie zu erwarten ist, ändern sich die diastolischen Druckwerte entsprechend den Schwankungen des intrathorakalen Druckes (inspiratorisch bedingter diastolischer Druckabfall). Aber auch das Kurvenbild der einzelnen Vorhofdruckschwankungen wird durch die Atmung weitgehend verändert. Der erste Gipfel wird während der Exspiration größer, während der Inspiration kleiner (5:4), d. h. die Inspiration vermag der Vorhofsystole mehr oder weniger entgegenzuwirken und die Exspiration begünstigt sie. Der zweite Gipfel wird während der Exspiration sogar sehr groß, während der Inspiration dagegen ganz klein (4:1), was GROSS und WAGNER damit erklären, daß durch die Ausbauchung der av-Klappen in den Vorhof hinein der Inhalt des Vorhofraumes entsprechend verkleinert und so eine Druckerhöhung hervorgerufen wird. Dieser Volumverkleinerung wirkt aber die Inspiration entgegen, indem sie sozusagen die Vorwölbung der av-Klappen (Raumverkleinerung) durch gleichzeitige Dehnung des Vorhofs (Raumvergrößerung) mehr oder weniger kompensiert und so zu einer ausgesprochenen Verkleinerung dieser zweiten Zacke führen muß. Entsprechend liegen bei der Exspiration gerade umgekehrte Verhältnisse vor. Zwischen den beiden Grenzfällen der In- und Exspiration ergeben sich die entsprechenden Übergänge in einer Atemperiode. Es wird so deutlich, wie der Druckablauf im rechten Vorhof eine Funktion der Atmung ist.

Der *Druckablauf in den Herzkammern* zeigt, wie zu erwarten ist, mit einsetzender Systole einen zunächst noch langsamen, bald aber sehr steil erfolgenden Anstieg. Eine allmähliche Abnahme der Steilheit des Kurvenanstiegs zeigt die Öffnung der Semilunarklappen an. Diese macht sich jedenfalls nicht durch irgendwelche Diskontinuitäten an der Kammerdruckkurve erkenntlich. [In der rechten Kammer wird die Systole oft von einer scharfen Zacke eingeleitet[1], der selten noch weitere Schwingungen folgen können (I. Herzton!), sonst verläuft der Druck in beiden Kammern im wesentlichen übereinstimmend.] Im Anschluß an die Öffnung der Taschenklappen gerät die Blutsäule einschließlich ihrer Wandungen infolge des steilen Druckanstiegs in Eigenschwingungen, die bei hohem Blutdruck und gespannten Arterien in einer scharfen Zacke erkennbar sind, bei niedrigem Blutdruck fehlen können (PIPER, TIGERSTEDT, H. STRAUB, GARTEN, WIGGERS). Bei manchen Kurven macht sich noch eine zweite Eigenschwingung des bewegten Systems bemerkbar. Solche Anfangsschwingungen sah auch R. WAGNER in manchen Kurven des rechten Ventrikels dort, wo die Anspannungsphase in das „Plateau" mit scharfem Knick übergeht. Größe und Lage dieser Anfangsschwingung stellen sich je nach dem Pulmonalisdruck verschieden dar (bei hohem Druck wird zuerst das Maximum erreicht und dann erst treten die Anfangsschwingungen auf). Danach biegt die Kurve — durch ein Maximum hindurchgehend — bogenförmig oder fast gradlinig abfallend um (H. STRAUB, PIPER, WIGGERS). Ein eigentliches Plateau (im strengen Sinne) existiert nach O. FRANK nicht. Die Austreibungszeit endet mit einem meist sehr ausgeprägten, plötzlichen, steilen Druckabfall im absteigenden Schenkel der Druckkurve. [Die Schwingungen des II. Herztones sind in der Druckkurve nicht erkennbar, höchstens wird die abfallende Kurvenlinie des Kammerdruckes abwechselnd etwas dicker und dünner, ausnahmsweise findet man rechts anschließend an die steile Senkung eine kleine Zacke mit Hebung des Kurvenzuges, der noch einige weitere Schwingungen folgen (H. STRAUB, R. WAGNER).] Nach der dem Klappenschluß entsprechenden sehr steilen Senkung biegt

---

[1] Nach der Vorhofzacke vor dem steilen Anstieg des Kammerdruckes wurde schon von CHAUVEAU eine mehr oder weniger ausgeprägte Erhebung beschrieben und als „*Intersystole*" bezeichnet. Die Ursache sollte die vor der eigentlichen Kammerkontraktion erfolgende Kontraktion der Papillarmuskeln sein. TIGERSTEDT deutete sie als Folge der elastischen Rückwirkung der durch die Vorhofsystole ausgedehnten Kammerwände, die dann auch den Schluß der av-Klappen vor dem Einsetzen der Systole bewirken soll (s. S. 265, 271). R. WAGNER sah sie in den Druckkurven des rechten Vorhofs nur selten und dann nur andeutungsweise, während sie z. B. bei WIGGERS viel deutlicher vorhanden ist. Außerdem ist daran zu denken, daß durch das Einführen von manometrischen Sonden geringe Abweichungen vom normalen Verhalten auftreten können (s. Abb. 146, S. 286, S. 290).

die Kurve meist rasch in einen weniger steilen Teil um[1] und verläuft oft auffallend lang in die Diastole hinein, mäßig steil abfallend. Eine Senkung unter den auf der Außenfläche des Herzens bestehenden Druck, der eine Saugwirkung der Kammer in der Diastole anzeigen würde, kommt bei richtiger Registriertechnik nicht vor (H. STRAUB) (s. S. 271, „aktive Diastole"). Gegen Ende der Kammerdiastole drückt sich die Vorhoftätigkeit in einem deutlichen Druckzuwachs aus, der, wie im Vorhof, so auch an der Kammer zuweilen zwei Gipfel aufweist und der ersten Vorschwingung des Aortendruckes (s. d.) entspricht.

Zu der viel diskutierten Frage eines „Plateaus" der Kammerdruckkurve ist zu sagen, daß der Druckablauf natürlich weitgehend vom Widerstand abhängig ist (O. FRANK, C. TIGERSTEDT, WIGGERS). Bei großem arteriellem Widerstand wird das Druckmaximum gegen Ende der Systole verschoben, die Kurve steigt steil an und erhält einen spitzeren Verlauf, bei geringem Widerstand wird es mehr zur Ausbildung eines Plateaus kommen und bei sehr geringem Widerstand mit kleiner Kammerfüllung tritt sogar ein Absinken des Kammerdruckes gegen Ende der Systole auf. Für den rechten Ventrikel gibt R. WAGNER eine abfallende Tendenz des „Plateaus" an, woraus zu schließen ist, daß bereits während der Austreibungszeit der Druck in der Pulmonalis wieder absinkt, daß also wahrscheinlich mit fortschreitender Austreibungszeit aus den Lungengefäßen mehr Blut abfließt als der rechte Ventrikel im weiteren Verlauf der Austreibung hineinwirft. Die ebenfalls viel diskutierten „systolischen Wellen" beruhen nach O. FRANK auf Eigenschwingungen der bewegten Massen der verwendeten, zu trägen Manometer. Die von O. FRANK durchgeführte Kritik ergab, daß tatsächlich unter den früher gebauten Manometern kein einziges in dem Maße zur Registrierung der Druckschwankungen in der Herzkammer geeignet war, wie das von ihm zuletzt gebaute Spiegelgalvanometer. Die Bedeutung der FRANKschen „Kritik der Manometer" wird daran deutlich, daß man aus den also nichtreellen Wellen auf der Höhe der Systole früher sogar geschlossen hat, daß mehrere Einzelzuckungen bei der Kammerkontraktion vorlägen! Erst O. FRANK verdanken wir die sichere Erkenntnis, daß die Kammerdruckkurve im allgemeinen einen sehr einfachen Verlauf hat.

Auf die Form der Ventrikeldruckkurve und die Vermeidung bestimmter Fehler bei ihrer Registrierung sei wegen des heute viel angewandten Herzkatheters besonders hingewiesen. Artefakte sind dabei leichter zu erhalten als zu vermeiden! Natürlich spielt eine ausreichende Manometerfrequenz und -dämpfung die Hauptrolle. WIGGERS verglich die Registrierung mit gedämpften niederfrequenten Manometern mit der Aufforderung an einen Baßgeiger, ein für die Pikkoloflöte geschriebenes Musikstück zu spielen! Abgesehen von zeitweisen Verstopfungen der Manometerröhren spielt die Lage des Katheters zum Herzen eine große Rolle. Einige übliche Entstellungen der Ventrikeldruckkurve zeigt Abb. 146 [ausgezeichnete Kurve N = die wahre Ventrikeldruckkurve; gestrichelte Kurve mit Entstellungen durch ein ungedämpftes, niederfrequentes Registriersystem: verzögerter Druckanstieg A, überlagerte Schwingungen x zu Beginn der Aus-

---

[1] Am Ende des steil abfallenden Teils der Ventrikeldruckkurven läßt sich noch eine von vielen Autoren (FREDERICQ, LÜDERITZ, BAYLISS und STARLING, PIPER, STRAUB, TIGERSTEDT) beschriebene Zacke feststellen, die CHAUVEAU und MAREY irrtümlicherweise auf den Semilunarklappenschluß bezogen. WAGNER fand sie stets bei niederem oder normalem Pulmonalisdruck und kleiner Kraftentwicklung des Herzens, bei höherem Pulmonalisdruck und stärkeren Ventrikeldruckschwankungen verschwindet sie. TIGERSTEDT bezeichnet diese Zacke als „*Spannungsschwingung*". H. STRAUB glaubt sie auf unzureichende Registrierinstrumente beziehen zu müssen. Da WAGNER sie auch mit ausreichender Methodik fand, ist sie wohl doch als Realität bei den Druckschwankungen namentlich des rechten Ventrikels zu betrachten.

treibung, Abfall und Nachschwingungen y; der zweite Gipfel z gegen Systolenende ist wahrscheinlich durch die Lagerung der Sonde in Muskeltaschen (hinter Papillarmuskeln oder Klappen) bedingt.]

Nachdem die Normalform des Druckablaufs in der Herzkammer schon länger näher bekannt war, ist in neuerer Zeit deren *Veränderung durch Einflüsse der Atmung* eingehend für die rechte Herzkammer durch R. WAGNER und Mitarbeiter mit bemerkenswerten Ergebnissen untersucht worden, wobei zu beachten ist, daß man mit dem Druckablauf in der rechten Kammer — jedenfalls während der Austreibungszeit bei geöffneten Pulmonalklappen — gleichzeitig dabei den Pulmonalisdruck, also den Druck im Zustromgebiet des Lungenkreislaufs, mißt. Bei einer Polypnoe mit einem Verhältnis von Herz- zu Atemfrequenz von 2:1 ergeben sich sehr eindruckvoll *hohe* Druckwerte bei den *inspiratorisch* gelegenen und *niedrige* Druckwerte bei den *exspiratorisch* gelegenen Systolen. Wenn jede Ventrikeldruckkurve jeweils in eine andere Zeitspanne der Atemperiode fällt, kommt es dann entsprechend zu einer Periodenbildung in der Form der Ventrikeldruckkurven. Wir finden also eine fortlaufende beträchtliche Druckbeeinflussung in der rechten Kammer und in der Pulmonalis durch die spontane Atmung. Die Ursache ist offenbar zu suchen in der *Dehnung der Lunge* und in der wahrscheinlich damit erfolgenden Dehnung des Gefäßbaumes (Längsdilatation mit Querkontraktion und daher Lumenabnahme), die zu einer Erhöhung des Strömungswiderstandes im Lungenkreislauf führt (POISEUILLEsches Gesetz!). Ganz entsprechend hat eine Dehnungsabnahme der Lungen einen Druckabfall im rechten Ventrikel zur Folge. Es sind nicht die Atmungsschwankungen des intrapulmonalen Druckes, die diesen Effekt hervorrufen, denn gerade während der Inspiration ist ja der intrapulmonale Druck gegenüber dem Atmosphärendruck herabgesetzt. Bei einer Blähung der Lunge von der Trachea aus (also bei Anstieg des intrapulmonalen Druckes und gleichzeitiger Dehnung der Lungen) zeigt sich zunächst einmal, daß die *diastolischen* Druckwerte der rechten Kammer dem intrapulmonalen Druck folgen

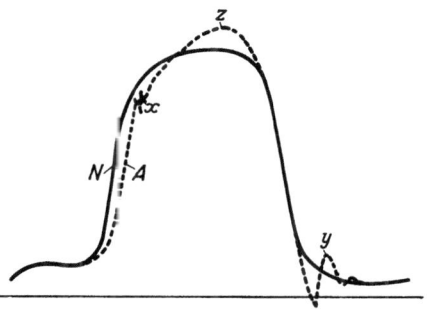

Abb. 146. Wahre und entstellte Ventrikeldruckkurve (Erläuterung im Text). (Nach C. WIGGERS)

(das gilt ebenso für die diastolischen Druckwerte im rechten Ventrikel bei spontaner Atmung). Der Grund liegt einfach darin, daß sich der intrapulmonale Druck während der Diastole durch die erschlaffte Kammerwand auf den Blutinhalt des rechten Ventrikels überträgt.

Die *systolischen* Anstiege der Druckwerte sind bei der Lungenblähung aber wesentlich größer als der Anstieg des intrapulmonalen Luftdrucks und der diastolischen Kammerwerte, was eben auf den Einfluß der Lungendehnung zu beziehen ist. Natürlich kommt es bei einer länger dauernden Blähung mit hohen intrathorakalen Druckwerten zu einer Zustromdrosselung zum Herzen und als Folge der Verminderung des Schlagvolumens zur Druckherabsetzung.

Die eben geschilderten Druckerhöhungen im Zustromgebiet des Lungenkreislaufs sind auch wesentlich höher als die höchsten Drucksteigerungen, die durch Reizung der Lungenvasomotoren hervorgerufen werden können (40%, DE BURGH DALY, v. EULER), während schon bei normalen Atemexkursionen Schwankungen in der Größenordnung von 100% zu beobachten sind! (Es ergibt sich hieraus der wichtige methodische Hinweis, daß Vasomotoreneffekte durch gleichzeitige Dehnungszunahme der Lungen vorgetäuscht bzw. durch Dehnungsabnahme verdeckt werden können.) Der Organismus hat also die Möglichkeit, durch Einstellung des Dehnungszustandes der Lungen den Druck in der Lungenarterie und damit auch die Kraftentwicklung der rechten Kammer einzustellen (vgl. dazu die Theorie der Atmungsregulation von W. R. HESS, bei der ebenfalls der Dehnungszustand der Lungen, und zwar für die Regulation der Atemform, eine entscheidende Rolle spielt). Es ergeben sich daraus weitere Gesichtspunkte für die Korrelationen zwischen Kreislauf und Atmung (Eröffnung von Reservecapillaren in den Lungen und Vergrößerung der Blutstromoberfläche und damit der Gasaustauschfläche) (R. WAGNER).

Die Angaben über die *maximalen Werte des Kammerdrucks* schwanken erheblich nach Autor und Tierart. PIPER gab maximal für die Katze rechts 40 bis 50 mm Hg an, links beobachtete er maximal 250 mm Hg. TIGERSTEDT gibt für das Kaninchenherz rechts 30, links 174 mm Hg an. Für das linke menschliche Herz wird meist ein Wert von 160 mm Hg zugrunde gelegt (Vorhof, S. 415).

Der Druckablauf in den herznahen großen Schlagadern, dem Stamm der Aorta (O. FRANK) und der Pulmonalarterie (C. WIGGERS, H. STRAUB), muß in diesem Zusammenhang ebenfalls kurz behandelt werden, da er für das Verständnis der weiteren Ausführungen unerläßlich ist, obwohl hier bereits das Gebiet der peripheren Kreislaufphysiologie beginnt. Entsprechend den Feststellungen von O. FRANK findet man gegen Ende des diastolischen Teils zwei Vorschwingungen. Die erste, langgestreckt und manchmal doppelgipflig, ist bedingt durch die Vorhofsystole, die eine Drucksteigerung in der Kammer veranlaßt (s. oben), die dann zur Durchbiegung der geschlossenen (!) Semilunarklappen und einer leichten Drucksteigerung auch in den großen Gefäßen führt. Entsprechend rührt die zweite Vorschwingung von der Anspannung des Ventrikels her. Neuerdings bezogen allerdings LASZT und AL. MÜLLER die beiden Vorschwingungen der Aortendruckkurven auf die zwei Phasen I und II der Anspannungszeit (s. Abb. 167 und S. 326). An dem anschließenden steilen Druckanstieg wird der Beginn der Austreibung nach Sprengung der Semilunarklappen erkenntlich. Die Öffnung der Semilunarklappen erfolgt, ohne daß sich dieses Moment durch irgendwelche Unstetigkeiten der Kurve markiert. Es folgen dann die Anfangsschwingungen der Aortendruckkurve. Hier (bei *a* in Abb. 147) handelt es sich um wirkliche Schwingungen im Gefäßsystem, d. h. es handelt sich um Eigenschwingungen des in Bewegung gesetzten arteriellen Systems,

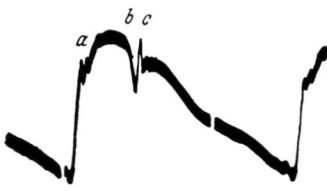

Abb. 147. Die Druckschwankungen in der Aorta des Hundes. (Nach O. FRANK)

der zentralen Arterien, der Kammer mit den Semilunar- und av-Klappen nebst den in diesem System befindlichen Blutmengen. Wie wir noch sehen werden, stehen sie zu einem Teil der Schwingungen des ersten Herztons in naher Beziehung. Sie treten in der Regel um so früher auf, je steiler der Druckanstieg in der Kammer erfolgt. Bei geringem peripheren Widerstand steigt der Druck ohne Diskontinuitäten steil zum Maximum an, die Anfangsschwingungen erscheinen erst nach erreichtem Maximum. Bei niedrigem Aortendruck können sie ganz fehlen (GARTEN). Danach steigt der Druck noch weiter an, ohne daß weitere Wellen auftreten. Die früher viel diskutierten „systolischen Wellen" im systolischen Hauptteil existieren auch an der Aortendruckkurve nicht, sondern sind, wie O. FRANK überzeugend gezeigt hat, Eigenschwingungen der angewandten, zu trägen Manometer. Nach dem Maximum sinkt auch in den Schlagadern bei noch fortdauernder Systole der Druck bis zu einer Stelle, wo der Abfall plötzlich beschleunigt wird. Es entsteht ein starker Knick, die Incisur des Pulses, die das Ende der Systole anzeigt. Das rapide Absinken (bei *b* in Abb. 147), die Incisur, entspricht also dem Anfang der Herzdiastole. Während der Austreibungszeit entspricht also der Druckablauf in den Schlagaderwurzeln dem entsprechenden Teil der Kammerdruckkurve, was verständlich ist, da ja die Semilunarklappen während dieser Zeit offen sind. Nach der beschriebenen Incisur erfolgt ein erneuter Anstieg der Druckkurve (*c*), bedingt durch den Anprall der Blutsäule gegen die geschlossenen Semilunarklappen, gefolgt von einer oder mehreren Nachschwingungen, die schon immer mit dem II. Herzton in Beziehung gesetzt wurden und den Anfangsschwingungen analoge Schwingungen darstellen. Danach geht die Kurve in den ruhigen Abfall des diastolischen Teils über.

Über die normalen Beziehungen zwischen *linkem Ventrikeldruck und Aortendruck* bestehen verschiedene Ansichten; nach WIGGERS u. a. verlaufen im Experiment am narkotisierten und brustkorberöffneten Hund während der systolischen Austreibungszeit beide Kurven parallel und weisen auch nahezu gleiche Druckhöhen auf. HAMILTON und Mitarbeiter vertreten auf Grund von theoretischen Überlegungen und von Experimenten am nichtnarkotisierten Hund die Auffassung, daß systolisch der apikale intraventrikuläre Druck den Aortendruck übertrifft. Zur *Form* der Druckkurven des linken Ventrikels und der Aorta ist zu bemerken, daß beide während der Austreibungszeit parallel verlaufen und nach GREGG dabei ein glatt verlaufendes, scharf ansteigendes Plateau aufweisen, das seinen Gipfel erst kurz vor Beginn der Protodiastole (E) erreicht; ihm folgt dann der rasche Druckabfall während der Protodiastole (EF) und der Entspannungszeit (F) (s. Abb. 150b). Jedenfalls wurden solche Druckabläufe an trainierten, nichtnarkotisierten Hunden erhalten, nachdem in einer Voroperation die Herzspitze an die Brustwand genäht worden war. Kurven mit einer gleichmäßig-bogenförmigen systolischen Rundung, wie sie von WIGGERS u. v. a. nach Brustkorböffnung gefunden wurden, werden von GREGG bereits auf einen hypodynamen Zustand des Herzens bezogen (infolge Narkose und Brustkorberöffnung). Während der Diastole steigt der Ventrikeldruck leicht an und erreicht kurz vor Beginn der Vorhofsystole Werte bis zu 15 mm Hg. Der systolische Wert liegt etwa bei 160 mm Hg, der diastolische der Aorta bei 100 mm Hg. Abb. 148 zeigt den Verlauf des Druckes in der Pulmonalarterie (oben) und im rechten Ventrikel (unten)[1].

In der *rechten Ventrikeldruckkurve* macht sich die Vorhofsystole in Form einer kleinen Erhebung bemerkbar (AC), dann steigt sie steil zu einem abgerundeten systolischen Gipfel an und fällt gleichmäßig in der frühen Diastole zur Nullinie ab, um in der übrigen Zeit der Diastole langsam anzusteigen. Die *Pulmonalarterienkurve* (durch direkte Nadelpunktion am nichtnarkotisierten Hund

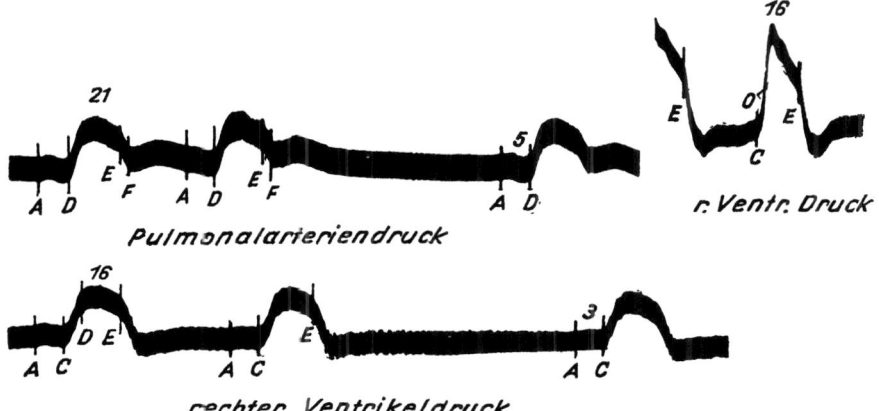

Abb. 148. Druckkurven der A. pulmonalis und des rechten Ventrikels (Hund). Oben links: Pulmonalarterienkurve. Unten: rechte Ventrikeldruckkurve. Oben rechts: rechte Ventrikeldruckkurve mit einem frühdiastolischen Artefakt. (Nach D. E. GREGG)

gewonnen) hat einen gleichmäßig-bogenförmigen Verlauf während der systolischen Austreibungszeit, nach der Incisur zeigt sie eine kurze Erhebung in der frühen Diastole und fällt dann in der übrigen Diastole allmählich ab. Verglichen mit den Kurven des linken Herzens weisen diese Kurven also kein ansteigendes systolisches Plateau auf, sondern einen mehr abgerundeten Gipfel oder ein abfallendes Plateau. Sie entsprechen also den Kurven, die in Narkose

---

[1] Die in den amerikanischen Laboratorien üblichen Manometerkonstruktionen finden sich in dem Buch von GREGG (1950) zusammengestellt; sie basieren natürlich auf den von O. FRANK angegebenen Prinzipien und Konstruktionen.

und nach Brustkorberöffnung von WIGGERS u. a. erhalten wurden. Auch nach großen Blutinfusionen oder starkem Ansteigen des systolischen Druckes durch Abschnürungen der Pulmonalarterie bleibt es bei der beschriebenen Verlaufsform, die Kurven zeigen auch dann kein ansteigendes systolisches Plateau. Wie beim linken Herzen folgt die Pulmonalarteriendruckkurve während der Austreibungszeit getreu der intraventrikulären Druckkurve (GREGG).

Abb. 148 rechts oben zeigt eine rechte Ventrikeldruckkurve mit jähem Druckabfall unter Null in der frühen Diastole gerade nach Öffnung der Tricuspidalklappen. Kurven dieser Art wurden auch von KATZ (1931) am Hund mit eröffneten Brustkorb und beim Menschen von COURNAND und Mitarbeiter (1946) erhalten. Entsprechend der zuerst von GOLTZ und GAULE (1878) aufgestellten Theorie kann man dieses Verhalten auf die Saugwirkung des rechten Ventrikels beziehen; weil jedoch diese Kurvenform durch Änderung der Kanülenlage leicht in die andere überführt werden kann, hält GREGG sie für ein Kunstprodukt, zumal diese Abweichung beim Menschen (bei Ventrikelpunktion durch die Brustwand) nicht gefunden wurde [W. C. BUCHBINDER und L. N. KATZ (1949)].

Der Verlauf dieser Kurven wurde deshalb etwas ausführlicher beschrieben, weil bei Aufnahmen mit Herzkathetern beträchtliche Entstellungen im auf- und absteigenden Schenkel besonders durch freie Katheterbewegungen auftreten können. Eine Beseitigung durch entsprechende Dämpfung ersetzt andererseits einen Fehler durch einen anderen, da dadurch beträchtliche Zeitverzögerungen auftreten können.

Abschließend sei noch kurz eingegangen auf die *Volumschwankungen der Herzkammern*, mit denen sich vor allem H. STRAUB eingehend befaßt hat. Füllungs- und Entleerungsvorgang des Herzens werden aus plethysmographischen Kurven erschlossen. Allerdings lassen sich die Kammern des Säugetierherzens ja nicht gesondert plethysmographieren. Wegen der Gleichheit der Schlagvolumina beider Kammern (unter Normalverhältnissen) und der übereinstimmenden Druckkurven kann man das Plethysmogramm beider Herzkammern zugrunde legen. Dabei stellte H. STRAUB nicht nur die Volumkurve selbst dar, sondern vor allem ihren Neigungswinkel, der die Geschwindigkeit des Füllungs- und Entleerungsvorganges anzeigt. Diese gesuchte Geschwindigkeitskurve (der erste Differentialquotient der Volumkurve) kann direkt verzeichnet werden als „Tachogramm der Herzkammerbasis". Aus ihm läßt sich die Volumkurve durch Integration zuverlässiger als durch irgendein direktes Registrierverfahren ermitteln (H. STRAUB). Grundsätzlich ergaben sich so die folgenden Einzelheiten. Da mit Beginn der Kammersystole die Atrioventrikularklappen durch den Zug der Papillarmuskeln etwas in die Kammer hineingezogen werden, steigt zunächst die Volumkurve noch ein wenig nach der diastolischen Seite, falls nicht der ansteigende Kammerdruck die av-Klappen gleich gegen den Vorhof ausbuchtet. Nach einem ganz kurzen horizontalen Verlauf im Moment der Aortenklappenöffnung steigt die Volumkurve sehr rasch immer steiler abwärts als Zeichen der mit großer Geschwindigkeit erfolgenden Austreibung des Blutes. Eine frühzeitige vorübergehende Verzögerung der Entleerung fällt mit den Anfangsschwingungen der Druckkurve zusammen, dann aber steigt die Ausströmungsgeschwindigkeit wieder. Aber lange vor Beendigung der Entleerung wird der Abstieg zunehmend weniger steil. Das Maximum der Austreibungsgeschwindigkeit wird etwa erreicht, wenn ungefähr ein Drittel des Schlagvolumens entleert ist. Etwas vor dem Aortenklappenschluß biegt die Volumkurve schließlich in die Horizontale um, es verläßt kein Blut mehr die Kammern. Eine winzige Verschiebung der Volumkurve zeigt den Rücktritt minimaler Blutmengen — vermutlich der zwischen den Klappen befindlichen (s. S. 270) — an und beendet die Systole.

In der Diastole steigt die Volumkurve mit zunehmender Steilheit an. Mit einsetzender Vorhofsystole entsteht wieder ein steileres Strömungsgefälle, wobei STRAUB angibt, daß der quantitative Anteil der Vorhofsystole an der Kammersystole sehr verschieden ist, jedoch in der Regel größer ist als meist angegeben wird. Der Füllungsvorgang der Kammer wechselt offenbar unter den verschiedenen Bedingungen außerordentlich stark. HENDERSON (1906) war allerdings der Ansicht, daß der Anfangsteil der Füllungskurve konstant ist und durch Änderungen der Frequenz früher oder später abgeschnitten wird. Bei langsamem Rhythmus und bei Vagusreizung sei die Füllung im Anfang der Diastole vollendet, so daß die Volumkurve dann anschließend parallel zur Abscisse verlaufe (Diastasis). STRAUB lehnte ein solches Verhalten allerdings ab.

Eine neuere Darstellung und Analyse der Ventrikelvolumenkurven gaben WIGGERS und KATZ (1922), die sie gleichzeitig mit dem Druckablauf in der Aorta

(Abb. 149, untere Kurve) registrierten, wobei sich folgende Einteilung der einzelnen Herzphasen ergab:

1—2 = Vorhofsystole, 2—3 = isometrische Kontraktion, 3—5 = Periode des maximalen systolischen Auswurfs, 5—7 = Periode des reduzierten systolischen Auswurfs, 7 = Ende der Systole (!), 7—8 = isometrische Erschlaffung, 8—9 = rasche diastolische Füllung, 9—1 = verzögerte diastolische Füllung („Diastase").

Während der Austreibungszeit ergeben sich als besondere Zeitabschnitte:

3—4 = anfänglich steiler Aortendruckanstieg mit plötzlicher kleiner Blutvolumenbeförderung in die Aorta,
4—5 = weiter ansteigender Aortendruck mit rascher Ventrikelentleerung,
5—6 = weiterer langsamer Aortendruckanstieg mit allmählich abnehmender Ventrikelentleerung, die während
6—7, des Absinkens des systolischen Druckes sehr gering ist.

Bei diesem Stand unserer Betrachtung können wir nunmehr noch einen Blick werfen auf die *zeitlichen Beziehungen der Vorgänge in den einzelnen Herzabteilungen*. Es orientiert uns darüber das Schema der Herztätigkeit in Abb. 150a (SCHÜTZ), in dem für eine normale Herzfrequenz die entsprechenden Kurven in ihrer typischen Form zugrundegelegt sind unter gleichzeitiger Abgrenzung von Anspannungs-, Austreibungs-, Entspannungs- und Füllungszeit. Zugleich sind die anschließend zu besprechenden Phänomene der Herztöne und des Herzspitzenstoßes miteingezeichnet. Auch WIGGERS gab (1921) eine grundsätzlich mit dem Schema von SCHÜTZ übereinstimmende Einteilung der Herzaktion, die noch einige detailliertere Phasen abgrenzte. In Abb. 150b liegt bei:

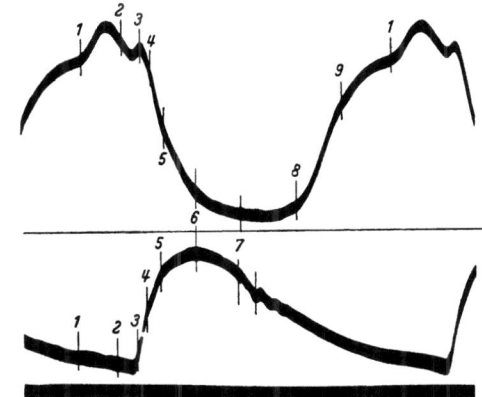

Abb. 149. Obere Kurve: Ventrikelvolumen (Entleerung als Abwärtsbewegung der Kurve); untere Kurve: Aortendruckablauf. *1—7* = Systole, nähere Erläuterung im Text. (Nach C. J. WIGGERS)

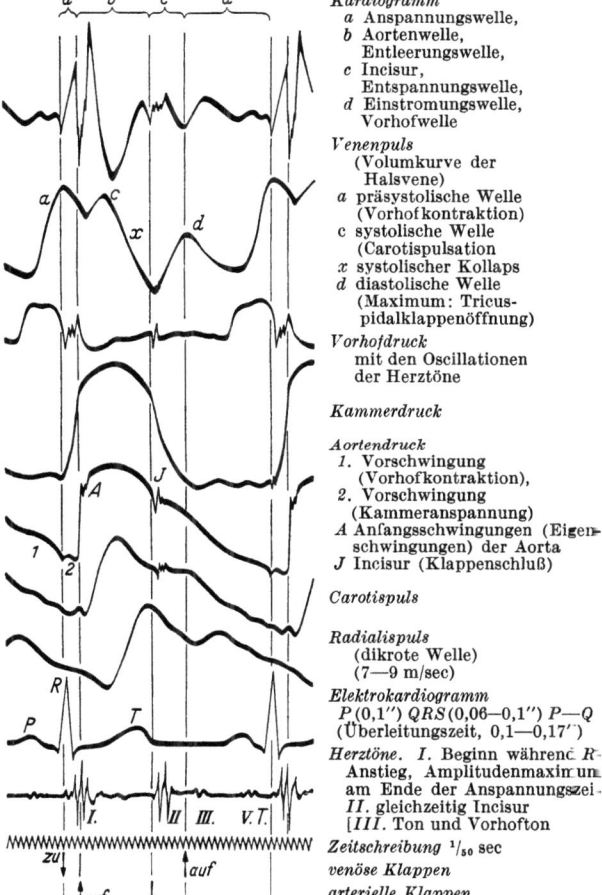

Kardiogramm
a Anspannungswelle,
b Aortenwelle, Entleerungswelle,
c Incisur, Entspannungswelle,
d Einstromungswelle, Vorhofwelle,

Venenpuls
(Volumkurve der Halsvene)
a präsystolische Welle (Vorhofkontraktion)
c systolische Welle (Carotispulsation)
x systolischer Kollaps
d diastolische Welle (Maximum: Tricuspidalklappenöffnung)

Vorhofdruck
mit den Oscillationen der Herztöne

Kammerdruck

Aortendruck
1. Vorschwingung (Vorhofkontraktion),
2. Vorschwingung (Kammeranspannung)
A Anfangsschwingungen (Eigenschwingungen) der Aorta
J Incisur (Klappenschluß)

Carotispuls

Radialispuls
(dikrote Welle)
(7—9 m/sec)

Elektrokardiogramm
$P(0,1'')$ $QRS(0,06—0,1'')$ $P—Q$ (Überleitungszeit, $0,1—0,17''$)

Herztöne. I. Beginn während R-Anstieg, Amplitudenmaximum am Ende der Anspannungszeit. II. gleichzeitig Incisur [III. Ton und Vorhofton

Zeitschreibung $^1/_{50}$ sec
venöse Klappen
arterielle Klappen

Abb. 150a. Schema der Herztätigkeit. (Nach E. SCHÜTZ).
a *Anspannungszeit*, b *Austreibungszeit* (*Systole*)
c *Entspannungszeit*, d *Füllungszeit* (*Diastole*)

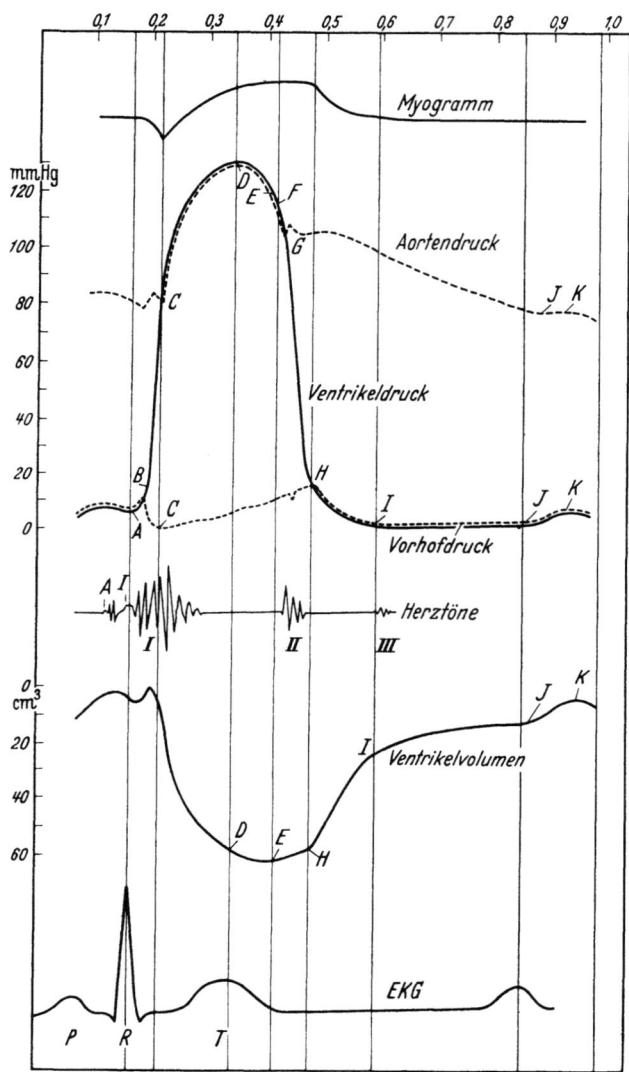

Abb. 150b. Einteilung der Herzaktion. (Nach C. J. WIGGERS)

A   der Beginn der Systole mit dem Druckanstieg im Ventrikel (Spitze der R-Zacke des EKG),

AF   gibt die Dauer der Systole an, sie kann unterteilt werden in

AC = isometrische Kontraktion [abgesehen von Ausbuchtungen der Klappen und Formänderungen des Herzens zur Kugelform hin, mit Zug an Vorhöfen und Gefäßen (s. Oberflächenmyogramm)]. $A\bar{B}$ = langsamer, BC = schneller Druckanstieg,

CF = Austreibungszeit (0,25 sec beim Menschen),

CD = maximale Austreibung ($^2/_3$ d. Schlagvolumens, s. Volumenkurve),

DF = reduzierte Austreibung (mit Abfall des Aorten- und Ventrikeldruckes),

F   stellt das Ende der Systole und den Beginn der Diastole dar (vom dynamischen Standpunkt aus; das Ende der Systole ist allerdings unscharf, wahrscheinlich beendigen einige Fasern ihre Spannungsentwicklung schon früher, z.B. bei E). Diastolisch läßt sich voneinander abgrenzen:

FG = Protodiastole (erforderliche Zeit zum Semilunarklappenschluß),

GH = isometrische Erschlaffung,

HJ = rasche Kammerfüllung,

IJ = Diastase,

JK = Füllung durch Vorhofkontraktion.

Nach den in den vorhergehenden Absätzen gemachten Ausführungen kann auf eine weitere Erläuterung verzichtet werden.

Anhangsweise seien noch die *Druckabläufe in den das Herz versorgenden Gefäßen* kurz anhand von zwei Abbildungen besprochen. Abb. 152, links oben, zeigt zunächst nochmals Kurven des Vorhofdruckes vom Hund (nach GREGG).

Regelmäßig findet sich in ihnen die positive (abgerundete oder etwas spitze) Erhebung *(B)* der Vorhofkontraktion, die bei *C* (Einsetzen der Ventrikelkontraktion) im wesentlichen beendet ist. Während der Ventrikelkontraktion und bis zur Zeit der Tricuspidalklappenöffnung (kurz nach *E*) ändern sich nach GREGG die Druckwerte und die Form des Druckablaufs sehr durch ,,Artefakte`` (bestehend aus einer Spike während der isometrischen Kontraktion des rechten Ventrikels, einem deutlichen Absinken des Vorhofdruckes während des größten Teils des Ventrikelkontraktion, verursacht durch die Abwärtsbewegung der Herzbasis, und den Oscillationen bei *D* und *E*, die mit dem I. und II. Herzton in Zusammenhang stehen (s. S. 331)].

Die *Druckkurve einer Coronararterie* entspricht im wesentlichen der Aortendruckkurve bei Registrierung dicht oberhalb der Klappen. Als Besonderheit ergibt sich nur kurz vor dem Anstieg des Aortendrucks eine kleine vorübergehende Steigerung des zentralen Coronardruckes, deren Ursprung auf die peripheren Coronargefäße bezogen wird (Abb. 151, oben), (WIGGERS und COTTON, 1933; GREGG, 1950). Jedenfalls ergibt sich auch durch die Druckregistrierungen, daß die oberflächlichen großen Äste der Coronargefäße sowie auch die anderen Arterien systolisch ausgedehnt werden, also kein systolischer Verschluß durch die Semilunarklappen erfolgt, wie das wohl zuerst schon von STROEM 1707 angenommen wurde (s. dazu auch S. 268).

Der peripher von einer Verschlußstelle registrierte Druckpuls des Seitenastes einer Coronararterie wurde als Maß des peripheren Widerstandes im Coronar-

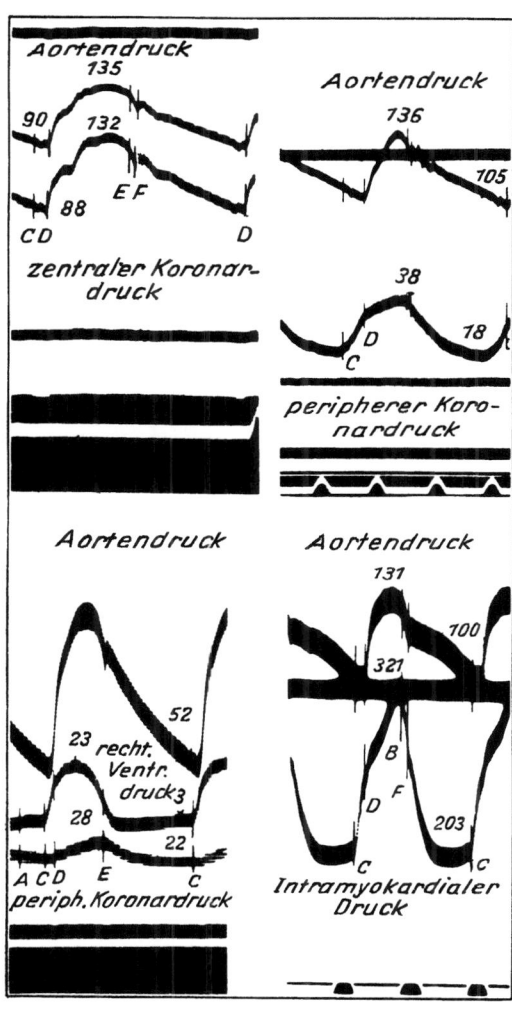

Abb. 151. Oben links: gleichzeitige Registrierung von Druckkurven der Aorta und eines Seitenastes des Ramus descendens der linken Coronararterie. Oben rechts: Druckkurven der gleichen Gefäße, nachdem oberhalb der Registrierstelle des Ramus descendens verschlossen wurde. Unten links: periphere Coronardruckkurve eines Astes der rechten Coronararterie. Unten rechts: Aortendruckkurve und intramyokardiale Druckkurve des linken Ventrikels. *A* Einsetzen der Vorhofkontraktion; *C* Beginn der isometrischen Phase der Ventrikelkontraktion; *D* Öffnen der Aortenklappen; *E* Einsetzen der Protodiastole. *F* Schluß der Aortenklappen; Zeit: 0,02 sec.
Nach D. E. GREGG)

kreislauf und zur Beurteilung der Wirksamkeit von Anastomosen verwandt. Unmittelbar nach einem solchen Verschluß nimmt der periphere intracoronare Druck fortschreitend in 4—6 Herzschlägen ab, bis ein Gleichgewichtszustand erreicht ist. Abb. 151, rechts oben, zeigt eine danach vorgenommene Druckregistrierung vom Ramus descendens der linken Coronararterie. Der periphere Coronardruck steigt mit dem Einsetzen der isometrischen Kontraktion an, erst langsam (bei C), dann steiler (C—D). Anschließend steigt dieser Druck zu einem allmählich ansteigenden Plateau bis zum Systolenende an. In der Protodiastole beginnt die Kurve abzufallen, und zwar erst schnell, dann langsamer während der Entspannungszeit. Die Zeitbeziehungen und der Verlauf in Anstieg und Abfall des Druckes korrespondieren mit den Druckänderungen im linken Ventrikel. Der in der rechten Coronararterie nach deren Verschluß erhaltene Druckablauf ist in Abb. 151, links unten, wiedergegeben. Er zeigt einen ähnlichen Verlauf wie in einem Seitenast der linken Coronararterie, jedoch geringere Höhe. Wahrscheinlich ist der phasische Druck, der um die Coronargefäße herum vorhanden ist und sie während des Herzzyklus komprimiert, eine der wichtigsten Determinanten der Coronardurchblutung (GREGG, 1950, s. dazu SCHÜTZ, 1939, 1956). Messungen des intramuralen (oder intramyokardialen) Druckes bzw. zusätzlicher extravaskulärer Faktoren wurden dadurch vorgenommen, daß man ein Gefäßstück oder eine Flüssigkeitsblase in die Wand des linken Ventrikels einbettete und deren Druckschwankungen registrierte (J. R. JOHNSON und J. R. DI PALMA, 1939; D. E. GREGG und R. W. ECKSTEIN, 1941). Abb. 151, unten rechts, zeigt eine typische, so erhaltene Kurve bei Einbettung des Gefäßstückes in die halbe Tiefe des Myokards. Die Druckkurve zeigt einen glatt abgerundeten

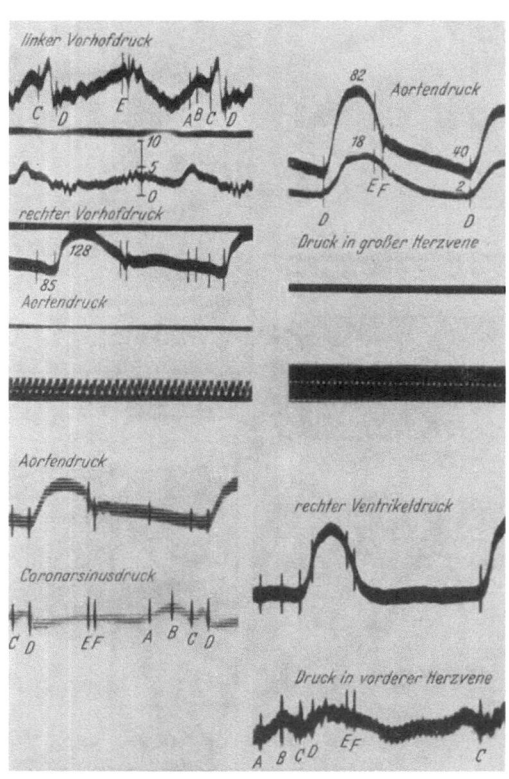

Abb. 152. Druckkurven von Vorhof, Coronarsinus, großer Herzvene und vorderer Herzvene vom Hund bei eröffnetem Brustkorb. *A* Einsetzen der Vorhofkontraktion; *B* Gipfel der Vorhofsystole; *C* Beginn der isometrischen Ventrikelkontraktion; *D* Öffnung der Aortenklappen; *E* Einsetzen der Protodiastole. *F* Schluß der Aortenklappen; Zeit: 0,02 sec. (Nach D. E. GREGG)

Verlauf, ähnlich wie die periphere Coronardruckkurve.

Druckkurven der oberflächlichen Herzvenen zeigt Abb. 152 [die methodischen Wege dafür finden sich bei GREGG (1950) zusammengestellt], und zwar vom Coronarsinus, der großen Herzvene und einer vorderen Herzvene. In der großen Herzvene zeigt die Druckkurve einen glattgerundeten systolischen Gipfel mit langsamem Anstieg während der isometrischen Kontraktion und einem steileren Verlauf während der Austreibung; zu Beginn der Vorhofkontraktion erreicht sie ihren niedrigsten Stand. Im Coronarsinusdruck fehlt der systolische Anstieg größtenteils und zusätzlich ergibt sich eine gleichzeitig mit der Vorhofkontraktion auftretende Druckwelle. Die Druckkurve einer vorderen Herzvene hat im wesentlichen gleichen Verlauf wie die Druckkurve des rechten Vorhofs (s. links oben). Im Kapitel der Coronardurchblutung wird an diese Befunde wieder angeknüpft werden.

X. Der Herzschall

Nachdem wir so den Mechanismus der Herzklappen wie auch den Druckablauf in den einzelnen Herzabteilungen kennengelernt haben, besitzen wir die Voraussetzungen zur Besprechung der *Herztöne*, jener Schallerscheinungen des Herzens, die zwar schon im Altertum bekannt waren, aber erst durch LAENNEC 1819 ihre große Bedeutung für die ärztliche Untersuchung des Herzens erhielten, als dieser erstmalig einen zusammengerollten Bogen Papier zur diagnostisch verwertbaren Auskultation des Herzens empfahl. Bis dahin war das methodische Abhorchen der Brustwand unbekannt. Gleichzeitig mit der Frage des Entstehungsmechanismus dieser Schallerscheinungen haben wir dabei die Bemühungen zur Registrierung dieser Schallerscheinungen (mit ihren physikalischen und physiologischen Voraussetzungen) zu behandeln, da die Aufschrift der Herztöne eine die Elektrokardiographie grundsätzlich ergänzende Methode von allgemeiner ärztlicher Bedeutung zu werden verspricht. Wegen der steigenden Bedeutung dieser Fragen, und vor allem auch deswegen, weil die meisten Erkenntnisse auf diesem Gebiet erst in neuerer Zeit gemacht wurden, werden wir diesem Gebiet eine etwas ausführlichere Betrachtung zuerkennen müssen.

Für den praktischen Gebrauch werden die Schallerscheinungen des Herzens meist unterteilt in „Herztöne" und „Herzgeräusche". Physikalisch ist diese Benennung nicht exakt, da bekanntlich unter Tönen reine Sinusschwingungen und unter Geräuschen nicht-rhythmische Verdünnungen und Verdichtungen der Luft verstanden werden. Aus mehreren Sinusschwingungen bestehende Töne sind physikalisch gesehen ein Klang, Geräusche kurzer Dauer werden physikalisch als Knall bezeichnet. Der Herzschall ist seinem Wesen nach ein kurzes Geräusch. Es hat sich jedoch eingebürgert, die normalen Schallerscheinungen als Herztöne und die pathologischen als Herzgeräusche zu bezeichnen. Da die erwähnten physikalischen Voraussetzungen allgemein bekannt sind, kann es ohne weiteres bei den physikalisch zwar unberechtigten, aber nun einmal eingebürgerten Unterteilung des Herzschalls in Herztöne und Herzgeräusche bleiben. Auch die Technik hat es vorgezogen, im allgemeinen Sprachgebrauch das Fließen des Stromes vom Plus-Pol zum Minus-Pol in den üblichen Darstellungen beizubehalten, obwohl die entgegengesetzte Richtung des Elektronenflusses bekannt ist.

Noch eine weitere grundsätzliche Feststellung ist hier einleitend zu machen. Schallerscheinungen in der Luft über dem Thorax treten zunächst feststellbar als mechanische Erschütterungen der Brustwand in Erscheinung. Als derartige Erschütterungen der Brustwand kennen wir außer den Herztönen die als Herzspitzenstoß bzw. Kardiogramm gekennzeichneten Vorgänge. Diesen allen gemeinsam ist also die Tatsache, daß es sich um mechanische Erschütterungen, um Schwingungsvorgänge der Thoraxwand handelt. Die sog. Herztöne sind letztlich ebenfalls ein Teil des Kardiogramms. Bei den älteren Konstruktionen von Phonokardiographen hat man sich bereits bemüht, die Erschütterungen durch den sog. Herzstoß (durch Anbringen von Nebenöffnungen) nicht mit zur Aufzeichnung zu bringen. O. FRANK wies aber bereits darauf hin, daß es grundsätzlich für eine Analyse der ganzen Erscheinungen viel besser wäre, möglichst die Herztöne innerhalb des Kardiogramms zur Darstellung zu bringen. Die Schwierigkeit einer gleichzeitigen Darstellung liegt aber vor allem darin, daß die nicht oder kaum hörbaren tiefsten Frequenzen, besonders die Elemente des Spitzenstoßes eine sehr große Amplitude aufweisen, die höheren Frequenzen der Herztöne und besonders der Herzgeräusche aber eine äußerst geringe Amplitude haben. Die Verhältnisse liegen — genauer betrachtet — so, daß von den niederfrequenten Erschütterungen der Brustwand, den grobmechanischen des

Kardiogramms, wenigstens ein Teil dem Tastsinn zugänglich ist, dessen „Auflösungsvermögen" allerdings relativ gering ist. Das, was wir durch den Tastsinn wahrnehmen, bezeichnen wir als Herzspitzenstoß und betrifft also die gröbsten Bewegungsvorgänge der Brustwand. In der klassischen Erklärung von CARL LUDWIG sind sie bedingt durch das Anschlagen des systolisch verhärteten Herzens an die innere Thoraxwand (s. dazu S. 349ff). Wenn man die niederfrequenten Erschütterungen der Brustwand mit einem Registrierinstrument entsprechender „Güte" aufzeichnet, erhält man viel mehr Einzelheiten auch der niederfrequenten Bewegungsvorgänge. Deren Gesamtheit bezeichnen wir als *Mechanokardiogramm*. Sie sind bedingt durch die Volum-, Form- und Lageänderungen, die das Herz (unter Einschluß der großen Arterien) bei der Systole und Diastole erfährt (s. Abb. 150a). Sehr regelmäßig finden sich auf dem absteigenden Teil der Anspannungswelle des Kardiogramms und auch noch im Beginn der Austreibungszeit Zacken, die dem mittleren Teil des ersten Herztons entsprechen, eben des Teils, der sich — wie wir gleich sehen werden — durch besonders große Amplituden seiner Schwingungen auszeichnet. Ebenso treten unmittelbar nach der Incisur des Kardiogramms bei Beginn der Entspannungszeit deutlich Schwingungen des II. Herztons auf. Es hängt also einfach von der Güte des Registrierinstrumentes ab, d. h. nach O. FRANK von seiner Empfindlichkeit und seiner Eigenfrequenz, ob auch Herztonschwingungen im Kardiogramm in Erscheinung treten. Unter diesen Schwingungsvorgängen hebt sich ein Teilgebiet deshalb heraus, weil es durch das Gehörorgan wahrnehmbar ist. Dieses bezeichnen wir als *Herztöne*. Gleichzeitig stammen diese Schwingungsvorgänge im großen und ganzen aus dem Herzen selbst, während ein Teil der niederfrequenten Erschütterungen eben durch den Herzspitzenstoß mit seinen oben genannten Ursachen bedingt ist — alles natürlich ohne eine ganz scharfe Abgrenzung. Aber es erscheint von grundsätzlicher Bedeutung, sich darüber klar zu sein, daß Mechanokardiogramm und Phonokardiogramm das Gemeinsame haben, daß sie mechanische Erschütterungen der Brustwand darstellen und daß die Unterteilung in zwei Gruppen von Erscheinungen bedingt ist einmal durch die verschiedenen Sinnesorgane, auf die sie ansprechen, und zum anderen durch die verschiedenen Entstehungsursachen. Beides braucht nicht notwendigerweise übereinzustimmen und daher auch keine scharfe Grenze gegeneinander aufzuweisen.

Methodik der Herzschallregistrierung

Daß es ebensosehr für die Theorie wie für die Praxis von größter Bedeutung ist, die subjektive Methode der Auskultation durch ein Registrierverfahren zu ersetzen, liegt auf der Hand. So ist es verständlich, daß schon im vorigen Jahrhundert Bemühungen einsetzten, den Herzschall objektiv aufzuzeichnen. 1819 wurde ja, wie oben erwähnt wurde, durch LAËNNEC die klinische Verwertbarkeit der Auskultation des Herzens entdeckt. Das erste Verfahren zur Registrierung wurde 1892/95 von K. HÜRTHLE angegeben. Die dadurch ausgelöste Entwicklung herzschallregistrierender Methoden weist drei Epochen auf, zunächst die heute nur noch historisch zu wertende, „empirisch-kritiklose" Epoche, d. h. die ohne Kenntnis der FRANKSCHEN Prinzipien der Manometerkritik arbeitete und rein empirisch versuchte, ein möglichst empfindliches System zu schaffen. Dabei ist es für den rückschauenden Betrachter höchst eindrucksvoll, welche immense Mühe an methodischer Kleinarbeit in der älteren Zeit aufgewandt wurde, um das Ziel einer richtigen Schallaufschrift zu erreichen. Die zweite Epoche ist gekennzeichnet durch die theoretische Analyse der Registrierinstrumente durch O. FRANK und die Angabe seiner Herztonkapsel, von der FRANK selbst sagte, daß ihm die gründliche theoretische Analyse des Verfahrens notwendiger erschien als die

Schaffung eines Apparates, mit dem man Kurven erlangen kann, die etwa den Schwingungen der Herztöne entsprechen. Diese Analyse führte er in seiner Abhandlung ,,Dynamik" 1907 durch und sie gehörte nach seinen eigenen Worten wohl zu den schwierigsten Teilen seiner theoretischen Untersuchungen. Auf Grund dieser Analyse konnte er sagen, daß die Empfindlichkeit der Vorrichtung und die Frequenz der Eigenschwingung des Apparates, die bis dahin bei keinem anderen Apparat bestimmt worden waren, sich so bemessen lassen, daß die Aufzeichnungen vollständig getreu sind. Bei der Aufschrift der Herztöne und des Pulses wird die überragende Leistung O. FRANKs deutlich, die darin bestand, die gesamte Registriermethodik — nicht nur der Experimentalphysiologie! — dadurch bereinigt zu haben, daß er statt der Empirie die theoretische Analyse setzte. Wenn weiter unten ein kurzer Überblick über die älteren Verfahren gegeben wird, so wird allein schon durch den Vergleich mit den damals veröffentlichten Abbildungen die Leistung O. FRANKs deutlich, wenn auch nicht verkannt werden darf, daß einige dieser ,,empirischen", ,,kritiklosen" Methoden — z. T. zeitlich auch noch nach O. FRANK entwickelt — schon zu recht brauchbaren Ergebnissen führten.

Die dritte Epoche wird eingeleitet durch die Verwendung der Verstärkerröhre und ist gekennzeichnet als die elektroakustische, bei der also — wie ganz allgemein in der Physiologie — in zunehmendem Maße die mechanischen Methoden durch elektrische Registrierverfahren verdrängt werden. Die größere räumliche Unabhängigkeit bei der Registrierung und die leichtere Möglichkeit der Steigerung der Empfindlichkeit allein, d. h. ohne gleichzeitige Einbuße an Eigenfrequenz und damit an Einstellungszeit, sind ihre besonderen Vorzüge.

Die Hauptprinzipien der vor der elektroakustischen Epoche liegenden Konstruktionsmethoden sind: 1. die Flammenmethode, 2. die Membranmethoden und 3. bestimmte elektrische Verfahren. Eine vollständige Übersicht über sämtliche entwickelten Methoden hätte heute nur historisches Interesse und würde auch den Rahmen dieses Kapitels weit überschreiten. Eingehendere Darstellungen finden sich bei H. GERHARTZ, W. FREY und R. TIGERSTEDT. Die Bemühungen, ähnliche Apparaturen zur Aufzeichnung von Vokalklängen zu entwickeln, müssen hier ganz außer acht gelassen werden (V. HENSEN, 1871; RIGOLLOT und CHAVANON, 1883; L. HERMANN, 1889; SAMOJLOFF, 1899).

Die *Flammenmethode* wurde zur Schallwiedergabe in den 60er Jahren von R. KÖNIG eingeführt und von MARBE (1907) zur Herztonregistrierung verwandt. Eine Aufnahmekapsel führt zu einem Gasbehälter und aus diesem zu einer KÖNIGschen Flamme. Die Zuckungen der Flamme schreiben auf einem durch sie gleichmäßig geführten Papierstreifen rußende Ringe oder Ellipsen auf (Roos, 1908), ein eigenartiges Verfahren, das zwar zu wenig anschaulichen Schallbildern führt, aber den Vorteil hat, mit geringen Massen zu arbeiten.

Bei den *Membranmethoden* kommen flüssige, halbflüssige oder feste Membrane zur Anwendung. Flüssige Membrane sind z. B. die Seifenlamellen in dem Phonoskop nach O. WEISS (1907/8). In der Mitte der Seifenlamelle ist ein kleiner versilberter Glasfaden eingelassen, dessen Bewegungen aufgezeichnet werden. S. GARTEN (1904, 1911) verwandte ebenfalls eine Seifenmembran und anstelle des Glasfadens feinste Eisenstäubchen, die auf der Membran durch einen Hufeisenmagneten in ihrer Lage festgehalten werden. Das reflektierte Licht wird photographisch registriert. Halbflüssige Membrane verwandte R. OHM (1912) in Form von Gelatinehäutchen mit Spiegelchen; H. GERHARTZ (1908) wählte eine Kollodiummembran mit Spiegelchen in Verbindung mit einem Eisenplättchen und einem Hufeisenmagneten. Feste Membrane aus Paragummi und Spinngewebe in Verbindung mit einem dünnsten Platindraht verwandte mit gutem Erfolg W. R. HESS (1920); die vergrößerten Fadenschwingungen wurden photographisch registriert. Mit dieser Methode hat W. R. HESS wesentliche Beiträge über Form und Entstehungsursache der Herztöne gegeben. Zu den mit festen Membranen arbeitenden Methoden gehört auch die FRANKsche Segmentkapsel unter Verwendung von Gummimembranen. A. WEBER (1912) empfahl dabei statt einer Gummimembrane Mesenteriummembrane vom Meerschweinchen zu verwenden.

Die praktische Konstruktion der *Herztonkapsel von* O. FRANK war der Trommelfell-Hammereinrichtung des Ohres nachgeahmt, sie verband den Spiegel mit der Membran so, wie der Hammer mit dem Trommelfell verbunden ist. Zu dem Zweck wurde radial auf die Membran (1 cm Durchmesser) ein dünnes, 2 mm breites und 4 mm langes Hartgummistäbchen aufgeklebt. Dieses Stäbchen ist in mechanischer Beziehung mit dem Stiel des Hammers zu vergleichen. An dem dem Rande der Membran aufliegenden Stäbchen war ein kleiner Spiegel aufgeklebt. Er ist, mechanisch genommen, der Kopf des Hammers. Mit dieser Vorrichtung erhielt O. FRANK Aufzeichnungen der Herztöne, die im wesentlichen als korrekt anzusehen waren. Nach diesem „Vorläufer" entwarf er eine Vorrichtung, die wesentliche Vorteile aufwies. Sie besteht aus einer Trommel, deren Rand nicht einen vollständigen Kreis, sondern einen Kreisbogen bildet, dessen Enden durch ein gerades Stück wie eine Sehne verbunden sind. Über den Rand ist eine dünne Membran gespannt. Auf die Membran ist eine aus leichtem Material gebildete Platte aufgeklebt mit der Basis als Sehne. Wirkt auf die Membran ein Druck, so bewegt sich die Platte um die Sehne der Achse. Die Bewegungen erfolgen fast streng um diese Achse, jedenfalls sind die seitlichen Bewegungen von keinerlei Bedeutung. Auf die Platte ist ein kreisförmiger Spiegel so aufgeklebt, daß der gerade Rand und der Durchmesser des Spiegels annähernd zusammenfallen. (Damit sich der den registrierenden Lichtstrahl reflektierende Spiegel nicht verzieht, ist er nicht direkt auf die Membran, sondern auf ein trapezförmiges Celluloidplättchen geklebt.) Die Herztonkapsel befindet sich in Schlauchverbindung mit einem Stethoskoptrichter. In dem Stethoskoptrichter (oder Phonendoskop) ist eine seitliche Öffnung angebracht, die durch eine Mikrometerschraube mehr oder weniger verschlossen werden kann (über die Bedeutung solcher Nebenöffnungen zur Eliminierung tieferer Frequenzen s. S. 307ff).

Es wurde oben schon erwähnt, daß es O. FRANK selbst nicht nur daran lag, eine Konstruktion auszuführen, „mit der man Kurven erlangen kann, die etwa den Schwingungen der Herztöne entsprechen, sondern er wollte zugleich eine gründliche theoretische Analyse des Verfahrens geben". Diese oben schon gewürdigte Leistung ist das eigentliche große Verdienst, daß man durch die statische und dynamische Eichung der Registrierapparatur, d. h. ihre Prüfung auf Empfindlichkeit und Eigenfrequenz, *voraussagen* kann, ob die erhaltenen Kurven getreu sind oder nicht. Darum bedeuten die Arbeiten O. FRANKs einen Markstein in der historischen Entwicklung der schallregistrierenden Methoden wie die Registriermethodik überhaupt. Diese „Theorie der Registrierinstrumente" wird ausführlicher in dem Band „Peripherer Kreislauf" dargestellt werden, da ihre Bedeutung bei der Registrierung des Blutdrucks am deutlichsten in Erscheinung tritt. Außerdem findet sich eine Darstellung aus FRANKs Feder in TIGERSTEDTs Handbuch der physiol. Methodik I und II/2 (1911 und 1913). Im Handbuch der biolog. Arbeitsmethoden, Abt. V, Teil 4, Heft 2 gab H. STRAUB eine Darstellung der Manometertheorie. Schließlich sei noch auf die wichtigen Originalarbeiten O. FRANKs in Z. Biol. hingewiesen, besonders auf die berühmte Arbeit „Der Puls in den Arterien" [Z. Biol. **46**, 441 (1905)], in der er eine vorzügliche Darstellung gibt „für den, der nicht imstande ist, den mathematischen Entwicklungen zu folgen und aus ihnen die Sicherheit für die Richtigkeit der Ausführungen zu gewinnen".

[Die theoretisch wichtigen Konstanten zur Bestimmung der Druckempfindlichkeit, des Elastizitätskoeffizienten, der Eigenschwingungszahl des Systems finden sich in Z. Biol. **50**, 341 (1908) und **59**, 526 (1913). Die Analyse muß bei jeder Apparatur besonders vorgenommen werden, weil die Empfindlichkeit (Ausschlagsgröße) mit der Weite des verwendeten Rohres und vor allem der Dicke, der Form und dem Gewicht der das Spiegelchen tragenden Platte und der Spannung der Membran variiert. Mit einem Satz verschieden empfindlicher Kapseln kann man die für eine Aufnahme erforderliche Empfindlichkeit ausprobieren. In bezug auf die Herztöne, deren Schwingungszahl zwischen 50 und 200 liegt, hat O. FRANK den Nachweis erbracht, daß die Empfindlichkeit und die Dauer der Eigenschwingungen des Apparates sich so bemessen lassen, daß die Aufzeichnungen vollständig getreu sind. Das Verfahren wurde auch zur Aufnahme der menschlichen Stimme mit Erfolg herangezogen (J. SEEMANN).]

In polemischen Auseinandersetzungen mit K. HÜRTHLE und O. WEISS hat O. FRANK eine von ihm erhaltene fehlerhafte Kurve veröffentlicht, die aufs anschaulichste die Bedeutung der FRANKschen Kritik der Registrierinstrumente zeigt. Als bei seiner Herztonkapsel der Spiegel durch Zufall nicht fest mit der Membran verklebt war, sondern nur mit einem dünnen Faden „ an der Membran hing, erhielt er Kurven, die aus, kurz gesagt, charakterlosen Schwingungen, etwa im Anfang der Systole und im Anfang der Diastole bestehen". Es handelt sich in Wirklichkeit um Schwingungen des in Bewegung gesetzten Systems, „das Zeugnis von Schleuderung durch eine genügend starke Trägheitskraft, wie sie zum Beginn des Kardiogramms und zu Beginn der Incisursenkung in der Aorta und Pulmonalis eintritt". Auch bei manchen vorhergehenden Versuchen der Herztonregistrierung wies FRANK nach, daß durch die gleichen Momente derartige fehlerhafte herztonähnliche Kurven erhalten wurden. Es liegen also die gleichen Verhältnisse vor, wie bei der Diskussion über das Vorhandensein und die Zahl der sog., in Wirklichkeit nicht existierenden „systolischen Wellen" der Aortendruckkurve, die O. FRANK ebenfalls als Eigenschwingungen der verwandten, unzulänglichen Manometer „entlarvte" und anhand deren er die „Güte" der verwandten Instrumente der betreffenden Autoren nachträglich rechnerisch ermittelte (s. S. 288).

Aus FRANKS Ableitungen ergibt sich die „*Güte*" des Instrumentes als das Produkt des Quadrates der Schwingungszahl und der Empfindlichkeit. Die Definition entspricht der Tatsache, daß die Erhöhung der Schwingungszahl im allgemeinen nur auf Kosten der Empfindlichkeit geschehen kann. Unter Empfindlichkeit verstehen wir die Größe des Ausschlags, die durch die sog. *statische Eichung* ermittelt wird. Zunächst muß also bestimmt werden, welche Empfindlichkeit notwendig oder wünschenswert ist. Ob das Instrument dann auch die Fähigkeit hat, rasche Bewegungen getreu aufzuzeichnen, hängt vor allem von der Frequenz der Eigenschwingungen ab. Von ihr hängt also die Möglichkeit ab, alle Einzelheiten eines Bewegungsablaufs darzustellen. Man kann diese Eigenschaft mit dem Auflösungsvermögen mikroskopischer Objektive vergleichen. Entstellungen der Kurven durch das Registrierinstrument werden durch Trägheit und Reibung hervorgerufen. Zur Feststellung des Einflusses von Trägheit und Reibung reicht die Untersuchung der Eigenschwingungen des Systems aus, und zwar muß die Frequenz der Eigenschwingungen und ihr Dekrement festgestellt werden (*dynamische Eichung*, z. B. bei plötzlicher Druckentlastung). Es ist dann eine praktisch richtige Registrierung zu erwarten, wenn die Schwingungszahl des Registrierinstrumentes über derjenigen irgendeiner Teilschwingung des Kurvenzuges liegt, die wesentlich in Betracht kommt. Zur Ermittlung des Dekrementes ist folgendes zu beachten. Man nennt die Schwingungsweite die Entfernung zweier aufeinanderfolgender Umkehrpunkte. Das Verhältnis einer Schwingungsweite zu der folgenden heißt Dämpfungsverhältnis. Der natürliche Logarithmus dieses Verhältnisses ist das logarithmische Dekrement, wobei zu bemerken ist, daß man die Dämpfung meist ohne Schwierigkeit auf den passenden Grad bringen kann. Jedenfalls müssen aber Empfindlichkeit und Schwingungsdauer und evtl. auch das Dekrement experimentell bestimmt werden. Das ist in ganz kurzer Übersicht das wesentliche Ergebnis der FRANKschen Analyse, wobei zu bemerken ist, daß vor FRANK die theoretische Kritik der schallregistrierenden Instrumente fast unentwickelt war. [Näheres bei O. FRANK selbst, Z. Biol. **64**, 125 (1914); H. STRAUB, Handbuch d. biolog. Arbeitsmethoden V, 4, 2, S. 146 ff. (1922); W. FREY, Handbuch norm. path. Physiol. VII/1, S. 273 (1926).]

Unter den *elektrischen Methoden* finden wir als ein älteres, recht eigenartiges Verfahren die Kombination von Telefon und Glasplättchen [„optisches Telefon" von HOLOWINSKI (1893), ähnlich (1911) auch von CREHORE], bei dem die vom Telefon veranlaßten Schwingungen an einem planen Glasplättchen das Bild der sich daran ausbildenden NEWTONschen Interferenzringe verändern, eine Methode, die zu ähnlich unanschaulichen und kaum auswertbaren Kurven wie die Flammenmethode (s. oben) führte, aber methodisch und historisch interessant ist. Die eigentlichen elektrischen Methoden gehen bereits auf K. HÜRTHLE (1892, 1895) zurück in der Anordnung: Mikrophon—Induktorium—Froschmuskel. Es ist das Verdienst K. HÜRTHLES, zuerst das Mikrophon zur Registrierung der Herztöne in Anwendung gebracht zu haben (ebenso 1891 L. HERMANN zur Vokalübertragung. Anstelle des Muskelpräparates verwandten dann EINTHOVEN und GELUK (1894) das Capillarelektrometer als Registrierinstrument und EINTHOVEN und BATTAERD später (1917) das von EINTHOVEN erfundene Saitengalvanometer. Diese Anordnung war recht empfindlich und gab — wie die Methoden von W. R. HESS und R. OHM — schon recht brauchbare Resultate. Schließlich verwandten W. EINTHOVEN und S. HOOGERWERF (1924) direkt die Schwingungen der Saite des Saitengalvanometers im Schallfeld zur Registrierung der Luftschwingungen der Herztöne. Der nächste Schritt nach der Erfindung des Saitengalvanometers war dann der Einsatz des Schleifenoscillographen (Spiegelgalvanometers) durch WERTHEIM-SALOMONSON (1918), allerdings mit nicht recht befriedigenden Kurven. Es ist kennzeichnend für die stürmische weitere Entwicklung, daß noch 1926 W. FREY seinen Aufsatz im Handbuch norm. path. Physiol. abschließen mußte mit dem kurzen Hinweis auf Versuche mit Verstärkerröhren, die erstmalig zu diesem Zweck 1919 R. HÖBER einsetzte und 1923 JAKOBSOHN und SCHÄFER, wobei damals noch „Nebengeräusche" das Haupthindernis darstellten! Das war etwa die Situation, wie sie beim Erscheinen des letzten großen Handbuchs über Herzphysiologie vorlag (1926). Diese kurze Darstellung möge dem Leser ein eindrucksvolles Bild der Bemühungen zur Schaffung einer Herztonregistriermethodik vermitteln! Um so unverständlicher ist es, daß heute, nach bewundernswerter Lösung aller dieser Schwierigkeiten, die Phonokardiographie in der Klinik noch nicht allgemein die Einbürgerung und Wertschätzung gefunden hat wie die ihr fast gleichwertige Elektrokardiographie.

Die Herzschallregistrierung durch elektroakustische Methoden

Allgemeine physikalische Anforderungen an schallregistrierende Apparate. Prinzip und Schaltung moderner elektroakustischer Methoden

Da es sich bei den Herztönen um Schallphänomene handelt, deren Intensität — absolut gemessen — außerordentlich gering ist, müssen die erforderlichen Schallempfänger außerordentlich empfindlich, möglichst *schwellenwertfrei* sein, oder mit anderen Worten: die Amplitudencharakteristik muß möglichst bis zum Nullpunkt des Koordinatensystems hinführen, das durch einwirkenden Schalldruck und registrierte Amplitude gegeben ist. Sonst würden ganz schwache Schallschwingungen den registrierenden Strom nicht beeinflussen und damit der Aufzeichnung verloren gehen. Das übliche *Kohlekörnermikrophon* war deshalb zum weiteren Ausbau der Herzschallregistrierung nicht sonderlich geeignet, da es einen ausgesprochenen Schwellenwert aufweist. Das Vorhandensein einer solchen Schwelle ist wiederholt sichergestellt worden. Es ist dann mit abnehmender Schallstärke die erzeugte Spannung nicht mehr proportional der auftreffenden Schalldruckamplitude, weil die Membranbewegungen keine merklichen Widerstandsänderungen der Kohlekontakte mehr hervorbringen können.

Außer der Anforderung eines möglichst ohne „Reizschwelle" arbeitenden Schallempfängers ergibt sich weiter für den gesamten zu registrierenden Frequenzbereich, daß eine solche Apparatur eine hinreichend *gleichmäßige Empfindlichkeit für den gesamten*, für physiologische und pathologische Herzschallerscheinungen in Frage kommenden *Tonbereich* aufweisen muß. Diese Anforderung ist deshalb besonders schwer zu erfüllen, weil die normalen Herztöne außerordentlich tiefe Frequenzen — bis an die Grenze des hörbaren Bereiches, also bis zu sehr langsamen Schwingungen herunter — aufweisen. Inwieweit eine Apparatur hinsichtlich ihrer Empfindlichkeit für die einzelnen Schwingungsfrequenzen den Anforderungen entspricht, ergibt sich am anschaulichsten aus ihrer *Frequenzkurve*, die folgendermaßen erhalten wird: Man mißt die abgegebene Wechselspannung bei Erregung mittels Tönen verschiedener Tonhöhe, aber konstanter Schallenergie. Da die meisten Mikrophone Druckempfänger sind, d. h. ebenso wie auch das menschliche Ohr auf die in den Schallwellen enthaltene Druckamplitude reagieren, wird für die Frequenzkurve die Spannung pro Einheit der auftreffenden Druckamplitude (dyn/cm^2 = Bar) angegeben (Volt/Bar.). Am Beispiel des Kohlemikrophons ergibt sich, daß es in seiner Wirksamkeit für die höheren Frequenzen stark abfällt, auch beginnt die Übertragung erst von etwa 160 Hz an. Außerdem weist es erhebliche Resonanzstellen auf. Aus der Forderung der Frequenzunabhängigkeit folgt somit, daß in sämtlichen Teilstücken der Apparatur keine ausgeprägten Eigenschwingungen vorhanden sein dürfen, da sonst die auftreffenden Frequenzen durch Resonanz vor allen anderen hervorgehoben würden. Der Eigenton des schallaufnehmenden Systems muß also möglichst hoch liegen und die Dämpfung eine ausreichende sein, wie das ja eine aus der Theorie der Manometer sich ergebende allgemeine Forderung darstellt. *Im günstigsten Fall würde eine so gewonnene Frequenzkurve parallel zur Abszisse verlaufen. d. h. alle in Betracht kommenden Schwingungsfrequenzen werden mit gleicher Empfindlichkeit der Apparatur wiedergegeben.*

Außer der Kenntnis der Frequenzkurve bzw. der Forderung der Frequenzunabhängigkeit der Apparatur ergibt sich als weitere grundsätzliche Anforderung, daß einer Änderung der Druckamplitude im Schallfeld eine gleich große relative Änderung der Empfängeramplitude entspricht. Der Empfänger arbeitet also „*amplitudengetreu*", wenn seine Amplitudenabhängigkeit linear — proportional — verläuft. Die Klangbilder geben dann also die einzelnen Frequenzen proportional ihrer ursprünglichen Größe — also so wieder, wie sie tatsächlich im auftreffenden Schall vorhanden sind. Inwieweit durch ein nichtlineares Arbeiten Störungen durch das Auftreten neuer, im ursprünglichen Klang nicht vorhandener Töne zustande kommt, wird weiter unten (S. 317) bei der Besprechung der Wahrnehmung der Herztöne noch des näheren zu erörtern sein, da auch für das menschliche Ohr diese Verhältnisse eine bedeutsame Rolle spielen.

Die grundsätzlichen Anforderungen an schallregistrierende Apparaturen sind also, daß sie schwellenwertfrei, frequenzunabhängig und amplitudengetreu arbeiten.

Außer diesen physikalischen Anforderungen kommen speziell bei der Ableitung der Herztöne noch besondere methodische Gesichtspunkte hinzu. Schallempfänger mit relativ geringer Absolutempfindlichkeit bedürfen zur Ableitung einer relativ großen Trichteröffnung, durch die — abgesehen davon, daß dadurch Störungsmöglichkeiten durch Resonanz im Trichter gegeben sind — nicht mehr die Möglichkeit einer lokalen, engbegrenzten Ableitung gegeben ist. Die örtliche Ableitung und der Vergleich der von verschiedenen Ableitungsstellen gewonnenen Schallbilder hat aber ein besonderes sowohl praktisch-medizinisches wie physiologisches Interesse.

Eine weitere methodische Schwierigkeit, die sich besonders bei Kohlekörnermikrophonen bemerkbar macht, ist die Tatsache, daß sie nicht unabhängig sind von Eigenbewegungen des Mikrophongehäuses. Gerade bei der Aufnahme der Herztöne ergibt das Einbrechen der Spitzenstoßbewegungen und die dadurch bedingten Eigengeräusche der Kohlekörner leicht unkontrollierbare Entstellungen der aufgezeichneten Schallbilder, es können sogar die aufzunehmenden Schallerscheinungen durch verhältnismäßig niederfrequente Schwingungen im aufgezeichneten Schallbild mehr oder weniger verdeckt werden. Wie schon erwähnt, haben fast alle Autoren, die sich um die Schaffung von Herzschallapparaturen bemüht haben, diesem Übelstand durch Anbringen von Nebenöffnungen in die schallableitende Verbindung zwischen Brustkorb und Mikrophon abhelfen wollen. Wir werden weiter unten noch sehen, daß dadurch aber wieder grundsätzliche, nicht nur quantitative Änderungen in den Bedingungen der Schallaufschrift vorgenommen werden.

Die wichtigsten Anforderungen an schallregistrierende Apparaturen sind damit kurz dargestellt. Die Eigenschaften des Kohlemikrophons sind in diesem Zusammenhang als Beispiel gewählt, um die Bedeutung der einzelnen Faktoren aufzuzeigen, da hierbei die Festlegung seiner Eigenschaften am eingehendsten durch die physikalische Untersuchung erfolgt ist.

In der modernen Technik dienen als Empfänger hochwertige, schwellenwertfreie elektrische Schallempfänger. Die von den Empfängern gesteuerten elektrischen Spannungen werden mit verzerrungsfrei arbeitenden Verstärkern verstärkt, der Ausgangsstrom der Verstärker kann dann beispielsweise oscillographisch aufgezeichnet werden und das Oscillogramm gibt dann ein getreues Abbild der am Empfänger angreifenden Schallvorgänge; in Amerika wurde zuerst durch H. A. FREDERICK und H. F. DODGE (1924, 1926) ein brauchbarer Apparat, das Stethophone, nach diesem Prinzip gebaut. Unabhängig davon arbeitete in den Jahren 1923/24 A. WEBER mit einer von Siemens-Halske zusammengestellten Apparatur. Allerdings war damals die Verstärkertechnik noch nicht genügend ausgebaut. Zu schon guten Ergebnissen kam mit Telephon und Verstärker in Widerstandskoppelung, die der Transformatorenkoppelung überlegen ist, F. SCHEMINZKY in Wien (1926/1927). In den folgenden Jahren sind in der in- und ausländischen Literatur zahlreiche weitere Apparaturen beschrieben worden, deren ins einzelne gehende Beschreibung zu weit führen würde. Eine besonders hochwertige Apparatur wurde erst von F. TRENDELENBURG (1927) entwickelt, indem er das RIEGGERsche Hochfrequenzkondensatormikrofon zur Herzschallaufnahme heranzog.

Von den elektrischen Schallempfängern nimmt, da das Kohlekörnermikrophon aus den einleitend erwähnten Gründen erhebliche Nachteile aufweist, das *Kondensatormikrophon* eine dominierende Stellung ein. Das gemeinsame Prinzip dieser elektrostatischen (oder kapazitiven) Mikrophone besteht darin, daß eine Membran einer starren Gegenplatte dicht gegenübersteht, und diese nur durch das Dielektrikum Luft voneinander getrennt sind. Trifft Schall auf die Membran, so daß sie in Schwingungen versetzt wird, so ändert sich die Kapazität des Kondensatormikrophons. Diese Kapazitätsänderungen werden in verschiedener Weise elektrisch nutzbar gemacht.

Besonders zwei Typen haben sich auch in der physikalischen und technischen Verwendung besonders bewährt. Das erste, auch zu quantitativ messenden Untersuchungen geeignete Kondensatormikrophon ist das von E. C. WENTE (1917). Eine äußerst stark gespannte Stahlmembran (von kleiner Masse und hoher Spannung!) bildet die eine Belegung eines Plattenkondensators, der eine zweite Metallplatte in äußerst geringem Abstand gegenübersteht, von dieser nur durch eine dünne Luftschicht getrennt (als Luftpolster mit zusätzlicher Elastizität zur Membranelastizität). Durch die Besonderheit dieser Anordnung wird erreicht, die tiefste Eigenschwingung der Membran noch außerhalb des hörbaren Bereiches zu verlegen (n = 16000). Das Prinzip der Schaltung ist kurz folgendes: Der Schallempfänger wird mit einem hochohmigen Widerstand und einer Gleichspannungsquelle in Serie geschaltet. Durch den auftreffenden Schall treten in bekannter Weise Kapazitätsänderungen des Kondensatormikrophons auf, die unter dem Einfluß der Gleichspannungsquelle Verschiebungsströme veranlassen. Infolgedessen kommt es zu Wechselspannungen an dem im Stromkreis befindlichen Widerstand, die nach geeigneter Verstärkung aufgezeichnet werden und dem auftreffenden Schall entsprechen. Diese Niederfrequenzschaltung in Verbindung mit dem WENTEschen Kondensatormikrophon wird im amerikanischen Rundfunk vornehmlich benutzt.

Das in Deutschland besonders eingeführte Kondensatormikrophon von H. RIEGGER (1924), das einen hochabgestimmten, stark gedämpften Schallempfänger darstellt, entspricht einem Plattenkondensator. Jedoch wird eine dünne Aluminiumfolie hierbei zwischen zwei sehr schwach gespannten, dünnen Seidenmembranen nahe hinter einer mit Schlitzen versehenen Metallplatte gehalten. Hinter der Folie befindet sich eine starre Rückwand, die so ein Luftpolster abschließt. (Also Masse und Elastizität im wesentlichen räumlich getrennt: Masse in der Folie, Elastizität im Hohlraum!) Die Aluminiumfolie folgt dem auftreffenden Schall und bewirkt so Änderungen der Kapazität zwischen dieser und der vorderen (geschlitzten) Metallplatte.

Um die Verstärkung der niederfrequenten Verschiebungsströme in der Anordnung von WENTE zu vermeiden, wird in der RIEGGERschen Schaltung das Mikrophon als Kondensator in einen Hochfrequenzschwingungskreis eingesetzt, der durch eine Rückkoppelungsschaltung in seiner Eigenwelle angeregt wird (Hochfrequenzschaltung in Verbindung mit RIEGGERs Kondensatormikrophon). Die durch den auftreffenden Schall hervorgerufenen Abstands- und damit Kapazitätsänderungen des Mikrophons bewirken nunmehr in dem Hochfrequenzschwingungskreis Änderungen der Wellenlänge, der zugehörige Schwingungskreis wird durch den auftreffenden Schall verstimmt. Nun läßt sich der jeweilige Wert einer Wellenlänge sehr leicht und genau registrieren, wenn man sich der ,,Methode der halben Resonanzkurve'' bedient: Ein zweiter Hochfrequenzschwingungskreis, der mit dem ersten Kreis gekoppelt ist, wird mit Hilfe eines einfachen Drehkondensators so abgestimmt, daß der Arbeitspunkt sich auf der halben Höhe der Resonanzkurve befindet. Dieser wandert nun bei Kapazitätsänderungen des Mikrophons hin und her und so werden die Wellenlängenänderungen in Amplitudenänderungen der Hochfrequenzschwingung in diesem zweiten Kreise umgesetzt. Die Frequenzschwankungen im Kondensatorkreis bewirken also Amplitudenschwankungen im Rückkoppelungskreis. Nach Gleichrichtung resultieren so hochfrequente Gleichstrompulsationen, deren Amplitudenschwankungen dem auftreffenden Schall entsprechen. Nur diese werden von einer geeigneten, hochabgestimmten Oscillographenschleife ($n = 12000$ pro sec) verzeichnet, da sie wegen ihrer (relativen) Trägheit der Hochfrequenz selbst nicht zu folgen vermag. Wählt man die Schwingungszahl der Hochfrequenz hoch genug (150 bis 300 m Wellenlänge, $n = 1 \cdot 10^6 - 2 \cdot 10^6$) und hält man sich stets auf dem geradlinigen Teil der Resonanzkurve, so sind die wichtigsten Bedingungen für eine praktisch verzerrungsfreie Aufschrift gegeben.

Da die meisten grundlegenden Untersuchungen über die Physiologie der Herztöne mit dieser von F. TRENDELENBURG ausgearbeiten Apparatur ausgeführt wurden, wurden ihre Prinzipien kurz dargestellt. Wegen technischer Einzelheiten und anderer moderner Methoden (Bändchenmikrophon von GERLACH und SCHOTTKY, Kathodophon u. a.), deren Darstellung nicht Aufgabe der vorliegenden Ausführungen ist, sei auf die Abhandlungen von F. TRENDELENBURG, F. SCHEMINZKY und E. MEYER verwiesen.

Nachdem dieses Prinzip der modernen elektroakustischen Methodik dargelegt ist, sei noch kurz auf die *Methoden und Ergebnisse ihrer Eichung* eingegangen. Wir müssen uns auch hier darauf beschränken, das Prinzip nur der Methoden darzulegen, die praktisch zur Eichung der genannten Mikrophone Verwendung gefunden haben. Eine übersichtliche Darstellung der verwendbaren Methoden findet sich bei F. TRENDELENBURG und E. MEYER.

In der Einleitung wurde darauf hingewiesen, daß es zur Verwertung der aufgezeichneten Schallbilder unumgänglich ist, die ,,Frequenzkurve'' und die ,,Amplitudenkurve'', d. h. die Abhängigkeit der Empfindlichkeit von der Frequenz und die Abhängigkeit der Empfindlichkeit von der Amplitude, kennenzulernen. Als Empfindlichkeit eines elektrischen Schallempfängers setzen wir wieder das Verhältnis der vom Empfänger am Eingang des Verstärkers erregten Spannung zur Amplitude der Druckschwankung an derjenigen Stelle des Schallfeldes, wo der Empfänger eingesetzt wird. Im wesentlichen läuft also die Aufgabe der Eichung darauf hinaus, Druckamplituden der Luft im Schallfeld zu messen.

E. C. WENTE eichte sein Kondensatormikrophon mittels des Thermophons, eines wechselstromdurchflossenen Leiters, von welchem infolge der JOULEschen Wärmewirkung Temperaturwellen und damit Druckschwankungen in das umgebende Medium abgegeben werden, deren Größe sich formelmäßig erfassen läßt. Die entstehenden Schallintensitäten sind natürlich außerordentlich gering, so daß eine erhebliche Verstärkung notwendig ist.

Das RIEGGERsche Mikrophon wurde von F. TRENDELENBURG auf folgende Weise geeicht. Durch einen geeigneten Lautsprecher, z. B. den RIEGGERschen Blatthaller, der einen genügenden Frequenzumfang hat, wird ein Schallfeld erregt. Zur Intensitätsbestimmung an einer bestimmten Stelle des Schallfeldes wird gleichzeitig mit dem Kondensatormikrophon das RAYLEIGHsche Scheibchen eingesetzt, das das Bestreben hat, sich senkrecht zur Fortpflanzungsrichtung der Schallwellen, also parallel der Wellenfläche einzustellen. Das von den Schallwellen auf die Scheibe ausgeübte Drehmoment ist dem Quadrat der Geschwindigkeitsamplitude und damit der Schallintensität direkt proportional. Die Messung der Schallintensität mittels Lichtstrahl, Spiegel und Skala wird so unmittelbar ermöglicht, ohne Frequenz und Schwingungsform des auftreffenden Schalles zu berücksichtigen.

Der Vollständigkeit halber sei erwähnt, daß speziell für die Zwecke der Eichung des WENTE-Mikrophons auch rein elektrisch arbeitende Methoden von E. MEYER angegeben sind, die auch zur unmittelbaren Eichung von Kondensatormikrophonen verwandt werden können. Die Überprüfung, inwieweit die mit diesen Methoden durchgeführten Messungen mit den Werten übereinstimmen, die mittels der RAYLEIGHschen Scheibe gewonnen wurden, ergab eine gute quantitative Übereinstimmung.

Da die Mehrzahl der experimentellen Arbeiten über Herz-, Lungen- und Muskelschall mit der Apparatur von F. TRENDELENBURG durchgeführt worden sind, beschränken wir uns auf eine Wiedergabe einer Frequenzkurve des Kondensatormikrophons. Die Eichung ergibt, daß die Apparatur in dem ganzen in Betracht kommenden Frequenzbereich praktisch verzerrungsfrei arbeitet, d. h. die Ausschläge der Oscillographenschleife entsprechen dem Momentandruck im Schallfeld am Kondensatormikrophon. Die Anordnung Mikrophon + Widerstandsverstärker zeigt eine praktisch gleichmäßige Empfindlichkeit, nur nach den tiefen Frequenzen hin erfolgt ein geringer, durch die Dimensionierung des Verstärkers bedingter Abfall. Auf die Erzielung noch weitergehender Gleichmäßigkeit verzichtet man zweckmäßig, da die für das Gehör kaum in Betracht kommenden tiefen Frequenzen so schon sehr stark hervortreten.

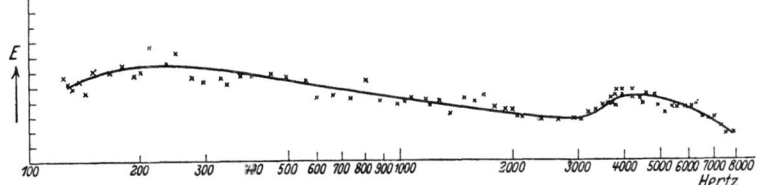

Abb. 153. Frequenzkurve des RIEGGERschen Kondensatormikrophors. (Nach F. TRENDELENBURG)

Würden sie noch deutlicher dargestellt werden, was durch entsprechend größere Koppelungskondensatoren zu erreichen wäre, würde die Beurteilung der aufgezeichneten Klangbilder nur schwieriger werden (s. weiter unten). [Das Kondensatormikrophon spricht aber weit darüber hinaus bis etwa 8000 Hertz gleichmäßig an (Abb. 153), so daß es sich auch zur Untersuchung von Sprach- und Musikklängen als geeignet erweist hat.]

Hinsichtlich seiner Amplitudenabhängigkeit arbeitet es linear. Da weiter das Kondensatormikrophon RIEGGERs äußerst unempfindlich gegen Erschütterungen ist, indem das Membransystem infolge der geringen Masse und der hohen Direktionskraft, die auf das sehr leichte Membransystem des Mikrophons wirkt, Bewegungen des Mikrophongehäuses nahezu vollständig mitmacht, ohne daß Relativbewegungen zwischen Membran und Gehäuse auftreten, ist damit die oben erwähnte Schwierigkeit bei Verwendung anderer Mikrophone, speziell des Kohlenkörnermikrophons, in günstiger Weise ausgeschaltet. Auch gestattet es die Ableitung von eng umschriebenen Bezirken vorzunehmen.

Infolge dieser überaus günstigen physikalischen Verhältnisse hat sich das RIEGGERsche Mikrophon rasch eingebürgert und die von F. TRENDELENBURG damit geschaffene elektroakustische Apparatur darf wohl als die erste wirklich leistungsfähige zur Aufzeichnung von Schallerscheinungen betrachtet werden. Daß natürlich bei einer so empfindlichen Aufnahmeapparatur „Störungen" der verschiedensten Art möglich sind, die nicht zu Lasten der Apparatur geschrieben werden können, ist selbstverständlich. Sie werden jedoch wichtig, wenn man sich der zunächst liegenden Frage zuwendet, inwieweit es möglich ist, ähnlich wie bei Aktionsstromaufnahmen von derselben Versuchsperson unter möglichst gleichbleibenden physiologischen Bedingungen gleiche Herzschallbilder zu verschiedenen Zeiten zu gewinnen, ob sich also ein für diese Versuchsperson typisches Schallbild ergibt.

Es sei hier nochmals festgelegt, daß das, was mit der Apparatur mit ausreichender Frequenz- und Amplitudentreue als *Klangbild* verzeichnet wird, *der zeitliche Ablauf des Druckes im Schallfeld* ist. Als Schallfeld (Koppelungsraum) sei der Raum definiert, der begrenzt ist von der Brustwand, der Mikrophonmembran und den seitlichen Umrandungen des Mikrophonansatzes. Die in diesem Raum infolge der Herzaktion auftretenden Druckschwankungen werden also entsprechend ihrer physikalischen Druckamplitude aufgezeichnet, soweit sie ihrer Frequenz nach dem hörbaren Bereich angehören und deshalb als Herztöne bezeichnet werden.

Bleibt nur noch die Frage zu erwähnen, warum gerade der Druck zur Definition des Schallbildes zugrunde gelegt ist. Es könnten natürlich ebensogut andere akustische Größen, wie die Geschwindigkeit der Teilchen oder die Amplitude der schwingenden Teilchen verwendet werden. Da alle diese Größen untereinander in Beziehung stehen — Druck-, Geschwindigkeits- und Bewegungsamplitude sind bekanntlich formelmäßig in ihrer Beziehung zur Schallintensität erfaßbar —, hat die Wahl der Druckamplitude zunächst etwas Willkürliches an sich.

Sie empfiehlt sich deshalb, weil die meisten elektrischen Schallempfänger und ebenso auch das Ohr Druckempfänger sind. Zu welcher Art im speziellen Fall der Empfänger gehört, ist abhängig von seiner ,,Schallhärte", d. h. dem Verhältnis des Druckes, der auf die Membran einwirkt, zu der durch den Druck hervorgerufenen Bewegung. Ist diese eine sehr große, gegenüber derjenigen des umgebenden Mediums — und für Luft ist die Schallhärte außerordentlich gering — so liegt ein Druckempfänger vor. Für die weiteren Fragen ist die Definition des Klangbildes als zeitlicher Verlauf der Druckschwankungen in dem durch das Kondensatormikrophon gegebenen Schallfeld grundsätzlich wichtig. Viele Differenzen in der Literatur erklären sich aus der Nichtberücksichtigung dessen, was eigentlich im jeweils vorliegenden Fall registriert wird. Erst im späteren Verlauf des Kapitels werden wir uns mit der Beziehung des Klangbildes zur Gehörwahrnehmung der Herztöne beschäftigen. Es ist also durchaus logisch, Druckempfänger zu verwenden, und für die zunächstliegende Fragestellung, wo die primäre Schallquelle zu suchen ist, die diese Druckschwankungen der Luft hervorbringt, ist es vorerst angezeigt, sie in ihrer *physikalischen* Definition zugrunde zu legen, d. h. also: die Druckschwankungen der Luft im Schallfeld über dem Thorax mit mechanischen Schwingungsvorgängen bei der Herzaktion durch gleichzeitige Aufzeichnung in Beziehung zu bringen.

In der Tat war das Kondensatormikrophon die erste technisch vollkommene Apparatur zur Herzschallschreibung und Übertragung. Wie eben dargelegt, ist es eigentlich für die Aufnahme von Luftschall bestimmt, es wird über den vor der Membran liegenden und dicht abgeschlossenen Luftraum an den Körper angekoppelt und die Schwingungen der Brustwand erzeugen Luftdruckschwankungen, die proportionale Durchbiegungen der Membran ergeben. Es wird weiter unten die schon einmal oben berührte Frage genauer besprochen werden, daß sich die Vorgänge in dem Koppelungsraum grundsätzlich ändern, wenn dieser nicht ganz dicht abgeschlossen ist. In diesem Fall kann bei langsamen Bewegungen Luft entweichen, bei raschen dagegen nicht, weil der Reibungswiderstand der Luft, die sich durch die Undichtigkeiten drückt, mit der Geschwindigkeit zunimmt. Es werden in diesem Fall die tiefen Frequenzen schwächer wiedergegeben als die hohen. Es ist das das Problem der Nebenöffnungen, es handelt sich dabei um die gleiche Erscheinung, die sich bei Undichtigkeiten im Übertragungssystem mit FRANKschen Kapseln zeigt. Bei abgeschlossenem Luftraum erzeugen die Schwingungen der Brustwand proportionale Durchbiegungen der Membran, und beim Kondensatormikrophon erzeugen diese Deformationen proportionale elektrische Spannungen, unabhängig von der Schnelligkeit, mit der der Vorgang abläuft,. also unabhängig von der Frequenz. Für die Untersuchung der Frage, inwieweit Druckschwankungen der Luft im Schallbild über dem Thorax mechanischen Schwingungsvorgängen bei der Herzaktion entsprechen, ist es also durchaus berechtigt, mit einem Druckempfänger zu arbeiten, dessen Frequenzkurve parallel zur Abszisse verläuft. Trotzdem hat das Kondensatormikrophon sich aus mehreren Gründen nicht allgemein eingebürgert und ist durch andere Konstruktionen verdrängt worden. Der Grund liegt einmal in seiner hohen Empfindlichkeit gegen Luftschall, so daß besondere Vorrichtungen getroffen werden müssen, um Geräusche im Aufnahmeraum usw. zu vermeiden. Es werden daher besonders ruhige, gut schallisolierte Räume für die Aufnahme benötigt. Die Amplituden des Körperschalles sind in der Regel sehr klein; dagegen treten verhältnismäßig große Kräfte auf, da das ganze Gewebe mitbewegt werden muß. Bei der Verwendung eines Luftschallempfängers für die Aufzeichnung bzw. Wiedergabe von Auskultationsphänomenen mit Oscillograph bzw. Lautsprecher in Verbindung mit Verstärkern sind daher sehr hohe Verstärkungen notwendig, da die Luftamplituden so gering sind, daß sie nur wenig über der Schwelle des normalen Ohres liegen. Hierdurch ergeben sich erhebliche Schwierigkeiten, da die erforderlichen hohen Verstärkungen nur bei Einsatz großer Mittel und sorgfältigster Überwachung einigermaßen störungs- und verzerrungsfrei herzustellen sind. Bei der Wiedergabe durch Lautsprecher ergibt sich eine neue prinzipielle Schwierigkeit. Befinden sich der Lautsprecher und Empfänger in demselben Raum, so tritt die sog. akustische Rückkoppelung auf, die sich durch ein lautes Tönen des Lautsprechers bemerkbar macht. Es muß daher der Empfänger mit dem abzuhörenden Patienten in einem vom Wiedergaberaum getrennten Raum untergebracht werden.

Schallharte Mikrophone geben in dieser Beziehung wesentliche Vorteile. Die Membran ist bei ihnen so steif, daß die Luftschwingungen keinen wesentlichen Einfluß auf sie ausüben können. Die Brustwandschwingungen müssen darum mechanisch übertragen werden durch einen Stift, der am unteren Ende einen Teller trägt. Das erste schallharte Mikrophon dieser Art war ein elektromagnetisches in der Bauart von SELL. Es ergibt sich so ein Empfänger, der im wesentlichen nur für Körperschall empfindlich ist, durch Luftschall aber nicht beeinflußt werden kann. (Die starre Eisenmembran und eine das ganze umhüllende kräftige Eisenkapsel schützen das Mikrophon außerdem weitgehend gegen Luftschallwellen.) Dadurch wird die Apparatur störungsfreier. Zugleich bedeutet die Anpassung des Empfängers an das Medium eine bedeutende Empfindlichkeitssteigerung, denn durch die feste Koppelung wird bedeutend mehr Energie auf den Empfänger übertragen als durch Luft. Beim SELLschen Mikrophon handelt es sich um eine Membran von sehr hoher Biegungssteifigkeit, sie beträgt etwa 200 kg/mm. Die Membran ist also praktisch starr und erleidet durch den Auflagedruck keine merklichen Durchbiegungen. Dennoch wird sie durch den Körperschall in Bewegungen, allerdings von außerordentlich kleiner Amplitude bei relativ großer Kraft, versetzt. Bei dieser Art von Empfänger ist es zweckmäßig, nicht das Kondensatorprinzip zu verwenden, da dabei die großen Kräfte nicht wirklich ausgenutzt werden, sondern es bewährt sich das induktive Prinzip. Durch die Bewegung der Membran werden in einem sehr kräftigen, mit Wicklung versehenen Magnetsystem nach dem Telephonprinzip Ströme induziert, die verstärkt dem Oscillographen bzw. Lautsprecher zugeführt werden. Der Empfänger ist praktisch schallhart. Er wird daher durch Luftschall sehr wenig beeinflußt. Für Körperschall besitzt er dagegen eine besonders hohe Empfindlichkeit, da im Gegensatz zum Luftschallempfänger die Kräfte des festen Mediums unmittelbar übertragen werden. Auf diese Weise wird es erreicht, daß die Verstärkung verringert werden kann und die Verwendung praktisch normaler Verstärker (überwiegend mit Netzbetrieb) möglich ist. Die geringe Luftschallempfindlichkeit macht es möglich, bei der Demonstration von Auskulatationsphänomenen den zu untersuchenden Patienten selbst in geringem Abstand von Lautsprechern abzuhören. Der Empfänger ist völlig schwellenlos und die Übertragung so störungsfrei, daß auch leise Töne und Geräusche laut wiedergegeben werden können (SELL). Das Prinzip der Konstruktion ist folgendes:

An der steifen Membran befindet sich ein Eisenanker, der vor den Polschuhen eines starren Permanentmagneten befestigt ist. Wird die Membran mit dem Anker von der Brustwand über den Mikrophonteller angestoßen, so ändert sich die Zahl der magnetischen Kraftlinien, und in den Spulen, die um die Polschuhe gelegt sind, entstehen elektrische Spannungen. Wichtig ist nun zu betonen, daß diese Art von Empfängern, die auf dem Induktionsprinzip beruhen, nicht frequenzunabhängig sind. Bekanntlich sind bei Induktionen die induzierten Spannungen der Zahl der pro Zeiteinheit durchschnittenen Kraftlinien proportional. Es kommt also auf die Geschwindigkeit der Membranbewegung an. Die Geschwindigkeit ist aber der Frequenz proportional. Der Empfänger besitzt daher eine proportional der Frequenz steigende Empfindlichkeit. Hierin unterscheidet sich die Arbeitsweise des elektromagnetischen Mikrophons von der des Kondensatormikrophons und des gleich noch zu besprechenden Kristallmikrophons, bei denen für alle Frequenzen die Spannung nur der Amplitude proportional ist. Im Vergleich zu diesen beiden bevorzugt das elektromagnetische Mikrophon also die höheren Frequenzen. Die spätere Betrachtung wird noch eingehend zeigen, daß diese Eigenschaft keinen Nachteil bedeutet. Die tiefen Frequenzen müssen meist sowieso abgeschwächt werden, also ein stark ansteigender Frequenzgang erzeugt werden, um den Eigenschaften des Ohres Rechnung zu tragen. Bei dem Kapitel Herzton und Gehörwahrnehmung wird hierauf noch einmal zurückzukommen sein. Wegen seiner Handlichkeit und Anspruchslosigkeit in der Bedienung hat das Prinzip des SELLschen Mikrophons große Verbreitung gefunden.

Besonders günstige Empfindlichkeitsverhältnisse liegen bei einer dritten Type von Mikrophonen vor, dem *Kristallmikrophon*. Es handelt sich hierbei um die Verwendung des bekannten Piezo-Effektes. Feine Platten aus Seignette-Salzkristallen werden parallel zur Prismenachse geschnitten und im Mikrophon so angeordnet, daß sie unter dem Einfluß der von der Brustwand abgenommenen Druckschwankungen entweder gedrückt oder gebogen werden. Dabei entstehen elektrische Spannungen im Kristall. An zwei gegenüberliegenden Flächen des Kristallkörpers sind Stanniolbeläge aufgeklebt, die die entstehende elektrische Spannung ableiten. Die Größe dieser Spannung ist gegeben durch den Druck, der auf den Mikrophonteller ausgeübt wird, und ist unabhängig von der Frequenz. Dieses Mikrophon besitzt also keine ansteigende Frequenzkurve, jedoch ist seine Empfindlichkeit so hoch, daß man die tiefen Frequenzen durch elektrische Schaltmittel abschwächen kann. So ist seine Empfindlichkeit weit größer als die elektromagnetischer Mikrophone, d. h. gleiche Drucke ergeben größere Spannungen. Auch ist es unempfindlicher gegen elektromagnetische Störungen als das SELLsche Mikrophon. Gegen Luftschallwellen sind beide gleichunempfindlich. Es genügt die Anwendung eines Niederfrequenzverstärkers, so daß die unbequeme und bei gleichzeitiger EKG-Aufnahme leicht störende Hochfrequenz entbehrlich wird. Allerdings sind Kristallmikrophone mechanisch lädierbar und recht temperaturempfindlich. Temperatur über 50° gefährdet den Kristall, ein längeres Liegen in der Sonne oder auf der Heizung und die Verwendung in den Tropen verbieten sich daher.

Zu erwähnen ist in diesem Zusammenhang auch noch das niederohmige elektrodynamische Mikrophon von JANOWSKI, bei dem die Herzschallschwingungen durch eine Pelotte auf eine relativ geringohmige Spule übertragen werden, die sich im Feld eines starken Permanentmagneten befindet. Die Spulenaufhängung ist mittels einer Feder weniger starr als die Eisenmembran des elektromagnetischen Mikrophons. Die entwickelte Stromstärke ist relativ groß; durch einen Spezialtransformator erfolgt der Anschluß an den Verstärker. Auch hierbei ist der „Nutzeffekt", mit dem die Schwingungsenergie der Brustwand an den *Verstärker weitergegeben* wird, gut, ebenso ist es wenig empfindlich gegen Störungen durch den Luftschall, nachteilig ist wie beim elektromagnetischen Mikrophon die Empfindlichkeit gegen elektromagnetische Störungen (Röntgen-Diathermieapparate, nicht genügend entstörte Motore usw.).

Brustkorb und Herztöne

Abschließend ist hier noch kurz die Frage aufzuwerfen, inwieweit bei der Schallweiterleitung vom Erzeugungsort der Herztöne bis zur Brustwand bzw. bis zu ihrer Abstrahlung von dieser als „Luftschall" Verzerrungen des eigentlichen Klangbildes zu erwarten sind. Dafür kommt vor allem in Frage, ob neben den der Thoraxwand aufgezwungenen Schwingungen Entstellungen durch Eigenschwingungen der Brustwand hinzukommen. A. WEBER hat besonders darauf hingewiesen, daß es eigentlich aussichtslos sei, beim Menschen bei intakter Brustwand die Herztöne selbst aufzuzeichnen. Kurze Schläge gegen die innere Thoraxwand ergeben dem Schallbild des ersten Tones sehr ähnliche Kurven! BATTAERD hat zur Begründung darauf hingewiesen, wie geringe Verschiebungen des Schallreceptors die Tonkurve verändern! Noch ein Punkt kommt hinzu, der meist in bezug auf die Herztöne wenig beachtet wird und hier wohl besonders mit herangezogen werden muß. Der Thoraxraum stellt fraglos einen besonders geeigneten Resonator für die Herztöne dar, der natürlich in der Lage ist, die relative Amplitude der einzelnen Schallfrequenzen zu beeinflussen (s. dazu Fußnote S. 312).

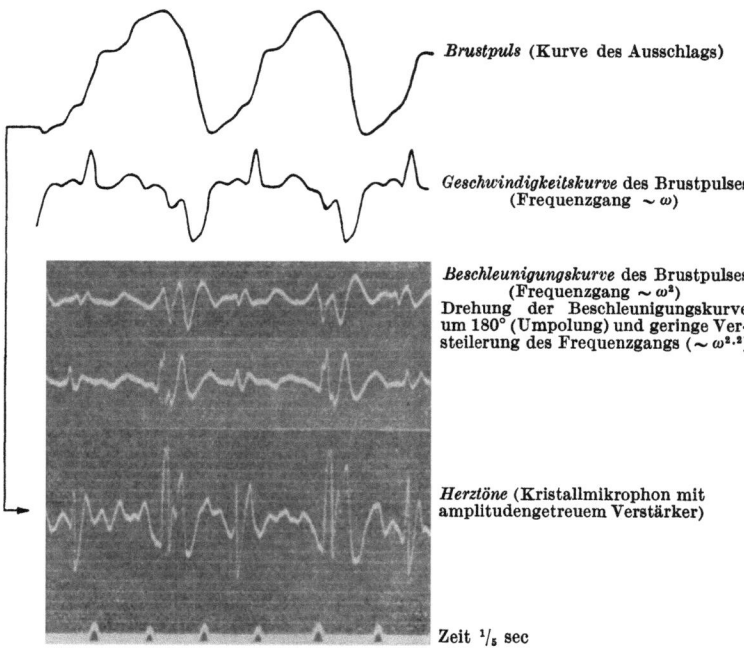

Abb. 154. Vom Brustpuls zu den Herztönen. (Nach G. LANDES)

BASS leitete Töne verschiedener Schwingungszahl von sinusförmigem Schwingungsablauf (mittels Schwebungstonsender) durch einen weiten Schlauch dem Munde der zu untersuchenden Person zu und registrierte die Klangbilder an der Thoraxoberfläche, um so zu ermitteln, innerhalb welchen Frequenzbereiches und mit welcher Amplitude im Vergleich zur zugeführten Schallintensität die Schwingungen der Prüftöne durch das Lungengewebe fortgeleitet werden. Es ergab sich dabei, daß — normaler Luftgehalt der Lungen vorausgesetzt — eine Fortleitung des Schalles in dem verhältnismäßig engen Frequenzbereich von 80 bis höchstens 400 Hz zustande kommt. Die Maxima der Schalleitung, die zwischen 80 und 250 Hz liegen, weisen (nach BASS) in den zugehörigen Frequenzen ganzzahlige Beziehungen im Sinne harmonischer Obertöne auf. Daraus folgt, daß das lufthaltige Lungengewebe eine ausgesprochene Abstimmung auf einzelne Eigenfrequenzen aufweist, die sich bei der Erregung mit entsprechenden Schwingungszahlen durch das Auftreten von Resonanzerscheinungen nachweisen lassen. Entsprechend bezog F. TRENDELENBURG das leichte Maximum, das sich bei FOURIER-Analysen zwischen 80 und 100 Hz ergab, auf eine Resonanz in den Lungen (s. Abb. 163).

Von einer anderen Seite her geben die Untersuchungen von I. STAHL einen Einblick in die Resonanzverhältnisse des Thorax. Er ging von der Frage aus, ob auch beim Thorax, ähnlich wie bei den Streichinstrumenten (HEWLETT, MILLER und BACKHAUS), die Resonanzverhältnisse den tiefen Tönen gegenüber sehr ungünstig liegen, ob also auch bei der menschlichen Stimme in den tiefen Lagen eine derartige Anordnung der Partialtonamplituden zuungunsten des Grundtones auftritt oder ob bei der Stimme eine günstigere Anpassung der Resonanzeinrichtungen an die untere Tongrenze vorliegt. Bei der Analyse einzelner Klangkurven auf Partialtöne war kein regelmäßiges Absinken der Grundtonamplitude selbst nach der äußersten Tiefe hin (Strohbass, 50 Hz) zu erkennen. Aus dieser Feststellung, daß Stimme und Resonanzeinrichtung weitgehend aufeinander angepaßt sind, erhellt auch die Bedeutung des Thorax als Resonator für die Herztöne.

Alle diese Tatsachen begünstigen, daß die Herztöne über dem Thorax, z.B. auch in der kardiographischen Kurve deutlich hervortreten. Inwieweit aber umgekehrt eine wesentliche Entstellung der Herztonkurve durch Resonanzvorgänge, Eigenschwingungen der Brustkorbwand u. a. verursacht wird, darf doch wohl nicht überschätzt werden. Die Tatsache der Beeinflussung namentlich im Sinne einer Änderung der relativen Amplitude der einzelnen Schwingungsfrequenzen ist natürlich grundsätzlich zuzugeben, aber andererseits zeigt doch gerade der Vergleich des normalen, über dem Thorax aufgenommenen Herzschallbildes mit den Kurven der Herzwandbewegung und des Vorhofdruckes, daß wir eine im großen und ganzen richtige Orientierung über die Schallphänomene des Herzens auch noch über den Thorax erhalten. Beachtenswert ist eine Abhandlung von LANDES (1941), der neben den Schwingungen von Herzklappen, Myokard usw. bisher unberücksichtigte höhere Teilkomponenten des „Brustpulses" hervorhebt, die — wie die absolute Messung ihrer Stärke zeigt — auch für den Gehörseindruck nicht vernachlässigt werden dürfen. (Die bei amplitudengetreuer Registrierung erhaltene Kurve ist im wesentlichen nach LANDES als Beschleunigungskurve des Brustpulses aufzufassen, s. Abb. 154; Näheres dazu s. S. 352ff.)

Änderungen des Schallbildes durch Änderungen des Schallfeldes
Einfluß von Nebenöffnungen in der zum Mikrophon ableitenden Verbindung. Frequenzkorrektur im akustischen Teil der Apparatur

Wir gingen davon aus, als Schallbild den zeitlichen Verlauf der Druckschwankungen im Schallfeld zu definieren. Als Schallfeld (Koppelungsraum) diente der von Brustwand, Mikrophonmembran und den seitlichen Umgrenzungen des Mikrophonansatzes eingeschlossene Raum. Nachdem wir das Verhalten des Schalles vom Ort der Entstehung, der primären Schallquelle, bis zur Brustwand hin verfolgt haben, müssen wir uns noch mit der Veränderung des Schallbildes befassen, die es durch Änderungen in der Art des durch das Mikrophon gegebenen Schallfeldes erleidet.

An die *Größe* des skizzierten Raumes ist natürlich die Anforderung zu stellen, daß er möglichst klein gehalten werden muß, damit sein Eigenton entsprechend hoch liegt und Veränderungen des Schalles durch Resonanz möglichst vermieden werden. Veränderungen durch Schallreflexionen spielen ebenfalls eine erhebliche Rolle, da sie, um störend aufzutreten, große Flächen bzw. sehr kurze Wellenlängen zur Voraussetzung haben. Die Größe dieses Raumes möglichst klein zu wählen, hat noch einen anderen Grund, der in entsprechender Weise auch für Stethoskope gilt (LANDES). Die Schallabschwächung beim Übergang von Körperschall in Luftschall ist von der Größe des eingeschlossenen Luftvolumens abhängig. Je kleiner dieses ist, desto günstiger wird die Schallübertragung, weil das Verhältnis der Schallwiderstände beider Medien maßgebend wird. Der Schallwiderstand ist aber gegeben durch das Verhältnis der Druckamplitude zur Geschwindigkeitsamplitude. In einem kleinen Volumen wird nun die Druckamplitude sehr groß und bedingt so eine günstigere Übertragung.

Wichtig ist jedoch vor allem in diesem Zusammenhang die schon öfters erwähnte Änderung des Schallfeldes durch Anbringung von *Nebenöffnungen*, so daß also eine Kommunikation mit der Außenluft besteht. Es wurde schon erwähnt, daß die Einführung solcher Nebenöffnungen in der schallableitenden Verbindung zwischen Brustwand und Schallempfänger bei fast allen früheren Herztonregistriermethoden angewandt wurde. Es handelte sich dann fast stets darum, den Einfluß grobmechanischer Erschütterungen der Brustwand, speziell durch den Herzspitzenstoß, zu eliminieren. O. FRANK hat der Wirkung einer Nebenöffnung in einem Phonendoskop eine theoretische Abhandlung gewidmet: Bei geschlossener Ableitung erhält man die Kurve der Lageveränderungen der vom Receptor überdeckten Thoraxpartie, das ist das Kardiogramm, bei Freigabe einer Öffnung, sog. „offener Ableitung", resultiert (mehr und mehr) die Kurve der Geschwindigkeitsänderungen der Brustwand.

Auch innerhalb des akustischen Bereichs ergibt die Ableitung bei offenem oder geschlossenem System, also die Einführung von Nebenöffnungen, wichtige Unterschiede in den aufgezeichneten Schallbildern. Wer sich zuerst um die Aufschrift von Herztönen bemüht, wird die Erfahrung machen, daß man bei direktem Aufsetzen des Mikrophons auf die Brustwand, oft selbst unmittelbar nacheinander die verschiedensten Schallbilder erhalten kann. Diese oft ganz erheblichen Unterschiede treten dann besonders deutlich hervor, wenn die Aufnahmen einmal bei festem Aufdrücken des Mikrophons auf die Brustwand gemacht werden oder wenn nur eine lockere Berührung zwischen beiden vorliegt. Es ergab sich daraus die Aufgabe, die Frage nach dem Einfluß von Nebenöffnungen in der schallableitenden Verbindung zwischen Brustwand und Mikrophon systematisch zu untersuchen.

Abb. 155 zeigt die großen Unterschiede, die zwischen einer „offenen" und „geschlossenen" Ableitung bestehen. Diese Unterschiede wurden bei der Aufzeichnung der Herztöne mit dem Kondensatormikrophon gleichzeitig und unabhängig von E. SCHÜTZ und E. BASS untersucht und mitgeteilt. Es ergab sich in beiden Versuchsreihen, daß durch die Einführung einer Nebenöffnung an dem durch Mikrophonmembran und Brustwand eingegrenzten Hohlraum ein Druckausgleich zwischen diesem und der Außenluft derart stattfindet, daß Schwingungen geringerer Frequenz nicht mehr registriert werden.

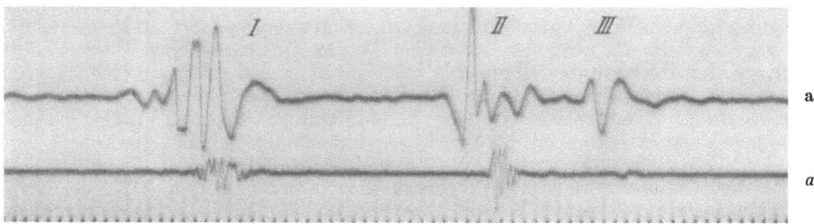

Abb. 155. Herzschallbild (mit drittem Ton). a bei geschlossener, b bei offener Ableitung. Zeit $^1/_{10}$ sec. (vgl. Abb. 158) (Nach E. SCHÜTZ).

Um die Frage nach dem Einfluß solcher Nebenöffnungen systematisch zu untersuchen, wurde vom Verfasser eine Saugkapsel konstruiert, die durch Einsaugen einer kreisförmigen Hautfalte einen luftdichten Abschluß garantierte [wie auch bei der Saugkapsel von H. SCHÄFFER und R. FLEISCHER (1927)] und bei der sechs und mehr Nebenöffnungen einzeln freigegeben werden können. Dieser Hartgummiaufsatz, der statt der üblichen Fassung auf das Mikrophon aufgeschraubt wird, vermeidet den unübersehbaren Einfluß von Resonanzerscheinungen in Schlauchleitungen zwischen Mikrophon und Brustwand. Zugleich wird durch die starke Annäherung des Mikrophons an die Brustwand eine größere Empfindlichkeit und damit eine weitere Verminderung von Störungsmöglichkeiten durch Außengeräusche erreicht. Die bei vollständig geschlossenem Ableitungssystem aufgenommenen Herztonkurven zeigen ein konstantes Bild von dem oben gezeigten Typ. Die weiter unten gemachten Angaben über die Form des normalen Herzschallbildes beziehen sich sämtlich zunächst auf diese Art der Ableitung. Mit der Freigabe jedoch nur einer Nebenöffnung — auch nur eines Kanals von 30 mm Länge und 2 mm Durchmesser, wie im Falle der Saugkapsel — wird, wie Abb. 155 zeigt, ein gänzlich anderes Schallbild erhalten. Außer einer Verminderung der Amplitude ist ersichtlich, daß die langsamen Frequenzen ganz zurücktreten; das Herzschallbild ist von kürzerer Dauer, daher auch die großen Unterschiede der Angaben betreffs der Dauer der Herztöne in der Literatur! Besonders deutlich wird das bei dem nur aus tiefen Frequenzen bestehenden dritten Herzton! (s. Abb. 155.) Unter beiden Bedingungen — offenes oder geschlossenes System — werden charakteristische Herzschallbilder aufgenommen, die aber nach Dauer und vor allem nach den darin enthaltenen Frequenzen grundsätzlich verschieden sind. Während bei geschlossener Ableitung die direkt ausmeßbaren Frequenzen um 30—80 pro sec liegen, herrschen bei offener Ableitung Schwingungen um 50—130 pro sec vor. Weitere Vermehrung der Zahl der Nebenöffnungen, die freigegeben werden, verändert im wesentlichen nur noch die Amplitude des Herzschallbildes, also die Empfindlichkeit der Registrierung. Durch Wahl einer höheren Verstärkerstufe werden bei den Dimensionen der Saugkapsel im wesentlichen wieder die gleichen Kurven erhalten, die mit geringerer Verstärkerstufe und nur einer Nebenöffnung registriert werden. (Weitere Abbildungen s. bei E. SCHÜTZ.) *Die Einführung von Nebenöffnungen überhaupt vermag also das Herzschallbild insofern zu verändern, daß Schwingungen niederer Frequenz nicht mehr registriert werden*, da ein Druckausgleich nach der Außenluft stattfindet. *Die Zahl der Nebenöffnungen*, die an der Saugkapsel freigegeben werden, *verändert im wesentlichen nur noch die Amplitude des Herzschallbildes*, also die Empfindlichkeit der Registrierung. Entsprechend verhalten sich, wie E. BASS feststellte, auch die Lungengeräusche, bei denen es ganz wesentlich auf die Wiedergabe namentlich der raschen Schwingungsformen ankommt.

Auch von physikalischer Seite ist (1930) der Einfluß einer Nebenöffnung auf den Druck im Schallfeld genauer untersucht worden. Die Verfolgung dieser Frage ergab sich im Zusammenhang mit dem Nachweis, daß das Ohr als Druckempfänger arbeitet. I. TRÖGER preßte ein Telephon über kurze Zwischenstücke fest an das Ohr an. Bei abgeschlossenem Volumen: Schallsender—Gehörgang—Trommelfell ist durch die Beziehung $p \cdot v = $ const der Druck dem Volumen umgekehrt proportional, infolgedessen muß auch die subjektive Empfindung umgekehrt proportional dem Volumen sein. Um das Auftreten stehender Wellen und den Bereich der Eigenschwingung des Hohlraumes zu vermeiden, wurde die Messung für tiefe Frequenzen durchgeführt und ergab Übereinstimmung mit dem Gesetz. Im Zusammenhang damit wurde von TRÖGER darauf verwiesen, daß man zu der (irrtümlichen) Anschauung, daß das Trommelfell bei tiefen Frequenzen als Geschwindigkeitsempfänger arbeite, leicht kommen kann, wenn die Abdichtung des Volumens nicht äußerst sorgfältig vorgenommen wird. Um den Einfluß eines solchen Spaltes nachzuweisen, wurde ein Spalt durch Drehen eines Überwurfrohres geöffnet und der jeweils entstehende Druck an der dem Trommelfell entsprechenden Stelle aufgenommen. Der Druck, der wegen des konstanten Volumens konstant bleiben sollte, sinkt für tiefe Frequenzen (190 Hz) bei einer Öffnung des Spaltes auf 0,2 mm Länge auf $^3/_4$ seines Wertes, während für höhere Frequenzen (800 Hz) die gleiche Spannungsabnahme erst bei einer 70fachen Länge (= 14 mm) des Spaltes erreicht wurde. TRÖGER kommt zu dem Ergebnis, daß durch die je nach der Art der Öffnung eintretenden Strömungsverhältnisse der Druck wesentlich beeinflußt werden kann, „so daß aus den Aufnahmen keine exakten Gesetzmäßigkeiten abgeleitet werden können".

Bei der Diskussion der Frage, welcher Ableitungsart der Vorzug zu geben ist, entsteht zunächst ein Widerspruch zwischen theoretischen Anforderungen und praktischer Verwertbarkeit. Nur die Ableitung mit geschlossenem System entspricht der Absicht, den Druckverlauf im Schallfeld und damit die am Trommelfell angreifende Kraft (Druck im Schallfeld × Empfängerfläche) richtig aufzuzeichnen. Nebenöffnungen verändern — kurz gesagt — den Frequenzgang der Apparatur, indem tiefe Töne im einzelnen nicht genau bekannter und unübersehbarer Weise vernachlässigt werden. Andererseits ist der Nachweis der frequenteren Schwingungen im Herzschallbild — das gleiche gilt für die Lungengeräusche — bei offener Ableitung viel leichter möglich. Zwischen den tiefen und hohen Frequenzen bestehen bei den Herztönen so erhebliche Intensitätsunterschiede, daß bei Anwendung gleichmäßiger Verstärkung für alle Schwingungsfrequenzen die tiefen Töne die Röhrencharakteristik überschreiten und damit entstellte Kurven erhalten würden, wenn man gleichzeitig die an Intensität viel geringeren, höheren Teiltöne darstellen wollte. Aber selbst wenn diese Schwierigkeit nicht vorhanden wäre, würden die erhaltenen Kurven einer unmittelbaren Deutung und Analyse wegen der großen Amplituden der physikalisch viel stärkeren tiefen Teiltöne schwer zugänglich sein. Wie oben schon erwähnt wurde, arbeitet die ursprüngliche TRENDELENBURGsche Apparatur praktisch so, daß die Ausschläge der Oscillographenschleife den Druckamplituden im Schallfeld entsprechen. Will man Aufschluß gewinnen über die physikalischen Verhältnisse der Herztöne, speziell im physiologischen Experiment die Frage nach ihrer Entstehung untersuchen, also die physikalisch-akustischen Vorgänge in der Luft über dem Thorax mit mechanischen Vorgängen bei der Herzaktion in Beziehung setzen, so ist zunächst eine Aufzeichnung mit dieser Art der Anordnung grundsätzlich zu bevorzugen, wobei eine geringe Abschwächung der ganz tiefen Frequenzen aus den dargelegten Gründen zweckmäßig ist.

Herztöne und Gehörwahrnehmung
Für Wahrnehmung und Aufschrift der Herztöne wichtige Besonderheiten der Gehörwahrnehmung, Konstruktion gehörähnlicher Verstärker

Sobald das aufgezeichnete Schallbild zur Kontrolle oder zur schriftlichen Fixierung des *gehörten* Schalleindrucks dienen soll, treten grundsätzliche Besonderheiten auf. Denn bekanntlich weisen die Schwellenwerte der Gehörempfindung eine ausgesprochene Frequenzabhängigkeit auf. Da die Gehörempfindlichkeit sich aus dem reziproken Wert der Schwellenintensität eines Tones ergibt und die Hörschwelle (Reizschwelle der Intensität) ein ziemlich scharfes subjektives Kriterium darstellt, sind wir über den Verlauf der Empfindlichkeitskurve des Gehörorgans für die ganze Tonskala hinreichend genau unterrichtet.

Wenn man die Tonintensität als diejenige Energie definiert, die bei der Schallbewegung durch 1 cm² des Schallfeldes senkrecht zur Schallrichtung pro Sekunde hindurchtritt, so ergibt sich die Kurve der Empfindlichkeit durch Ermittlung von cm² sec/erg für die einzelnen Schwingungsfrequenzen. Stellt man in einem Koordinatensystem wie in Abb. 156 als Ordinate die relative Empfindlichkeit (reziproke Tonintensität) und auf der Abszisse die Schwingungsfrequenz der Prüftöne dar, so ist ersichtlich, daß die Empfindlichkeit von den tiefsten hörbaren Tönen an bis zu den Schwingungen von 400 Hz fast gradlinig ansteigt. Mit zunehmender

Schwingungszahl findet zwar noch eine weitere Zunahme der Empfindlichkeit statt, aber die Kurve steigt wesentlich langsamer an, bis sie zwischen 1000 und 3000 Hz das Maximum der Empfindlichkeit erreicht. Für noch frequentere Schwingungen nimmt sie dann wieder ab. Dieser Verlauf der Kurve ist zuerst experimentell von M. WIEN ermittelt, namentlich in Amerika ist in neuerer Zeit weiteres großes Beobachtungsmaterial hinzugetragen worden. Der Vergleich der Ergebnisse der einzelnen Untersuchungen ergibt, daß die allgemeine Form der Kurve festliegt, wenn sie auch offenbar keineswegs so gleichmäßig verläuft, wie die aus Mittelwerten zusammengestellten Kurven in Abb. 156 zeigen. Über die genauen absoluten Zahlenwerte besteht noch keine Einigkeit. Die Werte von M. WIEN geben wohl eine etwas zu große, die amerikanischen eine etwas zu geringe Empfindlichkeit an (GILDEMEISTER). Nach B. LANGENBECK ist der richtige Verlauf der Kurve wohl in die Mitte zwischen beiden zu verlegen. Jedenfalls ergibt sich also die im folgenden wichtige Tatsache der ausgesprochenen *Frequenzabhängigkeit der Gehörempfindlichkeit*.

Folgende Überlegung möge das verdeutlichen: Wenn also nach dem Vorgang von M. WIEN die Empfindlichkeit umgekehrt proportional der Tonintensität gesetzt wird, die gerade noch eine merkliche Hörempfindung erzeugt, ergibt die Kurve, daß ein Ton von 250 Hz gleich laut gehört wird wie ein Ton von 1600 Hz, wenn er eine 1000mal größere physikalische Energie besitzt. Da die Schallintensität J zur Amplitude der Druckschwankungen in der Beziehung

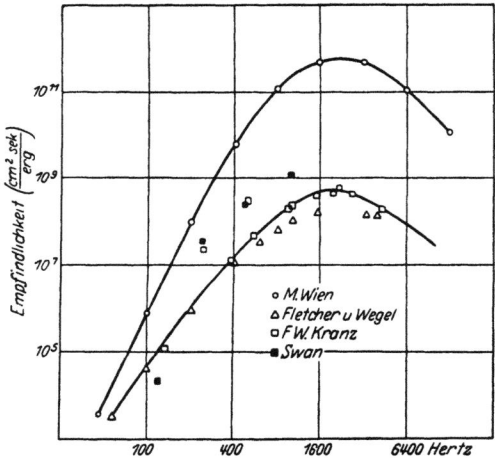

Abb. 156. Empfindlichkeitskurve des menschlichen Ohres in energetischem Maß

$$J = \frac{p^2}{2\,s\,c}$$

steht, kann man daraus die Amplitude der Druckschwankungen berechnen (wobei J = Schallintensität, s = Dichte, c = Schallgeschwindigkeit, p = Druckamplitude ist). Die Schallintensität ist also dem Quadrat der Druckschwankungen proportional. Diese werden entsprechend der Definition von Druck als Kraft pro Flächeneinheit gemessen in dyn/cm², als deren Einheit die Bezeichnung 1 Bar eingeführt ist.

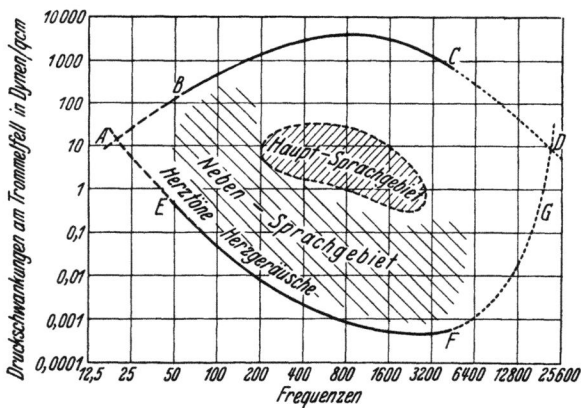

Abb. 157. Einordnung der Herztöne in die Hörfläche. (Nach E. SCHÜTZ)

Im obigen Beispiel ist die Empfindlichkeit des Ohres, also der reziproke Wert der Schwellenintensität für einen Ton von 1600 Hz 1000mal größer als für einen Ton von 250 Hz. Würden wir beide Töne, die tatsächlich gleiche Amplitude haben sollen, mit einem die Druckamplitude aufnehmenden Schallregistrierapparat aufnehmen, der der Empfindlichkeitskurve des Ohres angepaßt ist, so würde der Ton von 1600 Hz 31,6 mm Amplitude bei der Aufschrift bekommen, gegenüber einer Amplitude von 1 mm bei dem Ton von 250 Hz. Zeichnen wir beide Töne dagegen mit der objektiv vorhandenen Druckamplitude auf, so würden sie beide mit gleicher Höhe, z. B. = 1 mm aufgezeichnet werden. Noch deutlicher wird das, wenn wir einen Ton von 100 Hz mit einem Ton von 1600 Hz vergleichen. Aus der Empfindlichkeitskurve des Ohres entnehmen wir, daß die Intensität des Tones von 100 Hz 1 Million mal größer sein muß als die eines Tones von 1600 Hz, wenn beide Töne subjektiv gleich laut erklingen sollen. Die Amplituden würden sich danach also wie 1000:1 verhalten. Die Verschiedenheit der Intensität und der Amplitude von Tönen, die für das Ohr gleich laut klingen, wird also um so größer, je weiter die Frequenzen der gleichzeitig wahrzunehmenden Teiltöne eines Schallgemisches auseinander liegen.

In welchem Bereich der *Hörfläche* die Herztöne einzuordnen sind, ergibt sich aus den Angaben über ihr Frequenzspektrum und die Intensität der darin enthaltenen Frequenzen. Die Hörfläche nach R. W. WEGEL (graphisches Hörfeld nach M. GILDEMEISTER) umfaßt, da ja auch das Ohr als Druckempfänger aufzufassen ist, alle Frequenzdruckwerte, die eine Hörempfindung auszulösen vermögen. Als untere Begrenzung dieser Fläche dienen wiederum die Schwellenwerte der Hörempfindung, die obere Grenze ist durch das Auftreten sensibler Reizungen, besonders von Schmerzempfindungen, gegeben. Auch diese Grenzen der Hörfläche sind nur halbschematisch festliegend. Schon mehrfach ist bestätigt worden, daß die untere Grenze ziemlich tiefe Einbuchtungen aufweist, wohl infolge der physikalischen Konstanten des Schalleitungsapparates (FRANK, TRÖGER).

Für die Frage der Einordnung der Herztöne bei dieser Art der graphischen Darstellung der Leistung des Gehörs ist eine weitere Einschränkung wichtig. Die Hörfläche in dieser Form bezieht sich zunächst auf stationäre Vorgänge, also jeweils einen einzelnen, langdauernden sinusförmigen Ton bestimmter Frequenz. Bei an- und abklingenden Schallvorgängen wie den Herztönen, die zugleich ein Spektrum von Frequenzen darstellen, liegen die Verhältnisse viel komplizierter. Für Schallvorgänge derart kurzer, zeitlicher Dauer spricht nach neueren Untersuchungen von G. V. BEKESY das Ohr noch nicht so an wie auf Dauererregung. Eine genaue Eintragung der durch FOURIER-Analyse ermittelbaren einzelnen Komponenten von Herztönen erschien deshalb also nicht angezeigt, weil die in Frage stehenden Schallphänomene ja im allgemeinen nur eine sehr kurze Dauer (rund 0,1 sec) aufweisen.

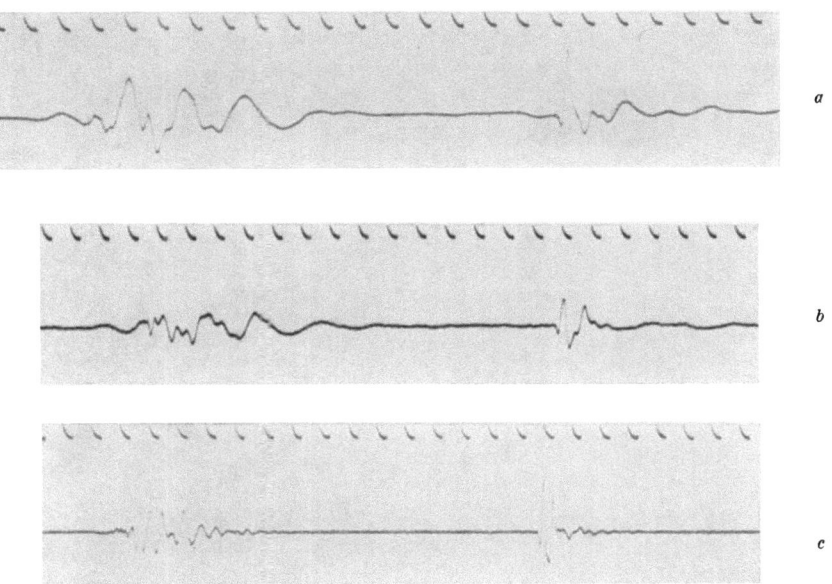

Abb. 158. Herztöne der gleichen Versuchsperson. *a* bei geschlossener Ableitung, *b* bei offenem System, *c* mit gehörähnlichem Verstärker (geschlossen). Zeit in $^1/_{50}$ sec. (Nach E. BASS) (vgl. Abb. 155)

Wenn also auch der Zusammenhang zwischen dem Verlauf des Druckes im Gehörgang, also dem „Reiz", und der Gehörempfindung verwickelt und z. T. durchaus noch nicht im einzelnen bekannt ist, so sei doch in Abb. 157 mit für praktische Zwecke zunächst hinreichender Genauigkeit eine orientierende Einordnung der Herztöne in die Hörfläche vorgenommen. Bei Eintragung der Frequenzdruckwerte würde man diese also nur wenig über die Grenze der Hörempfindung legen, sicher bleiben schon einzelne Komponenten der tiefen Lagen unterhalb der Hörgrenze, obwohl sie objektiv gut erkennbar sind. Andererseits lösen die Komponenten höherer Frequenzen eine lebhaftere Schallempfindung aus, obwohl sie z. T. unterhalb des durch die Kurvenbreite des Schallbildes gegebenen Auflösungsvermögens der objektiv arbeitenden Methoden liegen. Für die Darstellung des *gehörten* Schalleindruckes reicht also die Registrierung mit der bisher erwähnten Methode nicht aus.

Es ist also zum unmittelbaren Vergleich zwischen objektiver Aufzeichnung und subjektivem Hörbefund notwendig, eine Apparatur zu benutzen, die bezüglich der Wiedergabe der einzelnen Schwingungsfrequenzen der Kurve der Ohrempfindlichkeit entspricht. Von K. POSENER und F. TRENDELENBURG ist diese Aufgabe gelöst worden durch die Konstruktion des sog. ,,gehörähnlichen Verstärkers". (Widerstandsverstärker mit besonders kleinen Koppelungskondensatoren zwischen Anode und Gitter.) Durch entsprechende Änderung der Kondensatorengröße läßt sich bei einem Verstärker ja bekanntlich der Verlauf der Verstärkercharakteristik weitgehend beliebig gestalten. Die mit gehörähnlicher Verstärkung erhaltenen Kurven gestatten nunmehr, die Schallaufschrift unmittelbar mit dem Gehöreindruck zu vergleichen. Wie sehr verschieden die so erhaltenen Herztonbilder von den bisher beschriebenen sind, zeigen die Kurven von BASS (Abb. 158 und 159).

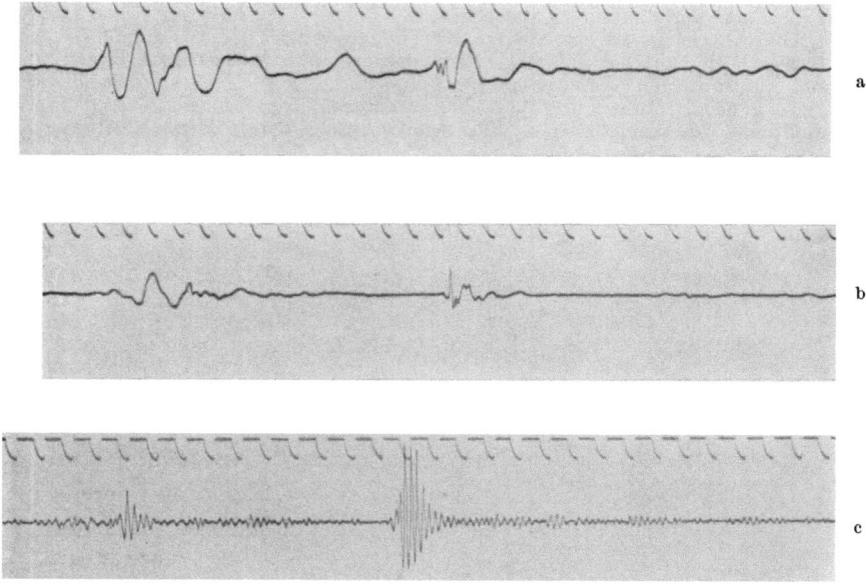

Abb. 159. Aorteninsuffizienz (systolisches und diastolisches Geräusch über der Aorta). a Verstärker I, geschlossen; b Verstärker I, offen; c Verstärker II, geschlossen. Zeit: $1/_{50}$ sec. (Nach E. BASS)

Die oben schon besprochene Tatsache, daß eine Nebenöffnung in der zur Mikrophonmembran schallableitenden Verbindung tiefe Tonfrequenzen auszusieben vermag und die Darstellung höherer Teiltöne begünstigt, gewinnt in diesem Zusammenhang besondere Bedeutung. Es wird also hierdurch bereits eine gewisse Frequenzkorrektur im akustischen Teil der Anordnung vorgenommen, wenn auch in einer quantitativ schwer zu übersehenden Weise (s. oben). Es findet also damit schon eine Annäherung an die Leistung des gehörähnlichen Verstärkers statt, die jedoch nicht so weit geht, daß ein Vergleich mit dem Gehöreindruck in allen Fällen zulässig ist.

Besonders wichtig werden diese Verhältnisse vor allem für pathologische Herzgeräusche. Denn diese besitzen häufig viel geringere physikalische Intensität als die Herztöne und liegen außerdem im allgemeinen in höheren Frequenzgebieten (meist zwischen 200—400 Hz[1]) (s. Abb. 157). Abb. 159 zeigt die Geräusche einer Aorteninsuffizienz mit dem objektiv arbeitenden Verstärker (I) sowohl bei geschlossener wie offener Ableitung und mit gehörähnlicher Schallaufschrift. [Da das Ohr im Frequenzbereich der Herzgeräusche eine wesentlich höhere Empfindlichkeit aufweist (s. Abb. 156 u. 157), kann ein Herzgeräusch subjektiv sehr viel lauter erscheinen, während es objektiv eine viel geringere Intensität aufweist als die in tieferen Bereichen liegender Herztöne!][2]

---

[1] Beim perikarditischen Reiben findet man Frequenzen bis 800 Hz.

[2] Ganz entsprechend wie zwischen normalem und pathologischem Herzschall liegen die Verhältnisse übrigens auch bei den *Atemgeräuschen*, wo in vielen Fällen das als Bronchialatmen krankhaft veränderte Atemgeräusch lautstärker empfunden wird und dabei im objektiven Schallbild viel kleinere Amplituden aufweist als das leiser gehörte Vesiculäratmen.

Man kann hier natürlich die interessante Frage aufwerfen, ob diese Art der gehörähnlichen Verstärkung zugleich das Optimum für die Erfassung der im Herzschall enthaltenen Frequenzen ist. Man könnte ja durch eine andere, willkürlich zu wählende Frequenzabhängigkeit vielleicht noch einen besseren Einblick in die den Herztönen zugrunde liegenden Luftschwingungen bekommen. Mit elektrischen Mitteln ließe sich das verhältnismäßig leicht erreichen, der Apparatur ebensogut einen anderen Frequenzgang aufzuprägen als den, der den Ohreigenschaften angepaßt ist. Es ergibt sich die merkwürdige Tatsache, daß die Empfindlichkeitskurve des Ohres tatsächlich einigermaßen das Optimale für die Beobachtung von Herzgeräuschen darstellt. Nach den Angaben von F. TRENDELENBURG liegt das Optimum bei einer Frequenzkurve, die nur wenig flacher verläuft als die Empfindlichkeitskurve des menschlichen Ohres. Läßt man die tiefen Frequenzen in etwas stärkerem Maße zu, so treten einige Schallerscheinungen noch etwas deutlicher hervor. F. M. GROEDEL wies besonders darauf hin, daß es in Blockfällen wohl vorteilhaft ist, die tiefen, durch die Vorhoftätigkeit bedingten Komponenten mit zu erfassen. Besonders wertvoll ist dieses Vorgehen auch, um die flachen, langsamen Schwingungen des dritten Herztons noch graphisch zu erfassen (SCHÜTZ). Das sich dabei ergebende Beobachtungsmaterial dürfte für die Klärung der Frage nach seiner Entstehung und seiner Beziehung zum Galopprhythmus von Nutzen sein (vgl. Abb. 155, sie zeigt, wie gering bereits bei Einführen einer Nebenöffnung der dritte Ton in der Aufschrift in Erscheinung tritt!). Allzuweit darf man sich von der „Gehörkurve" aber nicht entfernen, da sonst die höheren Komponenten der Geräusche der Registrierung entgehen. Es wird allerdings notwendig sein, mit beiden Apparaturen — „fraktioniert" — die Schallphänomene zu registrieren. Welchem von beiden Verstärkern der Vorzug zu geben ist, ist also eine Frage, deren Beantwortung sich aus der jeweiligen Absicht ergibt, aus der Herztöne und -geräusche dargestellt werden sollen. Diese Schallphänomene können, wenn man ihre gesamten physikalischen Eigenschaften durch Aufschrift kennenlernen und dabei von einer Analyse absehen will, nur mit beiden Verstärkern erfaßt werden. Wegen der außerordentlich verschiedenen Intensität der tiefen und hohen Frequenzen ist also gewissermaßen nur eine fraktionierte Erfassung des gesamten akustischen Vorgangs durch Aufschrift möglich. Technisch ist das übrigens durch eine relativ einfache Umschaltung der Apparatur auf die eine oder andere Frequenzabhängigkeit leicht zu bewerkstelligen und inzwischen bei allen herzschallregistrierenden Apparaturen in wenigstens einer wahlweisen, sog. tiefen und hohen Abstimmung durchgeführt.

Bei dieser Situation ergab es sich zwangsläufig, daß seit einiger Zeit in Normenausschüssen versucht wurde, einheitliche Richtlinien für diese Fragen der Herzschallschreibung auszuarbeiten (1953). Übereinstimmung liegt darin vor, daß die amplitudengetreue Darstellung für Grundlagenuntersuchungen besonders den Physiologen und Physiker interessiert, während für den Kliniker die gehörähnliche Darstellung zur schriftlichen Fixierung des Auskultationsbefundes besonderen Wert hat. Für diese ist die Schwellenkurve des Ohres nach der FLETCHER-Kurve zugrunde gelegt. Außerdem wurden zusätzlich zwei weitere Aufzeichnungsarten als erwünscht herausgestellt, von denen die eine mehr die tiefen, die andere mehr die hohen Frequenzen bevorzugt. Als erster hat MANNHEIMER 1939 Ergebnisse veröffentlicht, bei denen er das Herzschallbild selektiv in verschiedenen Frequenzbereichen zur Darstellung brachte, und zwar wählte er sechs verschiedene Frequenzbereiche von jeweils 1—2 Oktaven Bandbreite aus, mit denen der gesamte Frequenzbereich von 0—1000 Hz überdeckt wurde. Er hatte hierbei ferner die Möglichkeit, die Schalldruckamplitude des Mikrophons in dem jeweils benutzten Frequenzbereich mittels Vergleich mit einem Eichgenerator absolut zu bestimmen ("Calibrated Phonocardiography"). Das bedeutete einen beträchtlichen Aufwand (Eichung, Bandfilter). Einfacher sind daher sog. Hochpaßfilter, bei denen eine Frequenzabschneidung nur nach den tiefen Frequenzen hin erfolgt. Abb. 160 zeigt die Frequenzcharakteristik von sechs sog. differenzierenden Filtern nach MAASS und WEBER (als Abszisse die Frequenz im logarithmischen Maßstab, als Ordinate ebenfalls im logarithmischen Maß die Amplitude, in einer zweiten Skala am Rande die Einteilung in Dezibel). Die Verstärkungskurve der sog. gehörähnlichen Darstellung ist als ausgezogene

---

Der Grund liegt wieder in vorzugsweise anderen Frequenzgebieten dieser beiden Schallphänomene. Nach BASS zeigt das Vesiculäratmen in der Einatmungsphase überwiegend langsame Schwingungen zwischen 150—400 Hz. Teilschwingungen höherer Frequenz bis 700 (900) Hz können vorhanden sein. Sie sind in wechselndem Maße ausgeprägt, und ihre Amplitude ist sehr klein im Verhältnis zu den langsameren Frequenzen. Der Klangcharakter des Bronchialatmens ist dagegen bedingt durch das überwiegende Hervortreten rascherer Teilschwingungen in ziemlich weitem Frequenzgebiet, dessen Grenzen man zwischen 500 bis 1400 (2500) Hz ansetzen kann. Die wichtigste Rolle spielen nach der Größe der Amplituden Schwingungen von 600—1200 (besonders 600—800) Hz. Auch bei klingenden Rasselgeräuschen setzen sich auf Grundschwingungen von meist 200—300 Hz hohe Teiltöne von 2000 bis 3000 Hz (*Maximum der Hörempfindlichkeit!*).

Linie wiedergegeben (bezeichnet mit „g" 140, Steilheit 2,6)[1]. Links von dieser Kurve finden sich Kurven zweier sog. tieferer Filter, bei denen also die tiefen Frequenzen weniger unterdrückt sind (t = tief, m_1 = mitteltief). Vor allem das Filter „tief" ist mit einer Steilheit von 1,7 wesentlich flacher als die gehörähnliche Kurve (mit ihm lassen sich III. Ton und Vorhofschall besser zur Darstellung bringen, s. S. 313). Rechts nach höheren Frequenzen hin liegen die Frequenzcharakteristika von drei weiteren Filtern, „mittel 2", „hoch 1" und „hoch 2". Die Steilheit dieser Filter mit größer als 4 ist wesentlich größer als die der gehörähnlichen Darstellung, mit ihnen kommen zunehmend hohe Frequenzen zur Darstellung. LEATHAM in London stellte ebenfalls Vergleichs-

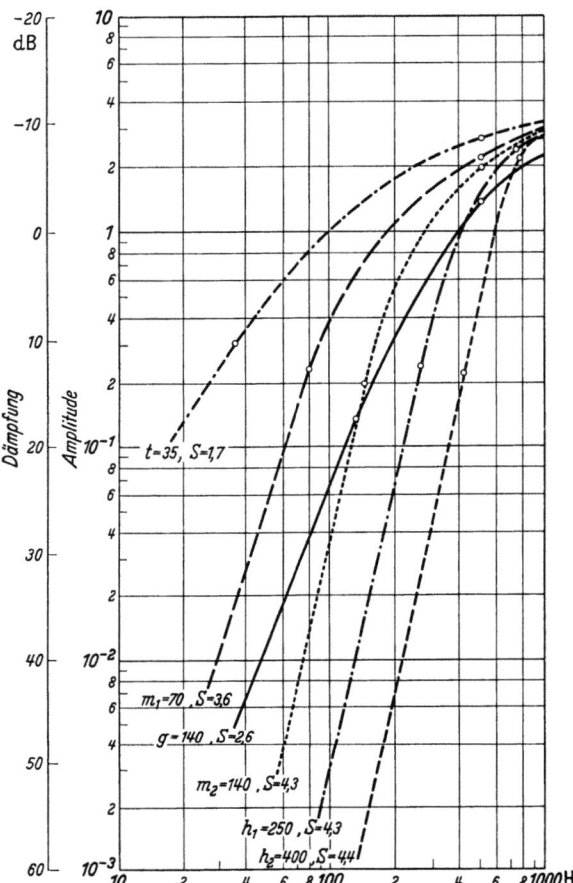

Abb. 160. Amplitudenfrequenzgang der 6 ausgewählten Filter. Die in der Abbildung angewandten Abkürzungen haben folgende Bedeutung:

		Nennfrequenz	Steilheit
t 35	Filter „tief"	35 Hz	1,7
m_1 70	Filter „mittel 1"	70 Hz	3,6
g	Filter „gehörsähnlich"	140 Hz	2,6
m_2	Filter „mittel 2"	140 Hz	4,3
h_1	Filter „hoch 1"	250 Hz	4,3
h_2	Filter „hoch 2"	400 Hz	4,4

Die 10%-Werte und die Bezugswerte bei 500 Hz bzw. 700 Hz sind als Kreise in den Kurven eingezeichnet. Wählt man für die Steilheit die Angabe in Decibel je Oktave, so entsprechen die oben aufgeführten Steilheiten folgenden Werten:

Steilheit 1,7	9 db je Oktave
Steilheit 3,6	21,5 db je Oktave
Steilheit 2,6	15,5 db je Oktave
Steilheit 4,3	26 db je Oktave
Steilheit 4,4	27 db je Oktave

(Nach H. MAASS und A. WEBER)

[1] Das Übertragungsmaß der benutzten Filter ist hier nicht in dem für den Physiker gebräuchlichen Dezibelmaß ausgedrückt, sondern der Begriff der *Steilheit* verwandt (MAASS), der folgendermaßen definiert ist: Wenn das Gesamtübertragungsmaß beim Übergang von einer Vergleichsfrequenz zu deren Oktave, also der doppelten Frequenz, mit dem Quadrat der Frequenzsteigerung, also um den Faktor 4, zunimmt, so wollen wir dieser Kurve die Steilheit 2 zuordnen. Ist das Amplitudenverhältnis pro Oktave $2^3 = 8$, so wollen wir dem Filter die Steilheit 3 und beim Faktor 16 die Steilheit 4 zuordnen. Entsprechend würde man die Abnahme der Schalldruckamplitude mit der dritten Potenz zweckmäßig mit einer Steilheit von —3 bezeichnen. Mit anderen Worten: Wählt man als Bezugsfrequenz 500 Hz und setzt die Übertragungsamplitude für diese Frequenz gleich 100%, so wird das Filter erstens bestimmt durch die Angabe derjenigen Frequenz, bei der das gesamte Übertragungsmaß 10% gegenüber dem 100%-Wert von 500 Hz beträgt. Der zweite Faktor ist die Steilheit des Abfalls des Übertragungsmaßes unterhalb dieser „Nennfrequenz". Diese Steilheit wird zweckmäßig durch den Exponenten definiert, mit dem im Bereich der „Nennfrequenz" die Amplitude als Funktion der Frequenz zunimmt. Dies bedeutet, daß für eine Verdoppelung der Frequenz im Bereich um die Nennfrequenz für die Steilheit 2 die Amplitude um den Faktor $2^2 = 4$ zunimmt, entsprechend für die Steilheit 3 die Amplitude um den Faktor $2^3 = 8$, für die Steilheit 4 die Amplitude um den Faktor $2^4 = 16$ und schließlich für die Steilheit 5 die Amplitude um den Faktor $2^5 = 32$ zunimmt. Steilheit und Nennfrequenz definieren das Hochpaßfilter hinreichend.

versuche, und zwar mit drei Filtern, an, wobei die Kurve "high frequency" möglichst exakt der Schwellenwertkurve des Ohres entspricht (g), "low frequency" der Kurve „t", 35 Hz, während "middle frequency" annähernd dem Filter „m_1" 70 Hz entspricht. Auch mit MANNHEIMER in den USA herrscht grundsätzliche Übereinstimmung. Für Forschungsfragen wird es außer dieser Normungsgrundlage stets erforderlich bleiben, weitere, besonders noch tiefere Filter zu benutzen. Das tiefe Frequenzgebiet hält Rósa (1944, 1955) besonders wegen mechanisch-akustischer Beziehungen auch klinisch für wichtig (s. S. 307). Es ist daher als besonders glücklicher Umstand anzusehen, daß die experimentell-physiologische Erforschung die oben erwähnte TRENDELENBURGsche Apparatur zur Verfügung hatte. Solche III. Töne, z. B. wie in Abb. 155 und 164, wird man nach vollzogener Normung wohl nicht mehr zu sehen bekommen! Das gleiche betrifft die einleitenden Schwingungen des I. Herztons! (S. dazu S. 326.)

Nicht erfüllte Anforderungen an gehörähnliche Verstärker

Die sich daran anschließende Frage, wie sich die subjektive Lautstärke bei Änderung der physikalischen Klangintensität verhält, ist deshalb schwieriger als die der Frequenzabhängigkeit des Ohres, weil hier ein scharfes subjektives Kriterium fehlt. Jedenfalls steigt die subjektiv empfundene Lautstärke nicht so schnell an, wie dem Anwachsen der physikalischen Intensität entspricht. Ob hier WEBER-FECHNERs logarithmisches Gesetz gilt, ist ebenfalls noch umstritten. Neuere Versuche (KNUDSEN) haben ergeben, daß in einem langen Anfangsintervall $\frac{\Delta J}{J}$ nicht konstant und außerdem frequenzabhängig ist (für sehr schwache Töne wesentlich größer, etwa das Dreifache, als für stärkere Töne!). Für kurzdauernde Geräusche wie die Herztöne ist die Frage noch nicht befriedigend beantwortet. Einen gewissen Aufschluß in dieser Hinsicht geben allerdings die Untersuchungen von MACKENZIE, der Lautstärkenvergleiche bei reinen Tönen nach dem auf die Akustik übertragenen Prinzip des Flimmerphotometers durchführte. Das hier vorliegende Problem entspricht ja durchaus der heterochromen Photometrie! In ähnlicher Weise hat neuerdings KINGSBURY bei einer Reihe von Intensitätsstufen die Lautstärke reiner Töne verschiedener Tonhöhe verglichen, indem er die Druckamplitude des zu vergleichenden Tones so lange veränderte, bis beide dem normalen Ohr gleich laut erschienen.

In Abb. 161 sind die so erhaltenen Kurven gleicher Lautstärke als Mittelwerte einer großen Zahl von Feststellungen eingetragen; die Ordinate gibt die Druckamplitude im logarithmischen Maß. Die Abbildung zeigt, wie der Frequenzgang des Ohres sich stark mit dem Lautstärkenniveau ändert. Bei hohen Intensitäten verlaufen die Kurven wesentlich flacher als die tiefste Kurve, die wiederum die Schwellenwertkurve der Hörempfindung darstellt, die ja auch eine Linie konstanter Lautstärke bedeutet. Wenn auch

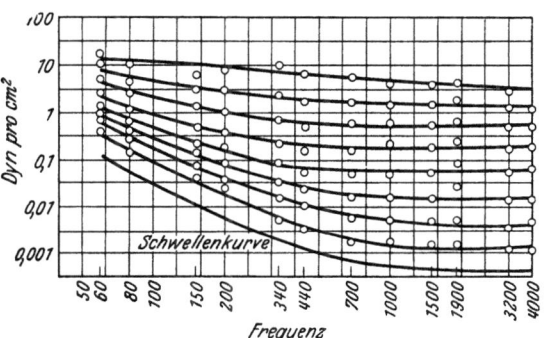

Abb. 161. Kurven gleicher Lautstärke

die unterste Kurve für die Herztonschreibung und -wahrnehmung die wichtigste ist, da die Intensität der Herztöne praktisch an der unteren Grenze der Wahrnehmbarkeit liegt, so wird dieses Diagramm zum mindesten theoretisch wichtig, wenn man z. B. den Fall der sog. Distanzgeräusche heranzieht. Bei Messungen im gesamten Hörbereich muß man also eigentlich den Frequenzgang der Apparatur den Lautstärken entsprechend einstellen, also bei starkem Verstärkungsgrad eine große, bei niedrigem eine geringe Frequenzabhängigkeit verwenden. Eine solche Verstärkerschaltung mit einem veränderlichen, der jeweiligen Intensität angepaßten Frequenzgang ist von H. PAULI entwickelt worden. Da jedoch die Herztöne ihrer Intensität nach nur unwesentlich über der Hörschwellenkurve liegen, scheint es vorerst ausreichend, mit einer nur in bezug auf den Frequenzgang den Ohreigenschaften entsprechenden Apparatur zu arbeiten. Die gute Übereinstimmung zwischen Auskultationsbefund und gehörähnlicher Schallaufschrift bei den Herzgeräuschen zeigt, daß bereits bei Berücksichtigung der — am leichtesten erfaßbaren — Abhängigkeit der Gehörempfindung von der Frequenz der wesentlichste Faktor erfüllt ist und daß der Anpassung an das Gehör durch eine Amplitudenkorrektur geringere praktische Bedeutung zukommt. Dieser Punkt muß jedoch in diesem

Zusammenhang erwähnt werden, da Fälle vorliegen, in denen Unterschiede zwischen Schallaufschrift und Gehöreindruck durch die Besonderheit der nichtlinearen Charakteristik bedingt sind. Denn da das Ohr in bezug auf seine Amplitudenabhängigkeit also nicht linear arbeitet, d. h. die auf das innere Ohr übertragenen und hier wirksamen Schwingungsamplituden in keinem linearen Zusammenhang mit den am Trommelfell vorhandenen Druckamplituden stehen, werden als Folge davon beim Auftreffen eines rein sinusförmigen Tones auch andere, höhere Teiltöne hörbar, die beim Auftreten mehrerer solcher Töne die Empfindung neuer, in dem ursprünglichen Klang gar nicht vorhandener Töne, der sog. Kombinationstöne (Summations- und Differenztöne) hervorrufen.

Außer der Tatsache des subjektiven Auftretens neuer, im ursprünglichen Klang nicht vorhandener Töne ist auch der gegenteilige Effekt, daß im objektiven Schallbild vorhandene Töne nicht zur Wahrnehmung gelangen, hier noch zu erwähnen, um die wichtigsten Möglichkeiten aufzuführen, durch die Divergenzen zwischen Gehöreindruck und gehörähnlichem Schallbild auftreten können. Treffen zwei Töne bei geeigneten Stärkeverhältnissen das Ohr, so kann bekanntlich der eine Schallvorgang den anderen verdecken — wenn man so will, eine der Blendung analoge Erscheinung. Am deutlichsten werden diese Verhältnisse, wenn man die quantitative Messung dieses sog. ,,Verdeckungseffektes'' erläutert: Von zwei reinen Tönen verschiedener Frequenz wird der eine gerade als Schwellenwert (Druckamplitude p_1) dem Ohr zugeleitet. Kommt der zweite Ton mit genügender Stärke hinzu und verdeckt dabei den ersten, so wird dessen Druckamplitude so weit gesteigert (bis p_2), bis er eben wieder hörbar wird. Das Verhältnis $p_2 : p_1$ gibt dann ein Maß der Verdeckung, das abhängig davon ist, den wievielfachen Betrag seiner eigenen Schwellenamplitude der verdeckende Ton besitzt. Allerdings sind diese Effekte nur in höheren Tongebieten untersucht, als sie bei den Herztönen vorliegen. Die niedrigste Angabe bezieht sich auf einen Ton von 250 Hz, der von 800 Hz verdeckt wird. Die Verdeckung macht sich in diesem Fall dann bemerkbar, wenn 800 Hz den 10^2—10^3 fachen Betrag seiner Schwellenamplitude erreicht. Ganz allgemein macht sich aber der Verdeckungseffekt nach WEGEL und LANE dann schneller bemerkbar, wenn die Frequenzdifferenz beider Töne abnimmt (z. B. 600 Hz von 800 Hz schon bei dem 10fachen Wert der Schwellenamplitude). Da nun im Herztonbereich die Teilfrequenzen dicht beieinander liegen und sich die Schwellenwertdruckamplituden sehr stark mit der Frequenz ändern, können solche subjektiven Verdeckungen sehr wohl bereits auftreten, wenn beide Schallvorgänge objektiv fast gleiche Amplitude aufweisen[1]. Allerdings sind speziell für die physiologische Akustik von Schallerscheinungen wie den Herztönen diese Fragen noch nicht hinreichend geklärt; es sei nochmals darauf verwiesen, daß es sich ja bei ihnen einmal um wesentlich tiefere Frequenzen handelt, als bisher untersucht sind, und daß zweitens diese Verhältnisse erst für reine Töne studiert worden sind.

Die Lautsprecherwiedergabe der Herztöne

Wegen der praktischen Verwertung der Herztonverstärkung zu Demonstrations- und Unterrichtszwecken sei anhangsweise die Wiedergabe der Herztöne im *Lautsprecher* kurz behandelt. Ebenso wie bisher nach der physikalischen Seite hin die Anforderung aufgestellt wurde, daß das ganze System Mikrophon—Verstärker—Oscillograph klanggetreu arbeiten muß, gilt das natürlich in gleicher Weise für den statt der registrierenden Apparatur eingesetzten Lautsprecher. Daß das Mikrophon die Anforderungen erfüllt, wurde bereits abgehandelt; daß das in gleicher Weise für die Verstärkerschaltung möglich ist, wurde unter Verzicht auf eine Darstellung dieser rein elektrischen Verhältnisse angegeben. Für den Lautsprecher müssen natürlich ganz entsprechende Grundsätze gelten, er muß sämtliche Frequenzen gleich gut wiedergeben ,also möglichst frequenzunabhängig sein und außerdem für jede dieser Frequenzen amplitudengetreu arbeiten. Im Zusammenhang damit steht, daß, wie schon oben erörtert wurde, keine Gelegenheit zur Bildung neuer Töne gegeben sein darf. Was die rein physikalische Seite in bezug auf Frequenzabhängigkeit und Amplitudentreue betrifft, sei auf die Ausführungen in MÜLLER-POUILLETs Lehrbuch der Physik, S. 338ff. verwiesen, dort finden sich auch Frequenzkurven verschiedenster Lautsprecher abgebildet, die einen anschaulichen Überblick über deren heutige Leistungen geben; besonders sei auf die gute Frequenzkurve des RIEGGERschen Blatthallers verwiesen. In der Regel weisen Lautsprecher noch erhebliche Einbuchtungen ihrer Frequenzkurve auf, sind also von dem Idealfall, daß die Frequenzkurve parallel zur Abszisse verläuft, mehr oder weniger weit entfernt. LANDES hat deshalb hinter dem Mikrophon spezielle ,,Entzerrer'' zur wahlweisen Bevorzugung oder

---

[1] Untersuchungen von BOUMAN und KUCHARSKI beschäftigen sich mit der Zeitdauer des verdeckenden Tones. Danach kann die Intensität mit der Zeitdauer verringert werden, wenn der verdeckende Ton höher ist als der verdeckte, im umgekehrten Fall muß die Intensität mit Verkürzung der Expositionszeit erhöht werden. In einer späteren Arbeit weisen sie darauf hin, daß die beiden Töne obertonfrei sein müssen.

Abschwächung bestimmter Frequenzgruppen eingeschaltet. Besonders bewährt hat sich vor allem der RIEGGERsche Blatthaller, bei dem der Schall von einer in sich starren, gewellten Membran abgegeben wird, die am Rande sehr nachgiebig gelagert ist. Dieser Blatthaller gibt den akustischen Bereich bis 8000 Hz nahezu gleichmäßig wieder.

Von SELL wurde zur Verwendung bei dem von ihm konstruierten „Somatophon" (S. 304) ein besonderer Lautsprecher entwickelt, um die ungedämpften Eigentöne, die bei fast allen Lautsprechern in tiefen Lagen hervortreten, zu vermeiden. Bei dieser Form ist die Membran nach Art einer Kugelkalotte gebildet. Durch Einfügung einer möglichst großen Zahl von Versteifungsrippen an dieser gewölbeähnlichen Konstruktion soll eine möglichst große Steifigkeit erzielt werden, so daß die Membran ohne Unterteilung als Ganzes schwingt, d. h. sie soll frei von jeglicher Eigenschwingung ähnlich wie ein starrer Kolben mit sich selbst parallel schwingen. Die Schwingungen der Membran werden gleichmäßig von der Peripherie der Kalotte her auf elektrodynamische Weise erzeugt.

Mit der Diskussion der allgemeinen, auch sonst bekannten Anforderungen betreffs Empfindlichkeit, Schwingungszahl bzw. Frequenzumfang und Dämpfung verbindet sich bei der Lautsprecherwiedergabe der Herztöne eine Reihe spezieller Probleme, die weitgehend denen bei der Konstruktion gehörähnlicher Verstärker entsprechen. Auf die Verschiedenheit in der Größe der schallabstrahlenden Fläche bei direkter Auskultation und bei Lautsprecherwiedergabe, durch die physikalische Besonderheiten bedingt sind, sei in diesem Zusammenhang nur hingewiesen. Wichtig wird hier vor allem, daß, wie schon bei der Besprechung des Frequenzspektrums hervorgehoben wurde, im Herzschall tiefe, z. T. unter der Hörschwelle liegende Komponenten enthalten sind. Diese bei der Auskultation mittels Stethoskop also nicht wahrnehmbaren Teiltöne treten bei starker Lautsprecherwiedergabe über die Hörschwelle und geben dadurch dem Schall einen dumpfen, tieferen Charakter. Die v. MÜLLERsche Klinik verwendete deshalb zur wahlweisen Abschwächung solcher tiefen Frequenzgebiete bei Lautsprecherwiedergabe die sog. Siebkettenfilter. Weiter ist hier auch darauf zu verweisen, daß die Lautheitskurven für Töne verschiedener Frequenz nicht einfach parallel verschoben zur Schwellenwertkurve des Ohres verlaufen (s. Abb. 161). Bei Lautsprecherwiedergabe besitzt das Ohr einen anderen Frequenzgang, der nicht so stark mit der Frequenz ansteigt. Schon aus diesen Grunde erscheint eine laute Übertragung subjektiv dumpfer.

Abgesehen davon, daß dieses Hervortreten ursprünglich unterschwelliger Frequenzen das Klangbild für die subjektive Empfindung dumpfer macht, kommt weiterhin als wahrscheinlich besonders wesentlich hinzu, daß mit der Steigerung der Intensität zweier Frequenzen — und bei Herz- und Lungengeräuschen müssen ja ganz erhebliche Vergrößerungen der Lautstärke angewandt werden — die Stärke der Differenztöne sehr rasch wächst. Selbst wenn also eine gleichmäßige Verstärkung und Wiedergabe aller im Schallfeld vorhandenen Frequenzen vorgenommen wird, macht sich also auch hier wieder die Nichtlinearität des Gehörorgans bemerkbar, so daß bei zu starker Verstärkung der Klang zu „dumpf" empfunden wird. Wie wichtig offenbar diese Differenztonwahrnehmung ist, zeigt der schöne Versuch von FLETCHER, der aus 10 in Amplitude gleichen, zueinander harmonischen Tönen einen Klang erzeugte, dessen Tonhöhe subjektiv die der tiefsten Frequenz war. Auch nach Weglassen dieser tiefsten und der benachbarten Frequenzen änderte sich die subjektiv empfundene Tonhöhe nicht, obwohl diese Töne gar nicht mehr objektiv vorhanden waren! Ähnliche Beobachtungen machte LANDES mit Hilfe von Siebketten an Atemgeräuschen: bei Vergrößerung der Lautstärke wird das Atemgeräusch bei Lautsprecherwiedergabe tief und dumpf, nach Wegsieben der tiefen Frequenzen ändert sich der Charakter kaum.

Weiter ändert sich außerdem bei Zunahme der Schallstärke die ebenfalls oben besprochene gegenseitige Verdeckung einzelner Töne. Es können vorher nicht wahrgenommene, „verdeckte" Töne auftreten und umgekehrt andere unterdrückt werden. *Einen* Weg gibt es allerdings, alle diese Schwierigkeiten zu umgehen, die sich aus der besonderen Kompliziertheit des Gehörorgans ergeben; wenn man mittels Kondensatormikrophons, gleichmäßig arbeitendem Verstärker und einem Lautsprecher mit ebenfalls parallel zur Abszisse liegender Frequenzkurve eine Wiedergabe von nur solcher Lautstärke vornimmt, daß die Druckamplitude des Schalles, die jeden (gleich weit vom Lautsprecher entfernt sitzenden) Hörer erreicht, gleich ist derjenigen bei direkter Auskultation, so heben sich alle eben aufgeführten Effekte wieder auf; man erhält den auch bei unmittelbarer Auskultation empfundenen Gehörseindruck[1]. Der Vorteil der gleichzeitigen Wahrnehmung durch viele Zuhörer bleibt dabei

---

[1] Interessant ist, daß bei Verwendung des Blatthallers, durch den außerordentliche Schallintensitäten wiedergegeben werden können, ähnliche Beobachtungen gemacht wurden. In der Nähe eines solchen Großlautsprechers wirkt die menschliche Stimme dumpf und unverständlich, bei Vergrößerung der Entfernung zwischen Lautsprecher und Standort des Beobachters oder bei Schalldämpfung durch Auflegen der Hand auf das Ohr tritt sofort wieder natürliche Klangfarbe auf (H. BACKHAUS und F. TRENDELENBURG).

erhalten, jedoch muß dann auf eine lautstärkere Empfindung, als wie sie bei direkter Auskultation erhalten wird, verzichtet werden. Die Wünsche des praktischen Unterrichts gehen natürlich besonders auch in dieser Richtung. Die dabei auftretenden Differenzen, die natürlich oft in Kauf genommen werden können, dürfen aber nicht zu Lasten physikalisch einwandfrei arbeitender Apparaturen geschrieben werden, sondern haben ihren Grund in den dargelegten physiologischen Besonderheiten der Reizverarbeitung des Gehörorgans. Eine völlig „stethoskopgetreue" Wiedergabe erscheint aber auch gar nicht erforderlich, da zwischen den einzelnen Stethoskopexemplaren starke Unterschiede der Klangfarbe bestehen. Die Abweichungen müssen natürlich im Bereich der Klangfarben der verschiedenen Stethoskope liegen.

Typus des normalen Herzschallbildes
(Dauer, Form, Frequenzspektrum)

Bevor wir an die Frage nach dem Entstehungsmechanismus der Herztöne herantreten können, muß zunächst die Frage nach dem *Typus des normalen Herzschallbildes* aufgeworfen werden.

Bei der Empfindlichkeit der neueren elektroakustischen Methoden werden natürlich leichteste Veränderungen, die vom Ohr nicht mehr wahrgenommen werden, wie sie durch veränderte Herzfrequenz oder durch veränderte Druckverhältnisse im Kreislauf bedingt sein können, schon deutlich im Herzschallbild hervortreten. Daraus ergibt sich eine große Zahl von Variationsmöglichkeiten, die zunächst jedem, der sich mit Herztonaufnahmen beschäftigt, die Kurvenbeurteilung erschweren. Jedoch läßt sich durchaus nach einer größeren Zahl von Aufnahmen bei konstanten Ableitungsbedingungen ein Typus des normalen Herzschallbildes ableiten; es muß nur betont werden, daß dabei immer eine gewisse Schematisierung — mehr als beispielsweise bei Elektrokardiogrammaufnahmen — unvermeidlich ist. Es ist bemerkenswert, daß schon die früher vorliegenden Angaben über die Form des normalen menschlichen Herzschallbildes weitgehend übereinstimmen mit den Bildern, die jetzt unter physikalisch definierten Verhältnissen gewonnen werden, wenn man bedenkt, wie verschieden — und meist gar nicht ermittelt — Frequenz- und Amplitudenabhängigkeit der älteren Konstruktionen waren.

Alle Angaben über Form, Dauer und zeitlichen Beginn des I. Tones sind, was nach den früheren Ausführungen verständlich ist, ganz und gar abhängig von der Empfindlichkeit und der Art der Frequenzfilterung. Alle folgenden Angaben beziehen sich dementsprechend in erster Linie auf die TRENDELENBURGsche Apparatur. Nicht sehr aussichtsreich erscheint es, die *Dauer* der Herztöne, die früher stets sehr genau ausgemessen wurden, in besonderem Maße zu berücksichtigen. Die Angaben der Literatur schwankten schon mit den älteren Methoden meist zwischen 0,06 und 0,17 sec. W. R. HESS gab für den I. Herzton 0,125—0,175, für den II. 0,062—0,1 sec an. Da sich Anfang und Ende wegen Schwingungen geringerer Amplitude, die zu diesem Zeitpunkt auftreten, tatsächlich schwer abschätzen lassen, wird hier stets der Willkür ein so großer Spielraum gelassen, daß eine Verwertung dieser Zahlen nicht sehr lohnend erscheint. Immerhin mag die meist erhaltene, durchschnittliche Zeitdauer des ersten Herztones mit 0,09 bis 0,12 sec (etwa 0,1 sec) angegeben sein. Für den zweiten Herzton ergibt sich meist ein um wenige Hundertstelsekunden geringerer Wert (0,07 sec), wenn man nur den deutlich mit großer Amplitude sich heraushebenden Anteil — also abgesehen von häufig auftretenden Nachschwingungen geringerer Amplitude — verwertet.

Über die *Form* des normalen Herzschallbildes lassen sich bestimmtere Angaben machen. Mit großer Regelmäßigkeit setzt der *erste Ton* an der Herzspitze mit (meist 2—3) Schwingungen geringer Amplitude und geringer Frequenz ein, die ein gewisses Crescendo aufweisen, nach einigen Hundertstelsekunden erreicht er — sich gewissermaßen aufschaukelnd — sein Amplitudenmaximum (2—3 volle Schwingungen von erheblich größerer Amplitude) und fällt danach mit (2—3, manchmal auch mehr) Schwingungen geringerer Amplitude wieder ab. Dies steht in Übereinstimmung mit den Angaben von W. R. HESS und BATTAERD, die bereits im menschlichen Herzschallbild eine *Dreiteilung des ersten Tones im*

Vorsegment, Haupt- oder Tonsegment und Nachsegment vorgenommen haben (vgl. auch WIGGERS und DEAN, introductory vibrations, main vibr. und final vibr.). Mit ziemlicher Regelmäßigkeit läßt sich dieser Typus aufstellen, ohne daß aber eine strenge Abgrenzung dieser Teile voneinander durchführbar ist. Abb. 164, 166 zeigen besonders typisch das menschliche Herzschallbild und lassen die beschriebenen Einzelheiten — auch was die Zahl der meist auftretenden Zacken anbetrifft — gut erkennen. Es muß aber betont werden, daß die Dreiteilung zwar formal mit einer gewissen Schematisierung durchführbar ist, daß der I. Herzton aber doch im ganzen akustisch durchaus ein einheitliches Phänomen ist.

Viele Autoren verzichten auf die Registrierung der einleitenden Schwingungen, weil sich bei hoher Verstärkerabstimmung die Herztöne besonders scharf aus einer im übrigen ruhigen Null-Linie abheben. Das Tonsegment pflegt dann schroff aus der Null-Linie aufzusteigen. Die Amplitude des I. Tones ist — umgekehrt wie bei tiefer Abstimmung — kleiner als die des II. Tones (s. dazu S. 335). In der Diastole sieht man weder einen III. noch einen Vorhofston. — Über den Auskultationsstellen der großen Gefäße liegen Besonderheiten vor, die im Zusammenhang mit der Lage der Herztöne zur Aortendruckkurve behandelt werden sollen.

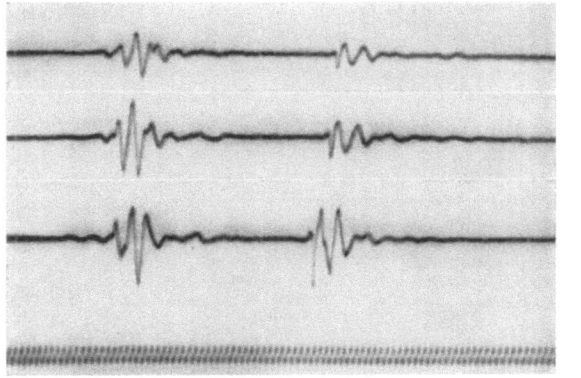

Abb. 162. Normales menschliches Herzschallbild (Herzspitze). (*a* und *b* mit Verstärkerstufe I, *c* bei Stufe II; sämtlich bei geschlossener Ableitung.) Zeit in $^1/_{100}$ sec. (Nach E. SCHÜTZ)

Im Gegensatz zum ersten Herzton setzt der *zweite Ton* meist ziemlich unvermittelt mit einer scharfen großen Zacke ein, eine zweite übertrifft die erste nach beiden Seiten hin meist noch etwas an Amplitude. Ein Vorsegment fehlt meist ganz oder ist nur als eine langsame Viertelschwingung angedeutet. Die Amplitude der Schwingungen ist normalerweise kleiner als die Hauptschwingungen des I. Tones (bei hoher Abstimmung ist dagegen I kleiner als II). Das Hauptsegment des II. Tones besteht aus 2—3 Schwingungen, an das sich als kurzes Nachsegment einige langsamere Schwingungen in steilem Decrescendo anschließen.

Wenn man sich über die im Herzschall enthaltenen Frequenzen — sein *Frequenzspektrum* — unterrichten will, ist es zunächst zur Gewinnung einer Übersicht das einfachste, die direkte Ausmessung der erkennbaren Schwingungen vorzunehmen. Damit sind aber nur die mit relativ großer Amplitude vertretenen Schwingungen unmittelbar erfaßbar. Zur genaueren Kenntnis sämtlicher im Schallfeld auftretenden Frequenzen ist also der Weg der Analyse der unter den eingangs dargelegten Bedingungen aufgenommenen Kurven notwendig. Eine Analyse nach FOURIER, wie sie heute in einfacher Weise mit dem harmonischen Analysator nach MADER ausgeführt werden kann, ist von F. TRENDELENBURG vorgenommen worden. Eine derartige zwangsläufige Zerlegung eines Klangbildes in Grundton und Obertöne ist entsprechend dem Wesen des FOURIERschen Ansatzes aber dabei nur dann möglich, wenn man eine Grundperiode willkürlich herausgreift. Sie ist dann nur für diesen angenommenen Zeitraum gültig und hat deshalb nur einen relativen Wert. Eine Erfassung aller Frequenzen ist also in einem unperiodischen Vorgang wie dem der Herztöne auf diese Weise nur mit Einschränkungen möglich. Die Gesamtdauer eines Herzschlages als Grundperiode einzusetzen, ist andererseits deshalb praktisch unmöglich, weil erst bei zu hohen Ordnungszahlen die entscheidenden Teiltöne erfaßt werden können. F. TRENDELENBURG wählte deshalb zur ersten Orientierung über die Zusammensetzung des Herzschalls willkürlich die Grundperiode von $1/_{10}$ sec. Unter Berücksichtigung dieser Einschränkung ergab sich bei der Analyse bis zum 15. Partialton, also bis 150 Hz, daß höhere Teiltöne als etwa 100 Hz mit kaum merkbarer Amplitude vertreten sind. Das „Frequenzspektrum" ist ein verhältnismäßig gleichmäßiges, das keine eng begrenzten, scharf hervortretenden Maxima erkennen läßt. Höchstens bei 80—100 Hz und manchmal auch etwas darunter enthält die Kurve einen leichten Anstieg. Langdauernde Wellenzüge derselben Frequenz treten charakteristischerweise beim normalen Herzschall jedenfalls nicht auf.

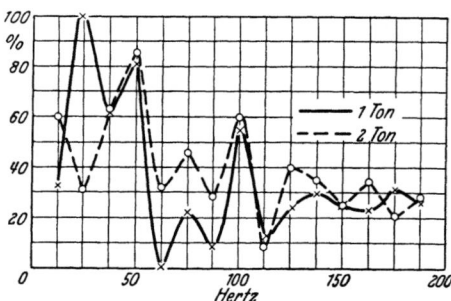

Abb. 163. Graphische Darstellung einer Fourieranalyse normaler Herztöne (abgeleitet über Aorta). (Nach F. TRENDELENBURG)

Das Diagramm in Abb. 163 zeigt das Ergebnis einer solchen mit dem harmonischen Analysator durchgeführten Analyse für beide Herztöne über der Aortenauskultationsstelle. Als Grundperiode wurde $0,8 \cdot 10^{-1}$ sec gewählt. Die Ordinaten geben in bekannter Weise die Amplitude der Druckschwankungen in Prozent des stärksten im Klangbild vorhandenen Teiltones an, der also $= 100$ gesetzt wird. Für die Darstellung des zweiten Herztones wurden die Amplituden ebenfalls auf den stärksten Teilton des ersten Tones bezogen, um die Intensitätsunterschiede beider Töne auch quantitativ darzustellen. Für die Herzgeräusche treten — das sei schon in diesem Zusammenhang vermerkt — deutliche Komponenten um etwa 150—300 Hz, z. T. weit höhere (500 Hz, gelegentlich bis 1000 Hz) auf. Alle über 500 Hz vorhandenen Schwingungen sind jedoch im allgemeinen äußerst schwach vertreten (S. 312).

Um eine genauere Analyse dieser Schallphänomene, besonders der Atemgeräusche, haben sich namentlich PIERACH und LANDES bemüht. Sie verwendeten die elektrischen Filter nach K. W. WAGNER, die aus Ketten von Kondensatoren und Drosselspulen bestehen und die zwischen Mikrophon und Verstärker geschaltet werden (elektrische Siebe, Siebketten). Da Kondensatoren für hohe („Hochtondurchlasser"), Drosselspulen für tiefe Frequenzen durchgängig sind („Tieftondurchlasser"), läßt sich je nach der Dimensionierung dieser Kettengebilde eine Abdeckung bestimmter Frequenzen erreichen. Je nachdem, ob hohe oder tiefe Frequenzen durch solche Siebketten verschluckt werden sollen, wirken sie also als sog. Tief- bezw. Hochpaßfilter. Elektrische Filter wurden auch bereits von DODGE angewandt. Nach einer derartigen Abschneidung bestimmter Frequenzgebiete werden subjektiv die Änderungen des Klangcharakters beobachtet und damit ein Rückschluß auf die Bedeutung des betreffenden Frequenzgebietes vorgenommen. Noch geeigneter ist die von PIERACH ebenfalls verwandte, neuere Methode der automatischen Klang- und Geräuschanalyse von GRÜTZMACHER, die es ermöglicht, alle in einem Klang oder Geräusch enthaltenen Frequenzen objektiv nach Höhe und Amplitude zu bestimmen und zu registrieren. Es wird hier das Prinzip des veränderlichen Resonators auf die Elektroakustik übertragen und Schwebungen von 10 Hz zwischen Ton- und Suchfrequenz herausgegriffen, durch Gleichrichter und 10 Hz-Siebkette erfaßt und anschließend verstärkt einem Galvanometer zugeführt. Einen Ausschlag desselben erhält man nur dann, wenn zwischen Klang- und Suchfrequenz eine 10 Hz-Schwebung entsteht; dieser entspricht der Amplitude des betreffenden Teiltones. Wenn man mit dem Schwebungstonsender[1], der die Suchfrequenz als veränderlicher, elektrischer Resonator gibt, das ganze

---

[1] Schwebungstonsender (oder Summer) bestehen aus zwei miteinander gekoppelten Hochfrequenzschwingungskreisen, von denen der eine eine konstante Frequenz (z. B. 75000 Hz) gibt und die des anderen mittels eines Drehkondensators kontinuierlich veränderbar ist (z. B. 75000—72000 Hz). Die bei Überlagerung beider Kreise entstehenden Schwebungen von 3000—40 Hz werden am Ausgang des Apparates als sinusförmige, praktisch vollkommen

Frequenzgebiet zwischen 50—3000 Hz durchwandert, registriert das Galvanometer also in dieser sehr eleganten Weise jede einzelne Frequenz automatisch entsprechend ihrem Amplitudenverhältnis als Ordinate und zeichnet so das Frequenzspektrum des betreffenden Klanges direkt auf[1].

Für die normalen Herztöne fand PIERACH bei automatischer Analyse nach GRÜTZMACHER in guter Übereinstimmung mit den anderen Analysen und den Ergebnissen der Registrierung Frequenzen von 20—50 bis 100—150 Hz. Die unter 100 Hz liegenden weisen auch nach diesen Untersuchungen eine beträchtlich stärkere Amplitude auf als die höheren, für den akustischen Eindruck mehr in Betracht kommenden Frequenzen. In pathologischen Fällen liegen die Teilfrequenzen vorwiegend bei 300—400 Hz, in manchen Fällen reichen sie deutlich bis 600 Hz und darüber.

Für eine Analyse des Herzschallbildes sind in neuerer Zeit neue Wege beschritten worden. Die Grenzen der Möglichkeit einer FOURIER-Analyse wurden oben schon aufgezeigt. J. BLUME (1949) hat eine Analysiermethode entwickelt, die die Frequenzen mit ihrer Amplitude unabhängig von der Länge des der Analyse zugrunde gelegten Analysenintervalls auch bei schnell abklingenden Kurven liefert, wie es bei den Herzschallerscheinungen der Fall ist. Zur Durchführung der Analyse werden die Herzschallaufschriften in linearer Vergrößerung gezeichnet und das Analysenintervall schrittweise durch sie hindurchgeschoben. Aus den dadurch erhaltenen Einzelwerten für jede Harmonische werden die Frequenzen und ihre Amplituden nach einer Methode bestimmt, die ein mathematisches, auf einer Erweiterung der Periodogrammrechnung beruhendes Verfahren darstellt, durch das man auf maschinelle und graphische Weise den Amplitudenverlauf und die Frequenz der einzelnen den Herzschall bildenden Schwingungen bestimmen kann.

Einen anderen Weg ging ebenfalls neuerdings W. D. KEIDEL (1948, 1951). Den erwähnten Nachteil, daß die Dauer des Meßvorgangs relativ kurz ist (von der Größenordnung der Anklingzeit eines Oktavsiebfilters), vermeidet auch die Methode der „Indicatordiagraphie" von KEIDEL, bei der Frequenzgehalt des Herzschalls direkt auf dem Kathodenstrahloscillographen ablesbar ist. Hierbei wird der zu untersuchende Schall auf dem Schirm eines BRAUNschen Rohres als Vektor dargestellt, dessen Länge (Betrag) die Amplitude, dessen Winkel zur X-Achse die Frequenz darstellt. Dies wird technisch über einen Zweikanalverstärker mit reziproker Frequenzcharakteristik der beiden Kanäle erreicht. Der frequenzabhängige Ausgangsspannungsquotient der beiden Kanäle wird als Vektor abgebildet, indem der eine Kanal den Kathodenstrahl waagerecht, der andere senkrecht ablenkt. Zweckmäßig wählt man zur Untersuchung des Herzschalls den Frequenzbereich zwischen 50 und 600 Hz für Winkel von 0—90°, da man dann pro Grad Drehung des Vektors eine beachtliche „Frequenzunterschiedsempfindlichkeit" erreicht, die größer als die des Ohres sein kann. Diese Methode der Frequenzanalyse eignet sich zur Untersuchung einer Reihe von Schallerscheinungen in der Physiologie: Herzschall, Lungenschall, Kehlkopfschwingungen bei Sprache und Gesang, Klänge von Musikinstrumenten usw. Besonders aufschlußreich ist die Untersuchung der Frequenzänderung des II. Tones während und nach Belastung des Kreislaufs sowie im Preßdruckversuch nach Valsalva (KEIDEL).

Beide Verfahren befinden sich z. Z. erst im Stadium der praktischen Erprobung.

Schließlich sei schon hier auf das Aussehen des *dritten Herztons* aufmerksam gemacht, der von EINTHOVEN zuerst registriert und unabhängig von ihm auch von HIRSCHFELD und GIBSON auskultatorisch wahrgenommen wurde. Er besteht meist aus $1^1/_2$—2 flachen Schwingungen, die dem zweiten Herzton im Abstand von 12—15/100 sec (meist 0,13—0,14 sec) nachfolgen. Seine durchschnittliche Dauer beträgt 0,06 sec. Auf seine Beziehungen zum Mechanismus der Herzaktion

---

oberschwingungsfreie Schwingungen abgenommen. Durch die variierbare Abstimmung des einen Hochfrequenzschwingungskreises kann also auf jede beliebige Differenzfrequenz (E_1 bis g^4) eingestellt werden. Außer dem besonderen Vorzug, so leicht obertonfreie Schwingungen zu erzeugen, ergibt sich als weiterer Vorteil, daß diese alle gleiche Amplitude aufweisen. [Betr. Schwebungstonsender siehe besonders die Arbeit von R. v. RADINGER: Z. techn. Physik **14**, 197 (1933).]

[1] Bei Geräuschen liegen, worauf hier noch verwiesen sei, größere Schwierigkeiten vor, da in Geräuschen vorhandene, um 10 Hz verschiedene Frequenzen schon allein Ursache solcher Schwebungen sein können. Solche sog. Interkombinationstöne müssen durch besondere Vorrichtungen (Gegentaktgleichrichter, GRÜTZMACHER) beseitigt werden.

wird weiter unten zurückzukommen sein. Da er besonders deutlich im kindlichen Herzschallbild hervortritt — LEONHARDT und SCHÜTZ fanden ihn in 83% der untersuchten Fälle —, ist in Abb. 164 noch ein typisches Herzschallbild mit der Besonderheit des dritten Tones beigefügt (s. auch Abb. 155).

Es ergibt sich also, daß ein für die einzelnen Versuchspersonen charakteristisches, stets wieder zu erhaltendes Herzschallbild gewonnen werden kann. In gleicher Weise läßt sich bei Berücksichtigung der angeführten Einschränkungen auch aus den Herzschallbildern verschiedener Versuchspersonen ein übereinstimmender Grundtypus des normalen menschlichen Herzschallbildes von der

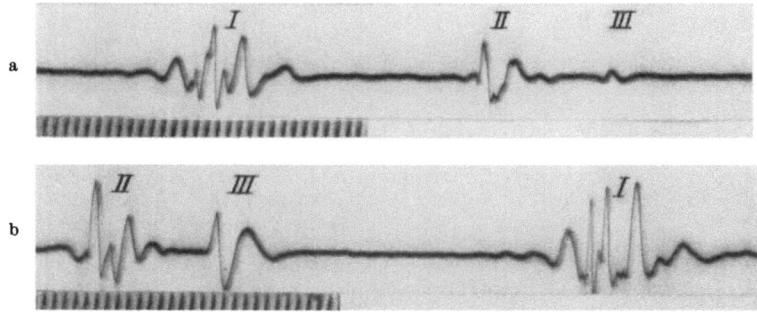

Abb. 164. Normales menschliches Herzschallbild (Kind) mit drittem Herzton (in b besonders deutlich). Zeit: in $1/100$ sec. (Nach E. SCHÜTZ)

beschriebenen Form ableiten. Voraussetzung ist stets dafür ein physikalisch definierter Schallempfänger, der den grundsätzlichen Anforderungen, wie sie einleitend dargestellt wurden, entspricht, außerdem eine Festlegung der Art des Schallfeldes (Nebenöffnungen!) und der Art der Verstärkung („hohe oder tiefe Abstimmung").

Erster Herzton

Damit haben wir eine orientierende Übersicht über die Methode der Registrierung und die Form des normalen menschlichen Herzschallbildes erhalten. Fragen technischer Konstruktion und physikalische Einzelheiten sind entsprechend den Anforderungen des Themas, die *Physiologie* der Herztöne darzustellen, zurückgetreten. Im Anschluß daran ergibt sich die Frage, was durch die Möglichkeiten der Herzschallregistrierung mit leistungsfähiger Methodik an Wissensbestand hinzugewonnen wurde zu der Frage nach der zeitlichen *Einordnung* dieser Schallphänomene in den Mechanismus der Herzaktion. Im Zusammenhang damit kann die seit der Entdeckung der ärztlichen Verwertbarkeit der Auskultation des Herzens durch LAENNEC (1819) oft und heftig diskutierte Frage nach dem *Entstehungsmechanismus* dieser Schallerscheinungen erneut betrachtet werden.

1. Frage nach der Existenz eines Austreibungsanteils, Vergleich der Schallbilder über Herzspitze und Aortenauskultationsstelle, Lage zu Elektrokardiogramm und Aortendruck

Bis in die neueste Zeit ist allein schon die *zeitliche Einordnung des ersten Herztons in den Verlauf der Herztätigkeit* strittig gewesen. Historischer Ausgangspunkt dafür ist die alte Lehre BAMBERGERs, nach der bei der Systole des Herzens nacheinander zwei verschiedene Herztöne gebildet würden, je einer über dem linken und dem rechten Herzen durch die Anspannung der Mitralis und Tricuspidalis und je einer durch die Spannung der Aorta und

Pulmonalis. Diese beiden entstänuden also um die Anspannungszeit später als die beiden ersten. Diese Lehre von der Existenz von im ganzen also sechs Herztönen hat ihre entschiedensten Gegner in GEIGEL und GERHARDT gefunden. GEIGEL versuchte mit der MARTIUSschen Methode der Markierung des ersten Tones an Basis und Spitze des Herzens nachzuweisen, daß *beide Töne gleichzeitig während der Anspannungszeit* des Herzens auftreten. GEIGEL präzisierte seine entgegengesetzte Ansicht dahin, daß der erste Herzton *nur* während der Verschlußzeit des Ventrikels existiere. Auch SAHLI vertrat noch 1928 den Standpunkt, daß im wesentlichen der systolische Ton über Aorta und Pulmonalis eine Tonerscheinung des noch geschlossenen Herzens sei, der also rein in die Verschlußzeit falle. Was als erster „Aortenton" über der Aortenauskultationsstelle gehört wird, ist also danach ebenfalls erster *Herzton* (GEIGEL), und zwar, weil er nach GEIGEL während der Verschlußzeit vorhanden ist, im wesentlichen der Ausdruck transversaler Schwingungen der noch geschlossenen Semilunarklappen. Die Existenz eines *Gefäß*tones, bei dem die Aortenwand also bei beginnender Austreibungszeit um eine neue Gleichgewichtslage schwingt und tönt, wird damit nicht abgelehnt. Doch läßt sich nach GEIGEL der erste Herzton in den meisten Fällen akustisch und zeitlich von diesem Ton trennen. Werden an geeigneten Auskultationsstellen beide Töne wahrgenommen, so werde entweder ein doppelter bzw. gespaltener oder ein verlängerter „unreiner" erster Herzton gehört. Ebenso gewährt auch SAHLI (1928) „der älteren Auffassung eines besonderen Austreibungstones eine gewisse Berechtigung", indem sich also dem eigentlichen Herzton (der Verschlußzeit) im Beginn der Austreibungszeit eine dem Einströmen des Blutes in die großen Gefäße entsprechende Komponente beimische, die deshalb, wenn das Zeitintervall genügend ist, zu einer Verdoppelung oder Spaltung des ersten Tones führe. Zum Beweis führt er besonders an, daß in Fällen von Mitral- und Tricuspidalinsuffizienz über den Auskultationsstellen der großen Gefäße Töne hörbar sind, während sie über den Ventrikeln fehlen.

Es zeigten aber EINTHOVEN und GELUK bereits durch capillarelektrometrische Registrierung der menschlichen Herztöne, daß der erste Herzton an der Basis um ca. 0,06 sec später einsetzt als an der Spitze; das ist gerade etwa der Zeitraum, den man etwa beim Menschen für die Anspannungszeit einzusetzen hat! EINTHOVEN selbst wies schon auf die Möglichkeit hin, daß es sich hierbei um einen besonderen Ton handeln könne, der mit der Semilunarklappenöffnung hörbar werde. (In der älteren Literatur bereits von CRUVEILHIER, CERADINI und SANDBORG vertreten.) Dabei diskutierte besonders EINTHOVEN, daß die Semilunarklappen, solange sie während der Anspannungszeit geschlossen seien, stark dämpfend auf die Fortleitung des ersten Tones wirken könnten. Das hat aber bereits zur Voraussetzung, daß die GEIGELsche Lehre von der Existenz des ersten Herztones nur während der Verschlußzeit aufgegeben wird. HÜRTHLE weist auf die Möglichkeit hin, daß der „verfrüht" einsetzende Teil über der Herzspitze nicht dem eigentlichen Herzton zuzurechnen sei und von der Vorhofkontraktion herrührende Geräusche (Vortöne) darstellen könnte, die zur Spitze besser fortgeleitet würden als zur Basis des Herzens. Diese Ansicht findet sich auch an anderen Stellen. Auf sie wird bei Besprechung der Vorhoftöne zurückzukommen sein (S. 345).

Zur Frage der Entstehungsursache des ersten Herztones handelt es sich also hier zunächst um die *Bedeutung des Anfangsteiles der großen Gefäße*, ihrer plötzlichen Spannungsänderung im Beginn der Austreibungszeit *für die Bildung des ersten bzw. eines besonderen ersten Herztons.*

Einer zeitlichen Festlegung der allerersten Schwingungen des ersten Herztones stehen nun allerdings einige Schwierigkeiten entgegen, die sich aus den oben angeführten Bemerkungen über die Form des normalen Herzschallbildes ergeben. Da der erste Herzton mit Schwingungen geringer Amplitude und Frequenz einsetzt, können gerade diese einleitenden Schwingungen bei etwas unempfindlicher Anordnung der Registrierung entgehen. Man muß mit der eben noch zulässigen Verstärkerstufe arbeiten, die gerade noch eine ruhige Null-Linie zwischen zweitem und erstem Ton ergibt und durch Vergleich von Reihenaufnahmen zufällige Störungen ausschließen. Daß die einleitenden Schwingungen geringer Amplitude und Frequenz leicht bei einer nicht ausreichenden Empfindlichkeit der Registrierung entgehen können, dafür hat EINTHOVEN bereits Kurven beigebracht, die zeigen, daß mit nur geringer Steigerung der Empfindlichkeit der von ihm angewandten Apparatur Störungen auftreten, die die Abgrenzung des ersten Tones nicht mehr ermöglichen, daß andererseits bei geringer Herabsetzung der Empfindlichkeit dem Herzton zugehörige Schallanteile nicht mehr registriert werden. Dazu ist noch zu bemerken, daß bei der Apparatur EINTHOVENs die Empfindlichkeitsvariierung durch die Größe der Nebenöffnung in dem zum Mikrophon ableitenden Schlauchverbindung vorgenommen wurde und so die einleitenden Schwingungen niederer Frequenz und Amplitude bereits dadurch der Registrierung verloren gehen können. Grundsätzlich ist also eine Empfindlichkeitsveränderung auf elektrischem Wege durch Wahl passender Verstärkerstufen, die natürlich einzeln geeicht sein müssen, vorzuziehen, ohne die physikalischen Bedingungen im Schallfeld zu ändern (s. dazu auch S. 326).

Wenn man weiter berücksichtigt, wie verschieden leistungsfähige Apparaturen in der Geschichte der Herztonschreibung verwandt wurden, meist auch ohne Eichungsmöglichkeit in bezug auf Frequenz- und Amplitudenabhängigkeit, sind die starken Differenzen zwischen den einzelnen Literaturangaben betreffs der Lage der Herztöne zum Elektrokardiogramm begreiflich. Die darüber vorliegenden Zahlenangaben finden sich bei E. SCHÜTZ zusammengestellt. Sie erklären sich außer durch die Tatsache z. T. unzureichender Apparaturen besonders auch dadurch, daß nicht scharf getrennt wurde zwischen Klangbild im Sinne der eingangs gegebenen Definition und dem *gehörten* Herzschall, bzw. durch Ableitung mit z. T. durch Nebenöffnungen mit der Außenluft kommunizierendem Schallfeld.

Die verschiedenen Zeitangaben über den Beginn des ersten Tones haben sich natürlich auch auf die Theorie seiner Entstehung ausgewirkt. Es sei nur erwähnt, daß, gestützt auf die Angabe, daß der erste Ton gegen Ende der Anspannungszeit hervorgerufen würde, PEZZI diesen erklärte durch ,,die plötzliche Öffnung der Semilunarklappen, die einen endoventriculären Rückstoß erzeuge, der besonders auf die Atrioventricularklappen einwirke, so daß diese in Vibration versetzt werden müssen"!

Es wurde schon erwähnt, daß von vielen Autoren der Beginn des ersten Tones später, mehr gegen Ende der Anspannungszeit angesetzt wird. Es müssen aber hier die einleitenden Schwingungen (die initial Vibrations-*Battaerds* bzw. das Vorsegment von W. R. HESS, das auch nach ihm in die Systole fällt) mit einbezogen werden. Nur den mittleren, amplitudengroßen Anteil (das Tonsegment, die main vibrations) als ersten Herzton anzusprechen, ist genau so willkürlich wie die Registrierung ganz tiefer Frequenzen. Inwieweit er graphisches Äquivalent des hörbaren Tones ist, wird später zu besprechen sein. Jedenfalls gehören die einleitenden Schwingungen durchaus mit zu dem zeitlichen Verlauf der Druckschwankungen im Schallfeld und sind deshalb bei der experimentellen Untersuchung des Entstehungsmechanismus der Herztöne dem Herzschallbild zuzurechnen (s. S. 326 und 345).

Die vom Verfasser ausgeführten Untersuchungen ergaben unter Berücksichtigung der angeführten Überlegungen, daß der erste Herzton (nicht der *gehörte* I. Herzton) sich an der Herzspitze mit deutlicher, wenn auch geringer

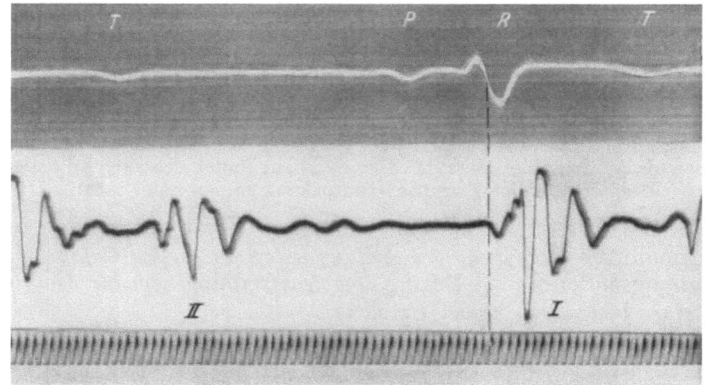

Abb. 165. Herztöne (über Herzspitze) und EKG beim Hund. Zeit in $1/100$ sec. (Nach E. SCHUTZ)

Amplitude von der Null-Linie zu einem Zeitpunkt abhebt, der fast stets *in dem aufsteigenden Teil der R-Zacke, meist unmittelbar vor deren Spitze* liegt. LEPESCHKIN gibt 0,02—0,04 sec nach QRS-Beginn an. Auch A. WEBER gibt an, daß bei tief abgestimmten Verstärkern das Vorsegment mit dem aufsteigenden Teil von R oder schon mit dem Beginn von Q beginnt (mit hochabgestimmtem Verstärker kommt das Vorsegment nicht zur Verzeichnung, der I. Ton erhebt sich brüsk aus der Null-Linie nach dem Maximum der R-Zacke, meist im oberen Teil des absteigenden Astes von R). Abb. 165 zeigt die Verhältnisse aus einem Versuch am (in Narkose) curarisierten Hund bei Atemstillstand. Aufnahmen vom Menschen finden sich in Abb. 166. Dieses Ergebnis steht am besten in Einklang mit dem von BATTAERD und FAHR erhobenen Befunden. Dieser Zeitpunkt beansprucht ein besonderes Interesse, da er nach den eingehenden Untersuchungen von S. GARTEN über die Beziehungen zwischen Elektrokardiogramm und Druckablauf im Herzen zugleich der Beginn der Drucksteigerung im Ventrikel ist. Auch nach A. WEBER und A. WIRTH beginnt der I. Herzton genau im Moment des Druckanstiegs bei synchroner Aufzeichnung des Ventrikeldruckes und des Herzschalls[1]. Aus den Zeitangaben über die Dauer des I. Herztones und die der Anspannungszeit ergibt sich weiter, daß der erste Herzton über die Anspannungszeit hinaus bis in den Beginn der Austreibungszeit hineinreicht.

Auch LASZT und AL. MÜLLER (1953) haben das Intervall von der Q-Zacke bis zum Beginn des Druckanstiegs — wie GARTEN — in genauen Versuchen am Hund mit 20—25 msec gemessen und kommen damit zu dem gleichen Punkt (S. 256)!

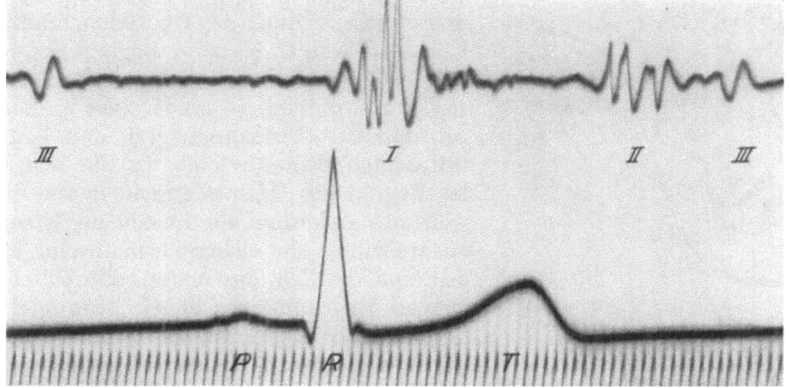

Abb. 166. Menschliches Herzschallbild mit 3. Ton, gleichzeitig EKG (Kind). Zeit $^1/_{100}$ sec. (Nach E. SCHÜTZ)

Kurz vor der Spitze der R-Zacke finden wir also den Beginn des Druckanstiegs im Ventrikel und ebenso auch den Beginn der den I. Herzton einleitenden Schwingungen. Bei jeder intraventrikulären Druckkurve, auch bei GARTEN und LASZT und MÜLLER, sieht man, daß der Druckanstieg zunächst allmählich vor sich geht und

---

[1] Die Beziehungen zwischen dem Auftreten des ersten Tones und den anderen Tätigkeitsäußerungen des Herzens sind noch in anderer Hinsicht von Interesse. EINTHOVEN und seine Schüler haben bekanntlich die Ansicht entwickelt, daß mechanische und elektrische Tätigkeitsäußerungen des Herzens in einer außerordentlich festen Abhängigkeit zueinander stehen, so daß das Elektrokardiogramm als ein direkter Ausdruck für die Kraft der Systole des Herzens gelten kann (s. die Ausführungen auf S. 236, 255). EINTHOVEN ging von der Vorstellung aus, daß die elektrische Reaktion aufs engste mit dem Vorgang der Muskelkontraktion selbst zusammenhängt, so daß aller Wahrscheinlichkeit nach kein Unterschied zwischen dem Zeitbeginn des Auftretens des mechanischen und des elektrischen Vorganges anzunehmen ist. Die für eine „mechanische Latenz" angegebenen Zeiten erklärte EINTHOVEN als zum größten Teil bedingt durch die größeren zu bewegenden Massen bei einer mechanischen Registrierung im Gegensatz zur Aufzeichnung des elektrischen Vorganges mit dem Saitengalvanometer. Deshalb hielt er auch die Registrierung der Schallerscheinungen des Herzens für eine geeignete Methode, um Zeitmessungen zwischen diesen mechanischen Vorgängen und den elektrischen vorzunehmen. Im Handbuch der normalen und pathologischen Physiologie VIII, 2, S. 829, hat er eine Kurve veröffentlicht, bei der Ton und Elektrokardiogramm gleichzeitig auftreten. Die einleitenden Schwingungen sind allerdings hier von außerordentlich geringer Amplitude, das eigentliche Herzschallbild beginnt auch hier kurz vor der Spitze der R-Zacke! Dieser Weg des Vergleiches akustischer bzw. mechanischer Vorgänge mit den elektrischen Tätigkeitsäußerungen in bezug auf ihren Zeitbeginn erscheint zum Beweis seiner Auffassung nicht ausreichend, da die geringe Unruhe der Null-Linie zu diesem Zeitpunkt in der Kurve EINTHOVENS sehr wohl auch durch andere Faktoren, z. B. das Einströmen des Blutes in den Ventrikel bedingt sein kann (S. 345).

daß dieser Phase I eine II. Phase mit steilem Druckanstieg folgt, die eigentliche isometrische Kontraktion. In die Phase I fallen die einleitenden Schwingungen des I. Tones, und dem steilen Druckanstieg in der Phase II entspricht das Hauptsegment des I. Tones, so wie es auch in dem Schema der Herztätigkeit von SCHÜTZ (Abb. 150a) 1933 angegeben ist. Die Verhältnisse erläutert am besten die Abb. 167: a von Q-Beginn bis zum Beginn des Druckanstiegs ist die Latenzzeit und die Zeit der Erregungsausbreitung, ohne daß die mechanische Aktion zur Druckerhöhung in der Kammer führt. In Phase I der Anspannungszeit fällt die Erregungsausbreitung mit begleitendem allmählichen Druckanstieg (partielle Kontraktionen des Herzmuskels infolge der Erregungsausbreitung), Phase II stellt die eigentliche isometrische Kontraktion dar. Mit deren Beginn ist die von W. R. HESS herausgestellte initiale Umformung der Kammer zur Erreichung des Oberflächenminimums beendet. Von Q bis zum Beginn des Hauptsegmentes mißt deshalb HOLLDACK die von ihm sog. Umformungszeit, wobei aber zu beachten ist, daß der Druckanstieg in den Kammern tatsächlich früher erfolgt. In die Zeit von Q bis Beginn des Hauptsegments (a und Phase I) geht also außerdem ein die Zeit der Erregungsausbreitung, die elektromechanische Latenzzeit und die Zeit des ersten, allmählich erfolgenden Druckanstiegs in der Kammer. CERLETTI und WEISSEL haben vorgeschlagen, die Zeit von Beginn Q bis zum Beginn des steilen Druckanstiegs als elektropressorische Latenz zu bezeichnen und nur die rein isometrische Phase als Anspannungszeit zu benennen. Da der Druckanstieg in Wirklichkeit früher beginnt, ist es wohl besser, die Zeit a als *elektropressorische Latenz* zu bezeichnen und die Zeit von Q bis zum steilen Druckanstieg als *elektroisometrische Latenz* (SCHÜTZ). Phase I und II stellen beide zusammen die Anspannungszeit dar, die also genau genommen erst nach Ende der elektropressorischen Latenz anfängt.

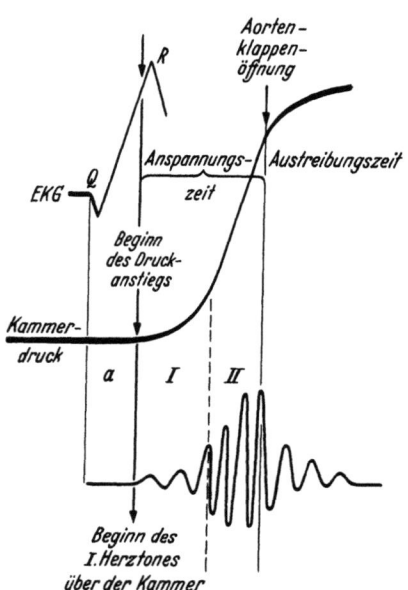

Abb. 167. Zeitbeziehungen zwischen EKG, Druckanstieg und I. Herzton. *a* elektropressorische Latenz; *a + I* elektroisometrische Latenz; *II* eigentliche isometrische Kontraktion; *I + II* Anspannungszeit. (Nach E. SCHÜTZ.)

Für die Beurteilung des sog. Vorsegmentes ist es von wesentlicher Bedeutung, daß es mit dem Druckanstieg in der Kammer einsetzt. Für seine oft diskutierte Vorhofbedingtheit ergibt sich aus diesen Zeitbeziehungen kein Anlaß. [Davon abzugrenzen sind die noch niederfrequenteren Schwingungszüge, die bereits vor Beginn der Q-Zacke einsetzen und wohl auf das Einströmen des Blutes vom Vorhof in die Kammern zu beziehen sind. Sie ergeben sich besonders bei Apparaturen, die noch tiefere Frequenzgebiete bevorzugt wiedergeben.) (s. S. 345).]

Wenn man den I. Herzton über der Aorta registriert, finden LASZT und MÜLLER ein Einsetzen erst mit Beginn der Phase II der Anspannungszeit, also bei Beginn der eigentlichen isometrischen Kontraktion. Schon FAHR fiel es auf, daß er die "initial vibrations" an den arteriellen Ostien seltener registrieren konnte. Darauf beruht sicher *diese* Verspätung. Entsprechend zeigte HOLLDACK eine Kurve, bei der nach Aussieben der tiefen Frequenzen (!) und damit der einleitenden Schwingungen von I das sog. Tonsegment über Basis und Spitze gleichzeitig einsetzt. Manchmal findet man aber auch einen noch späteren Beginn von I. Bereits EINTHOVEN sprach direkt von einer „Verspätung" von I über der Aorta gegenüber der Herzspitze um 0,06 sec (Anspannungszeit!) und der Verfasser erhielt gelegentlich beim Hund über der Aorta ein Einsetzen mit großer Amplitude erst im Beginn der Austreibungszeit. Dann werden also nicht nur das Vorsegment, sondern auch wesentliche Teile des Hauptsegments über der Aorta mit verminderten Amplituden registriert, die erst nach der Aortenklappenöffnung deutlich in Erscheinung treten. Da der I. Ton in den Anfangsteil der Austreibungszeit hineinreicht, ergibt sich damit die besondere Frage, ob der Anfangsteil der großen Gefäße noch einen besonderen, neuen Beitrag zum Aufbau des I. Tones liefert, der dabei aber, wie wir sahen, im Gegensatz zu der alten Lehre BAMBERGERs über Basis und Spitze zeitlich-akustisch ein einheitliches Phänomen darstellt. In der Tat fanden neuerdings MAASS und WEBER mit differenzierenden Filtern eine zeitliche Verspätung hoher Komponenten des I. Tones (Abb. 168) und „sprachen den sich hier deutlich abhebenden scharfen Einsatz des I. Tones als Austreibungston im Sinne von SCHÜTZ an"[1].

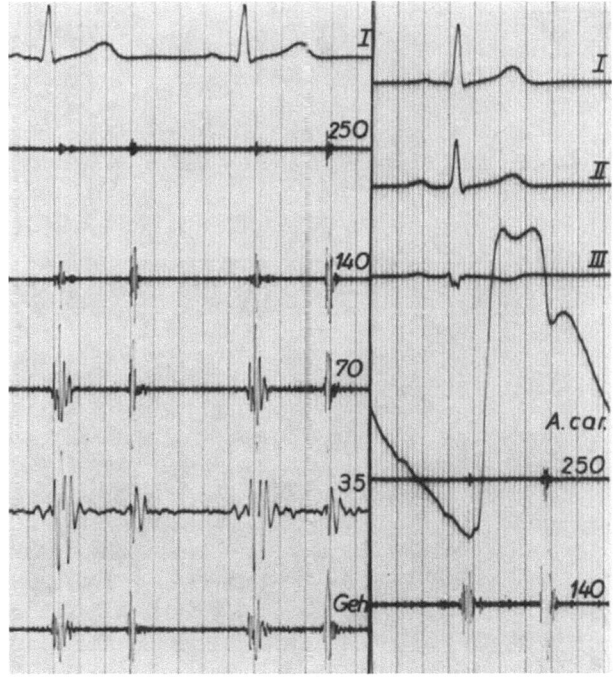

Abb. 168. Herzschallaufnahme mittels 5 differenzierender Filter bei einer gesunden Versuchsperson. (Nach H. MAASS)

[1] Daß dies im vorliegenden Fall möglich ist, zeigt die Abb. 168, bei der die Arterienpulskurve gleichzeitig mit dem Herzschall „mittel 2" (= 140) und „hoch 1" (= 250) aufgezeichnet ist. Man erkennt, daß der I. Herzton beim Filter „mittel 2" etwa 60 msec nach Q_1 beginnt. Wie HESS (1920) und nach ihm zahlreiche Untersucher nachgewiesen haben, setzen die mittel-frequenten Schwingungen des I. Herztones im Augenblick des Beginns des steilen Druckanstiegs im linken Ventrikel ein, und das Intervall Q_1 — I. Herzton stellt somit die Zeitspanne dar, um die dieser Druckanstieg gegenüber dem Beginn der elektrischen Kammer-Erregung verspätet ist. In diese Zeit muß der Vorgang der Umformung des linken Ventrikels in die Form kleinster möglicher Oberfläche fallen, weshalb HOLLDACK und GERTH für dieses Intervall Q_1 — I. Herzton den Namen „Umformungszeit" vorgeschlagen haben. Der hochfrequente Anteil des I. Tones im Filter „hoch 1" liegt demgegenüber um 40 msec verspätet, und dies ist im vorliegenden Falle der Wert für die Druckanstiegszeit. Der Fußpunkt der Carotis-Pulskurve liegt gegenüber dem hohen Anteil des I. Herztones um etwa 30 msec verspätet, und dies ist annähernd die gleiche Verspätung, wie sie zwischen dem Minimum der Carotispuls-incisur und dem Beginn des II. Herztones im Frequenzband „hoch 1" gemessen wird und die Verspätung der Carotispulskurve darstellt. Die Übereinstimmung ist im vorliegenden Falle also durchaus befriedigend und erlaubt die vorgenommene Deutung (MAASS und WEBER). Auch ENGELBERTZ, LÜTKE und ZIPP (1955) zeigten bei Untersuchung der Herztöne bei Lagewechsel, daß bei der gewöhnlichen Spaltung des Tonsegmentes die erste Komponente der Ausspannungszeit und die zweite, entsprechend den Auffassungen von SCHÜTZ, der Austreibungszeit zuzuordnen ist.

So wie O. FRANK für den II. Herzton auf die Bedeutung der Eigenschwingungen des Gefäßsystems als Entstehungsursache hingewiesen hat, liegt auch für den in die Austreibungszeit hineinfallenden Schallanteil dieselbe Erklärung nahe, wissen wir doch durch die Untersuchungen O. FRANKs, daß die plötzliche Drucksteigerung in der Aorta im Beginn der Austreibungszeit Eigenschwingungen dieses in Bewegung gesetzten elastischen Systems auslöst, denen die Anfangsschwingungen in der Aortendruckkurve entsprechen. Deren Frequenz ist relativ hoch. Gerade sie stellen an die Eigenschwingungsfrequenz von Aortendruckmanometern besonders hohe Anforderungen! Mit diesen Anfangsschwingungen dürfte der Austreibungsanteil — wenigstens zum größeren Teil — in ursächlicher Beziehung stehen. ORIAS hat 1937 diesen Schallanteil die „expulsive Komponente" genannt. Daß er für die Entstehung und Hörbarkeit des I. Tones nicht die Bedeutung hat wie der bei der Kammeranspannung entstehende Schallanteil (die „isometrische Komponente" nach ORIAS), dafür sprechen vor allem klinische Erfahrungen, namentlich die Tatsache, daß der erste Aortenton sowohl bei verhärteten Klappen wie auch bei der Aorteninsuffizienz, bei der infolge des erhöhten Schlagvolumens und des Pulses celer die Wanddehnung im Beginn der Austreibungszeit besonders groß ist, nicht verstärkt ist.

2. Theorien über den ersten Ton (Muskelton, Klappenton, Wandton)

Die Differenzen, die in der Literatur betreffs der Deutung des ersten Aortentons bzw. des Vorhandenseins eines Austreibungsanteils im Schallbild des ersten Herztons vorliegen, haben damit eine befriedigende Erklärung gefunden. Verwickelter liegen die Verhältnisse in bezug auf den Entstehungsmechanismus des ersten Tons überhaupt. Der Streit darum begann schon bald nach LAENNECs berühmter Schrift «De l'auscultation médiate» (1819) und bekam den entscheidensten Anstoß durch die viel zitierten Experimente K. LUDWIGs (1868). Seit dieser Zeit ist die Auseinandersetzung um den „Muskelton" nicht zur Ruhe gekommen. Wenn man die sehr interessante Geschichte dieser Frage verfolgt[1] und die verschiedenartigsten Experimente und Argumente, die hierbei angeführt worden sind, gegenüberstellt, wird deutlich, wie verschiedene Auffassungen von den einzelnen Autoren mit der Bezeichnung „Muskelton" verbunden worden sind. Es ist deshalb notwendig, auf die ursprüngliche Definition LUDWIGs zurückzugreifen, von der auch fast alle späteren Autoren ausdrücklich ausgegangen sind, sich aber dann oft mehr oder weniger weit von ihr entfernt haben. LUDWIG und sein Mitarbeiter DOGIEL erklärten den ersten Herzton entsprechend dem akustischen Phänomen, das über dem sich kontrahierenden Skeletmuskel wahrgenommen werden kann und das zuerst von WOLLASTON (1810) beschrieben wurde. Dieser Skeletmuskelton entsteht durch die mechanische Betätigung der Muskelfasern bei ihrer Kontraktion und ist eine *intra*muskuläre Schallerscheinung.

In guter Übereinstimmung damit steht, daß die Untersuchung des Schallbildes des Skeletmuskeltones mittels Kondensatormikrophon und Oscillograph durch W. TRENDELENBURG und E. SCHÜTZ weit höhere Frequenzen ergab, als bisher in der Literatur angegeben war und daß diese Frequenzen in guter Übereinstimmung mit der Aktionsstromfrequenz der quergestreiften Muskulatur stehen. Es sei nur darauf hingewiesen, daß viele ältere Verfechter der Muskeltontheorie direkt auf die Übereinstimmung der Herztonfrequenzen mit den damals bekannten — zu gering angenommenen — Muskeltonfrequenzen hingewiesen haben. Der Einwand, daß der wesentliche Unterschied der Herzmuskelkontraktion von der der Skeletmuskulatur darin besteht, daß diese eine tetanische Kontraktion darstellt, während die Herzmuskelkontraktion in einer Einzelzuckung besteht, hat LUDWIG ebenfalls erörtert,

---

[1] Siehe auch zur Geschichte dieser Fragen: JAMES HOPE (1841) und G. B. HALFORD (1851), und 1844: KÜRSCHNER in WAGNERs Handwörterbuch 2, 95. — Zusammenfassende Darstellung bei E. SCHÜTZ in den Erg. Physiol. 35, 493 (1953).

indem er dagegenen anführt, daß die „mannigfache Verflechtung der Herzmuskelfasern bei ihrer Kontraktion durch gegenseitige Verschiebung dieser aneinander sehr wohl zu einem Ton Anlaß- geben könne". Auch dem weiteren Einwand, daß bei der Skeletmuskulatur das Geräusch so lange andauert wie die tetanische Kontraktion, während der erste Herzton nur bis in den Beginn der Austreibungszeit hineinreicht, ist man — ganz konsequent — begegnet; HERROUN und YEO zeigten nämlich, daß der Skeletmuskel auch bei der durch einen Einzelreiz hervorgerufenen Muskelzuckung einen Ton zu erzeugen vermag. Auf die vor allem wichtigen Unterschiede der Intensität ist man allerdings nie eingegangen! Die Deutung als Muskelton bezieht sich also in der genauen Festlegung des Begriffes auf Tonerscheinungen innerhalb der Wand des Herzens durch Reibung der Herzmuskelfasern aneinander („ein Reibegeräusch der Herzmuskelfasern aneinander bei deren aktiver Kontraktion" LUDWIG). Eine Kritik all der zum Beweis dieser Anschauung angeführten Experimente durchzuführen, ist an dieser Stelle kaum möglich, es kann aber wohl schon hier gesagt werden, daß keiner dieser Versuche den schlüssigen Beweis der *rein intramuskulären* Entstehung erbringen konnte. Auf Grund von vergleichenden Untersuchungen am Froschgastrocnemius bestätigte auch ECKSTEIN (1937), daß der Anteil des reinen Muskeltons am I. Herzton jedenfalls gering ist.

Im ganzen vorigen Jahrhundert ist ebenso heftig die ROUANETsche Lehre (1832) vertreten worden, die die Ursache des ersten Herztones *ausschließlich* auf die Spannung der Vorhofkammerklappen bezog, deren Verfechter ihn dann irrtümlicherweise oft als Klappen*schluß*ton bezeichneten.

Die Antithese war dabei stets: ob *Klappenton* oder *Muskelton*, bis dann — und das ist das besondere Verdienst von GEIGEL — mechanisch-dynamische Betrachtungsweisen aufkamen, die die Auseinandersetzung nach dem prozentuellen Anteil des Muskels oder der Klappen zurücktreten ließen und von der Beobachtung des Verhaltens der *Ventrikelumwandung als Ganzem*, also der Muskelwand *und* der Klappen, ausgingen.

Es wurde oben schon ausgeführt, daß GEIGEL den ersten Herzton nur während der Verschlußzeit des Ventrikels vorhanden wissen wollte. Er ging dabei von der Vorstellung aus, daß zur Entstehung des reinen Tones der Abschluß des Ventrikels erforderlich sei. Während der Verschlußzeit, auf deren ursächliche Bedeutung GEIGEL zu großes Gewicht gelegt hatte, „strafft sich der bis dahin schlaffe Ventrikel plötzlich um seinen Inhalt. Damit gelangt die ganze Ventrikelumgrenzung (Muskelwand und sämtliche Klappen) sehr schnell in eine neue Gleichgewichtslage, um die sie schwingt, bis die träge Inhaltsmasse die Schwingung dämpft. Diese Schwingungen bilden den ersten Ton".

Namentlich GOLDSCHEIDER hat dann betont, daß das Schwergewicht in der Frage der Entstehung des ersten Herztones unter dem Gesichtspunkt, daß die gesamte Umwandung des Ventrikels in Schwingung gerät, nicht so sehr auf die Ausbildung eines allseitigen Verschlusses zu legen sei, sondern „der *wesentliche mechanische Vorgang* während der Verschlußzeit, d. h. bis zum Entweichen des Blutes, in der *Anspannung der Muskulatur* zu suchen sei".

Auf Veranlassung von O. FRANK hat O. HESS die Beziehung zwischen Kardiogramm und Herzton an einem großen klinischen Material untersucht und dabei „als das wesentliche Moment für den ersten Ton den *plötzlich und brüsk einsetzenden Bewegungsvorgang des Herzmuskels* angesehen, indem bei beginnender Systole der Herzmuskel, die Arterienanfänge, die Vorhofs- und arteriellen Klappen die kurzen Schwingungen erzeugen, die wir als Ton wahrnehmen". Nach O. FRANK und O. HESS sind in Weiterführung dieser Überlegung die Schwingungen des ersten Herztones „nichts anderes als die drei ersten Oscillationen des Kardiogramms". O. FRANK hat diese Auffassung für den Fall der Experimente von LUDWIG, KASEM-BEK u. a. (Versuche am blutleeren Herzen) und von HELLFORD und FUELLER; KREHL u. a. (Versuche mit verhindertem Klappenspiel) dahin präzisiert, daß auch „beim Herzen mit zerstörten Klappen als Hauptmomente des Tones die Form- und Volumenänderungen im Prinzip wirksam sind, beim blutleeren Herzen muß allein die plötzliche, rasch einsetzende, einsinnige, ihre Anfangsgeschwindigkeit stets ändernde Anfangsbewegung zu einem akustischen Phänomen führen".

W. R. HESS hat ins einzelne gehende Vorstellungen über das Zustandekommen des Tones am in situ schlagenden, durchbluteten Herzen entwickelt. Der erste Vorgang bei beginnender Systole ist nach W. R. HESS die Annäherung des Herzens an die Kugelform zur Erreichung des Oberflächenminimums (s. BAUMGARTEN, 1843). Da der Herzinhalt eine inkompressible Flüssigkeit darstellt, wird diese einleitende Bewegung der Herzwand plötzlich abgebrochen, es folgt somit die rein isometrische Phase der Anspannung der Wand um den Inhalt. Diese plötzliche Unterbrechung des initialen Verkürzungsprozesses mit Beginn der rein isometrischen Anspannung („das Aufschlagen der Wand auf den Inhalt") ist nach W. R. HESS die eigentliche

Ursache der Entstehung des ersten Herztones. „Die Schwingungen signalisieren den Moment des erreichten Oberflächenminimums." Der Klappenschluß setzt danach bedeutend früher und tonlos ein, weil diese das leichtest bewegliche Gebilde des Herzens darstellen, das sofort bei eintretender Systole mit Schlußstellung reagiert, mit anderen Worten, die Klappen schließen sich durch Randwirbel gegen Ende der Vorhofsystole lautlos. Damit ist erklärlich, daß auch bei Abstellen des Klappenspiels die Struktur des Herzschallbildes sich nicht wesentlich ändert und der erste Ton auch bei fortgeschnittenen Klappen zustande kommt.

Danach würde der I. Herzton also nicht gleich zu Beginn der Kammersystole zustandekommen, sondern um ein kleines Zeitteilchen später, wie oben schon ausgeführt wurde. Der erste Teil der Systole wird beansprucht zur Formänderung der Kammer, zur Annäherung an die Kugelgestalt mit entsprechender Verlagerung des Inhaltes, ohne daß es zunächst zur Drucksteigerung in den Herzhöhlen kommt. Während dieser kurzen isotonischen Periode verkürzt sich der Muskel nach HESS widerstandslos. Erst mit Erreichung der angenäherten Kugelgestalt erfolgt Drucksteigerung und Abbremsung des Verkürzungsvorganges, der Beginn der isometrischen Kontraktion, der zu den Eigenschwingungen Anlaß gibt, die wir als I. Ton (jedenfalls als dessen Hauptsegment!) hören. Offen bleibt dabei die Deutung des Vorsegments (s. dazu S. 324, 326, 334 und besonders 345). Wie oben erwähnt wurde, betone demgegenüber O. FRANK die Entstehung des I. Tones durch das plötzliche, brüske *Einsetzen* des Bewegungsvorgangs.

Gemeinsam ist den hier zusammengefaßten Ansichten — trotz in Einzelheiten voneinander abweichenden Vorstellungen, die noch weiter unten zu besprechen sind —, daß sie von Schwingungen der gesamten Umwandung des Ventrikels ausgehen unter besonderer Berücksichtigung des mechanischen Verhaltens der Muskelwand. Diese Vorstellungen sind aber scharf zu trennen von der Theorie des Muskeltones, der sich auf vom Inhalt unabhängige, *innerhalb* der Herzmuskelwand entstehende Schallerscheinungen bezieht.

3. Experimente zur Theorie des ersten Tones

a) **Herztöne und Vorhofdruck.** Zur experimentellen Untersuchung der Frage, inwieweit unter den bei beginnender Systole in Betracht kommenden Ursachen der Herztonentstehung intramurale akustische Erscheinungen (Muskelton), eine Beteiligung der Atrioventrikularklappen (Klappenton) oder Bewegungsvorgänge der Herzwand (Wandton) in Frage kommen, ist es angezeigt, zunächst nach mechanischen Schwingungsvorgängen während der Herzaktion bei gleichzeitiger Aufschrift der Herztöne zu suchen. Gleichzeitig ergibt sich damit für die Physiologie der Herztätigkeit eine genauere Einordnung der Herztöne in den Mechanismus der Herztätigkeit. Für Elektrokardiogramm, Ventrikel- und Aortendruck ist das bereits im vorhergehenden Abschnitt geschehen. Die Anfangsschwingungen der Aortendruckkurve erwiesen sich dabei als ein wichtiger Hinweis für die Beteiligung des Anfangsteils der großen Gefäße am Zustandekommen des ersten Tones. Am ehesten ist der Nachweis solcher Schwingungen bei beginnender Systole zu erwarten, wenn mit ausreichender Methodik die Einzelheiten des Druckablaufs im Herzvorhof nahe den Atrioventrikularklappen untersucht werden.

Die Kenntnis der Grundform des Druckablaufs im Herzvorhof, die wir in erster Linie den Untersuchungen von STRAUB, PIPER, GARTEN und WEBER verdanken, wurde früher bereits ausführlich erörtert (S. 283 f.). Erst durch Anwendung empfindlicherer optischer und elektrischer Manometer ergab sich die Möglichkeit, auch Einzelheiten aufzuzeigen. Die Unterschiede der einzelnen Befunde beziehen sich im wesentlichen auf die Darstellung von Oscillationen, die am Ende der Vorhof- und dem Beginn der Ventrikelsystole auftreten. Eine genauere Untersuchung dieser Schwingungen wurde vom Verfasser mittels einer erstmalig konstruierten manometrischen Sonde mit elektrischer Transmission (druckregistrierender Herzkatheter mit elektrischer Transmission) vorgenommen (1931). Es handelt sich dabei um eine Ausarbeitung des GRÜNBAUM-GARTENschen Prinzips der elektrischen Transmission in Sondenform. Die Vorteile ihrer Verwendung sind außer der räumlichen Unabhängigkeit und der großen variierbaren Empfindlichkeit die Untersuchung des Herzvorhofdruckes bei geschlossenem Thorax, natürlicher Atmung und fast normalen Kreislaufverhältnissen. In der verwendeten Form, bei der eine Scheidewand am Ende eines Glasrohres der sich einbuchtenden und damit

Querschnitts- und Widerstandsänderung einer dünnen Elektrolytschicht bewirkenden Gummimembran gegenüberstand, lag eine so hohe Schwingungszahl vor, daß selbst noch die höchst erreichbare Einstellungszeit des großen EDELMANNschen Saitengalvanometers geringer war als die der Sonde, also dieses die Schwingungszahl dieses gekoppelten Systems bedingte.

Das Ergebnis der gleichzeitigen Aufschrift von Vorhofdruck und Herztönen war, daß in vielen Fällen — bei geeigneter, autoptisch kontrollierter Lage der Sonde — außer dem Grundtyp des Vorhofdruckes, wie ihn GARTEN aus seinen Kurven abgeleitet hat, deutlich zwei Gruppen von Schwingungen auftraten, die jene Oscillationen der Vorhofdruckkurve darstellten, deren genauere Verfolgung besonderer Gegenstand der Untersuchungen wurde: *diese Oscillationen zeigen eine weitgehende Übereinstimmung mit den gleichzeitig verzeichneten Herztönen* (Abb. 169 und 145.) Man kann sehr oft direkt von einer Zacke der Druckkurve mit einer

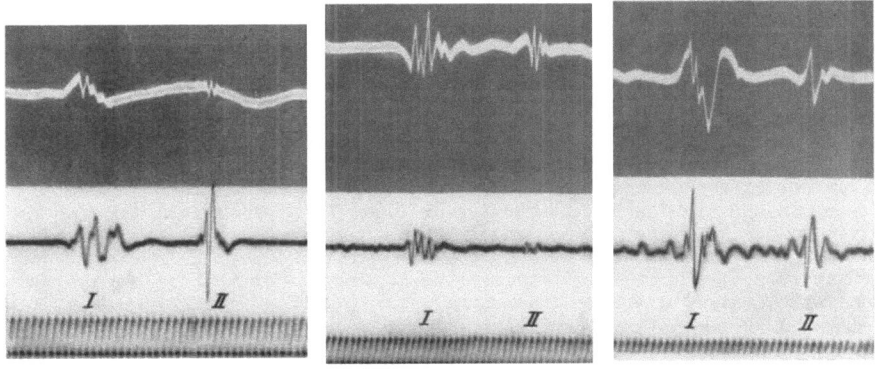

Abb. 169. Oscillationen der Herztöne, mit manometrischer Sonde aus dem rechten Vorhof des Hundes abgeleitet, darunter Herztöne, gleichzeitig aufgenommen, bei Änderungen des Herzschallbildes. Zeit in $^1/_{100}$ sec. (Siehe dazu auch das typische Normalbild Abb. 145, S. 284.) (Nach E. SCHUTZ)

Vertikalen eine entsprechende Zacke der Herztonkurve erreichen. Bei Änderungen der Form des Herzschallbildes im Verlauf des Versuches ändert sich gleichsinnig die Form dieser Druckoscillationen im Vorhof (Abb. 169). Ihre Zusammengehörigkeit erweist sich auch bei Amplitudenänderungen der Herztöne und beim Auftreten von Extrasystolen.

Es entsprechen also die Oscillationen der Vorhofdruckkurve, wenn sie nahe über den Atrioventrikularklappen mit empfindlicher und an Schwingungszahl ausreichender Methodik dargestellt werden, sehr weitgehend den Druckschwankungen der Luft über dem Thorax, die das Kondensatormikrophon als ersten und zweiten Herzton aufzeichnet. Interessant ist, daß DEAN (1916) am künstlich durchströmten, isolierten Katzenherzen die mechanischen Bewegungen der Mitralklappen mit einer empfindlichen Fadentransmission optisch registrierte und dabei ähnliche Kurven (Abb. 136, S. 266) erhalten hat. Aus der weitgehenden Übereinstimmung in der Form der Druckoscillationen über den Segelklappen mit dem Schallbild der Herztöne ergibt sich also, daß *der mechanische Vorgang der Klappenbewegungen an den venösen Ostien bei beginnender Systole in einem unmittelbaren Zusammenhang mit der Entstehung der Schallerscheinungen über dem Herzen steht.* Das gestattet natürlich noch nicht die Schlußfolgerung, die Ursache des ersten Tones *allein* in dem „Klappenton" zu sehen. Die Anschauungen, wie sie von GEIGEL, GOLDSCHEIDER, O. FRANK und W. R. HESS entwickelt worden sind, legen es nahe, auch die kardiographische Kurve, und zwar außer den mechanischen Bewegungsvorgängen des Thorax infolge der Herzaktion besonders auch die Bewegungen der Wand des freigelegten Herzens selbst genauer daraufhin zu untersuchen.

b) Herztöne und Kardiogramm. Für die Frage des Entstehungsmechanismus des ersten Herztones interessiert hier zunächst die Frage, inwieweit — ähnlich wie an den Vorhofkammerklappen im vorigen Abschnitt gezeigt werden konnte — mechanische Schwingungsvorgänge der muskulären Herzwand, also am *freigelegten* Herzen den Herztonschwingungen entsprechen.

Hier ist zunächst eine Dissertation von LAMBARDT (1910) aus dem FRANKschen Institut zu erwähnen, der die Bewegungen des bloßgelegten Herzens mit Hilfe eines angenähten Seidenfadens registrierte, der an dem Hebel der Geberkapsel einer Lufttransmission angriff. Der einfache Kurvenverlauf, der bei reinen Volumenänderungen des Herzens resultieren würde, wird nach den in der Arbeit dargelegten Überlegungen modifiziert durch die *Formänderungen*, die das Herz gleichzeitig erfährt. In der Verschlußzeit und der Entspannungszeit, den beiden isometrisch verlaufenden Perioden, finden ja keine Volumenänderungen des Herzens statt. Während der Verschlußzeit findet allerdings wegen des Abschlusses des Vontrikels an seinen Ostien durch elastische Membranen zunächst eine Ausbuchtung derselben durch den Druck des Blutes statt, der Ventrikel erleidet also eine geringe Volumenänderung. Diese kurzdauernde Verringerung kommt im Kardiogramm in einem steilen Anstieg zum Ausdruck und ist von einem Abstieg gefolgt, so daß eine scharfe Zacke entsteht. Außer dem Zurückschwingen der Atrioventrikularklappen und Lageänderungen des ganzen Herzens kommen hier Formänderungen des Herzens hinzu, deren wesentliches Moment darin besteht, daß die Basis des Kegels, den der Ventrikel darstellt, aus der Form einer Ellipse mit transversal größter Achse in einen Kreis übergeht und zu gleicher Zeit die Achse des Kegels aufgerichtet wird, also die Herzspitze sich der Brustwand nähert. Im ganzen liegt also eine Interferenz von (Lage-,) Volumen- und Formänderungen während dieser Zeit vor, und diese stellen zusammen mit den Schwingungen, die durch die Bewegungen der Arterien bedingt sind, die wesentlichsten Ursachen der Entstehung des ersten Herztons dar.

Diese auf Veranlassung von O. FRANK unternommenen experimentellen Untersuchungen (s. auch O. HESS, Dissertation BECK u. a.) sind die Grundlagen der Auffassung O. FRANKs von der Entstehung des ersten Herztones. Sie lassen sich also dahin zusammenfassen, daß den Schwingungen, die dem ersten Herzton zugrunde liegen, die einleitenden Oscillationen des Kardiogramms entsprechen (Schwingungsdauer etwa $1/50$ sec). Am Zustandekommen des Tones sind demnach in erster Linie die Kontraktion des Herzmuskels, weiter der Anfang der Arterienpulsation und die Schwingungen der Atrioventrikularklappen beteiligt. Damit wird verständlich, daß das blutleere Herz und das zerstörten Klappen noch einen Herzton gibt. Die Hauptmomente, die Form- und Volumenänderungen sind hier ebenso vorhanden. Selbst beim blutleeren Herzen liegt eine zwar einsinnige, aber ihre Geschwindigkeit wechselnde Bewegung vor, die physiologisch-akustisch durchaus Ursache einer Tonfolge sein kann.

Bei Ableitung von der Thoraxwand, auf die später noch ausführlicher einzugehen ist, unterscheiden sich bekanntlich Mechanokardiogramm und Phonokardiogramm dadurch, daß eben mit wachsender Größe der Nebenöffnung im Kardiographentrichter oder Phonendoskop mehr und mehr die Geschwindigkeiten der Bewegungen aufgezeichnet werden: die langsamen Erhebungen verschwinden aus der Kurve und die kürzeren bleiben. Entsprechend vermehrt sich die Zahl der Schwingungen, weil jetzt jeder Knick der Kurve eine besondere Erhebung veranlaßt.

W. R. HESS konnte zeigen, daß auch in der kardiographischen Kurve der Brustwand bei Anwendung einer variierbaren Ventilhebenöffnung die Herztöne direkt dargestellt werden können. Es ist oben dargelegt worden, wie es nach den von ihm entwickelten Vorstellungen zu diesen Bewegungen der Ventrikelwand kommt, daß nach Ablauf der einleitenden Formänderungen des Ventrikels zur Kugelform, also im Beginn der eigentlichen isometrischen Periode, wenn also der Augenblick des Oberflächenminimums erreicht ist, und damit der Verkürzungsprozeß plötzlich abgebrochen wird, ,,die Wand auf den Inhalt aufschlägt und somit den ersten Ton erzeugt".

Beiden Anschauungen gemeinsam ist also, daß während des ersten Tones *Schwingungen der Muskelwand* stattfinden, die an seinem Zustandekommen wesentlich beteiligt sind.

Um den Nachweis dieser Herzwandschwingungen am in situ freigelegten Herzen hat sich Verfasser weiter bemüht. Am deutlichsten werden sie, wenn man sich eines Kunstgriffes bedient, der dem Prinzip des Kondensatormikrophons entspricht. Wenn man bei offenem Thorax dem Herzen eine festmontierte Metallplatte gegenüberstellt und eine zweite isolierte Drahtverbindung in den Herzmuskel selbst hineinführt und diese beiden „Platten" anstelle des Kondensatormikrophons in die Hochfrequenzschwingung schaltet, so kann man die Kapazitätsänderungen zwischen der festen Elektrode und der als zweite Elektrode (Kondensatorplatte) verwendeten Herzwandung verzeichnen. (Natürlich muß man sich dabei wieder mit Hilfe eines geeigneten Drehkondensators auf halbe Höhe der Resonanzkurve einstellen.) Man kann dann direkt die Abstandsänderungen der Herzwand von der gegenübergestellten, fixierten Platte registrieren. Dabei fallen alle langsamen Bewegungen unterhalb des hörbaren Bereiches weg, weil der Verstärker entsprechend seiner Dimensionierung sie nicht weitergibt.

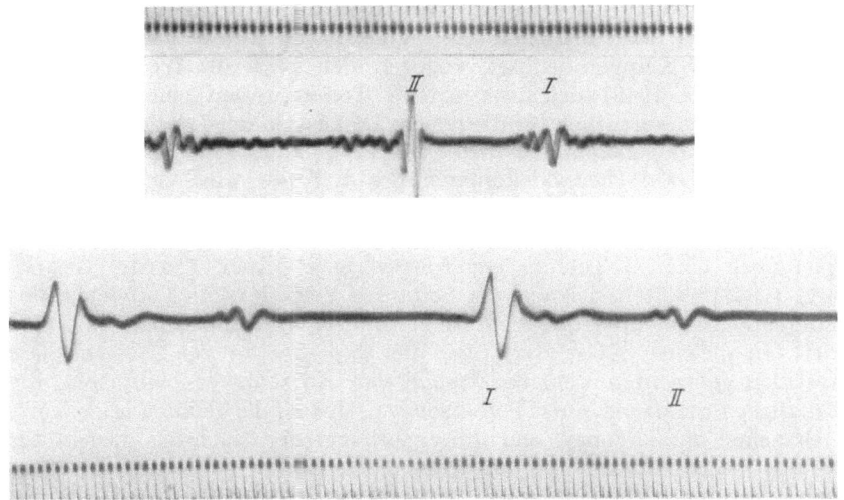

Abb. 170. Obere Kurve: Herztöne (Hund), untere Kurve: mechanische Wandschwingungen des freigelegten Herzens, mit Hochfrequenzkondensator aufgenommen. Zeit in $1/100$ sec. (Nach E. SCHUTZ)

Eine so erhaltene Kurve zeigt Abb. 170 gleichzeitig mit den vorher bei intaktem Thorax aufgeschriebenen Herztönen des Versuchstieres (Hund) (vgl. auch die Zeitdauer beider Vorgänge). (Daß die Anordnung nicht etwa als Schallempfänger wirkt, davon kann man sich leicht überzeugen; denn erst bei sehr großen Lautstärken und bei Anwendung weit höherer Verstärkung tritt beim Singen gegen die Anordnung ein Zittern der Oscillographenschleife auf.)

Es lassen sich also experimentell zur Zeit des ersten Herztons mechanische Vorgänge sowohl an den venösen Klappen wie an der Herzmuskelwand aufweisen, die wegen ihres zeitlichen Auftretens, ihrer Dauer und ihrer Form als Ursache des I. Tones anzusehen sind.

Zum Beweis des ausschließlichen Klappentoncharakters — wie das kürzlich von W. DOCK geschehen ist — ist der Einwand möglich, daß es sich bei den Herzwandbewegungen um übertragene Klappenschwingungen handele, ebenso wie auch der II. Ton noch an Herzwand und Vorhofkammerklappen auftritt. Genau genommen sind natürlich alle diese Vorgänge zusammen Ursache des akustischen Phänomens des II. Tones. Da aber der auslösende Vorgang dasjenige ist, was im Anfangsteil der Aorta bzw. an den Semilunarklappen passiert und während dieser Zeit der Ventrikel passiv ist, ist es berechtigt, von einer Übertragung zu sprechen. Wenn aber die Schwingungsfähigkeit der Herzmuskelwand durch die Annahme der Übertragung der Klappenschwingungen auf diese zugegeben wird, dann ist nicht einzusehen, daß nur die venösen Klappen *primär* solche Schwingungsvorgänge zeigen sollen und nicht die gesamte Umwandung des Ventrikels, zumal während dieser Zeit die Ventrikelwand nicht wie beim zweiten Ton passiv in Ruhe ist, sondern in der außerordentlich kurzen Zeit von etwa 0,06 sec stärkste Änderungen ihrer Form erleidet und die Vorgänge an den venösen Klappen veranlaßt. Es sei auch darauf verwiesen, daß in der Vorhofdruckkurve der erste und der (übertragene) zweite Ton meist gleiche Höhe aufweisen, wie es auch im Herzschallbild der Fall ist, während bei der Registrierung der Kammerwandbewegungen regelmäßig der dem ersten Ton entsprechende Schwingungszug um ein Mehrfaches größer ist als der des zweiten Tones.

Bis in die neueste Zeit hinein reicht die Auseinandersetzung, ob der Anteil der Klappenspannung oder der Muskelwandanteil überwiegt. Nach HESS (1920) ist der av-Klappenschluß, wie erwähnt, unbeteiligt am Aufbau des I. Herztons. Auch neuerdings (1941) sprechen sich SMITH, GILSON und KOUNTZ für den muskulären Anteil als den wesentlichen aus auf Grund von Experimenten bei erzwungenermaßen isometrischen Kontraktionen ohne Mitwirkung der Klappen, während LEWIS und DOCK (1938) die Ventrikelsystole für geräuschlos erklären, der I. Herzton sei ohne nennenswerten muskulären Anteil lediglich durch die Spannung der av-Klappen bedingt, wogegen sich wiederum WOLFERTH wandte. Anderseits faßte (1948) auch LEVINE den I. Ton im wesentlichen als Klappenton auf. Die Frage ist wesentlich für die neuere Diskussion der Lautheit des I. Tones, auf die S. 335 zurückgekommen wird. Die Frage nach dem *prozentuellen* Anteil beider Vorgänge am Zustandekommen des I. Tones wird sich experimentell schwer entscheiden lassen; immerhin liegen in der Literatur genügend Experimente vor, daß auch das Herz mit zerstörten Klappen und das mit verhindertem Klappenspiel noch einen I. Ton zu erzeugen vermag. Auch SMITH, GILSON und KOUNTZ (1941) stellten sich auf die Seite des Verfassers und fanden ebenso in besonderen Experimenten, daß auch bei verhindertem Klappenspiel ein I. Herzton auftritt. In gleicher Weise darf man die Experimente von WIGGERS an zur Kontraktion gebrachten Ventrikelstreifen von Katzenherzen auffassen, die bei der plötzlichen Straffung einen Ton erzeugen. Jedenfalls gehören *beide* Vorgänge zur „Ursache" des I. Tones, und ihr experimenteller Nachweis spricht für die Auffassung seiner Entstehung, die das mechanische Verhalten der *gesamten* Umwandung des Ventrikels von vornherein berücksichtigt. Nachdem wir gelernt haben, derartige Vorgänge dynamisch zu betrachten, besteht nach den experimentellen Ergebnissen keine Schwierigkeit, *beide* Vorgänge als Ursache des I. Tones anzusprechen und das Verhalten der *gesamten* Umwandung des Ventrikels — Muskelwand *und* geschlossene Klappen — als Ursache anzusehen. Überhaupt darf man diese „Ursache" nicht zu lokalisiert im Sinne einer engbegrenzten Schallquelle betrachten, sondern es handelt sich um *ruckartige Bewegungsvorgänge*, die, genau betrachtet, durch Druckfortpflanzung praktisch das *ganze* Herz ergreifen; wir sahen ja die Schwingungen des I. und II. Tones z. B. auch im Blut des Vorhofs oberhalb der geschlossenen Klappen! Das Abklingen dieser Schwingungen und der Beitrag, den die Anfangsschwingungen des zentralen Pulses beisteuern, erklären das Hineinreichen des I. Tones in den Beginn der Austreibungszeit.

Die *Theorie des Muskeltons als eines intramuralen Reibegeräusches* während der Kontraktion der Fasern kann ebenso wie die Bezeichnung als Klappenschlußton als wesentliche Ursache des ersten Herztons nicht mehr aufrechterhalten werden. Schallbild, Lautstärke und Dauer sprechen eindeutig dagegen. Von manchen Autoren wird höchstens das „Vorsegment" mit seiner geringen Amplitude auf die Muskelkontraktion zurückgeführt (Anm. S. 335) [betreffs der Beziehungen des Vorsegmentes zur Vorhofkontraktion s. S. 345 (Vorhoftöne)]. Gerade die Modellversuche, die schon von BAYER (1896) und von GIESE (1871) zur Stützung der Theorie vorgenommen wurden und auch am toten Herzen bei plötzlichen Drucksteigerungen im Ventrikel einen auskultatorisch wahrnehmbaren Ton ergaben, waren schwer mit der Theorie des „Muskeltons" („einem Reibegeräusch der Herzmuskelfasern bei deren aktiver Kontraktion") vereinbar. Die genannten Autoren hielten damals die Schlußfolgerung der intramuskulären

Entstehung des ersten Herztones nur aufrecht wegen der akustischen Verschiedenheit dieses am toten Herzen gehörten Tones vom normalen Herzton! Wenn man diese Versuche bei geeigneter Anordnung am toten Herzen möglichst früh nach dem Herzstillstand, jedenfalls aber vor Eintreten der Totenstarre anstellt, hört man bei der plötzlichen Drucksteigerung im Ventrikel über diesem deutlich einen dumpfen Ton, etwa vom Klangcharakter „wpp", der dem normalen ersten Herzton durchaus nicht so sehr unähnlich ist (E. SCHÜTZ). Seine Entstehung ist auch hier bedingt durch die plötzlichen, brüsken Formänderungen der gesamten elastischen Umwandung des Ventrikels bei dem plötzlichen Druckanstieg. Da bei toten Herzen andere elastische Verhältnisse vorliegen, erklären sich die nicht einmal erheblichen Unterschiede dieses Tones vom normalen Herzton. Gerade diese Versuche stehen also entgegen der Ansicht der älteren Autoren in guter Übereinstimmung mit der experimentell begründeten, neueren Auffassung über die Entstehung des ersten Herztons (im speziellen besonders seines „Hauptsegmentes").

Es wurde schon betont, daß sich bei Durchsicht der Literatur zeigt, daß der Begriff „Muskelton" von den einzelnen Autoren verschieden aufgefaßt worden ist. Es ist deshalb der Vorschlag wohl angebracht, ihn auf den Skeletmuskelton zu beschränken bzw. auf die diesem Ton entsprechende Erklärung des ersten Herztons, für deren *wesentliche* Bedeutung bei der Entstehung der Herztöne kein Anhaltspunkt vorliegt[1]. Um den Entstehungsmechanismus des ersten Herztons kurz und verständlich auszudrücken, erscheint die Bezeichnung „*Anspannungston*" zweckmäßig (SCHÜTZ, 1931), zumal sie sich von der bereits bestehenden Benennung der Anspannung des Herzens herleitet, mit der das Auftreten des ersten Tones zeitlich und ursächlich zusammenhängt. Als Folge der Anspannung des Ventrikels schwingt nach erfolgter Umformung die gesamte Umwandung um eine neue Gleichgewichtslage, wie GEIGEL das im Prinzip schon 1895 herausgestellt, allerdings nur auf die Verschlußzeit bezogen hat. Nichts aussagen soll diese Bezeichnung natürlich über die zeitliche Dauer des ersten Herztons; denn er überdauert ja die Anspannungszeit.

Noch kurz einige Bemerkungen zur *subjektiven Intensität*, zur *Lautheit des I. Tones*. Sie hängt vornehmlich von Gehalt und Amplitude höherer Frequenzen ab (etwa 100 Hz und darüber). Bei amplitudengetreuer Registrierung hat fast stets der I. Ton die größere Amplitude, obwohl — an der Herzbasis — der II. Ton normalerweise lauter ist; bei Gehördarstellung (Aussieben der tieferen Frequenzen, so daß die Frequenzen von 100—200 Hz überwiegen), hat der II. Ton auch die größere Amplitude. Diese höheren Frequenzen sind also entscheidend für die subjektive Lautstärke.

Eine weitere Frage ist die nach den *Änderungen der Lautheit bzw. der Amplitude von I*. Bei Patienten mit Vorhofflimmern findet man die Amplitude von *I* um so kleiner, je länger die Diastolenlänge ist (RYTAND, 1949), ebenso ergibt sich — wenistens meistens — eine Abschwächung von *I* bei verlängerter PQ-Zeit. Meist wird der Einfluß der Füllung in dem Sinne gedeutet, daß die schlechtere Füllung eine stärkere Anspannung der Wand ermöglicht. Damit steht in Übereinstimmung, daß man eine Verstärkung von *I* findet bei frühzeitigen Extrasystolen, im Kollaps und einem Teil der Mitralstenosen. Allerdings ergibt sich auch eine Verstärkung von *I* beim av-Block, wenn der Vorhof sich kurz vor der Kammer kontrahiert. Hier kann es sein, daß keine schlechtere Füllung vorhanden ist. STEAD und KUNKEL (1939); LEWIS und DOCK (1938); LEVINE (1949) und HOLLDACK neigen deshalb dazu, in diesem Fall wie bei der Mitralstenose die Stellung der Klappen bzw. ihre Beschaffenheit als wesentlichen Faktor für die Intensität von *I* anzusehen; eine kurze Diastole mit nichtvollendeter Klappenstellung bedinge einen lauten *I*. Ton, eine lange Diastole mit vollendeter Klappenstellung einen leisen *I*. Ton. Also auch hier wieder das alte Problem: Muskelwand oder Klappen! Es konkurrieren beide Faktoren, Herzmuskelkraft, Schnelligkeit und Ausmaß der Kontraktion und Füllung der Kammer einerseits und Stellung und Spannungszustand der Klappen andererseits miteinander. Ich meine, gerade darin ist eine Stützung der Auffassung als Anspannungston der *gesamten* Umwandung des Ventrikels, von Muskelwand *und* Klappen, zu erblicken! Zu entsprechenden Schlußfolgerungen kam auch W. AUINGER (1955) bei der Untersuchung der Herztöne in Fällen von absoluter Arrhythmie.

---

[1] EINTHOVEN bezog die ersten, schwachen Schwingungen des I. Tones auf einen Muskelton, dem erst einige Zeit später die plötzlich eintretende Druckerhöhung in den Ventrikeln folge, wobei die Klappen und die ganze Herzwand angespannt und in Schwingung versetzt werden.

4. Zweiter Herzton

Für die *Ableitung* des zweiten Herztons gelten natürlich die gleichen Voraussetzungen und Prinzipien, wie sie für den ersten Herzton einleitend auseinandergesetzt wurden. Sein *Schallbild* ist meist wesentlich konstanter als das des ersten Tones. Es beginnt meist plötzlich mit einer scharfen, großen Zacke, eine zweite übertrifft die erste nach beiden Seiten hin meist noch etwas an Amplitude, wenn auch die Gesamtamplitude im Vergleich zum ersten Herzton (an der Herzspitze) in der Regel etwas geringer ist (S. 335). Im ganzen liegen, abgesehen von einigen Nachschwingungen geringer Amplitude, meist drei Schwingungszüge vor. Aus den Abb. 145, 169 geht hervor, daß der zweite Herzton in besonders guter Übereinstimmung mit seinem Schallbild auch in der Vorhofdruckkurve nachgewiesen werden kann. Auch in dem nach dem Kondensatorprinzip aufgenommenen Kardiogramm konnte er erstmalig auch als Bewegung der Herzmuskelwand aufgezeichnet werden (SCHÜTZ, Abb. 170). Zur Incisurspitze der Aortendruckkurve weist sein Beginn eine feste zeitliche Beziehung auf, wie schon O. FRANK zeigte.

Inkonstanter ist seine zeitliche Lage zum Elektrokardiogramm. Man hat oft versucht, den zweiten Herzton in ebenso feste zeitliche Beziehungen zur T-Zacke zu setzen, wie das bei der R-Zacke möglich ist. Die Literaturangaben schwanken erheblich zwischen dem Ende der T-Zacke oder kurz vorher bis 0,05 sec später. Tatsächlich kann der zweite Herzton in diesem ganzen Bereich seine Lage zur T-Zacke wechseln. Auch nach neueren Literaturangaben fällt II zwar in der Mehrzahl der Fälle mit T-Ende zusammen, kann aber auch 0,01—0,03 sec verfrüht oder häufiger verspätet auftreten. Besonders deutlich wird dieses Verhalten, wenn man fortlaufende Aufnahmen macht und beim Tier die künstliche Ventilation zeitweise unterbricht (SCHÜTZ). Es steht das in guter Übereinstimmung mit den Untersuchungen von S. GARTEN über die Beziehungen des Druckablaufs in Herz und Aorta zum Elektrokardiogramm. Auch er fand keine ganz festen zeitlichen Beziehungen der T-Zacke zur Incisur der Aortendruckkurve, weil eben für den Moment des Semilunarklappenschlusses, der durch die Incisur der Aortendruckkurve charakterisiert ist, außer dem Druckablauf im Herzen auch die Druckverhältnisse in den großen Gefäßen maßgebend sind (S. 246). Das ist wohl verständlich, wenn man bedenkt, daß weder das Ende von T noch der Beginn des II. Herztons derart genau definierte Momente in der Herzrevolution darstellen können wie der Beginn der Kammerkontraktion. Außerdem vermögen veränderte Herzfrequenz sowie Druckänderungen im peripheren Kreislauf die Lage des zweiten Herztons zum Elektrokardiogramm innerhalb eines ziemlich weiten Bereiches zu verändern. Auch nach LEPESCHKIN findet man eine stärkere Verfrühung von II sowohl durch Abschwächung oder Verkürzung der Kammerkontraktion (also Herabsetzung der Herzkraft oder Verkleinerung des Schlagvolumens), als auch durch Steigerung des Blutdrucks (also bei Hypertension oder nach dem drucksteigernden Veritol (HERKEL und NÜRMBERGER), bei Arbeitsbelastung (v. DUNGERN), bei dekompensierten Herzkranken und im diabetischen Koma (HEGGLIN), entsprechend eine Verspätung im blutdrucksenkenden indifferenten CO_2-Bad (HERKEL) sowie bei Vermehrung des Schlagvolumens bei Bradykardie nach Ca-Injektionen (v. DUNGERN). Eine auffallende Verfrühung des II. Tones gegenüber dem EKG-Ende hat HEGGLIN klinisch als „energetischdynamische Herzinsuffizienz" besonders herausgestellt. Über die Spaltung des II. Tones s. S. 339.

Da also weder der I. Ton mit Sicherheit den Anfang der Systole genau angeben kann noch das EKG mit Exaktheit das Ende der Systole, sollte man zur genauen Bestimmung der Systolendauer eine Synchronaufnahme von Herzschall und EKG machen, wobei man den Beginn des Ventrikelinitialkomplexes als Anfang und der Beginn des II. Herztones als das Ende der Systole festlegen kann. (Näheres darüber auf S. 255, 326, 367ff.)

Was die *Entstehung* des zweiten Tones anbetrifft, so liegen die Verhältnisse hier bedeutend einfacher. Schon ROUANET brachte ihn — entsprechend seiner Auffassung von der Entstehung des ersten Tones als Klappenton der Atrioventrikularklappen — mit dem Schluß der Semilunarklappen in Beziehung (1832). Aus der gleichzeitigen Registrierung des Aortendruckes (Abb. 150a,b) (O. FRANK,

SCHÜTZ, LASZT und MÜLLER u. a.) ergibt sich als Beginn des II. Tones die Incisurspitze der Aortendruckkurve. Auch mit intraventrikularen Schallsonden wurde das bestätigt (BOYER, ECKSTEIN und WIGGERS). Wir wissen bereits durch O. FRANK, daß die Knickstelle der Aortendruckkurve eine Rückströmung der nahe der Aortenklappe gelegenen Blutsäule anzeigt, ohne daß dabei unbedingt Blut in die Ventrikelhöhle zurücktreten müßte. Der Steilabfall bis zum Minimum der Incisur zeigt, wie der Aortendruck in diesem Bereich dem am Systolenende einsetzenden raschen Druckabfall der Kammer folgt. Im Augenblick der Umkehr der Strömungsrichtung werden sich die bereits durch die rückläufigen Randwirbel gestellten Klappen zu schließen beginnen, dieser eigentliche Klappenschluß erfolgt fast lautlos. Unter dem Einfluß des rasch wachsenden Druckunterschiedes zwischen Kammer und Aorta werden sich die Klappen ventrikelwärts verlagern bis zu ihrer diastolischen Endstellung. In diesem Zeitpunkt wird die begonnene Rückströmung plötzlich abgebremst, und hierbei werden die Klappen und die Aortenwandung im klappennahegelegenen Teil in Schwingungen versetzt: dies ist der Beginn des II. Aortentones. [Ein eigentlicher Aufprall der Flüssigkeitssäule unter vorheriger Loslösung von der Klappe findet dabei nicht statt, das ist schon energetisch unmöglich; auch würde die dabei auftretende Kavitation die Klappen in kürzester Zeit zerstören. Die Strömung folgt also stets dichtauf (MAASS).] Die Klappen werden also nicht durch das rückwärtsströmende Blut selbst geschlossen werden, sondern nähern sich sofort mit Nachlassen des Druckes durch die sich an ihnen ausbildenden Wirbelströme (CERADINI) der Schlußstellung. Daß die Aortenklappen auch während der Austreibungszeit nicht der Aortenwand anliegen, wie das VAN RYNBERK in seinem Modellversuch schon wahrscheinlich gemacht hat, konnte Verfasser bei dem Versuch der kinematographischen Aufnahme des Aortenklappenspiels am in situ durchströmten Katzenherzen auch bei verschieden großem Aortendruck direkt beobachten. Infolge des beschriebenen Schlußmechanismus der arteriellen Klappen würde die Spannung der Klappen und damit das Erscheinen des II. Tones zeitlich nach deren Schluß stattfinden, der auch nach der bereits von TIGERSTEDT geäußerten Ansicht tonlos zustandekommt. WIGGERS hat diese Verhältnisse besonders präzisiert. Der Zeitmoment, zu dem die Austreibung des Blutes aus der Kammer beendet ist, liegt vor dem Schluß der Semilunarklappen. Dem Schluß dieser Klappen geht der Drucksturz in Kammer und Aorta voraus, die Semilunarklappen sind noch offen, allerdings finden die erwähnten Wirbelbildungen statt, die den Schluß vorbereiten. Den Abschnitt vom Ende der Kammerkontraktion bis zum Semilunarklappenschluß hat WIGGERS als den „toten Punkt der Diastole" (protodiastolische Phase) bezeichnet (bei mittlerer Frequenz 0,04 sec). Eine langsame Vorschwingung von 0,04 sec vor II wird deshalb von BRAUN-MENENDEZ und ORIAS auf die Dekontraktion der Kammer in der protodiastolischen Phase bezogen. Der Klappenschluß selbst ist also durchaus ein diastolisches Phänomen und mindestens in der Kammer ist Diastolenbeginn bzw. Systolenende durchaus unscharf. An die protodiastolische Phase schließt sich die Phase des allseitigen Klappenschlusses an. (Isodiastole, Entspannungszeit, „isometrische" diastolische Phase) (s. dazu S. 291f).

TALMA hat — wohl zuerst — die Bedeutung der Flüssigkeitssäule, die auf den Klappen lagert, als schwingungsfähiges System betont und in Modellversuchen die Abhängigkeit der Tonhöhe von der Höhe der Flüssigkeitssäule gezeigt. In Fortführung dieser Versuche hat weiter WEBSTER die Abhängigkeit der Tonhöhe von der Beschaffenheit der Klappen nachgewiesen. Nachdem wir durch O. FRANKs Manometertheorie gelernt haben, derartige Verhältnisse dynamisch zu betrachten, bestehen zwischen den Versuchen von TALMA und WEBSTER keine grundsätzlichen

Differenzen und auch keine Schwierigkeiten für die Auffassung, daß im wesentlichen Schwingungen des Blutes (s. Incisur!) *und* der umgrenzenden elastischen Wand, einschließlich der Klappen (Eigenschwingungen des Gefäßsystems) als Ursache des II. Herztons anzusehen sind. Daß er als Folge dieser starken Erschütterungen auch als Bewegung der Ventrikelwand im Kardiogramm und der Atrioventrikularklappen in der Vorhofdruckkurve auftritt (SCHÜTZ), wurde bereits erwähnt (vgl. dazu auch das beigegebene „Schema der Herztätigkeit", Abb. 150a). Der „Ruck" ergreift eben das *ganze* Herz. Alle diese Vorgänge, auch die an Kammerwand und av-Klappen, sind letztlich Ursache des II. Tones. *Auslösend* ist das, was im Anfangsteil der Aorta infolge des Semilunarklappenschlusses passiert; was wir an Kammerwand und Vorhofkammerklappen registrieren, sind selbstverständlich *passiv übertragene Vorgänge*. Aber es ist doch wohl wichtig zu betonen, daß dieser Ruck fast das *ganze* Herz ergreift. Dadurch werden auch manche neueren Betrachtungen über die Beziehungen zwischen Herztönen und Kardiogramm (LANDES, ERNSTHAUSEN, v. WITTERN, RÓSA) verständlicher.

KREHL hat schon darauf aufmerksam gemacht, daß es eigentlich ein physikalisches Rätsel sei, daß trotz des verschiedenen Druckes in der Pulmonalis und in der Aorta bei den meisten gesunden Menschen der Semilunarklappenton am Sternalrande des zweiten rechten und linken Interkostalraumes gleichartig klingt und gleichlaut erscheint. Eine Erklärung auf Grund der verschiedenen topographischen Lage entfällt, da WIESEL auch experimentell bei direkter Auskultation am Klappenpräparat fand, daß der arterielle Druck, bei dem der zweite Aortenton und der zweite Pulmonalton gleiche Höhe, Stärke und Klangfarbe haben, für die Lungenarterie niedriger ist als für die Aorta. Auch zur Verstärkung des zweiten Pulmonaltones ist ein viel geringerer Druckzuwachs notwendig (6—8 cm H_2O) als beim zweiten Aortenton (20—25 cm H_2O). Die Ursache dieser Beziehung, daß beide Töne ziemlich gleich laut klingen, obwohl der Blutdruck in der Lungenarterie ja bedeutend niedriger ist als in der Aorta, muß nach SAHLI und KREHL in der Beschaffenheit der Gefäße liegen. HOCHREIN hat sich mit dieser Frage weiter beschäftigt, dabei die Angabe von WIESEL bestätigt und experimentell gezeigt, daß es sich aus den physikalischen Eigenschaften der *Gefäßwände* (Dehnungskoeffizient und Elastizitätsmodul) erklärt, daß zur Hervorrufung gleicher Spannungsänderung für die Aorta ein größerer Druckzuwachs erforderlich ist als für die Pulmonalis. Neuerdings ist dem allerdings doch widersprochen (HOLLDACK, 1949) und betont worden, daß die Eigenfrequenz der A. pulmonalis wegen ihrer geringen Länge und ihrer dünneren Wandbeschaffenheit doch sicher höher anzunehmen ist als diejenige der Aorta. Aus dieser Sachlage ergeben sich ganz neue Aspekte hinsichtlich der klassischen Lehre von den Abhörstellen der Herztöne, auf die noch einzugehen ist.

Beim zweiten Herzton ist neuerdings die überraschende, aber sehr beachtenswerte Frage durch A. WEBER aufgeworfen worden, ob man *normalerweise* überhaupt den II. Pulmonalton hört. Sowohl die subjektive Lautstärke (abhängig von Frequenz und Amplitude der erzeugten Schwingungen) wie die objektiv nachweisbare Größe der Schwingungsamplitude muß von der Stärke der auslösenden Druckkräfte abhängen. Und diese sind natürlich im linken Ventrikel viel größer, da der Druck in der Pulmonalis nur etwa $1/3$ des Aortendruckes beträgt. SAHLI hat deshalb die nicht unwidersprochen gebliebene Auffassung vertreten, daß die Höhe des absoluten Druckes nicht für die Lautstärke maßgebend sei, eben da man über der Auskultationsstelle der Pulmonalarterie den II. Ton etwa gerade so laut wahrnimmt wie den II. Aortenton. Zweifel daran, ob man normalerweise die am Pulmonalostium entstehenden Schwingungen überhaupt hört, ergaben sich besonders durch die Schallaufschrift bei Aortenstenosen, bei denen man bekanntlich die Töne, zumal den II. Ton, nur sehr leise oder überhaupt nicht hört. Das legte A. WEBER den Gedanken nahe, ob man normalerweise nur den II. Aortenton hört, der II. Pulmonalton aber für gewöhnlich unhörbar bleibt. Erst wenn er durch Mehrbelastung des kleinen Kreislaufs verstärkt wird, wird er hörbar, und es kommt zur akustisch wahrnehmbaren Spaltung, wenn der Klappenschluß rechts und links nicht genau gleichzeitig erfolgt. Solche Spaltungen des II. Tones findet man nach E. BECHER während der In- bzw. Exspiration. Inspiratorisch käme es wegen der vermehrten Ansaugung von Blut ins rechte Herz zu einer Verlängerung der Austreibungszeit des rechten Ventrikels und im linken Ventrikel zu einer Verkürzung wegen der inspiratorischen Ausdehnung der Lunge und der dadurch bedingten Verminderung des Schlagvolumens des linken Herzens. Exspiratorisch findet entsprechend das Umgekehrte statt. Da man aber eine von der Respiration abhängige Spaltung des II. Tones beim Menschen normalerweise nicht nachweisen kann, sondern nur bei Drucksteigerungen im kleinen Kreislauf, erweckt das den Verdacht, daß man eine immer anzunehmende Spaltung des II. Tones nur dann nachweisen kann, wenn der Pulmonalisanteil durch Erhöhung des Druckes im kleinen Kreislauf wahrnehmbar wird (A. WEBER).

Auch HOLLDACK (1949) kommt in Anschluß an A. WEBER zu folgender Auffassung: Man hört über der Auskultationsstelle der Aorta meist nur den Schluß der Aortenklappen, über der Auskultationsstelle der Pulmonalis, also links vom Sternum, wird nie nur der Schluß der Pulmonalklappen, sondern entweder nur der Schluß der Aortenklappe oder der Schluß der Aortenklappe zusammen mit dem Schluß der Pulmonalklappe gehört. Ein betonter zweiter Pulmonalton würde also nicht ohne weiteres berechtigen, auf Druckerhöhung im kleinen Kreislauf zu schließen. (Bei Jugendlichen und Kindern wurde ein betonter Pulmonalton bisher als physiologisch gelehrt, es könnte sich also danach um bessere Hörbarkeit des zweiten Aortentones links vom Sternum handeln.)

Wir haben uns im Anschluß daran daher noch kurz mit der Frage der *Spaltung bzw. Verdoppelung des II. Tones* zu befassen. Obwohl EDENS zwischen Spaltung und Verdoppelung des II. Tones keinen scharfen Unterschied gelten lassen wollte, hat sich wohl doch die WEBERsche Auffassung durchgesetzt, der zwischen Spaltung und Verdoppelung unterschied. Wie HERCKEL und ZUR, WEBER und LEPESCHIN angeben, besteht bei Verdoppelung immer ein größeres Zeitintervall zwischen II a und II b, nämlich durchschnittlich 0,07, schwankend zwischen 0,035—0,11 sec und mehr, jedenfalls über 0,035 sec. Da die Verdoppelung ein pathognomonisches Zeichen der Mitralstenose ist und praktisch alle Autoren seit GUTTMANN (1869) sie auf einen Vorgang an der Mitralklappe beziehen, soll dieses II b in einem späteren Zusammenhang behandelt werden; mit den Semilunarklappen hat dieses II b ja eigentlich nichts zu tun! Aber über die *Spaltung von II* ist hier noch einiges zu sagen. MAASS und WEBER zeigten, daß die Spaltung des II. Herztons bei Anwendung bestimmter Filter sichtbarer wird. Die Zeitdifferenz beträgt hierbei höchstens 0,07; das Intervall ist kurz, etwa 0,01—0,02, höchstens 0,03 sec; die Spaltung tritt besonders inspiratorisch deutlich auf. Meist bezieht man die Spaltung auf einen ungleichzeitigen Schluß von Aorten- und Pulmonalklappen. Bei der Inspiration nimmt das Schlagvolumen des rechten Ventrikels etwas zu, es ist also danach der zweite Anteil den Pulmonalklappen zuzuschreiben. HOLLDACK zeigte, daß auch bei plötzlichem Erheben der Beine der liegenden Versuchsperson die Spaltung auftritt. Bei Erhöhung der diastolischen Füllung des rechten Ventrikels weichen also offenbar die beiden Anteile von II auseinander. Nach den zeitlichen Beziehungen zur Incisur muß der erste Anteil auf den Aortenschluß bezogen werden. Auch WOLFERTH und MARGOLIES nahmen 1935 an, daß sich die Aortenklappen vor den Pulmonalklappen schließen, 1936 bestimmten BRAUN-MENÉNDEZ und SOLARI die Aortenpräzession beim Hund mit 0,02—0,03 sec und auch GONZALEZ-SABATHIE bestätigte 1930 den Befund bei allen untersuchten gesunden Menschen (genau genommen müßte es statt Aortenpräzession heißen: die Präzession des Systolenendes des linken Ventrikels!)[1].

Besonderheiten liegen natürlich bei *Schenkelblöcken* vor. Beim Rechtsschenkelblock findet man ein großes Intervall zwischen IIa und b, wobei die Incisur dicht hinter IIa liegt. Beim Linksschenkelblock ist das Intervall kürzer, und die Incisur liegt um die Leitungszeit der Pulswelle später hinter IIb, hier rührt also offenbar IIa vom Pulmonalisklappenschluß her und zeigt dann auch eine kleinere Amplitude als IIb (HOLLDACK).

Wir können jetzt anknüpfen an die oben gemachten Ausführungen über die physiologische Unhörbarkeit des II. Pulmonaltones allein. IIb zeigt gewöhnlich kleinere Amplitude und niedrigere Frequenz. Der Pulmonalanteil wird, wie WEBER und MAASS gezeigt haben, mit höheren Filtern zunehmend kleiner. Da sich die Spaltung des II. Tones meist bei Jugendlichen und bei Drucksteigerung im kleinen Kreislauf findet, wird man mit A. WEBER zu der Annahme gedrängt, daß Spaltung des II. Tones als ein Zeichen besonders guter Hörbarkeit des II. Pulmonaltones anzusehen ist. Bei Jugendlichen ist die Erscheinung wohl physiologisch, lediglich als Zeichen guter Schallfortleitungsbedingungen, während bei älteren Menschen eine Drucksteigerung im kleinen Kreislauf anzunehmen ist.

5. Dritter Herzton

(Vibration protodiastolique, troisiéme bruit du coeur, sound of rapid filling)

Die Kenntnis einer dritten, *physiologischen* Schallerscheinung über dem Herzen datiert erst aus dem Anfang des Jahrhunderts. In der Herzpathologie ist zwar das Vorkommen dreier Herztöne schon länger unter dem Namen Galopprhythmus bekannt. Man unterscheidet dabei meist den präsystolischen Galopprhythmus, bei dem der dritte Ton kurz vor dem ersten auftritt und den man vor allem in Fällen von Mitralstenose und Vorhofhypertrophie findet. Die andere Form des Galopprhythmus ist die, daß — protodiastolisch — III. bald auf II. folgt, bekanntlich meist ein Zeichen von Herzschwäche bei Myokarditis und Schrumpfniere. CHAUVEAU hat wohl zuerst (1902) die Vermutung ausgesprochen, daß dieser protodiastolische Galopprhythmus durch eine Verstärkung einer auch am gesunden Menschen vorkommenden Dreigliederung des Herzschalles erklärt werden könne. EINTHOVEN gelang es dann zuerst (1907), dieses Schallphänomen objektiv zu registrieren. Gleichzeitig und unabhängig von ihm wurde es von HIRSCHFELDER und GIBSON auskultatorisch wahrgenommen. Nachdem durch die genannten Autoren die Aufmerksamkeit auf dieses Schallphänomen gelenkt war, wurde es in der Folgezeit oft diskutiert und beschrieben (THAYER, v. WYSS, R. OHM, A. WEBER, BENJAMINS, BRIDGEMAN, GERHARDT, O. HESS, WIKNER, MOZER und DUCHOSAL, OBRASZOW und GUBERGRITZ, STEINBERG, MELIK-GÜLNASARIAN). Ohne die Angaben der einzelnen Autoren namentlich und ausführlich zu behandeln, sei nur der gegenwärtige Stand des in der Literatur Vorliegenden dargestellt, da eine genauere Zusammenfassung der einzelnen Veröffentlichungen von LEONHARDT vorliegt.

Über die Häufigkeit des III. Tones gehen die Angaben weit auseinander. Einzelne Autoren vermissen ihn stets oder registrieren ihn nur gelegentlich, andere geben Prozentzahlen von 85—95% an! Auffallend ist vor allem, daß es meist jugendliche Individuen waren, bei denen der dritte Ton festgestellt wurde.

---

[1] Das betrifft *nicht* die Präzession des rechten Ventrikels bei *Beginn* der Systole!

Die Mehrzahl der Autoren konnte ihn nur gelegentlich direkt auskultieren; sie beschreiben ihn dann als schwache, dumpfe, geräuschartige Schallerscheinung. Namentlich die russischen Autoren geben allerdings an, ihn fast regelmäßig auskultiert zu haben. Von BRIDGEMAN wird ihm sogar fast die gleiche Intensität wie dem zweiten Ton zugeschrieben! Die heute gültige Meinung ist wohl die, daß man den III. Ton normalerweise beim Erwachsenen nicht hört, eher schon beim Kind, bei dem die Schallfortleitungsbedingungen besser sind. Wenn beim Erwachsenen der III. Herzton hörbar wird, liegen immer pathologische Verhältnisse vor (A. WEBER). Der zeitliche Abstand vom Beginn des zweiten Tones, den EINTHOVEN mit 0,13 sec angab, wurde oft bestätigt, die Angaben schwanken zwischen 0,1—0,2 sec (meist 0,135 — 0,18 sec). Seine Dauer gab EINTHOVEN mit 0,02—0,03 sec an. Seine Form sei die einer einzelnen Schwingung geringer Amplitude.

Fragen wir nach dieser kurzen Übersicht zunächst nach dem objektiv Feststellbaren bei Aufzeichnung mit leistungsfähiger Methodik. W. LEONHARDT und E. SCHÜTZ haben es unternommen, mit der gleichen Methodik, die der Untersuchung des I. und II. Tones diente, auch das Phänomen des III. Tones systematisch zu untersuchen. Es hatte sich bei gelegentlichen Herztonaufnahmen an Kindern ergeben, daß hier in der Tat der dritte Ton besonders häufig und gut darstellbar ist. Darum wurde er von LEONHARDT anhand des kindlichen Kardiophonogramms genauer verfolgt. Auf dieses beziehen sich also die folgenden Angaben.

Der III. Ton findet sich hier — bei amplitudengetreuer Darstellung — in 83% der Fälle. Er ist jedoch nur an ganz bestimmten, eng begrenzten Bezirken der Brustwand deutlich ableitbar, und zwar am günstigsten zwischen 4. und 5. Rippe auf der linken Parasternallinie (bzw. im Bereich der absoluten Herzdämpfung außerhalb des Brustbeins). Bei nur geringer Verlagerung des Mikrophons kommt es zu deutlicher Amplitudenabnahme, oft sogar zu völligem Verschwinden des Tones in der Klangaufschrift. Das erklärt, warum manche Autoren ihn fast regelmäßig gefunden haben, während andere ihn stets vermißten oder selten registrieren konnten. Ein weiterer Grund liegt in Besonderheiten der Ableitungsbedingungen (Frequenzkurve, Nebenöffnung!). Schließlich findet man ihn unter diesen Bedingungen besonders häufig bei Bradykardie.

Abb. 164 und 166 (s. S. 322, 325) zeigen das Aussehen eines normalen kindlichen Herzschallbildes. Der III. Ton tritt deutlich hervor und ist durchschnittlich mit $1^1/_2$—2 Schwingungen mittlerer Amplitude und einer Frequenz von 25—40 Hz bei einer Dauer von 0,057 sec und einer durchschnittlichen Entfernung von 0,13 sec nach Beginn des II. Tones gekennzeichnet. Er weist also eine sehr tiefe Frequenz auf, die nahe oder unter der Wahrnehmbarkeit durch das Ohr liegt. Die Amplitude ist außerdem meist geringer als die des Hauptsegmentes des I. oder II. Tones. Wenn man bei Erwachsenen den III. Ton hört, liegen, wie schon erwähnt wurde, stets pathologische Verhältnisse vor (A. WEBER). Bemerkenswert ist vor allem die außerordentliche Konstanz der Entfernung des III. Tones vom Beginn des II., die auch bei stark veränderter Herzfrequenz weitgehend beibehalten wird. Bekanntlich gehen Frequenzänderungen des Herzens zum überwiegenden Teil auf Kosten der Diastole. Frequenzschwankungen von 57—133 pro Minute änderten die Diastolendauer von 71—23/100 sec, während die Systole nur zwischen 34—22/100 sec schwankte. Der *Abstand des III. Tones vom II.* variiert sogar nur um *12—15/100 sec*, meist 0,13—0,14 sec. Abb. 171 zeigt die konstante Lage des III. Tones bei langsamer und rascher Schlagfolge des Herzens. Der III. Herzton ist infolge der Herzfrequenz von 115 pro min in die Mesodiastole verlagert und erscheint z. Z. der P-Zacke des Elektrokardiogramms. Seine Lage wechselt zur

Finalschwankung sowohl wie zur P- und R-Zacke in Abhängigkeit von der Schlagfolge. Wenn der dritte Schwingungszug zu einem Zeitpunkt wie in Abb. 171b auftritt, kann die Entscheidung darüber erschwert sein, ob er Ausdruck der Vorhofaktion ist oder ob es sich um den in die Mesodiastole verlagerten physiologischen III. Ton handelt. Eine Entscheidung darüber ist möglich, wenn die Herztöne derselben Versuchsperson auch bei langsamer Schlagfolge aufgezeichnet

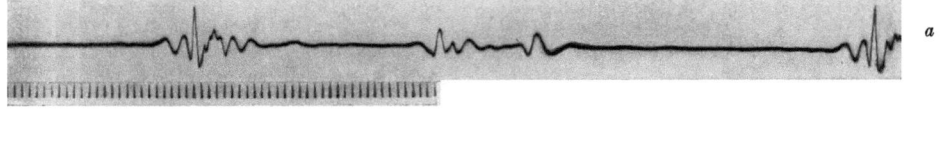

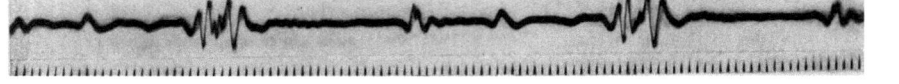

Abb. 171. Kardiophonogramm vom Kind mit 3. Herzton. *a* bei langsamer Schlagfolge; *b* bei rascherer Schlagfolge. Verlagerung des 3. Tones in die Mesodiastole. Zeit in $^1/_{100}$ sec. (Nach W. LEONHARDT und E. SCHÜTZ)

werden können. Daß gelegentlich auch beide Schallphänomene getrennt zur Darstellung gebracht werden können, zeigt Abb. 172.

Das Phänomen des III. Herztons ist demnach durchaus als eine normale physiologische Schallerscheinung des Herzens — jedenfalls im kindlichen Kardiophonogramm — zu werten. Bei herzgesunden Erwachsenen gelingt seine Darstellung nach unseren Erfahrungen selten und dann meist nur angedeutet.

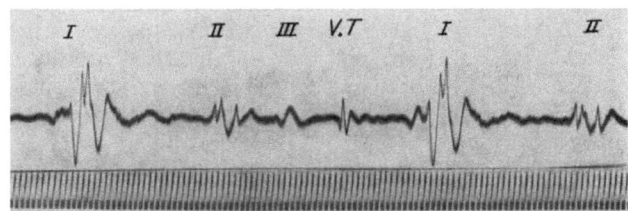

Abb. 172. Gleichzeitige Darstellung vom 3. Ton und Vorhofton. Zeit in $^1/_{100}$ sec.
(Nach W. LEONHARDT und E. SCHÜTZ)

Seine Entstehungsursache ist recht umstritten gewesen. Eine ins einzelne gehende Darstellung der Literatur würde den Rahmen dieser Übersicht überschreiten. Wie bei der Behandlung der Frage des ersten Herztons seien hier aber wenigstens die verschiedenen Ansichten gruppenweise zusammengestellt.

EINTHOVEN erklärte den III. Herzton durch eine beträchtliche Spannungsvermehrung der Aortenklappen nach deren Schluß infolge der arteriellen Druckschwankungen, die — über der Kammer bzw. an der Herzspitze auskultierbar — aufs neue eine kurze Schwingung mit tonähnlichem Charakter veranlassen. Das schallfreie Intervall im II. Ton soll dadurch zustande kommen, daß hier die Nachschwingungen der Aortenklappen getrennt als besondere Schallerscheinungen auftreten, während an der Aortenauskultationsstelle die Schwingungen sowohl der Aortenwand wie der Aortenklappen zusammen wahrgenommen werden, und die der Aortenwand nicht so gut zur Herzspitze fortgeleitet werden sollen. MOZER und DUCHOSAL deuteten den III. Ton sowohl bei Mitralstenose wie bei der Verdopplung des II. Tones, wie auch den III. Herzton selbst in Übereinstimmung mit der GALLAVARDINschen Schule, die schon 1912 alle diese Schallphänomene durch eine Rückstoßwelle erklärten, die sich von der Aorta auf die Mitralklappen fortpflanze und diese dadurch zu einer Schwingung veranlasse. Diese, den anderen Gruppen gegenüber geringe Zahl von Autoren sehen also als auslösende

Ursache einen Vorgang an den Semilunarklappen an, der durch die arteriellen Druckschwankungen bedingt ist[1].

Demgegenüber tritt eine wesentlich größere Anzahl von Autoren dafür ein, daß der III. Ton beim *Einströmen des Blutes* an den venösen Klappen gebildet werde. HIRSCHFELDER und GIBSON erörterten schon die Möglichkeit, daß der III. Ton durch eine Aufwärtsbewegung und Schwingung der Vorhofkammerklappen im Anfang der Diastole infolge des Bluteinstroms bedingt sei. Ebenso vermutete bereits THAYER, daß es sich um eine Schallerscheinung der Atrioventrikularklappen handele, die durch das plötzlich einströmende Blut in einen Spannungszustand mit vorübergehender Schlußstellung geschleudert würden. Auch BENJAMINS und BRIDGEMAN erklären ihn durch vorzeitige, kurzdauernde Schlußstellung der Atrioventrikularklappen. Auch nach v. WYSS und GERHARDT ist der Schwingungsvorgang an den venösen Klappen im Augenblick der Öffnung für die Entstehung des III. Tones das Wahrscheinlichere ("Claquement de l'ouverture mitrale" nach POTAIN). Die Beobachtungen bei Mitralstenose wurden von WEITZ herangezogen, der den dabei entstehenden III. Ton durch Schwingungen der durch die Stenose starren, in ihrer Beweglichkeit eingeschränkten Atrioventrikularklappen bei ihrer Öffnung erklärte.

Ebenso wie bei der Diskussion der Frage nach der Entstehung des I. Herztons begegnet man auch hier wieder der Frage nach dem Anteil von Klappen und Muskelwand. GERHARDT erörterte in seinen Abhandlungen über die Mechanik der Herzklappenfehler die beiden Möglichkeiten, wonach die Tonentstehung entweder durch die Klappenschwingung oder durch die plötzliche Dehnung der schlaffen *Ventrikelwände* bedingt sein könne. OHM führt das Entstehen des III. Tones auf einen „diastolischen Ruck" der Kammerwand zurück. Das nach der Tricuspidalklappenöffnung zunächst „fallartig" ohne Hindernis in die Kammer einströmende Blut drängt jetzt plötzlich mit Ende der Erschlaffung gegen die Kammerwand und veranlaßt ihre passive Dehnung (also Ende der eigentlichen Diastole gegen die Herzpause abgrenzend). A. WEBER nähert sich der OHMschen Deutung mit der Einschränkung, daß diese ruckartige Wandbewegung nicht durch das Einströmen des Blutes, sondern durch den plötzlichen Übergang der beschleunigten Dilatationsbewegung der Kammerwände in die langsame der passiven Dehnung (während der Herzruhe) zustande kommt. OBRASZOW und GUBERGRITZ und neuerdings MELIK-GÜLNASARIAN erklärten den III. Ton in ähnlicher Weise durch das mehr oder minder plötzliche Schwachwerden der Muskelwände der Herzkammern im Anfange der Diastole. Neuerdings wurde auch auf den Aufprall des diastolischen Einstroms auf das Restblut in der linken Kammer hingewiesen, der ein elastisches Ausweichen der Kammerwandung zur Folge hat (SCHÖLMERICH u. KIRBERGER).

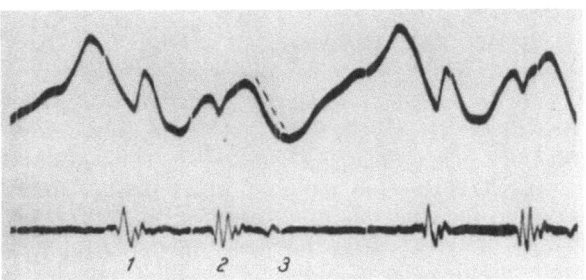

Abb. 173. Venenpuls und Herztöne. Abströmen des venösen Blutes gleichzeitig mit dem Auftreten des 3. Tones. (Nach R. OHM)

Im einzelnen also eine Fülle von untereinander abweichenden Auffassungen, die den Entstehungsort dieses eigenartigen Schallphänomens entweder auf die Aortenklappen infolge arterieller Druckschwankungen beziehen oder auf Schwingungsvorgänge an den Atrioventrikularklappen bei deren Öffnung oder endlich auf Spannungsänderungen der Ventrikelwände in der Protodiastole.

Im Gegensatz zu der Menge von Vermutungen sind die *experimentellen Grundlagen* spärlich vorhanden. OHM stützte seine Ansichten durch die Angabe, daß die Kammerfüllung bzw. der entsprechende Abfall des Jugularvenenpulses in der Höhe des diastolischen Ruckes plötzlich aufhört, wobei die Verspätung zwischen dem Beginn des Rucks und dem Ende des

---

[1] Auch O. HESS bezieht den III. Ton, den er allerdings nur einmal darstellen konnte und als sicher sehr seltene Erscheinung bezeichnete, auf Schwingungen der Aortenklappen infolge einer zentripetalen Welle. Er fand ihn erst 0,26 sec nach II. und folgerte daraus, daß er keinesfalls auf eine Schwingung der venösen Klappen oder gar auf deren Öffnung zurückgeführt werden könne. Das trifft für die in dem betreffenden Falle (Kurve 3b) von O. HESS registrierte Schwingung auch zu, jedoch fällt der Zeitwert von 0,26 sec ganz aus den anderen vorliegenden Angaben heraus, so daß diese Schwingung wohl nicht dem III. Ton zuzurechnen ist. (S. 348).

Einstromes (etwa 0,04 sec) zu berücksichtigen sei. GIBSON fand außer den drei bekannten Erhebungen des Venenpulses noch eine vierte, von ihm ,,b-Welle" benannte; ebenso fand HIRSCHFELDER eine analoge, von ihm als ,,h-Welle" bezeichnete Erhebung, die auch THAYER beschreibt. Doch sind beide sehr vorsichtig in der Deutung, ob diese Wellen durch die plötzliche Aufwärtsbewegung und Spannung der Atrioventrikularklappen infolge des Bluteinstromes in die Kammer entstehen und daher mit dem III. Ton ursächlich zusammenhängen. Auch BENJAMINS fand den Synchronismus zwischen III. Ton und dieser 4. Welle des Venenpulses und bezog ihn auf die kurzdauernde Schlußstellung der venösen Klappen. Auch im Oesophagogramm (in Ventrikelhöhe) fand er eine entsprechende Erhebung. Kardiographisch bzw. kardioplethysmographisch ergab sich, daß diese Wellen anzeigen, daß der Moment der Ventrikelfüllung eingetreten ist (HIRSCHFELDER, THAYER). Alle diese Kurven — von denen OHMS abgesehen — sind jedoch mit wenig leistungsfähiger Methodik geschrieben. Die Autoren betonen z. T. auch selbst die Inkonstanz der Erhebungen des Venenpulses.

LEONHARDT untersuchte die Beziehungen zwischen Kardiogramm und III. Ton und fand ein zeitlich genaues Zusammenfallen der Einströmungswelle des Kardiogramms mit dem III. Ton. Eine kleine Zacke im aufsteigenden Teil dieser Welle kann entsprechend der Wiedergabe der Schwingungen des I. und II. Tones als Einbruch einer Schwingung des III. Herztones aufgefaßt werden. Jedenfalls erscheint er z. Z. der Einströmungswelle im Kardiogramm. Durch die oben beschriebene Methode, die Herzwand selbst als Kondensatorplatte in einem Hochfrequenzschwingungskreis zu verwenden (SCHÜTZ), war in entsprechender Weise auch der Nachweis möglich, daß die Ventrikelwand im Anfangsteil der Diastole z. Z. des III. Herztones deutlich registrierbare Schwingungen ausführt. Bemerkenswert ist, daß diese Wanderschütterung z. Z. des III. Tones besonders bei zunehmender Verlangsamung der Herzfrequenz (experimentell durch Vagusreizung oder Asphyxie erzeugt) registrierbar auftritt. Dieselbe Beobachtung machte auskultatorisch nach uns auch MELIK-GÜLNASARIAN ebenfalls an Hunden, daß mit Verlangsamung des Herzschlages der III. Ton deutlicher hervortritt.

Es ist damit experimentell gezeigt, daß *der III. Herzton z. Z. des Blutein-stroms in den Ventrikel auftritt und Schwingungen der Ventrikelwand* — wie beim I. Ton — *an seiner Entstehung beteiligt sind*. In Übereinstimmung damit steht die Angabe (R. OHM), daß er *während des diastolischen Abfalles des Venenpulses, jedenfalls also nach Öffnung der Atrioventrikularklappen* auftritt.

Der III. Herzton entsteht also offenbar durch normale Vorgänge, die sich während der Diastole am Herzen abspielen. Nach dem II. Ton bleiben für eine gewisse Zeit sämtliche Klappen an den Kammern geschlossen. Während dieser Zeit schreitet die diastolische Erschlaffung der Kammermuskulatur rasch fort (Entspannungszeit), während gleichzeitig die Vorhöfe sich mehr und mehr füllen und der Druck in ihnen ansteigt. In dem Moment, in dem der Vorhofdruck den Kammerdruck übersteigt, öffnen sich die Zipfelklappen und der Vorhofinhalt ergießt sich plötzlich in breitem Strom in die Kammern. Hierdurch entstehen einige Schwingungen der Kammerwand, wahrscheinlich dann, wenn die Kammer durch ihren elastischen Dehnungswiderstand der weiteren Füllung eine Kraft entgegensetzt. In Übereinstimmung mit dieser Erklärung stehen die Befunde am Venenpuls (Lage auf dem absteigenden Schenkel der d-Welle des Venenpulses) und im Kardiogramm. Wenn der Venendruck und damit der Vorhofdruck ansteigt, findet man den III. Herzton häufig verstärkt. Eine besondere ernste Bedeutung erhält er im Summationsgalopp, wenn er mit dem Vorhofton zusammenfällt. Außer unseren Beobachtungen der Bewegungen der Herzwand z. Z. des III. Tones haben solche neuerdings (1950) BRADY und TAUBMANN auch elektrokymographisch am Menschen gesehen. Auch das Auftreten des III. Tones nach Perikardektomie weist auf die Bedeutung der Ventrikelwandung hin. Jedenfalls besteht Übereinstimmung, daß der III. Ton etwas mit dem plötzlichen protodiastolischen Einstrom des Blutes aus dem Vorhof in die Kammern zu tun hat ("rapid filling sound"). Der prozentuelle Anteil von Klappen, Wand und Blut wird von den einzelnen Autoren verschieden gewertet. Nachweisbar ist er jedenfalls an der Kammerwand. Wie bei der Besprechung des I. Tones dürfte auch hier der Hinweis angebracht sein, daß dieser *Ruck* des III. Tones Muskelwand, Klappen und Blut ergreift und darum wohl alle Auffassungen mehr oder minder Recht haben. Natürlich kann man — vorerst nur vermutend — wie beim II. Ton dabei zu trennen versuchen zwischen primär-auslösenden und passiv übertragenen Vorgängen. — Eine sich hieran anschließende, besondere Frage ist die der Identität des III. Tones und des Mitralöffnungstones (Claquement de l'ouverture mitrale, opening snap of the mitral valve, diastolischer Segelton). SCHÖLMERICH und KIRBERGER haben nicht selten den III. Ton neben einem Mitralöffnungston registriert. Ich möchte daher empfehlen, den III. Ton sorgfältig von dem Phänomen des Mitralöffnungstons zu trennen. Wenn man, wie HOLLDACK u. a., den Mitralöffnungston als Anspannungston des Mitralsegels auffaßt — SCHOLER möchte ihn deshalb lieber ,,diastolischen Segelton" nennen — auch die Bezeichnung als Opening snap of the mitral valve weist auf die av-Klappen hin — kann man der Meinung zuneigen, daß der III. Ton sich in einen Mitralöffnungston umwandeln kann; er wäre nach HOLLDACK ein durch die Besonderheit der Klappen bei der Mitralstenose abgewandelter III. Herzton. Beide sollen danach an den Segelflächen, Sehnenfäden und Papillarmuskeln entstehen, die durch das einströmende Blut in Schwingung versetzt werden. Bei veränderten Klappen träte eben Frequenzerhöhung ein. Allerdings ist zu beachten, daß der Mitralöffnungston meist früher auftritt (nach HOLLDACK: 0,06—0,12 nach II-Beginn) als der III. Ton (meist 0,13—0,14 sec, wohl nie unter 0,11 sec, auch DUCHOSAL gibt 0,11—0,18 sec an, LEONHARDT und ich fanden 0,115—15 sec bei Herzfrequenzen zwischen 57 und 133). A. WEBER trennt demgemäß II b von III. Bei verdoppeltem Ton folgt II b meist mit einem Intervall von unter 0,1 sec dem Beginn von II a, außerdem walten bei II b hohe Frequenzen vor, bei III durchaus die tiefen. Jedenfalls sollte man daher den III. Ton auch in der Nomenklatur zunächst scharf trennen vom verdoppelten II. Ton (II b).

6. Vorhoftöne (Vierter Herzton), Vortöne

Die Kenntnis einer die Vorhofkontraktion begleitenden Tonerscheinung geht zurück auf Untersuchungen von KREHL (1889), der am bloßgelegten Herzen von Kaninchen und Hunden einen schwachen Ton während der isolierten Kontraktionen der Herzvorhöfe (bei Stillstand der Kammern) beobachten konnte.

Auch HÜRTHLE (1895) konnte das bereits bestätigen und begründete damals darauf die Ansicht, daß sich deshalb der I. Herzton aus zwei verschiedenen Tönen, dem Vorton und dem Kammerton, zusammensetze, die so schnell aufeinanderfolgen, daß das Ohr sie nicht zu trennen vermag. In der Literatur wurden oft — besonders als noch Zeitschreibung oder gleichzeitige EKG-Registrierung fehlten — die einleitenden Schwingungen des I. Herztones als ,,Vorhoftöne" angesprochen. Auch in neuerer Zeit wird die Ansicht vertreten, daß der tiefe, leise Anteil des I. Herztones zu Beginn des QRS-Komplexes ursächlich mit der Vorhofkontraktion in Zusammenhang steht [COSSIO und LASCALES (1936)]. Erst der zweite Bestandteil des ersten Herztons mit seiner großen Amplitude entstände danach bei der isometrischen Phase der Kammermuskulatur. Nach den erwähnten Autoren soll der erste Bestandteil fehlen, wenn keine geordnete Vorhofkontraktion mehr vorliegt, und er soll hörbar werden, wenn man klinisch von einem gedoppelten I. Herzton spricht. Auch in einer anderen Mitteilung von COSSIO und FONGI (1936) wird die Meinung vertreten, daß Vorhofton und I. Kammerton sowohl auskultatorisch wie graphisch normalerweise verschmelzen, so daß die Anfangsschwingungen von I dem Vorhofton entsprechen. Sie werden, da sie auf der Höhe der Vorhofkontraktion auftreten, mit Schwingungen der Vorhofwände und des Blutinhaltes durch die Anspannung erklärt. Der zweite Anteil gegen Ende der Vorhofkontraktion wird bezogen auf Schwingungen am Vorhof-Ventrikelwall oder der Klappen. Auf die Zugehörigkeit des Vorsegmentes zur Vorhoftätigkeit wies übrigens schon OHM (1917) hin, auch BENATT (1928) ist dieser Meinung. Auch SCHMIDT-VOIGT zeigte (1957) bei Aufschrift mit dem tiefen Filter t_{35} bei av-Block u. a. ein vor der Q-Zacke beginnendes, an P gebundenes Vorsegment, das auf die Vorhoftätigkeit zu beziehen ist („präsystolischer Vorton"). Andererseits halten zahlreiche Autoren (A. WEBER; HOLLDACK; SCHÖLMERICH; CHARTON, MINOT und BRESSOU; SCHÜTZ) daran fest, daß die einleitenden Schwingungen von I (das Vorsegment, initial vibrations) dem I. Herzton zugehören (S. 324ff.). Auch diese Frage ist im wesentlichen eine Angelegenheit des Frequenzganges der Apparatur. Die Ausführungen auf S. 325f. beziehen sich auf den besonders günstigen Frequenzgang der TRENDELENBURGschen Apparatur (s. S. 318), die ein dem I. Ton zugehörendes Vorsegment (aus ruhiger Nullinie!) bei beginnendem Druckanstieg im Ventrikel ergibt (Abb. 165, 166, 167). Besonders bei tiefer Abstimmung werden zwischen P und Q niederfrequente Schwingungen deutlich (t_{35}, Abb. 168!), die auf die Vorhoftätigkeit bzw. das Einströmen des Blutes zu beziehen sind (s. dazu auch S. 348!). Bei noch tieferer Abstimmung ergibt sich dann fast gar keine ruhige Nullinie mehr mit überwiegend tiefen Frequenzen (s. Abb. 154 und S. 326).

Ohne auf die Fülle der Autoren einzugehen, die sich weiter mit dem Phänomen eines Vorhoftones beschäftigen, sei nur kurz dargestellt, wie mannigfache Vorstellungen über seine Entstehungsursache entwickelt wurden. Zunächst hat man an die Muskelkontraktion an sich im Sinne des Muskeltons gedacht, weiter an eine Deutung durch Anspannung der Vorhofswand, dann an den Durchgang des Blutes durch die Klappenöffnungen bzw. das Zufallen der Atrioventrikularklappen im Beginn der Diastole des Vorhofs und an die Ausdehnung der Kammermuskulatur, die beim Auswurf des Blutes aus dem Vorhof in die Kammer stattfindet, und schließlich auch an eine Reibung mit vorhofnahen Gebilden.

Von Bedeutung ist die Tatsache, daß manche Autoren bei vollständigem menschlichen Herzblock einen *doppelten Vorhofton* beobachteten und deshalb eine zweifache Entstehung annehmen; so unterschieden REID (1921), FOGELSON (1933) einen Muskelton des Vorhofs bei dessen Zusammenziehung und einen Ton beim Schluß der Vorhofkammerklappen beim Aufhören der Vorhofzusammenziehung (auch SELENIN, LEWIS u. a.), wobei die zweite Hälfte des Phonogramms des Herzvorhoftons in den meisten Fällen akustisch wahrnehmbar wird. Auch MELIK-GÜLNASARIAN (1932) hörte bei Überfüllung der Herzhöhlen, z. B. bei Block, einen Vorhofdoppelton bei unmittelbarer Auskultation des freigelegten Tierherzens, wenn es sich um eine verstärkte Vorhofaktion handelte. Den ersten Teil bezog er auf die verstärkte Anspannung der Vorhofswand, der zweite Teil liegt in der Diastole und wird bezogen auf eine diastolische Spannung der Vorhofwände, besonders der Herzohren. Auch HOUSSAY (1936) unterschied zwei Anteile des Vorhoftones, der zweite beruht auf Ventrikelschwingungen bei der Dehnung durch das einströmende Blut, die im I. Ton untergehen; der erste Anteil wird ebenfalls auf die Vorhofsystole bezogen. Den auf der Höhe von P auftretenden Anteil deutet auch A. WEBER analog dem I. Herzton als Anspannungston des Vorhofs, den zweiten Teil nach P-Ende als Austreibungston.

ROUTIER unterschied beim hörbaren Vorhofton die fühlbare präsystolische Verdoppelung und den präsystolischen Galopprhythmus und führte beide Erscheinungen auf Verstärkung des Vorhoftones zurück und erkennt auch für beide die gleiche klinische Bedeutung an. Der Unterschied bestehe lediglich in der Länge des Intervalls zwischen Vorhofton und I. Kammerton. Ein etwas längeres Intervall bedinge den Charakter des dreiteiligen Galopprhythmus. Zu bemerken ist dabei, daß A. WEBER einen Teil der Fälle, die ROUTIER präsystolische Verdoppelung des I. Tones nennt, für das auf S. 348 erwähnte niederfrequente präsystolische Geräusch hält. Im übrigen stimmt er ROUTIER zu, daß das präsystolische Geräusch gerade so wie der distinkt hörbare Vorhofton auf verstärkte Vorhoftätigkeit zurückgeführt werden muß und deshalb auch dieselbe klinisch-prognostische Bedeutung hat, wenn auch zu beachten ist, daß das präsystolische Geräusch erst nach Ablauf von P einsetzt.

Eine noch weitergehende Unterteilung des Vorhoftones machten neuerdings ORIAS und BRAUN-MENENDEZ bei den im Herzschallbild zu findenden Schwingungen, die ihrer zeitlichen Lage nach auf den Vorhof zu beziehen sind. Sie unterschieden *drei Schwingungsgruppen*, von denen nur die erste im Vorhof, die beiden anderen in der Herzkammer entstehen sollen und auch präkordial abgeleitet werden können: 1. einen Anfangsteil, der beim Menschen nur vom Oesophagus aus oder im Tierexperiment beim direkten Aufsetzen auf den Vorhof zu registrieren ist und mit der Vorhofzusammenziehung selbst zusammenfällt (TAQUINI) (0,04—0,06 sec nach P-Beginn), 2. einen mittleren Teil, der gewöhnlich registrierte Vorhofton, der kurz nach dem Höhepunkt von P auftritt (0,06—0,15 sec nach P-Beginn, also auch nach P-Ende) und den Schwingungen entspricht, die man von der vorderen Brustwand über dem Herzen registriert und in Zusammenhang gebracht werden kann mit der Ausdehnung der Herzkammerwand durch das vom Vorhof hineingeworfene Blut. (Zwei öfters auftretende Maxima werden entsprechend auf ungleichzeitige Füllung der Kammern bezogen.) Dieser Vorhofton hat danach also im Prinzip dieselbe Entstehungsursache wie der III. Herzton. Hörbar wird dieser Vorhofton nur bei Steigerung des Vorhofdruckes und Herabsetzung der Kammerdehnbarkeit und ist damit oft das empfindlichste objektive Zeichen der Dekompensation. Entsprechend ist der verstärkte Vorhofton oft auch vom hörbaren III. Ton begleitet; 3. finden ORIAS und BRAUN-MENÉNDEZ einen Schlußteil, der nach der Vorhofentspannung (0,18—0,23 sec nach P-Beginn, im absteigenden Schenkel der T_a-Welle) auf der Höhe der Kammersystole auftritt, er soll zur Verstärkung des I. Tones beitragen, registrieren kann man ihn nur bei einem Vorhofkammerblock (!). Er wird in Beziehung gesetzt mit dem Schluß der av-Klappen (s. auch oben: COSSIO). Damit haben wir den Anschluß an den oben erwähnten historischen Ausgangspunkt der Vorstellungen von KREHL und HÜRTHLE in neuerer Fassung! Man vergleiche dazu auch die Ausführungen auf S. 266 über den Anteil der Vorhoftätigkeit bei der Einleitung des Klappenschlusses (DEAN); daß beim Vorhofdoppelton (s. oben) ähnliche Vermutungen ausgesprochen wurden, wurde schon erwähnt. Dieser Teil der vom Vorhof veranlaßten Schwingungen entspräche also in etwa dem II. Herzton, so wie die erste Schwingungsgruppe dem I. und die mittlere dem III. Herzton entspräche. Die Autoren bekennen aber selbst, daß über die Ursache aller dieser Schwingungen, die am Hund bei komplettem Block gefunden wurden, vorerst nur Vermutungen ausgesprochen werden können. Neuerdings gelang es MAASS und WEBER mittels differenzierender Filter bei verlängerter PQ-Zeit drei Vorhoftöne einzeln beim Menschen zur Darstellung zu bringen und auch noch den 3. Vorhofton kurz vor Beginn Q noch deutlich getrennt vom I. Herzton!

Jedenfalls ergibt sich, daß es sich beim Vorhofton fraglos um eine physiologische Schallerscheinung handelt. Ob und wie er in Erscheinung tritt, hängt von der Güte der Registriermethodik und von den besonderen Verhältnissen bei den untersuchten Personen ab. Bei der Registrierung am Menschen finden wir gewöhnlich die Schwingungen des Vorhoftons noch während der P-Zacke auftretend und meist vor dem I. Ton abklingend. Tiefe Frequenzen überwiegen dabei (bis 50 Hz, nach BRAUN-MENÉNDEZ etwa 30 Hz), es handelt sich meist um 2,5—3 Schwingungen, die Dauer beträgt meist 0,09 sec, kann aber über 0,1 sec betragen. Im EKG tritt er z. Z. der P-Zackenspitze oder etwas später auf (SCHÜTZ), nach ORIAS in der Mittelherzgegend 0,02—0,07, durchschnittlich 0,04—0,05 sec nach P-Spitze. Vorhoftöne sind in den vorhergehenden Schemata Abb. 150a und b ihrer zeitlichen Lage nach eingezeichnet. Daß sie getrennt vom III. Herzton auftreten können, zeigte bereits Abb. 172, in der beide gleichzeitig verzeichnet sind. Ob der Vorhofton tatsächlich, wie ORIAS und BRAUN-MENÉNDEZ schließen, in der Kammer entsteht, scheint noch nicht genügend gesichert zu sein. Möglicherweise ist er doch — wie der I. Kammerton — als Anspannungs-

bzw. Austreibungston der Vorhofmuskulatur zu erklären, eine Ansicht, die auch A. WEBER vertritt. Dafür sprechen besonders Untersuchungen von DIETRICH und DUNKER (1939), die mit einer Herztonsonde vom Oesophagus aus die Herzschwingungen verzeichneten, und zwar mittels elektrischer Filterung durch eingeschaltete Wellensiebe sowohl die höher- wie auch die niederfrequenten Schwingungsbilder. Je nach Lage der Sonde war dabei der I. Herzton in der Nähe der Herzkammer am lautesten, der II. in der Nähe des Aortenbogens und in der dazwischenliegenden Höhe eine niederfrequente Grundschwingung hoher Amplitude, der höherfrequente Schwingungen niederer Amplitude überlagert sind, so daß die Darstellung sowohl bei Hoch- wie Tiefpaßfilterung möglich war. Die Amplitude der Grundschwingung steht in direkter Beziehung zur Lautheit des Vorhoftones und tritt im absteigenden Schenkel bzw. gegen Ende von P auf, bei Herzblock ist sie getrennt von den Kammerschwingungen aufnehmbar und fehlt bei Vorhofflimmern. Danach ist also der Vorhofton als eine Oberschwingung der sich anspannenden Vorhofmuskelwand zu deuten, die bei ihrer Anspannung in eine Grundschwingung von etwa 10—20 Hz gerät. Diese Deutung steht jedenfalls auch mit den klinischen Erfahrungen über den verstärkten Vorhofton bei verstärkter Vorhoftätigkeit gut in Einklang.

Erwähnt sei in diesem Zusammenhang noch ein nahe dazu in Beziehung stehendes Geräuschbild, das erst nach Ablauf von P erscheint, ohne scharfe Grenze in I übergeht und ebenfalls vorwiegend aus tiefen Frequenzen besteht (und ohne Crescendocharakter ist wie das präsystolische Geräusch bei der Mitralstenose). Akustisch imponiert es als eine Verlängerung des I. Tones, also als ein systolisches Geräusch, graphisch ist es recht häufig registrierbar und erkennbar als *niederfrequentes präsystolisches Geräusch*, das, wie DUCHOSAL zuerst erkannte, in naher Beziehung zum distinkten Vorhofton steht, also eine besondere Form von hörbaren, durch verstärkte Vorhoftätigkeit bedingte Schwingungen darstellt.

Beim sog. *V. Herzton* (cinquième bruit, bruit de réaction ventriculaire élastique) handelt es sich um spätdiastolische, niedrigfrequente Schwingungen, die mit einer Distanz von 0,2—0,3 sec zu II und stets zusammen mit III auftreten. LUISADA und MAUTNER (1943) nehmen zur Erklärung einfach ein rapid filling in zwei Zeiten an, während LAUBRY und PEZZI elastische Kammerwandreaktionen vermuten. Die Erscheinung läßt sich in die WIGGERsche detaillierte Herzphaseneinteilung einordnen, ist jedoch im übrigen noch unklar und inkonstant.

7. Die fetalen Herztöne

Die Frage der fetalen Herzschallregistrierung hat naturgemäß bald Interesse gefunden. Zu erwähnen sind die ersten Versuche 1908 von HOFBAUER und WEISS mit Hilfe des WEISSschen Phonendoskops, auch SCHWARZ (1926) arbeitete noch mit Luftübertragung, BENATT (1928) mit der EINTHOVENschen Anordnung. 1924 wurde dann von SCHÄFFER und FLEISCHER in Deutschland und von BERUTI in Amerika die Elektronenröhre dafür eingesetzt, ebenso seit 1928 von RECH und CLAMANN. Diesen Autoren gelang die zeitliche Markierung und lautstarke Wiedergabe der fetalen Herztöne. Wenn man bedenkt, daß noch 1923 STEPHENS bestritt, daß die bei der Auskultation des Abdomens der Schwangeren zu hörenden Töne wirklich Herztöne sind, wird der Fortschritt durch Verwendung der Verstärkerröhre deutlich. Erfolgreiche Versuche zur Registrierung liegen von LIAN, GOLBLIN und MINOT (1938) vor. Mit Hilfe des gleichzeitig aufgenommenen Fetal-EKG war PÜTZ und ULLRICH (1942) eine sichere Identifizierung der kindlichen Herztonkurve möglich. Eine gute Registrierung gab PEREIRA zusammen mit dem mütterlichen EKG. Nach dem Herzschallbild ergibt sich bei LIAN eine Systolendauer von 0,14 sec, eine Diastolendauer von 0,16—0,19 sec, eine Dauer von I als Mittelwert mit 0,06 sec und die von II mit 0,05 sec, wobei (auch nach PÜTZ und ULLRICH) II meist etwas größere Amplitude aufweist als I. Nach Kindsbewegungen ergibt sich eine deutliche Steigerung der Intensität beider Töne, das Diastolen-Systolenverhältnis kann sich bis auf Werte unter 1,0 vermindern (PÜTZ und ULLRICH). Das läßt den Schluß zu, daß das Herz gegen einen vermehrten Widerstand anzuarbeiten hat.

XI. Das Kardiogramm und verwandte Methoden

Den Methoden der Elektrokardiographie sind, wie wir sahen, bestimmte, im Wesen dieser Methode liegende Grenzen gesetzt. Die Herztätigkeit ist aber vor allem ein hämodynamischer, also ein mechanischer Vorgang. Der Siegeslauf der Elektrokardiographie hat die Untersuchung dieser Vorgänge zeitweise in den Hintergrund treten lassen; darum ist es zu begrüßen, daß in neuerer Zeit mannigfache Wege versucht worden sind, nähere Einblicke in die mechanischen und damit auch zeitlichen Verhältnisse der Herzaktion zu erhalten, zumal diese, wie wir sahen, den elektrischen Tätigkeitsäußerungen durchaus nicht immer parallel gehen[1]. Allerdings liegt bei einigen dieser Versuche noch ein Mißverhältnis zwischen methodischem Aufwand und klinischer Brauchbarkeit vor und bei vielen ist die Entwicklung durchaus noch nicht abgeschlossen, daher sollte hier mit einer negativen kritischen Beurteilung zunächst Zurückhaltung geübt werden!

Bei der Besprechung einer Auswahl dieser Methoden beginnen wir mit den fühlbaren, durch die Herztätigkeit bedingten Veränderungen, dem sog. Herzspitzenstoß. Es wurde schon auf S. 295f. auseinandergesetzt, daß die Abgrenzung der Herzschallschreibung gegen die Registrierung des Spitzenstoßes eine reine Frequenzfrage ist. Die Schwingungen der Brustwand enthalten auch Infraschallschwingungen, so daß die Abgrenzung leicht ist, wenn man das, was man über der Brustwand tastet, als Spitzenstoß, das, was man darüber hört, als Herzschall bezeichnet. Eine Ausnahme macht natürlich die von A. WEBER empfohlene Palpation nach vorheriger Verstärkung, weil dann auch Frequenzen aus dem Herzschallgebiet tastbar werden. KEIDEL (1950) schlug deshalb vor, eine klare Abgrenzung der bei der Kardiographie zu berücksichtigenden Frequenzen dadurch zu treffen, daß man einen der Schwellenempfindlichkeitskurve des Vibrationssinnes reziproken Verstärkerfrequenzgang für die Palpationsverstärkung, also für die objektive Kardiographie verwendet. Die Begründung dieser „vibrationsrichtigen Verstärkung" würde dann auf demselben Gedankengang fußen, wie die F. TRENDELENBURGsche Frequenzkorrektion für den Hörschall, nämlich auf der Anpassung an die Frequenzabhängigkeit des Sinnesorgans, beim Herzschall des Ohres, bei der Kardiographie analog des Vibrationssinnes.

Der Herzspitzenstoß

Als *Herzspitzenstoß* wird die Erschütterung der Brustwand bezeichnet, die man mit der aufgelegten Hand bei jeder Kammersystole als stärkeren oder schwächeren Stoß fühlen, evtl. auch mit bloßem Auge sehen kann. Der Ort liegt bei den meisten Menschen im 5. (seltener im 4.) Zwischenrippenraum etwas einwärts von der Mamillarlinie. Der Spitzenstoß wurde schon in der älteren Literatur in Zusammenhang gebracht mit der *systolischen Verhärtung* und der dabei auftretenden *Lage- und Formänderung des Herzens*.

Die klassische Erklärung nach HARVEY, C. LUDWIG u. a. ist die, daß 1. die Kammer-Vorhofgrenze des Herzens, die in der Diastole eine *quergelagerte* Ellipse darstellt, bei der Systole zu einer mehr *kreisförmigen* Figur verwandelt wird. Hierdurch wird der große Durchmesser der Ellipse natürlich verkleinert, der kleine vergrößert, und somit wird die Vorderfläche des Herzens der Brustwand näher gebracht, 2. aber stellen sich, was wesentlicher ist, die Kammern, die in der Erschlaffung mit ihrer Spitze schief abwärts mit ihrem Längsdurchmesser geneigt sind, als *regelmäßiger Kegel* mit der *Achse senkrecht* zur Grundfläche. Hierdurch wird die Spitze von unten und hinten nach vorn und oben erhoben und preßt sich *systolisch verhärtet* in den Zwischenrippenraum hinein. Da somit der Stoß im wesentlichen von der

---
[1] Von A. LUISADA erschien 1953 (New York) ein umfassendes Werk, das eine Übersicht gibt über die erstaunlich große Zahl von neueren graphischen Untersuchungsmethoden zur Herzdiagnostik, auf die nur z. T. und in Kürze eingegangen werden kann.

Bewegung der Herzspitze herrühren soll, bezeichnet man ihn als „Herzspitzenstoß" (ältere Erklärungen s. bei TIGERSTEDT).

Die in der Klinik übliche Inspektion und Palpation dieser nicht bei allen Menschen feststellbaren Erscheinung orientieren über die Lage des äußeren Herzrandes (linker Ventrikel) und sein Verhältnis zum Zwerchfell. Gewöhnlich ist der Spitzenstoß positiv, wölbt die Brustwand während der Systole vor, unter bestimmten Bedingungen (Fixation des Herzens an seiner Unterfläche) wird die Brustwand systolisch eingezogen („negativer Spitzenstoß"), aber auch schon normalerweise ist das in der Umgebung eines positiven Spitzenstoßes häufig feststellbar (FREY).

Bei dem geringen Auflösungsvermögen des Tastsinnes und auch des Auges für schnell ablaufende Bewegungsvorgänge ergeben natürlich graphische Methoden mit entsprechender Einstellungszeit bei genügender Empfindlichkeit der Apparatur weit mehr Einzelheiten. Namentlich die Einführung der FRANKschen Segmentkapsel hat die Kenntnis des *Kardiogramms* sehr gefördert, wie wir die graphische Aufschrift der gesamten so erfaßbaren Erschütterungen der Brustwand über dem Herzen nennen wollen. Für das Verständnis der Kurven ist die Erkenntnis wesentlich, daß das Herz (unter Einschluß der großen Arterien!) während der Systole und Diastole Veränderungen sowohl seiner Form wie seines Volumens erfährt und damit dauernd seine *Lage* zur Brustwand ändert.

Die *Volumenänderungen* entsprechen dem schwankenden Füllungszustand des Herzens. Wären sie allein maßgebend, so müßte die Kurve während der Systole dauernd absinken, um sich in der Diastole wieder zu erheben. Die beiden isometrischen Perioden der Anspannungszeit und der Entspannungszeit würden als horizontale Intervalle hervortreten. Die Volumänderungen kombinieren sich aber mit *Formänderungen* des Herzens. Man kann dabei von positiven und negativen Formänderungen sprechen, je nachdem die Brustwand dabei vorgewölbt wird oder zurückweicht. Der Beginn der Systole ist nun zweifellos durch den Übergang des Herzens von der Diastole zur Systole mit einer Annäherung der Herzspitze an die Brustwand verbunden. Das Herz richtet sich straff auf und muß seine Herzspitze nach vorn bewegen (s. oben). Gleichzeitig kommt durch Drehung der linke Ventrikel mehr zum Vorschein. (Das Tieferrücken der Vorhofkammergrenze bei der Systole ist dabei nicht so wesentlich.) Die *Interferenz der Volumenänderungen mit den Formänderungen* des Herzens beeinflußt die einzelnen Wellen des Kardiogramms in hohem Maße. Besonders der *Ort der Aufschrift* beeinflußt damit den Kurvenablauf. Im 5. Intercostalraum pflegen zunächst die Formänderungen zu überwiegen (deutliche Anspannungs- und Austreibungsschwankung, erst später fällt die Kurve unter dem Einfluß der abnehmenden Herzfüllung). An der Herzbasis macht sich die Füllung der großen Gefäße und die der Vorhöfe bemerkbar (die Welle der Anspannungszeit erscheint im Basiskardiogramm häufig negativ, die Basiskapsel wird systolisch abwärtsgezogen und von der Brustwand entfernt wird). Auch die *Art der Entleerung* des Herzens ist von Bedeutung. Erfolgt sie rasch, so überwiegt die Formänderung; bei besonders großer Füllung kommt vor allem die Volumenänderung zur Geltung, wodurch die Kurve zu starkem Abfall gebracht wird (Entleerungskardiogramm, FRANK, FREY)[1]. Natürlich ändert sich die Kurve auch mit der *Körperhaltung und -lage*. Meist wird sie im Liegen aufgenommen (s. Fußnote).

---

[1] Nach SCHMITZ und SCHÄFER ist das „*Entleerungskardiogramm*" nicht durch ein Überwiegen der Volumenänderungen bei der Systole (z. B. bei langsamer Entleerung und großer Füllung des Herzens) bedingt, sondern durch die Lage des Mikrophons auf der Brustwand speziell zum Herzrand und zur absoluten Herzdämpfung; von den Seitenteilen des diastolischen Herzschattens zieht sich das Herz in der Austreibung zurück und erzeugt einen Sog. Es drängt dagegen über der absoluten Herzdämpfung durch die Kraft der Kontraktion die Brustwand vor und erzeugt hier Druck. Man kann also danach zwei extreme Kardiogrammtypen unterscheiden: ein Kardiogramm, in dem auf eine kurze Druckwelle, die noch in die Anspannungszeit fällt, ein anhaltender Sog folgt, der auch mit dem Finger zu palpieren ist. Diese Sogkurve entspräche dann dem „Entleerungskardiogramm" FRANKS. (Auch das Dielektrogramm [s. dieses] gleicht dann einem Entleerungskardiogramm!) Ferner eine Kurve, die während der Anspannungszeit der ersten gleicht, und die erst in der Austreibungszeit zu einem flachen Druckanstieg führt (Druckkurve). — Auch nach A. WEBER treten prinzipielle Verschiedenheiten in der Kurve auf, sowie das Herz nicht mehr wandständig ist, sowie sich Lunge zwischen Herz und Receptor einschiebt. Die schwammige Masse des Lungenpolsters hat eine stark dämpfende Wirkung auf die Übertragung der Herzwandbewegungen

Im folgenden sei eine kurze Beschreibung und Deutung der einzelnen Wellen des Kardiogramms gegeben, wie sie sich beim liegenden, gesunden Menschen ergeben. Verwiesen sei dazu auf die oberste Abbildung des Herzschemas nach SCHÜTZ, S. 150a und auf Abb. 174. In der Deutung der Spitzenstoßkurve stimmen auch die neueren Untersucher, die mittels ausreichender Methode aufzeichneten, nicht vollkommen überein (O. FRANK und O. HESS; W. WEITZ; W. FREY)[1]. Wir folgen der Beschreibung von A. WEBER (betreffs besonderer Auffassungen, deren Behandlung zu sehr in Einzelheiten führen würde, s. W. FREY und W. WEITZ).

Die Anspannungswelle (a in Abb. 174). Während des Anstiegs der R-Zacke im EKG erhebt sich meist eine rapid ansteigende Welle, die nach etwa $1/15$ sec ihr Maximum erreicht und dann mit noch rapiderem Absturz unter das Ausgangsniveau abfällt. Auf dem abfallenden Ast gewahrt man zuweilen die Schwingungen des I. Tones. Mit dem Anstieg der Welle beginnen in der bis dahin horizontal verlaufenden Herztonkurve die ersten leichten Schwingungen; das Maximum liegt genau synchron mit dem Moment, in dem die erste große Schwingung in der Herztonkurve zu erkennen ist. Zeitlich fällt also diese Welle mit der Anspannungszeit des Ventrikels zusammen; sie heißt deshalb zweckmäßig *Anspannungswelle des Kardiogramms*.

Die Aortenwelle des Kardiogramms. Sofort nach dem Ende der Anspannungswelle, mitten während der Schwingungen des ersten Tones, bzw. nach dem völligen Ablauf von R oder, falls sie vorhanden, am Ende der S-Zacke des EKG erhebt sich mit steilem Anstieg eine neue Welle, die

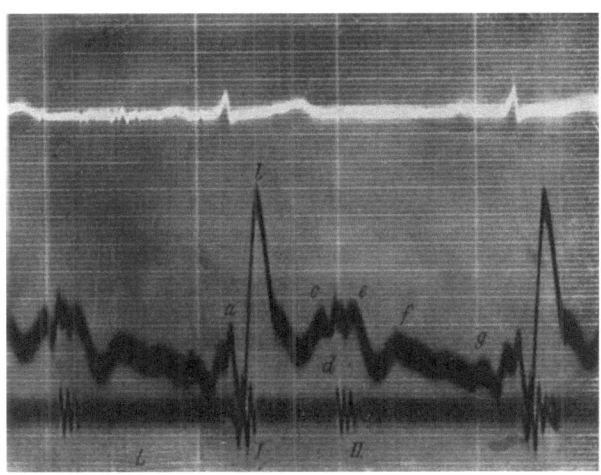

Abb. 174. Normales Kardiogramm vom liegenden Menschen. (Nach A. WEBER)

die vorausgehende meist überhöht. Der Beginn dieser Welle ist meist klar zu erkennen. Zuweilen können Zweifel über den Fußpunkt auftreten, wenn nämlich das Maximum des I. Herztones, das synchron mit dem Fußpunkt der Welle fällt, sehr stark im Kardiogramm ausgeprägt ist. Ihr Abfall ist meist weniger steil und reicht bald tiefer, bald weniger tief als das Ausgangsniveau. Das Maximum der Welle ist nach etwa $1/20$ sec erreicht, das

---

auf den Receptor, und zwar muß die Dämpfung ungleichmäßig sein. Rasche, brüske Bewegungen der Herzwand werden weniger stark beeinflußt, langsame aber stark dadurch, daß die Lunge Zeit hat, sich der neuen Herzform anzupassen. Tatsächlich ist es möglich, aus einem Kardiogramm des wandständigen Herzens ein solches des mehr zurückliegenden zu machen, und zwar einfach dadurch, daß man eine seitliche Öffnung am Receptor anbringt (s. dazu S. 307f.). Wenn das Herz mehr der Brustwand anliegt als bei normaler Herzgröße und Rückenlage, also bei sitzender Stellung oder bei Linkslage oder endlich bei starker Herzvergrößerung, erhält man in der Tat ein Kardiogramm, das der Kurve entspricht, die man beim Aufsetzen des Receptors auf das freigelegte Herz erhält und nichts anderes als die Ventrikeldruckkurve darstellt (A. WEBER).

[1] KLENSCH (1953) zeigte an reinen Elongationsmessungen (Glühlampe auf Brustwand — Photoelement), daß beim Herzspitzenstoß eine systolische Einwärtsbewegung vorliegt, der eine längere Einwärtsbewegung in der Entleerungsphase folgt. (Die Verläßlichkeit des Tastsinnes hinsichtlich der Richtungsbeurteilung einer solchen mechanischen Bewegung ist in der Tat gering!). Auch Röntgenkymogramme ergaben, daß während der Herzkontraktion ein konzentrischer, nach innen gerichteter Bewegungsablauf, also keine Annäherung an die Brustwand stattfindet. Damit wäre dann die systolische Brustwandeinziehung bei der Concretio perikardii (starrere Koppelung zwischen Herzwand und Brustwand) kein Paradoxon mehr!

Minimum nach etwas mehr als $^1/_{10}$ sec, oder etwa synchron mit dem Anstieg von T. Beginn und Maximum der Welle fallen mit dem Beginn bzw. Gipfel des Aortenpulses zusammen; sie heißt deshalb *Aortenwelle* des Kardiogramms (*b* in Abb. 174). — *Aorteneröffnungswelle* nach WEITZ. *Sie muß es sein, die wir vornehmlich als Herzstoß fühlen,* zumal da der Anstieg der Aortenwelle sofort von einem meist sehr rapiden und tiefen Absturz gefolgt wird, was den Gefühlseindruck des Stoßes noch deutlicher machen muß. Die in der Literatur fast allgemein vertretene Auffassung, der Spitzenstoß falle in die Anspannungszeit, stimmt nicht ganz. Die Spitzenstoßbewegung, soweit wir sie fühlen können, beginnt allerdings in der Anspannungszeit, die größten und daher am besten fühlbaren Exkursionen der Brustwand fallen aber in die Austreibungszeit.

Die Entleerungswelle des Kardiogramms. Nach der Aortenwelle erhebt sich eine neue, weniger steile Welle, die noch vor oder gleichzeitig mit dem Beginn des II. Tones endet. Sie wird nach den Beobachtungen von O. FRANK und O. HESS um so größer, je mehr während der Systole die Formveränderung des Ventrikels die Volumenveränderung überwiegt. Bei großem Schlagvolumen, das eine bedeutende systolische Verkleinerung des Herzens bedingt, fanden sie die genannten Autoren klein, bei geringem Schlagvolumen dagegen groß, denn hier überkompensiert die unbedeutende systolische Verkleinerung die Anpressung der Herzspitze an die Brust nicht. Weil die Entleerung des Herzens also von Einfluß auf die Welle ist, heißt sie *Entleerungswelle des Kardiogramms*. (Aortenerschlaffung nach WEITZ) (*c* in Abb. 174).

Die Incisur des Kardiogramms. In nicht seltenen Fällen schließt sich eine scharf abwärtsgehende und ebenso wieder rapid ansteigende Zacke an die Entleerungswelle an, nach Form und zeitlichem Auftreten genau der Incisur des zentralen Pulses entsprechend (*d* in Abb. 174). Sie muß deshalb *Incisur des Kardiogramms* heißen. Auf die Incisur folgen auch im Kardiogramm meist einige rasche Schwingungen, die dem II. Herzton entsprechen.

Die Entspannungswelle. Unmittelbar nach dem II. Ton steigt die Spitzenstoßkurve an, zuweilen sehr brüsk und sehr bedeutend, oft aber zunächst nur unbedeutend, um nochmals mehr oder weniger steil abzufallen. Das Ende der so entstehenden kleinen Welle liegt nicht ganz $^1/_{10}$ sec nach dem Beginn des II. Tones; sie entspricht der Entspannungszeit und heißt daher *Entspannungswelle des Kardiogramms* (*e* in Abb. 174).

Die Einströmungswelle des Kardiogramms. Nach der Entspannungswelle steigt das Kardiogramm steil und stark an, und zwar regelmäßig stärker als z. Z. der Vorhofsystole; dies Ansteigen kann nur durch das Hereinstürzen des Vorhofblutes in die Kammer bedingt sein. Bei langsamem Puls zeigt die Kurve nach dem Ende des diastolischen Anstiegs ein ausgesprochenes Plateau; in anderen Fällen kommt es zur Ausbildung eines spitzen Gipfels, und noch innerhalb der Diastole sinkt die Kurve ab. So markiert sich die *Einströmungswelle des Kardiogramms* (*f* in Abb. 174). Fast ausnahmslos zeigt sich ein deutliches Abfallen unmittelbar vor der

Vorhofswelle des Kardiogramms. Diese ist in zahlreichen, aber nicht allen Spitzenstoßkurven deutlich ausgeprägt. Anstieg und Abfall sind mäßig steil; die ganze Erhebung ist immer nur gering, der Beginn fällt auf die Mitte der P-Zacke im EKG. Häufig ist sie von der nachfolgenden Anspannungswelle deutlich abgesetzt, zuweilen geht sie unmittelbar in diese über (*g* in Abb. 174).

Der Brustpuls

Die beschriebene Bewegung der Brustwand in der Gegend der Herzspitze (Herzstoß) setzt sich — genau genommen — aus einer eigentlichen Brustwandbewegung und der dieser überlagerten und durch die zwischengeschaltete Lunge modifizierten Bewegung der Herzspitze zusammen. Ihre Registrierung (Kardiogramm) zeigt daher wechselnde und nur unsicher deutbare Kurvenbilder. Eine getrennte *Aufzeichnung der Brustwandbewegung für sich* ergibt dagegen übersichtliche und aufschlußreiche Ergebnisse[1].

Methodisch sind für eine solche Aufzeichnung am besten Registriersysteme zu verwenden, die keinen festen, absolut in Ruhe befindlichen Bezugspunkt (Stativ) außerhalb der Brustwand erfordern. Bei der großen Kraft der Brustwandbewegung lassen sich sonst fälschende Mitbewegungen des Stativs nicht verhindern. Außerdem entfällt dadurch die beim Stativ unvermeidbare Schwierigkeit, nur im absoluten Atemstillstand arbeiten zu können, der stets die Gefahr störender Preßbewegungen mit sich bringt. Es kommen also zweckmäßig Geräte zur Verwendung, wie sie zur Aufnahme von Erdbodenerschütterungen (Erdbeben), Gebäudeerschütterungen u. ä. entwickelt worden sind. Allerdings sind für unsere Zwecke

---

[1] LANDES.

diejenigen dieser Geräte nicht verwendbar, die direkt eine Kurve des *Ausschlags* (Weg) der Bewegung in Abhängigkeit von der Zeit ergeben würden, da sie infolge der Notwendigkeit einer sehr tiefen Eigenschwingung (große Masse!) des Registriergeräts viel zu schwer sind, um auf die Brustwand aufgesetzt werden zu können. Dagegen läßt sich bei Aufzeichnung der Änderung der Geschwindigkeit der Bewegung, also der *Beschleunigung*, ein leichtes Gewicht erzielen (Beschleunigungsmesser), da dabei die Eigenschwingung hoch (kleine Masse) liegen muß. Ausschlag und Beschleunigung einer Bewegung sind eindeutig miteinander verknüpft und lassen sich daher leicht ineinander umrechnen. Für eine sinusförmige Bewegung, auf die sich auch alle anderen Bewegungsmöglichkeiten zumindest formal zurückführen lassen (FOURIER), gilt:

Beschleunigung $b = B \sin \omega t$ ($\omega = 2\pi n$, $n =$ Schwingungszahl pro sec).
Geschwindigkeit $v = \int B \sin \omega t \, dt = -1/\omega \, B \cos \omega t = 1/\omega \, B \sin(\omega t + \pi/2)$.
Ausschlag $a = \int -1/\omega \, B \cos \omega t \, dt = -1/\omega^2 \, B \sin \omega t = 1/\omega^2 \, B \sin(\omega t + \pi)$.

Man erhält also aus der Beschleunigungskurve durch einfache Integration zunächst die Geschwindigkeitskurve und aus dieser durch eine zweite Integration die Ausschlagkurve[1]. Ist der Höchstwert der Beschleunigung $= B$, so beträgt der Höchstwert des Ausschlags $A = 1/\omega^2 \, B$, d. h. in der Ausschlagkurve sind raschere Schwingungen wesentlich kleiner (indirekt proportional dem Quadrat der Frequenz) wiedergegeben als in der Beschleunigungskurve. Außerdem sind die Hauptausschläge um $\pi = 180°$ gegeneinander verschoben (Abb. 175). Da sich die Zuordnung der Brustwandbewegung zu den einzelnen Phasen der Herzaktion am besten an der Ausschlagkurve darstellen läßt, stellt die Notwendigkeit der zweimaligen Integration der mit dem Beschleunigungsmesser erhaltenen Kurve zweifellos eine gewisse Komplikation dar. Doch ist die Integration graphisch (Integrimeter, Integraph) oder elektrisch (mittels entsprechender Schaltung im Verstärker) leicht durchführbar. Ein erheblicher Vorteil der Beschleunigungskurve ist jedoch — wie sich aus den mathematischen Beziehungen ergibt —, daß durch sie auch die undeutlichsten Wendepunkte der Ausschlagkurve scharf markiert werden.

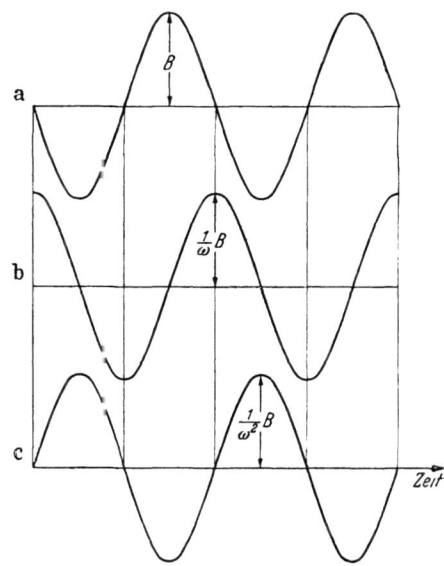

Abb. 175. Zeitlicher Zusammenhang zwischen Beschleunigung (*a*), Geschwindigkeit (*b*) und Ausschlag (*c*). (Frequenz $\omega = 1$). (Nach G. LANDES)

Die beim Gesunden erhaltene Beschleunigungskurve der Brustwandbewegung ist in Abb. 176 (mittlere Kurve) dargestellt. Sie wurde zuerst von G. LANDES (1940, 1942) eingehend beschrieben und von anderen Autoren (L. RÓSA, 1948) als *Accelerogramm* bezeichnet. Der gut charakterisierte Verlauf der Kurve läßt zwanglos mehrere Hauptabschnitte (Abb. 176, I, II, III, IV, V) erkennen: Zunächst fällt als größter Ausschlag (nach unten) ein W-förmiger Kurvenabschnitt auf, der gleichzeitig mit der *zweiten* Vorschwingung des zentralen Pulses (obere Kurve in Abb. 176) beginnt, also synchron mit der Anspannung des Herzens einsetzt. Der vordere Winkel (*2′*) des *W* ist meist kürzer, der hintere (*3′*) länger; gelegentlich verschmelzen auch beide zu einem „V". Dieser „Hauptschwingung" (II) folgt ein kleinerer Kurvenzug (III), der als „Zwischenschwingung" bezeichnet wird. Er mündet in einer spitzen Zacke (*5′*), die — bei Berücksichtigung der Verspätung des zentralen Pulses — genau mit der Incisur zusammenfällt. Die Zacke bildet mit einem daran anschließenden sinusförmigen Kurvenzug die „Schlußschwingung" (IV). Dann folgt die „Nachschwingung" (V), die ihrerseits wieder in einen Kurvenzug übergeht, der zeitlich mit der *ersten*

---

[1] Nach RÓSA tritt diese Integration unter gewissen — pathologischen ? — Umständen auch spontan auf. In solchen Fällen wandelt sich die Beschleunigungskurve in eine Ausschlagkurve um.

Vorschwingung des zentralen Pulses übereinstimmt, also gleichzeitig mit der Vorhofaktion verläuft und deshalb als „Vorschwingung" (I) bezeichnet wird.

Die genannten Schwingungsbewegungen finden *senkrecht* zur Längsrichtung des Körpers statt. Registriert man die *parallel* zur Längsrichtung erfolgende Bewegung, was durch einfaches Kippen des Beschleunigungsmessers um 90° sehr leicht durchführbar ist, so erhält man die in Abb. 177 dargestellte Kurve. Sie entspricht der Bewegung eines in der Längsrichtung schwingfähigen Tisches, auf den die Versuchsperson gelagert ist, und stellt also das sog. *Ballistokardiogramm* dar, das durch den Rückstoß des Blutes bei der Herzaktion verursacht wird. Nach einer von STARR (1939) angegebenen Formel soll sich daraus annähernd das Schlagvolumen bestimmen lassen. [Untersuchungen von L. RÓSA (1956) weisen darauf hin, daß zwischen vertikalen und senkrechten pulsatorischen Körperschwingungen nur quantitative (Frequenz- und Dämpfungs-) Unterschiede bestehen. Entsprechend abgestimmte Druckempfänger ergeben ein an Einzelheiten genügend formenreiches Schwingungsbild, das im Meßbereich der Beschleunigung (etwa 20—30 Hz) seiner Form nach der Herzspitzstoßkurve entspricht. Das Herzschallbild im 35 Hz-Bereich dürfte der topographisch bestimmte Ausdruck dieses „thorakalen Ballistokardiogramms" sein.]

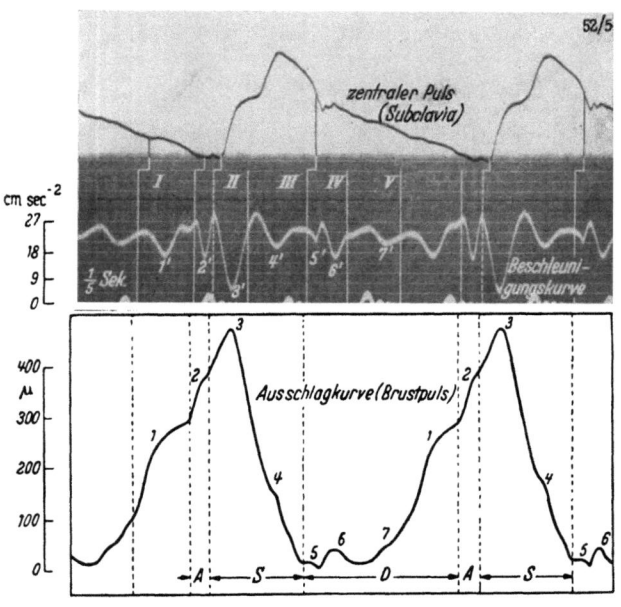

Abb. 176. Zentraler Puls (obere Kurve), Beschleunigungskurve (Mitte) und Ausschlagkurve (unten) der Brustwandbewegung. *A* Anspannungs-, *S* Austreibungszeit, *D* Diastole. (Nach G. LANDES)

Die durch zweimalige Integration des Accelerogramms erhaltene *Ausschlagkurve* weist einen pulsähnlichen Verlauf auf (Abb. 176, unterste Kurve) und wird deshalb als „*Brustpuls*" bezeichnet. Sie weist — entsprechend den anfangs erwähnten mathematischen Zusammenhängen — an *den* Stellen Maxima auf, wo die Beschleunigungskurve Minima zeigt und umgekehrt. Das wesentliche ist nun, wie die gleichzeitige Registrierung des Arterienpulses (Abb. 176) oder des Elektrokardiogramms usw. ergibt, daß die Kurve des Brustpulses während der Systole des Herzens steil abfällt, die Brustwand also während der Systole kolla-

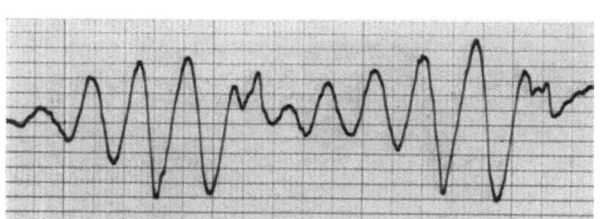

Abb. 177. Aufzeichnung der in Richtung der Körperachse erfolgenden Schwingungsbewegung mittels Beschleunigungsmesser ergibt das Ballistokardiogramm. (Nach G. LANDES)

biert. Man kann demnach nicht annehmen, daß der Brustpuls durch direkte mechanische Übertragung der Lage- und Formveränderungen des Herzens auf die Brustwand zustande kommt. Diese würden während der Systole einen positiven Ausschlag, eine Vorwölbung der Brustwand hervorrufen und bringen dies in pathologischen Fällen, wenn das Herz entsprechend hypertrophiert und dilatiert ist, auch zustande (hebender Herzstoß). Demnach läßt sich die Brustwandpulsation nach LANDES nur durch die Annahme erklären, daß die elastische Brusthöhle (unter der Wirkung des äußeren Luftdrucks) entsprechend den zu- und abfließenden Blutmengen ihr Volumen ändert. *Der Brustpuls stellt also die Differenzkurve zwischen venösem Zu- und arteriellem Abstrom aus dem Brustraum dar.* Für diese Deutung spricht auch die große Ähnlichkeit der Ausschlagkurve mit dem Venenpuls, die sich nicht nur auf den systolischen Kollaps, sondern auch auf die Hauptwellen beider Pulse ($a = 1$, $c = 3$, $d = 6$) erstreckt.

Die Größe der Ausschläge beträgt bei Gesunden in Ruhe 0,2—0,5 mm. Bei Vergrößerung des Schlagvolumens (vermehrter Ab- und Zustrom) wurden Ausschläge bis zu 1 mm gemessen.

Die Brustwandpulsation ist auch die Ursache der im *Dielektrogramm* von ATZLER und LEHMANN (1932) gemessenen Kapazitätsänderungen, wie dies zuerst SCHMITZ und SCHÄFER (1937) nachgewiesen haben, und der entsprechenden Kurve des *Radiokardiogramms* von L. RÓSA (1940). Auch das *Rheokardiogramm* von HOLZER (1946) stellt nichts wesentlich anderes dar, da die wechselnde Blutfüllung des *ganzen* Brustraums und seine entsprechende Volumenänderung stärkere Widerstandsänderungen hervorrufen muß als die des Herzens allein (LANDES).

Im einzelnen zeigt der Brustpuls während der zweiten Hälfte der Diastole einen raschen Anstieg entsprechend dem überwiegenden Zustrom von Blut zum Brustraum in dieser Phase der Herztätigkeit. Die Vorhofaktion bewirkt eine Verlangsamung (*1* in Abb. 176), die Anspannung (Kammerbasissenkung) eine Beschleunigung (*2*) dieses Anstiegs. Kurz nach Beginn der Austreibung überwiegt dann der arterielle Abstrom und führt zu dem schon erwähnten systolischen Kollaps (*3—5*). Mit der raschen Füllung der herznahen Venen während der Entspannungszeit kommt es zu einer neuen Erhebung (*6*), der dann noch eine letzte (*7*), durch die Kammerfüllung verursachte folgt.

Neben diesen eindeutigen Zusammenhängen mit der Hämodynamik weist jedoch der Brustpuls auch unvermeidlich Beziehungen zu den *Herztönen* auf, deren Schwingungen gleichzeitig auf die Brustwand übertragen und nur von dort abgenommen bzw. abgehört werden können. In der Ausschlagkurve des Brustpulses und ebenso — trotz der dabei erfolgenden Bevorzugung höherer Schwingungen $\sim \omega^2$ — im Accelerogramm sind die Herztonschwingungen nicht nachweisbar, da ihre Intensität (Amplitude) wesentlich geringer ist. Dagegen liefert nach LANDES aus dem gleichen Grunde *jede sog. tiefe Herzschallaufnahme*, bei der der Verstärker auch die langsamen Schwingungen unter 50 Hz gleichmäßig verstärkt, und ebenso die einfache FRANKsche Aufnahmekapsel *nur die Beschleunigungskurve* des Brustpulses und *keine Herzschallkurve*, da die Mikrophone von der Brustwand mitbewegt werden und in diesem Schwingungsbereich als Beschleunigungsempfänger wirken. Nach LANDES scheinen die Herztöne, die ja als Schwingungen des Myokards, der Herzklappen und Gefäßwände eine ganz andere Genese haben, keine wesentlichen Teilschwingungen unterhalb 50 Hz aufzuweisen und ebenso sind von der anderen (tieferen) Seite her die wesentlichen Teilschwingungen des Brustpulses an diesem Punkt zu Ende. Man kann also beide einander überlagerten Vorgänge nach der Frequenz trennen und wird deshalb für eine Herzschallaufnahme alle Schwingungen etwa unterhalb 50 Hz abtrennen, wie es durch eine sog. gehörähnliche Registrierung praktisch ausreichend geschieht. Ein „Durchschlagen" höherer Teilkomponenten des Accelerogramms in den tieferen Herzschallbereich dürfte jedoch bei der großen Intensität (15—30 cm/sec^2) in manchen Fällen sowohl bei der Registrierung als auch für den Gehörseindruck möglich sein.

Das Dielektrogramm

Von ATZLER und LEHMANN wurde 1932 ein Verfahren angegeben, das auf der Registrierung der Kapazitätsänderungen beruht, wenn man den Brustkorb zwischen die Platten eines Kondensators bringt. Es war dabei das Ziel der Methode, die durch die Verschiedenartigkeit der Herzfüllung hervorgerufenen Kapazitätsänderungen zu erfassen; schon 1907 hing MAX CREMER ein isoliertes Froschherz zwischen die Platten eines Kondensators auf und schlug die Registrierung der Kapazitätsänderungen vor. ATZLER und LEHMANN haben dieses Verfahren, das den Vorteil hat, elektrisch praktisch trägheitslos zu sein, als Änderung der Kapazität eines Schwingungskreises ausgearbeitet und *Dielektrographie* genannt. In Modellversuchen ergab sich, daß tatsächlich Änderungen eines Flüssigkeitsvolumens aufgezeichnet werden, allerdings ist die Methode nicht unempfindlich gegen Form- und Lageänderungen des Herzens. Besonders auch die Brustwandschwingungen gehen mit in die entstehenden Kurven ein (s. S. 355). Abb. 178 gibt ein solches *Dielektrogramm* nach ATZLER und LEHMANN wieder.

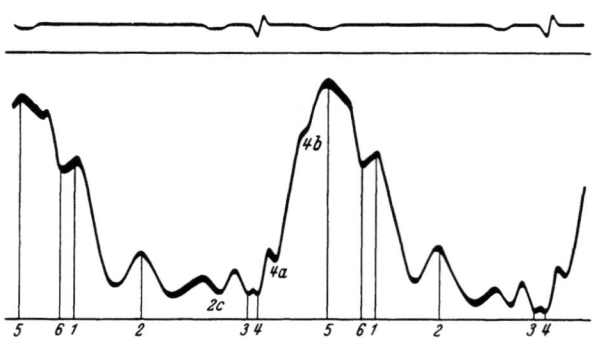

Abb. 178. *Dielektrogramm.* (Ein Ausschlag nach oben entspricht einer Volumverminderung. (Nach E. ATZLER und G. LEHMANN)

Bemerkenswert ist besonders die starke systolische Volumverminderung. Auf Einzelheiten der Erklärung der verschiedenen Punkte muß auf die Originalarbeiten verwiesen werden. Wohl infolge seiner technischen Kompliziertheit hat sich das Verfahren in der Praxis bisher nicht eingebürgert, obwohl RÓSA (1940, 1942) grundlegende Arbeiten über die diagnostische Anwendung des Verfahrens [*Kurzwellenkardiogramm*, von RÓSA auch *Radiokardiogramm* genannt (s. aber dazu S. 355)] mitteilte. Nach RÓSA handelt es sich um die kurvenmäßige Darstellung aller (!) durch den Kreislauf bedingten motorischen Erscheinungen in dem Gebiet, das sich in der Nähe der Ableitungselektroden befindet. Bei einer Nachuntersuchung wiesen SCHMITZ und SCHAEFER darauf hin, daß nach ihrer Ansicht die Kurven mit Ausnahme geringer Spuren einer Herzvolumschreibung in der Hauptsache ein integriertes Kardiogramm einer größeren Brustwandfläche geben, daß also hauptsächlich Kapazitätsänderungen im Luftraum vor dem Herzen, Oberflächenschwingungen der Brustwand registriert werden. So wertvoll damit die Kurve ist, um eine vollkommen amplitudengetreue statische Registrierung der Brustwandbewegungen aufzuzeichnen, so sehr müssen damit Fehlerquellen auftreten, wenn man versucht, aus diesen Kurven Anspannungs- und Austreibungszeit des Herzens abgrenzen zu wollen. Auch die Modifizierung dieses Verfahrens durch RÓSA eignet sich wohl nicht zu einer getrennten Bestimmung der Einzelphasen der mechanischen Systole. Es weist die Dielektrographie aber dann noch den Vorteil auf, praktisch frequenzunabhängig zu sein, also — bei Anwendung von Gleichstromverstärkern — beliebig langsame Frequenzen amplitudengetreu wiederzugeben. Damit gewinnt das Dielektrogramm verständliche Beziehungen zum Kardiogramm, hat dessen Wellen in der Anspannungszeit und den charakteristischen Verlauf während der Austreibung mit einem Minimum der Kurve vor dem Beginn der Erschlaffungszeit. Aus der Kurve geht also ebenso wie aus dem Kardiogramm hervor, daß über der Brustwand während der Austreibungszeit ein Sog vorherrscht. Möglicherweise ist dieser Sog an der Wiederanfüllung des Ventrikels in der Einströmungszeit mitbeteiligt (SCHMITZ und SCHAEFER). Über die Kraft dieses Sogs kann man allerdings noch keine Angaben machen.

Schließlich wurde von COLANI (1947) ein Verfahren beschrieben, bei dem die Dämpfungsänderungen eines unmodulierten hochfrequenten Strahlungsfeldes sehr hoher Frequenzen — kleinste Wellenlänge 1 m — bei der Herzaktion registriert werden. COLANI betrachtet seine Kurven zwar als Gewebswiderstandsmessungen, doch läßt eine Gegenüberstellung der von ihm registrierten Kurven mit einer Herzschallkurve erkennen, daß es sich offenbar auch um eine Registrierung der Brustwandschwingungen im hochfrequenten Feld handelt (KEIDEL). Erwähnt seien schließlich auch Versuche von W. D. KEIDEL (1949), der zeigte, daß sich auch Änderungen eines Ultraschallfeldes verwenden lassen, um Volumenänderungen des Herzens in ihrem zeitlichen Ablauf zu registrieren.

Das Rheokardiogramm

Das *Rheokardiogramm* (RKG) (HOLZER, POLZER und MARKO) versucht registrierend die Änderungen des elektrischen Widerstandes bei der Herzaktion zu erfassen und so einen Einblick in die mechanischen Verhältnisse der Herztätigkeit, besonders des zeitlichen Verhaltens der Anspannungs- und Austreibungszeit zu gewinnen. Die Vermeidung polarisatorischer Vorgänge zwingt naturnotwendig zur Verwendung von Mittel- bis Hochfrequenzströmen, nach entsprechender Gleichrichtung kann ein gewöhnlicher EKG-Apparat zur Registrierung verwandt werden. Bekanntlich weisen die verschiedenen Organe des Körpers einen verschiedenen elektrischen Widerstand auf. Bei der Herzaktion verändert das System Herz und Gefäße seinen Widerstand (bei Atemstillstand!) vornehmlich auf Grund folgender Faktoren: Kontraktion des Herzens, Lage des Herzens im Brustraum, Blutfüllung von Vorhöfen, Kammern und Gefäßen, also ein recht komplexes Geschehen! Im Mittel beträgt der Wechselstromwiderstand im Bereich von Tonfrequenzen (10000—20000 Hz) zwischen den üblichen EKG-Elektroden 300 Ohm, während bei der Herzaktion größenordnungsmäßig eine Widerstandsänderung von 0,5 Ohm stattfindet. Diese zu registrieren, ist das technische Ziel der Rheokardiographie. Ein nahes Heranrücken der Elektroden an das Herz ergibt weitere Beeinflussungen der RKG-Kurve durch Rotation und andere Bewegungen des Herzens, die die Auswertung der Kurven sehr erschweren. Daher wurde die der EKG-Abl. II entsprechende Ableitung vom rechten Arm zum linken Unterschenkel beibehalten. [Ähnliche Wege ging auch KOEPPEN und JAN NYBOER mit seinem Electrical impedance Plethysmograph (s. S. 355), LANDES!]

Daß Mechanogrammkurve und RKG-Kurve auch schon beim Frosch weder in der Lage des Scheitels noch in der Form einander völlig entsprechen, liegt — abgesehen von den verschiedenen Frequenzeigenschaften der Registriersysteme — in der Wesensverschiedenheit der Kurven: Beim Mg liegt eine Registrierung von Längenänderungen vor, während sich beim RKG ein Summeneffekt vornehmlich von Gestalts- bzw. Längenänderung und Herzfüllungseinflüssen auf den Herzwiderstand zeigt. (Eine Verzerrung der Kurven durch die Pulsation der großen Gefäße soll dabei kaum vorliegen.) Die Autoren zeigten besonders, daß eine Verkleinerung der Gesamtamplitude des RKG als Ausdruck eines verminderten Füllungsgrades anzusehen ist und erstreben so einen Einblick in relative Änderungen der Minutenvolumina des Herzens.

Abb. 179 zeigt ein normales RKG gleichzeitig mit EKG, Herzton und Carotispuls. Durch diese gleichzeitige Aufschrift wurde angestrebt, die zeitlichen Verhältnisse der Phasen der Systole zu erfassen.

Nach Beendigung der Vorhofsystole steigt die Kurve ziemlich scharf zu einem Maximum an (die Form des Anstiegs wechselt allerdings in starkem Ausmaß bei den einzelnen Versuchspersonen, was wohl mit den wechselnden Druckunterschieden zwischen Kammer und Aorta zu erklären ist). Der Anstieg ist etwa 10 msec vor Beginn des II. Herztones beendet, in diesem Kurvenstück erblicken die Autoren die wahre *Austreibungszeit* des Herzens (betr. der Frage, ob der Beginn des II. Herztons als Ende der Systole angesetzt werden darf, s. S. 337, 369). Die *Gesamtsystolendauer* (Anspannungszeit und Austreibungszeit) wird daher um diese 10 msec kürzer gefunden als mit anderen Methoden (s. BLUMBERGER u. a.). Zur Bestimmung der *Anspannungszeit* wird deren Beginn mit dem Beginn des Kammer-EKG gleichgesetzt. Diese stillschweigende Gleichsetzung des Einsetzens von elektrischen und mechanischen Vorgängen im Herzmuskel wird allgemein auch bei den anderen Methoden der zeitlichen Bestimmung der Herzphasen vorgenommen (s. dazu elektrisch-mechanische Latenz, Kap. VI, S. 255 und S. 369). Die Anspannungszeit wird daher gemessen vom Beginn der QRS-Gruppe bis zum Übergang der RKG-Kurve in die Austreibungsphase. Bei Schlagfrequenzen von 60—80/min ergeben sich Anspannungszeiten von 90—130 msec, für die Austreibungszeiten bei den gleichen Schlagfrequenzen zwischen 170 und 280 msec. Da die klinische Auswertung pathologischer Fälle nicht mehr in den Rahmen dieses Lehrbuchs gehört, sei dafür auf die Monographie von HOLZER und POLZER (1948) verwiesen.

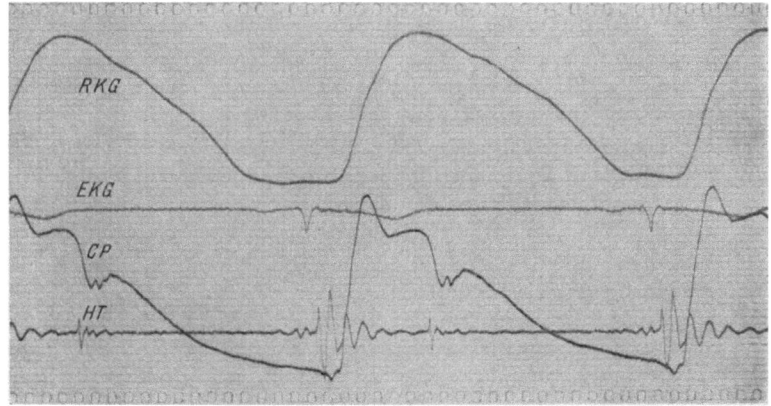

Abb. 179. Synchrone Schreibung von Rheokardiogramm, EKG, Herztönen und Carotispuls. (Nach W. HOLZER und K. POLZER)

Die Ballistokardiographie

In dem Bestreben, zu weiteren diagnostisch verwertbaren Daten über die Leistungsfähigkeit des Herzens zu gelangen, griff STARR 1939 ältere Versuche u. a. von GORDON (1877); HENDERSON (1905); HEALD und TUCKER (1922); ANGENHEISTER und LAU (1928) sowie ABRAMSON (1933) wieder auf, die bei der Herzaktion und der Blutströmung in den großen Gefäßen entstehenden *Rückstoßkräfte* zu messen. Diese Rückstoßkräfte bewirken Schwingungen des Körpers, die von der liegenden Versuchsperson auf einen beweglichen Tisch übertragen und durch geeignete Registriersysteme mechanisch, photoelektrisch, piezoelektrisch oder elektromagnetisch aufgezeichnet werden können. Das Untersuchungsverfahren wurde von STARR in die Klinik der Herzdiagnostik eingeführt und mit dem Namen ,,*Ballistokardiographie*" (BKG) belegt. Da die Größe der auftretenden Reaktionskräfte von der bewegten Blutmasse und deren Beschleunigung abhängt, schien die Methode besonders geeignet zu sein, unmittelbare Aufschlüsse über die *Kraft der Herzkontraktion* (= Masse × Beschleunigung) zu vermitteln. Unter der Voraussetzung, daß die Blutbeschleunigung in der Systole eine annähernd konstante Größe darstellt, bestand weiterhin Aussicht, auch zu quantitativ verwertbaren Anhaltspunkten über das *Schlagvolumen* zu gelangen. Seit den Untersuchungen STARRS hat sich die Ballistokardiographie vor allem in den USA vielfach schon zu einer klinischen Routinemethode entwickelt (STARR, DOCK, MANDELBAUM und MANDELBAUM), während sie in den europäischen Ländern z. Z. noch mit größerer Zurückhaltung gehandhabt wird. Die auf S. 354 aufgeführten theoretischen und auch experimentell bestätigten Beziehungen des Ballistokardiogrammes zum Herzschall und zur Herzspitzstoßkurve sind als theoretische Grundlage natürlich von Bedeutung.

Zur Aufzeichnung der äußeren Körperbewegungen sind sowohl indirekte als auch direkte Registrierverfahren ausgearbeitet worden und heute noch nebeneinander in Gebrauch.

Als Meßgröße dient dabei teils die Beschleunigung, teils die Schwingungsgeschwindigkeit oder auch der Schwingweg (Verlagerung) des Körpers. Bei den *indirekten Methoden* ruht die Versuchsperson auf einem — meist nur in der Längsrichtung — beweglichen Tisch, dem sich die Schwingungen des Körpers mitteilen; aufgezeichnet wird die Bewegung des Tisches. Zu den indirekten Registrieranordnungen gehört der sog. ,,hochfrequente" Schwingtisch nach STARR, der eine Eigenfrequenz von 6—10 Hz aufweist und durch eine hohe Rückstellkraft sowie eine geringe Dämpfung charakterisiert ist. Von NICKERSON wurde weiterhin ein ,,mittelfrequenter" Ballistokardiograph entwickelt, der sich außer in der Eigenfrequenz (etwa 1 Hz) noch durch seine geringere Richtkraft und den Einbau einer regulierbaren Dämpfung von dem STARRschen Gerät unterscheidet. Da die durch die Blutströmung ausgelösten Reaktionskräfte nicht nur entlang einer Geraden in Richtung der Körperlängsachse auftreten, hat ERNSTHAUSEN versucht, den an die ballistokardiographische Methode zu stellenden Anforderungen durch Einführung eines Torsionssystems besser gerecht zu werden. Von den bisher erwähnten linear arbeitenden Geräten unterscheidet sich der von ERNSTHAUSEN angegebene ,,Rotationsballistokardiograph" im wesentlichen dadurch, daß an die Stelle der Kraft oder des Impulses ein Drehmoment bzw. ein Drehimpuls tritt. In dem Bestreben, alle Reibungs- und Rückstellkräfte des Registriersystems so weitgehend wie möglich auszuschalten und damit die Eigenfrequenz der Meßeinrichtung auf 0 herabzudrücken, wurden neben den ,,hoch- und mittelfrequenten" Ballistokardiographen auch sog. ,,niederfrequente" Verfahren entwickelt (GORDON, HENDERSON, BURGER, TALBOT, KLENSCH). Bei der von TALBOT angewandten Methode schwimmt der Patiententisch auf einem mit Quecksilber gefüllten Becken. In Weiterentwicklung der bereits von GORDON benutzten Anordnung verwenden BURGER und Mitarbeiter einen an langen Seilen aufgehängten Pendeltisch, während KLENSCH einen auf vier Stahlkugeln verschieblichen Schwebetisch konstruierte. Der Vorteil der niederfrequenten Verfahren besteht allgemein darin, daß im wesentlichen nur die periodischen Verlagerungen des Blutschwerpunktes gemessen und diejenigen Verzerrungen des BKG auf ein Minimum reduziert werden, die sich u. a. durch Resonanzverstärkung einzelner Teilfrequenzen und durch Kopplungsfehler zwischen Tisch und Körper ergeben können. Ein Nachteil der ,,niederfrequenten" Methoden vor allem gegenüber den ,,hochfrequenten" Schwingtischen, die zwischen starken Federn eingespannt sind, liegt in der hohen Störempfindlichkeit des Registriersystems. So geht jede Körperbewegung z. B. bei der Atmung und jede äußere Erschütterung in das BKG mit ein. Bei der von DOCK eingeführten *direkten* Ballistokardiographie liegt die Versuchsperson auf einer unbeweglichen Unterlage, deren relative Verschiebung zur Körperlängsachse aufgezeichnet wird. Die Übertragung der Körperbewegungen auf die Registrieranordnung erfolgt dabei in der Regel photoelektrisch oder auf induktivem Wege. Der eine Geberteil (Lichtquelle oder Spule) wird an den Schienbeinen, den Kniescheiben oder am Brustkorb des Patienten angebracht, während der zweite Teil (Photoelement bzw. Stabmagnet) ortsgebunden auf der starren Unterlage befestigt ist. Als Meßgröße dient beim elektromagnetischen Verfahren die Geschwindigkeit, bei der photoelektrischen Registrierung die Verlagerung des Körpers. Der Vorteil der direkten Ballistokardiographie liegt in dem relativ geringen apparativen Aufwand, der auch ambulante Untersuchungen gestattet. Ein Nachteil zeigt sich jedoch darin, daß eine ausreichend exakte *Eichung* der Apparatur kaum durchführbar und damit auch jeder Versuch einer quantitativen Auswertung des BKG von vornherein mit erheblichen Unsicherheitsmomenten belastet ist.

Der *Hauptkomplex* des Ballistokardiogramms besteht aus einer triphasischen Schwankung, deren Fuß- bzw. Gipfelpunkte mit den Buchstaben H, I, J, K bezeichnet wurden (Abb. 180). Diesem Hauptkomplex schließen sich meist einige Zacken geringerer Amplitude (L, M, N) an, die von STARR als ,,Nachschwingungen" gedeutet wurden. Zur Frage der Zuordnung der einzelnen BKG-Komponenten zu bestimmten Phasen der Herzaktion ist eine größere Anzahl von Untersuchungen durchgeführt worden. Solange die physikalischen Faktoren der Energieübertragung vom Entstehungsort der Reaktionskräfte auf das Registrierinstrument noch nicht in Einzelheiten übersehbar sind, bleibt eine Klärung dieser Zusammenhänge zumindest schwierig. Immerhin scheint auf Grund der bisher vorliegenden Untersuchungsergebnisse eine gröbere Zuordnung der BKG-Hauptkomponenten zu bestimmten Phasen der Herzaktion möglich zu sein. So fällt der I—J-Komplex offenbar in die Austreibungszeit. STARR deutete ihn aus diesem Grunde als unmittelbaren Ausdruck der Ventrikelkontraktion und versuchte, aus den Amplituden der I- und J-Zacken (bzw. den von I und J begrenzten Flächen), dem Aortenquerschnitt sowie der mittleren Pulsdauer eine brauchbare Formel zur Berechnung des Schlagvolumens zu entwickeln. Eine experimentelle Überprüfung dieser Formeln hat jedoch im ganzen zu wenig befriedigenden Resultaten geführt. So weichen die nach STARR oder TANNER aus dem BKG errechneten Schlagvolumina z. T. erheblich von den nach WEZLER-BÖGER, BROEMSER und RANKE oder den nach der FICKschen Methode (mit Herzkatheterismus) ermittelten Werten ab (KUMMER und LANDES; KAZMEIER und SCHILD) u. a.

Eine Teilursache dieser Diskrepanzen ist sicher darin zu suchen, daß die Amplituden bzw. Flächen der im BKG auftretenden Zacken nicht nur von der Größe der Reaktionskräfte, sondern auch von individuell stark variablen Faktoren wie dem Körpergewicht, der elastischen Vorspannung der Thoraxorgane, der Dicke des Fettpolsters usw. abhängen. Wie eine von HAAS und KLENSCH vorge-

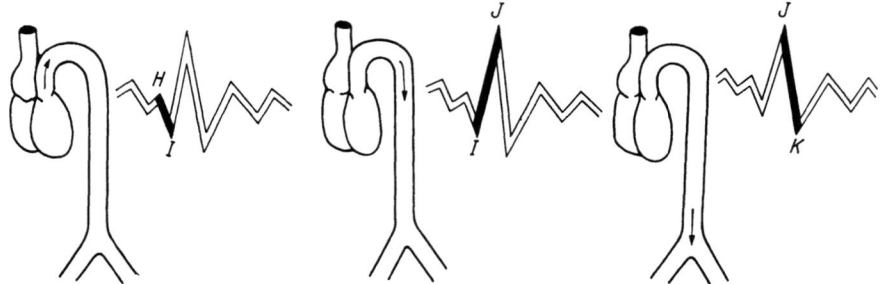

Abb. 180. Schematische Darstellung eines Ballistokardiogramms mit dem Versuch einer Bedeutungsanalyse der Hauptzacken. Die jeweils schwarz gezeichneten Teilkomponenten des *H-I-J-K*-Komplexes sollen durch Veränderungen der Blutströmung verursacht werden, die in dem nebenstehenden Kreislaufschema durch Pfeile gekennzeichnet sind. (Nach LUISADA und CONTRO)

nommene mathematisch-physikalische Analyse der Registriertechnik ergab, sind außerdem gerade die z. Z. am meisten gebräuchlichen hochfrequenten, mittelfrequenten und direkten ballistokardiographischen Verfahren wenig geeignet, quantitativ verwertbare Ergebnisse zu liefern. Danach wird die Aufzeichnung der Reaktionskräfte durch „hochfrequente" Schwingtische in besonders starkem Maße durch Resonanzfehler und gekoppelte Schwingungen zwischen den verschiedenen elastischen und starren Überträgersystemen des Körpers verzerrt. Bei der „mittelfrequenten" Methode nach NICKERSON wird das BKG offenbar nur in Frequenzbereichen oberhalb etwa 5 Hz amplituden- und phasengetreu wiedergegeben, während die tatsächlich vorkommenden niederen Frequenzen ebenfalls entstellt werden können. Bei dem augenblicklichen Entwicklungsstand der Ballistokardiographie sind hinreichend exakte Bestimmungen der Herzkraft oder des Schlagvolumens also wohl noch nicht möglich. Aus diesem Grunde sind verschiedene Untersucher (u. a. DOCK, MANDELBAUM und MANDELBAUM) dazu übergegangen, auf die Möglichkeit einer Eichung und damit auf eine quantitative Analyse der registrierten Kurven ganz zu verzichten und sich auf eine rein qualitative Auswertung des BKG zu beschränken. Da Form und Verlauf des BKG nicht nur von der verwandten Apparatur, sondern auch von zahlreichen individuellen Faktoren abhängen, wird man sich zweckmäßigerweise auch dabei zunächst noch mit Verlaufsuntersuchungen am selben Patienten und mit demselben Gerät begnügen. In diesem Rahmen hat sich die Ballistokardiographie bis jetzt vielfach als brauchbares diagnostisches Hilfsmittel bei der Beurteilung von Herz- und Kreislauferkrankungen erwiesen (STARR; DOCK; MANDELBAUM und MANDELBAUM; KAZMEIER und SCHILD u. a.). Nach langjährigen Beobachtungen von STARR scheint das BKG dabei besonders für die Früherfassung und für die Prognose der Herz-Kreislaufstörungen von Bedeutung zu sein. Bemerkenswerterweise finden sich auch mit zunehmendem Alter ohne manifeste Erkrankungen des Herzens oder des Kreislaufs in wachsendem Prozentsatz Veränderungen der BKG-Form, so daß das Lebensalter bei der Abgrenzung eines „Normal-Bildes" berücksichtigt werden muß. Die wesentlichsten pathologischen BKG-Veränderungen bei Erkrankungen des Herz-Kreislauf-Systems bestehen in einer allgemeinen Abflachung der Amplituden, in Knotungen, Aufsplitterungen und bogenförmigem Verlauf der I—J-Strecke oder in völligen Verzerrungen des Kurvenverlaufs.

Neuerdings wurde von KLENSCH (1956) ein Modellkreislauf auf dem von ihm entwickelten (frequenzunabhängigen) Rolltisch-Ballistographen (Spiegelglasflächen und Kugeln) aufgebaut und in Elongationsschreibung registriert. Die kurvenanalytische Deutung des menschlichen Elongationsballistogramms als Differenzkonstruktion zweier entgegengesetzt gerichteter phasisch versetzter Teil-Schwerpunktsverschiebungen wurde hierdurch bestätigt. Es konnte dabei das aus dem BKG des Modellkreislaufs indirekt ermittelte „Schlagvolumen" durch Nachmessen der objektiven Fördermenge kontrolliert und die Brauchbarkeit der aufgestellten Formel geprüft werden. Bei Anwendung eines Elongationsverfahrens wird mit der Möglichkeit einer Schlagvolumenbestimmung gerechnet.

Der Atempuls

Über den *Atempuls*, die *kardiopneumatische Bewegung*, die grundsätzlich auch in dieses Kapitel gehört, wurde bereits bei der Erörterung der Frage des Anteils des Herzens an der Förderung des Venenblutes berichtet. Es sei deshalb an dieser Stelle darauf verwiesen (S. 275f.).

Das Radiokardiogramm

Bei der *Radiokardiographie (Prinzmetal)* handelt es sich um die graphische Darstellung der Durchströmungsbedingungen von etikettiertem Blut durch die Herzkammern mittels eines registrierenden GEIGER-MÜLLER-Gerätes.

Den Patienten wird dabei nicht mehr als eine einfache Venenpunktion zugemutet. Injiziert werden etwa 0,2 mC radioaktives Kochsalz (^{24}Na) in die rechte Vena cubitalis. Die relativ kleine Dosis reicht aus, da das ^{24}Na neben einer β-Strahlung von 1,39 MeV, die vom Körper völlig absorbiert wird, eine durchdringungsfähige γ-Strahlung von 2,76 MeV aussendet. In Anbetracht der kurzen Halbwertszeit des ^{24}Na von 14,8 Std., das außerdem noch eine schnelle Ausscheidung durch die Nieren erfährt, ist das Verfahren als völlig unschädlich für den Patienten anzusehen. Das ^{24}Na muß sehr schnell injiziert werden und der Venenstrom zum Herzen künstlich beschleunigt werden (Erwärmen der Extremität und Bewegungen vor der Injektion, sofortiges senkrechtes Erheben des Armes nach der Injektion). Schon während der Injektion wird auf die Herzgegend des Patienten ein gut abgeschirmtes Zählrohr aufgelegt.

Mittels eines registrierenden GEIGER-MÜLLER-Zählrohrgerätes erhält man Diagramme, die dem zeitlichen Verlauf der Strahlung und damit der Konzentration des ^{24}Na in den Herzkammern nach der Injektion entsprechen, und zwar getrennt für rechtes und linkes Herz. Abb. 181 zeigt ein normales Radiokardiogramm.

Radioaktivität Null entspricht der Nullinie des Diagramms. Das Ansteigen der Kurve entspricht dem Anwachsen der Radioaktivität. Im Normalfall erhält man zwei Hauptspitzen. Die erste ist mit R bezeichnet, denn sie entspricht der Radioaktivität in den Räumen des rechten Herzens; die zweite Spitze ist mit L bezeichnet, da sie der Radioaktivität in den großen Pulmonalvenen hinter dem Herzen und in den linken Herzräume entspricht. Der aufsteigende Schenkel der R-Spitze, der dem Einströmen von ^{24}Na in die V. cava sup. und in das rechte Herz entspricht, erfolgt abrupt nach der Injektion. T (transition point = Übergangspunkt der englischen Autoren) entspricht dem Zeitpunkt, in dem sich der größte Teil des etikettierten Blutes in den Lungengefäßen befindet. Die L-Spitze hat eine viel geringere

Amplitude als die R-Spitze und ist erheblich breiter (Verdünnung der radioaktiven Salzlösung nach Durchlaufen der Lungengefäße (!); R- und L-Gipfel sind nach planimetrischer Ausmessung gleich groß, da die gleiche Menge etikettierten Blutes hintereinander beide Herzkammern durchfließen muß). Der ansteigende Schenkel von L, der der Füllung der Pulmonalvenen und des linken Herzens entspricht, ist von kurzer Dauer; ihm folgt ein ganz flacher Abstieg entsprechend der Entleerung des linken Herzens von radioaktivem Blut. Durch die

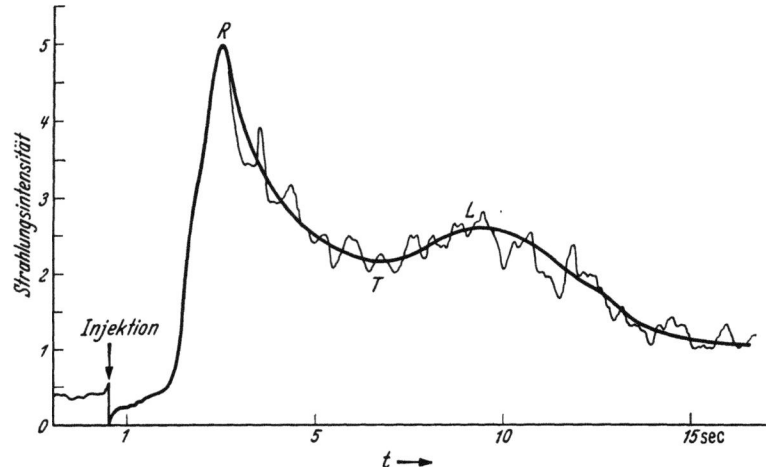

Abb. 181. Normales Radiokardiogramm (Nach PRINZMETAL)

Coronargefäße wird schätzungsweise 5—10% des Aortenblutes im Herzbereich zurückgehalten. Dadurch wird die Strahlungsaktivität über dem Herzen während der Linksphase um diesen Betrag erhöht.

Gerade auf dem Gebiet der angeborenen Herzfehler dürfte das Verfahren, dessen Entwicklung wohl noch nicht voll abgeschlossen ist, wertvoll sein. Durch die Art der Injektion und der Meßtechnik können allerdings bedeutende Unterschiede auftreten.

In Erweiterung der von PRINZMETAL angegebenen Methode des Radiokardiogramms arbeiten WASER und HUNZINGER an der Entwicklung eines *Radiocirculogramms*, das unter Anwendung radioaktiver Isotope mit Hilfe mehrerer Zählrohre weitgehende Einblicke in die gesamte Hämodynamik von Herz und Gefäß gestattet (Abb. 182). Es wird so angestrebt, die Dauer der gesamten Herzphase, die vom Einstrom des markierten Blutes in den rechten Vorhof bis zur völligen Auswerfung aus dem linken Ventrikel dauert, die Leistungszeit, das Restblutvolumen, das Minutenvolumen, Kreislaufzeiten für bestimmte Herzabschnitte (Stauungszustände!) und bestimmte

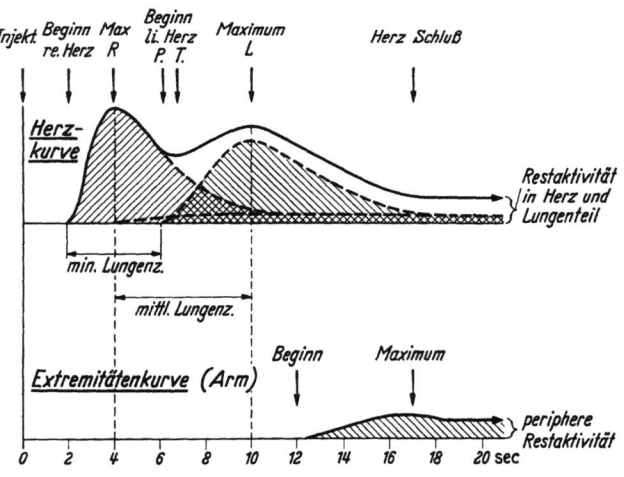

Abb. 182. *Radiokardiogramm (Radiocirculogramm)*. Schematisierte Herz- und Extremitätenkurven. R Rechtsgipfel, L Linksgipfel, P Beginn des Einstroms in das linke Herz, Lungenzeit, T Minimum, Übergangspunkt (Transition point). (Nach P. WASER und W. HUNZINGER)

Abschnitte des großen und kleinen Kreislaufs, Durchblutungsgrößen bestimmter Extremitätenabschnitte und Strömungsgeschwindigkeiten in einzelnen Gefäßen zu ermitteln.

Die röntgenologischen Untersuchungsmethoden des Herzens

Daß die *Röntgenuntersuchung* des Herzens schließlich weitgehende Einblicke in die Herztätigkeit gibt, liegt auf der Hand. An dem Umriß des Schattens von Herz und Gefäßwand, den man bei der Röntgenuntersuchung vor sich sieht, unterscheidet man mehrere ,,Bögen", links vier und rechts zwei (Abb. 183). Auf der linken Seite wird der ausladende untere Bogen von dem linken Ventrikel gebildet, darüber liegt ein kleiner Bogen, der vom linken Vorhof bzw. Herzohr gebildet wird, darüber sehen wir die Bögen der Art. Pulmonalis und der Aorta. Rechts unten ist der rechte Vorhof randbildend, darüber die Vena cava superior oder die Aorta ascendens.

Die *Durchleuchtung* der Patienten vor dem Schirm hat den Vorteil, daß man durch Drehung des Patienten die räumliche Ausdehnung der Herzteile und den Verlauf der Gefäße beurteilen kann. Man dreht in den ,,ersten schrägen Durchmesser" (rechte Schulter nach vorne), oder in den ,,zweiten schrägen Durchmesser" (linke Schulter nach vorne). Bei der *Herzfernaufnahme* muß der Fokus der Röntgenröhre 2 m Abstand vom Körper des Patienten haben. Befindet er sich nämlich dicht hinter dem Körper, so erscheint infolge der Divergenz der Strahlen

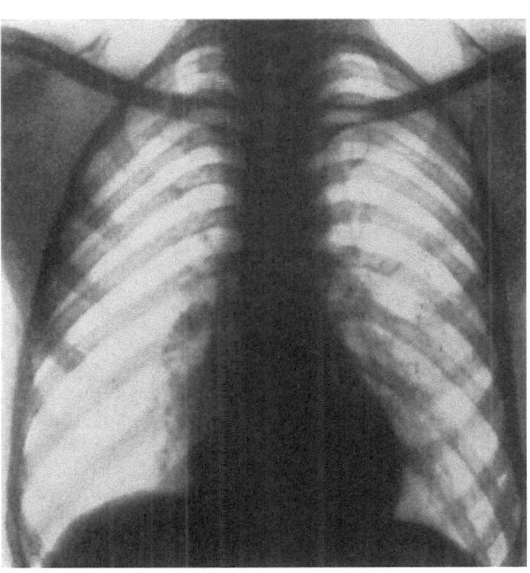

Abb. 183. Röntgenbild eines normalen Herzens.
(Nach F. SCHELLONG)

der Herzschatten zu groß. Bei 2 m Abstand ist der Fehler nur sehr gering. Bei tiefem Zwerchfellstand und schlankem Thorax erscheint das Herz ,,steilgestellt", bei hohem Zwerchfellstand und breitem Thorax ,,quergestellt". Verbreiterungen der einzelnen Herz- und Gefäßabschnitte ergeben charakteristische Formen, die Spezialbüchern der Röntgenologie zu entnehmen sind.

Durch die *Kymographie* (STUMPF) können die Bewegungsvorgänge des Herz- oder Gefäßrandes dargestellt werden. Zwischen Brustwand und Film ist ein Raster angebracht, der nur durch horizontale schmale Schlitze die Röntgenstrahlen durchfallen läßt. Während der Belichtung bewegt sich der Raster etwa 1 cm nach abwärts, so daß die in diesem Bezirk während der Belichtungszeit erfolgenden Randpulsationen abgebildet werden (Abb. 184). Es entstehen Zacken, die aus einer raschen Medialbewegung (Systole) und einer langsameren Lateralbewegung (Diastole) bestehen. Aus der Form und der Amplitude dieser Zacken lassen sich Schlüsse auf Form und Größe der Systole bzw. Diastole der abgebildeten Herzrandpartien ziehen. Veränderungen der Kontraktionsform lassen sich so erkennen, sowohl der einzelnen Herzteile als auch einzelner Stellen, z. B. Abschwächung im Bereich eines Bezirks beim Myokardinfarkt. Natürlich ist immer zu beachten, daß durch Interferenz von Volum- und Lageänderungen im Bewegungsbild der Herzschattenrandpunkte Deformierungen des Röntgenkymogramms zustandekommen können (LUDWIG und HECKMANN).

Schon STUMPF hat auf Schwärzungsunterschiede der Filme nahe den Konturen hingewiesen, die auf eine Änderung der Dicke bzw. Dichte des Organs zurückzuführen sind. Durch Abtasten dieser Unterschiede mit einem Lichtpunkt und Registrierung der verschiedenen Durchlässigkeiten über eine Photozelle und ein Galvanometer ähnlich der bei der Spektrographie üblichen Auswertung der Schwärzung der Photoplatten hat STUMPF als *Densogramme* bezeichnete Kurven erhalten, die mit den im Folgenden zu besprechenden eine große Ähnlichkeit aufweisen.

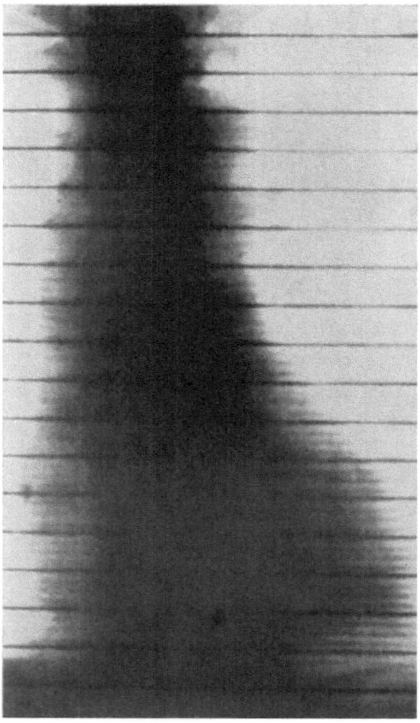

JANKER, JAKOBI und SCHMITZ haben 1931 eine Apparatur angegeben, mit der über einen Verstärker und einen Kathodenstrahloszillographen die Spannungsschwankungen registriert werden, die lochartig ausgeblendete Röntgenstrahlen nach Durchsetzung des Herzens in einer Ionisationskammer erzeugen („Ionographie"). Ein derartiges *Ionogramm* gestattet Rückschlüsse auf die an der Durchdringungsstelle auftretenden Dickenschwankungen bei der Herzaktion. W. SCHMITZ und H. SCHAEFER haben die Methode 1935 zur Untersuchung der zeitlichen Beziehungen der Tätigkeitsäußerungen des Herzens benutzt.

Ein solches *Ionogramm* ist ein Maß für die in jedem Augenblick hinter dem Herzen vorhandene Röntgenenergie. Letztere ist aber nicht einfach der jeweiligen Dicke des Herzens proportional, sondern die Gesetzmäßigkeit hängt von der absoluten Dicke des Herzens bzw. des Körpers und der Härte der Röntgenstrahlen ab. Das Ionogramm entspricht also der Bedingung nicht, daß die Amplitude der Stromänderung proportional der zu untersuchenden Größe sein soll („Linearität des Ausschlages"). Wenn es nur auf den zeitlichen Ablauf, nicht auf die absolute Größe der Herzdicke ankommt, kann man das gelten lassen. Die Ionogrammkurve zeigt im allgemeinen ein deutliches Minimum und Maximum der Absorption. Die maximale Absorption der Röntgenstrahlen fällt zeitlich etwa mitten in das Intervall der Spitzen

Abb. 184. Kymogramm mit Randzackenbildung von normaler Größe. Man erkennt in jedem Raster drei Randzacken. (Nach F. SCHELLONG)

von R und T des EKG, die auf die Austreibung des Blutes bezogen wird. Aber auch der Beginn der Anspannung bildet sich in den Diagrammen sichtbar zur Zeit der Spitze oder des abfallenden Teils von R mit einem Absorptionsmaximum ab, das zu Beginn der Austreibung durch eine spitze Zacke von dem zweiten Maximum getrennt ist. Diese Zacken finden sich sowohl bei einem fast punktförmigen Röntgenstrahl als auch bei Anwendung eines breiten Strahlenbandes, das horizontal von der Mittellinie aus bis weit über den linken Herzrand hinauslief. Es handelt sich also hier um Lageänderungen des ganzen Herzens, nicht um kleine Schwankungen der Lage des Herzrandes, der gerade von dem punktförmigen Strahl getroffen wurde. Als Beginn der Anspannung wird auch hier nicht das Ionogramm, sondern der Beginn der QRS-Gruppe zugrunde gelegt. Die Anspannungszeit (bis zum Beginn der ionographisch sichtbaren Austreibung) ergibt dabei Werte von 130—150 msec und endet demnach später als nach den sonstigen Befunden, eben weil nach dem Ionogramm die Austreibung später beginnt als sonst angenommen wird. Der weitere Verlauf der Ionogrammkurve zeigt in den meisten Fällen zwei

Abb. 185. Kontrastdarstellung des Herzens und der großen Gefäße *(Angiokardiographie)*. 3 vergrößerte Phasenbilder aus einem mit 18 Bildern pro Sekunde aufgenommenen röntgenkinematographischen Film. Zur Erläuterung der dargestellten Herz- und Gefäßabschnitte sind entsprechende Skizzen beigegeben. Injektion des Kontrastmittels von der rechten Cubitalvene aus. Normaler Füllungsvorgang des Herzens und der großen Gefäße. a_1 Darstellung des rechten Herzens und der Lungenarterien (sog. Dextrogramm). $2^{1}/_{2}$ sec nach Erscheinen des ersten Kontrastmittels in der Vena cava cranialis. *1* Vena cava cranialis, *2* Atrium dextrum, *3* Ventriculus dexter, *4* Arteria pulmonalis. a_2 und a_3 Darstellung des linken Herzens nach Passage des Lungenkreislaufs (sog. Laevogramm). a_2 $2^{1}/_{18}$ sec später als a_1. Linke Kammer *(6)* auf dem Höhepunkt einer Diastole; *7* Aorta ascendens, *8* Aorta descendens. a_3 $1^{5}/_{18}$ sec später als a_2. Darstellung des linken Vorhofes *(5)* mit den Lungenvenen-Einmundungen am Ende einer Systole. Der Pfeil weist auf das linke Herzohr. (Nach R. JANKER)

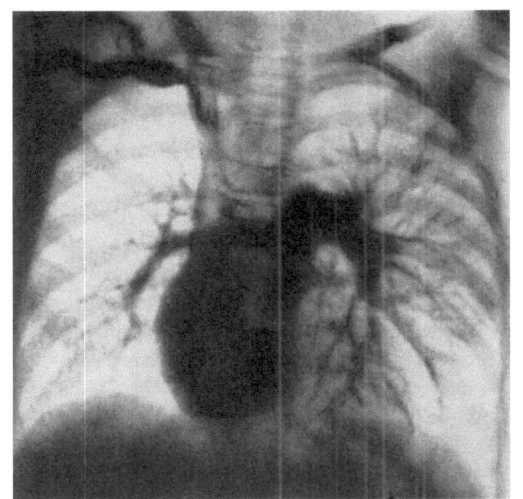
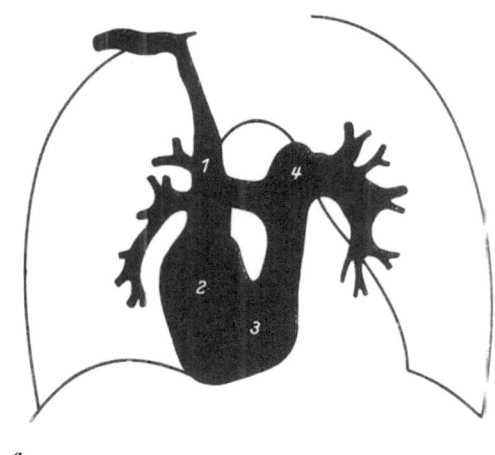

a_1

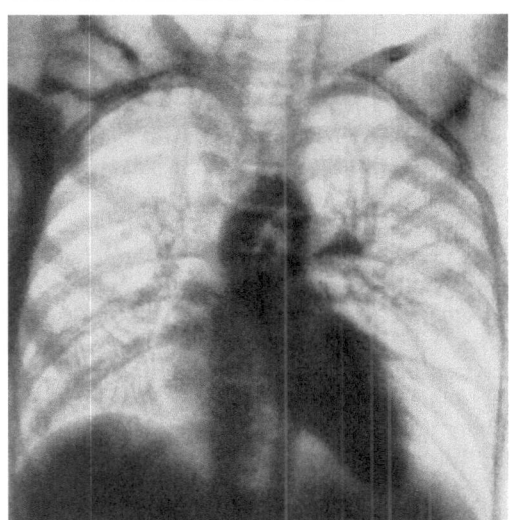
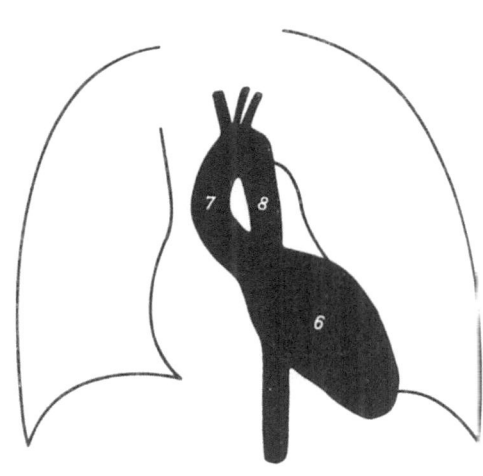

a_2

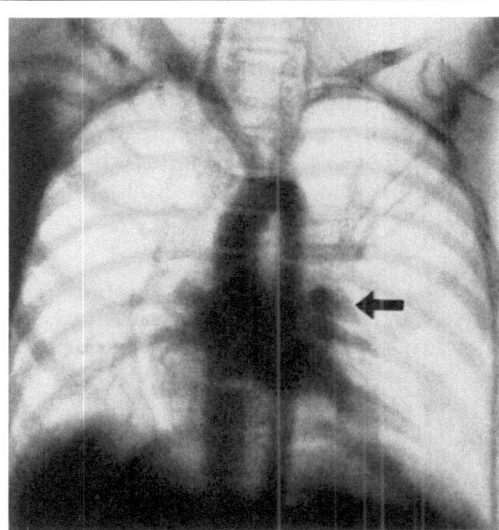
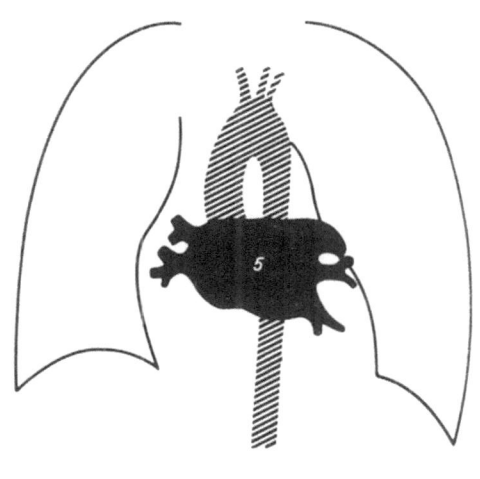

a_3 Abbildung 185

Minima der Absorption, das erste zu Beginn der Erschlaffung (Ende T, Beginn des II. Tones). Dem Beginn der Anfüllung entspricht das zweite Minimum. Die Kurve hebt sich dann rasch entsprechend der allgemeinen Annahme, daß die Anfüllung des Herzens zu Beginn der Diastole erfolgt und zur Zeit der Vorhofsystole schon fast vollständig beendet ist (STARLING). Die Kontraktion des Vorhofs wirft also kaum noch mehr Blut in die gefüllten Ventrikel (s. S. 177).

Die konsequente Fortentwicklung der densographischen Methoden führte zur *Elektrokymographie* [von HECKMANN (1936) als *Aktinokardiographie* bezeichnet], die im wesentlichen darauf beruht, daß die durch Verschiebung einer Kontur bedingte Veränderung der durch einen senkrecht auf die Kontur eingestellten Schlitz durchtretenden Strahlung über eine Photozelle mit einem Galvanometer auf einen bewegten Filmstreifen, ähnlich einem EKG, registriert wird. Diese durch Bewegungsänderung einer Kontur erzeugte Kurve wird als *Elektrokymogramm* bezeichnet. Anfangs wurde eine Ionisationskammer (KJELLBERG, 1936), später eine Selenzelle verwendet, die jedoch sehr bald unter dem Einfluß der Röntgenstrahlen geschädigt und unempfindlich wird. Die Methode wurde erst allgemein verwendbar, nachdem eine Photoröhre mit elektronischem Verstärker Anwendung fand. Auf diesem Prinzip beruht die von HENNY und BOONE 1945 verbesserte Methode der *Elektrokymographie*, die von LUISADA und Mitarbeitern weiterentwickelt und als *Fluorokardiographie* bezeichnet wurde. Auf ähnlichem Prinzip beruht auch die von LIAN und MINOT 1946 als *Radioelektrokymographie* und die von MARCHAL als *Cinédensigraphie* angegebene Methode und die von den oben genannten nordischen Autoren endgültig entwickelte Anlage. Zur zeitlichen Zuordnung der im Elektrokymogramm erhaltenen Zacken empfiehlt sich die gleichzeitige Aufnahme des Sphygmogramms der Art. carotis, des Phonokardiogramms oder des EKG. Wie zu erwarten ist, ergeben sich große individuelle Verschiedenheiten. Auch beim gleichen Patienten können die von verschiedenen Punkten der Herzkontur der gleichen Herzhöhle gewonnenen Kurven große Unterschiede aufweisen. Immerhin konnten DEUTSCH und Mitarbeiter typische Kurvenverläufe für den Ventrikel herausarbeiten. Die schwere Deutbarkeit des Kurvenbildes hängt damit zusammen, daß die Kurvenbewegungen nicht nur durch Volum-, sondern auch durch Dichteänderungen bewirkt werden können. R. HAUBRICH gab 1955 eine monographische Übersicht über die Bedeutung der Elektrokymographie, der auch Einzelheiten über die physiologischen Herzrandbewegungen entnommen werden können.

Von besonderer Bedeutung ist die besonders von R. JANKER zur meisterhaften Vollendung entwickelte *Röntgenkinematographie* mit Kontrastdarstellung der Gefäße und Herzbinnenräume *(Angiokardiographie)*; namentlich zur sicheren Diagnose von Herzmißbildungen vor deren operativer Behandlung hat diese Methode neuerdings erhöhte Beachtung gefunden. Abb. 185 zeigt sog. *Dextrogramme*, d. h. die Füllung des rechten Herzens, und das entsprechende *Laevogramm* bei Füllung des linken Herzens. Besonders bemerkt sei jedoch, daß beim Gesunden keine Indikation zur Vornahme einer Angiokardiographie [mit Hilfe des Herzkatheterismus! (s. dazu Fußnote S. 273)] gegeben ist.

Die Zeitverhältnisse der einzelnen Phasen der Herzaktion

Die experimentelle Physiologie hat sich schon frühzeitig mit der Bestimmung der zeitlichen Verhältnisse bei einer Herzrevolution befaßt. Besonders die Bestimmung der Anspannungszeit und Austreibungszeit forderte schon 1910 EDENS als entscheidenden Bestandteil einer kardiologischen Analyse.

Die tatsächliche Existenz einer Anspannungszeit (Verschlußzeit) wurde 1863 von CHAUVEAU und MAREY auf Grund der Tatsache festgestellt, daß der Druckanstieg in der Aorta beim Pferd etwa 0,1 sec nach Beginn der Kammersystole erfolgt. Die weiteren älteren tierexperimentellen Arbeiten können hier übergangen werden, weil sie meist noch die Druckkurven mit unzureichender Methodik registrierten (oft schon leicht erkennbar an den „systolischen Wellen" der Druckkurven, s. dazu S. 288). Genannt seien vor allem HÜRTHLE, FRÉDÉRICQ, LÜDERITZ, DE HEER und EDGREN. Ihre Werte für die Anspannungszeit schwankten zwischen 0,02 und 0,06 sec. PIPER fand an der Katze den Wert von 0,05 sec, LÜDERITZ und TIGERSTEDT am Kaninchen 0,02—0,04 sec. Beim Menschen fanden die verschiedensten Autoren meist Zeiten zwischen 0,05—0,1 sec (MAREY, LANDOIS, HÜRTHLE, TIGERSTEDT, ROBINSON und DRAPER, O. HESS u. a.). Sie bedienten sich meist zur Messung der gleichzeitigen Aufschrift des Kardiogramms und des Carotispulses (aus der gleichzeitig ermittelten Pulswellengeschwindigkeit zwischen Carotis und Radialis wurde — nicht ganz exakt wegen der unterschiedlichen Pulswellengeschwindigkeit in Aorta und Art. radialis! — die Verspätung für die Strecke Aortenklappen bis Abnahmestelle des Carotispulses ermittelt und von der Zeitdifferenz zwischen Kardiogrammbeginn und einsetzender Carotispulsation abgezogen). Schon frühzeitig wurde gefunden, daß die Anspannungszeit (von extrem niedrigen Drucken abgesehen) verhältnismäßig wenig von der Höhe des Aortendruckes abhängig ist.

Man hat auf verschiedensten Wegen versucht, zu zuverlässigen Zeitbestimmungen der Herzphasen zu kommen, z. B. aus Herztönen und der 2. Vorschwingung des Subclaviapulses (O. HESS), die ja tatsächlich Ausdruck der isometrischen Kammeranspannung ist. Jedoch war damals die Kenntnis über die zeitliche Einordnung der Herztöne noch unzureichend. Der I. Ton setzt ja bei einem bestimmten Frequenzgang der Apparatur (s. S. 325) mit dem beginnenden Druckanstieg im Ventrikel ein (O. FRANK, A. WEBER u. a.). Das Ende der Anspannungszeit fällt also in das Tonbild von I hinein (SCHÜTZ). EINTHOVEN und GELUK beobachteten zuerst, daß I an der Basis oder Aortenauskultationsstelle um etwa 0,06 sec später einsetzt als an der Spitze. EINTHOVEN nahm schon an, daß das der Dauer der Anspannungszeit entspricht, da die Semilunarklappen, solange sie während der Anspannungszeit geschlossen sind, auf die Fortleitung von I dämpfend einwirken. Eine diese Verhältnisse nachweisende Registrierung gab SCHÜTZ. Der Versuch von v. DUNGERN, dadurch die Grenze zwischen Anspannungs- und Austreibungszeit meßtechnisch zu erfassen, ergibt aber eine zu geringe Sicherheit der Messung und ist außerdem bei Herzfehlergeräuschen auch oft nicht anwendbar (s. S. 322 ff.).

Das in der älteren Literatur so oft zu diesem Zweck herangezogene Kardiogramm (WEITZ, FREY u. a.) hat sich ebenso wie das Oesophaguskardiogramm keine Beliebtheit errungen, obwohl es leidliche Annäherungswerte ergibt, wohl vor allem deshalb, weil es so stark von den Brustwandverhältnissen abhängig ist und seine „typische" Form individuell und außerdem so leicht mit der Abnahmestelle wechselt. Die Spitzenstoßkurve allein wird daher von zahlreichen Autoren — wohl mit Recht — als nicht zuverlässig genug angesehen. (H. STRAUB, EDENS, SCHULTZ, BLUMBERGER). Ähnliches gilt von der Mehrzahl der neueren, der Kardiographie verwandten Methoden (s. vorher). Auch die Röntgenkymographie hat nicht alle Erwartungen in dieser Hinsicht erfüllt; das Jonogramm gibt ganz aus den sonstigen Bestimmungen herausfallende, zu lange Werte für die Anspannungszeit (0,13—0,15 sec), das Rheokardiogramm mit 0,09—0,15 sec wohl ebenfalls.

Wir werden also im einzelnen erörtern müssen, wie Systolenbeginn, Systolenende und die Grenze zwischen Anspannungs- und Austreibungszeit z. Z. wohl am besten erfaßt werden können. Die Betrachtung wird zeigen, daß man alle Verfahren nicht als streng physikalische Meßmethoden auffassen und ihre Ergebnisse hinsichtlich der Absolutwerte nicht als völlig gesichert ansehen darf, worauf auch RANKE gelegentlich einmal hinwies.

Der *I. Herzton* ist zur Festlegung des *Systolenbeginns* aus mehreren Gründen ungeeignet. Einmal ist die Deutung des sog. Vorsegmentes umstritten, wenn auch höchstwahrscheinlich ist, daß es mit Beginn der intraventrikulären Drucksteigerung einsetzt. Aber seine Darstellung (relativ tiefe Frequenzen!) ist abhängig vom Frequenzgang der angewandten Apparatur und außerdem können Schwingungen der Vorhoftones bzw. beim Einströmen des Blutes in die Kammer mit den Vorsegmentschwingungen verschmelzen (s. S. 345).

Daß das *Kardiogramm* heute nicht mehr beliebt ist zur Ermittlung des Systolenbeginns, wurde oben schon ausgeführt. Dabei ist auch zu bedenken, daß genau genommen, alle Mechanokardiogramme den Systolenbeginn verspätet anzeigen, denn es müssen schon eine größere Zahl Herzmuskelfasern kontrahiert sein, bis eine Formänderung der Kammer registriert werden kann.

Fast alle neueren Methoden verwenden zur Festlegung des *Systolenbeginns* das Auftreten der *Q-Zacke des EKG*, ein meßtechnisch sehr sicher zu bestimmender Zeitpunkt; dieser Zeitpunkt liegt sicher zeitlich *vor* Beginn der Kontraktion der linken Kammer. Im ansteigenden Schenkel von R finden wir sowohl das Einsetzen des I. Herztons wie des intraventrikulären Druckanstiegs (S 326). Wir brauchen an dieser Stelle nur zu verweisen auf das besondere Kapitel der elektrischmechanischen Latenz (S. 255), in dem diese Fragen ausführlich behandelt sind. Bei Messung von Beginn der Q-Zacke ab ist der Absolutwert sicher um einen allerdings wahrscheinlich geringen und meist konstanten Betrag fehlerhaft angegeben. (Man könnte auch nach einem Vorschlag von MAASS die noch sicherer zeitlich zu bestimmende R-Zackenspitze wählen und dann beispielsweise 10 msec hinzuzählen; MECHELKE und NUSSER messen neuerdings vom Fußpunkt des aufsteigenden Schenkels der R-Zacke.) Jedenfalls erscheint trotz einiger offener Fragen die Festlegung des Systolenbeginns durch die Q-Zacke des EKG als die brauchbarste Methode, allerdings gibt neuerdings POLZIEN eine Ungenauigkeit von etwa 17 msec an, wenn man den Einsatz der mechanischen Systole (Oesophagokardiogramm!) mit Hilfe des EKG bestimmt.

So geeignet das EKG zur Festlegung des Systolenbeginns ist, so ungeeignet ist es zur Festlegung des *Systolenendes*. Das hierfür in Betracht kommende *Ende der T-Zacke* entspricht in einem ziemlich weiten Bereich *nicht* dem Systolenende. Im Tierversuch hat GARTEN die Beziehungen des Druckablaufs in Herz und Aorta zum EKG und SCHÜTZ von Herztönen, Aortendruck und EKG eingehend untersucht. Übereinstimmend ergibt sich keine feste zeitliche Beziehung der T-Zacke zur Incisur der Aortendruckkurve. Es haben sich dann, als die systematische Untersuchung der Frequenzabhängigkeit der QT-Dauer beliebt wurde und man dafür sogar den unpassenden Ausdruck „elektrische Systole" verwandte, die Stimmen gemehrt, die sich davon überzeugten, daß mechanische Systole und QT-Dauer sich nicht entsprechen (v. DUNGERN; GROSSE-BROCKHOFF und STROTMANN; HERKEL und NÜRMBERGER; BLUMBERGER u. a.). Besonders HEGGLIN hat in neuerer Zeit unter mehr klinischen Gesichtspunkten das verschiedene Verhalten der QT-Dauer und der mechanischen Systole auszuwerten versucht. Aus der Dauer des Kammerelektrogramms kann man jedenfalls nicht auf die Dauer der mechanischen Systole schließen, wie GARTEN und SCHÜTZ zuerst gezeigt haben.

Als *Ende der Systole* wird von den meisten Untersuchern der *Beginn des II. Herztons* verwandt, der wegen seines plötzlichen Einsetzens sich zur Zeitmessung weit besser eignet als der I. Herzton (angewandt von BARTOS und BURSTEIN; BLUMBERGER; v. DUNGERN; HEGGLIN; GROSSE-BROCKHOFF und STROTMANN; HERKEL und NÜRMBERGER; JANE SANDS). Schon TIGERSTEDT wies darauf hin, daß der Abstand zwischen den beiden Herztönen, so bequem er auch sein mag, physiologisch und mechanisch nicht vollständig befriedigt. Auch HOLZER und POLZER betonen neuerdings wieder besonders, daß mit dem Beginn des II. Herztons das Ende der Austreibungszeit der linken Kammer verspätet erfaßt wird [ganz abgesehen von einem ungleichzeitigen Aorten- und Pulmonalklappenschluß, z. B. liegt inspiratorisch ein größerer Zufluß und ein größeres Schlagvolumen des rechten Herzens mit verlängerter Austreibungszeit vor und durch die inspiratorische Ausdehnung der Lungen ein absinkendes Schlagvolumen des linken Herzens und eine kürzere Austreibungszeit; entsprechend umgekehrt liegen die Verhältnisse im Exspirium (E. BECHER, A. WEBER, LEPESCHKIN)]. Bei der Messung vom Beginn des II. Tones ist natürlich zu beachten, daß bei der häufigen Spaltung des II. Tones derjenige Anteil genommen wird, der auf den Schluß der Aortenklappen zu beziehen ist (Spaltung von I bis 0,07 sec! s. S. 339f.). In der Regel wird der erste Teil des gespaltenen II. Tones in Frage kommen (Lage zur Incisur beachten!). [Allerdings vertreten einige Autoren den Standpunkt, daß die Kontraktion des rechten Ventrikels nicht nur früher beginnt, sondern auch früher endet (s. S. 340)].

Setzen wir die Gesamtsystole von Beginn Q bis Beginn des II. Herztons, so ergibt sich nach Abzug der Austreibungszeit in dem Meßverfahren von BLUMBERGER die *Anspannungszeit*. Die *Austreibungszeit* wird dabei nach H. SCHULTZ und KJ. BLUMBERGER vom Fußpunkt der Pulskurve bis zu deren Incisur gemessen, die Methode setzt also die gleichzeitige Registrierung von EKG, Herzschall und Carotis- oder Subclaviapuls voraus, und jede nachträgliche Synchronisation wird abgelehnt. Es besteht dabei der Vorteil, die Schwierigkeit der Bestimmung der Verzögerung der Pulsregistrierung überhaupt zu vermeiden.

Eine besondere Frage ist es, ob man die Austreibungszeit bis zur Incisur tatsächlich richtig bestimmt. Auf O. FRANK geht die Festlegung des Endes der Austreibungszeit an den *Knick* der Pulskurve zurück, nach dessen Auffassung die Drucksenkung zwischen dem Knick und dem Minimum der Incisur durch eine Rückströmung des Blutes nach dem Herzen hin bedingt ist, eine Feststellung, die durch Tierversuche auch erhärtet wurde. FRANK setzt die mögliche Unsicherheit dieses Zeitpunktes mit nicht mehr als 3 msec an. Auch WEZLER und BÖGER definieren entsprechend als Ende der Austreibungszeit die Knickstelle der Pulskurve, an der diese von dem langsamen in den steilen Abfall übergeht. WEZLER und GREVEN treffen die gleiche Feststellung, wobei jedoch gesagt wird, daß zur leichteren und sichtbareren Bestimmung der Systolendauer dort, wo es nur auf relative Werte ankam, das Minimum der Incisur gewählt wurde,,,das sich vom absoluten Wert nur um einen wenig veränderlichen Betrag unterscheidet". Da also die Strömungsumkehr in der Aorta am oberen Knick des Steilabfalls der Pulskurve erfolgt, wird die eigentliche Austreibungszeit also um einen bestimmten Betrag zu lang gemessen, der nach Messungen von BÖGER und WEZLER um 30 bis 60 msec, nach BEURICH und MAASS um 12—50 msec früher liegt. (Daß im Rheokardiogramm das ,,wahre Ende der Austreibungszeit" und die Gesamtsystolendauer um 10 msec kürzer gemessen werden, da diese Kurve ihren Anstieg 10 msec vor Beginn des II. Herztones beendet, wurde schon S. 357 erwähnt.)

Andere neuere Meßmethoden wurden von MAASS und BEURICH und von REINDELL und KLEPZIG angegeben. MAASS schlug ein Meßverfahren vor, bei dem die Anspannungszeit beim Menschen aus der gleichzeitigen Aufzeichnung der Subclavia- oder Carotispulskurve mit einer EKG-Ableitung gewonnen wird, wobei als zeitliche Verzögerung der Pulskurve die getrennt gemessene Zeitdifferenz des II. Herztons gegenüber dem Minimum der Incisur im absteigenden Teil der Pulskurve eingesetzt wird (s. Abb. 186). Aus dieser Differenz in der Registrierung des II. Tones und des Minimums der Incisur wird die Pulswellenlaufzeit von der Aortenklappe bis zur Abnahmestelle des Pulses entnommen, wobei allerdings offen bleibt, ob das rein theoretische der Laufzeit der primären Wellen gleichkommt (MECHELKE und NUSSER).

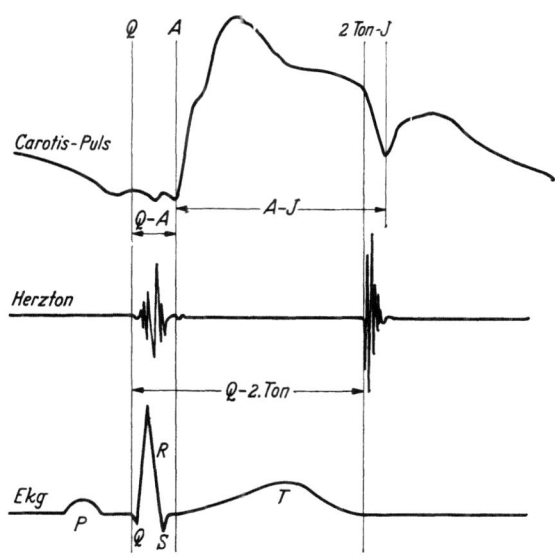

Abb. 186. Zur Erläuterung der verschiedenen Verfahren zur Messung der Anspannungs- und Austreibungszeit. (Nach H. BEURICH und H. MAASS)

BLUMBERGER: $Q - 2.$ Ton $=$ mechanische Systole
$A - J$ $=$ Austreibungszeit
$(Q - 2.$ Ton$) - (A - J) =$ Anspannungszeit

MAASS: $(Q - A) - (2.$ Ton $- J) =$ Anspannungszeit
$A - J$ $=$ Austreibungszeit

REINDELL-KLEPZIG: $Q - A - \dfrac{(\text{Carotis-Aorta})}{\text{Pulswellengeschwindigkeit}}$

Die beim Gesunden gefundenen Meßwerte befinden sich meist in Übereinstimmung mit den von BLUMBERGER angegebenen Grenzen.

Das Verfahren von REINDELL und KLEPZIG wertet die gleichen Teilstrecken aus wie MAASS, wobei REINDELL und KLEPZIG die von MAASS gemessene Korrekturzeit für die Anspannungszeit als Mangel einer Herztonschreibung über den Umweg der Bestimmung der Pulswellengeschwindigkeit und der jedesmal auszuführenden Messung der Strecke Aortenklappe-Pulsabnahmestelle errechnen. Sie bestimmen also im Gegensatz zu MAASS die Pulswellengeschwindigkeit im aufsteigenden Schenkel der primären Welle. Auch ROBINSON und DRAPER (bereits 1910) berechneten zur Bestimmung der Anspannungszeit jeweils die Pulswellengeschwindigkeit, den Beginn der Systole entnahmen sie jedoch aus dem Kardiogramm. Da BLUMBERGER die Incisur als Ende der Austreibungszeit setzt, zieht er also zur Bestimmung der Anspannungszeit eine etwas zu lange Austreibungszeit von der Gesamtsystole ab, mißt also die Anspannungszeit etwas zu kurz. Auch REINDELL und KLEPZIG wählten die Incisur als Ende der Austreibungszeit, bestimmten aber damit *nur* die Austreibungszeit, bei der wegen ihrer längeren Dauer der Fehler sich nicht so stark auswirkt, sie erhalten übrigens beim Gesunden für die Anspannungszeit meist die gleichen Werte wie BLUMBERGER.

Neuerdings haben MECHELKE und NUSSER (1951) die Pulssystolendauer an verschiedenen Abnahmestellen des Windkessels verglichen. Hierbei finden sie mit zunehmender Annäherung der Abnahmestelle an das Herz eine kürzere Austreibungszeit; damit ergeben sich für die Errechnung der Anspannungszeiten verlängerte Werte. Gelegentlich einer Kardiolyseoperation beim Menschen wurde die Austreibungszeit der Carotis im Durchschnitt um 0,026 sec länger als die des linken Ventrikels gefunden. Die nach BLUMBERGER gemessene mechanische Systolendauer war um 0,016 sec länger als die durch direkte Messung an der Pulskurve des linken Ventrikels gewonnene mechanische Systolendauer. Nach EMMERICH und Mitarbeitern (1956) ergibt sich bei Berücksichtigung der Meßgenauigkeit eine weitgehende Übereinstimmung der gefundenen Werte.

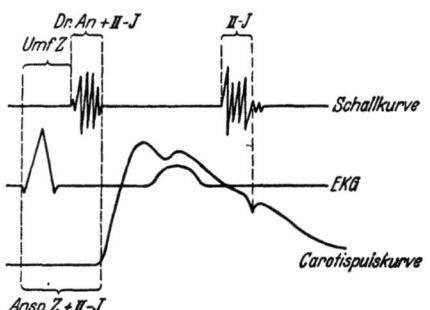

Abb. 187. Beispiel einer Herzschallkurve und Carotispulskurve mit eingetragenen Werten von Umformungs-, Druckanstiegs-, Anspannungs- und Austreibungszeit. (Nach K. HOLLDACK)

In Anlehnung an die S. 329, 332 dargelegte Auffassung von W. R. HESS über das Zustandekommen des I. Tones zerlegt HOLLDACK die Anspannungszeit in zwei Phasen, die erste bildet die praktisch ohne Widerstand ablaufende Umformungszeit, die zweite die Druckanstiegszeit, d. h. die Zeit, in der der Druck vom Füllungsdruck auf den diastolischen Aortendruck erhöht wird. Getrennt werden beide nach HOLLDACK durch den Beginn des *Tonsegmentes* des I. Tones. [Das Tonsegment (höhere Frequenzen und Amplituden als das Vorsegment) wird dabei durch geeignete Charakteristik des Schallverstärkers ausgesiebt, so daß das Vorsegment nicht zur Darstellung kommen soll, allerdings ist durch dieses Prinzip der zeitlichen Abgrenzung auch eine gewisse Willkür gegeben.] Die Abb. 187 erläutert das Meßverfahren, das im übrigen das MAASSsche Verfahren (II-J) zugrundelegt. Es ergibt sich eine bemerkenswerte Unabhängigkeit dieser so gewonnenen „Umformungszeit" von der Frequenz, während die Druckanstiegszeit trotz der geringeren absoluten Zeitwerte eine deutliche Abnahme mit zunehmender Schlagzahl zeigt. Als Mittelwerte werden angegeben für

die Umformungszeit: 0,054 sec,
Druckanstiegszeit: 0,032 sec,
Anspannungszeit: 0,086 sec,
Austreibungszeit: 0,290 sec.

Nach EMMRICH und Mitarbeitern (1956) ergeben sich bei kreislaufgesunden Normalpersonen für die Umformungszeit Werte zwischen 0,036 und 0,061 sec (durchschnittlich 0,050 sec), für die Druckanstiegszeit Werte zwischen 0,016 und 0,067 sec (durchschnittlich 0,040 sec) und für die Anspannungszeit als Durchschnittswerte 0,085 sec (BLUMBERGER), 0,083 sec (MAASS) und 0,090 sec (REINDELL-KLEPZIG) (betreffs des nur sehr bedingten klinischen Wertes der Unterteilung der Anspannungszeit bei Hochdruckkranken, s. EMMRICH, 1956).

Die älteren Literaturwerte der Anspannungszeit (Zusammenstellung von TIGERSTEDT) wurden oben schon als zwischen 0,02—0,10 sec schwankend angegeben. BLUMBERGER findet als normalen Schwankungsbereich 0,05—0,10 sec, meist 0,06—0,09 sec (MAASS: 0,055 bis 0,103 sec, auch LANDES: 0,05—0,10 sec), für die Austreibungszeit 0,195—0,31 sec (vgl. KATZ und FEIL: 0,22—0,298 sec, WEITZ: 0,195—0,315 sec, EDENS: 0,23—0,29 sec). (Daß Werte des Ionogrammes mit 0,13—0,15 sec für die Anspannungszeit wohl zu lang sind, wurde schon erwähnt; die Messung der Anspannungszeit von Q-Beginn bis zum Übergang des RKG in die Austreibungsphase ergibt mit einem um nur wenige msec schwankenden Durchschnittswert von 0,115 sec ebenfalls etwas längere Werte als die beschriebenen anderen neueren Bestimmungsmethoden.) Der Wert für die Anspannungszeit ist abhängig von der Dauer der vorhergehenden Diastole, von der vorhergehenden Systole, der Schlagzahl, dem peripheren Widerstand, der Anfangsfüllung des Herzens, dem Schlagvolumen, der Kraft und Schnelligkeit der Herzkontraktionen, wobei gegensätzliche Beeinflussungen miteinander konkurrieren können. So ist schon ein Schwankungsbereich beim einzelnen Menschen zu berücksichtigen, der aber beim Gesunden viel geringer ist als beim Herzkranken. Bei Störungen der Herztätigkeit werden die angegebenen Werte unter- oder überschritten.

Die Abhängigkeit der Austreibungszeit von der Pulsperiodendauer kann man nach der von BLUMBERGER im Koeffizienten berichtigten HERKELschen Formel

$$T_{1\,Aus} = 6{,}2 \sqrt[2{,}9]{p} \pm 0{,}03 \text{ sec}$$

angeben (analog der FRIDERICIA-Formel für die QT-Dauer! s. S. 149), womit aber wiederum die Werte nur auf einen von vielen möglichen bezogen werden; mit reinen Frequenzänderungen wird man ja beim Menschen kaum rechnen können!

Nach H. MÜLLER ist das Größenverhältnis der beiden systolischen Phasen zwar nicht voneinander abhängig, hält sich aber beim Herzgesunden in bestimmten Grenzen. Dem Bedürfnis nach relativen Werten kommt also die Aufstellung des

$$\text{Quotienten} \; \frac{\text{Austreibungszeit}}{\text{Anspannungszeit}}$$

entgegen. Von der Mitteilung absoluter Werte sollte man aber niemals absehen, ja der Quotient für sich allein kann pathologische Verhältnisse verschleiern (das gleiche gilt für den von BRUGSCH und BLUMENFELD (1920) formulierten Begriff der *Leistungszeit* des Herzens, dem Verhältnis Systolendauer : Dauer der ganzen Herzrevolution). Der Quotient Austreibungszeit : Anspannungszeit beträgt nach H. MÜLLER beim Gesunden 2,5—5,0 nach MAASS 2,7—4,4, bei Herzkranken 1,7—6,4, er kann also bei Herzkranken größer oder kleiner sein. Die größten Abweichungen wurden gefunden bei Aorteninsuffizienz, Mitralstenose, dekompensierter Hypertonie, Herzmuskelschwäche und bei BASEDOWscher Erkrankung. Quotienten wie beim Gesunden kommen aber auch in pathologischen Fällen vor, und nach SARRE und MEILINGER können Anspannungszeit, Austreibungszeit und ihr Quotient selbst bei schwer dekompensierten Fällen innerhalb der Norm liegen; nicht jede Herzdekompensation muß in einer Verlängerung der Anspannungszeit zum Ausdruck kommen, während umgekehrt nach BLUMBERGER die Verlängerung der Anspannungszeit ein sicheres Zeichen einer Herzinsuffizienz ist, auch wenn andere Insuffizienzerscheinungen fehlen. Auf die Grenzen der Methode bei frischer Myokarditis und bei veränderter Kreislaufregulation wiesen REINDELL und KLEPZIG hin. Auch HOLLDACK bemerkt, daß es die oben erwähnte Vielzahl der Faktoren, die die Länge der Anspannungszeit beeinflussen, mit sich bringt, daß eine verlängerte Anspannungszeit nicht so regelmäßig die beginnende Störung der Kontraktilität anzeigt, wie man das erwarten sollte.

Über die *Dauer der Entspannungszeit* können keine bestimmteren Angaben gemacht werden, weil der Moment der Öffnung der Vorhofklappen außer vom Ventrikel auch in erheblichem Maße von der Füllung der Vorhöfe abhängt (W. FREY). Nach WEITZ schwanken die Werte zwischen $9/100$ und $15/100$ sec in Abhängigkeit von der Herzfrequenz. Immerhin scheint die Streuung gering zu sein. Einen Anhaltspunkt gibt in dieser Hinsicht der zeitliche Abstand des Beginns des II. Herztons zum Beginn des III. Herztons, den LEONHARDT und SCHÜTZ genauer untersuchten, wobei aber zu beachten ist, daß der III. Herzton ja sicher schon im Beginn der Füllungszeit liegt (s. S. 344). Die *durchschnittliche Entfernung von II—III beträgt 0,13 sec*, bei der nur geringen Streuung von 0,115—0,150 sec und wird fast unabhängig von der Herzfrequenz (zwischen 57 und 133 pro min) nahezu konstant beibehalten. Bei gleichzeitiger Registrierung von Herztönen und Kardiogramm ergibt sich ein Synchronismus zwischen III. Ton und Einströmungswelle, was mit unserer Deutung des III. Tones als Herzwandbewegung (Ruck) durch das Einströmen des Blutes zu Beginn der Anfüllungszeit übereinstimmt (W. LEONHARDT und E. SCHÜTZ) (s. S. 344).

Die *Füllungszeit* des Herzens wird in größtem Ausmaß von der Frequenz des Herzens bestimmt. Veränderungen der Schlagfolge gehen vor allem auf Kosten der Diastole und — wegen der ziemlichen Konstanz der Entspannungszeit — auf

Kosten der Füllungszeit. Bekanntlich prägte WENCKEBACH den Begriff der „kritischen Frequenz" des Herzens, die besagt, daß oberhalb von 180 Schlägen pro min nicht mehr die Gewähr für eine ausreichende Füllung der Kammern — eben wegen der Verkürzung der Füllungszeit — gegeben ist.

XII. Die Herzarbeit

Die Berechnung der Herzarbeit setzt die *Bestimmung des Schlag- bzw. Minutenvolumens* des Herzens voraus.

Zahlreiche methodische Wege sind zur Bestimmung des Auswurf- bzw. des Einstromvolumens beim narkotisierten Hund entwickelt worden. Ein Plethysmograph kann optisch oder mechanisch die Volumenänderungen der Ventrikel registrieren oder eine die Strömung registrierende Apparatur wird in den Kreislauf (Aorta, A. pulmonalis oder V. cava) eingeschaltet, z. B. eine Stromuhr (H. REIN; M. FELDMAN; S. RODBARD und L. N. KATZ, 1948), die Pitotröhre (R. W. ECKSTEIN; C. J. WIGGERS und G. R. GRAHAM, 1947) oder das Rotameter (D. E. GREGG und R. E. SHIPLEY, 1944). Auch können die Vv. cavae im eröffneten Brustkorb des Hundes durchschnitten werden und das ausfließende Blut nach Messung in das rechte Herz gepumpt werden (J. L. DUOMARCO; W. H. DILLON und C. J. WIGGERS, 1948). Natürlich geben alle die genannten Methoden nur Auskunft unter den Bedingungen der Narkose und des operativen Eingriffs.

Andere Methoden sind für das nichtnarkotisierte Tier und den Menschen entwickelt worden. So wurden Messungen des Auswurfvolumens vorgenommen unter Anwendung des Verdünnungsprinzips (W. F. HAMILTON und J. W. REMINGTON; A. D. COURNAND und Mitarbeiter, 1947; G. N. STEWART, 1897; H. L. WHITE, 1947; H. C. WIGGERS, 1944), des Pulsdruckes (W. F. HAMILTON und J. W. REMINGTON, 1947; R. A. HUGGINS, C. A. HANDLEY und M. LA FORGE, 1948), der Röntgenkymographie (W. E. CHAMBERLAIN, 1947; G. C. HENNY, B. R. BOONE und W. E. CHAMBERLAIN, 1947), der Ballistokardiographie (J. STARR, 1945) und nach dem klassischen Prinzip von A. FICK (1904).

Da die hier erwähnten Methoden z. T. Überlegungen und Berechnungen aus dem Gebiet der Blutgase („arteriovenöse O_2-Differenz") und der Atmungsphysiologie (minutlicher Sauerstoffverbrauch) bzw. aus dem Gebiet des peripheren Kreislaufs (genauere physikalische Analyse der „Schlauchwellen") voraussetzen, sei für Einzelheiten auf die entsprechenden Bände dieser Buchreihe verwiesen. Da mancher Leser aber die Grundzusammenhänge in diesem Band erwarten und nachschlagen wird, sei an dieser Stelle eine gute zusammenfassende Darstellung aus dem Lehrbuch von REIN wiedergegeben.

Die erste einigermaßen zuverlässige *Minutenvolumenbestimmung* wurde von ADOLF FICK nach folgendem Grundsatz durchgeführt: Einziger Oxydationsort für das Blut ist die Lunge. Aller dort aufgenommene O_2 muß auf dem Blutwege abgeführt werden. Kennt man den O_2-Gehalt des venösen Blutes, das vom rechten Herzen kommt, und den des arteriellen, welches die Lunge verläßt, und andererseits die O_2-Aufnahme in der Lunge je Minute, so kennt man zwangsläufig auch das Blutvolumen, welches in 1 min die Lunge passiert hat. Nachdem die Lunge im Gesamtkreislauf im „Hauptschluß" liegt, hat man damit das Minutenvolumen bestimmt. Es ist mit anderen Worten:

$$\text{Minutenvolumen} = \frac{O_2\text{-Aufnahme durch die Lunge (in cm}^3\text{/min)} \cdot 100}{\text{arteriovenöse Differenz des Blutes (in Vol.-\%)}}.$$

Beispielshalber fand man: O_2-Aufnahme = 300 cm³/min, O_2 des venösen Blutes = 14 Vol.-%, O_2 des arteriellen Blutes = 20 Vol.-%, arteriovenöse Differenz = 20—14 = 6 Vol.-%, also würden 100 cm³ Blut 6 cm³ Sauerstoff aufgenommen haben, die 300 cm³ würden demnach von 5000 cm³ Blut abtransportiert worden sein.

Die Schwierigkeit der Anwendung der Methode liegt in der Gewinnung des venösen Blutes, kommt doch nur das venöse Blut vor seinem Einstrom in die Lunge in Frage, und nicht etwa das venöse Blut irgendeiner peripheren oberflächlichen Vene. Man gewinnt es durch Vorschieben eines zu diesem Zweck speziell entwickelten Katheters von der V. cubit. in den rechten Vorhof oder Ventrikel (FORSSMANN, COURNAND) oder besser in die A. pulm. Die mit dieser Methode gewonnenen Werte werden im allgemeinen etwas zu hoch, da die durch das Vorgehen hervorgerufene nervöse Spannung bei der Versuchsperson O_2-Aufnahme und Herzminutenvolumen (über eine Steigerung des Muskeltonus) erhöht. GREGG führte Vergleichsuntersuchungen nach dem FICKschen Prinzip mit direkten Strömungsmessungen durch (Rotameter in Vv. cavae, Art. pulmonalis oder Aorta, wobei die Pulmonalarterie der einzige Ort ist, wo das gesamte Auswurfvolumen erfaßt wird) (R. D. SEELY, W. E. NERLICH und D. E. GREGG, 1950). Danach muß der Katheter für die Venenblutproben an oder vor den Pulmonalklappen liegen; eine fortschreitend größere Fehlerquelle ergibt sich, wenn die Katheterspitze den rechten Vorhof erreicht. GREGG fand eine Übereinstimmung in 9 von 10 Vergleichen mit weniger als 8%, was im Bereich der bekannten technischen Ungenauigkeit liegt.

Fremdgasmethode (BORNSTEIN, GROLLMANN)

Die Schwierigkeit der Gewinnung von venösem Mischblut kann auch umgangen werden, indem man die Bestimmung mit Hilfe eines körperfremden Stoffes durchführt. Gelingt es, die Messung innerhalb einer Kreislaufzeit nach der Zufuhr des Fremdstoffes zu beenden, so ist die Konzentration des Fremdstoffes im venösen Mischblut gleich Null, und es muß zur Bestimmung der arteriovenösen Differenz nur seine Konzentration im arteriellen Blut gemessen werden. Im einzelnen geht man z. B. so vor, daß man aus einem Beutel ein Gemisch von Sauerstoff und körperfremdem Gas (Acetylen) hin- und heratmen läßt. Dann entnimmt man im Abstand von einigen Sekunden zwei Luftproben aus dem Beutel zur Analyse auf C_2H_2 und O_2. Da der Absorptionskoeffizient des Acetylens im Blut bekannt ist, berechnet sich aus der Acetylenkonzentration in der Alveolarluft der Acetylengehalt des arteriellen Blutes. Da weiter während der ersten Kreislaufzeit der Acetylengehalt des venösen Mischblutes gleich Null ist, ist damit auch die arteriovenöse Differenz des Acetylens bekannt. Die so bestimmte arteriovenöse Acetylendifferenz verhält sich zur arteriovenösen Sauerstoffdifferenz wie die Differenz der Acetylenkonzentrationen zur Differenz der Sauerstoffkonzentrationen in den beiden Luftproben. Aus der so errechneten arteriovenösen Sauerstoffdifferenz und dem in einem zweiten Versuch bestimmten Gesamtsauerstoffverbrauch je Minute ergibt sich nach der obigen Formel das Herzminutenvolumen. Die kurze Kreislaufzeit des Blutes (besonders im Coronarkreislauf) kann zu Fehlern führen, so daß die Methode heute seltener als früher angewandt wird.

Injektionsmethode (STEWART, HAMILTON, SCHOEDEL)

Wird ein Farbstoff, der die Blutbahn nur sehr langsam verläßt, in einer bestimmten Menge rasch in eine Vene injiziert, so erscheint er in einer Arterie in erst steigender und dann fallender Konzentration. Werden genügend Farbstoffbestimmungen im arteriellen Blut durchgeführt, dann kann diese Kurve der Farbstoffkonzentration genügend genau festgelegt werden und daraus sowohl das Zeitvolumen wie der Blutgehalt der Lungen errechnet werden. Der abfallende Schenkel wird allerdings verändert durch Farbstoff, der kurze Organkreisläufe (z. B. Herz) rasch passiert hat. Man extrapoliert unter Vernachlässigung dieser zweiten Zacke auf Null und erhält damit die Zeit, in der der gesamte Farbstoff ausgeworfen wäre, wenn keine Rezirkulation aufgetreten wäre. Die erhaltene Kurvenfläche wird integriert und die mittlere Konzentration des Farbstoffes errechnet. Es seien z. B. 300 mg Farbstoff injiziert worden; die mittlere Konzentration des Farbstoffes im arteriellen Blut betrug 12 mg je 100 cm³ Blut, die Dauer der Farbstoffzacke 30 sec. Wenn zum Transport je 12 mg Farbstoff 100 cm³ Blut benötigt werden, dann wären es 2,5 l für 300 mg. Da die Farbstoffzacke 30 sec dauert, so betrug das Minutenvolumen das Doppelte = 5 l.

Physikalische Methoden

a) Amplitudenfrequenzprodukt. Von ERLANGER und HOOKER wurde vorgeschlagen, das Produkt aus Druckamplitude (systolischer Druck minus diastolischer Druck) und Pulsfrequenz als relatives Maß für die Höhe des Minutenvolumens zu benutzen. Sie gingen dabei von dem Grundgedanken aus, daß der systolische Druck um so stärker gegenüber dem diastolischen gesteigert werden müsse, ein je größeres Volumen in die Aorta befördert wird. LILJESTRAND und ZANDER führten, um bessere Vergleichswerte zu erhalten, das reduzierte Amplitudenfrequenzprodukt als relatives Maß ein, indem sie die gemessene Druckamplitude (mal 100) durch den jeweiligen arithmetischen Mitteldruck dividierten, also

$$\text{Minutenvolumen} = \frac{\text{Druckamplitude} \cdot 100}{\text{arithmetischer Mitteldruck}} \cdot \text{Frequenz}.$$

Eine Schätzung des Minutenvolumens auf diese Weise ist jedoch mit erheblichen Fehlerquellen behaftet und ist nur in Sonderfällen möglich. Es ist nämlich die Druckamplitude nicht nur von der Größe des Schlagvolumens abhängig, sondern noch von einer weiteren Reihe von Faktoren, die gleichzeitig mitberücksichtigt werden müssen. Diese Faktoren sind: 1. Die Dehnbarkeit des Windkessels. Die Druckamplitude wird bei gleichem Schlagvolumen um so kleiner sein, je dehnbarer der Windkessel ist, d. h. je mehr die Wand ausweichen kann, wenn das Blut in die Aorta ausgeworfen wird. 2. Das Volumen des Windkessels. Je größer der Windkessel bei gleicher Dehnbarkeit, desto geringer wird die Druckamplitude bei gleichem Schlagvolumen. 3. Vom Verhältnis Speichervolumen zu Durchflußvolumen. Bei jedem Blutauswurf aus dem Herzen wird ein Teil dieses Volumens während der Systole durch die Dehnung der Windkesselwand gespeichert, um erst in der folgenden Diastole abzufließen, während der andere Teil schon während der Systole in den peripheren Kreislauf abfließt. Unter Ruhebedingungen sind die beiden Volumina annähernd gleich, so daß man unter dieser Bedingung das Verhältnis der beiden unberücksichtigt lassen kann.

Die Errechnung des Herzminutenvolumens aus dem Amplitudenfrequenzprodukt hat sich trotzdem in bestimmten Fällen in der Klinik einbürgern können, nämlich in den Fällen, wo die Dehnbarkeit der Aorta innerhalb der Streubreite der Norm bleibt und der peripheren Widerstandsabnahme eine entsprechende Minutenvolumenzunahme koordiniert ist (z. B. bei Überfunktion der Schilddrüse). Man muß sich nur immer darüber klar sein, daß es sich nicht um eine Bestimmung, sondern um eine Schätzung des Herzminutenvolumens handelt und wird sich in jedem Falle überlegen müssen, wieweit eine solche Schätzung unter Vernachlässigung der oben genannten Korrekturfaktoren möglich ist.

b) Sphygmographische Methoden. Um aus der Größe der Druckamplitude genauere Schlüsse auf das Schlagvolumen ziehen zu können, ist man weitgehend bemüht, durch Messung zusätzlicher Größen die obengenannten Korrekturen so vollständig wie möglich durchzuführen. Die wichtigste Korrektur betrifft die Dehnbarkeit des Windkessels und dessen Volumen. 1. Als Maß für die Dehnbarkeit dient die Pulswellengeschwindigkeit. Je starrer die Aorta, um so höher die Pulswellengeschwindigkeit. 2. Das Windkesselvolumen ist gegeben durch das Produkt aus Querschnitt des Windkessels (der Aorta) und seiner Länge. Zur Bestimmung der Windkessellänge wird von der einen Seite das Produkt aus Pulswellengeschwindigkeit und Dauer der Systole benutzt, von anderer Seite die Grundschwingung des arteriellen Pulses, das ist der Abstand in den Gipfelhöhen der systolischen Haupt- von der diastolischen Nebenwelle der Femoralis- oder Subclaviapulskurve. 3. Das Verhältnis von Speichervolumen zu Durchflußvolumen kann berechnet werden als Diastolendauer mal mittlerem diastolischen Druck dividiert durch Systolendauer mal mittlerem systolischen Druck.

Für die Berechnung des Schlagvolumens auf diesem Wege sind eine Reihe von Formeln angegeben worden, so z. B. von BROEMSER und RANKE:

$$V_s = \frac{\Delta P \cdot Q \cdot t_{syst} \cdot t_{Puls}}{t_{diast} \cdot \varrho \cdot c} \cdot \text{konst.}$$

oder von WEZLER:

$$V_s = \frac{\Delta P \cdot Q \cdot T_{femoralis}}{2 \cdot \varrho \cdot c}$$

Darin bedeuten V_s = Schlagvolumen; ΔP = Druckamplitude; Q = Aortenquerschnitt; t_{syst} = Systolendauer; t_{diast} = Diastolendauer; t_{Puls} = Pulsdauer; ϱ = Dichte des Blutes; c = Pulswellengeschwindigkeit; $T_{femoralis}$ = Grundschwingung des Femoralispulses.

Die Bedeutung der sphygmographischen Methoden liegt darin, daß man bei ihrer Anwendung gleichzeitig ein wesentlich besseres Bild über die gesamte Kreislaufsituation erhält, als das durch eine Blutdruckmessung und eine gasanalytische Bestimmung des Schlagvolumens allein möglich ist. (Näheres im Band „Kreislaufphysiologie".)

c) Ballistokardiographie (HENDERSON, STARR). Es wird die Versuchsperson auf ein an der Decke aufgehängte Platte gelegt, deren Bewegungen in allen anderen Richtungen als in der Längsachse möglichst verhindert sind. Durch ein stark vergrößerndes optisches System werden die Bewegungen der Platte registriert. Man erhält eine Serie von Wellen, von denen angenommen wird, daß sie im wesentlichen bedingt sind durch den Rückstoß des Herzens bei der Austreibung (Bewegung der Platte fußwärts) und durch den Rückstoß der Aorta, wenn das Blut in die Aorta descendens abfließt (Bewegung der Platte kopfwärts). Aus den von diesen Wellen eingeschlossenen Flächen und dem Aortenquerschnitt wird das Schlagvolumen berechnet. Obschon die theoretischen Unterlagen noch weiter ausgearbeitet werden müssen, scheinen sich doch schon brauchbare praktische Ergebnisse erreichen zu lassen. (Näheres s. S. 358ff.)

Jede einzelne der hier geschilderten Methoden ist mit gewissen Fehlerquellen behaftet, die die Beurteilung einer Einzelbestimmung schwierig machen, während mit den meisten recht gut übereinstimmende Durchschnittswerte von einer Reihe von Versuchspersonen erhalten werden.

Das gesunde Herz wirft beim ruhenden, erwachsenen Menschen in horizontaler Lage 3,5—4,5 l Blut pro min mit 60—70 Systolen aus. Demnach wäre das Schlagvolumen der linken Kammer rund 65 cm³, die gleiche Menge müßte selbstverständlich bei jedem Herzschlag in den Lungenkreislauf befördert werden (betreffs atmungsbedingten Änderungen s. S. 339). [Der Versuch, das Minutenvolumen pro kg Körpergewicht anzugeben (50—75 cm³/kg), ist nicht sehr befriedigend, weil dadurch die Streuungsbreite nicht vermindert wird. Vielmehr scheint das Minutenvolumen wie der Grundumsatz der Körperoberfläche parallel zu gehen.] Als oberste Grenze des Minutenvolumens werden für den gesunden Menschen mehr als 25 l/min bei 150 Pulsen bei Leistung schwerer Muskelarbeit beschrieben. Das Schlagvolumen müßte demnach auf 160 cm³ ansteigen können.

Der höchste bisher festgestellte O_2-Verbrauch beträgt 4,6 l/min [bei Mittelstreckenläufern (HILL)]. Bei anstrengendster Körperarbeit werden von 100 cm³ Blut maximal 14,5 cm³ O_2 ins Gewebe abgegeben (arteriovenöse Differenz!), daraus ergibt sich für 4600 cm³ O_2 32 l Blut/min, also eine 7—8fache des normalen Minutenvolumens.

Die **Herzarbeit** setzt sich aus zwei Anteilen zusammen, nämlich derjenigen Arbeit, die erforderlich ist, um die beförderte Blutmenge gegen den in den Arterien herrschenden Druck auszutreiben *(Druckarbeit* oder *Volumarbeit)* — sie wird gemessen als das Produkt aus verschobenem Volumen und entwickeltem Druck — und derjenigen Arbeit, die erforderlich ist, um dem ausströmenden Blut seine Geschwindigkeit zu erteilen *(Strömungsarbeit* oder *Beschleunigungsarbeit)*, sie wird gemessen als $1/2 mv^2$, wobei m die bewegte Masse und v ihre Geschwindigkeit ist. Für die *Berechnung* legen wir ein Schlagvolumen von 70 cm³ (0,07 kg) und einen mittleren Aortendruck von 150 mm Hg oder $150 \cdot 13,6 = 2040$ mm oder rund 2 m Wasser (200 g/cm²) zugrunde. Die *Druckarbeit der linken Kammer* (beförderte Blutmenge × Druckhöhe) beträgt dann bei jeder Systole $0,07 \cdot 2 = $ **0,14 mkg** (oder $\frac{70 \text{ cm}^3 \cdot 200 \text{ g}}{1 \text{ cm}^2} = 14000$ gcm $= 0,14$ mkg).

Für die Berechnung der *Beschleunigungsarbeit* legen wir eine mittlere Blutgeschwindigkeit in der Aorta von 50—40 cm/sec zugrunde. Um die ausgeworfene Blutmasse (m) von 70 g auf diese Geschwindigkeit (v) zu bringen, ist die Arbeit von $1/2 mv^2$ d. h. $\left(\frac{p \cdot v^2}{2 g}\right)$ nötig, also $\frac{0,07 \cdot 0,5^2}{2 \cdot 9,8} = $ **0,0009 mkg** (oder $1/2 \cdot 70$ g (Masse) × $\times \frac{1600 \text{ cm}^2}{\text{sec}^2} = 56000 \frac{\text{gcm}^2}{\text{sec}^2}$ oder Erg bzw. rund 0,00057 mkg, da 1 Erg $= 1,0198 \cdot 10^{-3}$ gcm ist). Die *gesamte Arbeit des linken Ventrikels* beträgt *in einer Systole* also $0,14 + 0,0009 = 0,1409$ mkg (bzw. bei den in Klammern zugrundegelegten Ausgangswerten $0,14 + 0,00057 = 0,14057$ mkg).

D. E. GREGG (1950) legte folgende Ausgangswerte der Berechnung zugrunde:

Herzfrequenz . . . . = 70/min,
Schlagvolumen . . . . = 60 cm³,
p_{ao} (mittlerer Aortendruck) . . . = 100 mm Hg,
p_{pul} (mittlerer Pulmonaldruck) . = 20 mm Hg,
v (Geschwindigkeit) . . . . . . = 41 cm/sec.

Daraus ergibt sich als Arbeit des linken Herzens pro Schlag 81,6 gm (0,0816 mkg), Arbeit des rechten Herzens pro Schlag 16,3 gm (0,0163 mkg), Beschleunigungsarbeit (rechts oder links) pro Schlag 0,515 gm (0,000515 mkg), Gesamtarbeit pro Schlag 98,8 gm = rund **0,1 mkg**

und Arbeit/min = 6,92 kgm
= rund 7 kgm.

Die Genauigkeit der Berechnung hängt natürlich, da die Druckwerte durch arterielle Punktion oder Katheter bestimmt werden können, in erster Linie von der Bestimmung des Schlagvolumens (s. S. 372) und der mittleren Geschwindigkeiten ab (Messung des Aorten- und Pulmonaldurchmessers!).

Als wichtigste Erkenntnis ergibt sich daraus, daß *größenordnungsmäßig* der ganz überwiegende Anteil der Herzarbeit in der Überwindung des Druckes besteht, die Strömungsarbeit kommt daneben kaum in Betracht, sie beträgt noch nicht einmal 1%. [Darum brauchte z. B. auch in dem Vergleich der elektrischen und mechanischen Tätigkeit des Herzens (KRAYER und SCHÜTZ, S. 239f.) nur die Druckarbeit zugrundegelegt zu werden!] Wenn jedoch das Auswurfvolumen bei vermindertem Druck in den Gefäßen sehr groß ist oder wenn eine Aorten- oder Pulmonalstenose vorliegt (C. L. EVANS, 1918), kann der kinetische Anteil sich bis auf 50% der gesamten Herzarbeit nähern. Allgemein nimmt natürlich bei erheblichen Steigerungen der Blutgeschwindigkeit (Körperanstrengungen) der Anteil der Beschleunigungsarbeit rasch zu, da er ja mit dem Quadrat der Blutgeschwindigkeit wächst. Besonders in höherem Alter, wenn der Windkessel der Aorta starrer wird, muß die Strömungsgeschwindigkeit (v) ansteigen und ebenso auch der Anteil der Blutmenge, die beschleunigt werden muß (m). Die Herzarbeit ist also gegenüber der in jüngeren Jahren erhöht und schließlich sogar verdoppelt, und das unter ganz physiologischen Bedingungen.

Zur Berechnung der *Gesamtarbeit beider Herzteile* ist zu berücksichtigen, daß natürlich das Schlagvolumen beider Herzen praktisch gleich ist. Bei der Druckarbeit des rechten Herzens ist lediglich der niedrige Wert des Druckes in der Lungenarterie einzusetzen. Er wird auf Grund von Tierexperimenten zu $1/3$–$1/5$, oft auch nur als $1/7$ des Aortendruckes eingesetzt. Die Beschleunigungsarbeit kann der der linken Kammer gleichgesetzt werden. Die Arbeit der rechten Kammer beträgt danach $\frac{0,14}{3} + 0,0009 = 0,0467$ mkg, die Gesamtarbeit bei jeder Systole also $0,1409 + 0,0467 = $ *0,1885 mkg oder* **rund 0,2 mkg**, bei Zugrundelegung der geringeren Ausgangswerte **rund 0,1 mkg**. Es ist naheliegend und üblich, das *auf den Tag* umzurechnen also:

$0,1885 \cdot 70 \cdot 60 \cdot 24 = $ **19000 mkg**

(oder rund $0,2 \cdot 70 \cdot 60 \cdot 24 = $ **20000 mkg bzw. 10000 mkg**).

In Wärmeeinheiten ausgedrückt sind 19000 mkg = 45 Cal., da 1 Cal. 427 mkg entsprechen. Da der Muskel die chemische Spannkraft nur zu etwa $1/3$ in Arbeit umzusetzen vermag, wären für die Leistung dieser Arbeit $3 \times 45 = 135$ Cal. erforderlich. Bei einem Bedarf an Gesamtenergie pro Tag bei mittlerer Arbeitsleistung von 2700 Cal. entfällt also auf die Herzarbeit etwa $1/20$ oder 5%. — Bei schwerster körperlicher Arbeit beträgt die Druckarbeit ($p \cdot v$) des linken Herzens pro Min. ($v = 32$ l, $p = 2,5$ m Wassersäule) 80 mkg/min, dazu ist der Aufwand von 1 Cal./min erforderlich (mechanisches Wärmeäquivalent des Körpers), oder mit anderen Worten bei der schwersten sportlichen Arbeit verbraucht das Herz allein dieselbe Calorienmenge wie der Gesamtorganismus bei Körperruhe!

O. FRANK (1899) zeigte, daß die gewöhnlich vorgenommene Berechnung der Herzarbeit ungenau ist. Der vollständige Ausdruck für die Arbeit des Herzens, im besonderen des Ventrikels, lautet danach:

$$A = \int_{V_1}^{V_2} P\,dV - \int_{V_1}^{V_2} \psi(V)\,dV + \Sigma \frac{dm\,v_1^2}{2} - \Sigma \frac{dm\,v_2^2}{2} + R \pm Ai + W$$

$$\quad\quad\text{I} \quad\quad\quad\quad \text{II} \quad\quad\quad \text{III} \quad\quad\quad \text{IV} \quad\quad \text{V} \quad\quad \text{VI} \quad \text{VII}$$

Der Summand (I), dem bei dem natürlichen Kreislauf die bei weitem größte Bedeutung zukommt, ist der Betrag der potentiellen Energie, die bei der Tätigkeit des Ventrikels dem Blut mitgeteilt wird; er entspricht der obigen Berechnung ($p \cdot V$). Davon muß, um die Leistung des Ventrikels, die er während der Zusammenziehung vollführt, zu erhalten, der Betrag der potentiellen Energie abgezogen werden, der bei der einfach elastischen Zusammenziehung, ohne daß der Ventrikel in den tätigen Zustand versetzt worden wäre, wieder frei würde. Er wird durch den II., mit einem negativen Vorzeichen versehenen Summanden dargestellt. Der III. Summand repräsentiert die in der Aortenwurzel vorhandene kinetische Energie und IV den Rest von kinetischer Energie, den das Blut beim Einströmen in den Ventrikel schon besaß, soweit er in dem Kreislauf des Blutes Verwendung finden kann. In dem V. Summanden haben wir diejenige Energie, die zur Überwindung der Reibungswiderstände in dem Ventrikel selbst dient, zu erblicken. Als VI. Teil der von dem Ventrikel während der Tätigkeit geleisteten Arbeit ist die Änderung der inneren mechanischen Energie hinzugefügt; darunter ist diejenige pontentielle und kinetische Energie zu verstehen, die bei der Bewegung der kleinsten Teilchen der Ventrikelmuskulatur aufgewandt wird, soweit sie nicht in der Form von Wärme primär auftritt. Als letzter Summand (VII) tritt dann bei dem Umsatz der chemischen Energie Wärme auf; er wird hier vernachlässigt, weil wir hier nicht den Wirkungsgrad, sondern nur die äußere Arbeit des Herzens berücksichtigen. Die Vernachlässigung des V. und VI. Summanden bedingt keinen erheblichen Fehler. Die wichtigsten Summanden sind natürlich der I. und daneben auch der II.

Vorläufig besitzen wir noch keine nach diesen Prinzipien durchgeführte Berechnung der Herzarbeit, und wir müssen uns bis auf weiteres mit der Approximation begnügen, welche die anfangs durchgeführte Berechnung ergibt. Wir erhalten so allerdings keine exakten Werte für die Herzarbeit, können uns aber andererseits sowohl von der Größenordnung der Herzarbeit als auch von ihren unter verschiedenen Umständen stattfindenden Variationen eine einigermaßen befriedigende Vorstellung bilden (s. dazu z. B. S. 240). Nach FRANK können die hierdurch entstehenden Fehler für stationäre Verhältnisse bei dem Kreislauf des Menschen bis 10% betragen. In besonderen Fällen, besonders bei Vagusreizungen, kann der Fehler noch größer werden. — Wegen der Darstellung der Herzarbeit in der Form des *Arbeitsdiagramms* siehe das folgende Kapitel (Dynamik).

Die Berechnung der Herzarbeit ist in mehrfacher Hinsicht von Interesse. Die oben durchgeführte Berechnung hat einerseits immer wieder Erstaunen über die ungeheure Leistungsfähigkeit dieses Zentralorgans unseres Kreislaufs ausgelöst; die Tagesarbeit des Herzens von 19000 mkg entspricht der Arbeit, einen erwachsenen Menschen 300 m hoch, d. h. z. B. auf den Eiffelturm oder einen mit mehreren Personen besetzten Fahrstuhl aus dem Erdgeschoß zum obersten Stockwerk eines Mietshauses zu transportieren! Andererseits wird die Herzarbeit oft umgerechnet in die PS-Zahl eines Motors (75 mkg/sec = 1 PS), bei 0,2 mkg pro Systole oder sec, also nur $1/375$ PS! Die Vorstellung, daß dieser *kleine* Motor eine so gewaltige Gesamtleistung vollbringt, hat immer wieder zur Kritik und zu Versuchen der ,,Entthronung'' des Herzens herausgefordert, am schärfsten in dem sehr bekanntgewordenen Schlagwort von MENDELSOHN (1928): ,,Das Herz — ein sekundäres Organ'', durch das die Funktion des Herzens als Pumporgan abgelehnt und das Herz ganz aus seiner dominierenden Stelle als ,,Motor'' des Kreislaufs verdrängt werden sollte. In der Physiologie des peripheren Kreislaufs werden alle die Umstände abzuhandeln sein, die sowohl auf der arteriellen als auch auf der venösen Seite den Blutstrom unterstützen; hier ist aber besonders zu zeigen, daß ein Zweifel daran, daß ein so kleiner Motor eine so erstaunliche Gesamtleistung vollbringt, ebensowenig berechtigt ist wie das Erstaunen darüber, daß die Herzleistung zum Betrieb eines Fahrstuhls ausreicht[1]!

Es ist nur erforderlich, die Grundbegriffe Arbeit (mkg) und Leistung (*Arbeit in der Zeiteinheit*, technisch $1 \text{ PS} = \frac{75 \text{ mkg}}{\text{sec}}$) klar auseinander zu halten! Um Motoren verschiedener Stärke hinsichtlich ihrer Leistungsfähigkeit miteinander zu vergleichen, genügt daher nicht die Angabe der Arbeit, es muß vielmehr auch die Zeit berücksichtigt werden, die zu ihrer Verrichtung gebraucht wird. Die

---

[1] Es wird im folgenden auf die Größenordnung der Herztätigkeit und ihre Bewertung ausführlicher eingegangen, weil sie oft von Gegnern der Auffassung des Herzens als Druckpumpe — falsch verstanden — glossiert werden, z. B. sagt HAVLICEK: ,,Die Zahlen für die von dem kaum 300 g schweren Herzmuskel geleistete Arbeit sollte allein schon die Theorie des Herzens als Druckpumpe in ihren Grundfesten erschüttern.'' Unter den Einwänden gegen die Auffassung, daß die Druckpumpe Herz der zentrale Motor des Blutumlaufs ist, sind neben den Auffassungen vom ,,peripheren Herzen'' (s. oben) die Arbeiten von HAVLICEK zu erwähnen, nach dessen Auffassung das Herz mit einem Stoßheber zu vergleichen sei, mit anderen Worten, daß der Hauptanteil der Herzarbeit durch die Stoßkräfte des rhythmisch abgebremsten, strömenden Blutes geleistet wird (wobei den Herzohren eine besondere Bedeutung zugemessen wird, und *nur zum geringen Teil durch den Herzmuskel selbst*, so daß durch diese Theorie ,,nicht nur das Herz selbst, sondern auch die bislang geltenden Theorien und Berechnungen über die geleistete Herzarbeit ,entlastet' werden können''. Es ist notwendig zu zeigen, daß der Herzmuskel dieser Entlastung nicht bedarf.

durchschnittliche Leistung des menschlichen Herzens beträgt, wie bereits erwähnt, $1/375$ PS = $75/375$ mkg/sec = 0,2 mkg/sec. Wenn dieser schwache Motor einen Tag (24 Std., rund 86000 sec) arbeitet, so ergibt sich für die Arbeit als Produkt aus Leistung und Zeit der Betrag $75/375$ mkg/sec · 86000 sec = rund 17000 mkg! Es kann eben zu Mißverständnissen führen, wenn in diesem Zusammenhang von der Gesamtleistung anstatt von der Gesamtarbeit des Herzens gesprochen wird! Es ist vom Herzen auch keineswegs eine „gewaltige" Arbeit verrichtet worden, vielmehr verrichtet jedes beliebige Motörchen der gleichen PS-Zahl bei 24 stündigem Dauerlauf genau die gleiche Arbeit! (Ein Mensch vollbringt an einem nur 8 stündigen Arbeitstag bei einer Dauerleistung von $1/10$ PS die Arbeit von 225000 mkg!) Die Zahl von 17000 mkg ist nur deshalb relativ groß, weil eben 24 Std. (oder ein ganzes Menschenleben!) in diesem Vergleich eine relativ lange Zeit sind [für ein Menschenleben von 70 Jahren ergibt die Berechnung der vom Herzen geleisteten Arbeit 434 Millionen mkg = 434000 Metertonnen; diese Arbeit ist ausreichend, um 10 Schlachtschiffe (je 40000 Tonnen) 1 m hochzuheben!]. E. WÖHLISCH hat diesen interessanten technischen Vergleich in einer kleinen Studie durchgeführt und darauf hingewiesen, daß man nicht einfach die absoluten PS-Werte zugrundelegen darf, wenn man einen wirklich aufschlußreichen *Vergleich des Herzens mit den technischen Kraftmaschinen* durchführen will. Die absoluten PS-Werte hängen ja weitgehend von den Dimensionen der Maschine ab und besagen in unserem Fall lediglich, daß unser Herz eine sehr schwache Maschine, einen „Kleinstmotor" vorstellt, womit jedoch sehr wenig über seine Eigenart ausgesagt ist. Interessant ist dabei besonders die Frage, ob wir im Herzen einen besonders „hochgezüchteten", den technischen Kraftmaschinen in jeder Hinsicht überlegenen Motor vor uns haben oder nicht. Zur Entscheidung dieser Frage müssen wir die Leistung der Maschine in Beziehung zu ihrem Gewicht setzen $\left(\frac{\text{Gewicht}}{\text{Leistung}}, \text{kg/PS, das } \textit{„Leistungsgewicht"}\right)$ des Maschinenbauers). Das Bestreben der Technik geht natürlich dahin, möglichst leichte Maschinen oder, genauer ausgedrückt, Maschinen von möglichst kleinem Leistungsgewicht zu bauen. Das *Leistungsgewicht des Herzens* (bei einem durchschnittlichen Gewicht von etwa $1/3$ kg und $1/375$ PS) beträgt also $\frac{1/3 \text{ kg}}{1/375 \text{ PS}} = 125$ kg/PS. Das Leistungsgewicht eines Automobilmotors (PKW) beträgt 3,0—5,5, eines Kraftwagen-Dieselmotors (LKW) 80, einer Kolbendampfmaschine (Lok) 10 und bei Drehstrommotoren je nach PS-Zahl zwischen 2,0 und 38. *Auf die Einheit der Leistung* (1 PS) *bezogen ist das Herz also viel schwerer als die schwersten aller Kraftmaschinen* (auch wenn man zusätzlich noch berücksichtigt, daß das Herz nicht nur ein Motor, sondern ein Aggregat aus Motor und Pumpe darstellt und deshalb das Leistungsgewicht mit nur etwa $2/3$ des gesamten Leistungsgewichtes, also etwa mit 80 kg/PS ansetzt). Das Herz ist also keineswegs einem „hochgezüchteten Sportmotor" vergleichbar, sondern einem äußerst soliden und daher für *Dauer*leistungen geeignetem Tourenmotor! Umgekehrt kann man auch sagen, daß seine *Gewichtsleistung, d. h. die auf 1 kg Herzgewicht entfallende Leistung, sehr klein,* nämlich nur $1/125$ PS/kg ist. Darin liegt der tiefere Grund, daß die Abnützung des Herzens im Kreislauf äußerst gering ist und daß es ohne zu ermüden und ohne jegliche Wartung ein ganzes Leben lang durcharbeiten kann. In dieser Hinsicht übertrifft es bei weitem alle bisher konstruierten Kraftmaschinen!

XIII. Die Dynamik des Herzens

Den ersten Anstoß zu einer systematischen Ordnung der verschiedenen Versuchsbedingungen, unter denen ein Muskel tätig sein kann, hat A. FICK durch die Einführung der Begriffe der isometrischen und isotonischen Zuckung gegeben. Davon gingen die sog. *Gleichgewichtskurven des ruhenden und kontrahierten Muskels* aus, die zuerst MAGNUS BLIX (1892, 1895) aufstellte, indem er für verschiedene Zustände die Länge des Muskels als Funktion seiner Spannung in ein Koordinatensystem eintrug. Als Grenzkurven aller möglichen Veränderungen in Ruhe und bei Kontraktion ergeben sich dabei

1. die Ruhedehnungskurve,
2. die Kurve der isotonischen Maxima,
3. die Kurve der isometrischen Maxima.

Durchaus analog wurden die Gleichgewichtskurven des Herzmuskels zuerst von O. FRANK (1895) am Froschherzen ermittelt, nur mit dem Unterschied, daß in diesem Fall als Koordinaten nicht Länge und Spannung, sondern *Druck* und *Volumen* gewählt wurden, da die Arbeit des Herzens als eines Hohlmuskels darin besteht, in seinem Innern einen Druck zu erzeugen und gegen diesen Druck ein Schlagvolumen auszuwerfen. FRANK erkannte, daß zwischen der Länge des linearen Herzmuskelstreifens und dem Volum der Herzhohlkugel einerseits, wie zwischen der Spannung der Herzwand und dem Druck des Herzinnenraumes andererseits einfache mathematische Beziehungen bestehen müssen. REICHEL hat neuerdings für das Froschherz entsprechende Formeln angegeben und diese Beziehungen experimentell belegt. Die Bezeichnungen isotonisch und isometrisch sind im Prinzip wohl berechtigt; allerdings muß man sich darüber klar sein, daß während einer isotonischen Kontraktion des Hohlmuskels zwar der Druck konstant bleibt, aber die Spannung der Muskelfasern abnimmt (also nicht „isotonisch", sondern „isobarisch"!). Die Spannung wird auf Grund der Beziehung $P = k/r^2$ (P = Druck, k = Spannung in Krafteinheiten, r = Radius der Hohlkugel) mit abnehmendem Radius (d. h. mit zunehmender Entleerung) kleiner. Isometrisch sind die Bedingungen dann, wenn das Volumen sich nicht ändert; dabei bleibt die Gesamtlänge aller Fasern dieselbe, nicht aber die jeder einzelnen Faser, weil das Herz sich bei der isometrischen Anspannung umformt.

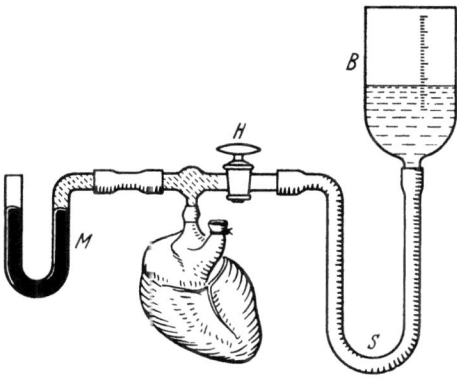

Abb. 188. Versuchsanordnung zur Gewinnung von Druckvolumendiagrammen

Ehe wir in die Besprechung der Einzelheiten und der sich daraus ergebenden Folgerungen eintreten, sei zum besseren Verständnis näher auf die Analogie zwischen Skeletmuskel und Herz eingegangen und die vorliegenden Grundbegriffe erläutert[1]. Wir bedienen uns dabei eines einfachen Schemas (Abb. 188), nach dem O. FRANK seine Versuche angestellt hat: In den Ventrikel eines Froschherzens ist durch die Aorta eine Kanüle eingeführt, die durch den Einwegehahn H mit einem Flüssigkeitsbehälter B und unmittelbar mit einem Quecksilbermanometer M verbunden ist (allerdings macht das Hg-Manometer beträchtliche

---

[1] MORITZ, REICHEL.

Verschiebungen; eigentlich sollten gar keine Exkursionen stattfinden. Zur Erzielung möglichst kleiner Exkursionen verwendet man daher am besten Membranmanometer, z. B. Glasplattenmanometer, Kapazitätsmanometer o. ä.). Die Aortenklappen sind dabei durchstoßen. Der Flüssigkeitsbehälter B kann mittels des Schlauches S gehoben und gesenkt werden und dadurch der auf das Herz wirkende Druck geändert werden.

1. Die Ruhedehnungskurve

Wir beginnen mit einem einfachen Versuch: Wir ändern beliebig die Höhe des hydrostatischen Druckes und registrieren dabei die jeweiligen Füllungen des nicht schlagenden Ventrikels. Zunächst ergibt sich, daß sich die Herzkammer unter dem Einfluß des Füllungsdruckes dehnt und folglich sehr verschiedene Volumina aufnehmen kann. Weiter stellen wir fest, daß die Zunahme von Druck und Volumen nicht proportional erfolgt, sondern mit steigenden Füllungen der Druck je Volumeneinheit immer stärker ansteigt. Verbinden wir alle gemessenen Punkte durch eine Linie, so erhalten wir eine nach der Abscisse konkav gekrümmte Kurve, die wir als *Ruhedehnungskurve* bezeichnen (Kurve I in Abb. 189). Aus dem Verlauf der Ruhedehnungskurve ersehen wir ohne weiteres, daß der Ventrikel im Bereich kleiner Füllungen dehnbarer ist als im Bereich großer Füllungen. Der besondere Wert dieser Kurve liegt also in der Tatsache, daß sie uns über die *Dehnbarkeit des Herzens* in toto Aufschluß gibt.

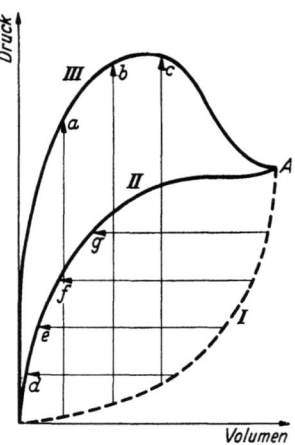

Abb. 189. *Übersicht über die Beziehungen zwischen Druck und Volumen des Herzventrikels.* Kurve I: *Druck-Volumenkurve des ruhenden Herzens.* (Zur Einpressung eines bestimmten Volumens in den Ventrikel gehört stets ein bestimmter Druck.) Kurve II: *Maxima des Auswurfsvolumens*, die das Herz bei aktiver Kontraktion von verschiedenen Ausgangsfüllungen mit ihren dazugehörigen Ausgangsdrucken erreicht, und zwar dann, wenn bei der Austreibung des Blutes der Druck unverändert die Höhe des Ausgangsdruckes beibehält (isotonische *Maxima*). Kurve III: *Maxima des Druckes*, die das Herz bei aktiver Kontraktion von verschiedenen Ausgangsfüllungen mit ihren dazugehörigen Ausgangsdrucken aus erreicht, und zwar dann, wenn durch Sperrung des Blutaustritts die Kontraktion rein isometrisch — d. h. ohne die Möglichkeit einer Volumänderung lediglich mit Steigerung des Druckes — vor sich geht *(isometrische Maxima)*

Ganz entsprechend verhält sich ein aufgehängter, an seinem freien Ende mit einem Gewicht belasteter Muskel, der sich in seinem ruhenden Zustand durch das Gewicht bis zu einer gewissen Länge ausdehnt. Durch Anhängen verschiedener Gewichte erhält man bei Darstellung in einem Koordinatensystem die Ruhedehnungskurve. Aus dem Kurvenverlauf ergibt sich auch hierbei, daß Muskeln zunächst leicht dehnbar sind und bei höheren Gewichten immer weniger dehnbar werden bis zu einem Endpunkt A, bei dessen Überschreitung der Muskel zerreißen würde, mit anderen Worten, die Ausdehnung erreicht dann ihr Ende, wenn die Spannung des Muskels gleich der Schwere der Belastungsgewichtes geworden ist. In Hinsicht auf die spätere Kontraktion kann die durch die Belastung bestimmte Spannung als *Anfangsspannung* bezeichnet werden.

Die Ruhedehnungskurve ist von größter physiologischer Bedeutung, steht sie doch in engster Beziehung zum Füllungsvorgang des Herzens. Denn wenn wir die Verhältnisse auf das Herz in situ übertragen, so tritt anstelle des belastenden Gewichtes bzw. des hydrostatischen Druckes, der durch die Höhe des Behälters B gegeben ist, der Blutdruck im Vorhof, unter dem sich der ruhende Ventrikel in der Diastole ausdehnt. Die Ermittlung der Ruhedehnungskurve ist am schlagenden Herzen dann möglich, wenn die Frequenz langsam genug ist, so daß der Ventrikel während einer Zuckungsdauer vollständig erschlaffen kann (O. FRANK). Im Experiment am isolierten Froschherzen läßt sich eine solche Bedingung erfüllen, schon am spontan schlagenden Herzen ist das schwer zu verifizieren. Noch viel schwieriger ist zu entscheiden, ob das im natürlichen

Verband schlagende menschliche Herz der Ruhedehnungskurve folgt. Am Warmblüter (Hund) sind solche Kurven erst in neuester Zeit aufgenommen worden, weil es erhebliche Schwierigkeiten bereitet, die Volumina eines nicht isolierten, mit dem Kreislauf noch verbundenen Ventrikels richtig zu messen. Versuche am Warmblütermuskel (KRAMER) sprechen jedoch dafür, daß die beschriebene Charakteristik der Ruhedehnungskurve allen Muskeln und Herzen gemeinsam ist. Beim menschlichen Herzen wäre noch zu berücksichtigen, daß das Perikard sehr großen Füllungen einen elastischen Widerstand entgegensetzt, der die Dehnungskurve in ihrem Endteil noch steiler ansteigen läßt (s. auch S. 418). Besonders aus Untersuchungen am STARLING-Präparat von RÖSSLER und UNNA geht das hervor.

2. Die isometrische Zuckung

Zum Verständnis können wir auch hier von der Analogie zum Skeletmuskel ausgehen. Hindert man den in der oben beschriebenen Weise durch ein Gewicht bis zu einer gewissen Länge ausgezogenen Skeletmuskel, sich bei einer nachfolgenden Reizung zusammenzuziehen, indem man ihn in seiner „Anfangslänge" an beiden Enden fixiert, so kann er nach Einwirkung des Reizes keine Verkürzung erfahren, seine Länge bleibt gleich ($\accentset{\prime}{\iota}\sigma o\varsigma$ = gleich, $\mu\acute{\varepsilon}\tau\varrho o\nu$ = Länge), es erhöht sich nur seine Spannung. Der Muskel vollführt eine „isometrische" Zuckung. Ebenso erfolgt beim Herzventrikel bei allseitigem Abschluß ohne Verringerung seiner Füllung (Inkompressibilität der Flüssigkeit!) nur unter Erhöhung seiner *Spannung* eine isometrische Kontraktion, registrierbar an der endokardialen *Druck*kurve.

Wir können uns solche Kontraktionen leicht anhand unseres Schemas (Abb. 188) veranschaulichen. Sperren wir das Herz bei geschlossenem Hahn

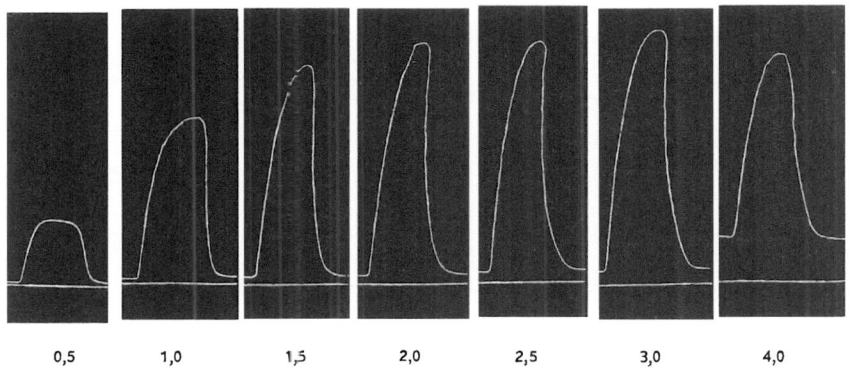

Abb. 190. Isometrische Kontraktionen des Schildkrötenventrikels (von einem großen Tier) bei verschiedenem Füllungsgrad. Die Zahlen unter den Kurven geben in cm³ die Flüssigkeitsmenge an, die jeweils im Ventrikel enthalten war. (Nach E. H. STARLING)

gegen den Flüssigkeitsbehälter ab, so steigt der Druck im Ventrikel systolisch bis zu einem Maximum an, um diastolisch wieder auf den Ausgangsdruck abzufallen. Dabei bleibt das Volumen des Herzens nahezu gleich. Natürlich muß dabei der Übertritt von Flüssigkeit in das Manometer möglichst gering gehalten werden (Membranmanometer, s. oben!). Es liegt dann eine isometrische Kontraktion des Herzens vor, bei der sich nur der Druck ändert, da das Volumen sich nicht ändern kann. Bei der Untersuchung solcher isometrischen Kontraktionen ergab sich nach O. FRANK, daß die Kurven, die das Manometer aufschrieb, durchaus nicht immer gleichartig waren in bezug auf die Höhe der Maxima und den Verlauf, sondern sie zeigten sich verschieden je nach der Füllung des Herzens. Daher studierte er den Einfluß der Füllung bzw. den Einfluß des Anfangsdruckes auf den Verlauf der Zuckungskurven. (Mit der Füllung verändert sich die Anfangsspannung nach den Gesetzen der Dehnungskurven des ruhenden Herzens, wie wir im Abschnitt 1 sahen.) Abb. 190 zeigt isometrische Kontraktionen eines Schildkrötenventrikels bei verschiedenem Füllungsgrad, die Zahlen unter den

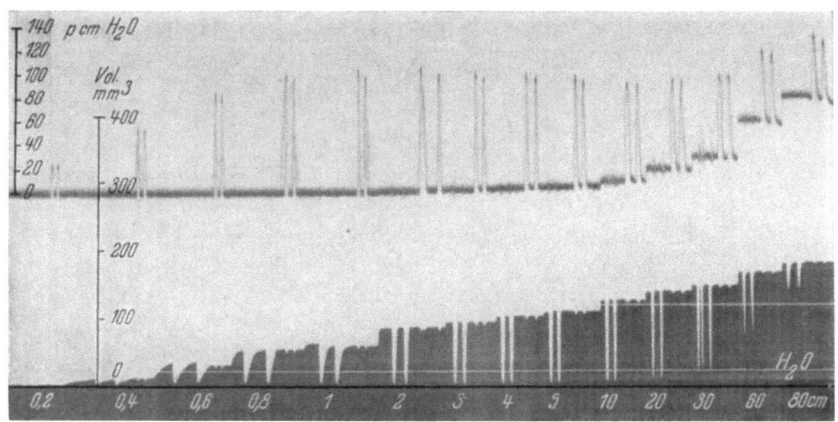

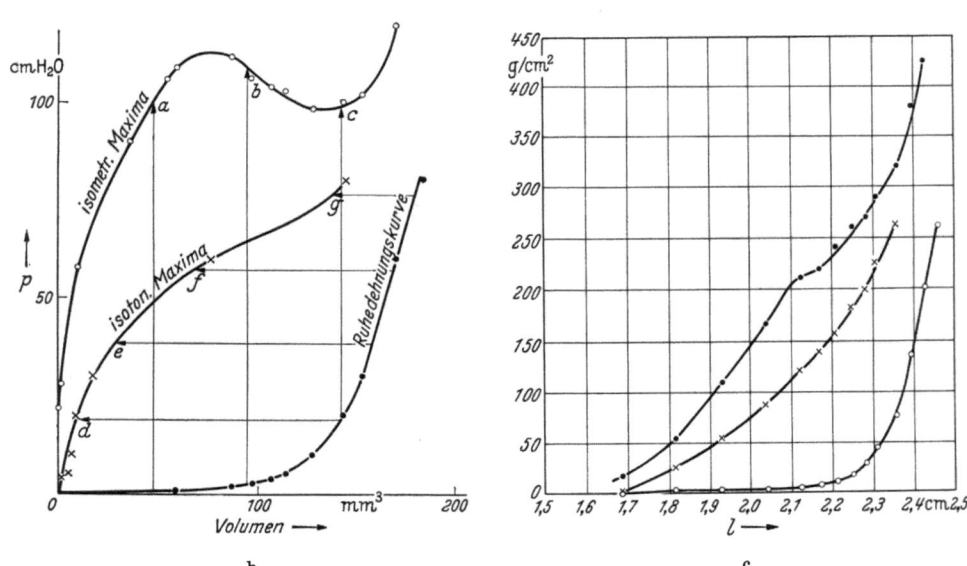

Abb. 191 a—c. Herstellung eines Druckvolumendiagramms des Froschherzens. Es wird das Herz stufenweise mit immer höheren Drucken (Abszisse) gefüllt und das zugehörige Volumen gemessen (untere Schattenkurve, Volumeichung links). Man erhält so die Ruhedehnungskurve, die in das Diagramm der Abb. 191b eingetragen wird. Nun läßt man das Herz sich auf jeder Druckstufe bei freier Auswurfmöglichkeit, aber bei gleichem Druck, kontrahieren (isotonische Kontraktion); es ergeben sich die Zacken in der Schattenkurve, aus denen hervorgeht, daß das ausgeworfene Volumen zunächst um so größer wird, je stärker das Herz gefüllt, d. h. gedehnt worden war, daß aber von einer bestimmten Vordehnung ab das Auswurfvolumen wieder abfällt. Die gefundenen Werte werden in Abb. 191b eingetragen und ergeben die Kurve der isotonischen Maxima. Auf jeder Stufe der Ruhedehnung läßt man weiter umgekehrt das Herz sich so kontrahieren, daß man den Auswurf völlig verhindert und nur eine Drucksteigerung zuläßt (isometrische Kontraktion, obere Kurve der Abb. 191a). Die jeweils gefundenen Drucke (Eichung links) werden wiederum in das Diagramm der Abb. 191b eingetragen, und man erhält die Kurve der isometrischen Maxima. (Nach GEHL, GRAF und KRAMER.) 191c. Umzeichnung der Kurve 191b in ein Längen-Spannungsdiagramm (Ergänzung von K. KRAMER)

Kurven geben in cm³ die Flüssigkeitsmenge an, die jeweils im Ventrikel enthalten war. So ergibt sich folgendes Verhalten: *Die Maxima der isometrischen Kurven steigen mit wachsender Anfangsspannung bzw. Füllung*, um von einer gewissen Höhe ab wieder abzunehmen. Die Abbildung zeigt zwar nicht genau die wahren Kurven, ist aber ein gutes didaktisches Beispiel dafür, wie sie entstehen. Danach sind die Abb. 191a—c mit ihren Legenden besser zu verstehen. Geht man jetzt

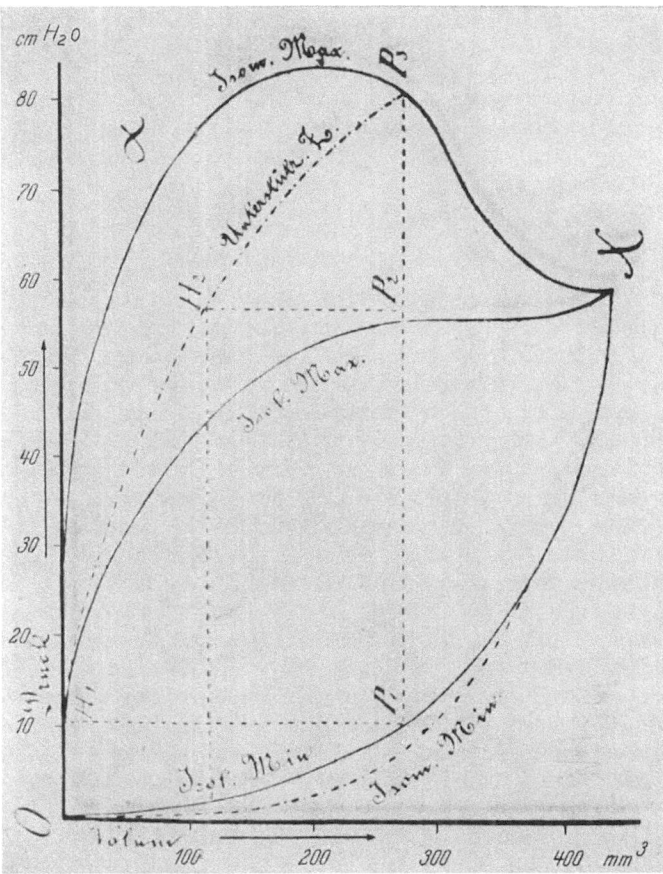

Abb. 191d. Druckvolumendiagramm des Froschherzens in der Originaldarstellung von O. FRANK (1886). Gegenüber Abb. 191b ist noch die Kurve der Unterstützungszuckungen eingetragen, d. h. die bei einer bestimmten Ausgangsfüllung erreichten Drucke unter natürlichen Bedingungen der Kontraktion des Herzens, die anfangs rein isometrisch, dann aber nach Öffnung der Aortenklappen, bei weiter zunehmender Spannung unter Längenänderung erfolgt. Diese Kurve liegt zwischen denen der isometrischen und isotonischen Maxima. Die gestrichelten Linien zeigen, daß dieses isolierte Herz imstande ist, sich einem erhöhten Widerstand anzupassen, indem seine „Reservekraft" beansprucht wird. Je höher der Druck, desto größer wird die Restblutmenge, die nach jeder Systole im Herzen verbleibt.

so vor, daß man das Herz bei einer geringen Füllung eine isometrische Kontraktion ausführen läßt und den Punkt einzeichnet, der dieser Füllung und dem erreichten Maximaldruck in dem Druck-Volumen-Koordinatensystem entspricht, und dann die entsprechenden Punkte bei immer wachsender Füllung des Herzens bestimmt, so erhält man bei Verbindung dieser Punkte miteinander die *Kurve der isometrischen Maxima*. In Abb. 189 zeigt diese Verhältnisse die Kurve III. Der Vorteil der isometrischen Verzeichnung der Kontraktion liegt darin, daß wir auf diese Weise die Möglichkeit gewinnen, die gesamte mechanische Energie zu messen, die bei jeder Kontraktion frei gemacht wird. Es ist aber dabei zu bedenken, daß dem Maximum der Druckkurve (FRANKsches Maximum) nicht das Maximum der Spannungsentwicklung der Muskelfasern entspricht (Entzerrung der kubischen Verhältnisse bei deren Umrechnung in Spannungs- und Längenwerte! s. S. 379, 402). In Abb. 191c ist als Ergänzung zu Abb. 191b die Umrechnung in ein Längen-Spannungsdiagramm von KRAMER vorgenommen worden. — Es sei schon hier vermerkt, daß dabei noch offengelassen wird, ob es die Anfangsspannung des Herzens (der diastolische Druck) oder die Anfangslänge der Herzmuskelfasern (das diastolische Volumen) ist, die die Höhe der isometrischen Zuckung, also die Kraft des Herzens bestimmt. — Beim Skeletmuskel findet sich die gleiche Analogie in der Kurve der isometrischen Spannungsmaxima, die hier ebenfalls mit steigender Anfangsspannung, d. h. mit Zunahme der Länge, bis zu der der ruhende Muskel ausgedehnt wurde, innerhalb gewisser Grenzen ein Ansteigen zeigt.

3. Die isotonische Kontraktion

Wie wir sahen, stellt die isometrische Kontraktion einen Fall für die Kontraktion des Skeletmuskels und des Herzmuskels dar, bei dem nur Spannungsänderungen, aber keine Änderungen der Länge bzw. der Füllung stattfinden. Ihr gegenüber steht die isotonische Kontraktion, bei der am Skeletmuskel keine Änderungen der Spannung, sondern ausschließlich solche der Länge erfolgen (ἴσος = gleich, τόνος = Spannung). Dieser Fall ist beim Skeletmuskel gegeben, wenn man den aufgehängten Muskel unter seinem Belastungsgewicht sich auch kontrahieren („verkürzen"!) läßt. Dann ist die Spannung, die er in Ruhe hatte, und die, welche er bei der Zusammenziehung besitzt, dieselbe. Der Vergleich zum Skeletmuskel ist möglich am Herzstreifen. Beim Hohlmuskel kann man nur Entleerungen und Verkürzungen unter gleichem Druck erreichen („isobarisch"), aber nicht unter gleichen Spannungen. Denn mit Verkleinerung des Volumens des Hohlmuskels nimmt die Spannung der einzelnen Muskelfasern ab, obwohl der Innendruck konstant bleibt (s. oben). Wir wollen den alten Begriff isotonisch von O. FRANK beibehalten, müssen uns aber darüber klar sein, daß isobarisch nicht ohne weiteres gleich isotonisch ist. Bei unserem Herzschema der Abb. 188 lassen sich isotonische Kontraktionen durch Konstanterhaltung des Auswurfdruckes erzielen: Bei offenem Hahn H lastet der Druck der Wassersäule je nach der Höhe des Behälters B auf dem Herzen. Bei Reizung zieht sich das Herz zusammen und wirft während der Systole ein bestimmtes Volum, das Schlagvolumen, in den Behälter B aus, um sich in der Diastole wieder um dasselbe Volum zu füllen. Wenn der Behälter genügend weit gewählt wird, bleibt der Ventrikeldruck (gemessen am Manometer M) während einer solchen vollständigen Herzrevolution nahezu konstant = *isobarische Kontraktion*. Man geht zur Gewinnung der Kurve dieser Maxima so vor, daß man das Herz eine Reihe von Zuckungen bei verschiedenen Drucken ausführen läßt. Es muß das Herz also gegen einen möglichst gleichbleibenden Widerstand arbeiten, außerdem müssen die Volumenänderungen, die Auswurfmaxima, bei beliebigen Füllungen aufgeschrieben werden (z. B. indem man die Schwankungen des Meniscus der vom Herzen gehobenen Blutsäule photographisch registriert o. ä.). Die Kurve, welche die Punkte der jeweiligen Drucke und Verkürzungsmaxima verbindet, ist die *Kurve der „isotonischen Maxima"*. In Abb. 189 ist sie mit II bezeichnet (s. auch die klassische Originalkurve von O. FRANK in Abb. 191d). Es ergibt sich, daß die besprochenen beiden Kurven *nicht* zusammenfallen, sondern daß die Druckmaxima wesentlich über den Auswurfmaxima zu liegen kommen oder, mit anderen Worten, *die Kurve der isotonischen Maxima verläuft stets tiefer als die Kurve der isometrischen Maxima.*

Eine Erklärung der Tatsache, warum die Kurve der isometrischen Maxima höher liegt als die der isotonischen Maxima, läßt sich am besten aus energetischen Überlegungen geben (BROEMSER). Bei der Muskelkontraktion wird ein Stoffwechselvorgang ausgelöst, dessen Energieumsatz z. T. in äußere Arbeit (Verkürzung) umgewandelt wird oder zu einer Erhöhung der Spannung (innere Arbeit) Verwendung findet. Unter der Annahme, daß nur ein bestimmter Teil des Energieumsatzes in äußere oder innere Arbeit umgewandelt werden kann, muß daher die Spannungsentwicklung bei positiver äußerer Arbeit um einen dem Betrag dieser Arbeit äquivalenten Betrag gegenüber der Spannungsentwicklung bei fehlender äußerer Arbeit (isometrische Kontraktion) zurückbleiben.

Der von O. FRANK erhobene Befund, daß die Druckmaxima wesentlich über den Auswurfmaxima zu liegen kommen, konnte in letzter Zeit durch Versuche am quergestreiften Muskel (REICHEL, HILL) geklärt werden, der sich grundsätzlich von dem Herzmuskel in mechanischer Hinsicht nicht unterscheidet. Danach läßt sich theoretisch jeder Muskel in kleinste mechanische Einheiten („Muskelelemente") zerlegen, die aus zwei hintereinander geschalteten Elementen bestehen sollen, und zwar aus einem Element, das sich aktiv verkürzen kann, und einem zweiten, das diese Fähigkeit nicht besitzt und nur elastisch ist. Wirkt daher auf das elastische Element eine dehnende Kraft ein, so wird es verlängert. Wird der Muskel gereizt, so verkürzt sich nur das eine Element, während sich das andere passiv verhält. Dabei sind zwei Möglichkeiten denkbar: Entweder ist der Muskel nur an *einem* Ende fixiert, während das andere frei (= isotonisch) den Bewegungen des kontraktilen Elementes folgt, oder der Muskel ist an *beiden* Enden (= isometrisch) fixiert, so daß seine Gesamtlänge konstant bleibt. Im letzten Fall kann offenbar das kontraktile Element sich nur dann verkürzen, wenn gleichzeitig die nichtkontraktile Komponente *verlängert* wird. Zwangsläufig wird daher im isometrisch fixierten Muskel das nichtkontraktile Element um denselben Betrag gedehnt, um den sich das kontraktile Element verkürzt (= innere Dehnung). Dabei muß gemäß den Gesetzen der Elastizitätslehre eine Spannung auftreten, die wir im Herzen als isometrischen Druckanstieg messen: Im Muskelelement wird elastische Energie erzeugt, die isotonisch nicht auftritt. Das ist der eigentliche Grund, warum die isometrischen Maxima über den isotonischen Maxima liegen. Da die Theorie der Muskelkontraktion (HILL, H. H. WEBER, REICHEL u. a.) im Band „Muskelphysiologie" abgehandelt wird, sei an dieser Stelle für die weitere Betrachtung der Herzphysiologie unter dem Gesichtspunkt dieser „Zwei-Elemente-Theorie" von REICHEL auf die Originalarbeit verwiesen. Natürlich ist diese Theorie vorerst nur ein Mittel, um die mechanischen Eigenschaften zu veranschaulichen. Histologisch und molekular-theoretisch ergeben sich keine Anhaltspunkte dafür, daß in den Muskelfibrillen Elemente mit den erforderlichen Eigenschaften vorhanden sind (REICHEL).

Abb. 189 zeigt weiter, daß bei der höchstzulässigen Dehnung im Punkte A alle drei Kurven zusammenlaufen; d. h. es gibt danach eine bestimmte Füllung des Ventrikels bei einem bestimmten Druck, bei welchem weder eine weitere aktive Steigerung des Druckes noch aber eine Volumenverminderung des Herzens mehr möglich ist. Dieser Füllung bzw. diesem Druck entspricht der Punkt A, er ist theoretisch zu fordern, experimentell aber nicht zu ermitteln, weil selbst bei den höchsten im Ruhezustand noch erreichbaren Drucken sowohl isotonische als auch isometrische Kontraktionen zu erzielen sind. In der Originalkurve von FRANK (s. Abb. 191d) ist der Punkt A (hier X) entsprechend durch Extrapolation als Schnittpunkt der Kurven gewonnen worden. Er wird meist als „absolute Kraft" des Herzens bezeichnet. Um eine eindeutige Definition der absoluten Kraft zu bilden, schlug FRANK (1895) (auch für den Skeletmuskel) das absolute Spannungsmaximum der isometrischen Kurvenschar vor, also den höchsten Druck, den das Herz bei isometrischen Kontraktionen und allmählich zunehmender Anfangsfüllung erzielen kann.

Wenn das spontan schlagende Herz eine isotonische Kurve aufgeschrieben hat, so fällt in vielen Fällen die Kurve am Ende der Zuckung, d. h. in dem Zeitpunkt, in dem die neue Herzaktion einsetzt, noch mit einer ungeminderten Steilheit ab, mit anderen Worten, die Rückkehr der Muskelelemente in die Ruhelage ist noch nicht vollendet. Die bisher gemachten Ausführungen bedürfen also für das spontan schlagende Herz noch einer grundsätzlichen Einschränkung. Aus den eben beschriebenen Kurvenreihen kann also grundsätzlich keine Dehnungskurve des ruhenden Herzmuskels, sondern nur eine *Kurve der isotonischen Minima* abgeleitet werden. Anders verhalten sich im allgemeinen die isometrischen Zuckungen. Hier nimmt die Steilheit des Abfalls lange vor Beginn der neuen Zuckung stark ab. Die Kurve verläuft dann fast parallel zur Zeitabscisse. Die *Kurve der isometrischen Minima* ist also ebenfalls nicht identisch mit der der isotonischen Minima, sondern sie verläuft tiefer, was von STRAUB so gedeutet wird, daß das Herz unter isotonischen Bedingungen weniger vollständig erschlaffe. Daß die Minima des ruhenden Herzens noch tiefer liegen, ist für STRAUB der kurvenmäßige Ausdruck dafür, daß beim tätigen Herzen ein „Kontraktionsrückstand" bestehen bleibt (s. S. 398, 409, 413). Es wurde oben ja schon betont, daß die Ruhedehnungskurve nur dann zugleich die Kurve der Minima ist, wenn der Zeitabstand zwischen zwei aufeinanderfolgenden Zuckungen länger ist als die Zuckungsdauer des Herzmuskels. Daraus kann man ersehen, wie schwer es ist, eine einheitliche Definition des sog. *Tonus* des Herzens aufzustellen. Schon FRANK hat deshalb empfohlen, den Gebrauch dieses Wortes, mit dem meist nur unklare Begriffe verwendet werden, möglichst einzuschränken. Jedenfalls kann man nicht immer einfach aus den Minima der Kurven Schlüsse auf die Elastizitätsverhältnisse in Ruhe ziehen, wie das vielfach geschieht. Es ist außerdem zu bedenken, daß jede Drucksteigerung im Ventrikel eine Dehnung der plastischen Elemente (REICHEL) bewirken muß, was in der Tat durch Experimente von GEHL, GRAF und KRAMER bewiesen wurde. (Näheres zum „Herztonus" s. S. 408ff.).

4. Die „Überlastungs-" oder „Unterstützungszuckung"

Nach dem Vorgang von HELMHOLTZ unterscheidet man in der Muskeldynamik außer der isometrischen und isotonischen Zuckung noch die sog. *Überlastungs- oder Unterstützungszuckung.* Belastet man einen ruhenden Skeletmuskel mit einem Gewicht, verhindert man die elastische Dehnung infolge des Gewichtes dadurch, daß man ihn „unterstützt", so ist die am Muskel liegende Spannung kleiner als das Gewicht, gegen das er unterstützt wird. Wird er gereizt, so verkürzt er sich erst dann, wenn er durch isometrische Anspannung mit der Last ins Gleichgewicht gekommen ist. Er verkürzt sich also später — im Verhältnis zu seiner Anfangsspannung — unter einer „Überlastung". Man erkennt ohne weiteres, daß die isotonischen und isometrischen Zuckungen Grenzfälle solcher Unterstützungszuckungen sind. Eine Zuckung mit verschwindend kleiner Unterstützung, bei der also die Anfangsspannung fast gleich der Spannung ist, unter der sich auch die Längen- (bzw. Füllungs-)Änderung des Muskels vollzieht, ist also eine isotonische; eine Zuckung andererseits mit so hoher Unterstützung, daß von ihr aus eine Hebung des Gewichtes überhaupt nicht mehr erfolgt, ist eine isometrische. Die zwischen diesen Grenzfällen liegenden Unterstützungszuckungen im eigentlichen Sinne des Wortes setzen sich *aus einem isometrischen und einem isotonischen Teil* zusammen. Der „unterstützte" Muskel hat, so lange er ruht, noch nicht die Spannung, die dem angehängten Gewicht entspricht, da er dieses Gewicht ja nicht ganz trägt. Er muß, um das Gewicht zu heben, seine Anfangsspannung erst bis zu diesem Spannungsgrad erhöhen, und während dieser „Anspannungszeit" vollführt er eine isometrische Zuckung. Vom Beginn des Hebens des Gewichtes ab aber wird dann die Zuckung eine isotonische. Nun ändert sich nicht mehr die Spannung, sondern nur die Länge des Muskels. *Als Unterstützungszuckung ist also* in Analogie zu den bereits am Skeletmuskel festgelegten Bezeichnungen *eine Zuckung aufzufassen, die zuerst isometrisch beginnt unter geringerem Anfangsdruck als dem während der Verkürzung herrschenden sog. Überlastungsdruck, mit dem sie dann isotonisch weiterverläuft.* Im Versuch kann man eine solche Zuckung nachahmen, indem wir in die Versuchsanordnung der Abb. 188 statt eines Hahnes ein gut schließendes Ventil einbauen, das sich nur dann öffnen kann, wenn der Druck im Herzinnenraum mindestens so groß ist, wie der im Niveaugefäß beliebig eingestellte Druck. Wird im Niveaugefäß ein Druck eingestellt, der höher ist als der Ventrikeldruck, so muß erst diese Druckdifferenz überwunden werden, bevor sich das Herz isotonisch entleeren kann. Solche Unterstützungskontraktionen können für ein und denselben Ausgangsdruck bei beliebigen „Überlastungsdrucken" ausgelöst werden. Die Verbindung der jeweils erreichten Maxima ergibt Kurven, die sich zwischen rein isotonische und isometrische Maxima einordnen. *Die physiologischen Ventrikelkontraktionen sind ausschließlich Unterstützungs- oder Überlastungszuckungen*, indem der Ventrikel in der Diastole, während er ruht, unter einem viel geringeren Druck als während seiner Zusammenziehung in der Systole steht. Der Ventrikel vollführt während der „*Anspannungszeit*" ohne Füllungsänderung eine *isometrische Zuckung*, bei der er seine Spannung auf den Aortendruck bringt. Die zu bewältigende „Last", der arterielle Blutdruck, ruht nicht auf dem Herzen, sondern wird von den geschlossenen Semilunarklappen der Aorta „getragen", d. h. das Herz wird gegen den Blutdruck durch die Klappen „unterstützt". Erst wenn eben der Aortendruck ein wenig überschritten ist, erfolgt eine Entleerung in annähernd isotonischer Form. Genau genommen ist die Austreibung eine *auxotonische Volumänderung*[1], bei der der Druck vom diastolischen Druck auf den am Ende der Systole herrschenden Druck zunimmt; dieser ist nach Abb. 192 und früher gebrachten Abbildungen kleiner als der überhöhte systolische Maximaldruck und maßgebend für die Größe des Schlagvolumens (WETTERER)[2].

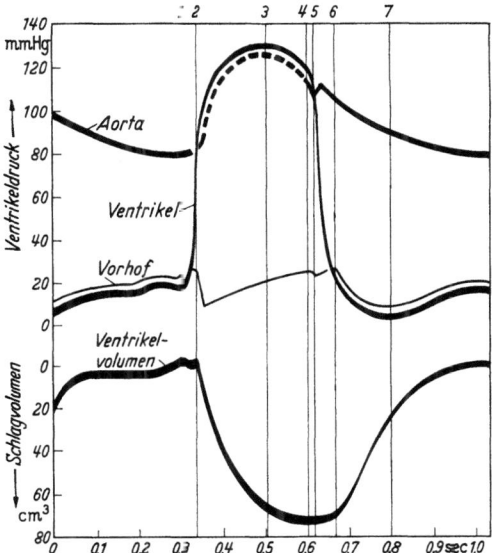

Abb. 192. Zeitlicher Ablauf von Aortendruck, Ventrikeldruck, Vorhofsdruck und Ventrikelvolumen bei einer Herzaktion (Kurven übernommen von RAPPAPORT und SPRAGUE. Zeitwerte für das menschliche Herz nachträglich eingetragen). *Zeitmarkierungen:* *1* Fülldruck und Beginn der Kontraktion; *2* diastolischer Druck, Ende der Anspannungszeit und Beginn der Austreibungszeit; *3* systolischer Maximaldruck; *4* endsystolischer Druck und Ende der Austreibungszeit; *5* Beginn der Erschlaffungszeit; *6* Vorhofsdruck und Beginn der Füllungszeit; *7* Minimaldruck; *1* Ende der Füllungszeit. (Nach H. REICHEL)

Eine *vollständige Beschreibung* einer unter natürlichen Kreislaufbedingungen ablaufenden *Herztätigkeitsperiode* ergibt sich — etwas schematisiert (!) — also anhand von Abb. 193 in der Form, wie es dort dargestellt ist, d. h. das Herz (linker Ventrikel) füllt sich unter dem durch die Vorhofkontraktion erhöhten Druck entsprechend seiner Ruhedehnungskurve bis zu dem Volumen, das diesem Druck in der Ruhe entspricht. Sodann schließt sich mit beginnender Systole die Atrioventrikularklappe, während die Semilunarklappen noch geschlossen sind. Die Kammer kontrahiert sich dementsprechend zunächst bei allseitigem Abschluß isometrisch. Es steigt dabei ohne Volumenänderung der Druck bis zu dem Punkt, in dem er den in der Aorta herrschenden Druck (diastolischen Aortendruck) überschreitet (Anspannungszeit). In diesem Moment öffnen sich die Semilunarklappen und das Herz wirft nunmehr

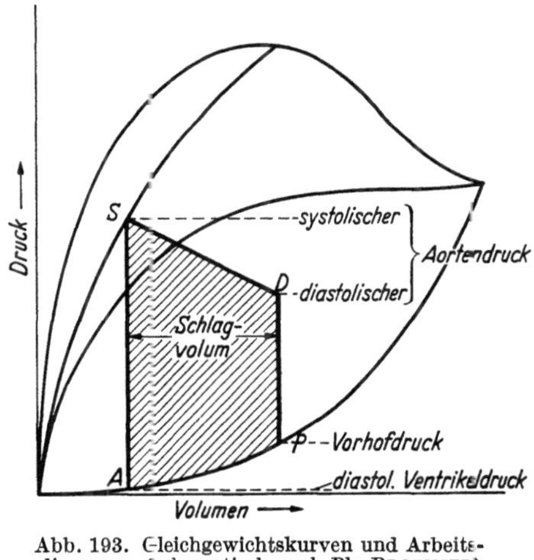

Abb. 193. Gleichgewichtskurven und Arbeitsdiagramm (schematisch nach Ph. BROEMSER)

---

[1] αὐξάνειν = vermehren.
[2] Zwischen den beiden Extremen der isotonischen und isometrischen Zuckungen liegen auch die sog. *Anschlagzuckungen*, bei welchen der Muskel sich zuerst frei (isotonisch oder auxotonisch) kontrahiert, aber im Verlauf seiner Zusammenziehung von einem gewissen Moment ab an weiterer Verkürzung verhindert wird (z. B. indem der Schreibhebel gegen eine auf bestimmte Höhe gestellte Hemmungsvorrichtung stößt).

gegen den Aortendruck aus, der durch den Auswurf ansteigt, d. h. die weitere Kontraktion verläuft auxotonisch und erreicht am Ende der Systole den systolischen Aortendruck. Mit dem Beginn der Diastole sinkt der Kammerdruck unter den Aortendruck und die Semilunarklappe schließt sich. Das Herz erschlafft nun weiterhin bei allseitig geschlossenen Klappen, d. h. wiederum isometrisch bis zu dem Punkt, an dem der absinkende Ventrikeldruck unter den Vorhofdruck absinkt (Entspannungszeit). Es öffnen sich dann die Atrioventrikularklappen, und das Herz füllt sich wiederum unter dem mit der Vorhofsystole ansteigenden Vorhofdruck bis zu dem Zeitpunkt,

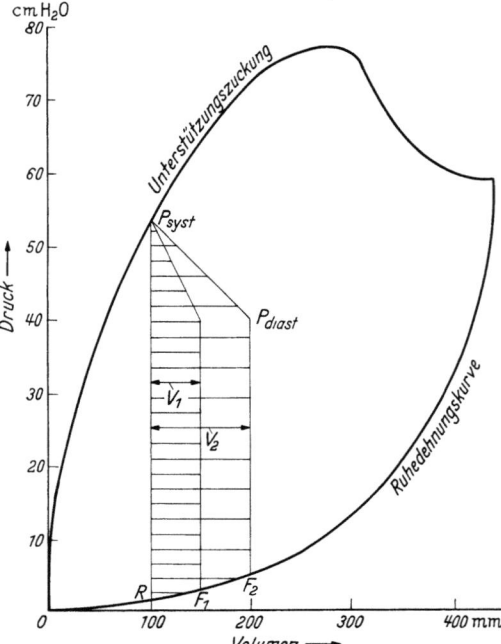

Abb. 194. Druck-Volumendiagramm des isolierten Froschherzens wie Abb. 191d. Das mit 150 mm³ gefüllte Herz (F_1) kontrahiert sich isometrisch, bis der diastolische Druck von 40 cm Wasser in der Aorta überwunden ist (P-diast.), dann wird der Druck unter Auswurf weiter gesteigert bis 54 cm Wasser (P-syst.), wobei ein Volumen von 50 mm³ gefördert werden kann (V_1) und ein Restvolumen (R) von 100 mm³ im Herzen verbleibt. Wird das angebotene Volumen auf 200 mm³ gesteigert (F_2), dann bleibt, sofern die Druckanforderungen die gleichen sind, die Restblutmenge gleich und das ausgeworfene Volumen (V_2) wird um die vermehrte Füllung erhöht. In einem weiten Bereich kann sich das Herz aus sich selbst heraus an ein erhöhtes Blutangebot anpassen und wirft entsprechend höhere Volumina aus. Umgekehrt ist Voraussetzung für einen erhöhten Auswurf eine erhöhte Füllung während der Diastole. Erst bei hohen Drucken oder bei sehr hohen Volumina ist diese „Reservekraft" des Herzens erschöpft und die Leistung sinkt ab. (Aus REIN-SCHNEIDER)

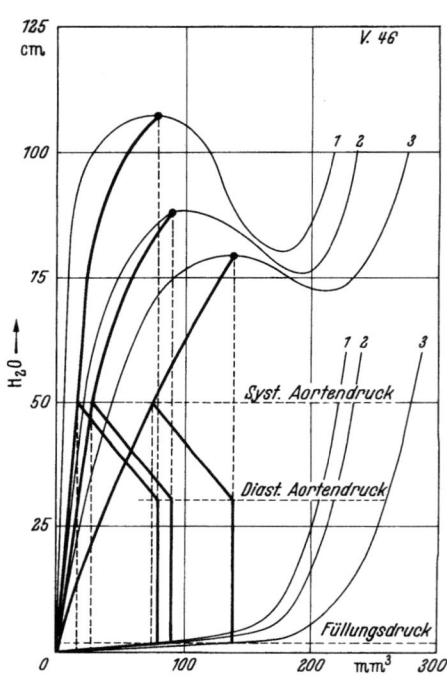

Abb. 195. Konstruktion der Arbeitsdiagramme. (Nach H. GEHL, K. GRAF und K. KRAMER)

in dem die neue Herzkontraktion beginnt. Wie ersichtlich, bestehen dementsprechend zwischen dem Vorhofdruck zu Beginn und am Ende der Kammerdiastole, zwischen dem systolischen und dem diastolischen Aortendruck und dem Schlagvolumen Beziehungen, die in unserem Schema eindeutig festgelegt, d. h. durch die Eigenschaften der Herzmuskulatur bestimmt sind. Analoges gilt für das rechte Herz. Das Druck-Volumendiagramm enthält also alle Zustände, unter denen das Herz arbeiten kann, die dabei auftretenden Drucke und das dabei mögliche Schlagvolumen. Die Verhältnisse am Froschherzen findet man am besten in Abb. 195 nach H. GEHL, K. GRAF und K. KRAMER (1955). Natürlich sagt das Druck-Volumendiagramm nichts aus über die Geschwindigkeit, mit der der Vorgang auf den einzelnen Teilstrecken abläuft.

Eine vollständige Darstellung der Herztätigkeit würde gegeben sein durch ein *räumliches* Diagramm, dessen drei Koordinaten der Druck, das Volumen und die Zeit sind. Die bekannte Druckkurve ist dann die Projektion auf die Druck-Zeit-Ebene, die Volumenkurve die Projektion auf die Volumen-Zeit-Ebene. Eine unmittelbare Darstellung des Wertes der Arbeit und der Art der Arbeitsleistung ergibt die Projektion auf die dritte Ebene, die Druck-Volumen-Ebene. Die so dargestellte Arbeitsfläche nennt man mit FRANK in Anlehnung an eine in der Thermodynamik gebrauchte Bezeichnung das *Arbeitsdiagramm des Herzens*. Die Bedeutung der Konstruktion des Arbeitsdiagramms liegt in dem Umstand, daß es ein vollkommener Ausdruck der mechanischen Energie ist, die bei der Kontraktion frei wird. Da wir als Abscisse den Druck und als Ordinate das Volumen aufzeichneten, wird die vom Herzen geleistete äußere Arbeit im Diagramm durch eine Fläche beschrieben. Diese Fläche ist die geometrische Repräsentation der beiden ersten Summanden des früher (S. 376) erörterten vollständigen Ausdrucks für die Arbeit des Herzens. Die Darstellung im PV-Diagramm ist vergleichbar dem in Physik und Technik geläufigen CARNOTschen Kreisprozeß einer periodisch arbeitenden Maschine [*1. Takt:* passive Füllung unter dem Venendruck und Steigerung des Anfangsdruckes durch die Vorhofkontraktion (Strecke AP), *2. Takt:* Erregung der kontraktilen Elemente und isometrische Anspannung bis zum diastolischen Druck D (Strecke PD), *3. Takt:* Austreibungszeit unter Volumenabnahme (Strecke DS), *4. Takt:* isometrische Erschlaffung (Strecke SA)], (Abb. 193).

Es sei im folgenden noch eingegangen auf den *Einfluß des systolischen Druckes auf die Herzmechanik*. Bisher wurde vereinfachend angenommen, daß die natürliche Herzaktion rein isometrisch-isotonisch erfolgt. Der Druckanstieg während der Systole wurde vernachlässigt. WETTERER konnte in Versuchen an verschiedenen Warmblütern grundsätzlich feststellen, daß die Größe des Schlagvolumens nicht zu dem systolischen Maximaldruck (Ps), sondern zu dem am *Ende* der Systole im großen Kreislauf herrschenden Druck (Pe) in Beziehung steht. Pe ist im allgemeinen niedriger als Ps. Der bei offenen Aortenklappen auf den linken Ventrikel wirkende Druck steigt also zunächst auf den meßbaren Maximaldruck Ps und sinkt dann auf den Enddruck Pe (STRAUB). Versuche von REICHEL haben auch am isolierten Froschherzen bestätigt, daß das Schlagvolumen von allen *während* der Systole auftretenden Druckschwankungen relativ unabhängig ist und nur durch den Enddruck Pe verändert werden kann. Für den Enderfolg einer natürlichen Herzaktion ist nur jener Druck maßgebend, der im Gipfelpunkt der Kontraktion, also am *Ende* der Systole herrscht. Was sich zusätzlich im *Verlauf* der Systole am Muskelelement abspielt, ist für das schließlich erreichte Maximum relativ belanglos.

Außer Länge und Spannung ist zur Festlegung der Mechanik des Herzmuskels, wie erwähnt, als dritte Größe die *Zeit* zu berücksichtigen, die sowohl in der *Frequenz* als auch in der *Dauer der Gesamtkontraktion*, Systole und Diastole, als Veränderliche erscheint. BROEMSER hat bereits eingehend die zeitlichen Verhältnisse untersucht, die bei der Tätigkeit des menschlichen Herzens wichtig sind. Hier sei besonders der Einfluß der Zeit auf die Mechanik des Herzmuskels erörtert. Es wurde schon erwähnt, daß die Ruhedehnungskurve dann zugleich die Kurve der Minima ist, wenn der Zeitabstand zwischen zwei aufeinanderfolgenden Kurven länger ist als die Zuckungsdauer des Herzmuskels (BROEMSER). Der *Grenzwert* bei steigender Frequenz, bei dem der Beginn einer neuen Systole genau mit dem Ende der vorhergegangenen Diastole zusammenfällt, beträgt beim menschlichen Herzen nach BROEMSER 96 Schläge je min, wenn man voraussetzt, daß der zeitliche Verlauf der Kontraktionskurve sich nicht ändert (Änderung der Kontraktionskraft, Ermüdung!). Nimmt die Frequenz weiter zu, so kann das Herz nicht mehr vollständig erschlaffen, es bleibt ein Kontraktionsrest, die Füllung ist unvollständig und die Kurve der Minima muß sich in unserem Diagramm von der Ruhedehnungskurve nach links verschieben. (Weiteres s. S. 390, 407.) Da der Ventrikeldruck nacher folgtem Klappenschluß steil absinkt (STRAUB) und die Kammer sich grundsätzlich erst dann wieder füllt, wenn der Druck niedrig und wenigstens auf den ursprünglichen Ausgangswert abgesunken ist, so können wir uns auch „den ersten Teil der Diastole" (nach STRAUB) in eine primäre isometrische Phase des Druckabfalls und eine sekundäre Phase der Volumzunahme unterteilt denken. Der Kontraktionsrückstand wird daher auf Kosten der Füllung gehen. Das Schlagvolumen wird vermindert, der Wirkungsgrad je Herzschlag verschlechtert. In Versuchen am Froschherzen konnte REICHEL allerdings feststellen, daß bei sehr hohen Frequenzen eine

„reine Frequenzänderung", bei der sich nach O. FRANK nur die Volumina verändern, nicht darzustellen ist. Bei schneller Schlagfolge erholt sich das Herz ungenügend. Die Herzkraft nimmt ab, die Maxima liegen im Arbeitsdiagramm tiefer. Gleichzeitig nimmt die Kontraktionsdauer ab, und zwar im wesentlichen auf Kosten der Diastole. Das Herz erschlafft in einer kürzeren Zeit, so daß die neue Systole bei einer relativ besseren Füllung einsetzt. Dadurch kann der für eine Schlagarbeit ungünstige Einfluß der Frequenzzunahme z. T. wieder ausgeglichen werden. Versuche am spontan schlagenden Warmblüterherzen haben gezeigt, daß mit zunehmender Frequenz — etwa unter Adrenalinwirkung — bei unveränderter oder sogar gesteigerter Kontraktionshöhe die Dauer der Kontraktion verkürzt wird (HILD und SICK). Deshalb ist auch am menschlichen Herzen die Voraussetzung BROEMSERs für die

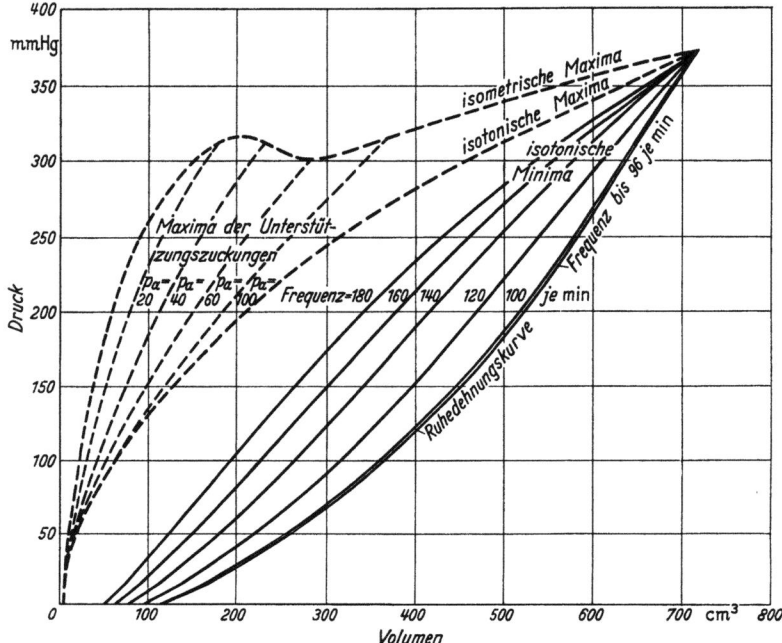

Abb. 196. Gleichgewichtskurven des menschlichen Herzens (Näherungsverlauf). (Nach PH. BROEMSER)

Berechnung des Grenzwertes der Frequenz nicht gegeben. Nach röntgenologischen Untersuchungen von SJÖSTRAND und Mitarbeitern liegt der Grenzwert, bei dem der diastolische Schatten des Herzens merklich kleiner wird, bei Frequenzen von 150—160 Schlägen/min. Am geschädigten Herzen ist außerdem mit einem Einfluß relativen Sauerstoffmangels auf den Kontraktionsablauf zu rechnen. Froschherzen, die man unter den Einfluß von Sauerstoffmangel setzt, zeigen im allgemeinen Kontraktionskurven, die nicht nur in ihrer Höhe flacher verlaufen, sondern auch zeitlich verlängert werden: Die Diastolendauer nimmt zu, der Grenzwert wird daher herabgesetzt. Die Kurve der Minima wird in solchen Fällen schon bei normaler Ruhefrequenz in der geschilderten Form verschoben, d. h. die mechanischen Ausgangsbedingungen der Herzaktion sind von vornherein besonders unvorteilhaft.

Gleichartige Kurven, wie sie von FRANK am Froschherzen gewonnen wurden, sind vom *Warmblüterherzen* erst in neuester Zeit ermittelt worden. Den wahrscheinlichen Verlauf dieser Kurven kann man jedoch in Analogie zu den Gleichgewichtskurven des quergestreiften Skeletmuskels durch Umrechnung von Spannung auf Druck annähernd angeben. In Abb. 196 ist der auf diese Weise gewonnene Näherungsverlauf der Gleichgewichtskurven für das menschliche Herz (nach BROEMSER) wiedergegeben. Es sind dort außer der Ruhedehnungskurve die Kurven der isotonischen Minima für Frequenzen, die höher als 96 pro min sind, eingetragen. Diese entsprechen allerdings nicht den tatsächlichen Verhältnissen: es gibt keine „reinen Frequenzänderungen". Auch verläuft die

Ruhedehnungskurve im unteren Druckbereich viel zu steil. Außerdem sind die Kurven der isotonischen Maxima, die Kurven der isometrischen Maxima und die Kurven der Unterstützungszuckungen bei verschiedenen diastolischen Ventrikeldrucken dargestellt. Die Kurven können natürlich nicht den Anspruch erheben, die tatsächlichen Zustandsänderungen des menschlichen Herzens richtig zu beschreiben (sie haben die ausdrückliche Voraussetzung, daß sich die Systolendauer nicht ändert!).

Abschließend sei des besseren Verständnisses wegen das Wichtigste nochmals an zwei Kurven BROEMSERs erläutert. An isometrisch-isotonischen Entleerungen,

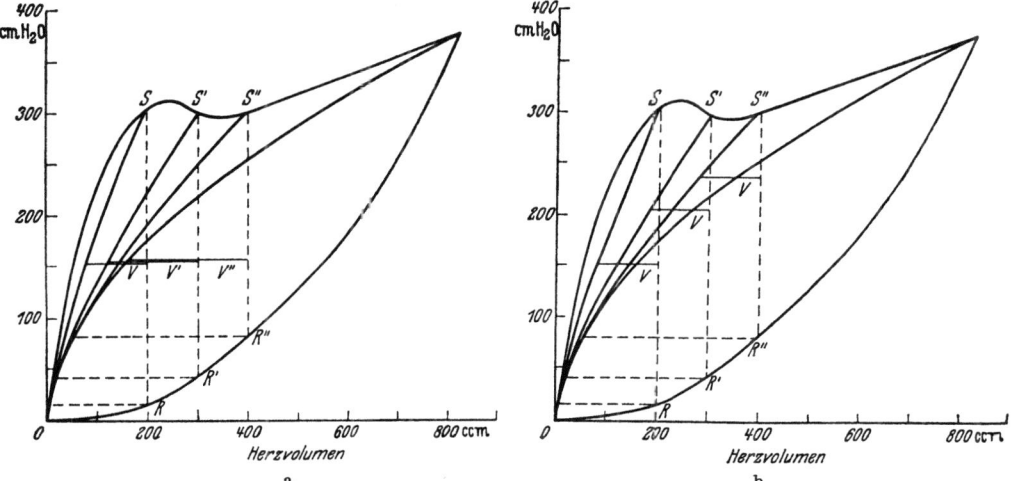

Abb. 197. a) Mechanik des menschlichen Herzens (nach BROEMSER). Ruhedehnungskurve mit den Punkten R, R' und R'' und ihren entsprechenden isometrischen Maxima S, S', S''. Kann sich das Herz durch „Unterstützung" nur bis zu einer Druckhöhe von 150 cm H$_2$O kontrahieren, entleert es isotonisch mit wachsender Ruhedehnung die Schlagvolumina v, v', v''. Diese liegen auf Kurven, die isotonische und isometrische Maxima der angegebenen Ruhezustände R, R', R'' verbinden. Man beachte, in welchem Maße das Schlagvolumen mit zunehmender Ruhedehnung anwächst unter gleichzeitiger Zunahme des Restvolumens am Ende der Systole

Abb. 197. b) Mechanik des menschlichen Herzens. Unterstützungszuckungen mit zunehmender isometrischer Spannungsleistung. Man beachte, wie stark in vorliegendem Falle das Herz in Diastole gedehnt werden muß, um gleiche Schlagvolumina zu liefern. (Nach BROEMSER)

sog. Unterstützungszuckungen des Herzens, ersehen wir, daß das Herz in einem bestimmten Bereich mit jeder Steigerung des venösen Zuflusses das Schlagvolumen entsprechend erhöhen kann. Wir sehen auf Abb. 197, auf welche Weise das möglich ist. Der erhöhte Venendruck, der in der STARLINGschen Anordnung durch Höherheben des Rückflußreservoirs vermehrt wird, führt zu vermehrter Ruhedehnung des Herzens, zu einer Zunahme der diastolischen Füllung. In unserer Abbildung sollen die Werte R, R' und R'' miteinander verglichen werden. Bei gleichem Aortendruck wird die Entleerung des Herzens mit stärkerer Ruhedehnung zunehmend größer. Aus dem FRANKschen Druck-Volumendiagramm ist ablesbar, in welchem Maße das ausgeworfene Volumen mit zunehmender Ruhedehnung anwächst. Aus der Lage des isotonischen Maximums ist zu sehen, daß ein Teil des vermehrt zugeflossenen Volumens nicht ausgeworfen wird. — So sehr aufschlußreich die Gleichgewichtskurven des Herzens sind, so leicht können sie allerdings auch zu Irrtümern Anlaß geben. Es sei daran erinnert, daß die Kurven nur in einem sehr schmalen Bereich unter natürlichen Bedingungen anzuwenden sind, und zwar von niedrigsten Vorhofdrucken von 3—4 mm Hg bis höchstens zu Werten von 20—25 mm Hg. Letztere sind Schätzungen der allenfalls zu erwartenden höchsten Füllungsdrucke, Werte, die bei schwerster

Herzinsuffizienz gemessen wurden. In unserer Zeichnung ist also R' bereits ein extremer Zustand!

Bei einer Erhöhung des peripheren Strömungswiderstandes fanden STARLING und mit gleicher Methodik auch STRAUB, daß das Herz nach Anpassung an die veränderten Bedingungen dieselben Volumina wie vor der Erhöhung des Widerstandes fördert. Auch dieser Befund kann aus den Gleichgewichtskurven entnommen werden. Abb. 197 zeigt, wie stark sich das diastolische Volumen verändern muß, wenn das Schlagvolumen konstant gefördert werden soll. In diesem Fall wird die diastolische Dehnung dadurch erreicht, daß das Herz aus der Not eine Tugend macht: Das gegen den erhöhten Widerstand vermindert ausgeworfene Volumen bleibt auf der venösen Seite liegen und erhöht den diastolischen Druck und damit den Dehnungsgrad des Herzens (H. STRAUB). Außer dem „Restblutmechanismus" ist natürlich noch an die Rolle der Venomotoren (FLEISCH, GOLLWITZER-MEIER, SCHRETZENMAYR, VOLHARD) und außerdem besonders daran zu denken, daß die Herzkraft auf nervösem Wege an die peripheren Strömungswiderstände angepaßt wird (KRAMER). Das ist die heute von HAMILTON allgemein durchgesetzte Meinung. Der STARLING-STRAUB-Effekt spielt, wie später noch zu besprechen sein wird, am intakten Herzen wohl nur eine wesentlich geringere Rolle. Es ist gut, schon an dieser Stelle auf den Unterschied zwischen dem isolierten Herzen und dem Herzen im intakten Organismus mit Betonung hinzuweisen.

Historisch ist an dieser Stelle zu vermerken, daß bereits 1884 als *Vorläufer* zu OTTO FRANKs klassischer und grundlegender Arbeit über die Dynamik des Herzmuskels (1895) HOWELL und DONALDSON zeigten, daß das Hundeherz über einen inneren Mechanismus verfügt, durch den seine Auswurfmenge dem venösen Angebot angepaßt wird. Sie benutzten das NEWELL MARTINsche Herz-Lungen-Präparat und fanden, daß ein vermehrtes venöses Angebot zum Anstieg von Minutenvolumen, Schlagvolumen und rechtem Vorhofdruck führt. Sie gaben auch bereits an, daß diese Anpassung keine vollkommene ist, da der Anstieg im Auswurfvolumen des linken Ventrikels allmählich hinter dem venösen Angebot infolge Verschlechterung der Herztätigkeit zurückblieb.

1914 zeigte übrigens auch WIGGERS, daß Veränderungen im venösen Zufluß zum rechten Vorhof die Anfangsspannung, Höhe und Form der rechten Ventrikeldruckkurve ändern. Damit wurde gezeigt, daß die am Froschherzen gefundenen Gesetzmäßigkeiten für den rechten Ventrikel des Warmblüterherzens anwendbar sind. Gleichzeitig und unabhängig erfolgten die Untersuchungen von STARLING und Mitarbeiter und von H. STRAUB über den Einfluß der präsystolischen Länge und Spannung auf die Tätigkeit des isolierten Herzens am Herz-Lungen-Präparat, bei dem weitgehend arterieller Widerstand und venöser Zufluß für sich verändert werden können (Abb. 198).

Bei dem Übergang zur Besprechung der besonderen experimentellen Möglichkeiten zur Prüfung der Verhältnisse am Warmblüterherzen und der Untersuchung der Frage, ob die Dynamik des isolierten Herzens und die des Herzens, das im Verband des Organismus schlägt, grundsätzliche Verschiedenheiten vorliegen, sei eine kurze historische Notiz eingefügt. Es wurde oben schon erwähnt, daß O. FRANK der erste war, der die Ergebnisse der Skeletmuskeldynamik auf das Froschherz übertrug. Diese grundlegenden Versuche veranlaßten dann MORITZ, dieselben Gesetzmäßigkeiten auch für das Warmblüterherz zu postulieren. Die theoretischen Annahmen von MORITZ experimentell erwiesen zu haben, ist das Verdienst von H. STRAUB, der dazu von STARLING angegebene Herz-Lungen-Präparat (HLP) benutzte. STARLING, PATTERSON und PIPER (1914) machten im gleichen Jahr entsprechende Untersuchungen. Es ist daher historisch durchaus gerechtfertigt, die für die *Dynamik* des isolierten Herzens gültigen Regeln nach FRANK, STRAUB und STARLING zu benennen. In Abgrenzung zur Herzdynamik kommt für die Untersuchung der *Energetik* des Säugetierherzens das entscheidende Verdienst STARLING und seinen Mitarbeitern zu, worauf später noch besonders einzugehen sein wird. Bei voller Würdigung aller Beteiligten ist es daher möglich, von den FRANK-STRAUB-STARLINGschen *Gesetzen der Herztätigkeit* zu sprechen, wenn man die Ergebnisse *beider* Wege, der Dynamik *und* der Energetik, als „Gesetz" zusammenfassen will.

Allerdings gingen STRAUB und STARLING in ihren Folgerungen weit über FRANK hinaus, wie WEZLER neuerdings betonte, wenn sie eine vergrößerte Anfangsfüllung bzw. Anfangsspannung als die *notwendige Voraussetzung* für jede Schlagvolumvergrößerung bezeichnen („Gesetz der Herzarbeit" von STRAUB und STARLING). Ein Gesetz dieser Art hat O. FRANK aus seinen Beobachtungen wachsender Spannungsentwicklung des Herzens mit zunehmenden Anfangsfüllungen niemals formuliert, was in Hinsicht auf die neueren kritischen Einschränkungen beachtenswert ist. *Die wichtigste von* FRANK *getroffene und auch von ihm experimentell belegte Feststellung ist diejenige, daß mit zunehmender Füllung die isometrischen Druckanstiege ein Maximum erreichen, um dann wieder abzufallen.* Die Abhängigkeit der isotonischen Schlagvolumina von den Füllungen und Überlastungsdrucken folgerte er zuerst daraus, um sie später auch experimentell z. T. zu bestätigen. FRANK hat dabei jede direkte Anwendung auf den natürlichen Kreislauf vermieden: „Sollte der natürliche Kreislauf noch Besonderheiten aufweisen, so hätte man zuerst nach diesen zu forschen." Die STARLINGschen Untersuchungen hatten die wesentlich größeren Schwierigkeiten des Experiments am Warmblüterherzen zu überwinden und hatten — im Unterschied zu FRANK — das Ziel in dem Gesetz: *Die Energie der Kontraktion ist eine Funktion des enddiastolischen Volumens* (bzw. der chemisch aktiven Oberfläche), ein Gesetz, das alle Vorstellungen über die normale und pathologisch veränderte Herztätigkeit mit einer erstaunlichen Ausschließlichkeit beherrscht hat, von dessen Grenzen noch zu sprechen sein wird.

Für die experimentelle Untersuchung am Warmblüterherzen ist das Herz-Lungen-Präparat (HLP) von STARLING von entscheidender Bedeutung gewesen (Abb. 198).

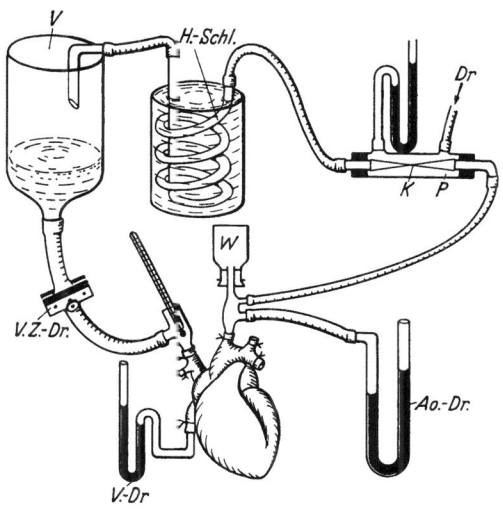

Abb. 198. Untersuchung des isolierten Warmblüterherzens im „Herz-Lungenpräparat". (Nach E. H. STARLING) (Erläuterung im Text)

Das Herz steht dabei im natürlichen Zusammenhang mit der künstlich beatmeten Lunge. Die Aorta desc. ist unterbunden, ebenso die Arteria subclavia an der einen Seite. In den Stumpf der gegenseitigen (brachiocephalica) ist eine Glaskanüle eingebunden, über welche das gesamte vom linken Herzen ausgeworfene Blut einem künstlichen „großen Kreislauf" zugeführt wird, aus welchem es durch eine Kanüle, die in den Stumpf der Vena cava sup. eingebunden wird, zurückkehrt. Die Vena cava inf. ist gleichfalls unterbunden. Durch zwei Manometer lassen sich der Druck in der künstlichen Aorta (Ao. Dr.) und der Druck im rechten Vorhof (V. Dr.) messen. Der Strömungswiderstand im Kreislauf läßt sich beliebig ändern, indem die dünne Gummischlauch K von außen beliebig durch Luftdruck (Dr.) zusammengepreßt wird. Bei W ist ein Windkessel eingeschaltet, welcher die Elastizität der natürlichen Aorta ersetzt. In einer Heizschlange (H.Schl.) wird das durchströmende Blut auf Körpertemperatur erwärmt und fließt in ein offenes Vorratsgefäß (V.). Von dort aus kann es in den rechten Vorhof zurückströmen. Der venöse Zufluß zum Herzen kann beliebig gedrosselt werden (V. Z. Dr.).

(Über die methodischen Bedingungen und Verbesserungen des HLP siehe besonders E. A. MÜLLER (1940), dort auch weitere Ausführungen über Volumen, Leistung, Tonus und Kontraktionsfähigkeit am Säugetierherzen. Weiter wiesen GAUER und KRAMER darauf hin, daß der Windkessel an der falschen Stelle, zu sehr herzfern, sitzt.)

Das HLP ermöglicht — unabhängig von den schwer übersehbaren regulatorischen Einrichtungen des Organismus — von den drei wichtigsten Variablen der Herzarbeit, dem venösen Zufluß, dem arteriellen Widerstand und der Frequenz, jeweils nur eine bei Konstanz der übrigen zu verändern.

(Allerdings führten diese methodischen Möglichkeiten in der Folgezeit zu einer Überbewertung der Rolle des venösen Zuflusses. Hier liegt eine Schwierigkeit für die Anpassung des HLP an die Verhältnisse im Organismus! — Weitere Variable sind die Beschaffenheit des Herzmuskels und der Ernährungsflüssigkeit einschließlich deren Gasgehalt.) Anschließend seien die grundlegenden, von H. STRAUB gefundenen und von zahlreichen Nachuntersuchern bestätigten Gesetzmäßigkeiten besprochen[1].

---

[1] M. SCHWAB, H. STRAUB.

Dynamik des Starling-Herzens bei steigendem arteriellen Widerstand

Stufenweise Erhöhung des arteriellen Widerstandes führt im Bereich der linken Kammer, wie Abb. 199 zeigt, zur Erhöhung des diastolischen Druckes, Steigerung des systolischen Druckes und Verbreiterung der Zuckungskurve. Wie die Abb. 199 zeigt, verschieben sich entsprechend dem diastolischen Füllungsdruckanstieg die Drucke des linken Vorhofs auf ein höheres Niveau. Als Ursache für den Anstieg des diastolischen Kammerdruckes hat man eine Vermehrung der Restblutmenge anzusehen. Dies kommt dadurch zustande, daß die linke Kammer bei Erhöhung des arteriellen Widerstandes zunächst nicht das gesamte, vorher geförderte Schlagvolumen auswirft, sondern nur ein geringeres. Die dadurch bewirkte vermehrte diastolische Füllung führt zu einem Anstieg des diastolischen Druckes, dieser wiederum zu einem Steigen des systolischen Druckes und damit zur Wiederherstellung des normalen Schlagvolumens. Erhöht man den arteriellen Widerstand immer weiter, so kommt man schließlich an die Grenze, wo trotz der soeben geschilderten Kompensationsmöglichkeit das alte Schlagvolumen nicht mehr gefördert werden kann. Durch erhebliche Vergrößerung des systolischen Rückstandes kommt es zu einem beträchtlichen Ansteigen des diastolischen Ventrikeldruckes, der systolische Gipfelpunkt der Druckkurve flacht sich ab; entsprechend dem Ansteigen des diastolischen Druckes steigt auch der Druck im linken Vorhof stark an: er zeigt damit die Grenze der Leistungsfähigkeit des linken Ventrikels an.

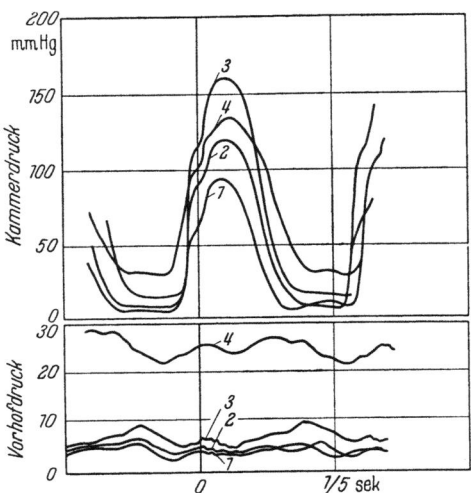

Abb. 199. Drucke im linken Ventrikel und linken Vorhof bei Steigerung des arteriellen Widerstandes. Kurve 1—3: suffizientes Herz; Kurve 4: insuffizientes Herz. (Nach H. STRAUB)

Dynamik des Starling-Herzens bei wechselndem Schlagvolumen

Stufenweise Steigerung des venösen Zuflusses ergibt im Bereich des rechten Ventrikels ein deutliches Ansteigen des diastolischen Minimaldruckes und dementsprechend auch des Druckes in den vorgeschalteten Kreislaufabschnitten, Steigerung des systolischen Maximaldruckes, steileren Druckanstieg sowie Verbreiterung der Druckkurve. Die Ursache für den steigenden Anfangsdruck ist in der vermehrten Anfangsfüllung zu suchen, die von den klassischen Untersuchern lediglich auf den vermehrten venösen Zufluß, von anderen Untersuchern auch auf vermehrt zurückbleibendes Restblut infolge des Druckanstiegs in der Pulmonalarterie bezogen wird. Im linken Ventrikel finden sich nur geringe Steigerung des diastolischen Minimaldruckes, mäßiger Anstieg des systolischen Maximaldruckes und Verbreiterung der Druckkurve. Die Veränderungen der Volumenkurve erfolgen fast ausschließlich durch Verschiebung des diastolischen Maximums, indem sich das Herz bei zunehmendem venösen Angebot diastolisch stärker füllt. Dagegen bleibt das systolische Minimum, auf welches sich das Herz zusammenzieht, unverändert. Wird die Steigerung des venösen Angebots über ein bestimmtes Maß hinaus fortgesetzt, so kann es vom Herzen nicht mehr bewältigt werden. Unter Anstieg des diastolischen Kammerdruckes, Absinken des systolischen

Druckes, Verbreiterung der Druckkurve sowie Anstieg des Vorhofdruckes kommt es zum Versagen des rechten Ventrikels.

Die Ergebnisse dieser experimentellen Befunde lassen sich kurz folgendermaßen zusammenfassen: *Das isolierte Warmblüterherz bewältigt — unter sonst gleichen Bedingungen — sowohl Steigerung der Druckarbeit wie Vermehrung der Zuflußarbeit dadurch, daß es von vergrößerter Anfangsfüllung und entsprechend erhöhtem Anfangsdruck aus höhere systolische Druckmaxima zu entwickeln vermag als vorher bei geringerer Anfangsfüllung und niedrigerem Anfangsdruck.* Man erkennt die Übereinstimmung der Ergebnisse mit den eingangs abgehandelten Druckvolumendiagrammen des Kaltblüterherzens, wie sie sich unter den Grenzbedingungen der isotonischen und isometrischen Zuckung ermitteln lassen (FRANK). Isometrische Druckkurven des linken Ventrikels am STARLING-Herzen (Hund) zeigt die Abb. 202 von ULLRICH, RIECKER und KRAMER.

Zunehmende Kontraktilitätsschädigung ist dadurch gekennzeichnet, daß die Kurve der Druckmaxima auf niedrigere Werte verschoben wird. Um also ein bestimmtes Schlagvolumen gegen einen bestimmten arteriellen Widerstand auszuwerfen, hat das geschädigte Herz größere Anfangsfüllungen und Anfangsdrucke nötig als das muskelstarke Herz. Diese Umstellung auf andere Anfangsbedingungen geschieht dadurch, daß durch Zunahme des systolischen Blutrückstandes eine vermehrte diastolische Füllung erreicht wird. Ein muskelstarkes Herz würde dieselben Anfangsbedingungen dann aufweisen, wenn ihm ein vermehrter arterieller Widerstand entgegengesetzt würde. Da aber das geschädigte Herz eine

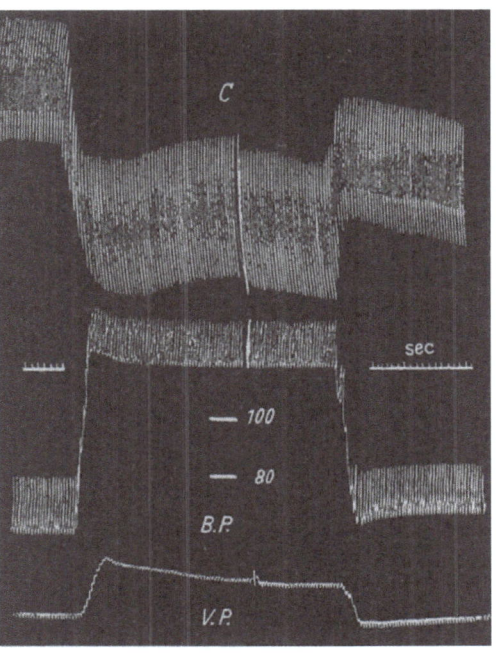

Abb. 200. Einfluß des arteriellen Widerstandes auf das Volumen des Herzens. (Nach STARLING.) *C* Kardiometer-Kurve; *B. P.* arterieller Druck; *V. P.* venöser Druck.

T	A. R.	B. P.	V. P.	Zahl der Herzschläge in 10 sec	Ausflußmenge in 10 sec
35 C	40	68	65	22	74 cm³
35	103	128	90	22	—
35	42	75	55	22	—

Es bedeuten in Abb. 200 und 201: *T* Temperatur des in das Herz strömenden Blutes; *A. R.* der künstliche Widerstand, ausgedrückt durch den Druck, der im Luftraum um den dünnen Gummischlauch herrschte, in mm Hg; *B. P.* der arterielle Blutdruck, gemessen mit Hilfe des Quecksilbermanometers, das mit dem seitlichen Ansatzstück der Carotiskanüle verbunden war, in mm Hg; *V. P.* der Druck in der Vena cava inferior in der Nähe des Herzens, gemessen in mm H₂O; die Ausflußmenge wurde peripher vom künstlichen Widerstand gemessen

geringere Reservekraft besitzt, ist es einer Erhöhung des arteriellen Druckes nicht gewachsen: Das Herz ist für die geforderte Arbeitsleistung insuffizient. Die Insuffizienz des kontraktilitätsgeschädigten Herzens unterscheidet sich von der des muskelstarken Herzens also nur dadurch, daß sie bereits bei mehr oder minder geringer Belastung eintritt; die Akkommodationsbreite ist gegenüber dem Normalzustand herabgesetzt. Wird der venöse Zufluß noch mehr gesteigert, so kommt es zu einem erheblich geringeren Anstieg der Förderleistung als im Zustand der Suffizienz (ANITSCHKOW und P. TRENDELENBURG), oft sogar zu einem

Gleichbleiben oder gar Absinken. Entsprechende Verhältnisse finden sich bei weiterer Steigerung des arteriellen Widerstandes. Schon hier sei darauf hingewiesen, daß die Dilatation des insuffizienten Herzens im allgemeinen nicht durch eine Erhöhung der Dehnbarkeit (erkennbar an einem flacheren Verlauf der Ruhedehnungskurve), sondern durch eine erhöhte Füllung infolge des erhöhten Restblutes bedingt ist (jedenfalls für die *akute* Insuffizienz; von dem Fall der Hypertrophie in chronischen Fällen sei hier abgesehen).

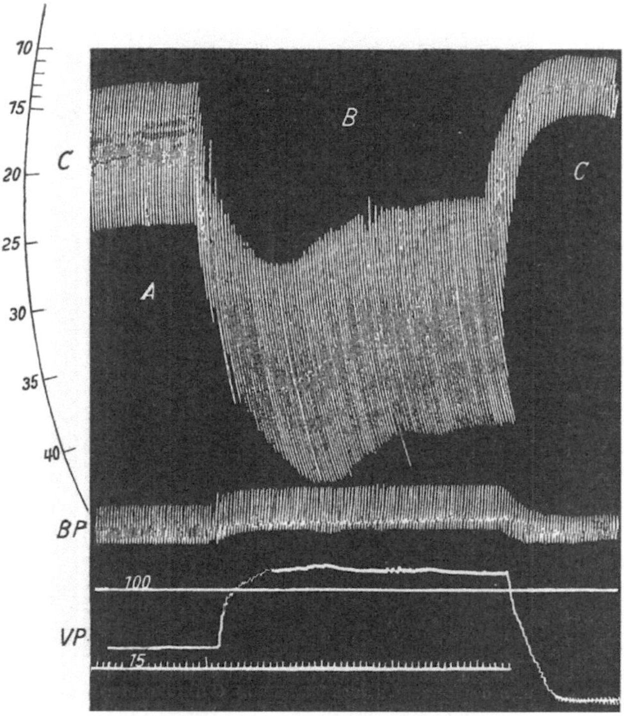

1922 untersuchten WIGGERS und KATZ nochmals den Anpassungsmechanismus an ein steigendes venöses Angebot in einem besonderen, von ihnen beschriebenen "controlled circulation preparation" (s. dazu WIGGERS, 1952) unter Aufzeichnung von Ventrikelvolumen und -druckkurven. WIGGERS und KATZ (1922) bestätigten die Ergebnisse von STARLING und Mitarbeitern unter Betonung bestimmter Besonderheiten und Abweichungen. Sie registrierten das Ventrikelvolumen (obere Kurven in Abb. 203) und die Druckkurven des rechten Ventrikels (untere Kurven in Abb. 203) bei vermehrtem venösem Rückfluß. In der sehr instruktiven Abb. 203 beginnen alle Kurven mit der Ventrikelsystole; *a, b, c* geben das Ende der Systole und damit die Veränderung der Systolendauer an. *A* ist die Kontrollkurve, *B* das Verhalten im Zustand der

Abb. 201. Einfluß des venösen Zuflusses auf das Volumen des Herzens. (Erläuterung der Abkürzungen s. Abb. 200)

Hund von 5,15 kg Gewicht; Herzgewicht 67 g

	A. R.	B. P.	V. P.	Zahl der Herzschläge in 10 sec	Ausflußmenge		
					in 10 sec	pro Herzschlag berechnet	pro Herzschlag beobachtet
A	100	124	95	22	86	3,9	5,7
B	100	130	145	22	140	6,4	8,0
C	100	122	55	22	33	1,5	2,5

Kompensation und *C* der Dekompensation bei vermehrtem venösen Rückfluß. Man sieht, daß bei *B* die Ventrikelfüllung während der ganzen Diastole schneller vor sich geht und daß die systolische Entleerung durch eine größere Austreibungsgeschwindigkeit, eine Verlängerung der Austreibungszeit und gelegentlich sogar eine vollständigere Entleerung gekennzeichnet ist. Die Druckkurven des rechten Ventrikels zeigen eine Erhöhung des präsystolischen intraventrikulären Druckes (der Anfangsspannung), einen steileren isometrischen Druckanstieg und eine größere systolische Gipfelhöhe. Das unter höherem Druck vom rechten Ventrikel ausgeworfene größere Volumen verursacht weiter notwendigerweise eine Erhöhung

Abb. 202a u. b. *Isometrische Druckkurven am li. Ventrikel des* STARLING-*Herzen*, aufgenommen mit Stahlplattenmanometer. — Hund 8 kg, Herz 71 g. Herzfrequenz etwa 125/min. — Obere Kurve: 1. Kurvenstück zeigt Kammerdruckkurven unter einer beliebigen Kreislaufbedingung des STARLING-Präparates mit auxotonen Entleerungen. Schlagvolumina liegen in der Größenordnung von 4—5 cm³. 2. Kurvenstück: Isometrische Druckkurven bei fortlaufender Füllung des li. Ventrikels. Untere Kurve: Unmittelbare Fortsetzung des 2. Kurvenstückes der oberen Kurve. b Übertragung der isometrischen Gleichgewichtskurven in ein Koordinatensystem. (Nach K. J. ULLRICH, G. RIECKER und K. KRAMER)

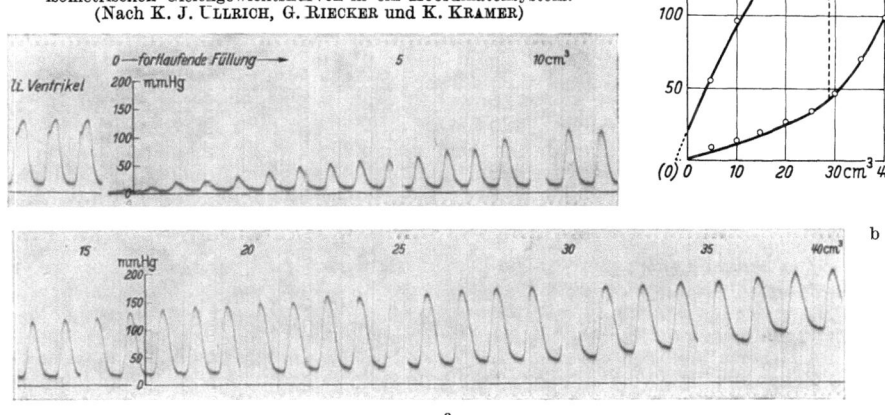

des linken Vorhofdruckes. (Im Gegensatz zu STARLINGs Beobachtungen zeigten OBDYKE und Mitarbeiter (1948), daß der Druckanstieg im linken Vorhof viel größer ist als im rechten Vorhof, was sie auf eine geringere Ausdehnungsfähigkeit des linken Vorhofs und der zugehörigen Venen zurückführen.)

Abweichend von STARLING und Mitarbeitern fand WIGGERS allerdings, daß die Verminderung des Schlagvolumens bei übergroßem venösen Angebot nicht darauf zurückzuführen ist, daß der Ventrikel seine äußerste Dehnung erreicht hat; denn eine Dekompensation trat bei weiterer Zunahme der diastolischen Dehnung auf, mit anderen Worten, jenseits eines kritischen Dehnungsgrades scheint eine zusätzliche Dehnung einen umgekehrten Effekt auf die Freisetzung mechanischer Energie zu haben oder die Kontraktion wird durch die stark ansteigende diastolische Spannung behindert. Das stimmt auch überein mit O. FRANKs Beobachtungen am Froschherzen (1895) und von LUNDIN (1944) an gedehnten Ventrikelstücken. Die Analyse der Volumenkurven und der Druckkurven des rechten Ventrikels (s. Abb. 203) ergab, daß trotz des großen Anstiegs des diastolischen Umfanges und der Anfangsspannung der Entleerungs-

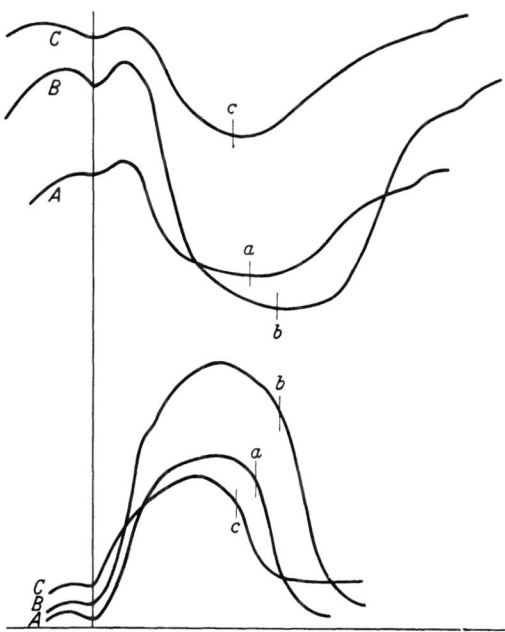

Abb. 203. Ventrikelvolumen (obere Kurven) und Druckkurven des rechten Ventrikels (untere Kurven). Erläuterung im Text. (Nach WIGGERS und KATZ)

mechanismus sich änderte. Die Ventrikel entleerten sich schwächer und unvollständiger mit einem erheblichen Anstieg des Restvolumens.

Schließlich wandte sich WIGGERS gegen die Ansicht von MARKWALDER und STARLING (1914), daß eine Frequenzänderung am denervierten HLP im weiten Bereich keinen Einfluß auf die Volumleistung des Herzens habe. Bei konstantem venösen „Zufluß" und rechten Vorhofdruck findet man, daß das Auswurfvolumen bei verschiedener Herzfrequenz bei weitem nicht konstant ist. WIGGERS gab auf Grund von Ventrikelvolumkurven eine sehr differenzierte Analyse dieser Verhältnisse, auf die besonders hingewiesen sei. KRAYER zeigte (1931), daß der Grund für die Ansicht von MARKWALDER und STARLING in einer unrichtigen Beurteilung der Zuflußbedingungen liegt; denn es wurden Konstanz der Höhe des Niveaus im Zuflußgefäß und Konstanz der Weite des Zuflußrohres gleichgesetzt mit dem Begriff "constant inflow". Es wurde daher nicht richtig beachtet, daß trotz konstanter Bedingungen des Zuflußsystems das Minutenvolumen und, notwendig davon abhängig, die Lage des Venendruckes stark verändert werden können und daß diese Veränderungen allein durch die Schöpfarbeit des Herzens bestimmt werden. Es ergibt sich das aus der Konsequenz der Gedanken von S. W. ANITSCHKOW und P. TRENDELENBURG, daß die Lage des Druckes im rechten Vorhof — unter konstanten physikalischen Bedingungen des Zuflußsystems im HLP — einen Anhaltspunkt gibt für die Leistungsfähigkeit des isolierten (!) Herzens. Die Leistungsfähigkeit ist um so besser, je niedriger der Druck im rechten Vorhof liegt! Trotz der Konstanz des Niveaus im Zuflußsystem wechselt die Zuflußmenge vom Herzen in umgekehrtem Verhältnis zu den Veränderungen des Venendruckes. Die Veränderung der Schöpfarbeit des Herzens läßt sich daher an der Venendruckänderung ablesen. Das geschädigte Herz fördert unabhängig vom Angebot, bei bestimmter Frequenz, nur ein dem Grad seiner Schädigung entsprechendes Minutenvolumen. So wurde von KRAYER der Begriff der Suffizienzgrenze eingeführt. Die Suffizienzgrenze ist abhängig von der Frequenz, sie steigt mit zunehmender Frequenz auf einen höchstens Wert, eine weitere Zunahme der Frequenz führt wieder zu einer Abnahme der Suffizienzgrenze. Den Frequenzbereich, innerhalb dessen eine Frequenzänderung ohne Einfluß auf das Minutenvolumen ist, nannte KRAYER den „optimalen Frequenzbereich". Die pharmakologische Konsequenz ist die, daß ein Herzmittel im strengsten Sinne des Wortes ein relativ insuffizientes Herz wieder instand setzen muß, ein größeres Schlagvolumen zu fördern und dadurch, und nicht durch eine reine Frequenzsteigerung, seine Suffizienzgrenze wieder zu erhöhen. Daß übrigens die Frequenzänderungen des Herzens nicht durch Veränderung der Temperatur der Durchströmungsflüssigkeit vorgenommen werden dürfen, wie das MARKWALDER und STARLING taten (Erwärmung des Reservoir-Blutes!), sondern nur durch lokale Sinusknotenerwärmung bzw. -abkühlung (Thermode nach GANTER und ZAHN), wurde bereits von KRAYER besonders betont. Untersuchungen bei veränderter Temperatur der Durchströmungsflüssigkeit wirken sich natürlich nicht nur auf den Schrittmacher aus, sondern auf das ganze Herz. Unter diesen Bedingungen erhält man bei erniedrigter Temperatur im wesentlichen eine Streckung der Kurve des Druckablaufs in Richtung der Zeitabszisse; Erregungsbildung, Erregungsleitung und Kontraktionsvorgang (Dauer der Herzrevolution) werden allen gleichermaßen beeinflußt, entsprechend der RGT-Regel beträgt der Temperaturkoeffizient (nach H. STRAUB) etwa 2,4. Schon FRANK hat übrigens darauf aufmerksam gemacht, daß es bei dieser Frage sehr wesentlich auf das Verhältnis der Erschlaffungszeit zu der Zeit der Zusammenziehung ankommt. Hier spielt die Frage des Fortbestehens eines Kontraktionsrückstandes hinein, der das Zuckungsmaximum der nächstfolgenden Kontraktion stark erniedrigt und die Zuckungsdauer gegenüber der vorangegangenen Kontraktion verkürzt, wie schon MAREY am Froschherzen zuerst bemerkte (s. dazu auch S. 385, 389, 407).

Auf Grund der Versuche von FRANK wird von einem Teil der Autoren angenommen, daß der wesentliche Faktor, der die Stärke der Kontraktion des Herzmuskels bestimmt, die *Anfangsspannung* ist, d. h. die Spannung, unter der sich der Herzmuskel zu Beginn der Kontraktion befindet. STARLING, PIPER und PATTERSON sind demgegenüber der Meinung, daß die Zunahme der diastolischen Spannung zu Anfang vernachlässigt werden kann und daß das *Volumen* des Ventrikels zu Beginn der Kontraktion und nicht der Druck, der innerhalb der Ventrikel herrscht, das Moment ist, durch das die während der Kontraktion freiwerdende Energiemenge bestimmt wird. Diese freiwerdende Energie kommt als contractiler Vorgang zum Ausdruck und bestimmt den Anstieg des Ventrikeldruckes: „Jede Vermehrung der aktiven Oberfläche steigert die Energie der Umsetzungen." STARLING erläuterte das vor allem an dem in Abb. 190 wiedergegebenen Versuch, aus dem er entnimmt, daß die Zunahme der diastolischen Spannung zu Anfang (vernachlässigbar) gering ist und daß die absolute Spannung, die während der Kontraktion entwickelt wird, nur sehr wenig ansteigt oder sogar abnimmt, sobald der Druck innerhalb des Ventrikels in der Diastole merklich anzusteigen beginnt. Demgegenüber betonte besonders H. STRAUB, daß das zurückbleibende Restblut die Anfangsfüllung und damit auch die Anfangs*spannung* für die nächste Kontraktion vermehrt, weshalb diese nach den Zuckungsgesetzen größere Spannungen herbeiführt. Es ist experimentell schwer, die Anfangsfüllung unabhängig von der Anfangsspannung zu verändern und die sich so ergebenden Zuckungsgesetze getrennt zu untersuchen (Näheres auf S. 429). Nach H. STRAUB beruht diese Unterscheidung daher zunächst nur auf theoretischen Erwägungen. Für das unter Vagusreizung schlagende Säugetierherz trifft nach STRAUB STARLINGs Annahme nicht zu; hier kann trotz hoher Anfangsfüllung Anfangsspannung und Zuckungsgipfel erniedrigt sein, so daß STRAUB die Kontraktionsleistung eher gleichsinnig mit der Anfangsspannung als mit der Anfangsfüllung ansetzt, allerdings mit der notwendigen Einschränkung, daß hier eben nicht nur eine Veränderung der Anfangsbedingungen, sondern auch eine negativ inotrope Beeinflussung des Kontraktionsablaufs angenommen werden muß! (Nach Ausführungen an anderer Stelle ist aber eine negativ inotrope Vaguswirkung auf die Warmblüterkammer abzulehnen!)

Jedenfalls wird nach STARLING die Reaktion des Myokards unter vielen normalen und pathologischen Bedingungen durch die präsystolische Größe des Ventrikels, d. h. die Anfangslänge der Fasern bestimmt. WIGGERS reiche persönliche Erfahrung bestätigte allerdings neuerdings (1952) FRANKs ursprüngliches Postulat, daß — mit gleich zu besprechenden Ausnahmen — unter gewöhnlichen Bedingungen die Änderungen der Anfangslänge bewirkt werden durch Änderungen im Ventrikeldruck bei Beginn der Kontraktion, d. h. durch die Anfangsspannung. Solche Änderungen sind, obwohl sie klein sind, gewöhnlich bei optischer Registrierung mit genügend großer Amplitude erkennbar [zahlreiche Beispiele in dem Buch von WIGGERS (1952)]. [Am Froschherzen läßt sich nachweisen, daß die Herzmuskelfasern sich in ihrer Länge plastisch, also unabhängig vom Anfangsdruck, dehnen lassen. Unter solchen Bedingungen wird das Schlagvolumen bei gleichen Anfangsdrucken größer (GEHL, GRAF und KRAMER).] Unter *besonderen* pathologischen Bedingungen können sich sogar Anfangsspannung und -länge in entgegengesetzter Richtung ändern; dann wird die Reaktion durch Änderungen der Anfangslänge bestimmt. Das trifft z. B. zu bei starkem Perikarderguß; denn der erhöhte Perikardialdruck wird auf die Ventrikelhöhle übertragen und behindert die diastolische Füllung. Trotz der gesteigerten Anfangsspannung antworten die Ventrikel mit einem geringeren Druck. Eine entsprechende Dissoziation von Anfangslänge und -spannung tritt bei vorzeitigen Ventrikelsystolen vor vollkommener Erschlaffung vom vorhergehenden Schlag ein. WIGGERS spricht deshalb stets vom "law of initial tension and length".

Die Anwendung des Gesetzes setzt folgende Bedingungen voraus: a) konstante Herzfrequenz (da die Dauer der diastolischen Füllung die Anfangsspannung und -länge beeinflußt) b) unveränderter Myokardzustand, c) keine mechanische Beeinflussung der Ventrikelkontraktion. Unter den Möglichkeiten, die die Kontraktionsweise des Herzmuskels beeinflussen, unterscheidet WIGGERS deshalb drei Gruppen von Koeffizienten:

a) Primäre Koeffizienten, d. h. Faktoren, die den Zustand des Herzens direkt beeinflussen (direkte Myokardwirkungen von Metaboliten, Ermüdung, abnorme Blutzusammensetzung einschl. Pharmaka, Coronarinsuffizienz und nervöse Einflüsse).

b) Sekundäre Koeffizienten, d. h. Faktoren, die Zufluß- und Auswurfmengen ändern (diastolische Füllung und arterieller Widerstand).

c) Pathologische, tertiäre Koeffizienten, die auf mechanische Weise wirken (Klappenfehler, abnorme Kontraktionsabläufe).

Die Gruppe der primären Koeffizienten zeigt nach WIGGERS gegensätzliche Änderungen von Anfangsspannung und Kontraktionshöhe; *sekundäre Faktoren liegen vor, wenn Anfangsspannung und Höhe der Ventrikelkontraktionen sich gleichsinnig ändern* (man muß natürlich beachten, daß primäre und sekundäre Faktoren oft gleichzeitig im Körper wirksam sind!); als Beispiel für tertiäre Faktoren siehe den oben erwähnten Perikarderguß.

Die Dynamik der Klappenfehler des Herzens sei aus Raumgründen nicht weiter abgehandelt. Es sei dafür verwiesen auf die kurze Darstellung von H. STRAUB im Hdb. norm. path. Physiol. VII/1 und in Hinsicht auf das neuere klinische Interesse an diesen Fragen besonders auch auf die zusammenfassende neueste Darstellung von C. J. WIGGERS (1952), in der die über die Physiologie in engerem Sinne hinausgehende Anwendung dieser Gesetzmäßigkeit auf abnorme Bedingungen (bei Klappenfehlern, Änderungen der Blutmenge, Alternans, Coronarverschluß usw.) ausgezeichnet dargestellt ist.

Die bisher gegebene Darstellung wäre in ihrer ganzen Konsequenz und Klarheit außerordentlich befriedigend, wenn nicht bestimmte Beobachtungen Anlaß zu einer einschränkenden Kritik gäben. Denn gegen die Übertragung der vorstehend ausführlich geschilderten, im wesentlichen am HLP erhobenen Befunde auf die Verhältnisse des *gesunden Herzens im Verband des Gesamtorganismus* wurden in den letzten Jahren von verschiedenen Seiten (F. MEYER, RICHARDS, STEAD, GAUER und LINDER, E. A. MÜLLER) Einwände erhoben. Sie laufen letztlich alle darauf hinaus, *daß Steigerung des venösen Angebotes wie Erhöhung des arteriellen Widerstandes ohne Vergrößerung der diastolischen Füllung und ohne entsprechenden Anstieg des diastolischen Kammerdruckes bzw. der Vorhofdrucke bewältigt werden können.*

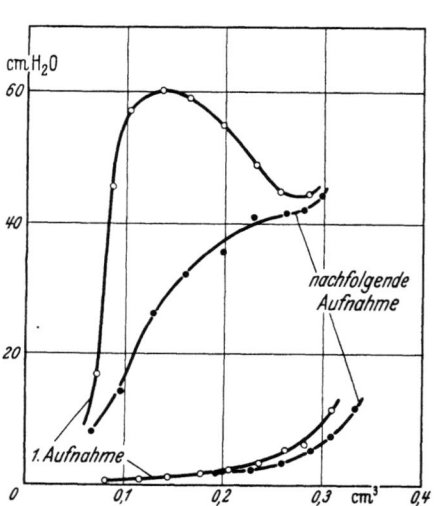

Abb. 204. Zwei nacheinander aufgenommene Kurvenpaare der isometrischen Druckmaxima und -minima desselben Ventrikels. ∘——∘——∘ erste Aufnahme; •——•——• nachfolgende Aufnahme. (Nach SULZER)

Schon SULZER fand 1932 bei der Überprüfung der FRANKschen Versuche, daß bei sorgfältigster Herstellung des Froschherzpräparates und besonders bei entsprechender Schnelligkeit in der Gewinnung der Kurve der isometrischen Maxima diese einen erheblich steileren Anstieg zeigte als man es bei den üblichen Druckvolumdiagrammen des Froschherzens zu sehen bekommt. Schon bei einer an die erste Messung unmittelbar anschließenden zweiten konnte nur noch eine erheblich flacher verlaufende Kurve gewonnen werden. Die Ursache dafür wurde in einer zunehmenden Schädigung bzw. einer plastischen Dehnung des isolierten Herzens erblickt. [Die Abflachung der Kurve der isometrischen Maxima beruht auf einer Verschiebung des ganzen Druck-Volumendiagramms nach größeren Volumina (plastischer Effekt). Die isometrischen *Druck*maxima sind dann trotz gleicher oder sogar höherer isometrischer *Spannungs*anstiege kleiner, weil $P = k/r^2$ ist. Mit Schädigung hat das also eigentlich nichts zu tun. Nicht Schädigung, sondern plastische Dehnung ist Ursache des SULZER-Effektes.] Man darf annehmen, daß das im Organismus schlagende Herz einen noch steileren Verlauf seiner Druckvolumenkurve zeigt, als es selbst schnellste und sorgfältigste Präparation am isolierten Organ darzustellen vermag. FRANK hat übrigens nur steilste isometrische Maximakurven mitgeteilt!

NEUROTH und WEZLER (1951) haben am Kaltblüter erstmals den Weg beschritten, anstatt an der Kammer die dynamischen Verhältnisse am intakten isolierten Herzen zu studieren. Die Autoren konnten die Befunde FRANKs an der isolierten Kammer hinsichtlich des optimalen isotonischen Schlagvolumens bestätigen, das bei einem Anfangsdruck in Höhe des physiologischen arteriellen Druckes liegt. Die Autoren beschrieben Ruhedehnungskurven, die von den bisher beschriebenen, am isolierten Ventrikel erhaltenen Kurven stark abweichen. Sie vermuten, daß die erhaltene Integrität zwischen Vorhof und Ventrikel dabei eine wesentliche Rolle spielt.

Durch die Untersuchungen von E. A. MÜLLER (1940) sind die Überlegungen in Fluß gekommen und wahrscheinlich geworden. Man hat schon früher erkannt, daß das Ausmaß der Dilatation, die nötig ist, um einen gesteigerten Aortendruck zu überwinden, eine Funktion der Stärke des jeweiligen Herzens ist (Strophanthinversuche von BIJLSMA und ROESSINGH, 1922). Diese wird erläutert durch das Verhältnis der Volumvergrößerung zur Drucksteigerung $\Delta V/\Delta P$ (MOLDAVSKY und VISSCHER, 1933). Der Wert dieses Verhältnisses, das praktisch nichts anderes bedeutet als ein Maß für den Steigungswinkel der Volum-Druckkurve, ist von E. A. MÜLLER (1940) in eingehenden Studien am Hundeherzen bestimmt worden. Nach E. A. MÜLLER läßt sich die Kontraktionsfähigkeit des Herzens am HLP geradezu danach beurteilen, welche diastolische Volumenzunahme zur Erreichung eines bestimmten systolischen Druckes erforderlich ist. Je besser der Zustand des Herzens ist, um so kleiner kann das diastolische Volumen und entsprechend niedriger der diastolische Druck sein, von dem aus ein bestimmter systolischer Druck erreichbar ist. Wir verdanken diesen Untersuchungen die Kenntnis der Größe des Wertes $\Delta V/\Delta P$ bei verschiedenen Graden von Herzschwäche. MÜLLER arbeitete mit Hundeherzen in der Anordnung des STARLINGschen Präparates und konnte zeigen, daß durch die Präparation eine erhebliche Schädigung des Herzens entsteht, die durch Zusatz von Glucose und Insulin zur Durchströmungsflüssigkeit weitgehend behoben werden kann. Entsprechend verkleinert sich durch Dauerinfusion von Insulin-Glucose der Wert für $\Delta V/\Delta P$. Danach verläuft also die Druck-Volumenkurve erheblich steiler als im geschädigten Präparat! MÜLLER kommt zu der Auffassung, daß mit hoher Wahrscheinlichkeit das Verhältnis $\Delta V/\Delta P$ am gesunden, nicht geschädigten Herzen dicht bei Null liegen müsse. Das würde, in die Sprache des Volumen-Druckdiagramms übertragen, heißen, daß der Anstieg der Kurve der isometrischen Maxima sehr steil, nahezu senkrecht erfolgt, was in der Tat im Experiment am Hundeherzen von ULLRICH, RIECKER und KRAMER gefunden wurde. Die wichtigsten Schlußfolgerungen sind: Das STARLINGsche Gesetz gilt nicht für das gesunde Herz in seinem normalen Arbeitsbereich in dem Sinne, daß jede arterielle Druckerhöhung zwangsläufig eine Dilatation zur Folge haben muß. Bei konstanter Kontraktionsfähigkeit bleibt das Verhältnis $\Delta V/\Delta P$ bis in höchste Druckbereiche konstant und mit der Abnahme der Kontraktionsfähigkeit nimmt dieses Verhältnis zu. Am unbeeinflußten HLP werden gewöhnlich unphysiologisch hohe $\Delta V/\Delta P$-Werte gemessen. E. A. MÜLLER zeigte, daß auch bei guter Kontraktionsfähigkeit (kleines $\Delta P/\Delta P$) bei plötzlicher Druckerhöhung in der Aorta zuerst eine starke Volumenzunahme erfolgt, die aber sofort wieder zurückgeht, um in 1—2 min den konstanten Endwert zu erreichen, der als ΔV gewertet wurde. Es kommt in dieser Zeit offenbar zu einer automatischen Besserung der Kontraktionsfähigkeit, die es dem Herzen erst ermöglicht, mit geringer Volumenzunahme den größeren Widerstand zu überwinden. Umgekehrt ist bei plötzlichem Druckabfall zunächst eine starke Volumenabnahme vorhanden, die wiederum in 1—2 min zurückgeht. Automatisch verschlechtert sich also die Kontraktionsfähigkeit und verhindert, daß das Herz in einer Anschlagszuckung Energie vergeudet. Diese nachhinkende Anpassung des Herzvolumens an veränderten Druck ist am größten beim physiologisch intakten Herzen, fehlt dagegen fast ganz beim geschädigten Herzen. Das bedeutet, daß das Herz bei plötzlicher Druckänderung zunächst der flacheren Druck-Volumen-Kurve des geschädigten Herzens folgt, dann aber in 1—2 min das Ausgangsvolumen um so vollständiger wiederherzustellen imstande ist, je besser es dem physiologischen Normalzustand entspricht.

Schon KNOWLTON und STARLING war dieser Zeitfaktor der Volumenanpassung aufgefallen. ANREP hatte gezeigt, daß auch Adrenalin die anfänglich starke Volumenzunahme bei plötzlichem Druckanstieg nicht verhindert, sondern nur eine größere nachhinkende Wiederverkleinerung bewirkt. So nimmt offenbar die Herzkraft am intakten Herzen immer gerade nur so viel zu, daß eine aus der Druckerhöhung entsprechend dem Druck-Volumen-Diagramm zu erwartende Volumenzunahme während der Herztätigkeit kompensiert wird.

Von ganz anderer Seite aus bestätigten sich diese Beobachtungen durch interessante Feststellungen von GAUER und LINDER an Trägern von arterio-venösen Aneurysmen, bei denen das Herz gegen annähernd normalen Druck das Vielfache des normalen Volumens zu fördern hat. Dabei ist es nun möglich, den STARLINGschen Versuch am völlig intakten Individuum zu machen und die Herzgröße zu kontrollieren, wenn das Stromvolumen durch Kompression der Fistel schlagartig herabgesetzt wird. Die Erwartung, eine akute Verkleinerung der Herzsilhouette zu finden, trat nicht ein (auch von HOLMAN bestätigt), obwohl die Dilatation (nicht eine echte Hypertrophie) den größten Anteil an der Vergrößerung des gesamten Herzschattens hat. GAUER und LINDER schlossen ebenfalls daraus, daß die STARLINGsche Beziehung für das normal innervierte Herz gilt.

Die Anstiegssteilheit der Kurve der isometrischen Maxima ist abhängig von dem plastischen Dehnungszustand, wie kürzlich Untersuchungen von GEHL, GRAF und KRAMER am Froschherzen gezeigt haben. Plastische Längenänderungen sind im Gegensatz zu den elastischen nicht von Änderungen der Spannung begleitet; am glatten Muskel sind sie eine bekannte Erscheinung, am Herzmuskel der Schildkröte sind sie kürzlich von REICHEL beschrieben und auf Orientierungseffekte innerhalb der Faserstrukturen zurückgeführt worden. Das Längenspannungsdiagramm verschiebt sich bei derartigen plastischen Dehnungen nach größeren Absolutlängen. Bei der Umrechnung von Spannung auf Druck, von Länge auf Volumen ergibt sich, daß trotz gleicher isometrischer Spannungsanstiege — bei gleicher Ausgangsspannung — im plastisch dilatierten Herzen die Kurven der isometrischen Maxima flacher verlaufen als im nichtdilatierten Zustand. GRAF, GEHL und KRAMER haben diesen Tatbestand unmittelbar durch Druck- und Volumenregistrierung am Froschherzen feststellen können. REICHEL (persönliche Mitteilung) erklärt damit auch den in Abb. 204 wiedergegebenen Befund SULZERs (s. oben). Die Bedeutung der plastischen Längenänderungen für das Warmblüterherz ist noch nicht geklärt. Die von KATZ und anderen Autoren beschriebenen „Tonusänderungen" des Warmblüterherzens (Volumenänderungen ohne entsprechende Druckänderungen im ruhenden Herzmuskel) können als plastische Effekte gedeutet werden. Für die Dynamik des gesunden menschlichen Herzens würde es dann darauf ankommen, in welchem plastischen Dehnungszustand es sich gerade befindet.

Durch diese Beobachtungen gewinnt die Ermittlung der *diastolischen Herzgröße bei körperlicher Arbeitsleistung* besonderes Interesse. Verdienstvoll sind hier vor allem die Arbeiten von REINDELL und DELIUS und Mitarbeitern (KLEPZIG, KIRCHHOFF, MUSSHOFF, SCHILDGE) und etwa gleichzeitig von LILJESTRAND und Mitarbeitern. Es liegen eine Reihe röntgenologischer Untersuchungen der Herzgröße vor, die übereinstimmend feststellten, daß das Herz unmittelbar nach stärkerer körperlicher Anstrengung bei vergrößertem Schlagvolumen nicht mit einer Zunahme der diastolischen Herzgröße, häufig sogar mit einer *Verkleinerung seines Volumens* reagiert, abgesehen natürlich von exzessiver körperlicher Beanspruchung, bei der Herzvergrößerungen, akute Dilatationen eintreten können (KAHLSTORF und UDE; DIETLEN, GOTTHEINER und KOST; MCCREA und Mitarbeiter; NYLIN u. a.). (Literatur s. Handbuch norm. path. Physiol. VII/1, S. 321/2). KAHLSTORF und UDE nehmen zur Erklärung Tonusänderungen mit Verkleinerung des Restblutvolumens in den Herzhöhlen an. Besonders wertvoll sind in diesem Zusammenhang jedenfalls die Beobachtungen, die eine Verkleinerung der Herzgröße feststellten. [Bei einer Konstanz der Herzgröße könnte eine vermehrte diastolische Füllung durch die diastolische Verschiebung der Ventilebene nach Basis hin (s. S. 272ff.), die sich dann vollständig innerhalb des Herzschattens abspielt und weder röntgenologisch und perkutorisch erkennbar wäre, außerdem könnten geringe Radienvergrößerungen erhebliche Füllungszunahmen bedeuten (Kugelinhalt = $\frac{4}{3}\pi r^3$)]. Beobachtungen mit Verkleinerung der Herzgröße sind daher besonders beweisend dafür, daß das gesunde Herz ein vermehrtes Schlagvolumen nicht entsprechend den STRAUBschen Regeln fördert, bei entsprechenden Verhältnissen wie am HLP wäre ja bei Steigerung des venösen Angebotes wie Erhöhung des arteriellen Druckes eine Zunahme der diastolischen Herzgröße zu erwarten. Am narkotisierten Hund liegen entsprechende Beobachtungen von LANDIS und Mitarbeitern vor, die bei Muskelarbeit keine Herzvergrößerung und auch keine Venendrucksteigerung fanden. Messungen des Ventrikeldurchmessers von RUSHMER fanden ebenfalls eine Verkleinerung beim Übergang von Ruhe zur Arbeit.

Damit gewinnen Höhe und Ablauf des intrakardialen Druckes, besonders des diastolischen Kammerdruckes, besonderes Interesse. Auf Veranlassung von H. STRAUB hat STAUDACHER den Druck des linken Vorhofs am lebenden Menschen genauer untersucht (mit der Methodik der Oesophagokardiographie nach dem Prinzip der oscillatorischen Druckmessung). Wegen der Bedeutung der Befunde, namentlich in Hinsicht auf den heute aktuell gewordenen Herzkatheterismus sei H. STRAUB hier selbst zitiert:

„Nach dem Prinzip der Oesophagokardiographie kann ein mit Luft gefüllter Gummiballon mit Hilfe einer Oesophagussonde zwischen den Außenflächen des linken Vorhofs und der Wirbelsäule festgelegt werden. Die maximalen Oscillationen der Vorhofpulsationen werden in diesem Ballon dann auftreten, wenn der im Inneren des linken Vorhofs herrschende Druck gleich ist dem durch den Ballon auf die Außenwand ausgeübten. Durch Aufblasen des Ballons unter abgestuften Drucken kann man diesen Wert ermitteln, wenn man das Ende der Sonde mit einer nach dem Prinzip der entspannten Membran entlasteten FRANKschen Spiegelsegmentkapsel verbindet. Ein gewisser Nachteil der Methode ist es, daß man auf diesem Weg den Unterschied des Vorhofdruckes gegenüber dem Atmosphärendruck und nicht gegenüber dem intrathorakalen Druck bestimmt. STAUDACHER konnte zeigen, daß der mit dieser Methode bestimmte Vorhofdruck beim Menschen 25—35 mm Wasser beträgt. STAUDACHER ist es gelungen, mit dieser Methode einige grundlegende klinische Fragen der Lösung zuzuführen. Spritzt man gesunden Versuchspersonen subcutan Adrenalin ein, so steigt der Vorhofdruck auch dann nicht an, wenn eine sehr beträchtliche arterielle Drucksteigerung zustande kommt. Mit den Versuchen am HLP, die bei arterieller Drucksteigerung eine Zunahme des Anfangsdruckes ergeben, steht diese Beobachtung nur scheinbar in Widerspruch. Denn auch am HLP trifft diese Feststellung nur zu, wenn die Grundeigenschaften des arbeitenden Herzmuskels nicht gleichzeitig verändert werden. Gerade unter dem Einfluß von Adrenalin ist dies aber auch am HLP der Fall. Auch wenn man Gesunde am Fahrradergometer mäßig schwere Arbeit verrichten läßt, beobachtete STAUDACHER keine Steigerung des Vorhofdruckes. Es hat schon lange Kopfzerbrechen gemacht, weshalb das Herz bei körperlicher Arbeit keine Vergrößerung seiner Röntgensilhouette bekommt, seine Anfangsfüllung nicht vermehrt. *Jetzt ist der Beweis erbracht, daß auch sein Anfangsdruck nicht zunimmt.* Auch hier liegt die Erklärung offenbar in den korrelativen Funktionen des Gesamtkreislaufs, in einer *inotropen Verstärkung der Herzkontraktion.* Die Konstanz des Vorhofdruckes weist auch hier wieder auf ein recht ideales Spiel der Korrelationen hin."

Damit hat also bereits H. STRAUB selbst in abschließender Weise dargelegt, daß die Dynamik des gesunden Herzens im Verband des Organismus nicht ausschließlich der Regeln folgt, die STARLING und STRAUB selbst am isolierten Warmblüterherzen nachgewiesen haben. Wie weiter unten noch zu zeigen sein wird, ist ihre Gültigkeit aber dann wieder zu erwarten, wenn auch am Gesamtorganismus Bedingungen herrschen, die denen des HLP vergleichbar sind.

Nachdem durch die Ausarbeitung des Herzkatheterismus intrakardiale Druckmessungen ausgeführt wurden, wurden die angeführten Befunde verschiedentlich namentlich in England und Amerika bestätigt; so fanden STEAD und WARREN Erhöhungen des Herzminutenvolumens (bei körperlicher Arbeit, Aufregung, Thyreotoxikose und Anämie) ohne Anstieg des Vorhofdruckes, ebenso auch RICHARDS. Natürlich ist auch hier abzusehen von — bisher noch nicht untersuchter — schwerer körperlicher Arbeit, bei der entsprechend den röntgenologisch ab und an feststellbaren Dilatationen häufiger Druckerhöhungen zu erwarten sind. (WIGGERS und BROOKHART wiesen auf einen möglichen Fehler solcher Druckmessungen hin, wenn der intrakardiale Druck gegenüber dem Atmosphärendruck, nicht aber gegenüber dem intrathorakalen, um die Herzhöhlen herum sich findenden Druck bestimmt wird.) Allerdings haben die Untersuchungen mit der Herzkathetermethode (COURNAND und Mitarbeiter) STARLING auch in vielen Punkten bestätigt.

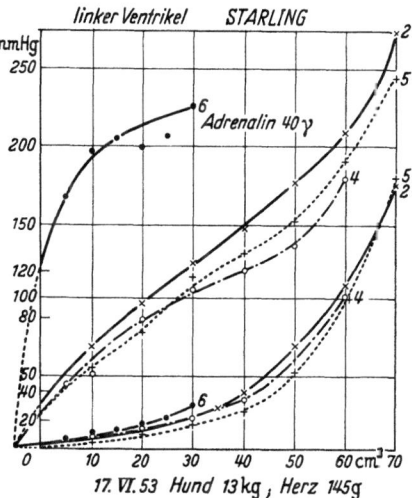

Abb. 205. STARLING-Herz. Bei Schreibung der Kurven 2, 4 und 5 befand sich das Herz in einem hypodynamen Zustand. Nach Gabe von 40 γ Adrenalin i. v. trat eine erhebliche Versteilerung der Maximakurve auf. Die Kurven der isometrischen Minima verlaufen weitgehend übereinstimmend. Der etwas steilere Verlauf der Minimakurve 6 ist frequenzbedingt. (Nach K. J. ULLRICH, G. RIECKER und K. KRAMER)

Auf Grund dieser Ausführungen ist besonders daran zu denken, daß eine stärkere systolische Zusammenziehung des Herzens auf die *positiv inotrope Wirkung der Herznerven sowie der in gleicher Weise wirkenden humoralen Stoffe* (Adrenalin, Arterenol) zurückzuführen ist. Im Tierversuch konnte durch Reizung der Herznerven sowie durch Applikation der entsprechenden Wirkstoffe eine Verschiebung der Kurve der isometrischen Maxima nachgewiesen werden, und zwar bei Reizung des Sympathicus eine Erhöhung, bei solcher des Vagus eine Verminderung derselben (E. BAUEREISEN und H. REICHEL), bemerkenswerterweise blieb in diesen Fällen die Ruhedehnungskurve unverändert (s. Abb. 205). Auch E. u. J. FREY fanden keine Beeinflussung der Ruhedehnungskurve durch Acetylcholin und Adrenalin, während die isotonischen Maxima durch Acetylcholin (stark) vermindert, durch Adrenalin (mäßig) erhöht werden. Daraus ist zu schließen, daß die Veränderungen im effektiven diastolischen Volumen des gesunden Herzens unter Einwirkung der vegetativen Nerven oder deren Überträgerstoffe nicht aus einer momentanen Beeinflussung der elastischen Verhältnisse des ruhenden Herzens, sondern aus dem Tätigkeitsstoffwechsel erklärbar sind, aus der Art der Kontraktion und der Schnelligkeit ihrer Aufeinanderfolge. Diese Ergebnisse mit dem Nachweis einer positiven bzw. negativen Inotropie durch Adrenalin bzw. Acetylcholin stehen in Übereinstimmung mit denen von FRANK, STRAUB, BAUEREISEN und REICHEL (Reizung vegetativer Nerven, s. oben), MATTHIESSEN und ROTHKOPF (Adrenalin) sowie FLEISCH und TOMASZEWSKI (Acetylcholin). (Auf das Tonusproblem wird weiter unten noch besonders eingegangen werden.) Voraussetzung für ein Wirksamwerden inotroper Mechanismen ist nun aber, daß die Restblutmenge des Herzens eine gewisse Größe besitzt. Während H. STRAUB auf Grund seiner Versuche am isolierten Herzen eine weitgehende systolische Entleerung annahm, muß man auf Grund neuerer Arbeiten für das Herz in situ mit einer erheblichen physiologischen Restblutmenge rechnen. Es wurde oben (S. 402) schon hingewiesen auf die Untersuchungen über die Größenänderungen des Herzens unter körperlicher Belastung (DELIUS und REINDELL), die in Übereinstimmung mit Untersuchungen von MORITZ, DIETLEN u. a. ein *Kleiner*werden des gesunden Herzens bei und nach Körperarbeit bei gleichzeitiger Vergrößerung des Schlagvolumens ergaben und demnach einen Widerspruch zum STRAUB-STARLINGschen Herzgesetz darzustellen scheinen, soweit eine quantitative Erfassung des Restblutes auf röntgenologischem Wege möglich ist. So fanden DELIUS und REINDELL das Verhältnis Restblut zu Schlagvolumen wie 2:1, bei gut trainierten Sportlern sogar 3:1. Diese Werte stehen in Übereinstimmung mit den von NYLIN angegebenen[1]. Durch diese physiologischerweise bereits vorhandene große Restblutmenge wird also ein Wirksamwerden inotroper Einflüsse möglich, mit anderen Worten, die Schlagvolumenvergrößerung des Herzens in situ nach Mehrarbeit wird nicht durch eine Volumenzunahme des Herzens bewirkt, sondern durch eine Abnahme der physiologischen Restblutmenge und eine dadurch ermöglichte Vergrößerung des Fassungsraumes im Herzen. Durch die oben erwähnten tierexperimentellen Befunde von BAUEREISEN und REICHEL und E. u. J. FREY liegt es nahe, die am Kymogramm u. a. ablesbare gesteigerte Arbeitsentfaltung des mehrarbeitenden, relativ verkleinerten menschlichen Herzens mit kontraktionsfördernden Einwirkungen des Sympathicus in Zusammenhang zu bringen. Man muß also annehmen, daß schon mit Beginn der körperlichen Arbeit eine Umschaltung auf eine sympathicotone Steuerung des Herzens und des peripheren Kreislaufs einsetzt. Sie erhöht nicht nur das Blutangebot an das Herz, sondern sie entleert auch die Kammern vollständiger. Die Verminderung des systolischen Restblutes ermöglicht dann ein höheres Schlagvolumen ohne Zunahme des diastolischen Volumens, ohne Herzerweiterung, übrigens auch ohne Steigerung des Venendruckes. Nur bei sehr schwerer Arbeit kann es zur geringen Erweiterung des Herzens kommen. LILJESTRAND, LYSHOLM und NYLIN haben dabei Zunahmen bis zu 12,7% gesehen.

Besonders anschaulich werden diese Verhältnisse am gesunden vergrößerten Herzen des Trainierten (REINDELL und DELIUS). Hier finden wir bei entsprechender sportlicher Betätigung (Dauerleistungen) eine weitere Vermehrung des systolischen Restblutes unter stationären Arbeitsbedingungen. Einen Hinweis auf die Zunahme der Restblutmenge in diesen Fällen liefert die ganz erhebliche Verkleinerung des vergrößerten Sportherzens im *Valsalva*-Versuch nach Belastung, die in einzelnen Fällen bis zu 4 cm für den Transversal- und den Längsdurchmesser gehen kann.

---

[1] Die ältere Literatur, die für eine schon normalerweise stattfindende unvollständige Entleerung der Ventrikel spricht, findet sich bereits bei MORITZ (1913) zusammengestellt.

Weiter nimmt mit zunehmender Vergrößerung des Herzens die Herzrandpulsation in „Ruhe" (d. h. unter stationären Arbeitsbedingungen) am stärksten im Bereich der Herzspitze ab. Die Zacken werden im Kymogramm dabei immer stumpfer, und schließlich kommt es zur sog. „lateralen Plateaubildung" (HECKMANN). Diese besondere Form der Herzrandpulsation weist darauf hin, daß schon im ersten Teil der Diastole die Herzfüllung vor allem in den spitzenwärts gelegenen Teilen des linken, aber auch des rechten Ventrikels beendet und daß im letzten Teil der Diastole die Lateralbewegung des Herzrandes nur noch ganz gering oder praktisch sogar aufgehoben ist. In einzelnen Fällen kann man bei sehr starker Herzvergrößerung der Trainierten eine fast stumme Zone bei gleichzeitig fehlender systolischer Dichteänderung im Bereich des unteren linken Herzrandes beobachten. Diese Erfahrungen besagen, daß die systolische Entleerung des Herzens im Bereich der Herzspitze in solchen Fällen fast aufgehoben ist. Nach Mehrarbeit wird auch das Sportherz kleiner, dabei nimmt die Herzrandpulsation entsprechend dem Grad der Belastung zu. Bei mittleren Arbeitsleistungen kann man bei geringer Herzverkleinerung und nur mäßigem Schlagzahlanstieg sowie vorwiegender Schlagvolumenvergrößerung im Bereich der Herzspitze noch eine herabgesetzte Pulsation mit lateraler Plateaubildung der einzelnen Randzacken finden. Erst bei sehr starken Belastungen verschwinden die laterale Plateaubildung und die Konvexität des diastolischen Anteils der Randzacken immer mehr. Nur dann findet man spitze Randzackenbildungen bei ausgeprägten Sportherzen. Diese Befunde nach starker Mehrarbeit entsprechen dem jetzt erheblich vergrößerten Schlagvolumen und der während der Systole, wie nun auch während der ganzen Dauer der Diastole vor sich gehenden Medial- und Lateralbewegung des Herzrandes.

Alle Beobachtungen weisen darauf hin, daß die nach den STRAUB-STARLINGschen Regeln zu erwartenden Beziehungen zwischen Faserlänge und Herzarbeit bzw. zwischen Herzvolumveränderung und Arbeitssteigerung beim Herzen des gesunden Menschen und besonders beim Herzen des Trainierten nicht in der Form vorliegen, in die sie üblicherweise nach den Ergebnissen des Tierexperiments dargestellt werden.

WEZLER und NEUROTH (1952) fanden am Froschherzen z. T. beträchtliche Restblutvolumina, ein am Froschherzen allerdings merkwürdiger Befund, wenn man bedenkt, daß große Restvolumina Blutdepots sind, die also bei Tieren zu erwarten sind, die große Kreislaufbelastungen erleiden. Von größtem Interesse wäre es, inwieweit solche Blutdepotbildungen in der Tierreihe verbreitet sind. Ob der Frosch sie wirklich benötigt, ist bisher nicht bekannt.

Wie erwähnt, wurde die Frage, ob die am Kaltblüter gewonnenen Ergebnisse auf das Warmblüterherz übertragen sind, theoretisch von BROEMSER (1939) diskutiert und der Näherungsverlauf der Gleichgewichtskurven des menschlichen Herzens durch Umrechnung von Spannung in Druck berechnet (S. 390). Experimentell gewonnene Druck-Volumen-Diagramme lagen bis vor kurzem in der Literatur nicht vor, wenn man von den älteren Beobachtungen ROHDEs (1912) am isolierten Kaninchenherzen absieht. Die meisten Untersucher bedienten sich des STARLING-Präparates, das sich bei der Kontraktion isometrisch-isotonisch entleert, also sog. Unterstützungszuckungen durchführt, aber nicht unter isometrischen oder isotonischen Grenzbedingungen, weil dabei über die Coronargefäße Volumverluste zustande kommen. Die Umrechnung der Versuchsergebnisse im Druck-Volumen-Diagramm des Warmblüterherzens stößt daher wegen der Coronardurchblutung auf erhebliche Schwierigkeiten. HILD und SICK (1954) beschrieben eine Methode, die es ermöglicht, am isolierten, spontan schlagenden Katzenherzen Druck-Volumen-Diagramme aufzuschreiben; sie trennten durch geeignete doppelläufige Kanülen den Coronarkreislauf vom Aortenlumen und verhinderten so die Volumenverluste bei der isometrischen und isotonischen Kontraktion des Herzens. Sie untersuchten zunächst den Verlauf der Ruhedehnungskurve und fanden die bemerkenswerte Tatsache, daß bereits durch geringe Abweichungen von der Isotonie der Coronarflüssigkeit Verschiebungen der Ruhedehnungskurve auftreten. Auch am schlagenden Herzen läßt sich die Ruhedehnungskurve bestimmen, wenn durch Herabsetzung der Frequenz erreicht wird, daß die in der Diastole gedehnten Muskelelemente Zeit finden, in ihre Ruhelage zurückzukehren, was nach BROEMSER dann der Fall ist, wenn der zeitliche Abstand zweier isotonischer Kontraktionen eine Zuckungsdauer ausmacht (beim menschlichen Herzen erreicht bei einer Schlagfolge von 90 bzw. 160 Schlägen/min, s. S. 390). Mit der gleichen Methode wurden sowohl isometrische Kurven wie auch die Kurven der isotonischen Volumminima und -maxima gewonnen. (Da zum Zeitpunkt des Maximums der isotonischen Zuckungskurve das Herz ein Minimum an Volumen enthält, wurden diese Bezeichnungen vorgeschlagen; die nahe der Ruhedehnungskurve gelegene Kurve wäre also die der Volummaxima!) Es ergab sich, daß bei dieser Präparation die isotonischen Entleerungen nur 27% des Füllungsvolumens betragen und somit das Restvolumen etwa $^2/_3$ der diastolischen Ventrikelfüllung beträgt. Die Ergebnisse bestätigten im übrigen die Gültigkeit der von O. FRANK am Kaltblüterherzen gewonnenen Ergebnisse für das Warmblüterherz. Die Beobachtungen von O. FRANK und H. REICHEL bezüglich der fehlenden Strophanthinwirkung auf die Ruhedehnungskurve des Kaltblüterherzens werden ebenfalls bestätigt, dagegen scheint Atropin über die Vagusausschaltung Volumenverminderung des Herzens zu bewirken (steilerer Verlauf der Ruhedehnungskurve).

K. J. ULLRICH, G. RIECKER und K. KRAMER (1954) unternahmen es, isometrische Maxima und Dehnungskurven *beider* Ventrikel des in situ schlagenden Hundeherzens aufzunehmen. Außer der Bestätigung der grundsätzlichen Ähnlichkeit von Kalt- und Warmblüterherzen sind auf diese Weise weitere Ergebnisse zu erwarten, besonders in Hinsicht auf die an anderem Ort besprochene Wirkungslosigkeit des Vagusreizes auf die Kammern des Hundeherzens und auf die Größe des Restvolumens der Kammern, zumal das bisher nur durch röntgenologische Verfahren bestimmte Herzvolumen [NYLIN (1950); RUSHMER und THAL (1952); REINDELL und DELIUS (1943, 1948); HAMILTON (1950) u. a.] oder das durch Anwendung von Isotopen (NYLIN, 1950) oder Farbstoffen (BING, 1951) ermittelte Restvolumen keine Auskunft über das diastolische Füllungsvolumen einer einzelnen Kammer gibt.

Für die Kurve der *isometrischen Minima* ergab sich ein flacher Verlauf im Bereich niedriger Drucke und mit zunehmendem Anstieg von Füllungsdruck bzw. Füllungsvolumen ein steiler Verlauf, d. h. also, daß die Dehnbarkeit ($\Delta V/\Delta P$) mit zunehmender Füllung geringer wird. Wie entsprechend der verschiedenen Wanddicke der beiden Ventrikel zu erwarten ist, ist die Steifheit ($\Delta P/\Delta V$) des rechten Ventrikels kleiner als die des linken, d. h. um beide Ventrikel gleich zu füllen, ist links ein größerer Füllungsdruck erforderlich als rechts. Das Verhältnis der Steifheit beider Ventrikel ist im physiologischen Bereich annähernd 2:1. Die Kurven der isometrischen Minima des rechten Ventrikels verlaufen daher flacher als die des linken. Bei gleichzeitiger Füllung der beiden Ventrikel verlaufen die Kurven der isometrischen Minima bedeutend steiler als bei nur einseitiger Füllung; d. h. bei gleichzeitiger Füllung sind relativ größere Drucke erforderlich, um größere Anfangsfüllungen zu erzielen (verminderte Dehnbarkeit des Septums bei Belastung von beiden Seiten und Gemeinsamkeit zahlreicher Muskelfasern!). Ein ähnlicher Unterschied der Minimakurven ergibt sich bei Untersuchung mit und ohne Herzbeutel!

Ein wesentlicher Einfluß auf den Verlauf der Minimakurven ergab sich durch die Herzfrequenz (schon bei einer Schlagfolge von 80/min an aufwärts). Vergleichbare Minimakurven erhält man, wenn während der Diastole ein der Abszisse paralleles Kurvenstück vorhanden ist. — Auch vom Herzgewicht ist, wie zu erwarten, der Verlauf der Ruhedehnungskurven abhängig. Die Dehnbarkeiten ($\Delta V/\Delta P$) steigen in weitem Bereich mit dem Herzgewicht linear an. (Es kommt allerdings sehr darauf an, in welchem Bereich der Dehnungskurve gemessen wird!)

Vergleichsversuche über die *isometrischen Maxima* am isolierten Herzen des HLP und am Herzen in situ ergaben, daß die isometrischen Maxima bei dem Letztgenannten höher liegen, d. h. die Kurve der isometrischen Maxima verläuft steiler! Das Maximum der Druckentwicklung liegt im Bereich normaler Füllungsdrucke (bei Anfangsdrucken von 17 mm Hg etwa 282 mm Hg beim linken Ventrikel, 9 mm Hg Anfangsdruck etwa 125 mm Hg beim rechten Ventrikel, so daß das Verhältnis der Druckentwicklungen — wie etwa auch am STARLING-Herzen — 2,25:1 beträgt). Die am Herzen in situ gewonnenen Extraspannungen sind aber wahrscheinlich noch nicht die höchstmöglichen (Narkose, Thoraxeröffnung!). Durch Extrapolation wurde von ULLRICH, RIECKER und KRAMER (1954) als Größenordnung der diastolischen Füllung eines Ventrikels normaler menschlicher Herzen (300 g) etwa 130 cm^3 angenommen. Auf Grund der Steilheit der Maximakurven nehmen sie an, daß die Größe des Restvolumens kaum größer als *ein* Schlagvolumen angenommen werden kann.

Auch KRAMER und Mitarbeitern fiel es wieder auf, wie die Herzen des STARLING-Präparates im Verlauf des Versuches schnell hypodynam wurden, wobei dann Adrenalin und synthetische Sympathicomimetica erhebliche inotrope Wirkungen zeigten. Die Versteilerung der Kurve der isometrischen Maxima kann Grade erreichen, die den Werten am Herzen in situ nahekommen! Der Einfluß des autonomen Nervensystems auf das Druck-Volumen-Diagramm konnte jetzt ebenfalls am Warmblüterherzen in situ ermittelt werden. Ihr ausführlich untersuchter Einfluß auf die Gleichgewichtskurven des Kaltblüterherzens [FRANK (1895, 1898); SULZER (1932); REICHEL (1938) sowie BAUEREISEN und REICHEL (1947); GEHL, GRAF und KRAMER (1954)] wurde früher schon besprochen. Unter Adrenalin wurden die Kurven der Minima unverändert gefunden, falls ausreichende Diastolendauer vorlag. An dem im STARLING-Präparat geschädigten Herzen war die inotrope Wirkung (isometrische Maxima) besonders deutlich erkennbar (zwei- bis dreifache isometrische Druckentwicklung!), aber auch am Herzen in situ war der positiv inotrope Effekt am steileren Verlauf der Isometriekurven nachweisbar, allerdings erst nach wiederholten Aufnahmen der Gleichgewichtskurven, die zu einer Verminderung der Maxima geführt hatten. Unter Vagusreizung ergab sich die Bestätigung der Auffassung, daß die negativ inotrope Wirkung auf die Ventrikel des Warmblüterherzens fehlt (im Vergleich zum Froschherzen müßten die Maxima nach BAUEREISEN und REICHEL jedenfalls auf Werte von etwa 30% des Ausgangswertes absinken). Auch die Kurve der isometrischen Minima lag unter Vagusreizung innerhalb der Streubreite der Normalkurven.

O. FRANK schloß bereits aus seinen Versuchen am Kaltblüterherzen, daß die Kurve der isometrischen Minima mit der Ruhedehnungskurve annähernd identisch ist, wenn die Diastolendauer eine hinreichende Länge aufweist, d. h. wenn im Verlauf der Kontraktion ein der Abszisse paralleler Kurventeil ausgebildet ist. Unter dieser Bedingung konnten also unter Vagusreiz und Adrenalingabe keine deutlichen Abweichungen im Verlauf der Minimakurve gesehen werden. Allerdings zeigte in neuerer Zeit REICHEL (1952), daß der Herzmuskel des Kaltblüters über plastische Eigenschaften verfügt (s. dazu S. 400 und auch GEHL, GRAF und KRAMER, 1955). Diese müßten sich bei isometrischen Kontraktionen in Nachdehnungserscheinungen äußern, da hierbei besonders starke innere Dehnungen auftreten. Tatsächlich lassen sich auch am Warmblüter bei Dehnung des Herzens solche plastischen Nachdehnungen erkennen; sie sind aber von kurzer Dauer; wenige Schläge können sie offenbar wieder rückgängig machen. Auf dieser Eigenschaft des Muskels [s. auch REICHEL am Herzstreifen und GREVEN (1951) am glatten Muskel] beruht wahrscheinlich die geringe Variabilität der Dehnungskurven.

Durch plastisches Nachgeben wird also bei gleichem Anfangsdruck das Füllungsvolumen vergrößert. Der umgekehrte Fall ist die Erhöhung des Anfangsdruckes ohne Erhöhung des Füllungsvolumens. Er tritt ein, wenn die Systole einsetzt, bevor noch der Ventrikel völlig erschlafft ist. Von BROEMSER wurde als Ursache hierfür erhöhte Herzfrequenz ohne entsprechende Verminderung der Systolendauer herangezogen. Aber auch bei unveränderter Frequenz kann eine Verlängerung der Systolendauer das gleiche Bild hervorrufen. STRAUB (1914) und WIGGERS (1935) haben dargelegt, daß solche Verlängerungen besonders bei starker diastolischer Füllung und im hochgradigen Sauerstoffmangel (BAUEREISEN, 1943) auftreten.

Herztonus

Nachdem wir die Bedeutung des Kammerrestblutes und der inotropen Herznervenwirkung erkannt haben, bleibt nun besonders zu erörtern, ob und inwieweit auch Änderungen des *Herzmuskeltonus* hierbei eine Rolle spielen. Dabei stehen wir vor der erheblichen Schwierigkeit, die sich durch die ganze Literatur hindurchzieht, eine einheitliche Definition des Herztonus zu geben. O. FRANK hat eindringlich vor einem kritiklosen Gebrauch des Wortes Tonus gewarnt. Andererseits zeigt die klinische Literatur, daß das Bedürfnis nach einem derartigen Begriff offenbar vorliegt, wenn auch oft ganz verschiedene Vorstellungen damit verbunden werden; so erklärte z. B. auch STARLING, nicht zu verstehen, was die Kliniker unter Herztonus meinen. Aber auch namhafte Kliniker wie MACKENZIE, KREHL, STRAUB u. a. glauben, ohne die Annahme einer besonderen Tonusfunktion nicht auskommen zu können. Die pharmazeutische Industrie spricht sogar von „Herztonika", ohne daß allerdings der Wirkungsmechanismus irgendwie klar erkennbar wird. Es sei deshalb an dieser Stelle eine Übersicht über das Problem des Herztonus in unsere Betrachtung eingeschoben, da es eng mit dem Einsatz inotroper Mechanismen zusammenhängt.

Was dem Kliniker und besonders dem Röntgenologen als Tonus imponiert, ist eigentlich die *Formbeständigkeit* des Herzens, die sich diastolisch besonders bei verschiedener Körperlage (Kniehang!), verschiedenen Atemphasen und wechselnder Frequenz kundgibt, wobei allerdings grundsätzlich schwer abzugrenzen ist, inwieweit die Dicke der Muskelwand (hypertrophische Herzen unterliegen der Formänderung weniger als normale!), das Lungenpolster, der Herzbeutel u. a. hierbei mitwirken. Im Sinne der Gleichsetzung von Formbeständigkeit und Tonus wird das „tonusschwache" Herz inspiratorisch mehr tropfenförmig, exspiratorisch plattet es sich ab, während das „tonusstarke" Herz seine Form mehr beibehält. Entsprechend muß ein „atonisches" Herz sich beim VALSALVAschen Versuch mehr verkleinern als ein normales. Jedenfalls ist bei diesen Beobachtungen durchaus offenzulassen, ob die den Erscheinungen (DIETLEN) zugrunde liegende Eigenschaft mit der Bezeichnung Tonus richtig getroffen ist (DIETLEN).

Selbst am *Kaltblüterherzen*, das wir zunächst betrachten, liegen die Verhältnisse durchaus nicht klar, obwohl hier die Möglichkeit der Registrierung des isolierten Herzens gegeben ist und man hier deshalb *Schwankungen der Fußpunkte im Gesamtverlauf der Kurve* als tonische Schwankungen bezeichnen könnte.

Nur kurz erwähnt seien zu- und abnehmende Dauerverkürzungen bei Herzen wirbelloser Tiere. Diese geraten leicht in einem Zustand langdauernder Zusammenziehung ohne nachweisbare Einzelzuckungen. Da die Herzen von Wirbellosen auch sonst Besonderheiten zeigen (Refraktärphase, Tetanisierbarkeit usw., s. dazu S. 38), kann bei der speziellen Besprechung des Herzmuskeltonus der Wirbeltiere in diesem Zusammenhang von diesen Beobachtungen abgesehen werden, ebenso auch von langdauernden *toxischen* Kontrakturen an Herzen von Wirbeltieren, bei denen oft pseudotetanische Kontraktionen zu vermuten sind, in einigen Fällen wurde allerdings auch der Nachweis des Fehlens auch kleinster Aktionsströme erbracht (DE BOER, FRÖHLICH). Die eigentlichen hier interessierenden experimentellen Beobachtungen beginnen mit FANO (1887), der einen vom Rhythmus unabhängigen Tonus am *Vorhof des Schildkrötenherzens* bei Dauerdruck auf die av-Grenze aufwies. Nach ROSENZWEIG (1903) ist die Genese dieser Tonuswellen so zu deuten, daß sie nur am geschädigten Herzen auftreten und ihre Quelle im Gebiet der av-Grenze liegt. GESELL gab demgegenüber allerdings an, daß gerade kräftig schlagende Herzen die stärksten Tonusschwankungen zeigen. Als Grundlage der Erscheinung werden bestimmte, den glatten Muskelzellen ähnliche spindelförmige Zellen verantwortlich gemacht, die unterhalb des Endokards, vornehmlich des Vorhofs, gefunden wurden und als Fortsetzung der Tunica media der in die Vorhöfe einmündenden großen Venen anzusehen sind. Durch diesen Befund scheiden die Tonusschwankungen des Schildkrötenvorhofs hier grundsätzlich ebenfalls aus der weiteren Diskussion aus.

Am Froschherzen beobachtete GASKELL (1882) bei *Vagusreizung* häufig ein Absinken der Fußpunkte, die als Tonusverlust durch Nervenreizung gedeutet wurde. Es ist nur die Frage, ob ein Absinken der Fußpunkte der Kontraktionskurve wirklich als Tonusabnahme gedeutet werden darf, wie das GASKELL zuerst getan hat. Auch beim Säugetier fand man, daß unter Vagusreizung die Mechanogrammkurve absank und schloß daraus, daß durch Vagusreiz der Herzmuskel dehnbarer wurde. Das entscheidende Wort dazu sagte wiederum O. FRANK (1897), daß es ganz unmöglich sei, aus den Minima der Kurven Schlüsse auf den Tonus in Ruhe zu ziehen, wie das vielfach geschieht. „Man kann daraus ersehen, wie schwer es fällt, eine einheitliche Definition des sog. Tonus zu geben. Es dürfte sich daher empfehlen, den Gebrauch des Wortes Tonus, mit dem man nur ganz unklare Begriffe verbindet, möglichst einzuschränken." In seiner berühmten Digitalisarbeit (1897) zeigte O. FRANK, daß durch Vagusreiz die Dehnungskurve des ruhenden Herzens *nicht* verändert wird, seine Dehnbarkeit wird *nicht* größer. „Es fällt damit alles, was von COATS, HEIDENHAIN, GASKELL, FRANCOIS-FRANK u. a. über die Abnahme des sog. Tonus gesagt worden ist, die durch eine Vagusreizung bewerkstelligt werden sollte." Eine weitere wesentliche Kritik brachte F. B. HOFMANN (1901), indem er zeigte, daß das Absinken der Kurvenfußpunkte bei der Vagusreizung am Froschherzen, aus der, wie erwähnt, eine Reihe von Autoren eine Tonusverminderung erschließen wollten, eine *sekundäre* Erscheinung ist. Als scheinbaren oder nur *sekundären*, d. h. von der Kontraktion *abhängigen Tonus* faßt HOFMANN daher alle Kurvenveränderungen auf, die durch Frequenzänderungen bzw. Änderungen des Kurvenverlaufs bedingt sind. Aus F. B. HOFMANNs Untersuchungen wissen wir, daß das Absinken der Kurvenfußpunkte bei Vagusreizung einmal auf die verminderte Frequenz zurückzuführen ist. In zweiter Linie macht sich aber auch eine Änderung des Kontraktionsablaufs geltend, es erfolgt während der Diastole ein früheres Absinken als bei einer gewöhnlichen Kontraktion, das ebenfalls für ein Absinken im Gesamtverlauf einer Kurve von Bedeutung ist. Bei rein negativ inotroper Vaguswirkung kommt es außerdem zur Verkürzung der Kontraktionsdauer, und so ermöglicht die Pausenverlängerung eine weitergehende Erschlaffung (Abnahme des „Kontraktionsrückstandes"). Einen solchen sekundären, d. h. von der Kontraktion abhängigen „Tonus" nahm HOFMANN daher auch als Ursache der GASKELLschen Beobachtung an. Nach den Arbeiten von FRANK und HOFMANN ist also eine zentrale nervöse Beeinflussung des Herzmuskeltonus — definiert als Dehnbarkeit — nicht anzunehmen. Von anderen Autoren wurde auf eine Art reflektorischer Regulierung mehr peripherer Art geschlossen, bei der die Tonusfunktion durch intrakardiale Reflexe o. ä. geregelt wird.

Weiter sind hier die Experimente von PIETRKOWSKI (1917) zu erwähnen, der bei Lufteinblasung in den *Vorhof* ein Härterwerden und eine Verkürzung des Ventrikels beobachtete und daraus den Schluß zog, daß die Vorhofdehnung ein Tonuszentrum im Vorhof errege, das auf dem Wege der muskulären Übertragung eine Zunahme des ventrikulären Tonus übermittle. Die Versuche haben allerdings einer methodischen Kritik von E. KOCH und von HOLZLÖHNER nicht standgehalten [Eindringen von Luft auch in die Kammer und dadurch deren Mitdehnung, die zu einer „tonischen Zustandsänderung" — jedenfalls zu einer ansteigenden Ruhelinie der Kurven (ohne Änderung der Zuckungsform) — führt, wie das schon 1862 von FR. GOLTZ und später von ROY studiert wurde]. Der gleiche Einwand der Mitdehnung der Kammer trifft auch die LOEWEschen Versuche, der statt Luft Flüssigkeit verwandte und glaubte, daß die Tonusänderung der Kammer von den im Vorhof liegenden Ganglien abhängig sei (neurogene Theorie!). Eine eingehende Kritik der Meinung, daß auch am LOEWEschen Herzstreifen die Anwesenheit von Vorhofteilen für das Zustandekommen einer Tonuszunahme der Kammer erforderlich sei, erfolgte durch MACHIELA.

Außer dem Vorhof wurde auch dem Sinus ein derartiger Einfluß zugeschrieben. So glaubte v. SZENT-GYÖRGYI (1920), daß die Kammermuskulatur einen vom Sinus unterhaltenen Tonus im Sinne von Elastizitätsschwankungen aufweise. Er fügte somit dem Sinusgebiet außer der schon bekannten Fähigkeit der Erregungsbildung noch eine weitere tonusbildende Funktion zu, da er nach Ausschaltung des Sinus durch die I. STANNIUSsche Ligatur einen beträchtlichen Niveauabfall der danach auftretenden automatischen Pulse fand, außerdem einen mehr rapiden diastolischen Abfall mit einer Reihe kurzer Schleuderschwankungen (analog den am Skeletmuskel bei nicht streng isotonischer Anordnung auftretenden elastischen Nachschwankungen). v. SZENT-GYÖRGYI erklärte das eben durch das Ausbleiben eines bei ungestörter Leitung vom Sinus auf den Ventrikel übergehenden Tonusimpulses. Auch REGELSBERGER untersuchte, ob es einen (im Sinne HOFMANNs) „unabhängigen Tonus" (s. oben) gibt und bestätigte v. SZENT-GYÖRGYIs Ansicht einer besonderen Tonusfunktion des Sinus, da er bei künstlicher Reizung unter normalem Rhythmus bei isolierter Sinusausschaltung in einem Teil der Fälle deutlichen Niveauabfall fand. Er unterschied deshalb sinustonisierte und sinustonuslose Kaltblüterherzen. REGELSBERGER schaltete dabei den Sinus durch örtliche Abkühlung, Abschneiden, örtliche Urethaneinwirkung aus. Auch hier wurden methodische Einwände besonders von E. KOCH geltend gemacht. (Änderung der Frequenz nach Sinusabbindung, Änderungen der Kurvenform, durch Schleuderung verzeichnete Kurven, Einfluß der Hebelbelastung!) HOLZLÖHNER wies außerdem auf mögliche Änderungen des Kontraktionsablaufes durch Vaguswirkung hin.

Ebenso wie Zentren oder Bahnen mit Tonusfunktion werden auch spezifische Ionenwirkungen dieser Art — von toxischen Kontrakturen abgesehen — von HOLZLÖHNER abgelehnt. Zwar findet man bei Durchströmung mit Ringerlösung mit vermehrtem Kaliumgehalt eine Senkung der Kurvenfußpunkte (unabhängig von der Frequenz) und bei vermehrtem Calciumgehalt eine Erhebung, aber diese sind abhängig von Änderungen der Form der Kontraktionskurven (Kaliumüberschuß bewirkt — etwas verallgemeinert — Verlangsamung der Systole und Beschleunigung der Diastole, Calciumüberschuß beschleunigt die Systole und verlangsamt die Diastole).

Beobachtungen von pharmakologischer Seite im Sinne von tonushemmenden und -fördernden Zentren im Vorhof (AMSLER und PICK; PICK und FRÖHLICH), die hier nur gestreift werden können, berücksichtigen ebenfalls nicht genügend die Änderungen des Kontraktionsablaufs bei beobachteten Hebungen und Senkungen der Kurvenfußpunkte (HOLZLÖHNER). Zu erwähnen sind hier weiter die Angaben von KOLM und PICK, daß die Kaliumkontraktur an das Vorhandensein des „Überherzens" gebunden sei. Bei den Beobachtungen von WICHELS am LOEWEschen Herzstreifen (Digitalisversuche, Tonussteigerung nur am Kammerstreifen, der noch Vorhofteile enthält) handelt es sich möglicherweise um Auslösung pseudotetanischer Kontraktionen (HOLZLÖHNER). Zu erwähnen sind in diesem Zusammenhang besonders noch EISMAYER und QUINCKE, die Änderungen der Ruhedehnungskurve unter dem Einfluß von Giften und Ionenwirkung fanden (Digitalis, Calcium und Adrenalin tonussteigernd). Nach E. A. MÜLLER ändern sich im HLP bei Schädigung und auch bei pharmakologischer Beeinflussung des Herzens Kontraktionsfähigkeit und Tonus stets gemeinsam und gleichsinnig so, daß es zu einer Zunahme oder Abnahme der Stauung kommt.

NEUROTH und WEZLER fanden neuerdings beim spontan schlagenden Froschherzen, also unter Erhaltung der supraventrikulären Herzteile, bei Verhinderung eines Undichtwerdens der Atrioventrikularklappen durch leichte Umschnürungen bei verschiedenen Froscharten verschieden starke Veränderungen der isotonischen Minima und Maxima, und zwar verschieben sich die Minima etwas nach links (Tonuszunahme), die Maxima aber viel mehr nach links (Zunahme des Schlagvolumens). Sie erblicken darin eine Erschütterung der am künstlich gereizten Herzen aufgestellten Behauptung, daß weder Vagus noch Accelerans noch irgendwelche Pharmaka eine Wirkung auf die Ruhedehnungskurve haben. (Zur Verschiebung der Minima s. GEHL, GRAF und KRAMER, 1955.)

Zusammenfassend ergibt sich also, daß die Frage, ob die supraventrikulären Herzteile einen tonusfördernden Einfluß auf die Kammer ausüben, einer erneuten Bearbeitung unter ausreichender Berücksichtigung aller methodischen Einwände bedarf. Weiter ergibt sich aus dem Dargelegten, daß für die Beurteilung experimenteller Befunde die Unterscheidung von „Kontraktionsrückstand" und diastolischem Tonus unerläßlich ist (betreffs Kontraktionsrückstand s. weiter S. 413). *Unter Tonus ist nach* O. FRANK *und* H. STRAUB *der Verlauf der Ruhedehnungskurve des Herzmuskels zu verstehen.* Eine Erhöhung des Tonus in diesem strengen und eigentlichen Sinn des Wortes liegt also dann vor, wenn der Verlauf dieser Kurve steiler ist, eine Minderung des Tonus, wenn diese flacher ist. Man erkennt jetzt, wie bedeutsam die Tatsache ist, daß die Minima der natürlichen Zuckungen nicht immer auf der Dehnungskurve des ruhenden Muskels liegen (s. S. 385)! Hier liegt der eigentliche Grund für die eingangs kurz geschilderte Diskrepanz im Tonusbegriff, wenn wir ihn auf das *schlagende* Herz anwenden. Am Warmblüterherzen existieren bisher noch keine eindeutigen Befunde. H. STRAUB glaubte zwar, durch Vagusreizung an urethan-narkotisierten Katzen einige Male eine Erniedrigung des diastolischen Kammerdruckes beobachtet zu haben, jedoch ist auch diese Beobachtung auf Grund seiner Unterscheidung von Kontraktionsrückstand und Tonus als Rückgang eines solchen Kontraktionsrückstandes infolge der erheblichen Bradykardie deutbar. Nach WIGGERS und MEEK (1923) wird der Ausdruck ,,Tonus" am besten wie folgt definiert: "A sustained partial contraction, independent of systolic contractions, by virtue of which the muscle fibres resist distension during diastole more than they would because of their mere physical properties." Diese Definition übernahmen auch JOHNSON und KATZ. Nach E. A. MÜLLER ist die praktisch bedeutsame Beziehung zwischen Ventrikeldruck und Ventrikelvolumen in der Diastole ($\Delta V/\Delta P$) damit durch das Zusammenwirken von physikalischer Elastizität und Tonus bestimmt. Die von MEEK für möglich gehaltenen ,,Kontraktionsreste" wurden dabei, weil unbeweisbar, außer Betracht gelassen. Nach H. H. WEBER ist die Elastizität des Myosin-Fadenmoleküls eine Funktion physikalischer Faktoren (Wärme) und chemischer Faktoren (Reaktion mit Substanzen des Betriebsstoffwechsels). [Ein reversibler Einfluß von Substanzen des normalen Stoffwechsels auf die Elastizität (Anstiegssteilheit der Ruhedehnungskurve) ist nicht nachweisbar, wenn auch H. H. WEBER sie für das Fadenmodell beschrieben hat.] Unter Tonus wäre also eine Beeinflussung der Gesamtelastizität des Herzmuskels in der Diastole durch eine Beeinflussung des chemischen Milieus der Herzmuskelfasern zu verstehen, die nervös oder humoral bedingt ist. Praktisch kann man nur die Gesamtelastizität des Ventrikels in der Diastole messen. Unter der Voraussetzung, daß die physikalischen Faktoren konstant bleiben, sind Änderungen der Gesamtelastizität in der Diastole Änderungen des Tonus (E. A. MÜLLER). Nach den Versuchen von KUNO und RÖSSLER und UNNA ist die Funktion des Herzbeutels im Prinzip die gleiche wie die des Tonus. Die Herzbeutelfunktion dürfte aber erst unter extremen oder unter pathologischen Bedingungen Bedeutung haben.

Trotz der sich widersprechenden Ergebnisse der experimentellen Erforschung des Tonusproblems steht weiterhin eine *vegetativ-nervös regulierte Tonusfunktion* im Mittelpunkt der Diskussion. Der Einfluß der Nerven, besonders der vegetativen, und damit der Psyche, darf bei aller Wertung experimenteller Befunde nicht außer acht gelassen werden, und die Erfahrungen der Kliniker am Menschen verdienen bei aller Kritik von experimentell-physiologischer Seite gerade bei dieser Frage besondere Beachtung[1]. Wir werden darum noch besonders die Frage einer *möglichen* Abhängigkeit des Herztonus von der Einwirkung extrakardialer Nerven behandeln. Am Kaltblüterherzen haben allerdings BAUEREISEN und REICHEL erneut in allen Versuchen übereinstimmend gefunden, daß der Verlauf der Ruhedehnungskurve, dessen Anstiegssteilheit ja ein Maß für den Elastizitätsmodul oder nach STRAUB für den Tonus des Herzmuskels ist, von der Reizung der Herznerven *unbeeinflußt* bleibt. Abb. 205 und die Abb. 206, u. 207, die am plastisch gedehnten Herzen aufgenommen wurden, zeigen die erhaltenen Werte bei Accelerans- und Vagusreizung. Wie ersichtlich, sind die Druckminima bei Ruhe und Erregung der Herznerven gleich. Selbst stärkste Vagus- oder Acceleransreizung vermag die Kurve der Minima nicht zu ändern, auch wenn die Herzkraft, d. h. die Höhe der Maxima, sehr stark erhöht oder erniedrigt wird. Voraussetzung dabei ist, daß die Frequenz konstant bleibt, also dem Herzen vorgeschrieben

---

[1] Betreffs Beziehungen zwischen Herzerweiterung und Psyche s. DIETLEN (dort S. 358/9, 361/2, 379).

wird. ,,Eine tonotrope Wirkung im Sinne einer Veränderung der Ruhedehnungskurve durch die Herznerven ist folglich *nur* über die chronotrope Wirkung bei gleichzeitiger Frequenzänderung möglich." Wie schon auf S. 403 bemerkt wurde, fanden auch E. u. J. FREY keine Beeinflussung der Ruhedehnungskurve durch Acetylcholin und Adrenalin. Andererseits verstummen die Annahmen einer

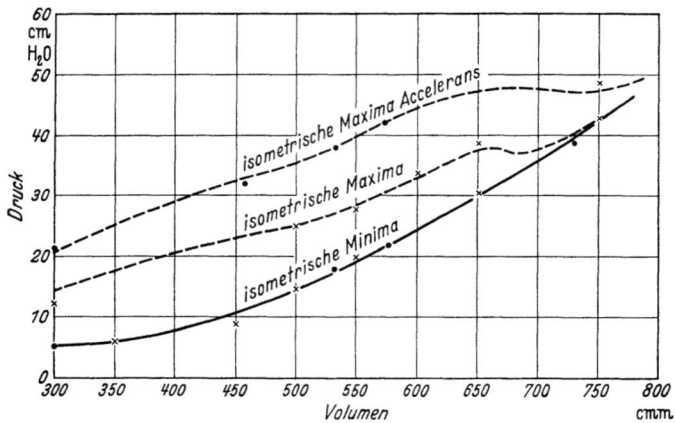

Abb. 206. Druck-Volumendiagramm bei Acceleransreizung. × unbeeinflußt; • Acceleransreizung.
(Nach E. BAUEREISEN und H. REICHEL)

vegetativ-nervös regulierten Tonusfunktion nicht, seitdem H. E. HERING dem Vagus negativ, dem Accelerans positiv tonotrope Einwirkungen zusprach. Dabei ist der Hinweis von HERING, daß man im Experiment einen Einfluß des Vagus auf den Tonus dann nicht beobachten kann, ,,wenn kein Tonus vorhanden ist", gewiß in dem Sinne beachtenswert, daß der Tonus überhaupt fehlen kann.

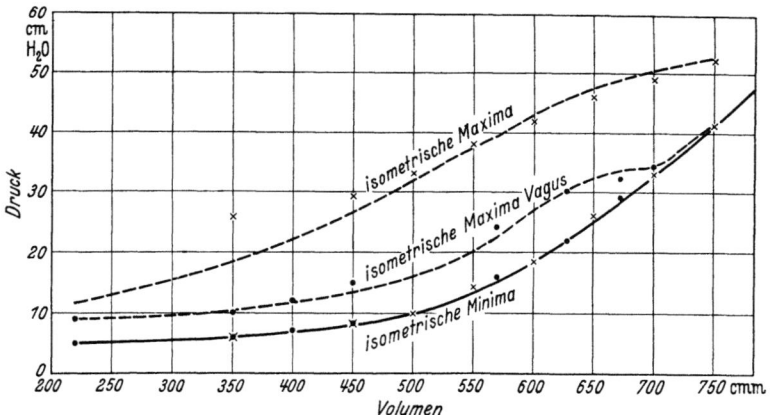

Abb. 207. Druck-Volumendiagramm bei Vagusreizung. × unbeeinflußt; • Vagusreizung.
(Nach E. BAUEREISEN und H. REICHEL)

Neue Stützen für die Annahme, daß der Tonus unter der Einwirkung des vegetativen Nervensystems steht, ergeben sich vor allem aus Beobachtungen am Sportherzen, die allerdings dann wohl hypertrophiert sind. [Dehnbarer sind sie, wenn man als Definition der Dehnbarkeit $\Delta V/\Delta P$ wählt. Wählt man dagegen die Definition Längenzuwachs/Kraftzuwachs (auf jeweils gleichem Kraftniveau), dann braucht sich an der Dehnbarkeit nichts zu ändern. $\varDelta V/\varDelta P$ wird deswegen größer, weil der Radius r zunimmt (REICHEL).] Hier sind vor allem die ausgedehnten Untersuchungen von REINDELL und DELIUS an trainierten Sportlern zu erwähnen. (Ältere Literatur findet sich zusammengestellt bei DIETLEN in Hdbch. norm. path. Physiol., Bd. VII/1, S. 330, 359 u. 361.) Die genannten Autoren fanden häufig eine erhebliche Vergrößerung des Herzens, ohne daß klinische, röntgenologische und elektrokardiographische, in manchen Fällen auch anatomische Untersuchungen Anhaltspunkte für eine Schädigung der Herzen ergaben. Da ferner weder eine Erhöhung des arteriellen Druckes noch eine solche des Venendruckes vorlagen, schlossen REINDELL und DELIUS auf eine *Zunahme der Dehnbarkeit dieser Herzen* und bezeichneten Herzveränderungen dieser Art als „*regulative Dilatation*", d. h. zurückführbar auf regulatorische Wirkungen des vegetativen Nervensystems, die während des Trainings entstehen. Das Wesentliche ist dabei die Existenz erheblicher Herzdilatationen bei hochleistungsfähigen Herzen. [Betreffs älterer Beobachtungen in diesem Sinne s. DIETLEN. STRAUB, MORITZ, HERING haben so die Möglichkeit der Entstehung der Herzerweiterung durch primären Tonusmangel bzw. -verlust in Erwägung gezogen. HERING schlug deshalb die Bezeichnung „hypotonogene Dilatation" vor, neben der rein tonogenen und myogenen Dilatation der Kliniker (MORITZ).

Gegenüber den Untersuchungen von REINDELL und DELIUS wurden von E. u. J. FREY Einwände erhoben, die oben schon bei der Besprechung des Tonusproblems bei Kaltblütern erwähnt wurden, daß die Ursache der Herzvergrößerung bei den untersuchten Sportlern nicht in einer Zunahme der Dehnbarkeit der Herzen, sondern lediglich in einem Schwinden des Kontraktionsrückstandes infolge der meist gleichzeitig bestehenden Bradykardie zu sehen sei. Jedoch ist dieser „*Kontraktionsrückstand*" ebenfalls eine recht hypothetische Angelegenheit. Intraventrikuläre Druckmessungen haben gezeigt, daß beim Menschen selbst im Bereich höherer Frequenzen kein Kontraktionsrückstand vorkommt. (Intraventrikuläre Druckmessungen sind allerdings keine Beweise für oder gegen Kontraktionsrückstände, weil die Druckänderungen so gering sind, daß sie mit den üblichen Methoden gar nicht faßbar sind und weil solche Rückstände sich vorwiegend in Volumenrückständen äußern!) STRAUB hat sich dazu wie folgt geäußert: „Wenn bei zunehmender Dauer der Diastole das Ventrikelvolumen sich bei gleichbleibendem Innendruck nicht, sondern nur mit dem Innendruck entlang der Dehnungskurve des ruhenden Muskels ändert, so ist dies der Ausdruck des Tonus. Wenn aber mit wachsender Länge der Diastole der Herzmuskel erschlafft und sich weiter dehnt, ohne daß sein Innendruck entsprechend steigt, ja mit absinkendem Binnendruck, so muß man von Kontraktionsrückstand sprechen." Im Sinne dieser Definition STRAUBs ist auch noch im zweiten Teil der Diastole ein Ansteigen der intraventrikulären Druckkurve entlang der Ruhedehnungskurve ersichtlich.

Ein deutliches Abheben der Ruhedehnungskurve von der Abszisse im zweiten Teil der Diastole bedeutet eine Minderung des Druckgefälles zwischen Vorhof und Kammer im zweiten Teil der Diastole. Darum wird eben nur bei sehr flach verlaufender Ruhedehnungskurve eine vermehrte Kammerfüllung, d. h. eine merkliche diastolische Vergrößerung des Herzens stattfinden können. Mit diesen Hinweisen würden zugleich die großen Vorteile umschrieben sein, welche eine flache Ruhedehnungskurve für die Leistungsfähigkeit des Sportlers mit sich bringt: a) durch Abflachung der Ruhedehnungskurve ist auch im zweiten Teil der Diastole das Bestehen eines ausreichenden Druckgefälles gesichert, das eine angemessene diastolische Füllung garantiert, b) die Vermehrung der Restblutmenge gestattet einen besonders wirkungsvollen Einsatz inotroper Mechanismen, d. h. Steigerung des Schlagvolumens durch stärkere systolische Zusammenziehung[1].

Aus diesen Zusammenhängen erhellt nun auch, weshalb das untrainierte Herz die Steigerung des Zeitvolumens bei körperlicher Arbeit mit höherer Schlagfrequenz bewältigen muß als das trainierte. Es schneidet gewissermaßen mit seiner erhöhten Frequenz jenen Teil der

---

[1] SCHWAB.

Ruhedehnungskurve heraus, der sich noch relativ wenig von der Abszisse abhebt und damit die Aufrechterhaltung eines genügenden Druckgefälles von den Vorhöfen zu den Kammern gewährleistet. Eine Herabsetzung der Frequenz würde beim untrainierten Herzen mit seiner „normal" verlaufenden Ruhedehnungskurve in den Bereich führen, wo die Dehnungskurve sich bereits deutlich von der Abszisse abhebt; damit aber wäre der zweite Teil der Diastole wegen des fehlenden Druckgefälles für den Füllungsvorgang nicht nutzbar. Solche möglichen Zusammenhänge zwischen Herzfrequenz und Ruhedehnungskurve lassen die (unbefriedigenden) Versuche über die Abhängigkeit des Kammertonus von supraventrikulären Herzteilen, besonders vom Sinus, in einem beachtenswerten Licht erscheinen.

Hingewiesen sei in diesem Zusammenhang auch noch auf andere klinische Ausblicke: Eine Verflachung der Ruhedehnungskurve ist besonders zu diskutieren bei den Herzdilatationen bei Myxödem, die sich häufig ohne Anhalt für Herzinsuffizienz bei normalen Druckverhältnissen auf der arteriellen und venösen Seite finden und durch Schilddrüsenmedikation prompt beseitigt werden können. Auch die Herzdilatationen bei schweren Anämien sowie verschiedenen Infektionskrankheiten (Diphtherie) könnten hierher gehören (SCHWAB). Auf die Beziehungen zwischen seelischen Affekten und Herzerweiterungen wurde oben schon hingewiesen. Im Hintergrund taucht damit zugleich das Problem der nervös bedingten Herzschwäche auf, falls negativ tonotrope Einwirkungen mit einer negativ-inotropen Wirkung einhergehen. Genügend gesicherte experimentelle Ergebnisse scheinen hierüber noch nicht vorzuliegen, was bei der Problematik des Tonusproblems nicht verwunderlich ist.

Die Dynamik des kontraktilitätsgeschädigten Herzens

Die Ausführungen, mit denen das Kapitel „Dynamik" schloß, zeigten, wieviel hier neuerdings in Fluß geraten und wieviel älterer, anscheinend gesicherter Bestand problematisch geworden ist. Dieser Umstand muß sich auf eine Darstellung der pathologischen Physiologie der Herzinsuffizienz erheblich auswirken. Aus diesen und aus Raumgründen ist daher nur eine anhangsweise und mehr kursorische, daher aber naturgemäß auch nicht allen Gesichtspunkten Rechnung tragende Behandlung möglich. Verwiesen sei besonders auf M. SCHWAB (1950), KL. GOLLWITZER-MEIER (1950) und die Verhandlungsberichte der 16. Tagung der Deutschen Gesellschaft für Kreislaufforschung, deren Referate bei der folgenden Darstellung weitgehend zugrunde gelegt wurden.

Beim Vergleich zwischen dem Verhalten des Herzens im HLP und im Organismus ergaben sich für das gesunde, in vivo schlagende Herz für sehr viele Zustandsänderungen des gesunden Herzens keine am HLP reproduzierbaren Verhältnisse. Denn die Dynamik des gesunden Herzens in vivo war dadurch gekennzeichnet, daß ohne Änderung der Anfangsfüllung und des Anfangdruckes eine Anpassung an die jeweiligen Verhältnisse im Organismus hinsichtlich Größe des Zeitvolumens und Höhe des arteriellen Widerstandes möglich ist. Den hierfür wesentlichen Faktor hat man in der inotropen Herznervenwirkung zu sehen. Dabei wurde auf die gegenüber früheren Ansichten verhältnismäßig große Restblutmenge hingewiesen. Dagegen wird man — cum grano salis! — das Verhalten des mehr oder weniger geschädigten Herzens in vivo mit dem normalerweise anzutreffenden Verhalten des Herzens am HLP durchaus vergleichen dürfen. Bedeutet doch die Isolierung des Herzens vom Gesamtorganismus nicht nur eine akute Beseitigung seiner nervös-humoral vermittelten schnellen Anpassungsfähigkeit, sondern auch eine zunehmende Schädigung seiner muskulären Grundeigenschaften. Je schwerer in vivo wie am HLP die Kontraktilitätsschädigung ist, um so deutlicher tritt der STARLING-Mechanismus in Erscheinung. Wie am HLP, so wird auch im Gesamtorganismus ein geschädigtes, aber innerhalb bestimmter Bereiche noch suffizientes Herz weitgehend die Erfordernisse der Körpergewebe erfüllen. Es benötigt dazu als Hilfsmittel allerdings eine mehr oder weniger starke Vergrößerung seiner diastolischen Füllung und Erhöhung seines diastolischen Druckes. Am Ende dieser Entwicklungsreihe steht, am HLP wie im Organismus, der Zustand der Insuffizienz mit einem Abfall des Fördervolumens und entsprechendem Anstieg des diastolischen Kammerdruckes und des Druckes in den vorgelagerten Kreislaufabschnitten.

Der oben gemachte Unterschied in der Schwere der Kontraktilitätsschädigung — die Dynamik des geschädigten Herzens ohne Insuffizienz und diejenige mit Insuffizienz — sind natürlich, je nach der äußeren Belastung, durch fließende Übergänge miteinander verbunden. Unter *Herzinsuffizienz* mag dabei jener Zustand verstanden werden, bei dem entweder bei körperlicher Anstrengung oder bereits in Ruhe subjektive oder objektive Zeichen einer in bestimmter Weise gestörten Blutversorgung sowie gestörten Funktion der Körpergewebe auftreten (Dyspnoe, Cyanose, erhöhter Venendruck, Stauungsorgane, Ödeme)[1].

Die Messung der wichtigsten Herz- und Kreislaufgrößen bei Herzinsuffizienz ergibt folgendes: a) Der *arterielle Druck* zeigt keine gesetzmäßige Veränderung, man findet ihn häufig normal, manchmal erhöht (Stauungshochdruck), manchmal erniedrigt. Die Abweichung des Gesamtorganismus vom Verhalten des HLP, das stets einen niedrigen arteriellen Druck aufweist, erklärt sich durch sekundäre Regulationen des Organismus (Engerstellung des arteriellen Systems, Vermehrung der Blutmenge, evtl. Verkleinerung des Innenraumes des Gesamtsystems). b) Der *diastolische Druck* in der rechten Herzkammer ist, wie die zahlreichen Arbeiten angelsächsischer Autoren mit Hilfe der intrakardialen Druckmessung gezeigt haben, erheblich erhöht. Dementsprechend findet sich auch eine Erhöhung des Druckes im rechten Vorhof und in den zentralen Venen[2].

Über die *absoluten Werte der Drucke* in den verschiedenen Herzabschnitten sind wir heute auf Grund wohl zuverlässiger Messungen am Menschen gut unterrichtet. In der rechten Kammer läßt sich der Füllungsdruck beim Menschen direkt messen. Beim linken Herzen ist man wenigstens beim Menschen auf eine Schätzung angewiesen. (Entweder kann man, wie COURNAND, den Druck im linken Vorhof messen, wenn er beim Menschen mit Vorhof-Septumdefekt zufällig zugänglich ist, oder man schiebt, wie LAGERLÖF und WERKÖ, in einen kleinen Ast der Lungenarterie einen Herzkatheter so weit vor, daß er diesen Ast verschließt, und mißt die aufgezeichneten Drucke, die denen der Lungenvene entsprechen sollen.) Mit diesen Methoden haben COURNAND und RICHARDS bei gesunden Menschen in der rechten Kammer diastolische Drucke von nur 1—3 mm Hg gemessen, im linken Vorhof etwas höhere Drucke von 3 mm Hg. Diese Werte werden bis auf das Zehnfache erhöht gefunden bei der Linksinsuffizienz infolge Hypertonie. In den Lungenvenen, in der Lungenarterie und in der rechten Kammer sind die diastolischen Drucke nach RICHARDS und nach LAGERLÖF und WERKÖ im Durchschnitt bis auf 30 mm Hg gesteigert. Bei klinisch gut kompensierten Hypertonikern sind alle diese Drucke normal. Auch beim Cor pulmonale ist während der Kompensation der Füllungsdruck der überlasteten Kammer nicht deutlich erhöht. Erst bei beginnender Rechtsschwäche kommt es zu erhöhten diastolischen Füllungsdrucken. Sie steigen in der rechten Kammer nach RICHARDS bis etwa 15 mm Hg an, erreichen also nicht die höheren Werte in der gleichen Kammer, die bei der Linksinsuffizienz gemessen werden. Im rechten Vorhof folgt der diastolische Druck im wesentlichen dem diastolischen Druck der rechten Kammer[3].

---

[1] Dieser „hämodynamischen" Herzinsuffizienz wurde neuerdings von HEGGLIN eine „*energetisch-dynamische Insuffizienz*" gegenübergestellt, die klinisch durch leere Venen, fehlende Stauungsorgane, elektro- und phonokardiographisch durch eine gegenüber dem II. Herzton verspätet einfallende T-Zacke gekennzeichnet ist (Q—II. Ton verkürzt, Q—T verlängert); allerdings ist zu vermerken, daß auch bei der Herzinsuffizienz im oben präzisierten Sinne energetische Abweichungen erheblichen Grades gegenüber dem suffizienten Herzen vorliegen können (RIECKER, ULLRICH und KRAMER).

[2] Der *Venendruck*, vor allem der klinisch meßbare Druck in der Ellenbogenvene, steht, wie besonders LANDIS und Mitarbeiter zeigten, bei der Herzschwäche oft nur in einem geringen oder gar keinem Verhältnis zum Grad der Herzschwäche. Besonders gilt dies für die Grenze der Insuffizienz. Aber selbst wenn man Vergleichswerte vor und in der Insuffizienz und wieder nach ihrer Überwindung zur Verfügung hat, muß die Unkenntnis über den effektiven Venendruck (s. d.) alle Rückschlüsse auf die Herzdynamik wesentlich einschränken. Das haben Y. HENDERSON und KROETZ wiederholt betont. Überraschend ist übrigens der Befund, daß das Druckgefälle zwischen Armvene und rechtem Vorhof bei Herzinsuffizienz verschwinden kann. Das wurde von COURNAND auf die Überfüllung und Überdehnung der Venen nach Eintritt der Insuffizienz bezogen.

[3] Alle bisher genannten Drucke beziehen sich auf den Atmosphärendruck. Sie stellen deshalb nicht die dynamisch effektiven Füllungsdrucke dar. Diese erhält man erst, wenn man die variable, beim einzelnen Kranken unbekannte Höhe des intrathorakalen Druckes zu den bisher genannten Zahlen addiert. Dieser kann bei mittlerer und schwerer Kurzatmigkeit bis auf das Dreifache steigen. Gleichzeitige Messungen des intrathorakalen und des scheinbaren Füllungsdrucks im rechten Vorhof sind bisher nur bei Gesunden, in Ruhe und bei physiologischer Atemgröße durchgeführt. Der effektive Füllungsdruck ist weder bei Rechts- noch bei Linksschwäche ermittelt, nicht einmal für körperliche Arbeit ist er bekannt.

c) Zu dieser Feststellung erhöhter Anfangsdrucke kommt die klinisch und röntgenologisch nachweisbare *Dilatation* des insuffizienten Herzens. Die Herzerweiterung am Ende der Diastole liefert die andere Größe für die Beurteilung der Herzinsuffizienz, bei der man allerdings weitgehend von vornherein auf eine getrennte Beurteilung des linken und rechten Herzens verzichtet.

Die Messung des Füllungsvolumens wird beim Tier plethysmographisch vorgenommen. Beim Menschen hat NYLIN das Herzvolumen röntgenologisch gemessen und daraus das *Volumen des systolischen Restbluts* abgeleitet. (Im Liegen ist es beim Normalen im Mittel um $1/4$ l größer als im Stehen. Extreme Werte des intrathorakalen Drucks, wie sie beim Übergang vom VALSALVA zum MÜLLERschen Versuch auftreten, steigern es beim Gesunden um 400 cm^3.) Erheblich sind die Zunahmen, die bei der Herzinsuffizienz auftreten können. Nach NYLIN können allein schon die reversiblen Änderungen 800 cm^3 erreichen. Die großen Herzen der Endstadien können bis 2 l Restblut enthalten, wie HOCHREIN an der Leiche gemessen und NYLIN am Lebenden bestätigt hat. Das *Verhältnis des systolischen Restbluts der Kammer zu ihrem Schlagvolumen* läßt sich nach diesen Angaben berechnen. Es ist in der Herzinsuffizienz bei unvermindertem Schlagvolumen bis 5:1, bei vermindertem Schlagvolumen bis 10:1 und darüber. [Man beachte, daß es REINDELL schon beim Gesunden mit 2:1, beim trainierten Sportler noch größer angibt (s. S. 404).] Allerdings ist hier der Hinweis darauf angebracht, daß bei dem „Restvolumen" unterschieden werden muß zwischen dem Volumen der Kammer in der Diastole und dem Gesamtvolumen des Herzens (also auch der Vorhöfe) (s. Verh. dtsch. Ges. Kreislaufforsch. 1954, 114), was zu irrtümlichen Berechnungen führen muß!

Die Summe von systolischem Restblut und Schlagvolumen ist die dynamisch entscheidende Größe, nämlich das *diastolische Volumen*. Aus den oben angegebenen Zahlen geht klar hervor, wie stark diese Größe vom systolischen Restblut abhängt und daß das systolische Restblut in der Herzinsuffizienz nahezu allein die Dynamik beherrscht.

Der *Einfluß der Herznerven* auf das systolische Restblut und damit auch auf das diastolische Volumen ist — unabhängig von der sonst hereinspielenden Beeinflussung der Kreislaufperipherie — am innervierten Herzen des HLP zu erfassen (GOLLWITZER-MEIER). Wenn man an ihm das Ganglion stellatum elektrisch reizt und dabei Zufluß und Widerstand konstant hält, so nimmt das diastolische Volumen stark ab, während das Minutenvolumen ansteigt. Es wird auf das systolische Restblut zurückgegriffen, das sich unter *Sympathicusreizung* stark vermindert und damit die Erhöhung des Herzauswurfs ermöglicht. Die Füllung des Herzens wird durch das geringe systolische Restblut und das höhere venöse Druckgefälle begünstigt (GOLLWITZER-MEIER). Dazu kommt die sympathische Verbesserung der Kontraktilität. Das Herz vermag ein vergrößertes Zeitvolumen von einem verkleinerten Füllungsvolumen auszuwerfen. Es ist für die sympathicotone Steuerung des Herzens charakteristisch, daß eine Steigerung des Vorhofdrucks ausbleibt, auch wenn der venöse Zufluß künstlich gesteigert wird. Der Sympathicuseinfluß führt also zu einer echten Vergrößerung der Herzreserven. Eine grundsätzlich gleiche Wirkung wie der Sympathicus entfaltet das Adrenalin.

In vieler Hinsicht antagonistisch ist die Wirkung einer elektrischen *Reizung des Vagus* am innervierten HLP. Werden Zufluß und Widerstand künstlich konstant gehalten, so nimmt bei Vagusreizung das diastolische Herzvolumen stark zu. Das Zeitvolumen des Herzens bleibt unverändert oder sinkt etwas ab. Entscheidend ist wiederum die Änderung des systolischen Restblutes, das unter Vagusreizung größer wird. Auch hier kommt die Wirkung auf die Kontraktilität des Herzmuskels dazu, die sich nach STRAUB in einer Veränderung des Druckablaufs in der Kammer äußert (s. dazu S. 399). Unter Vagusreizung trifft also ein bedeutend vergrößertes Füllungsvolumen mit einem unveränderten oder verminderten Zeitvolumen der Kammer zusammen (GOLLWITZER-MEIER).

Ob in der Herzinsuffizienz die nervöse Steuerung des Füllungsvolumens und des Füllungsdruckes der Kammer noch eine ebenso große Rolle spielt wie am suffizienten Herzen, ist noch kaum untersucht. Sie scheint mit fortschreitender Insuffizienz verlorenzugehen. Das Stadium, in dem dies eintritt, scheint bei den einzelnen Herzen verschieden zu sein. Im letzten Stadium der Herzinsuffizienz findet man fast immer einen nahezu starren Notbetrieb des Kreislaufs. Die nervösen Einflüsse sind fast verschwunden, und es herrschen nur noch die mechanischen Arbeitsbedingungen. Allerdings handelt es sich bei diesen Erwägungen zunächst nur um diskutierbare Möglichkeiten!

d) Es erhebt sich damit noch die Frage nach der *Größe des Herzminutenvolumens.* Von manchen Autoren (F. MEYER, ESPERSEN, STARR und GAMBLE) wird nun tatsächlich die Ansicht vertreten, daß bei der Herzinsuffizienz im Gesamtorganismus keineswegs immer ein Absinken des Zeitvolumens feststellbar ist und seine Größe für die Pathogenese der Symptomatologie nicht entscheidend sein kann. F. MEYER will daher den beobachteten Venendruckanstieg nicht als Folge der Minderleistung des Herzens, sondern vielmehr als aktiven Regulationsmechanismus aufgefaßt wissen. Ähnlich äußerten sich bezüglich der Genese der Venendrucksteigerung WARREN und STEAD. Damit ergibt sich die Frage nach Größe und Bedeutung des Herzminutenvolumens im Rahmen der Herzinsuffizienz.

Zahlreich waren die methodischen Bemühungen, mit Hilfe des FICKschen Prinzips (O_2-Aufnahme/arteriovenöse O_2-Differenz, wobei der O_2-Gehalt des venösen Mischblutes meist auf indirekte Weise ermittelt werden mußte), ferner mit physikalischer Methodik (BROEMSER-RANKE, WEZLER-BOEGER) sowie mit Farbstoffmethoden (HAMILTON) die Größe des HMV zu bestimmen. Die Einführung des Herzkatheterismus und die hierdurch ermöglichte direkte Bestimmung des O_2-Gehaltes des venösen Mischblutes haben die Anwendbarkeit des FICKschen Prinzips am Menschen sehr verbessert. Allerdings erheben sich auch dann noch erhebliche Einwände methodischer Natur. Man kann nämlich von der Anwendung des direkten FICKschen Prinzips nur dann zuverlässige Werte für das HMV erwarten, wenn der gesamte in der Lunge aufgenommene O_2 auch auf dem Wege des Pulmonalkreislaufs abtransportiert wird, also die Möglichkeit von intrapulmonalen Oxydationen ausgeschlossen ist, die bei Zuständen von O_2-Mangel von BÜCHERL und SCHWAB im akuten Tierversuch gefunden und für den Menschen ebenfalls bei Zuständen von O_2-Mangel (schwere körperliche Arbeit, Anämie, Herzinsuffizienz) angenommen wird. In diesen Fällen würde dann das nach dem direkten FICKschen Prinzip gemessene HMV zu hohe Werte ergeben. Als weitere Fehlerquelle kann die ungenügende Durchmischung des aus verschiedenen Körperregionen stammenden venösen Blutes im rechten Vorhof und Ventrikel in Frage kommen, die gasanalytisch an verschiedenen Blutproben inzwischen erwiesen wurde. Auch die Bestimmung des HMV mit Hilfe der physikalischen Methoden ist, besonders bei krankhaften Kreislaufzuständen, mit Fehlermöglichkeiten belastet.

Mit den erwähnten modernen Methoden gemessen (STEAD) fanden sich in Bestätigung früherer Befunde (LAUTER, HARRISON, STARR und GAMBLE) bei einer großen Zahl von Fällen eindeutig herabgesetzte Werte, bei einer kleineren Zahl Werte im unteren Bereich der Norm. Auffälligerweise wurden nun aber bei einer zweiten, allerdings viel kleineren Gruppe von Herzinsuffizienzen ein deutliches, z. T. beträchtlich die Norm übersteigendes Zeitvolumen gefunden. Schon EPPINGER stellte gasanalytisch erhöhte Zeitvolumina in der Herzschwäche beim Herzasthma fest und LAUBER bestätigte das mit der physikalischen Methode von BROEMSER und RANKE. Heute sind die Befunde durch die Untersuchungen von COURNAND, MCMICHAEL, LAGERLÖF und WERKÖ erneut gesichert. Als dann die Autoren MCMICHAEL, STEAD und WARREN, RICHARDS die neue Lehre von den beiden Herzschwächen vortrugen, der mit niedrigem und der mit hohem Minutenvolumen, schienen diese Kreislaufgrößen vorübergehend das Hauptproblem bei der Herzschwäche. Inzwischen ist diese Überbewertung etwas abgeflaut und RICHARDS betont, daß die Herzinsuffizienz charakterisiert ist durch die veränderten Drucke, nicht so sehr durch veränderte Minutenvolumina. Die Insuffizienz mit hohem Zeitvolumen ist an besondere Einflüsse des Stoffwechsels, der Blutzusammensetzung und des peripheren Kreislaufs geknüpft, welche schon in der Ruhe einen erhöhten Blutumlauf verursachen.

Erhöhte Zeitvolumina fanden sich bei Insuffizienz infolge Cor pulmonale, bei Anämie, Thyreotoxikose, arteriovenösen Fisteln, Beri-Beri, Morbus Paget. Abgesehen von den oben erwähnten methodischen Fehlermöglichkeiten spricht die im Insuffizienzstadium sich findende, gegenüber der Norm erhöhte O_2-Ausnutzung des venösen Mischblutes dafür, daß die Zirkulationsgröße für die Bedürfnisse des herzinsuffizienten Organismus zu klein ist. So fanden STEAD und Mitarbeiter die av-Differenz bei Gesunden im Durchschnitt bei 4,1 Vol.-% O_2, demgegenüber bei Herzinsuffizienz in 90% der Fälle über 5,2, meist zwischen 7—8 Vol.-% O_2. Man kann daher STEAD nur zustimmen, wenn er schreibt: "The abnormally large arteriovenous oxygen difference at rest ist probably a better indication of the actual inadequacy of the circulation than is the absolute level of the cardiac output." In ähnlichem Sinne hat sich jüngst MATTHES geäußert, und GOLLWITZER-MEIER bemerkt besonders zu der Herzschwäche bei Hyperthyreose, Anämie, Beri-Beri und arteriovenöser Fistel, daß hier die dauernde Steigerung des Minutenvolumens die Ursache der Mehrarbeit und der Insuffizienz des Herzens ist. Daß zwischen klinischer Symptomatologie und Größe des HMV keine durchgängige Parallelität bestehen kann, ist daher leicht einzusehen, wenn man weiter das im Einzelfall ganz unterschiedliche Ausmaß anderer dem Organismus zur Verfügung stehender Kompensationseinrichtungen bedenkt. (Nähere Besprechung der oben erwähnten Fälle mit erhöhtem Zeitvolumen s. bei M. SCHWAB.)

In der Frage des Zeitvolumens bei der Herzschwäche gibt die Insuffizienz des Tierherzens einen wesentlichen Beitrag. Bei der akuten Spontaninsuffizienz des Tierherzens ist die Insuffizienzgrenze dadurch markiert, daß sich die Herzarbeit auch hier noch steigern läßt, aber unter erheblicher Zunahme der diastolischen Füllung und des diastolischen Druckes. Übertragen auf die Herzinsuffizienz des Menschen ist daraus zu folgern, daß auch in der Insuffizienz noch eine erhöhte Herzarbeit, also ein erhöhtes Minutenvolumen oder ein erhöhter arterieller Druck oder beides, geleistet werden können, allerdings um den Preis einer Erweiterung des Herzens und Steigerung des Venendruckes[1]. Allerdings haben Herzinsuffizienzen zum Teil keine Venendrucksteigerung. Wenn also auch manche Feststellungen sich nicht in diese Auffassung einfügen lassen, so kann man doch generell daran denken, daß da, wo klinisch eindeutige Zeichen von Herzinsuffizienz feststellbar sind, praktisch stets eine für die Bedürfnisse des Organismus ungenügende Förderleistung des Herzens besteht und daß für die Genese der Venendrucksteigerung die verminderte Leistungsfähigkeit des Herzens der wesentliche Faktor bleibt. Es muß aber betont werden, daß es sich nicht um eine mechanische Rückstauung des versagenden Herzens handelt, sondern um bisher unbekannte komplizierte Zusammenhänge zwischen Herzstörung, Venentonus, zirkulierender Blutmenge, Wasserhaushalt u. a. Dieser erhöhte Venendruck und damit die erhöhte Füllung können solche Ausmaße annehmen, daß ein Vergleich mit dem Experiment am STARLINGschen HLP sich geradezu aufdrängt [Näheres zu dieser Frage in der in deutscher Übersetzung vorliegenden Monographie von J. MCMICHAEL (1953)].

Natürlich ist bei all diesen Fragen zu beachten, daß die Dilatation des Herzens meist nicht als freie Dehnung im Sinne der Muskelphysiologie aufgefaßt werden kann. Das mögliche Ausmaß der bei einer Herzschwäche auftretenden Dilatation wird durch die Größe des *Herzbeutels* begrenzt und beim Erreichen eines bestimmten Ausmaßes gesperrt. Der Herzbeutel hat die technische Funktion, dem Herzmuskel eine Dehnungsbegrenzung zu geben, er schützt das Herz vor akuten Überlastungen und limitiert seine volumabhängige Leistung. Für die stauungsbedingte Leistungskompensation ist der Bereich der „*freien Dehnung*" nicht allein von Bedeutung. Für sie ist zusätzlich maßgeblich der Bereich der *adaptiven Dehnung*. Nach klinischen Erfahrungen ist anzunehmen, daß diese adaptive Dehnung über einen weiten Bereich, wahrscheinlich wohl über den ganzen Bereich der Spannungsdehnungskurve des Herzens erstrecken kann. Die physiologische Bedeutung dieser adaptiven Dehnung ist darin zu sehen, daß eine Dilatation des Herzens nicht plötzlich eintreten kann, sondern daß sie mit starker Verzögerung erfolgt. Erst nach und nach werden mit zunehmender Adaptation des Herzbeutels die höheren Dehnungsbereiche des Herzens frei gegeben. Diese Gesichtspunkte sind bedeutsam, wenn man Ergebnisse am isolierten Herzen vergleichen will mit Ergebnissen der Klinik (F. MEYER).

---

[1] Der Erörterung liegt die stillschweigende Annahme zugrunde, daß das Schlagvolumen bzw. Minutenvolumen der rechten und linken Kammer identisch ist, was nicht unbedingt gilt. Zwischen beiden Herzen liegt das *Blutreservoir der Lunge*. Seine Füllung ist von COURNAND mit ungefähr 500 cm³, von LAGERLÖF und WERKÖ bedeutend größer und individuell sehr verschieden mit 500—2000 cm³ angegeben. Beide Angaben stimmen aber darin überein, daß es um ein Vielfaches kleiner ist als das Blutreservoir vor dem rechten Herzen. Daher sind die Druckschwankungen während des Herzzyklus im linken Vorhof wesentlich größer als im rechten. In der Inspiration ist nach COURNAND das Schlagvolumen der rechten Kammer größer als dasjenige der linken Kammer, in der Exspiration ist es umgekehrt.

Die Diskussion über das sog. STARLINGsche Gesetz ist durch ein Symposion neu belebt worden, das 1954 in Atlantic City (USA) unter Leitung von KATZ abgehalten wurde und durch das die z. Z. in Diskussion befindlichen Fragen besonders gut in Erscheinung treten [Physiol. Rev. 35 (1935), dort auch Literaturnachweis!] Dort wird auch durch KATZ nochmals die Bedeutung des enddiastolischen Volumens herausgestellt [nicht des mittleren Vorhofdruckes (sog. Füllungsdruck), auch nicht des enddiastolischen Ventrikeldruckes!]. Das Referat enthält alle Argumente, die sich für und gegen die Gültigkeit des FRANK-STARLINGschen Gesetzes ins Feld führen lassen (GREGG, GAUER, REINDELL u. a.). SARNOFF hat am Ganztier (Hund) die STARLINGschen Befunde nachweisen wollen; deshalb hat er ein venöses Reservoir hinzugefügt und zur Erhöhung des arteriellen Widerstandes einen Ballon in die Aorta geführt. Da seine Tiere durch verschiedene Eingriffe (Thoraxeröffnung) kaum Regulationen des Kreislaufs und des Herzens aufwiesen, worauf besonders HAMILTON hinwies, kann man ihm voll bestätigen, daß er ein reines HLP vor sich hatte. Es war zu erwarten, daß sich seine Ergebnisse mit den Befunden STARLINGs deckten. In diesem Symposion gibt HAMILTON als letzter eine Gesamtdarstellung der nach seiner Meinung wichtigen Daten — eine sehr lesenswerte Darstellung —, und er kommt zu dem Schluß, daß die eigentliche Bedeutung der STARLINGschen Befunde sich darin erschöpft, daß dieser Druck-Volumen-Mechanismus dafür Sorge trägt, das Gleichgewicht zwischen der Förderleistung des rechten und linken Herzens zu gewährleisten (Koordination der Volumenarbeit der beiden Herzventrikel).

XIV. Energetik des Herzens [1]

Die grundlegenden Gesetzmäßigkeiten der Energetik wurden 1917 von STARLING und seiner Schule entwickelt. Da das Herz einer Maschine vergleichbar ist, die chemische Energie in mechanische umwandelt, spielt der Wirkungsgrad des Herzens in der weiteren Erörterung eine wesentliche Rolle. Energetische Untersuchungen wurden meist am HLP durchgeführt, jedoch werden auch die Ergebnisse am Kaltblüterherzen berücksichtigt werden müssen. Allerdings ist das Froschherz nicht so günstig, weil die Langsamkeit der Sauerstoffdiffusion die Gefahr der Anoxie und der teilweisen Umschaltung auf anaerobe Bedingungen mit sich bringt. Auch besteht am Warmblüterherzen der Vorzug, daß man die Art des Brennmaterials durch vergleichende Untersuchung des arteriellen und venösen Coronarblutes ermitteln kann. Ein besonderes Augenmerk ist natürlich der Frage zu widmen, in wieweit unter wirklich physiologischen Bedingungen gearbeitet wird.

1. Grundumsatz des Herzens

Zur Kenntnis des wahren Energiewertes einer geleisteten Arbeit müssen die Energieumwandlungen im ruhenden Gewebe bekannt sein. Bereits die Frage nach dem „Grundumsatz" des Herzens ist allerdings nicht einfach zu beantworten, weil die Grundumsatzbedingungen in verschiedener Art festlegbar sind. Die eine Gruppe von Autoren untersuchte den Stoffwechsel des irgendwie stillgelegten Herzens, andere extrapolierten, um eine Schädigung bei der Stillegung zu umgehen, aus Messungen des Gaswechsels bei verschiedener Frequenz den Wert für das ruhende Herz, sie definierten also als Ruhestoffwechsel den Stoffwechsel des Herzens im Zustand motorischer Ruhe; andere wählten ein Herz mit normaler Schlagtätigkeit, das jedoch dabei keine äußere Arbeit leistet. Die Frage ist deshalb wichtig, weil zu berücksichtigen ist, ob der Anteil des Ruhestoffwechsels am Gesamtumsatz des arbeitenden Herzens so gering ist, daß er praktisch vernachlässigt werden kann oder nicht.

---

[1] Teilweise nach Übersichtsaufsätzen von GOLLWITZER-MEIER (1939) und von C. L. EVANS (1939).

V. v. WEIZSÄCKER (1912) fand am Froschherzen nach av-Ligatur, also *im Zustand motorischer Ruhe*, den Ruhestoffwechsel zu 4—12%, meist nur 4—8% des Arbeitsstoffwechsels (bei mittlerer Herztätigkeit), zugleich erwies er sich als temperaturabhängig, entsprechend der RGT-Regel (Temperaturkoeffizient 2—3). Nach CLARC und WHITE beträgt der Ruhestoffwechsel des Froschherzens wenigstens 20% des Gesamtverbrauchs bei mäßiger Tätigkeit[1]. LOCKE und ROSENHEIM erzeugten den Stillstand durch Veränderung des Salzmilieus (Ca-Entzug) und fanden, daß die CO_2-Abgabe bei Tätigkeit nicht ganz das Doppelte betrug. Auch ROHDE (1910) fand bei Stillstand durch Ca-Entzug ein Absinken des O_2-Verbrauches auf etwa die *Hälfte*. Allerdings fand CLARC (1935), daß das Froschherz bei Ca-Mangel einen höheren Stoffwechsel hat, als wenn es durch andere Mittel zum Stillstand gebracht wird. Nach Versuchen von KISCH steigert auch der Zusatz von Milchsäure oder Brenztraubensäure im überlebenden Herzmuskelgewebe den Stoffwechsel um 200%. Bei der „Ruhigstellung" des Herzens ist ebenfalls damit zu rechnen, so daß die angegebenen Werte wahrscheinlich zu hoch sind. Als Gaswechselwert des ruhenden *Warmblüterherzens* extrapolierten COHN und STEELE aus Messungen bei wechselnder Frequenz etwa die Hälfte des Wertes bei physiologischer Schlagfolge [2,23 cm³ O_2/g, Std., EVANS (1917) fand etwa 1,8 cm³ O_2]. Zu ähnlich hohen Werten für den Ruheumsatz kamen auch andere Untersucher (GARREY und BOYKIN; CLARK). Aus der Erkenntnis, daß das stillstehende oder stillgelegte Herz in jedem Fall ein unphysiologisches Objekt darstellt, wählten G. MANSFELD und K. HECHT das *schlagende, jedoch keine äußere Arbeit leistende Herz*, indem sie das Herz einmal als HLP meßbare und variierbare Arbeit leisten ließen und es dann durch Umschaltung eines Dreiwegehahnes plötzlich in ein leerschlagendes „LANGENDORFF-Herz" verwandelten, wobei die Durchblutung aufrecht erhalten bleibt. Dabei fanden sie keine gleichbleibenden Werte, sondern einen Zusammenhang zwischen Coronardurchblutung und O_2-Verbrauch des leerschlagenden Herzens, und zwar einen bedeutenden Anstieg des O_2-Verbrauchs nach Vergrößerung der Coronardurchblutung auch ohne Verrichtung von äußerer Arbeit. GOLLWITZER-MEIER bemerkt zu diesem Befund wohl mit Recht, daß die niederen Sauerstoffwerte allerdings wahrscheinlich unter Bedingungen ungenügender Coronardurchblutung gewonnen wurden. KRAMER (1942) gibt an, daß das Herz im *Leerlauf* (also bei einem diastolischen Volumen von 0 und ebenso einem Druck von 0) einen ziemlich hohen Sauerstoffverbrauch hat, wie das aus den Untersuchungen am LANGENDORFF-Herzen und auch aus den Extrapolationen der STARLINGschen Werte entnommen wird, wahrscheinlich 20—25% des unter *maximalen* Arbeitsbedingungen gemessenen Wertes.

Wenn man das Herz zum *Flimmern* bringt, soll sein Stoffwechsel größer als vor dem Flimmern sein, d. h. das Herz, das keine äußere Arbeit leistet, kann einen höheren Stoffwechsel haben als eines, das bekannte Arbeit leistet (G. H. HITCHINGS, M. A. DAUS und J. T. WEARN, 1943). Wenn das Säugetierherz (während der Diastole ohne Flimmern) nach Kaliuminjektion zum Stillstand kommt, sinkt sein Stoffwechsel um 50% ab (L. N. KATZ, 1940). Jedoch ist im letztgenannten Beispiel der Stoffwechsel noch immer über dem Tiefstand, der für den ruhenden quergestreiften Skeletmuskel charakteristisch ist.

Als methodisch-kritischer Hinweis ergibt sich weiter, abgesehen von der Forderung ausreichender Coronardurchblutung, der Hinweis mehrerer Autoren (WEIZSÄCKER, ROHDE, BODENHEIMER), daß *Schädigung* zu unverhältnismäßigem O_2-Verbrauch auch des leerschlagenden Herzens führt, und zwar sowohl am Warm- wie Kaltblüterherzen. ROHDE gab allerdings eine meist bald schon einsetzende Tendenz zum Abfall der Calorienwerte bei Beginn des Absterbens an. Auch der am HLP beliebte Adrenalinzusatz ist nicht bedeutungslos. MANSFELD und HECHT ließen ihn weg, weil mit dem Abklingen der Adrenalinwirkung der O_2-Verbrauch ständig absinken und zu unrichtigen Ergebnissen führen würde. Geringe Konzentrationen bewirken nach L. EVANS und S. OGAWA allerdings nur geringe Schwankungen (s. dazu auch S. 434ff.).

---

[1] Über den O_2-Verbrauch des *Kaltblüterherzens* liegt eine Monographie von CLARK (1938) vor. Für den Vorhof werden Werte von 0,4—0,8 cm³ O_2/g, Std., für den Ventrikel 0,5 bis 1,0 cm³/g, Std. bei Ringerdurchströmung angegeben. Der Sinus braucht nur etwa ¹/₃ soviel [CLARC und KINGISEPP (1935)]. Das PURKINJE-*Gewebe* scheint übrigens noch weniger zu gebrauchen, $^1/_{10}$—$^1/_2$mal soviel pro Gewichtseinheit als der Ventrikel (BUADZE und WERTHEIMER, 1928) (s. S. 7, 27). Für das Schildkrötenherz gibt STELLA auch 1,05 cm³/g, Std. an. Längere Ringerdurchströmung mit nachfolgendem hypodynamen Zustand vermindert (reversibel) den Sauerstoffverbrauch des schlagenden Herzens (CLARC und WHITE). Die Werte des Kaltblüterherzens sind also geringer als die des Säugetierherzens (Arbeit, Temperatur und Frequenz geringer!). Pro Gewichtseinheit und *Schlag* ist der O_2-Verbrauch des Froschherzens (0,8 cm³/kg, Schlag, 18° C) größer als der des Hundeherzens (0,45 cm³/kg, Schlag bei 32—39° C und mäßiger Arbeit), wahrscheinlich ebenso auch die Arbeit des Froschherzens pro Gewichtseinheit und Schlag (EVANS).

Auch für die Natur der verbrannten Substanzen interessierte man sich schon frühzeitig. Zu erwähnen sind vor allem JOH. MÜLLER (1904) und LOCKE und ROSENHEIM. Der erstgenannte arbeitete mit einem modifizierten LANGENDORFF-Apparat, LOCKE mit einer automatischen Zirkulationseinrichtung. Bei beiden ergab sich ein ganz unzweifelhafter Verbrauch an Zucker, und zwar am *stillgelegten Herzen geringer als am arbeitenden*. ROHDE fand, daß neben Zucker eine beträchtliche Menge anderer Nährstoffe zur Verbrennung kommt; nach Abzug der CO_2- und O_2-Werte für den aus der Nährlösung verschwundenen Zucker blieb eine in ihrer Größe schwankende Menge verbrauchten O_2 und gebildeter CO_2 übrig, die auf Rechnung anderer Verbrennungsvorgänge gesetzt werden mußte, nach den gefundenen RQ-Werten handelt es sich um fett- oder eiweißartige Substanzen.
(Aus den Gaswechselbestimmungen von BARCROFT und DIXON lassen sich keine sicheren Schlüsse über die Natur der verbrauchten Stoffe ziehen, da die CO_2-Ausscheidung nicht unmittelbar der O_2-Aufnahme parallel ging, so daß sich unmögliche RQ-Werte ergaben. Eine methodische Kritik dieser Versuche wie auch der von LOCKE und ROSENHEIM erfolgte durch ROHDE.)

Im ganzen gesehen ist die Auskunft über den „Grundumsatz" des Herzens und das, was darunter zu verstehen ist, nicht sehr befriedigend. Nimmt man an, daß der Ruhestoffwechsel des Herzens etwa dem des Skeletmuskels entspricht, so kommt man nach einer Zusammenstellung von FÜRTH nur auf 0,1 cm³ Sauerstoff pro Gramm und Stunde. Allerdings ist auch EVANS der Meinung, daß der Ruhestoffwechsel des Herzens niemals die niedrigen Werte erreicht, die für den ruhenden quergestreiften Skeletmuskel charakteristisch sind, er scheint außerdem sehr zu schwanken nach Tierart und Methode des Stillstandes. Die meisten experimentell gefundenen Werte für den Ruhestoffwechsel des Herzens liegen höher, wie die oben gegebene Zusammenstellung zeigt. Auch in einer neueren Zusammenstellung von C. F. SCHMIDT (1949) wird zwar für den ruhenden Skeletmuskel ebenfalls 0,1 cm³ O_2/g, Std. angegeben, für das ruhende Herz jedoch ein allerdings unwahrscheinlich hoher Wert. Als „Lehrmeinung" mag auf Grund der oben gegebenen Zusammenstellung — allerdings mit Vorbehalten — immerhin gelten, daß der Ruheumsatz des Herzens etwa 25% des Umsatzes bei maximaler Arbeit beträgt, jedenfalls hat auch nach D. E. GREGG (1950) das Herz noch einen beträchtlichen Stoffwechsel, auch wenn es nicht schlägt.

KRAMER gibt an, daß der geringe Ruheumsatz des *stillstehenden* Herzens durch Einflüsse des vegetativen Systems unbeeinflußt bleibt. Man kann danach auch durch Adrenalin keine Erhöhung des Umsatzes erzeugen. GAUER und KRAMER halten auf Grund dessen auch eine spezifische Wirkung des Adrenalins auf die Muskelzelle für unwahrscheinlich. Nach CLARK (1935) scheint allerdings Acetylcholin den Stoffwechsel des stillstehenden Froschventrikels zu reduzieren. Auf S. 436, 438 wird darauf zurückzukommen sein.

2. Gaswechsel und Wirkungsgrad des schlagenden Herzens

Besser orientiert sind wir durch zuverlässige Messungen über den Sauerstoffverbrauch des schlagenden Warmblüterherzens, wobei die Befunde meist am HLP, also am *denervierten überlebenden Säugetierherzen* erhoben wurden. Einige Durchschnittswerte der Literatur seien als O_2-Verbrauch des Hundeherzens angegeben bei einer Arbeit von 1 mkg.

3,15 cm³ O_2/g, Std. nach GOLLWITZER-MEIER (1938) [1936: 2,5 cm³ O_2/g, Std.],
3,5 bzw. 3,25 cm³ O_2/g, Std. nach EVANS und STARLING (1912/13),
3,78 cm³/g nach GREMELS (1933) und
3,96 cm³ O_2/g nach CRUICKSHANK (1933).

[Allerdings gibt die Übersicht nur die Übereinstimmung der Durchschnittswerte. Die Streuung zwischen Minimum und Maximum liegt z. B. bei EVANS zwischen 1,7 und 5,1, bei GREMELS bei 3,1—4,5[1].] Nach GREGG liegt die Größe

---
[1] *Der Anteil des Herzens am Grundumsatz des Gesamtorganismus* kann ebenfalls nur annähernd beantwortet werden. MULDER und VISSCHER schätzten diesen Anteil auf 7—20% des Grundumsatzes. Ältere Untersucher (LOEWY und SCHRÖTTER, ZUNTZ und HAGEMANN) gaben etwas niedrigere Werte (um 5%) an, ebenso v. BERGMANN und PLESCH (5,2%), andere

des O_2-Verbrauchs am HLP bei 2,4—3,6 cm³/g, Std. (4—6 cm³ O_2/100 g, min). In neuerer Zeit wurden die Werte auch am in situ schlagenden Herzen des narkotisierten und nichtnarkotisierten Hundes und beim normalen Menschen bestimmt. Diese liegen beträchtlich höher als beim HLP. Im nichtnarkotisierten Hund nähert sich der Sauerstoffverbrauch des linken Ventrikels (Coronarströmung mal arteriovenöser Sauerstoffdifferenz) nach GREGG dem Wert von 11,7 cm³/g, Std. (19,5 cm³/min, 100 g li. Ventr.). Am Ganztier geben ECKENHOFF und HAFKENSCHIEL und Mitarbeiter 5,28 cm³/g, Std. bei einem arteriellen Druck von 124 mm Hg und einem Minutenvolumen von 1,3 l an, ebenso 5,28 cm³ bei HARRISON, 4,62 cm³ bei COHN und STEELE. Beim narkotisierten Hund liegen die Werte auch nach GREGG gewöhnlich zwischen 4,8—6 cm³/g, Std. (8—10 cm³/100 g, min, li. Ventr.). Ähnliche Werte wie beim narkotisierten Hund hat man beim normalen Menschen bei Anwendung der Stickoxydulmethode zur Bestimmung der Coronarströmung erhalten. Einzelheiten ergeben sich aus der Tabelle von D. E. GREGG (1950) (s. S. 448). Für den Stoffwechsel des rechten Herzens liegen keine Bestimmungen pro Myokardeinheit vor. Das liegt an der technischen Unmöglichkeit, die zahlreichen vorderen Herzvenen, die in den rechten Ventrikel einmünden, mit Kanülen zu versehen; auch liegen keine Untersuchungen darüber vor, ob alle vorderen Herzvenen den gleichen Sauerstoffgehalt haben, so daß man eine davon zur Venenblutprobe nehmen könnte.

Schon bei den ersten Bemühungen zur Gaswechselbestimmung des Herzens wurde gefunden, daß *mit steigender Arbeit der Gaswechsel des schlagenden Herzens zunimmt.*

BARCROFT und DIXON (1907) konnten als erste Untersucher dieser Frage ganz allgemein eine Abschwächung oder Steigerung des Herzschlages in Beziehung zum gleichzeitigen O_2-Verbrauch setzen, allerdings ohne nähere Anhaltspunkte für Art oder Ausmaß der Tätigkeit. Auch ROHDE (1910) fand im allgemeinen eine befriedigende Übereinstimmung in den Schwankungen des Calorienverbrauchs und der Leistungswerte. Erwähnt wurde schon sein Befund des gesteigerten Zuckerverbrauchs am tätigen Herzen. MANSFELD und HECHT geben ebenfalls bei konstant gehaltener Coronardurchblutung (s. oben) einen bedeutenden Anstieg des O_2-Verbrauchs während der Arbeitsleistung mit einem Zurückgehen nach der Arbeitsperiode an.

Offen gelassen ist bei diesen ersten orientierenden Versuchen die Frage, ob einer gleichen Zunahme der Arbeit durchweg eine gleiche Zunahme des Gaswechsels entspricht. Erst neuere Bearbeiter des Problems stellten deutlich heraus, daß man für eine gleiche Mehrarbeit einen ganz verschiedenen Zuwachs des Sauerstoffverbrauchs findet, und zwar je nach Art der Mehrbelastung, die dem Herzen auferlegt wird, und je nach der Art der Vorbelastung, von der aus die Mehrarbeit zu leisten ist. Man erkennt die energetische Gesetzmäßigkeit nur dann, wenn man die Untersuchung durch alle Arbeitsbereiche hin durchführt und wenn man das Herz entweder nur durch steigenden Zufluß bei konstantem Widerstand oder nur durch steigenden Widerstand bei konstantem Zufluß belastet (GOLLWITZER-MEIER). Eine klare Beziehung zwischen Arbeit und Gaswechsel fehlt jedoch, wenn man nur einen kleinen Arbeitsbereich untersucht und das Herz zugleich durch zunehmenden Zufluß und durch zunehmenden Widerstand belastet (STARLING und VISSCHER).

In niedrigen Arbeitsbereichen steigt mit zunehmender Arbeit der Gaswechsel nur langsam an. Von einem bestimmten mittleren Arbeitsbereich an und in

---

Autoren etwa 4%. — Wenn wir folgende Werte zugrundelegen: 3,5 cm³ O_2-Verbrauch des Herzens pro Gramm und Stunde, 315 g Herzgewicht — erwachsener Mann von 20—50 Jahren (ROESSLE und ROULET) — d. h. etwa 0,5% des Körpergewichtes, 250 cm³ O_2-Verbrauch als Grundumsatz pro 60 kg und min, ergibt sich ein *minutlicher O_2-Verbrauch des Herzens* von 18 cm³, d. h. *7% des Grundumsatzes* und *14mal soviel als der durchschnittliche O_2-Verbrauch des Körpergewebes pro Gewichtseinheit.*

höheren Arbeitsbereichen verursacht jede zusätzliche Belastung einen stark zunehmenden Anstieg des Gaswechsels. Diese starke Anspannung des Gaswechsels in höheren Arbeitsbereichen findet sich vor allem bei einseitiger Widerstandsarbeit und abgeschwächt auch bei einseitiger Zuflußarbeit. GOLLWITZER-MEIER, KRAMER und KRÜGER bestätigten damit frühere Befunde von EVANS und MATSUOKA (1915); ebenso RÜHL, GREMELS, REIN und KRAYER, KIESE. Wenn frühere Untersuchungen am LANGENDORFF-Herzen und bei nicht mit Blut gespeistem Coronarkreislauf das Gegenteil fanden, nämlich einen immer kleineren und zuletzt sogar fehlenden Mehrverbrauch von Sauerstoff (ROHDE), so dürfte das an dem Eintritt anaerober Bedingungen liegen, die bei den angewandten Versuchsanordnungen gerade in höheren Arbeitsbereichen nicht zu vermeiden waren. Es ergibt sich also die wichtige Feststellung, daß in mittleren und höheren Arbeitsbereichen das Warmblüterherz *eine Widerstandsarbeit mit einem erheblich größeren Energieaufwand bewältigt als eine gleich große Zuflußarbeit, mit anderen Worten, der Gaswechsel des Herzens geht bei einer Steigerung des arteriellen Widerstandes stärker in die Höhe als bei einer Vermehrung des Schlagvolumens* (EVANS, GREMELS, GOLLWITZER-MEIER, KRAMER und KRÜGER, REIN, KIESE, RÜHL) (Abb. 208ff.).

a) Sauerstoffverbrauch bei steigendem Widerstand

Im Bereich niederer Aortendruckwerte nimmt der Sauerstoffverbrauch nur wenig zu, erst bei einem Widerstand über 80—100 cm H_2O wird der Kurvenverlauf steiler (Abb. 209). Auch wenn man anstelle des Aortendruckes die mechanische Arbeit als Abscisse einsetzt, erhält man einen ganz ähnlichen Kurvenverlauf. Im ganzen ergibt sich also, daß der Sauerstoffverbrauch des Herzens mit steigendem Widerstand zunimmt, wobei die Zunahme im

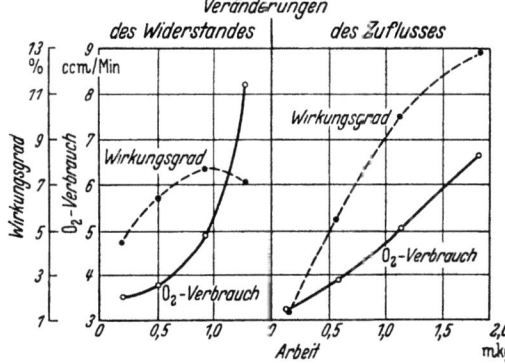 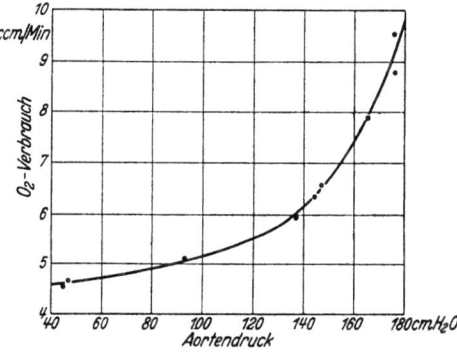

Abb. 208. Veränderungen von Widerstand und Zufluß in ihrem Einfluß auf Sauerstoffverbrauch und Wirkungsgrad des Warmblüterherzens. Alle Beobachtungen an demselben Herzen. (Nach GOLLWITZER-MEIER)

Abb. 209. Beziehung zwischen Sauerstoffverbrauch und Aortendruck bei steigendem Widerstand. (Nach GOLLWITZER-MEIER, KRAMER und KRÜGER)

Bereich geringer Belastung kleiner ist als im Bereich großer Belastung. Der *Wirkungsgrad* (Abb. 208) verbessert sich mit zunehmendem Widerstand zunächst, durchschreitet dann ein Maximum, in dem die Umwandlung der freigesetzten Energie in mechanische „optimal" ist, und verschlechtert sich bei höheren Druckwerten wieder. (In den einzelnen Versuchen wechseln die Höhenlagen der einzelnen Kurven und in ihnen die Orte der Maxima, was offenbar vom Zustand des Herzmuskels abhängt, gleichzeitig erscheint die *physiologische Druckbelastung als die günstigste.*) (GOLLWITZER-MEIER).

Die Voraussetzung eines konstanten Minutenvolumens bei steigendem Widerstand ist allerdings schwer erfüllbar, da meist das Minutenvolumen des künstlichen Kreislaufsystems abfällt, sobald der künstliche Widerstand erhöht wird. Weiter ist zu beachten, daß mit steigendem Widerstand ein zunehmend größerer Teil des vom Herzen ausgeworfenen Blutes durch die Coronargefäße abfließt. Das Stromvolumen der Coronargefäße wird dabei nur annähernd um den Betrag größer, um den das Systemminutenvolumen abnimmt (MARKWALDER und STARLING; PATTERSON und STARLING; ANREP und BULATAO). (Die von den genannten Autoren gefundene Beziehung gilt für diejenigen Anordnungen am HLP, bei denen ein Teil des Coronarblutes nach außen geleitet und nicht am Lungenkreislauf beteiligt ist. Die Lunge erhält in solchen Versuchen ihren Zufluß nur aus dem venösen Reservoir, während sonst zu dem Reservoirblut das Coronarblut hinzutritt. Wenn man das Coronarvenenblut durch die MORAWITZ-Kanüle in das venöse Reservoir gelangen läßt und der Zufluß aus diesem Reservoir reguliert wird, bleibt noch der Weg der Venae Thebesii.)

b) Sauerstoffverbrauch bei steigendem Minutenvolumen

Auch hier nimmt mit steigendem Minutenvolumen der Sauerstoffverbrauch zu, auch der Wirkungsgrad wird mit steigender Arbeit zunächst größer; es wird ein größerer Teil der freiwerdenden Energie in mechanische Arbeit umgewandelt. Die Kurven durchschreiten ein Maximum, in welchem der Wirkungsgrad sein „Optimum" erreicht. Jenseits des Maximums fallen die Kurven mit steigendem Zufluß wieder ab, die Ausnützung der freigesetzten Energie wird ungünstiger. (Abb. 208).

Allerdings sind auch reine Zuflußänderungen schwer erreichbar, da sich bei Änderungen des venösen Zuflusses der Druck im System mitändert. Zur Konstanz des Aortendruckes könnte man den künstlichen Widerstand nach jeder Zuflußänderung nachregulieren, jedoch läßt sich dagegen der Einwand erheben, daß man dem Herzen kurz hintereinander zwei verschiedene Arbeitsformen aufzwingt. Man wird also meist eine besondere Auswahl geeigneter Punkte vornehmen, für die nur relativ geringe Widerstandsänderungen beobachtet sind (GOLLWITZER-MEIER).

Nach diesen Erläuterungen können wir das *Verhalten des Wirkungsgrades* schärfer präzisieren. Er verbessert sich mit zunehmender Arbeit und kann in hohen Arbeitsbereichen bis auf das Zehnfache ansteigen (EVANS und MATSUOKA; GOLLWITZER-MEIER, KRAMER und KRÜGER; GREMELS). So große Verbesserungen des Wirkungsgrades erreicht man allerdings nur, wenn man von dem Minimum

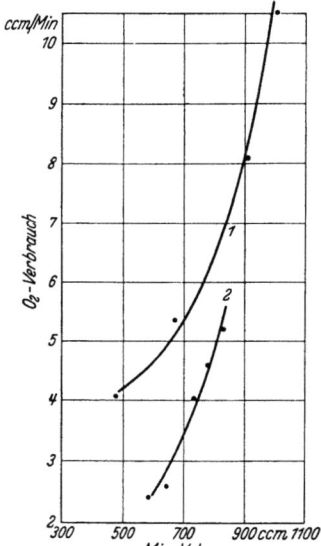
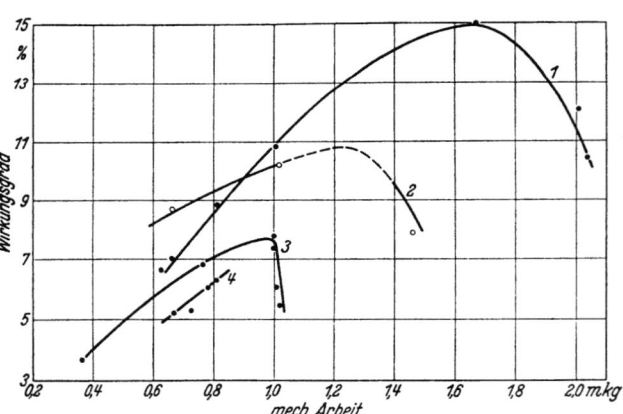

Abb. 210. Beziehung zwischen Sauerstoffverbrauch und Minutenvolumen bei steigendem Minutenvolumen. Die beiden Kurven stammen von zwei verschiedenen Herzen. (Nach GOLLWITZER-MEIER, KRAMER u. KRÜGER)

Abb. 211. Beziehung zwischen Wirkungsgrad und mechanischer Arbeit bei Steigerung des Widerstandes. Je schlechter der Zustand des Herzmuskels ist, um so niedriger liegen die Kurven und um so früher kommt es zu einer Verschlechterung des Wirkungsgrads mit zunehmender Arbeit. (Nach GOLLWITZER-MEIER)

des Wirkungsgrades in den niedrigsten Arbeitsbereichen ausgeht. *Bei einseitiger Belastung des Herzens mit nur steigendem Zufluß nimmt der Wirkungsgrad mit zunehmender Arbeit wesentlich stärker zu als bei einseitiger Belastung mit nur steigendem Widerstand* (EVANS, GOLLWITZER-MEIER). GREMELS beantwortete die Frage nach der Ausnutzung der chemischen Energie bei Änderung der Arbeitsleistung des Säugetierherzens dahingehend, daß es innerhalb des von ihm untersuchten Bereiches bei Minutenvolumenvergrößerung zu einer besseren Ausnutzung der chemischen Energie kommt, die ihren Ausdruck in der Steigerung des Wirkungsgrades findet, wohingegen GREMELS einen gleichbleibenden Wirkungsgrad bei Vermehrung der Arbeit durch Erhöhung des Aortendrucks fand, also die Ökonomie der Energieumwandlungen unverändert blieb. Jedenfalls wird also die *Zuflußarbeit, die die physiologische Belastungsform des Herzens darstellt, wesentlich ökonomischer verrichtet als die Widerstandsarbeit* (EVANS und MATSUOKA, GREMELS, GOLLWITZER-MEIER, KIESE und GARAN), der wir vor allem unter pathologischen Bedingungen begegnen. Die Unökonomie der Widerstandsarbeit eröffnet neue Einblicke in die Entstehung der Herzinsuffizienz des Hypertonikers (RÜHL, REIN und KRAYER).

Die *absoluten Werte des oxydativen Wirkungsgrades* liegen bei REIN und KRAYER bei 4—9%, bei GOLLWITZER-MEIER meist zwischen 6—13%, maximal bei 19,6%, bei GREMELS maximal bei 14%. An anderer Stelle wird für das überlebende Warmblüterherz maximal etwa 30% angegeben (EVANS, GOLLWITZER-MEIER). Die höchsten Wirkungsgrade (25% und darüber) erhält man bei großen Schlagvolumina [z. B. 70—80 l/Std. für ein Hundeherz von 50 g in Verbindung mit einem hohen arteriellen Druck (EVANS, 1918)]. KRAMER (1942) bemerkt in diesem Zusammenhang mit Recht, daß angesichts des hohen „Leerumsatzes" des Herzens (s. S. 420) selbstverständlich der Wirkungsgrad bei kleinen Leistungen niedrig sein und bei steigenden Leistungen anwachsen muß. Selbst wenn das Herz überhaupt keine mechanische Arbeit verrichtet, wird ja natürlich noch Energie und Sauerstoff verbraucht für jede Kontraktion seiner Kammern! Nach GOLLWITZER-MEIER können daher die Absolutwerte nur dann richtig beurteilt werden, wenn sie in Beziehung zum jeweiligen Arbeitsbereich gebracht werden. Entscheidend ist der Maximalwert des mechanischen Wirkungsgrades, welcher bei den betreffenden Herzen unter den jeweiligen Versuchsbedingungen ermittelt werden kann. Niedrige Wirkungsgrade beweisen danach an sich noch nicht einen unphysiologischen Zustand des Herzpräparates. Nur wenn der Wirkungsgrad durch alle Arbeitsbereiche hindurch gemessen ist und wenn auch sein Maximum tief liegt, wäre man berechtigt, an dem physiologischen Zustand des Herzens zu zweifeln. GOLLWITZER-MEIER sieht deshalb keinen Grund zu der Befürchtung, daß das nervenlose überlebende Warmblüterherz für energetische Messungen unbrauchbar sei (REIN). Die maximalen Wirkungsgrade liegen annähernd gleich hoch wie diejenigen des Skeletmuskels[1], wenn auch ein entnervtes isoliertes Herz meist einen niedrigeren Wirkungsgrad aufweist als ein innerviertes und ein insuffizientes ebenso im Vergleich zum suffizienten Herzen. Die maximalen Wirkungsgrade werden nach GOLLWITZER-MEIER u. a. erreicht auch ohne eine „humorale Benervung" durch Dauerinfusion von Adrenalin und

---

[1] Allerdings sind die Registrierleistungen des HLP für Wirkungsgrade oft kritisiert worden (KRAMER, REIN). Bei Anwendung der Prinzipien der Hämodynamik (BROEMSER) auf das HLP wird deutlich, daß der Wirkungsgrad wesentlich davon abhängt, wie die mechanischen Eigenschaften des Herzens einerseits und des Gefäßsystems andererseits aufeinander abgestimmt sind. Es besteht eine Abhängigkeit des Schlagvolumens von den geometrischen und elastischen Verhältnissen des Gefäßsystems und der Systolendauer des Herzens im *Modellversuch* (AUB). Dabei gibt es Maxima des möglichen Schlagvolumens, die bis zu 50% vom Mittelwert abweichen können! Besonders zu beachten ist in diesem Zusammenhang die erhebliche Änderung der Systolendauer durch Adrenalin (KRAMER) [s. weiter dazu auch KRAMER (1948)]. Auch sind sicher bei der Berechnung der äußeren Herzarbeit im landläufigen HLP und seinen Modifikationen Fehler unterlaufen. Die Beschleunigungskomponente ist z. B. unter Umständen, je nach der Größe der untersuchten Herzen, das Mehrfache der gewöhnlich angenommenen (unzweckmäßige Anordnung und Dimensionierung des Windkessels und des Strömungswiderstandes!) (REIN, GAUER und KRAMER).

Acetylcholin, die es nach GREMELS erst ermöglichen soll, daß das nervenlose Warmblüterherz so wirkungsvoll arbeitet wie der Skeletmuskel. Auf diese Fragen wird bei dem Verhalten des innervierten Herzens und des Herzens im Verband des Organismus noch ausführlicher einzugehen sein.

Am *Froschherzen* sind oxydative Wirkungsgrade bis zu 30% und darüber angegeben. V. WEIZSÄCKER hat bei Untersuchungen des Verhältnisses Herzarbeit : Sauerstoffverbrauch auch mit zunehmender Arbeit einen steigenden Wirkungsgrad gefunden, der im Minimum 1,5% und maximal 36% beträgt. Die höchsten, von STELLA festgestellten Nutzeffekte betragen 30%. Auch durch direkte Wärmemessungen auf thermoelektrischem Wege haben z. B. E. FISCHER, H. BOHNENKAMP, H. BOHNENKAMP und W. ERNST Wirkungsgrade in dieser Größenordnung nachgewiesen. — BOHNENKAMP und ERNST vertraten übrigens den Standpunkt, daß beim Froschherzen die freiwerdende Gesamtenergiemenge unabhängig von Anfangsdruck und Arbeitsleistung ist. [„Gesetz von der Unveränderlichkeit des freiwerdenden Energiequants", „erweitertes Alles- oder Nichts-Gesetz": „Der Gesamtenergieumsatz des Herzens ist konstant". Jede Vermehrung der mechanischen Arbeit geht mit einer Verminderung der Wärmebildung einher (Nutzeffektsteigerung!). Unter welchen Anfangsdrucken auch immer ein und dasselbe Herz arbeitet, stets ist die Summe aus geleisteter Arbeit und der während der Systole freiwerdenden Wärmemenge konstant. Während der Diastole tritt eine negative Wärmetönung von derselben Größe wie die vorhergehende systolische positive Wärmetönung auf."] Erwähnt sei weiter noch in diesem Zusammenhang der Befund von BOHNENKAMP und EICHLER, daß unter Vagusreizung (negativ inotroper Vaguswirkung) auch die Wärmebildung der Kontraktionsphase abnimmt, folglich auch die Gesamtenergie. Sympathicusreizung vermochte am frischen Herzen keine Steigerung der Arbeit oder Wärme der Kontraktionen zu bewirken. Aber im hypodynamen Zustand ist die Wirkung auf *beide* Größen sehr deutlich: auch die Wärmebildung steigt. Da, wie berichtet, unter gewöhnlichen Verhältnissen mit (mechanisch bedingter) Erhöhung der Arbeit die Wärmebildung sinkt, so liegt hier bei der positiv inotropen Sympathicuswirkung etwas Gegensätzliches, also Besonderes vor. Es folgt daraus, daß dieser Nerv unter solchen Bedingungen die Gesamtenergieänderung zu erhöhen, „anzufeuern" vermag.

Diesen Befunden gegenüber, die bestimmt nicht auf das Säugetierherz übertragbar sind, waren die Ergebnisse von E. FISCHER ganz anders geartet. Er fand nur eine ganz geringe Erwärmung während der Systole. Diese Erwärmung von der Größenordnung 0,0001° ist mehr als 100mal so klein als die größten von BOHNENKAMP gefundenen Werte, und sie erwies sich als wesentlich unabhängig von der geleisteten Arbeit. Ferner ergab sich kein Anhalt für eine negative Wärmetönung während der Diastole. Daraus ergab sich eine umfassende kritische Durchuntersuchung der thermoelektrischen Methodik durch E. FISCHER. Durch Verbesserung des Temperaturausgleichs innerhalb der Anordnung durch Füllen der feuchten Kammer mit Ringerlösung läßt sich bei Verwendung der BOHNENKAMPschen Thermosäule zeigen, daß man große Galvanometerausschläge nur beim Vorhandensein relativ großer Temperaturunterschiede zwischen den „warmen" und den „kalten" Lötstellen der Thermosäule erhält. Diese großen Ausschläge werden durch eine „scheinbare" Wärmetönung bedingt, die 10—100mal so groß ist als die „wahre" Wärmetönung. Die „scheinbare" Wärmetönung wurde durch einen Wechsel der Einsinktiefe der „warmen" Lötstellen in das Herz hervorgerufen. Dieser Wechsel der Einsinktiefe verändert die Größe der Berührungsfläche Thermosäule-Herz und stört so das Gleichgewicht des Temperaturgefälles. Dadurch werden die beträchtlichen systolischen Galvanometerausschläge hervorgerufen, die während der Diastole schnell zurückgehen und so eine „negative" Wärmetönung während der Diastole vortäuschen. Froschherzen zeigen bei Verwendung „geschlossener" Thermosäulen (durch die die durch Temperaturunterschiede entstehenden Fehlerquellen vermeidbar sind) und bei isobarischer Arbeitsweise (d. h. bei gleichbleibendem Druck) pro Herzschlag im Mittel eine Erwärmung von nur 0,00034°. Mit zunehmendem Anfangsdruck *steigt die Wärmetönung* von einem relativ hohen Grundwert sehr rasch an, um sich dann annähernd auf derselben Höhe zu halten. Hat die Arbeitsleistung ihr Maximum überschritten, so bleibt die Wärmetönung noch maximal. Dementsprechend erreicht der Nutzeffekt bei maximaler Arbeit sein Maximum, das im Mittel 48% betrug. Beim Vergleich der für Froschherzen gefundenen Nutzeffekte mit denen, die andere Autoren aus dem Sauerstoffverbrauch errechneten, ergibt sich hinreichende Übereinstimmung, besonders wenn man berücksichtigt, daß bei isobarischer Arbeitsweise ein Teil der geleisteten Arbeit nicht aus chemischer, sondern aus elastischer Energie stammt; es ergibt sich dann ein Nutzeffekt von weniger als 40% (E. FISCHER). Auf Grund des Sauerstoffverbrauchs werden, wie oben schon vermerkt wurde, Nutzeffekte von 15—35% gefunden (V. V. WEIZSÄCKER, E. LUESCHER).

Die *Gesamtenergie des Herzens* läßt sich aus dem Gaswechsel errechnen, wenn das Brennmaterial des Herzens und dessen Energieäquivalent bekannt sind.

Nun werden im Herzen nebeneinander Glucose, Lactat und unter bestimmten Bedingungen Glykogen verbrannt. Außerdem werden wahrscheinlich Nichtkohlenhydrate (Aminosäuren, EVANS, LOHMANN und WEICKER) umgesetzt. Glucose und Glykogen verbrauchen bei ihrer Verbrennung zwar etwas verschiedene Mengen Sauerstoff; die bei der Verbrennung gebildeten Wärmemengen stehen aber in einem solchen Verhältnis zueinander, daß das calorische Äquivalent von 1 g O_2 bei der Kohlenhydratverbrennung durchweg bei 3,53 ±0,02 Cal. liegt (BENEDICT und JOSLIN). Daraus errechnet sich bei der Verbrennung von Kohlenhydraten und Kohlenhydratäquivalenten für 1 cm^3 Sauerstoffverbrauch ein Energieäquivalent von 2,17—2,19 mkg. Zur Umrechnung des O_2-Verbrauchs in calorische und mechanische Äquivalente legte GREMELS die von FURUSAWA, A. V. HILL und PARKINSON angegebenen Zahlen zugrunde, die aus dem Brennwert des Glykogens abgeleitet sind. Auch danach entspricht 1 cm^3 O_2 5,14 cal und 2,19 mkg. EVANS legt für 1 cm^3 O_2 eine Arbeit von 2,07 mkg zugrunde und GREGG den Wert von 2,057 mkg.

Auch die neueren Analysen bestätigen diese Befunde. MEIER und MEYERHOF haben Froschmuskelglykogen verbrannt und die Verbrennungswärme sowohl aus der gebildeten Wärme als auch aus der gebildeten Kohlensäure ermittelt. Nach ihren Befunden liefert 1,0 g Glykogen 4238 cal., und es werden dabei 823 cm^3 Kohlensäure gebildet (somit auch 823 cm^3 Sauerstoff verbraucht). Daraus ergibt sich ebenfalls ein Energieäquivalent von 2,19 mkg für 1 cm^3 O_2. Für die Nichtkohlenhydrate (Aminosäuren) stehen derartige Untersuchungen noch aus. Nach BENEDICT und JOSLIN ist bei der Eiweißverbrennung das calorische Äquivalent von 1 g O_2 3,22 Cal. Daraus würden sich bei der Eiweißverbrennung für 1 cm^3 Sauerstoff 1,95 mkg ergeben. Wenn diese Zahl für die im Herzen verbrannten N-haltigen Stoffe (Aminosäuren) zutreffend ist und wenn mit EVANS ihr Anteil an den Verbrennungen 40% beträgt, so würde sich für das durchschnittliche Brennmaterial des Herzens ein durchschnittliches Energieäquivalent von 2,09 mkg errechnen. Auch beträchtliche Schwankungen in der Art des Brennmaterials haben also keinen wesentlichen Einfluß auf die Größe des Energieäquivalents und auf die Größe der gesamten Energiefreisetzung (GOLLWITZER-MEIER).

Einige Hinweise zum Methodischen seien an dieser Stelle noch angefügt. Die Energiefreisetzung ergibt sich also aus dem minutlichen Sauerstoffverbrauch des Herzens × Energieäquivalent für 1 cm^3 O_2 in mkg. Beim HLP wird der Sauerstoffverbrauch in einem Stoffwechselapparat bestimmt, der direkt mit der Trachea des Präparates in Verbindung steht (Näheres s. Fußnote auf S. 436). Der Lungenstoffwechsel kann gesondert bestimmt und abgezogen werden (EVANS, 1912) (s. dazu Fußnote auf S. 436), oder es wird auf die Lungen verzichtet und das Herzblut durch einen besonders konstruierten Oxygenator geleitet (J. Y. BOGUE und R. A. GREGORY, 1939; C. L. EVANS, F. GRANDE, F. Y. HSU, 1934). Um mehr physiologische Bedingungen zu erreichen, können die Hirnzirkulation und die Herznerven erhalten bleiben (K. GOLLWITZER-MEIER und C. KROETZ, 1940; K. GOLLWITZER-MEIER und E. KRÜGER, 1938). Am in situ schlagenden Herzen ergibt sich E = Coronardurchfluß × coronare arteriovenöse O_2-Differenz × Energieäquivalent, wobei die arterielle Probe aus jeder geeigneten Arterie entnommen werden kann, die Probe der Coronarvenen des linken Herzens muß aus dem Coronarsinus entnommen werden [Katheter über Cubital- oder Jugularvene am Hund mit und ohne Narkose und am Menschen (R. J. BING, M. M. HAMMOND, J. C. HANDELSMAN, S. R. POWERS, F. C. SPENCER, J. E. ECKENHOFF, W. T. GOODALE, J. F. HAFKENSCHIEL, S. S. KETY, 1949; W. T. GOODALE, M. LUBIN, J. E. ECKENHOFF, J. H. HAFKENSCHIEL, W. G. BANFIELD JR., 1948; F. C. SPENCER, S. R. POWERS, D. L. MERRIL, R. J. BING, 1950) oder Kanülen bei offenem oder geschlossenem Brustkorb des Hundes (D. E. GREGG und D. DEWALD, 1938; T. R. HARRISON, B. FRIEDMAN, H. RESNIK, 1936)], für das rechte Herz muß die coronare Venenprobe aus den vorderen Herzvenen stammen. Da diese Venen sehr klein sind, kann man Blutproben nur durch Einführen von Kanülen durch den rechten Vorhof beim Tier nach Brustkorberöffnung erhalten. Die Coronarströmung wird entweder durch Messung des linken bzw. rechten Coronareinstroms mit den in dem betreffenden Kapitel beschriebenen Methoden erhalten oder für den linken Ventrikel durch Messung der Strömung durch den Coronarsinus (unter Multiplikation mit einem Faktor, um den gesamten Coronareinstrom für die linke Coronararterie zu erhalten). Aus dem Gesagten ergibt sich bereits, daß die Methode der indirekten Calorimetrie reich an Schwierigkeiten ist, und bei ihrer Anwendung müssen außerdem eine Reihe bestimmter Voraussetzungen gemacht werden, z. B. müssen die anaeroben und aeroben Prozesse im Myokard während der Zeiten der Messungen im Gleichgewicht sein (Sauerstoffschuld!). Nach GREGG liegen tatsächlich keine Messungen darüber vor, die aussagen, ob dieses Gleichgewicht im normalen oder im versagenden Herzen vorhanden ist oder nicht (s. dazu S. 439). Außerdem wird ein festliegender calorischer Wert für den Sauerstoff angenommen, aus dem das Arbeitsäquivalent des Sauerstoffs errechnet wird. Da der Wert von der Art der oxydierten Substanz abhängt (s. oben) und diese schwierig zu bestimmen ist, ist nach GREGG ein maximaler Fehler von 5% möglich. Besondere Schwierigkeiten ergeben sich weiter für das in situ schlagende Herz aus den Durchblutungsverhältnissen des rechten und linken Herzens, die im Kapitel Coronardurchblutung behandelt werden. [Beziehungen zwischen linkem Coronareinstrom und Durchstrom durch den Coronarsinus, Sauerstoffgehalt des coronaren Sinusblutes als Maß für den Sauerstoffgehalt des Blutes, das aus dem linken Ventrikelmyokard geflossen ist (auch rechter Vorhof und Fettgewebe des Herzens!). Die daraus sich ergebenden kritischen Erwägungen und weitere hier z. T. mögliche experimentelle Maßnahmen, z. B. um eine Durchmischung von Blut des rechten Vorhofs zu verhindern (Katheter mit aufblasbarem Ballon, T. R. HARRISON, B. FRIEDMAN und H. RESNIK, 1936), finden sich in der Monographie von D. E. GREGG behandelt.]

3. Mechanische Bedingungen und Gaswechsel

FICK hat zuerst am Froschmuskel gezeigt, daß sich die Energiefreisetzung in eine übersichtliche Beziehung zu den mechanischen Bedingungen bringen läßt, wenn man von den Grenzfällen der isometrischen und isotonischen Kontraktion ausgeht. Von den beiden mechanischen Variablen, der Anfangsspannung und der Anfangslänge, erwies sich die Anfangslänge als geeigneter, um eine quantitative Beziehung zur Energiefreisetzung zu beschreiben (M. BLIX, O. FRANK, A. V. HILL).

Nach den früheren Vorstellungen sollte die Energiefreisetzung bei der Muskeltätigkeit ausschließlich von den mechanischen Anfangsbedingungen zu Beginn der Kontraktion abhängen. Es war jedoch schon FICK aufgefallen, daß eine isometrische und eine isotonische Kontraktion bei gleicher Anfangslänge und bei gleicher Last keine gleichen Energiemengen freisetzen. Die Energetik des Skeletmuskels konnte also *nicht allein von den mechanischen Anfangsbedingungen* abhängen. Sie *mußte außerdem bestimmt werden durch die Art und durch den Verlauf der Arbeit* (FENN-Effekt). Die Extraenergie, die der Arbeit entspricht und von der Art und dem Verlauf der Arbeit abhängt, steigt nach FENN proportional der Zunahme der Arbeit[1].

---

[1] FENN (1923) zeigte durch Wärmemessungen am Skeletmuskel, daß die Energiefreisetzung bei tetanischer Erregung nicht ausschließlich von der Faserlänge bestimmt wird. Bei gleicher Faserlänge wurde die gesamte freigesetzte Energie größer gefunden, wenn der Muskel sich kontrahierte und mechanische Arbeit leistete, als wenn die Verkürzung verhindert wurde. Die freigesetzte Energie nahm sowohl zu, wenn steigende Lasten über eine gleiche Höhe gehoben wurden als auch beim Heben einer gleichen Last über zunehmende Höhe. In späteren Wärmemessungen am Muskel wurden die Beobachtungen FENNS bei tetanischer

Wie schon früher ausgeführt wurde (S. 379ff.), kann man — mit gewissen Einschränkungen — am Herzen als mechanische Variable anstelle von Länge und Spannung des Skeletmuskels das Volumen und den Druck einsetzen (O. FRANK). Um die Beziehungen zwischen der Energiefreisetzung und den mechanischen Bedingungen zu beschreiben, hat man bald die eine, bald die andere dieser mechanischen Variablen verwendet.

Am Kaltblüterherzen soll nach LÜSCHER nicht das reine Anfangsvolumen, sondern ein Produkt aus Anfangsvolumen und systolischem Druck diejenige Größe sein, mit welcher die Energiefreisetzung in Beziehung zu bringen sei. Nach ihm sollte die Energiefreisetzung proportional diesem Produkt zunehmen. Der Quotient beider Größen zeigte aber Schwankungen bis 25%. Später untersuchte STARLING bei der isometrischen Kontraktion des Schildkrötenherzens, ob das Anfangsvolumen oder der Anfangsdruck in einer engeren Beziehung zur Endspannung steht. Nach ihm ist das Anfangsvolumen, nicht der Anfangsdruck derjenige Faktor, der die während der Kontraktion freiwerdende Energiemenge bestimmt. Diesem Schluß lag zunächst keine direkte Messung der Energie zugrunde, die STARLING erst später zusammen mit VISSCHER am Warmblüterherzen durchführte.

Am Warmblüterherzen hat RHODE zuerst die Anfangsspannung als Variable gewählt; er fand, daß zwischen dem Sauerstoffverbrauch und der Druckleistung des Herzens (Pulszahl × Pulsdruck) eine annähernd einfache Proportion besteht. E. H. STARLING und C. L. EVANS beobachteten, daß sowohl eine Arbeitsvermehrung durch Erhöhung des arteriellen Widerstandes als auch eine solche durch Vermehrung des Minutenvolumens mit einem Sauerstoffmehrverbrauch verbunden ist. Eine eindeutige Beziehung war aus diesen Versuchen nicht abzuleiten. E. H. STARLING unternahm dann mit M. B. VISSCHER (1926) von neuem gleichartige Versuche, in denen er am Warmblüterherzen eine annähernd *lineare Beziehung zwischen Anfangsvolumen (diastolisches Volumen) und Energiefreisetzung (Sauerstoffverbrauch)* nachwies. Es ist also die Größe der chemischen Umsetzungen, gemessen am Sauerstoffverbrauch des Herzens, nicht der äußeren Arbeit, sondern dem Anfangsvolumen in der Diastole (V_D) proportional: $\Delta O_2 / \Delta V_D =$ konst. Da nun beim Herzen das Volumen der Ausdruck für die Faserlänge und damit für die Oberfläche ist, kann man nach diesen Beobachtungen den Sauerstoffverbrauch als eine Funktion der Oberfläche auffassen. Es kommt also dem Herzvolumen neben seiner wesentlichen Bedeutung für die Dynamik des Herzens die gleiche für die Energetik zu. *„Je größer innerhalb physiologischer Grenzen das Volumen des Herzens ist, desto größer ist auch die Energie, mit der es sich kontrahiert, und desto größer ist das Ausmaß der chemischen Umsetzungen bei jeder einzelnen Kontraktion."* Diese Formulierung stellt somit die mechanischen Bedingungen zu Beginn der Kontraktion als allein maßgebend für die Energiefreisetzung hin. HEMINGWAY und FEE (1927) bestätigten diese Befunde. Die Bedeutung der diastolischen Faserlänge für die Größe des Sauerstoffverbrauchs wurde ferner in Versuchen am Schildkrötenherzen von DECHERD und VISSCHER (1934) und am Hundeherzen von PETERS und VISSCHER (1936) gezeigt: arbeitete

---

Erregung von HARTREE (1925), E. FISCHER (1928), HARTREE und HILL (1928) bestätigt. A. V. HILL (1930) und CATTEL (1932) konnten schließlich auch bei der Einzelzuckung des Froschsartorius den FENN-Effekt nachweisen. Eine wichtige Bestätigung erfuhren die erwähnten myothermischen Messungen durch Untersuchungen E. FISCHERs (1931) über den Sauerstoffverbrauch des Froschsartorius bei Einzelzuckungen unter isometrischen und isotonischen Bedingungen. Der Sauerstoffverbrauch des Froschsartorius war unter bestimmten Bedingungen bei der Verkürzung größer als bei der isometrischen Zuckung und erwies sich von der Größe der mechanischen Arbeit abhängig. Es hängt sowohl vom anatomischen Bau des Muskels als vom jeweiligen Arbeitsbereich ab, ob der überwiegende Einfluß auf die Energiefreisetzung von der initialen Faserlänge oder von Art und Verlauf der Arbeit abhängt (A. V. HILL). Es verhalten sich z. B. der parallelfaserige Sartorius und der gefiederte Gastrocnemius eines Frosches verschieden. Ein und derselbe Muskel, z. B. der Froschsartorius, hat bei niedriger Last eine höhere isotonische als isometrische Wärmebildung (HILL).

ein Herz über längere Zeit, so blieb sein Sauerstoffverbrauch gleich, wenn das diastolische Volumen gleichgehalten wurde, die mechanische Leistung des Herzens wurde dabei geringer. Das widerspricht dem Befund einer Extraenergie, die beim Skeletmuskel nach FENN proportional der Arbeit ansteigt. Es ist daher eine wichtige Frage, ob der FENN-Effekt auch bei der Energetik des Herzens nachzuweisen ist. Im letzteren Fall würde kein wesentlicher Unterschied zwischen der Energiefreisetzung am Skeletmuskel und am Herzmuskel bestehen. Da es nicht wahrscheinlich ist, daß ein grundsätzlicher Unterschied zwischen diesen beiden quergestreiften Muskeln besteht, dürfte nach GOLLWITZER-MEIER an sich auch am Herzmuskel ein FENN-Effekt zu erwarten sein. Sein sicherer Nachweis bietet aber am Herzen bedeutende Schwierigkeiten. Einen FENN-Effekt am Herzen, der also dem STARLINGSCHEN Gesetz widersprechen würde, darf man nicht aus den Unterschieden erschließen, die am Herzen zwischen dem Sauerstoffverbrauch bei reiner Zuflußarbeit und bei reiner Widerstandsarbeit zu beobachten sind (GOLLWITZER-MEIER und KRÜGER). Diese Unterschiede sind am deutlichsten, wenn man den Gaswechsel des Herzens mit der mechanischen Arbeit in Beziehung bringt. Sie vermindern sich aber sehr stark, wenn man zu der maßgebenden Beziehung übergeht, nämlich zu der Beziehung zwischen Gaswechsel und diastolischem Volumen (Abb. 212). Das hängt damit zusammen, daß das Herz bei einseitiger Belastung entweder durch steigenden Zufluß oder durch steigenden Widerstand die gleiche mechanische Arbeit von einem durchaus verschiedenen

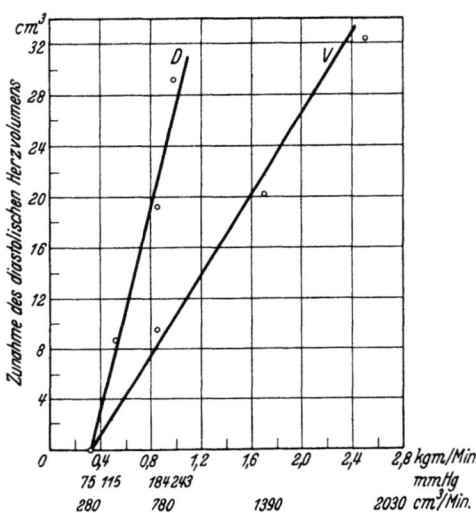

Abb. 212. Herz-Lungen-Präparat. Hund 7,6 kg. Morphin-Chloralose. Kanüle 8,5 mm in Aorta. Blutdruckmessung in der A. brachiocephalica. Blutgerinnung durch Heparin gehemmt. Temperatur 36,0°. Frequenz 158 bis 160/min. Änderung des diastolischen Herzvolumens in Abhängigkeit von der mechanischen Leistung bei Erhöhung des Aortendruckes und bei Vergrößerung des Minutenvolumens. D Kurve der Druckerhöhung, V Kurve der Minutenvolumenvergrößerung. Auf der Abscisse sind neben der mechanischen Leistung für die Druckkurve die Werte des Aortendrucks und für die Kurve der Minutenvolumenvermehrung die Minutenvolumina der einzelnen Versuche aufgetragen. (Nach KIESE und GARAN)

diastolischen Volumen aus verrichtet. *Das diastolische Herzvolumen nimmt mit steigendem Widerstand erheblich stärker zu als mit steigendem Zufluß* (GOLLWITZER-MEIER und KRÜGER, EVANS, GREMELS, REIN, KIESE, E. A. MÜLLER). Nach E. A. MÜLLER vergrößert eine Zunahme der mechanischen Arbeit des linken Herzens durch Widerstandserhöhung (bei konstantem Minutenvolumen) das diastolische Volumen dieser Herzhälfte etwa 20 mal so stark wie die gleiche Arbeitszunahme durch Vergrößerung des Minutenvolumens (bei konstantem Widerstand beider Herzhälften)! Eine gleiche mechanische Arbeit wird also bei steigendem Widerstand nicht nur mit höherem Sauerstoffverbrauch, sondern auch mit höherem diastolischem Volumen verrichtet als bei steigendem Zufluß. Die entscheidende Frage war unter diesen Umständen, ob zu einem bestimmten diastolischen Volumen ein und derselbe Sauerstoffverbrauch gehört, gleichgültig, ob die mechanische Arbeit des Herzens bei steigendem Zufluß oder bei steigendem Widerstand geleistet wird. Das Experiment ergibt, daß dies nicht regelmäßig der Fall ist. Es kann die Energiefreisetzung trotz gleichem diastolischen Volumen bei den beiden Kontraktionsformen verschieden sein, zwar nicht an allen Herzen, jedoch an vielen Herzen. In Abb. 213 spricht der Typus *a* gegen einen FENN-Effekt am Herzen, auch wenn genügend breite Arbeitsbereiche untersucht werden, während der Typus *b* für ihn spricht (die beiden Kontraktionsformen weisen einen verschiedenen Sauerstoffverbrauch auf). Bei der Kleinheit der tatsächlichen Abweichungen in Typus *a* und *b* kann man Zweifel haben, ob ihnen eine prinzipielle Bedeutung zukommt. Auch KRAMER (1948) hält es für sehr fragwürdig, ob diese kleinen Abweichungen, die bei Belastung des Herzens durch Erhöhung des peripheren Widerstandes gefunden werden, auf den FENN-Effekt bezogen werden dürfen. Lehnt man das ab, so kommt man zu der Folgerung, daß das STARLINGsche Gesetz auch bei einseitiger Belastung durch steigenden Zufluß oder durch steigenden Widerstand in physiologischen Grenzen gültig ist (Typus *a*). Bei Anerkennung von Typus *b* würde das STARLINGsche Gesetz die

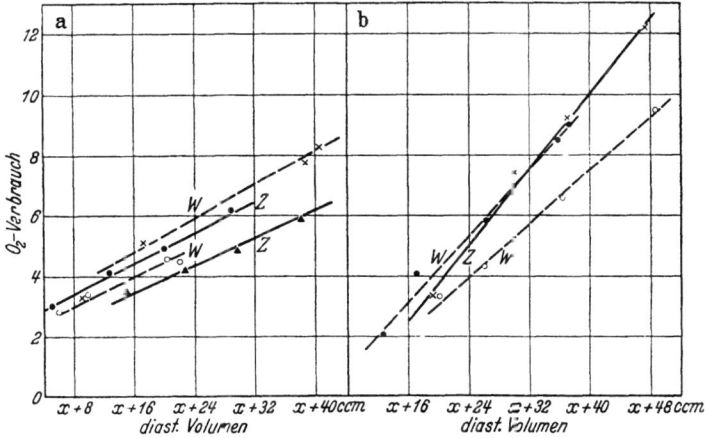

Abb. 213. Beziehung zwischen diastolischem Volumen und Sauerstoffverbrauch; bei Zufluß-*(Z)* und Widerstandsarbeit *(W)*, *a* und *b* an verschiedenen Herzen gewonnen. (Nach GOLLWITZER-MEIER)

Energetik des Warmblüterherzens nicht zureichend beschreiben, und es wäre auch am Warmblüterherzen ein FENN-Effekt nachweisbar. Die endgültige Klärung des Sachverhaltes wird Aufgabe weiterer Untersuchungen sein müssen. Für die Energiefreisetzung am Herzmuskel sehen jedenfalls STARLING und VISSCHER (1926); DECHERD und VISSCHER; HEMINGWAY und FEE; CLARK und WHITE ausschließlich die initiale Faserlänge als maßgebend an, während andere Autoren (ROHDE, STELLA, GREMELS, GOLLWITZER-MEIER, KIESE und GARAN) einen Einfluß auch der Kontraktionsform als wahrscheinlich annehmen (s. S. 442).

Auch bei der Energetik des *Kaltblüterherzens* ist die Frage eines FENN-Effektes noch nicht entschieden. STELLA glaubt ihn für das Schildkrötenherz bewiesen zu haben. Er ließ dieses Herz bei gleichem diastolischen Volumen eine steigende mechanische Arbeit verrichten, was durch Erhöhung des Widerstandes und durch gleichzeitige Senkung des Zuflusses erreicht wurde. Trotz gleichbleibendem Volumen nahm der Sauerstoffverbrauch des Kaltblüterherzens mit steigender Widerstandsarbeit zu, allerdings nur beim Übergang von sehr kleiner zu mittlerer Belastung; er blieb aber bei mittlerer und höherer Belastung praktisch konstant. Nach DECHERD und VISSCHER ist ein Experimentum crucis des FENN-Effektes am Herzen nur beim Übergang einer maximalen Belastung zu noch schwererer Belastung durchzuführen, an einer Grenze, wo sich die Kontraktionsform der isometrischen nähert. Unter den letzteren Bedingungen sinkt bei konstantem diastolischen Volumen trotz sinkender Arbeit die freigesetzte Energie nicht ab, wie es der Fall sein müßte, wenn ein FENN-Effekt am Herzen bestünde. Freilich befindet man sich hier an der Suffizienzgrenze des Herzens. Trotzdem halten DECHERD und VISSCHER einen FENN-Effekt für das Kaltblüterherz widerlegt. Auch MOLDAVSKY und VISSCHER, die die Ergebnisse von STELLA kritisierten, fanden eine lineare Beziehung zwischen diastolischem Volumen und Sauerstoffverbrauch sowohl bei der Schildkröte wie beim Säugetierherzen.

4. Einige weitere Faktoren des Gaswechsels

Als besonders bedeutsam seien hier vor allem die *Herzfrequenz*, die *Temperatur* und [$H^·$] *des Coronarblutes* behandelt, die sowohl den Gaswechsel des Herzens wie das diastolische Herzvolumen beeinflussen. Dabei laufen die eigenen energetischen Einflüsse dieser Faktoren und die energetischen Rückwirkungen der Änderungen des diastolischen Herzvolumens, die zugleich von ihnen bewirkt werden, nicht parallel. Das diastolische Herzvolumen wird unter sonst gleichen Bedingungen mit zunehmender Frequenz kleiner, mit zunehmender Temperatur oder zunehmender [$H^·$] des Coronarblutes größer.

Der energetische Einfluß von *Frequenzänderungen* ist unter reinen Bedingungen nicht zu untersuchen; es müßten dann sowohl diastolisches Volumen als auch mechanische Arbeit konstant gehalten werden. (Hält man bei steigender Frequenz die mechanische Arbeit pro Minute konstant, so nimmt das diastolische Volumen ab; andererseits steigt die mechanische Arbeit, wenn man bei steigender Frequenz das diastolische Volumen konstant hält.) Auch ist es natürlich nicht gleichgültig, auf welche Weise man eine Frequenzänderung herbeiführt. Setzt man (STARLING und VISSCHER) bei Konstanthalten des diastolischen Volumens die Frequenz durch Vagusreizung am innervierten HLP herab, so nimmt man dabei die Sparwirkung des Vagus auf die Energetik mit in Kauf. Änderungen der Bluttemperatur ändern den Temperaturfaktor des Gaswechsels. Am geeignetsten sind daher immer noch thermische (KIESE und GARAN) oder elektrische (COHN und STEELE) Reizungen am Sinus, um Nebenwirkungen auszuschließen. Immerhin stimmen die Untersuchungen darin überein, daß ein Herz *in der Zeiteinheit um so mehr Sauerstoff braucht, je höher seine Frequenz ist*. Der Sauerstoffverbrauch nimmt dabei etwa halb so stark zu wie die Frequenz (COHN und STEELE, KIESE und GARAN). Anders liegen die Verhältnisse, wenn man den *Gaswechsel des einzelnen Herzschlags* betrachtet. *Ein Herz braucht für den einzelnen Herzschlag um so mehr Sauerstoff, je niedriger seine Frequenz ist*, auffallenderweise auch dann noch, wenn die Arbeit pro Systole gleichgehalten wird. Die Herzenergetik wird also durch eine raschere Schlagfolge, auf die Zeit hin bewertet, unökonomischer, auf den einzelnen Herzschlag hin bewertet, jedoch ökonomischer. Daß die Herzmuskelfaser, wenn sie sich bei gleicher Anfangslänge kontrahiert, bei niedriger Frequenz mehr Energie pro Kontraktion freimacht als bei höherer Frequenz, obgleich die freigewordene Energie in der Zeiteinheit geringer ist, erklärte EVANS dadurch, daß die Systole eine längere Zeit in Anspruch nimmt und das Aufrechterhalten des kontrahierten Zustandes Energie erfordert. Die in der Zeiteinheit gebrauchte Sauerstoffmenge ist geringer, weil die relative Dauer der Diastole bei reduzierter Frequenz mehr gesteigert ist als die der Systole, so daß bei einer höheren Frequenz eine längere Zeit für die Systole aufgewandt wird als bei einer niederen Frequenz. Außerdem würde bei einem beschleunigten Ablauf der Systole der Energieverlust beim Überwinden des viscös-elastischen Widerstandes wahrscheinlich gesteigert sein[1]. — Es ist weiter interessant, daß STARLING und VISSCHER fanden, daß das Herz, wenn seine Arbeit konstant gehalten wurde und es entsprechend den

---

[1] Wie von HARTREE und HILL, LUPTON, LEVINE und WYMAN am Skeletmuskel des Kalt- und Warmblüters gezeigt worden ist, hängt unter sonst gleichen Bedingungen die Ökonomie der Arbeitsleistung von den viscös-elastischen Eigenschaften ab, die das Maß der inneren Reibung und den durch sie bestimmten Energieverlust ausmachen, ein Gedanke, der sich schon bei ENGELMANN für das Herz ausgesprochen findet und den auch O. FRANK bei der Betrachtung der einzelnen Faktoren der Herzarbeit (s. diese) erörtert. Durch die innere Reibung wird die optimale Kontraktionsgeschwindigkeit bestimmt, während das Optimum des Wirkungsgrades außerdem noch von der Schnelligkeit des Ablaufes der energieliefernden chemischen Prozesse abhängt.

Frequenzänderungen kleiner werden oder dilatieren konnte, bei niederer Frequenz weniger Sauerstoff für eine bestimmte Arbeit brauchte als bei höherer. Das Herz arbeitet besonders bei leichter Belastung ökonomischer, wenn seine Frequenz durch vagale Hemmung niedrig gehalten wird, wie das normalerweise der Fall ist (Training!)[1].

Der *Temperaturfaktor* spielt in der Energetik des Warmblüterherzens — vor allem unter pathologischen Bedingungen — eine Rolle[2]. Wird die Blutwärme von 37° auf 40° C erhöht, so nimmt nach EVANS der Gaswechsel eines STARLING-Herzens um 38% zu, zugleich fällt sein mechanischer Wirkungsgrad auf die Hälfte ab. Allerdings wirkt dabei eine begleitende Erhöhung der Frequenz um 41% mit, die den Gaswechsel an sich bereits um 20% steigert. Geringe Unterkühlungen des Blutes beeinflussen dagegen den Gaswechsel sehr wenig. (Temperaturabfall reduziert durch Verlangsamung der chemischen Reaktion und der systolischen Kontraktion den Sauerstoffverbrauch pro Schlag, ein vergrößertes diastolisches Volumen und eine größere Arbeit steigern ihn pro Schlag!) Bei 34 und 31° C Blutwärme ist der Sauerstoffverbrauch nur um 6% vermindert, also nur um den energetischen Betrag, der der begleitenden Frequenzabnahme von 15% entspricht (EVANS). Ein spezifischer energetischer Einfluß der Wärme scheint nach diesen Befunden von EVANS beim Warmblüterherzen also nur dann in Erscheinung zu treten, wenn die Blutwärme über die Norm steigt. Einen mittelbaren Einfluß übt sie durch Veränderungen der Herzfrequenz aus. Ein besonders überzeugendes Experiment, das einen spezifischen Temperatureinfluß auf den Stoffwechsel beweist, beschrieb EVANS (1917), in dem beim Hund bei höherer Temperatur ein reversibler sinu-auriculärer Block auftrat, so daß bei niederer Temperatur eine schnellere Schlagfolge vorlag als bei höherer, trotzdem war der Sauerstoffverbrauch bei höherer Temperatur größer!

Schon geringste *Verschiebungen der aktuellen Reaktion des arteriellen Blutes* vermögen den Gaswechsel des Warmblüterherzens zu beeinflussen. Er nimmt ab, wenn das Blut weniger alkalisch ist, und steigt an, wenn es mehr alkalisch ist (GOLLWITZER-MEIER, HÄUSLER und KRÜGER). Dabei ist allerdings zu berücksichtigen, daß die begleitenden Änderungen der mechanischen Arbeit und der Frequenz die Herzenergetik mittelbar beeinflussen können. Bei saurer Reaktionsverschiebung können Arbeit und Frequenz leicht abnehmen, bei alkalischer Reaktionsverschiebung zunehmen. Jedoch sind diese Änderungen so gering, daß sie nur einen verschwindenden Teil der tatsächlichen energetischen Änderungen erklären können. Die aktuelle Reaktion des Coronarblutes greift also in den Gaswechsel des Warmblüterherzens unmittelbar und deutlich ein. Eine

---

[1] Am *Kaltblüterherzen* scheinen die Verhältnisse einfacher zu sein; denn am Froschherzen, das in verschiedener Schlagzahl elektrisch gereizt wird, ist der Sauerstoffverbrauch *pro Schlag* fast unverändert, bis die Frequenz 30 pro min erreicht. Jenseits dieser Zahl liegt wie am Säugetierherzen ein reduzierter Sauerstoffverbrauch pro Schlag vor [CLARK und WHITE, (1927); CLARK (1935)].

[2] Die Untersuchungen von CLARK (1935) ergaben für das *Froschherz* deutlich eine spezifische Temperaturwirkung in der Stoffwechselsteigerung des ruhenden Herzens (Q_{10} etwa 3). Der hinzukommende Stoffwechsel *pro Schlag* steigt zwischen 5 und 15° C, ist aber fast konstant zwischen 15 und 30° C. Da die spontane Frequenz von 0—30° C mit einem hohen Q_{10} steigt (etwa 4 von 0—10° C und etwa 2 von 25—35° C), folgt daraus, daß die Beschleunigung des Stoffwechsels des spontan schlagenden Herzens durch Temperaturanstieg beträchtlich ist. Gegen die Annahme, daß der gesteigerte Sauerstoffverbrauch nur eine Folge der Frequenzerhöhung wäre, und für die Auffassung einer direkten Einwirkung der Temperatur auf den Sauerstoffverbrauch sprechen Untersuchungen von v. WEIZSÄCKER (1912), der elektrisch mit konstanter Frequenz gereizte Froschherzen verglich mit solchen, die in ihrer Frequenz der Temperatursteigerung folgen konnten. In beiden Fällen ergab sich ein gesteigerter Sauerstoffverbrauch bei Temperatursteigerung, im zweiten Fall natürlich ein relativ stärkerer Anstieg.

gleiche Arbeit wird vom Herzen bei weniger alkalischen Blut von einem größeren diastolischen Volumen aus (GREMELS und STARLING, GOLLWITZER-MEIER), aber trotzdem mit bedeutend geringerem Sauerstoffverbrauch verrichtet. Legt man dem Herzen zunehmende Belastungen durch steigenden Zufluß auf, wie dies den Bedingungen bei körperlicher Arbeit entspricht, so verbraucht ein weniger alkalisch ernährtes Herz in allen Arbeitsbereichen deutlich weniger Sauerstoff als ein alkalisch ernährtes Herz. Es ist ohne Zweifel physiologisch höchst bedeutsam, daß gerade eine saure Reaktionsverschiebung die Herzenergetik günstig gestaltet. Dadurch wird bei körperlicher Arbeit, bei der das Blut weniger alkalisch und milchsäurereicher in die Kranzgefäße abströmt, das Herz instand gesetzt, seine mechanische Arbeit mit geringerem energetischen Aufwand und mit besserem Wirkungsgrad zu verrichten, als dies der Fall wäre, wenn die Blutreaktion unverändert bliebe (KROETZ). *Die Reaktionsverschiebung des Blutes auf der Höhe der Muskelarbeit hat dieselbe Sparwirkung wie ein Vaguseinfluß* [GOLLWITZER-MEIER, HÄUSLER und KRÜGER (1938), s. auch diese Arbeit betreffs Deutung des Einflusses der Blutreaktion auf den Gaswechsel und den Milchsäureverbrauch des Herzens].

5. Der Einfluß von Adrenalin und Acetylcholin auf den Gaswechsel

Das Hormon Adrenalin, das unter physiologischen Bedingungen aus den Nebennieren ausgeschüttet wird, wenn ein vermehrter Kreislaufantrieb eingeleitet wird, übt am isolierten nervenlosen Herzen so verhängnisvolle energetische Wirkungen aus, daß es schwer wird, sie als physiologisch anzusprechen, d. h. sie auf die Bedingungen der physiologischen Adrenalinausschüttung am ganzen Tier zu übertragen. Schon in kleinen Mengen von 1—2 γ steigert Adrenalin den Gaswechsel um fast die Hälfte (GREMELS). Mengen von 10 γ erhöhen ihn bis auf das $3^{1}/_{2}$fache (GOLLWITZER-MEIER, KRAMER und KRÜGER). Der Anstieg des Sauerstoffverbrauchs des Herzens nach Adrenalin wurde bereits von zahlreichen Autoren wie UNGER, ROHDE und OGAWA; J. BARCROFT und DIXON; C. EVANS und OGAWA; E. H. STARLING und VISSCHER festgestellt. EVANS (1917) verglich die Wirkung des Adrenalin mit der der Temperatur. Er kühlte das Herz ab und fügte dann Adrenalin zum Blut zu, um die Schlagfrequenz bis auf etwas unter ihren Normalwert bei der höheren Temperatur zu steigern. In jedem Fall war der O_2-Verbrauch bei niederer Temperatur mit Adrenalin größer als bei höherer Temperatur ohne Adrenalin. GREMELS, GOLLWITZER-MEIER und KRAMER zeigten weiter, daß die gewaltige Oxydationssteigerung auf bestimmte Adrenalingaben eine bemerkenswerte Senkung des Wirkungsgrades zur Folge hat. Eine Gabe von beispielsweise $^{1}/_{100}$ mg Adrenalin verschlechtert den Wirkungsgrad bis auf Werte von 2,2% (REIN)! Ein solcher stoßartiger Mehrverbrauch von Sauerstoff muß beim Fehlen einer entsprechenden Mehrdurchblutung der Kranzgefäße zur Gefahr einer Gewebsanoxie führen. Den deutlichsten Hinweis auf die Größe dieser Gefahr findet man in der Beschaffenheit des venösen Coronarblutes nach Adrenalin: es fließt am HLP mit fast schwarzer Farbe ab. Die fortlaufende Messung der venösen Sauerstoffsättigung zeigt, daß nach Adrenalin der Sauerstoffgehalt des venösen Coronarblutes nach EVANS und GOLLWITZER-MEIER innerhalb weniger Sekunden auf die extrem niedrigen Werte von 2—3 Vol.-% abstürzt. Dabei entspricht die Mehrdurchblutung der Kranzgefäße bei weitem nicht der sprunghaften Zunahme des Sauerstoffverbrauchs[1]. Die Dauer dieser Spitzenansprüche an den Gaswechsel und die Blutversorgung des Herzens begrenzt sich

---

[1] Betreffs Adrenalinwirkung auf Gaswechsel des Herzens und Kranzgefäßdurchblutung am intakten Tier s. weiter die Ausführungen auf S. 498!

auf 30—60 sec. Annähernd ebensolang dauert das Maximum der Frequenzzunahme, die durch Adrenalin hervorgerufen ist. Die gleichzeitige Zunahme des Minutenvolumens, die am HLP im Anstieg des Aortendruckes zum Vorschein kommt, ist kürzer und klingt rasch völlig ab. Entsprechend dem größeren Minutenvolumen sinkt am HLP der Druck im rechten Vorhof ab (PLANT; PATTERSON; GOLLWITZER-MEIER, KRAMER und KRÜGER). Die veränderten mechanischen Bedingungen des Herzens (erhöhtes Minutenvolumen, erhöhte Frequenz) fallen also danach zeitlich in ihren Gipfelwerten mit der Gaswechselsteigerung zusammen.

Es muß an dieser Stelle bemerkt werden, daß REIN ein solches Zusammentreffen in Abrede stellt. Nach REIN ist der eigentliche Effekt des Adrenalins auf Herzfrequenz und Herzleistung innerhalb von 20—30 sec abgeklungen. Dabei zeigt sich noch keinerlei Änderung im Sauerstoffverbrauch, sondern erst mit beträchtlicher Verspätung. Die Gesamtsteigerung erstreckt sich über eine Dauer von 5—10 min, eine Zeit, in der das Adrenalin längst unwirksam geworden ist, also eine *direkte* Wirkung nicht mehr vorliegen kann. Bei gleichbleibendem Strömungswiderstand und venösem Angebot ist jedoch die Leistung nach der kurzen initialen Leistungssteigerung auffallend verschlechtert (Absinken des Minutenvolumens, Anstieg des Venendruckes). Es handelt sich also danach um eine vorübergehende „Insuffizienz", mit deren Schwinden auch die abnorme Stoffwechselsteigerung wieder verschwindet. Zugleich bestätigt das die Befunde von GREMELS und STARLING, daß bei vielen Herzinsuffizienzen (s. diese) der Wirkungsgrad verschlechtert ist.

Es ist nach REIN sehr unwahrscheinlich, daß die besprochene Nutzeffektsenkung physiologischerweise überhaupt eine Rolle spielt. Nach den Befunden von GREMELS wird durch kleinste Adrenalingaben das Gegenteil, nämlich eine Nutzeffektsteigerung, also eine Abnahme des Sauerstoffverbrauchs bei gleichbleibender Herzleistung, erreicht. (Druck und Minutenvolumen sowie die Herzfrequenz bleiben dabei unverändert.) So gab GREMELS an, daß sehr kleine Mengen von Adrenalin (Dauerinfusion von 0,01—0,1 γ/Tier und min) den Gaswechsel noch nicht steigern, sondern ihn sogar senken. Die von GREMELS verwandten Adrenalingaben bewegen sich dabei in der Größenordnung, wie sie nach den bekannten Versuchen von REIN für die einschneidenen Blutverteilungsänderungen verantwortlich sind. REIN fand zwar bei diesen Gaben nicht so starke Nutzeffektsteigerungen wie GREMELS, aber er sah bei den hier interessierenden Adrenalinmengen, vor allem wenn sie im HLP noch keinerlei Frequenzsteigerung bewirken, niemals eine wesentliche Oxydationssteigerung oder gar Nutzeffektsenkung eintreten.

Wie oben ausgeführt wurde, ist GOLLWITZER-MEIER für das isolierte Herz des HLP nicht der Ansicht, daß Adrenalin erst nach Abklingen der mechanischen Leistungssteigerung eine Gaswechselerhöhung mache und daß die Gaswechselsteigerung eine Folge der durch Adrenalin bedingten Herzinsuffizienz sei[1]. Die Gaswechselsteigerung nach Adrenalin klingt zwar langsam ab, sie ist nach GOLLWITZER-MEIER weder auf ihrer Spitze noch in ihrem Abklingen allein durch die Frequenzsteigerung und durch die früh beendete Mehrleistung des Herzens bedingt. Wenn man die energetische Wirkung der Frequenzsteigerung und der Mehrarbeit addiert, bleiben bedeutende Energiebeträge, die einen *spezifischen oxydationssteigernden Effekt des Adrenalins auf den Herzgaswechsel* beweisen (EVANS, GOLLWITZER-MEIER, KRAMER und KRÜGER), der sogar noch nach dem Aufhören der Frequenzwirkung des Adrenalins beobachtet werden kann. (Die verhältnismäßig lange Dauer der Oxydationssteigerung beweist nach GOLLWITZER-MEIER, daß am HLP das Adrenalin langsamer zerstört wird als am ganzen Tier.)

---

[1] Anders am ganzen Tier, wo Adrenalin fast immer den Venendruck steigert und eine vorübergehende Herzinsuffizienz verursachen kann, beides nach den Autoren aber nur mittelbar durch den Anstieg des arteriellen Druckes und die Auslösung eines Vagusreflexes am Herzen.

Daß es sich dabei vorwiegend um Kohlenhydratverbrennung handelt, geht aus Versuchen von PATTERSON und STARLING am HLP hervor. Sie stellten fest, daß unter Adrenalinwirkung der Traubenzucker schneller und in größerer Menge aus dem Blut verschwindet als normalerweise. Bei derart mit Adrenalin behandelten Herzen fand CRUICKSHANK den Herzmuskel fast vollkommen frei von Glykogen. Daß man durch längerdauernde Infusionen größerer Adrenalinmengen die Glykogenvorräte des Herzens erschöpfen kann, zeigten auch EVANS' Mitarbeiter BOYNE und GREGORY. Zum anderen Teil stammt die Energie aus der Oxydation der Milchsäure, die sowohl im Herzmuskel freigesetzt als aus dem Coronarblut entnommen wird (McGINTY, RÜHL), dabei kann am HLP der Milchsäuregehalt des Systemblutes stark absinken (BOGUE, EVANS, GRANDE und HSU) (s. dazu S. 446). Mit welcher Gier unter diesen Umständen dem Blut der Sauerstoff entzogen wird, zeigen ja die oben erwähnten Bestimmungen der arteriovenösen Differenz von EVANS[1].

Andere, dem Adrenalin in ihrer Konstitution nahestehende Stoffe verhalten sich in ihrer Wirkung auf die Herzenergetik ähnlich dem Adrenalin, unterscheiden sich aber in quantitativer Hinsicht. So ruft Sympatol eine deutlich geringere Steigerung des Herzgaswechsels als Adrenalin hervor. 10 mg Sympatol vermehren ihn um 60%, eine um das 1000fache verringerte Wirkung gegenüber dem Adrenalin (GREMELS). Der niedrigeren Spitzenwirkung steht eine sehr viel anhaltendere Wirkungsdauer des Sympatols gegenüber. Auch Ephedrin, Ephetonin, Veritol steigern nach KIESE den Gaswechsel des Warmblüterherzens. Wie GOLLWITZER-MEIER und WITZLEB (1952) zeigten, treibt auch l-Noradrenalin die Verbrennungen des denervierten Herzens in die Höhe, wenn auch geringer als das Adrenalin[2].

Im Gegensatz zu Adrenalin senkt *Acetylcholin* den Gaswechsel des Warmblüterherzens. Diese Wirkung, die bisher nur für Dauerinfusionen erwiesen ist, tritt auch bei fehlenden Frequenzwirkungen auf und wird daher als *spezifischenergetische Wirkung des Acetylcholins* aufgefaßt. Im Hinblick auf die rasche Zerstörung des Vagusstoffes scheint die außerordentlich lange Nachwirkung einer Acetylcholininfusion auffallend; noch 1 Std. nach Beendigung der Infusion hält die Gaswechselsenkung an (GREMELS).

Zahlreiche Arbeiten haben zwar die starke Zunahme des O_2-Verbrauchs und des Kohlenhydratumsatzes unter Adrenalin bestätigt (EVANS und OGAWA; PATTERSON und STARLING; STARLING und VISSCHER; PATTESON u. a.). Es ist aber heute noch nicht allgemein anerkannt, daß es deshalb berechtigt ist, von einer besonderen „energotropen" Wirkung des Adrenalins zu sprechen, die sich zu den bekannten ENGELMANNschen Begriffen der chrono-, dromo-, ino- und bathmotropen Wirkung hinzugesellt. (Auch die vagische Gaswechselsenkung bezogen STARLING und VISSCHER allein auf die Frequenzverlangsamung, BOHNENKAMP und EICHLER nahmen eine frequenzunabhängige Sparfunktion des Vagus an.) Es geht also um die Frage, ob es sich um eine vom Tätigkeitszustand des

---

[1] Nach GOLLWITZER-MEIER lassen sich Spitzenwerte des Gaswechsels nach Adrenalin nur dann erfassen, wenn man den Gaswechsel des Herzens aus der Sauerstoffutilisation im coronaren Capillarblut und aus der Coronardurchblutung bestimmt. Die spirometrische Methode lasse dagegen den Anstieg des Sauerstoffverbrauchs verspätet erscheinen (Auftreten eines arteriellen Defizits infolge unzulänglicher Arterialisierung des sauerstoffarmen venösen Coronarblutes von der STARLING-Pumpe). REIN bemerkt dagegen ausdrücklich, daß zeitliche Verzerrungen in seinen Versuchen genau so vermieden sind wie in den GOLLWITZER-MEIERschen Versuchen. — Betreffs Diskussion der „externen" und „internen" Methode, auf die hier nicht näher eingegangen werden kann, siehe GREMELS (1940); GOLLWITZER-MEIER (1940); EVANS (1939); KRAMER (1948) und außerdem BRETSCHNEIDER, BÜCHERL, FRANK und HUSTEN (1952), nach denen der oxydative Lungenstoffwechsel das Siebenfache des von EVANS und STARLING angegebenen Wertes beträgt! Mit zunehmender Lungenblähung steigt der O_2-Verbrauch an, der Blähungszustand der Lunge hat danach einen größeren Einfluß auf den Sauerstoffverbrauch des HLP als die Herzleistung! Weitere Literatur über den Lungenstoffwechsel dort und bei BÜCHERL und SCHWAB (1950).

[2] Gleichzeitig verkleinert *l-Noradrenalin* das diastolische Herzvolumen, senkt den Druck im rechten Vorhof und steigert flüchtig das Herzminutenvolumen und die Herzarbeit. Es entfaltet eine stark positiv chronotrope Wirkung und erweitert die Kranzgefäße. Es ergibt sich also am denervierten HLP kein qualitativer Wirkungsunterschied gegenüber Adrenalin. Am innervierten und in situ befindlichen Herzen entwickeln sich verschiedene Wirkungsbilder durch das Hereinspielen von Vagusreflexen.

STARLING-Herzens unabhängige, stoffwechselsteigernde Eigenschaft des Adrenalins handelt. Das diastolische Volumen (die Anfangslänge der Muskelfasern) wäre dann nicht der einzige Faktor, der die Größe des Energieumsatzes bei der einzelnen Kontraktion bestimmt, vielmehr würden dann die Herznerven eine selbständige Beeinflussung der Stoffwechselgröße zeigen, die von dem diastolischen Volumen unabhängig ist. Die dafür sprechenden Befunde wurden oben aufgeführt. GAUER und besonders KRAMER wiesen demgegenüber darauf hin, daß man die Nervenwirkung auf den Herzstoffwechsel, wie man sie bei Versuchen am HLP beobachtet hat, auch dynamisch erklären kann. Zuerst hat diese Frage schon ROHDE aufgeworfen. Er formulierte bereits in aller Klarheit, daß die Ökonomie der Leistung des Herzmotors auf Grund von Änderungen der mechanischen Eigenschaften des Herzmuskels variieren kann, ohne daß die

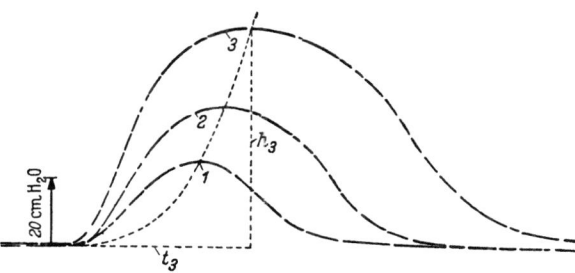

Abb. 214. Isometrische Druckkurven zunehmender Adrenalinwirkung am Froschherzen. (Nach REICHEL)

Verbrennungsvorgänge der Muskelzelle primär beteiligt sind. ROHDES Untersuchungen sind die einzigen, die prüften, in welchem Maße Herzkraftveränderungen in Beziehung zum Sauerstoffverbrauch stehen. ROHDE verwandte als einzige sichere auswertbare Leistungsgröße des Herzens die isometrische Kontraktion. Wie sehr er Recht hatte, so vorzugehen, zeigen die Untersuchungen REICHELs am Froschherzen. In zwei Abbildungen seien die Befunde veranschaulicht. Abb. 214 zeigt isometrische Druckkurven des Herzens unter zunehmender Adrenalinwirkung, Abb. 215 isotonische Entleerungskurven, in beiden Fällen bei gleichen Anfangsdehnungen. In Abb. 215 ist zu sehen, daß durch Adrenalin die äußere Arbeit nicht vergrößert wird, die Plateauzuckung deutet zwar an, daß die Herzkraft angestiegen ist und die Arbeitsleistung unter geeigneten Bedingungen erheblich anwachsen könnte. So ist zu verstehen, daß im HLP bei kleinen Füllungen des Herzens unter Adrenalin eine Verminderung des Wirkungsgrades auftritt. Es sei auch noch darauf hingewiesen, daß durch die starke Steigerung der Herzfrequenz unter Adrenalin die isotonischen Minima nicht zur Ruhedehnungskurve zurückkehren, wodurch die äußere Arbeit absinken kann. Zu einer starken Adrenalin-

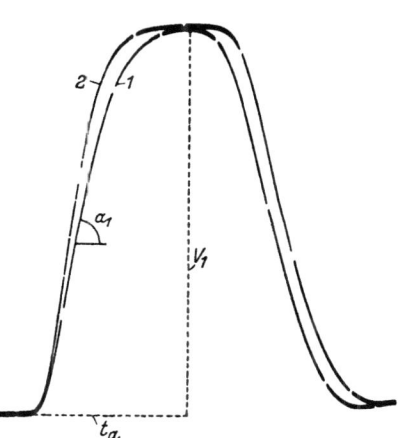

Abb. 215. Isotonische Entleerungen zunehmender Herzkraft (1 Normalkurve, 2 unter Adrenalineinfluß. Zeitmarke $^1/_5$ sec). (Nach REICHEL)

wirkung gehört daher eine beträchtliche Dehnung in der Diastole, also ein erhöhter Zuflußdruck vor dem Herzen, der ja auch in der Tat unter physiologischen Bedingungen der Nebennierenmarksekretion immer eintritt. Umgekehrt sinkt unter Acetylcholinwirkung die Herzkraft, und man darf annehmen, in proportionaler Beziehung dazu der Sauerstoffverbrauch (s. hierzu ROHDEs Versuche mit Vagusreizung am isolierten Herzen). Auch hier bleiben zunächst die äußeren Arbeitswerte konstant. War aber die Herzkraft hinsichtlich der Füllung überdimensioniert, so verwandelt sich die Plateauzuckung — eben aus Gründen der abnehmenden Herzkraft — in eine normale Zuckung. Der Wirkungsgrad muß sich verbessern (Abb. 216). Mit diesen Ausführungen wurde von KRAMER die grundsätzlich wichtige Frage angeschnitten, ob die Einflüsse verschiedener Herzgifte über spezifische Wirkungen über den Stoffwechsel verstanden werden müssen, oder ob die beobachteten Veränderungen der Herzmechanik ausreichen können für die Deutung des Energiehaushaltes. Durch ROHDE wurde hier der erste Hinweis gegeben: Die unter der Wirkung des Adrenalins auftretenden Umsatzsteigerungen finden ihre Ursache in der inotropen Wirkung des Adrenalins. Die Annahme einer spezifisch stoffwechselsteigernden Wirkung ist damit nach KRAMER wohl entbehrlich. Nach KRAMER haben wir also in zwei Variablen, dem diastolischen Volumen und der Herzkraft, die wichtigsten Größen zu erkennen, die den Energieumsatz des Herzens beherrschen.

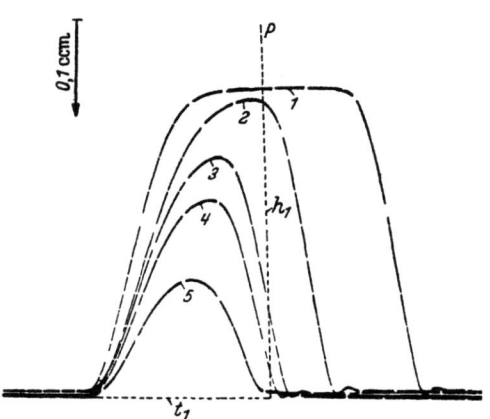

Abb. 216. Isotonische Entleerungen unter zunehmender Acetylcholinwirkung. (*1* Normalkurve, *2—5* unter Acetylcholineinfluß.) (Nach REICHEL)

Der oft beobachtete Fall, daß bei steigendem diastolischen Volumen der Sauerstoffverbrauch nicht nur nicht ansteigt oder gleichbleibt, sondern sogar stark absinkt, wird durch diese Betrachtungsweise verständlich. Unter der Wirkung von Barbitursäurederivaten (Pernocton, Somnifen, Numal), Histamin u. a. entsteht eine hochgradige „Herzinsuffizienz", was mit einer Abnahme der Herzkraft wohl gleichbedeutend ist. Dieser Vorgang ist zwangsläufig verbunden mit einer Senkung des O_2-Verbrauchs, gleichzeitig wird aber das diastolische Volumen erhöht, das einem steilen Abfall des Energieumsatzes entgegenwirkt. Unter der Wirkung des Strophanthins und auch des Adrenalins sehen wir den umgekehrten Vorgang: die Herzkraft des „insuffizienten" Herzens nimmt zu, was mit einer Steigerung des Sauerstoffverbrauchs verknüpft ist. Durch die gleichzeitige Abnahme des diastolischen Volumens wird einem steileren Anstieg des Sauerstoffverbrauchs entgegengewirkt. In der durch KRAMER aufgeworfenen Frage des Verhältnisses beider dynamischen Größen des Herzens und ihrer gegenseitigen Koppelung liegt ein neuer grundsätzlicher Ansatz vor, dessen Bedeutung weitere Untersuchungen ergeben müssen[1].

Angesichts der Schwierigkeiten, am arbeitenden Herzen eine spezifisch umsatzbeeinflussende Wirkung von Stoffen aufzufinden, untersuchten GAUER und KRAMER das Verhalten des flimmernden oder völlig stillstehenden Herzens (s. dazu S. 421). Kommt durch Adrenalin die geregelte Tätigkeit des Herzens nicht in Gang, so bleibt jegliche Änderung des Umsatzes aus. Aus dem Verhalten des Coronarkreislaufs und der O_2-Ausnutzung des Blutes ist dabei zu

---

[1] Der Vollständigkeit halber sei noch erwähnt, daß PATTERSON als einziger durch Aufnahme intraventrikulärer Druckkurven den Adrenalineinfluß auf die Dynamik des Säugetierherzens am HLP untersucht hat. Das betrifft also ebenfalls die Frage, ob eine Änderung des Kontraktionsablaufs Anhaltspunkte für eine Umsatzsteigerung bietet. Er konnte an den intraventrikulären Druckkurven nachweisen, daß der isometrische Teil der Kurve steiler und höher wird, gleichzeitig nahm die Dauer der Diastole zu. (Kritische Bemerkungen dazu s. bei GAUER und KRAMER.) Auch EVANS wies schon darauf hin, daß neben der Pulsbeschleunigung die gesteigerte Anspannung in der isometrischen Phase der Systole wenigstens z. T. bei der stimulierenden Wirkung des Adrenalins auf den O_2-Verbrauch eine Rolle spielt. Auch GREMELS diskutierte das anhand der PATTERSONschen Befunde, doch hält er den Energieaufwand bei Änderung des isometrischen Teils der Arbeitsleistung nicht für ausreichend, so daß er die Gesamtsteigerung doch als spezifische Steigerung der Verbrennungsprozesse im Herzmuskel durch Adrenalin auffaßt.

erkennen, daß das Organ noch eine erhebliche Atmungsaktivität besitzt und sich keineswegs im O_2-Mangel befindet. Es wurde aus den Versuchen der Schluß gezogen, daß eine spezifische oxydationssteigernde Wirkung des Adrenalins auf die im natürlichen Verband befindlichen, unverletzten und kräftig atmenden Herzmuskelzellen nicht nachweisbar ist. Auch der coronardilatatorische Effekt des Adrenalins verläuft ohne Oxydationssteigerung. Kommt durch Adrenalin aber die geregelte Tätigkeit des Herzens wieder in Gang, so zeigt sich immer ein völliges Parallelgehen von Funktionsänderung und O_2-Umsatz des Herzens.

6. Zur Frage einer Sauerstoffschuld im Herzen

Ausgehend von den Befunden einer Sauerstoffschuld bei körperlicher Tätigkeit des Menschen [KROGH und LINDHARD (1920), A. V. HILL, LONG und LUPTON (1924, 1925)] haben KATZ und LONG (1925) am Warmblüterherzen festgestellt, daß sich nach Reizung des Herzens im Herzmuskel nur $1/3$ soviel Milchsäure anhäuft wie im Skeletmuskel. Der daraus gezogene Schluß, daß der Herzmuskel bei der mechanischen Tätigkeit eine kleinere Sauerstoffschuld eingeht als der Skeletmuskel, ist heute hinfällig, seitdem man die Besonderheit des Herzstoffwechsels kennt, die Milchsäure als Brennmaterial zu verwerten [MCGINTY und A. I. MÜLLER; RÜHL; EVANS, GRANDE und HSU (1934)]. Nach CLARK und WHITE, die am Froschherzen arbeiteten, klingt die Oxydationssteigerung am Herzen, die durch elektrische Frequenzsteigerung ausgelöst wird, verlangsamt ab. Nach Rückkehr zur normalen Frequenz fällt zwar der Sauerstoffverbrauch steil ab, erreicht aber den Anfangswert erst im Verlaufe von 20 min. Trotz der starken Verspätung der Anpassung des Sauerstoffverbrauchs ist die Sauerstoffschuld in den Versuchen sehr gering. Unter den Bedingungen einer plötzlich gesteigerten Druckarbeit des Herzens hat GREMELS (1933) am Warmblüterherzen eine recht erhebliche Verzögerung im Anstieg des Sauerstoffverbrauchs im Beginn der Mehrarbeit beobachtet und eine ebenso große Nachatmung von Sauerstoff nach Beendigung der Mehrarbeit. Während GREMELS selbst die bekannte überschießende Höhe der Coronardurchblutungszunahme bei steigendem Aortendruck hervorhebt, erklärt er trotzdem die Nachatmung von Sauerstoff mit einer anfänglich verminderten Sauerstoffzufuhr zu den Capillaren im Beginn der Mehrarbeit. Andererseits vermißt er eine verzögerte Sauerstoffaufnahme bei zunehmender Volumleistung, obwohl er für sie in Übereinstimmung mit allen anderen Beobachtern das Fehlen einer Mehrdurchblutung der Coronargefäße betont. Das spricht gegen seine Deutung der verzögerten Sauerstoffaufnahme und späteren Sauerstoffnachatmung bei der Widerstandsarbeit als Ausdruck einer verspäteten Blutzufuhr[1]. GOLLWITZER-MEIER hat 1938 bei der gleichen Versuchsanordnung, wie sie GREMELS verwendet, nur eine ganz geringe Verzögerung der Sauerstoffaufnahme und eine ebenso geringe Sauerstoffnachatmung beobachtet und außerdem einen Unterschied zwischen steigender Volumleistung und steigender Druckleistung nicht feststellen können. Ähnlich findet RÜHL (1938) $1-1^{1}/_{2}$ min nach Beendigung einer erhöhten Druckleistung den Sauerstoffverbrauch bereits vollständig auf den Vorwert zurückgekehrt (wenn auch der Milchsäureverbrauch des Herzens um diese Zeit noch deutlich gesteigert ist). REIN (1939) sieht bei Druckbelastung des Herzens den Sauerstoffverbrauch noch in der 5. Minute im Steigen begriffen. Bei Druckentlastung braucht der Sauerstoffverbrauch 5 min, um auf den Ausgangswert zurückzukehren. Demgegenüber ist bei Volumbelastung das neue Gleichgewicht für die Sauerstoffaufnahme schon im Verlauf von 1 min eingetreten und die Umkehr bei Verminderung des venösen Zuflusses in der gleichen kurzen Zeit beendet. Er hält es für unwahrscheinlich, daß diese Verzögerung der Sauerstoffaufnahme durch eine Verschleppung der zeitlichen Vorgänge durch die spirometrische Methode vorgetäuscht wird.

1938/39 untersuchte GOLLWITZER-MEIER den gleichzeitigen Verlauf der mechanischen und energetischen Anpassungsvorgänge. Wir erläutern die Verhältnisse am besten anhand der Abb. 217 u. 218, die zwei sich etwas verschieden verhaltende Herzen bei *Widerstandsarbeit*

---

[1] Methodisch wichtig ist hierbei, daß die Gaswechselmessung die Gaswechseländerung unverspätet wiedergibt. Fortlaufende Messung der arteriellen Sauerstoffsättigung ist außerdem erforderlich. Nach GOLLWITZER-MEIER läßt sich zeigen, daß bei Widerstandssteigerung (nicht bei Zuflußvermehrung) am HLP die äußere Atmung den steigenden Sauerstoffverbrauch nicht bewältigen kann und daher das arterielle Blut nicht mehr zureichend aufzufüllen vermag. Es entsteht also — ähnlich wie unter Adrenalin — *eine Sauerstoffschuld im arteriellen Blut* (GOLLWITZER-MEIER und KROETZ, KRAMER), welche während der Mehrarbeit des Herzens nicht abgedeckt werden kann. Es handelt sich also danach bei der Nachatmung nach Rückkehr zu niedriger Atmung nicht um eine Sauerstoffschuld des Herzens, sondern um eine Sauerstoffschuld im arteriellen Blut!

440   Energetik des Herzens

(bei plötzlicher Steigerung des künstlichen Widerstandes am HLP) betreffen. Der *Aortendruck* erreicht schon während weniger Herzkontraktionen einen Wert, der den erhöhten Widerstand überwindet (senkrechte Linie 1), und von da ab während der Dauer des erhöhten Widerstandes festgehalten wird (in Abb. 217a nach 10 sec, in Abb. 218a nach 22 sec). Die *mechanische*

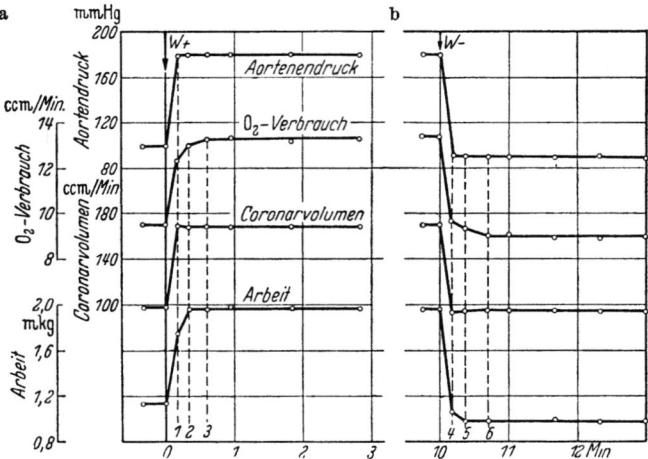

Abb. 217. Herz-Lungen-Präparat von einem Hund mit einem Herzgewicht von 154 g. Zeitliche Beziehungen zwischen dem Anstieg von Aortendruck, Coronardurchblutung, Arbeit und Sauerstoffverbrauch bei Änderung des Widerstandes. Steigerung und Senkung des Widerstandes bei unverändertem Zustand des Herzens durchgeführt. Bei 1 (bzw. 4) ist die Einstellung des Aortendruckes vollendet, bei 2 (bzw. 5) die Einstellung der Arbeit, bei 3 (bzw. 6) die Einstellung des Sauerstoffverbrauchs. Die Anpassung von Herzarbeit und Sauerstoffverbrauch erfolgt bei diesem Herzen besonders rasch. (Nach GOLLWITZER-MEIER)

äußere Arbeit stellt sich (bei Linie 2) langsamer auf die Höhe ein, die dem erhöhten Widerstand entspricht. Die Ursache für die langsame Einstellung der mechanischen Arbeit ist die verzögerte Wiederherstellung des ursprünglichen Schlagvolumens. [Anfangs wirft das Herz

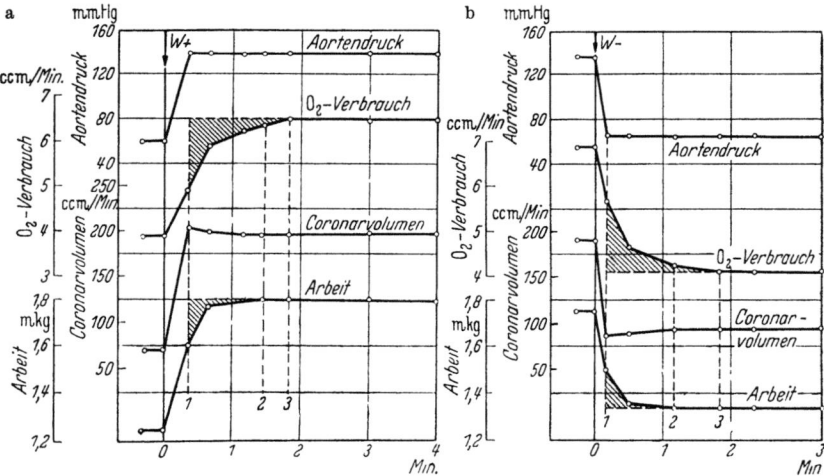

Abb. 218. Herz-Lungen-Präparat von einem Hund mit einem Herzgewicht von 110 g. Anpassung von Herzarbeit und Sauerstoffverbrauch bei Änderung des Widerstandes sehr viel stärker verzögert als in Abb. 215. Aortendruck und Coronarvolumen stellen sich am raschesten auf ihren endgültigen Wert ein. Ihnen folgt die Herzarbeit, während der Gaswechsel noch später als die Arbeit seinen Endwert erreicht. *a* und *b* vom selben Herzen, aber nicht unmittelbar hintereinander gewonnen. Erhöhte bzw. verminderte Widerstandsbelastung über je 15 min fortlaufend verfolgt. (Nach GOLLWITZER-MEIER)

gegen den erhöhten Widerstand nur ein verkleinertes Schlagvolumen aus, damit vergrößert sich systolischer Rückstand und systolisches Volumen, und erst von dem dazugehörigen diastolischen Volumen aus ist das Herz dann imstande, das frühere Schlagvolumen gegen den erhöhten Widerstand zu befördern (STARLING, STRAUB).] Das *diastolische Volumen* (Abb. 219), das nach dem STARLINGschen Gesetz die Größe der energetischen Umsetzungen im Herzmuskel beherrscht, nimmt in demselben Augenblick zu, in dem der Widerstand steigt, und schießt zunächst im Verlauf weniger Kontraktionen über den späteren Endwert hinaus. Die Überhöhung des diastolischen Volumens kann von einer überschießenden Einstellung des Coronarvolumens begleitet sein. Bei einer Widerstandssteigerung folgt die Coronardurchblutung — unter den besonderen Bedingungen des nervenlosen HLP — ohne meßbare Verzögerung passiv dem Anstieg des Aortendruckes (Linie 1 in Abb. 218). Sie erreicht damit ihren höchsten Wert deutlich früher als alle anderen Anpassungsvorgänge an die veränderten mechanischen Bedingungen. Der *Herzgaswechsel* folgt in der Einstellungsphase nicht dem diastolischen Volumen, dessen Überhöhung sich im Gaswechsel nicht widerspiegelt (Abb. 219). Dagegen besteht eine enge zeitliche Beziehung zwischen mechanischer Arbeit und Gaswechsel. Der Gaswechsel erreicht in Abb. 217 nur 16 sec, in Abb. 218 nur 22 sec später als die Arbeit seinen Endwert. *In dieser kurzen Zeit geht das Herz eine gewisse, wenn auch sehr kleine Sauerstoffschuld ein* (in der ersten Minute 20—45%, in der zweiten Minute

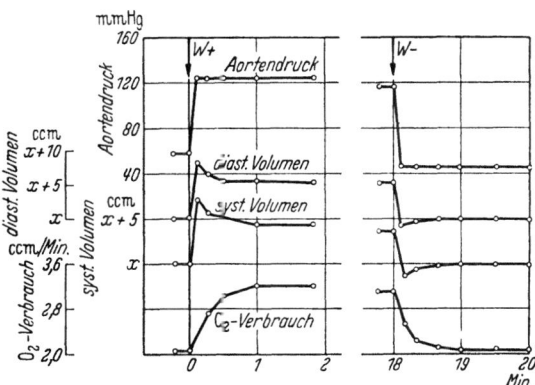

Abb. 219. Herz-Lungen-Präparat von einem Hund mit einem Herzgewicht von 96 g. Die Abbildung zeigt die zeitlichen Beziehungen zwischen systolischem und diastolischem Volumen und Sauerstoffverbrauch bei Erhöhung und Verminderung des künstlichen Widerstandes. (Nach GOLLWITZER-MEIER)

1—10% des minütlichen Sauerstoffverbrauchs während der Belastung). Während der ganzen *Dauer* der Widerstandssteigerung hält sich der Gaswechsel ohne meßbare Schwankungen auf dem erreichten Wert, natürlich nur wenn sich der Zustand des Herzmuskels nicht ändert. Bei *Verminderung* des künstlichen Widerstandes kehrt der oxydative Stoffwechsel etwas später auf den erniedrigten Endwert zurück als die mechanische Arbeit. Diese Verspätung ist bei ein und demselben Herzen annähernd gleich groß wie bei der vorangegangenen Widerstandssteigerung und unabhängig von deren Dauer. Das Herz trägt also seine kleine Sauerstoffschuld ebenso rasch ab wie es sie eingeht. Wieder folgt der Gaswechsel im wesentlichen der mechanischen Arbeit, nicht dem diastolischen Volumen.

Die Anpassung bei *Zuflußarbeit*, bei konstantem Aortendruck untersucht, ergibt bei Erhöhung des venösen Blutangebotes schon nach 10—30 sec eine ausgeworfene Blutmenge, die dem vermehrten Zufluß entspricht (Abb. 221). Zugleich mit dem Minutenvolumen ist die *mechanische Arbeit* auf ihrem Endwert. Die *Coronardurchblutung* ändert sich überhaupt nicht, da eine Drucksteigerung ja verhindert wurde. Der *Gaswechsel* erreicht bei Zuflußerhöhung seinen Endwert mit einer *Verspätung* gegenüber der endgültigen Einstellung der mechanischen Arbeit. *Während* der erhöhten Zuflußarbeit bleibt der Gaswechsel konstant, natürlich nur wenn die mechanischen Bedingungen konstant bleiben. Bei Verminderung des venösen Zuflusses verspätet sich die energetische Anpassung an die geringere Arbeit gegenüber der Einstellung der niedrigeren Zuflußarbeit.

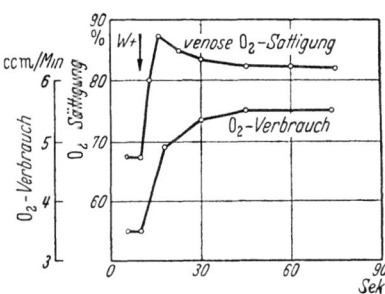

Abb. 220. Herz-Lungen-Präparat von einem Hund mit 90 g Herzgewicht. Verhalten der venösen Sauerstoffsättigung (im venösen Coronarblut photoelektrisch gemessen) bei Steigerung des Widerstandes. Die Sauerstoffsättigung schießt zunächst über ihre endgültige Einstellung hinaus. Erst mit zunehmendem Anstieg des Gaswechsels wird die Sauerstoffutilisation größer und die Sauerstoffsättigung sinkt auf ihren Dauerwert. (Nach GOLLWITZER-MEIER)

Innerhalb physiologischer Grenzen paßt sich also danach das isolierte Warmblüterherz jeder höheren Belastung dadurch an, daß es sein Volumen vergrößert und von der vergrößerten Faserlänge aus die höhere äußere Arbeit verrichtet, wobei sich seine oxydativen Umsetzungen entsprechend der vergrößerten Entfaltung der Muskeloberfläche (STARLING) und entsprechend der neuen Arbeitsform (FENN) einstellen. Der zeitgerecht wiedergegebene Ablauf dieser Anpassungsvorgänge an die veränderte Belastung ergibt — gleichgültig ob es sich um Volumoder Druckbelastung handelt —, daß die äußere Arbeit früher ihren Endwert erreicht, während der Sauerstoffverbrauch erst mit einer kleinen Verzögerung auf die Höhe gelangt, die dem neuen diastolischen Volumen und der neuen Arbeitsform entspricht. Die ungenügende Sauerstoffaufnahme im Beginn der Mehrbelastung ist gleich groß wie die vermehrte Sauerstoffaufnahme nach deren Ende, die Größe der Sauerstoffschuld ist unabhängig von der Dauer der Mehrbelastung und kann während der Belastung nicht abgetragen werden. *Der Betrag von Sauerstoffschuld und Sauerstoffnachatmung ist absolut so gering, daß er kaum einen Vergleich mit der Sauerstoffschuld bei körperlicher Arbeit zuläßt.* Das Herz ist also imstande, einen Wechsel seiner mechanischen Leistung in der Weise vorzunehmen, daß es von einem steady state in einen anderen übergeht.

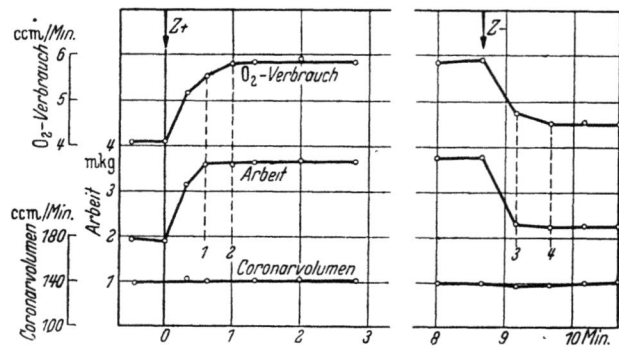

Abb. 221. Herz-Lungen-Präparat von einem Hund mit einem Herzgewicht von 110 g. Änderung der Zuflußbelastung bei konstant gehaltenem Aortendruck. Die Herzarbeit erreicht früher ihren Dauerwert als der Sauerstoffverbrauch. Die Coronardurchblutung bleibt unverändert. (Nach GOLLWITZER-MEIER)

Bei den beiden Belastungsformen verhält sich das *diastolische Volumen* verschieden; bei der Zuflußarbeit nimmt es gleichmäßig zu, bei der Widerstandsarbeit erfährt es eine überschüssige anfängliche Ausweitung, die erst danach auf den niedrigeren Endwert zurückgeht. Das verschiedene Verhalten des diastolischen Volumens bei beiden Belastungsformen hat keinen Einfluß auf die Höhe des Sauerstoffverbrauchs. Es scheint also so, daß in der Anpassungsphase des Herzmuskels an eine neue Belastung die äußere Arbeit (FENN-Effekt) und nicht das diastolische Volumen (STARLING-Effekt) die chemischen Umsetzungen im Herzmuskel beherrschen.

Auch die Anpassung der *Kranzgefäßdurchblutung* ist verschieden. Zuflußarbeit bleibt am isolierten Warmblüterherzen ohne Einfluß auf das Coronarvolumen, Druckbelastung führt zu einer prompten und mächtigen Steigerung des Coronarvolumens (ANREP und SEGALL). Wenn also an der Sauerstoffschuld des Warmblüterherzens eine ungenügende oder verspätete Anpassung der Coronardurchblutung an den erhöhten Sauerstoffverbrauch beteiligt wäre, müßte eine gleiche Steigerung des Sauerstoffverbrauchs bei Volumbelastung eine viel größere Sauerstoffschuld verursachen als bei Druckbelastung. Da dies nicht zutrifft, kann am isolierten Warmblüterherzen eine Verspätung in der Anpassung der Coronardurchblutung an die geänderte Belastung keine Rolle für den Eintritt der Sauerstoffschuld des Herzens spielen. Wie die kleine Sauerstoffschuld des Herzens zu erklären ist, bleibt noch eine offene Frage [s. dazu Fußnote S. 444 (Anaerobiose des Herzens)].

7. Die Spontaninsuffizienz des Herzens

Das HLP bleibt nur eine verhältnismäßig kurze Zeit in einem „idealen" Zustand. „Es ist allgemein bekannt, daß das diastolische Volumen, bezogen auf eine gegebene Arbeit, eine ständige Zunahme aufweist, sobald das Herz ermüdet oder aus irgendeinem Grunde in einen weniger guten „physiologischen Zustand" verfällt; und es scheint, daß der versagende Herzmuskel einen geringeren Wirkungsgrad hat. Obgleich das lineare Verhältnis zwischen Sauerstoffverbrauch und diastolischem Volumen sich gut über ein weites Gebiet erstrecken kann, ist klar, daß es nicht universell angewandt werden kann, da Grenzen für die Dilatation und den Sauerstoffverbrauch vorhanden sein müssen, die nicht unbedingt zusammen zu fallen brauchen" (EVANS). STARLING und VISSCHER fanden entsprechend bei der allmählich eintretenden Spontaninsuffizienz eine fortschreitende Erweiterung des Herzens, wobei sowohl das diastolische als auch das systolische Volumen größer wird. Bei unveränderter Gesamtarbeit und Konstanz der sonstigen Bedingungen (chemische Bedingungen, Temperatur, Frequenz) nahm dabei der Sauerstoffverbrauch stetig zu, und STARLING und VISSCHER stellten dabei eine *lineare Beziehung zwischen diastolischem Volumen und zunehmendem Sauerstoffverbrauch* fest. Dasselbe Verhalten beobachteten DECHERD und VISSCHER für das insuffiziente Kaltblüterherz. Auch GREMELS findet am Warmblüterherzen bei experimenteller Schädigung des Herzens (Numal und Kampfer) eine Zunahme des O_2-Verbrauches bei sinkender Arbeitsleistung, also eine Abnahme des Wirkungsgrades. Er wertet dieses Verhalten als ein sicheres Zeichen der Herzinsuffizienz. Die Spontaninsuffizienz, die in der Pharmakologie für die Untersuchung von Herzgiften eine praktische Rolle spielt, geht also mit wachsendem O_2-Bedarf des Herzens, d. h. mit einem stetig abfallenden Wirkungsgrad einher (GREMELS, REIN).

Diesen Ergebnissen stehen die Befunde von RÜHL gegenüber. Nach ihm wird am HLP bei der Histamininsuffizienz des Herzens der O_2-Verbrauch kleiner trotz eines gesteigerten diastolischen Volumens, der oxydative Wirkungsgrad besser. RÜHL sieht in dieser Verbesserung des Wirkungsgrades allerdings nicht eine bessere Ökonomisierung des insuffizienten Herzens, sondern erklärt das durch eine zunehmende anoxybiotische Energielieferung, die er auf ein Capillarödem und verminderte O_2-Durchlässigkeit der Capillarwand zurückführt. Das Blut läuft gewissermaßen an den ödematösen Capillarwandungen vorbei, ohne seinen Sauerstoff abgeben zu können. Allerdings findet er eine Abnahme des O_2-Verbrauchs auch bei der Spontaninsuffizienz des Herzens. Aus der erheblichen Zunahme der RQ-Werte (normal 0,85 nach EVANS und STARLING) schließt er auch hier auf eine partielle innere Erstickung und kommt so zu der Hypothese einer „Herzinsuffizienz durch Ödem" (vgl. WENCKEBACHs Beri-Beri-Ödem des Herzens). Auf die durch Pharmaka (namentlich Somnifen) hervorgerufene experimentelle Herzinsuffizienz kann hier nur am Rande eingegangen werden. Zum Teil rufen Pharmaka, wie oben erwähnt wurde, ein starkes Myokardödem hervor, z. T. beeinflussen sie, abgesehen von der Herzinsuffizienz, den Gaswechsel des Herzens direkt (GOLLWITZER-MEIER und KRÜGER; KIESE und GARAN). Eindrucksvoll ist besonders die stufenweise Abnahme des O_2-Verbrauchs nach jeder Somnifeninjektion. Die Zunahme des Herzvolumens und des Vorhofdruckes zeigt die fortschreitende schwere Insuffizienz des Herzens. Offenbar ist hier bei stark anwachsendem Herzvolumen der O_2-Verbrauch beträchtlich vermindert.

Auch GOLLWITZER-MEIER und KRÜGER fanden, daß das insuffiziente Herz bei gleicher und später bei sinkender mechanischer Arbeit einen höheren Sauerstoffverbrauch aufweist als das suffiziente Herz. Während in der ersten Stunde nach Fertigstellung des Präparates der O_2-Verbrauch sogar noch abnehmen, der Wirkungsgrad sich verbessern kann, verschlechtert die Spontanschädigung (erkennbar an der Erweiterung des Herzens) die Ökonomie der Herzarbeit. Mit fortschreitender Insuffizienz wird, bezogen auf die mechanische Arbeit, die Lage der Wirkungsgradkurve herabgedrückt, und es sind innerhalb der Kurven die Maxima des Wirkungsgrades nach niederen Arbeitsbereichen hin verschoben (s. Abb. 211, S. 424).

Es wurde oben schon die grundlegende Feststellung von STARLING und VISSCHER herausgestellt, daß beim insuffizienten Herzen mit seinem vergrößerten diastolischen Volumen auch ein vergrößerter Sauerstoffverbrauch verbunden ist (natürlich nur, wenn Frequenz und chemische Bedingungen konstant bleiben). [Das vergrößerte diastolische Volumen ist das Kennzeichen des hypodynamen Herzens, denn dieses leistet die gleiche Arbeit nur von einem größeren diastolischen Volumen (STRAUB, PATTERSON, PIPER und STARLING), wie früher ausgeführt wurde. Die Erweiterung des Herzens ist bereits ein Zeichen seiner Insuffizienz, wie sie andererseits einen kompensatorischen Mechanismus darstellt, um die Arbeit des Herzens auf der vorigen Höhe zu halten.] Nach der Feststellung von STARLING und VISSCHER bestehen demnach *beim insuffizienten Herzen dieselben Beziehungen zwischen Energetik und mechanischen Bedingungen wie beim suffizienten Herzen; bei der Herzinsuffizienz sind danach also nicht die energieliefernden Vorgänge verändert, sondern die Umwandlung der freigesetzten Energie in mechanische erfolgt in einem ungünstigeren Verhältnis* (STARLING und VISSCHER).

Diese grundlegenden Beobachtungen sind in der Folgezeit teils bestätigt, teils angegriffen worden. PETERS und VISSCHER (1936) hielten nach Eintritt der Spontaninsuffizienz das Herz durch geeignete Anpassung des Zuflusses auf einem konstanten diastolischen Volumen und bestimmten fortlaufend die einzelnen Daten seiner Energetik und Dynamik. In allen Fällen nahm bei konstantem diastolischen Volumen die mechanische Arbeit deutlich ab. In 9 von 11 Fällen blieb (bei konstantem diastolischen Volumen) trotz sinkender Arbeit der Sauerstoffverbrauch unverändert, die mechanische Verschlechterung konnte also nicht durch eine Störung der Energiefreisetzung bedingt sein. Vielmehr bestand das erste Zeichen der eintretenden Insuffizienz darin, daß bei unveränderter Energiefreisetzung nur noch ein verminderter Energieanteil in mechanische Energie umgewandelt werden konnte, der Wirkungsgrad also abfiel. In 2 Fällen, in denen die Insuffizienz sehr rasch fortschritt, nahm trotz konstantem diastolischen Volumen auch der Sauerstoffverbrauch ab. In diesen Fällen konnte man also annehmen, daß nicht die Verschlechterung des Wirkungsgrades, sondern eine Änderung in der Energielieferung für die verminderte mechanische Arbeit anzuschuldigen sei. PETERS und VISSCHER lehnen eine solche allgemeine Auslegung ab und weisen darauf hin, daß das Herz mit dem Eintritt der Insuffizienz wasserreicher, ödematös wird. Dadurch müsse das diastolische Volumen des Herzens zunehmen. Halte man aber das äußerlich meßbare diastolische Volumen konstant, so habe man, bezogen auf den Hydratationsgrad des suffizienten Herzens, ein kleineres diastolisches Volumen vor sich. Der Abfall des Sauerstoffverbrauches entspreche zum größten Teil dieser Verminderung des wirklichen diastolischen Volumens. Es sei also bisher *kein Grund vorhanden, das allgemeine Gesetz aufzugeben, wonach das diastolische Volumen — beim suffizienten wie beim insuffizienten Herzen — den Sauerstoffverbrauch bestimme.*

Zur entgegengesetzten Auffassung kamen KATZ und MENDLOWITZ (1938). Sie hielten in ihren Versuchen nicht das diastolische Volumen, sondern die mechanische Arbeit des Herzens konstant und verfolgten die Veränderungen von diastolischem Volumen und Sauerstoffverbrauch. Sie geben einen Versuch wieder, in dem bei konstanter, mechanischer Arbeit der Sauerstoffverbrauch ebenfalls konstant bleibt und mit ihm der mechanische Wirkungsgrad, während das diastolische Volumen fortschreitend zunimmt. Daraus schließen sie, daß das wesentliche Ereignis in der Herzschwäche in einer Verschlechterung der Energiefreisetzung liege (also in einer Abnahme des Sauerstoffverbrauchs), wobei diese entweder in jeder Muskelfaser abnehme oder in einem Teil der Muskelfasern total aufgehoben sei. Erst im Endzustand der Insuffizienz leide auch die Umwandlung der Energie in mechanische Energie. Ein Myokardödem geben sie zwar für einen Teil ihrer Versuche zu, aber sie halten es nicht für ausreichend, um die Zunahme des diastolischen Volumens zu erklären. Da eine zuverlässige Messung des Myokardödems während der Herzinsuffizienz nicht möglich ist, läßt sich heute noch nicht entscheiden, ob PETERS und VISSCHER oder KATZ und MENDLOWITZ recht haben. GOLLWITZER-MEIER und KRÜGER fanden für Punkte gleicher mechanischer Arbeit am insuffizienten Herzen vergrößerten Sauerstoffverbrauch und vergrößertes diastolisches Volumen. Das widerspricht den Befunden von KATZ und MENDLOWITZ[1].

---

[1] Grundsätzlich ist natürlich stets zu bedenken, daß ein isoliertes Herz besonders im Zustand der Insuffizienz einen Teil der benötigten Energie aus *anaeroben Stoffwechselvorgängen* schöpfen könnte, so daß dann der Sauerstoffverbrauch kein vollständiges Maß mehr für die Größe des Energieumsatzes darstellt. Das *Kaltblüterherz* vermag, wie man aus den Untersuchungen von V. v. WEIZSÄCKER und von BODENHEIMER weiß, nach Hemmung der Oxydation durch Blausäure langdauernd auf anaerober Basis Arbeit zu leisten. Auch BOHNENKAMP und NEMOTO betonten die Arbeitsfähigkeit des Kaltblüterherzens in O$_2$-freier Nährlösung (bei deren stetiger Erneuerung), in Stickstoffumgebung und bei Blausäurevergiftung. Auch konnte R. MAGNUS das leerschlagende Katzenherz bei Durchleitung von gasförmigem Wasserstoff durch die Coronarien $1/2$ Std. in Tätigkeit halten und damit zeigen, daß auch im *Säugetierherzen* bis zu einem gewissen Grade eine Anaerobiose möglich ist. Der zeitlich verzögerte Anstieg des Sauerstoffverbrauchs bei plötzlichen Leistungsänderungen gibt wenigstens z. T. Hinweise auf das Bestehen anaerober Vorgänge bei den Energieumwandlungen des arbeitenden Säugetierherzens. GREMELS und STARLING (1926) zeigten, daß das Hundeherz bei einer Abnahme der Sauerstoffsättigung des Blutes unter 40% insuffizient wird und schließen

Anhangsweise sei noch eingegangen auf die *Digitalis- und Strophanthinwirkung am spontan-insuffizienten Herzen*. Die Spontaninsuffizienz des STARLING-Herzens scheint in wesentlichen Zügen mit der menschlichen Herzinsuffizienz übereinzustimmen und bietet daher eine Gelegenheit, in den klinischen Wirkungsmechanismus der Digitalisglykoside Einblick zu gewinnen. Das spontaninsuffiziente Herz verrichtet eine sinkende Arbeit mit ungünstig hohem Sauerstoffverbrauch und äußerst niedrigem mechanischen Wirkungsgrad von einem fortschreitend größeren diastolischen Volumen aus. Die Digitalisglykoside verkleinern das diastolische Volumen des insuffizienten Herzens und setzen das Herz instand, von diesem kleineren diastolischen Volumen aus eine größere mechanische Arbeit unter günstigerem mechanischen Wirkungsgrad zu leisten (GOLLWITZER-MEIER und KRÜGER, PETERS und VISSCHER). Nach der Einwirkung der Digitalisglykoside auf das diastolische Volumen ist zu erwarten, daß sie den Sauerstoffverbrauch des Herzens verringern, daß sie, mit anderen Worten, die energetische Unökonomie des insuffizienten Herzens aufheben. Dies ist in der Tat der Fall (GREMELS, GOLLWITZER-MEIER, REIN). Der Überblick über die gesetzmäßigen Beziehungen am insuffizienten Herzen unter der Wirkung der Digitalisglykoside ist aber dadurch erschwert, daß sich sowohl das diastolische Volumen als auch die mechanische Arbeit verbessern. GREMELS sah am spontaninsuffizienten Herzen nach Lanadigen (0,25 mg) die mechanische Arbeit um rund 9% zunehmen, zugleich aber den Sauerstoffverbrauch um 33% absinken. GOLLWITZER-MEIER und KRÜGER beobachteten nach 0,25 mg k-Strophanthin eine Abnahme des diastolischen Volumens um 7 cm³, die mit einer Zunahme der mechanischen Arbeit um 35% einherging; trotzdem nahm der Sauerstoffverbrauch um 12,5% ab. PETERS und VISSCHER erleichterten den Einblick in die maßgeblichen Zusammenhänge dadurch, daß sie während der ganzen Versuchsperiode ein konstantes diastolisches Volumen des insuffizienten Herzens aufrechterhielten, was durch Änderung des Zuflusses gelang. Nach den Digitalisglykosiden (k-Strophanthin, Digilanid, Scillaren, Scillaren B) verändert sich bei konstantem diastolischen Volumen der Sauerstoffverbrauch des Herzens entweder gar nicht oder steigt (bis zu 25%) an. *Das Herz wird durch Strophanthin und Digilanid instand gesetzt, von der unveränderten Faserlänge aus und mit meist unverändertem Energieaufwand eine wesentlich größere mechanische Leistung zu vollbringen und seinen mechanischen Wirkungsgrad entscheidend zu verbessern.* Wenn hier, bei konstantem diastolischen Volumen, unter den Digitalisglykosiden der Sauerstoffverbrauch teilweise steigt, so ist zu berücksichtigen, daß PETERS und VISSCHER bewußt die Maximaleffekte der Drogen herausgegriffen haben, kurz vor dem Auftreten von Herzunregelmäßigkeiten. Es ist also möglich, daß es sich hier bereits um toxische Wirkungen der Glykoside handelt.

---

daraus, daß das Herz aus anaeroben Prozessen jedenfalls auf längere Zeit keine Energie für mechanische Arbeit gewinnen kann. Dagegen nimmt RÜHL (1933) nach seinen Beobachtungen einer Abnahme des Sauerstoffverbrauchs am ermüdeten und geschädigten Herzen mindestens für diese Zustände (Herzinsuffizienz nach Histamin- oder Barbitursäurevergiftung) eine anaerobe Energielieferung für mechanische Arbeit an. Auch die Wirkung des „Hypoxie-Lienins" von REIN (s. S. 455f.), durch das das Herz mit weniger O_2 pro Leistungseinheit auskommen soll, wenn es vorher in den Zustand der beginnenden hypoxischen Herzmuskelinsuffizienz geraten ist, stellt sich REIN vor durch Heranziehung anoxybiotischer Umsetzungen zur Energiegewinnung. GOLLWITZER-MEIER fand beim spontan insuffizienten Herzen als Ausdruck einer teilweisen anaeroben Energiebildung eine Säuerung des Coronarvenenblutes und SCHUMANN beobachtete bei der Herzinsuffizienz am Ganztier eine Anhäufung von Milchsäure im Herzmuskel als Ausdruck einer unzureichenden oxydativen Erholung. Es ist klar, daß dann der Sauerstoffverbrauch des Herzens nicht mehr proportional seiner Stoffwechselgröße ist. Auch bei den erwähnten Versuchen von KATZ und MENDLOWITZ ist das zu berücksichtigen.

8. Die speziellen chemischen Umsetzungen im Herzmuskel

werden im Zusammenhang mit dem Chemismus des Skeltmuskels (s. den Band von H. REICHEL) behandelt werden. Außerdem sei besonders verwiesen auf die vorzüglichen Übersichten von L. C. EVANS (1939) und die Monographie von H. SCHUMANN (1950), außerdem auf einen Übersichtsaufsatz von R. J. BING (1956) und Band I der Fortschritte der Kardiologie (R. HEGGLIN, 1956). Hier sei nur soviel ausgeführt, daß der Tätigkeitsstoffwechsel des Herzens im großen und ganzen dem des Skeletmuskels gleicht (LOHMANN und WEICKER). Auch am Herzen geht der Kohlenhydratspaltung eine Spaltung der Kreatinphosphorsäure voraus. Der Stoffwechsel des Herzens unterscheidet sich von dem des Skeletmuskels vorwiegend in quantitativer Hinsicht. Ein Unterschied besteht darin, daß der Gehalt des Herzmuskels an Kreatinphosphorsäure außerordentlich gering ist und nur etwa $1/10$ von dem des Skeletmuskels beträgt (EGGLETON) und bei einer Belastung des Herzens fast konstant bleibt (EGGLETON und EGGLETON). Die Spaltung der Kreatinphosphorsäure [primäre Reaktionsverschiebung nach der alkalischen Seite! (LIPMANN und MEYERHOF, MEYERHOF, MÖHLE und SCHULZ)] dürfte daher auf die Reaktionsänderung im Herzmuskel ohne wesentlichen Einfluß bleiben. Ein anderer Unterschied gegenüber dem Skeletmuskel betrifft den Kohlenhydratstoffwechsel und besteht darin, daß das Herz Milchsäure bevorzugt zur Energielieferung verwendet und sie aus dem strömenden Blut entnimmt. Eine Milchsäureabgabe an das Blut findet bei hinreichender Sauerstoffversorgung des Herzens nicht statt (McGINTY, RÜHL, EVANS).

Die Frage, ob sich der Milchsäurespiegel des Blutes im HLP während der Belastung des Herzens ändert, ist mehrfach untersucht worden. Während RÜHL einen Zusammenhang zwischen Herzarbeit und Milchsäurespiegel im Blut bei Steigerung der Widerstandsarbeit vermißte, beobachteten BOGUE, EVANS, GRANDE und HSU am isolierten Herzen, daß der Milchsäurespiegel im Blut bei Steigerung der Widerstandsarbeit sinkt und die Milchsäureentnahme aus dem Blut steigt, was eine Verschiebung der Reaktion im Herzvenenblut nach der alkalischen Seite zur Folge hat. Zwar haben BOGUE, EVANS, GRANDE und HSU den Abfall des Milchsäurespiegels nur nach langen Belastungsperioden bestimmt, dann aber auch mit derartig ausgiebigem Betrag ermittelt, daß auch kurzdauernde Belastungen den Milchsäurespiegel verändern müssen. So fand GOLLWITZER-MEIER, daß Steigerung des Aortendruckes, weniger regelmäßig die Vergrößerung des Zuflusses meist eine vorübergehende Reaktionsverschiebung nach der sauren Seite und stets eine anhaltende Reaktionsverschiebung nach der alkalischen Seite verursachen. Die Reaktionsverschiebung nach der sauren Seite ist auf die Phase der Anpassung des Herzens an die vermehrte Arbeit beschränkt und darauf zu beziehen, daß das Herz seinen erhöhten Energiebedarf zunächst durch Rückgriff auf die eigenen Energiedepots und durch Spaltung von Glykogen deckt, wobei Säuren frei werden. Die alkalische Reaktionsverschiebung entspricht der Phase des steady state und scheint durch die vermehrte Entnahme und Verbrennung von Blutmilchsäure als Energiequelle bedingt. Damit nehmen die Basenäquivalenzen im Blut relativ zu. Die *Spontaninsuffizienz* des Herzens im HLP führt zur Vermehrung der sauren Valenzen des venösen Coronarblutes. Diese wird auf den Verlust der Fähigkeit bezogen, Milchsäure in physiologischem Ausmaß aus dem Blut zu entnehmen und als Energiequelle zu verwerten. RÜHL konnte zwar eine Milchsäureabgabe an das Blut nicht nachweisen, allerdings handelte es sich dabei um das Auftreten einer Barbitursäureinsuffizienz; GOTTDENKER und ROTHBERGER fanden bereits 1936, daß das spontaninsuffiziente Herz weniger Milchsäure aus dem Blut entnimmt und sogar Milchsäure an das

Blut abgibt. Für die *Strophanthinwirkung* auf die Energetik des insuffizienten Herzens kommt als weiterer Befund hinzu, daß Strophanthin die Säurevermehrung im venösen Coronarblut des insuffizienten Herzens beseitigt und die Verwertung der Milchsäure als Energiequelle wiederherzustellen scheint. *Adrenalin* (10—20 γ) führt am nervenlosen Herzen des HLP zu einer Abnahme des p_H im venösen Coronarblut. Die Verschiebung der aktuellen Reaktion nach der sauren Seite ist um so deutlicher und nachhaltiger, je stärker und nachhaltiger der Energieverbrauch des Herzens unter Adrenalin zunimmt. Sie wird anfangs durch eine während der anaeroben Energielieferung verminderte Milchsäureaufnahme in den Herzmuskel verursacht; daneben, und in einer zweiten Phase ausschließlich, durch einen vermehrten Übertritt von Kohlensäure aus dem Herzmuskel in das Blut (GOLLWITZER-MEIER).

In der angloamerikanischen Literatur ergibt sich etwa folgender Stand der Frage, hinsichtlich der chemischen Umsetzungen im Herzen (GREGG, 1950), deren grundsätzliche Bedeutung ja schon daraus erhellt, daß das Warmblüterherz nicht länger als wenige Minuten ohne Sauerstoff arbeiten kann. Die Speicherung von Substanzen, die Energie unter anaeroben Bedingungen abgeben können, ist eben sehr begrenzt. Deshalb muß für jeden irgendwie längeren Zeitraum die Energie für die Herzkontraktion durch Oxydation verbrennbarer Substanzen herrühren. Die biochemischen Charakteristika des coronaren Venenblutes unterscheiden sich deutlich vom gemischten venösen Blut und sind Hinweise darauf, welche Substanzen das Herz verbraucht hat (s. Tab. 3, S. 448). Die große Sauerstoffaufnahme wurde bereits besprochen. Die durchweg großen coronaren arteriovenösen Differenzen an Milchsäure (Lactat) und Brenztraubensäure (Pyruvat) weisen unter Berücksichtigung der relativ starken Coronardurchblutung auf einen extrem hohen Verbrauch dieser Metabolite durch das Myokard hin, und zwar sowohl beim brustkorberöffneten als auch beim normalen, intakten, leicht narkotisierten Hund (W. T. GOODALE, M. LUBIN, J. E. ECKENHOFF, J. H. HAFKENSCHIEL und W. G. BANFIELD, 1948; H. D. GREEN, R. WEGRIA und H. H. BOYER, 1942; H. E. HIMWICH, 1932; D. A. MCGINTY und A. T. MILLER, 1933). Beim gleichen Präparattyp wird Glucose in relativ geringen Mengen und oft überhaupt nicht vom Herzen aufgenommen (W. T. GOODALE, M. LUBIN, J. E. ECKENHOFF, J. H. HAFKENSCHIEL und W. G. BANFIELD, 1948), besonders bei höherem Lactatspiegel. Die Befunde bestätigen im allgemeinen diejenigen, die bei Herzen in weniger normalem Zustand erhalten wurden, also im HLP (bei Verwendung eines Oxygenators anstelle der Lungen, um die Aufnahme von Zucker und seine nachfolgende Umwandlung zu Milchsäure durch dieses Organ zu umgehen) (L. C. EVANS, A. C. DE GRAFF, T. KOSAKE, K. MCKENZIE, E. MURPHY, T. VACEK, D. N. WILLIAMS und F. G. YOUNG, 1934; C. L. EVANS, F. GRANDE und F. Y. HSU, 1934, 1935). Die kombinierte Milchsäure—Brenztraubensäure- und Glucoseutilisation durch das Herz wird auf nur 25—60% des gesamten Herz-Sauerstoffverbrauchs geschätzt, wobei eine vollständige Oxydation dieser Substanzen bis zu Kohlensäure und Wasser angenommen wird (W. T. GOODALE, M. LUBIN, J. E. ECKENHOFF, J. H. HAFKENSCHIEL und W. G. BANFIELD, 1948; D. A. MCGINTY und A. T. MILLER, 1933; M. B. VISSCHER, 1938, 1940).

Einige zusätzliche Kenntnisse liegen über den Kohlenhydratstoffwechsel im isolierten Herzen oder im Herz-Oxygenatorsystem vor. Die Glucoseaufnahme und Utilisation ist erhöht, wenn die Milchsäure im Blut vermindert ist oder wenn die Herzarbeit auf mechanischem Wege oder durch Adrenalin gesteigert ist (J. Y. BOGUE und R. A. GREGORY, 1939). Entsprechend ist der Lactatverbrauch solcher Herzen eine Funktion des Lactatspiegels im Blut, der Sauerstoffversorgung und der Herzarbeit und steht in umgekehrter Relation zum Blutzuckerspiegel

Tabelle 3. *Chemische Veränderungen im Coronarblut* (Nach D. E. GREGG, 1950)

Autor	Versuchsobjekt	O_2-Kapazität Vol.-%	Sauerstoffgehalt Vol.-%				CO_2-Gehalt Vol.-%		Coronar RQ	Lactat mg-%		Glucose mg-%		Brenztraubensäure mg-%	
			Arter.	Coronar-Vene	Coronar A.-V. Diff.	Gemischtes Gesamtvenenblut	Arter.	Coronar-Vene		Arter.	Coronar-Vene	Arter.	Coronar-Vene	Arter.	Coronar-Vene
GREGG u. a.	Hund in Narkose, geschl. Thorax. Coronar-Venenblut aus Coronar-Sinus oder großer Herzvene	15,1 20,7 20,3 15,5 19,8 24,8 18,1 22,8	12,7 20,2 14,8 12,5 18,8 21,3 17,6 17,2	2,6 5,0 4,6 3,6 6,2 6,4 9,8 3,3	10,1 15,2 10,2 8,9 12,6 14,9 7,8 13,9	8,3 15,3 7,8 13,1 13,3 	41,6 42,2 42,7 34,4 33,9 40,7 51,3 28,1	50,2 52,8 51,4 40,7 43,9 49,0 57,8 39,7	0,85 0,70 0,85 0,66 0,79 0,83 0,80 0,71	9,2 6,3 8,4 18,8 23,0 24,2 33,0 65,6	8,6 5,4 6,1 16,9 19,3 18,0 22,7 52,7	123,0 155,0 96,2 213,0 137,0 89,0 135,0 167,0	119,0 152,0 94,5 218,0 141,0 90,0 135,0 181,0		
GOODALE u.a.	Hund in Narkose. Coronar-Venenblut aus Coronar-Sinus		17,2	4,1	13,1		31,8	44,5	1,0	15,3 12,2	9,0 6,9	79,3	75,3	1,99 1,91	1,07 0,95
BING u. a.	Gesunde Versuchspersonen. Coronar-Venenblut aus Coronar-Sinus		16,5	5,0	11,5	13,2									
GREGG u. a.	Hund in Narkose. Offener Thorax. Coronar-Venenblut aus vorderer Herzvene		15,8 17,8	4,9 7,9	10,9 9,9										

(J. Y. BOGUE und R. A. GREGORY, 1939). Zugeführtes Natriumpyruvat wird sofort verbraucht, aber seine Utilisation steigt nicht durch Adrenalin, und seine Zugabe beeinflußt nicht das Herz-Glykogen, den Blutzucker oder den Milchsäurespiegel (E. BRAUN-MENENDEZ, A. L. CHUTE und R. A. GREGORY, 1939). Es muß deshalb entweder den Nichtkohlenhydrat-Verbrauch beeinflussen, d. h. den von Fett oder Eiweiß, oder es verändert (erhöht) den Sauerstoffverbrauch ohne Einfluß auf eine andere Oxydation. Der Glykogengehalt, der über Stunden bei mittlerer Arbeit konstant bleibt und sich bei schwerer Arbeit und bei Zusatz von Thyroxin oder Adrenalin sehr erschöpft, wird bei Glucoseverabreichung schnell wieder hergestellt und steigt bei Erhöhung der Blutketone (R. W. LACKEY, C. A. BUNDE und L. C. HARRIS, 1946), Lactatgaben aber sind nutzlos (H. BOHNENKAMP und H. W. ERNST, 1929; R. D. LAWRENCE und R. A. McCANCE, 1931; M. B. VISSCHER und A. G. MULDER, 1930). Anscheinend kann Kohlendioxyd in das Herzglykogen eingebaut werden, was darauf hinweist, daß das Herzglykogen laufend verbraucht und neu aufgebaut wird (V. LORBER, A. HEMINGWAY und

A. O. NIER, 1943). Welche dieser Beobachtungen auch für das normale Herz zutreffen, muß noch untersucht werden.

Die Rolle dieser Verbindungen im Herzstoffwechsel ist nicht klar. Jedoch nimmt man an, daß die Milchsäure an zentraler Stelle steht; wenn sie im Überschuß vorhanden ist, wird sie oxydiert, stammt dann also direkt aus dem Blut; bei geringem Gehalt oder ihrem Fehlen im Coronararterienblut wird sie durch Abbau von Glykogen gebildet. In diesem Fall wird das Glykogen durch den Blutzucker aufgefüllt; wenn dieser nicht ausreichend ist, vermindert sich der Glykogengehalt und das Herz versagt. Die Rolle der Brenztraubensäure ist nicht bekannt.

Es scheint ein grundsätzlicher Unterschied zwischen Skelet- und Herzmuskel bei dem Verbrauch von Milchsäure und Glucose vorzuliegen. Der Herzmuskel oxydiert (verbraucht) große Mengen von Milchsäure und bildet Glykogen aus Glucose, während der Skeletmuskel hauptsächlich Glykogen aus der Milchsäure bildet und Glucose oxydiert.

Obwohl der Gesamtsauerstoffverbrauch des Herzens nicht dem Verschwinden der Kohlenhydrate entspricht, läßt der Beweis für die Ausnutzung anderer Substanzen wie Fett im Herzstoffwechsel noch viel zu wünschen übrig. Alle Hinweise sind am HLP gewonnen und gehen dahin, 1. daß die Konzentrationen an Fett abnehmen, wenn die Herzen eine zeitlang Arbeit geleistet haben (E. W. H. CRUICKSHANK und G. S. McCLURE, 1936; M. B. VISSCHER, 1938), obwohl die Untersucher annehmen, daß das begleitende Herzödem von Einfluß sein kann, 2. daß niedrige Fettsäuren wie die β-Oxybuttersäure, wenn sie zugeführt werden, vom Herzen bis zu 80% seines Gesamtstoffwechsels ausgenutzt werden können (R. H. BARNES, E. M. MACKAY, G. K. MOE und M. B. VISSCHER, 1938; E. T. WATERS, J. P. FLETCHER und G. A. MIRSKY, 1938), 3. der RQ beträgt 0,70, wenn Zucker im zirkulierenden Blut fehlt (E. W. H. CRUICKSHANK und G. S. MCCLURE, 1936). Allerdings liegt kein Beweis vor, daß höhere Fettsäuren vom Herzen verbrannt werden können, auch hat man keine Veränderungen im Fettsäuregehalt des Perfusionsblutes beobachtet.

Auch die Möglichkeit, daß Stickstoffverbindungen bei der Oxydation Energie liefern könnten, ist untersucht worden. Im aglykämischen HLP ergibt sich kein signifikanter Anstieg von Ammoniak, Harnstoff oder Rest-N im venösen Blut (E. W. H. CRUICKSHANK und G. S. McCLURE, 1936); im aglykämischen, isolierten, schlagenden Katzenherzen erhöht Zusatz von Glykokoll (mit schwerem Kohlenstoff in der Carboxylgruppe markiert) nicht die Kohlensäure der Atmungsluft (V. LORBER und N. S. OLSEN, 1946). Allerdings ergeben entsprechende Experimente mit Acetat einen Verbrauch von 20—30% (V. LORBER, N. LIFSON, W. G. WOOD und J. BARCROFT, 1946).

Die chemische Substanz, die während der Erregung des Myokards explosionsartig umgesetzt wird und die die Energie für die Folge der Ereignisse liefert, die zur Kontraktion der Ventrikel führen, ist bis jetzt unbekannt.

9. Die Energetik des innervierten Herzens im Verband des Organismus

Die Sauerstoffextraktionswerte für die Blutgefäße des linken und rechten Hundeherzens *in situ* sind unter verschiedenen dynamischen Bedingungen überraschend hoch. GREGG gibt in seiner Monographie (1950) eine große tabellarische Zusammenstellung der Angaben der verschiedenen Autoren, auf die spezielle Interessenten besonders hingewiesen seien (Tab. 3, aus GREGG). Die O_2-Extraktion (av-Differenz) liegt für die linke Coronararterie zwischen 7,8—15,2 Vol.-% und hat einen ähnlichen Wert beim nichtnarkotisierten Hund (F. C. SPENCER,

S. R. POWERS, D. L. MERRIL und R. J. BING, 1950), beim narkotisierten Hund mit offenem oder geschlossenem Brustkorb (W. T. GOODALE, M. LUBIN, J. E. ECKENHOFF, J. H. HAFKENSCHIEL und W. G. BANFIELD, 1948; T. R. HARRISON, B. FRIEDMAN und H. RESNIK, 1936) und beim normalen Menschen bei Einführung eines Katheters in den Coronarsinus (R. J. BING, M. M. HAMMOND, J. C. HANDELSMAN, S. R. POWERS, F. C. SPENCER, J. E. ECKENHOFF, W. T. GOODALE, J. F. HAFKENSCHIEL und S. S. KETY, 1949). Im Coronarsinus variiert die Sauerstoffsättigung von 12—53% mit einem Durchschnittswert von 23%, was viel niedriger ist als die Werte im venösen Mischblut (etwa 70% Sättigung). Im rechten Herzen (rechte Coronararterie — vordere Herzvene) beträgt die Sauerstoffdifferenz 9—13,57 und liegt damit in der gleichen Größenordnung wie bei der linken Coronararterie (D. E. GREGG und R. E. SHIPLEY, 1944). Wenn das Herz vom übrigen Organismus abgetrennt ist (HLP oder isoliertes Herz), ist die coronare arteriovenöse O_2-Differenz viel geringer, annähernd 4,7 Vol.-% mit Extremwerten von 1,5—10 Vol.-%, wobei die größeren Werte in solchen Versuchen spät auftreten (C. L. EVANS und S. OGAWA, 1915; K. GOLLWITZER-MEIER und E. KRÜGER, 1938; K. GOLLWITZER-MEIER, K. KRAMER und E. KRÜGER, 1936; M. B. VISSCHER, 1940). Entsprechend ist auch der CO_2-Gehalt des Coronarvenenblutes weit größer als der im venösen Mischblut. Der RQ für den linken Ventrikel liegt im normalen Bereich von 0,66—0,85.

Ein derartiger Grad von O_2-Extraktion überschreitet erheblich die Werte, die in anderen Körperregionen gefunden werden. In der Leber liegt der O_2-Entzug zwischen 2,5—4,5 Vol.-% beim normalen Menschen (Katheterisation der V. portae) (S. E. BRADLEY, F. J. INGELFINGER, A. E. GROFF und G. P. BRADLEY, 1948), in der Niere 2—4 Vol.-% ebenfalls beim normalen Menschen bei Katheterisation der V. renalis (M. F. MASON und A. BLALOCK, 1937; J. V. WARREN, A. J. MERRIL und E. S. BRANNON, 1944), in den Extremitäten 3,3—7,3 Vol.-% (normaler Mensch und narkotisierter Hund) (W. G. LENNOX und E. L. GIBBS, 1932, J. V. WARREN, A. J. MERRIL und E. S. BRANNON, 1944), im menschlichen Gehirn 1,5—8,5 Vol.-% (Katheter in V. Jugularis interna (F. A. GIBBS, H. MAXWELL und E. L. GIBBS, 1947; S. S. KETY und C. F. SCHMIDT, 1945, 1946). Die Extraktionswerte des Herzens sind sogar höher als die des arbeitenden Skeletmuskels (H. E. HIMWICH und W. B. CASTLE, 1927).

Der große Sauerstoffentzug durch das normale Herz weist darauf hin, daß jeder signifikante Anstieg im Sauerstoffbedarf des Herzens mit einem Anstieg der coronaren Blutströmung erwidert werden muß (s. Kap. XV).

Gleichzeitige Bestimmungen des Auswurfvolumens, der Arbeit und des Stoffwechsels wurden meist am HLP durchgeführt und erst in neuerer Zeit am in situ schlagenden Herzen des narkotisierten und nichtnarkotisierten Hundes und beim normalen Menschen. In der Tab. 4 (S. 451) von D. E. GREGG werden Untersuchungen zusammengestellt, in denen Stoffwechsel, Coronarströmung, Auswurfvolumen und Arbeit auf einen Generalnenner (d. h. pro 100 g Ventrikel) gebracht wurden. Die Werte für den Sauerstoffverbrauch wurden bereits früher angegeben. Die Werte für das Auswurfvolumen und die Arbeit scheinen beim normalen Menschen beträchtlich niedriger zu sein als die beim nichtnarkotisierten Hund. Wie zu erwarten, werden die Werte des Hundes progressiv kleiner, wenn das Tier narkotisiert und der Brustkorb eröffnet wird und wenn Herz und Lungen isoliert werden; die Werte für das Auswurfvolumen betragen dann 400 cm³/min und für die Herzarbeit 0,45 mkg/min, 100 g linker Ventrikel. Offensichtlich weichen diese Werte sehr vom Normalen ab. Für den rechten Ventrikel liegen zwar viele getrennte Bestimmungen des rechten Coronareinstroms und des Stoffwechsels vor, aber nicht bei gleichzeitigen Messungen des Auswurfvolumens, des Pulmonalarteriendruckes und der Arbeit. In der Tabelle von GREGG sind Messungen darüber beim normalen Menschen angeführt, in denen das Auswurfvolumen und die Arbeit pro 100 g rechter Ventrikel und min berechnet wurden. Solche Werte gehen bis zu 8000 cm³ und 1,4 mkg.

Tabelle 4. *Werte für Coronar-Durchblutung, Herz O_2-Verbrauch, Arbeit und Wirkungsgrad des Herzens unter verschiedenen experimentellen Bedingungen* (Nach D. E. GREGG 1950)

Autor	Versuchsobjekt	Methode		Mittlerer arter. Druck mm Hg	Herz-Minuten-Vol. cm³	Pro 100 g linker Ventrikel/min				
		Coronar-Durchblutung	Herz-Minuten-Volumen			Arbeit mkg	linke Coronar-Durchströmung cm³	O_2-Verbrauch cm³	Ges. Energie Produktion mkg	Wirkungsgrad
GREEN u. a.	Hund, offener oder geschlossener Thorax	Rotameter		101			72			
SEELY u. a.	Hund, offener oder geschlossener Thorax	Stickoxydul	Rotameter (Arter. pulmon.)	120 95	1590	2,05	81			
HARRISON u. a.	Hund, offener Thorax	Morawitz-Kanüle	FICK	118	2670	4,3	80	10,6	21,9	19,6
ECKENHOFF u. a.	Hund in Narkose	Stickoxydul	FICK	133	4340	7,9	74	9,6	19,8	40,0
GOODALE u. a.	Hund in Narkose	Stickoxydul	FICK	138			71	9,7	20	
BLALOCK u. a.	Hund ohne Narkose		FICK	115	4570	7,1				
SPENCER u. a.	Hund ohne Narkose	Stickoxydul	FICK	119	7700	12,45	151	19,5	40,2	31,0
EVANS u. a.	Herz-Lungen-Präparat			99	1350	1,8		8,0	16,4	11,0
GOLLWITZER-MEIER und KRAMER	Herz-Lungen-Präparat			100	1300	1,8		4,2	9,3	19,3
COURNAND u. a.	Mensch, normal		FICK	97	4150	5,5				
BING u. a.	Mensch, normal	Stickoxydul	FICK	92	2820	3,4	65	7,8	16,0	23,0
RILEY u. a.	Mensch, normal, linker Ventrikel		FICK	84	4000	4,6				
	Mensch, normal, rechter Ventrikel		FICK	13	8000	1,4				

Ausgewählte Daten. Ventrikel-Gewichte, die in den Originalarbeiten nicht verfügbar waren, sind aus dem Verhältnis von Herz und Körpergewicht annäherungsweise berechnet. Hund: Quotient Herzgewicht/Körpergewicht = 0,00798; linker Ventrikel/Körpergewicht = 0,00369 [s. HERMAN, G. R.: Amer. Heart J. **1**, 213, (1926)]. Mensch: Quotient Herzgewicht/Körpergewicht = 0,0043; linker Ventrikel/Herzgewicht = 0,0052; rechter Ventrikel/Herzgewicht = 0,0026 [s. H. L. SMITH: Amer. Heart J. **4**, 79 (1928)]; Blutdruck, geschätzt bei BLALOCK und bei COURNAND (GREGG).

Sie sind viel niedriger, als die am gleichen Herzen für den linken Ventrikel erhaltenen. Weil eine derartige Ableitung unbefriedigend ist, kann die Größenordnung nur ein roher Anhaltspunkt sein für die Größe von Auswurfvolumen und Arbeit für die Gewichtseinheit des betreffenden Ventrikels. Ob die Werte für Coronarströmung, Herzstoffwechsel, Auswurfvolumen und Arbeit bei Anwendung weniger schädlicher Methoden zutreffen, ist nicht bekannt (GREGG). Auch *am in situ schlagenden Herzen* wurde aufgewiesen, daß ein beträchtlicher Anstieg des Stoffwechsels und der Arbeit stattfindet, wenn die arterielle Belastung des rechten bzw. linken Ventrikels durch Aorten- oder Pulmonalarterienkonstriktion oder vermehrten venösen Rückfluß (J. E. ECKENHOFF, J. H. HAFKENSCHIEL, C. M. LANDMESSER und M. HARMEL, 1947) oder nach Reizung der Austrittsstellen der Herznerven aus den Ganglia stellata erhöht ist (R. W. ECKSTEIN, M. STROUD, C. V. DOWLING, R. ECKEL und W. H. PRITCHARD, 1949; D. E. GREGG und R. E. SHIPLEY, 1944, 1945). Das steht also in Übereinstimmung mit den Experimenten am HLP (J. BARCROFT und W. E. DIXON, 1906; C. L. EVANS, 1912; C. L. EVANS und Y. MATSUOKA, 1915; K. GOLLWITZER-MEIER und C. KROETZ, 1940; K. GOLLWITZER-MEIER und E. KRÜGER, 1938; K. GOLLWITZER-MEIER, K. KRAMER und E. KRÜGER, 1936). Unter normalen Bedingungen wurde die maximale Reaktion des Herzens niemals bestimmt, jedoch kann erwartet werden, daß sie unter Adrenalin oder Herznervenreizung erfolgt (GREGG). Die früher dargelegten Beziehungen der Abhängigkeit des Sauerstoffverbrauchs des isolierten Herzens bei konstanten chemischen und Temperaturbedingungen vom diastolischen Volumen (E. H. STARLING und M. B. VISSCHER, 1926, 1927; C. L. EVANS und Y. MATSUOKA, 1915) wurden allgemein bestätigt (K. GOLLWITZER-MEIER, K. KRAMER und E. KRÜGER, 1936; H. GREMELS, 1932; K. HECHT und G. MANSFELDT, 1933; A. HEMINGWAY und A. R. FEE, 1927; M. KIESE und R. S. GARAN, 1938). Diese Experimente zeigten, daß die Energie für den Herzschlag hauptsächlich vom diastolischen Volumen des Herzens oder der Länge der Fasern abhängt. Innerhalb gewisser Grenzen folgt auch die Herzarbeit der diastolischen Größe oder Faserlänge. Schließlich jedoch nimmt bei einer erheblichen Zunahme der Arbeit die Beziehung der Arbeit zur diastolischen Größe ab, bis schließlich die Arbeit bei steigender diastolischer Größe tatsächlich absinkt. Jedoch gibt es keine geeigneten Möglichkeiten zur Untersuchung der komplizierten Dynamik bei verschiedenen Arten der Veränderung der Herzarbeit. Die lineare Beziehung zwischen diastolischem Herzvolumen und der Arbeit oder dem Sauerstoffverbrauch ist nach D. E. GREGG gänzlich empirisch und die Beziehungen können vorhanden sein oder fehlen, wenn Messungen am *in situ schlagenden Herzen unter natürlichen Bedingungen* vorgenommen werden. So aufschlußreich das HLP und besonders das innervierte HLP sind, so haben sie eben doch ihre Grenzen und am Ganztier ist eben manches andererseits — bisher jedenfalls — nicht erfaßbar.

Untersuchungen über den *Wirkungsgrad* wurden am Menschen und an narkotisierten und nichtnarkotisierten Hunden durchgeführt. Einige der erhaltenen Werte sind in der Tab. 4 aufgeführt (COURNAND, BING, RILEY am Menschen). Beim nichtnarkotisierten Hund betrug der Wirkungsgrad 31% (F. C. SPENCER, S. R. POWERS, D. L. MERRIL und R. J. BING, 1950). Beim narkotisierten Hund mit gutem Auswurfvolumen und Blutdruck schwankt er zwischen 7—54%. Im HLP sind die Werte niedriger. Die größten Werte ergeben sich bei großem Auswurfvolumen zusammen mit hohem arteriellen Druck. Wenn die Arbeit jedoch bestimmte Grenzen überschreitet, steigt der Sauerstoffverbrauch in einem disproportionalen Ausmaß zugleich mit Dilatation des Herzens und Absinken des Wirkungsgrades an. Wirkungsgrade ähnlicher Größenordnungen werden auch vom menschlichen Herzen berichtet, bei denen der Stoffwechsel mit der Stickoxydulmethode und das Auswurfvolumen nach dem FICKschen Prinzip gemessen wurde (R. J. BING, M. M. HAMMOND, C. J. HANDELSMAN, S. R. POWERS, F. C. SPENCER, J. E. ECKENHOFF, W. T. GOODALE, J. F. HAFKENSCHIEL und S. S. KETY, 1949). Die Größenänderungen im Wirkungsgrad des Herzens beim narkotisierten Hund nach Änderungen des Auswurfvolumens und des Aortendrucks stehen in Übereinstimmung mit den Beobachtungen am isolierten Herzen und am innervierten und denervierten HLP (C. L. EVANS, A. C. DE GRAFF, T. KOSAKE, K. MACKENZIE, E. MURPHY, T. VACEK, D. N. WILLIAMS und F. G. YOUNG, 1934; K. GOLLWITZER-MEIER, K. KRAMER und E. KRÜGER, 1936; H. GREMELS, 1932; L. N. KATZ, K. JOCHIM, E. LINDNER und M. LANDOWNE, 1931; M. KIESE und R. S. GARAN, 1938).

Jedenfalls ist das HLP kein ideales Präparat; die Gründe dafür wurden schon verschiedentlich erörtert. Auch bei Vermeidung aller Fehlerquellen bleibt die Tatsache der „Spontaninsuffizienz" und die unphysiologische Kleinheit des Wirkungsgrades, der beim Skeletmuskel bis 38% betragen kann. Er bewegt sich beim HLP fast ausnahmslos in der Größenordnung von 3—17%. Es wurde schon erwähnt, daß REIN in besonders scharfer Stellungnahme darauf hinwies: „Ohne die Verdienste des STARLING-Präparates zu verkennen, muß gesagt werden, daß es sich um gänzlich unphysiologische Verhältnisse handelt. Das geht eindeutig gerade aus dem Stoffwechselverhalten und dem beobachteten Wirkungsgrad hervor. Mit E. H. STARLING und GREMELS sind wir der Überzeugung, daß die Ursache für den unphysiologischen Wirkungsgrad in der Entnervung des Herzens zu suchen ist. Namentlich die Abtrennung des N. vagus führt zu einer unsinnigen Steigerung der gesamten Oxydationen." Tatsächlich erreicht das innervierte Herz am HLP, wie es von G. V. ANREP angegeben worden ist, einen höheren Wirkungsgrad bei gleicher Arbeitsweise als das Herz ohne nervöse Versorgung: nach Ausschaltung der Innervation steigt der Sauerstoffverbrauch bei gleicher Arbeitsleistung an. STARLING, GREMELS, GOLLWITZER-MEIER, KRAMER und KRÜGER stimmen darin überein. Auch REIN betont, daß das völlig von den regulierend wirkenden Herznerven abgelöste Herz — namentlich bei geringen Belastungen — unrationeller arbeitet als das innervierte. „Zum Teil mag das an direkten Eingriffen in den Energiestoffwechsel liegen, z. T. sicher an der fehlenden Anpassung der Arbeitsweise (Schlagfrequenz, Kammerfüllung usw.) an das zu bewältigende venöse Angebot." Auf die Erörterung der Wirkung von Adrenalin und Acetylcholin (GREMELS, GOLLWITZER-MEIER, KRAMER) auf Dynamik und Energetik ist in diesem Zusammenhang hinzuweisen. Was für das Adrenalin gilt, können wir mit guten Gründen auf die vegetative Innervation übertragen[1]. Wie GOLLWITZER-MEIER (1950) ausführte, greifen die Herznerven intensiv in den Sauerstoffverbrauch des Herzens ein. Vagusreiz und Acetylcholin bremsen ihn, obwohl sie gleichzeitig das diastolische Herzvolumen vergrößern. Sympathicusreiz und Adrenalin peitschen den Sauerstoffverbrauch an, obwohl sie gleichzeitig das diastolische Volumen verkleinern. Die Herznerven wirken damit stark auf die Ökonomie der Herzarbeit. Der

---

[1] Vagus- und Acceleransreizung verändern auch die *Mechanik* des Herzens genauso wie Acetylcholin- und Adrenalinwirkung. Das geht aus Untersuchungen von BAUEREISEN und REICHEL (1946) über die inotrope Wirkung der Herznerven hervor. Vaguserregung verschiebt die isometrischen Maxima in Richtung abnehmender Drucke, Acceleranserregung hat den umgekehrten Effekt. Die Kontraktionsdauer wird unter Vaguseinfluß verkürzt, unter Acceleransreizung verlängert (s. dazu auch die Wirkungen auf die Aktionsstromdauer! S. 86). [Eine besondere tonotrope und klinotrope Wirkung der Herznerven wird dabei meist abgelehnt (s. S. 412, 437, 244), die Änderungen der Minima (des Tonus) sind Folgen der chronotropen Wirkung. Der Verlauf der Ruhedehnungskurve, d. h. der Elastizitätsmodul wird durch die Herznerven nicht beeinflußt (s. S. 408ff.).]

Vagusreiz verbessert sie, der Sympathicusreiz verschlechtert sie. Besonders intensiv sind die energetischen Wirkungen der sympathicotonen und vagotonen Herz- und Kreislaufreflexe. Der Nerveneinfluß auf die Herzenergetik ordnet sich den Vorstellungen von W. R. HESS ein. Nach ihnen ermöglicht der Vagus die Restituierung und Erhaltung der potentiellen Leistungsfähigkeit, der Sympathicus die Entfaltung der aktuellen Energie. Jedenfalls ändert die erhaltene Benervung durch die tonischen und durch die reflektorischen Nervenwirkungen sowohl das dynamische als auch das energetische Verhalten des Herzens in vielen Zügen (GOLLWITZER-MEIER). Da es nur auf Grund gleichzeitiger Messungen von Kranzgefäßdurchblutung und Herzgaswechsel möglich ist, den Anteil der mechanischen, chemischen und nervösen Faktoren abzugrenzen, sollen die weiteren Verhältnisse des Gaswechsels des innervierten Herzens in Zusammenhang mit der Regulierung der Kranzgefäßdurchblutung besprochen werden (S. 496ff.). Denn „alle Änderungen des Energiestoffwechsels im Herzmuskel werden durch den Gang der Kranzgefäßdurchblutung mit größter Empfindlichkeit angezeigt" (REIN).

Ehe wir auf diese Frage eingehen, sei an dieser Stelle noch ein weiterer Punkt behandelt, der die unterschiedlichen Verhältnisse des isolierten Herzens im HLP und des Herzens im Gesamtorganismus betrifft, und zwar betrifft das die Forschungen von H. REIN, die ohne jede bestimmte Festlegung irgendwelcher Art zunächst von dem Befund ausgingen, daß die Abtrennung des Herzens vom übrigen Organismus nachteilig für die Energieumsetzungen im Herzmuskel ist, und zwar *nicht* nur durch die gewöhnlich damit verbundene Entnervung. Auch hier war der Ansatzpunkt der relativ geringe Wirkungsgrad des isolierten Herzens im HLP. Um festzustellen, daß das Herz unmittelbar nach der Isolierung vom Gesamtorganismus noch Wirkungsgrade hat, die denen des Skeletmuskels entsprechen, schuf REIN eine Versuchsanordnung, die es gestattet, den Lungengaswechsel erst am ganzen Tier und dann ohne Unterbrechung am HLP fortlaufend zu registrieren, dabei wird dem Herzen im künstlichen Kreislauf eine Arbeit auferlegt, die nach venösem Angebot und zu entwickelndem Aortendruck sofort den Verhältnissen im Tier entspricht. Während sonst die ersten Messungen erst 12—30 min nach Abtrennung vom Tier möglich sind, ergab sich so die Feststellung, daß in den ersten 2—3 min nach Abhängung vom Gesamtorganismus das Herz in der Tat mit einem Wirkungsgrad von stets über 20% arbeitet, und zwar trotz der Entnervuug und bei nur mittlerer Belastung! Innerhalb der ersten Minuten nach der Isolierung steigt der O_2-Verbrauch des Herzens pro mkg geleisteter Arbeit an, d. h. der Wirkungsgrad sinkt von durchaus „vernünftigen" Werten auf jene, aus den sonstigen Experimenten am isolierten Herzen bekannten Werte (3—20%) ab. Bei der Kürze der Zeit liegt die Ursache nicht in der Abnahme energieliefernder Stoffe im Blut (Traubenzucker). Eine solche ist weder nachzuweisen, noch kann man durch Zugabe von Traubenzucker die Sachlage ändern. Auch eine Anhäufung von toxisch wirkenden Stoffwechselprodukten ist als Ursache nicht nachweisbar und unwahrscheinlich. Das Herz hat offenbar zur Abwicklung seines normalen Energiestoffwechsels den normalen Zusammenhang mit dem übrigen Organismus nötig. In erster Linie vermutete REIN, daß der Fortfall der *Leber* für das Ergebnis entscheidend sein könnte.

Als STOLNIKOW (1882) in PAWLOWS Laboratorium seine Experimente mit totaler Leberausschaltung an Hunden durchführte und diese in wenigen Stunden unter Erscheinungen einer schweren Herzinsuffizienz zugrunde gehen sah, dachte er ursächlich an ein Überangebot von Blut an das Herz, den Wegfall einer „mechanischen Schonfunktion" der Leber, in der normalerweise ein Teil des Blutes über die Lebervenen zurückgestaut werden könnte, wie ja in der Tat die Leber einen wichtigen Blutspeicher darstellt, der hormonal und nervösreflektorisch in das Kreislaufgeschehen eingreift [GRAB, JANSSEN und REIN (1929), BAUER, DALE, POULSEN und RICHARDS (1932)]. Ein Ausfall der Leber macht z. B. tatsächlich die reflektorische Selbststeuerung des Kreislaufs über die pressosensiblen Nerven unmöglich (REIN).

In anderer Richtung liegen die Feststellungen von CANNON (1921) und Mitarbeitern, die bei Reizung der Nerven der Leberpforte am vorher entnervten Herzen Änderungen der Herzfrequenz und Druckamplitude beobachteten. Daraus entwickelte sich die Hypothese eines „Herzhormons" der Leber (ASHER und seine Schule). Von RONCATO (1930) und BASSANI (1933) wurden dann überzeugendere funktionelle Beziehungen zwischen Leber und Herz aufgefunden. Unabhängig voneinander entwickelten dann PINOTTI (1941) und H. REIN (1938—1942) neue Vorstellungen darüber: Die Abschaltung der Leber war die Ursache für das rasche Insuffizientwerden des Herzens, angenommen wurde als Ursache der Ausfall eines Wirkstoffes, eines „hepatogenen Herzhormons", das im oxydativen Energiestoffwechsel des Herzens eingreift. Nachdem für die Körper der Digitalisgruppe durch GOLLWITZER-MEIER, GREMELS u. a. gezeigt war, daß sie am insuffizienten Herzen den O_2-Verbrauch mindern, d. h. den Wirkungsgrad heben können, lag es bei der nahen chemischen Verwandtschaft zwischen den Gallensäuren und den Digitaliswirkstoffen (WINDAUS, STOLL) als Arbeitshypothese nahe, an eine digitalisähnliche körpereigene Substanz der Steroidgruppe zu denken. Auch PINOTTI (1941) kam zu der Auffassung, daß der Ausfall der Leber die Ursache für die Herzinsuffizienz ist und daß nach Einschaltung der Leber die Herzarbeit mit einem geringeren Energieaufwand (besserem Wirkungsgrad) geleistet wird als ohne Leber.

Die durch Ausfall der Leber bewirkte Insuffizienz braucht dabei nach REIN keineswegs so schwer zu sein, daß dabei die klassischen kreislaufmechanischen Symptome des arteriellen Druckabfalls und der venösen Rückstauung sichtbar werden müßten. Vielmehr scheint das viel empfindlichere Symptom, die Verschlechterung des Wirkungsgrades, also ein vergrößerter O_2-Bedarf des Herzmuskels pro mkg geleisteter Arbeit (übrigens zugleich auch der erhöhte Blutbedarf des Herzmuskels selbst durch die Kranzgefäße) den eigentlichen kreislaufmechanischen Störungen stets beträchtlich voranzugehen (GREMELS).

Die Experimente REINs mit Leberausschaltung ergaben:

1. Nach verhältnismäßig kurzdauernder Ausschaltung der Leber aus dem Blutkreislauf lassen sich in vielen Fällen innerhalb von Minuten eintretende Funktionsstörungen des Herzmuskels beobachten. Diese können durch Wiedereinschaltung der Leber ebenso wie durch Strophanthin behoben werden. Voraussetzung für das Eintreten der Herzstörung scheint zu sein, daß alle Anastomosen der A. hepatica ausgeschaltet sind.

2. Diese Störungen treten öfter und gründlicher ein
   a) im allgemeinen Sauerstoffmangel,
   b) bei Kreislaufbelastungen,
   c) bei bereits vorhandenen leichten Herzmuskelinsuffizienzen.

Die Leber scheint also irgendwie für die Überwindung von allgemeinem und lokalem O_2-Mangel bedeutungsvoll zu sein, und zwar mindestens im Gebiete des Herzens.

Auf die sich daraus ergebenden Fragen der peripheren Kreislaufregulation sei nur verwiesen („vasomotorische Hepaticareflexe"). Die besondere Rolle der Leber bei der Abwehr von O_2-Mangel zumindest für das Herz steht in engerem funktionellen Zusammenhang mit der Art. hepatica, die sich als höchst empfindlich gegenüber kleinsten Änderungen im O_2-Gehalt des arteriellen Blutes erwies (Schwellengleichheit der Reaktion mit den Chemoreceptoren des Carotissinus). Die Mehrdurchblutung ist offenbar Begleiterscheinung einer Umschaltung der Leber von ihren „Ingestivfunktionen" auf Regulationsfunktionen für den oxydativen Gewebsstoffwechsel — wahrscheinlich nicht nur für das Herz —, welche an das Stromgebiet der Art. hepatica gebunden sind.

In der weiteren Verfolgung dieser Fragen wurde von REIN wegen der außerordentlichen Empfindlichkeit der Milz gegen Adrenalin an die Abgabe eines auslösenden Stoffes *durch die Milz an die Leber* gedacht. Aus den Experimenten wurde geschlossen, daß die Milz bei O_2-Mangel einen Stoff an die Leber abgibt, der diese in die Lage versetzt, bei eintretendem O_2-Mangel ein Versagen des Kreislaufs — wahrscheinlich in erster Linie durch Verhütung oder Beseitigung einer O_2-Mangel-Insuffizienz des Herzens — abzuwehren. Möglicherweise handelt es sich um die Vorstufe eines Wirkstoffes, der unter aktivem Eingreifen der Leber entsteht.

Als Bedingungen für Entstehen und Wirksamwerden des Milzstoffes ergibt sich:

a) Das „Hypoxie-Lienin" entsteht in der Milz nur bei Stärkerem O_2-Mangel des Gesamtorganismus (das Milzvenenblut gut beatmeter Tiere ist unwirksam).

b) Das „Hypoxie-Lienin" läßt sich am sichersten nachweisen, wenn zusätzlich zur Hypoxie des Tieres eine elektrische Reizung eines Milznervenastes vorgenommen wird.

c) Das „Hypoxie-Lienin" wirkt nicht an gut beatmeten Tieren, sondern nur an Tieren, welche O_2-Mangel-Symptome im Blutkreislauf oder in der Lungenatmung zeigen, insbesondere bei beginnender hypoxischer Herzmuskelinsuffizienz.

d) Das „Hypoxie-Lienin" wirkt am sichersten und stärksten, wenn es über den „natürlichen Weg", also über die Pfortader durch die Leber verabfolgt wird.

e) Die Leber muß intakt sein, wenn das „Hypoxie-Lienin" wirksam werden soll.

Über die chemische Natur der Wirkstoffe, die der „hypoxischen" Milz-Leber-Reaktion zugrunde liegen, ist nichts Sicheres bekannt. Das „Hypoxie-Lienin" ist nicht Acetylcholin, Adrenalin oder Histamin und nicht identisch mit den Wirkstoffen, die von der Leber ins Blut übergehen. Die Übereinstimmung der Wirkung der Hypoxie-Leberstoffe mit der des Strophanthins spricht für die erwähnte Arbeitshypothese, daß es sich um ein Steroid handeln könnte. Auch erwog REIN die Abgabe eisenhaltiger Katalysatorstoffe aus der Milz mit deren definitivem Umbau in der Leber. MEESMANN und SCHMIER (1956) prüften besonders Adrenalin, Nor-Adrenalin, Ferritin (das Trägerproteid des Eisens), Laevulose, Glucose, Milchsäure in Form des Lactats, Kaliumphosphat, Padutin, den Milzextrakt Prosplen, das Leberhydrolysat Laevohepan, Adenosintri-, di- und monophosphorsäure, Serotin-Kreatininsulfat. Keiner der geprüften Stoffe hatte Wirkungen, die denen nach Milz-Nerven-Reizung gleichgesetzt werden können. Alle diese Stoffe verursachen Mehrdurchblutungen in den Herzkranzgefäßen, Milchsäure steigert das Herzzeitvolumen. Im sog. „Milz-Leber-Mechanismus", der durch elektrische Reizung des Nerven am Milzhilus ausgelöst wird, wird als besonders charakteristische Reaktion eine Konstriktion im Strombett der Coronarien angegeben, die bei ansteigendem Blutdruck und vermehrtem Herzzeitvolumen, also gestiegener Herzarbeit, sogar zu einer Minderdurchblutung führt, was auf eine relative Senkung des Stoffwechsels in den zugehörigen Myokardabschnitten nach Milz-Nerven-Reizung hinweisen würde. Weitgehende interessante Ausblicke ergaben sich für H. REIN aus seinen Befunden in der Deutung des second wind, über die Bedeutung der Altersdegeneration der Milz als Ursache der Abnahme der körperlichen Leistungsfähigkeit im Alter, über das häufige Versagen von Splenektomierten und die Resistenzverminderung gegen CO-Vergiftung nach Milzausschaltung. Es sei auch an dieser Stelle beklagt, daß ihm ein allzufrüher Tod nicht die Durcharbeitung dieses großen Programms ermöglichte, das letztlich das weitgesteckte Ziel hatte, eine physiologische Substanz zur Beseitigung hypoxischer Herzmuskelinsuffizienzen zu finden. Eine endgültige Stellungnahme ist z. Z. noch nicht möglich.

XV. Die Coronardurchblutung [1]

Da es die Aufgabe der Kranzgefäßdurchblutung ist, die Ernährung des Herzens sicherzustellen, insbesondere die Blutzufuhr dem Sauerstoffverbrauch anzupassen, schließen wir an die Besprechung der Energetik (Kapitel XIV) die der Herzmuskeldurchblutung und deren Regulation an und behandeln erst anschließend daran die Beziehungen zwischen Gaswechsel und Kranzgefäßdurchblutung des innervierten Herzens im Zusammenhang miteinander. Es muß an dieser Stelle gleich vorweg bemerkt werden, daß in diesem Kapitel außerordentlich stark voneinander abweichende Auffassungen und Ergebnisse vorliegen. Zum Teil liegt das an den sehr verschiedenen, zur Untersuchung der Coronardurchblutung angewandten Methoden. Namentlich von amerikanischen Autoren sind in der jüngsten Zeit zahlreiche neue Methoden entwickelt worden, auf die im weiteren Zusammenhang noch einzugehen sein wird. Da außerdem verschiedene Arbeitskreise mit jeweils anderen Ergebnissen und Schlußfolgerungen vorliegen,

---

[1] GREGG, WIGGERS, GOLLWITZER-MEIER.

wird beim gegenwärtigen Stand nichts anderes übrig bleiben, als sie in ihrer Geschlossenheit jeweils gegenüberzustellen, zumal diese Arbeitskreise der verschiedenen Länder untereinander auffallend wenig auf die von anderen erhaltenen Ergebnisse Bezug nehmen.

Über die *Anatomie und Topographie der Coronargefäße* haben die Arbeiten von SPALTEHOLTZ und verschiedener amerikanischer Autoren Klarheit geschaffen; Übersichten liegen von HOCHREIN (1932, 1945), CONDORELLI (1932), PARADE (1933) vor. Betreffs Blutversorgung des spezifischen Systems s. S. 28, 137 und bei HOCHREIN (1945). Betreffs besonderer Verbindungssysteme zwischen arteriellen und venösen Gefäßabschnitten s. S. 461. Von der Reichhaltigkeit der Durchblutung geben ,,SPALTEHOLTZ-Herzen'' (Gefäßinjektionen bei aufgehelltem Herzgewebe) und Röntgenkontrastbilder des Coronarsystems eine eindrückliche Vorstellung.

Die Verteilung des arteriellen Coronareinstroms

Bekanntlich erfolgt die Blutzufuhr zum Herzmuskel durch die beiden Coronararterien, die frei endigen und häufig Anastomosen zwischen ihren Ästen aufweisen, auch viele Endzweige der linken und rechten Coronararterie anastomosieren miteinander; dennoch sind die Coronargefäße praktisch als Endgefäße anzusehen (WIGGERS, 1936), was natürlich nicht ausschließt, daß bei temporärem Verschluß durch die Anastomosen eine Teilbelieferung zu einem Myokardbezirk möglich ist (EVANS). (Betr. Folgen der Ligatur einer Coronararterie s. S. 459f, 491.) Nach ANREP, BLALOCK und HAMMOUDA (1929) verteilt sich die Blutzufuhr beim Hund zu 50% auf den R. circumflexus, 30% auf den R. descendens und 20% auf die Art. dextra. Bei gleichzeitiger Registrierung des linken und rechten Coronareinstroms mit dem Rotameter[1] ergibt sich beim narkotisierten Hund eine Verteilung zu 85% auf die linke und zu 15% auf die rechte Coronararterie (D. E. GREGG und R. E. SHIPLEY, 1947). Dem entspricht auch die Verteilung am durchströmten flimmernden Herzen (L. N. KATZ, K. JOCHIM und W. WEINSTEIN, 1938) und am HLP bei Durchströmung mit konstantem Druck (G. V. ANREP, E. W. H. CRUICKSHANK, A. C. DOWNING und A. SUBBA RAU, 1927). Es ist bei diesen Angaben zu beachten, daß die Versorgungsgebiete beim Menschen von

---

[1] Beim *Rotameter* handelt es sich um einen Schwimmer in einem senkrecht stehenden, konisch ausgeschliffenen Rohr aus Glas oder Kunststoff, der sich entsprechend der Strömungsgeschwindigkeit in bestimmter Höhe einstellt. Die Bewegungen des Schwimmers können entweder direkt photographisch oder indirekt durch eine geeignete elektrische Schaltung registriert werden. Im Gegensatz zur Thermostromuhr ist eine Durchtrennung des Gefäßes mit seinen Nervenzweigen notwendig. — Von den vielen zur quantitativen Messung der Durchblutung von Organen angegebenen Methoden sind die *indirekten* Methoden, die auf Verdünnung von Gasen (KETY und SCHMIDT) oder von zufließenden Farbstofflösungen (HAMILTON) beruhen, nur mit Einschränkungen anwendbar. Sie sind für die Bestimmung langsam verlaufender Durchblutungsänderungen geeignet und nur angenähert quantitativ. Bei der Verwendung *direkter* Methoden, wie Thermostromuhr, Bubble-Flow-Meter, Rotameter u. a. ist die operative Freilegung der Gefäße und damit eine Narkose notwendig. Für die REINsche Thermostromuhr, die die Durchblutung durch Anlegen der Elemente an die Gefäßwand unblutig und fortlaufend mißt, ist ihre Anwendung als quantitative Methode nicht unbestritten (GREGG, DÖRNER). Es muß abgewartet werden, ob die weitere Entwicklung ihrer Theorie (ASCHOFF) und ihrer Bauprinzipien eine quantitative Verwendbarkeit möglich macht. Man ist deshalb neuerdings wieder zur direkten blutigen Durchblutungsmessung übergegangen und hat das alte Prinzip der LUDWIGschen Stromuhr oder der direkten Messung der ausfließenden Blutmenge wieder aufgenommen. Die Methode der Messung mit Rotametern (SHIPLEY und WILSON) ist deshalb interessant, weil sie einen weiten Meßbereich von 0—3000 cm³/min umfaßt. Als neues hoffnungsvolles Prinzip ist eine Durchblutungsmessung mit Thermistoren von FELIX angegeben worden. Die Bubble-Flow-Methode hat SOSKIN, PRIEST und SCHUTZ angegeben, bei der die Geschwindigkeit einer in den Blutstrom eingebrachten Luftblase innerhalb eines Glasrohres gemessen wird. Dieses System haben DUMKE und SCHMIDT verbessert und SELKURT zur genaueren Festlegung der Durchlaufzeit mit Photozellen versehen. G. BAUMGARTNER, G. GRUPP und S. JANSSEN (1955) (dort auch die Literatur!), haben der Anordnung eine automatische Blasengebung hinzugefügt, die eine fortlaufende Messung der Durchblutung gestattet. Auch von anderer Seite (BRAUN u. a.) wurden ähnliche Anordnungen mitgeteilt.

denen des Hundes abweichen. Beim Hund überwiegt die linke Coronararterie; beim Menschen ist das nur in einem kleinen Prozentsatz der Fall; nach D. E. GREGG liegt hierbei eine gleichmäßige Verteilung vor oder es überwiegt sogar die rechte Coronararterie (M. J. SCHLESINGER, 1940). Meist wird sonst angegeben, daß mit großer Häufigkeit die rechte Kranzarterie den größten Teil des rechten Herzens, die hintere Hälfte des Septums und auch einen Teil der Hinterwand des linken Ventrikels versorgt. Weiter beteiligt sie sich an der Versorgung des medialen (hinteren) Papillarmuskels der linken Kammer. Die linke Coronararterie versorgt dann den übrigen Teil des linken Ventrikels, die vordere Hälfte sowie einen schmalen Streifen längs der Kammerscheidewand an der vorderen Fläche des rechten Ventrikels. Der große Papillarmuskel des rechten Ventrikels wird z. T. von der linken Kranzarterie ernährt (HOCHREIN). Nach den Ausführungen von GROSS soll mit zunehmendem Alter die linke Coronararterie ein immer größeres Gebiet der Herzernährung übernehmen. Den Untersuchungen von W. SPALTEHOLTZ, JAMIN und MERKEL, BANCHI, J. TANDLER, L. GROSS ist zu entnehmen, daß es kaum zwei menschliche Herzen gibt, die hinsichtlich der Gestaltung ihres Gefäßsystems vollständig identisch sind. Das gleiche gilt für das Hundeherz. Zusammenfassende Darstellungen der Anomalien in Ursprung und Verlauf der Coronararterien liegen vor von BOCHDALEK (1867), GALLAVARDIN und RAVAULT (1925), P. D. WHITE u. a. (Literatur bei HOCHREIN, 1945).

Die Verteilung des coronaren Ausstroms

Das durch die Coronararterien einströmende Blut kann hauptsächlich auf zwei Wegen in die Ventrikelhöhlen zurückfließen, in den rechten Vorhof über den Coronarsinus und die vorderen Herzvenen und direkt in die Ventrikelhöhlen durch die Venae Thebesii und die arterioluminalen und sinusoidalen Gefäße (s. dazu S. 461). Diese Wege sind im einzelnen zu besprechen.

Entscheidend gefördert wurde in der älteren Zeit die Untersuchung des Coronarkreislaufs durch das HLP von STARLING und die Coronarkanüle von MORAWITZ und ZAHN, die das gesamte Coronarsinusblut abführt. (Es handelt sich dabei um eine durch Aufblähung gegen die Sinuswand abgedichtete „Tamponkanüle", die in situ durch den eröffneten rechten Vorhof in den Sinus coronarius eingeführt wird. Der Ausfluß wird gemessen und in die V. jugularis zurückgeleitet.) EVANS und STARLING zeigten, daß im Coronarsinus 60% des Gesamtcoronarkreislaufs abfließen — der MORAWITZ-Schüler UNGER (1916) gab 50—66% an — und zwar unabhängig von der Größe des Gesamtdurchflusses, sogar unter Adrenalin oder Asphyxie, die die Coronargefäße weit dilatieren und so ein großes Ansteigen des Gesamtdurchflusses bewirken (60—66%). Der Gesamtkreislauf wird daher auch von EVANS und STARLING als das $^{5}/_{3}$fache des Durchflusses durch die MORAWITZ-Kanüle des Coronarsinus angenommen.

Da WEARN diese Angaben am Menschenherzen nicht bestätigen konnte, überprüften sie ANREP, BLALOCK und HAMMOUDA experimentell mit Einbinden von Kanülen in die rechte Arterie und den Circumflexus- und Descendensast der linken Arterie. Bei verschiedenen Drucken wurde Zufluß und Ausfluß gemessen, wobei der Ventrikel mit verschiedenem Schlagvolumen und Aortendruck arbeitete. Die Coronarsinusfraktion war dabei von derselben Größenordnung, nur leicht beeinflußt durch Wechsel im Aortendruck, Coronardruck, Frequenz, Schlagvolumen und Temperatur. Bei beträchtlicher Steigerung des Intraventrikulardruckes konnte der Coronaranteil bis auf etwa 50% fallen. Er war auch fast derselbe beim flimmernden oder stillstehenden Herzen wie beim normal schlagenden. Ziemlich konstant erreichten etwa 40% des Durchflusses der rechten Coronararterie den Coronarsinus, während bei der linken Coronararterie 65—70% zum Coronarsinus gelangten (auf diese entfällt beim Hund 80% des Gesamtzuflusses! — s. oben). Allerdings fanden KATZ, JOCHIM und WEINSTEIN (1938) am isolierten flimmernden Herzen als Coronarsinusausfluß 17—44% der gesamten, die Coronargefäße durchströmenden Blutmenge und hielten es danach nicht für zulässig, die aus dem Sinus ausströmende Blutmenge als Index der gesamten Coronardurchblutung anzusehen.

D. E. GREGG (1950) gibt den derzeitigen Stand wie folgt wieder. Direkte Messungen des venösen Coronarausflusses am isolierten Herzen, am HLP und am in situ schlagenden Herzen haben ergeben, daß praktisch das gesamte Blut im Coronarsinus aus den Coronararterien stammt und daß der Coronarsinus und die dazugehörenden oberflächlichen Venen das Hauptabflußsystem der linken Coronararterie darstellen (D. E. GREGG und R. E. SHIPLEY, 1947).

Nachgewiesen wurde das durch temporäre Abklemmung der linken Coronararterie am in situ schlagenden Herzen, wodurch die Durchflußwerte des Coronarsinus auf etwa 2—3 cm³/min reduziert wurden, d. h. auf 5—7,5% des ursprünglichen Wertes. Ein Verschluß der rechten Coronararterie allein vermindert dagegen den Coronarsinuswert meistens nicht um einen meßbaren Betrag; selbst bei Erhöhung des rechten Ventrikeldruckes (durch mechanische Verengung der Pulmonalarterie) ergibt sich keine Reduktion des Durchflusses durch den Coronarsinus. Wenn der temporäre Verschluß der rechten Coronararterie zusätzlich bei bereits vorhandenem Verschluß der linken Coronararterie vorgenommen wird, können möglicherweise unter diesen günstigen Bedingungen 1—2 cm³ Blut von der rechten Coronararterie in den Coronarsinus fließen. Dieser von GREGG und SHIPLEY gefundene geringe Wert für den Abfluß der rechten Coronararterie durch den Coronarsinus ist etwas kleiner als der von anderen Autoren am HLP gefundene Wert (G. V. ANREP, A. BLALOCK und M. HAMMOUDA, 1929; L. N. KATZ, K. JOCHIM und W. WEINSTEIN, 1938). Die nach vollständigem akuten Coronararterienverschluß gefundenen, restlichen und gerade eben meßbaren Coronarsinusmengen stammen wahrscheinlich von kleinen Ästen der Coronararterien her, die stets autoptisch zentral von der Verschlußstelle gefunden wurden.

Obwohl also danach im wesentlichen das gesamte Blut des Coronarsinus aus der linken Coronararterie stammt, fließt nicht der gesamte Einstrom in die linke Coronararterie auf diesem Wege ab. Messungen am in situ schlagenden Herzen ergaben Werte von 64—83% für den Abstrom der linken Coronararterie durch den Coronarsinus. Diese Angaben stimmen überein mit den von anderen Autoren am HLP oder am isolierten Herzen gefundenen Werten (G. V. ANREP, 1936; J. MARKWALDER und E. H. STARLING, 1914).

Frühere Untersucher am HLP (G. V. ANREP, 1936; C. L. EVANS und E. H. STARLING, 1913; J. MARKWALDER und E. H. STARLING, 1914) waren der Meinung, daß der Abstrom aus dem Coronarsinus wohl die Veränderungen, nicht aber die Größe des totalen Einstroms bzw. des Einstroms durch die linke Coronararterie anzeigt. Da einfache und genaue Methoden zur Messung des coronaren Einstroms damals nicht vorhanden waren, wurden meist Messungen des Abstroms aus dem Coronarsinus am in situ schlagenden Herzen angewandt, um quantitative Durchströmungsänderungen aufzuweisen. Neuere Untersucher (J. R. JOHNSON und C. J. WIGGERS, 1937; L. N. KATZ, K. JOCHIM und A. BOHNING, 1938; G. K. MOE und M. B. VISSCHER, 1940; M. B. VISSCHER, 1939) bestritten die allgemeine Anwendbarkeit dieser Beziehungen auf Grund von Experimenten am HLP, am isolierten Herzen, am flimmernden Herzen, am post mortem durchströmten Herzen und am in situ schlagenden Herzen. GREGG überprüfte deshalb diese Frage an Herzen, die sich in möglichst normalem physiologischen Zustand befanden, durch Messung des coronaren Einstroms und des Coronarsinusausstroms mit dem Rotameter. Selbst Veränderungen des Aortendrucks, Erhöhungen des rechten Ventrikeldrucks, Infusionen von Blut und Salzlösungen und Injektionen von Pharmaka in die Coronararterien änderten die Beziehungen zwischen Coronarsinusabstrom und linken Coronararterieneinstrom nicht wesentlich. In keinem Fall wurde eine signifikante Änderung des linken oder totalen Einstroms unkorrekt durch den korrespondierenden Coronarsinusabstrom wiedergegeben. So fand GREGG z. B. für den Coronarsinusabstrom 79 bzw. 73% des linken coronaren Einstroms und 64—68% des totalen coronaren Einstroms.

Auf die Frage, ob die Coronardurchströmung durch den Druck im rechten Ventrikel modifiziert wird, sei kurz eingegangen, weil verschiedene Untersucher dessen Bedeutung betonten (J. R. JOHNSON und C. J. WIGGERS, 1937; L. N. KATZ, K. JOCHIM und A. BOHNING, 1938; G. K. MOE und M. B. VISSCHER, 1940; M. B. VISSCHER, 1939). Der Grund dafür liegt darin, daß eine Erhöhung des rechten Ventrikeldruckes eine verminderte Blutversorgung des rechten Ventrikels bewirken könnte, weil dadurch der Entleerungswiderstand der Thebesischen Gefäße steigt. JOHNSON und WIGGERS (1937) beobachteten zuerst, daß bei Steigerung des rechten Ventrikeldruckes der Durchfluß durch den Coronarsinus ansteigt, woraus man schließen kann, daß das Blut der Thebesischen Gefäße des rechten Herzens auf den Coronarsinus umgeleitet wird oder daß es einen tatsächlichen Rückstrom des Blutes in den Thebesischen Gefäßen vom rechten Ventrikel zu den zum Coronarsinus fließenden Venen gibt.

Nach D. E. GREGG, R. E. SHIPLEY und T. G. BIDDER (1943) findet beim in situ schlagenden Herzen der Hauptabstrom des venösen Blutes des rechten Herzens weit mehr durch die vorderen Herzvenen als durch die Thebesischen Gefäße zur rechten Herzhöhle statt, und eine Erhöhung des rechten Ventrikeldruckes erhöht sowohl den rechten als auch den linken Coronareinstrom (D. E. GREGG, W. H. PRITCHARD, R. E. SHIPLEY und J. T. WEARN, 1943), was bereits hinreichend den gesteigerten Coronarsinusausstrom erklärt; gleichzeitig wurde von D. E. GREGG und R. E. SHIPLEY (1947) der gesteigerte Durchfluß durch die vorderen Herzvenen aufgewiesen. Daraus kann geschlossen werden, daß unter einigermaßen physiologischen Bedingungen Änderungen des Coronarsinusdurchflusses wahrscheinlich entsprechende Änderungen des Einstroms in die linke Coronararterie und wohl auch des gesamten Coronareinstroms anzeigen, obwohl das tatsächliche Volumen nicht genau angegeben werden kann, da die Beziehungen von Coronarsinusstrom zur linken Coronararterie in den einzelnen Experimenten differieren (GREGG).

Nach GREGG ist die physiologische Bedeutung der Experimente am HLP von KATZ nicht bekannt, der eine beträchtliche Erhöhung des Coronarsinusausstroms über den gesamten Coronareinstrom erhielt, wenn er den coronaren Perfusionsdruck verminderte und den Druck in den Herzhöhlen erhöhte. Eine plausible Erklärung wäre nach GREGG die, daß unter abnorm hohen und unphysiologischen Drucken ein Rückstrom durch die Thebesischen Gefäße eintreten kann. Wenn das unter physiologischen Bedingungen in Betracht käme, müßte sich das bei einem kompletten Verschluß der Coronararterien aufweisen lassen, was jedoch nicht der Fall ist. Bei temporärem Verschluß beider Coronararterien fällt der Ausstrom aus dem Coronarsinus in 10—20 sec fast auf Null ab (D. E. GREGG und R. E. SHIPLEY, 1947; G. STELLA, 1931).

Der venöse Abfluß in die vorderen Herzvenen und durch die Thebesischen Gefäße wurde von den meisten Untersuchern vernachlässigt, aber neuere Untersuchungen am in situ schlagenden Herzen ergaben, daß sie einen beträchtlichen Anteil am venösen Coronarabstrom haben (D. E. GREGG und R. E. SHIPLEY, 1944; D. E. GREGG, R. E. SHIPLEY und T. G. BIDDER, 1943). Durch Einbinden von Kanülen in alle größeren vorderen Herzvenen wurden Durchflußmengen zwischen 8,5 bis 26,5 cm^3/min bestimmt; nach Abklemmen der Aorta thoracica oder bei Injektion von Pharmaka können die Werte beträchtlich ansteigen. Durch Experimente mit Verschluß der rechten und linken Coronararterie wurde gezeigt, daß der Durchfluß durch die vorderen Herzvenen von den Coronararterien stammt (D. E. GREGG und R. E. SHIPLEY, 1947). Nach der anatomischen Verteilung stammt das Blut der vorderen Herzvenen wahrscheinlich aus dem Versorgungsgebiet der rechten Coronararterie. Gleichzeitige Messungen des rechten Coronareinstroms und des Ausstroms durch die vorderen Herzvenen ergeben, daß der letztere 72—118% des Einstroms beträgt und daß sich beide gleichsinnig unter veränderten dynamischen Bedingungen verändern. Temporäre, getrennte Abklemmungen der rechten und linken Coronararterie ergeben weiter, daß beide dabei variabel beteiligt sein können, aber der größere Anteil von der rechten Coronararterie stammt. Annähernd 50—92% des Blutes der rechten Coronararterie fließt durch die vorderen Herzvenen in den rechten Vorhof, während ein kleinerer Anteil von der linken Coronararterie stammt. Dieser reicht meistens aus, um den größten Teil des linken Coronareinflusses zu erklären, der nicht im Coronarsinus wieder erscheint. Die quantitativen Beziehungen lassen sich experimentell allerdings schwer feststellen wegen der technischen Schwierigkeiten der gleichzeitigen Messung der Durchflußmengen in beiden Coronararterien und in allen oberflächlichen Herzvenen, abgesehen davon daß ein sehr kleiner Anteil des Blutes der rechten Coronararterie in den Coronarsinus abgeleitet wird. Im ganzen gesehen lassen sich keine quantitativen Beziehungen zwischen dem Blutstrom der vorderen Herzvenen und der rechten Coronararterie aufstellen, das Verhältnis zwischen beiden variiert stark, was zu erwarten ist, da die vorderen Herzvenen aus Zustromgebieten der rechten und linken Coronararterie stammen.

GREGG (1950) wendet sich auf Grund seiner Befunde am schlagenden Herzen gegen die überlieferte Annahme, daß der rechte Coronareinstrom fast ganz oder größtenteils über die *Thebesischen Gefäße* abgeleitet wird. Er ist der Meinung, daß der größte Teil des Coronarblutes jedes Herzens über das System seiner zugehörigen oberflächlichen Venen abfließt. Die venösen Abflußwege des Herzens bedürfen daher einer erneuten Durchuntersuchung unter Berücksichtigung des Abflusses durch die vorderen Herzvenen. Aus Gründen der technischen Schwierigkeit liegen bisher keine Messungen darüber vor, wie groß der Abstrom aus den kleinen vorderen Herzvenen, den Venen des rechten Vorhofs und den vielen kleinen Venen des rechten Ventrikels ist, die sich in die große Herzvene entleeren und die alle abführende Wege für das Blut darstellen, das durch die rechte Coronararterie das rechte Herz versorgt (D. E. GREGG, R. E. SHIPLEY und T. G. BIDDER, 1943).

Aus Untersuchungen am HLP und am isolierten Herzen wurde geschlossen, daß die Thebesischen Gefäße den größten Teil des rechten Coronarblutes in die rechte Ventrikelhöhle ableiten (G. K. MOE und M. B. VISSCHER, 1940). Damit wäre das Abflußsystem des rechten Herzens grundsätzlich anders als dem des linken Herzens (L. N. KATZ, K. JOCHIM und W. WEINSTEIN, 1938; G. K. MOE und M. B. VISSCHER, 1940). Man war der Meinung, daß das nicht im Coronarsinus gesammelte und im rechten Ventrikel erscheinende Blut größtenteils aus den Thebesischen Gefäßen stammt. KATZ und Mitarbeiter (B. LENDRUM, B. KONDO und L. N. KATZ, 1945) untersuchten diese Frage erneut durch Einführung eines schirmartigen Instrumentes in Höhe der av-Klappen und fanden einen beträchtlichen venösen Abstrom in den rechten Ventrikel und sahen dies als Beweis dafür an, daß ein bemerkenswerter Abstrom aus dem rechten Ventrikel durch die Thebesischen Gefäße erfolgt. Allerdings wurden dabei isolierte, nichtschlagende Herzen mit Serum-Salzlösungen durchströmt und das eingeführte Instrument könnte nach GREGG den Abstrom durch die vordere Herzvene beeinflußt haben, die gerade oberhalb des Tricuspidalklappenringes einmündet.

Die Funktion der Luminalgefäße

An dieser Stelle ist kurz einzugehen auf Arbeiten von WEARN und Mitarbeitern, die auf Grund von Farbstoffinjektionen u. a. zwei Verbindungssysteme zwischen arteriellen und venösen Gefäßabschnitten beschrieben. Danach gibt es direkte Verbindungen zwischen den subendokardial gelegenen Arterien und den Herzhöhlen; diese feinen Arterienzweige werden als *arterioluminale* Gefäße bezeichnet. Eine zweite Gruppe von arteriovenösen Verbindungen wird von den sog. *arteriosinusoidalen Gefäßen* gebildet. Sie führen von den Arterien und Arteriolen des Myokards zu den zahlreichen Sinus, die zwischen den Muskelbündeln und zwischen den einzelnen Muskelfasern liegen (Sinusoide). Diese intercellulären Spalten sollen miteinander oder mit den Capillaren anastomosieren und sich, entweder direkt oder durch eine gemeinsame Öffnung, in das Lumen des Ventrikels öffnen. Wegen ihrer direkten Verbindung mit den Muskelfasern spielen die Sinusoide nach WEARN eine bestimmte Rolle in der Versorgung des Myokards. Die Nebenverbindungen der arteriosinusoidalen Gefäße sollen sogar auch in entgegengesetzter Stromrichtung funktionieren! Nach VANOTTI ist die physiologische Bedeutung dieser Nebenbahnen in einer zweckmäßigen Verteilung des arteriellen Blutes im Myokard während der Herzaktion wie auch in einer Vermehrung der Abflußmöglichkeiten des Blutes aus den Capillaren zu erblicken. Bei VANOTTI (1936) finden sich auch einige interessante Ergebnisse aus der Literatur zusammengestellt, die die Beteiligung der arteriovenösen Nebenverbindungen im Myokard bei schwerer Coronarinsuffizienz nahelegen. Allerdings betont EVANS (1936), daß es sich bei den Kommunikationen zwischen den Ästen der Coronararterien und den Thebesischen Venen niemals um direkte Verbindungen handelt, sondern stets um Zwischenschaltung von Capillaren und Coronarvenen. WEARN bestritt das; von STELLA (1931) und von BOHNING, JOCHIM und KATZ (1933) wurde es aber bestätigt.

Histologische Untersuchungen an Serienschnitten, Wachsrekonstruktionen, Farbstoffinjektionen und Durchströmungsexperimente am isolierten Herzen ergaben das Vorhandensein von Thebesischen und Luminalgefäßen, durch die die Coronargefäße mit den Herzhöhlen (Vorhöfen und Kammern) in Verbindung stehen. Besonders reichlich finden sie sich im rechten Ventrikel (J. T. WEARN, 1936). Trotz der vielen Experimente, die zu eruieren versuchten, ob, wann, in welcher Richtung und in welchem Ausmaß Blutströmungen in diesen Kanälen vorkommen, haben die Luminalgefäße nach GREGG am normal schlagenden Herzen in situ nur eine begrenzte Bedeutung. Auch hierbei handelt es sich wieder um die notwendige, ausreichende Berücksichtigung des beträchtlichen Abstroms durch die vorderen Herzvenen und die Beachtung physiologischer Druckverhältnisse zwischen den Herzhöhlen und den Coronargefäßen.

Die normale coronare Durchflußmenge

Beim Menschen wurde der linke Coronareinstrom mit der Stickoxydulmethode bestimmt (R. J. BING, M. M. HAMMOND, J. C. HANDELSMAN, S. R. POWERS, F. C. SPENCER, J. E. ECKENHOFF, W. T. GOODALE, J. H. HAFKENSCHIEL und S. S. KETY, 1949). Beim Hund mit offenem oder geschlossenem Thorax unter guten Kreislaufverhältnissen wurden Bestimmungen vorgenommen mit dem Rotameter (R. W. ECKSTEIN, M. STROUD, CHARLES V. DOWLING, ROBERT ECKEL und W. H. PRITCHARD, 1949; P. A. GREEN und D. E. GREGG; D. E. GREGG und R. E. SHIPLEY, 1944; D. E. GREGG und R. E. SHIPLEY, 1947; D. E. GREGG, W. H. PRITCHARD, R. E. SHIPLEY und J. T. WEARN, 1943; R. E. SHIPLEY und D. E. GREGG, 1945), dem bubble flow meter (J. E. ECKENHOFF, J. H. HAFKENSCHIEL und C. M. LANDMESSER, 1947; J. E. ECKENHOFF, J. H. HAFKENSCHIEL, C. M. LANDMESSER und M. HARMEL, 1947), der Stickoxydulmethode (J. E. ECKENHOFF, J. H. HAFKENSCHIEL, M. H. HARMEL, W. T. GOODALE, M. LUBIN, R. J. BING und S. S. KETY, 1948; W. T. GOODALE, M. LUBIN, J. E. ECKENHOFF, J. H. HAFKENSCHIEL und W. G. BANFIELD JR., 1948) und durch Messung des Coronarsinusstromes (T. R. HARRISON, B. F. FRIEDMAN und H. RESNICK, 1936), beim nichtnarkotisierten Hund mit der Stickoxydulmethode (F. C. SPENCER, D. L. MERRILL, S. R. POWERS und R. J. BING, 1950). Die erhaltenen Werte zeigt Tab. 5. Die größten Werte (151 cm^3/100 g linker Ventrikel, min) wurden am nichtnarkotisierten Hund erhalten, eigenartigerweise sind die Werte beim Menschen dieselben wie beim narkotisierten Hund und beträchtlich niedriger als beim nichtnarkotisierten Hund. Für den rechten Coronareinstrom unter Berücksichtigung des rechten Ventrikelgewichtes liegen keine Angaben vor. Werte von 50—100 cm^3/100 g Herz, min wurden für den totalen Coronardurchfluß erhalten am isolierten, denervierten Herzen, dessen Coronarien von einem zweiten Herzen gespeist wurden und dessen Leistung klein war (C. L. EVANS und E. H. STARLING, 1913), am HLP durch Messung des Coronarsinusabstroms (G. V. ANREP, A. BLALOCK und M. HAMMOUDA, 1929) und am wiederbelebten menschlichen Herzen bei Durchströmung unter konstantem Druck (W. B. KOUNTZ und J. R. SMITH, 1938). Bemerkenswerterweise unterscheiden sich die Strömungswerte nicht wesentlich trotz der Verschiedenheit der Methodik und der Tatsache, daß bei der zuletzt genannten Bestimmung das Herz gänzlich seiner nervösen und humoralen Regulationen und seiner normalen Druckverhältnisse entbehrt. Alle genannten Werte sollten lediglich als Anhaltspunkte bei Experimenten gewertet werden! — Maximale Durchströmungswerte wurden bisher nicht am narkotisierten Hund bestimmt. Werte bis zu 300—400 cm³/100 g linker Ventrikel, min wurden nach Adrenalininjektion erhalten. — Für die linke vordere Vorhofarterie des HLP wurden Werte von 0,08—0,581 cm³ pro Schlag erhalten (J. R. SMITH und IRA C. LAYTON, 1946). Bei einer Herzfrequenz unter 100/min würde das einen sehr großen Blutzustrom zum linken Vorhof ergeben (8—58 cm³/min).

Tabelle 5. *Werte für den linken Coronareinstrom.* Zusammengestellt von D. E. GREGG (1950)

Autor	linker Coronareinstrom cm³/min/100 g linker Ventrikel	mittlerer Blutdruck mm Hg	Bemerkungen
GREGG u. a.	74	80	Narkotisierter Hund mit offenem Brustkorb. Die Strömung wurde in der linken Coronararterie mit dem Rotameter gemessen
GREGG u. a.	81	80	Narkotisierter Hund mit offenem Brustkorb. Stickoxydulmethode
ECKENHOFF u. a.	74	133	Narkotisierter Hund. Stickoxydulmethode
GOODALE u. a.	71	138	Narkotisierter Hund. Stickoxydulmethode
HARRISON u. a.	64	118	Morphinisierter Hund. Coronarsinusströmung × Faktor
SPENCER u. a.	151	119	Nicht narkotisierter Hund. Stickoxydulmethode
BING u. a.	65	92	Messung beim Menschen. Stickoxydulmethode

Den der Zusammenstellung von GREGG entnommenen Werten seien die älteren gegenübergestellt. Unter Normalbedingungen schätzten EVANS und STARLING (1913) den Coronarfluß bereits auf etwa 40 cm³/g Herz, Std. (= 66 cm³/100 g, min), ANREP in späteren Experimenten auf 40—60 cm³ (= 66—100 cm³). Auch UNGER (1915) kam bereits etwa zu dem Wert von 40 cm³/g, Std. (= 66 cm³/100 g, min), den auch ECKENHOFF und HAFKENSCHIEL am Ganztier angaben. Zu dem Wert von SPENCER und Mitarbeiter (1940) ist noch zu bemerken, daß sie am nichtnarkotisierten Hund erhebliche Schwankungen fanden. Die Autoren weisen besonders auf bedeutende Schwankungen als Ergebnis des unterschiedlichen Verhältnisses von Oberfläche : Körpergewicht hin. Vor allem ist auch zu beachten, daß bei verschiedenen Tieren der gleichen Gattung die relativen Herzgewichte sehr stark schwanken (SATO und TOHOKU, 1930). Nach REIN und SCHNEIDER liegt die absolute Größe der Herzmuskeldurchblutung in derselben Größenordnung wie für einen mittelstark belasteten Skeletmuskel.

Es schließt sich hieran noch die Frage an, wieviel Prozent des gesamten Auswurfvolumens in die Coronararterien gelangt. BROEMSER (1926) bestimmte das gesamte Minutenvolumen nach FICK sowie nach HENDERSON (Jodäthylmethode) und ermittelte gleichzeitig mit seinem Differentialsphygmographen den Durchfluß durch die Aorta ascendens. Die Differenz ergab die gesamte Coronardurchblutung. Die Ruhedurchblutung ist danach bei Drucken von 90—120 mm Hg etwa 8—12% des Minutenvolumens, REIN gab für das Hundeherz etwa 7% an und WARBURG für den Menschen in Ruhe 6,3% des Minutenvolumens, bei Arbeit weniger. — Bei einem Herzgewicht von 315 g (♂, 20—45 Jahre) ergibt sich bei einem angenommenen Wert von 60 cm³ Coronardurchfluß pro Gramm und Stunde und einem Minutenvolumen von 4,5 l ein Anteil von 7% *des Minutenvolumens* [bei 285 g Herzgewicht (♀) und den entsprechenden Werten etwa 6,3% des Minutenvolumens]. ECKENHOFF und HAFKENSCHIEL geben mit neueren Methoden an, daß 4—5% des Schlagvolumens in die Coronarien fließt, wobei sich diese Menge umgekehrt verhält wie das Herzschlagvolumen (z. B. bei der ziemlich kleinen Auswurfmenge von 500 cm³/min geht 9% in die Coronarien). Bei ganz großen Auswurfmengen (unter Adrenalininjektion) können andererseits 12—13% in die Coronararterien fließen (GREGG u. a.).

Phasische Änderungen der Coronarzirkulation während eines Herzcyclus

Ein besonders heftig umstrittenes Problem der Coronardurchblutung ist die Frage nach den phasischen Änderungen der Coronarzirkulation während eines Herzcyclus. Erst anschließend an diese Frage werden wir die Regulation des durchschnittlichen Durchflußvolumens behandeln.

Auf ältere Untersuchungen, vor allem von LANGENDORFF (1899, 1900) und TSCHUEWSKY (1904) an ausgeschnittenen und künstlich durchbluteten Herzen sei nur kurz verwiesen (Literatur bei TIGERSTEDT), da die Methodik der Untersuchung des Herzens unter natürlichen Kreislaufverhältnissen inzwischen entscheidend verbessert wurde. Die Autoren fanden, daß im Anfang der Systole die Kranzarterien erweitert und im weiteren Verlauf der Systole verengt werden (LANGENDORFF); infolgedessen wird die Blutzufuhr in den Kranzarterien *während der Systole geringer als während der Diastole* und kann bei genügend starker Kontraktion der Herzwand gänzlich aufhören. SPALTEHOLZ (1924) bezog dabei diese Zunahme der Strömungswiderstände nicht auf eine Verengerung der Arterien, sondern auf eine Stauung im venösen Abfluß durch Kompression der Venen. Die während der Systole stattfindende starke Kompression der Coronargefäße bewirkt, daß das Blut mit großer Kraft, oftmals im Strahl, aus den Coronarvenen herausströmt (PORTER, LANGENDORFF). Im Anfang der Diastole sind die Kranzvenen leer und neues Blut strömt erst dann nach, wenn sich die Gefäße durch Hineinströmen von Blut in die Kranzarterien wieder gefüllt haben. Der Blutstrom in den Coronararterien hat danach also zwei Maxima, das eine am Anfang der Systole, das andere am Anfang der Diastole, und zwei Minima, das eine auf der Höhe der Systole, das andere während der Vorhofkontraktion. Diese Darstellung der „klassischen" Auffassung zeigt schon die ganze Schwierigkeit des Problems! Für eine im späteren Zusammenhang wichtige weitere Überlegung findet man historisch die ersten Hinweise bei MAGRATH und KENNEDY (1897) und bei HYDE (1898), nämlich daß auch durch einen, *von der Kammerhöhle aus* wirkenden Druck die Kranzgefäße komprimiert und auf Grund dessen der Strom im Herzen vermindert wird. Auch SPALTEHOLZ (1924) wies bereits auf die Bedeutung des intrakardialen Druckes hin, durch den sich die Durchblutung von Skelet- und Herzmuskulatur unterscheide[1].

Die alte LANGENDORFFsche Auffassung (1899) von der Bedeutung der systolischen Kontraktion für die Myokarddurchblutung (zunehmende Hemmung der Blutversorgung durch Zusammenpressung der Capillaren und Venen, „aus denen der Inhalt herausgepreßt wird wie aus einem Schwamm", wahrscheinlich auch durch Verengung, wenn nicht sogar Verschließung auch der arteriellen Lumina während der späteren Phasen der Systole) ist der Ausgangspunkt zahlreicher Nachuntersuchungen mit modernerer Methodik und entschiedener Gegensätze in den Ergebnissen. In Fortsetzung der LANGENDORFFschen Auffassung führten HAMMOUDA und KINOSITA (1926) die systolische Abnahme der Coronardurchblutung in Experimenten am Kaninchenherzen auf eine passive Kompression der Gefäße durch den Herzmuskel zurück. 1928 und in den folgenden Jahren zeigten ANREP und Mitarbeiter, daß der Einstrom des Blutes in die Coronarien in der Systole stark gehemmt und bei besonders starken Kontraktionen sogar rückläufig wird. Sie schlossen, daß das *Myokard infolge der systolischen Verengung der capillaren Strombahn in der Hauptsache diastolisch versorgt* wird, da der Bluteinstrom in das Coronargefäß in der Diastole groß ist und die Systole dem durchströmenden Blut einen erhöhten Widerstand entgegensetzt.

Messungen des Einstroms in den Ram. circumflexus der linken Coronararterie, der isoliert und unter konstantem Druck mit Blut durchströmt wird, wurden damals vor allem mit dem *Hitzdrahtanemometer* durchgeführt. [Das aus der MORAWITZ-Kanüle ausfließende Blut ver-

---

[1] Die alte Theorie von THEBESIUS, der auch BRÜCKE anhing und die HYRTL im gleichen Jahr (1854) widerlegte, daß der systolische Einstrom dadurch unmöglich sei, weil die an die Aortenwand angepreßten Semilunarklappen die Coronarabgänge verschlössen, hat nur noch historisches Interesse.

drängt Luft aus einem Reservoir, die Luftpassage veranlaßt Temperatur- und damit Widerstandsänderungen eines elektrisch geheizten Drahtes. Von HOCHREIN und von WIGGERS und COTTON wurde allerdings Kritik an der Einstellungszeit dieser Anordnung geübt.] Die Versuche (ANREP, CRUICKSHANK, DOWNING, SUBBA RAU, 1927) hatten stets das gleiche Ergebnis: systolische Einstromverminderung, je kräftiger die Systole ist und je länger sie dauert, evtl. bis zum völligen Stillstand der Durchblutung des linken Ventrikels am Ende der Kontraktion. Danach wäre offenbar der durch die Muskulatur auf die Gefäße ausgeübte Druck beträchtlich höher als der systolische Innendruck des Ventrikels. Die Abflußkurve zeigte drei Wellen, eine erste von mittlerer Größe, die wahrscheinlich durch Kompression des Sinus bei der Vorhofkontraktion entsteht, die zweite und kleinste während der Kammeranspannung und schließlich die dritte und größte während der Entleerung; da diese auch bei konstantem Aortendruck auftritt, wird sie auf ein durch die Kontraktion erfolgendes Auspressen des Blutes in die Venen bezogen. Die systolische Einstromverminderung infolge Erhöhung des Gefäßwiderstandes des Herzmuskels während der Systole erhielt man in gleicher Weise am isolierten und durchströmten Herzen [RÖSSLER und PASQUAL (1932)], an verschiedenen Arten des HLP [ANREP und HÄUSLER (1929)] und am ganzen Tier [DAVIS, LITTLER und VOLHARD (1931)]. Einen Beleg für den hemmenden Einfluß der Systole auf den Blutstrom in die Coronararterie — am isolierten denervierten Herzen — soll auch den Versuch am flimmernden Ventrikel liefern: mit Eintritt des Ventrikelflimmerns erreicht der Einstrom den höchsten Wert, der innerhalb der vorhergehenden Herzperioden erreicht wurde, und hält sich auf diesem Niveau. Bei der Untersuchung, ob der systolische Anstieg des Aortendruckes möglicherweise den Widerstand überwinden kann, beobachteten ANREP, DAVIS und VOLHARD (1931), daß bei Beginn der Systole ein rascher Einstrom von Blut in die Coronararterie stattfindet, der jedoch schnell und noch während der Dauer der Systole aufhört, während der Diastole nimmt der Blutstrom wieder zu, der bei hohem Aortendruck besonders deutlich ist. (Diesen zweifachen Anstieg beobachtete 1872 bereits REBATEL.) Der initiale Einstrom von Blut ("Inrush") entsteht durch die Elastizität der Coronargefäße, die sich unter der Wirkung des plötzlich ansteigenden Druckes ausdehnen, und ist daher nicht ohne weiteres als ein Zeichen des Eindringens von Blut in das Myokard aufzufassen und auf eine intramurale Strömung zu beziehen. (Die elastische Dehnung der Coronararterienwand wird übrigens von WIGGERS und COTTON abgelehnt.) Zur weiteren Stützung der Auffassung, daß bei normalem Verhalten des Blutdruckes in der Aorta der Hauptblutstrom durch das Coronarsystem in der Diastole stattfindet, wurde zusammen mit E. v. SAALFELD (1933) eine Methode ausgearbeitet, die es ermöglichte, bei gleichzeitiger Messung des Minutenvolumens den Zufluß zum Coronargefäß für eine bestimmte Zeitdauer und während einer bestimmten Periode der Herzaktion zu unterbrechen. Die Versuche ergaben, daß auch bei natürlicher Durchströmung unter dem pulsierenden Aortendruck die Blutversorgung des Myokards des linken Ventrikels während der Systole minimal und maximal während der zweiten Hälfte der Diastole ist; denn die systolische Unterbrechung hatte praktisch keine Wirkung auf die Größe der Coronardurchblutung, während eine diastolische Unterbrechung die Coronardurchblutung erheblich herabsetzte. [Die Verengerung der capillaren Strombahn infolge der systolischen Zusammenpressung und der Auspressung des Blutes in die Venen wurde in einer Dissertation aus dem ROESSLEschen Institut (FOCK) auch anatomisch nachgewiesen; schon 1876 schnürte übrigens KLUG Kaninchenherzen in Systole bzw. Diastole ab und fand histologisch die diastolischen Herzen blutreicher und die systolischen blutärmer bzw. blutleer.] Am Reptilien- und Vogelherzen ergaben sich die gleichen Verhältnisse der systolischen Hemmung der Coronardurchblutung in Abhängigkeit von der Kraft der Herzkontraktionen (E. v. SAALFELD), auch MARCOU (1933) bestätigte an Katzenherzen beim Alternans, daß Inotropismus und Coronardurchfluß umgekehrt proportional sind. Auch A. JORES (1928) zeigte durch Injektionsversuche die Capillarkompression durch die Muskelaktion und schließt für den Herzmuskel auf ein systolisches Auspressen und ein diastolisches Ansaugen des Blutes (Pumpwirkung!). KLISIECKI (1936) schloß sich im Grundsätzlichen, allerdings mit Einschränkungen, der Auffassung von ANREP an. Schließlich sei noch erwähnt, daß KUHLMANN (1938) aus dem röntgenologisch beobachteten Bewegungsvorgang leicht verkalkter Herzschlagadern auf eine Durchblutungssteigerung zu Beginn der Diastole schloß[1].

---

[1] Die Tatsache, daß der *Skeletmuskel* bei seiner Kontraktion die zwischen seinen Fasern liegenden Gefäße nicht komprimiert, kann nicht gegen die Möglichkeit der systolischen Hemmung im Fall des Herzmuskels herangezogen werden. Statt der Längskontraktion handelt es sich beim Herzmuskel ja um eine zunächst isometrische Kontraktion um den inkompressiblen Inhalt des Ventrikels bis zu einer Druckhöhe, die dem Perfusionsdruck der Coronararterien entspricht, dann verkürzen sich die Muskelfasern unter gleichzeitiger Entwicklung eines Ventrikelinnendruckes, der über den systolischen Arteriendruck ansteigen muß, wenn der Ventrikel seinen Inhalt entleeren soll. Eine geringe Blutfülle des Herzgefäßgebietes in der Systole durch Verminderung des Zuflusses und Erhöhung des Abflusses und

In diametralem Gegensatz zu der Auffassung der systolischen Verminderung und diastolischen Förderung der Coronardurchblutung stehen die Ergebnisse von HOCHREIN und Mitarbeitern (1930/31). Unter Verwendung des BROEMSERschen Tachographen zeigten sie, daß das Geschwindigkeitsmaximum der Coronararteriendurchblutung in der Herzsystole liegt, und wiesen auf, daß die Coronararteriendurchblutung (außer von anderen Faktoren) in Systole und Diastole von den Druckverhältnissen im Anfangsteil der Aorta bestimmt wird. Sie nehmen also im Gegensatz zu ANREP nach den Ergebnissen ihrer Versuche eine *stärkere Durchblutung in der Systole* an und lehnen die Annahme einer systolischen Sperrung oder gar eines systolischen Rückflusses ab. Nach ihrer Ansicht schafft eine vermehrte Herzleistung die Bedingungen für ein vermehrtes Blutangebot und für einen erleichterten Durchstrom im Coronarsystem. Auch SPALTEHOLZ war bereits auf Grund von theoretischen Erwägungen zu dem Ergebnis gekommen, daß die Räume zwischen den Muskelfasern des Herzens, in denen kleinere und kleinste Coronararterien verlaufen („Zwischenfelder"), durch die Muskelkontraktion nicht nur nicht verengt, sondern wahrscheinlich erweitert werden. Was LANGENDORFF für die großen Coronararterien zu Beginn der Systole beschrieb, soll also auch für diese Bezirke und für den zweiten Teil der Systole gelten. Daß die verschiedenen Ergebnisse von HOCHREIN und ANREP Anlaß zu methodischen Auseinandersetzungen über die Einstellungszeiten der benutzten Hitzdrahtanemometern gab, wurde oben schon vermerkt (HOCHREIN, KELLER und MANCKE; ANREP, DAVIS, LITTLER und VOLHARD). HOCHREIN und Mitarbeiter bevorzugten Untersuchungen an Ganztieren. Dabei ergab sich, daß die Coronardurchblutung nicht allein vom Druck in der Aorta, sondern auch von anderen mechanischen, nervösen und chemischen Faktoren abhängig ist, die im einzelnen noch auf S. 473 ff. zu besprechen sein werden.

Auch BÖGER und PARADE schlossen sich der HOCHREINschen Auffassung an. Sie beobachteten, daß nach Injektion von grauem Öl in den linken Ventrikel in die Coronararterien eingedrungenes Öl systolisch peripherwärts verschoben wird, während die Fortbewegung in der Diastole stärker gebremst wird. Aus der direkten Registrierung des Druckablaufs in der Coronararterie (bei intaktem Kreislauf am Ganztier) und der Übereinstimmung der Druckkurve mit der charakteristischen Grundform des zentralen arteriellen Pulses folgern sie mit Wahrscheinlichkeit, daß eine Hemmung des Coronarblutes durch die Systole des Herzens nicht hervorgerufen wird. Allerdings bemerken die Autoren selbst, daß die Übereinstimmung der beiden Druckkurven die Frage offen läßt, ob das Durchflußvolumen in der Diastole größer ist als in der Systole. Auch H. REIN (1931) äußerte sich gegen ANREPs Auffassung, weil eine Steigerung der Herzleistung durch Frequenzzunahme bei gleichbleibendem Druck zu einer stärkeren Durchblutung der Kranzgefäße führt. Er schloß aus der Tatsache, daß Frequenzsteigerungen stets auf Kosten der Diastole gehen, daß die Mehrdurchblutung mit einer systolischen Hemmung nicht in Einklang zu bringen sei. Ebenso kam P. WOLFER (1936/37) auf Grund einer besonderen rechnerisch-physikalischen Kreislaufanalyse zu einer Bestätigung der HOCHREINschen Auffassung. Auch RAMOS, ALANIS und ROSENBLUETH (1950) entscheiden sich neuerdings dafür.

Bei diesen so diametral sich gegenüberstehenden Ansichten ist es verständlich, daß auch noch eine Gruppe von Autoren anzufügen ist, die auf Grund ihrer Experimente mehr eine *Mittelstellung* einnehmen.

So fand ENGSTRAND (1942) eine reichliche Capillarisierung während der Systole an Herzen, bei denen er eine möglichst schnelle Fixierung der Blutbahnen des Herzmuskels (also in Fortsetzung der Versuche von JORES, VANNOTTI und FOCK) durch flüssige Luft vornahm. Er nahm deshalb eine intramulare Durchblutung während der Systole an, allerdings

---

eine größere Blutfülle in der Diastole durch die entgegengesetzten Vorgänge entspricht nicht nur dem dynamischen, sondern auch den Stoffwechselverhältnissen des Herzmuskels — die Diastole dürfte wie die Zeit der Erschlaffung des Skeletmuskels die für den Stoffaustausch bedeutungsvollste Zeit sein, und hier treffen wir auf einen Faktor, der von der Seite des Herzstoffwechsels her die relative Verlängerung der Diastole bei erhöhter Schlagarbeit wichtig erscheinen läßt (KRAYER).

unter einem erhöhten Widerstand durch Kompression capillarer Anastomosen und Venen. Auch nach KLISIECKI und FLECK (1936) bleibt normalerweise der Blutstrom gleichmäßig, obwohl während der Kontraktion der Ventrikel in den Kranzadern ein größerer Widerstand besteht als in Ruhe; sehr starke Kontraktionen könnten allerdings den Blutstrom unterbrechen bzw. umkehren. STEHLE und MELVILLE (1932) fanden am LANGENDORFF-Herzen einen Coronareinstrom am Ende der Diastole und am Anfang der Systole und einen völligen Stillstand am Systolenende und Diastolenbeginn.

Schließlich kamen mehrere Autoren zu differenzierten Angaben, besonders CONDORELLI (1932) und VANNOTTI (1936). Nach CONDORELLI ist die Größe des gesamten Coronarzuflusses während einer Herzrevolution dem systolischen Aortendruck proportional. Hinsichtlich der besseren Durchblutung unterscheidet er drei Gefäßgebiete: das Gebiet des linken Ventrikelmyokards mit vorherrschender diastolischer Durchblutung, das Gebiet des Vorhofmyokards mit vorherrschend systolischer Durchblutung und das des rechten Ventrikelmyokards, das zwischen beiden eine Mittelstellung (mit vielleicht etwas stärkerer systolischer Durchblutung) einnimmt. Zu einer differenzierten Auffassung über die Herzdurchblutung kam auch VANNOTTI (1936) durch histologische Untersuchung von in Systole bzw. Diastole fixierten Herzen bei Benzidinfärbung der Erythrocyten (Methode von SJÖSTRAND). Danach gestaltet sich an die Capillarisierung des Myokards folgendermaßen: *Zu Beginn der Systole* ergibt sich an der Herzspitze in den oberflächlichen Schichten ein wechselndes Bild. In den tiefer gelegenen Schichten der Herzspitze aber herrscht Blutleere, die durch die Kontraktion des Myokards an der Spitze bedingt ist, dort wo die zahlreichen Muskelfaserschichten in die Tiefe zum Septum ziehen. Ebenso sind die Papillarmuskeln sehr blutarm. In den Ventrikelwänden findet man in der Mittelschicht eine auffallend gute Vascularisierung, der Füllungszustand ist aber deutlich geringer als in der Diastole. In den mittleren Schichten (Ringmuskulatur) liegt also eine aktive Blutdurchströmung vor, jedoch geht die Zahl der querverlaufenden Verbindungsstücke (Anastomosen) z. T. durch Kompression zurück. *Im Verlauf der Systole* werden die Capillaren durch die sich kontrahierenden Muskelfasern nicht wesentlich komprimiert, jedoch kommt es z. T. durch Kompression zu einem wesentlichen Zurückgehen der Zahl der querlaufenden Verbindungsstücke (Anastomosen). Die Systole führt zu einer deutlichen Kompression aller derjenigen Gefäße mit Ausnahme der Arterien, die senkrecht zur Oberfläche des Herzens verlaufen. Die Stauung in den subendokardialen Schichten, den Papillarmuskeln und den Herztrabekeln, die gewöhnlich erst am Ende der Systole — besonders an der Herzspitze — deutlich ist (wegen der venösen Nebenbahnen in die Herzhöhle!), wird auf die Abflußverschlechterung durch die intraventrikuläre Druckerhöhung bezogen. In der Mittelschicht des Myokards (Ringmuskulatur) ergibt sich eine auffallend gute Durchblutung, während die Papillarmuskeln und z. T. auch die oberflächlichen Schichten blutarm sind. An der Herzspitze ergibt sich besonders in den tiefergelegenen Schichten eine durch die Kontraktion des Myokards bedingte Blutleere. Auch am *Ende der Systole* sind besonders die Papillarmuskeln immer noch auffallend blutarm. *In der Diastole* findet man eine Zunahme des Blutgehaltes des Myokards und eine Erweiterung des Capillarnetzes; die Capillarisierung der Mittelschicht ist geringer als diejenige der subperi- und subendokardialen Schichten und der Papillarmuskulatur. Es werden also ANREPs systolische Gesamthemmung der Coronardurchströmung ebenso wie auch die Befunde von FOCK abgelehnt; die besondere Lokalisation der Durchblutung im Myokard je nach den Herzabschnitten, wie sie von CONDORELLI angenommen wurde, war auch nicht immer zu konstatieren. Sie ist nach VANNOTTI in den Muskel*schichten* verschieden (Ringmuskulatur-Papillarmuskel!). Da im rechten Ventrikel die Ringmuskulatur verhältnismäßig gut, das Papillarmuskelsystem weniger ausgebildet sei, erkläre sich CONDORELLIs Auffassung, daß die Durchblutung des rechten Ventrikels eher während der Systole stärker sei. Zusammenfassend ergibt sich also hierbei: Eine Kompression des Capillarnetzes findet systolisch kaum (höchstens in der Herzspitze) statt; durch die intraaortale Blutdrucksteigerung fließt Blut systolisch besonders in die mittlere Herzmuskelschicht (Ringmuskulatur), während in der Diastole die Capillarisierung sich vorwiegend in den oberflächlichen und in den subendokardial gelegenen Schichten sowie in der Papillarmuskulatur abspielt.

Einen besonderen Fortschritt in den bisher aufgezeichneten Gegensätzlichkeiten stellt eine größere Anzahl von experimentellen Arbeiten amerikanischer Autoren dar (WIGGERS, COTTON, GREGG, GREEN u. a.), die zugleich neue Methoden zur Untersuchung dieser Fragen verwandten. Sie betonten übereinstimmend, daß beim Coronarkreislauf die Besonderheit vorliegt, daß die Muskelkontraktion, die den Druck für die Coronardurchblutung liefert, zugleich einen Widerstand für die Coronardurchblutung darstellt.

Bestimmungen der phasischen Strömungsänderungen wurden vorgenommen mit der Differentialdruckmethode (H. D. GREEN, D. E. GREGG und C. J. WIGGERS, 1935), mit der

Pitotröhre (J. R. JOHNSON und C. J. WIGGERS, 1937), mit dem Constant pressure flow meter (H. D. GREEN und D. E. GREGG, 1940) und mit dem Orifice meter (H. D. GREEN und D. E. GREGG, 1940), wobei die Ergebnisse mit der erstgenannten Methode von GREGG als nicht zuverlässig bezeichnet werden. Das "constant pressure meter" arbeitet, wie der Name schon sagt, unter konstant gehaltenem Druck in der zentralen Coronararterie; die Wirkungen der rhythmischen Pulsationen können daher nicht ermittelt werden, sondern lediglich Aussagen über den peripheren Strömungswiderstand gemacht werden.

Eine besondere Bedeutung haben dabei die Arbeiten von WIGGERS und COTTON (1933), die die weitere intensive Bearbeitung der Frage in den USA einleiteten. Am besten erläutert die Verhältnisse die Abb. 222, die Verfasser als „Lehrmeinung" empfehlen möchte, da sie (auch nach EVANS) der Wahrheit wohl am nächsten kommt: Mit Einsetzen der Kontraktion oder sehr bald danach fällt die Strömung infolge des Widerstandes durch die Kompression der intramuralen Gefäße plötzlich ab, ohne aber eine völlige Unterbrechung oder Stillstand zu erfahren (1—2). Mit dem Ansteigen des Aorten- und Coronardruckes steigt die Strömung an, um einen Gipfel mehr nach dem Ende der Systole zu erreichen (2—3), wenn auch das Maximum niemals den diastolischen Wert erreicht. Mit dem Abfall des Aorten- und Coronardruckes gegen Ende der Austreibungszeit sinkt die Strömung wieder ab (3—4). Während der Entspannungszeit findet, da die intramuralen Gefäße nicht komprimiert sind, ein plötzlicher und starker Blutdurchfluß statt, der jetzt seine höchste Höhe erreicht (4—5). Während der Dauer der Diastole fällt die Strömungsmenge gleichlaufend mit dem Abfall des Aorten- und Coronardruckes langsam ab. (1—2 und 4—5 ergeben sich aus der gleich zu erläuternden Abb. 223, 2—3—4 werden aus früheren Experimenten gefolgert, nach denen die Druckschwankungen in den Hauptcoronarästen denen der Aorta entsprechen.)

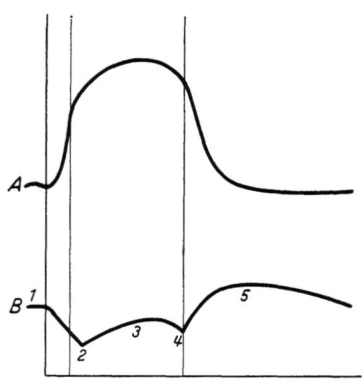

Abb. 222. *A* Intraventrikuläre Druckkurve; *B* wahrscheinliche coronare Einflußänderungen während des Herzcyclus (nähere Erläuterung im Text). (Nach WIGGERS und COTTON)

Weder WIGGERS noch ANREP stimmen also mit HOCHREIN überein, daß das Maximum der Coronarströmung während der Systole fließt. Entgegen anderen Angaben wird auch mit optischen Manometern von WIGGERS und COTTON (1933) festgestellt, daß die Druckkurve des vorderen absteigenden Coronarastes, als Seitendruck gemessen, praktisch völlige Identität mit der Aortendruckkurve zeigt (s. auch Abb. 151). WIGGERS und COTTON (1933) durchströmten einen Coronarzweig von einem kleinen Reservoir aus, dessen Druck abfällt, wenn er geleert wird. Dem Druckabfall werden durch die Wirkung der Ventrikelkontraktion auf die intramuralen Gefäße Schwankungen überlagert, die durch die gleichzeitige Registrierung des Aortendruckes mit dem Herzcyklus in Beziehung gesetzt werden können. Danach wird die Strömung in den Coronargefäßen niemals ganz angehalten; in der Systole ergibt sich aber eine Verzögerung der Perfusion aus dem verschiedenen Verhalten der systolischen und diastolischen Neigung der Kurve.

Bei der großen Zahl weiterer amerikanischer Arbeiten auf diesem Gebiet erscheint es zweckmäßig, der ausgezeichneten neuesten Monographie von D. E. GREGG (1950) zu folgen. Stromkurven der Coronararterien zeigt Abb. 223. Bei Herzen in guter allgemeiner Verfassung verläuft die Stromkurve der rechten Coronararterie im allgemeinen entsprechend dem Aortendruck oder dem zentralen Coronardruck, während bei der linken Coronararterie (und manchmal auch bei der rechten) keine entsprechenden Beziehungen zur Druckkurve vorliegen. In der frühen Systole ergibt sich fast immer in der linken Coronararterie ein Rückstrom, selten auch in der rechten Coronararterie; wenn er hier vorhanden ist, findet er sich in der späten Systole oder in der frühen Diastole (s. Abb. 223).

Abb. 224 zeigt eine typische Strömungskurve des Ram. descendens der linken Coronararterie, aufgenommen mit dem Orifice meter und in linearem Ordinaten-

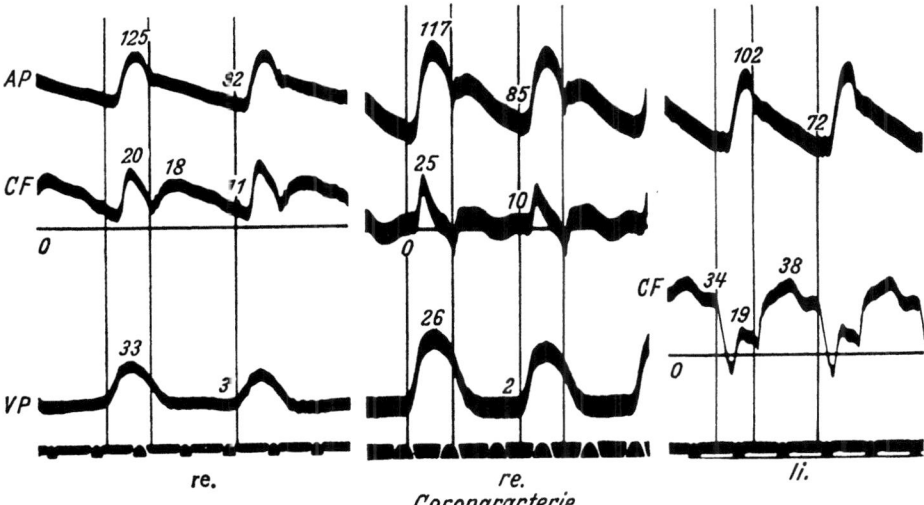

Abb. 223. Aortendruckkurven *(AP)*, Coronarströmungskurven *(CF)* und rechte Ventrikeldruckkurven *(VP)*. Die Zahlen auf den Kurven bezeichnen den Druck in mm Hg und die Strömung in cm³/min. 0 = Null-Linie, Zeit: 0,2 sec. (Nach D. E. GREGG)

maßstab dargestellt. Etwa zu Beginn der isometrischen Kontraktion vermindert sich plötzlich die Strömung und unterschreitet bald die Nullinie. Dieser Rück-

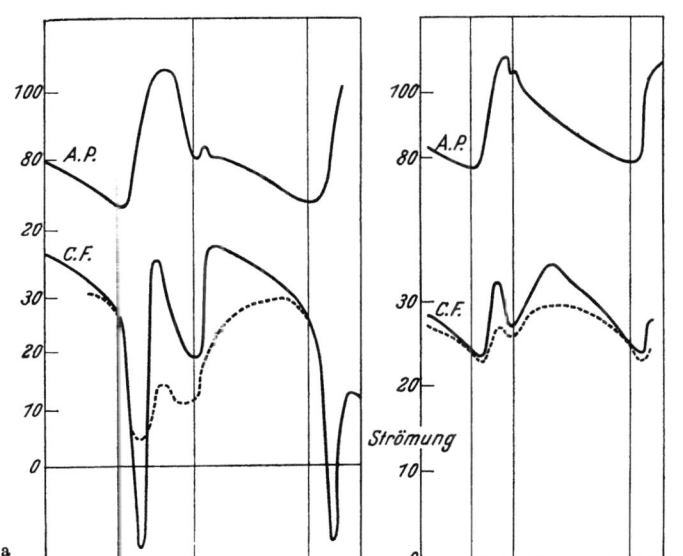

Abb. 224 a, b. a linke Coronararterie; b rechte Coronararterie. — Vergleich zweier Strömungskurven vom vorderen Ram. descendens der linken Coronararterie eines kleinen Hundes und von der rechten Coronararterie eines großen Hundes. *AP* Aortendruck, obere Ordinate = mm Hg; *CF* = Coronareinstrom, untere Ordinate = Strömung in cm³/min. — Die vertikalen Linien begrenzen die Systole und Diastole. Die punktierten Linien geben den Verlauf der vermutlichen intramuralen Geschwindigkeitskurven an. (Nach D. E. GREGG)

strom vermindert sich mit dem Beginn der Austreibung und dem Anstieg des Aortendruckes und schlägt schnell in eine Vorwärtsströmung um, die ihr Maximum kurz vor dem Gipfel der Aortendruckkurve erreicht und während der übrigen Systole wieder abfällt. Gleichzeitig mit dem Aortenklappenschluß und dem Beginn der Entspannungszeit steigt der Einstrom wieder rapide an und fällt danach mit dem in der Diastole abnehmenden Aortendruck wieder ab.

Abb. 224 mit einer Wiedergabe im linearen Ordinatenmaßstab zeigt außerdem, daß die Kurven beider Coronararterien in ihren Beziehungen zu den phasischen Blutdruckschwankungen sich weitgehend entsprechen, wenn auch zu keinem Zeitpunkt der Systole in der rechten Coronararterie negative Werte erreicht werden, wie das so oft in der linken Coronararterie der Fall ist. — Die linke vordere Vorhofarterie zeigt am HLP eine Vorwärtsströmung sowohl systolisch als auch diastolisch mit einem der Aortendruckkurve ähnlichen Strömungsverlauf. — Die phasischen Strömungsschwankungen der Coronarvenen wurden von J. R. JOHNSON und C. J. WIGGERS (1937) studiert. Während des größten Teils des Herzcyclus findet ein beträchtlicher Ausstrom aus dem Coronarsinus statt (Abb. 225). Systolisch ergibt sich eine große Welle; zu Beginn der isometrischen Kontraktion steigt die systolische Strömung abrupt an und erreicht zu Beginn der Protodiastole ihren Gipfel und nimmt dann allmählich ab, um in der späten Diastole ihre geringste Geschwindigkeit zu erreichen (G. V. ANREP, E. W. H. CRUICKSHANK, A. C. DOWNING und A. SUBBA RAU, 1927; J. R. JOHNSON und C. J. WIGGERS, 1937). Die Tatsache, daß in der späten Diastole der Coronarsinusstrom unbedeutend ist,

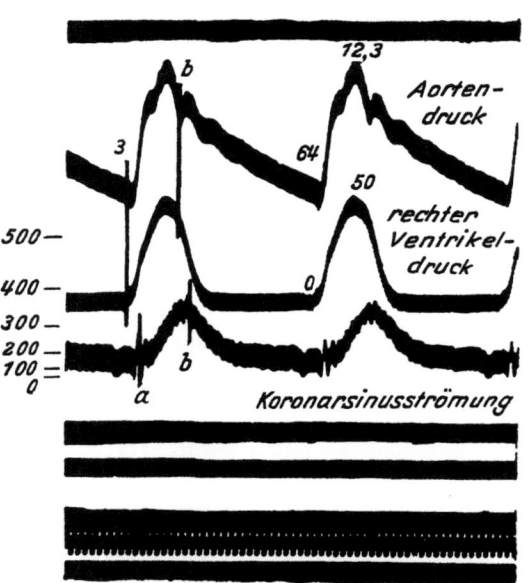

Abb. 225. Geschwindigkeitskurve der Blutströmung im Coronarsinus von Hunden, aufgenommen mit der Pitotröhre. — Obere Kurve: Aortendruck; mittlere Kurve: rechter Ventrikeldruck; untere Kurve: Coronarsinusströmung in cm³/min, Zeit: 0,02 sec. (Nach JOHNSON und WIGGERS)

während der Einstrom in die Coronararterien und durch das Myokard groß ist, führt zu der Auffassung, daß zu dieser Zeit eine Dehnung im Coronarvenensystem erfolgt. — In den vorderen Herzvenen wurden Registrierungen der phasischen Strömungsänderungen wegen der technischen Schwierigkeiten nicht vorgenommen, aber es ist anzunehmen, daß das allgemeine Verhalten dem des Coronarsinus entspricht. — Die wahrscheinliche intramurale Strömungsform der beiden Coronararterien — abhängig von den Aortendruckschwankungen, der Kompressionswirkung der Ventrikelsystole auf die Coronargefäße und dem Kontraktionszustand der Coronargefäße selbst — ist in Abb. 224 durch die punktierte Linie wiedergegeben.

Schon in den frühesten Mitteilungen [MAGRATH und KENNEDY (1897), HYDE (1898)] wurde erwogen, daß auch durch den von der Kammerhöhle aus wirkenden Druck die Kranzgefäße komprimiert und der Strom im Herzen vermindert werden könne. Die nachfolgenden Untersucher beschäftigten sich dann meist nur mit der Frage, ob die Muskelkontraktion selbst das Capillarnetz systolisch komprimieren könne oder nicht. Zwar findet man gelegentlich Hinweise, die auch den *intraventrikulären Druck* berücksichtigen, besonders Stauungserscheinungen werden mit dem intraventrikulären Druck in Zusammenhang gebracht. Auch haben zahlreiche Autoren (GREGG, KATZ, GREENE u. a.) selbstverständlich die Wirkung des intraventrikulären Druckes auf die Gesamtdurchblutung erörtert. Aber die Konsequenzen aus der einfach zu erkennenden Tatsache, daß der intraventrikuläre systolische Druck zweifelsfrei größer ist als der Capillardruck und damit *regionäre* Durchblutungsunterschiede im Herzmuskel vorliegen müssen, wurden erst 1938 von E. SCHÜTZ deutlich herausgestellt; am überzeugendsten wird das bei dem wie ein Kegel (!) in das Ventrikelvolumen hineinragenden Papillarmuskel, der — abgesehen von seiner Basis — *allseitig passiv-hämomechanisch* von dem hohen systolischen intraventrikulären Druck komprimiert werden *muß*! Kein Wunder, daß VANOTTI die Papillarmuskel histologisch am Ende der Systole besonders blutarm fand! Die *Durchblutung des Herzmuskels ist also sicherlich nicht in allen Gebieten des Herzens gleich, sondern regionär verschieden, für bestimmte Bezirke kann sie praktisch nur diastolisch erfolgen!* Es sind dies sicher die Papillarmuskeln und weitgehend die Kammerscheidewand und die subendokardialen Gebiete („innere Schale"). SCHÜTZ kam zu diesen Folgerungen bei seiner elektrophysiologischen Deutung der gesenkten ST-Strecke im EKG, das er experimentell durch „verletzte Stellen" erzeugen konnte durch Setzen von „Herzwandknoten" (s. S. 63, 207) an den oben bezeichneten Stellen, die zur nach unten gerichteten „monophasischen Beimischung" (SCHÜTZ) führten, d. h. zu einer ST-Senkung (1939). Dieselben Stellen sind es auch, die, wie SCHÜTZ damals ausführte, am ehesten in Gefahr geraten, ischämisch zu werden: BÜCHNER gab in der Tat als Lokalisation der von ihm gefundenen ischämischen Nekrobiosen und Nekrosen dieselbe Lokalisation an (subendokardiale Gebiete, Septum, Papillarmuskeln)! JOHNSON und DI PALMA (1939) haben unabhängig davon und gleichzeitig Messungen des intramuralen Druckes vorgenommen, die ergaben, daß dieser von der Tiefe der Herzwand zur Oberfläche hin abnimmt, ohne allerdings sich zu der Frage, woher diese *beträchtlichen* Druckwerte kommen, weiter zu äußern. Sie sahen in ihren Versuchen eine Bestätigung von ANREP und bemerken, daß die Ergebnisse von GREEN, GREGG und WIGGERS nur auf oberflächliche Gefäße anzuwenden sind.

Zur Messung des intramuralen Druckes wurde ein reseziertes Arterienstück der Carotis in die Herzwand in der Verlaufsrichtung des Ramus descendens gebettet und eingenäht. Es kann unter bestimmtem Druck gefüllt und seine Druckänderung registriert werden. Kurz vor dem steilen Aortendruckanstieg vor der Öffnung der Aortenklappen steigt der intramurale Druck brüsk an, bei der Öffnung der Aortenklappen gibt es ein flüchtiges Nachlassen der Wandspannung, die dann bis zum Ende der Systole ziemlich steil ansteigt. Erst vom Beginn der Diastole fällt die Kurve ab! Bei gleichem Aortendruck (116/85 mm Hg) wurden dabei z. B. oberflächlich 75 mm Hg, in halber Tiefe 180 mm Hg und in $^3/_4$-Tiefe 260 mm Hg als intramuraler Druck gefunden! *Es hängt entscheidend von der Tiefe der Einbettung des Arterienstückes ab, welche Druckwerte erhalten werden.* In halber Tiefe war er stets am Ende der Systole größer als der Aortendruck, in oberflächlichen Partien kann er gleich oder geringer sein, bei starker Kontraktion auch oberflächlich den Aortendruck erreichen[1].

Diese Messungen stellen eine schöne Bestätigung für die zuerst von SCHÜTZ im einzelnen belegte Ansicht dar, daß zu der aktiven Druckentwicklung durch die Kontraktion selbst die *passive Kompression durch den intraventrikulären Druck hinzukommt* und daher die „innere Schale" des linken Ventrikels ganz vorzugsweise auf die diastolische Durchblutung angewiesen ist. Jetzt wird besonders verständlich, daß einerseits der Papillarmuskel — als extremes Beispiel — so blutleer angetroffen wird und daß man andererseits in den oberflächlich liegenden Gefäßen evtl. einen Transport direkt beobachten kann. Es hat seinen

---

[1] GREGG und ECKSTEIN (1941) wandten zwar ein, daß die Versuche von JOHNSON und DI PALMA nicht den wahren intramyokardialen Druck anzeigen; das Grundsätzliche wird dadurch nicht berührt; bei Verwendung eines bedeutend kleineren Gefäßes (Art. thoracica interna) erhielten JOHNSON und DI PALMA die gleichen Ergebnisse.

besonderen Sinn, daß die großen Coronargefäße auf der äußeren Oberfläche des Herzens verlaufen! Die wechselnden Ergebnisse der Literatur werden so z. T. verständlicher.

SCHÜTZ (1956) hat in Modellversuchen das grundsätzlich Richtige der oben dargestellten Auffassungen anschaulich zu belegen versucht. Es wurde auf die aktive Kompression durch Verwendung toter Herzen ganz verzichtet und Kranzgefäßdurchströmungen mit Tuschelösung bei *konstantem* physiologischem Ventrikelinnendruck vorgenommen. Abb. 226 zeigt das mikroskopische Querschnittsbild durch Herzwand und Papillarmuskel: Tuschefüllung nur der „äußeren Schale". Der passive intraventrikuläre Druck reicht also bereits aus, eine Kompression der Capillaren der inneren Wandschichten zu bewirken! [Für den rechten

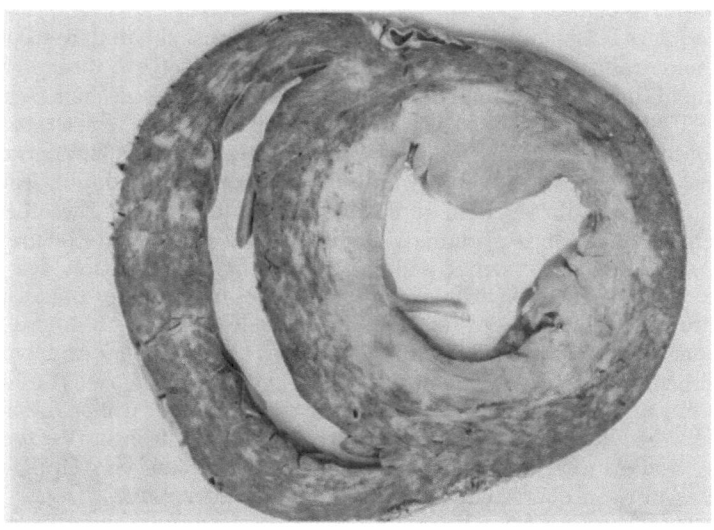

Abb. 226. Querschnitt durch ein mit Tusche-Ringerlösung post mortem durchströmtes Herz, bei dem gleichzeitig in der linken Kammer ein intraventrikulärer Druck von der Höhe des normalen systolischen Druckes eingestellt wurde: Anfärbung nur der äußeren Schale des linken Ventrikels. (E. SCHUTZ)

Ventrikel ergaben sich andere Verhältnisse. Bei einem Ventrikeldruck von 50—53 mm Hg wurden Wand und Papillarmuskel gut gefüllt, ebenso die dem rechten Ventrikel zugehörige Hälfte des Septums. Der passive endoventrikuläre Druck reicht also hier nicht zur vollständigen Kompression aus.]

Damit haben wir einen Überblick über die widerspruchsvollen Beziehungen zwischen Coronardurchblutung und Herzaktion gewonnen. Für die Gesamtdurchströmung mag als „Lehrmeinung" nochmals auf die Abb. 222 von WIGGERS und COTTON verwiesen sein unter der Einschränkung, daß *regionäre Verschiedenheiten* der Durchblutung derart vorliegen müssen, daß die subendokardialen Bezirke, besonders die Papillarmuskeln, wegen des höheren intraventrikulären Druckes (besonders im linken Herzen) nur diastolisch durchblutet werden können (SCHÜTZ, 1939; JOHNSON und DI PALMA, 1939).

Nach der Besprechung der phasischen Änderungen der Coronardurchblutung knüpfen wir wieder an den vorhergehenden Absatz über die Größenordnung der normalen coronaren Durchflußmenge an. Schließlich ist die Veränderung der Durchblutung innerhalb einer Herzperiode von untergeordneter Bedeutung gegenüber der Frage nach der Größe der Durchblutung in der Zeiteinheit. „Es ist wichtiger, daß die Coronardurchblutung zureichend ist, als daß sie stetig ist" (KRAYER), mit anderen Worten: wie für jedes Gefäßgebiet ist auch für das Herz die minutlich durchfließende Blutmenge der bedeutsamste Faktor der Zirkulation. „Dosierung des Stromvolumens" ist nach W. R. HESS der letzte Sinn aller Kreislaufregulationen, und wir schließen deshalb die Frage an nach den

Determinanten der Coronardurchblutung

Zum Teil wurden solche Determinanten der Coronarströmung bereits bei der Besprechung der phasischen Änderungen erwähnt. Die Gesamtheit dieser Determinanten ist im einzelnen außerordentlich schwer in ihrer Bedeutung abschätzbar. Der Coronarstrom variiert natürlich wie in jedem anderen Gefäßbett mit dessen Weite, mit dem Druck beim Einstrom an den Coronarabgängen und dem Druck am Ende dieses Systems (rechter Vorhofdruck und zum kleinen Teil der rechte Ventrikeldruck) und dem Reibungswiderstand beim Durchfluß durch das Gefäßbett (Blutviscosität und Gefäßweite besonders der Arteriolen). Da in den kleinsten Arterien der mittlere Druck wenig von dem Druck an den Aortenklappen abweicht und andererseits in den Capillaren ein Druck von 15—25 mm Hg herrscht, liegt auch beim Coronarkreislauf der Hauptwiderstand in den Arteriolen (etwa 1 mm Durchmesser). Weitenänderungen der Arteriolen können vor allem erfolgen durch die passive Kompression infolge der rhythmischen Myokardkontraktion — in der amerikanischen Literatur kurz "extravascular support" genannt —, durch aktive vasomotorische Einflüsse auf die Gefäßmuskeln auf nervösem bzw. humoralem Weg und durch die Höhe des Blutdrucks.

Der totale periphere Widerstand im Coronarkreislauf ist definitionsgemäß gegeben durch das Verhältnis von zentralem Coronardruck zu mittlerem coronarem Einstrom. Eine Änderung nur des Einstroms oder nur des Druckes würde damit Änderungen des peripheren Gesamtwiderstandes anzeigen, der in erster Linie durch die Gefäßweite des Coronarbettes bestimmt ist, während eine proportionale Änderung beider Größen keine Änderung des totalen peripheren Widerstandes bedeuten würde. Jedoch ist die Anwendung dieser Überlegungen nur mit Vorsicht möglich (GREGG). Immerhin kann man auf große vasomotorische Zustandsänderungen im Coronarkreislauf schließen, wenn z. B. eine große Zunahme des Einstroms ohne gleichzeitige Änderung des zentralen Druckes erfolgt oder wenn Druck und Durchflußmenge sich in entgegengesetzter Richtung ändern. Schwierig und nur teilweise von Erfolg ist der Versuch, die zwei wichtigen peripheren Einflüsse in ihrer Bedeutung abzuschätzen, nämlich die aktive vasomotorische Gefäßweitenänderung durch nervöse bzw. chemische Faktoren und die passive extravasculäre Kompression. Die Veränderungen der Durchflußmengen pro Zeiteinheit während der Systole und der Diastole können natürlich aktive vasomotorische Veränderungen überdecken. Abgesehen von diesen oft unkontrollierbaren mechanischen Faktoren ist die Frage oft schwer zu entscheiden, ob Wirkungen auf die Gefäßmuskeln durch den Blutstrom vermittelt werden oder auf Stoffwechseländerungen im umgebenden Myokard beruhen. Es mag durch diese kurzen Hinweise deutlich werden, ein wie schwieriges Problem der experimentellen Physiologie die Abschätzung der einzelnen Determinanten der Coronardurchblutung darstellt.

Über den Regulationsmechanismus, wie die Blutversorgung des Herzmuskels dem plötzlich sich ändernden Bedarf angepaßt ist, sind verschiedene Ansichten herausgestellt worden: 1. Der coronare Durchfluß wird weitgehend passiv bestimmt durch den Aorten- bzw. zentralen Coronardruck, den Grad der extravasculären Faktoren und den Druck im rechten Vorhof. So können Änderungen des Auswurfvolumens, des peripheren Widerstandes und der Herzfrequenz weitgehend den Coronareinstrom verändern durch Änderungen des zentralen Coronardruckes, der extravasculären Faktoren und des rechten Vorhofdruckes.

2. Die Coronarströmung wird reflektorisch durch die Herznerven geändert, durch direkte Wirkung auf die glatte Muskulatur der Coronargefäße im Sinne einer Erschlaffung oder Verengung.

3. Die Coronardurchblutung paßt sich automatisch den Stoffwechselbedürfnissen des Herzens an durch aktive Dilatation oder Konstriktion infolge lokalchemischer Beeinflussung durch den Herzstoffwechsel.

4. Schließlich können diese Möglichkeiten in verschieden starkem Ausmaß kombiniert vorliegen.

Der arterielle Druck

Am denervierten Herzen sind offenbar die wichtigsten Faktoren für die Größe der Coronardurchblutung der Einflußdruck und der Widerstand im Gefäßgebiet. Daß die Strömungsdurchschnittsmenge durch die Coronargefäße abhängig von dem Druck ist, unter dem das Blut zugeführt wird, ist schon lange bekannt (MORAWITZ und ZAHN, 1917); MARKWALDER und STARLING (1914) zeigten das am HLP und ANREP und HÄUSLER (1928/1929) bei Durchströmung mit konstantem Druck. Auch am isolierten Herzlungenkreislauf bei leerschlagendem rechten Herzen fand DUSSER DE BARENNE eine Zunahme des Coronarkreislaufs bei Steigerung des arteriellen Druckes. Unter sonst gleichen Bedingungen steigt die Durchblutung mit zunehmendem arteriellen Druck wie am arbeitenden so auch am stillstehenden und leerschlagenden Herzen. Bei niedrigen Drucken ist die Coronardurchblutung sehr klein und zeigt mit Erhöhung des arteriellen Druckes einen steilen Anstieg [bei HLP-Herzen von 50—60 g findet man z. B. bei 40 bis 60 mm Hg 15—20 cm^3/min, bei 120—140 mm Hg bis 250 cm^3/min, allgemein: bei Drucksteigerungen bis 100 mm Hg eine verhältnismäßig geringe Zunahme, oberhalb 120 mm Hg eine erheblich stärkere Zunahme bei gleichem Druckintervall (KRAYER)]. Es bleibt noch die Frage zu erörtern, welche Phase der arteriellen Druckschwankung entscheidend für die Blutstrommenge ist. Die Frage ist praktisch-klinisch wichtig bei stark wechselndem Pulsdruck mit unwesentlicher Änderung des mittleren Druckes (z. B. Aorteninsuffizienz!). Die systolische Phase ist wohl nicht von wesentlichster Bedeutung, da auf der Höhe des arteriellen Druckes der Einstrom verzögert anzunehmen ist; die wichtigste Phase muß diejenige sein, bei der das größte Übermaß des Aortendruckes über den endokardialen Druck vorliegt (EVANS); das ist einige Zeit während der Diastole der Fall, aber es ist deshalb nicht notwendigerweise der diastolische Druck maßgebend, also dann, wenn der arterielle Druck am niedrigsten ist. Tatsächlich waren SMITH, MILLER und GRABER (1926) der Meinung, daß der Coronarfluß vom diastolischen Druck abhängt. ANREP und KING (1927) untersuchten die Frage am HLP und fanden, daß trotz gleicher Höhe des systolischen und diastolischen Druckes der Coronarstrom bei Änderung des Schlagvolumens variierte und nur gleichblieb — auch bei Veränderung des Schlagvolumens —, wenn der *mittlere Aortendruck* durch Änderung des Systemwiderstandes gleichgehalten wurde[1]. Auch

---

[1] Daß am denervierten HLP unter konstanten Bedingungen bei Änderung der Volumleistung des Herzens (zwischen 100 und 1200 cm^3) die Coronardurchblutung unverändert bleibt (ANREP und Mitarbeiter), ist recht beachtenswert, da die Mehrleistung durch Vergrößerung des Schlagvolumina mit Erhöhung der Anfangslänge und damit mit erhöhtem O$_2$-Bedarf verbunden ist, der dann nur durch Vergrößerung der arteriovenösen O$_2$-Differenz gedeckt werden kann. Coronardurchblutung und Minutenvolumenvermehrung können also nicht ohne weiteres ins Verhältnis gesetzt werden, um Aussagen über die Ökonomie der Durchblutung zu machen!

bei Änderung der Herzfrequenz gelten dieselben Bedingungen: der coronare Blutstrom bleibt konstant, wenn der mittlere Aortendruck (genauer der Druck, der kurz nach der Incisur in der Aortendruckkurve herrscht) konstant gehalten wird. Wohlgemerkt gilt die Annahme der Druckpassivität der Coronardurchblutung nur für das entnervte Herz!

Nach REIN liegt am Ganztier kein unbedingtes Abhängigkeitsverhältnis zwischen mittlerem Aortendruck und Coronardurchblutung vor. Diese Ansicht ergibt sich auch aus den neueren amerikanischen Arbeiten, die in der Monographie von GREGG zusammengefaßt dargestellt wurden. Auch danach ist der Mechanismus der Durchströmungsänderungen nach akuter Steigerung oder Senkung des zentralen Coronardruckes nur z. T. aufgeklärt. Es kann jedoch leicht am Hundeherzen gezeigt werden, daß der Einstrom beträchtlich ansteigt, wenn eine (rechte oder linke) Coronararterie unter steigendem Druck durchströmt wird, entsprechend verhält sich der Einstrom bei Druckerniedrigung.

Aufgewiesen wurde das bei Durchströmung mit dem Constant pressure flow meter, bei Aortenabklemmung durch Strömungsmessungen in der linken Coronararterie mit dem Orifice plate meter (H. D. GREEN und D. E. GREGG, 1940), mit dem Rotameter (D. E. GREGG und R. E. SHIPLEY), dem Constant pressure meter (D. E. GREGG und H. D. GREEN, 1940), dem Bubble flow meter (J. E. ECKENHOFF, J. H. HAFKENSCHIEL, C. M. LANDMESSER, M. HARMEL, 1947). Bei erhöhtem Aortendruck steigt auch der rechte Coronareinstrom an (D. E. GREGG, R. E. SHIPLEY, T. G. BIDDER 1943).

Jedoch besteht weder im rechten noch im linken Herzen eine feste Beziehung zwischen Coronarstrom und der Aorten- oder zentralen Coronardruckänderung. Die Wirkung einer bestimmten Druckänderung auf die Durchströmung variiert von Null bis zu hohen Werten. So kann der rechte oder linke Einstrom stark ansteigen, wenn der rechte oder linke Ventrikeldruck durch Abklemmen der A. pulmonalis oder der Aorta erhöht wird (D. E. GREGG und R. E. SHIPLEY, 1944; D. E. GREGG, W. H. PRITCHARD, R. E. SHIPLEY, J. T. WEARN, 1943). Dabei tritt

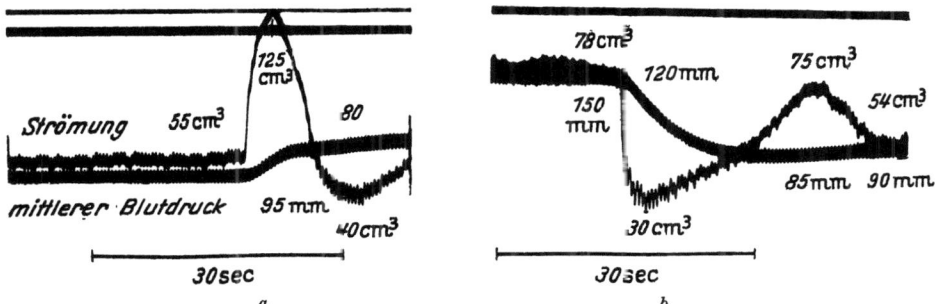

Abb. 227 a u. b. Aortendruck und Strömung (Rotameter) der linken Coronararterie bei Drosselung (a) und Wiederfreilassung (b) der Aorta. (Nach D. E. GREGG)

zugleich die fehlende Korrelation von Druck und Durchfluß besonders deutlich hervor, wenn der Aortendruck plötzlich durch Abklemmen der Aorta ansteigt. Abb. 227 zeigt das deutlich für den Einstrom in die linke Coronararterie, in a bei Aortenkonstriktion und in b beim Lösen der Klemme.

In Abb. 227 a steigt der coronare Einstrom erst an und fällt dann beträchtlich ab, während der zentrale Coronardruck stetig nach der mechanischen Drosselung der Aorta ansteigt. Die Berechnung des peripheren Gesamtwiderstandes (Druck/Strömung) ergibt in diesem Fall eine starke Abnahme z. Z. des Gipfels der Strömungskurve und einen starken Anstieg, wenn der Einstrom abnimmt. In Abb. 227 b findet das Umgekehrte statt; wenn der Aortendruck nach plötzlichem Lösen der Klemme abfällt, nimmt die Coronarströmung zunächst ab und steigt dann wieder. Während dieser Zeit steigt der berechnete periphere Gesamtwiderstand während der muldenartigen Vertiefung der Strömungskurve an und fällt dann stark ab, wenn die Strömung ansteigt. Obwohl diese Änderungen von aktiven oder passiven Weitenänderungen in der coronaren Gefäßbahn herrühren müssen, liegt bis jetzt keine ausreichende Erklärung für diese Strömungsänderungen vor, da geeignete Methoden zur Untersuchung fehlen. Man könnte bei näherer Betrachtung z. T. an nervöse Einflüsse denken und für die verzögerten Änderungen des peripheren Gesamtwiderstandes an die mögliche Anoxie und Anhäufung von Metaboliten.

Schließlich ist noch zu bemerken, daß bei fortschreitend erniedrigtem Perfusionsdruck die Vorwärtsströmung während des Herzzyklus im wesentlichen aufhört bei einem Perfusionsdruck von 12 mm Hg. In Abb. 228 wird der vordere absteigende Ast der linken Coronararterie unter konstantem Druck durchströmt: (AP = Aortendruckkurve, die Ordinaten geben Systole und Diastole an) mittlere Kurve bei 82 mm Hg Perfusionsdruck, untere Kurve bei 12 mm Hg.

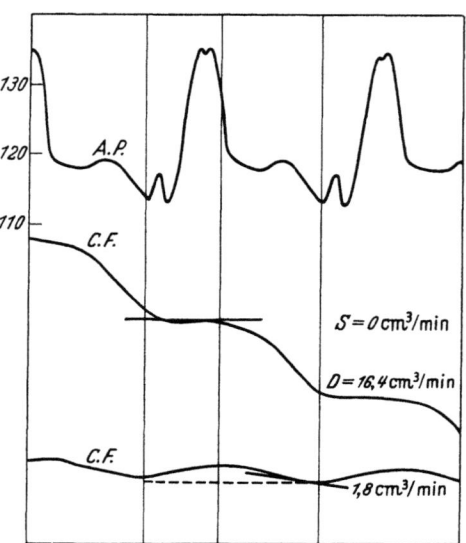

Abb. 228. Die Kurven geben den peripheren Strömungswiderstand im R. descendens anterior der linken Coronararterie wieder. — Obere Kurve AP: Aortendruck; mittlere Kurve: Strömungskurve einer Coronararterie, die unter konstantem Druck von 82 mm Hg durchströmt wurde; untere Kurve: Strömungskurve von einer Coronararterie, die bei einem Druck von 12 mm Hg durchströmt wurde. Die vertikalen Linien zeigen Systole und Diastole an. (Nach D. E. GREGG)

Der venöse Coronardruck

Der Druck in den großen Herzvenen beträgt (beim narkotisierten Hund mit oder ohne Brustkorberöffnung) etwa $\frac{10-15}{0-5}$ mm Hg (W. T. GOODALE, M. LUBIN, J. E. ECKENHOFF, J. H. HAFKENSCHIEL und W. G. BANFIELD JR., 1948; D. E. GREGG und D. DEWALD, 1936; J. J. THORNTON und D. E. GREGG, 1939), die Werte für den Coronarsinus und die vorderen Herzvenen sind beträchtlich niedriger, im rechten Vorhof, in den das Coronarblut fließt, nähern sich die Werte 0—8 mm Hg. Ihr Einfluß auf den coronaren Einstrom ist nicht bekannt. Wenn der Druck im Venensystem oder im rechten Vorhof ansteigt, könnte man erwarten, daß der Druckanstieg auf die Coronarvenen übertragen wird, die ja in den rechten Vorhof einmünden, und daß der sich daraus ergebende Anstieg im coronaren Venendruck den rechten und linken coronaren Einstrom herabsetzen würde. Jedoch ist der Einfluß dieser Drucke auf die Coronarströmung schwierig zu untersuchen. Man hat das Problem angegangen, indem man die Wirkung einer Ligatur des coronaren Venensystems auf den coronaren Einstrom untersuchte. Beim in situ schlagenden Herzen verursacht ein akuter Verschluß des Coronarsinus eine Stauung im linken Ventrikel (aber nicht im rechten Ventrikel oder Vorhof), einen stark erhöhten venösen Druck im Coronarsinus und den großen Herzvenen, der sich oft dem systolischen Aortendruck nähert oder ihn überschreitet (D. E. GREGG und D. DEWALD, 1936; J. J. THORNTON und D. E. GREGG, 1939), aber die Reduktion der Strömung in der linken Coronararterie oder ihren Hauptzweigen ist gering (durchschnittlich 8%; D. E. GREGG und R. E. SHIPLEY, 1947); allerdings steigt der gleichzeitig gemessene venöse Ausstrom in einigen größeren vorderen Herzvenen stark an. Ähnliche Verhältnisse liegen vor, wenn die Hauptabflußwege des rechten Herzens, die vorderen Herzvenen, akut verschlossen werden; der rechte coronare Einstrom vermindert sich (durchschnittlich 21%). — Im akuten

Experiment bewirkt beim Vorhandensein einer Ligatur der vorderen Herzvenen eine Konstriktion der Pulmonalarterie noch eine deutliche Erhöhung des rechten Coronareinstromes. Schließlich reduziert ein Verschluß des Coronarsinus und aller gut sichtbaren vorderen Herzvenen den Einstrom, aber das Herz überlebt das im allgemeinen, und der coronare Einstrom steigt bei steigender Belastung. Sogar bei einer chronischen Ligatur der vorderen Herzvenen und des Coronarsinus geht der periphere Coronarvenendruck innerhalb von 30 Tagen auf den Normalwert zurück (J. J. THORNTON und D. E. GREGG, 1939). Aus diesen Beobachtungen ergibt sich, daß es nicht wahrscheinlich ist, daß eine beträchtliche Erhöhung des rechten Vorhofdruckes von wesentlichem Einfluß auf den coronaren Einstrom beim normalen Herzen ist.

Die extravasculären Faktoren

Wie schon früher ausgeführt wurde, liegen keine Experimente und Methoden vor, mit denen Veränderungen dieser wichtigen Determinanten der Coronardurchblutung eindeutig am *schlagenden* Herzen bestimmt werden können. Man kann annehmen, daß der Einfluß der extravasculären Faktoren abrupt und stark vermindert ist, wenn Ventrikelflimmern eintritt; denn der coronare Einstrom steigt dann sofort und stark an bei Durchströmung der Coronargefäße unter konstantem Druck (G. V. ANREP und H. HÄUSLER, 1928; R. HILTON und F. EICHHOLTZ, 1925). Jedoch ist auch daran zu denken, daß gleichzeitig der Kohlenhydratstoffwechsel des Herzens ansteigt (D. R. HOOKER und N. D. KEHAR, 1933), was ebenfalls zu einer coronaren Gefäßerweiterung führt.

Man hat versucht, Änderungen des vasomotorischen Zustandes und der extravasculären Faktoren getrennt zu bestimmen durch Vergleich der Strömungskurven im Zeitpunkt der Diastole und Systole. In dem erstgenannten Zeitpunkt sollen die extravasculären Faktoren minimal sein und der Durchstrom vom vasomotorischen Zustand des Coronargefäßgebietes abhängen, und in dem systolischen Zeitpunkt sind andererseits die extravasculären Faktoren maximal vorhanden, und der Durchfluß hängt von der Myokardkompression *und* dem vorhandenen vasomotorischen Zustand ab. Man bestimmt also in diesen Zeitpunkten das Verhältnis des Aortendruckes zu der gleichzeitig vorhandenen Durchflußmenge. Eine Änderung des diastolischen Verhältnisses würde demnach eine aktive Gefäßverengerung oder Erweiterung im Coronarkreislauf anzeigen. Der Vergleich des systolischen und diastolischen Verhältnisses würde Änderungen in den extravasculär einwirkenden Kräften anzeigen (N. H. BOYER und H. D. GREEN, 1941; H. D. GREEN, R. WÉGRIA und N. H. BOYER, 1942). Jedoch wurden auch gegen diese indirekte Art des Vorgehens von GREGG wesentliche Einwände erhoben, da bestimmte Voraussetzungen für die Anwendbarkeit dieser Überlegungen fehlen.

Man hat auf verschiedenen Wegen versucht, die Größe der extravasculären Faktoren zu bestimmen. Man nahm den intramuralen Druck als Maß der extravasculären Kompression. JOHNSON und DI PALMA (1939, 1945) versenkten ein Arterienstück in verschiedene Tiefen des Myokards und verbanden das eine Ende mit einem optischen Manometer, das andere mit einem Druckreservoir. Dadurch wollte man den Druck bestimmen, der systolisch durch das Myokard entwickelt wird, wenn es sich um das Gefäßstück kontrahiert. Bei oberflächlicher Lagerung im Myokard des linken Ventrikels schwankte der intramyokardiale Druck zwischen geringeren und größeren Werten als der Aortendruck; in halber Tiefe der Ventrikelwand übertraf er erheblich den systolischen Aortendruck (s. S. 471). In ähnlichen Experimenten fanden auch D. E. GREGG und R. W. ECKSTEIN (1941), daß die Druckpulse eines eingebetteten Gefäßes oder einer ähnlichen Anordnung im allgemeinen erheblich größer als der Aortendruck sind. Jedoch meint GREGG auf Grund weiterer Experimente, daß diese Druckwerte z. T. Kunstprodukte sind und daher nicht als wirkliches Maß des intramuralen Druckes angesehen werden können und daher nicht beweisen, daß der intramyokardiale Druck systolisch den Ventrikeldruck überschreitet. Genaue quantitative Messungen sollen mit der Methode von JOHNSON und DI PALMA nicht möglich sein (Näheres bei GREGG, 1950).

Der maximale Druck, der systolisch vom Myokard auf eine Coronararterie — peripher von ihrem (temporären) Verschluß — übertragen wird, wurde unter vielen dynamischen Zuständen registriert und als Maß für die extravasculäre Kompression verwandt (D. E. GREGG und H. D. GREEN, 1940). Jedoch ist hierfür die genaue Kenntnis der Konstanz des vasomotorischen Zustandes des Gefäßbettes erforderlich. Deshalb wird auch diese Methode von GREGG kritisch abgelehnt.

Herzfrequenz und Schlagvolumen

Die Untersuchungen, die mit der Coronarsinuskanüle von MORAWITZ und ZAHN und der Sinusthermode nach GANTER und ZAHN ausgeführt wurden, ergaben, daß Frequenzzunahme und -abnahme zur verschlechterten Durchblutung des Herzens führen. Die Autoren gaben also ein Optimum der Herzfrequenz für die Durchblutung an. (Bei der Bradykardie gehen dabei Druckabnahme und Coronarausflußverminderung ungefähr parallel, während bei der Tachykardie der Coronarstrom in stärkerem Maße vermindert wird, also besonders ungünstige Bedingungen für die Blutversorgung des Herzmuskels geschaffen werden.) Weitere ältere Literatur mit sehr gegensätzlichen Angaben findet sich bei CONDORELLI zusammengestellt. Am nervenlosen HLP fand ANREP in Versuchen mit isolierter Durchströmung eines Astes der Coronarien unter konstantem Druck bei Zunahme der Herzfrequenz von 30—90 Schlägen eine Abnahme der Coronarzirkulation, während bei Frequenzen von 90—180 keine nennenswerte Änderung der Durchströmung gesehen wurde. Da jede Steigerung der Frequenz die Summen der einzelnen Systolenzeiten auf Kosten der Diastolenzeit vergrößert, wäre auch innerhalb des optimalen Frequenzbereiches eher eine Abnahme der Coronardurchblutung zu erwarten. (REIN beobachtete am Ganztier bei Frequenzzunahme der Herztätigkeit stets eine vermehrte Durchblutung und entschied sich daraus tatsächlich gegen die ANREPsche systolische Hemmung der Coronardurchblutung.) Nach ANREP kann im optimalen Frequenzbereich der hemmende Effekt der Zunahme der Systolenzahl kompensiert werden durch die Abschwächung der Herzkontraktionen, da das Herz bei dem kleineren Schlagvolumen ja mit geringerer Anfangslänge arbeitet. In den niederen Frequenzbereichen (30—90) bliebe die Kontraktionskraft praktisch unbeeinflußt, daher käme hierbei die häufige „Sperrung" des Coronardurchflusses zur Geltung. Es sei auch hier besonders betont, daß die Feststellung der Unabhängigkeit zwischen Frequenzänderung und Coronardurchblutung nur für das denervierte isolierte Herz, nicht für das Herz im intakten Tier gilt.

Nach GREGG lassen sich über den Einfluß der Herzfrequenz auf die Coronardurchblutung keine sicheren Aussagen machen. Beim in situ schlagenden Hundeherzen mit normaler Herzfrequenz vermehrt eine Frequenzsteigerung ein wenig den linken Coronareinstrom, wenn die Frequenz spontan ansteigt (J. E. ECKENHOFF, J. H. HAFKENSCHIEL, C. M. LANDMESSER und M. HARMEL, 1947), aber nicht bei elektrischer Reizung des Herzens (D. E. GREGG). In einfacheren Präparaten (wie dem HLP oder dem isolierten Hundeherzen) beeinflußt bei elektrischem Antrieb ein Frequenzanstieg im mittleren Bereich den Coronarausstrom nicht und bei höheren Frequenzen nimmt er ab (G. V. ANREP, 1936; G. V. ANREP und H. HÄUSLER, 1929; G. V. ANREP und B. KING, 1928; W. F. HAMILTON, G. BREWER und J. BROTMAN, 1934). Die Erklärung dieser Befunde ist (auch nach GREGG) schwierig. Aus rein mechanischen Gründen müßte, wie oben ausgeführt wurde, die minutliche Coronarströmung vermindert sein, denn es sind dann die minutlichen Änderungen der Zahl der Systolen und des Verhältnisses von Systolen- zu Diastolenlänge von Bedeutung, die Perioden verminderter bzw. erhöhter Durchblutung darstellen. Die Verminderung der minutlichen Durchströmung wäre so verständlich. Jedoch ist die Situation dadurch kompliziert, daß Herzfrequenzänderungen auch den vasomotorischen Zustand des Coronargefäßsystems ändern können; zu berücksichtigen sind weiter Änderungen durch Verschiebungen des Stoffwechsels und der Herzarbeit und möglicherweise durch intra- und extrakardiale Herzreflexe. Über diese wichtigen Regulationsfaktoren liegen keine Untersuchungen vor.

Auch die Unabhängigkeit der Coronardurchströmung von dem Schlagvolumen (MARKWALDER und STARLING) besteht, wie ANREP und SEGALL zeigten, nicht bei erhaltener Innervation des HLP. In diesem Fall nimmt die Coronardurchströmung bei Vermehrung des Schlagvolumens zu. Am Ganztier fand REIN bei Vermehrung der Herzleistung eine gesteigerte Durchblutung. Wurde die Vermehrung der Herzleistung mit Zunahme des Minutenvolumens durch Beschleunigung der Herztätigkeit bei gleichzeitiger Abnahme des Schlagvolumens erreicht, so ist die Durchblutungssteigerung des Herzmuskels stärker, als wenn dieselbe Herzleistung durch langsame Schlagfrequenz, aber Erhöhung des Schlagvolumens erzielt wird. Es wird also pro Leistungseinheit um so weniger Blut vom Coronarsystem abgeschluckt, je größer das Schlagvolumen ist (Ökonomie beim Trainingszustand!).

Temperatur und Blutviscosität

Von KOUNTZ (1932) bestätigte Experimente von CRUICKSHANK und SUBBA RAU zeigten, daß die großen Äste der Coronararterien sich anders verhalten als die Körperarterien. Isoliert (außerhalb des Körpers) zeigen die letztgenannten mehr einen Zustand der Kontraktion und erschlaffen stetig mit dem Temperaturanstieg bis etwa 45° C. Die Coronarien sind bei 18—20° C entspannt und ziehen sich beim Aufwärmen von 22° bis etwa 38° C stetig zusammen, von 38—45° C liegt eine leichte Erschlaffung vor. ANREP und HÄUSLER fanden bei Abkühlung des Blutes eine Gefäßerweiterung und bei Bluterwärmung eine Gefäßverengung. Bei Abkühlung des Herzens ist die Coronardurchströmung herabgesetzt, bei direkter Herzerwärmung gesteigert. Auch diese Versuche gelten nur für das HLP. HÄUSLER (1929) betont mit Recht, wie schwierig bei der Untersuchung physikalischer und chemischer Faktoren die Verhältnisse liegen, je nachdem ob man am Ganztier, am HLP mit der MORAWITZ-Kanüle oder an isolierten Coronararterien arbeitet. Zusätzlich zur Wirkung auf die Coronargefäße kommen gegebenenfalls solche auf Stärke, Frequenz und Dauer der Systole hinzu.

Beim intakten Hund hat man durch Diathermie der präcordialen Region die *Temperatur* des rechten Ventrikels auf 40° C erhöht ohne signifikante Wirkung auf die coronare Sinusströmung (J. A. MART und J. R. MILLER, 1945). Im HLP und am isolierten, wiederbelebten, durchströmten menschlichen Herzen stieg die coronare Strömung bei Erniedrigung der Temperatur der Perfusionsflüssigkeit an (G. V. ANREP und H. HÄUSLER, 1929; W. B. KOUNTZ, 1932; T. NAKAGAWA, 1922).

Da die *Blutviscosität* beträchtlichen Anteil an dem Widerstand jedes Gefäßbettes hat, müssen deren Änderungen das coronare Strömungsvolumen ändern. Es liegen jedoch keine kritischen Experimente vor, in denen der Einfluß der Viscosität per se quantitativ bestimmt wurde. Wenn das Herz mit einem constant pressure flow meter durchströmt wird, und zwar zunächst mit Blut und dann mit LOCKE-Lösung, steigt das minutliche Volumen der Coronarströmung auf das 3—4fache an (D. E. GREGG und H. D. GREEN, 1940). Allerdings könnte auch die Anoxie dabei eine Rolle spielen.

Wasserstoffionenkonzentration, Kohlensäure, Milchsäure[1]

Es werden in dieser Übersicht allgemeine Säurewirkung, repräsentiert durch eine bestimmte Wasserstoffionenkonzentration, und mögliche spezifische Kohlensäure- und Milchsäurewirkung zusammen behandelt, da es noch nicht sicher entschieden ist, ob eine derartige Differenzierung berechtigt ist (W. R. HESS).

Die Möglichkeit einer spezifischen Wirkung ist besonders für Kohlensäure und Milchsäure in Betracht zu ziehen. Für das Lactation ist die Frage bejaht (LEAKE, HALL und

---
[1] W. R. HESS, EVANS, KRAYER.

KOEHLER, 1923; KURTZ und LEAKE, 1927), aber auch verneint worden (MÜLLER, 1924 und RUSSO, 1928). Für das Kohlensäureion wird eine spezifische Wirkung von FLEISCH (1921) und HERBST (1923) abgelehnt, auch fanden ANREP (1912/13) und TANAKA (1926) gleiche Effekte am Kaninchenohr durch Milchsäure, Essigsäure, Salzsäure und Kohlensäure.

Nach FLEISCH (1918), ATZLER und LEHMANN (1921), HERBST (1923) tritt Konstriktion dann auf, wenn die der Durchspülungsflüssigkeit beigegebene Säuremenge relativ groß ist (Verminderung unter p_H 6). Auch stärkere Abweichungen der Reaktion des Milieus nach der alkalischen Seite löst Gefäßverengerung aus[1]! Dazwischen liegt eine *Zone, in welcher die Arterienweite mit der Konzentration der Wasserstoffionen zu- oder abnimmt.* Das gilt offenbar für die verschiedensten Abschnitte des Arteriensystems (W. R. HESS). Die überlebende Coronararterie reagiert als Gefäßstreifenpräparat auf Zunahme der Wasserstoffionenkonzentration bzw. auf Kohlensäure mit Dehnung (COW, 1911 und LUDKEWICH, 1916). Dilatation der Coronargefäße tritt auch in Erscheinung bei Erhöhung der Kohlensäurespannung (BARCROFT und DIXON, 1906/07) oder der Wasserstoffionenkonzentration (IWAI, 1924) in dem durch das Coronarsystem des isolierten Herzens geschickten Blut. Ein entsprechender Effekt zeigt sich auch am HLP als Folge der künstlichen Erhöhung der Kohlensäurespannung in der Atmungsluft (MARKWALDER und STARLING, 1913; GREMELS und STARLING, 1926). Bestätigt wurden diese Befunde von ANREP, REIN und HOCHREIN. Auch bei Erhöhung des Milchsäurespiegels fanden HILTON und EICHHOLTZ eine dilatatorische Wirkung mit Zunahme der Strommenge.

Für die Eignung des Säurereizes als eines physiologischen Regulationsfaktors spricht der Umstand, daß der *Grad der Vasodilatation durch die Dosierung des Säurereizes abgestuft* werden kann. Am Coronarsystem wurde das nachgewiesen durch GREMELS und STARLING (1926). Auch die Rückbildung der Säuredilatation bei Beseitigung des Reizes und das Wiedererscheinen bei erneuter Applikation weist auf eine physiologische Reizqualität hin (FLEISCH, 1921). In gleichem Sinne spricht die hohe Empfindlichkeit der Reaktion. SCHMITT (1923) stellte bei stufenweiser Erhöhung der Wasserstoffionenkonzentration von p_H 7,15 bis p_H 6,8 einen Schwellenwert von $p_H = 0,28$, gelegentlich sogar von $p_H = 0,17$ fest. Dieses Intervall liegt in der Größenordnung, die für den Skeletmuskel wirksam gefunden wurde (FLEISCH). Allerdings beträgt die Zunahme des Stromvolumens bei MARKWALDER und STARLING für einen Sprung von p_H 7,7 auf p_H 7,35 nur rund 50%. Da unter physiologischen Bedingungen eine ganz erhebliche größere Zunahme der Durchblutung möglich ist, scheint dieser *Säureeffekt für die Physiologie der Coronargefäße von beschränkter Bedeutung* zu sein. Es fehlt nicht an Stimmen, die ihn vollkommen leugnen (E. A. MÜLLER, H. SALOMON, G. ZUELZER, 1930). Jedenfalls ist das Ausmaß der Dilatation klein im Vergleich mit den gleich zu besprechenden Wirkungen von Adrenalin und Sauerstoffmangel. REIN weist daraufhin, daß die lokal erweiternde CO_2-Wirkung noch durch einen zentral bedingten, über den Vagus verlaufenden konstriktorischen Reiz gehemmt werden kann.

Eine entsprechende *örtliche* Regulierung durch die [H·] wie beim Skeletmuskel scheint nach GOLLWITZER-MEIER im Herzen nicht stattzufinden. Denn nach Versuchen mit E. LERCHE verschiebt sich die aktuelle Reaktion des venösen Coronarblutes am nervenlosen HLP nicht nach der sauren Seite, auch nimmt der Milchsäuregehalt des venösen Coronarblutes nicht zu (BOGUE, EVANS, GRANDE und HSU, 1935), wenn man das Herz durch steigende Volumen- oder Druckleistung belastet. (Das Herz verwendet die Milchsäure als Brennstoff,

---

[1] p_H-Anstieg ruft besonders zwischen p_H 7,5 und 7,9 Kontraktion der Arterien hervor. Diese Kontraktion der Coronararterien bei p_H-Anstieg ist wichtig bei Perfusion mit Bicarbonat enthaltenden Flüssigkeiten. DALE und EVANS zeigten, daß ein Herz ausreichend mit Ringerlösung durchströmt werden kann, die mehr als 0,2% $NaHCO_3$ enthält, wenn sie O_2-gesättigt ist und ausreichend CO_2 enthält, um das p_H der Flüssigkeit vor einem Anstieg auf mehr als 7,5 zu bewahren.

die daher im venösen Coronarblut niedriger ist als im arteriellen. Bei Zunahme der Herzarbeit steigt der Milchsäureverbrauch sogar noch stärker an als der Glucoseverbrauch.) Nach GOLLWITZER-MEIER geht der acidotische Antrieb der Blutzufuhr zum Coronarsystem, der zuerst an dessen arteriellen, dann an den capillaren Gefäßabschnitten einsetzt, nicht vom Herzen und seinen örtlichen Stoffwechselprodukten aus, sondern von den Organen des großen Kreislaufs, vor allem von den Skeletmuskeln. Der Säurereiz im Arterienblut treibt durch seinen zentralen Angriff an den Orten der Kreislaufregulierung mit der nachfolgenden Mehrbelastung des Herzens schon einige Sekunden vorher die Blutzufuhr zum Herzen in die Höhe, indem er auch im Kranzgefäßgebiet chemisch und örtlich zu einer arteriellen Erweiterung führt. Daneben tritt nach GOLLWITZER-MEIER die Säureerregung des Vaguszentrums mit der nervös vermittelten Konstriktion der Coronargefäße (WIGGERS, HOCHREIN und KELLER) in den Hintergrund, sie tritt erst spät ein und fällt neben der sympathischen Dilatation der Kranzgefäße nicht ins Gewicht (s. dazu S. 497).

Sauerstoff und Sauerstoffmangel

In der Reaktion auf *Sauerstoffzugabe* unterscheiden sich die Coronararterien nicht prinzipiell von Arterien anderer Gefäßgebiete. Auf Zugabe zu O_2-freier Ringerlösung, in der man Arterienstreifen suspendiert hat, tritt eine Kontraktion ein, die, wie es scheint, kräftiger ist als die von Arterienstreifen anderer Gefäßgebiete. Der erschlaffte Zustand der Coronarien bei niedriger Temperatur wird durch O_2-Anwesenheit nicht geändert, aber bei Erwärmung bleibt die sonst gesehene Kontraktion ungewiß, wenn O_2 fehlt. Ähnlich den Körperarterien zeigen Coronararterienringe bei Vorhandensein von O_2 rhythmische Kontraktionen, die bei O_2-Mangel verschwinden.

Alle Angaben stimmen darin überein, daß Abnahme der Sauerstoffspannung Erschlaffung, Zunahme der Sauerstoffspannung Verkürzung ohne Unterschied an Arterien aus verschiedenen Organen herbeiführt. Die Methode der künstlichen Durchströmung bestätigt die Erfahrungen mit dem Arterienstreifen (HAMMOUDA und KINOSITA, 1926; HILTON und EICHHOLTZ, 1925; GREMELS und STARLING, 1926; C. F. SCHMIDT, 1928). Besonders eindrucksvoll ist die dilatatorische Wirkung des O_2-Mangels am HLP. HILTON und EICHHOLTZ (1925) fanden, daß der Grad der Erweiterung der Coronargefäße fast proportional der O_2-Verarmung ist. Wie beim Säurereiz ist also eine Abstufung des Effektes durch Graduierung des Sauerstoffdefizits möglich (auch ROTHLIN, 1920; GREMELS und STARLING, 1926). Die Zunahme der Durchblutungsgröße der Coronargefäße bleibt zunächst gering bis zu einer Sättigung von 50%. Eine Reihe von experimentellen Ergebnissen spricht dafür (GREMELS und STARLING), daß bei diesen Graden von O_2-Mangel der O_2-Bedarf des Herzens also zum großen Teil durch Zunahme der arteriovenösen O_2-Differenz gedeckt wird (EVANS und STARLING zeigten, daß der Herzmuskel unter asphyktischen Zuständen den Sauerstoff fast vollständig dem Blut entziehen kann!). *Fällt die O_2-Sättigung stärker ab, so steigt jetzt die Durchblutung stark an, sie kann das 4—5 fache der Grunddurchblutung erreichen, auch dann, wenn CO_2-Spannung und Wasserstoffionenkonzentration konstant gehalten werden* (HILTON und EICHHOLTZ, 1925). *Verglichen mit dem Säurereiz ist der Reiz des O_2-Mangels ganz erheblich wirkungsvoller* (GREMELS und STARLING, 1926)! Die Natur der Wirkung ist ungeklärt. W. R. HESS hält es für wahrscheinlich, daß es sich doch eher um eine Entstehung abnormer, saurer Produkte als um eine Lähmung der Gefäßmuskulatur handelt. GARRY schreibt allerdings in gewissem Grade den Effekt der Wirkung des O_2-Mangels auf die glatte Muskulatur zu. W. R. HESS weist andererseits darauf hin, daß unter den Abkömmlingen der Aminosäuren solche mit starker Gefäßwirkung nicht selten sind (GUGGENHEIM, 1924). Sie könnten bereits an der Schwelle einer erzwungenen Herabsetzung des Sauerstoffverbrauchs entstehen. Die STARLINGsche Schule nimmt an, daß es sich um einen unmittelbaren Einfluß des mangelhaft mit O_2 gesättigten Blutes auf die Coronargefäße handelt (ANREP, 1926; HILTON und EICHHOLTZ, 1925). Denn während der Anoxämie-Periode war der Sauerstoffverbrauch des Herzens kaum verändert, gelegentlich sogar etwas erhöht. Sie deuten diesen Befund als Argument gegen die Säuretheorie des Sauerstoffmangels, indem sie erwarten, daß erst dann Anlaß zur Entstehung abnormer saurer Produkte gegeben ist, wenn die Verminderung der Sauerstoffspannung zu einer meßbaren Herabsetzung der Sauerstoffaufnahme durch das Gewebe führt. Nach HILTON und EICHHOLTZ scheint es, daß die gesteigerte Coronarzirkulation so eingestellt ist, daß das Herz mit seiner normalen O_2-Menge beliefert wird trotz der O_2-Verarmung des arteriellen Blutes. Dieselben großen Grade von Coronardilatation ergeben sich auch, wenn Spuren von Cyanid dem Blut zugesetzt werden, so daß der O_2-Verbrauch der Gewebe unterbunden wird. Es ist vorläufig nicht entschieden, ob sekundäre Stoffwechseländerungen, die vom Muskelgewebe aus wirken, an dem Effekt beteiligt sind. Gegen die Anhäufung von Stoffwechselprodukten spricht allerdings, daß Ersatz durch Frischblut nicht eine Rückkehr zum früheren Durchflußwert ergibt (HILTON und EICHHOLTZ). Zwar führt nach HILTON und EICHHOLTZ ebenso wie nach E. A. MÜLLER, H. SALOMON und G. ZUELZER jede Senkung der arteriellen Sauerstoffspannung und jede Erhöhung der arteriellen Kohlensäurespannung zu einer vermehrten Coronardurchblutung. MÜLLER, SALOMON und ZUELZER (1930) schließen aber weiter, daß daher wohl die präcapillar gesetzte Änderung des Gasgehaltes (Asphyxie des ganzen Körpers) auf die Arteriolen wirkt, nicht dagegen Änderungen des capillaren bzw. postcapillaren Gasgehaltes und daß das Herz also nicht die Fähigkeit besitzt, die infolge verstärkter Sauerstoffausnutzung entstehende lokale Asphyxie durch chemische Regulation der Coronarweite zu beseitigen. Neue Arbeiten fußen allerdings ganz entscheidend auf einer lokalchemischen Coronarregulation.

A. ALELLA untersuchte (zuerst bei H. REIN, 1954) die Beziehungen zwischen arterieller Sauerstoffsättigung und Coronardurchblutung, um der eigentlichen Wirkung des Sauerstoffmangels auf die Coronargefäße näherzukommen, besonders hinsichtlich der Frage der allgemeinen Hypoxie bzw. der Myokardhypoxie. REIN betonte als erster schon 1950, daß eine Mehrdurchblutung bereits bei noch physiologischen O_2-Sättigungen des arteriellen Blutes einsetzt, also unter Bedingungen, bei denen man keinesfalls von allgemeiner Hypoxie sprechen kann. Es ergab sich aus den Untersuchungen von ALELLA, daß die kleinste Änderung der arteriellen O_2-Sättigung, die eine Durchblutungszunahme in den Coronarien auslöst, $4{,}17 \pm 1{,}46\%$ beträgt, ein Wert, der für einen Bereich von 100—45% arterieller O_2-Sättigung Geltung hat. Die Mehrdurchblutung beginnt also bereits im physiologischen Bereich arterieller O_2-Sättigung! Die hypoxämische Coronarvasodilatation verläuft dabei in beiden Coronararterien gleichsinnig und gleichzeitig. Die Änderungen des Aortendruckes in Hypoxie erklären nur z. T. die Coronarmehrdurchblutung; daneben besteht eine Vasodilatation. Die Herzfrequenz spielt keine Rolle für das Zustandekommen der hypoxämischen Coronarvasodilatation. Sie ist ebenfalls unabhängig von der extrakardialen Innervation (!). Als wesentliche Folgerung aus den Befunden kann festgehalten werden: die O_2-Sättigung im Sinus coronarius und im gemischten venösen Blut sowie die Ausnutzung des Sauerstoffs im Myokard hängen in entscheidender Weise von der arteriellen O_2-Sättigung ab. Für den Utilisationskoeffizienten des Myokards ist außerdem die O_2-Kapazität bedeutungsvoll. Eine Wirkung des mittleren Aortendruckes läßt sich für alle 3 Größen nicht nachweisen. Zwar wird man den arteriellen Blutdruck nicht als völlig bedeutungslos hinstellen können; bei gleichbleibender arterieller Sättigung und Kapazität dürften sich stärkere Änderungen des Aortendruckes auch in der O_2-Sättigung des Sinus- und Ventrikelblutes bemerkbar machen. Wenn jedoch die beiden anderen Variablen (arterielle Sättigung und Kapazität) sich ändern, tritt die Bedeutung des Druckes hinter ihnen zurück. Daraus ist zu schließen, daß Muskelstoffwechsel und Capillarverhältnisse in erster Linie den Coronardurchfluß bestimmen und daß weiter das Capillargebiet unabhängig vom arteriellen Druck einreguliert werden kann. Auch in einer neueren Arbeit (1955) kommen A. ALELLA, WILLIAMS und L. N. KATZ zu der Feststellung, daß die Höhe der Coronardurchblutung entscheidend von der Größe des Sauerstoffverbrauchs im Herzmuskel bestimmt wird. Eine Erhöhung des mittleren Aortendruckes verursacht gleichermaßen ein Ansteigen der Coronardurchblutung wie des Sauerstoffverbrauchs und der CO_2-Produktion im Herzmuskel. Der Sauerstoffverbrauch des Myokards wächst direkt proportional zum mittleren Aortendruck. Die rein hämodynamische Wirkung einer Erhöhung des Aortendruckes bewirkt nur eine geringe Zunahme der Coronardurchblutung.

Dem entsprechen auch die neueren Angaben der amerikanischen Literatur in der Monographie von GREGG, in der er über die

Wirkung von Asphyxie, Anoxie, Hyperkapnie und Ischämie des Myokards

folgendes ausführt.

Die chemische Zusammensetzung von Blut und Gewebsflüssigkeit im Herzen ist von größter Bedeutung für die Größe des coronaren Strömungsvolumens. Die *Asphyxie*, bei der der CO_2-Gehalt des Blutes ansteigt und gleichzeitig infolge des Atemstillstandes der O_2-Gehalt abnimmt, ist mit einem bedeutenden Anstieg des Coronareinstroms beim narkotisierten Hund verbunden. Innerhalb 30 bis 60 sec nach dem Atemstillstand steigt die Durchblutung in Systole und Diastole durchschnittlich um 200% an, ehe eine signifikante Änderung des Aortendrucks oder der Herzfrequenz eintritt (H. D. GREEN und R. WÉGRIA, 1942). Wenn der O_2-Gehalt des arteriellen Blutes durch Beatmung mit einem Luftstickstoffgemisch vermindert wird oder die O_2-Ausnutzung durch Injektion von Cyanid verhindert wird, führt die resultierende *Anoxie* zu starkem Ansteigen des arteriellen Coronareinstroms (200—300%) [am narkotisierten Hund, J. E. ECKENHOFF, J. H. HAFKENSCHIEL, C. M. LANDMESSER, M. HARMEL, 1947; H. D. GREEN und R. WÉGRIA, 1942); im Herz-Lungen-Präparat (R. HILTON und F. EICHHOLTZ, 1925) und am flimmernden Herzen (L. N. KATZ und E. LINDNER, 1939)]. Der Anstieg des Coronareinstroms geht jeder Änderung von Herzfrequenz oder Blutdruck voraus. Eine maximale Dilatation tritt ein, wenn die arterielle Sättigung auf 20% (am HLP) bzw. auf 50% der normalen O_2-Kapazität (beim Herzen in situ) absinkt. Zusatz von *Kohlensäure* zur Einatmungsluft in Konzentrationen von 5—8% kann verabfolgt werden, bis Herzverlangsamung, Extrasystolen und Aortendruckabnahme eintritt, ohne daß signifikante Veränderungen des mittleren oder phasischen Coronareinstroms eintreten, jedoch führt am HLP (R. HILTON und F. EICHHOLTZ, 1925), am isolierten, durchströmten, wiederbelebten Menschenherzen (W. B. KOUNTZ, E. F. PEARSON und K. F. KOENING, 1934) Verabfolgung von CO_2 zu einem beträchtlichen Anstieg des Coronareinstroms. — Nach Aufhebung eines temporären *Coronararterienverschlusses* steigt der coronare Einstrom fast unmittelbar am isolierten Herzen (W. T. DAWSON und O. BODANSKY, 1931), am HLP (R. HILTON und F. EICHHOLTZ, 1925) und am in situ schlagenden Hundeherzen (J. E. ECKENHOFF, J. H. HAFKENSCHIEL, C. M. LANDMESSER, M. HARMEL, 1947; H. D. GREEN und D. E. GREGG, 1940; H. D. GREEN und R. WÉGRIA, 1942). Die vermehrte Strömung besteht systolisch und diastolisch, erreicht ihr Maximum in etwa 45 sec (200—300%) und kehrt zum Normalwert in 1—3 min zurück. Die maximale Reaktion in der Strömung tritt ohne Blutdruck- und Herzfrequenzänderung ein und im allgemeinen vor einer deutlichen Verschlechterung der Myokardkontraktionen. Wird eine Coronararterie nur wenig eingeengt, dann wird die Strömung nur temporär reduziert und kann zum Kontrollwert zurückkehren, wenn der Grad der Konstriktion nicht extrem ist. Wahrscheinlich tritt diese kompensatorische Vasodilatation beim Menschen bei temporärer Ischämie (bei Arbeit und Angina pectoris) auf.

Widerstandsänderungen im Coronarkreislauf können aufgewiesen werden, wenn man die Gefäße bei konstanter Herzarbeit unter verschiedenen Drucken durchströmt (R. ECKEL, R. W. ECKSTEIN, M. STROUD, W. H. PRITCHARD, 1949). Wenn beim brustkorberöffneten Hund die linke Coronararterie unter konstantem Druck durchströmt wird und der Einstrom mittels Rotameter oder orifice meter gemessen wird, ergibt sich ein rapider und erheblicher Anstieg des coronaren Gefäßwiderstandes innerhalb weniger Sekunden, wenn der Perfusionsdruck von der Höhe des Aortendruckes gesteigert wird zu einem diesen überschreitenden Druck. Wenn der Perfusionsdruck entsprechend unter den Aortendruck herabgesetzt wird, erfährt der Gefäßwiderstand eine deutliche Verminderung. Man nimmt an, daß diese Veränderungen automatische Veränderungen der Weite des coronaren Gefäßbettes und des Gefäßwiderstandes darstellen, die den Stoffwechselbedürfnissen des Myokards entsprechen. Es ist unbekannt, ob sie auf Sauerstoffangebot und -nachfrage oder auf die Metabolite zu beziehen sind.

Da die Reaktion der Coronarströmung auf Hyperkapnie vernachlässigt werden kann, jedoch der Einfluß der allgemeinen Anoxie auf die Durchblutung (hervorgerufen durch künstliche Luft-Stickstoffbeatmung) und der lokalen Anoxie bei zu geringer Perfusion und der Myokardanoxie bei Cyanidinjektion in die Coronararterie ähnlich sind, ergibt sich daraus zusammenfassend, daß der Schluß gezogen werden kann, daß sie alle von der erzeugten Anoxie abhängig sind, und zwar wahrscheinlich von der im Myokard vorhandenen. Da sich der Blutdruck nicht änderte und das Verhältnis von Druck zu Strömung während des Herzcyclus ansteigt, schloß man entsprechend, daß die Anoxie eine Erschlaffung der coronaren Gefäßwände hervorruft. In welchem Ausmaß dabei eine direkte Wirkung auf die glatte Muskulatur der Coronargefäße vorliegt oder eine Verminderung der extravasculären Faktoren, wenn überhaupt, in Frage kommt, kann auf Grund dieser Experimente nicht ausgesagt werden (H. D. GREEN und R. WÉGRIA, 1942). Der Mechanismus, durch den die Anoxie den coronaren Einstrom erhöht, ist nicht klar. Vermutlich handelt es sich um eine Anhäufung von Metaboliten, deren Natur allerdings unbekannt ist. Im HLP wird mit der Dauer des Experimentes der coronare Einstrom fortschreitend größer, und die im Venenblut sich anhäufenden Substanzen bewirken eine Coronardilatation, wenn sie in die Coronararterien reinfundiert werden (P. MORAWITZ und A. ZAHN, 1912; J. MARKWALDER und E. H. STARLING, 1914; T. NAKAGAWA, 1922). [Allerdings konnten HILTON und EICHHOLTZ (1925) das nicht bestätigen; denn ein Ersatz des Blutes, das einige Zeit zirkuliert hatte, durch frisches defibriniertes Blut änderte nicht signifikant die Coronarströmung.] Die coronare Strömung steigt an, wenn beim in situ schlagenden Herzen Blut des Coronarsinus oder gemischtes venöses Blut in die Coronararterien infundiert wird (ECKSTEIN und Mitarbeiter). Histamin (G. V. ANREP, G. S. BARSOUM und M. TALAAT, 1936) und Metabolite wie Adenosin, Adenin, Adenylsäure und Abbauprodukte der Nucleinsäuren erhöhen die Coronarströmung im menschlichen HLP und beim Herzen in situ (G. V. ANREP, 1936; C. W. GREENE, 1936; A. M. WEDD und A. N. DRURY, 1934). Jedoch muß noch gezeigt werden, daß die Konzentrationen dieser Substanzen im Myokard während der Anoxie oder der gesteigerten Herzarbeit ansteigen.

Verhalten des Coronarkreislaufes bei erhöhten Belastungen [1]

In Experimenten am HLP und vergleichbaren Präparaten — abgesehen von denen mit intakten Vagi — verursachen eine Steigerung des rechten Ventrikeldruckes durch Konstriktion der Pulmonalarterie oder eine Erhöhung des linken Ventrikeldruckes durch Aortenkonstriktion bei konstant gehaltenem Perfusionsdruck eine verminderte Myokarddurchblutung des rechten bzw. linken Herzens (G. V. ANREP und HÄUSLER, 1928; C. F. CODE, C. L. EVANS und R. A. GREGORY, 1938; L. N. KATZ, K. JOCHIM und A. BOHNING, 1938; M. B. VISSCHER, 1939). Der Strömungsrückgang ist der dominierenden Wirkung der direkten mechanischen Hemmung der gesteigerten Herzkraft bzw. dem ungünstigen Druckgradienten speziell für den rechten Coronararterienabfluß über die Thebesischen Gefäße in den rechten Ventrikel zuzuschreiben. Eine solche Reaktion wäre für das Herz recht unökonomisch und für ein Herz bei erhöhter Belastung wenig vorteilhaft. In neueren Untersuchungen am in situ schlagenden Herzen und unter mehr physiologischen Bedingungen stieg — bei intakten und durchschnittenen Herznerven — der direkt gemessene rechte oder linke coronare Einstrom bedeutend an bei Erhöhung des rechten Ventrikeldruckes durch Pulmonalarterienkonstriktion oder bei Erhöhung des linken Ventrikeldruckes durch Aortenkonstriktion (D. E. GREGG und R. SHIPLEY, 1944; D. E. GREGG, W. H. PRITCHARD, R. E. SHIPLEY und J. T. WEARN, 1943). Auch der venöse Ausstrom in den Coronarsinus (J. R. JOHNSON und C. J. WIGGERS, 1937) und in die vorderen Herzvenen (D. E. GREGG, R. E. SHIPLEY und T. G. BIDDER, 1943) stieg beträchtlich an.

Obwohl intra- und extrakardiale Reflexe nicht sicher als Ursache des vermehrten Coronareinstroms ausgeschlossen werden können, spricht die Tatsache, daß die Anwendung spezifischer Gifte (Procain) und die Durchschneidung der Vagi und der vom Sympathicus herkommenden Herznerven die Reaktion der Coronarströmung nicht verhindern können, gegen diese Auffassung (D. E. GREGG und R. E. SHIPLEY, 1944). Hand in Hand mit dem vermehrten Coronareinstrom bei erhöhter Belastung des rechten oder linken Ventrikels steigen Arbeit und Stoffwechsel stark an; der Mechanismus, der für die Dilatation der Coronargefäße unter diesen Bedingungen verantwortlich ist, ist nicht mit Sicherheit auszumachen. Da jedoch die Reaktion der Durchströmung ziemlich gut mit der Änderung der Herzarbeit parallelgeht, ist es nicht unwahrscheinlich, daß die damit einhergehenden Stoffwechseländerungen einen Einfluß auf die vasomotorische Regulation der Blutversorgung des betreffenden Ventrikels ausüben. Dabei kann man zwei Möglichkeiten in Erwägung ziehen: 1. einen Anstieg in Produktion und Freiwerden von Metaboliten und 2. eine lokale relative Anoxie infolge des Mißverhältnisses zwischen erhöhtem Sauerstoffverbrauch und der coronaren Blutströmung; eine teilweise, aber nicht völlige Kompensation wird durch Vasodilatation und erhöhte Durchblutung erreicht. — Daß auch kleine lokale Veränderungen im Herzen strömungsvermehrend wirken können, kann experimentell gezeigt werden: Man untersuchte die Wirkung vermehrter Arbeit auf den coronaren Einstrom und steigerte dabei diesen erheblich durch eine Blutinfusion in eine Coronararterie unter einem konstanten Infusionsdruck, der beträchtlich über dem zentralen Coronardruck lag. Trotz dieser starken Blutversorgung (mit beträchtlich erniedrigter arteriovenöser Sauerstoffdifferenz) stieg der coronare Einstrom (und die coronare arteriovenöse Sauerstoffdifferenz) bei erhöhter Ventrikelbelastung noch weiter an (D. E. GREGG und R. E. SHIPLEY, 1944). Die beiden Ventrikel haben also offenbar einen inneren Kompensationsmechanismus, durch den ihre Blutzufuhr — wenigstens z. T. — an ihre Arbeit

---
[1] GREGG.

und Stoffwechselbedürfnisse angepaßt wird. Es wurde schon einmal erwähnt, daß diese Ergebnisse in diametralem Gegensatz stehen zu den Ergebnissen anderer Autoren, die unter weniger physiologischen Bedingungen arbeiteten.

Abgesehen von dem Mechanismus, durch den der coronare Einstrom ansteigt, kann man auch zeigen, daß Erhöhung des rechten oder linken Ventrikeldruckes eine strömungsreduzierende Wirkung hat, die dem strömungsfördernden Mechanismus entgegenarbeitet. GREGG hat im einzelnen untersucht, wie sich ein plötzliches Anlegen (und Aufheben) der Konstriktion einer Pulmonalarterie auswirkt. Eine anfängliche vorübergehende Strömungsabnahme kann auf den dann dominierenden Einfluß vermehrter mechanischer extravasculärer Kompression der Coronargefäße bezogen werden. Der nachfolgende vermehrte Einstrom zeigt, daß der Effekt der Coronardilatation den strömungsvermindernden Effekt der gesteigerten extravasculären Kompression übertroffen hat. Anstieg und Abfall der mechanischen Kompression der Coronargefäße erfolgt gleichzeitig mit dem Anstieg oder Abfall der intraventrikulären Spannung, während die langsameren metabolischen und vasomotorischen Reaktionen notwendigerweise etwas hinter den plötzlichen Änderungen der Herzarbeit hinterherhinken. Der sofortige und vorübergehende Strömungsanstieg nach abrupter Erniedrigung des intraventrikulären Druckes ist ein Hinweis auf das Ausmaß, in dem die Strömung vorher durch die vermehrte extravasculäre Kompression aufgehalten wurde. Eine verminderte Coronarströmung darf man daher nicht als *normale* Reaktion auf erhöhte Belastung ansehen (HLP!). Bei absichtlich stark verlängerter Dauer der Versuche mit Pulmonalarterienkonstriktion wird, je mehr sich das Herz von den physiologischen Bedingungen entfernt, der dominierende Effekt der extravasculären Kompression deutlich und überwiegt über die Dilatation der Coronargefäße.

Es wurde oben gezeigt, daß sich rechter und linker Ventrikel grundsätzlich im Verhalten ihrer Durchströmung bei erhöhtem Widerstand gleich verhalten. Da in allen Herzpräparaten die Erhöhung des zentralen Coronardruckes per se ein wirksames Mittel zur Erhöhung des linken Coronareinstroms ist, wird das linke Herz gegenüber dem rechten Herzen bei Arbeit unter erhöhtem Widerstand in Vorteil sein.

Wenn die Coronararterien unter konstantem Druck oder normalem pulsierenden Aortendruck durchströmt werden, vermehrt ein Anstieg des venösen Rückflusses zum Herzen etwas die Coronarströmung bei unverändertem Aortendruck und in größerem Ausmaß, wenn der Aortendruck ansteigen kann (J. E. ECKENHOFF, J. H. HAFKENSCHIEL, C. M. LANDMESSER, M. HARMEL, 1947; D. E. GREGG und H. D. GREENE, 1940). Hier ist — wie beim erhöhten Widerstand — die erhöhte Coronarströmung vermutlich auf eine Erhöhung des Herzstoffwechsels und den damit in Zusammenhang stehenden Dilatatormechanismus zurückzuführen. ECKENHOFF und Mitarbeiter (1947) haben gezeigt, daß der veränderte Coronareinstrom bei Erhöhung von Blutdruck, Auswurfvolumen und Herzarbeit am besten in Zusammenhang zu bringen ist mit den gleichzeitigen Stoffwechselveränderungen des Ventrikels. Im denervierten Herzen und HLP (P. MORWAWITZ und A. ZAHN, 1912; G. V. ANREP, 1929; G. V. ANREP und H. N. SEGALL, 1926) wurde wiederholt gezeigt, daß der arterielle Coronareinstrom oder der Coronarsinusausfluß bei Änderungen des Auswurfvolumens reduziert oder unverändert ist, solange der Widerstand, gegen den sich die Ventrikel kontrahieren, unverändert ist. Am innervierten Präparat steigt der Coronarstrom mit dem Auswurfvolumen an (G. V. ANREP und H. N. SEGALL, 1926). Auch neuerdings geben L. N. KATZ und Mitarbeiter (1945) an, daß die Coronarströmung mit erhöhtem Auswurfvolumen ansteigt. Das wird mit einer passiven Dehnung und Widerstandsabnahme der Coronargefäße in Zusammenhang gebracht im Sinne einer mechanischen Anpassung an erhöhte Herzarbeit. GREGG bemerkt dazu, daß im Augenblick allerdings die notwendige Erklärung für den physikalischen Mechanismus fehlt, durch den ein erhöhtes Auswurfvolumen ohne Aortendruckanstieg eine passive mechanische Coronardilatation bewirken könne.

Nervöse Einflüsse

An dieser Stelle sei einleitend die Auffassung von H. REIN wiedergegeben, die zugleich die Überleitung zu dem Abschnitt über *nervöse Einflüsse auf die Coronardurchblutung* darstellt. Da nach W. R. HESS „Dosierung des Stromvolumens" der letzte Sinn aller Kreislaufregulationen ist, suchte H. REIN nach einer zahlenmäßigen Beziehung zwischen Blutbedarf und Blutzufuhr und setzte statt Blutbedarf die *Herzleistung*. Als Kreislaufbelastung wurde das Anblasen mit Luft gewählt, das in wenigen Sekunden zur Minutenvolumsteigerung und evtl. zu Blutdrucksteigerung führt [BARCROFT und MARSHALL (1923) für plötzliche Verminderung der Umwelttemperatur, REIN (1931) für Anblasen]. Bei diesen Versuchen paßte sich die Coronardurchblutung weder zeitlich noch in ihrem Ausmaß dem arteriellen Blutdruck, sondern der *Herzleistung* an. Bei Frequenzerhöhung ist dabei die Coronardurchblutung viel stärker als bei Schlagvolumvermehrung! Da Vagotomie die geschilderten Regulationsvorgänge zum Verschwinden bringt, wird die dominierende Rolle in dem nervösen Vagustonus gesehen. [Linksseitige Vagotomie läßt Blutdruck und Minutenvolumen praktisch unverändert, dagegen erfahren die Coronargefäße bei unveränderter Herztätigkeit (!) eine Mehrdurchblutung infolge Wegfall eines konstriktorischen Effektes über den Vagus auf die Coronargefäße.]

Die Coronararterien werden in der Tat reichlich von Vagus- und Sympathicusästen innerviert. Die Innervation der feinsten Verzweigungen erfolgt hauptsächlich vom Vagus, die der größeren Äste von Vagus und Sympathicus. Der *Sympathicus* hat von allen Gefäßgebieten am stärksten auf das Coronargebiet einen dilatatorischen Effekt. Wie beim Adrenalin ist auch hierbei zu berücksichtigen, daß mechanische Wirkungen und solche auf Frequenz und Stoffwechsel den reinen Gefäßeffekt des nervösen Impulses modifizieren können. Sympathicusreizung (Reizung des Ganglion stellatum) mit schwachen Strömen führt am isolierten Katzenherzen zur Vergrößerung der Durchflußmenge (SASSA). Denselben Befund haben MORAWITZ und ZAHN (1914) in situ erhoben, ebenso wie schon MAASS (1899) an nach LANGENDORFF durchspülten Herzen. Daß dilatatorische Impulse auf dem sympathischen Wege zum Herzen gelangen, zeigen außerdem Versuche, in denen am ganzen Tier und ebenso am innervierten HLP (ANREP und SEGALL, 1926) durch sensible Reizung des Herzens, durch Anämie oder Asphyxie des Zentralnervensystems eine Erhöhung der Coronardurchblutung (wie auch die Steigerung der Herzfrequenz) nicht mehr verursacht werden konnte, wenn vorher die Ganglia stellata entfernt worden waren.

Bei der Besprechung der *Vaguswirkung* kann von älterer Literatur mit oft gegensätzlichen Ansichten abgesehen werden. Seit der Untersuchung am Ganztier und am innervierten HLP wurden bedeutende Fortschritte erzielt, die darauf hinweisen, daß der Tonus der Kranzgefäße von den Zentren des vegetativen Nervensystems beeinflußt wird. Die ersten sicheren Unterlagen stammen von MORAWITZ und ZAHN (1912, 1914), von SASSA (1923) und von ANREP (1928/29). REIN und HOCHREIN und KELLER fanden ebenfalls einen constrictorischen Dauertonus[1]. Die Ansicht, daß der *Vagus* constrictorische Fasern für die Coronar-

---

[1] Allerdings muß erwähnt werden, daß L. N. KATZ und K. JOCHIM (1939) zu ganz anderen Ergebnissen kamen. An der flimmernden Kammer wurde bei konstantem Einflußdruck

arterien führt, wurde am überzeugendsten belegt durch ANREPs Versuche (1926) *am innervierten HLP; der Coronardurchfluß ist kleiner als am denervierten Präparat*, nach Vagotomie kann die Durchflußmenge bis um 100% zunehmen, und zwar auch bei konstanter Frequenz (elektrische Reizung bei entsprechend hoher Frequenz oder Auslöschung der chronotropen Wirkung durch vorherige Atropinisierung mit kleinen Dosen; erst größere Atropinmengen schalten auch die Vasomotorenwirkung aus). Reizt man den peripheren Vagusstumpf mit rhythmischen faradischen Reizen, so tritt nach einer Latenz von etwa 20 sec eine beträchtliche Abnahme der Coronardurchblutung ein. Die Intensität des Effektes ist abhängig von der Intensität des Vagusreizes. Der vagischen Coronarkonstriktion folgt eine von der Reizdauer abhängige, langdauernde Hyperämie. Die Ursache dieser Zunahme trotz fortgesetzter Reizung ist nicht bekannt. (Folge der lokalen Ischämie, lokalchemische Einwirkungen analog der auch sonst feststellbaren „reaktiven Hyperämie"?) Einen bedeutsamen Reflex fanden ANREP und SEGALL: wie wir auf S. 486 sahen, hat ein Anstieg des Schlagvolumens im denervierten Präparat eine geringe Wirkung auf den Coronardurchfluß, im innervierten Präparat folgt einem vergrößerten Schlagvolumen ein gesteigerter Coronarfluß, der nach Vagotomie ausbleibt. Beim intakten Tier erfolgt also außer der Frequenzbeschleunigung durch den BAINBRIDGE-Reflex eine davon unabhängige reflektorische Coronarerschlaffung, also eine Mehrdurchblutung zur Bewältigung der Mehrarbeit! GREENE bestätigte ANREPs Ergebnisse am intakten Tier; allerdings lassen sich beim Hund schwer reine vagische und sympathische Effekte bei Reizung des gesamten Stammes trennen, der cervicale Vagus sollte „vagosympathisch" genannt werden! Schließlich ist noch zu erwähnen, daß nach REIN die dilatierende Wirkung des Adrenalins durch die im Vagusstamm verlaufenden vasoconstrictorischen Fasern beträchtlich gehemmt werden kann. Nach Vagotomie tritt der dilatierende Effekt des Adrenalins erst voll in Erscheinung. In physiologischen Dosen ist Adrenalin also nach REIN nicht in der Lage, den vasokonstriktorischen Effekt des Vagus auf die Coronarien zu durchbrechen, während es dabei sehr wohl seine übrigen herzfördernden Wirkungen entfaltet. Auch die Erstickungsdilatation der Coronargefäße unterliegt der konstringierenden Wirkung des Vagus. Auftretende Vaguspulse führen zur Drosselung der gesteigerten Coronardurchblutung. Der Vagusdauertonus beherrscht nach REIN alle anderweitigen Möglichkeiten, die zur Dilatation führen (Unterdrückung der Adrenalin- und Kohlensäuredilatation!). Vagotomie führt zur exzessiven, völlig unökonomischen und damit „sinnlosen" Durchblutung der Coronararterien.

Allerdings hat die Interpretation des REINschen Befundes einer starken Mehrdurchblutung der Kranzgefäße auf Atropin, die REIN auf eine Vasodilatation bezog, neuerdings eine allgemein bedeutungsvolle Wandlung erfahren. Nach WEZLER stehen Stromstärke und Druck im elastischen System des Kreislaufs nicht in direkter Proportionalität zueinander. Das POISEUILLEsche Gesetz wurde bekanntlich aufgestellt für *starrwandige* Capillaren! Die Elastizität der Gefäßbahn bedingt weittragende Abweichungen der Druck-Stromstärke-Funktion, die gekennzeichnet ist durch ein weit überproportionales Anwachsen der Strom-

---

der Ausfluß aus der Art. pulmonalis gemessen [da nach KATZ, JOCHIM und WEINSTEIN (1928) 90% des Coronardurchflusses in das rechte Herz gelangt. Die Verteilung auf Sinus coronarius, Venae Thebesii und akzessorische Venen sei dabei sehr verschieden. So fördert der Sinus Blutmengen, die zwischen 17 und 44% des gesamten Coronardurchflusses beträgt (s. S. 458)]. Die Autoren kamen in ihren Versuchen zu der Feststellung, daß die Vagi nur coronargefäßerweiternde, tonisch innervierte Fasern cholinergischer Natur enthalten, während der Sympathicus adrenergische gefäßerweiternde Fasern für die Coronargefäße führt, außerdem soll er auch tonisch innervierte adrenergische gefäßverengernde Fasern führen. Auch aus pharmakologischen Prüfungen wurden entsprechende Schlußfolgerungen gezogen (1938). Diese grundsätzlich anderen Befunde bedürfen wegen ihrer Bedeutung dringend einer Nachprüfung. [s. dazu M. SZENTIVÁNY und E. KISS, Acta physiol. Hung. 11, 347 (1957) (Anm. während der Korrektur)].

stärke gegenüber dem Druck (Stromstärkezuwachs durch Druckdehnung des Rohres!). Nach WEZLER handelt es sich auch in dem Falle der Coronardurchblutung bei REIN um eine solche druckpassive Dilatation, nicht um eine Vasodilatation durch Tonusverminderung der Kranzgefäßmuskulatur. In der Tat lag eine 17%ige Blutdrucksteigerung vor, die ihrerseits druckpassiv die Stromstärke in den Coronarien um etwa 50% vergrößert. ,,Jeder Hinweis für die Wirkung einer Vasomotorenlähmung der Coronarien aus dieser Kurve fehlt" (WEZLER).

Die Ergebnisse der neueren amerikanischen Arbeiten auf diesem Gebiet sind nach GREGG folgende. Die Regulation der Coronardurchblutung durch parasympathische und sympathische Nerven waren Gegenstand vieler Untersuchungen. Meist wurden dabei elektrische Reizung oder Durchtrennung der Nerven und die darauf eintretenden Strömungsänderungen untersucht. Man schloß daraus auf das Verhalten im physiologischen Geschehen. Weitere Schwierigkeiten in der Deutung der Befunde ergaben sich daraus, daß die spezifischen Wirkungen auf den Herzmuskel und das coronare Gefäßsystem nicht getrennt untersucht werden können. Unterschiede der Methodik und der angewandten Präparate sind weitere Gründe für die sich widersprechenden Ergebnisse der einzelnen Untersucher. Übereinstimmung herrscht bei den verschiedenen Untersuchern darüber, daß sowohl Vagus- wie Sympathicusnerven dilatatorische und constrictorische Fasern enthalten. (Übersicht bei C. J. WIGGERS, 1936, und R. J. S. MCDOWALL, 1938). Im allgemeinen sollen die sog. hemmenden und constrictorischen Fasern im Vagus vorherrschen, während man die Dilatator- und Acceleransfasern in den sympathischen Nerven findet. Der Beweis für die constrictorischen Wirkungen leitet sich aus der Beobachtung her, daß der Fortfall der parasympathischen Fasern (auf mechanischem oder chemischem Wege) im HLP zu einer Steigerung der Herzfrequenz oder der Coronarströmung führt und daß Reizung der peripheren Enden der durchtrennten Vagi den Coronarstrom vermindert (s. o., G. V. ANREP und H. N. SEGALL, 1926). Im flimmernden Herzen vermindert bei Durchblutung der Coronararterien unter konstantem Druck die Vagusdurchschneidung und Stellatumreizung gewöhnlich den coronaren Einstrom, während Vagusreizung und Stellatumdurchschneidung gewöhnlich den coronaren Einstrom erhöhen (s. Anm., L. N. KATZ und K. JOCHIM, 1939). Keine dieser Untersuchungen gibt Auskunft über die Wirkung der Vagi beim intakten Tier. Durchschneidung dieser Nerven oder Reizung ihrer peripheren Enden hat zu keiner Erklärung der Veränderungen der Coronarströmung geführt, die mit dem Rotameter und orifice meter (D. E. GREGG) und dem bubble flow meter (J. E. ECKENHOFF, J. H. HAFKENSCHIEL, C. M. LANDMESSER und M. HARMEL, 1947) gemessen wurden, wenn Blutdruck und Herzfrequenz praktisch unverändert waren. Allerdings beobachteten neuerdings ECKSTEIN und Mitarbeiter eine beträchtliche Abnahme des coronaren Einstroms (bei Anwendung des constant pressure meter), wenn die peripheren Vagi gereizt wurden und der Blutdruck etwas geringer war.

Reizung der Ganglia stellata bzw. ihrer Herzäste steigert am narkotisierten, brustkorberöffneten Hund die mittlere Strömung in den rechten und linken Coronararterien (D. E. GREGG und R. E. SHIPLEY, 1944, 1945). Diese Steigerung dauert minutenlang an und besteht noch lange hinterher, wenn eine evtl. Herzfrequenz- oder Blutdruckänderung sich wieder normalisiert haben. Eine nähere Untersuchung ergab, daß wenigstens z. T. der resultierende Strömungsanstieg mechanische Ursachen hat, denn die Dauer der Systole, in der die Strömung vermindert ist, ist stark verkürzt. Bei gleicher Herzfrequenz ist die Dauer der Diastole, in der die Strömung größer ist, beträchtlich vermehrt. Jedoch kann auch bei Berücksichtigung dieser Tatsachen noch ein erheblicher restlicher Strömungsanstieg bleiben. Die erheblichen Veränderungen des Einstroms bei Nervenreizung sind nach GREGG auf den Einfluß vieler komplexer und ineinandergreifender Faktoren zu beziehen, die noch im einzelnen der Analyse harren (vasomotorischer Zustand, Gefäßelastizität, Volumelastizitätskoeffizient, Reibungswiderstand, Aortendruckänderungen, extravasculäre Faktoren usw.).

Der erhöhte Coronareinstrom bei Stellatumreizung kann mit und ohne spontane Steigerung von Blutdruck und Herzfrequenz auftreten. Das besagt, daß die Faktoren wie Herzfrequenz, Blutdruck und Arbeit für den natürlichen Mechanismus, der den Strömungsanstieg vermittelt, nicht unentbehrlich sind. Bei experimenteller Reizung der von den Ganglia stellata stammenden Herznerven fand man stets, daß der Coronareinstrom gleichzeitig mit einer Steigerung von Herzarbeit bzw. Stoffwechsel anstieg.

Der Mechanismus, durch den die Kontraktionsstärke ansteigt, ist nicht sicher erkennbar. Die Möglichkeit, daß die Nebennierensekretion für die stimulierende Herzwirkung verantwortlich ist, wird meist abgelehnt, weil: 1. die Reaktion am Herzen wenige Sekunden nach Reizbeginn eintritt, ein Intervall, das für Bildung und Transport des Adrenalins aus den Nebennieren nicht ausreichen würde, und 2., weil die Herzreaktion mit und ohne Vorhandensein von intakten Nebennieren die gleiche ist. Wegen der Schnelligkeit (1—3 sec), mit der das Herz reagiert, ist es sehr wahrscheinlich, daß die physiologische Ursache der Coronardilatation und der Abnahme des peripheren Widerstandes im Coronarkreislauf lokaler Art ist, daß vielleicht an den Endigungen der gereizten Nerven eine Reizsubstanz des Myokards freigesetzt wird. Diese Möglichkeit wird gestützt durch Beobachtungen von W. B. CANNON und A. ROSENBLUETH (1933, 1935), daß eine adrenalinähnliche Substanz, das Sympathin, bei Nervenreizung im Herzen freigesetzt wird. Abgesehen von der unmittelbaren Wirkung der Nervenreizung auf das Myokard ist es allerdings nicht unwahrscheinlich, daß die nachfolgende Erhöhung von Herzkraft und -arbeit und der damit einhergehende Anstieg des Stoffwechsels weitgehend für die Dilatation der Coronargefäße und den beobachteten Strömungsanstieg verantwortlich ist.

Im Licht der vorliegenden Befunde scheint es, daß die Herznerven in Verbindung mit einem Mechanismus wirksam sind, durch den die Herzarbeit den Erfordernissen des Gesamtorganismus angepaßt ist. Der begleitende Anstieg der Coronarströmung ist dann als sekundäres Phänomen zu betrachten, wobei die Coronardilatation durch die chemisch-metabolischen Einflüsse begünstigt wird, die mit dem Anstieg von Arbeit und Stoffwechsel einhergehen.

Die Experimente von ECKSTEIN und Mitarbeitern (1949) liefern den Beweis, daß der Arbeitsanstieg des Herzens für den damit verbundenen Anstieg des Coronareinstroms nicht wesentlich ist. Reizung der Acceleransnerven bewirkt am Hund einen Anstieg der Kontraktionskraft, des Auswurfvolumens, der Coronarströmung und des Sauerstoffverbrauchs. Jedoch führte gleichzeitige Nervenreizung und Aufblähung eines Ballons im linken Vorhof, um die äußere Arbeit des Herzens unter den Kontrollwert zu reduzieren, ebenfalls zu erhöhter Kontraktionsstärke, erhöhter Coronarströmung und gesteigertem Sauerstoffverbrauch. So scheint es, daß die adrenalinähnliche Substanz, die bei Nervenreizung freigesetzt wird, direkt den Sauerstoffverbrauch ansteigen läßt. Ob ein Teil der erhöhten Strömung von einer direkten Wirkung der Substanz auf die Coronargefäße herrührt, kann auf Grund dieser Experimente nicht gesagt werden. Zusammenfassend kann als Meinung der amerikanischen Autoren auf Grund ihrer Beobachtungen und Schlußfolgerungen gesagt werden, daß die Möglichkeit nicht ausgeschlossen werden kann, daß die Herznerven einen direkten vasomotorischen Einfluß auf die Coronargefäße ausüben, wie ja auch frühere Untersucher die Veränderungen der Coronarströmung bei Nervenreizung im Sinne eines direkten vasomotorischen Einflusses auf die Coronargefäße ausgelegt haben. Man hat Experimente am innervierten flimmernden Herzen ausgeführt, um Änderungen des Blutdrucks, der Kontraktionsstärke, des Herzstoffwechsels und anderer Variablen auszuschließen, und den positiven Effekt der Nerventätigkeit auf die Weite der Coronargefäße beobachtet (L. N. KATZ und K. JOCHIM, 1939). Obwohl sowohl parasympathische wie sympathische Nervenreizung beträchtliche

Veränderungen des coronaren Einstroms hervorriefen, kann aus solchen Experimenten nicht schlüssig gefolgert werden, daß ein direkter vasomotorischer Einfluß existiert. Der Wegfall der rhythmischen Herztätigkeit schließt nicht die Möglichkeit aus, daß durch Nervenreizung die Stärke der fibrillären Kontraktionen und der Herzstoffwechsel ansteigt und dies somit die primäre Reaktion darstellt, die sekundär zu einer Coronardilatation führt. Es erscheint schwierig, im Experiment die Wirkung der nervösen Einflüsse auf das Myokard und die Coronargefäße getrennt festzustellen, weil die physiologischen Funktionen dieser Strukturen so eng miteinander verknüpft sind.

Die Möglichkeit einer reflektorischen Regulation der Coronardurchblutung

Für die *Frage intrakardialer Reflexe* ist ein Befund am HLP von Bedeutung. Am innervierten HLP steigert Vagusdurchschneidung die Coronarströmung und beim gleichen Präparat ebenfalls auch ein gesteigertes Auswurfvolumen; dieser Effekt fehlt nach Vagusdurchschneidung (G. V. ANREP und H. N. SEGALL, 1926). Eine Regulation durch sympathische Nerven wurde dabei nicht beobachtet. Jedoch steigert beim narkotisierten Hund ein gesteigertes Schlagvolumen die Coronarströmung mit oder ohne intakte Vagi, wenn die Coronararterien bei konstantem Druck (constant pressure flow meter) oder mit pulsierendem Aortendruck (orifice meter) durchströmt werden (H. D. GREEN und D. E. GREGG, 1940).

Ligatur einer Coronararterie soll zu einer reflektorischen Vasokonstriktion in der anderen Coronararterie führen, was dann Ventrikelflimmern veranlaßt (G. V. LE ROY, G. K. FENN und N. C. GILBERT, 1942). GREGG (1947) gibt an, viele Versuche mit Ligatur einer Coronararterie oder ihrer Zweige am narkotisierten Hund gemacht zu haben, wobei die Strömung in einer anderen Coronararterie oder in dem Coronarsinus gemessen wurde. Er erhielt dabei keinen Beweis für das Vorliegen eines solchen Reflexes, im Gegenteil ergab sich, daß ein Verschluß der Communis sinistra oder der linken deszendens die Strömung in der rechten Coronarie beträchtlich ansteigen ließ, und daß die linke Coronarströmung anstieg, wenn die rechte Arterie ligiert wurde. Man nimmt an, daß der Strömungsanstieg von einem anatomischen und funktionellen Übereinandergreifen der rechten und linken Coronararterie in den beiden Ventrikeln herrührt. Diese Ergebnisse wurden bestätigt (J. E. ECKENHOFF, J. H. HAFKENSCHIEL, C. M. LANDMESSER und M. HARMEL, 1947; D. F. OBDYKE und E. E. SELKURT, 1948). In solchen Präparaten bedeutet die Narkose und evtl. die Durchschneidung und Ligatur der Arterie, in der die Strömungsänderungen gemessen werden, beträchtliche Abweichungen vom normalen nervösen Zustand. Man kann nicht mehr annehmen, daß das den Verhältnissen beim normalen, nicht narkotisierten Tier entspricht.

Änderungen der Coronardurchblutung infolge von *extrakardialen Reizen* würden von großem klinischen Interesse sein, und ihr Nachweis würde dazu beitragen, die Beziehungen zwischen der Angina pectoris und ihren auslösenden Ursachen (Ernährungsweise, abdominale Blähungen, Kälte, Anstrengung) aufzuklären. Mannigfache afferente Reize sollen die Coronarströmung beeinflussen, z. B. bei Reizung vieler afferenter Nerven (C. D. GREENE, 1935, 1941; J. HINRICHSEN und A. C. JOY, 1933); aufgetriebener Magen, gedehnte Gallenblase und Oesophagus (J. HINRICHSEN und A. C. JOY, 1933), Anstrengung (C. W. GREENE, 1941), schmerzhafte Hautreizungen (C. W. GREENE, 1935) erhöhen vermutlich alle die Coronarsinusströmung beim narkotisierten Hund, während Erhöhung des cerebralen Blutdrucks und des Carotissinusdruckes am innervierten HLP die Coronarströmung vermindert (G. STELLA, 1931). Außerdem gibt es viele Thermostromuhrexperimente (direct current thermostromuhr) am nichtnarkotisierten

Hund, in denen Verdauung und Körperarbeit die Coronarströmung erhöhen (H. E. ESSEX, J. F. HERRICK, E. J. BALDES und F. C. MANN, 1936, 1939; N. C. GILBERT, G. V. LE ROY und G. K. FENN, 1940) und Kältereize auf die Schleimhäute sie vermindern (N. C. GILBERT, G. K. FENN, G. V. LE ROY und T. G. HOBBS, 1941); die Deutung ist schwierig wegen der bekannten technischen Begrenzungen bei dieser Art von Strömungsregistrierungen, immerhin könnte die Richtung der Veränderungen stimmen, obwohl das Ausmaß der Strömungsänderungen im allgemeinen gering ist. In keinem der Experimente können jedoch Änderungen der Herzfrequenz, des Auswurfvolumens, des Blutdrucks, der Systolen- und Diastolendauer sicher ausgeschlossen werden, die jede für sich Herzstoffwechsel, Herzarbeit bzw. Coronarströmung beeinflussen. Tatsächlich zeigen die Experimente von ECKENHOFF und Mitarbeitern (1947) mit dem bubble flow meter, daß mit dem Anstieg der Intrabiliärspannung die Reaktion der coronaren Strömungen sich änderte, und zwar stets in der gleichen Richtung wie die Änderung des Blutdrucks. Es ist nicht zulässig, daraus auf eine aktive Vasokonstriktion oder Dilatation im Coronarkreislauf zu schließen und diese Veränderungen auf nervöse Reflexe zu beziehen, wie das geschehen ist. Das betrifft besonders die Experimente, bei denen die Wirkungen der Reize nicht vor und nach Durchschneidung der Herznerven untersucht wurden.

Pharmakologische Beeinflussung der Coronardurchblutung[1]

Literaturübersichten liegen vor von F. M. SMITH (1921), H. D. GREEN (1940) und K. JOCHIM (1940). Untersucht wurden das isolierte Herz, das flimmernde Herz, das HLP und das Herz in situ. Es ist zu beachten, daß ein Pharmakon verschiedene Wirkungen auf Herzen verschiedener Präparation haben kann und daß viele Pharmaka außerdem auf die Pulsfrequenz und den Stoffwechsel anderer Organe, auf die Atmung und andere Körperfunktionen wirken, die von sich aus die Herzarbeit oder den vasomotorischen Zustand der Coronarien verändern können, so daß die lokale Coronarwirkung verdeckt wird. Hinsichtlich des Mechanismus der pharmakologischen Wirkungen können wegen des Fehlens geeigneter Methoden definitive Aussagen kaum gemacht werden; es spielen hier Änderungen des Blutdrucks, des vasomotorischen Zustandes, der Kraft der Herzkontraktionen u. a. hinein.

Experimentell ist es leicht zu ermitteln, ob ein Pharmakon die Coronarströmung am in situ schlagenden Herzen steigert oder vermindert. Khellin, Papaverin, Nitrite, Xanthine, Acetylcholin, Adrenalin, Coramin, Histamin steigern alle die Coronarströmung, während Pituitrin sie vermindert. Aus den folgenden Ausführungen wird hervorgehen, daß niemals für ein Pharmakon genau ermittelt wurde, welche Determinanten der Coronarströmung im Herzen und im Kreislauf zum Anstieg oder zur Verminderung der Coronarströmung führen. Tatsächlich wurden die meisten Pharmaka nicht auf ihre coronare Strömungswirkung am in situ schlagenden Herzen untersucht und außerdem beschränkten sich die Untersuchungen auf die linke Coronararterie.

Pitressin. Von den klinisch angewandten Pharmaka ist Pituitrin das einzige, das bei allen Untersuchungsmethoden die Coronarströmung vermindert und den peripheren Gesamtwiderstand ansteigen läßt (d. h. die Strömung vermindert sich bei einem erhöhten zentralen Coronardruck) (H. D. GREENE, 1940; H. D. GREENE, R. WÉGRIA und N. H. BOYER, 1942; R. HILTON und F. EICHHOLTZ, 1925; M. B. VISSCHER, 1939). Man nimmt an, daß eine direkte Wirkung auf die Coronararteriolen vorliegt, aber eine Abnahme des Herzstoffwechsels und der

---
[1] GREGG

Kontraktilität oder ein Anstieg der extravasculären Faktoren kann als Ursache der Strömungsverminderung nicht ausgeschlossen werden.

Nitrite und Xanthine. Bei Anwendung fast aller Untersuchungsmethoden und fast aller Herzpräparate ergibt sich durch diese Pharmaka eine vermehrte Coronarströmung (N. H. BOYER, 1943; N. H. BOYER und H. D. GREEN, 1941; C. W. GREENE, 1936; F. M. SMITH, 1921). Eine vasodilatatorische Wirkung der Nitrite auf die Coronargefäße ist anzunehmen, wenn auch eine Änderung des Herzstoffwechsels und der Herzarbeit als Ursache des Strömungsanstiegs nicht ausgeschlossen werden kann. Bei den Xanthinen steigen Kontraktionskraft, Stoffwechsel und Arbeit des Herzens (E. L. FOLTZ, S. KI WONG, J. E. ECKENHOFF, 1948). Daher kann die Vasodilatation nicht allein der Wirkung des Pharmakons zugeschrieben werden, die erhöhte Freisetzung von Metaboliten kann daher teilweise, wenn nicht gänzlich die Vasodilatation veranlassen.

Adrenalin und Acetylcholin

LANGENDORFF (1907) zeigte als erster am Gefäßstreifen die erweiternde Wirkung des Adrenalins auf die Kranzgefäße. Zahlreiche Autoren bestätigten den dilatatorischen Effekt, der am häufigsten erhoben wurde. Eine zweite Gruppe beobachtete neben Dilatation auch Konstriktion, vereinzelt wurden auch nur constrictorische Effekte festgestellt (Literatur bei W. R. HESS). (Die unterschiedlichen Angaben hängen von vielerlei, nicht immer zu übersehenden Bedingungen ab: Konzentration, Applikationsart, vegetative Gleichgewichtslage, Reaktionsbedingungen, Temperatur, Organgebiet, Tierart, Mitbeteiligung mechanischer Effekte u. a.) Der wichtigste Befund ist wohl der, daß die Coronararterie auf Adrenalin unter geeigneten Umständen mit gut ausgesprochener Dilatation antworten kann (W. R. HESS). Gerade bei der zuverlässigsten Methode des Gefäßstreifens stellt die Dilatation die bevorzugte Reaktion dar. Dabei läßt sich *peripherwärts eine Zunahme des dilatatorischen Effektes feststellen* (BARBOUR, 1912). Nach EVANS *verhalten sich die größeren Äste wie die Körperarterien und zeigen Kontraktion auf Adrenalin.* Vorherige Zufuhr von Ergotoxin hebt die Dilatatorreaktion des Adrenalins an den kleineren Gefäßen nicht auf, wohl die Konstriktorreaktion an den großen Gefäßen. Entsprechend *dem peripheren Angriffspunkt für die Dilatatorreaktion* (Gefäßwiderstand!) ergaben Stromuhrversuche am HLP (HÄUSLER, 1929) Erweiterung der Coronargefäße. Auch REIN, HOCHREIN und KELLER bestätigen mit der Thermostromuhr die dilatatorische Wirkung am Ganztier. Am Ganztier fand auch schon MEYER (1913) Durchflußvermehrung, mit der Coronarsinuskanüle wurde das ebenfalls 1913 durch MORAWITZ und ZAHN sowie MARKWALDER und STARLING u. a. sichergestellt, ebenso von KRAWKOFF (1914) am LANGENDORFF-Herzen. Zwar sah ANITCHKOW (1923) am wiederbelebten Menschenherzen nicht regelmäßig eine Erweiterung, wohl beim Kinde, beim Erwachsenen jedoch eher Verengerung. Allerdings nimmt mit dem Gefäßalter die Reaktionsfähigkeit ab, außerdem handelte es sich wahrscheinlich um pathologisch veränderte Gefäße. Daß am stillstehenden Herzen oder am isolierten Gefäßstreifen gelegentlich Coronarkonstriktion beobachtet wurde, hängt vielleicht mit dem Einfluß der Tätigkeit bei der dilatatorischen Reaktion zusammen und würde dann zu der Feststellung von REIN und SCHNEIDER passen, daß Adrenalin in physiologischer Dosierung allgemein am ruhenden Gefäßgebiet Verengerung, im arbeitenden Erweiterung bewirkt. Trotz der wechselnden Literaturangaben kann als „Lehrmeinung" an der vorzugsweise dilatierenden Wirkung des Adrenalins auf die Coronargefäße, besonders deren kleinere Äste, festgehalten werden. Nach REIN wird die vasodilatierende Adrenalinwirkung erst nach Vagotomie ganz deutlich, sie kann durch den Vagus gehemmt werden! Die am denervierten HLP (Hund, Katze) als sicherer Befund auftretende, lang anhaltende Steigerung der Coronardurchblutung ist zum großen Teil auf Coronargefäßerweiterung zurückzuführen, wenn sie auch sicher durch Frequenzeffekte, Muskel- und Stoffwechselwirkungen modifiziert wird. Am intakten Kreislauf kommen weiter modifizierend hinzu das Blutangebot aus den Körpervenen und der arterielle Widerstand. Sowohl durch die Erhöhung der Zuflußmenge wie des arteriellen Druckes werden mechanische und reflektorische Vorgänge ausgelöst, die ihrerseits die Herzgefäße beeinflussen (s. dazu Fußnote auf S. 487). Auch *Ephetonin, Ephedrin* und *Sympatol* haben ähnliche Wirkung wie Adrenalin mit langsamerem Verlauf.

Die oben erwähnte Auffassung von EVANS, daß die größeren Äste sich wie Körperarterien verhalten und auf Adrenalin Konstriktion zeigen, während peripherwärts die dilatorische Reaktion in Erscheinung tritt, bestätigte neuerdings H. SCHAEFER (1953). Er anerkennt dabei in der Reaktion der coronaren Strombahn gegenüber Adrenalin und Sympathicusreizung keine grundsätzliche Sonderstellung dieser Gefäße. Die Coronarien verhalten sich danach grundsätzlich gleichartig wie periphere Gefäße. Die Zunahme des Stromvolumens bei coronaren wie peripheren Gefäßen (auch bei unveränderter Herzleistung und konstantem Blutdruck), die „primäre Dilatation" auf Adrenalin und Noradrenalin ist wahrscheinlich ein rein peripherer Effekt und wird als Hemmungsreaktion am Angriffsort des Adrenalins (als Folge der spezifischen Reaktionskinetik des Adrenalins) angesehen. Diese primäre Dilatation der Adrenalinkörper ist nach H. SCHAEFER atropinresistent und adrenergisch[1]. Wegen der kurzen arteriellen Strombahn (s. oben) wirken sich capilläre Widerstandsänderungen durch Katabolite am Herzen besonders stark auf eine Zunahme des coronaren Stromvolumens aus. Im Arterienplethysmogramm dagegen ist die primäre Wirkung des Adrenalins tatsächlich eine Konstriktion (analog der Wirkung auf die Femoralarterie). Eine Kontraktion der am Herzen ja besonders kurzen arteriellen Bahn wird für die Gesamtdurchblutung (Stromuhrmessungen!) nicht so ins Gewicht fallen, gegenüber der capillaren Reaktion, für die eine Erweiterung sicher ist, wie bei anderen Organen.

Allerdings ergibt sich nach GREGG für die Wirkung von Adrenalin und Acetylcholin folgendes Bild. In den meisten Präparaten des Hundes, einschließlich flimmerndes Herz (L. N. KATZ und Mitarbeiter, 1938), HLP (J. MARKWALDER und E. H. STARLING, 1914), Herz in situ (J. E. ECKENHOFF und Mitarbeiter, 1947; H. D. GREENE und Mitarbeiter, 1942 u. a.) steigert Injektion von Adrenalin in die Coronararterie die Coronardurchblutung. Im zuletzt genannten Präparat entspricht der Effekt dem der Reizung der Acceleransnerven, es ergibt sich also dabei ein Anstieg des Herzstoffwechsels und der Kontraktionskraft (J. MARKWALDER und E. H. STARLING, 1914). Der Strömungsanstieg kann aufgefaßt werden als Resultante der gesteigert wirksamen extravasculären Faktoren, die die Strömung vermindern, der dilatierenden Stoffwechselwirkung mit ihrer Tendenz, die Strömung zu erhöhen, und der evtl. dilatierenden Wirkung auf die Coronararteriolen. Eine getrennte Bestimmung der Bedeutung jedes einzelnen Faktors ist schwierig. Widerspruchsvoll sind die Ergebnisse hinsichtlich der eigentlich dilatierenden Wirkung auf die Coronargefäße. GREENE und Mitarbeiter (1942) fanden bei Adrenalininjektion in die linke Coronararterie einen Anstieg der Coronarströmung gleichzeitig mit der Steigerung des Blutdrucks und der Herzkraft, während SHIPLEY und KOHLSTEDT angeben, daß eine Periode des

---

[1] In der Auseinandersetzung um Vasodilatatoren haben FOLKOW und GERNANDT (1952) Argumente für die Anwesenheit vasodilatierender Nerven beigebracht, die cholinerg (also atropinempfindlich) sind (FOLKOW und Mitarbeiter, 1949).

Strömungsanstiegs ohne Blutdruckänderung vorausgeht. In geringen Dosen hat man einen deutlichen Strömungsanstieg ohne Herzfrequenz- und Blutdruckanstieg beobachtet, was auf eine signifigante dilatierende Wirkung auf die Coronargefäße schließen läßt, obwohl auch hier ein frühzeitiger metabolischer Einfluß nicht ausgeschlossen ist. Auf alle Fälle kann bei größeren Dosen der größte Teil des coronaren Strömungsanstiegs auf die starke Steigerung des Herzstoffwechsels bezogen werden.

Intraarteriell verabfolgtes *Acetylcholin* steigert die Coronarströmung beim flimmernden Hundeherzen (L. N. KATZ und Mitarbeiter, 1938), im HLP (G. V. ANREP, 1936) und beim narkotisierten Hund (J. E. ECKENHOFF und Mitarbeiter, 1947). Bei geeigneter Dosierung tritt die Reaktion ohne wesentliche Änderung von Blutdruck oder Herzfrequenz ein und wird vollständig unterdrückt nach Atropinisierung. Die Wirkung auf den Herzstoffwechsel ist nicht untersucht worden, und daher ist es unbekannt, ob eine direkte Wirkung auf die glatte Muskulatur der Coronargefäße vorliegt oder eine indirekte über Änderungen des Herzstoffwechsels.

Opiate. Über die Wirkung des Morphins und seiner Derivate auf die Coronarzirkulation liegen nur wenige Untersuchungen vor. Papaverin erhöht den linken Coronareinstrom am narkotisierten Hund (J. E. ECKENHOFF und Mitarbeiter, 1948; R. E. SHIPLEY und G. K. KOHLSTEDT), wobei Blutdruck und Herzfrequenz unverändert oder der Blutdruck vermindert sein können. Man hat festgestellt, daß dabei Herzarbeit und -stoffwechsel nicht ansteigen (E. L. FOLTZ, S. KI WONG und J. E. ECKENHOFF, 1948). Die Wirkung des Morphins auf die Coronarströmung ist nicht bekannt.

Digitalis. Am in situ schlagenden Herzen liegen keine brauchbaren Angaben mit zureichenden Methoden vor. In anderen Präparaten sind die Ergebnisse verschieden und nicht endgültig.

Andere Pharmaka. Extrakte aus dem Samen von Ammi Visnaga Lam. (Arabic Khella), einer in den östlichen Mittelmeergebieten wildwachsenden Pflanze, wurden seit alten Zeiten von der eingesessenen Bevölkerung als Antispasmolyticum bei Nierenkoliken und Ureterspasmen verwandt. Ein neues Interesse erwachte an dem Khellin, als man entdeckte, daß es, oral oder intravenös verabreicht, eine starke Vasodilatation im Coronarkreislauf am HLP und am Herzen in situ bewirkt und in den angewandten Dosierungen keine Wirkung auf den allgemeinen Blutdruck hat und den Sauerstoffbedarf des Herzens nicht erhöht, d. h. also die glatte Muskulatur der Coronargefäße erschlafft (G. V. ANREP und Mitarbeiter, 1946, 1949). Allerdings fanden E. L. FOLTZ und Mitarbeiter (1948) beim narkotisierten Hund keinen Anstieg des coronaren Einstroms.

Obwohl *Histamin* herztherapeutisch nicht angewandt wird, ist es von Interesse, daß Histamin oder eine histaminähnliche Substanz immer im Coronarvenenblut vorhanden ist und der wichtigste natürliche Dilatator sein könnte (G. V. ANREP, A. BLALOCK und M. HAMMOUDA, 1929). Beim Hund steigert es den Coronareinstrom bei normalem und herabgesetztem Blutdruck. Jedoch sind die Befunde bestritten worden.

Beim Histamin, dessen kreislaufregulatorische Funktion noch nicht mit Sicherheit beweisbar ist, geben eine große Zahl von Autoren Konstriktion, andere Dilatation der Arterien des Coronarsystems an (s. W. R. HESS). Dilatatorische Effekte finden sich vor allem bei Perfusionsversuchen. Da für die Durchströmung speziell das Verhalten der kleinen und kleinsten Arterien maßgebend ist (Durchflußwiderstand!), während die Gefäßstreifenmethode die größeren, d. h. mehr die zentralen Arterien erfaßt, schließt W. R. HESS, daß der Gegensatz in den Ergebnissen auf einer verschiedenen Reaktion der zentralen und peripheren Arterie beruht. Die Arterie des zentralen Abschnitts antwortet mit Konstriktion; dort wo die Arterien im Diffusionskontakt mit dem Gewebe stehen, gewinnt die dilatorische Komponente

Übergewicht. Die dilatatorische Reaktionsform wird besonders dann beobachtet, wenn die Arterie vorher unter dem Einfluß eines konstriktorischen Reizes gestanden hat. Außerdem spielen die verwendeten Narkotica (FELDBERG, 1927), Dosis (ROTHLIN, 1920) u. a. eine große Rolle. Auch je nach Tierart wechseln die Ergebnisse (nach EVANS ruft Histamin Coronarkontraktion beim Ochsen, Kaninchen und Menschen hervor, bei der Katze erweitert es besonders die kleinen Gefäße).

Bei *Coramin, Pilocarpin, Atropin, Cardiazol, Nicotin* sind die Untersuchungsergebnisse unzureichend und erlauben keine Aussage über den Wirkungsmechanismus. Glucose, Insulin und verschiedene Elektrolyte (Natriumchlorid, Calciumchlorid, Kaliumchlorid, Magnesiumsulfat) sind am flimmernden Herzen in abnorm hohen Konzentrationen untersucht worden, so daß keine Deutung der Befunde möglich ist.

Stoffwechseländerungen unbekannter Art

Schon MORAWITZ (1914) fand am ganzen Tier, daß im Verlauf eines Versuches eine fortschreitende Zunahme der Coronardurchblutung eintritt. Bei jedem HLP kommt es mit längerer Versuchsdauer schließlich stets zur Zunahme der Durchblutung. Die dazu führenden Faktoren sind nicht genau bekannt, sie sind sicher verschiedener Natur. Das denervierte Herz dilatiert langsam, die O_2-Sättigung des defibrinierten Blutes wird schlechter, möglicherweise entstehen irgendwelche nichtgasförmige Stoffwechselprodukte, die zusammen mit den anderen Veränderungen die Erhöhung der Durchblutung veranlassen. Ob histamin- oder cholinähnliche Substanzen an der fortschreitenden Zunahme der Durchblutung beteiligt sind, ist nicht bekannt. Die Wirkung dieser Körper auf die Coronararterien und das isolierte Herz im HLP ist derart abhängig von Tierart, Dosierung und Art des Experiments, daß vorläufig kein eindeutiges Resultat vorliegt. Die Beurteilung wird, wie schon öfters bemerkt wurde, deshalb erschwert, weil außer der Gefäßwirkung ausgesprochene Frequenz- und Muskelwirkungen hinzukommen (EVANS, ANREP, W. R. HESS).

Kranzgefäßdurchblutung und Gaswechsel des Herzens

Will man eine *Ordnung in diese Mannigfaltigkeit der Faktoren der Coronardurchblutung ihrer Bedeutung nach* bringen, so findet man, wie nach den durchaus uneinheitlichen Ergebnissen der Autoren zu erwarten ist, sehr verschiedene Auffassungen. EVANS nennt an erster Stelle den arteriellen Druck, dann die chemischen Einflüsse und an letzter Stelle die nervös-reflektorischen. Nach MÜLLER, SALOMON und ZUELZER (1930) (s. S. 482) besteht kein chemischer Regulationsmechanismus, der bei verstärkter Sauerstoffausnutzung des Herzens einem Sauerstoffmangel durch Coronarerweiterung abhilft. Aus den oben gemachten Ausführungen erhellt, daß REIN den nervösen Einfluß über den Dauertonus des Vagus an die Spitze stellt und wir werden gleich noch sehen, daß GOLLWITZER-MEIER demgegenüber die Sympathicuserregung in ihrer Bedeutung besonders heraushebt. Neuere Untersucher betonen außer dem arteriellen Blutdruck vor allem die lokalchemischen Regulationen und lehnen eine vasomotorische Regulation sogar weitgehend ab (s. S. 490).

Wenn man die Anpassung der Kranzgefäßdurchblutung und ihre Maßnahmen untersuchen will, muß man zweckmäßigerweise vom Sauerstoffverbrauch des Herzens ausgehen (GOLLWITZER-MEIER). Darin stimmen auch alle neueren Untersucher des Problems überein. Daß der Coronarstrom automatisch dem Sauerstoffbedarf des Herzens angepaßt ist, betonen auch ECKENHOFF, HAFKENSCHIEL und Mitarbeiter (1946, 1947) in Übereinstimmung mit SHIPLEY und GREGG (1945).

Der Sauerstoffverbrauch des Herzens ist nicht allein von der Größe der äußeren Arbeit des Herzens abhängig. Das innervierte Herz erledigt, wie wir auf S. 423ff. sahen, eine gleiche äußere Arbeit mit durchaus verschiedenem Sauerstoffverbrauch, je nach dem Anteil von Volumleistung und Druckleistung (EVANS und MATSUOKA, 1915; H. GREMELS, 1933; GOLLWITZER-MEIER, KRAMER und KRÜGER, 1936), je nach dem Hereinspielen der Kreislaufreflexe (GOLLWITZER-MEIER, KROETZ und KRÜGER, 1938) und je nach der Herzfrequenz (COHN und

STEELE, 1935; KIESE und GARAN, 1938). ECKSTEIN und Mitarbeiter (1950) führten durch Drosselung des venösen Zuflusses die gesteigerte Herzarbeit nach Reizung der sympathischen Herznerven wieder auf den Ausgangswert zurück, Coronardurchblutung und Sauerstoffverbrauch gingen dann nicht auf ihre Ausgangswerte zurück! Es wurde schon auf S. 487 erwähnt, daß REIN die Anpassung der Coronardurchblutung über den Dauertonus des Vagus an die Herzleistung betonte. Es ist fraglos, daß ihm dabei auch die Anpassung an den Sauerstoffverbrauch vorschwebte; denn er hat ja am deutlichsten das Primat des Stoffwechsels bei allen kreislaufregulatorischen Vorgängen herausgestellt. (,,Es ist eben so, daß nicht die geleistete Arbeit als solche irgendwie die wichtigste Kreislaufgröße bestimmt, sondern der jeweils nötige Stoffwechsel", 1941.) Sein Verdienst war es auch, frühzeitig die Notwendigkeit betont zu haben, die in den neuesten amerikanischen Arbeiten über die Coronardurchblutung als so wesentlich herausgestellt wird, daß die Regelung des Coronarblutstroms am Herzen in seinem natürlichen nervösen und humoralen Zusammenhang mit dem Gesamtorganismus zu untersuchen ist, wie er das allgemein beim Studium aller Kreislaufregulationen zur Forderung erhob (1931).

Um einen Einblick in die Anpassung der Kranzgefäßdurchblutung zu gewinnen, brachte daher GOLLWITZER-MEIER (1940) Coronardurchblutung und Herzgaswechsel in Beziehung zueinander, um so den Anteil der mechanischen, chemischen und nervösen Faktoren an der Regulierung der Kranzgefäßdurchblutung abzugrenzen.

Am innervierten Herzen kann die Kranzgefäßdurchblutung unabhängig vom Aortendruck zu- oder abnehmen. Die nervösen Vorgänge an den Kranzgefäßen spielen dabei nach GOLLWITZER-MEIER eine große Rolle. Die *Leistungen und Grenzen der coronaren Vasomotorik* sind erkennbar *bei Ausschluß der druckpassiven Faktoren, d. h. am innervierten HLP*:

Vagusreizung senkt die Kranzgefäßdurchblutung weniger stark als den oxydativen Stoffwechsel (negativ energotrope Vaguswirkung nach GOLLWITZER-MEIER s. S. 436). Das Verhältnis von Kranzgefäßdurchblutung und Gaswechsel wird günstiger! So bedrohlich die Kranzgefäßdurchblutung, allein betrachtet, unter dem Vagusreiz abfällt, so ist sie doch, bezogen auf den Herzgaswechsel am isolierten innervierten Herzen, sogar überschießend. Das isolierte innervierte Herz gerät durch den Vagusreiz nicht in den Zustand des Sauerstoffmangels. — *Sympathicusreizung* steigert zwar die Oxydationen und erweitert die Kranzgefäße, aber das Verhältnis des coronaren Blutangebotes und des Herzgaswechsels verschlechtert sich. Das isolierte innervierte Herz gerät durch Sympathicusreiz in die Gefahr des Sauerstoffmangels. Auch das Adrenalin verschlechtert am innervierten HLP das Verhältnis von Kranzgefäßdurchblutung und Sauerstoffverbrauch! (s. dazu S. 434).

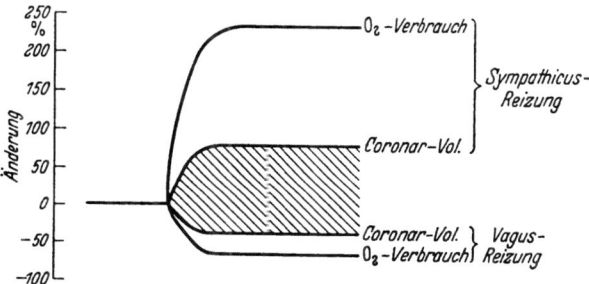

Abb. 229. Hund. Innerviertes Herzlungenpräparat (konstanter Aortendruck). Elektrische Sympathicus- und Vagusreizung beeinflussen Herzgaswechsel und Kranzgefäßdurchblutung jeweils in gleicher Richtung. Die nervöse Steuerung der Kranzgefäßdurchblutung reicht allein bei weitem nicht aus, um die Kranzgefäßdurchblutung an den veränderten Gaswechsel anzupassen. Der schraffierte Bezirk gibt die Grenzen der Vasomotorenwirkung auf die Kranzgefäßdurchblutung an. (Nach GOLLWITZER-MEIER)

Die Abb. 229 zeigt, wie Kranzgefäßdurchblutung und oxydativer Stoffwechsel bei Vaguserregung gemeinsam abnehmen, bei Sympathicuserregung zunehmen: die Gleichheit bezieht sich am isolierten nervösen Herzen aber nur auf die Richtung nicht auf die Größe der Ausschläge! Nervöse Konstriktion oder Dilatation allein vermögen die Kranzgefäßdurchblutung nicht genügend zu variieren! Die *vasomotorische Anpassung der Kranzgefäßdurchblutung leistet nur eine zusätzliche Feineinstellung des coronaren Blutangebotes*, die Einstellung einer sichernden Mittellage des Blutangebotes wird erst deutlich bei Versuchen an in situ befindlichen Herzen des ganzen Tieres, also unter Einschluß des Gesamtkreislaufs: *Der Aortendruck übernimmt die Aufgabe, die Mittellage der Kranzgefäßdurchblutung im Rahmen der jeweiligen allgemeinen Kreislaufregulierung einzustellen.*

Bei *Sympathicusreizung* ergibt sich *am Ganztier* eine überraschend gute Anpassung von Blutangebot und Herzgaswechsel, die am isolierten innervierten Herzen fehlte. Der druckpassive Anteil deckt bis zu $^2/_3$, der vasomotorische Anteil weniger als $^1/_3$ des erhöhten Sauerstoffverbrauchs bei Sympathicusreizung. Auch Adrenalin führt am ganzen Tier infolge der Umstellung des Gesamtkreislaufs, besonders der Steigerung des Aortendrucks nicht zu einem Mißverhältnis von Blutangebot und Sauerstoffbedarf am Herzen[1]! Auch auf dem Gipfel der Adrenalin-Blutdrucksteigerung hereinbrechende Entlastungsreflex ändert nichts daran. *Vagusreizung* senkt Gaswechsel und Kranzgefäßdurchblutung sehr gleichmäßig, niemals ergab sich unter Vaguseinfluß im unversehrten Kreislauf eine Coronarinsuffizienz; denn die stoffwechselsenkende Komponente der Vaguswirkung ist dann stärker als die Einflüsse auf die Herzdurchblutung[2].

Wir kommen damit zu der abschließenden Frage nach den *Beziehungen zwischen Kranzgefäßdurchblutung und Gaswechsel des innervierten Herzens.* GOLLWITZER-MEIER brachte beide Größen in Beziehung zueinander, indem sie den Begriff der „*Güte der Kranzgefäßdurchblutung*" aufstellte, die durch das Verhältnis

$$\frac{\text{cm}^3 \text{ Coronarvolumen/min}}{\text{cm}^3 \text{ O}_2\text{-Verbrauch des Herzens/min}}$$

gegeben ist. Bei den verschiedenen Beeinflussungen der Herztätigkeit verhält sie sich nach GOLLWITZER-MEIER wie folgt:

1. *Zunahme der [H] des arteriellen Blutes,* die bei Muskelarbeit die Kreislaufzentren erregt und den gesteigerten Kreislaufantrieb an Venen und Arterien auslöst, verbessert die Güte der Kranzgefäßdurchblutung sehr stark. Denn steigende [H] senkt die Verbrennungen im Herzmuskel, erweitert aber zugleich die Kranzarterien (s. S. 480).

---

[1] Wir finden damit eine Ergänzung zu den früher dargestellten Befunden (S. 434). *Adrenalin* greift in niedrigen Dosen zuerst in den Herzgaswechsel, dann in die Blutverteilung zwischen den einzelnen Gefäßgebieten ein, noch ehe es den arteriellen Widerstand und den venösen Rückfluß steigert (REIN). Erst höhere Mengen vermehren den Blutrückstrom zum Herzen durch allgemein ausgebreitete konstriktorische Impulse im Venensystem und an den Blutspeichern und steigern den arteriellen Druck durch allgemein ausgebreitete konstriktorische Impulse an den Arterien. In diesen Mengen greift Adrenalin auch fördernd in die Dynamik des Herzens ein. Die sympathische Förderung des energetischen Umsatzes geht z. T. zu Lasten der steigenden Frequenz und der steigenden mechanischen Arbeit. Ein weiterer Teil, ungefähr die Hälfte, ist nach GOLLWITZER-MEIER und KRÜGER ausschließlich auf einen spezifisch-sympathischen Eingriff in die Verbrennungsvorgänge selbst zurückzuführen. Der Beginn dieser Mehrverbrennungen ist so früh, daß er den Sinn hat, schon vorbereitend chemische Energie im Überfluß zur Umwandlung in mechanische Energie bereitzustellen. Diese Mehrlieferung wäre aber nur dann eine Gefahr für das Herz, wenn die Kranzgefäßdurchblutung mit dem Mehrbedarf an Sauerstoff nicht Schritt hält. Am denervierten Herzen ist das tatsächlich der Fall (dunkles Coronarsinusblut!). Wegen des Fehlens entsprechender Steigerung der Herzarbeit muß die gewaltige Oxydationssteigerung am HLP unausgenutzt bleiben; der Wirkungsgrad verschlechtert sich, weil der *wesentliche Faktor der Mehrarbeit, die periphere Widerstandssteigerung und arterielle Blutdrucksteigerung,* fehlt. Die Umstellung des Gesamtkreislaufs, besonders die Steigerung des Aortendruckes, der die Kranzgefäße druckpassiv ausweitet, läßt die Kranzgefäßdurchblutung um ein Vielfaches stärker am ganzen Tier ansteigen als am isolierten innervierten Herzen! Das Bild der Sauerstoffversorgung des Herzens wird auch günstiger, wenn die physiologische Reflexerregbarkeit erhalten ist: Durch den Entlastungsreflex wird das Verhältnis von Sauerstoffverbrauch und Kranzgefäßdurchblutung verbessert, da die stoffwechselsteigernde Komponente stärker gebremst wird als die gefäßerweiternde Wirkung des Adrenalins. So kommt es nach Adrenalin nicht mehr zur Gefahr eines Sauerstoffmangels im Herzen (sauerstoffreicheres venöses Coronarblut!).

[2] Der Vagusstoff *Acetylcholin* senkt — sogar stärker als der Vagusreiz — den oxydativen Stoffwechsel (GREMELS, 1936), er verengt dagegen (beim Hund) die Kranzgefäße nicht wie der Vagusreiz, sondern erweitert sie (NARAYAMA, 1933; R. RÖSSLER, 1933; GOLDENBERG und ROTHBERGER, 1934; GOLLWITZER-MEIER, 1937), so daß das Verhältnis von Kranzgefäßdurchblutung und oxydativem Herzstoffwechsel noch günstiger ist als bei Vagusreizung.

2. Die *Zunahme des arteriellen Druckes*, die fast bei jedem allgemeinen Kreislaufantrieb eintritt und von der integrativen Funktion des Vasomotorenzentrums (JARISCH, 1929) ausgeht, stellt die Mittellage der Kranzgefäßdurchblutung auf einen höheren Stand ein und verbessert durch die jedem arteriellen Druckanstieg eigentümliche Luxusdurchblutung der Kranzgefäße, die selbst im folgenden Entlastungsreflex nicht ganz unterdrückt wird, die Güte der Kranzgefäßdurchblutung.

Einseitige Druckleistung wird am denervierten Herzen mit hoch überschießender Blutversorgung des Herzmuskels geleistet. Die Messung des Sauerstoffverbrauchs zeigt, daß mit steigender Druckleistung der Herzstoffwechsel weniger stark zunimmt als die Kranzgefäßdurchblutung (GOLLWITZER-MEIER, KRAMER und KRÜGER, 1936). Das gilt für niedrige und mittlere Druckbereiche. Erst bei Aortendrucken über 150 mm Hg kehrt sich das Verhältnis um, die Kranzgefäßdurchblutung nimmt von da ab im allgemeinen weniger zu als der Sauerstoffverbrauch. Die druckpassive Ausweitung der Kranzgefäße bringt also bei Druckleistungen des nervenlosen Herzens bis in hohe Arbeitsbereiche hinein ein Überangebot von Blut an das Herz heran, dem eine Beziehung zum Sauerstoffverbrauch fehlt. Diese Luxusdurchblutung der Kranzgefäße ist eine der arteriellen Drucksteigerung eigentümliche Erscheinung, die auch am in situ befindlichen Herzen des ganzen Tieres im unversehrten Kreislauf und unter der Herrschaft des Entlastungsreflexes nicht ganz unterdrückt ist (s. Nr. 6). — Bei *sinkender Druckleistung* des innervierten Herzens kann man von der Gefahr einer Coronarinsuffizienz sprechen, da das isolierte innervierte Herz unter den Einfluß eines Nutritionsreflexes gerät, der unter Steigerung des Sympathicustonus verläuft (steigende Frequenz, steigender Herzgaswechsel) unter absinkendem Blutangebot zum Herzmuskel.

3. Die *Zunahme des Minutenvolumens*, die an sich mechanisch nicht imstande ist, mehr Blut in die Kranzgefäße zu lenken, vermag durch die begleitende Dehnung der großen Venen und des rechten Herzens eine reflektorische Sympathicuserregung auszulösen, die die Kranzgefäße erweitert und ihre Durchblutung fast völlig an den erhöhten Sauerstoffverbrauch anpassen kann.

Wir sahen auf S. 478, 486, daß das in die Aorta ausgeworfene Herzminutenvolumen keinen Einfluß auf die Kranzgefäßdurchblutung des nervenlosen Herzens hat. (ANREP, 1926; ANREP und SEGALL, 1926; ANREP und KING, 1928; NAKAGAWA, 1922). Der durch steigende Volumleistung erhöhte Sauerstoffverbrauch vermag am nervenlosen Herzen keinen gesteigerten Blutstrom in die Coronararterien zu lenken, er muß durch stärkere Ausnützung der capillären Sauerstoffreserven gedeckt werden. Erst am innervierten Herzen des HLP und in situ befindlichen Herzen des ganzen Tieres verbessert sich die Kranzgefäßdurchblutung mit zunehmendem Minutenvolumen (ANREP und SEGALL, 1926; GOLLWITZER-MEIER, KROETZ und KRÜGER, 1928; REIN, 1931). Wir finden schon am isolierten innervierten Herzen eine ziemlich gute Anpassung von Sauerstoffverbrauch und Kranzgefäßdurchblutung. Die Mehrdurchblutung wird durch den ANREPschen Reflex ausgelöst (s. S. 488), der den konstriktorischen Vagustonus herabsetzt, ohne die Herzfrequenz zu beeinflussen. Außerdem kann der BAINBRIDGE-Reflex (1915, 1920) eine Rolle spielen (ausgelöst durch Dehnung der herznahen Venen und des rechten Vorhofs), der nach ANREP (1926) und GOLLWITZER-MEIER, KROETZ und KRÜGER (1938) ebenfalls die Coronargefäße erweitert, zugleich jedoch die Herzfrequenz erhöht[1]. Außerdem gelangen die Kranzgefäße bei einem allgemeinen Kreislaufantrieb unter die allgemeine Sympathicusintonierung und unter die Wirkung der reflektorischen Adrenalinausschüttung. Schon eine geringe Druckzunahme kann am Ganztier — abgesehen von dem steuernden Einfluß der Blutacidose (S. 480) — eine evtl. Lücke der coronaren Anpassung leicht ausgleichen.

4. Die *Zunahme der Frequenz des Herzens* ist der einzige Vorgang, der im Kreislaufantrieb die Güte der Kranzgefäßdurchblutung *verschlechtert*. Denn sie steigert zwar die Verbrennungen im Herzmuskel, greift aber nicht in die Kranzgefäßdurchblutung ein (s. S. 478).

---

[1] BAINBRIDGE selbst deutete den Reflex durch Senkung des Vagustonus. Die gemeinsame Steigerung von Frequenz, Herzgaswechsel und Kranzgefäßdurchblutung deuteten GOLLWITZER-MEIER, KROETZ und KRÜGER als Steigerung des Sympathicustonus. TITSO (1937, 1939) fand ihn bei Tieren mit niedrigem Vagustonus (Katze, Kaninchen) auch noch nach Vagotomie auslösbar, beim Hund (mit seinem hohen Vagustonus) ebenfalls, wenn gleichzeitig die peripheren Vagusstümpfe gereizt werden (zur Herabsetzung eines einseitig hohen Sympathicustonus) (s. dazu S. 157).

5. Die *Zunahme des sympathischen Nerventonus* im Kreislaufantrieb verbessert ebenfalls die Güte der Kranzgefäßdurchblutung. Denn der sympathische Antrieb steigert, trotz stärkster Anpeitschung der Verbrennungen im Herzmuskel, die Kranzgefäßdurchblutung durch seinen erweiternden Einfluß auf die Kranzgefäße und vor allem durch den Einfluß des steigenden arteriellen Drucks, der durch den sympathischen Angriff an der Peripherie des großen Kreislaufs zustande kommt. Diese Wirkung kann noch verstärkt werden durch eine reflektorische Adrenalinausschüttung. Der sympathische Kreislaufantrieb führt bei gesunden Kranzgefäßen nie zur Coronarinsuffizienz.

6. *Der Entlastungsreflex des großen Kreislaufs* (Vaguserregung, negativ chronotrope und energotrope Wirkung) bedroht niemals die Güte der Kranzgefäßdurchblutung. Er vermindert zwar den coronaren Blutstrom durch den arteriellen Druckabfall und durch die Drosselung der Kranzgefäße; aber seine dämpfende Wirkung auf Herzfunktion und Herzgaswechsel ist noch stärker. So bedroht der Entlastungsreflex des allgemeinen Kreislaufs nie das Verhältnis zwischen coronarem Blutangebot und Herzgaswechsel, und zwar auch dann nicht, wenn ein bedrohlicher Abfall der Kranzgefäßdurchblutung, für sich allein bewertet, das Gegenteil vermuten läßt. Vaguserregung und Kreislaufentlastungsreflex verbessern die Ökonomie der Herzleistung und die Anpassung der Kranzgefäßdurchblutung.

7. Der *Nutritionsreflex des Gesamtkreislaufs* verbessert die Kranzgefäßdurchblutung durch den arteriellen Druckanstieg und durch eine Steigerung des sympathischen Erweiterungstonus der Kranzgefäße, der aber ein sympathischer Antrieb der Leistung und der Verbrennungen des Herzens gegenübersteht.

Im Gefäßsystem des Skeletmuskels kommt die örtliche Anpassung der Blutzufuhr zu den erweiterten Capillaren dadurch zustande, daß der im Nervennetz der Arterienwand aufsteigende *Axonreflex* die zuführende Arterie in ihrem Stamm erweitert. Zur Frage eines propriozeptiven und proprioeffektorischen nutritiven Axonreflexes im Coronarsystem liegt bisher nur eine Beobachtung vor: Wenn das rechte Herz bei Lungenembolie Mehrarbeit durch plötzliche pulmonale Widerstandsarbeit leistet, nimmt die Durchblutung der Art. coron. dextra zu (KROETZ und ECKARDT, 1938), obwohl der Aortendruck auf tiefe Werte absinkt; der Reflex ist nicht an die Erhaltung des Vagus gebunden und kommt noch zustande, wenn alle nervösen Kurzwege zwischen Lungen und Herz zerstört sind. Der auslösende Reiz ist nicht geklärt (capillarer Sauerstoffmangel?).

Obwohl wir durch diese Darlegungen ein recht geschlossenes Bild von den Beziehungen zwischen Herzgaswechsel und Coronardurchblutung haben und außer der Regulation durch den Aortendruck in der vasomotorischen Regulation den Mechanismus der zusätzlichen Feineinstellung erkannten, muß — wie so oft in der experimentellen Wissenschaft — eine wesentliche Einschränkung gemacht werden, und zwar durch die Angaben der neueren amerikanischen Bearbeiter, die bezweifeln, daß die Coronarien wesentlich unter der Kontrolle vasomotorischer Nerven stehen. Übereinstimmung besteht bei einer ganzen Reihe von Autoren, daß kein Anhaltspunkt dafür vorliegt, daß das autonome Nervensystem oder chemische Überträgersubstanzen eine aktive Coronarkonstriktion verursachen können. Die Durchflußsteigerung nach Acceleransreizung kann zwar nicht ausreichend durch die verschiedenen mechanischen Faktoren erklärt werden, aber sie wird nicht primär auf eine nervöse Vasodilatation bezogen, sondern auf lokalchemische Stoffwechselwirkungen. *Statt der vasomotorischen Regulation wird also ganz vorwiegend die lokalchemische auch bei der Adrenalin- und Sympathicuswirkung in den Vordergrund gestellt.* FOLTZ und Mitarbeiter (1950) untersuchten am intakten Tier die Beziehungen zwischen Herzarbeit und Stoffwechsel. Dabei ergaben sich zwar enge Beziehungen zwischen Coronardurchblutung und Herzarbeit (Schlagvolumen × mittlerem art. Blutdruck) (Korrelationskoeffizient $r = 0{,}775$), zum Zeitvolumen ($r = 0{,}742$) und zur Herzfrequenz ($r = 0{,}700$), *die engsten Beziehungen wurden jedoch zwischen Coronardurchblutung und Sauerstoffverbrauch des Herzmuskels gefunden* ($r = 0{,}879$ bis $r = 0{,}900$); d. h. mit anderen Worten *keiner der mechanischen Faktoren kann allein die Regulation der Coronardurchblutung erklären*. Die sympathische Coronardilatation beruht danach auf lokalchemischer Regulation: Die Coronarien sind befähigt zur automatischen Anpassung ihres Tonus an den Stoffwechselbedarf des Herzmuskels. Da O_2-Mangel, H-Ionen, Acetylcholin, Adrenalin, Histamin usw. die Coronarien erweitern können, schließen die Autoren auf ein *Zusammenwirken aller Produkte des Herzstoffwechsels* (abgesehen von den Einflüssen von Blutdruck und Herzfrequenz). Die Coronarien ähneln also darin der cerebralen Zirkulation mit dem Hauptunterschied, daß die Coronarien empfindlicher gegen Änderungen der O_2-Spannung und H-Ionenkonzentration, weniger empfindlich gegen Änderungen der CO_2-Spannung sind. Der Größenordnung nach sind der Sauerstoffverbrauch des Herzens und seine Durchblutung größer als die Werte beim Gehirn. Diese neueren Ergebnisse und Auffassungen hängen eng zusammen mit den besprochenen methodischen Weiterentwicklungen [N_2O-Methode von KETY und SCHMIDT, Rotameter und Blasenstromuhr (bubble flowmeter), Narkoseeinflüsse]. Wie zu Eingang dieses Kapitels bemerkt wurde, ist die Verschiedenheit der Auffassungen über die Regulation der Coronardurchblutung also noch recht erheblich trotz der überaus intensiven experimentellen Bemühungen.

XVI. Die Herznerven

Auch bei der Darstellung einer speziellen Organphysiologie ist die Behandlung keines Problems möglich ohne die Berücksichtigung der nervösen Beeinflussung der betreffenden Funktionen. Darum wurde dort, wo es der Zusammenhang der Darstellung erforderte, auf die Wirkung der Herznerven bereits eingegangen, besonders in den Kapiteln Dynamik, Energetik und Coronardurchblutung. Die entsprechenden Stellen sind durch das Schlagwörterverzeichnis schnell auffindbar.

Schon 1838 beobachtete A. W. VOLKMANN bei Vagusreizung Verlangsamung und Stillstand des Herzens, 1839 G. G. VALENTIN die Beschleunigung des Herzens durch Sympathicusreizung und 1845 gründeten die Gebr. E. H. und E. WEBER die Hemmungstheorie auf der Tatsache, daß Reizung des peripheren Vagusendes bei Warm- und Kaltblüterherzen zum Stillstand führt. Weitere grundlegende Arbeiten stammen in historischer Sicht von HEIDENHAIN (1882), GASKELL (1883, 1885), MACWILLIAM (1888) und BAYLISS und STARLING (1892).

Seit ENGELMANN (1896) schreiben wir bekanntlich dem N. vagus 4 Wirkungen auf die Herzfunktion zu, 1. eine negativ *chronotrope Wirkung* auf die Frequenz, 2. eine *negativ bathmotrope Wirkung* im Sinne einer Herabsetzung der Erregbarkeit, 3. eine *negativ dromotrope Wirkung* im Sinne einer Verzögerung der Erregungsleitung und 4. eine *negativ inotrope Wirkung* im Sinne einer Herabsetzung der „Herzkraft". Der sympathische N. accelerans weist entsprechend positive Wirkungen auf. Im Kapitel „Dynamik" war ausführlich davon die Rede. GASKELL (1887) fügte die viel diskutierte Beobachtung hinzu, daß der Vagus eine Vermehrung der Ruhepolarisation mit verstärkter Positivierung der Grenzflächen hervorrufe (s. dazu S. 515), und SCHÜTZ (1931) konnte — von Nachuntersuchern (besonders CHURNEY) in neuerer Zeit mehrfach bestätigt — zeigen, daß am Vorhof des Warmblüterherzens — nicht jedoch an der Kammer! — unter Vaguserregung die Höhe des monophasischen Aktionsstroms vermindert, seine Dauer verkürzt und sein Anstieg verzögert wird („*negativ elektrotrope Wirkung*"). Außerdem wird in entsprechender Weise die Erholungsgeschwindigkeit nach einer Systole (Kurve der sich in der relativen Refraktärphase wiederherstellenden Erregbarkeit) beeinflußt (SCHÜTZ und LUEKEN) (s. S. 85, 86).

Die nachfolgende Übersicht möge zeigen, wie viele verschiedene Ansichten und experimentelle Befunde selbst bei den sog. klassischen Herznervenwirkungen nicht ohne weiteres in die übliche „Lehrmeinung" einzuordnen sind.

In der Wirkung des Vagus auf Sinus und Vorhof besteht eine allgemeine Übereinstimmung, ebenso in der Frage der sympathischen Innervation der Kammern. Die Befunde und Ansichten über die Vaguswirkung auf die Kammern sind dagegen recht widerspruchsvoll und verschieden[1].

Anatomisch läßt sich offenbar die Frage nicht sicher entscheiden. KASEM-BECK (1888) fand ein Übergehen des N. depressor beim Hund und beim Kaninchen auf die Herzkammern. Von KÖSTER (1901) und von v. SCHUMACHER (1902) konnten diese Befunde nicht bestätigt werden. PERMANN (1924) fand dagegen, daß der N. depressor sich auf die rechte Kammer fortsetzt. WOOLLARD (1926) konnte histologisch wohl Acceleransfasern, aber keine Vagusfasern innerhalb des Ventrikels nachweisen. Von FUKUTAKE (1925) wird bestritten, daß es möglich ist, die Endausbreitungen des Vagus morphologisch von denen des Accelerans zu trennen. — Der heutige Stand der Frage nach einer allgemeinen Versorgung der Herzmuskulatur mit Endausbreitungen vegetativer Nerven ist in anatomischer Sicht (nach PH. STÖHR) etwa folgender: Sympathische und vagale Faserzüge durchflechten sich bald so innig, daß sie anatomisch-präparatorisch nicht mehr zu trennen sind und bilden einen ersten oberflächlichen Plexus cardiacus an der Teilungsstelle der Art. pulmonalis und einen tieferen Plexus zwischen Aorta und Bifurcatio tracheae. Fasern beider Geflechte treten zu den verschiedenen im Herzen verlaufenden Nervenbahnen zusammen. Unter dem Epikard liegt das Subepikardialgeflecht, von dem sämtliche übrigen Nerven des Herzens abstammen, die in die Tiefe zwischen die Muskulatur hineinziehen. Die Nerven, die zum Myokard ziehen, folgen in der Hauptsache dem Verlauf der Gefäße, andere ziehen getrennt davon zur Muskulatur; wahrscheinlich bilden sie schließlich ein vielfach zusammenhängendes Geflecht, von dem dann feine Fäserchen an die Muskelfasern ziehen, denen sie oft dicht aufgelagert sind (intramuskulärer Nervenplexus). Daß jeder Herzmuskelfaser eine eigene Nervenfaser zukommt, hält PH. STÖHR nicht für wahrscheinlich. *Eine morphologische Unterscheidung zwischen Accelerans- und Vagusendausbreitungen in der Herzkammerwand scheint nicht möglich zu sein, ebensowenig wie zwischen afferenten und efferenten Elementen.*

In den Vorhöfen, in den sinusnahen Venenteilen, aber auch in den Kammern und im spezifischen System ist eine Fülle von nervösen Receptoren nachgewiesen, die als Ursprung zentripetaler Bahnen zu gelten haben. Sie vermitteln eine dauernde kardiokardiale reflektorische Kontrolle über vagale und sympathische Zentren, die sich vor allem auf Frequenz und Herzkraft bezieht. Reine Sympathicus- und reine Vaguseffekte scheinen dabei selten zu sein, da beide Systeme augenscheinlich im Gleichgewichtszustand miteinander gekoppelt sind.

Auch die moderne elektrophysiologische Untersuchung zeigt die Schwierigkeit dieser Frage, denn alle Herznerven sind offenbar sowohl ihrer Faserzusammensetzung als auch ihren Aktionsströmen nach gemischte Nerven und enthalten dicke und dünne, markhaltige und markarme, zentrifugal und zentripetal leitende, vagale und sympathische Fasern. (Näheres bei JARISCH und ZOTTERMAN, MARGUTH und SCHAEFER und im Band „Nervenphysiologie".)

Die Vaguswirkung auf die Kammer ist beim *Kaltblüter* ziemlich übersichtlich. Beim Frosch sah O. FRANK im Jahre 1897 eine Beeinflussung der Kammerzuckung nach Vagusreiz. HOFMANN stellte 1898 eine negativ chronotrope Vaguswirkung auf die Kammern fest. Eine Bestätigung erfuhren die HOFMANNschen Versuche durch HABERLANDT (1914), der nach Unterbrechung der Verbindungen zwischen Vorhöfen und Ventrikeln mit Ausnahme der Scheidewandnerven sowohl eine inotrope als auch eine chronotrope Vaguswirkung auf die Kammern feststellte. MUSKENS (1898) sah ebenso wie ENGELMANN (1900) nur dann eine Einwirkung, wenn das Tier verblutet war. Zu demselben Ergebnis kommt RUTTGERS (1917) bei der Untersuchung des Einflusses des Vagus auf die Kontraktionsstärke der Kammern. Seine Ergebnisse wurden von HOFMANN (1917) bestätigt. BANUELOS (1926) fand eine negativ inotrope Wirkung auf die isometrisch arbeitende Kammer, die unabhängig von Frequenzänderungen war.

---

[1] P. ECKEY, ROTHBERGER.

Bei der Schildkröte fand Asher (1926) eine Hemmung der automatisch schlagenden Kammer nach Vagusreiz.

Außer der chronotropen und inotropen Vaguswirkung auf die Kammern wurden von verschiedenen Autoren auch *bathmotrope Wirkungen* gefunden. Die Ergebnisse erscheinen z. T. paradox, jedenfalls nicht immer den Erwartungen entsprechend, die man aus der Membranbeeinflussung durch den Vagus schließen könnte (s. S. 515). So fanden Lapicque und Veil (1924) eine Verkürzung der Chronaxie der Kammern des Frosch- und Schildkrötenherzens nach Vagusreizungen. Dasselbe soll nach Fredericq für den Hund gelten. Bei Reizung des Accelerans fand Fredericq die Chronaxie entsprechend verlängert. Diese bathmotropen Wirkungen sind nicht Folge der Frequenzänderung, sondern direkte Wirkungen, die auch am rhythmisch gereizten Herzen auftreten. Field und Brücke (1926) haben diese Versuche am Froschherzen nachgeprüft und fanden bei 23 Versuchen 15 mal während des Vagusstillstandes eine Verkürzung der Chronaxie. Es wurden also die Beobachtungen von H. Fredericq und Lapicque und Veil bestätigt, daß die Chronaxie des Froschherzens während eines Vagusstillstandes in der überwiegenden Mehrzahl der Fälle kürzer ist als die des normal schlagenden Herzens. Ein Teil dieser Verkürzung könnte durch den Stillstand des Herzens an und für sich erklärt werden, denn auch die nach der ersten Stanniusschen Ligatur stillstehende Kammer des Froschherzens zeigt in der Regel eine Verkürzung ihrer Chronaxie. Daß aber die Vagusreizung, auch unabhängig von dem Herzstillstand, *primär* die Chronaxie verkürzt, zeigten Versuche, in denen das Herz vor und während der Vagusreizung durch rhythmisch wiederkehrende Einzelinduktionsschläge dauernd getrieben wurde. Auch bei einfachen Schwellenbestimmungen mit Induktionsschlägen erwies sich die Erregbarkeit künstlich getriebener Herzen während einer Vaguserregung meist merklich gesteigert. Eine gesetzmäßige Änderung der Rheobase war nicht festzustellen. Dagegen findet Bunnag, ein Schüler Ashers, daß am Frosch- und Schildkrötenherzen bei Vagusreizung im Sinus die Erregbarkeit gegenüber künstlichen Reizen stark herabgesetzt oder ganz aufgehoben wird, daß sich aber bei stärkster Vagusreizung die Erregbarkeit der Kammer „nicht im geringsten ändert". Derselbe Schwellenreiz erzeugt vor und während der Vagusreizung eine gewollte künstliche Schlagfrequenz. Das ist aber, wie Rothberger bereits bemerkte, ja auch zu erwarten, denn da die Verkürzung der Chronaxie einer Steigerung der Erregbarkeit entspricht, muß auch während der Vagusreizung der Schwellenwert wirksam sein. Auch Acceleransreizung soll trotz ausgesprochener chronotroper und inotroper Förderung die Erregbarkeit der Kammer absolut nicht ändern, während sie zugleich am Sinus stark erhöht wird. Nowinski wiederholte die Versuche mit Chronaxiebestimmungen, da eine Verkürzung der Chronaxie, also eine Erregbarkeitssteigerung durch den Vagus zunächst paradox erscheint. Die Versuche bestätigten dies aber. Die Chronaxie der Kammer wird durch den Vagus ebenso verkürzt wie durch die Stillegung nach der Stannius-Ligatur; die Rheobase kann dabei unverändert bleiben. Beim Vergleich ist die Chronaxie der Kammer des Froschherzens unter Vagusreizung gegenüber der Chronaxie des durch Stannius-Ligatur stillgestellten Herzens entweder unverändert oder verkürzt. Demgegenüber wird die Chronaxie des Sinus bei Vagusreizung so verlängert, daß ihre Bestimmung in den meisten Fällen angeblich sogar unmöglich ist. Aus diesen Ergebnissen wird der Schluß gezogen, daß der Vaguswirkung am Sinus und der Vaguswirkung an der Kammer ein tiefgehender Unterschied zugrunde liegt.

Mit der Wirkung des Vagus auf das *Reizleitungssystem* befassen sich einige ältere Arbeiten. Von Gaskell (1883) wurde eine verzögernde Wirkung des Vagus auf die intraventrikuläre Leitung gefunden. MUSKENS (1898) sah in der Kammer des Froschherzens dann eine Leitungshemmung nach Vagusreiz, wenn irgendeine Stelle verletzt war. SAMOJLOFF (1910) sah ein Kleinerwerden und bisweilen sogar ein Negativwerden der T-Zacke des Elektrokardiogramms nach Vagusreiz des automatisch schlagenden Froschherzens. Hieraus schließt der Autor auf eine direkte Vaguswirkung auf die Kammern, und zwar auf eine Verkürzung der Kontraktionsdauer, die mit der Abschwächung der Kontraktion einhergeht. Untersuchungen von BOHNENKAMP (1922) bestätigten die Verkürzung der Systole. Es wurde auch eine Verflachung des Anstiegs, also eine Verzögerung der Kontraktion gefunden, die als „negativ klinotrope" Wirkung bezeichnet wurde, die von ROTHBERGER u. a. allerdings nicht anerkannt wurde.

Zusammenfassend kann gesagt werden, daß in der Frage der Vaguswirkung auf die Kammer beim Kaltblüter weitgehend Übereinstimmung herrscht. Es wird anerkannt, daß der Vagus auch in der Kammer direkte Wirkungen ausüben kann, wenn diese auch manchmal nur unter besonderen Versuchsbedingungen erkannt werden können. Hinsichtlich der Verteilung der Herznerven auf die einzelnen Herzteile ist der Satz aufgestellt worden, daß die Wirkungen vom venösen gegen das arterielle Ende des Herzschlauches abnimmt. In der Tat treten die Frequenzänderungen, also die Hemmung oder Förderung des im Sinusknoten gelegenen Schrittmachers, am meisten hervor. Weniger konstant und deutlich, aber immerhin noch unzweifelhaft nachweisbar ist die Wirkung auf den av-Knoten, und zwar bezüglich der av-Leitung wie der Reizbildung, während die Wirkung des Vagus auf die Kammern in den Hintergrund tritt. Die Verteilung der Vaguswirkung ist außerdem im wesentlichen eine homolaterale, indem die Nerven der rechten Seite vorzugsweise das rechte Herz versorgen, die der linken Seite das linke Herz. Beim Accelerans ist das im allgemeinen deutlicher ausgesprochen als beim Vagus, unterliegt aber auch da weitgehenden Unterschieden je nach der Tierart und dem Individuum. Eine ungleiche Wirkung der beiden Vagi auf die Frequenz ist seit MEYER (1869), der sie zuerst beim Kaltblüter sah, sehr oft beschrieben worden. Beim Warmblüter, besonders beim Hunde, sieht man nicht selten, daß der rechte Vagus das ganze Herz stillstellt, während der linke durch Hemmung der av-Leitung nur die Kammern zum Stillstand bringt, während die Vorhöfe weiterschlagen (HERING, ROTHBERGER und WINTERBERG, COHN und LEWIS, COHN, GANTER und ZAHN, BACHMANN, SCHLIEPHAKE u. a.). Auch beim Menschen ist diese ungleiche Verteilung der Vagi gefunden worden (COHN, ROBINSON und DRAPER, RITCHIE, LASLETT, SANDERS) (s. auch S. 154f.).

Der Übereinstimmung der Meinungen beim Kaltblüterherzen steht der Widerstreit der Ansichten über die *Vaguswirkungen in den Kammern des Säugetierherzens* gegenüber.

HERING (1906) fand beim automatisch schlagenden Kaninchenherzen eine Verminderung der Frequenz und der Kontraktionsstärke nach Vagusreizung. RIHL (1906) kam beim Hund zu demselben Ergebnis. Nach vorheriger Sensibilisierung mit Digitalin konnte eine besonders deutliche Wirkung erzielt werden. v. ANGYAN (1912) fand beim automatisch schlagenden Katzenherzen eine Hemmung des Kammerrhythmus nach Vagusreizung. Die Untersuchungen der genannten Autoren sind von ROTHBERGER (1931) kritisiert worden. Die Untersuchungen von v. ANGYAN sind nach ROTHBERGER deshalb nicht beweiskräftig, weil es sich um atrioventrikuläre Rhythmen gehandelt hat, wie aus den abgebildeten Elektrokardiogrammen hervorgeht. *Daß der Atrioventrikularknoten dem Vaguseinfluß unterliegt, ist unbestritten, und zwar sowohl hinsichtlich der Erregungsleitung wie auch der Erregungsbildung*; eine chronotrope Wirkung an dieser Stelle als eine Verlangsamung eines av-Rhythmus ist sicher (ROTHBERGER und WINTERBERG, 1910; von LEWIS, 1914 bestätigt). Mit Kammerautomatie will in diesem Fall aber ROTHBERGER eine in tiefergelegenen Stellen sitzende Automatie verstanden wissen (also kein normaler Kammerkomplex wie beim av-Rhythmus, sondern eine Automatie in der Form der rechts- oder linksseitigen Extrasystole). Bei den Untersuchungen von HERING und RIHL wurde die Suspensionsmethode angewandt. Um wirklich sicher zu sein, daß es sich um ventrikuläre Rhythmen handelt, fordert ROTHBERGER für alle derartigen Untersuchungen unbedingt die elektrokardiographische Kontrolle. Da diese bei den Untersuchungen von HERING und RIHL fehlt, hält sie ROTHBERGER nicht für beweisend. LEWIS (1909) fand in 3 von 8 Versuchen bei paroxysmalen Tachykardien, die nach Unterbindung der Coronararterien entstanden waren, eine Vaguswirkung auf die Kammern. SCHERF (1929) fand in groß angelegten Versuchsreihen an Hunden, die mit Aconitin vergiftet waren und bei denen das Herz freigelegt und die Vagi durchschnitten waren, daß (faradische und chemische) Vagusreizung die Kammern in bezug auf die extrasystolische Erregungsbildung der tertiären Zentren im *fördernden* Sinne beeinflußt. Entsprechend wurde die Extrareizbildung durch Reizung der Fördernerven gehemmt oder beseitigt. Auf die höheren Zentren (Sinus und av-Knoten) war die Wirkung der Herznerven durchaus der Norm entsprechend. Extrareiz- und normale Zentren wurden also entgegengesetzt beeinflußt. Die nähere Diskussion dieses „paradoxen" Verhaltens muß beim Autor selbst nachgelesen werden. SCHERF glaubt, daß es sich um eine indirekte Wirkung durch die bei der Reizung freiwerdenden Stoffe handelt. Diese sollen durch die venösen Ostien in die Kammern kommen und dort ihre Wirkungen entfalten. PEKAR und LELKES (1937) sahen regelmäßig bei 12 Versuchen eine negativ chronotrope Beeinflussung der automatisch schlagenden Kammern des Hundeherzens. Es wurden nur die durch elektrokardiographische Kontrolle gesicherten Fälle bewertet, bei denen wirklich ein Kammerrhythmus vorlag und bei denen ein atrioventrikulärer Rhythmus ausgeschlossen werden konnte. Da die Verlangsamung des Kammerrhythmus bei 3 Versuchen ohne Latenzzeit, bei den übrigen aber nur einen Bruchteil der Latenzzeit betrug, die zu einer vasokonstriktorischen Wirkung der Vagi auf die Coronargefäße erforderlich ist, glauben die Autoren nicht, daß die von ihnen beobachtete negativ chronotrope Wirkung auf die Kammern allein durch eine Verengerung der Coronargefäße zu erklären sind. PUDDU (1937) konnte die Versuchsergebnisse von PEKAR und LELKES bestätigen, weicht aber in der Deutung der Befunde ab. Nach seiner Meinung wird die Wirkung in der Kammer durch den bei der Vagusreizung in den Vorhöfen gebildeten Vagusstoff ausgeübt. Auf diese Weise soll der etwas verspätete Beginn, die allmähliche Zunahme der Verlangsamung und die Tatsache, daß die Wirkung länger als der Reiz dauern kann, erklärt werden. JOURDAN und FROMENT (1937) sahen ebenfalls nach Vagusreiz oder Eserin eine Verlangsamung des Kammereigenrhythmus beim Hundeherzen nach Zerstörung des HISschen Bündels. Wegen der zeitlichen Folge der Verlangsamung auf die Reizung schließen die Autoren eine humorale Wirkung aus. Sie folgern aus dem Ausfall ihrer Versuche, daß Vagusfasern außerhalb des HISschen Bündels direkt auf die Ventrikel übergehen. ERLANGER und HIRSCHFELDER (1906) sahen im allgemeinen nach Vagusreiz keine Kammerwirkung, lediglich bei einem Versuch erfolgte auch eine Verlangsamung des Kammereigenrhythmus. In einer späteren Arbeit stellte ERLANGER (1909) beim Hund regelmäßig eine Verlangsamung der automatisch schlagenden Kammer nach Vagusreizung fest. Die Verlangsamung entwickelte sich nach einer gewissen Latenzzeit und erreichte ihr Maximum später als die Vorhofverlangsamung. Da die Verlangsamung verhältnismäßig gering war (es wurden aber immerhin Verlangsamungen von 44,3 auf 31,6 und von 44,1 auf 31,2 Schläge pro Minute gefunden), zieht der Autor den Schluß, daß die „Vagi oft keinen, oder im besten Fall einen unbedeutenden chronotropen Einfluß auf die Ventrikel des Hundeherzens ausüben". Ebenso sah FREDERICQ (1912) keinen Vaguseinfluß auf die Kammer des automatisch schlagenden Herzens. ROTHBERGER gab selbst bereits an, daß bei langen und starken Vagusreizungen eine spät auftretende Hemmung der automatisch schlagenden Kammer bemerkt werden kann. Wegen der langen Latenzzeit deutete er diesen Befund als indirekte Wirkung durch Verringern der Durchblutung infolge Erregung der von ANREP und SEGALL angegebenen constrictorischen Fasern des Vagus für die Coronargefäße. Eine Verschlechterung der Durchblutung könnte so auch eine direkte inotrope Wirkung vortäuschen. Indirekte und auch paradoxe Wirkungen können auch humoral auftreten, wenn durch die Vagusreizung in anderen Orten oder Herzteilen die Bildung von Stoffen ausgelöst wird, die in das Blut übertreten und so auf die Kammern wirken. Es wurde schon der Versuch erwähnt, so die paradoxe Förderung der abnormen Erregungsbildung bei Aconitinvergiftung durch Vagusreizung in den Versuchen von SCHERF zu erklären.

Wenn die Kammerautomatie im Experiment durch mechanische Läsion des av-Bündels herbeigeführt wird (Quetschung oder Durchschneidung), kann man immer den Einwand machen, daß die für die Kammern bestimmten Vagusfasern eben dort verlaufen (L. FREDERICQ). Deswegen sind hier pharmakologische Versuche besonders bedeutungsvoll. Nach Bündeldurchschneidung fanden CULLIS und TRIBE Pilocarpin und Muscarin wirkungslos, während die Hemmung des Vorhofs in der gewöhnlichen Weise auftrat. Diese wurde durch Atropin aufgehoben, das aber keinen Einfluß auf die Kammern hatte. Dagegen wirkt Adrenalin in gewöhnlicher Weise verstärkend und beschleunigend auf die Kammertätigkeit (s. auch A. S. DALE). Entscheidender sind Versuche ohne Beschädigung des av-Bündels. In diesem Zusammenhang ist aber die „scheinbare Vaguslähmung" zu berücksichtigen, die merkwürdige Tatsache, daß bei Giften mit spezifisch erregender Wirkung auf den Vagus (z. B. Muscarin) die Hemmungsnerven in einem bestimmten Vergiftungsstadium trotz deutlicher Erregungssymptome doch bei faradischer Reizung unerregbar zu sein scheinen. Die elektrokardiographische Untersuchung (ROTHBERGER und WINTERBERG, 1910) ergab, daß auch bei dieser „scheinbaren Vaguslähmung" die Vorhöfe maximal gehemmt wurden, während die Kammern von tiefgelegenen Punkten aus automatisch schlugen. Die Erregung der Hemmungsnerven bleibt bei allen jenen Giften ohne Einfluß auf die Kammern, wo sie von solchen Stellen aus zur Kontraktion angeregt werden, die nach ROTHBERGER dem direkten chronotropen Vaguseinfluß von vornherein entzogen sind. Es zeigte sich z. B. beim Muscarin, daß diese scheinbare Vaguslähmung genau mit der Dissoziation zusammenfiel, während die Vagi in demselben Augenblick wieder wirksam waren, in dem die Vorhöfe die Führung übernommen hatten.

Neuerdings kommt P. ECKEY auf Grund von Untersuchungen an Menschen mit einem vom übrigen Herzen unabhängigen Extrareizzentrum zu der Feststellung, daß es eine negativ chronotrope Vaguswirkung auf die Herzkammern gibt (die das Verschwinden von Extrasystolen nach Druck auf den Carotissinus verständlich macht). Dabei konnte eine indirekte Wirkung durch die bei der Vaguserregung gebildeten Stoffe oder durch Verengerung der Coronargefäße weitgehend ausgeschlossen werden. Mit der gleichen Methodik wurde auch eine positiv chronotrope Sympathicuswirkung in der Herzkammer festgestellt. Im Zusammenhang damit sind eine Reihe von Beobachtungen zu erwähnen, die bei Reizzuständen im Bereich der Hirnventrikel EKG-Veränderungen beschrieben.

Schon M. ABELES und D. SCHNEIDER (1935) sowie F. HOFF und M. FLUCH (1943) fanden dabei Extrasystolen und Störungen der intraventrikulären Erregungsleitung. VAN BOGAERT (1936) fand an Hunden bei Reizung sympathischer und parasympathischer Zentren des Hypothalamus je nach Ort und Art der Reizung Sinustachykardien und -bradykardien, av-Rhythmus, av-Dissoziation u. a. Ähnliche Befunde erhoben R. ASCHENBRENNER und G. BODECHTEL bei Hirntumoren. Auf Veranlassung von E. SCHÜTZ untersuchte H. E. KEHRER (1947) die Veränderungen des EKG während der Luftfüllung der Hirnventrikel und fand *vorübergehend auftretend alle* die beschriebenen Veränderungen beim Menschen bis zu Schenkelblockbildern (!), gleichzeitig treten dabei die bekannten Zeichen starker allgemeiner vegetativer Reizung auf (Schwindel, Erblassen, Schweißausbruch, Blutdruckanstieg usw.). Die öfter beschriebenen „psychischen" Einwirkungen auf das EKG dürften auf dem gleichen Wege vor sich gehen. Offenbar ist die intracerebrale Reizung in der Lage, weitergehende Veränderungen auszulösen (Schenkelblockbilder!) als die experimentelle Reizung des Vagusstammes!

Sehr viel schwieriger als die chronotropen Vaguswirkungen auf die Kammern sind die *inotropen Wirkungen* zu erfassen. Dies hängt mit der gegenseitigen Beeinflussung der verschiedenen Vaguswirkungen zusammen. MACWILLIAM und MELVIN (1927) machten auf die Beziehungen zwischen Schlagfrequenz und mechanischer Leistung aufmerksam. Voraussetzung einer exakten Untersuchung der inotropen Vaguswirkungen auf die Kammern ist also das Vermeiden gleichzeitig chronotroper Wirkungen und hierdurch verursachter Änderungen der Kammerfüllung. Die Angabe von CULLIS und TRIBE, daß Vagusreizung oder Einspritzung vagotroper Substanzen die Stärke der Kammerkontraktion (gleichzeitig mit Verlangsamung des Rhythmus!) nur solange herabsetzt als das Bündel intakt ist — also eine Verlangsamung erfolgen kann — wird von A. S. DALE am überlebenden Kaninchenherzen bestätigt. DALE konnte eine ganz ähnliche Abhängigkeit der Kontraktionsstärke von der Frequenz auch bei künstlicher Reizung des isolierten Kammerstreifens beobachten. Nach DRURY (1923) ist eine elektrokardiographische Kontrolle der Versuche unbedingt erforderlich, da eine Änderung des Reizursprungs infolge dromotroper Vaguswirkungen auch eine Änderung der Kontraktionsstärke bewirken könnte.

STRAUB (1926) sah nach Vagusreiz eine negativ inotrope Wirkung auf die Kammern. Da er aber die genannten Kautelen nicht berücksichtigte, sind seine Ergebnisse nicht voll beweiskräftig. MACWILLIAM (1928) kommt zu dem gleichen Ergebnis. Bei seinen Untersuchungen wurden zwar die Störungen durch die chronotropen Vaguswirkungen vermieden, aber eine elektrokardiographische Kontrolle fehlte. DRURY (1923) sah bei Beachtung beider Kautelen keine Änderung der Kontraktionsstärke vor und nach der Reizung. Gleichzeitig wurden Untersuchungen über die Dauer der Refraktärphase gemacht und festgestellt, daß die Verkürzung ausblieb, während in den Versuchen mit LEWIS und BULGER gefunden wurde, daß der Vagus am Vorhof die Refraktärphase verkürzt. Auf Grund der Beziehungen zwischen Refraktärphase und Aktionsstrom (SCHELLONG und SCHÜTZ) ist die Bestätigung am Verhalten des Aktionsstromes überzeugend. Auf die S. 84 besprochenen neueren Untersuchungen von SCHÜTZ (Beeinflussung des monophasischen Aktionsstromes *nur* am Vorhof des Warmblüterherzens als negativ-elektrotrope Vaguswirkung) sei besonders verwiesen (s. S. 86). ROTHBERGER und SCHERF (1930) konnten ebenfalls keinen Einfluß des Vagus auf die Kontraktionsstärke der Kammern feststellen, auch nicht am hypodynamen Säugetierherzen. Bei der abschwächenden Wirkung wird oft hervorgehoben, daß sie in ausgesprochener Weise vom Ernährungszustand des Herzens abhängt;

nach MUSKENS (1898) sollte sie sogar nur bei schlechtem Zustand deutlich sein. Am Froschherzen soll, wie oben erwähnt wurde, die inotrope Wirkung auf die Kammer sehr zurücktreten, wenn es gut mit Blut durchströmt wird! (ASHER, HOFMANN, WERTHEIMER und COMBEMALE). ROTHBERGER und SCHERF fanden aber auch bei einem im Alternans schlagenden Säugetierherzen durch Vagusreizung keine Änderung, während durch kurze Acceleransreizung eine prompte Aufhebung des Alternans eintrat. Bei den Versuchen von ROTHBERGER und SCHERF wurde nach operativer Freilegung des Herzens und Durchschneidung beider Vagis beim Hund eine Registriereinrichtung mit Hilfe einer Troikart-Kanüle in den linken Ventrikel eingestoßen. Zur Konstanthaltung der Herzfrequenz wurde mit einem Induktorium und am Herzmuskel selbst angebrachten Elektroden mit einer Frequenz von 150—200 p. min gereizt. Bei faradischer Reizung der durchschnittenen Vagi erfolgte kein Druckabfall im linken Ventrikel, während nach Acceleransreizung sofort ein Druckanstieg erfolgte. Aus dem Ausfall ihrer Versuche ziehen ROTHBERGER und SCHERF den Schluß, daß es *keine inotrope Vaguswirkung auf die Kammern* gibt.

Über Vaguswirkungen auf die *Erregbarkeit der Ventrikelmuskulatur* liegen außer der schon bei der Besprechung der inotropen Wirkung genannten Arbeit von DRURY keine weiteren Untersuchungen vor. Die *dromotrope Wirkung* wird besonders deutlich in der Hemmung des Erregungsüberganges von Sinus auf Vorhof und von diesem auf die Kammer. Hier ist die verlängernde Wirkung des Vagus und die beschleunigende des Accelerans besonders deutlich und an der PQ-Distanz leicht meßbar. Der Hauptangriffsort ist offenbar der av-Knoten selbst, wobei die eigentliche Wirkungsweise noch unklar ist. Daß der Vagus auch die Leitung innerhalb der Vorhöfe verschlechtert, wird von DRURY, LEWIS und BULGER auf Grund von Versuchen mit lokaler Ableitung des Aktionsstromes bestritten. Bei der intraventrikulären Leitung wurde von einigen Autoren angenommen, daß sie dem Vaguseinfluß unterworfen sei. Schon EINTHOVEN schloß aus elektrokardiographischen Versuchen, daß der Vagus einen Schenkelblock erzeugen könne. Die dafür sprechenden Befunde bei intracerebraler Reizung wurden bereits auf S. 190, 507 besprochen, auf die hier verwiesen sei (H. KEHRER und E. SCHÜTZ). Erwähnt sei noch, daß SCHLIEPHAKE (1924) von verschiedenen Punkten der Kammer des Kaninchenherzens lokal ableitete und nach Vagusreiz eine zeitliche Veränderung der Aufeinanderfolge der beiden Kammern fand, er läßt es aber unentschieden, ob nicht eine Heterotopie des Reizursprungs vorlag, immerhin läßt diese Verschiebung der beiden Kammern gegeneinander an eine Beeinflussung der vom av-Knoten abwärts gelegenen Teile denken. Die Sukzession *innerhalb* des linken Ventrikels änderte sich übrigens nicht. Analog der Annahme, daß der Vagus besonders am geschädigten Herzen auf die Kammern wirke, ist von klinischer Seite mehrfach versucht worden, durch Carotisdruck oder Bulbusdruck latente Leitungsstörungen aufzudecken (HOESSLIN, 1914 WILSON, 1915; DANIELOPU und DANULESCO, 1922), immerhin besteht dabei die Gefahr der Verwechslung mit ventrikulären Extrasystolen. Nach A. N. DRURY und D. W. MACKENZIE beeinflußt der Vagus nicht die Erregungsleitung in den Schenkeln des spezifischen Systems. Immerhin bleibt die Möglichkeit offen, daß sich die Herznervenwirkungen beim Warmblüter über das ganze spezifische System bis in die Endverzweigungen der Kammern erstrecken. Bei ROTHBERGERs starrer Ablehnung jeden Vaguseinflusses auf die Kammern ist es verständlich, daß wir nach ihm keinen genügenden Anhaltspunkt für eine Vaguswirkung auf die TAWARA-Schenkel haben. Die Arbeiten von WILSON (1931), WEISER (1921), STENSTRÖM (1923), HERRMANN und ASHMAN (1931), die sich mit der Wirkung des Vagus auf die Reizleitung in den Herzkammern beim

Menschen befassen, werden von ROTHBERGER (1931) eingehend besprochen. Sie sind nach seiner Ansicht nicht beweisfähig für eine Vaguswirkung auf die Erregungsleitung in den Hisschen Schenkeln. Er fordert für den Nachweis einer dromotropen Vaguswirkung auf die Schenkel eine Änderung des Kammerkomplexes bei Überleitung der Erregung vom Vorhof auf die Kammer. Erfolgt mit dem Typenwandel des Kammerkomplexes gleichzeitig ein Wechsel des Reizursprungs, so hält er den Typenwandel auch durch den Wechsel des Reizursprungs für möglich. Das trifft sicher zu für die Fälle, in denen der Reizursprung in den Kammern liegt. Für Schläge, die ihren Reizursprung im av-Knoten oder oberhalb der Teilungsstelle des Bündelstammes haben, scheinen diese Einwände nicht ganz stichhaltig. MECHELKE und MEITNER (1950) fanden bei physiologischer und pharmakologischer Reizung des Vagus beim Menschen im EKG schrittweise Übergänge der Kammerkomplexe bis zu ausgeprägten Rechtstypen bei gleichzeitiger Frequenzabnahme und sukzessiver Zunahme der Überleitungszeiten. Bei Auftreten von Ersatzrhythmen mit Reizursprung im Knoten zeigten die Kammerkomplexe ebenfalls immer Zeichen einer Rechtsverspätung. Die Autoren deuten die Befunde im Sinne eines negativ dromotropen Einflusses des Vagus auf die Kammern. In der *Arbeitsmuskulatur* von Vorhof und Kammer ist jedenfalls eine nervös bedingte Beschleunigung oder Verzögerung der Erregungsleitung weder bei Kalt- noch bei Warmblütern zuverlässig erwiesen.

Abschließend noch einige zusätzliche Feststellungen zur *Acceleranswirkung*. Die positiv chronotrope Wirkung der sympathischen Herznerven kann beim Kaltblüter die Frequenz bis auf das 2—3fache steigern, bei Säugetieren um 7—70%. Bei Erreichen der maximalen Schlagzahl ändert weitere Reizverstärkung oder -dauer den Effekt nicht mehr. Die relative Unermüdbarkeit wird im Gegensatz zur Vagusreizung dadurch deutlich, daß bei Andauern der Reizung die Beschleunigung der Frequenz nicht aufhört (ASHER). Meist wurde die Beschleunigung dadurch nachgewiesen, daß durch Gifte die Hemmungswirkung des Vagus aufgehoben wurde. Reizung sympathischer Fasern selbst (GASKELL, STEWART) ergab ebenfalls Beschleunigung der Frequenz. Am überlebenden Säugetierherzen läßt sich unschwer durch Reizung der Accelerantes die Herzbeschleunigung erzielen (H. E. HERING), ja sogar dadurch ein ruhendes Herz wieder zum Schlagen bringen. Die unmittelbare Wirkung auf die Kammer des Säugetierherzens erwies ebenfalls H. E. HERING (1903). Gleichzeitige Reizung des Vagus und Accelerans ergab das Überwiegen der Vaguswirkung während der Reizung, während nach Schluß der Reizung die Acceleranswirkung zum Vorschein kommt (BAXT, 1875). BAXT folgerte daraus, daß keine Interferenz zwischen der verlangsamenden Vaguswirkung und der beschleunigenden Acceleranswirkung stattfindet. Nachuntersucher (MELTZER, REID HUNT) fanden aber doch einen aus der doppelten Erregung resultierenden Wert. Auch ist das Überwiegen des Vagus über den Accelerans nicht allgemeingültig. Denn eine vom Zentralnervensystem ausgehende bzw. durch Erstickung oder Morphium hervorgerufene Vaguserregung läßt sich durch Acceleransreizung überwinden (O. FRANK, BESMERTNY). Die Interferenz von Vagus und Accelerans ist eben nur eine teilweise. BAXT zog schon den Schluß, daß der Angriffspunkt des Vagus und des Accelerans im Herzen ein verschiedener sei! Dromotrope Einflüsse des Accelerans sind überwiegend am EKG studiert worden, am eingehendsten von ROTHBERGER und WINTERBERG (Änderungen von R und T) (s. S. 510); innerhalb welcher Grenzen dies zulässig ist, hängt wesentlich von der Deutung ab, welche man dem EKG in seinen Einzelheiten gibt. Für das PQ-Intervall ist unzweifelhaft die Leitungsgeschwindigkeit das Bestimmende, wenn nicht der Fall einer vorzeitigen Kammerkontraktion durch Ausbildung einer ventrikulären Automatie vorliegt. Auf bathmotrope Wirkungen des

Accelerans wurde meist aus Erregbarkeitssteigerungen sekundärer und tertiärer Reizbildungsstätten geschlossen (s. unten) (H. E. HERING, ROTHBERGER und WINTERBERG). Aber auch Vaguserregung vermag eine ventrikuläre Automatic zu erwecken! Nach der üblichen Auffassung erfahren nach Ausschaltung oder Hemmung der übergeordneten Zentren die untergeordneten allgemein eine Erregbarkeitssteigerung, so daß sie die Funktion der übergeordneten zu übernehmen befähigt sind. Der Vagus wäre danach nur die mittelbare Veranlassung der Erregbarkeitssteigerung und das Schema wäre gerettet.

Aus dem Dargestellten ergeben sich z. T. die *EKG-Veränderungen unter dem Einfluß der Herznerven*, da sich diese letztlich auf die Wirkung der Herznerven auf die Grundvorgänge im Herzen, auf Form, Dauer und Größe des Erregungsvorganges und die Geschwindigkeit der Erregungsleitung, zurückführen lassen. Es scheint, daß erhöhter *Sympathicustonus* die Größe des Erregungsvorganges steigert, seine relative Dauer verlängert und die Geschwindigkeit der Erregungsleitung beschleunigt. Das ergibt eine Erhöhung und Verschmälerung von P, eine Verkürzung der Überleitungszeit und eine Höhenabnahme der R-Zacke durch beschleunigte Erregungsausbreitung in der Kammer. Die PT_a-Strecke senkt sich oft unter die Nullinie. Die T-Schwankung zeigt kein einheitliches Verhalten, nach O. NORDENFELT und anderen Autoren nimmt ihre Höhe ab. In der Klinik findet sich auch das Gegenteil nicht selten. Die Ergebnisse sind auch bei experimenteller Sympathicusreizung uneinheitlich, das erklärt sich vielleicht aus dem Befund von V. PUDDU, daß der rechte Sympathicus vorwiegend auf die rechte, der linke vorwiegend auf die linke Kammer wirkt, und aus der Beobachtung, daß das Ergebnis sowohl von der Dauer als von der Stärke der Nervenreizung abhängig ist. Nicht selten ist die ST-Zwischenstrecke besonders bei höheren Frequenzen etwas gehoben. Die relative QT-Dauer ist verlängert. *Vagusreiz* führt nach übereinstimmenden experimentellen und klinischen Beobachtungen zur Frequenzverlangsamung, Verkleinerung der P-Zacke, Verlängerung der Überleitungszeit und Erhöhung der T-Zacke. Starke Vagusreizung führt regelmäßig zu einer Verkleinerung, unter Umständen auch zur Umkehr der P-Zacke. Das letztere kann auf einem av-Rhythmus bei starker Sinushemmung beruhen. Da die Vaguswirkungen sich beim Warmblüterherzen nach C. J. ROTHBERGER nicht weiter als bis zum av-Knoten erstrecken, ist ein Einfluß auf das Kammer-EKG danach von vornherein zweifelhaft.

Menschen mit erhöhtem Vagustonus, z. B. Sportler, zeigen nicht selten eine langsame Ruhefrequenz von 40—50, flaches P, eine stark verlängerte PQ-Dauer (unter Umständen 0,2—0,6 sec) und ein verhältnismäßig hohes T.

Besonders betrachtet sei noch der *Einfluß der Herznerven auf die extrasystolische Reizbildung*, da im Experiment am Säugetierherzen der Einfluß des Accelerans auf die Reizbildung bis in die Kammern, die Vaguswirkung dagegen nur bis zum av-Knoten geht. Es gelang C. J. ROTHBERGER und H. WINTERBERG durch Reizung des linken Ganglion stellatum beim Hunde av-Extrasystolen und av-Rhythmus hervorzurufen. Aber auch die Reizerzeugung der tief in der Kammer gelegenen spezifischen Muskulatur läßt sich durch Acceleransreizung steigern. Sie tritt aber nur dann in Erscheinung, wenn gleichzeitig die Sinustätigkeit durch Vagusreiz stark gehemmt wird. Wesentlich sicherer lassen sich Kammerextrasystolen durch Acceleransreizung auslösen, wenn die in der Kammer gelegenen Zentren durch $BaCl_2$ in ihrer Erregbarkeit gesteigert werden, wie die genannten Autoren 1911 erstmalig beobachtet haben. Diese Tatsache ist von großer Bedeutung, denn sie zeigt, daß am normalen Herzen die Acceleranswirkung ohne weiteres kaum zur Extrareizbildung führt, wenn sich nicht das Herz in einem besonderen Zustand der Bereitschaft zur Extrareizbildung befindet. Dieser Zustand besonderer Disposition ist auch durch Aconitin zu erzeugen, wie erstmalig durch D. SCHERF gezeigt wurde. Dabei treten langdauernde Bigeminien, d. h. Normalschläge mit gekoppelter Kammer-Extrasystole auf. Vagusreiz läßt diese Bigeminien auch dann hervortreten, wenn Aconitin allein dazu noch nicht ausreicht. Acceleranswirkung unterdrückt sie paradoxerweise (s. S. 505). Vagushemmung der Sinustätigkeit, besonders ein längerer Vagusstillstand, läßt die Reizbildung im nächsttieferen Zentrum, dem av-Knoten, hervortreten. Es kommt zu av-Extrasystolen ("escaped beats"), was wir als passive heterotrope Reizbildung kennzeichnen. In allen Fällen, wo der Sinus durch Vaguswirkung unter die Eigenfrequenz der Kammer gedrückt wird, muß es bei erhöhter Reizbildungsbereitschaft zur wirksamen Reizbildung durch untergeordnete Zentren, zu Ersatzschlägen oder zum Ersatz-Rhythmus kommen. Eine ähnliche Wirkung wie $BaCl_2$ und Aconitin hat Chloroform. Bei tiefer Chloroformnarkose hat F. TIEMANN durch Acceleransreizung zahlreiche av- und Kammerextrasystolen auslösen können. Hier steigt in den untergeordneten Reizbildungsorten durch die Narkose die Erregbarkeit gegenüber dem Acceleransreiz. Durch O_2-Mangel wird ebenfalls die Reizbildungsbereitschaft in der Kammer erhöht (bis zu Schenkelrhythmus!). W. F. ALLEN hat an Kaninchen durch Benzoleinblasung in die Atemwege Bigeminien erzeugt, deren Auslösungsmechanismus nachweislich reflektorischer Art (über Gangl. stellatum) ist. Auch klinische Beobachtungen bestätigen die Wirkung des Herznervensystems auf die Extrareizbildung im Herzen ganz eindeutig.

Das Vorhandensein eines *zentralen Tonus der Herznerven* äußert sich schon darin, daß Durchschneidung der Vagi eine Beschleunigung, der Accelerantes eine Verlangsamung der Herzschläge veranlaßt. Allerdings läßt sich dadurch nicht ohne weiteres ein fehlender Vagustonus beweisen, da er durch die Vorbehandlung verloren gegangen sein kann. H. E. HERING (1895) fand beim ruhig dasitzenden, nicht narkotisierten Kaninchen im störungsfreien Raum bei Auskultation durch einen ins Nebenzimmer führenden Schlauch die Zunahme der Pulsfrequenz nach Vagusdurchschneidung! Viele Angaben über angeblich fehlenden Vagustonus bedürfen daher der Nachprüfung. Bekanntlich erfolgt, wie schon v. LIEBIG (1898), PAUL BERT und MOSSO bewiesen, durch O_2-Mangel eine Frequenzsteigerung des Herzens, wobei die Herzfrequenz etwa eine logarithmische Funktion des atmosphärischen Druckes ist (BORGARD). In einer II. Phase erfolgt dann ein starkes Absinken der Frequenz, die „Krisis" (s. Abb. 76) (E. C. SCHNEIDER und GREENE und GILBERT). Das Ausmaß der Frequenzsteigerung ist bei den einzelnen Versuchspersonen verschieden, besonders aber von Tier zu Tier: bei Kaninchen $+33\%$, beim Hund $+115\%$, beim Hasen $+108\%$, bei der Katze $+71\%$ und beim Meerschweinchen sehr gering. Der Grund liegt offenbar in dem verschieden starken Vagotonus dieser Tiere, der beim Hund besonders stark ausgeprägt ist, während Meerschweinchen praktisch über keinen Vagotonus verfügen, darum fehlt hierbei die initiale Frequenzsteigerung im O_2-Mangel. Ohne Narkose ist die Anfangsfrequenz übrigens bereits höher als beim narkotisierten Tier. Die Frequenzänderungen beim Höhenaufstieg sind auf Verschiebungen im Tonus des Vagosympathicus zu beziehen, wobei in Phase I die Abnahme des Vagustonus im Vordergrund steht. In Phase II liegt zunächst noch nach allgemeiner Annahme eine Verstärkung des Acceleranstonus vor. Es folgt in Phase II die zentrale Reizung mit Sinusbradykardie, Vaguspulsen und beim Hund mit Sinusbradyarrhythmie und gleichzeitigem Verschwinden der respiratorischen Arrhythmie. Der Frequenzabsturz fehlt bei Vagotomie. — Gute Höhenverträglichkeit findet man bei der echten Vagusbradykardie, der sog. Trainingsvagotonie, die auch bei der Höhenanpassung vorliegt. Das Verhalten der Herzfrequenz beim

Höhenaufstieg wurde so direkt zu einem Gradmesser zur quantitativen Bestimmung des Vagustonus (Näheres bei E. SCHÜTZ, 1941).

Durch die Existenz des Vaguszentrums erklären sich die mannigfachen reflektorischen Beeinflussungen des Herzschlags (GOLTZscher Klopfversuch, KRATSCHMERscher Trigeminusreflex, ASCHNERscher Bulbusdruckversuch, CZERMAKscher Vagusdruckversuch und viele andere Beeinflussungen von Lungen, Magen-Darm-Kanal, Urogenitalapparat, Luftwege, beim Schluck- und Brechakt usw.), die bereits im Kapitel „Herzfrequenz" behandelt wurden. Auch der BAINBRIDGE-, Depressor-, Carotissinus- und BEZOLD-JARISCH-Reflex sind hier zu erwähnen. [Eine neueste Darstellung der "Chemoreflexes from the heart and lungs" findet sich in Physiol. Rev. 34, 167 (1954).]

Auch das Gesetz der reziproken Innervation scheint hier zu gelten, da v. BRÜCKE (1917) nach Vagusdurchschneidung bei Reizung des Depressors immer noch eine Verlangsamung des Herzschlags erhielt, die nach Durchschneidung der Ni. accelerantes ausblieb, es trat also bei Erregung des Vaguszentrums eine reziproke Hemmung des Acceleranszentrums ein.

Abschließend seien noch die Folgen der *Ausschaltung des fördernden Nerveneinflusses* durch Sympathektomie bzw. Exstirpation des Ganglion stellatum besprochen. Die auf die Accelerandsurchschneidung folgende Herabsetzung der Frequenz und Abschwächung der Kontraktionen (bei wachsender Herzgröße) ist besonders von ROTHBERGER und WINTERBERG hervorgehoben worden. Die Reizung des Accelerans, auch nur mit schwachem Strom, macht durch die mächtige Belebung der Herztätigkeit den Ausfall erst recht deutlich. Schon FRIEDENTHAL, der als erster 1902 beim Hund und Kaninchen die Herznerven (soweit man sie damals kannte) durchschnitt, fand, daß die Tiere zwar überleben können, aber ihre Leistungsfähigkeit sehr stark eingeschränkt ist. Amerikanische Autoren (CANNON, 1919; CANNON und RAPPORT, 1921) haben dann die vollständige Entnervung des Katzenherzens durchgeführt (die Methode ist ausführlich von CANNON, LEWIS und BRITTON beschrieben worden). Zur Ausschaltung der Accelerantes reicht die Exstirpation der Ganglia stellata allerdings nicht aus, weil fördernde Fasern auch von den caudal gelegenen oberen Brustganglien zum Herzen ziehen (JONESCU und ENACHESCU). Die Entnervung des Herzens bei Hunden ist dann von ENDERLEN und BOHNENKAMP ausgeführt worden. Von 14 Hunden überlebten 7 und davon dürfte bei 3 die Entnervung vollständig gewesen sein. Es wird hervorgehoben, daß sich die Frequenz des Herzschlags bei Arbeit nicht verändert und daß die Tiere bei der geringsten Anstrengung dyspnoisch werden. Auf Grund dessen wurde von einer Reihe von Autoren (OTTO, BRANDENBURG, DANIELOPU) vor der Exstirpation beim Menschen gewarnt, während auf der anderen Seite JONNESCU und INOSCU es als unzweifelhaft bezeichneten, daß die Acceleratoren keine lebenswichtigen Nerven seien (?) und DANIELOPU und PROCA in Tierversuchen nach Exstirpation der Ganglia stellata (bei erhaltenen Vagi) am unbeschädigten Herzen keine unmittelbaren schädlichen Folgen fanden. Bei einer Nachprüfung durch AVERBUK und RACHMILEWITZ konnten die Angaben in dieser Form allerdings nicht bestätigt werden.

Allgemeine Physiologie der Herznervenwirkung

Nach dieser Darstellung der speziellen Wirkung der Herznerven ist noch die allgemeine Physiologie der Herznervenwirkung, besonders die des N. vagus zu besprechen. Unsere gesamten Vorstellungen über die Wirkungsweise vegetativer Nerven wurde entscheidend beeinflußt durch LOEWIs Entdeckung (1921) der *humoralen Übertragbarkeit der Vaguswirkungen* und durch die *Identifizierung der chemischen Natur des Vagusstoffes mit dem Acetylcholin* (LOEWI und NAVRATIL,

1926). Man hat seitdem die Vaguswirkungen in folgendem Sinne gedeutet: An den Endigungen der gereizten Vagusfasern tritt Acetylcholin (ACh) aus und löst dann in Berührung mit der Herzmuskelfaser Veränderungen der Erregbarkeit, Erregungsleitung usw. aus. Dem Vagusstoff entspricht bei sympathischer Erregung das Sympathin, das aus zwei Komponenten besteht, dem eigentlichen Systemstoff Adrenalin, welches vielleicht am Herzen die Hauptrolle spielt, und dem Noradrenalin (= Arterenol), das offenbar mehr örtlich begrenzte Wirkungen an adrenergischen Nervenendigungen hat (HOLTZ, 1940). Die Theorie fand ihre Parallele und Stütze in der durch DALE, FELDBERG u. v. a. begründeten Vorstellung, daß der Übergang der Erregung von motorischen Nerven auf den Muskel durch die Freisetzung von ACh an der motorischen Endplatte erfolge (Zusammenfassung bei FESSARD und POSTERNAK, 1950). Die Beobachtungen von v. MURALT (1937) und besonders von D. NACHMANSOHN (1955) lassen dann an den Zusammenhang von ACh und der Erregung der Nervenfaser denken. So erweiterten sich nach und nach unsere Vorstellungen über Vorkommen und Verbreitung dieses „Gewebshormons" im Körper. Im Verlauf der letzten 10 Jahre ist speziell in Hinsicht auf das Herz eine große Zahl weiterer Beobachtungen gemacht worden, über die zusammen mit den dadurch bedingten neuen Vorstellungen berichtet werden soll[1]. Ein allgemeines Übersichtsreferat über die vegetativen Wirkstoffe gab P. HOLTZ (1953).

In der Spüllösung des isolierten *Herzens* läßt sich ACh [das mit Essigsäure veresterte Cholin (Trimethyloxyäthylammoniumhydroxyd)] unter folgenden Umständen nachweisen, nämlich a) bei Vagusreizung, b) bei frequenter elektrischer Reizung bzw. elektrischer Durchströmung des Herzens selbst und c) unter Umständen in der Spüllösung des schlagenden, völlig ungereizten Herzens.

a) Der von LOEWI und NAVRATIL (1926) erhobene Befund, daß das Froschherz unter Vagusreizung ACh abgibt, welches sich mit der Spüllösung auf ein zweites Herz übertragen läßt, wurde oft bestätigt (RIJLANT, 1931; GENUIT, 1941). Diese Beobachtungen und weitere Versuche von ROSENBLUETH (1932), BAUEREISEN (1941) u. a. führten zu folgender Auffassung der Beziehungen zwischen Nervenerregung und ACh-Freisetzung im Herzen: Jeder Nervenimpuls setzt eine gewisse Menge des Vagusstoffes frei, wobei die Gesamtquantität der freigesetzten Substanz von der Zahl der je Zeiteinheit ankommenden Vaguserregungen abhängt. Der Vagusreizeffekt am Herzen ist demnach proportional der jeweils freigesetzten Quantität des Vagusstoffes. Er wird aber quantitativ modifiziert und ist unter Umständen qualitativ verändert durch eine ganze Reihe von Bedingungen, z. B. durch die Geschwindigkeit der Spaltung des ACh in Cholin und Acetylrest. Dieser Vorgang ist abhängig von der Aktivität der im Herzen vorkommenden ACh-Esterase. Wenn ferner, wie anzunehmen ist (s. unten), das bei der Vagusreizung freigesetzte ACh aus einem „ACh-Depot" stammt, so dürfte die freigesetzte Menge von ACh auch von der jeweiligen Größe dieses Depots abhängig sein (ROTHSCHUH).

b) Es ist schon von einer ganzen Reihe von Autoren gezeigt worden, daß, auch ohne Reizung der Vagusnerven, nur durch eine frequente (faradische) elektrische Reizung der Muskulatur des Vorhofs (FRÉDÉRICQ, 1936; KNOWLTON, 1941, 1943) oder der Kammern bzw. von beiden (SPADOLINI, 1949; PERETTI, 1949; NELEMANS, 1951) cholinergisch wirksame Substanzen im Herzen freigesetzt werden können.

c) Nach den Beobachtungen von RUNCAN (1940) vermag sogar das *spontan schlagende* Froschherz unter Umständen auch ohne Vagusreiz in seine Spüllösung eine cholinergische, auf ein anderes Herz negativ inotrop und negativ dromotrop

---
[1] ROTHSCHUH (1954).

wirkende Substanz abzugeben. Es sieht so aus, als ob das ACh in relativ geringen Mengen während jeder Erregung und Kontraktion des Herzens aus einer Quelle entsteht, die gar nicht in der Nervenfaser, sondern in der Muskelfaser selbst gelegen ist. Man wird zu dieser Vorstellung leichter geneigt sein, seitdem sowohl das Vorkommen von ACh in nervenfreien Organen als auch seine Beteiligung bei nichtnervösen Funktionen nachgewiesen werden konnte.

Es muß deshalb an dieser Stelle das *Vorkommen von Pro-ACh* in *gebundener Form* und der *ACh-Umsatz im Herzmuskel* näher betrachtet werden. Im Jahre 1932 fanden BISHOP, GRAB und KAPFHAMMER, daß in vielen Organen des Rindes, darunter auch im Herzen, relativ große Mengen von gebundenem ACh vorkommen, es sei nach ROTHSCHUH kurz „Pro-ACh" bezeichnet, weil aus ihm freies ACh abgespalten werden kann. Zahlreiche Untersucher (BEZNÁK, 1934; N. O. ABDON und Mitarbeiter, 1944/45) bewiesen, daß ACh im Körper 1. unabhängig von nervöser Tätigkeit vorkommt und daß es 2. in den verschiedensten Organen in ziemlich großer Menge in einer inaktiven gebundenen Form enthalten ist, aus der es mit verschiedenen Methoden (Säuerung auf p_H 4, Kochen usw.) freigesetzt werden kann. Ein derartiges gebundenes inaktives ACh läßt sich also besonders auch im Herzmuskel des Kalt- und Warmblüters nachweisen.

Es gibt also wohl einen für die Funktion des Herzmuskels unerläßlichen ACh-Umsatz, einmal unabhängig vom Vagus, aber außerdem auch für die Übertragung von Vaguswirkungen (ABDON und BORGLIN, 1946). Statistisch gesicherte Zahlenangaben über den Gehalt an Pro-ACh in der Herzmuskulatur verschiedener Tiere finden sich bei ROTHSCHUH (1954, 1955).

Eine besondere Bedeutung haben *stimulierende ACh-Effekte* am Herzen. Unter Paludrin kommt die Vorhofaktivität des Kaninchenherzens zum Stillstand. Bei ACh-Zusatz zur Badeflüssigkeit beginnt der Vorhof wieder zu arbeiten [BURN und VANE (1948), BÜLBRING und BURN (1949)]. ACh stimuliert also hier Frequenz und Kontraktilität. Am frisch präparierten, gut schlagenden Vorhof wirkt ACh aber genau umgekehrt, nämlich hemmend. Die nähere Analyse des Vorganges führt zu der Erklärung, daß im schlagenden Vorhofmuskel eine lebhafte *Synthese* von ACh vor sich geht, während diese am stillstehenden Vorhof stark abgesunken ist. Von außen zugeführtes ACh hat also eine tätigkeitsanregende Wirkung, wenn die Synthese sehr niedrig ist bzw. wenn sie am stillstehenden Vorhof fast aufgehört hat; es hat aber eine hemmende Wirkung, wenn die Synthese an ACh hoch ist. Es sind von zahlreichen Autoren solche stimulierenden ACh-Effekte am Herzen beschrieben worden [SPADOLINI und DOMINI, 1940; SPADOLINI, 1948; McDOWALL, 1946; BURN, 1949; GRAHAM, 1949; GIACHETTI, 1951; ROTHSCHUH und BAMMER, 1952 (als Beschleunigung der Erregungsleitung am Froschherzstreifen)]. Die Gesamtheit dieser Befunde über stimulierende ACh-Wirkungen am Herzen lassen erkennen, daß die Wirkung von zugefügtem ACh nicht einfach von der Dichte der ACh-Moleküle an der Oberfläche der Herzmuskelfasern abhängt, sondern daß die Wirkungsart sehr wesentlich vom Zustand des Herzens und wahrscheinlich von dem jeweiligen Gehalt und Umsatz an ACh bzw. Pro-ACh im Herzen abhängig ist. Dieser ACh-Umsatz, nämlich Bildung, Freisetzung, Abbau unter Mitwirkung von ACh-Esterase, Resynthese durch Acetylase usw. ist recht kompliziert. Eine neuste zusammenfassende Darlegung des ACh-Systems und seiner Komponenten findet der Leser bei D. NACHMANSOHN (1955). Wie ROTHSCHUH (1954) zeigte, erfahren isolierte *schlagende* Froschherzkammern eine Anreicherung an gebundenem Pro-ACh, während stillgelegte Kammern an Pro-ACh-Gehalt verlieren. Die Bildungsgeschwindigkeit von ACh hängt also irgendwie mit seiner Tätigkeit zusammen, andererseits aber wohl auch die Tätigkeit des Muskels mit der Syntheseintensität im ACh-System.

Die sehr auffallenden negativ inotropen Wirkungen des ACh sind ihrem Zustandekommen nach recht unklar. Eine Arbeitshypothese darüber findet sich bei ROTHSCHUH (1954) [s. auch BRECHT (1952)], wobei die Wirkungen des ACh auf Grenzflächenphänomene, Permeabilität und Polarisation eine Rolle spielen. Viele Vaguseffekte können als innerlich zusammenhängende Wirkungen des ACh auf die Muskelgrenzflächen aufgefaßt werden. Die Herabsetzung der Erregbarkeit bedingt z. B. die Verminderung der Leitungsgeschwindigkeit und der Frequenz. Es ist nur vorerst unentschieden, ob diesen Erscheinungen eine Verstärkung oder eine Verminderung der Ruhepolarisation zugrunde liegt. Seit RIENMÖLLERs Beobachtungen (1932) über anodische Verlangsamung und kathodische Beschleunigung der Sinusfrequenz und GASKELLs (1887) Positivierungseffekt neigte man dazu, für die Erklärung von Vaguswirkungen „Verdichtungs"-Effekte, also Permeabilitätsabnahmen, anzunehmen.

Untersuchungen am *Kaltblüterherzen* sprechen für eine Wirkung der Herznerven auf die *Ruhepolarisation der Muskelfaser an Vorhof und Kammer*. GASKELL beobachtete 1887, daß an einem stillstehenden Schildkrötenvorhof durch Vagusreizung eine Zunahme des vom Vorhof abgeleiteten Verletzungsstromes auftritt. Das bedeutet, daß unter Vaguswirkung die Ruheladung der unverletzten Stelle eine Änderung im Sinne einer zunehmenden Positivität erfährt. GASKELL deutete diesen Befund als Ausdruck einer anabolischen (assimilatorischen) restitutiven Wirkung des Vagus. Später haben W. EINTHOVEN und A. RADEMAKER versucht, den GASKELL-Effekt auf einen Versuchsfehler zurückzuführen, während W. J. MEEK und J. A. EYSTER GASKELLs Befund bestätigen konnten. Eingehende Untersuchungen von A. SAMOJLOFF ergaben die Vermehrung der positiven Ruheladung der Vorhofsmuskelwand als regelmäßige Erscheinung, wenn man die Versuche am stillgelegten Herzen vornimmt. In jeder Tätigkeitspause, gleichgültig ob durch Sinuszerstörung oder Vagusreizung ausgelöst, vergrößert sich die positive Ruheladung der Membran, es scheint sich der „bioelektrische Tonus" des Herzens (nach H. SCHÄFFER) wieder herzustellen. Unabhängig davon führt also Vagusreizung zu verstärkter Positivierung der Membranladung, allerdings in geringer Größenordnung (nach SAMOJLOFF 0,4—0,6 mV, nach A. M. MONNIER und M. DUBUISSON an der Kammer des Schildkrötenherzens bei konstant gehaltener Frequenz etwa 2—3 mV). Nach H. SCHÄFFER führt entsprechend Acceleransreizung zur Abnahme des Verletzungsstromes, also zur Veränderung der Ruheladung der Membran in Richtung zu vermehrter Negativität; auch A. MONNIER und M. DUBUISSON (1934) fanden die Polarisationsabnahme durch Adrenalin; bereits GASKELL beobachtete das schon am muscarinvergifteten Herzen bei Reizung der sympathischen Herzfasern. *Vagus- und Sympathicusreizung haben also eine größenordnungsmäßig geringe Wirkung auf die elektrische Ruheladung der Muskelfasern*, und zwar wirkt der Sympathicus im Sinne einer Durchlässigkeitserhöhung der Membran. Damit wird das Ruhepotential in Richtung einer geringen Negativierung verschoben. Umgekehrt scheint der Vagus die Durchlässigkeit zu verringern, so daß die positive Außenladung anwächst. Auch am isolierten Sinus wurde von R. HÖNGER (1936) unter Vagusreizung elektrometrisch eine Ladungsveränderung im Sinne einer Positivierung (um etwa 9,2 mV) und unter Acceleransreizung eine vermehrte negative Ruheladung der Sinusregion (um durchschnittlich 9,1 mV) beobachtet. Betont sei besonders, daß am Warmblüterherzen keine gleichartigen Befunde erhoben wurden.

Trotzdem scheinen nicht alle Befunde in ein solches Schema zu passen. Das gilt für die bathmotropen Wirkungen, die auf S. 503 besprochen wurden, und besonders für den Aktionsstrom. Denn der monophasische Aktionsstrom wird in anderem Sinne beeinflußt.

Am Kaltblüterherzen wird der monophasische Strom nach F. B. HOFMANN und H. BOHNENKAMP durch Vagusreizung stets an Dauer verkürzt. Bei verstärkter Reizung wird auch die Höhe des monophasischen Stromes vermindert, wobei nach H. BOHNENKAMP besonders auch der Abfall steiler und schneller verläuft. Auch A. SAMOJLOFF beobachtete die Abnahme der Höhe und Dauer des monophasischen Stromes bei Vagusreizung. Die Acceleransreizung führt an der Kammer vom Frosch zu einer größeren Steilheit des Anstiegs, zu größerer Gipfelhöhe und in vielen Fällen zu längerem Verharren auf der erreichten Höhe (H. BOHNENKAMP). Auch SCHÜTZ und LUEKEN (1938) fanden die Verlängerung des Kammeraktionsstroms unter Adrenalin zugleich mit Verlängerung der absoluten Refraktärphase (s. S. 86). Vor allem aber beschrieb SCHÜTZ, 1931 (bestätigt von CHURNEY, 1949) die Abnahme der Aktionsstromhöhe am Warmblütervorhof mit Verkürzung und schrägerem Anstieg (s. Abb. 37), und zwar nur am Vorhof, nicht an der Kammer des Warmblüterherzens. Auch die Verhältnisse in der relativen Refraktärphase unter ACh und Adrenalin (SCHÜTZ und LUEKEN) ergeben Besonderheiten und wurden auf S. 85f. besprochen. Es paßt eben gerade bei den Herznervenwirkungen nicht alles in das Schema unserer Grundvorstellungen!

Besonders die Verkürzung der Dauer des monophasischen Aktionsstroms und die Verkürzung der Refraktärphase unter Vaguswirkung und ACh sprechen eher dagegen (DRURY, LEWIS und BULGER, 1929; LUEKEN und SCHÜTZ, 1938; HOFMANN, SIEBEN und Mc C. BROOKS, 1952). Weiter zeigte SEGERS (1941, 1945), daß alle Eingriffe am Herzen, welche das Membranpotential erniedrigen (wie kathodische Depolarisation, Dehnung usw.), am Herzen einen positiv inotropen Effekt haben, während ACh negativ inotrope Wirkungen hat, aber nicht durch Erhöhung des Membranpotentials im Sinne einer Positivierung, sondern durch Abschwächung negativer, die Erschlaffung überdauernder Nachpotentiale. Untersuchungen von ROTHSCHUH (1952) ergaben am ruhenden Herzen fast keine Wirkung auf das Membranpotential (10^{-2} bis 10^{-9}), am schlagenden Herzen jedoch (in Konzentrationen von ACh 10^{-2} bis 10^{-5}) schwach negativierend und zugleich stark auf den Aktionsstrom, bis 10^{-9} nur noch auf das Aktionspotential, und zwar verkürzend auf die Erregungsdauer und erniedrigend auf das Spitzenpotential. Je schneller das Herz schlug, desto intensiver waren die Wirkungen. Es wurde daher die Möglichkeit erwogen, daß das ACh unter der Mitwirkung von Erregungen, die über das Herz laufen, besser eindringen kann und dadurch eine Verstärkung seiner Wirkung erfährt. Auch WOODBURY und HECHT (1952) haben beobachtet, daß ACh den Aktionsstrom, aber nicht das Membranruhepotential der Herzmuskelfaser erniedrigt. Zwar werden nach RÖSSEL (1948) die Permeabilität und Wechselstrompolarisierbarkeit des Herzens durch ACh nicht verändert. Doch läßt das noch die Möglichkeit einer selektiven Permeabilitätsänderung für bestimmte Ionen offen (LULLIES, 1948). Es wäre also durchaus möglich, daß ACh die dem Aktionsstromanstieg entsprechende Permeabilitätssteigerung für Na bedingt, welche nach HODGKIN und Mitarbeitern (1952) so bedeutungsvoll ist. Fehlt Na, so tritt an den Endplatten trotz einer ACh-Freisetzung keine Depolarisation auf (FATT, 1949).

An dieser Stelle sei auch an die Rolle des *Kaliums* im Mechanismus der Vaguswirkungen erinnert, da ja bei allen Membranvorgängen Ionen eine wichtige Rolle spielen. Schon HOWELL (1906) zeigte, daß Vagusreizung K in Freiheit setzt, SCHEINFINKEL (1924) bestätigte das. Auch der Ca-Verlust des Herzens unter Sympathicuswirkung wurde aufgewiesen. Besonders S. G. ZONDEK (1922) vertrat deshalb die Auffassung, daß Vaguswirkungen mit Kaliumwirkungen und Sympathicuswirkungen mit Calciumwirkungen identisch seien, ja daß die Herznerven durch eine veränderte Elektrolytverteilung mit Vorwiegen von K beim Vagus und mit Vorwiegen von Ca beim Sympathicus wirksam sind. Ferner wies L. ASHER (1923) nach, daß die Rhythmusstörungen eines an K verarmten Herzens beseitigt werden können, wenn man ihm Ringerlösung aus einem eine längere Zeit der Vagusreizung ausgesetzten Froschherzen zusetzt. Entsprechend fand BOUCKAERT (1921), daß ein durch K-Mangel stillgelegtes Herz durch Vagusreize und K-Übertritt aus dem Herzmuskel in die Ernährungsflüssigkeit erneut zum Schlagen befähigt wird. Die Nachprüfung durch E. LEHNARTZ (1936) ergab eine vermehrte K-Abgabe in dem isolierten Schildkrötenvorhof durch Vagusreiz und auch durch Acetylcholin, die nach Atropinisierung ausbleibt. NEUSCHLOSZ (1926) glaubte daher, daß die Vaguswirkung über die K-Freisetzung erfolgte. Atropin verhinderte die K-Freisetzung, nicht aber die ACh-Freisetzung. Vielleicht spielt das K in dem Mechanismus der Abspaltung von ACh aus dem Trägerkomplex eine Rolle. Dafür spricht der Befund von A. B. L. BEZNÁK (1934), daß Erhöhung des K-Gehaltes der Speiseflüssigkeiten des Herzens die Freisetzung von ACh aus dem Pro-ACh-Komplex begünstigt. W. FELDBERG und Mitarbeiter (1936) beobachteten das auch an anderen Organen und weiter wurde gezeigt, daß Zellen unter Cholinesterase hemmenden Stoffen vermehrt K abgeben. Im gleichen Sinne sprechen die Befunde von BAMMER (1952), daß sich die Wirkungen von K und ACh auf die Geschwindigkeit der Erregungsleitung verstärken. Die bekannten Tatsachen, daß K die Permeabilität des Herzmuskels steigert, daß es depolarisiert usw., passen zu dem beschriebenen Bild.

Wir wollen hier noch einige weitere Beobachtungen zum ACh-Problem diskutieren, die sich mehr oder minder in das gezeichnete Bild der ACh-Wirkungen und des ACh-Wirkungsmechanismus einordnen lassen. Die *Geschwindigkeit der Erregungsleitung* wird unter Vagusreiz nur an den Übergangsstellen vom Vorhof zur Kammer in unverkennbarer Weise verlangsamt (LOEWI, 1924; GOLDENBERG und ROTHBERGER, 1934). Eine negativ dromotrope Vaguswirkung an der Kammermuskulatur konnte weder bei Kaltblütern von HOFMANN (1917, 1920) noch am Warmblüterherzen (ROTHBERGER, 1931) zuverlässig beobachtet werden. Nach RIJLANT (1933) verlangsamen Vagusreiz und ACh die Erregungsleitung nur an inhomogenen Übergangsstellen, nicht in homogenen Faserstrecken. ROTHSCHUH und BAMMER (1952) wiesen dann überraschenderweise signifikante Beschleunigungen der Erregungsleitung am Froschherzstreifen unter ACh-Dosen von 10^{-3} bis 10^{-9} nach. Hohe Konzentrationen führen allerdings nach einiger Zeit zum Wirkungsumschlag und zum Block. Diese zweiphasische Wirkung gleicht außerordentlich derjenigen des K, in beiden Fällen dürften Permeabilitätseffekte wesentlich sein.

Auch die endogene *automatische Reizbildung* im Herzen hängt sicher irgendwie mit Vorgängen im ACh-System (neben elektrischen Grenzflächenphänomenen) zusammen (BROWN und ECCLES, 1934). Nach BÜLBRING und BURN (1949) kann man sich vorstellen, daß die ACh-Synthese an den Reizbildungsorten eine gewisse Größe erreichen muß, bevor die „Kippung" des Systems erfolgt. Ähnliche Vermutungen haben JÄGER und BRECHT (1951) geäußert. Erinnert sei ferner an die zahlreichen Beobachtungen darüber, daß ACh in höherer Dosis oft am Herzen eine Extrareizbildung weckt und auch vielfach Vorhofflimmern auslöst. Daß Vagusreiz das *Flimmern* begünstigt, ist schon seit WINTERBERG (1907) bekannt. Die flimmerwidrigen Substanzen Chinin und Chinidin verlängern Aktionsstromdauer und absolute Dauer der refraktären Phase (SCHÜTZ und RICHTER, 1942), sie schwächen aber auch die hemmenden ACh-Wirkungen am Herzen (DAWES, 1946). Wahrscheinlich besteht auch hier ein Ineinandergreifen von ACh-Effekten und Membranprozessen.

Abschließend mag über die Rolle des ACh im Herzen folgendes ausgeführt werden. Es darf als gesichert gelten, daß ACh in an Eiweiß (oder Lipoide) gebundener Form (als Pro-ACh) ein normaler Bestandteil der Herzmuskelfasern ist. Wahrscheinlich ist es zu einem wesentlichen Teil an den Grenzflächen verankert. Das ACh-System unterliegt bei Ruhe, besonders aber bei der Tätigkeit einem beständigen Umsatz, an dem ein aufbauendes Teilsystem mit der Acetylase und ein abbauendes Teilsystem mit der Esterase beteiligt sind. Aus einem mittleren Gleichgewicht kann es einerseits zum Überwiegen des Abbaus und andererseits zum Überwiegen des Aufbaus kommen. Der Zustand im ACh-System, der sich durch die Ermittlung der Bildungsintensität von ACh und des Gehaltes an gebundenem Pro-ACh prüfen läßt, hat wahrscheinlich eine wesentliche Bedeutung für die Funktionstüchtigkeit und Contractilität des Herzens.

Nach den hier dargestellten Beobachtungen sind folgende Funktionen des ACh zu diskutieren, 1. die Beziehungen zu den Vaguswirkungen, 2. eine Mitwirkung im Vorgang der Erregung, Erregungsleitung und Erregungsbildung, 3. eine Rolle in der Kopplung von Erregung und Kontraktion.

Wir wollen zuerst den zweiten Vorgang besprechen. Es sieht so aus, als ob jede Herztätigkeit unter Beteiligung des ACh-Systems verliefe. Nur ist noch nicht geklärt, ob das ACh nur im Erregungsgeschehen oder nur im Kontraktionsprozeß mitwirkt oder ob es in beiden Teilprozessen eine Rolle spielt. Man möchte es für wahrscheinlich halten, daß das ACh auch an der Herzmuskelfaser im Prozeß der Erregung, Erregungsleitung und Erregungsbildung eine Rolle spielt. Dafür sprechen auch die Beobachtungen über die hohe Empfindlichkeit der Membranen gegen ACh. Denn verglichen mit K, dessen depolarisierende Wirkungen immerhin erst bei 0,040 g-% KCl anfangen, zeigt das ACh noch in Verdünnungen bis $1:10^{-9}$ Veränderungen des Aktionspotentials. Es ist daher geradezu prädestiniert, im Erregungsgeschehen eine Rolle zu spielen. Diese könnte z. B. in einer selektiven Veränderung der Permeabilität für Na-Ionen bestehen, die nach HODGKIN und Mitarbeitern die anfängliche Membranentladung einleitet. Das Ganze könnte man sich dann folgendermaßen vorstellen: Das ACh liegt in inaktiver, gebundener Form an einem Eiweißträger an der Membran verankert vor. Die herannahende Erregung setzt, wohl durch die Aktionsstromschleifen, ACh aus der Bindung frei. Damit werden spezifische Permeabilitätsveränderungen eingeleitet. Es kommt zum Zusammenbruch der Membranladung und zur Umpolung der Ladungsvorzeichen. Das freigesetzte ACh unterliegt im Anschluß daran dem Abbau und der Inaktivierung durch die ACh-Esterase. Dann wird es unter der Wirkung des aufbauenden Teilsystems durch Acetylase resynthetisiert und in die Membran zurückgebunden, wobei sich die Grenzflächenpermeabilität normalisiert und die Ruheladung wieder herstellt. Danach wäre der Erfolg der *Vagusreizung* nach ROTHSCHUH (1954) folgendermaßen zu interpretieren: Unter dem elektrischen Bombardement der Herzmuskelfasern durch die effektorischen, erregten Vagusendigungen wird ACh in relativ großen Mengen an den Endstellen der Vagusfasern aus dem Pro-ACh der Muskelfasern freigesetzt. Kommt jetzt eine Erregungs- und Kontraktionswelle an, so findet sie eine in der Permeabilität, vielleicht auch in der Ruheladung veränderte Grenzflächenbeschaffenheit vor. Die Erregungsgröße wird abgeschwächt, und durch eine überdauernde cumulierende ACh-Wirkung bleibt die Permeabilität stark erhöht mit der Folge einer Aktionsstromverkürzung, einer Steigerung der Schwelle und einer Verkürzung der Refraktärphase. Bei hoher örtlicher ACh-Konzentration kommt es unter Umständen zum Leitungsblock. Mit Aufhören der Vagusreizung und der Beendigung einer weiteren ACh-Freisetzung wird sich allmählich die Inaktivierung und die Rückbildung des ACh vollziehen. Im Verlauf der Vagusreizung ist es daher am ehesten möglich, mit oder ohne Esterasehemmer das ACh abzufangen und mit genügend empfindlichen Methoden nachzuweisen. Es ist aber wahrscheinlich, daß sich nur ein Teil des ACh-Umsatzes innerhalb der äußeren Fasergrenzflächen vollzieht und daß sich sicher nur ein Teil des Geschehens durch Esterasegifte in der Durchströmungsflüssigkeit beeinflussen läßt.

Bekanntlich enthält das Warmblüterherz keine Vagusinnervation an den Kammern, wohl aber an den Vorhöfen und im Überleitungsgewebe. Man wird sich daher nicht wundern, daß in der Vorhofmuskulatur des Warmblüterherzens ein höheres ACh-Depot vorgefunden wurde als in den Kammern (ROTHSCHUH, 1955), wo das ACh nach obiger Theorie nur im Erregungsgeschehen mitwirken dürfte. Beim Kaltblüterherzen liegen die Innervationsverhältnisse bekanntlich anders, dementsprechend scheint hier das ACh-Depot im Vorhof und in der Kammer nicht wesentlich verschieden zu sein.

Wesentlich problematischer ist die Rolle des ACh für das Ingangkommen und Ablaufen des Verkürzungsvorganges. Es ist noch weiter zu klären, wieweit die Abhängigkeit der Kontraktilität vom ACh-Depot geht. Wie wir die negativ inotrope Wirkung des ACh erklären sollen, ist ein noch offenes Problem. Abgesehen davon spielt das freigesetzte ACh wohl auch eine Rolle für das Ingangkommen des Verkürzungsvorgangs. Nach dem gegenwärtigen Stand der Frage ist die Vorstellung denkbar, daß das durch den Erregungsprozeß freigesetzte ACh die Aktivierung der ATP fördert, welche dann die Verkürzung des Aktomyosins mit geringfügiger Latenz gegen die primären elektrischen bzw. Permeabilitätsvorgänge in Gang setzt. Abschließend sei noch einmal betont, daß das ACh sicherlich in der Tätigkeit des Herzens eine wichtige Rolle spielt. Was an theoretischer Deutung entwickelt wurde, ist allerdings ein erster Syntheseversuch (ROTHSCHUH).

Die *sensible Versorgung des Herzens* und damit auch die reflektorischen Beziehungen zwischen Herz und Kreislauf sind z. T. bei den Frequenzänderungen des Herzens und an anderen Stellen behandelt. Eine eingehende Darstellung ist nur möglich im Zusammenhang mit dem Gesamtkreislauf. Es sei deshalb auf den Band von WEZLER verwiesen. — Die *Elektrophysiologie der Herznerven* (sowohl hinsichtlich der Aktionsstromformen als auch der Reizgesetze) muß wegen der notwendigen allgemeinen Voraussetzungen im Band „Nervenphysiologie" abgehandelt werden, ebenso wie der *Muskelchemismus* des Herzens im Band „Muskelphysiologie" dargestellt werden wird.

Literatur

Aus Raumgründen wurde in der Literaturübersicht der Titel der Arbeiten durch ein kurzes Stichwort ersetzt. Aus dem gleichen Grunde wurden diejenigen Arbeiten namentlich der älteren Literatur fortgelassen, die sich in den folgenden Werken bereits ausführlich zusammengestellt finden: im Handbuch der normalen und pathologischen Physiologie Bd. VII/1 (1926), in den Büchern von R. TIGERSTEDT (1921—23), H. SCHAEFER (1942, 1951), E. LEPESCHKIN (1947), D. E. GREGG (1950), K. E. ROTHSCHUH (1952), C. J. WIGGERS (1952) und in den Aufsätzen in den Erg. Physiol. von C. J. ROTHBERGER (1931) und E. SCHÜTZ (1933, 1936). Bevorzugt wurden diejenigen Literaturstellen, auf die im Text besonders Gewicht gelegt wurde oder die selbst ausführliche neuere Literaturzusammenstellungen aufweisen.

ADAM, H.: Automatische Herzreize beim Warmblüter. Pflügers Arch. **111**, 607 (1906). — ALELLA, A.: Koronardurchblutung. Pflügers Arch. **259**, 422, 436 (1954). — ALELLA, A., C. BONE-WILLIAMS and L. N. KATZ: Coronardurchblutung. Amer. J. Physiol. **183**, 570 (1955). — ALTMANN, R.: Venenpuls. München: Urban & Schwarzenberg 1956. — AMANN, A., A. JARISCH u. H. SCHAEFER: Bezold-Effekt. Naturwiss. **30**, 314 (1942). — ANITSCHKOW, S. W., u. P. TRENDELENBURG: Herzinsuffizienz und Strophanthin. Dtsch. med. Wschr. **1928**, II, 1672. — ANREP, G. V.: Koronardurchblutung. Arch. exper. Path. u. Pharmakol. **138**, 119 (1928). — ANREP, G. V.: Koronardurchblutung. Klin. Wschr. **1933**, 1353. — ANREP, G. V., A. BLALOCK u. M. HAMMOUDA: Koronarsinusfraktion u. Verteilung auf Koronarien. J. Physiol. **67**, 87 (1929). — ANREP, G. V., J. C. DAVIS and E. VOLHARD: Koronardurchblutung. J. of Physiol. **73**, 405 (1931). — ANREP, G. V., and H. HÄUSLER: Koronardurchblutung. J. of Physiol. **65**, 357 (1928). — ANREP, G. V. u. E. V. SAALFELD: Koronardurchblutung. J. of Physiol. **79**, 317 (1933). — ANZOLA, J.: Kontraktion des re. Ventrikels. Amer. J. Physiol. **184**, 567 (1956). — ASHER, L., u. N. SCHEINFINKEL: Elektrosinogramm. Z. Biol. **97**, 590 (1936). — ATHANASIOU, D. J., u. H. GÖPFERT: Sinus-Elektrogramm des Kaltblüterherzens. Pflügers Arch. **245**, 265 (1941). — ATZLER, E.: Dielektrographie. Handbuch der biologischen Arbeitsmethoden V, 8, 1071, 1935. — AUE, R.: Modellversuche zur Schlagvolumbestimmung. Z. Biol. **93**, 164 (1933). — AUINGER, W.: Herztonlautstärke bei absoluter Arrhythmie. Z. Kreislaufforsch. **44**, 194 (1955).

BAMMER, H., u. K. E. ROTHSCHUH: Messung der Leitungsgeschwindigkeit, Meth. Arch. exper. Path. u. Pharmakol. **214**, 367 (1952). — BAMMER, H., u. K. E. ROTHSCHUH: Erregungsleitung unter Kalium-Ionen, Froschherz. Z. exper. Med. **119**, 402 (1952). — BARTELS, H., E. BÜCHERL, M. MOCHIZUKI u. G. NIEMANN: Bestimmung der in den li. Ventrikel fließenden Blutmenge durch Messung des O_2-Druckes im Blut des li. Vorhofs. Pflügers Arch. **262**, 478 (1956). — BAUEREISEN, E., u. H. REICHEL: Herznerven. Klin. Wschr. **1947**, 785. — BAUMGARTNER, G., G. GRUPP u. S. JANSSEN: Bubble-flow-meter. Pflügers Arch. **261**, 575 (1955). — BAY, Z., M. C. GOODALL and A. SZENT-GYÖRGYI: Elektrisch-mechanische Beziehungen. Bull. Math. Biophysics (Chicago) **15**, No. 1 (1953). — BAYER, R., u. R. WAGNER: Intrakardialer Druckablauf. Z. Biol. **94**, 92 (1933). — BENATT, A.: Herztonschreibung. Klin. Wschr. **1928**, 752. — BENNINGHOFF, A.: Architektur des Herzmuskels. Morphol. Jb. **67**, 262 (1931). — BENNINGHOFF, A.: Reizleitungssystem. In W. v. MÖLLENDORFF, Handbuch der mikroskopischen Anatomie des Menschen. Bd. VI/1, S. 196. — BERTHA, H., u. E. SCHÜTZ: Wärmelähmung. Z. Biol. **89**, 555 (1930). — BETHE, A.: Allgemeine Physiologie. Berlin-Göttingen-Heidelberg: Springer 1952. — BETHE, A.: Rhythmik und Periodik. Pflügers Arch. **239**, 41 (1938). — BETHE, A.: Biologische Rhythmusphänomene. Pflügers Arch. **244**, 1 (1941). — BETHE, A.: Rhythmusstörungen und künstliches Kippschwingungssystem. Klin. Wschr. **1941**, 33. — BETHE, A.: Irritabilität, Rhythmik und Periodik. Naturwiss. **33**, 86 (1946). — BING, R. J.: Der Myokardstoffwechsel. Klin. Wschr. **1956**, 1. — BLIX, M.: Muskelspannung. Skand. Arch. Physiol. (Lpz.) **3**, 295 (1892); **4**, 399 (1893); **5**, 150, 173 (1895). — BODEN, E.: Elektrokardiographie. 7. Aufl. Darmstadt: D. Steinkopff 1952. — BODENHEIMER, W.: O_2-Verbrauch, Zyankali. Arch. exper. Path. u. Pharmakol. **80**, 77 (1917). — BÖGER, A., u. G. W. PARADE: Koronardurchblutung. Klin. Wschr. **1931**, 2207. — BÖGER, A., u. K. WEZLER: Schlagvolumen. Arch. exper. Path. u. Pharmakol. **184**, 253 (1937). — BOHNENKAMP, H.: Herznerven. Pflügers Arch. **196**, 275 (1922). — BOHNENKAMP, H.: Energetik und Thermodynamik. Z. Biol. **84**, 79 (1926). — BOHNENKAMP, H., u. O. EICHLER: Herznerven und Herz-Energieumsatz. Pflügers Arch. **212**, 707 (1926). — BOHNENKAMP, H., u. W. ERNST: Energetik und Thermodynamik. Z. Biol. **84**, 436 (1926). — BOHNENKAMP, H., u. W. ERNST: Energieabgabe. Dtsch. med. Wschr. **1928** I, 347. — BOHNENKAMP, H., u. H. W. ERNST: Wärmetönung. Z. Biol. **88**, 429 (1929). — BRAUNWALD, E., H. L. MOSCOVITZ, S. S. AMRAM, R. P. LASSER, S. O. SAPIN, A. HIMMELSTEIN, M. M. RAVITCH and A. J. GORDON: Elektromechanische Zeitbeziehungen. J. Appl. Physiol. **8**, 309 (1955). — BREDIG, G.: Katalyse. Biochem. Z. **6**, 283 (1907). — BREDIG, G., u. E. WILKE: Erregung und Beeinflussung katalytischer Pulsationen durch Ströme. Biochem. Z. **11**, 67 (1908). — BRETSCHNEIDER, H. J., E. BÜCHERL, A. FRANK u. M. HUSTEN: Energetik. Pflügers Arch. **254**, 458 (1952). — BROEMSER, PH., u. O. F. RANKE: Schlagvolumen. Z. Biol. **90**, 467 (1930). — BROOKS, CH., B. HOFFMAN, E. E. SUCKLING and O. ORIAS: Excitability. New York u. London 1955. — BROSE, W., u. H. SCHAEFER u. Mitarbeiter: Adrenalin, Koronardurchblutung. Z. Biol. **106**, 81 (1953). — BRÜCKE, FR. TH., u. K. UMRATH: Lymphherzautomatie. Arch. exper. Path. u. Pharmakol. **172**, 245 (1933). — BRÜCKE, E. TH. v.: Lymphherzen. Pflügers Arch. **115**, 334 (1906). — BRÜCKE, E. TH.: Erregungsvorgang. Erg. Biol. **6**, 327 (1930). — BUADZE, S., u. E. WERTHEIMER: Glykogengehalt des Reizleitungssystems. Pflügers Arch. **219**, 233 (1928). — BUCHTHAL, F.: Refraktärstadium des Vorhofs. Z. Biol. **91**, 349 (1931). — BÜCHERL, E., u. M. SCHWAB: Intrapulmonale Oxydationen. Klin. Wschr. **1950**, 321. — BURROWS, M. T.: Rhythmische Kontraktionen der isolierten Herzmuskelzelle. Münch. med. Wschr. **1912**, 1473.

CARLSON, A. J.: Herznerven und Herzganglien bei den Wirbellosen. Erg. Physiol. **8**, 371 (1909). — CASPERS, H.: Natürliche Herzreize. Pflügers Arch. **255**, 355 (1952). — CLEMENT, E.: Erregungsvorgang im Herzen. Z. Biol. **58**, 110 (1912). — CONDORELLI, L.: Reizleitung vom KEITH-FLACKschen Knoten zu den Vorhöfen. Z. exper. Med. **68**, 493 (1929). — CONDORELLI, L.: Interauriculäre Reizleitung. Z. exper. Med. **68**, 516 (1929). — CONDORELLI, L.: Ernährung des Herzens. Verlag Steinkopff 1932. — CORABOEUF, E., R. DISTEL et J. BOISTEL: Mikroableitungen. C. r. Acad. Sci. (Paris) **240**, 1927 (1955). — COURNAND, A., H. L. MOTLEY, A. HIMMELSTEIN u. a.: Amer. J. Physiol. **150**, 267 (1947). — CREMER, M.: Ursache der elektrischen Erscheinungen. Handbuch der normalen und pathologischen Physiologie. VIII/2, S. 999, 1928.

DAMBLÉ, K.: Temperaturabhängigkeit. Z. Biol. **92**, 254 (1932). — DELIUS, L., u. H. REINDELL: Restvolumen. Z. klin. Med. **143**, 29 (1944). — DIETLEN, H.: Herzgröße. Handbuch der normalen und pathologischen Physiologie. VII/1, S. 306, 1926. — DIETLEN, H.: Tonus. Handbuch der normalen und pathologischen Physiologie. VII/1, S. 364, 1926. — DURRER, D., L. H. VAN DER TWEEL, S. BERREKLOUW and L. P. VAN DER WEY: Erregungsausbreitung in der li. Ventrikelwand. Amer. Heart J. **50**, 860 (1955).

ECKENHOFF, J. E., J. H. HAFKENSCHIEL and C. M. LANDMESSER: Koronardurchblutung. Amer. J. Physiol. **148**, 582 (1947). — ECKENHOFF, J. E., J. H. HAFKENSCHIEL, C. M. LANDMESSER and M. HARMEL: Koronardurchblutung. Amer. J. Physiol. **149**, 634 (1947). — ECKEY, P.: Herznerven. Arch. Kreislaufforsch. **5**, 1 (1939). — ECKSTEIN, R. W., M. STROUD III., C. V. DOWLING and W. H. PRITCHARD: Coronardurchblutung, symp. Reizung. Amer. J. Physiol. **162**, 266 (1950). — ECKSTEIN, R. W., M. STROUD III., R. ECKEL, C. V. DOWLING and W. H. PRITCHARD: Herzdurchblutung, Acceleransreizung. Amer. J. Physiol. **163**, 539 (1950). — EGER, W., u. H. KLENSCH: Ballistokardiogramm. Pflügers Arch. **262**, 443 (1956). — EISMAYER, G.: Tonus. Erg. Physiol. **30**, 126 (1930). — EMMRICH, J., H. KLEPZIG u. H. REINDELL: Anspannungszeit. Arch. Kreislaufforsch. **24**, 177 (1956). — ENGELBERTZ, P., A. LÜTCKE u. H. ZIPF: Austreibungston. Z. Kreislaufforsch. **44**, 161 (1955). — ENGELMANN, TH. W.:

Ursprung der Herzbewegungen des Frosches. Pflügers Arch. **65**, 109 (1897). — ERNSTHAUSEN, W.: Herztätigkeit als Schwingungsvorgang. Pflügers Arch. **251**, 140 (1949). — ESSEX, H. E., J. F. HERRICK, F. C. MANN and E. J. BALDES: Atropin und Koronardurchblutung. Amer. J. Physiol. **133**, 270 (1941). — EVANS, C. L.: The metabolism of cardiac muscle. Recent Adv. in Physiol. (London) **6**, 157 (1939). — EVANS, C. L.: Herzstoffwechsel. Edinburgh. Med. J. N. s. **46**, 733 (1939). — EVANS, C. L., and Y. MATSUOKA: Herzstoffwechsel und mechanische Bedingungen. J. of Physiol. **49**, 378 (1915). — EVANS, C. L., and S. OGAWA: Adrenalin. J. of Physiol. **47**, 446 (1914). — EYSTER, J. A. E., and W. J. MEEK: Erregungsursprung und Leitung. Physiol. Rev. **1**, 1 (1921).

FISCHER, E.: Wärmetönung. Pflügers Arch. **216**, 123 (1927). — FLECKENSTEIN, A.: Der Kalium-Natrium-Austausch. Berlin-Göttingen-Heidelberg: Springer 1955. — FOLTZ, E. L., R. G. PAGE, W. F. SHELDON, S. K. WONG, W. J. TUDDENHAM and A. J. WEISS: Koronardurchblutung. Amer. J. Physiol. **162**, 521 (1950). — FRANK, O.: Dynamik. Z. Biol. **32**, 370 (1895). — FRANK, O.: Digitalis. Sitzgsber. Ges. Morph. u. Physiol. München 1897, H. 2. — FRANK, O.: Herztöne. Münch. med. Wschr. **1904**, 953. — FRANK, O.: Arterienpuls. Z. Biol. **46**, 441 (1905). — FRANK, O.: Membranmanometer, Herztonkapsel. Z. Biol. **50**, 309 (1908). — FRANK, O.: Herztöne. Tigerstedts Handbuch der physiologischen Methoden. II/2, S. 195, 1911. — FRANK, O.: Hämodynamik. Tigerstedts Handbuch der physiologischen Methoden. II/4, S. 1, 1911. — FRANK, O.: Segmentkolbenkapsel. Z. Biol. **59**, 526 (1913). — FRANK, O.: Membran als Registriersystem. Z. Biol. **60**, 358 (1913). — FRANK, O.: Schallregistrierung. Z. Biol. **64**, 125 (1914). — FRANKE, H.: Sterbendes Herz. Arch. Kreislaufforsch. **9**, 136 (1943). — FREY, W.: Herztöne und Herzgeräusche. Handbuch der normalen und pathologischen Physiologie. VII/1, S. 267, 1926. — FÜRTH, O.: Herz- und Muskelstoffwechsel. Oppenheimers Handbuch der Biochemie. Bd. 8, S. 31, 1925.

GALVANI, A.: Elektrizität bei Muskelbewegung. Ostwalds Klassiker, Leipzig 1894. — GANTER, G., u. A. ZAHN: Reizbildung und Reizleitung in Beziehung zum spezifischen Muskelgewebe. Pflügers Arch. **145**, 335 (1912). — GARTEN, S.: Differentialelektroden. Skand. Arch. Physiol. (Lpz.) **29**, 114 (1913). — GAUER, O., u. F. LINDER: Dynamik bei Fisteln. Klin. Wschr. **1948**, 1. — GEHL, H., K. GRAF u. K. KRAMER: Druckvolumendiagramm des Kaltblüterherzens. Pflügers Arch. **261**, 270 (1955). — GERHARTZ, H.: Herzschall. Berlin 1911. — GERHARTZ, H.: Herzschall. Handbuch der biologischen Arbeitsmethoden. V, T. 4/I, S. 925, 1923. — GOLDSCHMID, E.: Herzgewicht. Handbuch der normalen und pathologischen Physiologie. VII/1, S. 141, 1926. — GOLLWITZER-MEIER, KL.: Venensystem, Herzbeutel. Erg. Physiol. **34**, 1173 (1932). — GOLLWITZER-MEIER, KL.: Sauerstoffschuld. Pflügers Arch. **242**, 691 (1939). — GOLLWITZER-MEIER, KL.: Energetik. Klin. Wschr. **1939**, 225. — GOLLWITZER-MEIER, KL.: Koronardurchblutung. Klin. Wschr. **1940**, 580. — GOLLWITZER-MEIER, KL.: Entgegnung zu Gremels. Arch. exper. Path. u. Pharmakol. **196**, 101 (1940). — GOLLWITZER-MEIER, KL.: Reaktionsänderungen. Pflügers Arch. **245**, 385 (1941). — GOLLWITZER-MEIER, KL.: Herzinsuffizienz. Verh. dtsch. Ges. Kreislaufforsch. Darmstadt **16**, 3 (1950). — GOLLWITZER-MEIER, KL., K. KRAMER u. E. KRÜGER: Herzgaswechsel. Pflügers Arch. **237**, 68 (1936). — GOLLWITZER-MEIER, KL., K. KRAMER u. E. KRÜGER: Adrenalin und Energetik. Pflügers Arch. **237**, 639 (1936). — GOLLWITZER-MEIER, KL., u. CHR. KROETZ: O_2-Verbrauch und Durchblutung, Adrenalin. Pflügers Arch. **241**, 248 (1938). — GOLLWITZER-MEIER, KL., u. CHR. KROETZ: Gaswechsel und Durchblutung, innerviertes Herz. Klin. Wschr. **1940**, 580, 616. — GOLLWITZER-MEIER, KL., CHR. KROETZ u. E. KRÜGER: O_2-Verbrauch, Durchblutung, innerviertes Herz. Pflügers Arch. **240**, 263 (1938). — GOLLWITZER-MEIER, KL., u. E. KRÜGER: Energetik. Pflügers Arch. **238**, 251 (1937). — GOLLWITZER-MEIER, KL., u. E. KRÜGER: Herzenergetik, Druck- und Volumleistung. Pflügers Arch. **238**, 279 (1937). — GOLLWITZER-MEIER, KL., u. E. KRÜGER: Herznerven, Gaswechsel. Pflügers Arch. **240**, 89 (1938). — GOLLWITZER-MEIER, KL., u. E. WITZLEB: Noradrenalin. Pflügers Arch. **255**, 469 (1952). — GOLTZ, FR.: Kammerdehnung. Virchows Arch. **23**, 490 (1862). — GOTTDENKER, F., u. C. J. ROTHBERGER: Milchsäure. Pflügers Arch. **237**, 59 (1936). — GREEN, H. D.: Durchblutung bei Aortenfehlern. Amer. J. Physiol. **115**, 94 (1936). — GREEN, H. D., and D. E. GREGG: Differentialdruckkurve. Amer. J. Physiol. **130**, 97 (1940); **130**, 126 (1940). — GREEN, H. D., D. E. GREGG and C. J. WIGGERS: Differentialdruckkurve der Koronarart. Amer. J. Physiol. **112**, 627 (1935). — GREGG, D. E.: Coronary Circulation in health and disease. Philadelphia 1950 (dort ausf. Nachweis der amerik. Lit.). — GREGG, D. E.: Autoperfusionsmethode. Amer. J. Physiol. **109**, 44 (1934). — GREGG, D. E.: Koronardurchblutung bei Blutdrucksteigerung. Amer. J. Physiol. **114**, 609 (1936). — GREGG, D. E.: Koronarwiderstand. Proc. Soc. Exper. Biol. a. Med. **36**, 18 (1937). — GREGG, D. E.: Durchblutung, rechtes Herz. Amer. J. Physiol. **119**, 580 (1937). — GREGG, D. E., and H. D. GREEN: Differentialdruckkurve. Amer. J. Physiol. **130**, 114 (1940). — GREGG, D. E., H. D. GREEN and C. J. WIGGERS: Koronarwiderstand. Amer. J. Physiol. **112**, 362 (1935). — GREGG, D. E., and R. E. SHIPLEY:

Koronardurchblutung. Amer. J. Physiol. **141**, 382 (1944). — GREMELS, H.: Energetik. Arch. exper. Path. u. Pharmakol. **169**, 689 (1933); **182**, 1 (1936). — GREMELS, H.: Energetik. Kohlenhydratstoffwechsel. Arch. exper. Path. u. Pharmakol. **194**, 629 (1940). — GROSS, K. u. R. WAGNER: Intrakardialer Druckablauf. Pflügers Arch. **234**, 730 (1934). — GROSSE-BROCKHOFF, F., R. MÜRTZ u. W. WEISS: Registrierung intrakardialer Drucke. Z. Kreislaufforschg. **45**, 423 (1956).

HAAS, J.: Herztöne. Wiss. Mitt. Balneolog. Univ. Inst. Bad Nauheim **3**, 6 (1936). — HABERLANDT, L.: Reizbildung und Erregungsleitung im Wirbeltierherzen. Erg. Physiol. **25**, 86 (1926). — HAUBRICH, R.: Elektrokymographie. Erg. inn. Med. N. F. **6**, 640 (1955). — HAUSS, W., u. B. SCHÜTT: PQ-Intervall. Z. klin. Med. **133**, 665 (1938). — HEGGLIN, R.: Fortschritte der Kardiologie. Basel-New York: S. Karger 1956. — HEINTZEN, P.: Temperaturabhängigkeit. Pflügers Arch. **259**, 381 (1954). — HEINTZEN, P., H. G. KRAFT u. O. WIEGMANN: Elektromechanische Beziehungen. Z. Biol. **108**, 401 (1956). — HENRY, J. P., and J. W. PEARCE: Beziehung zwischen Herz und Harnabsonderung. J. of Physiol. **131**, 572 (1956). — HERING, H. E.: Unabhängigkeit der Reizbildung und Reaktionsfähigkeit. Pflügers Arch. **143**, 370 (1912). — HERING, H. E.: Natürliche Reizbildung und ihre Beziehung zur Reaktionsfähigkeit. Pflügers Arch. **148**, 608 (1912). — HESS, W. R.: Regulierung des Blutkreislaufs. Leipzig: Georg Thieme 1930. — HILD, R., u. L. SICK: Druck-Volumendiagramm, Warmblüterherz. Z. Biol. **107**, 51 (1954). — HOCHREIN, M.: Coronarkreislauf. Berlin: Julius Springer 1932. — HOCHREIN, M.: Herzkrankheiten. Dresden u. Leipzig 1942. — HOCHREIN, M.: Myokardinfarkt. Dresden u. Leipzig 1945. — HOCHREIN, M., u. W. GROS: Koronardruck. Arch. exper. Path. u. Pharmakol. **160**, 66 (1931). — HOFMANN, F. B.: Scheidewandnerven des Froschherzens. Pflügers Arch. **60**, 139 (1895). — HOFMANN, F. B.: Herzinnervation. Pflügers Arch. **72**, 409 (1898). — HOFMANN, F. B.: Kontraktionsablauf, Froschherz. Arch. f. Physiol. **84**, 130 (1901). — HOFMANN, F. B.: Erste Stanniussche Ligatur. Z. Biol. **72**, 229 (1920). — HOFMANN, F. B.: Eigene Tätigkeit nach Lösung übergeordneter Zentren. Z. Biol. **72**, 257 (1920). — HOLLDACK, K.: Phonokardiographie. Ärztl. Wschr. **1951**, 649. — HOLLDACK, K.: Phonokardiographie. Verh. dtsch. Ges. Kreislaufforsch. **20**, 355 (1954). — HOLLDACK, K., u. O. BAYER: Phonokardiographie. Z. Kreislaufforsch. **42**, 721 (1953). — HOLLDACK, K., u. T. D. GERTH: Phonokardiographie. Dtsch. Arch. klin. Med. **199**, 151 (1952). — HOLLDACK, K., A. WEYGAND u. F. BSCHORR: Phonokardiographie. Klin. Wschr. **1950**, 517. — HOLTZ, P.: Vegetative Wirkstoffe. Verh. dtsch. Ges. inn. Med. **59**, 5 (1953). — HOLZER, W., u. K. POLZER: Rheokardiographie. Wien 1948. — HOLZLÖHNER, E.: Tonus. Med. Klin. **1925 II**, 1149. — HOLZMANN, M.: Klinische Elektrokardiographie. Zürich 1945. — HOLZMANN, M.: Klinische Elektrokardiographie. 2. Aufl. Stuttgart 1952. — HOLZMANN, M., u. D. SCHERF: EKG mit verkürzter Vorhof-Kammer-Distanz und positiven R-Zacken. Z. klin. Med. **121**, 404 (1932). — HOWELL, W. H., DONALDSON and FRANK JR.: Maximal ausgeworfenes Blutvolumen bei einem Schlag. Philosophic. Trans. London **1**, 154 (1884).

ISAYAMA, S.: Lymphströmung bei Amphibien. Z. Biol. **82**, 91 (1925).

JANKER, R., F. GROSSE-BROCKHOFF, R. HAUBRICH, H. LOTZKES, A. SCHAEDE u. H. HALLERBACH: Röntgenuntersuchung des Herzens. Wuppertal-Elberfeld: W. Girardet 1955. — JARISCH, A.: Bezold. Arch. Kreislaufforsch. **9**, 1 (1941). — JARISCH, A.: Detektorstoffe des Bezoldeffektes. Wien. klin. Wschr. **1949**, H. 35/36. — JOHNSON, J. R., and J. R. DI PALMA: Intramyokardialer Druck. Amer. J. Physiol. **125**, 234 (1939).

KATZ, A. M., L. N. KATZ and F. I. WILLIAMS: Koronardurchblutung. Amer. J. Physiol. **180**, 392 (1955). — KATZ, L. N., K. JOCHIM and A. BOHNING: Koronarstrom und Kammerdruck. Amer. J. Physiol. **109**, 61 (1934); **122**, 236 (1938). — KATZ, L. N., K. JOCHIM and W. WEINSTEIN: Koronarsinusfraktion. Amer. J. Physiol. **122**, 252 (1938). — KAZMEIER, F., u. W. SCHILD: Ballistokardiogramm. Münch. med. Wschr. **1956**, 753. — KEHRER, H. E.: Elektrokardiographische Veränderungen durch Luftfüllung der Hirnventrikel. Dtsch. med. Wschr. **1947**, 288. — KEIDEL, W. D.: Herzvolumregistrierung. Z. Kreislaufforsch. **39**, 258 (1950). — KEIDEL, W. D.: Frequenzanalyse. Arch. Kreislaufforsch. **17**, 72 (1951). — KIENLE, F.: Das Belastungselektrokardiogramm und Steh-EKG. Leipzig: Georg Thieme 1946. — KIESE, M., u. R. S. GARAN: O_2-Verbrauch. Klin. Wschr. **1937**, 1219. — KIESE, M., u. R. S. GARAN: Herzleistung und Sauerstoffverbrauch. Arch. exper. Path. u. Pharmakol. **188**, 226 (1938). — KIESE, M., u. Mitarb.: O_2-Verbrauch, Pharmaka. Klin. Wschr. **1938**, 967. — KISCH, B.: Alternans. Darmstadt: Steinkopff 1932. — KLENSCH, H., u. W. EGER: Ballistokardiogramm. Dtsch. med. Wschr. **1956**, 1205. — KLEPZIG, H.: Gültigkeit des STARLINGschen Gesetzes. Arch. Kreislaufforsch. **23**, 96 (1955). — KOCH, E.: Supraventrikulär bedingter Tonus der Kammer. Pflügers Arch. **207**, 497 (1925). — KOCH, W.: Der funktionelle Bau des menschlichen Herzens. Berlin-Wien 1922. — KOCH, W.: Blutversorgung des Sinusknotens. Münch. med. Wschr. **1909**, 236°. — KOCH, W.: Bedeutung des Sinusknotens. Dtsch. med. Wschr. **1910**, 688. — KRAMER, K.: Herzenergetik. Luftfahrt med. **6**, 303 (1942). — KRAMER, K.: Herz (1939—1946). Fiat **57**, Teil 1, 159 (1948). — KRAYER, O.: Insuffizienz, HLP. Arch. exp. Path. u. Pharmakol. **162**, 1 (1931). — KRAYER, O.: Koronardurchblutung. Verh. dtsch. Ges. inn. Med. **43**, 237 (1931). — KRAYER, O., u. E. SCHÜTZ: Mechanische Leistung und Elektrogramm, HLP Hund. Z. Biol. **92**, 453 (1932). — KRIES, J. V.: Bahnbreite und Erregungsleitung. Skand. Arch. Physiol. (Lpz.) **29**, 84 (1913). — KUFFLER, ST. W.: Elektrisch-mechanische Beziehungen. J. of Neurophysiol. **9**, 367 (1946). — KUNG, S. K., u. W. MOBITZ: Histologie des Reizleitungssystems. Arch. exper. Path. u. Pharmakol. **155**, 295 (1930). — KUPELWIESER, E.: Sinus und Hohlvenen der Ringelnatter. Pflügers Arch. **182**, 50 (1920); **187**, 162 (1921).

LAGERLÖF, H., u. L. WERKÖ: Scand. J. Clin. a. Laborat. **1**, 147 (1949). — LAGERLÖF, H., L. WERKÖ, H. BUCHT u. A. HOLMGREN: Scand. J. Clin. a. Laborat. **1**, 114 (1949). — LANDES, G.: Brustpuls. Dtsch. Arch. klin. Med. **186**, 288 (1940); **188**, 403 (1942). — LANDES, G.: Herztöne. Klin. Wschr. **1941**, 902. — LANDOIS-ROSEMANN: Lehrbuch der Physiologie. 21. Aufl. (1935), 26. Aufl. (1950). Berlin-Wien: Urban & Schwarzenberg. — LANGENDORFF, O.: Herzmuskel und intrakardiale Innervation. Erg. Physiol. 1/II, 263 (1902). — LANGENDORFF, O.: Lymphherzen. Pflügers Arch. **115**, 533 (1906). — LAURENT, D., C. BOLENE-WILLIAMS, F. L. WILLIAMS and L. N. KATZ: Herzfrequenz, Koronarströmung und Sauerstoffverbrauch. Amer. J. Physiology **185**, 355 (1956). — LENZI, F., and A. CANIGGIA: On the nature of the myocardial contraction. New York 1953. — LEONHARDT, W.: Dritte Herzton und kindliches Herzschallbild. Z. exper. Med. **84**, 470 (1932). — LEPESCHKIN, E.: Das Elektrokardiogramm. 2. Aufl. Dresden u. Leipzig 1947. — LEWIS, TH.: Der Mechanismus der Herzaktion und seine klinische Pathologie. Wien u. Leipzig 1912. — LILJESTRAND, G.: Herzarbeit. Arch. exper. Path. u. Pharmakol. **138**, 17 (1928). — LOCKE, F. S., and O. ROSENHEIM: Dextroseverbrauch beim Säugetierherzmuskel. J. of Physiol. **36**, 205 (1907). — LOEWE, S.: Herzstreifenpräparat. Z. exper. Med. **6**, 289 (1918). — LOEWE, S.: Kammer-Tonus und Vorhof. Dtsch. med. Wschr. **1919**, 1433. — LOEWI, O.: Herznerven. Pflügers Arch. **212**, 695 (1926). — LUEKEN, B., u. E. SCHÜTZ: Relative Refraktärphase. Z. Biol. **99**, 186 (1938); **99**, 338 (1939). — LUISADA, A.: The Heart Beat. New York: P. B. Hoeber 1953.

MAASS, H.: Herzschallstandardisierung. Verh. dtsch. Ges. Kreislaufforsch. **20**, 326 (1954).— MAASS, H., u. A. WEBER: Herzschallfilter. Cardiologia (Basel) **21**, 773 (1952). — MACHIELA, J.: Herzstreifen. Z. exper. Med. **14**, 287 (1921). — MALTESOS, CHR.: Monojodessigsäure. Z. Biol. **95**, 205 (1933). — MANGOLD, E.: Erregungsleitung im Wirbeltierherzen. Slg. anat. u. physiol. Vortr. Jena 1914. — MANSFELD, G., u. K. HECHT: Herz, Grundumsatz. Pflügers Arch. **232**, 666 (1933). — MARGUTH, H., F. MARGUTH u. H. SCHAEFER: Herznervenreizung. Pflügers Arch. **254**, 291 (1952). — MARKWALDER, J., u. E. H. STARLING: Über die Konstanz des systolischen Auswurfvolumens bei sich ändernden Bedingungen. J. of Physiol. **48**, 348 (1914). — MCMICHAEL, J.: Pharmakologie des Herzversagens. Darmstadt: D. Steinkopff 1953. — MCMICHAEL, J.: Adv. Int. Med. **2**, 64 (1947). — MCMICHAEL, J., and P. SHARPEY-SCHAEFER: Brit. Heart J. **9**, 292 (1947); Clin. Sci. **6**, 187 (1947). — MECHELKE, K., u. H. J. MEITNER: Dromotrope Vaguswirkung. Z. exper. Med. **116**, 335 (1950). — MEESMANN, W., u. J. SCHMIER: Milz-Leber-Mechanismus. Z. Kreislaufforsch. **45**, 335 (1956). — MEHRING, C. E., u. K. E. ROTHSCHUH: Elektrisches Aktionsphänomen. Z. Biol. **100**, 68 (1940). — MEYER, F.: Herzschlagvolumen und Herzschwäche. Klin. Wschr. **1939**, 1205. — MEYER, F.: Dynamik. Z. Kreislaufforsch. **33**, 856 (1941). — MEYER, F.: Druckregelung im venösen System. Z. Kreislaufforsch. **36**, 113 (1944). — MICHEL, D.: III. Herzton. Ärztl. Wschr. **1956**, 15. — MÖNCKEBERG, J. G.: Untersuchungen über das Atrioventrikularbündel. Jena 1908. — MÖNCKEBERG, J. G.: Die anatomischen Grundlagen der normalen und pathologischen Herztätigkeit. Dresden u. Leipzig 1919. — MÖNCKEBERG, J. G.: Spezifisches Muskelsystem im menschlichen Herzen. Erg. Path. **19**, 328 (1921). — MÖNCKEBERG, J. G.: Spezifisches Muskelsystem im menschlichen Herzen. Erg. Path. **14**, 605, 669 (1910). — MÖNCKEBERG, J. G.: Funktioneller Bau des Säugetierherzens. Handbuch der normalen und pathologischen Physiologie. VII/1, S. 85, 1926. — MORITZ, F., u. D. TABORA: Dynamik, Herzpathologie. Handbuch der allgemeinen Pathologie. II/2, S. 1, 1913. — MÜLLER, E. A.: Herzarbeit und Herzvolumen. Pflügers Arch. **238**, 638 (1937). — MÜLLER, E. A.: Anpassung des Herzvolumens am Aortendruck. Pflügers Arch. **241**, 427 (1938). — MÜLLER, E. A.: Dynamik. Erg. Physiol. **43**, 89 (1940). — MÜLLER, E. A., H. SALOMON u. G. ZUELZER: Anoxie und Koronardurchblutung. Z. exper. Med. **73**, 1 (1930). — MULDER, A. G., and M. B. VISSCHER: Herzstoffwechsel. Amer. J. Physiol. **90**, 456 (1929).

NEUROTH, G., u. K. WEZLER: Froschherz, Dynamik. Pflügers Arch. **255**, 93 (1952). — NODER, W.: Ballistocardiographie. Med. Klin. **1956**, 861. — NYLIN, G.: Cardiologia (Basel) **9**, 314 (1945).

OEHME, C.: Lymphherzen. Handbuch der normalen und pathologischen Physiologie. VI/2, S. 992, 1928. — OPDYKE, D. F., J. DUOMARCO, W. H. DILLON, H. SCHREIBER, R. C. LITTLE u. R. D. SEELY: Simultane Druckpulse unter normalen und exp. sich ändernden Bedingungen. Amer. J. Physiol. **154**, 258 (1948). — ORÍAS, O., u. E. BRAUN-MENENDEZ: Vorhofton. Erg. Physiol. **43**, 62 (1940).

PARADE, G. W.: Herz, Blutversorgung (Coronar-Art.). Erg. inn. Med. **45**, 360 (1933). — PATTERSON, S. W., H. PIPER and E. H. STARLING: Dynamik. J. of Physiol. **48**, 465 (1914). — PATTERSON, S. W., and E. H. STARLING: Über die mechanischen Faktoren, die das Ventrikelschlagvolumen bestimmen. J. of Physiol. **48**, 357 (1914). — PICK, E. P.: Primum und Ultimum moriens im Herzen. Klin. Wschr. **1924**, 662. — PIETRKOWSKI, G.: Vorhofdehnung und Ventrikeltonus. Arch. exper. Path. u. Pharmakol. **81**, 35 (1917).

RAVE, O.: Refraktärphase bei Sympatoleinwirkung. Arch. exper. Path. u. Pharmakol. **202**, 473 (1943). — REICHEL, H.: Strophanthin. Z. Biol. **99**, 590 (1939). — REICHEL, H.: Herzmechanik. Klin. Wschr. **1946**, 1. — REIN, H.: Koronardurchblutung. Verh. dtsch. Ges. inn. Med. **43**, 247 (1931). — REIN, H.: Leber, Herzstoffwechsel. Klin. Wschr. **1942**, 873. — REIN, H.: Milz-Leber-Herz. Naturwiss. **1949**, 233. — REIN, H.: Hypoxie-Lienin, Milz-Leber. Naturwiss. **36**, 260 (1949). — REIN, H.: Koronargefäße. Pflügers Arch. **253**, 205 (1951). — REIN, H., u. M. SCHNEIDER: Physiologie des Menschen. Heidelberg: Springer-Verlag 1955. — REIN, H., u. M. SCHNEIDER: Energetik. Zbl. inn. Med. **56**, 707 (1935). — REINDELL, H.: Diagnostik der Kreislauffrühschäden. Stuttgart: F. Enke 1949. — REINDELL, H., u. L. DELIUS: Dynamik. Dtsch. Arch. klin. Med. **193**, 639 (1948). — REMÉ, H.: Herzmuskelschäden. Z. exper. Med. **100**, 640 (1937). — RICHARDS, D. R.: Amer. J. Med. **6**, 772 (1949). — RICHTER, TH.: Herzwirkung des Chinidins. Z. exper. Med. **110**, 216 (1942). — RIJLANT, P.: Erregungsleitung. Arch. internat. Physiol. **33**, 325 (1931). — RODECK, H.: Calciumwirkung auf Aktionsstrom, Kaltblüterherz. Pflügers Arch. **249**, 470 (1947). — RODECK, H.: Ca-K-Ionenantagonismus. Pflügers Arch. **250**, 91 (1948). — RODECK, H.: Äthylurethanwirkung. Arch. exper. Path. u. Pharmakol. **206**, 24 (1949). — RÖSSLER, R., u. W. PASCUAL: Koronardurchblutung. J. of Physiol. **74**, 1 (1932). — ROHDE, E.: Herzstoffwechsel. Z. physiol. Chem. **68**, 181 (1910); Arch. exper. Path. u. Pharmakol. **68**, 401 (1912). — ROHDE, E., u. R. USUI: Dynamik. Z. Biol. **64**, 409 (1914). — ROSA, L.: Ballistokardiographie, Phonokardiographie und Kardiographie. Z. inn. Med. **11**, 377 (1956). — ROTHBERGER, C. J.: Allgemeine Herzphysiologie. Handbuch der normalen und pathologischen Physiologie. VII/1, S. 523, 1926. — ROTHBERGER, C. J.: Physiologie der Rhythmik und Koordination. Erg. Physiol. **32**, 472 (1931). — ROTHBERGER, C. J., u. D. SCHERF: Erregungsausbreitung vom Sinusknoten auf den Vorhof. Z. exper. Med. **53**, 792 (1926). — ROTHSCHUH, K. E.: Elektrophysiologie des Herzens. Darmstadt- Steinkopff 1952. — ROTHSCHUH, K. E.: Verletzungsströme und Deformierung durch körpereigene Substanzen. Z. exper. Med. **106**, 543 (1939). — ROTHSCHUH, K.E.: Fernpotentiale bei örtlicher Aktionsstromableitung. Verh. dtsch. Ges. Kreislaufforsch. **1941**, 299. — ROTHSCHUH, K. E.: Fernpotentiale am Aktionsstrombild. Z. exper. Med. **110**, 154ff. (1942). — ROTHSCHUH, K. E.: „Dipolförmige" Herzaktionsströme. Pflügers Arch. **246**, 329 (1942). — ROTHSCHUH, K. E.: Q- und S-Zacken. Pflügers Arch. **246**, 820 (1943). — ROTHSCHUH, K. E.: Differentialanalyse und Vektoranalyse. Arch. Kreislaufforsch. **14**, 155 (1948). — ROTHSCHUH, K. E.: Differentialanalyse, Elektrokardiogramm. Klin. Wschr. **1948**, 195. — ROTHSCHUH, K. E.: Hypertrophie-Elektrokardiogramm. Fortschr. Diagnostik **1**, 1 (1949). — ROTHSCHUH, K. E.: Verletzungspotentiale, Warm- und Kaltblüter. Pflügers Arch. **251**, 262 (1949). — ROTHSCHUH, K. E.: Abgriffsbedingungen. Pflügers Arch. **251**, 275 (1949). — ROTHSCHUH, K. E.: Funktioneller Aufbau und Mechanismus der Erregungsleitung. Pflügers Arch. **253**, 238 (1951). — ROTHSCHUH, K. E.: Akute Ventrikeldehnung. Z. Kreislaufforsch. **41**, 801 (1952). — ROTHSCHUH, K. E.: Vektorielle und differentielle EKG-Deutung. Z. Kreislaufforsch. **41**, 881 (1952). — ROTHSCHUH, K. E.: Acetylcholin, Froschherz. Pflügers Arch. **255**, 367 (1952). — ROTHSCHUH, K. E.: Elektrophysiologie. Verh. dtsch. Ges. Kreislaufforsch. **1952**, 59. — ROTHSCHUH, K. E.: Elektrophysiologie der Erregungsleitung. Fortschr. Med. **70**, 503 (1952). — ROTHSCHUH, K. E.: Feinbau und Funktionen am Herzmuskel. Umschau **1952**, 553. — ROTHSCHUH, K. E.: Acetylcholin. Verh. dtsch. Ges. Kreislaufforsch. **19**, 274 (1953). — ROTHSCHUH, K. E.: Acetylcholin. Klin. Wschr. **1954**, 1. — ROTHSCHUH, K.E., u. P. BRANDENBURG: Hauptvektor im Hypertrophie-EKG. Z. Kreislaufforsch. **39**, 321 (1950). — ROTHSCHUH, K. E., u. H. PORTHEINE: Potentialabgriff hypertrophierter Herzen. Z. Kreislaufforsch. **37**, 489 (1948). — ROTHSCHUH, K. E., u. E. SCHÜTZ: „Unipolare" Ableitung. Klin. Wschr. **1947**, 673. — ROTHSCHUH, K. E. u. Mitarb.: Dehnungspotentiale, Herzmuskel Frosch. Pflügers Arch. **254**, 171 (1951). — RÜHL, A.: Gasstoffwechsel bei Histamininsuffizienz. Arch. exper. Path. u. Pharmakol. **172**, 568 (1933). — RÜHL, A., u. Mitarb.: Stoffwechsel, Milchsäure. Klin. Wschr. **1934** II, 1529. — RÜHL, A.: Hypertonikerherz. Zbl. inn. Med. **59**, 242 (1938). — RYNBERK, G. VAN: Klappenmodell. Z. biol. Techn. u. Meth. **2**, 97 (1912).

SAALFELD, E. V.: Coronarfluß, Reptilienherz. Pflügers Arch. **228**, 652 (1931). — SAHLI, H.: Herztöne. Lehrbuch der klinischen Untersuchungsmethoden. I, S. 543. Leipzig u. Wien: F. Deuticke 1928. — SANDOW, A.: Elektrisch-mechanische Beziehungen. Yale J. Biol. a. Med. **25**, 176 (1952). — SANDOW, A., and A. J. KAHN: Elektrisch-mechanische Beziehungen. Federat. Proc. **11**, 136 (1952). — SCHAEFER, H.: Das Elektrokardiogramm. Berlin-Göttingen-Heidelberg: Springer-Verlag 1951. — SCHAEFER, H.: Elektrophysiologie. Bd. I u. II. Wien 1942. — SCHAEFER, H.: Elektrophysiologie der Herznerven. Erg. Physiol. **46**, 71 (1950). — SCHAEFER, H.: EKG. Verh. dtsch. Ges. Kreislaufforsch. **18**, 11 (1952). — SCHELLONG, F.: EKG am sterbenden Menschen. Klin. Wschr. **1923** II, 1394. — SCHELLONG, F.: EKG am sterbenden Menschen. Z. exper. Med. **36**, 297 (1923). — SCHELLONG, F.: EKG. Verh. dtsch. Ges. Kreislaufforsch. **18**, 45 (1952). — SCHELLONG, F., u. E. SCHÜTZ: Refraktärphase nach optimaler und abgeschwächter Erregung. Z. exper. Med. **61**, 285 (1928). — SCHEMINZKY, F.: Herztöne. Klin. Wschr. **1926** II, 2120. — SCHEMINZKY, F.: Herzschall. Z. exper. Med. **57**, 470 (1927). — SCHEMINZKY, F.: Elektronenröhren, physiologische Akustik. Erg. Physiol. **33**, 702 (1931). — SCHER, A. M., A. C. YOUNG, A. L. MALMGREN, R. V. ERICKSON and R. A. BECKER: Erregungsausbreitung während ventrikulärer Extrasystolen. Circulation Res. **3**, 535 (1955). — SCHERF, D.: Extrasystolen und extrasystolische Allorhythmien. Z. exper. Med. **51**, 616 (1926). — SCHERF, D.: Vagus und Extrasystolen. Z. exper. Med. **65**, 198 ff. (1929). — SCHERF, D.: Extrasystolen und extrasystolische Tachykardien. Z. exper. Med. **70**, 375 (1930). — SCHERF, D., u. E. SCHÖNBRUNNER: Verkürzte Vorhofkammerleitung. Z. klin. Med. **128**, 750 (1935). — SCHMIDT, C. F.: O_2-Verbrauch, Herz u. andere Organe. Pflügers Arch. **251**, 571 (1949). — SCHMIDT-VOIGT, J.: Herzschalldiagnostik. Stuttgart: Georg Thieme 1951. — SCHÖLMERICH, P., u. J. G. SCHLITTER: Phonokardiographie. In R. COBET, K. GUTZEIT u. H. BOCK: Klinik der Gegenwart. München: Urban & Schwarzenberg 1956. — SCHUMANN, H.: Herzmuskelstoffwechsel (dort ausführl. Lit.nachweis!). Kreislauf-Bücherei, Bd. 10. Darmstadt: Steinkopff 1950. — SCHÜTZ, E.: Physiologie. 4. Aufl. München-Berlin 1954. — SCHÜTZ, E.: Grundlagen der elektrokardiographischen Diagnostik. Münster: Aschendorff 1949. — SCHÜTZ, E.: Papillarmuskel, ST-Senkung. Luftfahrtmed. **3**, 132 (1939); Verh. dtsch. Ges. Kreislaufforsch. **12**, 15 (1939). — SCHÜTZ, E.: Temperatur- und Ionenwirkung. Z. Biol. **87**, 219 (1928). — SCHÜTZ, E.: Herzwirkung des Cardiazols. Z. exper. Med. **65**, 147 (1929). — SCHÜTZ, E.: Herzschallbild. Z. exper. Med. **67**, 751 (1929). — SCHÜTZ, E.: Herztöne. Z. Biol. **89**, 353 (1929). — SCHÜTZ, E.: Monophasische Aktionsströme, Säugetierherz. Klin. Wschr. **1931**, 1454. — SCHÜTZ, E.: Manometrische Sonde. Z. Biol. **91**, 515 (1931). — SCHÜTZ, E.: Herztöne. Z. exper. Med. **77**, 348 (1931). — SCHÜTZ, E.: Einphasische Aktionsströme, Säugetierherz. Z. Biol. **92**, 441 (1932). — SCHÜTZ, E.: „Monophasisch deformierte" Kammerkomplexe. Z. exper. Med. **81**, 428 (1932). — SCHÜTZ, E.: Herztöne. Erg. Physiol. **35**, 632 (1933). — SCHÜTZ, E.: Einphasische Aufzeichnung des Warmblüterelektrokardiogramms. Med. Welt **1934**, 46. — SCHÜTZ, E.: Elektrophysiologie. Med. Welt **1934**, 46. — SCHÜTZ, E.: Unpolarisierbare Elektroden. Z. Biol. **96**, 510 (1935). — SCHÜTZ, E.: Elektrophysiologie des Herzens bei einphasischer Ableitung. Erg. Physiol. **38**, 493 (1936). — SCHÜTZ, E.: Elektrophysiologie. Z. ärztl. Fortbild. **33**, 372 (1936). — SCHÜTZ, E.: Herzklappen und Dynamik des Herzschlages. Dtsch. med. Wschr. **1937**, 1194. — SCHÜTZ, E.: Blutdruckschreiber. Klin. Wschr. **1937**, 1132. — SCHÜTZ, E.: Elektrokardiogramm und Sauerstoffmangel. Luftfahrtmed. **2**, 192 (1938). — SCHÜTZ, E.: Gesenktes ST-Stück im Elektrokardiogramm. Luftfahrtmed. **3**, 132 (1939). — SCHÜTZ, E.: Monophasischer Aktionsstrom. Verh. dtsch. Ges. Kreislaufforsch. **1939**, 15. — SCHÜTZ, E.: EKG-Nomenklatur. Z. Kreislaufforsch. **31**, 497 (1939). — SCHÜTZ, E.: Monophasische Deformierung des Kammerteils. Z. Kreislaufforsch. **32**, 423 (1940). — SCHÜTZ, E.: Hypoxämische Veränderungen. Luftfahrtmed. **5**, 278 (1941). — SCHÜTZ, E.: Elektrophysiologie des Herzens. Stefan Tisza Ges. Wiss. Debrecen 1942. — SCHÜTZ, E.: Elektrophysiologie. Jena. Z. Naturwiss. **76**, 173 (1943). — SCHÜTZ, E.: Elektrokardiographie. Luftfahrtmed. Lehrbr. **2**, (1945). — SCHÜTZ, E.: Herzaktionsströme. Naturwiss. **34**, 306 (1947). — SCHÜTZ, E.: Elektrokardiographische Diagnostik. Ärztl. Wschr. **1948**, 744. — SCHÜTZ, E.: EKG. Verh. dtsch. Ges. Kreislaufforsch. **18**, 50 (1952). — SCHÜTZ, E.: Physiologische Grundlagen der Phonokardiographie. Verh. dtsch. Ges. Kreislaufforsch. **20**, 305 (1954). — SCHÜTZ, E.: Elektrokardiologie. Kreislaufforsch. **44**, 2 (1955). — SCHÜTZ, E.: Elektrokardiographie. Naturforsch. u. Med. in Deutschl. **57**, T. 1. Wiesbaden: Dieterich 1948. — SCHÜTZ, E., u. F. BUCHTHAL: Stärke der natürlichen Herzreize. Z. Biol. **89**, 364 (1929). — SCHÜTZ, E., H. CASPERS u. H. NIERMANN: Natürliche Herzreize. Pflügers Arch. **255**, 345 (1952). — SCHÜTZ, E., u. H. LEHNE: Monophasische Aktionsableitung. Z. exper. Med. **110**, 137 (1942). — SCHÜTZ, E., u. B. LUEKEN: Relative Refraktärphase. Z. Biol. **96**, 364 (1935). — SCHÜTZ, E., u. B. LUEKEN: Relative Refraktärphase. Z. Biol. **96**, 502 (1935). — SCHÜTZ, E., u. B. LUEKEN: Erholungsgeschwindigkeit nach Extrasystolen. Klin. Wschr. **1937**, 1131. — SCHÜTZ, E., J. RITZMANN u. J. STADTFELD: Verstärker-Elektrokardiographen, Methodik. Z. Kreislaufforsch. **29**, 559 (1937). — SCHÜTZ, E., K. E. ROTHSCHUH u. C. E. MEHRING: Differenzkonstruktion, Elektrokardiogramm. Klin.

Wschr. **1940**, 97. — SCHÜTZ, E., u. K. E. ROTHSCHUH: „Monophasisch deformiertes Kammerelektrogramm", Kaltblüterherz. Z. exper. Med. **110**, 143 (1942). — SCHÜTZ, U., u. E. SCHÜTZ: ST-Senkung. Z. Kreislaufforsch. **38**, 66 (1949). — SCHWAB, M.: Dynamik. Klin. Wschr. **1950**, 764. — SEDDIG, M.: Herztöne. Münch. med. Wschr. **1909**, 2161. — SHIPLEY, R. E., and D. E. GREGG: Koronardurchblutung. Amer. J. Physiol. **143**, 396 (1945). — SIGLER, L. H.: The elektrocardiogram. New York 1944. — SKRAMLIK, E. v.: Automatische Rhythmen. Pflügers Arch. **183**, 109 (1920). — SKRAMLIK, E. v.: Überleitungsgebilde des Kaltblüterherzens. Z. exper. Med. **14—22**, 246 (1921). — SKRAMLIK, E. v.: Herzmuskel und Extrareize. Jena 1932. — SMITH, H.: Herzgewicht. Amer. Heart. J. **4**, 79 (1928). — SPENCER, F. C., D. L. MERRILL, S. R. POWERS and R. J. BING: Koronardurchblutung. Amer. J. Physiol **160**, 149 (1950). — STÄMPFLI, R.: Erregungsvorgang. Arch. exper. Path. u. Pharmakol. **228**, 29 (1956). — STARLING, E. H.: The Law of the Heart Beat. New York and London: Longmans, Green 1918. — STARLING, E. H., and M. B. VISSCHER: Energetik. J. of Physiol. **62**, 243 (1927). — STEAD, DURHAM, WARREN and BRAMON: Amer. Heart J. **35**, 529 (1948); Amer. J. Med. **4**, 193 (1948). — STEHLE, R. L., and K. J. MELVILLE: Herzaktion und -durchblutung. J. of Pharmacol. **45**, 277 (1932); **46**, 471, 477 (1932). — STEN-KNUDSEN, O.: Elektrisch-mechanische Beziehungen. J. of Physiol. **125**, 396 (1954). — STÖHR JR., PH.: Embryonales Amphibienherz. Arch. mikrosk. Anat. **102**, 426 (1924). — STÖHR JR., PH.: Embryonales Herz. Klin. Wschw. **1925** I, 1004. — STRAEHL, E. O.: Herztöne. Dtsch. Arch. klin. Med. **131**, 230 (1920). — STRAUB, H.: Dynamik. Dtsch. Arch. klin. Med. **116**, 409 (1914). — STRAUB, H.: Dynamik. Dtsch. Arch. klin. Med. **121**, 394 (1917). — STRAUB, H.: Arbeitsdiagramm des Säugetierherzens. Pflügers Arch. **169**, 564 (1917). — STRAUB, H.: Dynamik, Vagus. Z. exper. Med. **53**, 197 (1926). — STRAUB, H.: Pathol. d. Herzarbeit. Arch. exper. Path. u. Pharmakol. **138**, 31 (1928). — SULZER, R.: Dynamik. Z. Biol. **92**, 545 (1932). — SULZE, W.: Erregungsablauf im Säugetierherzen. Z. Biol. **60**, 495 (1913). — SZENT-GYÖRGYI, A.: Chemical Physiology of Contraction. New York 1953. — SZENT-GYÖRGYI, A. v.: Herzmuskeltonus. Pflügers Arch. **184**, 265 (1920).

TAWARA, S.: Das Reizleitungssystem des Säugetierherzens. Jena 1905, 1906. — TIGERSTEDT, R.: Physiologie des Kreislaufs. Berlin u. Leipzig 1921—1923. — TOMASZEWSKI, W.: Herztonus. Pflügers Arch. **237**, 260 (1936). — TRAUTWEIN, W., u. J. DUDEL: Schlagfrequenz. Pflügers Arch. **260**, 24 (1954). — TRAUTWEIN, W., u. K. ZINK: Myokardpotentiale. Pflügers Arch. **256**, 68 (1952). — TRENDELENBURG, F.: Klanganalyse. Handbuch der biologischen Arbeitsmethoden, Abt. V, Teil 7/I., S. 787, 1929. — TRENDELENBURG, F.: Herzschall. Verh. dtsch. Ges. Kreislaufforsch. **20**, 293 (1954). — TSCHERMAK, A. v.: Lymphherzen. Pflügers Arch. **119**, 165 (1907). —

ULLRICH, K. J., G. RIECKER u. K. KRAMER: Druckvolumdiagramm des Warmblüterherzens. Pflügers Arch. **259**, 481 (1954). — ULLRICH, K., G. RIECKER u. K. KRAMER: Druck-Volumendiagramm, Warmblüterherz. Ber. Physiol. **162**, 327 (1953/54). — UNGER, G.: Das elektrische Verhalten der superponierten Extrasystole. Diss. Berlin 1937.

VANNOTTI, A.: Myokardkapillarisierung. Z. exper. Med. **99**, 158 (1936); **99**, 557 (1936). — VANNOTTI, A., u. A. BLUNSCHY: Myokarddurchblutung. Z. exper. Med. **105**, 447 (1939). — VANNOTTI, A., u. F. SINGEISEN: Myokardkapillarisierung. Z. exper. Med. **99**, 387 (1936). — Vereinigung der Bad Nauheimer Ärzte: Regulationsstörungen des Kreislaufs. Darmstadt: D. Steinkopff 1955. — Verh. dtsch. Ges. f. Kreislaufforsch. 18. Tagg. Elektrokardiogramm. Darmstadt: Steinkopff 1952. — Verh. dtsch. Ges. f. Kreislaufforsch. 16. Tagg. Herzinsuffizienz. Darmstadt: Steinkopff 1950. — VOLTA, A.: Tierische Elektrizität. Ostwalds Klassiker, Leipzig 1900.

WAGNER, R.: Intrakardialer Druckablauf. Z. Biol. **92**, 54 (1932); **98**, 248 (1937). — WAGNER, R.: Bezold-Jarisch. Klin. Wschr. **1950**, 527. — WEARN, J. T., u. Mitarb.: Arterioluminale Gefäße, arteriosinusoidale Gefäße. Amer. Heart. J. **9**, 143 (1933). — WEBER, A.: Herzschallregistrierung. Dresden u. Leipzig: Th. Steinkopff 1944. — WEBER, A.: Die Elektrokardiographie und andere Methoden in der Kreislaufdiagnostik. 4. Aufl. Berlin: Springer-Verlag 1948. — WEBER, A.: Herztonregistrierung. Münch. med. Wschr. **1912**, 815. — WEBER, A.: Rhythmische Herzkontraktion. Z. Kreislaufforsch. **31**, 186 (1939). — WEBER, A.: Herzschall, klinisch. Verh. dtsch. Ges. Kreislaufforsch. **20**, 339 (1954). — WEBER, A., u. A. WIRTH: Herztöne. Dtsch. Arch. klin. Med. **105**, 562 (1912). — WEIDMANN, S.: Elektrophysiologie der Herzmuskelfaser. Bern u. Stuttgart 1956. — WEISS, O.: Phonokardiogramme. Jena 1909. — WEIZSÄCKER, V. v.: Gaswechsel, Froschherz. Pflügers Arch. **141**, 457 (1911); **147**, 135 (1912); **148**, 535 (1912). — WENCKEBACH, K. F., u. H. WINTERBERG: Unregelmäßige Herztätigkeit. Leipzig 1927. — WEST, T. C.: Schrittmacher des Herzens. J. Pharmacol. a. Exper. Ther. **115**, 283 (1955). — WIGGERS, C. J.: Excitability of the Heart. New York u. London: Grune & Stratton 1955. — WIGGERS, C. J.: Circulatory Dynamics. New York 1952. — WIGGERS, C. J.: Koronarien als Endarterien. Amer. Heart. J. **11**, 641 (1936). — WIGGERS, C. J., and F. S. COTTON: Druckkurve der Koronararterien. Amer. J. Physiol. **106**, 9 (1933). — WIGGERS, C. J., and F. S. COTTON: Phasischer Koronardurchfluß. Amer. J. Physiol. **106**, 597 (1933). — WIGGERS, C. J., and A. L. DEAN: Herztöne. Amer. J. Physiol. **42**, 476 (1917); Amer J. Med. Sci. **153**, 666 (1917). — WIGGERS, C. J., and L. N. KATZ: Ventrikelvolumkurven. Amer. J. Physiol. **58**, 439 (1922). — WIMBURY, M. M., and D. M. GREEN: Koronardurchblutung. Amer. J. Physiol. **170**, 555 (1952). — WEZLER, K., u. A. BÖGER: Schlagvolumen. Arch. exper. Path. u. Pharmakol. **184**, 482 (1937).

ZAHN, A.: Atrioventrikularknoten. Pflügers Arch. **151**, 247 (1913). — ZIPF, H. F.: Bezold-Jarisch. Klin. Wschr. **1950**, 593.

Namenverzeichnis

Aagard 6, 141
Abderhalden, E. 12, 32, 53
Abdon u. Mitarbeiter 514
Abeles 190
Abeles, M. 507
Abramson 142, 143, 146, 358
Adam, H. 17, *519*
Adams 199
Adrian 52, 70, 74, 79, 87, 93, 94, 110, 250
Alanis 466
Alcock 97
Alella, A. 482, *519*
—, C. Bone-Williams u. L. N. Katz 483, *519*
Alexander 59, 146, 147, 169
Allen, W. F. 510
Alsleben s. Magnus-Alsleben
Altmann, R. 279, *519*
Amann, A., A. Jarisch u. H. Schaefer *519*
— u. H. Schaefer 161, 162
Amram, S. S. s. E. Braunwald 256, *520*
Amsler 119, 120, 238, 410
Andrus 112, 154, 173, 174, 187, 194
Angenheister 358
Angyan, v. 155, 504
Anitchkow 493
Anitschkow, S. W., u. P. Trendelenburg 395, 398, *519*
Anrep 160, 401, 424, 453, 464, 465, 466, 467, 468, 471, 474, 478, 480, 482, 488, 495, 496, 499
—, u. a. 474
—, Pascual u. Rössler 160
Anrep, G. V. 157, 457, 459, 465, 468, 470, 474, 478, 484, 486, 495, 499, *519*
— u. a. 495
—, A. Blalock u. M. Hammouda 457, 458, 459, 462, 495, *519*
—, J. C. Davis u. E. Volhard 465, *519*
—, u. H. Häusler 465, 474, 477, 478, 479, 485, *519*
—, Sassa u. Miyasaki 157
—, u. E. v. Saalfeld *559*
—, u. H. N. Segall 155, 157, 479, 486, 487, 488, 489, 491, 499, 506
Anzola, J. *519*

Arbeiter 236, 258
— u. a. 236
Arborelius 42
Aristow 252
Arora 17
Arvanitaki 51
Aschenbrenner 190
Aschenbrenner, R. 190, 507
Aschoff 7, 15, 22, 23, 29, 30, 107, 126, 134
Asher 455, 503, 509
—, L. 45, 97, 154, 508, 516
—, u. N. Scheinfinkel 49, 50, *519*
Ashley 123
Ashman 12, 93, 94, 112, 113, 118, 120, 124, 144, 169, 197, 234, 508
—, u. Mitarbeiter 113, 118, 234
Athanasiou, D. J., u. H. Göpfert 49, 51, *519*
Atzler, E. 355, 356, 480
Aub, R. *519*
Auinger, W. 335, *519*
Averbuk 512

Bachmann 97, 136, 504
Backhaus, H. 317
Bacq 25
Badano 38
Bainbridge 157, 158, 499, 512
Baldes, E. J. s. H. E. Essex 492, *521*
Balling 158
Bamberger 322, 327
Bammer, H. 122, 516
—, u. K. E. Rothschuh 122, 514, 517, *519*
Banchi 458
Banfield jr., W. G. 427, 447, 450, 462, 476
Banuelos 502
Banus, M. G. 255, 256
Barbour 493
Barcroft 421, 422, 480, 487
Barcroft, J. 434, 449, 452
Bard 129
Barker 146, 169, 208, 211
Barnes, R. H. 449
Barsoum, G. S. 484
Bartels, H., E. Bücherl, M. Mochizuki u. G. Niemann *519*

Bartos 368
Baschmakoff 113
Bass, Z. 306, 308, 311, 312, 313
Bassani 455
Battaerd 236, 306, 318, 324
— s. Einthoven 256, 299
Battelli 179, 181, 186
— s. Prévost 179, 181, 187
Bauer 60, 454
Bauereisen 408, 513
Bauereisen, E., u. H. Reichel 403, 404, 407, 411, 412, 453, *519*
Baumann 273
Baumgarten 265, 267, 329
Baumgartner, G., G. Grupp u. S. Janssen 457, *519*
Baxt 509
Bay, E. B. 236
Bay, Z., M. C. Goodall u. A. v. Szent-Györgyi 250, *519*
Bayer 334
—, O. s. Holldack, K. 522
—, R., u. R. Wagner *519*
Bayliss u. Starling 55, 99, 242, 286, 501
Bazett 149, 150
Beattie 180
Becher, E. 339, 368
Beck 332
Becker, R. A. s. Scher, A. M. 525
Behn 60
Bekesy, G. v. 311
Bělehrádek 258
Benatt, A. 346, 348, *519*
Benedict 427
Benigno 60
Benjamins 340, 343
Bennett 60
Benninghoff, A. 15, 24, 26, 27, 28, 32, 260, 272, 273, *519*
Benthe 122
Berblinger 27
Berger 99
Bergmann v. 421
Beritoff 80, 93, 257
Bernstein 9, 11, 35, 59, 61, 62, 65, 67
Berreklouw, S. s. Durrer, D. *520*
Bert, Paul 156, 511
Bertha, H. 237

Bertha, H., u. E. Schütz 238, 248, *520*
Beruti 348
Besmertny 509
Bethe, A. 33, 35, 38, 39, 40, 41, 46, 47, 48, 57, 65, 87, *520*
Beurich, H. 369
Beutner 57
Beznák, A. B. L. 514, 516
Bezold v. 161, 180, 181, 512
Bidder 31
Bidder, T. G. 460, 461, 475, 485
Biedermann 2, 41, 153
Bijlsma 401
Bing 406, 448, 452
—, u. a. 448, 451, 463
—, R. J. 427, 446, 450, 453, 462, *520*
— s. Spencer, F. C. 427, 450, 452, 462, 463, *526*
Bishop 514
Blackman s. Erlanger 25, 133, 136
Blair 83
Blalock 451
—, u. a. 451
—, A. 450
— s. Anrep, G. V. 457, 458, 459, 462, 495, *519*
Blasius 231
Blix, M. 379, 428, *520*
Blumberger 367, 368, 369, 370, 371
Blume, J. 321
Blunschy, A. s. Vannotti, A. *526*
Bochdalek 458
Bodansky, O. 483
Bodechtel, G. 190, 507
Boden, E. *520*
Bodenheimer, W. 420, 444 *520*
Böger 466
Böger, A. 360, 369
—, u. G. W. Parade *520*
—, u. K. Wezler 369, *520*
— s. Wezler, K. 417, *527*
Boehm, R. 65
Böhme 273, 274, 275, 277, 278, 280
Boer de 81, 123, 130, 173, 176, 182, 186, 187, 189, 408
Bogaert van 507
Bogue 436, 446, 480
Bogue, J. Y. 447
Bohnenkamp 436, 444, 512
Bohnenkamp, H. 6, 154, 155, 243, 426, 448, 504, 515, *520*
—, u. O. Eichler 426, *520*
—, u. W. Ernst 448, *520*

Bohning 462
Bohning, A. s. Katz, L. N. 459, 460, 462, 485, 494, *522*
Boikan 109
Bogue, J. Y. 448
—, u. R. Mendez 236
Boistel, J. s. Coraboeuf, E. 71, *520*
Bolene-Williams, C. s. Laurent, D. *523*
Boltzmann 227
Bond 8, 127
Bone-Williams, C. s. Alella, A. 483, *519*
Bonnet 38
Bonsdorff, R. v. 40
Boone, B. R. 366, 372
Borg ter 15, 134, 138, 139, 142, 143
Borgard 511
Borman 16
Bornstein 252, 373
Boruttau 63, 179, 187
Bouckaert 157, 516
Bouman 316
Bouveret 188, 189
Bowditch 33, 35, 78, 235, 242, 247
Boyer 337, 447
—, N. H. 477, 492, 493
Boykin 420
Boyle 60
Boyne 436
Bozler 51, 72, 204, 252
Bradley, S. E. 450
Brady 51, 344
Bramon s. Stead 157, *526*
Brandenburg 512
—, u. Hoffmann 16, 17
—, P. s. Rothschuh, K. E. *524*
Brannon, E. S. 450
Brauch 189
Braun 180
—, u. a. 457
Braun-Menéndez 340
—, E. 448
— s. Orias, O. 337, 346, 347, *524*
Braunwald, E., H. L. Moscovitz, S. S. Amram, R. P. Lasser, S. O. Sapin, A. Himmelstein, M. M. Ravitch u. A. J. Gordon 256, *520*
Braus, H. 39
Brecht 45, 515, 517
Bredig, G. 48, *520*
—, u. E. Wilke *520*
Brehm 157, 160
Brendel, W., W. Raule u. W. Trautwein 139, 140
Bressou 346

Bretschneider, H. J., E. Bücherl, A. Frank u. M. Husten *520*
Brewer, G. 478
Bridgeman 340, 341, 343, 344
Britton 512
Broemser 360, 385, 389, 405, 406, 407, 463
—, Ph. 277, 387, 390, 391
—, u. O. F. Ranke 374, *520*
Brookhart 403
Brooks, Ch. 88, 89
—, B. Hoffman, E. E. Suckling u. O. Orias 88, 89, 180, *520*
Brooks, Mc. C. 516
Brose, W., u. H. Schaefer u. Mitarbeiter *520*
Brotman, J. 478
Brouha 25
Brow 180
Brow, G. R. s. Drury, A. N. 75, 192, 204
Brown 517
Brücke, E. Th. v. 38, 45, 80, 94, 95, 110, 119, 122, 155, 257, 271, 464, 503, 512, *520*
Brücke, Fr. Th., u. K. Umrath 37, 38, *520*
Brugsch, u. Blumenfeldt 246, 371
Blumenfeldt s. Brugsch 246, 371
Bruni 16
Bschorr, F. s. Holldack, K. *522*
Buadze 27
Buadze, S., u. E. Wertheimer 27, 122, 420, *520*
Buchbinder, W. C. 290
Bucht, H. s. Lagerlöf, H. *523*
Buchthal, F. 82, 83, *520*
— s. Schütz, E. 83, 95, 97, 253
Budge, J. 154
Bücherl, E., u. M. Schwab 417, *520*
— s. Bartels, H. *519*
— s. Bretschneider, H. J. *520*
Büchner 205, 208, 471
Buisson 275
Bülbring 514, 517
Bürger 258
Bulatao 424
Bulger 86, 185, 507, 508, 516
Bunde, C. A. 448
Bunnag, T. 97, 503
Burdach 263, 268
Burdon-Sanderson 55, 68, 99, 122, 242
Burgen 59, 113, 241

Burger 223, 359
Burn 45, 514, 517
Burridge 252
Burstein 368
Burrows, M. T. 14, 39, 107, *520*
Burton-Opitz 272
Busse 39

Canfield 231
Caniggia, A. s. Lenzi, F. 250, *523*
Cannon 45, 155, 158, 455, 512
Cannon, W. B. 490
Cardwell 142, 143
Carlson, A. J. 36, 37, 252, *520*
Carrel 39
Carter 154, 174, 187, 194
Carus 271
Caspers, H. 98, *520*
—, s. Schütz, E. *525*
Castillo, del 52
Castle, W. B. 450
Ceradini 268, 269, 271, 275, 276, 323, 337
Cerletti 326
Chamberlain, W. E. 372
Charton 346
Chase 13, 25
Chauveau 282, 285, 286, 366
Chavanon 297
Cheer 149
Chini 252
Christophersen 241, 244
Chu 12
Churney 501, 515
Chute, A. L. 448
Clamann 348
Clark 420, 421, 431, 433
Clement, E. 76, 139, 145, *520*
Clerc 18
Coats 409
Code, C. F. 485
Cohn 16, 29, 32, 40, 108, 121, 136, 191, 199, 420, 422, 432, 496
Cole 67
Collatz 279
Combemale 508
Condorelli, L. 131, 135, 136, 137, 138, 139, 142, 252, 457, 467, *520*
Contro 360
Conway 60
Coraboeuf, E., R. Distel u. J. Boistel 71, *520*
—, u. Weidmann 51, 52, 59, 241, 244
Cossio 345
Cotton 465, 467
Cotton, F. S. s. Wiggers, C. J. 293, 468, 472, *527*
Cournand 372, 415, 417, 418, 451, 452
—, u. a. 451

Cournand, A. 273, 290
—, H. L. Motley, A. Himmelstein u. a. 274, 290, 372, 403, *520*
Covino 180
Cow 480
Craib 231
—, u. a. 209
Cranefield 67
Crehore 299
Cremer, M. 109, 276, *520*
—, H. Schaefer u. K. E. Rothschuh 58
Cruickshank 421, 436, 465, 479
Cruickshank, E. W. H. 449, 457, 470
Cruveilhier 323
Cullis 108, 155, 506, 507
Curran 136
Curtis 67, 123
Cushing 164, 167
Cushny 10, 19, 180
Cybulski 99
Cyon 31

Dale 86, 87, 243, 247, 248, 454, 480, 513
Dale, A. S. 506, 507
Daly 191, 198
Daly Burgh de 287
Damblé, K. 82, 96, 253, *520*
Damon 59
Danielopu 508, 512
Danilewski 32
Danulesco 508
Darcy 265
Das 17
Daudel 60
Daus, M. A. s. Hitchings, G. H. 420
Davidson 6
Davis 465, 466
Davis, J. C. s. Anrep, G. V. 465, *519*
Dawes 162, 517
Dawes, G. S., u. I. R. Vane 88
Dawson, W. T. 483
Dean 266, 319, 331, 347
Dean, A. L. s. Wiggers, C. J. 246, *527*
Decherd 431, 443
Deindl 199
Delius, L., u. H. Reindell 404, 413, *520*
— s. Reindell, H. 189, 402, 406, *524*
Demoor 25, 32, 43, 44, 106
Dennig, H. 79
Deutsch 366
Dewald, D. 427, 476
Dietlen 402, 404, 408, 411, 413
Dietlen, H. 273, *520*
Dietrich 162, 348
Dieuaide 6

Dillon, W. H. 372
— s. Opdyke, D. F. *524*
Di Palma 89, 157
—, u. Mascatello 89
Di Palma, J. R. s. Johnson, J. R. 294, 471, 472, 477, *522*
Distel, R. s. Coraboeuf, E. 71, *520*
Dittmar, u. a. 47
Dixon 108, 421, 422, 434, 480
Dixon, W. E. 452
Dock 149, 334, 335, 358, 360
Dock, W. 333
Dodge 320
Dodge, H. F. s. Frederick, H. A. 301
Dörner 457
Dogiel 8, 31, 32, 328
Domini 514
Donaldon s. Howell, W. H. 392, *522*
Donders 271, 280
Donzelot 129
Dowling, Charles V. 462
— s. Eckstein, R. W. 452, 484, 489, 490, 497, *520*
Downing 465
Downing, A. C. 457, 470
Draper 178, 367, 370
— u. Weidmann 52, 59, 67, 68, 70, 71, 123, 204, 242
Dressler 121, 124
Dreyer 250
Drury 45, 80, 83, 86, 93, 112, 123, 145, 177, 184, 185, 187, 194, 196, 197, 507, 508, 516
Drury, A. N. 484
—, u. G. R. Brow 75, 192, 204
Du Bois-Reymond, E. 54, 55
Dubuisson 84, 252
Dubuisson, M. 515
Duchosal 212, 255, 340, 342, 345, 348
Duchosal, P., u. R. Sulzer 211, 227, 231, 255
Dudel, J. s. Trautwein, W. 59, 68, 72, 204, 241, 243, 244, 249, *526*
Dumke 457
Dungern, v. 336, 367, 368
Dunker 348
Duomarco, J. s. Opdyke, D. F. *524*
Duomarco, J. L. 372
Durham s. Stead 157, *526*
Durig 257
Durrer, D., u. L. P. van der Wey 124
—, L. H. van der Tweel, S. Berreklouw u. L. P. van der Wey *520*
Dusser de Barenne 474

Ebbecke 158, 175
Ebeling 160
Eccles 50, 52, 88
Eckel, Robert 462, 484
Eckel, R. s. Eckstein, R. W. 452, 484, 489, 490, 497, *520*
Eckenhoff, u. a. 451
Eckenhoff, J. E. 427, 447, 450, 453, 462, 476, 493, 494, 495, 496
—, J. H. Hafkenschiel u. C. M. Landmesser 422, 462, 463, 492, 494, 495, *520*
—, —, u. M. Harmel 452, 462, 475, 478, 483, 486, 489, 491, 492, 494, 495, *520*
Eckey, P. 155, 502, 506, *520*
—, u. E. Schäfer 130
Eckhard 8, 38, 500
Eckstein 329, 337
Eckstein, A. 78, 82, 96
Eckstein, R. W. 372, 462, 484, 489
—, M. Stroud III., R. Eckel, C. V. Dowling u. W. H. Pritchard 452, 484, 489, 490, 497, *520*
—, s. Gregg D. E. 294, 448, 471, 477
Edens 339, 366, 367, 370
Edgren 367
Eger, W., u. H. Klensch *520*
— s. Klensch, H. *522*
Eggleton 446
—, u. Eggleton 446
Eichholtz, F. s. Hilton, R. 477, 480, 481, 482, 483, 484, 492
Eichler 426, 436
Eichler, O. s. Bohnenkamp 426, *520*
Eiger 99
Einthoven 55, 69, 192, 202, 215, 216, 217, 218, 225, 227, 231, 235, 236, 237, 238, 254, 255, 257, 258, 299, 321, 323, 325, 327, 335, 340, 341, 342, 367, 515
—, u. Battaerd 256, 299
—, u. Geluk 299
—, u. S. Hoogerwerf 299
—, u. Hugenholtz 236, 254
—, u. de Lint 236, 254, 256
Eismayer, G. 236, *458*
Eismayer u. Quincke 236, 258, 410
Ekman 39
Embden, G., u. Schüler 154
Emmerich, J., H. Klepzig u. H. Reindell 370, *520*
Enachescu 512
Enderlen 155, 512

Engel 29, 107
— u. a. 29
Engelbertz, P., A. Lütcke u. H. Zipf 327, *520*
Engelmann 3, 4, 8, 9, 11, 12, 13, 14, 18, 33, 34, 39, 45, 68, 79, 94, 97, 107, 108, 109, 112, 117, 118, 119, 122, 126, 133, 145, 164, 165, 176, 182, 190, 203, 249, 432, 501, 502
Engelmann, Th. W. 191, 252, *520*
Engstrand 466
Eppinger 26, 32, 63, 147, 199, 417
Erasistratus 271
Erfmann 138, 140, 145
Erikson, R. V. s. Scher, A. M. *525*
Erk 70
Erlanger 6, 9, 32, 50, 83, 97, 112, 113, 121, 122, 123, 124, 155, 190, 194, 195, 196, 198, 199, 265, 373, 505
—, u. Blackman 25, 133, 136
—, u. Hirschfelder 10, 198, 505
— s. Schmitt, B. 113, 114, 119, 186
Ernst, E., u. J. Koczkás 257
Ernst, W. 426
— Bohnenkamp, H. 448
Ernsthausen, W. 338, 359
Espersen 417
Essex, H. E., J. F. Herrick, F. C. Mann u. E. J. Baldes 492, *521*
Euler v. 287
Evans, 434, 443, 446, 457, 458 462, 463, 468, 474, 479, 480, 493, 494, 496
—, u. a. 451
Evans, C. L. 376, 419, 420, 421, 423, 424, 425, 427, 429, 432, 433, 434, 435, 436, 438, 439, 443, 446, 447, 452, 453, 459, 462, 485, *521*
Evans, u. Y. Matsuoka 423, 424, 425, 427, 452, 496, *521*
—, u. S. Ogawa 434, 450
Evers 231
Eversbusch 29, 107, 134
Ewald 31
Ewald, J. R. 268
Eyster 67, 145, 257
—, u. Mitarb. 208
Eyster, J. A. E., u. W. J. Meek 13, 16, 18, 19, 21, 22, 133, 135, 136, 139, 146, 191, 192, 193, 515, *521*

Fahr 29, 135, 217, 324, 326
Fano 38, 408
Farah 249
Fatt 516
Fedele 147
Federschmidt 51, 241, 244
Fee 431
Fee, A. R. 452
Feil 113, 135, 149, 370
Feil, H. S. 185, 256
Feldberg 496, 513
Feldberg, W. 516
Feldman, M. 372
Felix 457
Fenn 428, 430, 442
Fenn, G. K. 491, 492
Fessard 513
Feuerbach 264
Fick, A. 372, 379, 428
Field 503
Fischer, A 40
Fischer, E. 426, *521*
Flack 15, 16, 17, 18, 28
— s. Keith 15, 16, 18, 28, 31, 134, 135
Fleck 467
Fleckenstein, A 250
Fleisch 392, 404, 480
Fleischer 348
Fleischer, R. 308
Fleischhauer 64
Fleischmann 27
— s. Kolmer 27
Fleischner 340
Fletcher 317
Fletcher, J. P. 449
Fluch 190
Fluch, M. 507
Fock 465, 466, 467
Fogelson 346
Folkow, u. a. 494
Foltz, E. L. 493, 495, 500
—, R. G. Page, W. F. Sheldon, S. K. Wong, W., Tuddenham u. A. J.Weiss 500, *521*
Fongi 345
Fontana 164
Forge, M. La 372
Forssmann 273, 372
Forssmann, W. 273, 309
Fourier 319, 353
Francois-Frank 409
Frank 277, 350, 389, 395, 404, 407
Frank jr. s. Howell, W. H. 392
Frank, A. s. Bretschneider, H. J. *520*.
Frank, O. 250, 252, 280, 283, 285, 286, 289, 295, 296, 297, 298, 299, 307, 311, 328, 329, 330, 331, 332, 336, 337, 351, 352, 367, 369, 376, 377, 379, 380,

Frank, O. 381, 383, 384, 385, 390, 392, 393, 397, 398, 399, 400, 406, 407, 408, 409, 410, 428, 429, 432, 502, 509, *521*
Franke, H. 6
Frédéricq 16, 34, 41, 75, 128, 176, 190, 286, 367, 503, 513
Frédéricq, H. 503
Frédéricq, L. 176, 506
Frederick, A. H., u. H. F. Dodge 301
Freund 24, 29, 107, 135
Frey 45, 99, 255, 350, 367
Frey, E. 250, 403, 404, 412, 413
Frey, J. 403, 404, 412, 413
Frey, W. 178, 257, 297, 299 351, 371, *521*
Fridericia 149, 150
Friedenthal 511
Friedman, B. 427, 428, 450
Friedman, B. F. 462
Friese 113
Fröhlich 42, 225, 226, 408, 410
Froehlich 183
Froment 505
Fuchs 264
Fueller, 329
Fürth, O. 421, *521*
Fukutake 502
Fulchiero 142
Furusawa 427

Galen 5, 271
Gallavardin 189, 458
Galvani, A. 54, *521*
Gamble 417
Ganter 19, 21
Ganter, G., u. A. Zahn 17, 19, 21, 22, 191, 398, 478, 504, *521*
Garan, R. S. s. Kiese, M. 425, 430, 431, 432, 443, 452, 453, 497, *522*
Garrey 13, 36, 115, 117, 185, 187, 420
Garry 481
Garten 3, 368,
Garten, S. 19, 69, 74, 139, 145, 236, 246, 255, 256, 272, 283, 284, 285, 288, 297, 325, 330, 331, 336, *521*
Garten, u. W. Sulze 74, 75, 76, 145
—, u. Weber 255, 256, 282, 283
Gaskell 3, 4, 8, 10, 31, 32, 33, 52, 97, 106, 107, 108, 112, 113, 119, 126, 190, 236, 252, 409, 501, 503, 509, 515
Gasser 50, 112, 121

Gauer 400, 401, 419, 421, 425
Gauer, O., u. a. 157, 393
Gauer, u. F. Linder *521*
Gaule 271, 290
— s. Goltz 271, 290
Geckeler 130
Gehl, H., K. Graf u. K. Kramer 238, 386, 388, 399, 401, 402, 407, 410, *521*
Gibbs, E. L. 450
Geigel 323, 329, 331, 335
Geiger-Müller 361
Geigy, J. R. 221, 222
Gellhorn 12
Gellhorn, E. 32, 53
Geluk 323, 367
— s. Einthoren ,W. 299
Genuit 513
Gerard 59, 66
Géraudel 129, 137, 191, 192
Gerhardt 178, 323, 340, 343
Gerhartz, H. 297, *521*
Gerlach 106, 302
Gernandt 494
Gerth, T. D. s. Holldack, K. 327, *522*
Gervin 177
Gesell 408
Giachetti 514
Gibson 321, 340, 343
Giese 334
Gieson van 28
Gilbert 194, 511
Gilbert, N. C. 491, 492
Gildemeister, M. 310, 311
Gilder 193
Gilson 67, 146, 334
Gilson, A. S. 76
Gilson, G. H. 258
Glaser 29
Goepfert u. a. 161
Göpfert, H. s. Athanasiou, D. I. 49, 51, *519*
Golblin 348
Goldberg 145, 257
Goldberger 219, 222
Goldenberg 7, 12, 142, 174
Goldenberg, M., u. C. I. Rothberger 12, 51, 53, 99, 180, 498, 517
Goldscheider 329, 331
Goldschmid, E. *521*
Gollwitzer-Meier, Kl. 392, 414, 416, 418, 419, 420, 421, 422, 423, 424, 425, 427, 430, 431, 433, 434, 435, 436, 439, 440, 441, 442, 443, 444, 445, 446, 447, 453, 454, 455, 486, 481, 496, 497, 498, 499, *521*
—, u. K. Kramer 451
—, — u. E. Krüger 423, 434, 435, 450, 452, 453, 496, 499, *521*

Gollwitzer-Meier Kl., u. Chr. Kroetz 427, 439, 452, *521*
—, — u. E. Krüger 427, 430, 496, 499, *521*
—, u. E. Krüger 443, 444, 445, 450, 452, 498, *521*
—, u. E. Witzleb 436, *521*
Goltz 271, 290
Goltz, Fr. 9, 38, 271, 409, *459*
Gonzalez-Sabathie 340
Goodale u. a. 448, 451, 463
Goodale, W. T. 427, 447, 449, 450, 462, 463, 476
Goodall, M. C. s. Bay, Z. 250, *519*
Goodhart 175
Gordon 358, 359
Gordon, A. I. s. Braunwald, E. 256, *520*
Gotsch 68, 99
Gottdenker, F., u. C. I. Rothberger 142, 446, *521*
Gottheiner 402
Gottstein 51, 52, 68, 72, 204, 241, 244
Grab 454, 514
Graber 474
Graf, K. s. Gehl, H. 382, 386, 388, 399, 401, 402, 407, 410, *521*
Graff de 157
Graff de, A. C. 447, 453
Graham 514
Graham, G. R. 372
Grande 436, 446, 480
Grande, F. 427, 447
Green u. a. 451, 467, 471
Green, H. D. 447, 467, 477, 483, 484, 491, 492, 493, 494, *521*
—, u. D. E. Gregg 462, 468, 475, 483, 491, *521*
—, —u. C. Wiggers 467, *521*
— s. Gregg, D. E. 448, 475, 479, 486, *521*
Green, D. M. s. Wimbury, M. M. *527*
Gregg, D. E. s. Green, H. D. 462, 407, 486, 475, 483, 491, *521*
Greene 26, 194, 471, 488, 511
Greene, C. W. 493
Gregg 447, 449, 451, 452, 456, 457, 459, 460, 461, 462, 463, 471, 473, 475, 477, 478, 489, 491, 492, 494
—, u. a. 464
Gregg, D. E. 289, 290, 292, 293, 294, 373, 419, 421, 422, 427, 428, 448, 450, 451, 552, 458, 459, 460, 461, 462, 463, 467, 468, 469, 475, 476, 477, 485, 489, 491, *521*

Gregg, D. E., u. R. W. Eckstein 294, 448, 471, 477
—, u. H. D. Green 448, 475, 479, 486, *521*
—, — u. C. J. Wiggers 448, *521*
—, u. R. E. Shipley 372, 448, 450, 452, 457, 459, 460, 462, 475, 476, 485, 489, *521*
—, s. Shipley, R. E. 496, *526*
Gregory 436
Gregory, R. A. 447, 448, 485
Gremels 445, 453, 480, 481, 498
Gremels, H. 421, 423, 424, 425, 426, 427, 430, 431, 434, 435, 436, 438, 439, 443, 444, 445, 452, 453, 496, *522*
—, u. a. 455
Greven 369, 407
Groedel, F. M. 192, 313
Groff, A. E. 450
Grollmann 373
Gros, W. s. Hochrein, M. *522*
Gross, K., u. R. Wagner 285, *522*
Gross, L. 458
Grosse-Brockhoff, F. 246, 368
—, R. Mürtz u. W. Weiss *522*
— s. Janker, R. *522*
Gruber v. 132
Grünbaum 284
Grützmacher 320, 321
Grupp, G. s. Baumgartner, G. 457, *519*
Gubergritz s. Obraszow 340, 343
Guckes 225, 226
Günther 271
Guggenheim 481
Gussenbauer 121, 124, 264
Guttmann 339

Haager 205
Haas 360
—, J. 28 *522*
Haberlandt 502
Haberlandt, L. 5, 9, 32, 34, 35, 44, 107, 155, 174, 177, 181, 182, 184, 187
Häusler 433, 434, 479, 493
Häusler, H. s. Anrep, G. V. 465, 474, 477, 478, 479, 485, *519*
Hafkenschiel, I. F. 427, 447, 450, 453, 462, 463, 476, 496
— s. Eckenhoff, I. E. 422, 452, 462, 463, 475, 478, 483, 486, 489, 491, 492, 494, 495, *520*
Hafkesbring 12, 113, 118, 234

Hagemann 421
Hajdu 248, 249
Halford, G. B. 328
Hall 6, 141, 479
Haller, A. v. 5, 33, 41, 271
Hallerbach, H. s. Janker, R. *522*
Hamilton 272, 276, 289, 373, 392, 406, 417, 419, 457
— u. Mitarbeiter 289, 372, 478
Hamilton, W. F. 372, 478
Hammond, M. M. 427, 450, 453, 462
Hammouda 481
Hammouda, M. s. Anrep, G. V. 457, 458, 459, 462, 495, *519*
Handelsman, J. C. 427, 450, 453, 462
Handley, C. A. 372
Harmel, M. H. 462
Harmel, M. s. Eckenhoff, I. E. 452, 462, 475, 478, 483, 486, 489, 491, 492, 494, 495, *520*
Harris 60
Harris, L. C. 448
Harrison 417, 422, 427
— u. a. 451, 463
Harrison, T. R 428, 450, 462
Hartree 432
Harvey 5, 39, 271, 349
Hastings, A. B. 236
Haubrich, R. 366, *522*
— s. Janker, R. *522*
Hauffe 275
Hauss, W., u. Schütt, B. 131, *522*
Havlicek 377
Heald 358
Hecht 18, 51, 68, 69, 70, 150, 241, 244, 516
Hecht, K. 452
— s. Mansfeld, G. 420, 422, 452 *523*
Heckmann 363, 366, 405
Heer, de 367
Hedinger 29, 135
Hefke 122
Hegglin, R. 149, 150, 336, 368, 415, 446, *522*
Hegler 6
Hegnauer 180
Heidenhain 8, 9, 38, 409, 501
Heinrich 69, 258
Heintzen, P. 241 244
—, H. G. Kraft u. O. Wiegmann 212, 244, 245, *522*
Heller 223
Hellford 329
Helmholtz 386
Hemingway 431
—, A. 448, 452

Henderson 266, 290, 358, 359, 374, 463
—, Y. 415
Henke 272
Hennequin 38
Henny, G. C. 366, 372
Henrijean 129, 237
Henry, J. P., u. I. W. Pearce 157, *522*
Hensen, V. 297
Henze. C. 161
Herbst 480
Herckel 339
Hering 504, 505
—, H. E. 5, 9, 16, 19, 20, 25, 32, 33, 36, 46, 79, 97, 128, 133, 138, 146, 155, 160, 164, 171, 172, 176, 177, 178, 179, 180, 182, 184, 190, 191, 193, 194, 195, 196, 197, 253, 267, 413, 509, 510, 511, *522*
Herkel 336, 368
Herman, G. K. 451
Hermann 109, 508
—, L. 55, 62, 117, 299
Herr 212
Herrick, J. F. s. Essex, H. E. 492, *521*
Herrmann 114, 201, 211
Herroun 329
—, u. Yeo 329
Hertz 175
Herxheimer 149
Herzog 138
Hess, O. 329, 332, 340, 343, 351, 362, 367
Hess, W. R. 146, 280, 283, 297, 299, 318, 324, 326, 327, 329, 330, 331, 332, 334, 370, 454, 473, 479, 480, 481, 487, 493, 495, 496, *522*
Hesse 264, 267
Hewlett 198
Heymann 191
Heymans 32, 106, 161
Hild, R., u. L. Sick 390, 405, *522*
Hill 147, 211, 375, 385, 432
—, A. V. 427, 428, 429
Hilton, R., u. Eichholtz, F. 477, 480, 481, 482, 483, 484, 492
Himmelstein, A. s. Braunwald, E. 256. *520*
—, s. Cournand, A. 274, 290, 372, 403, *520*
Himwich, H. E. 447, 450
Hinrichsen, J. 491
Hirai 25
Hinteregger 277
Hirschfeld 321
Hirschfelder 340, 343, 344
— s. Erlanger 10, 198, 505
Hirt 161

His jr. 31, 32, 39, 126, 190
Hitchings, G. H., M. A.
  Daus u. J. T. Wearn 420
Hitzenberger 277
Hobbs, T. G. 492
Hochrein 458, 465, 466, 468, 480, 481, 487, 493
Hochrein, M. 261, 262, 268, 269, 270, 277, 338, 416, 457, 522
Hochrein, u. W. Gros 522
Hodgkin 59, 61, 92, 516, 518
—, u. Mitarbeiter 67, 516, 518
Höber 33, 64, 66, 175
Hörber, R. 299
Hönger, R. 515
Hoesslin v. 128, 179, 195, 508
Hofbauer 348
Hoff 50, 52, 88, 95, 190
Hoff, F. 507
Hoffa 175, 176, 182
Hoffman 113, 180
Hoffman, B. s. Brooks, Ch. 88, 89, 180, 520
Hoffman, B. H., u. Suckling, E. E. 59, 68, 70, 88, 180, 242
Hoffmann 410, 502, 508, 516, 517
Hoffmann, P. 37, 96, 112, 120
Hofmann, A. 99, 188, 238
Hofmann, F. B. 8, 10, 11, 33, 34, 35, 72, 73, 75, 80, 86, 99, 101, 102, 107, 123, 124, 154, 184, 194, 198, 242,243 244, 247, 409, 515, 522
—, u. Holzinger 10, 198
Holldack 370, 371
Holldack, K. 326, 335, 338, 339, 340, 345, 346, 370 522
Holldack, u. O. Bayer 522
—, u. T. D. Gerth 327, 522
—, A. Weygand u. F. Bschorr 522
Hollmann 46, 216
Hollmann, H. E. 225
Hollmann, W. 225
Holman 401
Holmgreen, A. s. Lagerlöf, H. 523
Holowinski 299
Holtz 513
Holtz, P. 513, 522
Holzer 355
Holzer, W., u. K. Polzer 358, 368, 522
Holzinger s. F. B. Hofmann 10, 198
Holzlöhner 76, 146
Holzlöhner, E. 74, 75, 76, 79, 127, 131, 275, 276, 277, 278, 409, 410 522
Holzmann 149, 150

Holzmann, M. 130, 131, 217, 221, 222 522
—, u. D. Scherf 25, 130, 131, 522
Hoogerwerf 258
Hoogerwerf, S. s. Einthoven, W. 299
Hooker 373
Hooker, D. R. 477
Hope, James 328
Hortenstine 157, 402
Hoshino 37
Hosoya, H. 236
Hough 154
Houssay 346
Howell 516
Howell, W. H., Donaldon u. Frank jr. 392, 522
Hsu 436, 446, 480
Hsu, F. Y. 427, 447
Hüfler
Hürthle 272, 323, 345, 347
Hürthle, K. 296, 298, 299, 367
Hugenholtz 236
— s. Einthoven 236, 254
Huggins, R. A. 372
Humblet 190
Humboldt, A. v. 55
Hung 26
Hunt Reid 509
Hunzinger, W. 362
Husten, M. s. Bretschneider, H. J. 520
Hutter 52
Huxley 67
Hyde 464, 470
Hyrtl 271, 464

Iliescu 83, 177, 184, 185, 187
Ingelfinger, F. J. 450
Inoscu 512
Isayama, S. 38, 94, 522
Ishihama 120
Ishikawa 119
Ishihara, M. 6, 7, 26, 184
—, u. S. Nomura 6, 26
Iwai 480

Jaeger 16, 517
Jakobi 364
Jakobsohn 299
Jamin 458
Janker, R. 274, 364, 366
—, F. Grosse-Brockhoff, R. Haubrich, H. Lotzkes, A. Schaede u. H. Hallerbach 522
Janowski 305
Janssen 454
Janssen, S. s. Baumgartner, G. 457, 519
Jaques

Jarisch 161, 499, 512
Jarisch, A. 161, 162, 522
Jarisch, u. Y. Zotterman 161, 162, 502
Jarisch, A. s. Amann, A. 519
Jellinek 180
Jenerick 66
Jochim 146, 462
Jochim, K. 453, 487, 489, 490, 492
  s. Katz, L. N. 457, 458, 459, 460, 461, 485, 488, 494, 495, 522
Johnson 266, 411
Johnson, J. R. 459, 460, 468, 470
—, u. J. R. Di Palma 294, 471, 472, 477, 522
Johnston 147, 211
Jolly 175
Jongh, de 255
Jonnescu 512
Jores, A. 465
Joslin 427
Jourdan 505
Jouve 212
Joy, A. C. 491
Junkmann, K. 79, 94, 97, 250

Kahlstorf 402
Kahn, A. J. s. Sandow, A. 525
Kahn, M. 98, 137, 155, 180, 184, 255, 257, 258
Kaindl, F., K. Polzer u. G. Werner 53
Kakei 37
Kan-Ichi Shimizu s. Mangold, E. 250, 251
Kanitz 152
Kapfhammer 514
Karman v. 265
Kasem-Bek 329, 502
— u. a. 329
Katz 52, 67, 149, 158, 211, 256, 290, 370, 402, 411, 419, 444, 445, 460, 462, 471, 488
Katz, A. M., L. N. Katz u. F. I. Williams 522
Katz, B. 63, 122, 148
Katz, L. N. 247, 290, 372, 420, 453, 460, 483, 486, 487, 489, 490, 494, 495
—, u. a. 486, 494, 495
Katz, K. Jochim u. A. Bohning 459, 460, 485, 494, 495 522
—, — u. W. Weinstein 457, 458, 459, 461, 488, 494, 495, 522
— s. Alella, A. 483, 457
— s. Katz, A. M. 522
— s. Laurent, D. 523
— s. C. J. Wiggers 290, 296, 397, 527

Kaufmann 97, 172
Kayser 223
Kazmeier, F., u. W. Schild 360, *522*
Kehar, N. D. 477
Kehrer, H. E. 189, 201, 202, 507, 508, *522*
Keidel, W. D. 321, 349, *522*
Keith 15, 16, 28, 29, 106, 126, 191, 261, 272
—, u. Flack 15, 16, 18, 28, 31, 134, 135
Keller 466, 481, 487, 493
Ken Kuré 128
Kennedy 464, 470
Kent, St. 31, 126, 129
Kessel 16, 17, 191
Kety 457, 501
Kety, S. S. 427, 450, 453, 462
Keynes 60
Kienle, F. 220, 258, *522*
Kiese 436
Kiese, M., u. Mitarb. *522*
—, u. R. S. Garan 425, 430, 431, 432, 443, 452, 453, 497, *522*
Ki Wong, S. 493, 495
King 474, 499
King, B. 478
Kingisepp 420
Kingsbury 315
Kinosita 464, 481
Kirberger 343, 344
Kirchhoff 402
Kisch, B. 59, 96, 137, 153 154, 182, 183, 193, 252, 253, 420, *522*
Kiss, E. 488
Kitamura 120
Kjellberg 366
Kleemann 97, 128, 194
— s. Straub 194
Kleinknecht 257
Klensch 351, 359, 360, 361
Klensch, H., u. W. Eger *522*
— s. Eger, W. *520*
Klepzig 369, 370, 371, 402
Klepzig, H. *522*
— s. Emmrich, J. 370, *520*
Klewitz 236, 276
Klisiecki 465, 467
Klug 250
Knowlton 401, 513
Knudsen 315
Koch 15, 23, 30, 260, 264, 409
Koch, E. 216, 253, 410, *522*
Koch, W. 5, 15, 16, 28, 29, 134, *522*, *523*
Koch-Mönckeberg 24
Koch-Momm 216, 225
Koczkás, J. s. Ernst, E. 257
Koehler 480
Kölliker, A. 55

König, R. 297
Koening, K. F. 483
Köster 502
Kohlstedt 494
Kohlstedt, G. K. 495
Kolm 410
Kolmer 27, 122
Kondo, B. 461
Korth 150
Korth, C., u. Schrumpf 115
Kosake, T. 447, 453
Kost 402
Koumans 46
Kountz 334, 462, 479
Kountz, W. B. 479, 483
Krämer, R. 274
Kraft u. Wiegmann 241, 243
Kraft, H. G. s. Heintzen, P. 241, 244, 245, *522*
Kramer 434, 453
Kramer, K. 381, 382, 384, 392, 393, 407, 420, 421, 423, 424, 425, *523*
— s. Gehl, H. 382, 386, 388, 399, 401, 402, 407, 410, *521*
— s. Gollwitzer-Meier, Kl. 423, 434, 435, 450, 451, 452, 453, 496, 499, *521*
— s. Ullrich, K. J. 395, 397, 401, 403, 406, 407, 415, *526*
Kraus u. Nicolai 99, 145, 168, 202
Krawkoff 493
Krayer 466, 473, 474, 479
Krayer u. E. Schütz 239, 240, 241, *523*
Krayer, O. 161, 239, 398, 423, 425, *523*
Krehl 5, 16, 25, 32, 259, 262, 264, 265, 267, 269, 271, 338, 345, 347, 408
Kries, J. v. 13, 36, 55, 63, 69, 99, 108, 194, *523*
Krijgsman 252
Kristenson, A. 236, 237, 238, 241, 242, 257
Kroetz 415, 434, 500
Kroetz, Chr. s. Gollwitzer-Meier, Kl. 427, 439, 452, 496, 499, *521*
Krogh 60, 61
Kronecker 31, 32, 79, 177, 181, 182
Krüger 423, 424, 433, 434, 435, 443
Krüger, E. s. Gollwitzer-Meier, Kl. 423, 427, 430, 443, 444, 450, 452, 453, 496, 498, 499, *521*
Kruta 25
Kucharski 316
Kürschner 328

Kuffler, St. W. 250
Külbs 34
Kuhlmann 465
Kuliabko 5
Kummer 360
Kung, S. K. 23, 128
—, u. W. Mobitz *523*
Kunkel 335
Kuno 411
Kupelwieser, E. 13, 80, *523*
Kurtz 480

Labes 65
Lackey, R. W. 448
Laennec 295, 296, 322, 328
Lagerlöf, H., u. L. Werkö 415, 417, 418, *523*
Lagerlöf, Werkö, H. Bucht u. A. Holmgren *523*
Lambardt 332
Landes 352, 355, 357, 360, 370
Landes, G. 306, 307, 316, 317, 320, 338, 353, 354, 355, 357, *523*
Landis u. Mitarbeiter 157, 402, 415
Landmesser, C. M. s. Eckenhoff, J. E. 422, 452, 462, 463, 475, 478, 483, 486, 489, 491, 492, 494, 495, *520*
Landois 275, 367
Landois-Rosemann *523*
Landowne, M. 453
Lane 316
Langenbeck, B. 310
Langendorff 16, 25, 33, 464, 466, 487, 493
Langendorff, O. 5, 9, 12, 31, 38, 41, 53, 180, 181, *523*
Lapique 88, 122, 123, 128, 503
Lascales 345
Laslett 504
Lasser, R. P. s. Braunwald, E. 256, *520*
Laszt 288, 325, 326, 337
Lau 358
Lauber 417
Laubry 348
Laurell 273
Laurens 106
Laurent, D., C. Bolene-Williams, F. L. Williams u. L. N. Katz *523*
Lauter 417
Lawick van 242
Lawrence, R. D. 448
Layton, Ira. C. 463
Leake 479, 480
Leatham 314
Lehmann 16, 25

Lehmann, G. 355, 356, 480
Lehnartz, E. 516
Lehne, H. s. Schütz, E. 210, 211, *525*
Lelkes 505
Lendrum, B., B. Kondo u. L. N. Katz 461
Lennox, W. G. 450
Lenzi, F., u. A. Caniggia 250, *523*
Leonhard 278
Leonhardt, W. 322, 340, 341, 342, 344, 345, 370, *523*
Lepeschkin, E. 132, 141, 146, 151, 217, 324, 336, 339, 368, *523*
Lerche, E. 64, 76, 281, 480
Lerner 130
Le Roy, G. V. 491
Lev 130
Levi 60
Levine 334, 335, 432
Levy 25, 180
Lewis 83, 86, 88, 93, 112, 113, 135, 146, 177, 187, 193, 194, 228, 334, 335, 505, 507, 508, 512
— u. Mitarbeiter 124, 146, 133, 136, 187, 193, 197, 346
Lewis, Th. 18, 75, 80, 83, 111, 112, 121, 123, 125, 127, 135, 140, 146, 147, 155, 165, 166, 168, 169, 178, 179, 180, 182, 184, 185, 186, 187, 188, 191, 192, 194, 195, 197, 208, 255, 256, 346, *523*
—, B. S., u. A. Oppenheimer 18, 136, 169, 194
—, J. Meakins u. P. B. White 18, 75, 122, 128, 133
Li 149
Lian 262, 264, 348, 366
Liebig, 156
Liebig v. 511
Lifson, N. 449
Liljestrand 402, 404
Liljestrand, G. 373, *523*
Lindberg 60, 61
Linder 400, 401
Linder, F. s. Gauer, O. *521*
Linderholm 67
Lindner, E. 453, 483
Lint de s. Einthoven 236, 254, 256
Ling 59, 60
Lipmann 446
Little, R. C. s. Opdyke, D. F. *524*
Littler 465, 466
Locke, F. S., u. O. Rosenheim 238, 420, 421, *523*
Loeb, J. 153
Loewi 512, 513, 517

Loewi, O. *523*
Loewe, S. 12, *523*
Löwenbach 99
Loewit 11
Loewy 421
Lohmann 10, 16, 427, 446
Long 180
Lorber, V. 448, 449
Lotzkes, H. s. Janker, R. *522*
Love 80, 93
Loweri 24, 136
Lowry 61
Lubin, M. 427, 450, 462, 476
Lucas, K. 45, 89, 93
Lucas Keith 89, 93, 112
Luchsinger 268
Luciani 265, 271
Ludany 37
Ludkewich 480
Ludwig 8, 31, 175, 176, 182, 259, 272, 329, 363
Ludwig, C. 12, 159, 161, 258, 269, 296, 349
Ludwig, K. 328
Lüderitz 286, 367
Lueken, B., u. E. Schütz 516, *523*
— s. Schütz, E. 56, 80, 83, 85, 86, 88, 89, 90, 91, 94, 97, 98, 113, 197, 501, 515, 516, *525*
Luescher, E. 426, 429
Lütcke, A. s. Engelbertz, P. 327, *520*
Luisada 340, 348, 360
Luisada, A. 277, 349, *523*
Lullies 516
Lullies, H. 158
Lundin 397
Lundsgaard 99
Lupton 432
Lurin, M. 447
Lutembacher 129
Lysholm 404

Maass 368, 369, 370, 371, 487
Maass, H. 327, 337, 339, 340, 369, *523*
—, u. A. Weber 313, 314, 327, 339, 347, *523*
MacCallum 259, 260
Machiela, J. 409, *523*
Mackenzie 3, 25, 29, 106, 164, 167, 175, 190, 272, 280, 315, 408
Mackenzie, D. W. 508
Mackenzie, K. 453
Mackay, E. M. 449
Macleod 146, 169, 208, 211
MacWilliam 175, 177, 179, 181, 189, 190, 501, 507
Mader 319
Maeno 7, 147
Magarasevic 149

Magendi 271
Magnus 16, 96, 97, 120
Magnus-Alsleben, R. 181, 444
Magrath 464, 470
Mahaim 123, 129, 132, 143, 145, 189, 198, 200, 201
Mall 259
Malmgren, A. L. s. Scher, A. M. *525*
Maltesos, Chr. 73, 99, 100, *523*
Mancke 466
Mandelbaum, u. Mandelbaum 358, 360
Mangold 251
— u. Mitarb. 119, 238, 250, 251
Mangold, E. 119, 120, 126, 250, 251, 252, *523*
—, u. Kan-Ichi Shimizu 250, 251
Mann 223
Mann, F. C. s. Essex, H. E. 492, *521*
Mannheimer 313, 315
Mansfeld 157
Mansfeld, G., u. K. Hecht 420, 422, 452, *523*
Marbe 297
Marc Seé 263
Marchal 366
Marchand 9, 31, 145
Marchand, R. 11, 55, 252
Marcou 465
Marey 55, 79, 282, 286, 366, 367, 398
Margolies 339
Marguth, F. s. Marguth, H. 502, *523*
Marguth, H., F. Marguth u. H. Schaefer 502, *523*
Mark, van der 46
Markwalder, J., u. E. H. Starling 398, 424, 459, 474, 479, 480, 484, 493, 494, *523*
Marshall 487
Mart, J. A. 479
Martini 6
Martius 275
Mascatello s. Di Palma 89
Mason 16, 17, 121, 191
Mason, M. F. 450
Master 88, 93, 113, 145
Mathison 128, 194
Matsuoka, Y. s. Evans, C. L. 423, 424, 425, 427, 452, 496, *521*
Matteucci 55
Matthes 160, 167, 418, 276
Matthews 19
Matthiessen 404
Mautner 348
Maxwell, H. 450
Mayer 115, 117

Mayer, A. G. 115, 184
Mayer, J. R. 271
McCance, R. A. 448
McClure, G. S. 449
McCrea u. Mitarbeiter 402
McDowall, R. J. S. 489
McGinty 436, 446
McGinty, D. A. 447
McKenzie, K. 447
McLean, F. C. 236
McMichael, J. 417, 418
—, u. P. Sharpey-Schaefer 523
McMillan 16
McQueen 120
McWilliam 17
Meakins 128, 197
Meakins, J. s. Lewis, Th. 18, 75, 122, 128, 133
Mechelke 113, 368, 369, 370
Mechelke, K., u. H. J. Meitner 160, 509, 523
Meckel 263
Meek 16, 18, 19, 37, 411
Meek, W. J. 146, 515
— s. Eyster, J. A. E. 13, 16, 18, 19, 21, 22, 133, 135, 136, 139, 191, 192, 193, 521
Meesmann, W., u. J. Schmier 456, 523
Meessen 143, 145
Mehring, C. E., u. K. E. Rothschuh 203, 523
— s. Rothschuh, K. E. 76, 90, 92, 100, 101, 199
— s. Schütz, E. 76, 525
Meier 427
Meilinger 371
Meitner, H. J. s. Mechelke, K. 160, 509, 523
Melik-Gülnasarian 340, 343, 344, 346
Melville, K. J. s. Stehle, R. L. 467, 526
Meltzer 509
Melvin 507
Mendelsohn 377
Mendez, R. s. Bogue, J. Y. 236
Mendlowitz 444, 445
Merkel 458
Merril, A. J. 450
Merrill, D. L. s. Spencer, F. C. 427, 450, 452, 462, 526
Meserve 26
Meyer 212, 493, 504
Meyer, E. 302, 303
Meyer, F. 400, 417, 418, 523
Meyer, H. 97
Meyerhof 427, 446
Michaelis, L. 57
Michel, D. 523
Miki 18, 19, 121, 167
Miller 474

Miller, A. T. 447
Miller, J. R. 479
Mines 86, 87, 96, 115, 116, 117, 118, 119, 173, 182, 184, 185, 187, 236, 238, 242, 243, 252,
Minot 346, 348, 366
Mirsky, G. A. 449
Miyasaki 157
Mobitz 128, 170, 194, 195, 196, 197, 199
Mobitz, W. s. Kung, S. K. 523
Mochizuki, M. s. Bartels, H. 519
Moe 180
Moe, G. K. 449, 459, 460, 461
Möhle 446
Mönckeberg 7, 191
Mönckeberg, J. G. 15, 22, 23, 24, 27, 28, 29, 30, 134, 135, 136, 259, 260, 523
Moldavsky 401, 431
Mond 57
Monnier, A. M. 515
Mononobe, K. 251
Moore 38
Moorehouse 16
Morawitz 458, 474, 478, 487, 496
Morawitz, P. 484, 486, 493
Morgagni 199
Morison 29, 107
Morita 7
Moritz 379, 392, 404, 413
Moritz, F. 260, 261, 262, 263, 264, 265, 267, 268, 269, 272, 523
—, u. D. Tabora 523
Morsier 186
Morosov 5
Moscovitz, H. L. s. Braunwald, E. 256, 520
Mosso 156, 275, 511
Motley, H. L. s. Cournand, A. 274, 290, 372, 403, 520
Moulin 249
Mozer 340, 342
Müller 480
Müller, Al. 288, 325, 326
Müller, E. A. 393, 400, 401, 410, 411, 430, 523
—, H. Salomon u. G. Zuelzer 337, 480, 482, 496
Müller, H. 55, 371
Müller, Joh. 31, 38, 421
Müller, L. R. 29, 107, 134
Müller-Pouillet 316
Mürtz, R. s. Grosse-Brockhoff, F. 522
Mulder, A. G. 448
—, u. M. B. Visscher 421, 448, 523
Munk 9, 11, 31
Muralt v. 513
Murphy, E. 447, 453

Muskens 190, 502, 504, 508
Musshoff 402

Nachmansohn, D. 513, 514
Nahum 95
Nakagawa, T. 479, 484, 499
Naryama 498
Nastuk 59
Navratil 512, 513
Neega 272
Nelemans 513
Nemoto 444
Nerlich, W. E. 373
Neuroth, G., u. K. Wezler 400, 405, 410, 523
Neuschlosz 516
Nickerson 359, 360
Nicolai 31, 36, 124, 200
— s. Kraus 99, 145, 168, 202
Niederhoff 43, 249
Niemann, G. s. Bartels, B.
Nier, A. O. 449
Niermann 98
Niermann, H. s. Schütz, E. 525
Nobel 18
Nobili 55
Noder, W. 523
Nörr 192
Nomura, S. 26, 182, 184
— s. Ishihara, M. 6
Nordenfelt, O 510
Nowinski 503
Noyons 236, 258
Nuel 68
Nürmberger 336, 368
Nukada 37
Nusser 368, 369, 370
Nylin 402, 404, 406, 416
Nylin, G. 523

Obdyke, D. F. 397, 491
Obrazzow u. Gubergritz 340, 343
O'Brien 249
Oehme, C. 524
Öhnell 130, 132
Öhrwall 97, 195, 196
Ogawa 434, 436
Ogawa, S. s. Evans V. L. 434, 450 521
Ohm, R. 278, 279, 297, 299, 340, 344, 346
Okiyama 25
Olivo 14, 40
Olsen, N. S. 449
Opdyke, D. F., J. Duomarco, W. H. Dillon, H. Schreiber, R. C. Little u. R. D. Seely 524
Oppenheimer 143, 145, 201
— u. Rothschild 143, 145, 201
— s. Lewis 18, 136, 169, 194
Oppenheimer, A., u. B. S. Oppenheimer 30

Oppenheimer 29
Orias, O. 88, 89, 180, 328, 337
—, u. Mitarb. 89, 346
—, u. E. Braun-Menéndez 337, 346, 347, *524*
—, s. Brooks, Ch. 88, 89,180, *520*
Osterberg 122
Osterhout 59
Ostwald, W. 57
Otto 512
Overton 58, 61, 67, 68

Pabst van 242
Pace 16, 129, 134, 164
Page 122, 242
Page, R. G. s. Foltz, E. L. 500, *521*
Paladino, G. 126, 129
Palladino 264
Panizza 38
Pannier 157
Parade 466
Parade, G. W. 457, *524*
— s. Böger, A. *520*
Parchappe 263
Pardee 145, 205
Parkinson 129, 279, 427
Paschkis 183
Pascual 160
Pascual, W. s. Rössler, R. 465, *524*
Patterson 424, 435, 436, 438, 443
Patterson, S. W., H. Piper u. E. H. Starling 392, 398, *524*
—, u. E. H. Starling 436, *524*
Patterson u. a. 436
Pauli, H. 315
Pawlow 454
Pearce, J. W. s. Henry, J. P. 157, *522*
Pearson, K. F. 483
Pecher 113
Pekar 505
Pekelharing 68
Peña 62, 72
Peretti 513
Permann 502
Peters 444, 445
Pezzi 18, 131, 142, 348
Pfister 99
Pflüger 39
Pfuhl 278
Pick 7, 119, 120, 238, 410
Pick, E. P. 7, 129, 184, 410, *524*
Pietrkowski, G. 409, *524*
Pierach 320, 321
Pih-Chu 26
Pines 142
Pinotti 455
Piotrowski 35

Piper 267, 282, 283, 285, 286, 287, 330, 367, 298, 443
Piper, H. s. Patterson, S. W. 392, 398, *524*
Pitsch 231
Plant 435
Plattner 80
Plesch 421
Pohl, R. 82
Polak 43
Polzer, K. s. Holzer, W. 358, 368, *522*
— s. Kaindl, F. 53
Polzien 368
Porter 26, 80, 464
Portheine, H. s. Rothschuh, K. E. *524*
Posener, K. 312
Posternak 513
Postma 9
Potain 343
Poulsen 454
Powers, S. R. 427, 450, 453, 462
— s. Spencer, F. C. 427, 450, 452, 462, 463, *526*
Prandtl 265
Prévost 179, 181
—, u. Battelli 179, 181, 187
Priest 457
Priestley 38
Prinzmetal 362
Prinzmetal, M., u. a. 188
Pritchard, W. H. 460, 462, 475, 484, 485
— s. Eckstein, R. W. 452, 484, 489, 490, 497, *520*
Proca 512
Puddu 505
Puddu, V. 510
Purkinje 272
Putz 348
Pereira 348

Quincke s. Eismayer 236, 258, 410

Raab 149, 150
Rachmilewitz 512
Rademaker, A. 515
Radinger, R. v. 321
Ramos 113, 466
Ranke 360, 367
Ranke, O. F. s. Broemser, Ph. 374, *520*
Ranvier 32, 38, 106, 235
Rappaport 387
Rapport 512
Rau, A. Subba 457, 465, 470, 479
Raule, W. s. Brendel, W. 139, 140
Ravault 458
Rave, O. 87. *524*

Ravitch, M. M. s. Braunwald, E. 256, *520*
Rebatel 465
Rech 348
Regelsberger 410
Regnier 123
Rehfisch, E. 97, 108, 133
Reichel 379, 385, 386, 389, 402, 407, 413
Reichel, H. 387, 406, 407, 446, *524*
— s. Bauereisen, E. 403, 404, 407, 411, 412, 453, *519*
Reid 55, 242, 346
Rein 372, 423, 425, 430, 435, 436, 439, 443, 445, 453, 454, 455, 463, 475, 478, 479, 480, 488, 489, 493, 496, 497, 498, 499
Rein, H. 205, 372, 454, 455, 456, 466, 482, 487, *524*
Rein, u. M. Schneider 388, *524*
Reindell 369, 370, 404, 416, 419
Reindell, H. 258 *524*
—, u. L. Delius 189, 402, 406, *524*
— s. Delius, L. 404, 413, *520*
— s. Emmrich, J. 370, *520*
Reiss 157
Remak 31
Remé, H. 64, *524*
Remington, J. W. 372
Repges 231
Resnik, H. 427, 428, 450, 462
Reuter, H. 53
Richards 400, 403, 415, 454, 455
Richards, D. R. *524*
Richter 517
Richter, Th. 87, *524*
Riecker, G. s. Ullrich, K. J. 395, 397, 401, 403, 406, 407, 415, *526*
Riegel 279
Rieger, H. 301
Rieggers 302
Rienmöller 515
Rienmöller, J. 53
Rigler 7
Rigler, R. 7, 44, 53
Rigollot 297
Rihl 124, 133, 155, 175, 179, 182, 192, 504, 505
Rijlant, P. 19, 37, 43, 50, 51, 125, 128, 132, 133, 135, 138, 147, 513, 517, *524*
Riley 452
— u. a. 451
Ringer 153, 250
Ritchie 175, 504
Ritzmann, J. s. Schütz, J. *525*

Robb 125
Robinson, 6, 178, 179, 367, 370
Rodbard, S. 372
Rodeck, H. 153, *524*
Rössel 516
Roessingh 401
Roessle 422
Rössler 160, 253, 381, 411
—, R. 498
—, u. W. Pascual 465, *524*
Roffo 107
Rohde 250, 405, 420, 421, 422, 423, 431, 434
Rohde, E. 252, 253, *524*
—, u. R. Usui *524*
Rollet 264, 272
Romberg 5, 16, 25, 32
— s. Krehl 5, 16, 25
Romeis 27, 29, 135
Roncato 455
Roos 297
Roos, J. 254, 257
Ropes
Rósa, L. 315, 338, 353, 354, 355, 356 *524*
Rosenblueth 113, 466, 513
Rosenblueth, A. 490
Rosenheim, O. s. Locke, F. S. 238, 420, 421, *523*
Rosenzweig 408
Rosin 249
Rossbach 33
Rothberger 7, 12, 18, 25, 26, 172, 502, 503, 506
Rothberger, C. J. 4, 10, 12, 21, 24, 26, 32, 44, 93, 97, 114, 116, 121, 123, 124, 129, 134, 135, 137, 138, 141, 143, 144, 147, 155, 167, 169, 171, 172, 173, 174, 178, 179, 182, 187, 188, 190, 191, 194, 196, 199, 203, 504, 505, 508, 509, 510, 517, *524*
— u. D. Scherf 16, 17, 20, 21, 24, 123, 136, 137, 138, 139, 191, 192, 193, 507, 508, *524*
— u. Winterberg 7, 18, 25, 26, 108, 109, 124, 154, 155, 176, 177, 178, 179, 180, 182, 183, 196, 198, 199, 201, 504, 505, 506, 509, 520, 512
— s. Goldenberg, M. 12, 51, 53, 99, 180, 498, 517
— s. Gottdenker, F. 142, 446, *521*
Rothkopf 404
Rothlin 481, 496
Rothschild 123, 143, 145 146, 201, 228

Rothschuh, K. E. 12, 45, 53, 61, 62, 64, 65, 76, 77, 78, 102, 103, 104, 122, 175, 190, 204, 209, 212, 213, 214, 225, 513, 514, 515, 516, 517, 518, 519, 524
—, u. Mitarbeiter *524*
—, u. P. Brandenburg *524*
—, u. C. E. Mehring 76, 90, 92, 100, 101, 199
—, u. Meier 64
—, u. H. Portheine *524*
—, u. E. Schütz 208, 209, 210, *524*
—, s. Bammer, H. 122, 514, 517, *519*
—, s. Mehring, C. E. 203, *523*
—, s. Schütz, E. 76, 105, 150, 205 *525*
Rouanet 336
Roulet 422
Routier 346
Roversi 16
Roy 250, 409
Rubino 277
Rühl 436, 443, 445, 446
Rühl, A. 425, *524*
Rümke 75
Rütgers 155
Ruggieri 27, 29, 135
Runcan 513
Rushmer 402, 406
Russo 480
Ruttgers 502
Rylant 36
Rynberk, G. van 269, 337, *524*
Rytand 335

Saalfeld, E. v. 160, 465, *525*
—, s. Anrep, G. V. *519*
Sachs 25, 76, 146
Sachs, A. s. Rothberger 25
Sahli, H. 323, 338, *525*
Sainsbury 250
Salomon, H. s. Müller, E. A. 337, 480, 482, 496, *523*
Samet 121, 124, 180
Samojloff 504
Samojloff, A. 37, 64, 74, 79, 80, 83, 86, 89, 90, 103, 116, 117, 119, 183, 187, 199, 243, 252, 257, 515
Sandberg 264
Sandborg 323
Sanders 504
Sandow, A. 250, *525*
Sandow u. A. J. Kahn *525*
Sands Robb, J. 75, 157, 368
Sansum 18
Sapin, S. O. s. Braunwald, E. 256, *520*
Sarnoff 419
Sarre 371

Sassa 157, 487
Sato 160, 463
Saul 273
Savjaloff 223
Schaede A. s. Janker, R. 522
Schaefer 62, 70, 71, 72, 299, 350
—, u. Trautwein 70, 72, 123, 139, 204, 228
Schäfer, E. s. Eckey, P. 130
Schaefer, H. 51, 52, 53, 63, 64, 68, 73, 88, 90, 98, 117, 146, 148, 158, 161, 162, 174, 190, 204, 213, 227, 228, 230, 231, 234, 254, 256, 308, 355, 364, 494 *525*
—, s. Amann, A. 161, 162, *519*
—, s. Brose, W. *520*
—, s. Marguth, H. 502, *523*
Schäffer 348
Schäffer, H. 515
Scheinfinkel 516
Scheinfinkel, N. s. Asher, L. 49, 50 *519*
Schellong, F. 5, 12, 48, 64, 66, 71, 76, 78, 79, 80, 81, 82, 97, 98, 105, 108, 110, 111, 112, 128, 148, 149, 166, 179, *462*, 191, 193, 194, 195, 196, 197, 202, 203, 207, 223, 224, 225, 226, 227, 232, 233, 242, 257, 258, 363, 364, *525*
Schellong u. E. Schütz 80, 81, 82, 84, 94, 98, 507, *525*
Scheminzky, F. 301, 302 *525*
Schenck 111
Scher, A. M. 123, 128, 146
—, u. a. 123, 124 *462*
—, A. C. Young, A. L. Malmgren, R. V. Erikson u. R. A. Becker *525*
Scherf 506
— u. a. 131
Scherf, D. 24, 123, 124, 125, 129, 130, 131, 143, 145, 157, 173, 174, 185, 191, 201, 202, 505, 511, *525*
—, u. E. Schönbrunner 130, *525*
—, u. Shookhoff 22, 115, 121, 137, 166, 169, 196, 197, 201
—, s. Holzmann, M. 25, 130, 131, *522*
—, s. Rothberger 16, 17, 20, 21, 24, 123, 136, 137, 138, 139, 191, 192, 193 507, 508, *524*

Schiff 38, 79, 164
Schild, W. s. Kazmeier, F. 360, *522*
Schildge 402
Schimert 162
Schlesinger, M. J. 458
Schliephake 138 140, 504, 508
Schlitter, J. G. s. Schölmerich, P. *525*
Schlomka 149, 150, 258
Schlomovitz 13, 25
Schmidt 457, 501
Schmidt, C. F. 421, 450, 481, *525*
Schmidt-Nielsen, 60, 61
Schmidt-Voigt, J. 346, *525*
Schmier, J. s. Meesmann, W. 456, *523*
Schmitt 480
Schmitt, B., u. Erlanger 113, 114, 119, 186
Schmitz 63, 350, 364
Schmitz, W. 256, 355, 364
Schneider 190, 463, 493
Schneider, D. 507
Schneider, E. C. 511
Schneider, M. s. Rein, H. 388, *524*
Schneiders 138, 140, 145, 146, 147
Schoedel 373
Schölmerich 62, 72, 343, 344, 346
Schölmerich, P., u. J. G. Schlitter *525*
Schönberg 29, 135
Schönbrunner, E. s. Scherf, D. 130, *525*
Scholer 345
Schott, A. 28, 245
Schottky 302
Schreiber, H., s. Opdyke D. F. *524*
Schretzenmayr 392
Schroeder 157, 160
Schrötter 421
Schrumpf s. Korth, C. 115
Schwab, M. s. Bücherl, E. 417, *520*
Schütz, E. 45, 50, 56, 62, 63, 69, 70, 71, 72, 74, 75, 76, 78, 80, 81, 82, 83, 84, 86, 87, 92, 96, 97, 98, 99, 100, 101, 104, 105, 148, 149, 151, 177, 181, 183, 196, 197, 199, 201, 202, 203, 204, 205, 206, 208, 210, 211, 233, 239, 240, 244, 245, 251, 253, 255, 256, 273, 278, 281, 282, 284, 291, 294, 308, 310, 313, 315, 319, 322, 324, 325, 326, 327, 328, 331, 333, 336, 337, 338, 341, 342,

Schütz, E. 344, 346, 347, 351, 367, 368, 471, 472, 501, 507, 508, 512, 517, *525*
—, u. F. Buchthal 83, 95, 97, 253, *525*
— H. Caspers u. H. Niermann *525*
—, u. H. Lehne 210, 211, *525*,
—, u. B. Lueken 56, 80, 83, 85, 86, 88, 89, 90, 91, 94, 97, 98, 113, 197, 501, 515 516 *525*
—, J. Ritzmann u. J. Stadtfeld *525*
—, u. K. E. Rothschuh 105, 150, 205, *525*
—, — u. C. E. Mehring 76, *525*
—, s. Bertha, H. 238, 248, *520*
—, s. Krayer. O. 239, 240, 241, *523*
—, s. Lueken, B. 516, *523*
—, s. Rothschuh, K. E. 208, 209, 210, *524*
—, s. Schellong, F. 80, 81, 82, 84, 94, 98, 507, *525*
—, s. Schütz, U. 106, *526*
Schütz, U., u. E. Schütz 106, *526*
Schütt, B. s. Hauss, W. 131, *522*
Schultz 367
Schultz, H., u. K. J. Blumberger 369
Schulz 252, 446
Schumacher v. 502
Schumann, H. 446, *526*
Schutz 457
Schwab, M. 413, 414, 418, *526*
Schwartz 16, 134, 164
Schwarz 348
Schweizer 259
Schwingel 258
Sebastini 150
Seddig, M. *526*
Seely u. a. 451
Seely, R. D. 373
— s. Opdyke, D. F. *524*
Seemann, J. 79, 99, 103, 252, 298
Segall, H. N. s. Anrep, G. V. 155, 157, 479, 486, 487, 488, 489, 491, 499, 506
Segers 73, 95, 174, 516
Segre 16, 138
Selenin 346
Selkurt 457
Selkurt, E. E. 491
Sell 304, 305, 317
Selvini 45
Sharpey-Schaefer, P. s. McMichael, J. *523*
Sheldon, W. F. s. Foltz, E. L. 500, *521*

Sherrington 180
Shipley 457, 494
Shipley, R. E. 459, 460, 475, 485, 495
—, u. D. E. Gregg 496, *526*
—, s. Gregg, D. E. 372, 448, 450, 452, 457, 459, 460, 462, 475, 476, 485, 489, *521*
Shookhoff s. Scherf, D. 22, 115, 121, 137, 166, 169, 196, 197, 201
Sick, L. s. Hild, R. 390, 405, — *522*
Siddle 26
Sieben 516
Siegel 99, 100
Sigler, L. H. *526*
Singeisen, F. s. Vannotti, A. *526*
Sjöstrand 390
Skramlik, E. v. 1, 2, 8, 9, 11, 13, 14, 48, 53, 108, 118, 119, 120, 126, 127, 132, 253, *526*
Slyke van 273
Smith 334, 474
Smith, F. M. 492, 493
Smith, H. 451, *526*
Smith, J. R. 462, 463
Snyder 152
Solari 340
Sollmann 12
Soskin 457
Spadolini 513, 514
— u. Spadolini 252
Spalteholz 28, 142, 457, 464, 466
Spalteholz, W. 458
Spee Graf
Spencer u. a. 451
Spencer, F. C. 427, 449, 450, 453, 462
—, D. L. Merrill, S. R. Powers u. R. J. Bing 427, 450, 452, 462, 463, *526*
Sprague 387
Sulze 18, 19
Sulzer 402
Stadtfeld, J. s. Schütz, E. *525*
Stämpfli, R. *526*
Stahl, I. 307
Stanley Kent 119
Stannius 3, 4
Stannius, I. 7, 31
Starling 191, 198, 401, 403, 408, 419, 421, 424, 434, 435, 436, 437, 441, 443, 444, 453, 458, 463 480, 481
Starling, E. H. 278, 366, 381, 392, 393, 395, 396, 397, 398, 399, 459, 462, *526*

Starling, E.H. u. M.B.Visscher 422, 431, 432, 434, 436, 443, 444, 452, *526*
—, s. Bayliss 55, 99, 242, 286, 501
—, s. Markwalder, J. 398, 424, 459, 474, 479, 480, 484, 493, 494, *523*
—, s. Patterson, S. W. 392, 398, 436, *524*
Starr 354, 358, 360, 374, 417
Staudacher 157, 402, 403
Stead 157, 335, 400, 403, 417
— Durham, Warren u. Bramon 157, *526*
Steele 420, 422, 432, 497
Stefanowska 38
Steffens 273
Stehle, R. L., u. K. J. Melville 467, *526*
Steinberg 340
Steinhausen 70
Stella 420, 426, 431, 462
Stella, G. 491
Sten-Knudsen, O. 250, *526*
Stephens 348
Stenstroem 201, 508
Stewart 373, 509
Stewart, G. N. 372
Stöhr 270
Stöhr jr., Ph. 38, 39, 107, 502, *526*
Stokes 199
Stoll 455
Stolnikow 454
Straehl, E. O. *526*
Straub 443, 507
Straub, H. 97, 99, 108, 120, 128, 138, 194, 195, 196, 252, 265, 267, 270, 271, 272, 276, 280, 282, 283, 285, 286, 287, 290, 298, 299, 330, 367, 385, 389, 392, 393, 394, 399, 400, 402, 403, 404, 408, 410, 411, 413, 416, *526*
Streef, G. 53
Stroem 293
Strömberg 165
Strotmann 368
Strotmann, A. 246
Stroud 113, 135, 138, 185
Stroud, M. 462, 484
Stroud, W. D. 256
Stroud III., M. s. Eckstein, R. W. 452, 484, 489, 490, 497, *520*
Stumpf 273, 363, 364
Suckling, E. E. s. Brooks, Ch. 88, 89, 180, *520*
— s. Hoffman, B. H. 59, 68, 70, 88, 180, 242
Sulze, W. 133, *526*
— s. Garten, S. 74, 75, 76, 145

Sulzer 407
Sulzer, R. 400, *526*
— s. Duchosal, P. 211, 227, 231. 255
Suzuki 39
Szent-Györgyi, A. v. 45, 247, 248, 249, 250, 409, 410, *526*
—s. Bay, Z. 250, *519*
Szentivány 488

Tabora 191
Tabora, D. s. Moritz, F. *523*
Tait 87, 194
Talaat, M. 484
Talbot 359
Talma 337
Tanaka 480
Tandler 15, 16, 23, 24, 27, 28, 29, 134, 135, 164, 259, 264, 267
Tandler, J. 458
Tanner 360
Taquini 347
Tasaki 160
Taubmann 344
Taussig 26
Tawara, S. 22, 23, 24, 29, 30, 32, 107, 123, 126, 128, 135, 140, 141, 142, 145, 191, *526*
Teorell 60
Terroux 59, 113, 241
Thal 406
Thauer 160
Thayer 340, 343, 344
Thebesius 464
Thorel 24, 29, 134, 164
Thornton, J. J. 476, 477
Tiemann 66, 71
Tiemann, F. 511
Tigerstedt 2, 165, 284, 285, 286, 287, 298, 337, 350, 367, 368, 370, 464
Tigerstedt, C. 286
Tigerstedt, R. 2, 16, 33, 181, 190, 260, 284, 297, *526*
Tiitso 157, 158, 499
Tohoku 463
Tomaszewski, W. 404, *526*
Traube 252
Trautwein, W. 51, 52, 68, 72, 204, 241, 244, 249
Trautwein u. J. Dudel 241, 243, 244, 249, *526*
— u. K. Zink 70, 241, *526*
Trautwein, W. s. Brendel, W. 139, 140
Trautwein s. Schaefer 70, 73, 123, 139, 204, 228
Travis 123
Trendelenburg, F. 182, 183, 301, 302, 303, 306, 312, 313, 317, 319, 320, *526*

Trendelenburg, P. s. Anitschkow, S. W. 395, 398, *519*
Trendelenburg, W. 1, 10, 11, 32, 79, 81, 82, 94, 96, 108, 116, 182, 183, 199, 217, 218, 236, 237, 238, 257, 328
Tribe 155, 506, 507
Tschermak, A. v. 33, 38, 39, 195, 255, 258, *526*
Tschuewsky 464
Tröger, I. 309, 311
Tucker 358
Tuddenham, W. J. s. Foltz, E. L. 500, *521*
Tweel, L. H. van der s. Durrer, D. *520*

Ude 402
Ujiile 259
Ullrich 348
Ullrich, K. J., G. Riecker u. K. Kramer 395, 397, 401, 403, 406, 407, 415, *526*
Umpfenbach 276
Umrath 38, 87, 110
Umrath, K. s. Brücke, Fr. Th. *520*
Unger 223, 434, 458, 463
Unger, G. 223, 238, 251, *526*
Unghvary, L. v. 217
Unna 99, 100, 411
Ussing 60
Usui, R. s. Rohde, E. *524*

Vaandrager 236
Vacek, T. 447, 453
Valentin 154, 272
Valentin, G. G. 501
Vane 514
Vane, I. R. s. Dawes, G. S. 88
Vannotti 466, 467, 471
Vannotti, A. 461, *526*
—, u. A. Blunschy *526*
—, u. F. Singeisen *526*
Vanremoortere 160
Veen 75, 99
Veil 122, 123, 503
Verworn 45
Viale 42
Victoroff 252
Visscher 401, 431, 443, 444, 445
Visscher, M. B. 447, 448, 449, 450, 459, 460, 461, 885, 492
— s. Mulder, A. G. 421, 448, *523*
— s. Starling, E. H. 422, 431, 432, 434, 436, 443, 444, 452, *526*
Voit, C. 275, 276
Volhard 198, 392, 465, 466

Volhard, E. s. Anrep, G. V. 465, *519*
Volkmann 8, 31, 39
Volkmann, A. W. 154, 501
Volta, A. 54 *526*

Waart de 217
Wachstein 7
Wagner 284
Wagner, K. W. 320
Wagner, Rudo 33, 39, 107,
—, Rich. 162, 285, 286, 287, *526*
— s. Bayer, R. *519*
— s. Gross 285, *522*
Waldeyer 38
Wahlin 141, 142, 143
Waller 242
Waller, A. D. 55
Walther 250, 252
Warburg 463
Warren 403, 417
— s. Stead 157, *526*
Warren, J. V. 450
Waser, P. 362
Wastl 93, 94, 250
Watanabe 26
Waters, E. T. 449
Wearn 458, 461, 462
Wearn, J. T. 460, 462, 475, 485
—, u. Mitarbeiter *526*
— s. Hitchings, G. H. 420
Weber 272, 330
— s. Garten 255, 256, 282, 283
Weber, A. 48, 69, 105, 148, 154, 160, 166, 167, 168, 169, 171, 177, 192, 193, 198, 200, 201, 202, 205, 207, 216, 223, 224, 233, 279, 280, 281, 283, 297, 306, 324, 325, 338, 339, 340, 341, 343, 345, 346, 348, 349, 350, 351, 367, 368, *526*
—, u. A. Wirth 325, *526*
— s. Maass, H. 313, 314, 327, 339, 347, *523*
Weber, E. 501
Weber, E. H. 267, 501
Weber, H. H. 385, 411
Weber-Fechner 315
Webster 337
Wedd 131, 138
Wedd, A. M. 484
Wedemeyer 271
Wegel, R. W. 311, 316
Wégria 180
Wégria. R. 447, 477, 483, 484, 492

Weicker 427, 446
Weidmann s. Coraboeuf, E. 51, 52, 59, 241, 244
— s. Draper 52, 53, 67, 68, 70, 71, 123, 204, 242
Weidmann, S. 51, 52, 60, 68, 113, 122, *526*
Weil 192
Weinman, S. F. 247
Weinstein, W. s. Katz, L. N. 457, 458, 459, 461, 488, 494, 495, *522*
Weiser 114. 508
Weiss 348
Weiss, A. J. s. Foltz, E. L. 500, *521*
Weiss, O. 297, 298, *526*
Weiss, W. s. Grosse-Brockhoff, F. *522*
Weissel 326
Weitz 246, 255, 256, 343, 352, 367, 370, 371
Weitz, W. 351
Weizsäcker, V. v. 420, 426, 433, 444, *526*
Wenckebach, K. F. 3, 14, 28, 130, 133, 134, 141, 142, 163, 164, 165, 167, 168, 169, 171, 176, 177, 178, 187, 190, 191, 192, 193, 194, 195, 196, 197, 198, 254, 279, 372, 443
—, u. H. Winterberg 165, 174, 176, 189, 195, 278, *526*
Wendt 233
Wenger, R., u. a. 138
Wente, E. C. 301, 302
Werkö, L. s. Lagerlöf, H. 415, 417, 418, *523*
Werner, G. s. Kaindl, F. 53
Wertheim-Salomonson 75, 99, 299
Wertheimer 27, 508
Wertheimer, E. s. Buadze, S. 27, 122, 420, *520*
Werz, v. 64, 84, 238
West, T. C. *526*
Wetterer 387, 389
Wey, L. P. van der s. Durrer, D. 124, *520*
Weygand, A. s. Holldack, K. *522*
Weyrich 272
Wezler 160, 374, 392, 410, 488, 489
Wezler, K. 360, 369, 519
—, u. A. Böger 417, *527*

Wezler, K., s. Böger, A. 396, *520*
— s. Neuroth, G. 400, 405, 410, *523*
Wheeler 187
White 129, 130, 420, 431, 433
White, H. L. 372
White, P. D. 115, 197, 458
Whitteridge 162
Wichels 410
Wiechmann 74
Wiedemann 276
Wiegmann s. Kraft 241, 243
Wiegmann, O. s. Heintzen, P. 241, 244, 245, *522*
Wien, M. 310
Wiersma 6, 26
Wiesel 338
Wiggers 180, 285, 286, 288, 319, 334, 337, 392, 296, 397, 398, 399, 400, 403, 408, 411, 456, 457, 465, 467, 468, 470, 471, 472, 481
Wiggers, C. 287, 288, 289, 290
Wiggers, C. J. 64, 76, 141, 180, 182, 188, 254, 255, 256, 291, 292, 372, 400, 459, 460, 468, 470, 485, 489, *527*
—, u. F. S. Cotton 293, 468, 472, *527*
—, u. A. L. Dean 246, *527*
—, u. L. N. Katz 290, 396, 397, *527*
— s. Green, H. D. 467, *521*
— s. Gregg, D. E. 448, *521*
Wiggers, H. C. 372
White, P. B. s. Lewis, Th. 18, 75, 122, 128, 133
Wikner 340
Wilbrandt 249
Wilde 249
Wilke, E. s. Bredig, G. *520*
Williams 238
Williams, D. N. 447, 453
Williams, F. I. s. Katz, A. M. *522*
Wilson 29, 107, 114, 131, 147, 201, 208, 211, 212, 219, 457, 508
Wimbury, M. M., u. D. M. Green *527*
Windaus 455
Winterberg s. Rothberger, C. J. 7, 18, 25, 26, 108, 109, 124, 154, 155, 176, 177, 178, 179, 180, 182, 183, 196, 198, 199, 201, 504, 505, 506, 509, 510, 512

Winterberg, H. 97, 130, 142, 178, 182, 188, 194, 196, 517
— s. Wenckebach, K. F. 165, 174, 176, 189, 195, 278, *526*
Williams, F. L. s. Laurent, D. *523*
Wirth, A. s. Weber, A. 325, *526*
Witt de 107
Wittern, v. 338
Wittich, v. 38
Witzleb, E. s. Gollwitzer-Meier, Kl. 436, *521*
Wöhlisch, E. 378
Woerdemann 39
Wolfer, P. 466
Wolferth 130, 187, 334, 339
Wolff 129, 130
Wollaston 328
Wong, S. K. s. Foltz, E. L. 500, *521*
Wood 130
Wood, W. G. 449

Woodbury 68, 69, 70, 241, 244, 516
Woodworth 26
Wooldridge 190
Woollard 502
Worm-Müller 264
Woronzow, D. S. 76, 102
Wybouw 18
Wyman 432
Wyss, v. 340, 343

Yacoel 189
Yamazaki 7
Yater 122
Yeo 329
— s. Herroun 329
Yongh de 236
Yoshida, H. 72, 73, 74, 75, 79, 80, 101, 102, 131
Young, A. C. s. Scher, A. M. *525*
Young, F. G. 447, 453

Zahn 458, 474, 478
Zahn, A. 16, 18, 19, 20, 21, Zahn, A. 23, 25, 128, 478, 484, 486, 493, *527*
— s. Ganter, G. 17, 19, 21, 22, 191, 398, 478, 504, *521*
Zander 373
Zarday, v. 130, 217
Zeehuisen, H. 53
Zemke 225
Zink, K. s. Trautwein, W. 70, 241, *526*
Zipf, H. F. *527*
Zipf, H. s. Engelbertz, P. 327, *520*
Zondek, S. G. 516
Zotterman, A. 42
Zotterman, Y. s. Jarisch, A. 161, 162, 502
Zuelzer 45
Zuelzer, G. s. Salomon, H. 337, 480, 482, 496, *523*
Zuntz 421
Zur 339
Zwaardemaker 42, 43

Sachverzeichnis

Abfluß, venöser 460, 461
abgeschwächte Erregungen 79, 81, 84, 86, 241, 244
— Kontraktion 241
Abgriffsbedingungen 64, 208, 211, 212
abhängiger Tonus 409
Abklemmen der Aorta 475
— der A. pulmonalis 475
Ableitung, bipolare 103, 218
— breitflächige 71
—, diphasische 98
—, halbunipolare 218
—, indirekte 203, 212, 213
—, intracelluläre 59
—, monophasische 183
—, örtliche 213
—, „offene" und „geschlossene" 308
—, semidirekte 103, 208, 210, 211, 212
—, unipolare 202, 211, 212, 218
Ableitungen nach GOLDBERGER 222
Ableitungsbedingungen 105
Ableitungsgabel 78
Ableitungsort, Verlagerung 78
Ableitungsstellen auf der Brustwand 221
abnorme Vorhof-Kammerverbindung 129
abschwächende Wirkung des Vagus 87
Abschwächung des Leitungsreizes 196
absolute Arrhythmie 176, 178, 335
— Kraft 385
absolutes Refraktärstadium 79
Absorption der Röntgenstrahlen 364
Abstimmung, hohe 322
—, tiefe 322
—, — und hohe 313
Abweichung der ST-Strecke 105, 203ff.
Accelerans 155, 194, 198, 410, 411, 509, 510, 511
Accelerogramm 353, 355
Acetat 449
Acetylase 514, 518
Acetylcholin 7, 45, 53, 71, 85, 86, 88, 112, 113, 122, 162,

Acetylcholin 236, 258, 403, 412, 421, 426, 434, 436, 438, 453, 456, 492, 493, 495, 498, 501, 512, 513, 516
Acetylen 373
ACh, Bildungsgeschwindigkeit 514
ACh-Depot 513, 518
ACh-Umsatz 514, 518
Achse, elektrische 213, 215, 223
Aconitin 25, 53, 175, 253, 506, 511
Actin 249
Actomyosinsystem 249
ADAMS-STOKESsche Anfälle 113, 199
Adaptation des Herzbeutels 418
adaptive Dehnung 418
Addition, vektorielle 227
Adenin 484
Adenosin 45, 162, 484
Adenosindiphosphorsäure 456
Adenosinmonophosphorsäure 456
Adenosintriphosphorsäure 162, 456
Adenylsäure 45, 484
Adrenalin 7, 25, 26, 39, 40, 42, 43, 45, 53, 71, 85, 86, 87, 88, 155, 157, 164, 175, 180, 181, 237, 241, 246, 247, 256, 390, 403, 407, 410, 412, 420, 421, 425, 434, 436, 437, 438, 447, 448, 453, 455, 456, 458, 463, 464, 480, 487, 488, 490, 492, 493, 494, 498, 500, 501, 506, 515, 516
Adromie 118
Änderung der Erregungsform 148
— des Vektors 223
Änderungen der Lautheit bzw. der Amplitude 335
— der Schlagfrequenz 242
— von ST 149
Äquivalent, calorisches 427
äußere Kontur des Herzens 273
— Schale 472
Aktinokardiographie 366
Aktionslänge 71, 111, 122

Aktionsphänomen 56, 90, 91, 92, 113, 197
Aktionspotential 67, 71
Aktionsströme ohne Kontraktion 236
Aktionsstrom der Basis 74
—, einphasischer 68, 69, 70, 73
—, monophasischer 6, 69, 73, 507
— des Überleitungsgewebes 75
Aktionsstromanstieg 71, 111
Aktionsstromdauer 241, 242
—, Schwankungsbereich 150
Aktionsstromhöhe 78, 241
Aktionsstromplateau 85, 242
aktive Diastole 260, 271, 286
— heterotope Erregungsbildung 165
— Substanzen 25
Aktomyosin 249, 518
aktuelle Reaktion 433, 447, 480
akustische Rückkopplung 304
Alkohol 164, 252, 253
Alles-oder-Nichts-Gesetz 38, 66, 79, 80, 84, 92, 110, 119, 235, 247, 253
— — — des Erregungsvorganges 84, 87
Allolegie 226
Allorhythmie 173
—, extrasystolische 172, 173
Alterationsstrom 55
Alterationstheorie 62
Alternans 247, 252, 253, 254, 400, 508
—, elektrischer 252
—, hämodynamischer 254
—, mechanischer 252
Alternansformen 47
alternierende Extrasystolie 252
— partielle Asystolie 252
American Heart Association 221
Aminosäure 427
Ammoniak 252, 449
Amplitude des I. Tones 319
— des Mechanogramms 241
Amplitudenabhängigkeit 300, 324
Amplitudencharakteristik 300

Sachverzeichnis

Amplitudenfrequenzgang 314
Amplitudenfrequenzprodukt 373, 374
Amplituden- und Frequenzabhängigkeit 318
amplitudengetreue Darstellung 313
Amplitudenkorrektur 315
Amplitudenkurve 302
Amplitudentreue 316
Anämie 487
anaerobe Bedingungen 419, 423, 447
— Energiebildung 445, 447
— Stoffwechselvorgänge 444, 445
Anaerobiose 442, 444
Analysator, harmonischer 320
— nach MADER 319
Analyse des EKG 105
— nach FOURIER 319, 321
— des Herzschallbildes 321
— der Registrierinstrumente 296
Anatomie der Coronargefäße 457
anatomische Herzlage 218
Anelektrotonus 46, 175
Aneurysma, arteriovenöses 401
Anfälle, tachykardische 130, 184, 198
Anfang der Systole 336
Anfangsbedingungen 399, 428
Anfangsdruck 382, 395, 429
Anfangsfüllung 383, 395, 399, 406
Anfangslänge 381, 384, 399, 428, 437
Anfangsschwingungen 288, 290, 328, 345
Anfangsspannung 380, 383, 384, 392, 396, 397, 398, 399, 400, 428, 429
Anfangsteil der großen Gefäße 323
Anfangsvolumen 429
Anfangszacke 74
Anforderungen an schallregistrierende Apparaturen 300
Angebot, venöses 397, 400
Angina pectoris 491
Angiokardiographie 273, 364, 366
Annulus fibrosus 259, 273
Anode 53, 65, 66
Anoxämie 73, 482
Anoxie 162, 419, 483, 484, 485
Anoxybiose 97
anoxybiotische Energielieferung 443
— Umsetzung 445

ANREPscher Reflex 499
Ansaugmethode 62
Ansaugung, kammersystolische 271, 273, 274, 280
—, lokale 63
Anschlagzuckungen 387
Anspannung der Muskulatur 329
Anspannungston 335
— des Mitralsegels 345
— der Vorhofmuskulatur 347, 348
— des Vorhofs 346
Anspannungswelle des Kardiogramms 296, 351
Anspannungszeit 255, 264, 323, 326, 356, 357, 364, 366, 367, 369, 370, 371, 387
Anspruchsfähigkeit der Kammer 97
Anstieg des Erregungsvorgangs 67
Anstiegsdauer 72, 78
— am Vorhof 139
Anstiegsgeschwindigkeit 75, 111
Anstiegskomponente 76
Anstiegslänge 71, 110, 111, 122
— am Vorhof 139
Anstiegssteilheit 187, 204
Anstiegsunterschied 77
Anstiegsverzögerung 209
Anstiegsverzögerung 245
Anstiegszacken 77, 204
Anstiegszeit 71, 73, 78, 79, 110, 111
Anstrengung, körperliche 402
Anstrengungstachykardie 163
Antiarin 253
Aorta, Abklemmen 475
—, Auskultationsstelle 339
—, Druckablauf 288
—, Strömungsumkehr 369
Aortendepressor- und Carotissinusnerven 162
Aortendruck 336
Aortendruckablauf 290, 291, 293, 299, 470
Aortendruckkurve, Anfangsschwingungen 288, 328
—, Knickstelle 337
—, systolische Wellen 288
—, Vorschwingungen 288
Aortendruckmanometer 328
Aorteneröffnungswelle nach WEITZ 352
Aorteninsuffizienz 312, 328, 371
Aortenklappenöffnung 290
Aortenklappenschluß 290
Aortenkonstriktion 452, 485
Aortenpräzession 340
Aorten- und Pulmonalklappenschluß 368

Aortenstenose 339, 376
Aortentachogramm 277
Aortenton, zweiter 339
Aortenwelle des Kardiogramms 351, 352
apico-basaler Dipol 234
Apparatur, herzschallregistrierende 313
Apparaturen, Anforderungen an schallregistrierende 300
Arbeit, mechanische 431, 432, 445
Arbeitsäquivalent 428
Arbeitsdiagramm 387, 388, 389, 390
Arbeitsform 424, 442
Arbeitsmuskulatur 123
Arbeitsstoffwechsel 420
Arborisationsblock 143, 145, 201
Arrhythmie 52, 96, 172, 176, 178, 335
—, respiratorische 156, 157, 158, 159, 160, 171
Arterenol 403, 513
Art. hepatica 455
— pulmonalis, Abklemmen 475
— — und rechter Ventrikel, Druckkurven 289
Arterie des Sinusknotens 137
arterielle Klappen 267
— Sauerstoffsättigung 439
arterieller Blutabstrom 275
— Coronareinstrom 457
— Druck 474
— Widerstand 394, 396, 400
Arterien- und Kammerdruck 289
Arterienwurzel, Verengerung 267
arterioluminale Gefäße 458, 461
arteriosinusoidale Gefäße 461
arteriovenöse Fistel 417, 418
— Sauerstoffdifferenz 372, 436, 450, 481, 485
— Verbindungen 461
arteriovenöses Aneurysma 401
Arthropoden 252
ASCHNERscher Bulbusdruckversuch 158, 512
ASCHOFFsches Knötchen 191
ASCHOFF-TAWARA-Knoten 36
Asphyxie 162, 177, 194, 197, 199, 344, 458, 482, 483, 487
Aspiration, systolische 272
Ast- oder Arborisationsblock 201
Asynchronismus zwischen rechtem und linkem Ventrikel 247
Asystolie 62

Asystolie, alternierende partielle 252, 253
—, partielle 80, 96, 149, 251, 253
Atemgeräusche 312, 317
Atempuls 275, 276, 277, 361
atmosphärischer Druck 511
Atmung, CHEYNE-STOKESsche 2
— und Kammerdruck 287
atriale Klappenmuskulatur 264
atrionecteur 129
atrioventrikuläre Extrasystolen 167
Atrioventrikulargrenze 272
Atrioventrikularklappen 343, 344
Atrioventrikularknoten 29, 30, 504
Atrioventrikulartrichter 31, 127, 131
Atropin 112, 115, 131, 155, 156, 164, 171, 184, 406, 488, 494, 496, 506, 516
atypischer Kammerkomplex 169
atypisch-heterobolische Systeme 119
Auflösungsvermögen 296, 299
— des Tastsinnes 350
Aufregungstachykardie 163
Aufrollung der Kammermuskulatur 260
Aufsplitterung 76
augmented voltage 219
— unipolar limb leads 219
auriculärer Klappenschluß 266
auricular aberration 113
— flutter 175, 179
Ausdehnung des Sinusknotens 133
Auseinanderziehung des EKG 203
Ausgleichströme 63, 71, 109
Auskultation des Herzens 295, 296, 313
Auskultationsstelle der Aorta 339
— der Pulmonalis 339
Auslösung des Vorhofflimmerns 177
Ausschaltung, reizlose 21
Ausschlagkurve 353, 354, 355
Außenleiter 230
Außenleiterwiderstand 64
Ausstrom, coronarer 458
Austreibung, maximale 292
—, reduzierte 292
Austreibungsanteil 322
Austreibungston 323, 327
— der Vorhofmuskulatur 348
Austreibungszeit 357, 366, 367, 369, 370, 371, 396

Austrittsblockierung 172, 173
Auswurfmaxima 384
Auswurfvolumen, Maximum 380
— bei verschiedener Herzfrequenz 398
autochthone Reize 41, 45
autogenes Refraktärstadium
Automatie 1, 66 [87
— im av-Knoten 21
—, druckbedingte 2
—, Hemmung 53
—, mehrörtliche 13
—, neurogene 38
—, ventrikuläre 165, 510
—, Weckung 53
Automatiebefähigung des Vorhofs 164
Automatiezentrum 30
Automatine 42
Automatinogen 42
automatische Reizbildung 517
— , Hemmung 10
Auxomerie, Gesetz 109
—, unbeschränkte 13, 48, 108, 109, 196
auxotonische Volumänderung 387
av-Automatie 121
av-Block 47, 194
av-Bündel 30
av-Dissoziation, komplette 194, 197
av-Grenze 126
av-Klappen 263, 290, 347
av-Knoten 21, 22, 23, 28, 128, 129, 142, 197, 508, 509
av-Leitung 194
—, Verlangsamung 195
av-Leitungsstörung 193
av-Rhythmus 8, 17, 20, 21, 24, 121, 135, 137, 165, 166, 193, 281, 505, 510
— mit Schenkelblock 131
av-Tachykardie, paroxysmale 168
av-Trichter 8, 106, 107, 109, 119, 120, 126
Avertebraten 87
α-Welle oder präsystolische 279
axiale Stromrichtung 269

BACHMANN-Ligatur 138
BACHMANNsches Interauricularband 138, 140, 193
Bahn, spezifische 123, 125
Bahnbreite 107, 108, 109, 191, 196, 201
Bahnung der Erregungsleitung 93, 113, 120
BAINBRIDGE-Reflex 157, 158, 160, 162, 163, 164, 488, 499, 512

Ballistokardiogramm 354, 358, 359, 360, 372, 374
Barbitursäure 240, 445, 446
Barium 7, 25, 26, 53, 154, 162, 174, 180, 510, 511
Basisaktionsstrom 74, 75, 76, 79, 131, 148
Basissenkung 280
bathmotrope Wirkung 154, 501, 503, 509, 515
BAYLEY-Block 201
Beginn der Drucksteigerung im Ventrikel 325
— des I. Herztones 325
— der Systole 292
Beimischung, monophasische 104, 106, 149, 204, 206, 207, 471
Belastung, körperliche 404
Belastungs-EKG 222, 258
Benervung, humorale 425
Benzol 511
Berechnung des Schlagvolumens 360
Beri-Beri-Ödem 443
Beschleunigung 353
—, systolische 277
Beschleunigungsarbeit 375, 376
Beschleunigungskurve 353
— des Brustpulses 306, 307, 355
Beschleunigungsmesser 353, 354
betonter zweiter Pulmonalton 339
Bewegung der Herzmuskelwand 336, 351
—, kardiopneumatische 275, 276, 280, 361
— der Ventilebene 273, 278
Bewegungen der Mitralklappe 266, 331
Bewegungsvorgänge des Herzrandes 363
—, ruckartige 334
Beziehungen, elektrisch-mechanische 235, 242, 243
BEZOLD-JARISCH-Reflex 161, 512
Bezugselektrode, konstante 219
Bicuspidalis 260
BIDDERsches Ganglion 8, 31, 126
Bigeminie 115, 171, 172, 173, 252, 511
Bildungsgeschwindigkeit von ACh 514
„bioelektrischer Tonus" des Herzens 515
bioelektrisches Grundgesetz 55, 61
biphasische Deformierung 74
bipolare Ableitung 103, 218

Blasenstromuhr 501
Blatthaller, RIEGGERscher 302, 316, 317
Blausäure 7, 444
Blendung 316
Blinkschaltung 46
Blitzschlagtod 179
bloc bilatéral manqué 145
Block 50, 107, 108, 113, 116, 128, 191, 197, 198, 202, 279, 313, 335, 346, 347, 433
—, partieller 193, 197, 198, 199
—, sinuauriculärer 191, 194
—, totaler 193
—, vorübergehender partieller 189
Blockerscheinungen 47
Blockfasern 112, 118, 126, 127
Blockursache 196
Blut, Einströmen 343
—, etikettiertes 361
Blutabstrom, arterieller 275
Blutanteil, intravalvulärer 267
Blutdepot 405
Blutdruckzügler 160, 162
Blutfüllung des Brustraums 355
Blutketone 448
Blutkreislauf des Sinusknotens 138
Blutreaktion 434
Blutreservoir der Lunge 418
Blutspeicher 454
Bluttemperatur 432
Blutversorgung des Sinus 28
Blutviscosität 479
Blutzucker 447, 449
Blutzustrom, venöser 275
BOUVERET-HOFFMANN, Maladie 188, 189
bradykardialer Höhenkollaps 162
Bradykardie 159, 161, 164, 341
BREDIGS rhythmische Katalyse 48
Breite der Bahn 107, 108, 109
breitflächige Ableitung 71
— Elektrode 203
Brennmaterial 427
Brenztraubensäure 420, 447, 448, 449
Bronchialatmen 312, 313
Brückenfasern 23
bruit de réaction ventriculaire élastique 348
Brustkorb und Herztöne 306
„Brustkreis" nach W. TRENDELENBURG 218
Brustpuls 306, 307, 352, 354, 355

Brustpuls, Beschleunigungskurve 306, 307, 355
—, Geschwindigkeitskurve 306
Brustraum, Blutfüllung 355
—, Volumenänderungen im 276
Brustwand, Ableitungsstellen 221
—, mechanische Erschütterungen 295, 296, 307, 349, 350
Brustwandableitung, halbunipolare 220
—, unipolare 212
Brustwandableitungen 215
— nach GOLDBERGER 222
—, Theorie 222
Brustwandableitungskreis 217
Brustwandbewegung 352, 353, 356
Brustwandeigenschwingungen 306
Brustwandeinziehung, systolische 351
Brustwandpunkte 222
Brustwandschwingungen 349, 356, 357
Bubble-Flow-Meter 457, 462, 475, 489, 492, 501
Buckel im Aktionsstrom 76
Bündel, BACHMANNsches 140
—, künstliches 197
—, WENCKEBACH 192
Bündelstamm 509
Bulbus aortae 11, 14
Bulbusdruck 158, 181, 189, 508, 512
BURGERsche Saugelektrode 219

C-Ableitung 212
Calcium 25, 51, 53, 65, 66, 73, 78, 79, 82, 85, 86, 110, 122, 153, 162, 175, 181, 236, 249, 256, 258, 410, 516
Calibrated Phonocardiography 313
Calorimetrie, indirekte 428
calorischer Wert 428
capillare Strombahn, systolische Verengung 464
calorisches Äquivalent 427
Capillarisierung des Myokards 467
Capillarkompression 465
Capillarödem 443
Cardiazol 181, 496
cardionecteur 129
CARNOTscher Kreisprozeß 389
Carotisdruckversuch 189, 508
Carotispulskurve, Verspätung 327

Carotissinus 115, 162, 606
—, Chemoreceptoren 455
Carotissinus-Reflex 160, 164, 512
Cava-Herzohr-Winkel 28
—, Trichter 28
Cellophanhaut 57
central terminal 211, 222
Charakteristik, nichtlineare 316
chemische Umsetzung 446
Chemoreceptoren 162
— des Carotissinus 455
CHEYNE-STOKESsche Atmung 2
Chinidin 87, 178, 517
Chinin 34, 71, 138, 151, 178, 181, 186, 189, 192, 256, 517
Cholin 45, 513, 516
Chloralhydrat 181, 252, 253
Chlorbarium 252
(siehe auch Barium)
Chlorcalcium 252
(siehe auch Calcium)
Chloridionen 61
Chlornatriumrhythmus 37
Chloroform 79, 180, 253, 256, 511
Chordae 262
Chronaxie 84, 128, 243, 503
chronotrope Wirkung 86, 87, 154, 155, 412, 501, 502, 503, 504, 509
Cinédensigraphie 366
cinquième bruit 348
circus contractions 185
— movement 185
claquement de l'ouverture mitrale 343, 345
Coffein 34, 164, 175
Coma diabeticum 151
— hepaticum 151
— uraemicum 151
communicating fibres 129
concealed response 93
Concretio perikardii 351
constant inflow 398
Constant pressure flow meter 468, 475, 491
constrictorische Fasern 489
contractiler Prozeß 250
controlled circulation preparation 396
Conus arteriosus 267, 270
Coramin 492, 496
Coronarabstrom 460
Coronararterie 28, 137, 294, 450
—, Ligatur 457, 491
—, linke 294
—, rechte 294
—, Verschluß 459, 460, 483
Coronararterien, intramurale Strömungsform 470

35*

Coronaarterien, Stromkurven 468
Coronararterienabgänge 268
Coronararteriendruckkurve 293
Coronararterieneinstrom 459
Coronararterienversorgungsgebiet 460
Coronarausfluß 458, 459
Coronarblut 424, 432
—, venöses 434
Coronardilatation 484
Coronardruck, peripherer 293, 294
—, venöser 476
—, zentraler 293
Coronardurchblutung 405, 420, 428, 441, 451, 456, 459, 464, 465, 474, 494, 497
—, Determinanten 473
—, Druckpassivität 475
—, systolische Hemmung 465, 478
Coronardurchfluß 427, 462
Coronardurchströmung 451, 460
—, Hemmung 467
coronare Einflußänderungen während des Herzcyclus 468
Coronareinstrom 450, 457, 459, 460, 463, 477, 483
Coronarflimmern 179
Coronargefäße 362, 457
—, Elastizität 465
—, vasomotorischer Einfluß 490
Coronarinsuffizienz 105, 151, 205, 462, 500
Coronarkanüle 458
Coronarkreislauf 373
—, peripherer Widerstand 293, 473
Coronarregulation, lokalchemische 482
Coronarsinus 428, 450, 458, 459, 460, 461, 470, 476, 484
—, Verschluß 476, 477
Coronarsinusausstrom 458, 459, 460, 462
Coronarsinusdruck 294
Coronarsinusfraktion 458
Coronarsinuskanüle 478
Coronarsinusrhythmus 24, 43, 189
Coronarströmungskurve 469
Coronarsystem, nutritiver Axonreflex 500
Coronarthrombose 105
Coronarvasodilatation, hypoxämische 482
Coronarvenen, Strömungsschwankungen 470

Coronarvenentrichter 23, 134, 136
Coronarverschluß 174, 400
Coronarzirkulation während eines Herzcyclus 464
CO-Vergiftung 456
Crista terminalis 15
Crustaceennerven 92
CURRANsche Scheide 141
c-Welle oder systolische Welle 280
Cyanid 7, 482, 484
CZERMAKscher Vagusdruckversuch 158, 512

Dämpfungsverhältnis 299
Dauer des Aktionsstroms 242
— von Elektro- und Mechanogramm 242
— der Entspannungszeit 371
— der Herztöne 318
— des physiologischen Reizes 97
— der Systole 292
Dauerbeziehungen 244
Dauerkontrakturen 252
Dauerreiz 45
Dauerverkürzung 408
Deformierung, biphasische 74
Deformierung, monophasische 204, 205, 208, 218
Dehnbarkeit 380, 396, 406, 409, 412, 413
Dehnung 52, 53, 174, 191, 193, 397, 407, 418
—, adaptive 418
—, freie 418
— des Gefäßbaumes 287
— der Lunge 287
—, plastische 386, 400, 402
Dehnungsempfänger im Herzen 162
Dehnungskurve 381, 382, 409, 410
Dehnungsreceptoren 57
Dehnungszustand der Lungen 287
—, plastischer 401
Dekompensation 347, 396, 397
Dekrement 112, 113, 119, 179, 299
—, logarithmisches 299
dekrementielle Leitung 112, 114, 197
dekrementielles Versiegen 110
Delirium cordis 175
Demarkationsstrom 55
Densogramm 364
Depolarisation 51, 62, 65, 66, 71, 109, 250
—, diastolische 51, 52
Depression 112
depressive Kathodenwirkung 66, 80

depressive Leitung 112
depressorische Impulse 162
Depressorreflex 161, 512
Depressorreizung 155
Desoxycorticosteron 249
Destruktion der Membran 73
Detektorstoffe 162
Determinanten der Coronardurchblutung 473
Dextrogramm 364, 366
Dextro- und Laevogramm 222
Dezibel 313, 314
Diastase 290, 291, 292
Diastole, aktive 260, 271, 286
—, elektrische 51
—, toter Punkt 337
Diastolenbeginn 337
Diastolendauer 341, 348, 407
diastolische Depolarisation 51, 52
— oder d-Welle 281
— Faserlänge 429
— Füllung 274, 400
diastolischer Druck in der rechten Herzkammer 415
— Kammerdruck 400, 402, 411
— Ruck 343
— Segelton 345
— Tonus 410
diastolisches Volumen 406, 416, 429, 430, 431, 432, 433, 434, 437, 438, 441, 442, 443, 444, 445, 452
Dicke der Muskelfasern 121
— der Ventrikelfasern 123
Dielektrogramm 350, 355, 356
Differentialaktionsstrom 139
Differentialdruckmethode 467
Differentialelektrode 19, 76, 146, 182, 257
Differentialelektrogramm 133
Differenz, arteriovenöse 436
differenzierende Filter 313, 327, 347
Differenzkonstruktion 100, 101, 102, 104, 106, 148, 204, 206, 208, 227
Differenzprinzip 203, 204, 212, 213
—, mehrfaches 212
Differenztheorie 99, 102, 238, 244
—, Erweiterung 103
Differenztöne 316, 317
Diffusion 63
Diffusionshindernis 57, 58
Diffusionspotentiale 56
Digilanid 445
Digitalin 504
Digitalis 82, 115, 151, 164, 168, 175, 178, 181, 187, 191, 196, 197, 199, 249,

Digitalis 253, 409, 410, 445, 455, 495
Dilatation 401, 402, 403, 418, 442, 452, 480, 493
— des insuffizienten Herzens 416
—, druckpassive 489
—, regulative 413
—, tonogene und myogene 413
Dilatatoreceptoren 162
Dilatatorfasern 489
diphasische Ableitung 98
diphasisches Elektrogramm 100
Dipol 103, 106, 204, 209, 222, 229, 230, 231, 232
—, apico-basaler 234
dipolförmige R-Zacke 104
Dip-Phänomen 88, 180
direkte Ballistokardiographie 359
diskordantes T 234
disseminierte Nekrosen 205
Dissoziation 26
— mit Interferenz 199
Dissoziationstheorie 182
Distanzgeräusch 315
Diuresehemmung 157
DONNAN-Potential 58, 59
Doppelerregung 90, 91, 92
Doppelgipfligkeit der Vorhofdruckwelle 283
Doppelschicht, elektrische 61, 67
doppelsinniges Leitungsvermögen 114, 117, 118
doppelter Herzton 323
— Vorhofton 191
Dreieck, gleichseitiges 193, 216, 217, 223, 225, 231, 232, 234
—, NEHBsches 222
Dreieckschema 148, 215, 217, 223, 225
dreiteiliger Galopprhythmus 346
Dreiteilung des ersten Tones 318
dritter Herzton 278, 303, 313, 321, 322, 340, 347, 371
— Vorhofton 347
dromotrope Wirkung 112, 154, 501, 508, 509, 517
Druck 191
—, arterieller 474
—, atmosphärischer 511
— im linken Ventrikel 394
— — — Vorhof 394
— — rechten Ventrikel 289
— — — Vorhof 398
— in den Herzabschnitten 415
— in der Pulmonalarterie 289
—, intracoronarer 293

Druck, intramuraler 294, 471, 477
—, intramyokardialer 294, 471, 477
—, intrathorakaler 403, 415
—, intraventrikulärer 289, 470, 472, 486
Druckablauf, Aorta 288
— in der Aorta 290
— in den Herzkammern 285
—, Pulmonalarterie 288
— in den Schlagadern 288
— — — Vorhöfen 282
— im Vorhof 283, 284, 330
Druckanstieg im linken Vorhof 397
— — Ventrikel 246, 255, 256, 288
Druckanstiegszeit 327, 370
Druckarbeit 375, 395
druckbedingte Automatie 2
Druckbelastung 423, 442
Druckempfänger 300, 304
Druckentwicklung, Maximum 407
Druckgefälle zwischen Vorhof und Kammer 413, 414
Druckkurve einer Coronararterie 293
—, endokardiale 238
—, Herzvene 294
—, intraventrikuläre 290, 325, 413, 438
—, isometrische 437
Druckkurven der A. pulmonalis und des rechten Ventrikels 289
—, isometrische 397
— der oberflächlichen Herzvenen 294
— des rechten Ventrikels 397
— — — Vorhofs 283
— — — Ventrikels 396
Druckmaxima 380, 384, 395
Druckoscillationen im Vorhof 331
— über den Segelklappen 331
druckpassive Dilatation 489
— Faktoren 497
Druckpassivität der Coronardurchblutung 475
Druckpumpe 271
Druckreceptoren 157
Druck- und Saugpumpe 275
Drucksteigerung, intrathorakale 161
Druck-Stromstärke-Funktion 488
Druckverlauf im Schallfeld 309
Druckvolumendiagramm 379, 380, 382, 388, 391, 395, 400, 401, 405, 407
Druck-Volumenkurve, Steilheit 401

dualistische Theorie des EKG 73, 99
Ductus arteriosus 273
Durchblutung, intramurale 466
—, regionäre Verschiedenheiten 472
Durchblutungsmessung 457
Durchblutungsstörungen 208
Durchblutungsunterschiede, regionäre 471
Durchflußmenge, coronare 462
Durchlässigkeit, selektive 57, 58
Durchleuchtung 363
Durchmesser, erster schräger 363
—, zweiter schräger 363
Durchströmung, elektrische 65
d-Welle oder diastolische 281
Dynamik 379, 392
dynamische Eichung 298, 299
Dystonie, vagosympathische 163

EBERTH-BELAJEFFsches Spaltraumsystem 141
Effekt, oxydationssteigender 435
—, plastischer 400
effektiver Füllungsdruck 415
Eichung, dynamische 298, 299
—, statische 298, 299
Eigenfrequenz 297, 298
Eigenschaften, plastische 407
—, viscös-elastische 432
Eigenschwingungen 288, 299, 300
— der Brustwand 306
Ein- und Austrittsblockierung 173
Einflüsse, inotrope 278
—, lageändernde 227
Einfluß der Atmung auf den Druckablauf im rechten Vorhof 285
— der Herznerven 510
—, inotroper 404
—, spezifisch energetischer 433
—, tonusfördernder 410
einleitende Schwingungen 323
einphasischer Aktionsstrom 68, 69, 73, 86, 238
— Strom, Anstiegssteilheit 204
—, Formänderungen 72, 75
einphasisches Elektrogramm 50, 70, 71, 86, 100, 240, 245
Einstellungszeit 297
Einströmen des Blutes 343

Einströmungswelle des Kardiogramms 344, 352, 371
Einstrom, coronarer 459, 477
Einstromverminderung, systolische 465
EINTHOVEN-Ableitungen 218
EINTHOVEN-Extremitäten-Ableitungen 218
EINTHOVENsche Formel 217
EINTHOVENscher Saitenschreiber 236, 238
— Summensatz 216
EINTHOVENsches Dreieck 215, 223
— Dreieckschema 148, 225
— Projektionsgesetz 227
Eintrittsblockade 172
Einwärtsbewegung, systolische 351
Einwärtsstrom 109
Einwirkung, tonotrope 414
einzelne Faser 228
Eiweißverbrennung 427
EKG, Analyse 105
—, Auseinanderziehung 203
—, Belastungs- 222
— bei Coronarinsuffizienz 205
—, dualistische Theorie 99
—, Frequenzabhängigkeit 245
— beim Herzinfarkt 205
—, indirekte Ableitungsmethoden 218
—, intrakardiales 273
—, Schenkelblock 200
—, vektorielles 227
— -Veränderungen unter dem Einfluß der Herznerven 510
elastische Energie 385
— Ruhelage der Klappen 267
Elastizität 411
— der Coronargefäße 465
Elastizitätsmodul 453
Elastizitätsschwankungen 409
electrical doublet 209
elektrische Achse 213, 215, 223
— Diastole 51
— Doppelschicht 61, 67
— Durchströmung 65
— Fische 54
— und mechanische Betätigung des Herzens, Größe 241
— — —, Parallelismus zwischen 258
— — — Vorgänge, Koppelung 248
— Reaktion, Latenz 257
— Systole 149, 245, 246, 368

elektrische Transmission 330
— Vergleichsreize 98
elektrischer Alternans 252
— Unfall 180
elektrisches Feld 213, 216, 232
— Filter 320
— und mechanisches Geschehen, Koppelung 250
— Transmissionsprinzip 284
elektrisch-mechanische Beziehungen 235, 242, 245, 293
Elektrizität, tierische 54
elektroakustische Epoche 297
— Methoden 300
Elektrode, breitflächige 203
—, gegabelte 77
Elektrodendicke 71, 122
elektrodynamisches Mikrophon 305
Elektrogramm, diphasisches 100
—, einphasisches 50, 70, 71, 86, 100, 239, 240, 245
—, Explantat 40
elektroisometrische Latenz 326
Elektrokardiogramm, Komponenten 224, 225
—, Lage der Herztöne zum 324
— s. a. EKG
Elektrokardiographie, stereometrische 223
Elektrokardiovektogramm 227
Elektrokymographie 364, 366
elektrolytische Theorie 250
Elektrolytverteilung 516
elektromagnetische Störungen 306
elektromagnetisches Mikrophon 305, 306
elektromechanische Latenz 255, 326
Elektro- und Mechanogrammdauer 242
elektropressorische Latenz 255, 326
Elektrosinugramm 49
elektrotonisches Potential 90
Elektrotonus 46, 65
elektrotrope Wirkung 154, 244, 501, 507
Element, kontraktiles 385
—, nichtkontraktiles 385
elementare, diskordante T-Wellen 234
— R-Zacke 228, 233
elementarer Erregungsrückgang 234
elementares T 228, 233
Elongationsballistogramm 361
Embryokardie 189

embryonales Herz 14, 33, 34, 38, 39, 40, 107
Empfindlichkeit 297, 298, 299
— gegen Luftschall 304
Empfindlichkeitskurve des Gehörorgans 309, 310, 313
Encephalographie 189, 202
enddiastolischer Ventrikeldruck 419
enddiastolisches Volumen 419
Ende der Systole 336, 337, 368
Endgefäße 457
endokardiale Druckkurve 238
Energetik des Kaltblüterherzens 431
energetisch-dynamische Herzinsuffizienz 336, 415
energetischer Reizüberschuß 97
Energie, elastische 385
Energieäquivalent 427
Energiebildung, anaerobe 445
Energiefreisetzung 427, 428, 429, 430, 431, 444
Energielieferung, anaerobe 443, 445, 447
Energiestoffwechsel 453, 455
Energieumsatz, Größe 437
„energotrope" Wirkung 436, 497
ENGELMANNsche Regel 198
Entladungsschwelle 48
Entlastungsreflex 498, 499, 500
Entleerung des Herzens 350
—, isotonische 437, 438
—, systolische 396, 405
Entleerungskardiogramm 350
Entleerungswelle des Kardiogramms 352
Entnervung des Herzens 155, 453, 512
Entspannungswelle 352
Entspannungszeit 281, 337, 344, 371, 388
Entstehungsmechanismus der Schallerscheinungen 322
Entstellungen der Ventrikeldruckkurve 286
„Entthronung" des Herzens
Entzerrer 316   [377
Ephedrin 436, 494
Ephetonin 436, 494
Ergotoxin 493
Erholung der Erregbarkeit 81
— — Erregungsfortpflanzung 108, 112
— des Erregungsvorgangs 81
Erholungsgeschwindigkeit nach einer Systole 86, 501
Erholungsphase nach einer Systole 91
Erholungsprozeß, Geschwindigkeit 88

Erholungsverschlechterung 82
Erholungsvorgänge nach einer Systole 81
Ermüdung 113
Ernährungsbedingungen 11
Erregbarkeit 65, 78, 194
—, Optimalrhythmus 94
—, Wiederherstellung 81, 84
Erregbarkeitsnachschwankung 94
Erregbarkeitsoptimum 94
Erregbarkeitsschwankung 79
Erregung 66, 68
—, abgeschwächte 79, 81, 84, 86, 241
—, kreisende 115, 174, 184, 185
—, postextrasystolische 82
—, Quellpunkt 146, 233
—, retrograde 168
—, zirkulierende 117
Erregungen, recht- und rückläufige 117, 119
—, Summation unterschwelliger 92
Erregungsausbreitung 226, 232, 326
—, Geschwindigkeit 124
— in den Kammern 147
—, Quellpunkt der 232
— im Vorhof 135, 136
—, Zeit 326
Erregungsbahnung 113, 120
Erregungsbeginn auf der Herzoberfläche 147
Erregungsbildung 40
—, aktive heterotope 165
—, heterotope 164, 193, 198
—, nomotope 151
—, passive heterotope 165
Erregungsdauer 149
Erregungsform 78, 207
—, Änderung 148
Erregungsfortpflanzung 110
—, Erholung 112
Erregungsgröße, wiederherstellende 81, 82
Erregungsleitung 93, 110, 238, 517
—, Bahnung 93
—, Geschwindigkeit 136
— in den HISschen Schenkeln 509
—, intraventrikuläre 507
—, Irreziprozität 118
—, myogene 124
—, retrograde 124
—, Reziprozität 117, 118
—, Sicherheitsfaktor 98, 111, 118
—, Verspätung 148
Erregungsrückbildung 233
Erregungsrückgang 233
—, elementardiskordanter 235

Erregungsrückgang, elementarer 234
—, inhomogener (konkordanter) 235
Erregungsserie 82
Erregungsumkehr 114
Erregungsursprung, Wandern 20
—, abgeschwächter 81, 244
—, Alles- oder Nichts-Gesetz 84, 87
—, Anstieg 67
—, Erholung 81
Erregungswelle 69, 111
Erregungszeit 246
Ersatzrhythmus 165
Ersatzsystole 164, 169, 198
Erschlaffungszeit 356
Erschütterung der Brustwand 295, 307, 349, 350
erster Herzton 283, 285, 288, 318
— schräger Durchmesser 363
— Ton, Amplitude 319
— —, Lautheit 335
Erstickung 148, 157, 191, 256, 509
Erstickungsdilatation 488
Erwärmung, lokale 102
Erweiterung der Differenztheorie 103
escaped beat 165, 169, 511
Eserin 505
Essigsäure 480
Esterase 513, 514
Etappentheorie 187
etikettiertes Blut 361
Eutonon 45
Exaltationsphase 93
Explantat-Elektrogramm 40
expulsive Komponente 328
Exspiration 339, 418
Exsudate 202
„externe" Methode 436
Extraenergie 430
extrakardiale Reize 491
Extrareizung am Sinus 4
Extrasystole 4, 13, 18, 19, 46, 52, 53, 82, 114, 164, 167, 335
—, atrioventrikuläre 167
—, Gipfelgleichheit 250
—, interponierte 4, 47, 124, 144, 167, 169
—, septumnahe 168
—, Superposition 250, 251, 253
—, ventrikuläre 168, 169, 170, 279
Extrasystolen, ventrikuläre 124
Extrasystolie, alternierende 252

extrasystolische Allorhythmie 172, 173
— Reizbildung 510
— Tachykardie 189
extravasculäre Faktoren 294, 477, 484, 494
— Kompression 473, 486
extravascular support 473
Extremitäten-Ableitungen nach EINTHOVEN 218
—, triographische 226
Extremitäten-Vektordiagraphie 226
extrinsic effect 19, 75, 204
exzentrische Lage des Herzens 225

Faktoren, druckpassive 497
—, extravasculäre 294, 477, 484, 494
falsche Sehnenfäden 6, 59, 67, 68, 70, 71, 123, 128, 141
Farbstoffmethoden 417
Faser, einzelne 228
Faserdicke 121
Faserhülle 58
Faserkern 58
Faserlänge, diastolische 429
—, initiale 431
Fasern, constrictorische 489
—, THOREL 192
Faserquerschnitt 121
Faserzahl 64
favorable state 248, 249
Feld der elektrischen Achse 223
—, elektrisches 213, 216, 232
Feldelektrode 209
Feldgesetze 230
Feldlinien 209
FENN-Effekt 428, 429, 431, 442
Fermentblocker 61
Fernelektrode 208, 209, 210, 211
Fernpotential 70, 75, 76, 77, 103, 104, 105, 106, 148, 204
Ferritin 456
feste Kupplung 172
— Membran 297
fetale Herztöne 348
Fett 449
Fettsäure 449
fibres commissurales directes atrioventriculaires 129
Fibrillenanteil 75
FICK, Minutenvolumenbestimmung 372, 417, 453
Fieber 152
Filter 314, 327
—, differenzierende 313, 327, 347
—, elektrisches 320
final vibration 319

Fisch 120
Fische, elektrische 54
Fistel, arteriovenöse 417, 418
fixe Kupplung 173
Flammenmethode 297, 299
Flattern 44, 175, 177, 196
—, reines 176, 182
—, unreines 176, 182, 185
Fleischextrakt 44
Flimmerbereitschaft 177
Flimmerempfindlichkeit 180
Flimmerfrequenz 178
Flimmern 175, 176, 177, 196, 420, 438, 458, 465, 477, 483, 489, 490, 494, 495, 496, 517
Flimmerphotometer 315
Flimmerresistenz 181, 185
Fluorokardiographie 366
Förderleistung des Herzens 418
Förderung des Venenblutes 275
Form des einphasischen Aktionsstroms 70
— des Herzschallbildes 318
Form- und Lageänderungen des Herzens 356
Formänderungen 330, 350, 352
— des einphasischen Stromes 72, 75
Formbeständigkeit 408
Formelastizität 280
FOURIER, Analyse 311, 319, 320, 321
Fragmentation, funktionelle 182
fraktionierte Systole 187
FRANKsche Kapsel 297, 304
FRANKsches Maximum 384
FRANK-STARLINGsches Gesetz 419
freie Dehnung 418
— Diffusion 56
Fremdgasmethode 373
Frequenz 433
— des Herzens 499
—, kritische 163, 372
Frequenz- und Amplitudenabhängigkeit 318
Frequenzabhängigkeit 71, 87, 96, 149, 242, 245, 313, 315, 316, 324
— des EKG 245
— der Gehörempfindlichkeit 310, 315
— von QT 150
Frequenzänderung 398, 432
—, reine 390
Frequenzanalyse 321
Frequenzbereich der Herzgeräusche 312
—, optimaler 398

Frequenzcharakteristik 314, 321
Frequenzgang 317
— des Ohres 315
Frequenzgrenzwert 390
Frequenzhalbierung 81
Frequenzkorrektur 307, 312, 349
Frequenzkurve 300, 302, 305, 317
— des Kondensatormikrophons 303
Frequenzkurven verschiedenster Lautsprecher 316
Frequenzspektrum 319, 320, 321
Frequenzsteigerung 244
Frequenzunabhängigkeit 300
Frequenzunterschiedsempfindlichkeit 321
Frequenzwirkung 241
FRIDERICIA-Formel 149, 150, 245, 371
frontales Vektordiagramm 224, 225
frustrane Herzkontraktionen 151
Füllung, diastolische 274, 400
Füllungsdruck 391, 406, 407, 415, 419
—, effektiver 415
Füllungskurve 290
Füllungsvolumen 416
—, diastolisches 406
Füllungsvorgang der Kammer 290
Füllungszeit 163, 371
fünfter Herzton 348
funktionelle Fragmentation 182
— Modifikation 78, 108, 109
f-Wellen 177

Gabelast 76
Gabelelektrode 76, 105, 204, 205, 206, 213
Gabelprinzip 78, 213, 227
Gallensäuren 18, 164, 455
Galopp, präsystolischer 346
Galopprhythmus 313, 340
—, dreiteiliger 346
—, protodiastolischer 340
Ganglia stellata 155, 452, 487, 489, 512
Ganglien,
—, intrakardiale 33
— der Scheidewand 8
Ganglientheorie 31
Ganglienzellen 29, 32, 35, 37, 38, 39
Ganglion, BIDDERsches 8, 31 126
—, REMAKsches 31
Ganzwellenwechselstrom 70
GASKELL-Effekt 113, 501, 515

GASKELL-MUNKsches Phänomen 174
Gaswechsel 422, 443, 498
Gaswechselsteigerung 435
Geburt 158
gedoppelter I. Herzton 345
Gefäßbaum, Dehnung 287
Gefäße, Anfangsteil der großen 323
—, arterioluminale 458, 461
—, arteriosinusoidale 461
—, sinusoidale 458
Gefäßstreifen 493
Gefäßsystem 458
Gefäßton 323
Gefäßversorgung 28
Gefäßwand 338
Gefäßweitenänderung, vasomotorische 473
Gefäßwiderstand, coronarer 484
gegabelte Elektrode 77
gegensinnige Leitung 114
Gegentaktgleichrichter 321
gehörähnliche Darstellung 313, 314
gehörähnlicher Verstärker 309, 312
gehörähnliches Schallbild 316
Gehörempfindlichkeit, Frequenzabhängigkeit der G. 310
Gehörempfindung 309
Gehörorgan, Empfindlichkeitskurve 309
—, Nichtlinearität 317
—, Reizverarbeitung 318
Gehörwahrnehmung 309
geometrische Projektion 216
Geräusch 295
—, niederfrequentes präsystolisches 346, 348
Geräuschanalyse 320
gerichtete Größe 212, 213
Gesamtarbeit beider Herzteile 376
Gesamtdurchfluß 458
Gesamtelastizität 411
Gesamtenergie des Herzens 426
Gesamtkontraktion 389
Gesamtkreislauf, Nutritionsreflex 500
Gesamtorganismus 400, 414, 415, 421, 454
Gesamtstoffwechsel 449
Gesamtsystolendauer 246, 357, 369, 370
Gesamtumsatz 419
Gesamtwiderstand, peripherer 473
Geschwindigkeit des Erholungsprozesses 88
— der Erregungsausbreitung 124

Geschwindigkeit der Erregungsleitung 136
Geschwindigkeitskurve 277, 290, 353
— des Brustpulses 306
Geschwindigkeitspuls 276
gesenktes ST-Stück 207
Gesetz der Auxomerie 109
Gesetz zur Erhaltung der physiologischen Reizperiode 164, 176
— der Herzarbeit 392
— des Herzmuskels 121
— der Herztätigkeit 392
— der reziproken Innervation 155
gespaltener Herzton 323
Gewebe, komprimiertes 113
—, spezifisches 26
Gewebsanoxie 434
Gewebshormon 513
Gewebskomplex, neuromuskulärer 106
Gewebskultur 14, 39, 40, 107
Gewebsnebenschlüsse 73
Gewebsschädigung 94
Gewichtsleistung 378
Giftwirkung 62
Gipfelabrundungen 77, 204
Gipfelgleichheit der Extrasystole 250
Gipfelzacken 77, 204
Gipfelzeit 242, 243, 244, 247
Glasborste 277
Glasplattenmanometer 380
Gleichgewichtskurve 379, 387, 390, 405, 407
gleichseitiges Dreieck 193, 216, 217, 223, 225, 231, 232, 234
gleitende Kupplung 172
Glimmröhre 46
Gliokinese 88
Gliosklerie 88
Glucose 401, 427, 447, 448, 449, 456, 481, 496
Glykogen 7, 22, 27, 121, 122, 427, 436, 446, 448, 449
Glykokoll 449
Glykosid 445
Glyoxylsäure 253
GOLDBERGER, unipolare Extremitätenableitungen 219, 222
GOLTZscher Klopfversuch 158, 512
graphisches Hörfeld 311
Grenzflächenladung 67
Grenzflächenpermeabilität 518
Grenzflächenpotential 59
Grenzwert der Frequenz 390
Größe der elektrischen und mechanischen Betätigung des Herzens 241

Größe des Energieumsatzes 437
—, gerichtete 212, 213
—, skalare 212
Großlautsprecher 317
Grundeigenschaften des Herzmuskels 194
Grundgesetz, bioelektrisches 55, 61
Grundumsatz 419, 421, 422
Grundumsatzbedingungen 159, 163
Gruppenbildung 238, 248
Güte der Kranzgefäßdurchblutung 498
— des Registrierinstrumentes 296, 299

[H·] des Coronarblutes 432
H-Ionen 501
H-Ionenkonzentration 154
hämodynamische Herzinsuffizienz 415
hämodynamischer Alternans 254
halbflüssige Membran 297
Halbrhythmus 252
halbunipolare Ableitungen 218, 220, 222
Halbwellenwechselstrom 70
Halbwertszeit 361
Halogenessigsäure 71, 73
Haltetaue 262
harmonischer Analysator 320
Harnstoff 449
Hauptsegment 319, 330, 335
HCl-Vergiftung 245
hebender Herzstoß 355
Hemmung der Automatie 10, 53, 121
— der Coronardurchblutung 478
— der Coronardurchströmung 467
—, reziproke 155
Hemmungstheorie 501
Hemmungsvorgang 87
Hemmungswirkung der Herznerven 107
—, Maskierung der 243
Heparin 273
Hepaticareflex, vasomotorischer 455
hepatogenes Herzhormon 455
HERING, pulmokardialer Reflex 160
HERINGS Lungendehnungsreflex 158
HERKELsche Formel 371
Herz, Abflußsystem 461
—, äußere Kontur 273
—, Ansaugung durch das 271
—, Arbeitsdiagramm 389
—, Dehnungsempfänger 162

Herz, Dilatation des insuffizienten 416
—, embryonales 14, 33, 34, 39, 40, 107
—, Entleerung 350
—, Entnervung 453, 512
—, „Entthronung" 377
—, exzentrische Lage 225
—, Förderleistung 418
—, Gaswechsel des schlagenden 422
—, Gesamtenergie 426
—, Gleichgewichtskurve 405
—, Grundumsatz 419, 421
—, hypertrophiertes 64
—, hypodynames 251, 443, 507
—, insuffizientes 396
—, Kardiogramm des wandständigen H. 351
—, kontraktilitätsgeschädigtes 414
—, Lage- und Formänderung 349, 354, 356
—, Leerumsatz 425
—, Mechanoreceptoren 162
—, peripheres 377
—, Receptorenfelder 161
—, Rückstrom zum 271
—, ruhendes 409
—, Sauerstoffschuld 439
—, Sauerstoffverbrauch 422
—, Saugkraft 272
—, Scheinbeweis des stillstehenden 254
—, Schöpfarbeit 398
—, Selbststeuerung 268, 271
—, sterbendes 5, 6, 73, 119
—, systolischer Zustrom 275
—, Tagesarbeit 377
—, Volumen 396
Herzabschnitte, Druck 415
Herzachse 223
Herzaktion, Mechanismus 322
Herzalternans 95, 252, 253, 254
Herzanlage 38
Herzarbeit 278, 372, 376, 392, 425, 440, 444, 452, 453
Herzaspiration 271
Herzauskultation 295, 296
Herzbeutel 274, 275, 406, 408, 411, 418
herzbezogene Ableitungen nach HOLZMANN 222
Herzblock 93
—, partieller 3
—, sinuauriculärer 133
—, totaler 3, 26, 197, 198, 199, 281
Herzcyclus, Coronarcirkulation 464, 468
Herzdehnbarkeit 380
Herzdekompensation 371
Herzdilatation 413, 414

Herzelektrode 210, 211
Herzenergetik 432
Herzentnervung 155
Herzextrakte 43
Herzfehler 273
Herzfernaufnahme 363
Herzfrequenz 151, 406, 432, 433, 478, 496, 499, 512
—, Auswurfvolumen bei verschiedener 398
—, Maximalwerte 162
—, Optimum 478
—, reflektorische Beeinflussung 158
Herzfüllung 356
Herzfunktionsprüfung 162
Herzgaswechsel 430, 435, 441
Herzgeräusche 265, 295, 315, 320
—, Frequenzbereich 312
Herzgewicht 406
Herzgröße 402
Herzhinterwand 212
Herzhohlkugel 379
Herzhormon 44, 45
—, hepatogenes 455
Herzinfarkt 105, 151
—, EKG beim 205
Herzinsuffizienz 371, 392, 414, 415, 416, 417, 425, 438, 444, 445, 454
—, energetisch-dynamische 336
—, hämodynamische 415
Herzjagen 130, 188
Herzkammer, diastolischer Druck in der rechten 415
Herzkammerbasis, Tachogramm 290
Herzkammern, Druckablauf 285
—, Plethysmogramm 290
—, Volumschwankungen 290
Herzkatheter 273, 286, 290, 360, 366, 402, 415, 417
— -Elektrode 47
Herzklappen 259, 260
Herzklappenfehler 270
Herzkontraktionen, frustrane 151
Herzkontraktionskraft 358
Herzkraft 360, 401, 437, 438
Herzlage 218
—, anatomische 218
Herzleistung 377, 378, 487
Herzleitungsstörungen 190
Herz-Lungenpräparat 239, 392, 393, 453
Herzmechanik 389
Herzminutenvolumen 417, 451
Herzmißbildung 366
Herzmuskel, Gesetz 121
—, Grundeigenschaften 194
—, Lokalerregungen 80

Herzmuskel, mechanische Eigenschaften 437
—, Permeabilität 516
Herzmuskeldurchblutung 463
Herzmuskelelement 36, 79, 82, 196, 227
Herzmuskelinsuffizienz, hypoxische 445, 456
Herzmuskelschädigung 245
Herzmuskelschwäche 371
Herzmuskelstreifen 379
Herzmuskeltonus 408
Herzmuskelwand 333
—, Bewegung 336
herznahe Venen 271
Herznerven 52, 86, 154, 175, 180, 190, 411, 416, 437, 490, 501
—, Einfluß auf EKG-Veränderungen 510
—, Hemmungswirkung 107
—, Tonus 155, 172, 511
Herzneurose 163
Herzoberfläche 147
— , Erregungsbeginn 147
Herzödem 449
Herzohr-Cava-Winkel 15, 16, 19
Herzohren 273
Herzrandbewegungen 363, 366
Herzrandpulsation 405
Herzreize, Wirkungsstärke der natürlichen 97, 98
Herzschallaufnahme, tiefe 355
Herzschallbild 308
—, Analyse des 321
—, Form 318
—, kindliches 322
—, menschliches 322
—, Typus 318, 322
herzschallregistrierende Methoden 296, 313
Herzschatten 350
Herzschema 351
Herzschlauch 30, 39, 40, 99, 504
Herzschleudern 274
Herzschwäche 164, 340, 401, 414, 415, 417, 418
Herzskelet 259
Herzsondierung 273
Herzspitze 9, 35, 247
Herzspitzenstoß 295, 296, 307, 349, 350, 354
Herzstörungen bei Hirntumorkranken 190
Herzstoffwechsel 449
—, Produkte 501
Herzstoß, hebender 355
Herzstreifen 12, 78, 98, 100, 111, 114, 118, 122, 126, 128, 191, 203, 209, 248, 384, 409, 410

Herzstruktur 260
Herztätigkeit, Gesetz 392
—, Schema 291, 338
Herztätigkeitsperiode 387
Herzteile, Gesamtarbeit beider 376
Herztetanus 252
Herztöne 256, 295
— und Brustkorb 306, 352
—, Dauer 318
—, fetale 348
—, Lautsprecherwiedergabe 316, 317
—, Oscillationen 284, 331
— und Venenpuls 343
Herzton, Beginn des ersten 325
—, doppelter 323
—, dritter 278, 313, 321, 340, 347, 371
—, erster 283, 285, 288
—, gedoppelter 345
—, fünfter 348
—, gespaltener 323
—, verlängerter „unreiner" erster 323
—, vierter 345
—, zeitliche Einordnung des ersten 322
—, zweiter 246, 247, 285, 288, 336
Herztonika 408
Herztonkapsel 279, 296, 298
Herztonkurve, kindliche 348
Herztonregistriermethodik 299
Herztonus 386, 408
—, bioelektrischer 515
Herzvektor 223, 224
—, Lage des 227
—, Rotation 217
Herzvenen 476
—, Druckkurven 294
—, Ligatur 477
—, vordere 294, 458
Herzvolumen 406, 417
—, diastolisches 416, 430, 432
Herzvolumschreibung 356
Herzvorhof, Druckablauf 284, 330
Herzvorhofton 346
Herzwand, muskuläre 332
Herzwandbewegung 333, 351, 371
Herzwandknoten 56, 63, 68, 71, 204, 206, 239, 244, 471
heterochrome Photometrie 315
heterochthone Reize 41
Heterodromie 118
heterotope Erregungsbildung 164, 193, 198
— Tachysystolie 183
Hg-Tropfen, pulsierender 47
high frequency 315

Hindernisse für die Leitung 128
Hin- und Rückleitung 118
Hirnanämie 199
Hirndruck 164
Hirntumorkranke, Herzstörungen 190
Hirnventrikel, Lufteinblasung 190, 507
Hissche Schenkel, Erregungsleitung 509
Hissches Bündel 23, 25, 30, 36, 109, 141, 147, 191, 198, 232
— — Querläsionen 195
Histamin 42, 45, 162, 438, 443, 445, 456, 492, 495, 496, 501
Hitzdrahtanemometer 276, 464, 466
Hitzdrahtdüse 276
Hochfrequenzkondensatormikrophon 301
Hochfrequenzschwingungskreis 302, 320, 321, 333
Hochpaßfilter 313, 320, 348
Hochspannung 181
Hochtondurchlasser 320
Höhenanpassung 156, 511
Höhenaufstieg 511, 512
Höhenklima 205
Höhenkollaps, bradykardialer 162
Höhenverträglichkeit 156, 511
Hörbarkeit des II. Pulmonaltones 340
Hörbefund, subjektiver 312
Hörempfindlichkeit, Maximum 313
Hörempfindung, Schwellenwerte 311, 315
Hörfläche 310, 311
Hörgrenze 311
Hörschwellenkurve 309, 315
hohe Abstimmung 322
Hohlvene 19, 133
Hohlvenen, Rückstrom des Blutes 274
HOLZMANN, herzbezogene Ableitungen 222
homogenes Medium 213
homogenetische Schläge 165
Homogenität des Mediums 216
Hormokardiol 44
Hühnerei 38, 158
Hühnerembryo 39, 75
Hüllenwiderstand 64
Huftiere 23, 29
humorale Benervung 425
— Regulation 43
— Übertragbarkeit der Vaguswirkung 512
Hundeherz, Sauerstoffverbrauch 421

Hungerödem 159
Hungerzustand 159, 164
Hydratationsgrad 444
hydrodynamische Modelle 47
Hypercalcämie 151
Hyperkapnie 483, 484
Hyperpolarisation 51, 52
Hypertachyatrie, poikilorhythmische 189
Hyperthermie 151
Hypertonie 425
hypertrophiertes Herz 64, 223
Hypocalcämie 151
hypodynamer Zustand 84, 88, 92, 152, 289, 420, 251, 443, 507
Hyposystolie, partielle 253
Hypothalamus 507
hypotonische Kochsalz-Lösung 92
hypoxämische Coronarvasodilatation 482
— Reizung des Vaguszentrums 156
Hypoxie 205, 482
— -Lienin 445, 456
hypoxische Herzmuskelinsuffizienz 445, 456
Hypoxydose 259

Ikterus 164
Impulse, depressorische 162
Incisur 246, 247, 288, 289, 296, 327, 336, 337, 338, 339, 353, 368, 369, 370
— des Kardiogramms 352
—, Minimum 369
Indicatordiagraphie 321
indirekte Ableitung 203, 212, 213, 218
— Calorimetrie 428
Induktionsreiz 80, 83, 84, 97
induktives Prinzip 305
induziertes Refraktärstadium 322
Infarkt 53, 206
Infraschallschwingungen 349
inhomogener Erregungsrückgang 234
Inhomogenität 234
— des Erregungsrückgangs 234
initial vibration 324, 326, 346
initiale Faserlänge 431
— Spitze 89, 70, 71
— Umformung der Kammer 326
initialer Verkürzungsprozeß 329
Injektion, intrakardiale 241
Injektionsmethode 373
Inkrement 119
Innenleiterwiderstand 122
innere Reibung 432
— Schale 471

innere Schichten der Ventrikelmuskulatur 124
— Wandschicht 472
Innervation, Gesetz der reziproken 155
—, reziproke 512
inotrope Wirkung 87, 154, 278, 399, 403, 404, 407, 409, 426, 501, 507, 508, 518
Inrush 465
inscripteur à corde 236
Inseln spezifischer Muskulatur 165
Inspiration 339, 418
Instrument, Güte 299
Insuffizienz 271, 396, 414, 415, 418, 435, 443, 444, 455
—, energetisch-dynamische 415
—, intraprozessuale 270
—, physiologische 267, 270
—, relative 270
Insuffizienzgrenze 418
Insuffizienzvolumen 261, 270
Insuffizienzwelle 280, 281
Insulin 401, 496
Integralvektor 227, 232, 233
Integraph 353
Integrimeter 353
Intensität, subjektive 335
Interauricularband 136, 138, 193
Interferenzdissoziation 121, 170, 171, 189, 190, 199
Interkombinationstöne 321
intermittierende Parasystolie 173
intermittierendes Vorhofflattern 187
,,interne" Methode 436
interponierte Extrasystole 4, 47, 124, 144, 167, 169, 194
Intersystole 285
Intervall, postextrasystolisches 165
—, sinuauriculäres 18
interventrikuläre Verbindungen 125, 142, 143
intraauriculäre Leitungsstörung 166
intracelluläre Ableitung 59
intracelluläres Kalium 62
intracoronarer Druck 293
intrakardiale Ganglien 33
— Injektion 241
— Nerven 31, 36
— Reflexe 491
intrakardialer Vagus-Sympathicus-Apparat 34
intrakardiales EKG 273
intramurale Durchblutung 466
— Gefäße, Kompression 468

intramulare Leitung 124
— Strömungsform der Coronararterien 470
intramuraler Druck 294, 471, 477
intramurales Reibegeräusch 334
intramuskuläre Schallerscheinung 328
intramuskulärer Nervenplexus 502
intramyokardialer Druck 294, 471, 477
intraprozessuale Insuffizienz 270
intrapulmonale Oxydation 417
intrathorakaler Druck 161, 403, 415
intravalvulärer Blutanteil 267
intraventrikuläre Druckkurve 290, 325, 413, 438
— Leitung 504, 507, 508
— Leitungsstörungen 199
intraventrikulärer Druck 255, 289, 458, 470, 472, 486
— —, passive Kompression 471
Intrinsiceffekt 75
introductory vibrations 319
Ioneneinwirkung auf die Membran 64
Ionenimpermeabilität 67
Ionensieb 57
Ionenspeicherung 60
Ionisationskammer 366
Ionogramm 364, 370
Irregularität, absolute 178
irresponsive Phase 45, 89
Irreziprozität der Leitung 118, 119
irritable heart 163
Ischämie 63, 191, 483
—, lokale 149, 208
ischämische Nekrobiosen 208, 471
isobarisch 379, 384
Isochronie 13, 50
Isodiastole 337
Isodromie 118
isometrische Druckkurven 397, 437
— Komponente 328
— Kontraktion 292, 381
isometrische Maxima 383, 385, 391, 400, 403, 407
— Minima 406
— Phase 337
— Zuckung 381
Isopotentialfläche 230
Isopotentiallinien 214, 216
Isorhythmie 96
isotonische Entleerung 437, 438
— Kontraktion 384

isotonische Maxima 384, 385, 391
— Minima 390
— Zuckerlösung 153
Isotope, radioaktive 362

Jodipinöl 274
Jonium 42

Kälte 78, 110, 196
Kalium 42, 45, 53, 58, 59, 60, 61, 65, 66, 78, 82, 85, 86, 97, 110, 122, 153, 162, 174, 175, 196, 210, 236, 249, 256, 410, 420, 516, 518
—, intracelluläres 62
—, Strahlung 42
Kaliumautomatie 42
Kaliumdiffusionspotential 60
Kaliumfreisetzung 516
Kaliumionenwolke 65
Kaliumkontraktur 410
Kalium-Konzentrationspotential 60
Kaliumpermeabilität 67
Kaliumphosphat 456
Kaliumsalzruhestrom 65
Kaliumstrahlung 43
Kaliumverluste 249
Kallikrein 45
Kaltblüter 2
Kaltblüterherz, Energetik 431
Kammer, Anspruchsfähigkeit 97
— - und Arteriendruck 289
—, Druckanstieg 288
—, Formänderung 330
—, Füllungsvorgang 290
—, initiale Umformung 326
—, Nachhinken 199
—, Saugwirkung 286
—, Tonusänderung 409
Kammerautomatie 11, 25, 26, 155, 165, 176, 198, 505
Kammerbasis, Saugwirkung der 280, 283
Kammerbasissenkung 355
Kammerdehnbarkeit 347
Kammerdruck 287
— und Atmung 287
—, diastolischer 400, 402, 411
—, systolisch 207
Kammerdruckkurve 286
Kammerdruckkurvenplateau 286
Kammereigenrhythmus 25, 165, 505
Kammerextrasystole, interponierte 194
Kammerextrasystolie 124
Kammerflimmern 121, 177, 179
—, paroxysmales 199
—, vorübergehendes 181

Kammerfüllung 413
Kammerinnenfläche 146
Kammerkomplex, atypischer 169
—, monophasisch deformierter 105, 206
Kammerlatenz, Theorie 195
Kammermuskulatur, Aufrollung der 260
Kammern, Erregungsausbreitung 147
—, sympathische Innervation 502
—, Vaguswirkung 502, 504
Kammeroberfläche 145, 146
Kammerrhythmus 504, 505
Kammerstillstand 113
Kammerstrom, einphasischer 86
kammersystolische Ansaugung 280
Kammerwand, ,,diastolischer Ruck" 343
Kammerwandbewegungen 334
Kampfer 443
Kapazitätsänderung 355, 356
Kapazitätsmanometer 380
Kardiogramm 295, 296, 329, 332, 344, 349, 350, 356, 367
—, Anspannungswelle 296, 351
—, Aortenwelle 351, 352
—, Einströmungswelle 344, 352
—, Entleerungswelle 352
—, Incisur 352
— vom Kind 342
—, Vorhofswelle 352
— des wandständigen Herzens 351
Kardiographie, objektive 349
Kardiophonogramm, kindliches 341, 342
kardiopneumatische Bewegungen 275, 276, 280, 361
Katalyse, BREDIGS rhythmische 4
Katelektrotonus 46, 175
Katheter 372, 373, 427, 428
Katheterbewegungen 290
Kathode 53, 65, 66, 80, 174
Kathodenwirkung, depressive 66, 80
Kathodophon 302
KEITH-FLACKscher Knoten 16
KENTsches Bündel 129, 131, 189
Kernhüllenwiderstandsverhältnis 64
Khellin 492, 495
KIRCHHOFFsches Gesetz 216
Kind, Kardiogramm 342

kindliches Herzschallbild 322, 341, 342, 348
Kindsbewegungen 348
Kippvorgang 46, 48
Klangbild 295, 303, 304
Klappen, arterielle 267
—, elastische Ruhelage 267
Klappenansatzstellen 30
Klappenapparat 263
Klappenbewegungen der Mitralklappe 266
Klappenfehler 400
Klappenmuskulatur 264
—, atriale 264
Klappenschluß 264, 265, 267, 337
—, auriculärer 266
—, präsystolischer 267
—, ventrikulärer 266
Klappenschlußbewegungen, präsystolische 265
Klappenschlußton 329
Klappensegel 283
—, vorhofsystolische Hebung der 264
Klappenspiel, verhindertes 329, 334
Klappenton 328, 329, 331, 336
Klappentrichter 267
Klappenzipfel 261, 262
kleines Brustwanddreieck nach NEHB 222
Kleinstmotor 378
klinotrope Wirkung 154, 244, 453, 504
Klopfversuch, GOLTZscher 158, 512
Knall 295
Knickstelle der Aortendruckkurve 337
— der Pulskurve 369
Kniebeugen 162
Knötchen, ASCHOFFsches 191
Knoten 28
—, Leitungsverzögerung 128
Knotenextrakt 53
Knotengewebe, Refraktärstadium 192
Knotenrhythmus 24, 170
Knotung 76
Kochsalz 153
Kochsalz-Lösung, hypotonische 92
Kochsalzstillstand 153
KÖNIGsche Flamme 297
Körper, Leitfähigkeit 226
Körpergewicht 451
körperliche Anstrengung 402
— Belastung 404
Körperoberfläche 151, 231
Körperschall 304, 305
Kohlekörnermikrophon 300
Kohlendioxyd 154, 448
Kohlenhydratäquivalent 427
Kohlenhydratumsatz 436

Kohlenhydratverbrennung 427, 436
Kohlenoxydvergiftung 456
Kohlensäure 479, 480, 483
Kollaps 335
—, systolischer 280, 281
Kollodiumschicht 57
Kombinationsschlag 131
Kombinationstöne 316
Kompensation 396
kompensatorische Pause 4, 13, 18, 114
komplette av-Dissoziation 194, 197
Komponente, expulsive 328
—, isometrische 328
—, langsame 127, 131, 204
Komponenten, monophasische 101
Komponenten-Elektrokardiogramm 224, 225
Kompression 112, 116
—, extravasculäre 473, 486
— der intramuralen Gefäße 468
komprimiertes Gewebe 113
Kondensatormikrophon 301, 302, 303, 304, 305, 308, 331, 333
—, Frequenzkurve 303
konstante Bezugselektrode 219
Konstriktion der Pulmonalarterie 485
kontraktiles Element 385
Kontraktilität 235, 237, 239, 247, 249, 416, 518
kontraktilitätsgeschädigtes Herz 395, 414
Kontraktion 401
—, abgeschwächte 241
—, isometrische 292, 381
—, isotonische 384
—, lokale 66
—, pseudotetanische 408, 410
Kontraktionsdauer 453
Kontraktionsfähigkeit 401
Kontraktionsgipfel 244
Kontraktionskurve 242, 410
Kontraktionsrest 385, 389, 398, 409, 410, 411, 413
Kontraktionssubstanz 48
Kontraktionsvorgang 236
Kontraktur 153, 408
Kontrakturen, toxische 410
Kontrastblut 274
Konzentrationspotential 60
Koordination 1
— der Volumenarbeit 419
Koppelung zwischen elektrischen und mechanischen Vorgängen 245, 248, 250
Koppelungsraum 303, 304, 307
Kraft, absolute 385

Kraft der Herzkontraktion 358
Kraftmaschine, technische 378
Kranzgefäßdurchblutung 442, 498
—, Güte 498
—, Mittellage 498
—, Steuerung 497
Kranzgefäße, Mehrdurchblutung 434
KRATSCHMERscher Reflex 158, 512
Kreatinphosphorsäure 446
Krebsherz 37, 252
Krebsnerven 95
Kreisbewegungen 115, 116, 118, 130, 174, 184, 185
Kreislauf, Selbststeuerung 455
Kreislaufhormon 45
Kreislaufreflex 496
Kreislaufsystem, geschlossenes 1
—, offenes 1
Kreisprozeß, CARNOT 389
Kreistheorie 187, 188, 189
Kristallmikrophon 305, 306
Kritik der Registrierinstrumente 286, 298
kritische Frequenz 163, 372
KRONECKER-Stich 181, 182, 184
künstlicher Querschnitt 69
künstliches Bündel 197
Kupplung 171
—, fixe 173
—, gleitende 172
—, wechselnde 173
Kurve der isometrischen Maxima 379, 383, 385, 391, 401, 403, 407
— — Minima 406
Kurve der isotonischen Maxima 379, 384, 385, 391
— der isotonischen Minima 390
— der Minima 389
— der Ohrempfindlichkeit 312
Kurven gleicher Lautstärke 315
Kurzschlußwirkung 202, 258
Kurzwellenkardiogramm 356
Kymogramm 363, 364, 405

Labilität der Membran 174
—, vegetative 163
Lactat 427, 447, 448, 456
Ladung der Membran 57
Längenänderungen, plastische 401
Längen-Spannungsdiagramm 384, 402

Längsachse 218
Längsdissoziation 199
Längsquerschnittsstrom 55, 62
Laevogramm 222, 364, 366
Laevohepan 456
Laevulose 456
Lage der Herztöne zum Elektrokardiogramm 324
— des Herzvektors 227
— und Formänderung des Herzens 349, 354, 363
lageändernde Einflüsse 227
Lanadigen 445
langsame Komponente 127, 204
Latenz 89, 127, 128, 195, 236, 254, 257, 258
—, elektroisometrische 326
—, elektromechanische 255
—, elektropressorische 255, 326
—, mechanische 257, 325
— der Methodik 254, 257
—, Phänomen 89
—, wahre 255
Latenztheorie 195, 196
Latenzzeit 255, 256, 326
Lateralbewegung 363
laterale Plateaubildung 405
Lautheit des I. Tones 334, 335
— des Vorhoftones 348
Lautheits- bzw. Amplitudenänderungen 335
Lautheitskurven 317
Lautsprecher 304, 316, 317
—, Frequenzkurven 316
Lautstärke 317
—, Kurven gleicher 315
—, subjektive 335, 338
Lautstärkenvergleich 315
law of initial tension and length 399
Leber 454, 455, 456
—, „Herzhormon" 455
Leberausschaltung 454
Leerumsatz des Herzens 425
Leistung 377
—, mechanische 430, 445
Leistungsgewicht 378
Leistungsstörungen, intraventrikuläre 199
Leistungszeit 246, 371
Leitfähigkeit des Körpers 226
Leitung mit Dekrement 91, 93, 197
—, dekrementielle 112, 114, 197
—, depressive 112
—, doppelsinnige 117
—, gegensinnige 114
—, intraventrikuläre 504, 508
—, Irreziprozität 119
—, rechtläufige 114
—, — und rückläufige 126

Leitung, Refraktärphase 194
—, Reziprozität 119
—, rückläufige 119, 120
—, übernormale Phase 113, 120
Leitungsfähigkeit, Erholung 108
Leitungsgeschwindigkeit 110, 111, 113, 121, 122, 123, 126, 139, 228
— am Vorhof 139
Leitungshindernisse 128
Leitungsreiz, Abschwächung 196
Leitungsstörung, intraauriculäre 166
Leitungsstörungen 112, 151, 190, 191
—, sinuauriculäre 137
—, Ursachen 191
— im Vorhof 192
—, vorübergehende intraventrikuläre 201
Leitungssystem, spezifisches 140, 141
Leitungsvermögen, doppelsinniges 114
Leitungsverzögerung 82, 100, 106, 196, 203, 207, 245
— im Knoten 128
—, Ort der 197
Lepidosteus 270
Ligatur einer Coronararterie 457, 491
— der Herzvenen 477
—, STANNIUSsche 191
Limulusherz 33, 35, 36
Linear-Elektrokardiographie 226
linke Coronararterie 294
Links-Extrasystole 169
Links- und Rechts-EKG 222
Links- und Rechtsverspätung 199
Links-Schenkelblock 169, 200, 340
Linkstyp 226
Linksverschiebung 217
logarithmisches Dekrement 299
lokalchemische Coronarregulation 482
lokale Ansaugung 63, 74
— Erwärmung 102
— Ischämie 149
— Kontraktion 66
Lokalerregung 80, 90, 106, 113, 197
lokaler Vektor 222
lokalisierte Ischämie 208
Lokalpotentiale 75, 204
low frequency 315
LUCIANIsche Perioden 12
LUDWIGsche Stromuhr 457
Luftausstrom 275, 276, 277

Lufteinblasung in die Hirnventrikel 189, 190
Lufteinstrom während der Systole 272, 275, 276
Luftfüllung der Hirnventrikel 507
Luftschall 304, 305, 306
Luminalgefäße 461, 462
Lunge, Blutreservoir 418
—, Dehnungszustand 287
Lungen, Resonanz 306
Lungenblähung 287, 436
Lungendehnung 287
Lungendehnungsreflex, HERINGS 158
Lungengeräusche 309
Lungen-Herz-Reflex 160
Lungenkreislauf, Strömungswiderstand 287
Lungenreflex 160
Lungensog 274, 280
Lungenstoffwechsel 427, 436
Lungenzeit 362
Lungenzug 274, 278
Lunula 268
Lymphherz 36, 38
Lymphspaltensystem 141

MADERschen Analysator 319
main vibration 319, 324
Maladie de BOUVERET-HOFFMANN 188, 189
— de MACWILLIAMS 189
manifeste resultierende Potentialdifferenz 223
Manometer mit elektrischer Transmission 238
Manometerfrequenz 286
Manometerkonstruktion 289
Manometerkritik 296
Manometertheorie 298, 300, 337
manometrische Sonde 282, 284, 285, 330, 331
Manteltiere 1
Maskierung der Hemmungswirkung 243
Maxima des Auswurfsvolumens 292
— des Druckes 380
—, isometrische 379, 400, 407
—, isotonische 379
maximale Austreibung 292
Maximalfrequenz 45, 96, 97, 120, 121, 162, 245
Maximum der Druckentwicklung 407
— der Hörempfindlichkeit 313
—, isotonisches 391
mechanische Anfangsbedingungen 428
— Arbeit 431, 432, 444, 445
— Eigenschaften des Herzmuskels 437

mechanische und elektrische Aktion, ,,Trennbarkeit" 236, 237
— Erschütterungen der Brustwand 296
— Latenz 257, 325
— Leistung 430, 445
— Systole 245, 246, 368
— Wandschwingungen 333
mechanischer Alternans 252
Mechanogramm 236
—, Amplitude 241
—, Superposition 238
Mechanokardiogramm 296, 332, 357, 367
Mechanoreceptoren des Herzens 162
Medialbewegung 363
Medium, homogenes 213, 216
Meduse 33, 36, 38, 41, 87, 115, 184
Mehrarbeit 404
Mehrbeanspruchung 113, 192, 194, 197, 199, 201
Mehrdurchblutung der Kranzgefäße 434
mehrfaches Differenzprinzip 212
Mehrgipfeligkeit der R-Zacke 204
mehrörtliche Automatie 13, 50
Membran 58, 66, 174, 229, 241, 249
—, feste 297
—, halbflüssige 297
—, Ioneneinwirkung 64
—, Ruheladung 61, 67
Membranbeeinflussung durch den Vagus 503
Membrandestruktion 73, 88
Membraneigenschaft 60
Membranentladung 518
Membrankapazität 122
Membranlabilität 174
Membranladung 57, 61, 65, 66, 228, 518
—, Positivierung 515
Membranleck 63
Membranlockerung 66
Membranmethode 297
Membranpermeabilität 249
Membranpolarisation 53
Membranpotential 52, 57, 59, 60, 61, 63, 88, 95, 252, 516
Membranprozeß und Kontraktion, Koppelungsmechanismus 245
Membranspannung 63, 64, 65, 67, 87, 175
Membranstruktur 88
Membranvorgänge, Temperaturabhängigkeit 244
Membrantheorie 49, 60, 61, 66, 84, 87, 107, 109, 175, 209

Menschenherz, sterbendes 12
menschliche Stimme 307
menschliches Herzschallbild 322
Mesenteriummembran 297
Mesodiastole 341, 342
Messung der Schallintensität 302
Messungen, myothermische 429
Metabolite 447, 476, 484, 485
Methode, ,,externe" 436
— der halben Resonanzkurve 302
—, ,,interne" 436
—, spirometrische 436, 439
Methoden, elektroakustische 300
—, herzschallregistrierende 296
—, sphygmographische 374
Methodik der Herzschallregistrierung 296
—, thermoelektrische 426
middle frequency 315
Mikroelektrode 59, 68, 88, 204
Mikrophon 300, 301
—, elektrodynamisches 305
—, elektromagnetisches 305, 306
—, schallhartes 304
—, SELLsches 305
Milchsäure 162, 420, 439, 445, 446, 448, 449, 456, 479, 480
—, Oxydation 436
Milchsäureabgabe 446
Milchsäureaufnahme 447
Milchsäurebildung 99
Milchsäuregehalt 436
Milchsäurespiegel 446
Milchsäureverbrauch 434
Milz 455, 456
Milz-Leber-Mechanismus 456
Mimose 66, 110
Minimakurve 389
Minimum der Incisur 369
Minutenvolumen 372, 375, 417, 418, 424, 499
Minutenvolumenbestimmung von ADOLF FICK 372
Mischsystole 114, 168
Mißbildungen 273
Mistel, Wirkstoff der 161
Mitralfehler 177
Mitralis 260
Mitralklappe 262, 263
—, Bewegungen 266, 331
Mitralöffnungston 345
Mitralsegel 265
—, Anspannungston 345
Mitralstenose 281, 335, 339, 340, 342, 343, 348, 371
Mittellage der Kranzgefäßdurchblutung 498

MOBITZ, Latenztheorie 195
Modelle, hydrodynamische 47
Moderatorband 141
Modifikation, funktionelle 78, 108, 109
Molchlarven 272
Molekülsieb 58
Mollusken 252
Momentanachse 217
Momentanmaximum, variables 235
Monodromie 118
Monojodessigsäure 99
Monokardiogramm 223
Monophasie 62
monophasisch deformierte Kammerkomplexe 105, 206
monophasische Ableitung 183
— Beimischung 104, 106, 149, 204, 206, 207, 471
— Deformierung 204, 205, 208, 218
— Komponenten 110
monophasischer Aktionsstrom 6, 56, 69, 73, 75, 210, 507, 515
monorhythmische Tachyatrie 189
monotope Tachysystolie 183
MORAWITZ-Kanüle 424, 451, 464
Morphium 495, 509
Motor 377
MÜLLERscher Versuch 416
multifokale Tachysystolie 184
multiple Reizbildung 182, 188
MUNKsches Phänomen 9, 31, 53
Murmeltier 152
Muscarin 155, 164, 179, 181, 183, 237, 238, 241, 252, 258, 506
Muskel, Dehnungskurve des ruhenden 410
Muskelarbeit 434
Muskelelement 71, 98, 111, 385
Muskelfaser, Ruhedepolarisation 515
—, Spannung 231
Muskelfasern, Dicke 121
—, Ruheladung 515
Muskeloberfläche 441
Muskelpolster 267
Muskelpreßsaft 62
Muskeltätigkeit 159, 162
Muskelton 328, 329, 335
—, Theorie 334
— des Vorhofs 346
Muskeltonfrequenz 328
Muskelzelle, Verbrennungsvorgänge 437
muskuläre Herzwand 332
muskulärer Zellkontakt 107

Muskulatur, Anspannung 329
—, Inseln spezifischer 165
myodrome Theorie 106
myogene Erregungsleitung 124
— Theorie 33, 35, 36, 39, 48, 118, 182
Myokard, Capillarisierung 467
Myokarddurchblutung 464, 485
Myokardfaser 229, 230, 232
—, Membranladung 228
Myokardhypoxie 482
Myokardinfarkt 363
myokarditischer Herd 174
Myokardkompression 477
Myokardödem 444
Myoplasma 64
Myosin 249
myothermische Messungen 429
μ-Werte 244
Myxödem 164, 202, 414

Nachbarschaftspotential 75
Nachdehnungen, plastische 407
Nachdehnungserscheinungen 407
Nachhinken einer Kammer 199
Nachpotential 73, 94, 95, 174, 516
Nachschwankung 77
Nachschwankungen, Verdoppelung 204
Nachsegment 319
Nachzacke 104
Nährlösung 152, 154
Nahrungsaufnahme 159
NaOH-Vergiftung 245
Narkoseflimmern 180
Natrium 52, 58, 59, 60, 67, 153, 249
Natriumausstrom 61
Natriumhypothese 67
Natrium-Konzentrationspotential 67
Natriumpermeabilität 67, 518
Natriumpumpe 60, 61, 67
Natriumpyruvat 448
Nebenniere 490
Nebenöffnungen 295, 298, 301, 304, 307, 308, 309, 312, 313, 322, 323, 324, 332, 341
Nebenschlußwirkung 76
Nebensystole 84, 96
negativ dromotrop 194
— inotrope Wirkung 502
negative P-Zacke 137
— Schwankung 55
negativer Spitzenstoß 350
„negativer" Venenpuls 281
Negativierung 65, 175

Negativitätsgefälle 233
Negativitätswelle 70
NEHB, kleines Brustwanddreieck 222
Nekrosen, disseminierte 205
—, ischämische 208, 471
Nennfrequenz 314
Nerven, intrakardiale 31, 36
—, pressosensible 455
—, vegetative 404
N. depressor 502
Nervenplexus, intramuskulärer 502
Netz, subendokardiales 143
Netzwerk, PURKINJEsches 190
Neugeborenes 158
neurogene Automatie 38
— Theorie 32, 34, 35, 36, 106, 118, 182, 409
neuromuskulärer Gewebskomplex 106
Nichtkohlenhydrat-Verbrauch 448
nichtkontraktiles Element 385
nichtlineare Charakteristik 316
Nichtlinearität des Gehörorgans 317
Nicotin 18, 164, 179, 496
niederfrequentes präsystolisches Geräusch 346, 348
Niederspannung, physiologische 232
Nitrite 492, 493
nodal rhythm 25
— tissue 17
Nodulus Arantii 268
Nomodromie 226
Nomologie 226
nomotope Erregungsbildung 151
— Reizbildungsstörungen 164
Noradrenalin 436, 456, 494
Normalfrequenz 159
Novocain 181
Nucleinsäuren 484
Nullelektrode 230, 231
Nullpotential 212, 219, 222
Numal 438, 443
Nutritionsreflex des Gesamtkreislaufs 500
nutritiver Axonreflex im Coronarsystem 500
Nutzeffekt 305, 426, 435

Oberfläche des Körpers 231
Oberflächenminimum 332
objektive Kardiographie 349
O_2-Differenz, arteriovenöse 372
Ödem 202
Öffnung der Taschenklappen 285

Ökonomie der Herzarbeit 453
Ölmembran 57
Ölschicht 57
Öltropfentheorie 135
örtliche Ableitung 213
— Summation 13, 14, 108
Oesophagusableitung 212, 218
Oesophaguskardiogramm 367, 402
„offene" und „geschlossene" Ableitung 308
Ohr als Druckempfänger 309, 311
—, Frequenzabhängigkeit 315
—, Schwellenwertkurve 313, 317
Ohrempfindlichkeitskurve 310, 312, 313
Olympiadekämpfer 258
opening snap of the mitral valve 345
Opiate 495
Opisthodromie 114, 118
optimaler Frequenzbereich 398, 478
Optimum der Erregbarkeit 94
— des Reizintervalls 242
optisches Telefon 299
Organextrakt 44, 45
orifice meter 468, 469, 475, 484, 491
Ort der Leitungsverzögerung 197
Orthodiagramm 223, 224
Oscillationen der Herztöne 284, 331
— der Vorhofdruckkurve 331
Oscillationsfrequenz 186
osmotischer Druck 153
Ostienweite 264
Ostitis fibrosa generalisata 151
Ostium arteriosum 267, 269
— venosum 261, 262
OSTWALD-LILLIEsches Modell 109
Overshoot 69
Oxydation, intrapulmonale 417
— der Milchsäure 436
Oxydationssteigerung 339, 434, 435
oxydative Umsetzungen 441
oxydativer Lungenstoffwechsel 436
— Stoffwechsel 441, 498
— Wirkungsgrad 425, 426
Oxygenator 427, 447

pacemaker 3
Padutin 456
PALADINO-KENTsches Bündel 129, 130
Paludrin 514

Panzerechsen 13
Papaverin 492, 495
Papierkonstruktion 102, 106
Papillarmuskel 59, 128, 142, 146, 207, 232, 262, 264, 268, 467, 471, 472
Parallelismus zwischen elektrischer und mechanischer Betätigung 258
Parallelogramm-Satz 232
Pararhythmie 170
Parasystolie 172, 173, 199
paroxysmale Tachykardie 130, 132, 158, 165, 168, 183, 188, 189, 194, 199, 505
paroxysmales Kammerflimmern 199
partial refractoriness 113, 186
Partial-EKG 222
partielle Asystolie 80, 96, 149, 251, 253
— Hyposystolie 253
— Systolie 80, 251
partieller Block 3, 193, 194, 197, 198, 199
passive heterotope Erregungsbildung 165, 511
passiver intraventrikulärer Druck 471, 472
Pause, kompensatorische 4, 13, 18, 114
—, postundulatorische 176, 181
—, präautomatische 9, 11, 20, 138, 198, 199
P bei Cor bovinum 193
Pendeltisch 359
Perabrodil 273
Perfusionsdruck 460, 476
Perikard 105, 344, 381, 399
Perikardialraum 2
perikarditisches Reiben 312
Periode, irresponsive 45
Perioden, WENCKEBACHsche 82, 191
Periodenbildung 193
— in den Ventrikeldruckkurven 287
periphere Coronardruckkurve 293
peripherer Coronardruck 294
— Gesamtwiderstand 473
— Widerstand im Coronarkreislauf 473
peripheres Herz 377
Permeabilität 53, 57, 58, 59, 61, 65, 66, 67, 68, 73, 174, 516, 518
Pernocton 240, 438
Pfortader 456
Phänomen der Latenz 89
—, MUNKsches 31, 53
Pharmaka 87
Phase 69

Phase, irresponsive 89
—, isometrische 337
—, protodiastolische 337
—, refraktäre 235
—, subnormale 94
—, übernormale 93, 94, 113, 174, 250, 251
Phasengrenzpotential 57
phasische Strömungsänderungen 467
Phonendoskop 307
Phonokardiogramm 295, 296, 299, 332
Phonoskop 297
Photometrie, heterochrome 315
physiologische Druckbelastung 423
— Insuffizienz 267, 270
— Niederspannung 232
— Refraktärphase 96
— Reizstärke 97
Physostigmin 164, 179, 181
Piezo-Effekt 305
Pilokarpin 155, 179, 496, 506
Pitotröhre 372, 468
Pitressin 180, 492
Pituitrin 492
plastische Dehnung 386, 400, 401, 402
— Eigenschaften 407
— Längenänderungen 401
— Nachdehnungen 407
plastischer Effekt 400
Plateau des Aktionsstroms 242
,,Plateau" der Kammerdruckkurve 286
—, systolisches 289
Plateaubildung, laterale 405
Plateauverlust 73
Plateauzuckung 437
Plethysmogramm der Herzkammern 290
Plethysmograph 372
P-mitrale 193
pneumokardialer Reflex 158
Pneumotachograph 277
Pneumothorax 274, 278
poikilorhythmische Hypertachyatrie 189
POISEUILLEsches Gesetz 488
Polarisation 66
Porenmembran 57
positive und negative Formänderungen 350
positiver Spitzenstoß 350
,,positiver" Venenpuls 281
Positivierung 175, 515
postextrasystolische Erregung 82
postextrasystolisches Intervall 165
postundulatorische Pause 176, 181

Potential, elektrotonisches 90
Potentialdifferenz, manifeste resultierende 223
Potentialfläche 230
—, resultierende 234
Potentiallinien 213, 216
potentiating substance 249
potentiel tardif 94
P-pulmonale 193
PQ-Zeit 198, 335
präautomatische Pause 9, 11, 20, 138, 198, 199
praeexcitation 132
Präexistenztheorie 62, 63
präkordial 222
Präsinus 50, 51, 132
präsystolische oder a-Welle 279
— Größe des Ventrikels 399
— Länge und Spannung 392
— Verdopplung 346
präsystolischer Galopp 346
— Klappenschluß 265, 267
— Vorton 346
prépotentiel 51
Preßdruckversuch nach VALSALVA 321
Pressoreceptoren 160
pressoreceptorischer Reflex 160
pressosensible Nerven 455
primum moriens 18, 129
Prinzip, FICKsches 417, 453
—, induktives 305
— der Vektoranalyse 217
Pro-ACh 514
Produkte des Herzstoffwechsels 501
Projektion, geometrische 216
— des Vektors 223, 224
Projektionsgesetze 216, 225, 226, 227
Prosplen 456
Protodiastole 289, 292, 294, 343
protodiastolische Phase 337
protodiastolischer Galopprhythmus 340
Prozeß, anaerober 445
pseudotetanische Kontraktion 408, 410
Psyche 411
pulmokardialer Reflex von HERING 160
Pulmonalarterie, Konstriktion 452, 485, 486
Pulmonalarteriendruck 288, 289, 290
Pulmonalis, Auskultationsstelle 339
Pulmonalklappenschluß 340, 341
Pulmonalstenose 376
Pulmonalton, betonter, zweiter 339

Pulmonalton, zweiter 338, 339
Pulsdefizit 151, 178
pulsierender Hg-Tropfen 47
Pulskurve, Knickstelle 369
Pulsperiodendauer 371
Pulsus irregularis perpetuus 176
Pulswellengeschwindigkeit 367, 369, 370, 374
PURKINJE-Fasern 6, 7, 12, 23, 26, 27, 29, 30, 36, 51, 52, 123, 124, 134, 140, 143, 187, 188
— -Gewebe 420
PURKINJEsches Netz 142, 143, 190, 201
Pyruvat 447
P-Zacke 22, 166, 192, 193, 256
—, negative 137
—, Spaltung 192

Quadrigeminie 168, 172
quantitatives Gabelprinzip 213
Quarzfadenanemometer 276
Quellpunkt der Erregung 146, 232, 233
Querachse 218
Querdissoziation 193, 197
Querläsionen des HIsschen Bündels 195
Querlage 226
Querschnitt der Bahn 191
—, künstlicher 69
Quetschung 62, 71, 74
QRS-Schleife 224, 226
QT, Frequenzabhängigkeit 150
QT-Dauer 149, 258, 368
—, reduzierte 151
—, relative 151
—, Verlängerung 151
Q.-Vektor 225
Q_{10}-Werte 244
Q-Zacke 102, 103, 212, 233, 237, 255, 367, 368

radioaktive Isotope 362
Radioaktivität 42, 53, 361
Radiocirculogram 362
Radioelektrokymographie 366
Radiokardiogramm 355, 356, 361, 362
Radium 42
räumliche Darstellung des Vektors 223, 225
räumliches Vektordiagramm 225
Randpulsationen 363
Randzacken 405
Randzackenbildung 364
rapid excitation 178
— filling 348
— — sound 345

rapid flutter 175
— inflow 278
— reexcitation 179, 184, 186, 187
Rasselgeräusche 313
RAYLEIGHsche Scheibchen 302, 303
Reaktion, aktuelle 433, 447, 480
Reaktionsgeschwindigkeit-Temperaturregel 3
Reaktionsverschiebung 434, 446
Receptor 502
Receptorenfelder im Herzen 161
rechteckiger Stromstoß 83, 84, 97
rechte Coronararterie 294
rechter Ventrikeldruck 289, 290
rechtläufige Leitung 114
— und rückläufige Erregungen 117, 119
— und rückläufige Leitung 126
Rechts-Extrasystole 169
Rechts- und Links-EKG 222
rechts- oder linksseitiger Schenkelblock 200
Rechtsschenkelblock 200, 340
Rechtstyp 226
Rechtsverschiebung 217
Rechtsverspätung, Links- 199
reciprocating rhythm 115, 184
Reduktion des Atrioventrikulartrichters 131
reduzierte Austreibung 292
— QT-Dauer 151
reflektorische Beeinflussung der Herzfrequenz 158
— Vasokonstriktion 491
Reflex, KRATSCHMERscher 158
—, pneumokardialer 158
—, pressoreceptorischer 160
Reflexe, intrakardiale 491
Refraktärlänge 71, 87, 111, 122
Refraktärphase der Leitung 194
—, physiologische 96
— des Reizleitungssystems 83
Refraktärphasenbestimmung 80
Refraktärstadium 4, 36—39, 45, 79—89, 93, 97, 110 bis 116, 164, 187, 196, 241—243, 250—253, 258, 408, 507, 515—518
—, absolutes 79
—, autogenes 87
—, induziertes 87
— des Knotengewebes 192

Refraktärstadium, relatives 79
regionäre Durchblutungsunterschiede 471, 472
Registrierinstrumente, Analyse 296
—, Güte 296
—, Kritik 298
—, Theorie 298
Regulation, humorale 43
regulative Dilatation 413
Regurgitation in den Vorhof 266
Reibegeräusch, intramurales 334
Reiben, perikarditisches 312
Reibung, innere 432
Reibungswiderstand 250
reine Frequenzänderung 390
reines Flattern 176, 182
Reiz, Dauer des physiologischen 97
—, extrakardialer 491
—, Überschwelligkeit des physiologischen 97
—, Wirkungsstärke des physiologischen 97
Reizbeantwortung, Verspätung 88
Reizbildung, automatische 517
—, extrasystolische 510
—, Hemmung 121
—, multiple 182, 188
—, passive heterotrope 511
Reizbildungsstörungen, heterotope 164
—, nomotope 164
Reize, autochthone 41
—, heterochthone 41
Reizflimmern 178
— nach Vagusreizung 179
Reizintervall, Optimum 242
Reizleitung, übernormale Phase 93
Reizleitungssystem 27, 87, 128, 503
—, Refraktärphase 83
reizlose Ausschaltung 21
Reizperiode, Gesetz zur Erhaltung der physiologischen 164, 176
Reizstärke, physiologische 97
Reizüberschuß, energetischer 97
Reizung, vegetative 507
Reizverarbeitung des Gehörorgans 318
Reizverzug 88, 89
Reizzeitspannungskurve 83
relative Insuffizienz 270
— QT-Dauer 151
relatives Refraktärstadium 79
Relaxationsschwingungen 46
REMAKsches Ganglion 8, 31

Repolarisation 67, 70, 89, 243, 244, 245
repos compensateur 164
Reptilien 13
Reservekraft 388, 395
respiratorische Arrhythmie 156, 157, 158, 159, 160, 171
Resonanz der Lungen 306
Resonanzerscheinungen 308
Resonanzkurve 333
—, Methode der halben R. 302
Resonanzverhältnisse des Thorax 307
Restaktionsstrom 74
Restblut 343, 362, 392, 394, 396, 399, 402, 404, 413, 414, 416
Rest-N 449
Reststrom 74, 75, 106
Restvolumen 398, 407, 416
resultierende Potentialfläche 234
retrograde Erregung 168
— Erregungsleitung 124
— Strömung 267
reziproke Hemmung 155
— Innervation 512
Reziprozität der Erregungsleitung 117, 118, 119
RGT-Regel 152
Rheobase 84, 503
Rheokardiogramm 355, 357, 369
Rhythmen, ventrikuläre 505
Rhythmizität 40, 45
rhythm of development 10, 14
rhythmobathmotrope Wirkung 94
Rhythmushalbierung 95
Rhythmusstörungen 164
RIEGGERsche Blatthaller 316, 317
Riesennervenfaser 67
right lateral auriculo-ventricular junction 129
Ringelnatter 13
Ringpräparat 115, 116, 117, 119, 184
Röntgenkinematographie 366
Röntgenkontrastbild 457
Röntgenkymogramm 351, 363, 367, 372
Röntgenorthodiagramm 272
Röntgenstrahlenabsorption 364
Röntgenuntersuchung 363
Rolltisch-Ballistograph 361
Rotameter 372, 373, 451, 457, 459, 462, 475, 484, 489, 501
Rotation des Herzvektors 217
Rotationsballistokardiograph 359

RQ 421, 443
Rubidium 42, 162
Ruck, diastolischer 343
ruckartige Bewegungsvorgänge 334
— Wandbewegung 343
Rückfluß, venöser 271, 274, 396
Rückkopplung, akustische 304
Rückkopplungskreis 302
Rückleitung 119, 120, 167, 168
—, Sperrung 120, 121
Rückleitungszeit 121
Rückstoßkräfte 358
Rückströmung, vorhofsystolische 261
Rückstrom des Blutes in die Hohlvenen 274
— zum Herzen 271
Ruhedehnungskurve 379, 380, 386, 389, 391, 396, 400, 403, 405, 406, 407, 410, 411, 412, 413, 414, 437, 453
Ruhedepolarisation der Muskelfaser 515
Ruheladung der Membran 61, 515, 518
— der Vorhofsmuskelwand 515
ruhendes Herz 409
Ruhepotential 51, 59, 60, 66, 67, 113
Ruhestoffwechsel 419, 420, 421
Ruhestrom 55, 88
R- und T-Zacke, elementare 228
Ruheumsatz 420
R-Zacke 148, 233
—, dipolförmige 104
—, elementare 233
—, Mehrgipfeligkeit 204

Saitenanemometer 276
Saitengalvanometer 299
Saitenschreiber 236, 238
Saitentachogramm 276, 277
Salzruheströme 53
Salzsäure 480
Sapotoxin 252
Sarkolemm 58
Sarkoplasma 75
Säuerung 250
Säuredilatation 480
Säureeinwirkung 85
Säurereiz 480, 481
Sauerstoff 481
Sauerstoffdifferenz, arteriovenöse 450, 481, 485
Sauerstoffentzug 450
Sauerstoffextraktion 449, 450
Sauerstoffgehalt 448

Sauerstoffmangel 73, 128, 156, 157, 170, 190, 191, 193, 194, 205, 390, 408, 417, 455, 456, 480, 481, 482, 496, 497, 498, 501, 511
Sauerstoffnachatmung 439, 442
Sauerstoffsättigung 273, 434, 439, 450, 482
Sauerstoffschuld 428, 439, 441, 442
Sauerstoffverbrauch 420, 421, 422, 423, 424, 426, 427, 429, 430, 431, 432, 433, 434, 435, 436, 437, 438, 439, 440, 442, 443, 444, 445, 447, 450, 451, 452, 453, 454, 482, 483, 490, 497, 499, 501
Saugelektrode 62, 219
Saugkapsel 308
Saugkraft des Herzens 272
Saugmethode 74
Saugprinzip 50, 62
Saugpumpe 271
Saugverletzung 207
Saugwirkung der Kammer 286
— der Kammerbasis 280, 283
— des rechten Ventrikels 290
—, systolische 272
— auf den Vorhof 283
Schädigung 72, 94
Schale, äußere 472
—, innere 471
Schallabschwächung 307
Schallbild 307, 308
—, gehörähnliches 316
Schalldruck 300
Schallerscheinung, intramuskuläre 328
Schallerscheinungen, Entstehungsmechanismus 322
Schallfeld 303, 307, 323
—, Druckverlauf im 309
Schallhärte 304
schallhartes Mikrophon 304
Schallintensitätsmessung 302
Schallreflexion 307
Schallwiderstand 307
Scheibe, RAYLEIGHsche 302, 303
Scheidewandganglien 8
Scheidewandnerven 8, 32, 33, 34, 107, 126, 155
scheinbare Vaguslähmung 506
Scheinbeweis des stillstehenden Herzens 254
Schema der Herztätigkeit 291, 338
Schenkelblock 125, 130, 131, 191, 199, 340, 507
— -EKG 200

36*

Schenkelblock, linksseitiger 200
—, rechtsseitiger 200
—, unvollständiger doppelseitiger 145, 201, 202
Schenkeldurchschneidung 124
Schenkelrhythmus 170, 511
Schilddrüse 164
Schildkrötenherz 13, 408, 420, 429, 431
Schildkrötenvorhof 80
—, Tonusschwankungen 408
Schläge, homogenetische 165
Schlaf 159
Schlagadern, Druckablauf 288
Schlagfrequenz, Änderungen der 242
Schlagrichtungsumkehr 117
Schlagvolumen 237, 275, 358, 360, 361, 372, 294, 478, 479
Schlagvolumenmessung 276, 360
Schleifenoscillograph 299
Schluß der Aortenklappen 368
Schneckenherz 2
Schöpfarbeit des Herzens 398
Schrittmacher 50
Schutzblockierung 172, 173
Schwankung, negative 55
Schwankungsbereich der Aktionsstromdauer 150
Schwebetisch 359
Schwebung 320
Schwebungstonsender 320, 321
Schwellenerregbarkeit 84
Schwellenstromstärke 83
Schwellenwertkurve der Hörempfindung 311, 313, 315, 317
Schwerpunktsverschiebungen 361
Schwingtisch 359, 360
Schwingungen der Brustwand 349
—, einleitende 323
Schwingungszahl 299
Scillaren 445
Segelklappen 260
—, Druckoscillationen 331
Segelton, diastolischer 345
Segmentkapsel 297, 350, 402
Sehnenfäden 6, 59, 67, 68, 70, 71, 123, 128, 141, 147, 262
Seifenmembran 297
sekundärer Tonus 409
Sekundenherztod 179
Selbststeuerung des Herzens 268, 271
— des Kreislaufs 455
selektive Durchlässigkeit 57, 58

SELLsches Mikrophon 305
semidirekte Ableitung 103, 202, 208, 210, 211, 212
Semilunarklappen, Wandständigkeit 268
Semilunarklappenöffnung 323
Semilunarklappenschluß 246, 269, 338
Senkung der ST-Strecke 205, 207
Septum 120, 124, 142, 143, 207
— fibrocartilagineum 141
— membranaceum 259
Septumdefekt 273
septumnahe Extrasystole 168
Serotin-Kreatininsulfat 456
Shuntbedingungen 64
Sicherheitsfaktor der Erregungsleitung 98, 111, 118
Siebketten 317, 320
sinuauriculäre Leitungsstörungen 137
— Überleitungszeit 133
— Verzögerung 133
sinuauriculärer Block 133, 191, 194
sinuauriculäres Bündel 140
— Intervall 18
Sinus 13, 515
—, Blutversorgung 28
— caroticus 160
—, Chronaxie 503
— coronarius 260, 458
— Valsalvae 269
Sinusarrhythmie 159
Sinusarterie 164, 193
Sinus-av-Knoten-Bahn 131
Sinusblock 135, 138, 191, 192
Sinusbradykardie 164
Sinuselektrogramm 49
Sinusextrakt 43, 44
Sinusextrareizung 4
Sinusextrasystole 165, 166
Sinushormon 44
Sinus-Kammerblock 135
Sinus-Kammerleitung 135, 136, 193
Sinusklappen 260
Sinusknoten 15, 16, 17, 18, 19, 20, 21, 23, 28, 29, 30, 31, 36, 43, 50, 53
—, Ausdehnung 133
—, Blutkreislauf 138
—, Zweiteilung 138
Sinusknotenarterie 137, 192
Sinusknotengefäße 137
Sinus-Lippenklappen 260
sinusoidale Gefäße 458
Sinusoide 461
Sinusrhythmus 24
Sinusringer 44
Sinusschleife 16
Sinustachykardie, toxische 164

Sinus-Vorhofblock 133, 135
Sinus-Vorhofgrenze 132
Sinusvorhofleitung 193
Sinus-Vorhofmuskulaturbahn 131
skalare Größe 212, 213
Skeletmuskel 465
Skeletmuskelton 328, 335
Sogkurve 350
Somatophon 317
Somnifen 438, 443
Sonde, manometrische 282, 284, 285, 330, 331
sound of rapid filling 340
SPALTEHOLTZ-Herz 457
Spaltraumsystem, EBERTH-BELAJEFFsches 141
Spaltung der P-Zacke 192
— bzw. Verdoppelung des II. Tones 339
— des zweiten Tones 339, 340, 368
Spannung 231, 379, 381, 392
Spannungsschwingung 286
Sparwirkung des Vagus 432, 434
Spasmophilie 151
Sperrung der Rückleitung 120, 121
—, systolische 466
Sperrzähne 268
spezifische Bahn 123, 125
— oxydationssteigernde Wirkung 438, 439
spezifisch-energetische Wirkung 433, 436
spezifisches Gewebe 26
— — im Vorhof 134
— — Leitungssystem 140
— System 6, 25, 27, 125, 141, 145, 147, 232
sphygmographische Methoden 374
Spiegelgalvanometer 299
spike 52, 70
spirometrische Methode 436, 439
Spitzenaktionsstrom 74
Spitzenpotential 73
Spitzenstoß 349, 351, 352, 367
—, negativer 350
—, positiver 350
Spitzenstrom 75, 79
Spontanerregung 175
Spontaninsuffizienz 442, 443, 444, 445, 446, 453
Spontanschädigung 443
Sport 413
Sportherz 404, 405, 412
Stammblockierung 193
Standardableitungen 222
STANNIUS-Ligatur 3, 7, 8, 9, 16, 25, 132, 153, 191, 197, 245, 410
—- Stillstand 8

Starkstromtod 179
STARLINGsches Gesetz 401, 419, 430, 431
STARLING-STRAUB-Effekt 392
statische Eichung 298, 299
Stauungszustände 281
steady state 442
Stehen 258
Stehversuch 162
Steifheit 406
Steigerung des Vorhofdruckes 347
Steilheit 314
— der Druck-Volumenkurve 401
Stellatumreizung 490
Stenose 271
sterbendes Herz 5, 6, 12, 73, 119
stereometrische Elektrokardiographie 223
stereoskopische Darstellung des Vektordiagramms 225
Stethophon 301
Stethoskop 307, 317
stethoskopgetreue Wiedergabe 318
Steuerung der Kranzgefäßdurchblutung 497
Stickoxydulmethode 422, 451, 453, 462
Stimme, menschliche 307
Störungen, elektromagnetische 306
Stoffwechsel, oxydativer 498
Stoffwechselprodukte 496
stoffwechselsteigernde Wirkung 438
Stoffwechselsteigerung 435
Stoffwechselvorgänge, anaerobe 444
stoppage 9
Stoßheber 377
Strahlung des Kaliums 42
STRAUB-STARLINGsches Gesetz 404, 405
Streichinstrument 307
Streifenpräparat 76
Strömchentheorie 109, 117, 126
Strömung, retrograde 267
Strömungsänderungen, phasische 467
Strömungsarbeit 278, 375, 376
Strömungskurve 469
Strömungsschwankungen der Coronarvenen 470
Strömungsumkehr in der Aorta 369
Strömungswiderstand 476, 477
— im Lungenkreislauf 287
Strom des Überleitungsgewebes 131
—, monophasischer 66ff., 210, 515

Stromborste 277
Stromdeformation 75
Stromfäden 204, 205
Stromkurven der Coronararterien 468
Stromlinien 214
Stromrichtung, axiale 269
Stromstoß, rechteckiger 83, 84, 97
Stromuhr 372
Stromwirbel 269
Strophanthin 7, 18, 175, 181, 256, 401, 406, 438, 445, 447, 455, 456
Struktur, syncytiale 107
Strychnin 34
ST-Abweichung 105, 204, 207
ST-Änderungen 149
ST-Senkung 151, 258
ST-Strecke 105, 106, 205, 471
—, Abweichung 105
—, Senkung der 205, 207
subendokardiale Gewebe des Vorhofs 138
subendokardiales Netz 143
subjektive Intensität 335
— Lautstärke 335, 338
subjektiver Hörbefund 312
subnormale Phase 94
substance active 25, 53
— excitatrice 43
Suffizienzgrenze 398
Sulcus terminalis 15, 16, 18, 50, 136
Summation, örtliche 13, 14, 108
— unterschwelliger Erregungen 92
Summationsdipol 219
Summationsgalopp 344
Summationsschlag 131
Summationstöne 316
Summationsvektor 222
Summensatz 216
Summer 320
supernormale Phase 88, 94
Superposition 38, 243, 245
— der Extrasystole 250, 251, 253
— im Mechanogramm 238
S-Vektor 226
Sympathektomie 512
Sympathicus 50, 52, 87, 113, 151, 154, 163, 175, 178, 194, 256, 258, 403, 404, 416, 426, 453, 454, 485, 487, 489, 494, 496, 497, 498, 499, 500, 501, 506, 516
Sympathicuswirkung, inotrope 426
Sympathin 490, 513
sympathische Innervation der Kammern 502
Sympatol 87, 436, 494

Synapse 50, 117, 118, 125, 127, 128, 132
Syncytium 107, 124
Systemcharakteristika 29
System, spezifisches 6, 25, 27, 125, 141, 145, 147, 232
Systeme, atypischheterobolische 119
Systole, ,,elektrische" 149, 245, 246, 368
—, Erholungsgeschwindigkeit 86
—, — nach 501
—, Erholungsphase 91
—, Erholungsvorgänge 81
—, fraktionierte 187
—, Lufteinstrom während der 272
—, mechanische 245, 246, 368
—, partielle 251
Systolenanfang 336
Systolenausfall 196
Systolenbeginn 292, 367, 368
Systolendauer 245, 246, 292, 341, 348, 396, 408, 425
Systolenende 336, 337, 340, 367, 368
Systolie, partielle 80
—, totale 253, 254
systolische Ansaugung 272, 273, 274
— Beschleunigung 277
— Brustwandeinziehung 351
— oder c-Welle 280
— Einstromverminderung 465
— Einwärtsbewegung 351
— Entleerung 396, 405
— Hemmung der Coronardurchblutung 465
— Saugwirkung 272
— Sperrung 466
— Verengung der capillaren Strombahn 464
— Verschiebung 272
— Volumverminderung 356
— Wellen 286, 288, 299, 367
systolischer Druck der Kammern 207
— Kollaps 280, 281
— Zustrom zum Herzen 275
systolisches Plateau 289
— Restblut 416
S-Zacke 102, 103, 212

Tachogramm 277
— der Herzkammerbasis 290
Tachograph 466
Tachyarrhythmie 178
Tachyatrie, monorhythmische 189
Tachykardie 163, 208
—, extrasystolische 189
Tachykardie, paroxysmale 130, 132, 158, 165, 183,

Tachykardie, paroxysmale 188, 189, 194, 199 505,
—, terminale 189
tachykardische Anfälle 130, 184, 198
Tachysystolie 183, 188
—, heterotope 183
—, monotope 183
—, multifokale 184
—, unifokale 184
Taenia terminalis 136, 185, 193
Tagesarbeit des Herzens 377
Tagesschwankungen 148, 158, 159
TAITsche Regel 87
Taschenklappenöffnung 285
Tastsinn 296, 351
—, Auflösungsvermögen 350
TAWARA-Automatie 168
— -Knoten 20
— -Rhythmus 170
— -Schenkelblock 199
technische Kraftmaschine 378
Teilvektor 227
Telefon, optisches 299
Temperatur 84, 241, 248, 432, 433, 479
Temperaturabhängigkeit der Membranvorgänge 244
Temperaturkoeffizient 3, 152
terminale Tachykardie 189
tertiäre Zentren 25
Tetanie 151
Tetanisierbarkeit 408
Tetanus 38
Thebesische Gefäße 460, 461, 462, 485
Theorie der Brustwandableitungen 222
—, dualistische 73
—, elektrolytische 250
— der Kammerlatenz 195
— des Manometers 300
— — Muskeltons 334
—, myodrome 106
—, myogene 33, 35, 36, 39, 48, 118, 182
—, neurogene 32, 34, 35, 36, 106, 118, 182, 409
— der Registrierinstrumente 298
Theorien über den ersten Ton 328
Thermode 17, 20, 25, 398, 478
thermoelektrische Methodik 426
Thermophon 302
Thermostromuhr 457
thorakale Vektordiagraphie 226
thorakales Ballistokardiogramm 354
Thorax, Resonanzverhältnisse 307

Thorax, Volumverlust im 273
Thoraxableitung, unipolare 211
Thoraxelektrode 211
Thoraxraum, Inhaltsverminderung 280
THORELsche Fasern 192
Thorium 42
Thorotrast 273, 274
Thyroxin 448
tiefe Abstimmung 322
— Frequenz 315
— Herzschallaufnahme 355
— und hohe Abstimmung 313
Tiefertreten der Vorhofkammergrenze 283
Tiefpaßfilter 320, 348
Tieftondurchlasser 320
Tiere, wirbellose 408
tierische Elektrizität 54
Tintenfischnervenfasern 67, 109
Ton, Dreiteilung des ersten 318
—, dritter 322
—, erster 318
—, Lautheit des I. 334
—, Theorien über den ersten 328
—, Verdoppelung oder Spaltung des ersten 323
—, zweiter 319
tonische Zustandsänderung 409
tonogene und myogene Dilatation 413
tonotrope Wirkung 411, 414, 453
Tonsegment 319, 324, 370
Tonus 386, 402, 404, 409, 410, 411, 413
—, abhängiger 409
—, diastolischer 410
— der Herznerven 155, 172, 511
—, sekundärer 409
—, unabhängiger des Sinus 410
Tonusänderung 402
— der Kammer 409
tonusfördernder Einfluß 410
Tonusfunktion 410
—, vegetativ-nervös regulierte 412
Tonusschwankung 80
Tonusschwankungen des Schildkrötenvorhofs 408
Tonuszentrum im Vorhof 409
Topographie und Anatomie der Coronargefäße 457
Torus LOWERI 24, 136, 193
totale Systolie 253, 254
totaler Block 3, 26, 193, 197, 198, 199, 281

toter Punkt der Diastole 337
toxische Kontrakturen 410
— Sinustachykardie 164
träge Komponente 131
Training 162, 163, 189, 258, 404, 413, 433, 479, 511
Trainingsvagotonie 156
transition point 361, 362
Transmission, elektrische 284, 330
transseptaler Übertritt 169
Transsudate 202
Traubenzucker 436, 454
Treibwerk 259
TRENDELENBURG-Kreis 218
Trennbarkeit mechanischer und elektrischer Tätigkeit 237
„Trennbarkeit" von mechanischer und elektrischer Aktion 236
Treppe 14, 93, 241, 247, 248, 249, 250
Treppenbedingungen 243, 244, 247
Treppensteigen 162, 258
Trichter 75
Trichtergewebe 77
Trichtermuskulatur 8
Tricuspidalinsuffizienz 281
Tricuspidalis 260, 262, 263
Tricuspidalklappenöffnung 343
Trigeminie 168, 172
Trigeminusreflex, KRATSCHMERscher 512
Trigonum fibrosum 259
Triograph 225
triographische Extremitätenableitungen 226
Troicartmanometer 282
troisième bruit du coeur 340
T-Schleife 224, 226
Tunicaten 252
T, Vektor der Fläche 234
T-Wellen, elementare, diskordante 234
Typus des Herzschallbildes 318, 322
T-Zacke 99, 148, 237, 246, 368

Übergangsform 91, 92, 168
Überherz 410
Überlastungszuckung 386
Überleitung 124
Überleitungsgewebe 75, 76, 96, 97, 112, 113, 115, 120, 126, 127, 131
—, Aktionsstrom 75, 131
Überleitungsstörungen 128
Überleitungszeit 189, 193, 194, 197, 201
—, sinuauriculäre 133
übernormale Phase 93, 95, 113, 174, 250, 251

Sachverzeichnis

übernormale Phase der Leitung 93, 113, 120
Überschuß 68
Überschwelligkeit des physiologischen Reizes 97, 98
Übertraining 163
Übertritt, transseptaler 169
Ultimum moriens 4, 5, 6, 7, 140
Umformung 260, 335
Umformungszeit 255, 326, 327, 370
Umkehr der Erregung 114
— der Schlagrichtung 117
Umkehrsystole 115, 171, 173, 188
Umschalteffekt 241, 248, 249, 250
Umsetzung, anoxybiotische 445
—, chemische 446
Umsetzungen, oxydative 441
Umwandung des Ventrikels 330, 334, 335
unabhängiger Tonus des Sinus 410
unbeschränkte Auxomerie 13, 48, 108, 109, 196
Unfall, elektrischer 180
Unhörbarkeit des II. Pulmonaltones 340
unidirectional block 118
unifokale Tachysystolie 184
unipolare Ableitung 202, 208, 211, 212, 218, 222
— Brustwandableitung 212, 221
— Extremitätenableitungen 219
— Oesophagusableitung 212
— Thoraxableitung 211
Unkenlarven 38
unreines Flattern 176, 182, 185
— Vorhofflattern 179
Unterdruckwirkung 156
Unterstützungszuckung 386, 391, 405
unvollständiger doppelseitiger Schenkelblock 145, 201, 202
Uran 42
Uroselektan 273
Ursachen für Leitungsstörungen 191
— des Vorhofflimmerns 176
U-Zacke 95

V-Ableitung 212
Vagosympathicus 35, 258, 259
vagosympathische Dystonie 163
Vagus 8, 18, 32, 39, 50, 52, 53, 71, 86, 87, 112, 113, 115, 121, 131, 133, 134, 151,
Vagus 154, 155, 162, 175, 177, 178, 181, 182, 183, 187, 189, 191, 194, 198, 199, 243, 252, 258, 290, 344, 399, 403, 406, 407, 409, 410, 411, 416, 426, 434, 436, 453, 454, 485, 487, 488, 489, 497, 498, 499, 501, 504, 510, 516
—, abschwächende Wirkung 87
—, Membranbeeinflussung 503
—, Sparwirkung 432
Vagusdruckversuch, CZERMAKscher 158, 512
Vagusermüdung 154
Vaguslähmung, scheinbare 506
Vagusreizung, Reizflimmern 179
Vagusstoff 512
Vagus-Sympathicus-Apparat intrakardialer 34
Vagustonus 156, 157, 158, 160, 163, 511
Vaguswirkung, chronotrope 502
—, dromotrope 509, 517
—, elektrotrope 507
—, energotrope 497
—, humorale Übertragbarkeit 512
—, inotrope 399, 426, 508
— auf die Kammern 502, 504
—, klinotrope 244
Vaguszentrum, hypoxämische Reizung 156
VALSALVAscher Versuch 161, 189, 275, 321, 404, 408, 416
Valvula Eustachii 260
— Thebesii 260
VAN'T HOFFsche Regel 82
Variabilität der T-Zacke 99
variables Momentanmaximum 235
Vasodilatation 480
Vasokonstriktion, reflektorische 491
Vasomotorenwirkung 497
vasomotorische Gefäßweitenänderung 473
vasomotorischer Einfluß auf die Coronargefäße 490
— Hepaticareflex 455
vectogramme déroulé 227
vegetative Labilität 163
— Nerven 404, 411
— Reizung 507
vegetativ-nervös regulierte Tonusfunktion 412
Vektor 213, 214, 216, 217, 218, 223, 229, 232, 321
—, Änderung 223
Vektor der Fläche von T 234
—, lokaler 222
—, Projektion 223, 224
—, räumliche Darstellung 223
Vektoraddition 214
Vektoranalyse, Prinzip 217
Vektordiagramm 148, 223, 224, 225, 226
—, frontales 224
—, — und sagittales 225
—, räumliches 225
—, stereoskopische Darstellung 225
—, Verformung 226
Vektordiagraphie 217, 223, 226, 227, 232
—, Extremitäten- 226
—, thorakale 226
vektorielle Addition 227
— Betrachtungsweise 227
Vektorpaar 229
Vektorprinzip 213, 227
Vektorschleife 212, 227
Vektortheorie 223
Vektorverlauf 223
Venae Thebesii 458, 462
Venen, herznahe 271
Venenblut, Förderung 275
—, Rückfluß des 274
Venendruck 398, 402, 415, 417, 418, 435
Venenpuls 176, 177, 179, 278, 279, 281, 344, 355
— und Herztöne 343
—, „negativer" 281
—, „positiver" 281
Venenpulsregistrierung 279
Venensinus 13, 52
venöser Abfluß 460
— Blutzustrom 275
— Coronardruck 476
— Rückfluß 271, 396
venöser Zustrom 271, 272, 276, 393, 396, 398
venöses Angebot 397, 400
— Coronarblut 434
Venomotor 392
Ventilebene 260, 262, 272, 273, 274, 275, 278, 402
Ventilnebenöffnung 332
Ventrikel, Asynchronismus zwischen rechts und links 247
—, Beginn der Drucksteigerung 325
—, Druck im linken 394
—, Druckanstieg 246, 256
—, Druckkurven im rechten 397
—, Lufteinblasung 189
—, präsystolische Größe 399
—, Saugwirkung des rechten 290
—, Umwandung 330
—, Verschlußzeit 329

Ventrikeldruck 289, 486
—, enddiastolischer 419
—, rechter 289
Ventrikeldruckkurve 286, 287, 396, 469
—, Entstellung 286
—, rechte 289, 290
Ventrikeldruckkurven, Periodenbildung 287
Ventrikelfasern, Dicke 123
Ventrikelformveränderung 352
Ventrikelfüllung 344
Ventrikelgradient 234
Ventrikelhöhle 461
Ventrikelmuskulatur, innere Schichten 124
Ventrikelspitze 74
Ventrikelumwandung 329, 334, 335
Ventrikelvolumen 291, 396
Ventrikelvolumenkurve 290
Ventrikelwand 344
ventrikuläre Automatie 165, 510
— Extrasystole 124, 168, 169, 170, 279
— Rhythmen 505
ventrikulärer Klappenschluß 266
ventriculonecteur 129
Veratrin 25, 34, 81, 119, 161, 162, 242, 252, 253
Verband des Organismus 400, 403, 449
Verbindungen, arteriovenöse 461
—, interventrikuläre 125, 142, 143
Verbrennungsprozeß, spezifische Steigerung 438
Verbrennungsvorgänge 421, 437
Verbrennungswärme 427
Verdeckungseffekt 316
Verdoppelung der Nachschwankungen 204
—, präsystolische 346
— oder Spaltung des ersten Tones 323
— des zweiten Tones 342
Verdünnungsprinzip 372
Verengerung der Arterienwurzel 267
Verformung des Vektordiagramms 226
Vergiftung mit CO 456
— mit HCl 245

Vergiftung mit NaOH 245
Vergleichsreize, elektrische 98
verhindertes Klappenspiel 329, 334
Veritol 436
Verkürzung 151
Verkürzungsprozeß, initialer 329
Verkürzungsvorgang 518
—, Abbremsung 330
verlängerter „unreiner" erster Herzton 323
Verlängerung der QT-Dauer 151
Verlagerung des Ableitungsortes 78
Verlangsamung der av-Leitung 195
Verletzung 53, 56, 62, 69, 72, 174
Verletzungsherde 208
Verletzungsnegativität 68
Verletzungspotential 64, 69
Verletzungsspannung 71, 210
Verletzungsstrom 55, 62, 65, 515
—, Verminderungsschwankung 55, 56
Verschiebung, systolische 272
— der Ventilebene 272, 278
Verschlechterung der Erholung 82
Verschluß der Coronararterie 459, 460
— des Coronarsinus 476, 477
Verschlußzeit 323, 329, 332, 366
Versiegen, dekrementielles 110
Versorgungsgebiet der Coronararterie 460
Verspätung der Carotispulskurve 327
— der Erregungsleitung 148
— der Reizbeantwortung 88
Verspätungskurven 151, 199
Verstärker 301
—, gehörähnlicher 309, 312
Verstärkercharakteristik 312
Verstärkerröhre 237, 238, 297, 299, 348
verstärkte Vorhoftätigkeit 346
verstärkter Vorhofton 347, 348
Verstärkung, vibrationsrichtige 349

Verzögerung des Anstiegs 245
—, sinuauriculäre 133
Verzweigungsblock 143, 145, 201, 202
Vesiculäratmen 312, 313
Vibration protodiastolique 340
vibrationsrichtige Verstärkung 349
Vibrationssinn 349
vierte Ableitung 220
vierter Herzton 345
viscös-elastische Eigenschaften 432
viscös-elastischer Widerstand 432
visible response 93
Vitamin B 42
Vollerregung 90, 91, 92
Volumänderung, auxotonische 387
Volumarbeit 375
Volumen, diastolisches 416, 429, 430, 431, 432, 433, 434, 437, 438, 441, 442, 443, 444, 445, 452
—, enddiastolisches 419
— des Herzens 396
— des systolischen Restbluts 416
Volumenänderungen 350
— im Brustraum 276
Volumenarbeit, Koordination 419
Volumenkurven 397
Volumenpuls 279
Volumkurve 290
Volum- und Lageänderungen 363
Volumschwankungen der Herzkammern 290
Volumverlust im Thorax 273
Volumverminderung, systolische 356
Vordepolarisation 174
vordere Herzvene 294, 458
Vorhof 11, 24, 96, 108, 134, 502, 507, 508
—, Anspannungston 346
—, Anstiegsdauer 139
—, Anstiegslänge 139
—, Automatie 25, 164
—, Druck im linken 394
—, — im rechten 283, 398
—, Druckablauf 283, 334, 338
—, Druckanstieg im linken 397

Vorhof, Druckgefälle zur Kammer 413, 414
—, Druckoscillationen 331
—, Einfluß der Atmung auf den Druckablauf im rechten 285
—, Erregungsausbreitung 135, 136
—, Leitungsgeschwindigkeit 139
—, Leitungsstörungen 192
—, Muskelton 346
—, PURKINJE-Fasern 134
—, Regurgitation in den 266
—, Saugwirkung auf den 283
—, spezifisches Gewebe 134
—, subendokardiales Gewebe 138
—, Tonuszentrum 409
—, Zeitdifferenzen zwischen rechtem und linkem 138
Vorhofaktionsstrom 82, 83
Vorhofaspiration 271
Vorhofdoppelton 346, 347
Vorhofdruck 157, 256, 282, 287, 292, 330, 336, 344, 391, 400, 403, 477
—, Steigerung 347
Vorhofdruckwelle, Doppelgipfligkeit 283
Vorhofextraerregung 167
Vorhofextrasystole 121, 166
Vorhofflattern 179, 188, 194
—, intermittierendes 187
—, unreines 179
Vorhofflimmern 179, 188, 335
—, Auslösung 177
—, Ursachen 176
Vorhofhypertrophie 340
Vorhofirregularität 121
Vorhof-Kammerblock 164
Vorhofkammergrenze 272
—, Tiefertreten 283
Vorhof-Kammerleitung 119
— -Kammerverbindung, abnorme 129
Vorhofkontraktion 265, 292, 334, 346
Vorhofmuskelwand 348
—, Ruheladung 515
Vorhofmuskulatur, Anspannungston 347, 348
—, Austreibungston 348
Vorhofspfropfung 163, 168, 198, 279, 281
Vorhofrefraktärphase 83
Vorhofschall 314
Vorhofswelle des Kardiogramms 352
Vorhofsystole 290
vorhofsystolische Hebung der Klappensegel 264
— Rückströmung 261
Vorhoftachysystolie 179

Vorhoftätigkeit, verstärkte 346
Vorhofton 319, 323, 342, 344, 345, 347, 348, 367
—, doppelter 346
—, dritter 347
—, Lautheit 348
—, verstärkter 347, 348
Vorschwingungen der Aortendruckkurve 288
Vorsegment 319, 324, 326, 327, 330, 334, 346, 367, 370
Vorton 345
—, präsystolischer 346
vorübergehende intraventrikuläre Leitungsstörungen 201
vorübergehender partieller Block 189
vorübergehendes Kammerflimmern 181
Vorzacken 76, 77, 104, 204
vulnerability 88, 180, 187

Wachzustand 159
Wärmebildung 426, 429
Wärmelähmung 3, 152, 238, 241, 250
Wärmemessung 426
Wärmenarkose 120
Wärmestarre 3, 152, 261
Wärmestillstand 120, 191, 238
Wärmetönung 426
wahre Latenz 255
Wandbewegung, ruckartige 343
Wandern des Erregungsursprungs 101
Wandschicht, innere 472
Wandschwingungen, mechanische 333
Wandspannung 37, 41
— von Vorhöfen und Venen 278
Wandständigkeit der Semilunarklappen 268
Wandton 328
Warmblüterherz 14
Warmblütervorhof 88, 515
Wasserstoffionenkonzentration 479, 480
WEBER-FECHNERsches Gesetz 315
wechselnde Kupplung 173
wechselndes Schlagvolumen 394
Wechselrhythmus 115, 117, 173, 188
Wechselstrompolarisierbarkeit 516
Wechselstromwiderstand 67, 357
Weckung der Automatie 53
Wegverlängerung 113, 127
Wehen 158

Weichtiere 2
Welle, doppelgipflige der Vorhofsystole 283
Wellen, systolische 286, 299, 367
WENCKEBACHsche Perioden 82, 191, 193, 196, 197
WENCKEBACHsches Bündel 192
WPW-Syndrom 130, 131, 132
Wert, calorischer 428
Wettstreit zweier Zentren 171
Widerstand, arterieller 394, 396, 400
— im Coronarkreislauf 293
—, viscös-elastischer 432
Widerstandsarbeit 423, 425, 430, 439, 442
Wiederbelebung 5
Wiedergabe, stethoskopgetreue 318
wiederherstellende Erregbarkeit 81, 84
— Erregungsgröße 81, 82
Wiederkäuerherz 16
WILSON, unipolare Brustwandableitungen 221
—, unipolare Extremitätenableitungen 219
— -Block 201
— -Elektrode 211, 212, 219, 220, 221, 222
Windkessellänge 374
Windkesselvolumen 374
Winkel α 216, 217
Winterschlaf 152
Wirbelbildung 265, 269, 337
Wirbellose 1, 2, 38, 252, 408
Wirkstoff der Mistel 161
Wirkstoffe 456
Wirkung, bathmotrope 501, 503, 509, 515
—, chronotrope 155, 412, 501, 504, 509
—, dromotrope 112, 501, 508, 509
—, elektrotrope 244, 501
—, ,,energotrope'' 436
—, inotrope 403, 407, 409, 501, 502, 507, 518,
—, klinotrope 453, 504
—, rhythmobathmotrope 94
—, spezifisch-energetische 436, 438, 439
—, tonotrope 411, 453
Wirkungsgrad 419, 423, 424, 425, 426, 433, 434, 435, 437, 438, 442, 443, 444, 445, 451, 452, 453, 454, 455
Wirkungsstärke der natürlichen Herzreize 97
Wogen und Wühlen 35, 176, 181

Wollfadendicke 79
Wühlen 35, 44, 176, 181

Xanthin 492, 493

Zacken im Anstieg 204
Zählrohr 361, 362
Zeit der Erregungsausbreitung 326
Zeitbeziehungen, elektrischmechanische 245
Zeitdifferenzen zwischen rechtem und linkem Vorhof 138
Zeiterregbarkeit 119
zeitliche Einordnung des ersten Herztons 322
Zeitverhältnisse 366
Zeitvolumen 417, 418
Zellkontakt 107, 109

Zentralelektrode, WILSONsche 220
zentraler Coronardruck 293
Zentren, Wettstreit 171
Zerschneidungsversuche 14
Zickzackversuch 107, 108
Zirkulationsgröße 417
zirkulierende Erregung 117
Zucker 447, 449
Zuckerlösung, isotonische 153
Zuckerverbrauch 422
Zuckung, isometrische 381
— ohne Metalle 55
Zuckungsgesetz 399
Zündspannung 46, 47
Zufluß 398
—, venöser 393, 396, 398
Zuflußänderungen 424
Zuflußarbeit 395, 423, 425, 430, 441, 442
Zuflußbedingungen 398

Zuflußgefälle 241
Zug der Lungen 274
Zustand, hypodynamer 92, 152, 289, 420
Zustandsänderung, tonische 409
Zustrom, venöser 271, 272, 276
Zwei-Elemente-Theorie 385
Zweiteilung des Sinusknotens 138
zweiter Herzton 246, 247, 285, 288, 319, 336, 339
— Pulmonalton 338, 339, 340
— schräger Durchmesser 363
— Ton, Spaltung 339, 340, 368
— —, Verdoppelung 339, 342
Zwischenfeld 466
Zwischenstrecke 71, 76, 77, 78, 101, 103, 204

MIX
Papier aus verantwortungsvollen Quellen
Paper from responsible sources
FSC® C105338

If you have any concerns about our products,
you can contact us on
ProductSafety@springernature.com

In case Publisher is established outside the EU,
the EU authorized representative is:
**Springer Nature Customer Service Center GmbH
Europaplatz 3, 69115 Heidelberg, Germany**

Printed by Libri Plureos GmbH
in Hamburg, Germany